行列プログラマー

Pythonプログラムで学ぶ線形代数

Philip N. Klein 著
松田 晃一＋弓林 司＋脇本 佑紀＋中田 洋＋齋藤 大吾 訳

O'REILLY®
オライリー・ジャパン

Coding the Matrix

Linear Algebra through Computer Science Applications

Edition 1

PHILIP N. KLEIN
Brown University

Newtonian Press, 2013

訳者前書き

本書は『Coding the Matrix: Linear Algebra through Computer Science Applications』の邦訳であり、プログラマーやゲーム開発者にとって必須の知識である線形代数の基礎的な概念と、そのプログラミングを解説したものである。その内容は、具体例が豊富で、視覚的に分かりやすい図を多用しており、ポイントをとらえやすいように工夫されている。また、登場する数学的概念をプログラミングを用いて、幅広い課題や練習問題を通して学習していくことができる。

このような概念を記述するためのプログラミング言語はさまざまなものがあるが、本書ではPythonを用いている。線形代数ではベクトルや行列を多用するが、本書ではPythonのリストや辞書を用いてそれらを表現している。通常のプログラミング言語では、このようなデータ構造を処理するにはループ処理を用いるため、本書で扱っているようなアルゴリズムは分かりにくくなりがちであるが、本書では、Pythonの内包表記を用いることで、簡単、かつシンプルに表現されている。例えば、数学では集合を $\{2x : x \in \{1, 2, 3\}\}$ のように表現するが、これはPythonでは内包表記を用いて`{2*x for x in {1,2,3}}`と表現される。

さて、本書の原題は『Coding the Matrix』である。このMatrixという言葉は「行列」という意味を持つが、これに加えて、原題のMatrixは、1999年に公開され、その斬新な映像と世界観で世界中を魅了した映画『マトリックス（The Matrix）』に登場する仮想現実のマトリックスにかけている。そういう意味では原題は、「行列をコーディングする」という意味と、「マトリックスをコーディングする」という意味にも読める。このため、本書の何ヵ所か、この映画からの引用が登場する。そんなところも本書の面白さの1つといえるかもしれない。

本書は数学的な内容が濃いため、数人のメンバーで翻訳を進め、最後は全員で全体をチェックするという形で翻訳作業を進めた。途中、メンバーが体調を崩すなどのトラブルがあり、メンバーの変更があったりしたが最終的な各章の翻訳の分担は以下の通りである。

- 松田（0章、2章）
- 脇本（1章、4章、7章、8章、13章）
- 弓林（3章、4章、6章、10章）
- 中田（4章、5章、9章、11章）
- 齋藤（12章）

また、幸いなことに、本書の全体の翻訳のチェックでは、元東京都立大学教授の齋藤暁氏に大変お世話になった。本書におけるチェックの見落としは、ひとえに訳者らの責任である。また、齋藤氏は訳者の弓林・脇本の共同研究者であり、現在も精力的に研究活動を続けられておられる。

最後に、本書の翻訳に際し、株式会社オライリー・ジャパンの宮川直樹氏、株式会社トップスタジオの武藤健志氏、増子萌氏らに大変お世話になった。宮川氏には本書の翻訳の機会をいただき、作業を手助けいただいたことに感謝する。また、原著はTEXで書かれており、武藤、増子氏には、それを日本語化する作業、そして訳文そのもののチェックに関しても大変助けていただいた。その丁寧な仕事ぶりには頭が下がる思いである。この場を借りてお2人に深謝すると共に遅訳をお詫びする。

8月吉日

訳者一同

はじめに

マンハッタン57丁目の旅行者:「すみません。カーネギーホールへの行き方を教えていただけませんか?」

生粋のニューヨーカー:「練習、練習!」

映画『マトリックス』に次のようなシーンがある。ネオが椅子に縛り付けられている。モーフィアスが70年代のビデオカセットのようなものを機械に挿入し、テープが再生されるにつれて、武闘の技がネオの脳に流れ込んでいく。そしてほんの短時間で、ネオは武闘の専門家になったのだ。

学生を椅子に縛り付け、彼らの脳に素早く線形代数の知識を流し込めたらどんなに素晴らしいことだろうか。しかし、人間の脳はそういう風には学習しないのだ。入力装置はほぼボトルネックにはならない。学生はたくさんの練習が必要なのだ。しかし、どんな練習が必要なのだろうか?

行列と行列の積など、基本的な計算の練習が必要なことは疑いようもない。これは、初歩的な線形代数の根底を成すと共に、伝統的な例題と解き方を教える形式の線形代数の講座で、そのほとんどの時間を占めるようなものである。また、線形代数を構成する抽象概念の理解を鍛えるための証明や反例を見つける必要があることも疑いようがない。

だが、線形代数を使って別の領域の問題を考えたり、実際に線形代数の計算を**用いて**さまざまな問題を解決したりする練習も必要である。これらは、学生がコンピュータグラフィックスや機械学習などの他の話題を勉強するにあたり、線形代数の授業から得られる最も重要なスキルなのだ。本書はコンピュータサイエンス系の学科の学生向けたものである。彼らにとっては、自分たちの分野からの応用を見ることが最もよく役に立つだろう。というのは、そのような応用は、彼らにとって最も有意義なものだからである。

更に、線形代数を教えている先生で、相手にしているのがコンピュータサイエンスの学生であるような場合は有利だろう。その学生たちはコンピュータに精通しており、ほとんどの学生が持っていない学習モダリティ[†1]を持つ。それにより、プログラムを読んだり、書いたり、デバッグしたり、使ったりといったことを通した学習ができるのだ。

例えば、行列とベクトルの積や、行列と行列の積の計算プログラムの書き方には複数の方法が存在し、それぞれの方法は、その操作の意味を洞察する独自の核となるものを提供する。そのようなプログラムを書く経験は、この意味を伝えたり、操作間の関係を理解したりする点において、同じ時間を手計算の実行に費やすよりも効果的である。

また、コンピュータに精通していることは、線形代数が持つ更に抽象的な数学的側面においても学生を助

†1 [訳注] 個人が情報を与えたり、受け取ったり、格納したりする感覚チャンネル。

けてくれるだろう。オブジェクト指向のプログラミングを知っていれば、**体**(たい)——値とそれに対する操作の集合——の概念を把握する役に立つ。派生型について知っていれば、いくつかのベクトル空間が内積空間であることを理解する準備になる。繰り返しや再帰に親しんでいれば、学生が、例えば、基底や直交基底の存在の手続き的な証明を理解する手助けになる。

計算論的思考（*computational thinking*）という言葉は、NSF（米国国立科学財団）の Computer and Information Science and Engineering の元局長であるジャネット・ウィングが提唱したものである。これは、コンピュータサイエンスの学生が身につけることができるスキルと考え方を指す。本書では、計算論的思考は、初歩的な線形代数の修得に通じる道なのだ。

本書のウェブサイト

本書のウェブサイトは `codingthematrix.com` にある。ここには、データ、例、サポートコードなどが置かれており、本書の課題を解くのに使うことができる。

想定される読者

本書は、プログラミングの経験のある読者を対象としている。筆者の講座を取っているほとんどの学生は、少なくともコンピュータサイエンスの入門講座を通年で取っているか、自分でプログラミングの勉強をしている。加えて、読者は離散数学の講座で勉強するような数学的な証明方法に（前の学期に、あるいは今期に）触れた経験があることが望ましい。

プログラミング経験はどの言語におけるものでも構わない。本書では Python を用いる。最初の 2 つのラボは、読者に Python のプログラミングの方法を伝えるために割かれている。更に、本書で作成するプログラムは、特別洗練されているというわけではない。例えば、本書ではテンプレートとなるコードを提供しており、これにより読者はオブジェクト指向プログラミングをする必要はなくなっている。

本書のいくつかの節には、*という印が付いている。これは、補助的な数学の内容を提供するものであり、特にそれを読まないと本書が理解できないというものではない。

ラボ

本書で重要な部分はラボである。各章にはラボの課題がある。ここで読者は小さなプログラムを書いたり、本書で提供するモジュールを使ったりすることになる。ほとんどの場合、直近で扱った概念やその前後で扱う概念の応用に関連する課題を行うためのものである。ラボの実践は、それ自身に意味があるだけでなく、概念の例示もしており、読者に線形代数の学習を根付かせながら、「それに実感を与えて」くれる。

例えば、筆者の講座では、毎週、学生がラボの課題を行うための時間が 2 時間ずつ割り当てられている。講座のスタッフがこの時間一緒にいて、必要な場合には学生を手助けする（監督するのではない）。その目的は、学生がラボの課題を効率よく進める手助けをすることであり、問題にぶつかった際に立ち往生しないようにするためでもある。学生は、前週の講座の資料を見直し、ラボの課題を読むといった準備をしてくることが期待されている。

ほとんどの学生にとって、ラボは本講座の中で最も楽しい経験となる。ラボは、身につける知識の力がどのようなものかを発見する場所であり、その知識はコンピュータサイエンスの世界で意味のあることを成す手助けをしてくれるのである。

プログラミング言語

本書では Python を用いる。Python はベクトルと行列を組み込みでサポートしていない。このため、読者は Python が提供するデータ構造を用いてベクトルや行列を作る必要がある。自分で実装したベクトルや行列を使えば見通しがよくなる。Python は複素数、集合、リスト（数列）、辞書（関数を表現するのに用いる）を提供している。更に Python は、**内包表記**という、集合、リスト、辞書を作成する式を提供する。この表記では、集合を定義する数学記法によく似た、シンプルで強力な構文を使う。この構文を用いることで、本書で用いるプロシージャの多くは 1 行で書くことができる。

読者は、最初は Python を知らなくてもよい。最初の 2 つのラボは Python の入門であり、その例題は Python の理解を確実にしてくれる。

ベクトルと行列の表現

伝統的に、ベクトルは体の要素の並びとして具体的に表現されてきた。本書でもこの表現方法を用いるが、その他に、特に、Python のプログラム内では、ベクトルを、有限集合 D を体に写像する関数として表す方法も用いる。同様に、行列は伝統的に 2 次元の配列か、体の要素をマス目に並べたものとして表現されてきた。本書でもこの表現を用いるが、その他に、行列を 2 つの有限集合のデカルト積 $R \times C$ から体への関数として表す方法も用いる。

より一般的なこれらの表現により、ベクトルと行列はより直接的に応用へと結びつけることができるようになる。例えば、情報検索において文書をベクトルで表現し、文書内の各単語に対して、出現数をそのベクトル中で指定するのは伝統的な手法である。本書では、このようなベクトルを、単語が定義された領域 D から実数の集合への関数として定義する。もう 1 つの例は、例えば 1024×768 の白黒画像をベクトルとして表現する場合、そのベクトルを定義域 $D = \{1, \ldots, 1024\} \times \{1, \ldots, 768\}$ から実数への関数として定義する。この関数は、各ピクセル (i, j) に対して、そのピクセルの強度を指定する。

プログラマーの視点からは、ベクトルを直接、文字列（単語の場合）やタプル（ピクセルの場合）をインデックスにする方がより便利なことは確かである。しかしながら、より重要な利点がある。それは、ベクトルに対する定義域 D を選ばなければならないことで、その応用についてベクトルの観点から考えさせてくれるという点である。

もう 1 つの利点は、プログラムの型チェックや、物理計算の単位のチェックの利点に似ている。$R \times C$ 行列 A に対して、行列とベクトルの積 $A\boldsymbol{x}$ は、$\boldsymbol{x}$ が C ベクトルである場合にだけ可能であり、行列と行列の積 AB は、B の行ラベル集合が C である場合にだけ可能である。これらの制約は演算の意味を更に強固なものにする。

最後に、その要素を任意の有限集合（単なる連続した整数列ではない）でラベル付け可能にすることで、ベクトルや行列の要素の順序が常に（あるいは、ときに）重要であるとは限らないということを明確にする手助けができる。

根本的な疑問

本書は、応用だけでなく、根本的な疑問と、応用を勉強する際に発生するさまざまな計算問題に突き動かされている。以下に、そのような根本的な疑問のいくつかを示す。

- 線形系の解が一意かどうかはどうすれば分かるか？

- $GF(2)$ 上の線形系の解の個数はどうすれば求まるか？
- ベクトルの集合 $\mathcal{V}$ がベクトル $\boldsymbol{v}_1, \ldots, \boldsymbol{v}_n$ で張られる空間と等価かどうかはどうすれば分かるか？
- 線形方程式の系から、どのような他の線形方程式を考えることができるか？
- 行列が可逆かどうかはどうすれば分かるか？
- 全てのベクトル空間は、同次線形系の解集合で表すことができるか？

基本的な計算問題

線形代数には、その中核を成すさまざまな計算問題がある。本書では、これらは多くの応用を見ていくにつれて多様な形で現れ、それらの関係を調べていくことになる。以下に例を示す。

- 行列方程式 $M\boldsymbol{x} = \boldsymbol{b}$ の解を求めよ
- $M\boldsymbol{x}$ と $\boldsymbol{b}$ の間の距離を最小にするベクトル $\boldsymbol{x}$ を求めよ
- ベクトル $\boldsymbol{b}$ に対して、与えられた基底における表現が k スパースであるような、$\boldsymbol{b}$ に最も近いベクトルを求めよ
- 行列不等式 $M\boldsymbol{x} \leqq \boldsymbol{b}$ の解を求めよ
- 行列 M に対して、ランクが高々 k であるような、M に最も近い行列を求めよ

複数の表現

本書の最も重要なテーマは、同じ対象を複数の異なる表現で表すという考え方である。このテーマはコンピュータ科学者にはお馴染みだろう。線形代数では、これが何度も繰り返し現れる。

- 生成子や同次線形方程式によるベクトル空間の表現
- 同じベクトル空間に対する異なる基底
- ベクトルや行列の表現で使われる異なるデータ構造
- 行列のさまざまな分解

複数の体

本書では3つの異なる体を扱う。それは、線形代数の考え方の一般性を具体的に示し、幅広い応用に言及するためである。その3つの体とは、実数体、複素数体、有限体 $GF(2)$ である。ほとんどの例については、読者が最も慣れ親しんでいるであろう実数上の例とした。複素数は、平面上の点やそれらの点の座標変換の表現に使用できるため、ベクトルへのウォームアップとしての役割を持つ。更に複素数は、高速フーリエ変換や固有値の説明の中でも登場する。有限体 $GF(2)$ は、暗号、認証、チェックサム、ネットワークコーディング、秘密共有、エラー訂正コードなど、情報に関するたくさんの応用例に現れる。

これらの複数のコードは、ベクトル空間の考え方を具体的に示す手助けをしてくれる。実数上のベクトルに対する非常に簡単な内積が存在する。また、複素数上のベクトルに対してはそれより少しだけ複雑な内積が存在し、有限体上のベクトルに対しては内積が存在しない。

意見と質問

本書（日本語翻訳版）の内容については、最大限の努力をもって検証、確認、修正を試みているが、誤りや不正確な点、誤解や混乱を招くような表現、単純な誤植などに気が付かれることもあるかもしれない。そうした場合、今後の版で改善できるよう知らせて欲しい。将来の改訂に関する提案なども歓迎する。連絡先は次の通り。

株式会社オライリー・ジャパン
電子メール　japan@oreilly.co.jp

本書のウェブページには次のアドレスでアクセスできる。

http://www.oreilly.co.jp/books/9784873117775/
http://codingthematrix.com/（英語）

本書のサンプルプログラムは次のアドレスから入手できる。

http://resources.codingthematrix.com/
http://grading.codingthematrix.com/

オライリーに関するその他の情報については、次のオライリーのウェブサイトを参照して欲しい。

http://www.oreilly.co.jp/
http://www.oreilly.com/（英語）

謝辞

ブラウン大学の同僚 John F. Hughes（コンピュータ科学者で元数学者）に感謝する。彼との会話からはとても多くのことを学んだ。本書は彼に負うところが多い。

ブラウン大学の同僚 Dan Abramovich（数学者）に感謝する。彼は、プレゼンテーションにおける抽象化と簡易化のトレードオフに関する彼の洞察を共有させてくれた。

本書の基礎となったブラウン大学の講座でティーチングアシスタントをしてくれた学生、Sarah Meikeljohn、Shay Mozes、Olga Ohrimenko、Matthew Malin、Alexandra Berke、Anson Rosenthal、Eli Fox-Epstein に感謝する。彼らは課題やラボの準備を手伝ってくれた。

本書の索引の作成は Rosemary Simpson が行ってくれた。感謝する。

xkcd の作成者である Randall Munroe に感謝する。本書に載せた作品は彼の厚意による。

最後に、筆者を支え、理解してくれた家族に感謝する。

目 次

0章 関数（とその他の数学とコンピュータに関する予備知識）

後の世代の人々は集合論というものを昔患ったが、
もう治った病気だと考えるだろう。
ポアンカレによる

これからベクトルや行列を学ぶのに必要な数学の基本的な概念は、集合、数列（リスト）、関数、確率論である。

本章ではPythonの紹介も行う。Pythonはプログラミング言語であり、本書ではPythonを、(i) 数学的な対象をモデリングしたり、(ii) 計算の手続きを記述したり、(iii) データ分析を行ったりするのに用いる。

0.1 集合に関する用語と記法

読者のみなさんにとって、**集合**（*set*）はお馴染みだろう。集合とは数学的な対象の集まりであり、それぞれの対象は重複しない。ある集合に属する対象はその集合の**要素**である。本書では、要素を列挙することで集合を表現する場合は中括弧を用いて書く。例えば、$\{\heartsuit, \spadesuit, \clubsuit, \diamondsuit\}$ は、伝統的なトランプのマークの集合である。要素の順序は意味を持たない。即ち集合は要素間に順序を付けない。

$\in$ という記号は対象が集合に属することを示すのに使われる（これはその集合がその対象を**含む**ということと等価である）。例えば $\heartsuit \in \{\heartsuit, \spadesuit, \clubsuit, \diamondsuit\}$ である。

ある集合 S_1 の全ての要素が他の集合 S_2 にも属するとき、S_1 が S_2 に**含まれる**といい、$S_1 \subseteq S_2$ と書く。2つの集合が互いに完全に同じ要素を含む場合、それぞれは互いに等しい。2つの集合が等しいかどうかを証明する便利な方法は、次の2つのステップから成る。即ち、(1) 1つ目の集合が2つ目の集合に含まれていることを証明し、(2) 2つ目の集合が1つ目の集合に含まれていることを証明する、というものである。

集合は無限個の要素を含む場合がある。1章では全ての実数から成る集合 $\mathbb{R}$ と全ての複素数から成る集合 $\mathbb{C}$ を扱う。

集合 S が無限集合でないとき、S の**濃度**とはその集合が持つ要素の数を指し、$|S|$ と書く。例えば、先ほどのトランプのマークの集合の濃度は4である。

0.2　デカルト積

列Aから1つ、列Bから1つ。

2つの集合 A、B の**デカルト積**とは、$a \in A$、$b \in B$ として、(a, b) の組全てから成る集合のことである[†1]。

例 0.2.1： 集合 $A = \{1, 2, 3\}$ と $B = \{\heartsuit, \spadesuit, \clubsuit, \diamondsuit\}$ のデカルト積は次のようになる。

$$\{(1, \heartsuit), (2, \heartsuit), (3, \heartsuit), (1, \spadesuit), (2, \spadesuit), (3, \spadesuit), (1, \clubsuit), (2, \clubsuit), (3, \clubsuit), (1, \diamondsuit), (2, \diamondsuit), (3, \diamondsuit)\}$$

クイズ 0.2.2： 例 0.2.1（p.2）の $A \times B$ の濃度を求めよ。

答え

$|A \times B| = 12$

命題 0.2.3： 有限集合 A、B に対して $|A \times B| = |A| \cdot |B|$ が成り立つ。

クイズ 0.2.4： $\{1, 2, 3, \ldots, 10, J, Q, K\} \times \{\heartsuit, \spadesuit, \clubsuit, \diamondsuit\}$ の濃度を求めよ。

答え

命題 0.2.3 を用いる。1つ目の集合の濃度は 13、2つ目の集合の濃度は 4 なので、これらのデカルト積の濃度は $13 \cdot 4 = 52$ となる。

デカルト積という名称はルネ・デカルトに因む。デカルトについては6章で紹介する。

0.3　関数

数学者は死なない――ただ、機能（function）を失っていくだけだ。

関数とは大雑把にいうと、可能な入力全体から成る集合の各要素に対し、ある可能な出力を割り当てるための規則である。ある入力に対する出力のことをその関数に対するその入力の**像**と呼び、ある出力に対する入力のことをその関数によるその出力の**原像**と呼ぶ。可能な入力全体から成る集合は、この関数の**定義域**と呼ばれる。

形式的には、**関数**とは、入力を a、出力を b とした組 (a, b) の集合（無限集合を許す）である。ただし異なる組 (a, b) で a を共有することはない。

---

†1　［訳注］デカルト積は直積とも呼ばれる。

例 0.3.1： $\{1, 2, 3, \ldots\}$ を定義域とする 2 倍関数は次のようになる。

$$\{(1,2),(2,4),(3,6),(4,8),\ldots\}$$

定義域自体を数の組から構成することも可能である。

例 0.3.2： $\{1, 2, 3, \ldots\} \times \{1, 2, 3, \ldots\}$ を定義域とする組 (a, b) に対し積 $a * b$ を出力する関数は次のようになる。

$$\{((1,1),1),((1,2),2),\ldots,((2,1),2),((2,2),4),((2,3),6),\ldots\}$$

関数 f に対し、f による q の像を $f(q)$ と書く。$r = f(q)$ の場合、**f は q を r に写像する**[†2]という。「q を r に写像する」ことを $q \mapsto r$ と書く（この記法は、関数の指定を省略している。どの関数が使われるかが明白な場合に便利である）。

関数を定義するときは、その**余定義域**を明らかにしておくとよい。余定義域とは、その関数の出力値から成る集合である。余定義域に含まれる要素は、必ずしも関数の出力となる必要がないので、余定義域の選び方は 1 通りではないことに注意して欲しい。

$$f : D \longrightarrow F$$

は、f が集合 D を定義域、集合 F を**余定義域**（出力として取りうる値の集合）とする関数であることを表す（より簡単には、「D から F への関数」、即ち「D から F へ写像する関数」であることを表す）。

例 0.3.3： シーザーは、アルファベットを 3 つ先のものと入れ替える暗号システムを使っていたといわれている（X、Y、Z は最初に折り返す）[†3]。これにより平文 MATRIX は暗号文 PDWULA に暗号化される。このような平文の文字を暗号文に写像する関数は次のように書ける。

$$A \mapsto D, B \mapsto E, C \mapsto F, D \mapsto G, \ldots, W \mapsto Z, X \mapsto A, Y \mapsto B, Z \mapsto C$$

この関数の定義域と余定義域は両方ともアルファベットから成る集合 $\{A, B, \ldots, Z\}$ である。

例 0.3.4： コサイン関数 cos は、実数の集合（$\mathbb{R}$ と表す）を実数の集合に写像する。従って次のように書ける。

$$\cos : \mathbb{R} \longrightarrow \mathbb{R}$$

もちろん、cos 関数の出力は全ての実数ではなく、-1 と 1 の間の実数である。

関数 f の**像**とは、定義域の全ての要素の像から成る集合である。即ち、f の像は、実際に出力となる余定義域の要素から成る集合である。例えば、シーザーの暗号の関数の像は全てのアルファベットから成る集合であり、cos 関数の像は -1 と 1 の間の数から成る集合である。

†2 ［訳注］写す、と表現することもある。
†3 空想力豊かな歴史家は、シーザーの暗殺は、このような弱い暗号システムが原因である可能性があると推測している。

例 0.3.5： 1より大きな整数の組を入力とし、その積を出力する関数 $prod$ を考える。この定義域（入力の集合）は1より大きな整数の組である。余定義域（出力の集合）は1より大きな全整数の集合と定義することもできるが、この関数の像は**合成数**の集合となる。なぜならこの定義域の要素が素数に写像されることはないからである。

0.3.1 関数 vs プロシージャ vs 計算問題

本書の内容に関連する概念で、関数と密接に関係するものが2つあるが、これらは注意して区別する必要がある。

- **プロシージャ**は、計算の手続きを正確に記述したものである。即ち、**入力**（**引数**と呼ばれる）を受け取り、出力（**戻り値**と呼ばれる）を返す。

  例 0.3.6： 次の例は Python でプロシージャを定義する際に用いる構文である。

  ```
  def mul(p,q): return p*q
  ```

  混乱を避けるために、本書ではプロシージャを「関数」とは呼ばないことにする。
- **計算問題**とは、そのプロシージャが満たすべき入力と出力を指定したものである。

  例 0.3.7：
  - **入力**：1より大きな整数 p と q の組 (p, q)
  - **出力**：積 pq

  例 0.3.8：
  - **入力**：1より大きな整数 m
  - **出力**：積が m である1より大きな整数の組 (p, q)

これらの概念は互いにどのように異なるのか？

- プロシージャとは異なり、関数や計算問題では、どのようにして入力から出力を計算するかは定義されない。同じ入出力の機能を持つプロシージャや同じ関数を実装するプロシージャは、異なるものが複数存在することが多い。整数の掛け算に関しては、long 型の値同士を普通に掛け算する（小学校で習ったような）ものから、カラツバ法（Python の long 型の掛け算で使われているもの）、シュトラッセンのアルゴリズム（高速フーリエ変換で使われているもの。10章参照）、2007年に発見されたより高速なフーリエ変換のアルゴリズムなどがある。
- 同じプロシージャが異なる関数で使われる場合もある。例えば、Python のプロシージャ `mul` は負の整数の掛け算にも使えるし、整数以外の数にも使える。
- 関数とは異なり、計算問題では、全ての入力に対して一意な出力を指定する必要がない。例 0.3.8 では、入力が12の場合、出力は $(2, 6)$、$(3, 4)$、$(4, 3)$、$(6, 2)$ のいずれかになる。

0.3.2 関数に関連する 2 つの計算問題

王様の馬と家来の全部がかかってもハンプティを元に戻せなかった

関数と**計算問題**の定義は異なるが、これらは明らかに関連している。即ち、それぞれの関数 f に対し、対応する計算問題が存在する。

順問題：f の定義域の要素 a に対して f の像 $f(a)$ を計算せよ。

例 0.3.7（p.4）はこの意味で、例 0.3.5（p.4）で定義された関数に対応する計算問題である。

しかし、この関数には計算問題がもう 1 つ存在する。

逆問題：f の余定義域の要素 r に対して、全ての原像を計算せよ（もしくは 1 つも存在しないことを示せ）。

これら 2 つの問題はどれほど異なっているのだろうか？ ここで、定義域の任意の要素に対して f の像を計算する $P(x)$ というプロシージャが存在するとしよう。r の原像を計算する最も単純なプロシージャは、定義域の各要素 q に対して、1 つ 1 つ、プロシージャ $P(x)$ を適用し、その出力が r と一致するかどうかを調べるものである。

このやり方は馬鹿馬鹿しいほど無駄に満ちているように見える。定義域が有限であっても、原像問題を解くには $P(x)$ よりはるかに長い時間がかかるだろう。しかし、これよりもよいやり方で、かつ、全ての関数に対して有効なものは存在しないのである。

実際に例 0.3.7（p.4）（整数の掛け算）と例 0.3.8（p.4）（整数の因数分解）を考えてみる。整数の掛け算は計算的に簡単であるが、整数の因数分解は計算的に難しく、この事実は RSA 暗号化システムの安全性の基礎を成している。これはインターネットを介して行われる安全な電子商取引（e コマース）を支える中核を成す技術に使われている。

それでも、本書を読んでいくうちに分かるが、原像が求まると非常に役に立つ。原像を求めるには何をすべきだろうか？

ここでは、関数という概念の一般性が弱点となっている。

『スパイダーマン』の劇中のセリフをもじると

大いなる一般化には、大いなる計算困難性を伴う。

となる。この原則は、原像問題を任意の関数に対してではなく特定の関数群を対象として考えるべきであることを示唆している。しかし、ここにもリスクはある。この関数群が極めて限定的な場合は、原像問題を解くための高速なプロシージャが存在しても、実世界の問題との関係は弱くなってしまう。我々は、コンピュータでの扱いにくさを司るスキュラと、応用のしにくさを司るカリュブディスの間をさまよわなければならないのだ[†4]。

線形代数では、そのスイートスポットを見つけ出すことができる。4 章で導入する**線形な関数**群は、世の中の多くのものをモデリングし、非常に有益なものにできる。同時に、線形な関数に対しては原像問題を解

†4 ［訳注］スキュラとカリュブディスは共にギリシャ神話に登場する海の怪物で、同じ海峡に棲む。「スキュラとカリュブディスの間」は進退窮まった状態を表すイディオム。

くことができるのである。

0.3.3 特定の定義域と余定義域を持つ関数の集合に関する記法

集合 D、F に対して、D から F への関数全体を F^D で表す。例えば、単語の集合 W から実数の集合 R への関数の集合は、R^W と書かれる。

この記法は次の数学的事実を「もじった」ものである。

事実 0.3.9： 任意の有限集合 D、F に対して $|D^F| = |D|^{|F|}$ となる。

0.3.4 恒等関数

任意の定義域 D に対し、$\mathrm{id}_D : D \longrightarrow D$ という関数が存在する。これは、D に対する**恒等関数**と呼ばれ、全ての $d \in D$ に対して $\mathrm{id}_D(d) = d$ で定義される。

0.3.5 関数の合成

関数の合成（*functional composition*）は、2つの関数から1つの新しい関数を作り出す。後で関数の合成という観点から行列の積を定義する。2つの関数 $f : A \longrightarrow B$ と $g : B \longrightarrow C$ が与えられたとき、関数 $g \circ f$（g と f の合成関数と呼ぶ）は定義域が A、余定義域が C の関数となる。これは全ての $x \in A$ に対して

$$(g \circ f)(x) = g(f(x))$$

で定義される。

f の像が g の定義域に含まれない場合、式 $g \circ f$ は定義されない。

例 0.3.10： f と g の定義域と余定義域をどちらも $\mathbb{R}$ とし、$f(x) = x + 1$ かつ $g(y) = y^2$ とする。このとき、これらの合成は $(g \circ f)(x) = (x + 1)^2$ となる。

例 0.3.11： 関数

$$f : \{A, B, C, \ldots, Z\} \longrightarrow \{0, 1, 2, \ldots, 25\}$$

を次のように定義する。

$$A \mapsto 0, B \mapsto 1, C \mapsto 2, \cdots, Z \mapsto 25$$

2つ目の関数 g は次のように定義する。g の定義域と余定義域は、どちらも集合 $\{0, 1, 2, \ldots, 25\}$ で、$g(x) = (x + 3) \bmod 26$ とする。3つ目の関数 h は定義域を $\{0, \ldots, 25\}$、余定義域を $\{A, \ldots, Z\}$ とし、$0 \mapsto A, 1 \mapsto B, \ldots$ などとする。このとき $h \circ (g \circ f)$ は例 0.3.3（p.3）のシーザーの暗号を表す関数となる。

図を用いて有限の定義域と余定義域を持つ関数の合成を表すと直感的に分かりやすい。図1は例 0.3.11

の 3 つの関数の合成を示したものである。

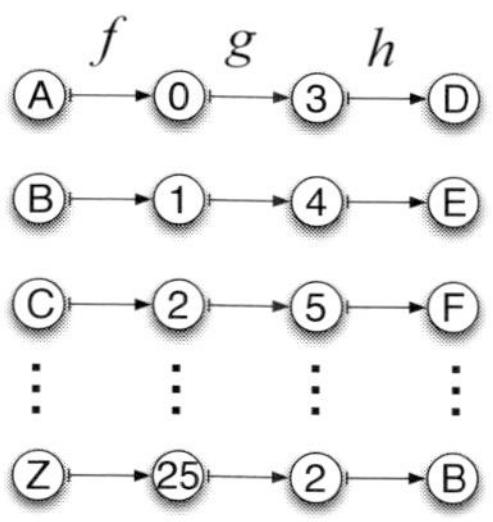

図 1　この図は、関数 f、g、h の合成を表す。各関数は定義域を表す円から余定義域を表す円への矢印で表される。この 3 つの関数の合成は、これら 3 本の矢印で表される。

0.3.6　関数の合成の結合則

次に関数の合成が**結合則**[†5]を満たすことを示す。

命題 0.3.12（合成の結合則）： 関数 f、g、h に対し、

$$h \circ (g \circ f) = (h \circ g) \circ f$$

である。ただし合成が定義されているとする。

証明

x を f の定義域の任意の要素とする。

$$\begin{aligned}
(h \circ (g \circ f))(x) &= h((g \circ f)(x)) && h \circ (g \circ f) \text{ の定義より} \\
&= h(g(f(x))) && g \circ f \text{ の定義より} \\
&= (h \circ g)(f(x)) && h \circ g \text{ の定義より} \\
&= ((h \circ g) \circ f)(x) && (h \circ g) \circ f \text{ の定義より}
\end{aligned}$$

□

結合則は合成の式において括弧が不要であることを意味する。即ち、$h \circ (g \circ f)$ は $(h \circ g) \circ f$ と等価なため、これらは $h \circ g \circ f$ と書くことができるのだ。

0.3.7　逆関数

PDWULA という暗号文を受け取ったシーザーの部下の立場で考えてみる。平文を得るには、部下は暗号文のそれぞれの文字に対し、その文字に写像される文字を暗号化関数（例 0.3.3（p.3）の関数）を用いて見つけ出す必要がある。つまり彼は、P に写像される文字（即ち、M）を見つけ出し、D に写像される文字

†5　［訳注］一般に、操作の繰り返しが順序によらないとき、即ち、積の場合でいえば $(a * b) * c = a * (b * c)$ を満たすとき、操作は結合則を満たす、という。

(即ち、A）を見つけ出し、……という作業を繰り返さなければならない。この間、彼は、暗号文の文字それぞれに**別の**関数を適用しているように見えるだろう。具体的には、暗号化関数とは逆の効果を持つ関数をである。この関数は、暗号化関数の**逆関数**と呼ばれる。

別の例として、例 0.3.11（p.6）の関数 f と h を考える。f は $\{A,\ldots,Z\}$ から $\{0,\ldots,25\}$ への関数であり、h は $\{0,\ldots,25\}$ から $\{A,\ldots,Z\}$ への関数である。一方の関数は、他方の関数の効果を反転したものである。即ち、$h\circ f$ は $\{A,\ldots,Z\}$ に対する恒等関数であり、$f\circ h$ は $\{0,\ldots,25\}$ に対する恒等関数である。h は f の逆関数という。f を特別扱いする理由はなく、f は同様に h の逆関数である。

一般に、逆関数は次のように定義される。

定義 0.3.13： 以下の場合、関数 f と g は互いに**逆関数**（*functional inverses*）である。

- $g\circ f$ が定義され f の定義域に対して恒等関数である。
- $f\circ g$ が定義され g の定義域に対して恒等関数である。

f の逆関数を f^{-1} と書く。

全ての関数が逆関数を持つわけではない。逆関数を持つ関数は**可逆である**（*invertible*）という。可逆でない関数の例を図 2 と図 3 に示す。

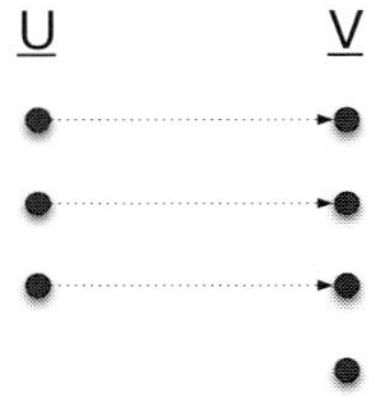

図 2　関数 $f:U\longrightarrow V$ は全射ではない。即ち、余定義域の 4 番目の要素は、定義域のいずれの要素に対しても f の像ではないからである。

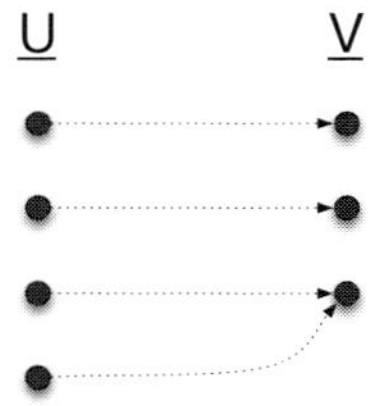

図 3　関数 $f:U\longrightarrow V$ は単射ではない。即ち、余定義域の 3 番目の要素は、定義域の 2 つ以上の要素の f による像だからである。

定義 0.3.14： 関数 $f:D\longrightarrow F$ を考える。全ての $x,y\in D$ に対して、$f(x)=f(y)$ ならば $x=y$ が成り立つ場合、f は**単射**であるという。全ての $z\in F$ に対して、$f(x)=z$ が成り立つ $x\in D$ が存在する場合、f は**全射**であるという。

例 0.3.15： 例 0.3.5（p.4）で定義した $prod$ 関数を考える。素数は原像を持たないため、この関数は、余定義域を整数全体の成す集合とすると、全射にはならない。また、同じ整数に写像される整数の組は複数存在する（例えば $(2,3)$ と $(3,2)$ など）ので、この関数は単射でもない。

補題 0.3.16： 可逆な関数は単射である。

証明

f が単射ではないとし、x_1 と x_2 を、$f(x_1) = f(x_2)$ であるような定義域の異なる要素とする。$y = f(x_1)$ とする。矛盾を導くために、f が可逆であると仮定する。逆関数の定義から $f^{-1}(y) = x_1$ と $f^{-1}(y) = x_2$ が導かれるが、これらを同時に満たす関数は定義できない。 □

補題 0.3.17： 可逆な関数は全射である。

証明

f が全射ではないとし、$\hat{y}$ を定義域のいずれの要素の像でもないような余定義域の要素とする。矛盾を導くために f が可逆であると仮定すると、$\hat{y}$ は、f^{-1} に対して像 $\hat{x}$ を持つ。逆関数の定義から $f(\hat{x}) = \hat{y}$ となり、矛盾する。 □

定理 0.3.18（逆関数定理）： 関数は可逆であるとき、かつ、そのときに限り、その関数は単射かつ全射である。

証明

補題 0.3.16、0.3.17 は、可逆な関数が単射かつ全射であることを示している。逆に f が単射かつ全射とし、以下のように、f の定義域を余定義域に持つような関数 g を定義する。

> f は全射なので、余定義域の各要素 $\hat{y}$ に対し、$f(\hat{x}) = \hat{y}$ が成り立つ要素 $\hat{x}$ が f の定義域に存在する。即ち、$g(\hat{y}) = \hat{x}$ が定義できる。

$g \circ f$ が f の定義域に対して恒等関数であることを主張する。$\hat{x}$ を、f の定義域の任意の要素とし、$\hat{y} = f(\hat{x})$ とする。f は単射なので $\hat{x}$ はその f による像が $\hat{y}$ であるような定義域の唯一の要素であり、$g(\hat{y}) = \hat{x}$ である。これは $g \circ f$ が恒等関数であることを示している。

また、$f \circ g$ は g の定義域に対して恒等関数であることを主張する。$\hat{y}$ を g の定義域の任意の要素とすると、g の定義より $f(g(\hat{y})) = \hat{y}$ となる。 □

補題 0.3.19： 全ての関数は高々 1 つの逆関数しか持たない。

証明

$f : U \longrightarrow V$ を可逆な関数とする。g_1 と g_2 をどちらも f の逆関数と仮定して、全ての $v \in V$ に対して $g_1(v) = g_2(v)$ であることを示せば、g_1 と g_2 は同じ関数といえる。

v を f の余定義域の任意の要素とする。f は全射なので（補題 0.3.17）、$v = f(u)$ が成り立つ要素 $u \in U$ が存在する。逆関数の定義より、$g_1(v) = u$ であり、$g_2(v) = u$ である。従って、$g_1(v) = g_2(v)$ となる。 □

0.3.8 可逆関数の合成関数についての可逆性

例 0.3.11（p.6）では、3 つの関数の合成がシーザーの暗号を実装する関数であることを見た。この 3 つの関数は全て可逆であり、その合成関数も可逆である。これは偶然ではない。

補題 0.3.20： f と g が可逆な関数で、$f \circ g$ が存在する場合、$f \circ g$ は可逆で $(f \circ g)^{-1} = g^{-1} \circ f^{-1}$ である。

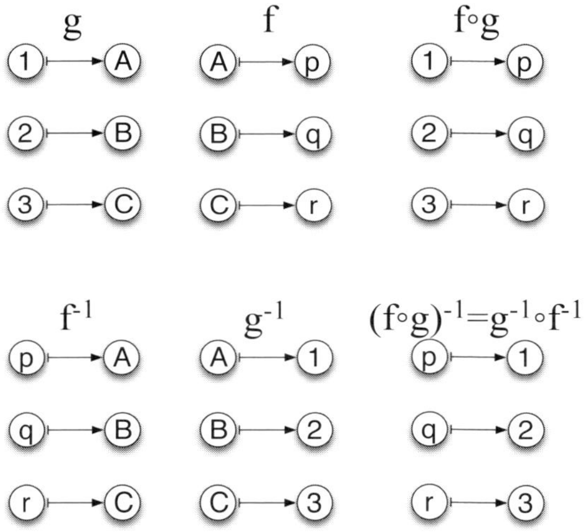

図 4　この図の上部は 2 つの可逆な関数 f と g、及びその合成関数 $f \circ g$ を図示している。ここで合成関数 $f \circ g$ が可逆であることに注意して欲しい。これは補題 0.3.20 を具体例で示している。この図の下部は g^{-1} と f^{-1}、$(f \circ g)^{-1}$ を示している。$(f \circ g)^{-1} = g^{-1} \circ f^{-1}$ であることに注意して欲しい。これもまた補題 0.3.20 を具体例で示している。

問題 0.3.21： 補題 0.3.20 を証明せよ。

問題 0.3.22： 図 1、2、3 のような図を用いて、以下の反例となる関数 g と f を示せ。

間違った主張 0.3.23： f と g が関数であり $f \circ g$ が可逆であるとする。このとき f と g は可逆である。 □

0.4 確率

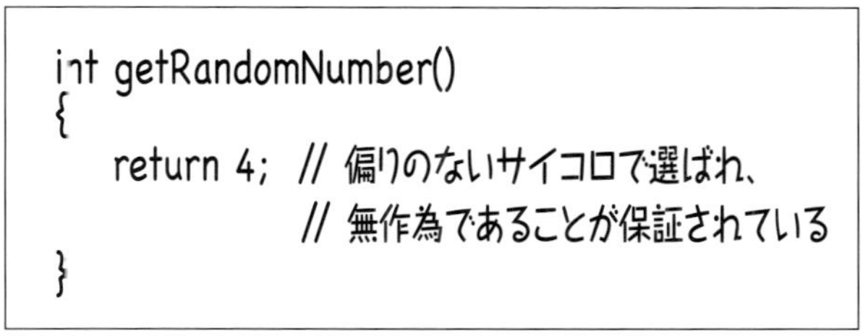

乱数（http://xkcd.com/221/）

ベクトルと行列の重要な応用の1つは確率論に現れる。例としてGoogleのページランクが挙げられる。これを理解するために、ここでは確率論の基礎を学んでおくことにしよう。

確率論では、決して何も起こらない。確率論は何が起こり**うるか**に関するものであり、起こる可能性がどれくらいあるかについて扱うものである。確率論は確率の計算法を与え、これは仮説実験の際の予測に使われる（実際に何かが起きたら、その解析には**統計**が用いられる）。

0.4.1 確率分布

有限な定義域 Ω から非負の実数 $\mathbb{R}^+$ への関数 $\Pr(\cdot)$ は、$\sum_{\omega\in\Omega}\Pr(\omega)=1$ を満たすとき**（離散）確率分布**になる。この定義域の要素を**結果**と呼ぶ。$\Pr(\cdot)$ の結果の像はその結果の**確率**（*probability*）と呼ばれる。確率とは結果の**相対的な可能性**（**尤度**（ゆうど））に比例すると考えることができる。ここでは**可能性**という言葉を一般的な意味で用い、**確率**という言葉をその数学的な抽象化の意味で用いる。

超能力者（http://xkcd.com/628/）

一様分布

最も簡単な例は、全ての結果が同じ可能性で起こりうる場合、即ち、全ての結果に同じ確率が割り当てられる場合である。このとき、確率分布は**一様である**という。

例 0.4.1： 1枚のコインを投げるときの表裏（heads、tails）の数学的なモデルは $\Omega=\{\text{heads},\text{tails}\}$ と書かれる。2つの結果の尤度が等しいと仮定すると、それぞれ同じ確率を割り当てることができる。

即ち、Pr(heads) = Pr(tails) である。これらの合計は1でなければならないので、Pr(heads) = 1/2、Pr(tails) = 1/2 である。Python ではこの確率分布を次のように書くことができる。

```
>>> Pr = {'heads':1/2, 'tails':1/2}
```

例 0.4.2： サイコロを1つ振るときの数学的なモデルは $\Omega = \{1,2,3,4,5,6\}$、$\Pr(1) = \Pr(2) = \cdots = \Pr(6)$ と書かれる。6つの結果の尤度が等しいと仮定すると、6つの結果の確率は合計すると1にならなければならないので、これらの確率はそれぞれ 1/6 である。Python では次のようになる。

```
>>> Pr = {1:1/6, 2:1/6, 3:1/6, 4:1/6, 5:1/6, 6:1/6}
```

例 0.4.3： 2枚のコインを投げるときの表裏の数学的なモデルは $\Omega = \{HH, HT, TH, TT\}$ となり（ここで、H は表、T は裏）、これらの確率はそれぞれ 1/4 となる。Python では次のようになる。

```
>>> Pr = {('H', 'H'):1/4, ('H', 'T'):1/4, ('T','H'):1/4, ('T','T'):1/4}
```

非一様分布

更に複雑な状況では、異なる結果は異なる確率を持つ。

例 0.4.4： $\Omega = \{A, B, C, \ldots, Z\}$ とし、ボードゲーム「スクラブル」[†6]を始める際、それぞれの文字をどれくらいの尤度で引くかに従って確率を割り当てることにしよう。スクラブルにおける、各文字のタイルの個数を次に示す。

A	9	B	2	C	2	D	4
E	12	F	2	G	3	H	2
I	9	J	1	K	1	L	1
M	2	N	6	O	8	P	2
Q	1	R	6	S	4	T	6
U	4	V	2	W	2	X	1
Y	2	Z	1				

R を引く可能性は G の2倍であり、また、C の3倍、Z の6倍である。確率は、これらの可能性に比例して決める必要がある。ここで、数 c が必要になる。これは、それぞれの文字を引く確率が、その文字の c 倍となるような数である。

$$\Pr(\text{文字 X を引く}) = c \cdot \text{文字 X のタイル数}$$

†6 ［訳注］タイルを並べて単語を作成し、得点を競うボードゲーム。

これを全ての文字について合計すると、

$$1 = c \cdot \text{タイルの総数}$$

を得る。タイルの合計は 95 なので、$c = 1/95$ と定義する。従って、E を引く確率は、12/95、即ち、約 0.126 である。また A を引く確率は 9/95 である。Python ではこの確率分布は次のようになる。

```
>>> Pr = {'A':9/95, 'B':2/95, 'C':2/95, 'D':4/95, 'E':12/95, 'F':2/95,
...       'G':3/95, 'H':2/95, 'I':9/95, 'J':1/95, 'K':1/95,  'L':1/95,
...       'M':2/95, 'N':6/95, 'O':8/95, 'P':2/95, 'Q':1/95,  'R':6/95,
...       'S':4/95, 'T':6/95, 'U':4/95, 'V':2/95, 'W':2/95,  'X':1/95,
...       'Y':2/95, 'Z':1/95}
```

0.4.2 事象及び確率の和

例 0.4.4（p.12）で**母音**を引く確率はいくつだろうか？

結果の集合は**事象**と呼ばれる。例えば、母音を引く事象は集合 $\{A, E, I, O, U\}$ で表せる。

原理 0.4.5（確率論の基本原理）： 事象の確率は、その事象を構成する結果の確率の和である。

この原理に従うと、母音を引く確率は

$$9/95 + 12/95 + 9/95 + 8/95 + 4/95$$

となり、これは 42/95 である。

0.4.3 関数への無作為な入力

関数への入力が無作為の場合を考えよう。関数への入力が無作為な場合、出力も無作為になると考えるべきである。入力の確率分布と関数の機能が決まれば、確率論を用いて出力の確率分布を導き出すことができる。

例 0.4.6： 関数 $f : \{1, 2, 3, 4, 5, 6\} \longrightarrow \{0, 1\}$ を

$$f(x) = \begin{cases} 0 & x \text{が偶数} \\ 1 & x \text{が奇数} \end{cases}$$

と定義する。例 0.4.2（p.12）で示したようなサイコロを 1 つ振る実験を考える。実験結果としては、$\{1, 2, 3, 4, 5, 6\}$ の中の数字のいずれかを得る。次に $f(\cdot)$ をその数字に適用すると、0 か 1 のいずれかを得る。この実験の結果に関する確率分布はどのようなものになるだろうか？

出た目が 2、4、6 のいずれかの場合、この実験の結果は 0 になる。例 0.4.2（p.12）で述べたように、これらの結果はそれぞれ 1/6 の確率で起こりうる。確率論の基本原理により、この関数の出力が 0 になる確率は $1/6 + 1/6 + 1/6$、つまり 1/2 である。同様に、この関数の出力が 1 になる確率は 1/2 で

ある。従って、この関数の出力の確率分布は`{0:1/2., 1:1/2.}`となる。

クイズ 0.4.7： 例 0.4.3（p.12）で示した 2 枚のコインを投げる場合を考える。結果は (x, y) の組である。ここで x と y それぞれは`'H'`または`'T'`である。関数

$$f : \{\texttt{('H', 'H') ('H', 'T'), ('T','H'), ('T','T')}\}$$

を

$$f((x, y)) = \text{H が現れる数}$$

と定義する。このとき、この関数の出力の確率分布を求めよ。

答え

`{0:1/4., 1:1/2., 2:1/4.}`

例 0.4.8（シーザーがスクラブルをやる）： 例 0.3.11（p.6）で定義した関数 f が A を 0、B を 1、……に写像することを思い出そう。例 0.4.4（p.12）の確率分布に従って無作為に選ばれた文字に f を適用する実験を考える。

f は可逆な関数なので、出力が 0 となる入力が 1 つだけ、即ち A が存在する。従って出力が 0 となる確率は入力が A となる確率 9/95 と同じである。同様に、f の余定義域（0 から 25 までのある整数）に写像されるような文字は 1 つだけ存在し、その整数の確率はその文字の確率と同じである。従って、確率分布は次のようになる。

```
{0:9/95., 1:2/95., 2:2/95., 3:4/95., 4:12/95., 5:2/95.,
 6:3/95., 7:2/95., 8:9/95., 9:1/95., 10:1/95., 11:1/95.,
 12:2/95., 13:6/95., 14:8/95., 15:2/95., 16:1/95., 17:6/95.,
 18:4/95., 19:6/95., 20:4/95., 21:2/95., 22:2/95., 23:1/95.,
 24:2/95., 25:1/95.}
```

この例は、関数が可逆な場合の確率は保たれることを具体的に示している。即ち、それぞれの出力の持つ確率は、入力の確率と一致する。故に、入力が一様分布から選ばれたならば、出力の分布も一様分布となる。

例 0.4.9： シーザーの暗号システムは元の文字を 3 個先の文字に暗号化する。もちろん、k 個先の文字に進むといった場合、その数が 3 である必要はない。即ち、k は 0〜25 の整数であればよい。この k を**鍵**と呼ぶことにする。k を $\{0, 1, \ldots, 25\}$ の一様分布から選び、この鍵で文字 P を暗号化する。このとき次の $w : \{0, 1, \ldots, 25\} \longrightarrow \{A, B, \ldots, Z\}$ が鍵を暗号文に写像する関数となる。

$$\begin{aligned} w(k) &= h((f(P) + k) \bmod 26) \\ &= h((15 + k) \bmod 26) \end{aligned}$$

この関数 $w(\cdot)$ は可逆である。その入力は一様分布に従って選ばれるので、出力の分布も一様分布となる。従って、その鍵が無作為に選ばれる場合、等しい尤度で暗号文は 26 文字のどの文字にもなりうる。

0.4.4 完全秘匿

暗号法（http://xkcd.com/153/）

例 0.4.9（p.14）の考えを、更にシンプルな暗号システムに適用してみよう。暗号システムは次の 2 つの要求を満たす必要がある。

- 暗号化されたメッセージは対象となる人が受信した場合、復号化できなければならない。
- 対象でない人は復号化できては**ならない**。

最初の要求は当然のものである。2 番目に関しては、暗号システムの安全性についての誤解を解かねばなるまい。情報を守る**方法**を公開さえしなければ安全性を保つことができるという考えは、侮蔑的に**隠すことによるセキュリティ**と呼ばれる。このやり方は、1881 年にオランダの研究者のアウグスト・ケルクホフス、本名 Jean-Guillaume-Hubert-Victor-François-Alexandre-Auguste Kerckhoffs von Niewenhof によって批判された。**ケルクホフスの原理**は、**暗号システムの安全性は使用される鍵の機密性だけに依存すべきであり、システム自身の安全性に依存すべきではない**というものである。

ケルクホフスの厳しい要求を満たす暗号化の方法は存在する。これを正しく使えば 100% 解読不可能である[†7]。アリスとボブがイギリス軍で働いていたとしよう。ボブはボストン港に駐留する数名の兵士の司令官であり、アリスは数マイル離れた場所にいる司令長官である。あるときアリスは、ボブに陸から攻めるか海から攻めるかを伝えるため、1 ビットのメッセージ p（平文）を送らなければならなくなった（0 = 陸、1 = 海）。彼らの計画は事前に取り決められており、アリスがメッセージを暗号化して 1 ビットの**暗号文** c を求め、1 つか 2 つのランタンをぶら下げることで暗号文 c をボブに伝える（ランタン 1 つ = 0、ランタン 2 つ = 1）。彼らは植民地の運命がこの通信の機密性にかかっていることを知っている（たまたま、敵のスパイであるイブがこの計画を知り、監視している）。

ちょっと時間を戻そう。アリスとボブは暗号の専門家と相談している。専門家は次の方式を提案した。

悪い方法: アリスとボブは k を $\{\clubsuit, \heartsuit, \spadesuit\}$ から一様確率分布 ($\Pr(\clubsuit) = 1/3$、$\Pr(\heartsuit) = 1/3$、$\Pr(\spadesuit) = 1/3$) で無作為に選ぶ。アリスとボブは k を知っており、秘密にしておかなければならない。これが**鍵**である。アリスがこの鍵を使って平文 p を暗号化し、暗号文 c を得るときには次の表を参照する。

p	k	c
0	$\clubsuit$	0
0	$\heartsuit$	1
0	$\spadesuit$	1
1	$\clubsuit$	1
1	$\heartsuit$	0
1	$\spadesuit$	0

よい知らせは、この暗号システムは暗号システムの第 1 要求を満たすことである。即ち、鍵 k を知っているボブは、暗号文 c を受信すれば平文 p を決定できる。アリスが参照する表は、同じ k と c を値に持つ行は 2 つと存在しない。

悪い知らせは、この方式ではイブに情報が漏れてしまうことである。メッセージが 0 になったとしよう。この場合、$k = \clubsuit$（1/3 の確率）ならば $c = 0$ で、$k = \heartsuit$ もしくは $k = \spadesuit$（確率論の基本原理により、2/3 の確率）ならば $c = 1$ である。従って、$c = 1$ になる確率は、$c = 0$ の 2 倍である。メッセージが 1 になったとすれば、同様の解析から、$c = 0$ になる確率は $c = 1$ の 2 倍である。

従って、イブは暗号文 c から平文 p についての何らかの情報を得ることができる。即ち、イブは c から p が何かを確信を持って決めることはできないが、彼女は $p = 0$ となる確率の見積もりを修正できる。例えば、c を見る前はイブは $p = 0$ と $p = 1$ が同じくらいの確率であると信じているとする。彼女が $c = 1$ であることを知れば、$p = 0$ である確率が $p = 1$ の 2 倍であることが推測できる。正確な計算はベイズの定理に依存し、この本の範囲を超えるが、非常にシンプルである。

このことから暗号の専門家はやり方を変えて、p の可能な値 $\spadesuit$ を削除した。

[†7] 旧ソ連がこれを正しく使い損ねたという歴史的に重要な事件については VENONA を参照。

よい方法：アリスとボブは k を $\{\clubsuit, \heartsuit\}$ から一様確率分布（$\Pr(\clubsuit) = 1/2$、$\Pr(\heartsuit) = 1/2$）で無作為に選ぶ。

アリスが平文 p を暗号化し、暗号文 c を得るときには次の表を用いる。

p	k	c
0	$\clubsuit$	0
0	$\heartsuit$	1
1	$\clubsuit$	1
1	$\heartsuit$	0

0.4.5 完全秘匿で可逆な関数

$$f_0(x) = \text{鍵が } x \text{ の場合の 0 の暗号化}$$

$$f_1(x) = \text{鍵が } x \text{ の場合の 1 の暗号化}$$

で定義される関数

$$f_0 : \{\clubsuit, \heartsuit\} \longrightarrow \{0, 1\}$$

$$f_1 : \{\clubsuit, \heartsuit\} \longrightarrow \{0, 1\}$$

を考える。

どちらの関数も可逆である。それ故、それぞれの関数に対して入力 x が一様に無作為に選ばれる場合、出力も一様分布に従って分布する。つまり出力の確率分布は 0 か 1 のいずれが暗号化されるかによらない。即ち、イブが出力を知っても、どちらが暗号化されたのかに関する情報を与えないのである。このことを、このやり方は**完全秘匿**（*perfect secrecy*）である、という。

0.5 ラボ：Python入門——集合、リスト、辞書、内包表記

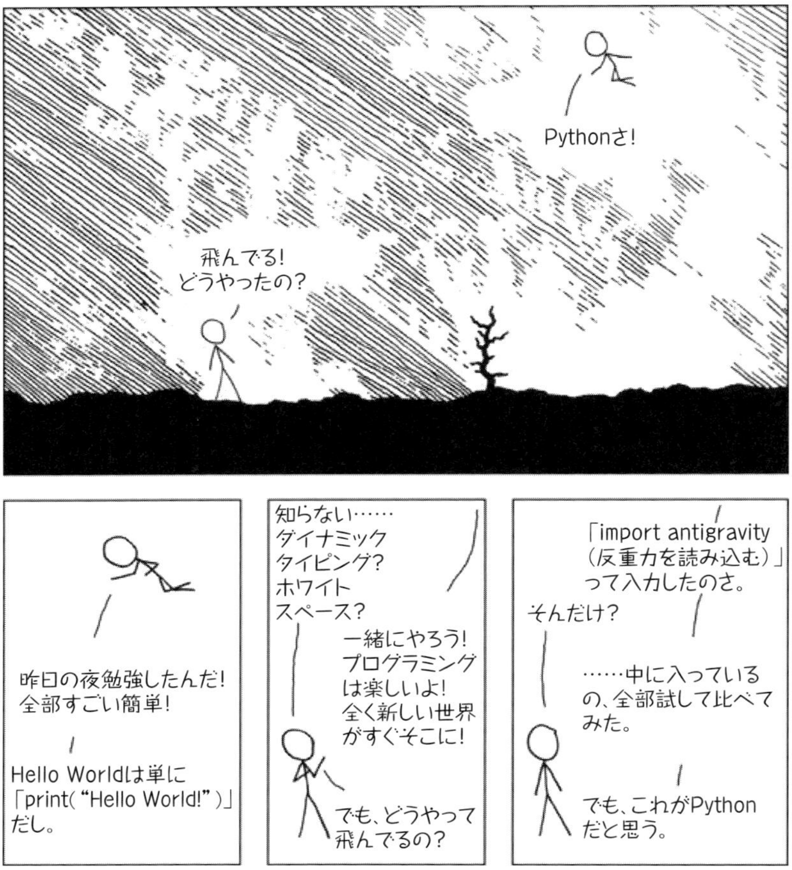

Python（http://xkcd.com/353/）

本書では全てのコードをPython（Version 3.x）で書く。Pythonでは**内包表記**を重点的に使用することで、forループを用いなくても集合やリスト、辞書の各要素に対する計算を表現することができる。内包表記の使用によってコードはより簡潔に読みやすくなり、表現された計算の裏にある数学的な考え方をより明確に表現できるようになる。内包表記はPythonを知っている人にとっても新しいものかもしれないので、少なくとも内包表記に関連する資料に目を通しておくことを勧める。http://codingthematrix.com にはループから内包表記への移行を手助けする手引きとなるドキュメントへのリンクがある。

Pythonを始めるには、コンソール（シェル、ターミナルとも呼ばれ、Windowsでは「コマンドプロンプト」や「MS-DOSプロンプト」と呼ばれる）を開き、python3（または単にpython）とコンソールに入力し、Enterを押す。現在使用しているバージョンを示す表示（例えば、Python 3.4.1）が数行出た後、>>>に続いてスペースが表示される。これが**プロンプト**であり、Pythonが何か入力されるのを待っていることを示す。式を入力し、Enterを押すと、Pythonは式を評価し、結果を表示して、その後再度プロンプトを表示する。この環境から抜けるには、quit()を入力してEnterを押すか、Control-Dを押す。実行に時間がかかりすぎる場合は、Control-Cを押すとPythonの処理を中断することができる。

この環境は**REPL**（read-eval-print loopの頭字語）と呼ばれることもある。即ち、入力されたものを読

み込み、評価し、結果があれば表示する。本書の課題では、主に REPL を通して Python とやりとりをする。それぞれの課題では、特定の形式の式を考えるように指示される。その式を REPL に入力し、Enter を押して、その結果が期待したものと一致しているか確認して欲しい。

Python のコードを実行するやり方はもう 2 つある。REPL 内で**モジュール**をインポートすると、コマンドラインから（つまり、REPL の外で）Python のスクリプトを実行できる。モジュールのインポートに関しては次のラボで説明する。これは Python とやりとりをする上で重要である。

0.5.1 簡単な式

計算と数値

Python は算術計算を行う電卓として使うことができる。2 項演算子 +、*、-、/は期待通りに機能する。負の数値は-を単項演算子として使用する（-9 など）。累乗は 2 項演算子**を使用し、整数の割り算において余りを切り捨てる操作は//を使用する。ある整数を他の整数で割った際の余り（モジュロ）は % 演算子によって得られる。通常、**は*、/、//に優先し、*、/、//は + と-に優先する。括弧はグループ化に使用できる。

Python に計算を行わせるには、式を入力し、Enter か Return を押せばよい。

```
>>> 44+11*4-6/11.
87.454545454545454
>>>
```

Python は答えを表示し、再度プロンプトを表示する。

課題 0.5.1： Python を使用して、1 週間が何秒かを求めよ。

課題 0.5.2： Python を使用して、2304811 を 47 で割った余りを求めよ。ただし、% を使用しないこと（**ヒント：**//を用いる）。

Python では、数値は伝統的なプログラミングの記法を用いる。6.022e23 は 6.022×10^{23} という値を表し、6.626e-34 は 6.626×10^{-34} という値を表す。Python の計算は精度に限界があるので、次のような丸め誤差が生じる。

```
>>> 1e16 + 1
1e+16
```

文字列

文字列はシングルクォートで囲まれた一連の文字である。文字列を入力すると Python はそれをオウム返しに表示する。

```
>>> 'This sentence is false.'
'This sentence is false.'
```

ダブルクォートを用いることもできる。これは、シングルクォートを含む文字列を扱うときに便利である。

```
>>> "So's this one."
"So's this one."
```

ここで、Python はいつもと同じことをしているだけなのである。つまり、Python はいつも通り、与えられた式を**評価**し（即ち式の値を求め）その値を表示しているのである。ただし、文字列の値はその文字列自身となる。

比較、条件、ブール値

値（文字列、数値など）は、==、<、>、<=、>=、!=（不等）といった演算子で比較することができる。

```
>>> 5 == 4
False
>>> 4 == 4
True
```

このような比較の結果の値は、ブール値（True または False）になる。

値がブール値である式はブール式と呼ばれる。

and、or、not などのブール演算子は、更に複雑なブール式を作成する際に用いる。

```
>>> True and False
False
>>> True and not (5 == 4)
True
```

課題 0.5.3： ブール式を入力して、673 と 909 の和が 3 で割り切れるかどうかを調べよ。

プロシージャ type() を用いると値の型を調べることができる。

```
>>> type(4)
<class 'int'>
>>> type(4 == 4)
<class 'bool'>
>>> type("4")
<class 'str'>
>>> type(4.)
<class 'float'>
```

0.5.2 代入文

以下は**文**であり、式ではない。Python は文を実行するが、エラーメッセージや値は生成しない。

```
>>> mynum = 4+1
```

この文の実行により、変数 mynum に値 5 が代入される。Python が mynum だけから成る式を評価すると、結果の値は 5 となる。このため mynum の値は 5 であるという。

ちょっとした専門用語であるが、代入される変数の側は、代入の**左辺**と呼ばれ、代入する値の方は**右辺**と呼ばれる。

変数名は文字から始まらなければならず、ドット（ピリオド）などの特殊な記号を含んではならない。下線_は変数名に含まれていてもよい。変数にはどの型の値を代入してもよい。mynum に文字列を代入することもできる。

```
>>> mynum = 'Brown'
```

代入（バインディング）されたもの[†8]は mynum に別の値を代入するか Python を終了するまで残る。これは**トップレベル**バインディングと呼ばれる。後で変数へのバインディングが一時的である例が登場する。

覚えておくべき重要なこと（そして非常に経験豊富なプログラマーにとっては当たり前になっていること）は、代入文は、変数に式そのものではなく式の**値**を代入するということである。Python は最初に右辺を評価し、それからその結果の値を左辺に代入する。これはほとんどのプログラミング言語と同じ振る舞いである。

以下の代入を考える。

```
>>> x = 5+4
>>> y = 2 * x
>>> y
18
>>> x = 12
>>> y
18
```

2 つ目の代入で、y には 2* x という式の値が代入される。x の式の値は 9 であり、y には 18 が代入される。3 つ目の代入で x は 12 になるが、これは y が 18 であることに影響しない。

0.5.3　条件式

以下は、条件式を表す構文である。

〈**式**〉 if 〈**条件**〉 else 〈**式**〉

条件はブール式である。Python は条件を評価し、それが True か False かによって、最初の**式**か次の**式**のどちらかを評価し、その結果を条件式全体の結果とする。

例えば、x if x>0 else -x という式の値は x の絶対値である。

課題 0.5.4： −9 を x に、1/2 を y に代入する。以下の式の値を予想し、入力して予想を確認せよ。

```
2**(y+1/2) if x+10<0 else 2**(y-1/2)
```

†8　［訳注］以降、プログラムの文脈で代入をバインドと呼ぶことがある。

0.5.4 集合

Pythonは複数の値をグループ化するためのシンプルなデータ構造をいくつか提供している。これらのデータ構造は**集合体**（*collection*）と呼ばれる[†9]。まずは集合から見ていこう。

集合は、それぞれの値が高々一度しか現れず、それらが順序を持たない集合体である。値が集合であることは中括弧{ }によって表すことができる。Pythonでも集合の表示に中括弧{ }を用いる。

```
>>> {1+2, 3, "a"}
{3, 'a'}
>>> {2, 1, 3}
{1, 2, 3}
```

重複しているものは削除され、出力される要素の順番は必ずしも入力した要素の順番と一致しないことに注意して欲しい。

集合 s の**濃度**とは集合の要素数のことである。数学では S の濃度を $|S|$ と書く。Pythonでは、集合の濃度は len(·) で得られる。

```
>>> len({'a', 'b', 'c', 'a', 'a'})
3
```

合計

値から成る集合体の要素の合計は sum(·) で得られる。

```
>>> sum({1,2,3})
6
```

ある理由から（これは後で一例を見る）、合計値を更に別の値に加えたい場合がある。この場合はその加えたい値を sum(·) の第2引数に渡す。

```
>>> sum({1,2,3}, 10)
16
```

集合の要素のテスト

集合の要素であるかは in 演算子と not in 演算子で調べることができる。S を集合とした場合、x in S はブール式となり、x の値が S の要素である場合は True、そうでない場合は False になる。not in はその反対である。

```
>>> S={1,2,3}
>>> 2 in S
True
>>> 4 in S
False
```

†9 ［訳注］集合体とは、集合や、リストのような要素の集まりの総称であり、集合とは異なることに注意。

```
>>> 4 not in S
True
```

集合の和集合、共通部分、差集合

2 つの集合 S と T の**和集合**（*union*）は、S の要素もしくは T の要素（もしくはその両方に属する要素）を全て含む集合である。Python では | を**和集合**の演算子として用いる。

```
>>> {1,2,3} | {2,3,4}
{1, 2, 3, 4}
```

S と T の**共通部分**（*intersection*）は、S と T の両方に属する要素を全て含む集合である。Python では & を**共通部分**の演算子として用いる。

```
>>> {1,2,3} & {2,3,4}
{2, 3}
```

S と T の**差**とは、S から T の要素を取り除いた集合である。Python では - を**差集合**の演算子として用いる。

```
>>> {1,2,3}-{1,4}
{2, 3}
```

集合の変更

変更できる値は**変更可能**（*mutable*）と呼ばれる。集合は変更可能であり、`add` や `remove` メソッドで要素を追加したり削除したりできる。

```
>>> S={1,2,3}
>>> S.add(4)
>>> S.remove(2)
>>> S
{1, 3, 4}
```

このドット（ピリオド）を使った構文は、Java や C++ などのオブジェクト指向言語を習ったことがある読者のみなさんにはお馴染みのものだろう。`add(·)` や `remove(·)` は**メソッド**である。メソッドはドットの左の式の値を引数に取るプロシージャと考えることができる。

Python は、集合に別の集合体（例えば、集合やリスト）の全ての要素を追加する `update(·)` というメソッドを提供している。

```
>>> S.update({4, 5, 6})
>>> S
{1, 3, 4, 5, 6}
```

同様に、ある集合から別の集合体に含まれていない全ての要素を取り除くことで、ある集合と別の集合体との共通部分を取ることができる。

```
>>> S.intersection_update({5,6,7,8,9})
>>> S
{5, 6}
```

2つの変数が同じ値にバインドされているとする。一方の変数を通して行ったその値の変更は、他方の変数にも反映される。

```
>>> T=S
>>> T.remove(5)
>>> S
{6}
```

この振る舞いは、Pythonがデータ構造のコピーを1つしか持たないことを反映している。Pythonは代入文 T=S を実行すると、T と S の両方が同じデータ構造を指すようにする。Pythonのこのような側面はとても重要である。これにより、メモリを大量に消費することなく、同じ集合をいくつかの変数の間で使いまわすことができるのだ。

Pythonは集合体（例えば、集合）をコピーするメソッドを提供している。

```
>>> U=S.copy()
>>> U.add(5)
>>> S
{6}
```

この代入文は、U を S の値に直接バインドするのではなく、S の値のコピーにバインドしている。このため、U の値を変更しても S の値には影響しない。

集合の内包表記

Pythonは**内包表記**（*comprehension*）と呼ばれる式を提供している。これを用いると集合体を別の集合体から作成できる。本書では内包表記を頻繁に用いる。これは、集合体を値に持つ式を作るのに便利であり、数学の伝統的な表記に似ているからである。以下に例を示す。

```
>>> {2*x for x in {1,2,3}}
{2, 4, 6}
```

これを{1,2,3}に**対する**集合の内包表記と呼ぶ。集合の内包表記と呼ばれる理由は、その値が集合だからである。この記法は集合を他の集合で表現する従来の数学の記法と似ており、上の例は数学の記法では $\{2x : x \in \{1,2,3\}\}$ と表せる。この値を計算するには、Pythonは集合{1,2,3}の要素に対して、一時的に制御変数 x を各要素に順にバインドし、それを用いて式 2*x を評価するという処理を繰り返す。その結果、得られた値が最終的な集合の要素になる（内包表記を評価している際の x のバインディングは、評価が完了したらなくなる）。

課題 0.5.5： 集合 $\{1, 2, 3, 4, 5\}$ に対する内包表記で、それぞれの整数の 2 乗を返すものを書け。

課題 0.5.6： 集合 $\{0, 1, 2, 3, 4\}$ に対する内包表記で、それぞれの整数を 2 の指数に持つ値、即ち、2^0、2^1、2^2 などを返すものを書け。

和集合の演算子 | や共通部分の演算子 & を使用することで 2 つの集合の和集合や共通部分の集合の式を書くことができたが、内包表記でもこれらを用いることができる。

```
>>> {x*x for x in {1, 3} | {5, 7}}
{1, 49, 9, 25}
```

この内包表記の最後（閉じ括弧「}」の前）に if ⟨**条件**⟩ を追加することで、集合の値のいくつかを省いて処理できる。

```
>>> {x*x for x in {1, 3} | {5, 7}  if x > 2}
{9, 25, 49}
```

この条件を**フィルタ**（*filter*）と呼ぶ。

2 つの集合のデカルト積を生成する内包表記は、次のように書くことができる。

```
>>> {x*y for x in {1,2,3} for y in {2,3,4}}
{2, 3, 4, 6, 8, 9, 12}
```

この内包表記は x と y の全ての組み合わせの積の集合を作り出し、その積を計算する。これを**二重**の内包表記と呼ぶ。

課題 0.5.7： 前の内包表記

```
{x*y for x in {1,2,3} for y in {2,3,4}}
```

の値は、7 つの要素から成る集合である。

{1,2,3} と {2,3,4} をそれぞれ別の 3 つの要素の集合で置き換え、その値が 9 つの要素の集合となるようにせよ。

以下はフィルタを持つ二重の内包表記の例である。

```
>>> {x*y for x in {1,2,3} for y in {2,3,4} if x != y}
{2, 3, 4, 6, 8, 12}
```

課題 0.5.8： 前の内包表記内の 2 つの集合 {1,2,3} と {2,3,4} をそれぞれ別の 3 つの要素の集合で置き換え、結果が 5 つの要素の集合となるようにせよ。ただし、置き換える 2 つの集合は互いに素、つまり要素が重複していないこととする。

課題 0.5.9： 変数S、Tは集合を表すものとする。演算子&を用いずにSとTの共通部分を返すようなSに対する内包表記を書け（**ヒント：**内包表記の最後にフィルタを用い、要素をチェックせよ）。
作成した内包表記をS = {1,2,3,4}とT = {3,4,5,6}で試せ。

注意

空の集合は、set()で表される。{}でもうまくいくように思われるかもしれないが、この記法は他の意味で用いられている。これについては後で見ていく。

集合を要素に持つ集合を作ることはできない。これはカントールのパラドックスとは関係はなく、Pythonには集合の要素は変更可能であってはならないという制約があり、集合そのものは変更可能だからである。データ構造を学んだ人にとっては、この制約が課されている理由は次の例のエラーメッセージから明らかであろう。

```
>>> {{1,2},3}
Traceback (most recent call last):
  File "<stdin>", line 1, in <module>
TypeError: unhashable type: 'set'
```

Pythonには *frozenset* という変更可能でない集合がある。frozensetは集合の要素になれるが本書では使用しない。

0.5.5 リスト

Pythonは値の列を**リスト**（*list*）で表現する。リスト内では要素の順番が意味を持つため、リストは同じ要素を持つことができる。リストを表すには{}ではなく[]を用いる。また、空のリストは[]で表される。

```
>>> [1,1+1,3,2,3]
[1, 2, 3, 2, 3]
```

リストの要素に制限はない。リストは集合や別のリストを要素に持つことができる。

```
>>> [[1,1+1,4-1], {2*2,5,6}, "yo"]
[[1, 2, 3], {4, 5, 6}, 'yo']
```

しかしながら集合はリストを要素に持てない。リストは変更可能だからである。

リストの**長さ**（*length*）とはリストの要素数のことであり、len(·)で得られる。これは要素がリストであっても、同じ要素がいくつかあっても変わらない。

```
>>> len([[1,1+1,4-1], {2*2,5,6}, "yo", "yo"])
4
```

集合の節で見たように、集合体の要素の合計はsum(·)で計算できる。

```
>>> sum([1,1,0,1,0,1,0])
4
>>> sum([1,1,0,1,0,1,0], -9)
-5
```

2つ目の例では sum(·) の第2引数から処理が始まる。

課題 0.5.10： 評価した値がリスト [20,10,15,75] の要素の平均となる式を書け。

リストの結合

+演算子を使うことで、あるリストの要素と他のリストの要素を合わせた新しいリストを作ることができる（元のリストは変更されない）。

```
>>> [1,2,3]+["my", "word"]
[1, 2, 3, 'my', 'word']
>>> mylist = [4,8,12]
>>> mylist + ["my", "word"]
[4, 8, 12, 'my', 'word']
>>> mylist
[4, 8, 12]
```

sum(·) をリストの集合体に使用すると、全てのリストを結合したリストを得ることができる。ただし、[] を第2引数に渡す必要がある。

```
>>> sum([ [1,2,3], [4,5,6], [7,8,9] ])
Traceback (most recent call last):
  File "<stdin>", line 1, in <module>
TypeError: unsupported operand type(s) for +: 'int' and 'list'
>>> sum([ [1,2,3], [4,5,6], [7,8,9] ], [])
[1, 2, 3, 4, 5, 6, 7, 8, 9]
```

リストの内包表記

次に、リストの内包表記（評価した値がリストになる内包表記）の書き方を説明しよう。以下の例では集合の要素を処理することでリストが作成されている。

```
>>> [ 2*x for x in {2,1,3,4,5} ]
[2, 4, 6, 8, 10]
```

注意して欲しいのは、結果として得られるリストの要素の順番は、元の集合の要素の順番と一致しない場合がある点だ。集合内の順番には意味がないからである。

リスト内の要素を繰り返し処理する内包表記を用いてリストを構築することもできる。

```
>>> [ 2*x for x in [2,1,3,4,5] ]
[4, 2, 6, 8, 10]
```

リスト `[2,1,3,4,5]` は、その要素の順番も指定していることに注意して欲しい。Python はリストの内包表記の評価では、リストの要素の順番で繰り返す。従って、結果のリストの要素の順番は、与えられたリストの順番と同じものとなる。

制御変数を 2 つ使って複数の集合体を処理するリストの内包表記を書くこともできる。集合のところで述べたようにこれらを「二重の内包表記」と呼ぶ。以下に 2 つのリストに対するリストの内包表記の例を示す。

```
>>> [ x*y for x in [1,2,3] for y in [10,20,30] ]
[10, 20, 30, 20, 40, 60, 30, 60, 90]
```

結果のリストは `[1,2,3]` の要素と `[10,20,30]` の要素の全ての組み合わせの積から成る。

内包表記を 2 つのリストに使ってデカルト積を作ることもできる。

課題 0.5.11： リスト `['A','B','C']` 及び `[1,2,3]` に対するリスト内包表記で、その値が [**文字**, **数字**] の全ての可能な組み合わせから成るものを書け。即ち、その値は以下のようなものである。

```
[['A', 1], ['A', 2], ['A', 3], ['B', 1], ['B', 2],['B', 3],
 ['C', 1], ['C', 2], ['C', 3]]
```

課題 0.5.12： `LofL` に数字のリストを要素に持つリストを代入したとしよう。このとき、そのリスト全ての数値全部を足した合計を計算する式を書け。この式は次の形を持ち、内包表記を 1 つ持つ。

`sum([sum(...`

`[[0.25, 0.75, 0.1], [-1, 0], [4, 4, 4, 4]]` を `LofL` に代入し、作成した式を試せ（**注意**：作成した式はどのような長さのリストでも動くようにすること）。

インデックス指定によるリストの要素の取得

ドナルド・クヌース（http://xkcd.com/163/）

リストの要素を取り出すには 2 つの方法がある。1 つ目はインデックスを用いる方法である。Java、C++ などの他の言語と同様、インデックスは大括弧 [ ] で囲んで書くことで指定される。以下に例を示す。リストの最初の要素のインデックスは 0 である。

```
>>> mylist[0]
4
>>> ['in','the','CIT'][1]
'the'
```

スライス： リストの**スライス**とは、元のリストの連続した部分要素から成る新しいリスト、即ち、ある範囲の整数でインデックス指定されたリストのことである。この範囲はコロンで分割された $i:j$ で指定され、i は最初の要素のインデックス、j は最後の要素のインデックスより 1 つ後のインデックスである。従って、`mylist[1:3]` は `mylist` の要素 1 と 2 から成るリストとなる。

プレフィックス： スライスで 1 つ目の i が 0 の場合、これは省略可能である。つまり、`mylist[:2]` は `mylist` の最初の 2 つの要素から成るリストとなる。この記法はリストの先端から始まる部分（プレフィックス）を得るのに便利である。

サフィックス： スライスで 2 つ目の j がそのリストの長さの場合、これは省略可能である。つまり、`mylist[1:]` は `mylist` の要素 0 以外の全ての要素から成るリストとなる。

```
>>> L = [0,10,20,30,40,50,60,70,80,90]
>>> L[:5]
[0, 10, 20, 30, 40]
>>> L[5:]
[50, 60, 70, 80, 90]
```

スライスとスキップ： コロンで分けられた **3 つ組** $a:b:c$ を用いることで、c の倍数番目の要素を全て取得することができる。例えば、以下のようにすると `L` の奇数番目の要素や偶数番目の要素を取り出すことができる。

```
>>> L[::2]
[0, 20, 40, 60, 80]
>>> L[1::2]
[10, 30, 50, 70, 90]
```

アンパックによるリストの要素の取得

リストの要素を取り出すもう 1 つの方法は、アンパックすることである。`mylist = [4,8,12]` のように単一の変数にリストを割り当てるのではなく、変数のリストに要素を割り当てることができる。

```
>>> [x,y,z] = [4*1, 4*2, 4*3]
>>> x
4
>>> y
8
```

代入文の左辺を「変数のリスト」と呼んだが、あくまで表記上の便宜であることに注意して欲しい。

Python は変数のリストという値を作ることはできない。この代入文は、左辺に現れる変数 1 つ 1 つに代入する簡便な方法にすぎない。

課題 0.5.13： 左辺のリストの長さが右辺のリストの長さと一致しない場合、何が起こるか確認せよ。

内包表記の中でもアンパックを同様に用いることができる。

```
>>> listoflists = [[1,1],[2,4],[3,9]]
>>> [y for [x,y] in listoflists]
[1, 4, 9]
```

これは 2 要素のリスト `[x,y]` を `listoflists` の全要素に適用した例である。`listoflists` のいずれかの要素が 2 要素のリストでない場合はエラーになる。

リストの変更：＝の左辺でのインデックス指定

＝の左辺でインデックス指定を用いることで、i 番目の要素を置き換え、リストを変更することができる。これは代入文と同様である。

```
>>> mylist = [30, 20, 10]
>>> mylist[1] = 0
>>> mylist
[30, 0, 10]
```

スライスも左辺に使えるが本書では扱わない。

集合と同様に、リストを変更しても新しいリストは作られない。2 つの変数に同一のリストがバインドされているとすると、一方の変数を介してそのリストに行った変更は、他の変数からも見える。必要に応じてリストの `copy` メソッドを用いることで、新しいコピーを作ることができる。

0.5.6　タプル

リストと同様、タプルは順序を持つ要素の列である。ただし、タプルは変更不可能なため、集合の要素にすることができる。タプルを表す記法は、括弧 ( ) を使う点以外はリストと同じである。

```
>>> (1,1+1,3)
(1, 2, 3)
>>> {0, (1,2)} | {(3,4,5)}
{(1, 2), 0, (3, 4, 5)}
```

インデックス指定とアンパックによるタプルの要素の取得

タプルの要素もインデックスを指定することで取り出せる。

```
>>> mytuple = ("all", "my", "books")
>>> mytuple[1]
'my'
```

```
>>> (1, {"A", "B"}, 3.14)[2]
3.14
```

また、タプルでもアンパックを使用できる。以下にトップレベルの変数への代入の例を示す。

```
>>> (a,b) = (1,5-3)
>>> a
1
```

また、前後関係から括弧を付けないこともできる。例えば

```
>>> a,b = (1,5-3)
```

や

```
>>> a,b = 1,5-3
```

のように書くことができる。

内包表記の中でアンパックを使うこともできる。

```
>>> [y for (x,y) in [(1,'A'),(2,'B'),(3,'C')] ]
['A', 'B', 'C']
```

課題 0.5.14： S をある整数の集合、例えば $\{-4,-2,1,2,5,0\}$ とする。評価すると、次の条件を満たす 3 要素タプル (i,j,k) から成るリストとなる、3 重の内包表記を書け。ここで i、j、k は S の要素で、その合計は 0 であるとする。

課題 0.5.15： 前の問題の内包表記を変更し、結果のリストに $(0,0,0)$ が含まれないようにせよ（**ヒント：フィルタを追加せよ**）。

課題 0.5.16： 更にその式を変更し、式の値が、上記のタプル全部から成るリストではなく、最初のタプルになるようにせよ。

前の問題では、S の要素 i、j、k に対し、合計が 0 となる組み合わせを（そのような 3 つの要素が存在する場合に）計算する方法を学んだ。S の 100 個の要素の合計が 0 であるかどうかを調べたいとしよう。この場合、前の問題で使ったやり方では何がよくないのだろうか？ S を構成する整数が非常に大きい場合でも、この問題を解く高速で信頼性の高い方法を考えられるだろうか（もしできたのならば、すぐに見せて欲しい。博士号をあげよう）。

集合体からのリストや集合の取得

Python はコンストラクタ set(·) を使って集合体（リスト）から集合を作成することができる。同様に、

list(·) でリスト、tuple(·) でタプルを作成することができる。

```
>>> set([0,1,2,3,4,5,6,7,8,9])
{0, 1, 2, 3, 4, 5, 6, 7, 8, 9}
>>> set([1,2,3])
{1, 2, 3}
>>> list({1,2,3})
[1, 2, 3]
>>> tuple({1,2,3})
(1, 2, 3)
```

課題 0.5.17： len(L) と len(list(set(L))) が異なるリスト L の例を見つけよ。

0.5.7 その他の繰り返し処理について

タプルの内包表記——ではなく！ジェネレータ

通常の内包表記の構文（例えば (i for i in [1,2,3])）を使ってタプルを作成できると思うかもしれない。しかし、この式の値はタプルではない。これは**ジェネレータ**である。ジェネレータは Python の非常に強力な機能だが、ここでは扱わない。しかしながら、リストや集合、タプルに対する内包表記ではなく、ジェネレータに対する内包表記を書けることは覚えておいて欲しい。またその逆に、set(·)、list(·)、tuple(·) を使って、ジェネレータを集合、リスト、タプルに変換することもできる。

範囲

範囲（range）は、等差数列から成るリストのような役割を果たす。任意の整数 n に対し、range(n) は 0 から $n-1$ までの連続した整数列を表す。例えば range(10) は 0 から 9 までの整数を表す。従って、内包表記 sum({i*i for i in range(10)}) の値はこれらの整数の 2 乗の合計となる。

範囲は数列を表すが、リストではない。一般に、範囲の要素を使って繰り返し処理を行うか、set(·) や list(·) を用いて集合やリストに変換して使用する。

```
>>> list(range(10))
[0, 1, 2, 3, 4, 5, 6, 7, 8, 9]
```

課題 0.5.18： range(n) の形をした範囲に対し、1〜99 の間の奇数の集合を返す内包表記を書け。

range は 1〜3 個の引数を取る。式 range(a,b) は $a, a+1, a+2, \ldots, b-1$ という整数列を表す。また、式 range(a,b $,c$) は $a, a+c, a+2c, \ldots$ という整数列を表す（ちょうど b の手前で止まる)。

zip

繰り返し処理ができるもう 1 つの集合体は *zip* である。zip は互いに等しい長さの集合体から作られる。zip の要素は入力された集合体の各要素から成るタプルである。

```
>>> list(zip([1,3,5],[2,4,6]))
[(1, 2), (3, 4), (5, 6)]
>>> characters = ['Neo', 'Morpheus', 'Trinity']
>>> actors = ['Keanu', 'Laurence', 'Carrie-Anne']
>>> set(zip(characters, actors))
{('Trinity', 'Carrie-Anne'), ('Neo', 'Keanu'), ('Morpheus', 'Laurence')}
>>> [character+' is played by '+actor
...      for (character,actor) in zip(characters,actors)]
['Neo is played by Keanu', 'Morpheus is played by Laurence',
 'Trinity is played by Carrie-Anne']
```

課題 0.5.19： L にアルファベットの最初の 5 文字 `['A','B','C','D','E']` から成るリストを代入せよ。L を用いて次のリストを値とする式を書け。

`[(0, 'A'), (1, 'B'), (2, 'C'), (3, 'D'), (4, 'E')]`

range と zip は用いてよいが、内包表記を用いてはならない。

課題 0.5.20： リスト `[10, 25, 40]` と `[1, 15, 20]` に対し、1 番目の要素が 10 と 1 の合計、2 番目の要素が 25 と 15 の合計、3 番目の要素が 40 と 20 の合計となるようなリストを値とする内包表記を書け。zip は用いてもよいが、list を用いてはならない。

反転（reversed）

リスト L の要素の順番を反転するには reversed(L) を用いればよい。これはリスト L を変更しない。

```
>>> [x*x for x in reversed([4, 5, 10])]
[100, 25, 16]
```

0.5.8　辞書

有限な定義域を持つ関数を使用することがよくある。Python は、このような関数を表すのに適した**辞書**（*dictionary*）という集合型をサポートしている[†10]。概念的には辞書はキーと値の組の集合である。組の集合を表現するため、辞書の構文は集合の構文に似ており、{ }を使用する。ただし、集合の要素を列挙するのではなく、キーと値の組を列挙する。この構文では、それぞれのキーと値の組は**コロン**記法で書かれる。キーを表す式、コロン、値を表す式の順に書く。

キー：値

アルファベットの各文字をそれぞれの順番に写像する関数 f は、次のように書くことができる。

```
{'A':0, 'B':1, 'C':2, 'D':3, 'E':4, 'F':5, 'G':6, 'H':7, 'I':8,
 'J':9, 'K':10, 'L':11, 'M':12, 'N':13, 'O':14, 'P':15, 'Q':16,
 'R':17, 'S':18, 'T':19, 'U':20, 'V':21, 'W':22, 'X':23, 'Y':24,
```

†10 ［訳注］他の言語では連想配列やハッシュテーブルと呼ばれるもの。

```
'Z':25}
```

集合と同様、キーと値の組の順番は意味を持たず、キーは変更不可能でなければならない（集合やリスト、辞書であってはならない）。本書ではほとんどの場合、キーは、整数、文字列、整数や文字列のタプルである。

キーと値は式で指定することができる。

```
>>> {2+1:'thr'+'ee', 2*2:'fo'+'ur'}
{3: 'three', 4: 'four'}
```

辞書のそれぞれのキーに対し、対応する値は1つだけである。辞書が同じキーに対して複数の値を与えられた場合、1つの値だけがそのキーに関連付けされる。

```
>>> {0:'zero', 0:'nothing'}
{0: 'nothing'}
```

辞書のインデックス指定

特定のキーに対応する値を取り出す場合、リストやタプルのインデックス指定と同じ構文を用いる。即ち、キーを辞書の式の右側に大括弧 [ ] で囲んで書く。

```
>>> {4:"four", 3:'three'}[4]
'four'
>>> mydict = {'Neo':'Keanu', 'Morpheus':'Laurence', 'Trinity':'Carrie-Anne'}
>>> mydict['Neo']
'Keanu'
```

キーが辞書内になければ Python はエラーを返す。

```
>>> mydict['Oracle']
Traceback (most recent call last):
  File "<stdin>", line 1, in <module>
KeyError: 'Oracle'
```

辞書の要素のテスト

`in` 演算子でキーが辞書内にあるかどうかをチェックできる。これは前に集合の要素のテストで用いたものである。

```
>>> 'Oracle' in mydict
False
>>> mydict['Oracle'] if 'Oracle' in mydict else 'NOT PRESENT'
'NOT PRESENT'
>>> mydict['Neo'] if 'Neo' in mydict else 'NOT PRESENT'
'Keanu'
```

辞書のリスト

課題 0.5.21： dlist を辞書のリスト、k を dlist の全ての辞書が共通に持つキーとする。i 番目の要素が dlist の i 番目の辞書のキー k に対応する値となるようなリストの内包表記を書け。

作成した内包表記をいくつかのデータで試せ。以下に例となるデータを示す。

```
dlist = [{'James':'Sean', 'director':'Terence'}, {'James':'Roger',
'director':'Lewis'}, {'James':'Pierce', 'director':'Roger'}]
k = 'James'
```

課題 0.5.22： 課題 0.5.21 の内包表記を変更し、k をキーに持たない辞書がある場合も処理できるようにせよ。この内包表記によるリストの i 番目の要素は、dlist 内の i 番目の辞書にキー k が含まれている場合はそのキーに対応する値で、キーが含まれていない場合は 'NOT PRESENT' とする。

作成した内包表記を、k = 'Bilbo' と k = 'Frodo' のそれぞれについて、以下の辞書のリストを用いてテストせよ。

```
dlist = [{'Bilbo':'Ian','Frodo':'Elijah'},
         {'Bilbo':'Martin','Thorin':'Richard'}]
```

辞書の変更：=の左辺でのインデックス指定

辞書は変更可能であり（新しい、もしくは、古い）キーを指定された値に対応付けることができる。これはリストの要素の指定と同じ構文を用いる。即ち、代入文の左辺でインデックス指定の構文を用いる。

```
>>> mydict['Agent Smith'] = 'Hugo'
>>> mydict['Neo'] = 'Philip'
>>> mydict
{'Neo': 'Philip', 'Agent Smith': 'Hugo', 'Trinity': 'Carrie-Anne',
 'Morpheus': 'Laurence'}
```

辞書の内包表記

辞書は内包表記を用いて作ることができる。

```
>>> { k:v for (k,v) in [(3,2),(4,0),(100,1)] }
{100: 1, 3: 2, 4: 0}
>>> { (x,y):x*y for x in [1,2,3] for y in [1,2,3] }
{(1, 2): 2, (3, 2): 6, (1, 3): 3, (3, 3): 9, (3, 1): 3,
 (2, 1): 2, (2, 3): 6, (2, 2): 4, (1, 1): 1}
```

課題 0.5.23： range を用いて、評価すると、キーが 0〜99 の整数で、キーの値がキーの 2 乗となる辞書となる内包表記を書け。

集合 D 上の**恒等関数**とは次の機能を持つ関数である。

- **入力**：D の要素 x
- **出力**：x

つまり、恒等関数とは単にその入力を出力するだけの関数である。

課題 0.5.24： 適当な集合を変数 D に代入せよ。例えば、D = {'red','white','blue'} などだ。評価すると D に対する恒等関数を表す辞書となる内包表記を書け。

課題 0.5.25： base=10 と digits=set(range(base)) という変数を用いて、0〜999 のそれぞれの整数を、底[†11]を 10 としたときのそれぞれの位を表す 3 つの数字のリストに写像する辞書内包表記を書け。

```
{0: [0, 0, 0], 1: [0, 0, 1], 2: [0, 0, 2], 3: [0, 0, 3], ...,
 10: [0, 1, 0], 11: [0, 1, 1], 12: [0, 1, 2], ...,
 999: [9, 9, 9]}
```

なお、作成した式が、どのような底についても動くようにすること。例えば、2 を base に、{0, 1} を digits に代入した場合、値は以下のようになる。

```
{0: [0, 0, 0], 1: [0, 0, 1], 2: [0, 1, 0], 3: [0, 1, 1],
 ..., 7: [1, 1, 1]}
```

辞書を処理する内包表記

keys() や values() を使って辞書のキーや値を処理するリストの内包表記を書くことができる。

```
>>> [2*x for x in {4:'a',3:'b'}.keys() ]
[6, 8]
>>> [x for x in {4:'a', 3:'b'}.values()]
['b', 'a']
```

A と B という 2 つの辞書に対し、キーの和集合や共通部分を処理する内包表記を書くことができる。これには、0.5.4 節で学んだ和集合の演算子 | や共通部分の演算子 & を用いる。

```
>>> [k for k in {'a':1, 'b':2}.keys() | {'b':3, 'c':4}.keys()]
['a', 'c', 'b']
>>> [k for k in {'a':1, 'b':2}.keys() & {'b':3, 'c':4}.keys()]
['b']
```

辞書の組（**キー**, **値**）を処理する内包表記が必要になることも多いが、これには items() を用いる。それぞれの組はタプルとなる。

†11 ［訳注］a^n に対し、a^n 自体を冪（power）、a を冪の底（base）、n を冪の指数と呼ぶ。

```
>>> [myitem for myitem in mydict.items()]
[('Neo', 'Philip'), ('Morpheus', 'Laurence'),
 ('Trinity', 'Carrie-Anne'), ('Agent Smith', 'Hugo')]
```

これらの要素はタプルであるため、アンパックを用いれば、キーと値は別々にアクセスできる。

```
>>> [k + " is played by " + v for (k,v) in mydict.items()]
['Neo is played by Philip, 'Agent Smith is played by Hugo',
'Trinity is played by Carrie-Anne', 'Morpheus is played by Laurence']
>>> [2*k+v for (k,v) in {4:0, 3:2, 100:1}.items() ]
[8, 8, 201]
```

課題 0.5.26： d を従業員番号（$0 \sim n-1$ の間の整数）を給料に写像する辞書とする。L が n 個の要素のリストであり、その i 番目の要素が従業員番号 i の従業員の名前であるとする。従業員の名前を給料に写像する辞書の内包表記を書け。従業員の名前は異なると仮定してよい。

作成した内包表記を以下のデータでテストせよ。

```
d = {0:1000.0, 3:990, 1:1200.50}
L = ['Larry', 'Curly', '', 'Moe']
```

0.5.9 1行プロシージャを定義する

twice : $\mathbb{R} \longrightarrow \mathbb{R}$ というプロシージャは、入力を 2 倍にして返す。これは Python を用いて、以下のように書ける。

```
def twice(z): return 2*z
```

def というキーワードは、プロシージャの定義を与える。ここで定義された関数名は twice である。変数 z はプロシージャの**仮引数**と呼ばれる。このプロシージャを定義すると、通常の記法を用いて呼び出すことができる。即ち、プロシージャ名に続き、括弧付きの式、という形である。例えば twice(1+2) のようになる。

式 1+2 の値 3 はこのプロシージャの**実引数**である。プロシージャが呼び出されるとき、仮引数（変数）は一時的に実引数にバインドされ、プロシージャの本体が実行される。最後に実引数のバインディングは削除される（つまり、このバインディングは一時的なものである）。

課題 0.5.27： twice(z) の定義を入力せよ。入力後、「...」が表示されるので、Enter を押す。次にいくつかの実引数でプロシージャを呼び出してみよ。文字列やリストで試しても面白いだろう。最後に変数 z から成る式を評価し、z がどのような値にもバインドされていないことを確かめよ。

課題 0.5.28： 以下のような 1 行プロシージャ nextInts(L) を定義せよ。

- **入力**：整数のリスト L
- **出力**：i 番目の要素が L の i 番目の要素よりも 1 大きい整数のリスト
- **例**：入力 `[1,5,7]`、出力 `[2,6,8]`

課題 0.5.29： 以下のような 1 行プロシージャ `cubes(L)` を定義せよ。

- **入力**：数のリスト L
- **出力**：i 番目の要素が L の i 番目の要素の 3 乗になっている数のリスト
- **例**：入力 `[1,2,3]`、出力 `[1,8,27]`

課題 0.5.30： 以下のような 1 行プロシージャ `dict2list(dct, keylist)` を定義せよ。

- **入力**：辞書 *dct*、*dct* のキーから成るリスト *keylist*
- **出力**：$i = 0, 1, 2, \ldots, \text{len}(\textit{keylist}) - 1$ に対して $L[i] = \textit{dct}[\text{keylist}[i]]$ となるようなリスト L
- **例**：入力 *dct* =`{'a':'A', 'b':'B', 'c':'C'}` と *keylist* = `['b','c','a']`、
出力 `['B', 'C', 'A']`

課題 0.5.31： 以下のような 1 行プロシージャ `list2dict(L, keylist)` を定義せよ。

- **入力**：リスト L、変更不可能な要素から成るリスト *keylist*
- **出力**：$i = 0, 1, 2, \ldots, \text{len}(L) - 1$ に対して、keylist$[i]$ を $L[i]$ に写像する辞書
- **例**：入力 L = `['A','B','C']` と *keylist* = `['a','b','c']`、
出力`{'a':'A', 'b':'B', 'c':'C'}`

ヒント：`zip` か `range` を処理する内包表記を用いる。

課題 0.5.32： 以下のプロシージャ `all_3_digit_numbers(base, digits)` を書け。

- **入力**：正の整数 *base* と、$\{0, 1, 2, \ldots, \textit{base} - 1\}$ である集合 *digits*
- **出力**：底が *base* である 3 つの数字全てから成る数の集合

例を以下に示す。

```
>>> all_3_digit_numbers(2, {0,1})
{0, 1, 2, 3, 4, 5, 6, 7}
>>> all_3_digit_numbers(3, {0,1,2})
{0, 1, 2, 3, 4, 5, 6, 7, 8, 9, 10, 11, 12, 13, 14, 15, 16, 17, 18,
 19, 20, 21, 22, 23, 24, 25, 26}
>>> all_3_digit_numbers(10, {0,1,2,3,4,5,6,7,8,9})
{0, 1, 2, 3, 4, 5, 6, 7, 8, 9, 10, 11, 12, 13, 14, 15, 16, 17, 18,
```

```
  19, 20, 21, 22, 23, 24, 25, 26, 27, 28, 29, 30, 31, 32, 33, 34, 35,
   ...
  986, 987, 988, 989, 990, 991, 992, 993, 994, 995, 996, 997, 998, 999}
```

0.6 ラボ：Pythonと逆インデックス——モジュールと制御構造

このラボでは簡単な検索エンジンを作成する。ここでは2つのプロシージャを作成する。1つは大量の文書を読み込んで検索を高速化するインデックスを作成するプロシージャで、もう1つはそのインデックスを用いて検索の答えを表示するプロシージャである。

このラボの目的は、Pythonのプログラミングに更に慣れることである。

0.6.1 既存のモジュールの利用

Pythonにはさまざまなライブラリが提供されており、それらは**モジュール**（*module*）と呼ばれるコンポーネントから構成される。モジュール内で定義されている定義を使用する場合は、そのモジュール自身をインポートするか、そのモジュール内で使いたい定義のみをインポートする。モジュールをインポートした場合は、**修飾名**を用いてプロシージャや変数を参照する必要がある。即ち、モジュール名の後にドットを付け、その後にそのプロシージャや変数の名前を書く。

例えば、`math` ライブラリには平方根、cos、自然対数などの数学関数や、π や e（自然対数の底）などの数学の定数が含まれている。

課題 0.6.1： 次のコマンドを用いて `math` をインポートせよ。

```
>>> import math
```

インポートしたモジュールに対し、プロシージャ `help(`**モジュール名**`)` を使ってみよ。

```
>>> help(math)
```

この結果、指定したモジュールのドキュメントがコンソールに表示される。`f` で下に進み、`b` で上に戻ることができる。また、`q` でドキュメントの閲覧を終了できる。

`math` モジュールで定義されているプロシージャを用いて3の平方根を求め、更にその2乗を求めよ。この結果は思った通りにはならないだろう。Pythonでは整数以外の実数の精度は限られているということを覚えておいて欲しい。そのため、答えは近似値になるのである。

次に、-1 の平方根、π に対する cos、e に対する自然対数を計算してみよ。

平方根を計算する関数の名前は `sqrt` であり、修飾名は `math.sqrt` である。`cos` と `log` はそのままの名前である。また、π と e の名前は `pi` と `e` である。

モジュールからプロシージャや変数を取り出すもう1つの方法は、モジュールから項目を指定してインポートする方法である。これには次の構文を用いる。

`from` ⟨**モジュール名**⟩ `import` ⟨**短縮名**⟩

その後は、この短縮名を用いてプロシージャや変数を参照できるようになる。

課題 0.6.2： random モジュールは、プロシージャ randint(a, b) を定義している。これは $\{a, a+1, \ldots, b\}$ の間の整数を無作為に選んで返す関数である。このプロシージャは次のコマンドでインポートできる。

```
>>> from random import randint
```

randint を何回か実行してみよ。その後、映画の名前を引数に取り、レビューの文字列を返す1行プロシージャ movie_review(name) を書け。ただし、レビューの文字列は2つ以上の候補から無作為に選択すること（レビューの文字列は、"See it!"（見るべし！）、"A gem!"（素晴らしい！）、"Ideological claptrap!"（イデオロギー的なウケ狙い！）などとせよ）。

0.6.2 モジュールの作成

モジュールは自分で作ることもできる。これは、関数定義と変数をファイルに書き、そのファイル名を**モジュール名**.py とするだけである。作成には Kate や Vim（筆者は Emacs）などのテキストエディタを用いる。

更に、このファイルに import 文を書くことで、ファイル内のコードから他のモジュールの定義を使用することができる。

このファイルが Python を起動したディレクトリにある場合、このモジュールをインポートすることができる[†12]。

課題 0.6.3： ラボ 0.5 の課題 0.5.30 と 0.5.31 では、dict2list(dct, keylist) と list2dict(L, keylist) というプロシージャを書いた。dictutil.py を本書のウェブサイトからダウンロードし、ファイル内で pass となっている部分を適切な文に置き換えよ。このモジュールをインポートし、プロシージャをそれぞれテストせよ。このモジュールはこの先使用する。

再読み込み

モジュールをデバッグする際に、モジュールを修正し、修正したものを再度、Python のセッションにロードすることができたら便利である。このために Python は、imp モジュールに reload(module) というプロシージャを定義している。このプロシージャは次のコマンドでインポートできる。

```
>>> from imp import reload
```

from ... import ... を使って特定の定義をインポートした場合、それは再読み込みできないことに注意しよう。

†12 PYTHONPATH という環境変数があり、モジュールの検索対象となるディレクトリを管理している。

課題 0.6.4： dictutil.py を修正し、以下の機能を持つプロシージャ listrange2dict(L) を定義せよ。

- **入力：** リスト L
- **出力：** $i = 0, 1, 2, \ldots, \mathrm{len}(L) - 1$ に対して i を $L[i]$ に写像する辞書

このプロシージャは一から書くか、list2dict(L, keylist) を使って書くことができる。次の文を使うとモジュールを再読み込みできる。

```
>>> reload(dictutil)
```

読み込めたら、listrange2dict を ['A','B','C'] でテストせよ。

0.6.3 ループと条件文

集合、リスト、辞書、タプル、範囲、zip をループ処理する方法は、内包表記以外にもある。例えば昔ながらのプログラマーのために、for x in {1,2,3}: print(x) のような **for ループ**が用意されている。この文では、変数 x は順に集合のそれぞれの要素にバインドされ、文 print(x) はその状態で実行される。

while v[i] == 0: i = i+1 のような **while ループ**もある。

また、if x > 0: print("positive") のような条件文（条件式ではない）もある。

0.6.4 字下げによる Python のグループ化機能

複数の文から成るループや条件文を定義したい場合がある。ほとんどのプログラミング言語では複数の文をグループ化し、ブロックにする方法を提供している。例えば C 言語や Java では中括弧{ }で複数の文を囲む。

Python では**字下げ**を用いて文をグループ化する。**ブロックを形成する全ての文は、同じ文字数の空白文字で字下げする。**このことに関して Python は非常にうるさい。本書で提供する Python ファイルは字下げに半角スペース 4 文字を用いる。更に、同じブロックではタブとスペースを混在して使ってはならない。故に Python で字下げにタブは使うのはお勧めしない[†13]。

トップレベルの文は字下げをしない。制御文のボディを形成する文をグループ化する場合は、制御文から字下げする。以下に例を示す。

```
for x in [1,2,3]:
  y = x*x
  print(y)
```

これは、1、4、9 と出力する（ループが実行された後、y は 9 にバインドされ、x は 3 にバインドされたまま残る）。

---

†13 ［訳注］本文中のコードの字下げには半角スペース 2 文字が用いられているので注意。

課題 0.6.5： 上記の for ループを Python に入力せよ。最初の行を入力すると Python は省略記号「...」を表示する。これは、字下げされたブロックがくることを期待するものだ。次の行は、最初にスペースを1つか2つ入れてから入力せよ。Python は再び省略記号を表示する。1つか2つ（前の行と同じ個数）スペースを入力し、次の行を入力する。今度も Python は省略記号を表示する。Enter を押すと、ループを実行する。

字下げは条件文やプロシージャの定義でも用いることができる。

```
def quadratic(a,b,c):
  discriminant = math.sqrt(b*b - 4*a*c)
  return ((-b + discriminant)/(2*a), (-b - discriminant)/(2*a))
```

これは好きなだけ深く入れ子にできる。

```
def print_greater_quadratic(L):
  for a, b, c in L:
    plus, minus = quadratic(a, b, c)
    if plus > minus:
      print(plus)
    else:
      print(minus)
```

多くのテキストエディタは、Python のコードを書く際の字下げを手助けしてくれる。例えば、Emacs を使って Python のファイル（.py）を編集していたとしよう。コロンで終わる行の入力が終わり、Enter（Return）を押すと、Emacs は自動的に次の行を適切な量だけ字下げしてくれる。これによりブロックに属する行の入力を始めやすくなる。各行を入力し終わった後で Return を押すと、Emacs は再び次の行を字下げしてくれる。ただし、Emacs はいつブロックの末尾行が書かれたかは認識できないので、字下げをやめブロックの外に出る場合には Delete を押す必要がある。

0.6.5 ループからの脱出

多くのプログラミング言語と同様に、Python は break 文を実行すると、その文を含む最も内側のループの後から実行を再開する。

```
>>> s = "There is no spoon."
>>> for i in range(len(s)):
...   if s[i] == 'n':
...     break
...
>>> i
9
```

0.6.6 ファイルからの読み込み

Python で、**ファイル**オブジェクトはファイルを参照したりアクセスしたりするのに用いられる。open('stories_small.txt') は、指定された名前のファイルにアクセスできるファイルオブジェクトを返す。内包表記や for ループを用いて、ファイル内の行をループ処理することができる。

```
>>> f = open('stories_big.txt')
>>> for line in f:
...     print(line)
```

また、ファイルがそんなに大きくなければ、list(·) を用いて直接ファイル内の行から成るリストを取り出すことができる。例を以下に示す。

```
>>> f = open('stories_small.txt')
>>> stories = list(f)
>>> len(stories)
50
```

そのファイルから再度読み込みたい場合は、もう一度 open を呼び出し、新しいファイルオブジェクトを作成すればよい。

0.6.7 ミニ検索エンジン

では、このラボの核となる、検索エンジンとして機能するプログラムを書きはじめよう。

1 行に 1 つの文書を記述した「文書ファイル」から、指定された単語を含む文書を特定できるようにするデータ構造（**逆インデックス**と呼ぶ）を作成しよう。文書は**文書番号**で特定することにする。ファイル内の 1 行目が表す文書の文書番号は 0、2 行目の文書番号は 1、……となる。

文字列用に定義されたメソッド split() を用いると、文字列をスペースで部分文字列に分割し、そのリストを得ることができる。

```
>>> mystr = 'Ask not what you can do for your country.'
>>> mystr.split()
['Ask', 'not', 'what', 'you', 'can', 'do', 'for', 'your', 'country.']
```

ピリオドが部分文字列の一部になってしまうことに注意して欲しい。このラボでは簡単のために単語と句読点の間にスペースを入れた文書ファイルを用意する。

リストの要素のインデックスを使いながら、その要素をループ処理したい場合がある。このようなときのために、Python は enumerate(L) を提供している。

```
>>> list(enumerate(['A','B','C']))
[(0, 'A'), (1, 'B'), (2, 'C')]
>>> [i*x for (i,x) in enumerate([10,20,30,40,50])]
[0, 20, 60, 120, 200]
>>> [i*s for (i,s) in enumerate(['A','B','C','D','E'])]
['', 'B', 'CC', 'DDD', 'EEEE']
```

課題 0.6.6： 文字列（文書）が与えられると、単語をその単語が現れる文書の文書番号から成る集合に写像する辞書を返すプロシージャ `makeInverseIndex(strlist)` を書け。この辞書を**逆インデックス**と呼ぶ（**ヒント：**`enumerate` を用いよ）。

課題 0.6.7： 逆インデックス `inverseIndex` と単語のリスト `query` を受け取り、`query` 内の単語の**どれか**が含まれている文書の文書番号の集合を返すプロシージャ `orSearch(inverseIndex, query)` を作成せよ。

課題 0.6.8： 逆インデックス `inverseIndex` と単語のリスト `query` を受け取り、`query` 内の単語の**全て**が含まれている文書の文書番号の集合を返すプロシージャ `andSearch(inverseIndex, query)` を書け。

作成したプロシージャを本書のウェブサイトにある次の 2 つのファイルで試してみよ。

- `stories_small.txt`
- `stories_big.txt`

0.7　確認用の質問

- $f : A \longrightarrow B$ の意味は何か？
- f が可逆な関数であるための条件は何か？
- 関数の合成における結合則とは何か？
- ある関数が確率分布であるための条件は何か？
- 確率論の基本原理とは何か？
- 可逆な関数への入力が一様分布より無作為に選ばれるとき、出力の分布はどうなるか？

0.8　問題

Python の内包表記に関する問題

以下の問題に対し、内包表記を用いて 1 行プロシージャを書け。

問題 0.8.1： `tuple_sum(A, B)`
入力：同じ長さのリスト `A`、`B`。ただしそれぞれの要素は数字の組 (x, y) から成る。
出力：(x, y) から成るリストで、i 番目の組のはじめの要素が `A` の i 番目の組のはじめの要素と `B` の i 番目の組のはじめの要素を足したもの、i 番目の組の次の要素が `A` の i 番目の組の次の要素と `B` の i 番目の組の次の要素を足したものとなるもの。
例：`[(1,2), (10,20)]` と `[(3,4), (30,40)]` に対し、`[(4,6), (40,60)]` を返す。

問題 0.8.2： `inv_dict(d)`
入力：可逆な関数 `f` を表す辞書 `d`

出力：f の逆関数を表す辞書。つまり、キーが d の値で、それに対応する d のキーが値となる
例：次のような英語・フランス語の辞書が与えられると
`{'thank you':'merci', 'goodbye':'au revoir'}`
以下のようなフランス語・英語の辞書が返される。
`{'merci':'thank you', 'au revoir':'goodbye'}`

問題 0.8.3： まず、次のような機能を持つプロシージャ `row(p, n)` を書け。

- **入力**：整数 p、整数 n
- **出力**：i 番目の要素が $p+i$ となるような n 個の要素から成るリスト
- **例**：$p=10$ と $n=4$ が与えられると、$[10, 11, 12, 13]$ を返す

次に、20 個の要素を持つリスト 15 個から成るリストを値に持つような内包表記を書け。ただし、i 番目のリストの j 番目の要素は $i+j$ となる。内包表記の中で `row(p, n)` を使ってよい。

最後に、同様の内包表記で、`row(p, n)` を使わないものを書け（**ヒント**：`row(p, n)` を `row(p, n)` の定義を与える内包表記で置き換えよ）。

逆関数

問題 0.8.4： 次の関数は可逆か？ そうである場合は理由を述べよ。そうでない場合は、可逆となるようにこの関数の定義域と余定義域もしくはそのいずれかを変更せよ。

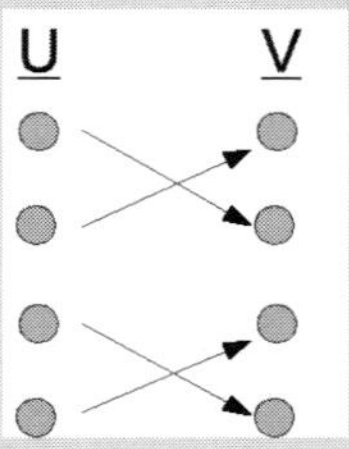

問題 0.8.5： 次の関数は可逆か？ そうである場合は理由を述べよ。そうでない場合は、可逆となるようにこの関数の定義域と余定義域もしくはそのいずれかを変更せよ。

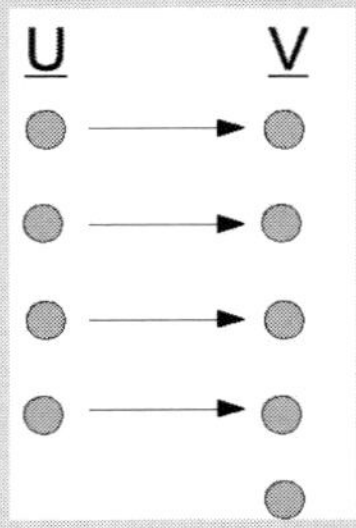

関数の合成

問題 0.8.6： $f:\mathbb{R}\longrightarrow\mathbb{R}$ とし、$f(x)=abs(x)$ であるとする。$g\circ f$ が定義されるような関数 $g(x)=\sqrt{x}$ の定義域と余定義域の選び方はあるか？ あれば具体的に示せ。なければその理由を説明し、f または g の定義域と余定義域、もしくはそのいずれかを $g\circ f$ が定義されるように変更できるか答えよ。

問題 0.8.7： 次の図の関数 f と g について考える。

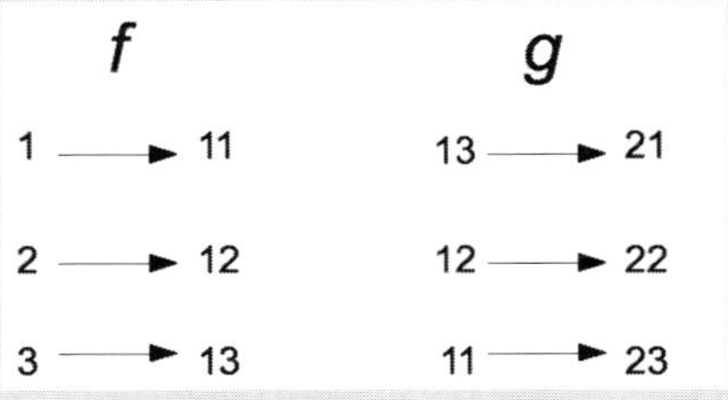

$g\circ f$ は定義されるか？ される場合はそれを書き、されない場合はその理由を説明せよ。

確率

問題 0.8.8： $\{1,2,3,5,6\}$ を定義域、$\{2,3,4,6,7\}$ を余定義域に持つ関数 $f(x)=x+1$ が、定義域について $\Pr(1)=0.5$、$\Pr(2)=0.2$、$\Pr(3)=\Pr(5)=\Pr(6)=0.1$ という確率分布を持つとする。$f(x)$ の出力として偶数が得られる確率はいくらか？ 奇数の場合はどうか？

問題 0.8.9： $\{1,2,3,4,5,6,7\}$ を定義域、$\{0,1,2\}$ を余定義域に持つ関数 $g(x)=x \bmod 3$ が、定義域について $\Pr(1)=\Pr(2)=\Pr(3)=0.2$、$\Pr(4)=\Pr(5)=\Pr(6)=\Pr(7)=0.1$ という確率分布を持つとする。$g(x)$ の出力として 1 が得られる確率はいくらか？ 0 や 2 の場合はどうか？

1章 体

それから算数がいろいろあるじゃない。大志（タシ）算、
贔屓（ヒキ）算、見せカケ算に、よワリ算[†1]
ルイス・キャロル『不思議の国のアリス』

本章では、**加法**と**乗法**といった演算を持つような値の集合である、体の概念を導入する。**実数**の体については既にお馴染みかもしれないが、**複素数**の体や、0 と 1 だけから成る体についてはまだ馴染みがないかもしれない。ここではこれらの体とその応用例について説明しよう。

1.1 複素数入門

方程式 $x^2 = -1$ は実数の範囲では解を持たない。この隙間を埋めるために、数学者は $\mathbf{i}$ を導入した。これは太字の i で「アイ」と発音し、通常は、-1 の**平方根**として定義される。

法案の改正（http://xkcd.com/824 より抜粋）

定義より、

$$\mathbf{i}^2 = -1$$

この両辺に 9 を掛けると次を得る。

†1 ［訳注］訳は矢川 澄子訳（新潮文庫）より引用。原文は “the different branches of Arithmetic–Ambition, Distraction, Uglification, and Derision” で、Ambition（野心）と Addition（加法）、Distraction（狂気）と Subtraction（減法）、Uglification（醜態）と Multiplication（乗法）、そして Derision（嘲笑）と Division（除法）をかけている。

$$9i^2 = -9$$

更に、これは次のように変形できる。

$$(3i)^2 = -9$$

従って、3i は $x^2 = -9$ の解である。同様に、任意の正の数 b に対する方程式 $x^2 = -b$ の解は $\sqrt{b}$ に i を掛けたものとなる。このように実数と i との積によって作られる数を**虚数**（*imaginary number*）と呼ぶ。

$(x-1)^2 = -9$ の場合はどうだろうか？ これは $x - 1 = 3i$ となるので、解は $x = 1 + 3i$ である。このような実数と虚数との和を**複素数**（*complex number*）という。複素数は**実部**（*real part*）と**虚部**（*imaginary part*）を持つ。

*a ［訳注］虚部のimaginary と「空想上の」をかけている

数学の論文（`http://xkcd.com/410/`）

1.2 Python における複素数

Python は複素数をサポートしている。−9 の平方根は 3i であるが、Python ではこれを `3j` と書く（電気工学では i を電流の意味で用いるため）。

```
>>> 3j
3j
```

つまり `j` は i の役割を果たす。

−1 の平方根である虚数 i は、変数の `j` と混同しないよう、`1j` と書かれる。

```
>>> j
Traceback (most recent call last):
  File "<stdin>", line 1, in <module>
NameError: name 'j' is not defined
>>> 1j
1j
```

Python では実数と虚数を足す際にも + 記号を用いることができる。先ほど登場した $(x-1)^2 = -9$ の解は、Python でも `1+3j` と書ける。

```
>>> 1+3j
(1+3j)
```

他にも、+ に限らず、種々の二項演算子 +、−、*、/、** は複素数に対しても使用できる。2 つの複素数を足し合わせる際は、実部と虚部がそれぞれ足されることになる。

```
>>> (1+3j) + (10+20j)
(11+23j)
>>> x=1+3j
>>> (x-1)**2
(-9+0j)
```

Python は `(-9+0j)` を虚部が 0 の複素数として扱う。

通常の計算と同様、括弧が省略されている場合は、和よりも積、積よりも累乗が先に計算される。このような演算子間の順序関係は、次の評価で確かめられる。

```
>>> 1+2j*3
(1+6j)
>>> 4*3j**2
(-36+0j)
```

複素数の実部や虚部を得るには、以下のようなドット記法を用いる。

```
>>> x.real
1.0
>>> x.imag
3.0
```

この書き方が、オブジェクト指向プログラミング言語におけるインスタンス変数（またはメンバー変数）にアクセスする際の書き方と同じなのは偶然ではない。実は Python における複素数はクラスなのである。

```
>>> type(1+2j)
<class 'complex'>
```

このクラスが、複素数の算術演算で用いられるプロシージャ（あるはメソッド、メンバー関数）を定義している。

1.3 体への抽象化

プログラミング言語の用語で、異なるデータ型の値を操作する複数のプロシージャに同じ名前（例えば +）を用いることを**オーバーロード**（*overloading*）という。これがなぜ便利なのか、複素数を例にして示そう。0 でない数 a と、任意の数 b、c に対する方程式 $ax + b = c$ を解くプロシージャ `solve1(a, b, c)` を定義してみよう。

```
>>> def solve1(a, b, c): return (c-b)/a
```

これはとても簡単なプロシージャで、複素数のことを知らなくても書ける。まず、$10x + 5 = 30$ を解いてみよう。

```
>>> solve1(10, 5, 30)
2.5
```

素晴らしいことに、全く同じプロシージャを用いて複素数を含む方程式を解くことができる。今度は $(10+5\mathrm{i})x + 5 = 20$ を解いてみよう。

```
>>> solve1(10+5j, 5, 20)
(1.2-0.6j)
```

即ち、このプロシージャは複素数に対しても機能する。このプロシージャが正しく機能するかどうかは、適用される数の種類ではなく、**除算**演算子が**乗算**演算子の逆であること、及び**減算**演算子が**加算**演算子の逆であることだけに依存しているからである。

この考え方の素晴らしさは、このような単純な例に留まらない。線形代数は、その概念や定理、そしてもちろんプロシージャも含めて、そのほとんどが実数に制限されることなく、複素数やその他の種類の数に対しても有効なのである。これを実現するのに押さえておくべきことは至ってシンプルである。

- 線形代数の概念、定理、プロシージャは、算術演算子 $+$、$-$、$*$、$/$ を用いて表現される。
- それらは、これらの算術演算子が交換則（$a+b=b+a$）や分配則（$a(b+c)=ab+ac$）といった基本則を満たすものであるということだけを仮定している。

このような線形代数の概念、定理、プロシージャは、これらの基本則にしか依存しないので、**体**（*field*）と呼ばれる数の体系に「プラグイン」することができる[†2]。異なる体は異なる応用に現れる。

本書では線形代数の一般論を次の 3 つの体を用いて展開していく。

- 実数体 $\mathbb{R}$
- 複素数体 $\mathbb{C}$
- 0 と 1 から成る体 $GF(2)$

オブジェクト指向プログラミングでは、クラスのインスタンスの集合の呼称として、そのクラス名をそのまま用いることができる。例えば長方形クラスのインスタンスの集合のことを、そのまま長方形と呼ぶ。数学においても同様で、$\mathbb{R}$ や $GF(2)$ といった体の名前は、その値の集合を指す言葉としても用いられる。

1.4 $\mathbb{C}$ と遊ぼう

前述の通り、複素数 `z` は 2 つの実数 `z.real` と `z.imag` から構成されているので、それを**複素平面**（*complex plane*）と呼ばれる平面上の位置を示す**点**とみなすのが伝統的である。

†2 オブジェクト指向プログラミングに詳しい読者のために少々説明を加える。体とは、算術演算子をメソッドに持つことを要求するインターフェースを満たすクラスのようなものである。

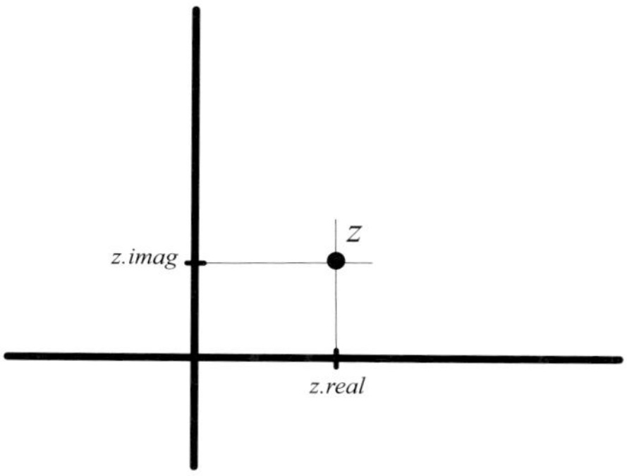

例として、複素数の集合で白黒画像を表現してみよう。複素平面上の点を打つ場所を複素数で指定し、その集合を S とする。以下に $S=\{2+2\mathrm{i}, 3+2\mathrm{i}, 1.75+1\mathrm{i}, 2+1\mathrm{i}, 2.25+1\mathrm{i}, 2.5+1\mathrm{i}, 2.75+1\mathrm{i}, 3+1\mathrm{i}, 3.25+1\mathrm{i}\}$ の場合を図示する。

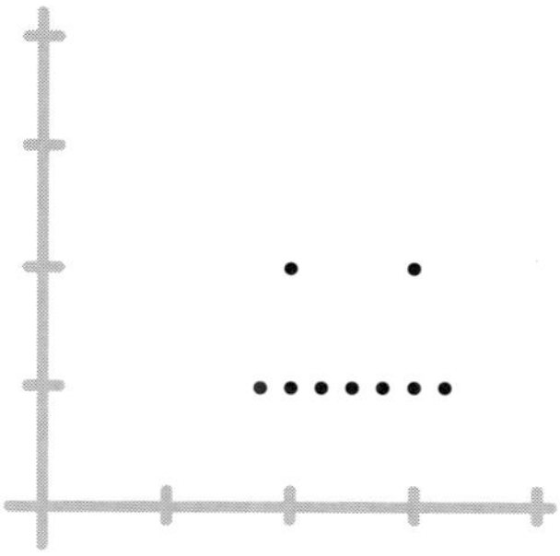

課題 1.4.1： まず、上記の複素数から成る集合かリストを変数 S に代入せよ。

点を複素平面上に表示するには、本書のウェブサイトで提供している plotting モジュールに含まれる plot というプロシージャを用いる。このプロシージャをモジュールから読み込むには以下のようにする。

```
>>> from plotting import plot
```

S の点を表示するには、次のようにする。

```
>>>> plot(S, 4)
```

すると Python はブラウザのウィンドウを開き、S で指定された複素平面上の点を表示してくれる。plot の第 1 引数は複素数（あるいは 2 つの数から成るタプル）の集合で、第 2 引数は表示する図のスケールを指定している。この場合、実部及び虚部の絶対値が 4 以下の複素数が表示される。第 2 引数は省略可能で、デフォルト値は 1 である。もう 1 つ省略可能な引数があり、それは点の大きさを指定するものである。

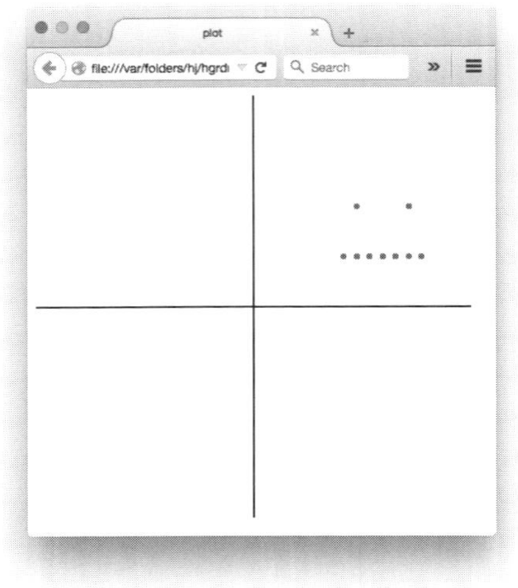

1.4.1 複素数の絶対値

複素数 z の**絶対値**（*absolute value*）とは、複素平面上の原点から対応する点までの距離を示す値で、$|z|$ で表される。Python ではこれを abs(z) と書く。

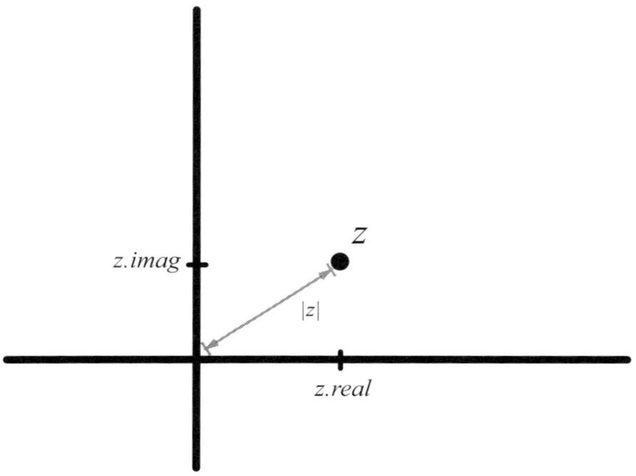

三平方の定理から $|z|^2 = (z.\mathrm{real})^2 + (z.\mathrm{imag})^2$ である。

```
>>> abs(3+4j)
5.0
>>> abs(1+1j)
1.4142135623730951
```

定義 1.4.2： 複素数 z の**複素共役**（*conjugate*）は $z.\text{real} - z.\text{imag}\,\mathsf{i}$ で定義され、$\bar{z}$ と書かれる。

Python ではこれを `z.conjugate()` と書く。

```
>>> (3+4j).conjugate()
(3-4j)
```

$\mathsf{i}^2 = -1$ であることを用いれば、$|z|^2$、z、$\bar{z}$ の間に成立する次の関係式が得られる。

$$|z|^2 = z \cdot \bar{z} \tag{1-1}$$

証明

$$\begin{aligned} z \cdot \bar{z} &= (z.\text{real} + z.\text{imag}\,\mathsf{i}) \cdot (z.\text{real} - z.\text{imag}\,\mathsf{i}) \\ &= z.\text{real} \cdot z.\text{real} - z.\text{real} \cdot z.\text{imag}\,\mathsf{i} + z.\text{imag}\,\mathsf{i} \cdot z.\text{real} - z.\text{imag}\,\mathsf{i} \cdot z.\text{imag}\,\mathsf{i} \\ &= (z.\text{real})^2 - z.\text{imag}\,\mathsf{i} \cdot z.\text{imag}\,\mathsf{i} \\ &= (z.\text{real})^2 - z.\text{imag} \cdot z.\text{imag}\,\mathsf{i}^2 \\ &= (z.\text{real})^2 + (z.\text{imag})^2 \end{aligned}$$

最後の式変形では $\mathsf{i}^2 = -1$ を用いた。 □

1.4.2 複素数を足すこと

上で定義された S の各要素に $1 + 2\mathsf{i}$ を足すことを考えてみよう。この結果は S の各要素に次の関数を適用させることで得られる。

$$f(z) = 1 + 2\mathsf{i} + z$$

この関数は、それぞれの点の実座標（x 座標）を 1 増やし、虚座標（y 座標）を 2 増やす。これにより、図は右に 1 目盛、上に 2 目盛移動する。

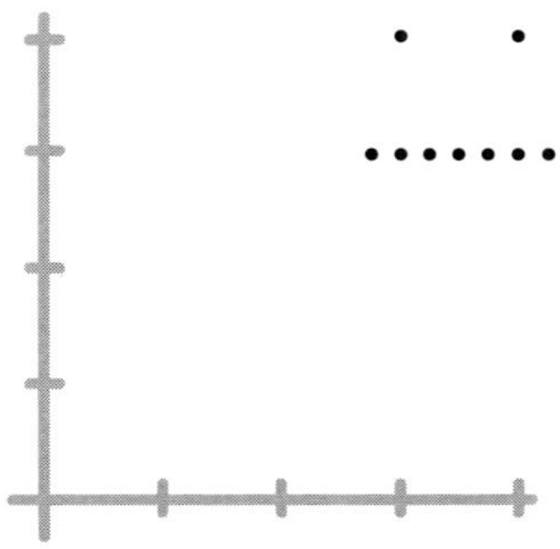

S の要素に対するこの変換を、**平行移動**（*translation*）という。平行移動する関数は次のような形をしている。

$$f(z) = z_0 + z \tag{1-2}$$

ここで z_0 は適当な複素数である。平行移動は図を複素平面上の好きな場所へ移動させることができる。例えば実部が負であるような z_0 を用いれば、図は左側に移動する。

課題 1.4.3： 内包表記を用いて S の各要素に $1+2\text{i}$ を足し、新たな図を描け。

```
>>> plot({1+2j+z for z in S}, 4)
```

クイズ 1.4.4： 複素数の集合 S の「左目」は $2+2\text{i}$ に位置している。平行移動 $f(z) = z_0 + z$ を用いてこの「左目」を原点に移動させるためには、z_0 をどのような値に設定すればよいか？

答え

答えは $z_0 = -2-2\text{i}$ である。即ち、平行移動は $f(z) = -2-2\text{i}+z$ となる。

問題 1.4.5： 任意の異なる 2 点 z_1、z_2 に対し、以下を示せ。

- z_1 を z_2 に移す平行移動が存在する。
- z_2 を z_1 に移す平行移動が存在する。
- z_1 を z_2 に移し、同時に z_2 を z_1 に移す平行移動は存在しない。

矢印としての複素数　平行移動 $f(z)$ を矢印として表すと便利である。矢印の始点は複素平面上の任意の点 z に位置し、矢印の終点は平行移動した点 $f(z)$ に位置している。もちろんこの表現は一意的ではない。

平行移動は $f(z) = z_0 + z$ という形をしているので、この平行移動は複素数 z_0 で表される。従って、複素数 z_0 がこの矢印に対応していると考えるのは妥当なことである。

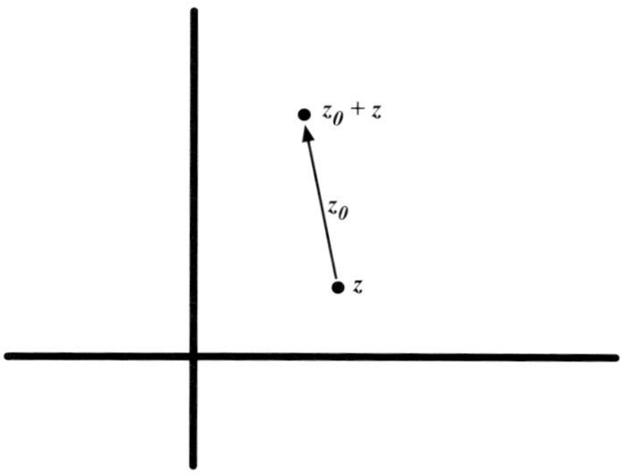

繰り返しになるが、この表現は一意的ではない。例えば、$z_0 = 5-2\text{i}$ に対応するベクトルは $0+0\text{i}$ を始点、$5-2\text{i}$ を終点とする矢印で表現できるが、他にも $1+1\text{i}$ が始点、$6-1\text{i}$ が終点でも構わない。

問題 1.4.6： 複素数 $z_0 = -3 + 3\mathrm{i}$ を表す図を描け。ただし、2 本の矢印を用い、それぞれの始点は異なる点に位置すること。

平行移動の合成と矢印の足し算 2 つの平行移動 $f_1(z) = z_1 + z$、$f_2(z) = z_2 + z$ を考えよう。これらを合成したものもまた、$z \mapsto (z_2 + z_1) + z$ という 1 つの平行移動となる。

$$\begin{aligned}(f_2 \circ f_1)(z) &= f_2(f_1(z)) \\ &= f_2(z_1 + z) \\ &= z_2 + z_1 + z\end{aligned}$$

このような、2 つの平行移動を合成して 1 つの平行移動とする考えを、平行移動を矢印で表して図示したものが図 1-1 である。

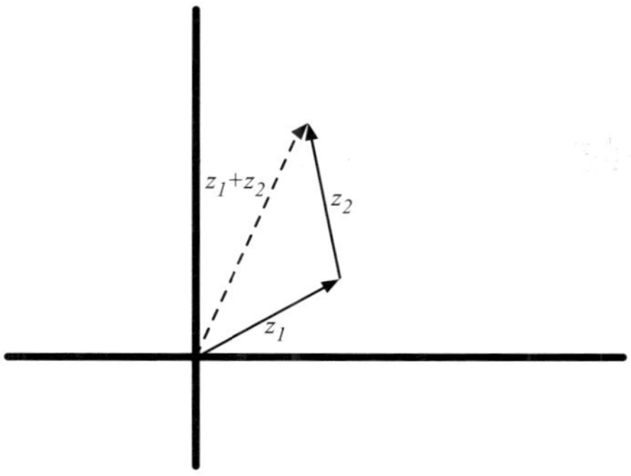

図 1-1　この図は複素数の和の幾何学的な解釈を表している。

まず、z_1 で示した矢印が、点（ここでは原点）を 2 番目の点へ平行移動させる。同様に、今度は z_2 の矢印が 2 番目の点を 3 番目の点へと運ぶ。即ち、原点からこの 3 番目の点へ伸びる矢印は、これら 2 つの平行移動の合成となる。以上より、この矢印が $z_1 + z_2$ となることが分かる。

1.4.3 複素数に正の実数を掛けること

いま、S に含まれる全ての複素数を半分にすることを考えよう。つまり、$g(z) = \dfrac{1}{2}z$ という変換を考える。

この変換は、それぞれの複素数の実座標と虚座標を単に半分にする。図では、それぞれの点は原点に近付き、点同士も互いに近付くことになる。

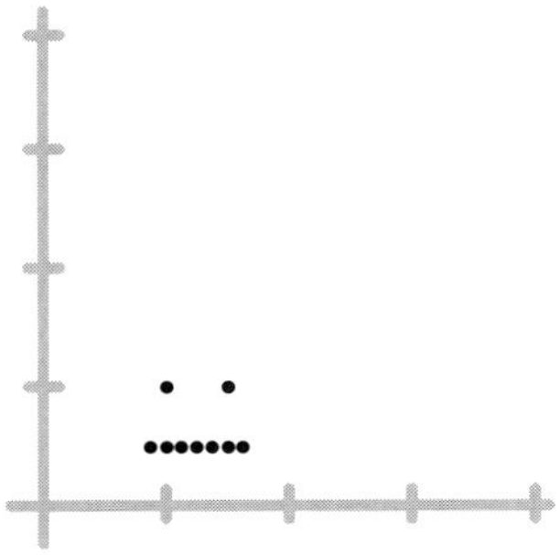

こういった変換は**スケーリング**（*scaling*）と呼ばれる。即ち、この座標変換により、図のスケールが変わっているのである。同様に、それぞれの複素数を 2 倍にすれば、点と原点との距離及び各点の間の距離が 2 倍に広がる。

課題 1.4.7： 課題 1.4.3 のような内包表記を用いて、S の全ての複素数を半分にした新しい図を描け。

1.4.4 複素数に負の実数を掛けること：180 度の回転

S の全ての複素数に -1 を掛けた結果を次に示す。

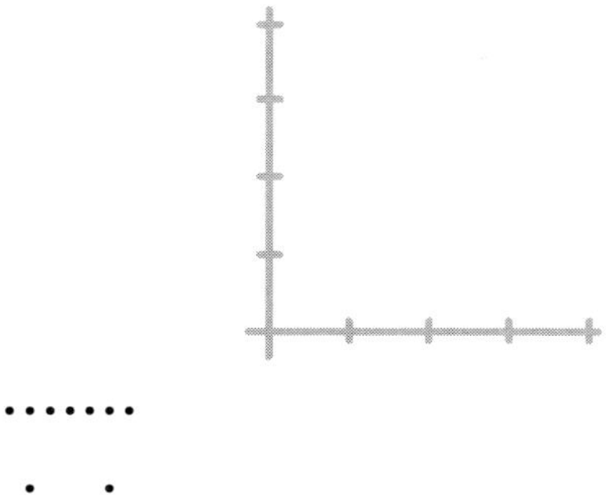

これらの点が、原点を中心とした回転によって得られたものと考えてみると、この図形は元の図形を 180 度回転させた結果だと解釈することができる。

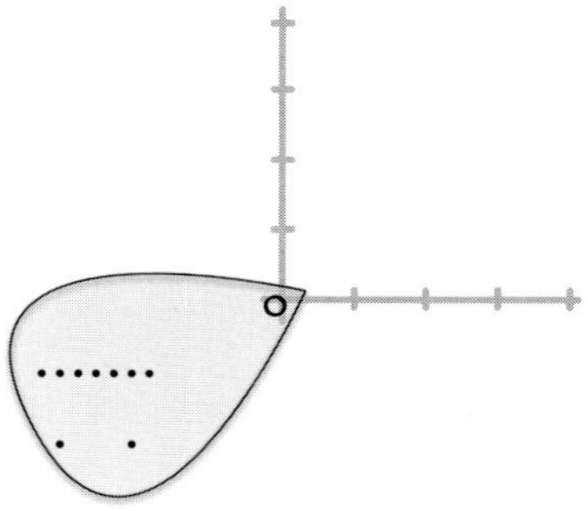

1.4.5 iを掛けること：90度の回転

「おかけになった電話番号は架空の（imaginary）[†3]ものです。電話を90度回転させてからおかけ直しください。」

前節では図を180度回転させたが、ちょうど90度だけ回転させるにはどのようにすればよいだろうか？

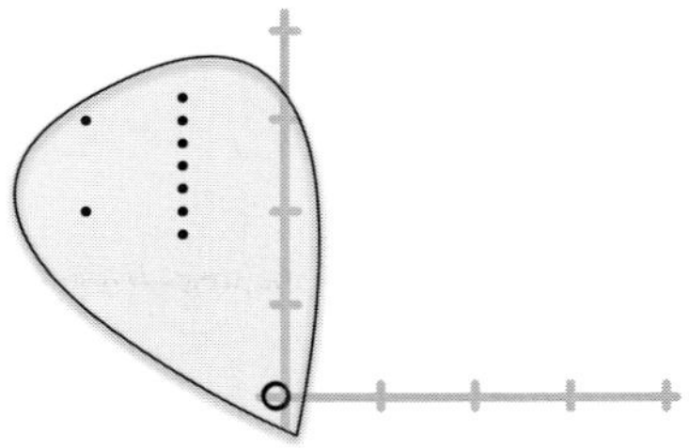

90度回転させるには、点 (x, y) を点 $(-y, x)$ へと移動させなければならない。点 (x, y) に対応する複素数は $x + \mathrm{i}y$ である。いまこそ $\mathrm{i}^2 = -1$ を用いるチャンスだ。関数

$$h(z) = \mathrm{i} \cdot z$$

を考えよう。$x + \mathrm{i}y$ に i を掛けると $\mathrm{i}x + \mathrm{i}^2 y$、即ち、$-y + \mathrm{i}x$ となる。これはちょうど点 $(-y, x)$ を表している。

課題 1.4.8： S の各点を90度回転し、更に、半分にスケーリングした図を描け。ただし、内包表記を用いて S の各要素に複素数を1つ掛けることで実現すること。

†3 ［訳注］imaginary は「虚数の」の他に「架空の」といった意味がある。

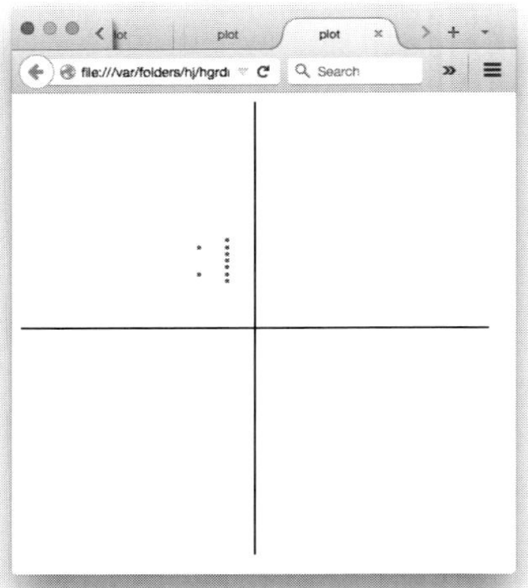

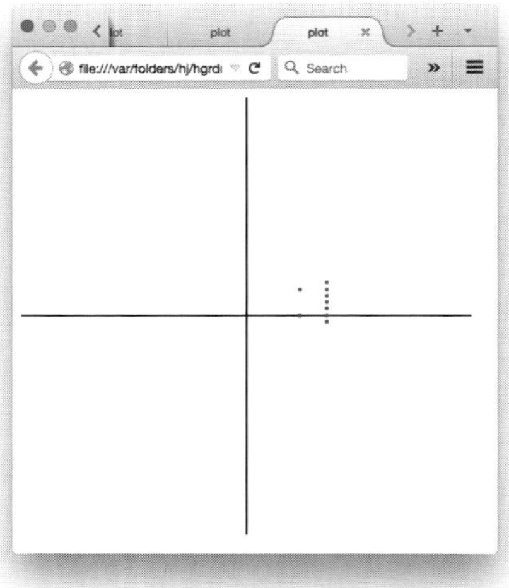

課題 1.4.9： S の各点を 90 度回転し、更に、半分にスケーリングした後で、下に 1 目盛、右に 2 目盛ずらした図を描け。ただし、内包表記を用いて、S の各要素に複素数を掛け、また、複素数を足すことで実現すること。

課題 1.4.10： 本書のウェブサイトで提供している image モジュールには file2image(filename) プロシージャが含まれ、これは png 形式の画像を読み込むためのものである。このプロシージャの引数に、画像ファイルの名前を指定して実行し、戻り値を変数 data に代入せよ。サンプルのグレースケール画像 img01.png が本書のウェブサイトからダウンロードできる。

data の値はリストのリスト（リストを要素とするリスト）になっており、data[y][x] は、(x,y) に位置するピクセルの明るさの強度を表している。(0,0) は画像の左上のピクセル、(width-1,height-1) は画像の右下のピクセルである。強度は 0 から 255 の整数で表され、0 が黒、255 が白である。

内包表記を用いて、画像中の強度が 120 未満のピクセルの場所 (x, y) を表現する複素数 $x + iy$ から成るリスト pts を定義し、図示せよ。

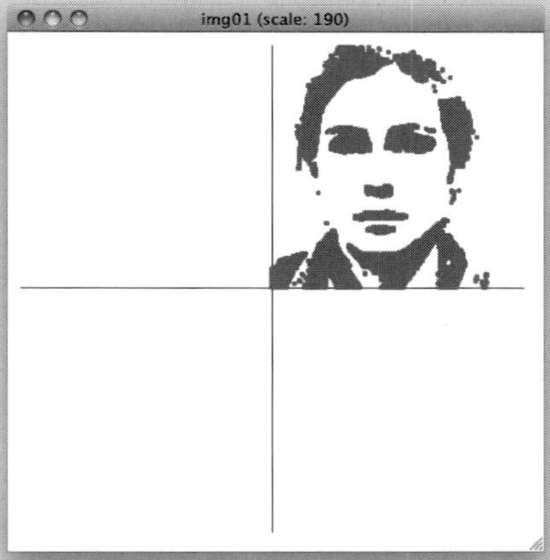

課題 1.4.11： S が表す画像の中心を原点にずらすようなプロシージャ f(z) を書け。内包表記を用いてこのプロシージャを S に適用し、結果を図示せよ。

課題 1.4.12： S の代わりに pts を用いて課題 1.4.8 を繰り返せ。

1.4.6 複素平面上の単位円：偏角と角度

これまでに、180 度回転や 90 度回転が、複素数を掛けることで実現できるということを見てきた。本節では、これが偶然ではないことを示そう。また、回転角を表すには度数よりも**ラジアン**（*radian*）の方が便利なので、これを用いることにする。

単位円上の複素数の偏角

中心を複素平面上の原点、半径を 1 とする単位円を考えよう。

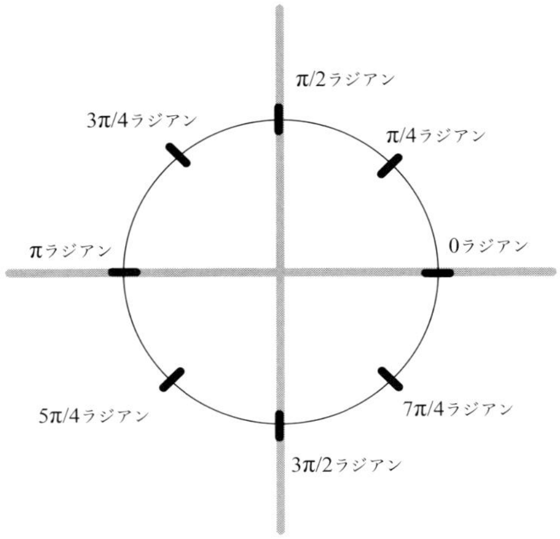

円周上の点 z は、最も右側の点である $1+0\mathrm{i}$ を始点として、蟻が円周上を反時計回りに歩いたときの道のりで表現される。この移動距離を z の**偏角**（*argument*）という。

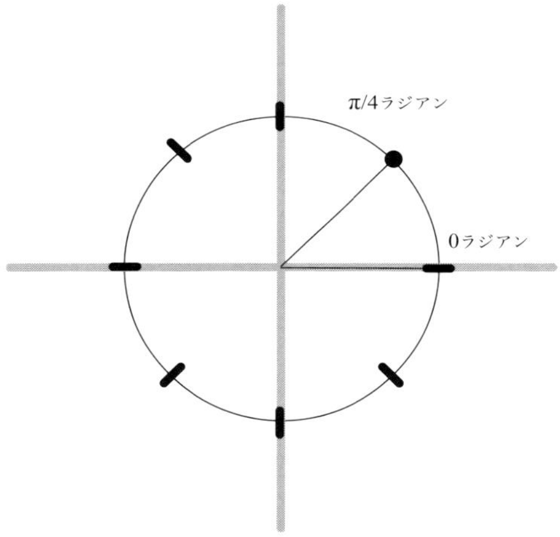

例 1.4.13： 円周の長さは 2π なので、半周分の偏角は π、$1/8$ 周分の偏角は $\pi/4$ となる。

原点と単位円上の 2 つの複素数を結ぶ 2 つの線分の成す角

ここでは単位円上の点を距離によって表す方法について見ていこう。次の図のように原点と円周上の異なる 2 点 z_1、z_2 とをそれぞれ結んだ際にできる線分の成す**角**をラジアンで考えると、これは z_2 から z_1 へ蟻が反時計回りに歩いたときの道のりと同じである。

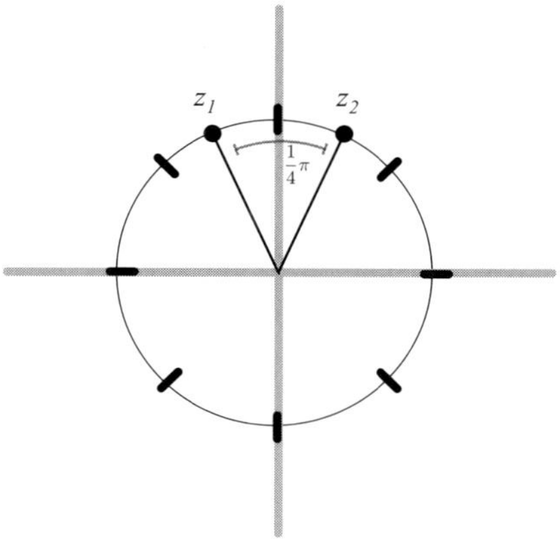

例 1.4.14： 単位円周上において、z_1 を偏角 $5/16\pi$ の点、z_2 を偏角 $3/16\pi$ の点とする。z_2 から z_1 まで歩く蟻は、円周上を反時計回りに $1/8\pi$ だけ進むが、これは原点と 2 点 z_1、z_2 とをそれぞれ結んだ際にできる線分の成す角が $1/8\pi$ であるということを示している。

注意 1.4.15： 円周上の点 z の偏角とは、z と $1+0\mathrm{i}$ が成す角のことである。

1.4.7 オイラーの公式

彼は人が呼吸するかのように、あるいは鷲が空高く舞うかのように計算した。
レオンハルト・オイラーについて

ここでは、数論や代数、複素解析、計算、微分幾何、流体力学、位相幾何、グラフ理論、また音楽理論や地図の作成などにおける、数学の多くの分野に貢献した希代の数学者である、レオンハルト・オイラーによって発見された有名な公式に取りかかることにしよう。オイラーの公式は、任意の実数 θ について、$e^{\mathrm{i}\cdot\theta}$ が単位円上にあり偏角が θ の点 z と等価であることを示している。ここで、e は超越数 2.718281828.... としてよく知られている数である。

例 1.4.16： 点 $-1+0\mathrm{i}$ は偏角 π を持つ。π をオイラーの公式に代入すると、$e^{\mathrm{i}\pi}+1=0$ という驚くべき等式が生まれる。

e に π 掛ける i をのせる（http://xkcd.com/179/）

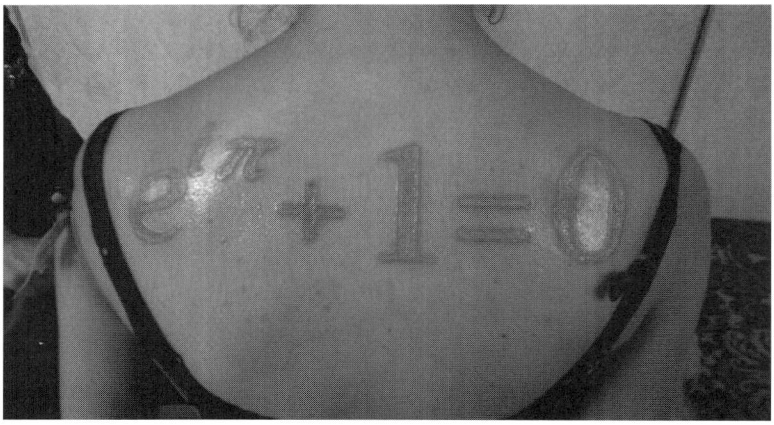

マサチューセッツ州スプリングフィールドの 3PiCon において、コリー・ドクトロウが撮った写真

課題 1.4.17： まず `math` モジュールから `e` と `pi` の定義を読み込む。`n` を整数 20、`w` を複素数 $e^{2\pi \mathrm{i}/n}$ とする。内包表記を用いて $w^0, w^1, \ldots, w^{n-1}$ から成るリストを作成し、これらの複素数を図示せよ。

1.4.8 複素数の極表示

オイラーの公式は単位円上の複素数を表現する便利な方法を与えてくれる。本節では任意の複素数 z を対象としよう。まず、原点を端点とし、z を通る半直線を引く。このとき、半直線の一部分である、原点と z をつなぐ線分を L とし、半直線と単位円との交点を z' とする。

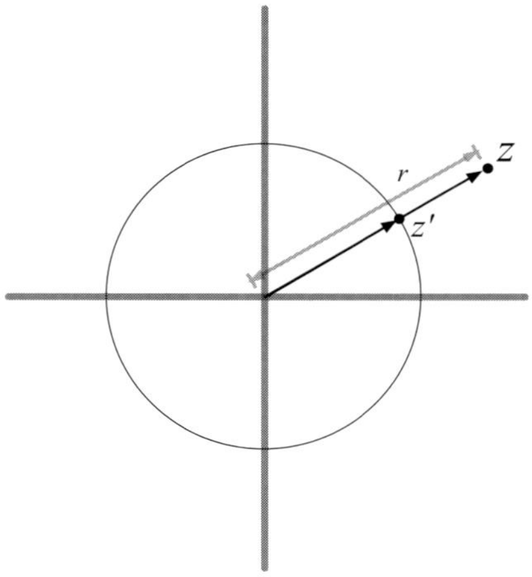

線分 L の長さを r とすると、z を $1/r$ だけスケーリングすれば z' にできる。

$$z' = \frac{1}{r}z$$

z' の偏角を θ とすれば、オイラーの公式より $z' = e^{\theta \mathrm{i}}$ となる。従って

$$z = re^{\theta \mathrm{i}}$$

を得る。鋭い人であれば、r、及び、θ が z の極座標を表すものであると気付くだろう。即ち、複素数においては θ は z の**偏角**、r にその**絶対値** $|z|$ と定義される。

1.4.9 指数の第 1 法則

同じ底を持つ冪同士を掛け合わせると、結果は、それらと同じ底を持ち、その指数同士が足された冪となる。

$$e^u e^v = e^{u+v}$$

この性質は複素数 z を回転させる方法を理解するのに役立つ。$r = |z|$、$\theta = \arg z$ とすると、z は次のように表せる。

$$z = re^{\theta \mathrm{i}}$$

1.4.10 τ ラジアンの回転

ラジアンで表された適当な数を τ とおこう。z を τ だけ回転した結果は、その絶対値を変えず、偏角を τ 増やすので、$re^{(\theta+\tau)\mathrm{i}}$ と書ける。この値は z を使って次のように得ることができる。

$$\begin{aligned} re^{(\theta+\tau)\mathrm{i}} &= re^{\theta \mathrm{i}} e^{\tau \mathrm{i}} \\ &= ze^{\tau \mathrm{i}} \end{aligned}$$

従って、複素数を τ ラジアン回転させる関数は、次のようになる。

$$f(z) = ze^{\tau \mathrm{i}}$$

課題 1.4.18： 課題 1.4.1 で定義した複素数の集合 S を思い出して欲しい。内包表記を用いてその各要素を $\pi/4$ だけ回転させた集合を計算し、図示せよ。

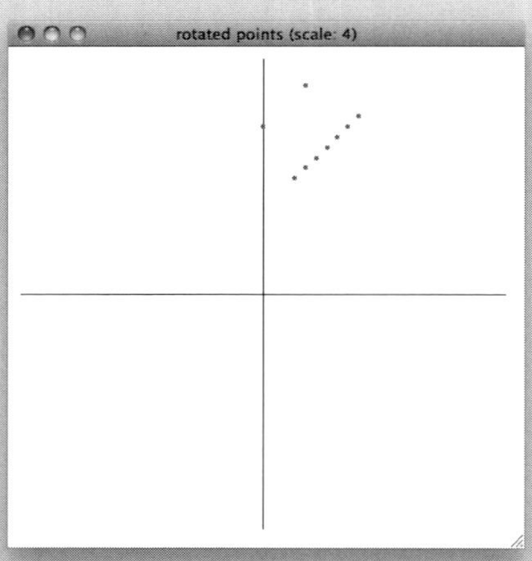

課題 1.4.19： 同様に、課題 1.4.10 で用いた画像の点のリスト pts について、各要素を $\pi/4$ だけ回転させた集合を計算し図示せよ。

1.4.11 変換の合成

課題 1.4.20： 内包表記を用いて `pts` を画像の中心に移動し、$\pi/4$ 回転して、半分にスケーリングせよ。また、その結果を図示せよ。

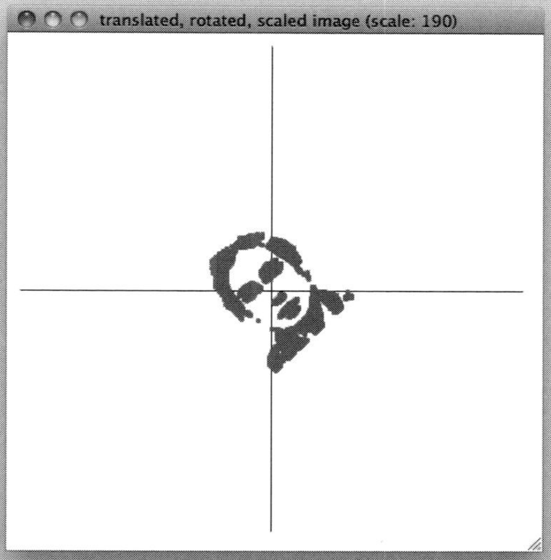

複素数の集合は体を成すので、合成則 $a \cdot (b \cdot z) = (a \cdot b) \cdot z$ などの、既知の代数規則を用いることができる。この代数規則を用いると、2 回のスケーリングを 1 回のスケーリングに合成することができる。例えば、スケールを 2 倍してから 3 倍することは、はじめから 6 倍するのと同じである。

回転についても同様に、2 回の回転を 1 回の回転に合成できる。例えば、$\pi/4$ 回転させてから $\pi/3$ 回転させる変換は、$e^{(\pi/4)\mathrm{i}} \cdot e^{(\pi/3)\mathrm{i}}$ を掛けることで得られるが、これは $e^{(\pi/4)\mathrm{i}+(\pi/3)\mathrm{i}}$ と等しい。つまりこの 2 回の回転は、一度に $\pi/4 + \pi/3$ 回転させるのと等価である。

更に、スケーリングと回転は積に対して両立するので、これらを合成することも可能である。$\pi/4$ 回転させてからスケールを半分にする変換は、$1/2 \cdot e^{(\pi/4)\mathrm{i}}$ を掛ける変換と等価である。

1.4.12 2 次元を越えて

複素数は、画像（より一般的には平面上の点の集合）を座標変換する際にとても便利だ。そこで 3 次元上の点の座標変換についても同様の手法があるのでは、と思う人もいるだろう。これについては次章で取り扱うことにしよう。

1.5 $GF(2)$ で遊ぼう

$GF(2)$ とは **2 元ガロア体**（*Galois Field 2*）の略である。ガロアは 1811 年生まれの数学者で、10 代のときに抽象代数の分野の基礎を築いた。そんな彼が決闘によって死んだのは 20 歳のときである。

体 $GF(2)$ を書き下すのはとてもたやすい。要素は 0 と 1 だけであり、$GF(2)$ 上の算術は次の 2 つの小さな表にまとめることができる。

×	0	1
0	0	0
1	0	1

+	0	1
0	0	1
1	1	0

加法には2の剰余が適用される。この結果は排他的論理和 (exclusive-or)[†4]と等価である。特に、$1+1=0$ である。減法は加法と同じで、-1 は1そのもの、また -0 もまた0そのものである。

$GF(2)$ における乗法はちょうど通常の0、1を用いた積と同じになっている。0を掛けると0となり、1掛ける1は1である。1では割ることができて値が変わらない点、及び0では割れない点もまた、通常の計算と同様である。

本書のウェブサイトで提供している、体 $GF(2)$ を実装した GF2 モジュールを使ってみよう。このモジュールには one という値が定義されており、これは $GF(2)$ 上の1と同じである。$GF(2)$ 上の0を用いるときには普通に0と書けばよい（見た目に一貫性を持つように、このモジュールでは zero を0と定義してある）。

```
>>> from GF2 import one
>>> one*one
one
>>> one*0
0
>>> one + 0
one
>>> one+one
0
>>> -one
one
```

1.5.1 完全秘匿な暗号化システム、再訪

0章では完全秘匿な暗号化システムについて扱った（ただし使えるのは0、1だけであった）。アリスとボブは $\{\clubsuit, \heartsuit\}$ から鍵 k を無作為に選ぶ。その後、アリスは元の暗号化関数を用いて、平文のビット p を暗号文のビット c に変換する。

p	k	c
0	♣	0
0	♡	1
1	♣	1
1	♡	0

この暗号化の方法は、ちょうど $GF(2)$ における加法にすぎない！ ♣を0、♡を1とすれば、この暗号化表は $GF(2)$ 上の加法を表す表となる。

†4 ［訳注］排他的論理和とは命題同士の演算であり、真偽値が異なる命題同士を演算したときのみ真となる命題を、それ以外は偽となる命題を出力する。

p	k	c
0	0	0
0	1	1
1	0	1
1	1	0

$GF(2)$ 内の平文 p に対し、$GF(2)$ から $GF(2)$ へ写像する関数 $k \mapsto k + p$ は、逆関数を持つ（つまり単射かつ全射である）。よって、鍵 k が一様分布に従って無作為に選ばれると、暗号文の分布も一様分布になる。これが完全秘匿性を実現するメカニズムである。

$GF(2)$ の代わりに整数を用いる

なぜアリスとボブは普段使っている整数を用いず、わざわざ $GF(2)$ を用いるのだろうか？ $\mathbb{Z}$ 内の整数 x に対しても、$\mathbb{Z}$ から $\mathbb{Z}$ へ写像する関数 $y \mapsto x + y$ は逆関数を持つのだが。これが暗号システムとして機能しないのは、$\mathbb{Z}$ 上には一様分布がないからである。即ち、最初のステップである、鍵の選択ができないのである。

長い文章の暗号化

長い文章はどのように暗号化すればよいのだろうか？ コンピュータサイエンスを専攻している、あるいは専攻していた読者であれば、長文はビット列で表現できるということを知っているだろう。ここでは n 個のビットから成る文章を暗号化することを考えよう。アリスとボブはそれぞれ同じように鍵のビットの長い列 $k_1 \ldots k_n$ を選ばなければならない。アリスが平文 $p_1 \ldots p_n$ を選択したら、暗号文 $c_1 \ldots c_n$ は次の式で得られる。

$$\begin{aligned} c_1 &= k_1 + p_1 \\ c_2 &= k_2 + p_2 \\ &\vdots \\ c_n &= k_n + p_n \end{aligned}$$

この暗号化システムが完全秘匿であることを大雑把に述べる。既に述べた 1 ビットの暗号化に関する議論より、暗号文のそれぞれのビット c_i は対応する平文のビット p_i の情報について、イブには何も伝えない。またこの式を見れば明らかなように、ビット c_i からは、イブは平文のその他のどのビットについての情報も得られない。このことから、この暗号化システムは完全秘匿であることが分かる。

ただし、複数のビットを扱うシステムは少々面倒であり、暗号の完全秘匿性に関する議論は不十分である。2 章で $GF(2)$ 上のベクトルを用いてこれを単純化することにしよう。

1.5.2 ワンタイムパッド

先ほど説明した暗号化システムは**ワンタイムパッド**と呼ばれる方法である。この名前が示す通り、それぞれの鍵のビットは 1 回しか使われない、ということが重要である。これは平文のそれぞれのビットがそれぞれの鍵によって暗号化されることから分かる。この方法では、暗号文を送受信し合う 2 つのグループが事前に膨大な数の鍵のビットを共有する必要があり、非常に負担が大きい。

1930 年のはじめ頃、ソビエト連邦は通信にワンタイムパッドを用いていた。第二次世界大戦に突入すると、鍵のビットが尽きてしまったため、その使いまわしが行われるようになった。アメリカとイギリスは最高機密プロジェクト VENONA で、偶然それを発見し、暗号文の 1% ほどを解析し、ローゼンバーグ夫妻やアルジャー・ヒスのスパイ活動などを暴いたのである。

問題 1.5.1： 次に示す手順で暗号化された 11 文字から成る文がある。それぞれの字は 0 から 26 の数で表されており、A は 0、B は 1、……、Z は 25 で、スペースは 26 である。それぞれの数は 5 ビットの 2 進数で表現される (0 は 00000、1 は 00001、……、26 は 11010)。最終的に得られた 55 ビットはワンタイムパッドの不完全版で暗号化される。その鍵は 55 個のランダムなビットではなく同じ 5 個のランダムなビット列の 11 個のコピーである。暗号文は次のようになる。

10101 00100 10101 01011 11001 00011 01011 10101 00100 11001 11010

これを解析して、元の平文を求めよ。

1.5.3 ネットワークコーディング

ここでネットワークを介したストリーミングビデオの問題を考えてみよう。次の図はネットワークの簡単な例である。

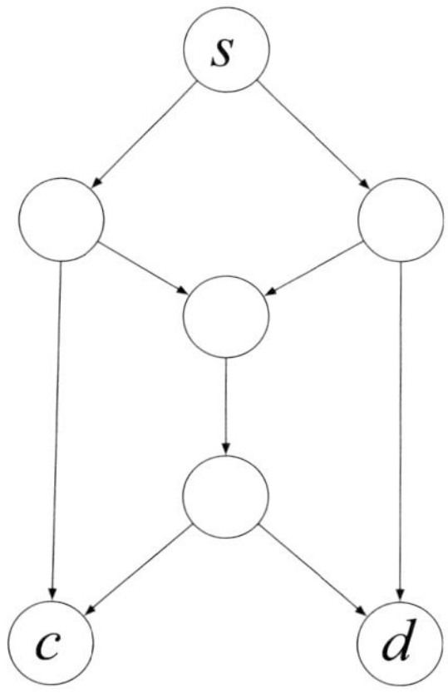

一番上のノード s は 2 人のユーザのノード c、d に動画をストリーミングする必要がある。ネットワークの各リンクの通信速度は 1Mbps である。この動画を再生するためには 2Mbps の通信速度が必要だとしよう。ユーザが 1 人なら問題はない。この場合は、次の図のように s から c へ至る 2 通りの経路を用いることで、必要な通信速度を確保することができるからだ。

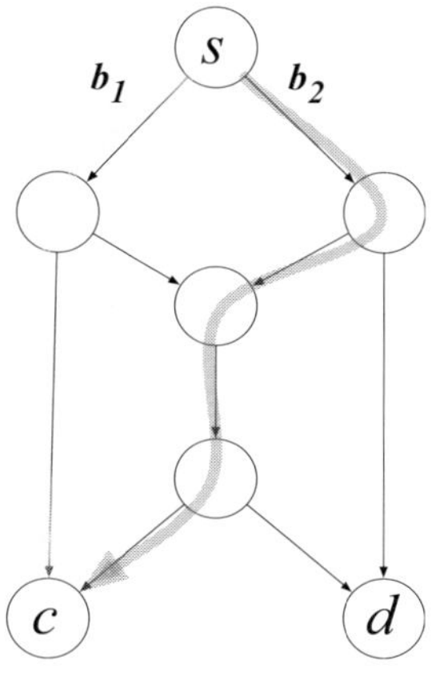

ビット b_1、b_2 はそれぞれ異なる経路を通って送られるので、全体としての通信速度は 2Mbps となるのである。

しかし次に示すように、2 つのビットストリームを 2 人のユーザそれぞれに配信する場合には、この手段を利用できない。それは 2 つの異なるビットが同じリンクで競合するからである。

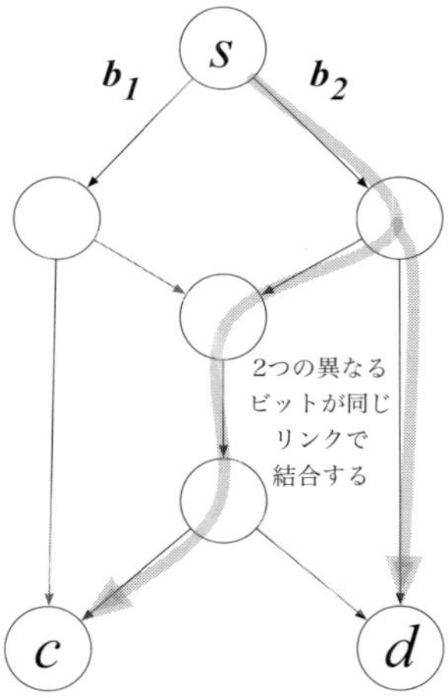

ここで $GF(2)$ が助けになる！ それぞれのノードで計算を少しだけ行うことができるという事実を用いよう。これを図示すると次のようになる。

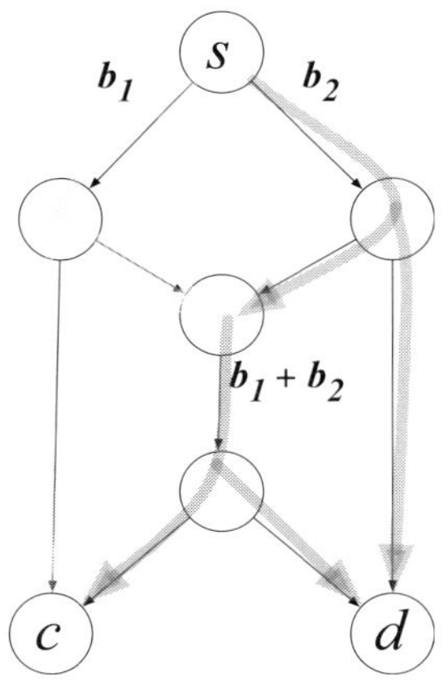

中心のノードで、b_1 と b_2 を $GF(2)$ 上の加法を用いて 1 つのビットに合成する。このビットが 2 人のユーザ c、d の元へそれぞれ届くわけだが、ユーザ c は、ビット b_1 とビット $b_1 + b_2$ を受け取るので、計算でビット b_2 を得ることができる。ユーザ d についても同様にしてビット b_2 とビット $b_1 + b_2$ からビット b_1 を得ることができる。

即ち、1Mbps の通信速度のネットワークで 2 人のユーザに対し、実質 2Mbps の通信速度をサポートできるのである。もちろん、このルーティング方法はより多くのユーザを抱えるより巨大なネットワークについても適用可能であり、**ネットワークコーディング**と呼ばれている。

1.6 確認用の質問

- 本章で登場した 3 つの体の名前を挙げよ。
- 複素数の共役とは何か？ 複素数の絶対値を求めるためにはこれをどう用いるか？
- 複素数の足し算はどのように行われるか？
- 複素数の掛け算はどのように行われるか？
- 平行移動は複素数でどのように定義されるか？
- スケーリングは複素数でどのように定義されるか？
- 180 度回転は複素数でどのように定義されるか？
- 90 度回転は複素数でどのように定義されるか？
- $GF(2)$ の足し算はどのように行われるか？
- $GF(2)$ の掛け算はどのように行われるか？

1.7 問題

Python の内包表記に関する問題

内包表記を用いて以下の 3 つのプロシージャを書け。

問題 1.7.1： `my_filter(L, num)`

入力： 数のリスト `L` と正の整数 `num`

出力：L のうち num の倍数を含まない数のリスト
例：list=[1,2,4,5,7] 及び num=2 を与えると [1,5,7] を返す。

問題 1.7.2： my_lists(L)
入力：非負整数のリスト L
出力：L のそれぞれの要素 x を $1,2,\ldots,x$ から成るリストにしたリスト
例 1：[1,2,4] を与えると [[1],[1,2],[1,2,3,4]] が返される。
例 2：[0] を与えると [[]] が返される。

問題 1.7.3： my_function_composition(f, g)
入力：辞書として定義された 2 つの関数 f、g。ただし $g \circ f$ が存在すること。
出力：$g \circ f$ を表す辞書
例：f={0:'a', 1:'b'}、g={'a':'apple', 'b':'banana'}を与えると、
{0:'apple', 1:'banana'}を返す。

Python のループに関する問題

以下の 5 つの問題に示されたプロシージャを、次の形式に従って書け。

```
def <プロシージャ名>(L):
  current = ...
  for x in L:
    current = ...
  return current
```

入力 L が空リストであった場合、このプロシージャは current をそのまま返す。解答の方針が分からないときにはこれがヒントとなる。なお、Python の組み込みプロシージャである sum(·) や min(·) は使ってはならない。

問題 1.7.4： mySum(L)
入力：数のリスト
出力：そのリスト内の数の総和

問題 1.7.5： myProduct(L)
入力：数のリスト
出力：そのリスト内の数の総乗

問題 1.7.6： `myMin(L)`
入力： 数のリスト
出力： そのリスト内の数の最小値

問題 1.7.7： `myConcat(L)`
入力： 文字列のリスト
出力： `L` 内の全ての文字列を連結してできた文字列

問題 1.7.8： `myUnion(L)`
入力： 集合のリスト
出力： `L` 内の全ての集合の和集合

上の問題それぞれで、`current` の値と `L` の要素は何らかの演算子 $\diamond$ の下で順次合成されていく。プロシージャが正しい結果を返すためには、`current` は演算子 $\diamond$ の**単位元**（*identity element*）で初期化されなければならない。演算子 $\diamond$ の単位元 i とは、任意の値 x について $i \diamond x = x$ を満たす i のことである。

上で入力 `L` が空リストであった場合、このプロシージャは `current` をそのまま返すと述べたが、これがその意味である（従ってこの場合ループは一度も実行されない）。これは正しい出力を返す上で便利な定義である！

問題 1.7.9： 上の議論を考慮した上で、以下に対してそれぞれどのような値を返すべきか答えよ。

1. 数の空集合の総和
2. 数の空集合の総乗
3. 数の空集合の最小値
4. 文字列の空リストの連結
5. 集合の空リストの和集合

この推論を集合の空リストの共通部分を定義するときに利用しようとすると、何が問題となるか？

複素数を足す練習

問題 1.7.10： 以下の 2 つの複素数の和の問題を計算し、図 1-1（p.55）のような形で解を図示せよ。矢印は足されるベクトルに対応させること。

a. $(3 + 1\mathrm{i}) + (2 + 2\mathrm{i})$
b. $(-1 + 2\mathrm{i}) + (1 - 1\mathrm{i})$
c. $(2 + 0\mathrm{i}) + (-3 + 0.001\mathrm{i})$
d. $4(0 + 2\mathrm{i}) + (0.001 + 1\mathrm{i})$

冪の積

問題 1.7.11： 指数の第 1 法則（1.4.9 節参照）を用い、以下の冪の積の結果を 1 つの冪で表せ。例えば、$e^{(\pi/4)\mathrm{i}}e^{(\pi/4)\mathrm{i}} = e^{(\pi/2)\mathrm{i}}$ である。

a. $e^{1\mathrm{i}}e^{2\mathrm{i}}$
b. $e^{(\pi/4)\mathrm{i}}e^{(2\pi/3)\mathrm{i}}$
c. $e^{-(\pi/4)\mathrm{i}}e^{(2\pi/3)\mathrm{i}}$

複素数の変換の合成

問題 1.7.12： 以下の仕様を満たすプロシージャ `transform(a, b, L)` を書け。

- **入力：**複素数 a、b と複素数のリスト L
- **出力：**L の各要素に対して $f(z) = az + b$ を適用したリスト

次に、以下のそれぞれの問題について、複素数 a、b をどのように選べばよいか答えよ。適切な複素数 a、b が存在しない場合は、その理由を述べよ。

a. 複素数 z を上に 1 目盛、右に 1 目盛平行移動し、時計回りに 90 度回転して、2 倍にスケーリングする。
b. 実数部分を 2 倍、虚数部分を 3 倍にスケーリングし、反時計回りに 45 度回転して、下に 2 目盛及び左に 3 目盛平行移動する。

$GF(2)$ 上の算術

問題 1.7.13： 以下の問題を $GF(2)$ 上で計算せよ。

a. $1+1+1+0$
b. $1 \cdot 1 + 0 \cdot 1 + 0 \cdot 0 + 1 \cdot 1$
c. $(1+1+1) \cdot (1+1+1+1)$

ネットワークコーディング

問題 1.7.14： 1.5.3 節で扱ったネットワークの例について考えよう。あるときビット $b_1 = 1$、$b_2 = 1$ を送信したいとする。本章で述べたネットワークコーディングの方法に従い、ネットワーク上のそれぞれのリンクにその上を通るビットの値を付けよ。そしてノード c、d のユーザがどのように b_1、b_2 を復元するかを示せ。

2章 ベクトル

筆者の専門分野における理論研究の主な目的の１つは、その
主題が最も単純に見えるような視点を見つけることである。
ジョサイア・ウィラード・ギブズ

現代のベクトル解析の考案者であるジョサイア・ギブズは厳しい競争に直面していた。当時ほとんどの解析に用いられていたものは、ウィリアム・ローワン・ハミルトンによって考案された**四元数**であった。ハミルトンは正真正銘の天才だった。彼は、5 歳までに、ラテン語、ギリシャ語、ヘブライ語を習得したといわれている。更に 10 歳までに、ペルシャ語、アラビア語、ヒンドゥスターニー語、サンスクリット語など 12 の言語を習得した。

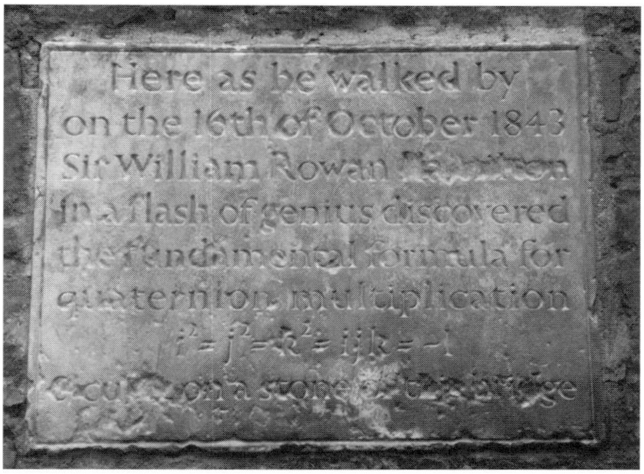

図 2-1　四元数理論の創始者ウィリアム・ローワン・ハミルトンと、ダブリンにあるブルーガム橋に備えられた石版。ハミルトンの公共物への落書きを記念している

ハミルトンを育てた彼の叔父はダブリンのトリニティー大学の出身であり、ハミルトンもまたそこへの入学を許可された。彼は全ての科目で 1 番だったが、彼が大学を修了することはなかった。まだ学部の学生だったにも関わらず、彼は天文学の教授に任命されたのだ。

ハミルトンの数学への貢献の中に、美しい四元数の理論がある。1 章では、複素数が平面上の点の座標変換（平行移動、回転、スケーリング）を簡単に記述することを説明した。ハミルトンは空間を扱える同じよ

うなやり方を必死で探していた。その解法を見つけたとき、彼はダブリンのロイヤル運河のそばを夫人と歩いていたが、公共物の破損という言語道断な形でブルーガム橋の石にそれを特徴付ける方程式を刻み込んだのである。

ハミルトンは、自身のひらめきを友人への手紙の中で以下のように書いている。

> そしてここで、この3つ組を計算する目的を果たす空間の4番目の次元を我々はある意味で認めねばならないという考えが、私に光をもたらした。……電気回路がつながり、火花が散ったようだった。

そして、四元数はハミルトンの残りの人生のほとんどを埋め尽くしたのである。

一方、ジョサイア・ウィラード・ギブズはイェール大学の出身であった。彼の父、ジョサイア・ウィラード・ギブズはイェール大学の教授であり、その息子である彼は15歳で入学を許された。

彼はイェール大学で博士号を取り、そこでチューターをしてからヨーロッパで3年間を過ごした。その後、イェール大学に戻って教授となり、そこで残りの人生を過ごした。彼は四元数の代わりとなるものとして**ベクトル解析**を開発した。

図2-2　ジョサイア・ウィラード・ギブズ。ベクトル解析の創始者

ギブズがこの内容に関する本を出版することに同意するまでの20年間、ベクトル解析は刊行物の形では現れなかった（主な情報源は出版されていないノートだった）。その後、四元数の理論はベクトル解析の理論へと置き換わり始めた。より便利だったからである。

しかしながら、ベクトル解析の理論は、アメリカ人が考案したという点で不利だった。著名なイギリスの物理学者、ピーター・タイット（ハミルトンの元教え子）は四元数の熱心な信奉者であった。彼は、情け容赦なくギブズを攻撃し、以下のように書いた。

> 「ウィラード・ギブズ教授は、……**ベクトル解析**（両性具有の怪物の一種）の小論文のおかげで数学の進歩を遅らせた人物として位置付けられるに違いない」
>
> タイット、*An Elementary Treatise on Quaternions*（四元数についての入門書）

今日において、四元数は使われなくなったわけではない。特に、3 次元での回転を表す場合などに用いられている。また、コンピュータグラフィックスやコンピュータビジョンの分野に四元数の支持者がいる。しかしながら、最終的に、ベクトル解析が勝利したといっても過言ではない。ベクトル解析は、科学や工学のほぼ全ての分野で、また、経済学、数学、そしてコンピュータサイエンスなどで使われている。

2.1 ベクトルとは何か？

違う、そのベクトル†1じゃない！

ベクトルという言葉は、「キャリア（carrier）」を意味するラテン語に由来する。本書ではペストについて説明する予定はないが、この言葉は、保菌生物の性質から来ている。即ち、何かを、ある場所から別の場所に移すのだ。

伝統的な線形代数の数学の講義では、ベクトルを

$$[3.14159, 2.718281828, -1.0, 2.0]$$

のような数のリストであると教えることがある。一般的に使われるので、このようなベクトルの書き方を知っておく必要はある†2。実際、ベクトルを Python のリストで表現することもある。

定義 2.1.1： 4 つの実数の要素を持つベクトルは $\mathbb{R}$ **上の 4 要素のベクトル**と呼ばれる。

ベクトルの要素は全て、同一の体のものでなければならない。前章で述べたように、本書で用いる体は $\mathbb{R}$、$\mathbb{C}$、$GF(2)$ の 3 つである。従って、それぞれの体上のベクトルを考えることができる。

定義 2.1.2： 体 $\mathbb{F}$ と正の整数 n に対し、n 個の要素（各要素は $\mathbb{F}$ に属する）を持つベクトルを $\mathbb{F}$ **上の** n **要素のベクトル**と呼ぶ。$\mathbb{F}$ 上の n 要素のベクトルの集合を $\mathbb{F}^n$ と書く。

例えば、$\mathbb{R}$ 上の 4 要素のベクトルの集合は $\mathbb{R}^4$ と書かれる。

---

†1 ［訳注］原語の vector には保菌生物という意味がある。
†2 [] ではなく () が使われることも多い。

この記法は D から $\mathbb{F}$ への**関数**の集合の記法 $\mathbb{F}^D$ を思い出させるかもしれない。実際、$\mathbb{F}^d$ を $\mathbb{F}^{\{0,1,2,3,\ldots,d-1\}}$ の短縮記法と解釈してみよう。この解釈に従うと、$\mathbb{F}^d$ は $\{0,1,\ldots,d-1\}$ から $\mathbb{F}$ への関数の集合と解釈できる。

例えば、最初に示した 4 要素のベクトル $[3.14159, 2.718281828, -1.0, 2.0]$ は、次のような関数となる。

$$
\begin{aligned}
0 &\mapsto 3.14159\\
1 &\mapsto 2.718281828\\
2 &\mapsto -1.0\\
3 &\mapsto 2.0
\end{aligned}
$$

2.2 ベクトルは関数

マトリックス リビジテッド（http://xkcd.com/566/より抜粋）

ベクトルは関数であるという解釈を一度受け入れてしまえば、応用の世界が目の前に開ける。

例 2.2.1： ベクトルとしての文章

ここでは**情報検索**と呼ばれる分野からの例を示そう。情報検索とは文書のコーパス[†3]から欲しい情報を見つけ出す方法を考える分野である。

情報検索における多くの研究は、文法を完全に無視した非常にシンプルなモデル **BOW**（bag of word：語の袋）をもとになされてきた。文書は単なる単語の**多重集合**（**袋**とも呼ばれる）であると考える（多重集合は集合に似ているが、集合とは違って同じ要素を複数持つことができる。その数を、要素の**多重度**と呼ぶ）。

BOW は、定義域を単語の集合、余定義域を実数の集合とする関数 f で表現することができる。単語の像はその多重度である。WORDS を単語の集合（例えば英単語）としよう。更に、

$$f : \text{WORDS} \longrightarrow \mathbb{R}$$

と書いて、f が WORDS から $\mathbb{R}$ への写像を表すとする。

このような関数はベクトルを表していると解釈できる。これを $\mathbb{R}$ 上の **WORDS ベクトル**と呼ぶ。

†3 ［訳注］言語学において、自然言語処理の研究に用いるため、自然言語の文章を構造化し大規模に集積したもの（Wikipedia より）。

定義 2.2.2： 一般の有限集合 D と体 $\mathbb{F}$ に対し、$\mathbb{F}$ **上の** D **ベクトル**は、D から $\mathbb{F}$ への関数である。

これはコンピュータ科学者の定義であり、データ構造による表現と結びついている。この定義は、次の 2 つの重要な点で数学者の定義とは異なっている。

- 定義域 D は有限でなければならない。これは重要な数学的帰結を与える。即ち、D が無限の場合、真とならないような定理を用いることがある。無限の定義域を持つ関数がきちんと定義されるか、という問題は重要であり、数学の勉強を続けていけばいずれ直面することになるだろう。
- 線形代数を伝統的かつ抽象的な方法で学ぶときには、ベクトルを直接定義することはしない。特定の代数規則を満たすいくつかの演算子（$+$、$-$、$*$、$/$）を持つ値の集合として体を定義するのと同様に、特定の代数規則を満たすいくつかの演算子を持つ集合としてベクトル空間を定義する。つまり、ベクトルとはその集合（ベクトル空間）に属するものなのである。このやり方は、より一般的だが、より抽象的でもある。それ故、人によっては理解しがたいだろう。しかし、数学の勉強を続けていけば、この抽象的なやり方もやがてお馴染みのものになるだろう。

本書で採用している、より具体的なやり方に戻ろう。0.3.3 節で定義した記法に基づき、定義域 D と余定義域 $\mathbb{F}$ を持つ関数の集合を $\mathbb{F}^D$ で表す。即ち、これは、$\mathbb{F}$ 上の全ての D ベクトルから成る集合である。

例 2.2.3： 具体的にベクトルを関数として表すために、以下を考える。

(a.) $\mathbb{R}^{WORDS}$: $\mathbb{R}$ 上の全ての $WORDS$ ベクトルの集合。例 2.2.1 参照。
(b.) $GF(2)^{\{0,1,\ldots,n-1\}}$: $GF(2)$ 上の全ての n 要素のベクトルの集合。

2.2.1 Python の辞書を用いたベクトルの表現

Python のリストを使ってベクトルを表現することもある。しかし、ここではベクトルを有限の定義域を持つ関数であると決めた。Python の辞書は有限の定義域を持つ関数の便利な表現方法なので、本書ではベクトルを表現するのに辞書を用いることが多い。

例えば 2.1 節の 4 要素のベクトルは`{0:3.14159, 1:2.718281828, 2:-1.0, 3:2.0}`と表すことができる。

例 2.2.1 では文書の BOW モデルについて説明した。このモデルでは、文書は $\mathbb{R}$ 上の WORDS ベクトルで表現される。このようなベクトルは辞書で表現することができるが、その辞書は 20 万組のキーと値を持つことになるだろう。普通の文書は、WORDS 内の単語の小さな部分集合を使うので、その値のほとんどは 0 に近くなる。情報検索では、たくさんの文書があり、20 万要素の辞書でそれぞれを表現するのは無駄が多い。代わりに、値が 0 のキーについて、キーと値の組の省略を許すという方法を採用する。これは、**スパース表現**（*sparse representation*）と呼ばれる。例えば、“The rain in Spain falls mainly on the plain”[†4]という文書は、次の辞書で表せるだろう。

†4 ［訳注］スペインの雨は主に平野に降る。映画『マイ・フェア・レディ』のセリフ。

```
{'on': 1, 'Spain': 1, 'in': 1, 'plain': 1, 'the': 2, 'mainly': 1,
                                            'rain': 1, 'falls': 1}
```

このベクトルが'snow'、'France'、'primarily'、'savannah'やWORDSのその他の要素に0を割り当てている、ということを明示的に表現する必要はない。

2.2.2 スパース性

その値がほとんど0であるようなベクトルは、**スパース**ベクトルと呼ばれる。スパースベクトルの要素のうち、0でない要素の数がkであるとき、そのスパースベクトルはk **スパース**であるという。kスパースベクトルはkに比例した空間を使って表現することができる。従って、例えばWORDSベクトルで文書のコーパスを表現するとき必要となる容量は、全ての文書に含まれる単語の総数に比例する。

物理センサーから得られるデータ（例えば、画像や音）を表現するベクトルは、そう簡単にはスパースになりそうにない。後の章で、与えられたベクトルとパラメータkに対し、そのベクトルに「最も近い」kスパースベクトルを見つけるという計算問題を考える。ベクトルが近いということが何を意味するのかが分かれば、この計算問題を解くのは簡単だろう。

この計算問題の解は、画像や音を**圧縮**する際の鍵になるように思われるだろう。即ち、それらをよりコンパクトに表現できれば、同じ量のコンピュータメモリにより多くのデータを格納できる。だが現実はそう甘くはない。残念ながら、画像や音を表すベクトルはスパースベクトルとは程遠いのである。5.2節では、この問題を乗り越える方法を示す。また、10章では、この考えに基づいた、いくつかの圧縮方式を見ていくことにしよう。

4章では行列とその表現を導入する。行列はスパースになることが多いので、記憶容量や計算時間を削減するために、ここでも0の値を表現する必要のない辞書表現を用いる。

しかしながら、実世界の問題に現れる行列の多くは、明らかにはスパースではない。11章では、**低ランク性**という、行列のスパース性を表すもう1つの表現を詳しく見ていく。低ランク行列は、データを解析し、データを説明する要因を見つけようとする過程で生まれた。与えられた行列とパラメータkに対し、その行列に最も近く、ランクが高々kであるような行列を見つけるという計算問題を考える。そして、線形代数がこの計算問題の解を与えることを示す。これは、幅広い分野で使われている**主成分分析**という手法の中核を成している。後の章でその応用のいくつかを調べていく。

2.3 ベクトルで何が表現できるか？

ベクトルで何が表現できるかについて、これまでに2つの例（多重集合と集合）を見てきた。ここで、もう少し多くの例を見てみよう。

2進列　nビットの2進列10111011（例えば、暗号システムの秘密鍵）は、$GF(2)$上のn要素のベクトル$[1,0,1,1,1,0,1,1]$で表すことができる。以下ではいくつかの単純な暗号方式が線形代数を用いてどのように記述され、また、解析されるかについて見ていくことにする。

属性　学習理論では、各要素が**属性名**と**属性値**の集まりで表されるようなデータの集合を扱う。この集まりは、同様に、属性名を対応する属性値に写像する関数として表すこともできる。

例えば、国会議員がベクトルの要素となるかもしれない。各国会議員はそれぞれの法案に対してどう投票したかで表される。投票は**賛成**（*aye*）、**反対**（*nay*）、**棄権**（*abstain*）に対応する数 +1、−1、0 のいずれかで表される。ラボ 2.12 では、2 人の国会議員の投票のポリシーの違いを計測する方法を扱う。

また、消費者がベクトルの要素となる場合もありえるだろう。それぞれの消費者は、**年齢**（*age*）、**学歴**（*education level*）、**収入**（*income*）により表されるとする。例を次に示す。

```
>>> Jane = {'age':30, 'education level':16, 'income':85000}
```

消費者と、その消費者が好む製品に関するデータが与えられれば、新しい消費者のベクトルに対し、その消費者がその製品を好むかどうかを予測する関数を作りたくなるかもしれない。実際、これは**機械学習**の例となっている。ラボ 8.4 では、細胞組織のサンプルを記述するベクトルを考え、初歩の機械学習のテクニックを用いて、癌が良性か悪性かを予測してみる。

系の状態　変化するシステムの異なる状態を表すためにも関数やベクトルが用いられる。例えば、世界の状態は、最も人口の多い 5 つの国の人口で表されるかもしれない。

```
{'China':1341670000, 'India':1192570000, 'US':308745538,
 'Indonesia':237556363, 'Brazil':190732694}
```

12 章では、線形代数を用いて、既知の単純なルールに従い、時間の経過と共に変化するような系を解析する方法を示す。

確率分布　有限な確率分布は、有限な定義域から実数への関数である。例を次に示す。

```
{1:1/6, 2:1/6, 3:1/6, 4:1/6, 5:1/6, 6:1/6}
```

よって、これをベクトルと考えることができる。12 章では、線形代数を用いて、単純な確率的ルールに従い、時間の経過と共に変化するような確率過程を解析する方法を示す。このような確率過程の 1 つが、Google の検索結果ページの順序を決める手法である、ページランクの基礎を成している。

画像　白黒の 1024×768 の画像は、整数の組から成る集合 $\{(i,j)\ :\ 0 \leqq i < 1024, 0 \leqq j < 768\}$ から実数への関数、即ち、ベクトルとみなすことができる。ピクセルの座標の組 (i,j) は、ピクセル (i,j) の**強度**を表す整数に写像される。後の章で、画像をベクトルで表現することで実現できるさまざまな応用について説明しよう。例えば、ダウンサンプリング、ブラー[†5]、顔画像の識別などである。

例 2.3.1： 白黒画像の例として 4×8 の階調画像を考える。これは辞書形式のベクトル（と画像）で表される。ここで 0 は黒で 255 は白である。

†5 ［訳注］画像をぼかす処理のこと。

```
{(0,0): 0,      (0,1): 0,      (0,2): 0,      (0,3): 0,
 (1,0): 32,     (1,1): 32,     (1,2): 32,     (1,3): 32,
 (2,0): 64,     (2,1): 64,     (2,2): 64,     (2,3): 64,
 (3,0): 96,     (3,1): 96,     (3,2): 96,     (3,3): 96,
 (4,0): 128,    (4,1): 128,    (4,2): 128,    (4,3): 128,
 (5,0): 160,    (5,1): 160,    (5,2): 160,    (5,3): 160,
 (6,0): 192,    (6,1): 192,    (6,2): 192,    (6,3): 192,
 (7,0): 224,    (7,1): 224,    (7,2): 224,    (7,3): 224}
```

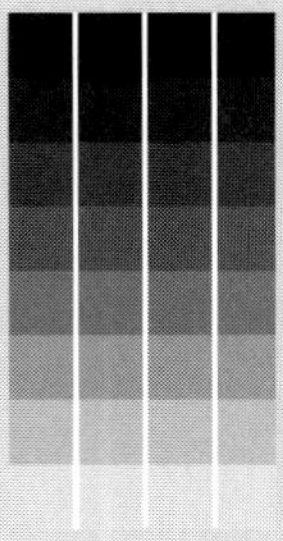

空間内の点 1章では、平面上の点が複素数で表せることを示した。本章以降では、平面上、3次元空間内、より高次元空間内の点を表すために**ベクトル**を用いる。

課題 2.3.2： この課題では Python のリストを使ってベクトルを表す。

Python で、次の2要素のリストから成るリストを変数 L に代入せよ。

```
>>> L = [[2, 2], [3, 2], [1.75, 1], [2, 1], [2.25, 1], [2.5, 1],
...       [2.75, 1], [3, 1], [3.25, 1]]
```

課題 1.4.1 で説明した plot モジュールを使用し、これらの2要素ベクトルを描画せよ。

```
>>> plot(L, 4)
```

複素数とは異なり、ベクトルは高次元空間内の点を表すことができる。3次元空間の例を次に示す。

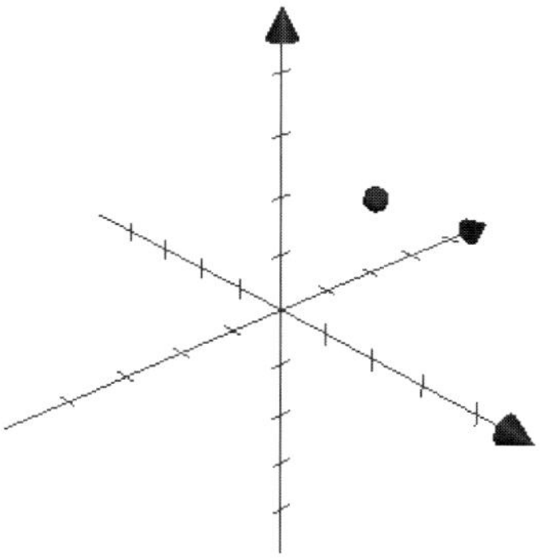

2.4 ベクトルの加法

これまで、ベクトルがどのように表されるかについて、いくつかの例を見てきた。ここではベクトルに対して実行できる演算について扱う。ベクトルが幾何学的な点を表現するのに有用であることも見ていこう。元々、ベクトルの概念は幾何学から生まれたので、幾何学的に見ていけば、基本的なベクトルの演算を理解するのは簡単である。まず**ベクトルの加法**から始めよう。

2.4.1 平行移動とベクトルの加法

1 章では、関数 $f(z) = z_0 + z$ を用いて、複素平面上の**平行移動**を行った。この関数は、複素数 z_0 を入力された複素数に足すものであった。ここでも同様に関数 $f(\boldsymbol{v}) = \boldsymbol{v}_0 + \boldsymbol{v}$ を用いて平行移動を実現する。これはベクトル $\boldsymbol{v}_0$ を入力ベクトルに足すものである。

定義 2.4.1： n 要素のベクトルの加法は、次のように、対応する要素同士の加法として定義される。

$$[u_1, u_2, \ldots, u_n] + [v_1, v_2, \ldots, v_n] = [u_1 + v_1, u_2 + v_2, \ldots, u_n + v_n]$$

Python では、2 要素のリストで表現される 2 要素のベクトル同士を足すプロシージャは、以下のようになる。

```
def add2(v,w):
  return [v[0]+w[0], v[1]+w[1]]
```

クイズ 2.4.2：「1 マイル東に進み、その後 2 マイル北に進む」ような平行移動を、2 要素のベクトルから 2 要素のベクトルへの関数として書け。ただし、ベクトルの足し算を用いること。更に、この関数を $[4, 4]$ と $[-4, -4]$ に適用した結果を示せ。

答え

$f(\boldsymbol{v}) = [1, 2] + \boldsymbol{v}$

$$f([4, 4]) = [5, 6]$$
$$f([-4, -4]) = [-3, -2]$$

$[1, 2]$ など、ベクトルは平行移動に相当するので、ベクトルとは何かをある場所から別の場所へ「移す (carrying)」ものと考えることができる。例えば、$[4, 4]$ から $[5, 6]$ へ移す、または、$[-4, -4]$ から $[-3, -2]$ へ移す、といった具合である。これが、ベクトルはキャリア（carrier）である、ということの意味である。

課題 2.4.3： 課題 2.3.2 で定義したリスト L を思い出して欲しい。2 要素のベクトルの和を計算する以下のプロシージャの定義を入力し、内包表記を用いて L の各要素に $[1, 2]$ を足した点を描画せよ。

```
>>> plot([add2(v, [1,2]) for v in L], 4)
```

クイズ 2.4.4： n 要素のベクトルを、n 個の要素のリストで表すとする。このように表現された 2 つのベクトル v、w の和を計算するプロシージャ addn(v, w) を書け。

答え

```
def addn(v, w): return [x+y for (x,y) in zip(v,w)]
```

または

```
def addn(v, w): return [v[i]+w[i] for i in range(len(v))]
```

全ての体 $\mathbb{F}$ は 0 を要素として持つ。つまり、$\mathbb{F}$ 上の D ベクトルの集合 $\mathbb{F}^D$ は必ず**ゼロベクトル**、即ち、その要素全てが 0 であるようなベクトルを含む。このようなベクトルを、$\mathbf{0}_D$ と書く。また D を指定する必要がない場合には、単に $\mathbf{0}$ と書くことにする。

関数 $f(\boldsymbol{v}) = \boldsymbol{v} + \mathbf{0}$ は、入力を変えない平行移動である。

2.4.2 ベクトルの加法の結合則と可換則

体における加法の 2 つの性質は、**結合則**

$$(x + y) + z = x + (y + z)$$

と**可換則**

$$x + y = y + x$$

である。ベクトルの加法は、体の結合演算及び可換演算を用いて定義されるので、体と同様に結合則と可換則を持つ。

命題 2.4.5（ベクトルの加法の結合則と可換則）： 任意のベクトル $\boldsymbol{u}$、$\boldsymbol{v}$、$\boldsymbol{w}$ に対し

$$(\boldsymbol{u} + \boldsymbol{v}) + \boldsymbol{w} = \boldsymbol{u} + (\boldsymbol{v} + \boldsymbol{w})$$

及び

$$\boldsymbol{u} + \boldsymbol{v} = \boldsymbol{v} + \boldsymbol{u}$$

である。

2.4.3 矢印としてのベクトル

平面上の複素数と同様に、$\mathbb{R}$ 上の n 要素のベクトルは $\mathbb{R}^n$ における矢印として視覚化できる。例えば、2 要素のベクトル $[3, 1.5]$ は、原点に始点、$(3, 1.5)$ に終点を持つ矢印として視覚化できる。

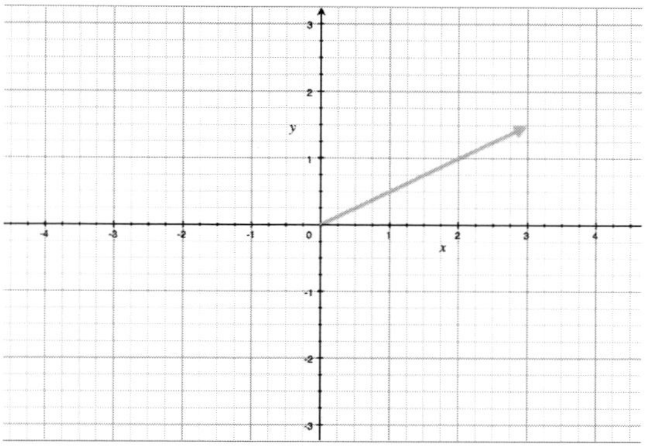

もしくは、$(-2, -1)$ に始点があり、終点が $(1, 0.5)$ にある矢印としても同様に視覚化できる。

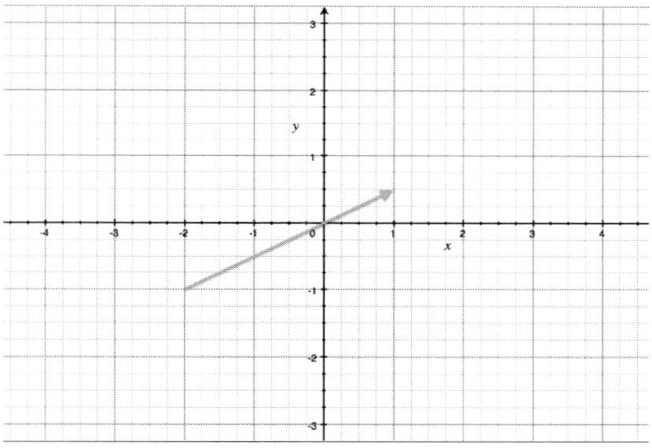

練習問題 2.4.6： 2つの異なる矢印を用いて、ベクトル $[-2, 4]$ を表す図を描け。

例えば、3次元では、ベクトル $[1, 2, 3]$ は始点が原点にあり、終点が $[1, 2, 3]$ にある矢印として表現できる。

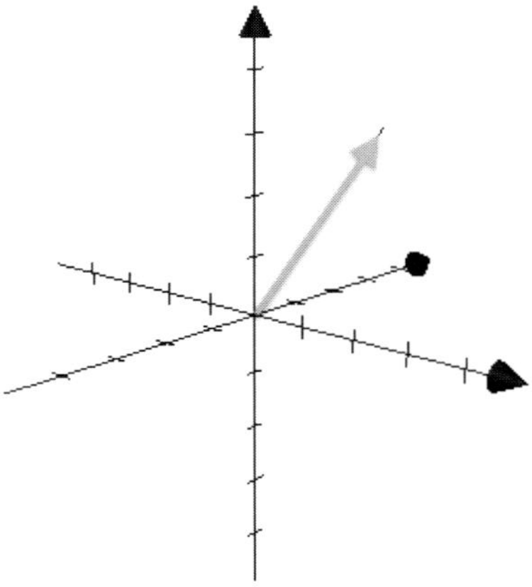

もしくは、始点が $[0, 1, 0]$、終点が $[1, 3, 3]$ にある矢印としても同様に視覚化できる。

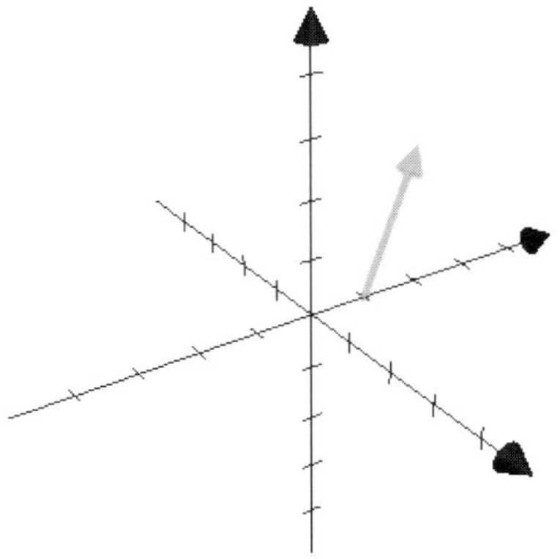

複素数と同様に、$\mathbb{R}$ 上のベクトルの足し算も矢印で視覚化できる。$\boldsymbol{u}$ と $\boldsymbol{v}$ を足すには、$\boldsymbol{v}$ の矢印の始点を $\boldsymbol{u}$ の矢印の終点に置き、$\boldsymbol{u}$ の始点から $\boldsymbol{v}$ の終点へ新しい矢印（これが和を表す）を描けばよい。

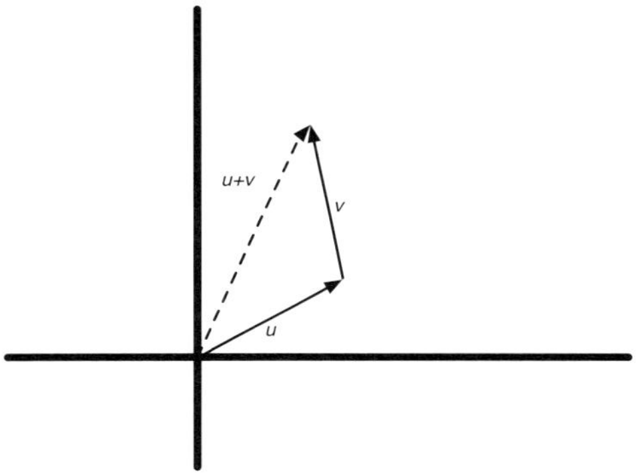

この図は、$\boldsymbol{u}$ に対応する平行移動は、$\boldsymbol{v}$ に対応する平行移動と合成でき、その結果として $\boldsymbol{u}+\boldsymbol{v}$ に対応する新しい平行移動が得られるものと解釈できる。

練習問題 2.4.7： $[-2, 4] + [1, 2]$ を表す図を描け。

2.5 スカラーとベクトルの積

1章では、複素平面上の**スケーリング**は、$f(z) = r\,z$ という関数で表すことができると説明した。これは、複素数の入力に対し、正の実数 r を掛けるものであった。また、負の数を掛けることで、スケーリングと 180° の回転を同時に行うことができた。これに似たベクトルの演算は**スカラーとベクトルの積**あるいは**ベクトルのスカラー倍**と呼ばれる。ベクトルの文脈では、体の要素（例えば、数）は**スカラー**（*scalar*）と呼ばれる。これは、ベクトルに掛けることでスケーリングできるからである。本書ではスカラーを表すのにギリシャ文字（α、β、γ など）を用いる。

定義 2.5.1： ベクトル $\boldsymbol{v}$ とスカラー α との積は、$\boldsymbol{v}$ の各要素と α との積として定義される。

$$\alpha\,[v_1, v_2, \ldots, v_n] = [\alpha\,v_1, \alpha\,v_2, \ldots, \alpha\,v_n]$$

例 2.5.2： $2\,[5, 4, 10] = [2 \cdot 5, 2 \cdot 4, 2 \cdot 10] = [10, 8, 20]$

クイズ 2.5.3： n 要素のベクトルを、n 個の要素のリストで表すとする。ベクトル v にスカラー alpha を掛けるプロシージャ scalar_vector_mult(alpha, v) を書け。

答え

```
def scalar_vector_mult(alpha, v):
  return [alpha*v[i] for i in range(len(v))]
```

課題 2.5.4： L のベクトルを 0.5 でスケーリングした結果を描画し、更に、それを -0.5 でスケーリングした結果を描画せよ。

$2\,[1, 2, 3] + [10, 20, 30]$ のような式は、どのように解釈すればよいだろうか？ 最初にスカラーとベクトルの積を実行するのか？ それとも最初にベクトルの和を実行するのか？ 普通の計算で和より積が優先されるのと同様に、スカラーとベクトルの積はベクトルの和より優先される。従って、（特に括弧がなければ）スカラーとベクトルの積は最初に行われる。その結果、上の式は、$[2, 4, 6] + [10, 20, 30]$ となり、結果は $[12, 24, 36]$ である。

2.5.1 矢印のスケーリング

$\mathbb{R}$ 上のベクトルを正の実数でスケーリングすると、対応する矢印の長さは変わるが、その向きは変わらない。例えば、ベクトル $[3, 1.5]$ を表す矢印は次のようになる。

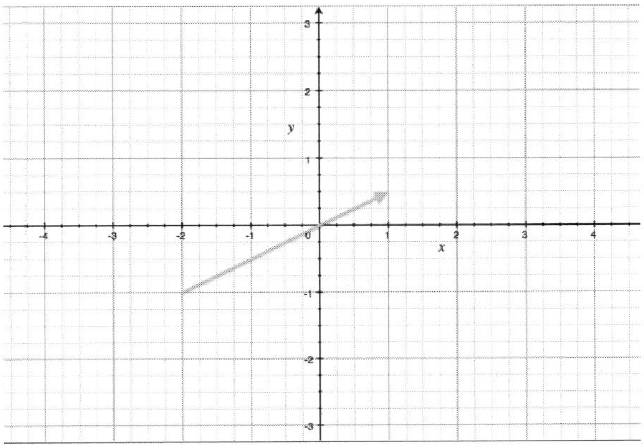

更に、これを 2 倍したベクトルを表す矢印は次のようになる。

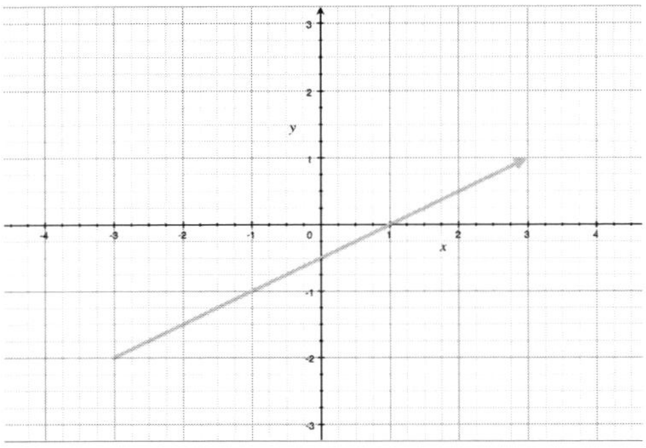

ベクトル $[3, 1.5]$ は、平行移動 $f(\boldsymbol{v}) = [3, 1.5] + \boldsymbol{v}$ に対応し、このベクトルを 2 倍したベクトル $[6, 3]$ は同じ方向で 2 倍遠い平行移動に対応する。

負の数をベクトルに掛けると、全ての要素は反転する。複素数で見てきたように、これは対応する矢印の方向を反転する。例えば、$[3, 1.5]$ の 2 倍を反転すると $[-6, -3]$ となり、これは次の矢印で表される。

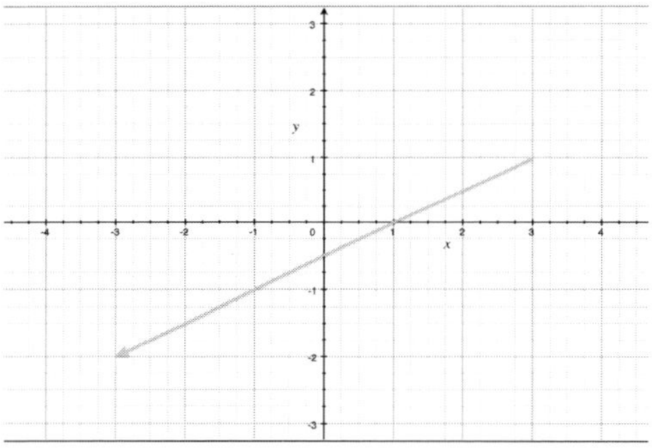

2.5.2 スカラーとベクトルの積の結合則

ベクトルをスカラー倍し、更にもう一度スカラー倍するような計算は、次のように単純化することができる。

命題 2.5.5（スカラーとベクトルの積の結合則）： $\alpha(\beta\boldsymbol{v}) = (\alpha\beta)\boldsymbol{v}$

証明

左辺と右辺が等しいことを示すには、左辺の各要素と、それに対応する右辺の要素がそれぞれ等しいことを示せばよい。定義域 D の要素 k に対して、$\beta\boldsymbol{v}$ の k に対応する要素[†6]は $\beta\boldsymbol{v}[k]$ である。つまり、$\alpha(\beta\boldsymbol{v})$ の k に対応する要素は $\alpha(\beta\boldsymbol{v}[k])$ である。一方、$(\alpha\beta)\boldsymbol{v}$ の k に対応する要素は $(\alpha\beta)\boldsymbol{v}[k]$ である。体の結合則より $\alpha(\beta\boldsymbol{v}[k])$ と $(\alpha\beta)\boldsymbol{v}[k]$ は等しい。 □

†6 ［訳注］正確には、定義域 D の要素 k に対応する $\beta\boldsymbol{v}$ の要素、または、キー k に対応する $\beta\boldsymbol{v}$ の要素などとすべきであるが、混乱の恐れがないときには、k に対応する要素と省略して表現する。

2.5.3 原点を通る線分

$\boldsymbol{v}$ を $\mathbb{R}$ 上の 2 要素のベクトル $[3,2]$ とする。いま、スカラーの集合 $\{0, 0.1, 0.2, 0.3, \ldots, 0.9, 1.0\}$ を考える。この集合のスカラー α に対して、$\alpha\boldsymbol{v}$ は $\boldsymbol{v}$ よりも少し短いベクトルになるが、同じ方向を指す。

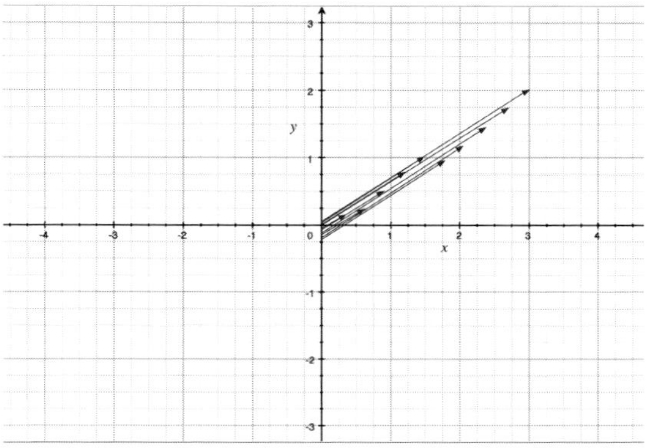

次の図は、それぞれのスカラーを $\boldsymbol{v}$ に掛け算することで得られる点を示している。

```
plot([scalar_vector_mult(i/10, v) for i in range(11)], 4)
```

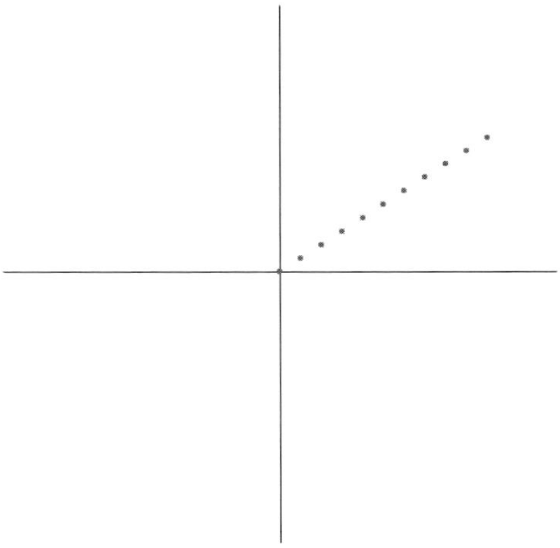

ウーム、これは原点から点 $(3,2)$ への線分をなぞっているように見える。ベクトルに掛けるスカラーとして、0 から 1 までの全ての実数を取った場合、結果はどうなるだろうか？ このような点の集合は、原点と $\boldsymbol{v}$ の間の線分になる。

$$\{\alpha\boldsymbol{v} \ : \ \alpha \in \mathbb{R}, 0 \leqq \alpha \leqq 1\}$$

このような点、全てでなくとも、十分な密度のサンプル、例えば 100 個の点を図示すれば十分に線分を視覚化できる（Python には非加算無限集合の点を処理する能力はない）。

```
plot([scalar_vector_mult(i/100, v) for i in range(101)], 4)
```

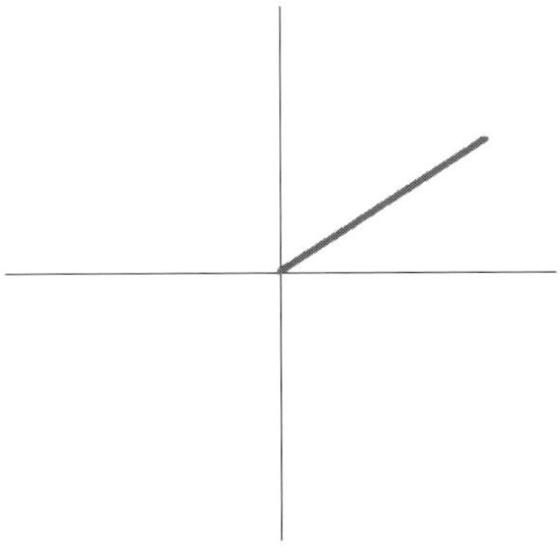

2.5.4 原点を通る直線

スカラーの無限集合を認めた限り、全力を尽くそう。さて、α の範囲が実数全体となった場合、どのような図形が得られるだろうか？ スカラーが 1 より大きいと、$\boldsymbol{v}$ をコピーしたものを少し大きくしたものになる。また、スカラーが負の場合は、反対方向を指すベクトルになる。

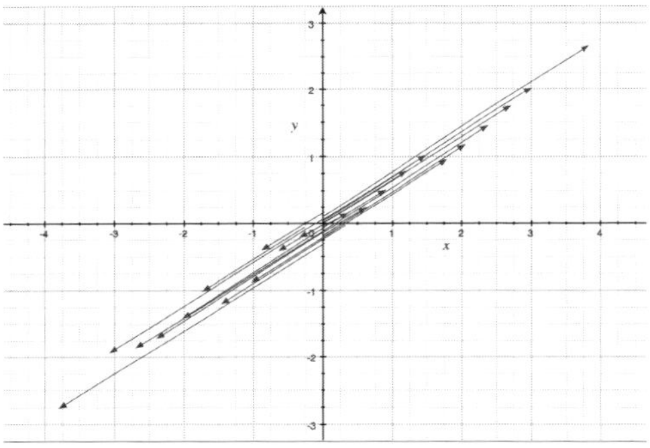

これらを合わせると

$$\{\alpha \boldsymbol{v} : \alpha \in \mathbb{R}\}$$

の点は原点と $\boldsymbol{v}$ を通る（無限）の線分になる。

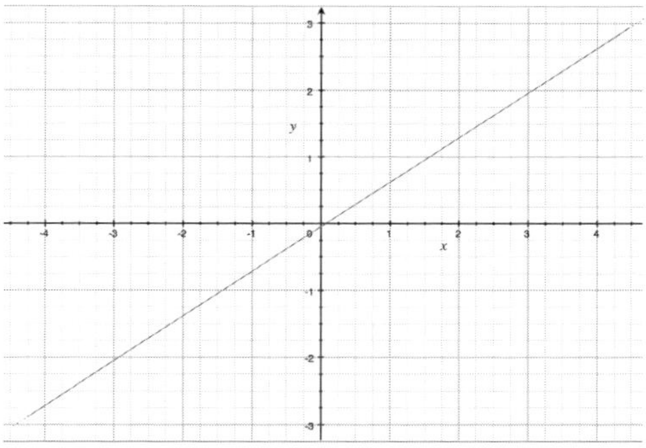

確認用の質問：スカラーとベクトルの積を用いて、原点と、原点以外の点を通る線分を表現せよ。

確認用の質問：スカラーとベクトルの積を用いて、原点を通る直線を表現せよ。

2.6 ベクトルの和とスカラーとの積の組み合わせ

2.6.1 原点を通らない線分と直線

素晴らしい――原点を通る直線や、線分の点の集合を記述することができた。任意の直線や線分上の点の集合を記述できたら、更に素晴らしいことだろう。そうすれば次のような道路地図を描くことができる。

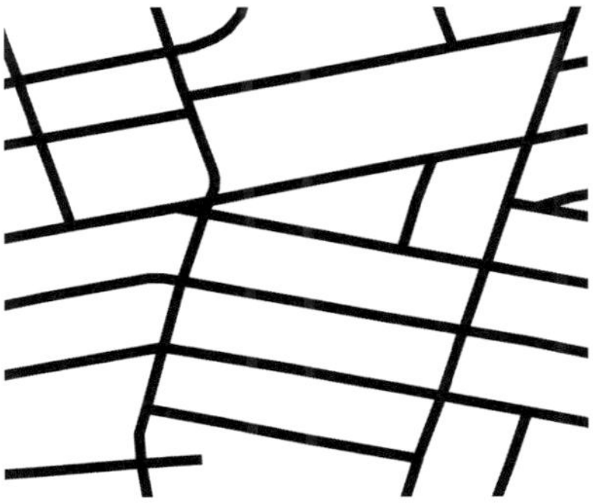

既に $[0,0]$ から $[3,2]$ への線分上の点が $\{\alpha\,[3,2]\ :\ \alpha \in \mathbb{R}, 0 \leqq \alpha \leqq 1\}$ であることは分かっている。これらの点に平行移動 $[x,y] \mapsto [x+0.5, y+1]$ を適用すると

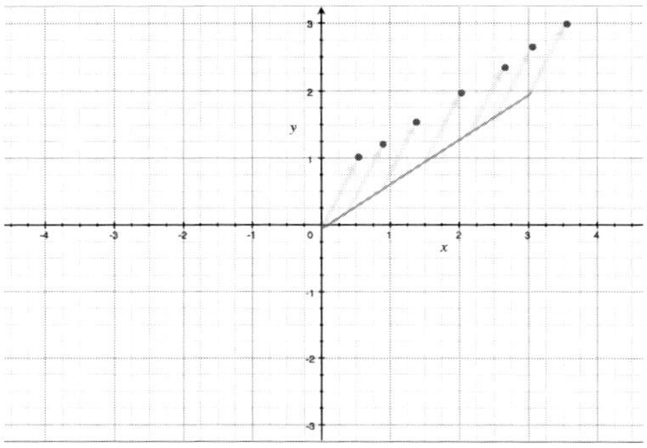

[0.5, 1] から [3.5, 3] への線分を得る。

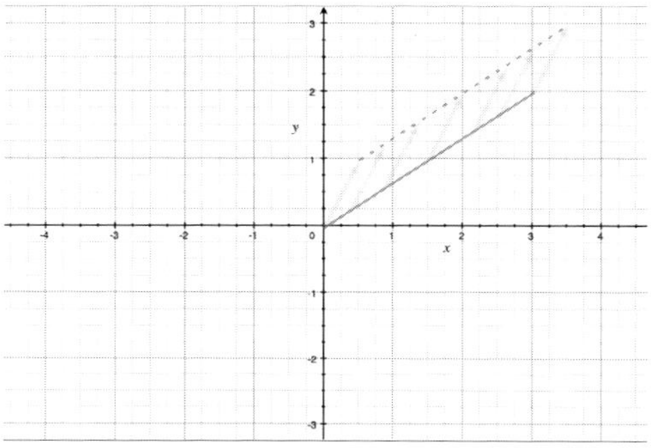

従って、この線分上の点の集合は次のようになる。

$$\{\alpha\,[3,2] + [0.5,1] \;:\; \alpha \in \mathbb{R}, 0 \leqq \alpha \leqq 1\}$$

以上より、この線分は次のプログラムで描画することができる。

```
plot([add2(scalar_vector_mult(i/100., [3,2]), [0.5,1]) for i in range(101)], 4)
```

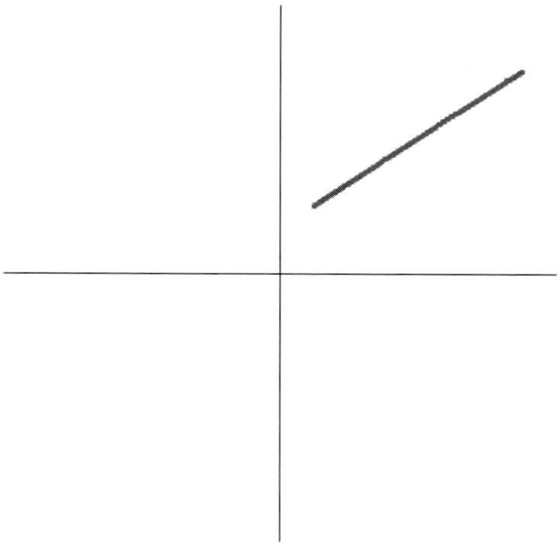

同様にして与えられた 2 点を通る直線を表すことができる。例えば、$[0,0]$ と $[3,2]$ を通る直線は $\{\alpha\,[3,2]\ :\ \alpha \in \mathbb{R}\}$ となることは分かっている。また、この集合の各点に $[0.5,1]$ を加えると、$[0.5,1]$ と $[3.5,3]$ を通る線になる。即ち、$\{\alpha\,[3,2] + [0.5,1]\ :\ \alpha \in \mathbb{R}\}$ となる。

練習問題 2.6.1： $\mathbb{R}^2$ の点 $\boldsymbol{u} = [2,3]$ と $\boldsymbol{v} = [5,7]$ が与えられたとする。このとき、原点から $\boldsymbol{w}$ への線分を平行移動し、$\boldsymbol{u}$ から $\boldsymbol{v}$ への線分とできるような点 $\boldsymbol{w}$ は何か？ また、このとき両方の端点に適用される平行移動ベクトルは何か？

練習問題 2.6.2： $\mathbb{R}^2$ の点の組 $\boldsymbol{u} = [1,4]$、$\boldsymbol{v} = [6,3]$ に対し、これらの点をつなぐ線分を成す点の集合を与える数式を書け。

2.6.2 スカラーとベクトルの積とベクトルの和に対する分配則

このような線分と直線の定式化をよりよく理解するために、スカラーとベクトルの積と、ベクトルの和を組み合わせたときに現れる 2 つの性質を利用する。これらは両方とも体の分配則 $x(y+z) = xy + xz$ から得られる性質である。

命題 2.6.3（スカラーとベクトルの積のベクトルの和に対する分配則）：

$$\alpha(\boldsymbol{u} + \boldsymbol{v}) = \alpha\boldsymbol{u} + \alpha\boldsymbol{v} \tag{2-1}$$

例 2.6.4： 例として次の積を考える。

$$2\,([1,2,3] + [3,4,4]) = 2\,[4,6,7] = [8,12,14]$$

これは次の計算と同じである。

$$2\,([1,2,3]+[3,4,4]) = 2\,[1,2,3]+2\,[3,4,4] = [2,4,6]+[6,8,8] = [8,12,14]$$

証明

命題 2.5.5 の証明と同じやり方を用いる。即ち、式 (2-1) の左辺が右辺と等しいことを示すために、左辺の各要素が、右辺の対応する要素と等しいことを示す。

定義域 D の要素 k に対して、$(\boldsymbol{u}+\boldsymbol{v})$ の k に対応する要素は $\boldsymbol{u}[k]+\boldsymbol{v}[k]$ であり、$\alpha\,(\boldsymbol{u}+\boldsymbol{v})$ の k に対応する要素は $\alpha\,(\boldsymbol{u}[k]+\boldsymbol{v}[k])$ である。

$\alpha\,\boldsymbol{u}$ の k に対応する要素は $\alpha\boldsymbol{u}[k]$ であり、$\alpha\,\boldsymbol{v}$ の k に対応する要素は $\alpha\,\boldsymbol{v}[k]$ である。つまり、$\alpha\,\boldsymbol{u}+\alpha\,\boldsymbol{v}$ の k に対応する要素は $\alpha\,\boldsymbol{u}[k]+\alpha\,\boldsymbol{v}[k]$ となる。

従って体の分配則より、$\alpha(\boldsymbol{u}[k]+\boldsymbol{v}[k]) = \alpha\,\boldsymbol{u}[k]+\alpha\,\boldsymbol{v}[k]$ を得る。 □

命題 2.6.5（スカラーとベクトルの積のスカラーの和に対する分配則）：

$$(\alpha+\beta)\boldsymbol{u} = \alpha\boldsymbol{u}+\beta\boldsymbol{u}$$

問題 2.6.6： 命題 2.6.5 を証明せよ。

2.6.3 はじめての凸結合

$[0.5,1]$ と $[3.5,3]$ を結ぶ線分を成す点の集合に対する式 $\{\alpha\,[3,2]+[0.5,1]\ :\ \alpha\in\mathbb{R}, 0\leqq\alpha\leqq 1\}$ の形は少々変に見える。この非対称性は不適当である。ベクトル代数を少し使うことで、より素晴らしい式にすることができる。

$$\begin{aligned}
\alpha\,[3,2]+[0.5,1] &= \alpha\,([3.5,3]-[0.5,1])+[0.5,1] \\
&= \alpha\,[3.5,3]-\alpha\,[0.5,1]+[0.5,1] && \text{命題 2.6.3 より} \\
&= \alpha\,[3.5,3]+(1-\alpha)\,[0.5,1] && \text{命題 2.6.5 より} \\
&= \alpha\,[3.5,3]+\beta\,[0.5,1]
\end{aligned}$$

ここで $\beta = 1-\alpha$ である。これで $[0.5,1]$ と $[3.5,3]$ を結ぶ線分の式を

$$\{\alpha\,[3.5,3]+\beta\,[0.5,1]\ :\ \alpha,\beta\in\mathbb{R}, \alpha,\beta\geqq 0, \alpha+\beta=1\}$$

と書くことができる。この式は 2 つの端点に関して対称である。

$\alpha,\beta\geqq 0$、$\alpha+\beta=1$ のとき、$\alpha\,\boldsymbol{u}+\beta\,\boldsymbol{v}$ という形の式は、$\boldsymbol{u}$ と $\boldsymbol{v}$ の**凸結合**と呼ばれる。この例に基づくと、相異なる $\mathbb{R}$ 上の任意のベクトルの組 $\boldsymbol{u}$、$\boldsymbol{v}$ に対し、次の主張が成り立つことが分かる。

命題 2.6.7： $\boldsymbol{u}$ と $\boldsymbol{v}$ を結ぶ線分は、$\boldsymbol{u}$ と $\boldsymbol{v}$ の凸結合より成る。

例 2.6.8： 以下の表は、$\mathbb{R}$ 上の 1 要素のベクトルと 2 要素のベクトルの組の凸結合を表す。

1. $\mathbf{u_1} = [2]$, $\mathbf{v_1} = [12]$
2. $\mathbf{u_2} = [5, 2]$, $\mathbf{v_2} = [10, -6]$

	$\alpha = 1$ $\beta = 0$	$\alpha = 0.75$ $\beta = 0.25$	$\alpha = 0.5$ $\beta = 0.5$	$\alpha = 0.25$ $\beta = 0.75$	$\alpha = 0$ $\beta = 1$
$\alpha\mathbf{u_1} + \beta\mathbf{v_1}$	[2]	[4.5]	[7]	[9.5]	[12]
$\alpha\mathbf{u_2} + \beta\mathbf{v_2}$	[5, 2]	[6.25, 0]	[7.5, −2]	[8.75, −4]	[10, −6]

課題 2.6.9： 2 点が 2 要素のリストとして与えられたとき、その 2 点を端点とする線分上に等間隔に並んだ点のリストを 100 個返す Python のプロシージャ `segment(pt1, pt2)` を書け。

`pt1` = [3.5, 3]、`pt2` = [0.5, 1] の場合に、その点を描画せよ。

例 2.6.10： 画像を表すベクトルの組の凸結合を考えよう。

$\boldsymbol{u} =$  , $\boldsymbol{v} =$ 

例えば、$\frac{1}{2}$ と $\frac{1}{2}$ というスカラー値を用いると、この凸結合（この場合は平均）は次のようになる。

$\frac{1}{2}$  $+$ $\frac{1}{2}$  $=$ 

2 つの顔画像間の「線分」を表すには、たくさんの凸結合を取る必要がある。

$1\boldsymbol{u} + 0\boldsymbol{v}$　$\frac{7}{8}\boldsymbol{u} + \frac{1}{8}\boldsymbol{v}$　$\frac{6}{8}\boldsymbol{u} + \frac{2}{8}\boldsymbol{v}$　$\frac{5}{8}\boldsymbol{u} + \frac{3}{8}\boldsymbol{v}$　$\frac{4}{8}\boldsymbol{u} + \frac{4}{8}\boldsymbol{v}$　$\frac{3}{8}\boldsymbol{u} + \frac{5}{8}\boldsymbol{v}$　$\frac{2}{8}\boldsymbol{u} + \frac{6}{8}\boldsymbol{v}$　$\frac{1}{8}\boldsymbol{u} + \frac{7}{8}\boldsymbol{v}$　$0\boldsymbol{u} + 1\boldsymbol{v}$

これらの画像を動画のフレームとして使用すると、これらの画像についてのクロスフェード効果[†7]を得ることができる。

†7　［訳注］2 つの画像を重ねて表示し、片方の画像の透明度を徐々に上げながら切り替える効果。

2.6.4 はじめてのアフィン結合

$[0.5, 1]$ と $[3.5, 3]$ を通る無限の長さの直線はどうなるだろうか？ この直線は集合 $\{\alpha\,[3, 2] + [0.5, 1] \; : \; \alpha \in \mathbb{R}\}$ の点から構成されることを見た。同様の議論により、この集合は次のように書き直すことができる。

$$\{\alpha\,[3.5, 3] + \beta\,[0.5, 1] \; : \; \alpha \in \mathbb{R}, \beta \in \mathbb{R}, \alpha + \beta = 1\}$$

$\alpha + \beta = 1$ のとき、$\alpha \boldsymbol{u} + \beta \boldsymbol{v}$ という形の式は、$\boldsymbol{u}$ と $\boldsymbol{v}$ の**アフィン**結合と呼ばれる。この例に基づくと次を得る。

仮説 2.6.11： $\boldsymbol{u}$ と $\boldsymbol{v}$ を通る直線は、$\boldsymbol{u}$ と $\boldsymbol{v}$ のアフィン結合の集合から成る。

3 章では、2 つ以上のベクトルのアフィン結合と凸結合について説明する。

2.7 辞書によるベクトルの表現

2.2 節では、ベクトルがある定義域 D から体への関数として解釈することを提案した。更に、2.2.1 節では、そのような関数が Python の辞書を用いて表せることを示した。そこで Python のクラス `Vec` を定義すると有用である。このインスタンスは 2 つのフィールド（**インスタンス変数**や**属性**とも呼ばれる）を持つ。

- `D`：関数の定義域、Python の集合で表される
- `f`：関数、Python の辞書で表現される

ここでは、値が 0 であるような要素は辞書 f から削除してもよいという、2.2.1 節で説明した方法を用いる。この方法により、スパースベクトルをコンパクトに表現することができる。

`Vec` のそれぞれのインスタンスが定義域を保持するというのは、あまりよくない考えのようにも見える。例えば、2.2.1 節で指摘したように、情報検索では、通常、文書はたくさんあり、それぞれの文書には単語集合の非常に小さな部分集合だけが含まれる。それぞれの文書に用いられうる全ての単語のリストを複製するのはメモリの無駄である。しかし幸いにも、0.5.4 節で見たように、Python ではたくさんの変数（やインスタンス変数）がメモリ内の同じ集合を指すようにすることができる。従って、十分に注意すれば、文書を表す全てのベクトルが同じ定義域を指すようにすることは可能である。

`Vec` を定義するのに必要な Python のコードは以下のようになる。

```
class Vec:
  def __init__(self, labels, function):
    self.D = labels
    self.f = function
```

Python にこの定義を処理させると、次のようにして `Vec` のインスタンスを作成することができる。

```
>>> Vec({'A','B','C'}, {'A':1})
```

第 1 引数は新しいインスタンスの `D` フィールドに代入され、第 2 引数は `f` フィールドに代入される。この式の値は新しいインスタンスになる。この値は、変数に代入することができる。

```
>>> v = Vec({'A','B','C'}, {'A':1})
```

その後、次のようにすれば、v の 2 つのフィールドにアクセスすることができる。

```
>>> for d in v.D:
...   if d in v.f:
...     print(v.f[d])
...
1
```

クイズ 2.7.1： 次の機能を持つプロシージャ zero_vec(D) を書け。

- **入力：** 集合 D
- **出力：** D ベクトルを表す Vec のインスタンス。全ての要素は値 0 を持つ

答え

このプロシージャはスパース表現を利用して次のように書くことができる。

```
def zero_vec(D): return Vec(D, {})
```

スパース表現を用いない場合は、次のように書くことができるだろう。

```
def zero_vec(D): return Vec(D, {d:0 for d in D})
```

プロシージャ zero_vec(D) は vecutil.py で定義されている。

2.7.1 セッターとゲッター

以下のクイズでは、ベクトルのクラスによる表現に対するプロシージャを書く。後の方の問題では、これらのプロシージャを、Vec クラスを定義するモジュールに組み込む。

次のプロシージャは指定された v のフィールドに値を代入する際に使う。

```
def setitem(v, d, val): v.f[d] = val
```

第 2 引数 d は、定義域 v.D の要素でなければならない。例えば、このプロシージャは次のようにして使うことができる。

```
>>> setitem(v, 'B', 2.)
```

クイズ 2.7.2： 次の機能を持つプロシージャ getitem(v, d) を書け。

- **入力**：Vec のインスタンス v と集合 v.D の要素 d
- **出力**：v のエントリ d の値

このプロシージャはスパース表現を考慮した方法で書け（**ヒント**：このプロシージャは条件式（0.5.3節）を用いて1行で書くことができる）。

このプロシージャを用いると、最初の方で定義したベクトル v の'A' 要素を取り出すことができる。

```
>>> getitem(v, 'A')
1
```

答え

次の解は条件式を用いている。

```
def getitem(v,d): return v.f[d] if d in v.f else 0
```

条件式を用いると以下のように書ける。

```
def getitem(v,d):
  if d in v.f:
    return v.f[d]
  else:
    return 0
```

2.7.2 スカラーとベクトルの積

クイズ 2.7.3： 次の機能を持つプロシージャ scalar_mul(v, alpha) を書け。

- **入力**：Vec のインスタンス v とスカラー alpha
- **出力**：alpha と v のスカラーとベクトルの積を表す Vec の新しいインスタンス

出力のベクトルが、確実に入力のベクトルと同じくらいスパースになるようにするうまい方法があるが、ここではスパースにする必要はない。また、作成したプロシージャ内で getitem(v, d) を用いることもできるが、これも必ずしもそうする必要はない。引数として渡されたベクトルを変更しないように注意し、Vec の新しいインスタンスを作成すること。ただし、この新しいインスタンスは、元のインスタンスと同じ集合 D を指すようにせよ。

これを定義済みのベクトル v で試せ。

```
>>> scalar_mul(v, 2)
<__main__.Vec object at 0x10058cd10>
```

OK、この表示からは大した情報は得られない。結果として得られる Vec の辞書を見てみよう。

```
>>> scalar_mul(v, 2).f
{'A': 2, 'C': 0, 'B': 4.0}
```

答え

以下のプロシージャはスパース性を保存しない。

```
def scalar_mul(v, alpha):
  return Vec(v.D, {d:alpha*getitem(v,d) for d in v.D})
```

スパース性を保存するには、次のように書けばよい。

```
def scalar_mul(v, alpha):
  return Vec(v.D, {d:alpha*value for d,value in v.f.items()})
```

2.7.3 加法

クイズ 2.7.4： 次の機能を持つプロシージャ add(u, v) を書け。

- **入力**：Vec のインスタンス u と v
- **出力**：u と v のベクトルの和から成る Vec のインスタンス

以下にこのプロシージャの使用例を示す。

```
>>> u = Vec(v.D, {'A':5., 'C':10.})
>>> add(u,v)
<__main__.Vec object at 0x10058cd10>
>>> add(u,v).f
{'A': 6.0, 'C': 10.0, 'B': 2.0}
```

スパース表現に対応するために getitem(v, d) を使うことをお勧めする。このとき出力ベクトルがスパースになるようにしようと**しない**方がよい。最後に、辞書の内包表記を用いて、Vec の新しいインスタンス用の辞書を定義することをお勧めする。

答え

```
def add(u, v):
  return Vec(u.D, {d:getitem(u,d)+getitem(v,d) for d in u.D})
```

2.7.4 ベクトルの反転、ベクトルの和、差の可逆性

ベクトル $\boldsymbol{v}$ の**反転**とは、$\boldsymbol{v}$ のそれぞれの要素を反転することによって得られるベクトル $-\boldsymbol{v}$ のことである。$\boldsymbol{v}$ を矢印と考えると、その反転である $-\boldsymbol{v}$ は、長さが等しく、正反対を指すような矢印となる。

$\boldsymbol{v}$ を平行移動と解釈すると（例えば、「2 マイル東に進み、その後 3 マイル北に進む」）、その反転は逆の平行移動である（「−2 マイル東に進み、その後 −3 マイル北に進む」）。即ち、ある平行移動を適用し、次に、その反転を適用すると、出発した場所に戻る。

ベクトルの差はベクトルの和と反転を用いて定義される。即ち、$\boldsymbol{u} - \boldsymbol{v}$ は $\boldsymbol{u} + (-\boldsymbol{v})$ と定義される。この定義は、ベクトルの差の定義、即ち、対応する要素を引く、ということと等価である。

ベクトルの減法はベクトルの加法の逆である。あるベクトル $\boldsymbol{w}$ に対し、次の関数を考える。

$$f(\boldsymbol{v}) = \boldsymbol{v} + \boldsymbol{w}$$

この関数は入力に対し $\boldsymbol{w}$ を加える。一方、

$$g(\boldsymbol{v}) = \boldsymbol{v} - \boldsymbol{w}$$

は、入力から $\boldsymbol{w}$ を引く。1 つ目の関数は、その入力を $\boldsymbol{w}$ だけ平行移動し、2 つ目の関数は**その**入力を $-\boldsymbol{w}$ だけ平行移動する。これらの関数は互いに可換である。即ち

$$\begin{aligned}(g \circ f)(\boldsymbol{v}) &= g(f(\boldsymbol{v})) \\ &= g(\boldsymbol{v} + \boldsymbol{w}) \\ &= \boldsymbol{v} + \boldsymbol{w} - \boldsymbol{w} \\ &= \boldsymbol{v}\end{aligned}$$

クイズ 2.7.5： 次の機能を持つ Python のプロシージャ `neg(v)` を書け。

- **入力**：`Vec` のインスタンス `v`
- **出力**：`v` の反転を表す `Vec` のインスタンス

以下はこのプロシージャの使用例である。

```
>>> neg(v).f
{'A': -1, 'C': 0, 'B': -2.0}
```

このプロシージャを書く方法は 2 つある。1 つは内包表記を用いて出力ベクトルの `f` フィールドを明示的に計算する方法である。もう 1 つはクイズ 2.7.3 で定義したプロシージャ `scalar_mul` を適切に呼び出す方法である。

答え

```
def neg(v):
  return Vec(v.D, {d:-getitem(v, d) for d in v.D})
```

または

```
def neg(v):
  return Vec(v.D, {key:-value for key, value in v.f.items()})
```

または

```
def neg(v): return scalar_mul(v, -1)
```

2.8 $GF(2)$ 上のベクトル

ここまでは $\mathbb{R}$ 上のベクトルについて見てきた。本節では、$GF(2)$ 上のベクトルを考え、いくつかの応用例を示す。1.5 節では、$GF(2)$ は値が 0 と 1 だけから成る体であり、$1+1$ は 0 となり、引き算は足し算と同じであることを示した。

簡単のため、$GF(2)$ 上の特定の n 要素のベクトルを、n ビットの 2 進列として書く場合がある。例えば、3 番目の要素だけが 0 である 4 要素のベクトルを、1101 と書く。

クイズ 2.8.1： $GF(2)$ **ベクトルの足し算の練習**：1101+0111 は何になるか？（**注意**：これは 1101−0111 と同じである）

答え

1010

2.8.1 完全秘匿性、再再訪

アリスとボブが完全秘匿性を必要としていたことを思い出して欲しい。1.5.1 節で見たように、1 ビットの平文の暗号化は、そのビットと 1 ビットの鍵を $GF(2)$ 上で足すことによって行われていた。また、平文を構成する一連のビットの暗号化は、それぞれのビットをそれの鍵となるビットで暗号化すれば十分であった。この処理は $GF(2)$ 上のベクトルの和を用いると、よりコンパクトに表現することができる。

アリスは 10 ビットの平文 $\boldsymbol{p}$ をボブに送る必要があるとしよう。

バーナム暗号法：アリスとボブは無作為に 10 要素のベクトル $\boldsymbol{k}$ を選ぶ。
アリスは次の式を用いて暗号文 $\boldsymbol{c}$ を得る。

$$\boldsymbol{c} = \boldsymbol{p} + \boldsymbol{k}$$

ここでの和は**ベクトル**の和である。

最初にチェックすべきなのは、この暗号システムが復号化可能であることだ。即ち、ボブが $\boldsymbol{k}$ と $\boldsymbol{c}$ を知っていれば $\boldsymbol{p}$ を復元できる、ということをチェックすればよい。彼は次の式を用いて復元可能である。

$$\boldsymbol{p} = \boldsymbol{c} - \boldsymbol{k} \tag{2-2}$$

例 2.8.2： 例えば、アリスとボブは、次の 10 要素のベクトルを鍵とすることに決めたとしよう。

$$\boldsymbol{k} = [0, 1, 1, 0, 1, 0, 0, 0, 0, 1]$$

また、アリスは次のメッセージをボブに送りたいとしよう。

$$\boldsymbol{p} = [0, 0, 0, 1, 1, 1, 0, 1, 0, 1]$$

彼女は、$\boldsymbol{k}$ に $\boldsymbol{p}$ を足し、暗号化する。

$$\boldsymbol{c} = \boldsymbol{k} + \boldsymbol{p} = [0, 1, 1, 0, 1, 0, 0, 0, 0, 1] + [0, 0, 0, 1, 1, 1, 0, 1, 0, 1]$$

$$\boldsymbol{c} = [0, 1, 1, 1, 0, 1, 0, 1, 0, 0]$$

ボブは、$\boldsymbol{c}$ を受け取ると、$\boldsymbol{k}$ を足して復号化する。

$$\boldsymbol{c} + \boldsymbol{k} = [0, 1, 1, 1, 0, 1, 0, 1, 0, 0] + [0, 1, 1, 0, 1, 0, 0, 0, 0, 1] = [0, 0, 0, 1, 1, 1, 0, 1, 0, 1]$$

これは元のメッセージである。

次に、そのシステムが完全秘匿性を満たすかどうかをチェックする。これについては既に述べた。各平文 $\boldsymbol{p}$ に対し、関数 $\boldsymbol{k} \mapsto \boldsymbol{k} + \boldsymbol{p}$ は単射かつ全射であり、故に、可逆である。鍵 $\boldsymbol{k}$ は無作為に、一様に選ばれるので、暗号文 $\boldsymbol{c}$ もまた一様に分布する。

2.8.2 $GF(2)$ を用いた 1 か 0 の秘密共有

筆者が中間試験に関する秘密事項を保持しており、これを $GF(2)$ に対する n 要素のベクトル $\boldsymbol{v}$ で表したとする。これを、筆者が休暇を取っている間に中間試験を監督する 2 人の TA（ティーチングアシスタント）アリスとボブ（それぞれ A、B とも表す）に渡したいとしよう。ただし、筆者は彼らを完全には信頼していない。どちらかの TA が学生から賄賂を受け取り、試験前に内容を漏らすかもしれないからだ。つまり、それぞれの TA に試験の情報をそのまま渡すわけにはいかない。

従って、予防措置を取りたい。2 人の TA が協力し合わなければ秘密を解読できないような方法で部分部分を渡すことにする。つまり、片方の TA は独力ではいかなる情報も入手できないようにするのである。

以下にその方法を示す。まず、$GF(2)$ 上の n 要素のベクトル $\boldsymbol{v}_A$ を無作為に選ぶ（たくさんのコインを投げるなど）。次に

$$\boldsymbol{v}_B := \boldsymbol{v} - \boldsymbol{v}_A$$

を用いて n 要素のベクトル $\boldsymbol{v}_B$ を計算する。最後に、アリスに $\boldsymbol{v}_A$、ボブに $\boldsymbol{v}_B$ を渡し、筆者は休暇に出発する。

彼らが中間試験を監督するときがきたら、2 人の TA は与えられたベクトルをもとに中間試験を再構築する。彼らがすべきことは、彼らの 2 つのベクトルを足し合わせることだ。

$$\boldsymbol{v}_A + \boldsymbol{v}_B$$

$\boldsymbol{v}_B$ の定義より、この合計が秘密ベクトル $\boldsymbol{v}$ となる。

この方法は 1 人のよこしまな TA に対し、どれくらい安全なのだろうか？ そこで、アリスが買収され、試験に関する情報を売ろうとしているとしよう。ただしボブは不正をしないとする。即ち、アリスはこの悪巧みを実行するのに彼の手助けは得られない。アリスは自分が持っている部分情報 $\boldsymbol{v}_A$ から、試験 $\boldsymbol{v}$ に関して何が分かるだろうか？ アリスの部分情報は無作為に選ばれているので、彼女はそれからは何も分からない。

今度は代わりにボブが買収されたとしよう。彼が持つ部分情報 $\boldsymbol{v}_B$ から試験について何が分かるだろうか？ 次のような関数 $f : GF(2)^n \longrightarrow GF(2)^n$ を定義する。

$$f(\boldsymbol{x}) = \boldsymbol{v} - \boldsymbol{x}$$

関数 $g(\boldsymbol{y}) = \boldsymbol{v} + \boldsymbol{y}$ は f の逆関数であり、故に、f は可逆な関数である[†8]。よって、$\boldsymbol{v}_B = f(\boldsymbol{v}_A)$ と $\boldsymbol{v}_A$ は一様分布に従って選ばれているので、$\boldsymbol{v}_B$ の分布も一様になる。これはボブが自分の持つ部分情報から秘密に関して何も取り出せないことを示している。故に、この秘密共有方式は安全なのである。

RSA 社は最近この考えに基づく製品を投入した。

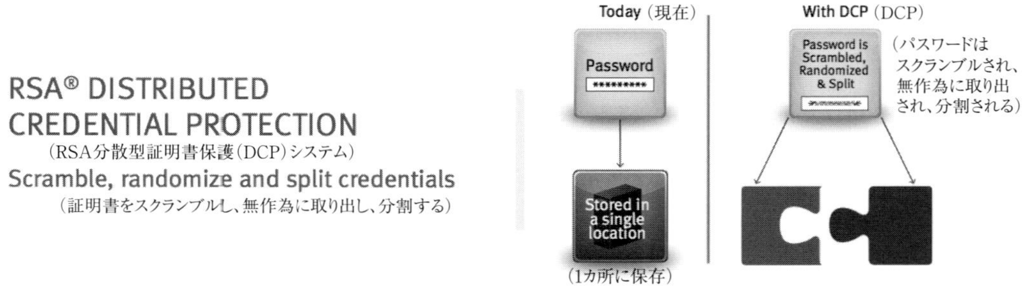

このシステムの中心となる考えは、それぞれのパスワードを 2 つの部分に分け、2 つの別々のサーバに置くことである。1 つのサーバだけが攻撃されてもパスワードの安全性は変わらない。

問題 2.8.3： 3 人の TA 間で n ビットの秘密を共有する方法を説明せよ。ただし、TA のどの 2 人が陰謀を企てても秘密に関して何も得られないようにすること。

2.8.3 ライツアウト

$GF(2)$ 上のベクトルを用いて、**ライツアウト**という名前のパズルを解析してみよう。これは次のような 5×5 に並んだ光るボタンから成るパズルである。

†8 実際には、$GF(2)$ を用いているので、g は f と同じ関数であることが分かるが、ここではそれは重要ではない。

はじめ、いくつかのライトが点灯しており、それ以外は点灯していない。ボタンを押すとそのライトのスイッチを切り替えることができるが、押したボタンの上下左右にある4つのライトのスイッチも切り替わってしまう（スイッチはトグルになっており、オンからオフ、オフからオンに切り替わる）。このゲームの目標は、全てのライトを消すことである。

この問題の解法は計算問題である。

> **計算問題 2.8.4： ライツアウトゲームを解く：**
> 与えられたライトの初期状態から、どのようにボタンを押せば全てのライトを消せるかを見つけ、また、そのような押し方が存在しない場合にはその旨を報告せよ。

この計算問題は次のような疑問を投げかける。

> **疑問 2.8.5：** このパズルはどのような開始状態からでも解くことができるか？

もちろん、この疑問と計算問題は、5×5 以外のサイズのライツアウトに対しても適用できる。

ライツアウトを解くためには、どのようなベクトルを用意すればよいだろうか？ まず、このパズルの状態は、$GF(2)$ 上のベクトルを用いて表すことができる。このとき定義域として便利なのはタプル $(0,0)$、$(0,1)$、……、$(4,3)$、$(4,4)$ の集合である。オンのライトを表すのに one を、オフのライトを表すのに 0 を用いることにする。すると、先ほどの写真のパズルの状態は、次のように表せる。

```
{(0,0):one, (0,1):one, (0,2):one, (0,3):one, (0,4):0,
 (1,0):one, (1,1):one, (1,2):one, (1,3):0,   (1,4):one,
 (2,0):one, (2,1):one, (2,2):one, (2,3):0,   (2,4):one,
 (3,0):0,   (3,1):0,   (3,2):0,   (3,3):one, (3,4):one,
```

```
(4,0):one, (4,1):one, (4,2):0,   (4,3):one, (4,4):one}
```

このベクトルを $\boldsymbol{s}$ と書くことにしよう。

ゲームの**一手**はボタンを押す操作であり、これはパズルの状態を変える。例えば、左上のボタン $(0,0)$ を押すと $(0,0)$、$(0,1)$、$(1,0)$ のライトのオンオフを切り替える。従って、この変更は「ボタンベクトル」で表現できる。

```
{(0,0):one, (0,1):one, (1,0):one}
```

このベクトルを $\boldsymbol{v}_{0,0}$ と書くことにしよう。

状態 $\boldsymbol{s}$ から始まり、ボタン $(0,0)$ を押した場合に得られる新しい状態は、$\boldsymbol{s}+\boldsymbol{v}_{0,0}$ で表せる。それはなぜだろうか？

- $\boldsymbol{v}_{0,0}$ 上の値が 0 であるような (i,j) に対し、$\boldsymbol{s}$ と $\boldsymbol{s}+\boldsymbol{v}_{0,0}$ の要素 (i,j) は同じである。
- $\boldsymbol{v}_{0,0}$ 上の値が 1 であるような (i,j) に対し、$\boldsymbol{s}$ と $\boldsymbol{s}+\boldsymbol{v}_{0,0}$ の要素 (i,j) は異なる。

ボタン $(0,0)$ を押したときに切り替わる場所に 1 を持つベクトルとして $\boldsymbol{v}_{0,0}$ を選んだからだ。

このパズルの現在の状態は次のようになる。

次に、$(1,1)$ にあるボタンを押すと、$(1,1)$、$(0,1)$、$(1,0)$、$(2,1)$、$(1,2)$ のライトが反転する。このボタンは次のベクトルに対応する。

```
{(1,1):one, (0,1):one, (1,0):one, (2,1):one, (1,2):one}
```

これを $\boldsymbol{v}_{1,1}$ とする。ボタンが押される前の状態はベクトル $\boldsymbol{s} + \boldsymbol{v}_{0,0}$ で表され、ボタンが押された後の状態はベクトル $\boldsymbol{s} + \boldsymbol{v}_{0,0} + \boldsymbol{v}_{1,1}$ で表される。

まとめると、一手進める（ボタンを押す）ことは、このパズルの状態を次のように更新することを意味する。

新しい状態 := 古い状態 + ボタンベクトル

ここでの和は、$GF(2)$ 上のベクトルの和を意味する。従って、ボタンベクトルは平行移動として見ることができる。

以下に 3×3 のパズルのインスタンスを解く例を示す。

状態　　一手　　新しい状態

5×5 の場合に戻ると、25 個のボタンと、それぞれのボタンに対応するボタンベクトルが存在し、それらのベクトルを用いてパズルを解くことができる。ライトの初期状態から全てのライトをオフにする方法を求めたい。この問題をベクトルの言葉で書くと次のようになる。与えられた初期状態を表すベクトル $\boldsymbol{s}$ に対し、次のようなボタンベクトルの列 $\boldsymbol{v}_1, \ldots, \boldsymbol{v}_m$ を選ぶ。

$$(\cdots((\boldsymbol{s} + \boldsymbol{v}_1) + \boldsymbol{v}_2)\cdots) + \boldsymbol{v}_m = \text{ゼロベクトル}$$

ベクトルの加法の結合則より、左辺の括弧は取り払える。従って、次のように書き換えられる。

$$\boldsymbol{s} + \boldsymbol{v}_1 + \boldsymbol{v}_2 + \cdots + \boldsymbol{v}_m = \text{ゼロベクトル}$$

更に、$\boldsymbol{s}$ を両側に加えよう。$GF(2)$ 上のベクトルに自分自身を足すと、結果は全ての要素が 0 のベクトルとなる。また、全て 0 のベクトルを足すのは何もしないのと同じである。従って、次のようになる。

$$\boldsymbol{v}_1 + \boldsymbol{v}_2 + \cdots + \boldsymbol{v}_m = \boldsymbol{s}$$

特定のボタンベクトルが左辺に 2 回現れると、その 2 つは互いに打ち消し合う。よって、解は、各ボタンベクトルが高々 1 回しか現れないものに制限することができる。

ベクトルの加法の可換則により、足し算の順序は関係ない。従って、与えられたライトの初期状態から、それらを完全にオフにする方法を見つけることは、その合計がベクトル $\boldsymbol{s}$（与えられた初期状態）となるボタンベクトルの部分集合を選ぶことと等価になる。さて、このパズルが解けたなら、今度は手数の節約について考えよう！

練習として、このパズルの 2 × 2 版をやってみよう。2 × 2 のパズルのボタンベクトルは次のようになる。

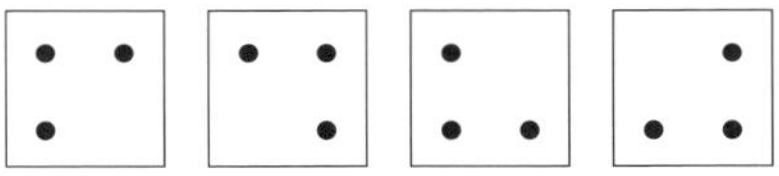

ここで黒い点は 1 を表す。

クイズ 2.8.6： 合計が次のボタンベクトルであるような、ボタンベクトルの部分集合を求めよ。

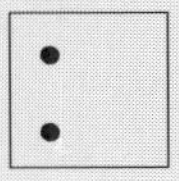

答え

さて、これでライツアウトをベクトルを用いてモデル化する方法が分かったので、計算問題 2.8.4 を以下のようなより一般的な問題の特殊なケースと見ることができる。

計算問題 2.8.7： **$GF(2)$ 上の与えられたベクトルを、別のベクトルの部分集合の合計として表現せよ。**

- **入力：**$GF(2)$ 上のベクトル $\boldsymbol{s}$ と $GF(2)$ 上のベクトルのリスト L
- **出力：**その合計が $\boldsymbol{s}$ であるような L のベクトルの部分集合。そのような集合がない場合は、条件を満たす部分集合がないことを報告する

この問題の解をしらみつぶしに探す方法が存在する。L 内のベクトルの可能な部分集合をそれぞれ試す方法である。その部分集合の個数は $2^{|L|}$、つまり 2 の L の濃度乗となる。例えばライツアウト問題では、L は 25 要素のベクトル（各ボタンに 1 つ）から成る。その可能な部分集合の数は 2^{25} であり、これは 33,554,432 である。

しかし、この問題を解くよりうまい方法が存在する。3章で更に一般的な計算問題3.1.8を紹介し、7章でそれを解くアルゴリズムを説明する。このアルゴリズムはライツアウトだけでなく整数の因数分解などといったより重要な問題にも関係する。

2.9 ドット積

2つのDベクトル$\boldsymbol{u}$と$\boldsymbol{v}$に対し、**ドット積**（*dot-product*）とは、次のような対応する要素の積の和のことである。

$$\boldsymbol{u} \cdot \boldsymbol{v} = \sum_{k \in D} \boldsymbol{u}[k]\ \boldsymbol{v}[k]$$

例えば、ベクトル$\boldsymbol{u} = [u_1, \ldots, u_n]$と$\boldsymbol{v} = [v_1, \ldots, v_n]$に対し、それらのドット積は

$$\boldsymbol{u} \cdot \boldsymbol{v} = u_1 v_1 + u_2 v_2 + \cdots + u_n v_n$$

となる。出力はベクトルではなく、スカラーであることに注意して欲しい。このことからドット積はベクトルの**スカラー積**とも呼ばれる。

例 2.9.1： $[1, 1, 1, 1, 1]$と$[10, 20, 0, 40, -100]$のドット積を考えよう。これらのドット積を求めるには、2つのベクトルの対応する要素を揃えて書き、対応する要素の組の積を求め、全ての積を合計する。

$$\begin{array}{rrrrrrrrrrr} & 1 & & 1 & & 1 & & 1 & & 1 & \\ \bullet & 10 & & 20 & & 0 & & 40 & & -100 & \\ \hline & 10 & + & 20 & + & 0 & + & 40 & + & (-100) & = -30 \end{array}$$

一般に、全ての要素が1のベクトルと任意のベクトルのドット積は、2番目のベクトルの全ての要素の合計と等しい。

$$\begin{aligned} [1, 1, \ldots, 1] \cdot [v_1, v_2, \ldots, v_n] &= 1 \cdot v_1 + 1 \cdot v_2 + \cdots + 1 \cdot v_n \\ &= v_1 + v_2 + \cdots + v_n \end{aligned}$$

例 2.9.2： $[0, 0, 0, 0, 1]$と$[10, 20, 0, 40, -100]$のドット積を考える。

$$\begin{array}{rrrrrrrrrrr} & 0 & & 0 & & 0 & & 0 & & 1 & \\ \bullet & 10 & & 20 & & 0 & & 40 & & -100 & \\ \hline & 0 & + & 0 & + & 0 & + & 0 & + & (-100) & = -100 \end{array}$$

一般に、$\boldsymbol{u}$の1つの要素、例えば、i番目の要素だけが1で、それ以外が0の場合、$\boldsymbol{u} \cdot \boldsymbol{v}$は$\boldsymbol{v}$の$i$番目の要素となる。

$$\begin{aligned} & [0, 0, \cdots, 0, 1, 0, \cdots, 0, 0] \cdot [v_1, v_2, \cdots, v_{i-1}, v_i, v_{i+1}, \ldots, v_n] \\ & = 0 \cdot v_1 + 0 \cdot v_2 + \cdots + 0 \cdot v_{i-1} + 1 \cdot v_i + 0 \cdot v_{i+1} + \cdots + 0 \cdot v_n \\ & = 1 \cdot v_i \\ & = v_i \end{aligned}$$

クイズ 2.9.3： n 要素のベクトル $\boldsymbol{v}$ の要素の平均をドット積を用いて表せ。

答え

$\boldsymbol{u}$ を全ての要素が $1/n$ であるようなベクトルとする。このとき $\boldsymbol{u}\cdot\boldsymbol{v}$ は $\boldsymbol{v}$ の要素の平均となる。

クイズ 2.9.4： 次の機能を持つプロシージャ `list_dot(u, v)` を書け。

- **入力**：体の要素から成る同じ長さのリスト `u` と `v`
- **出力**：`u` と `v` をベクトルと解釈した場合のドット積

リストの内包表記とプロシージャ `sum(·)` を使用すること。

答え

```
def list_dot(u, v): return sum([u[i]*v[i] for i in range(len(u))])
```

または

```
def list_dot(u, v): return sum([a*b for (a,b) in zip(u,v)])
```

2.9.1 総費用と利益

例 2.9.5： D を食べ物の集合とする。例えばビールの 4 つの原料（ホップ（hops）、モルト（malt）、水（water）、酵母（yeast））とする。

$$D = \{\text{hops}, \text{malt}, \text{water}, \text{yeast}\}$$

費用（*cost*）ベクトルはそれぞれの食品を単位量[†9]あたりの価格に対応付ける。

$$cost = \text{Vec}(D, \{\text{hops} : \$2.50/\text{ounce}, \text{malt} : \$1.50/\text{pound}, \text{water} : \$0.006/\text{gallon}, \text{yeast} : \$0.45/\text{gram}\})$$

量（*quantity*）ベクトルは、それぞれの食べ物をポンドなどで測った量に対応付ける。例えば、以下は、約 6 ガロンの黒ビールに含まれる 4 つの原料の量である。

$$quantity = \text{Vec}(D, \{\text{hops} : 6 \text{ ounces}, \text{malt} : 14 \text{ pounds}, \text{water} : 7 \text{ gallons}, \text{yeast} : 11 \text{ grams}\})$$

このとき、6 ガロンの黒ビールの総費用は**費用**ベクトルと**量**ベクトルのドット積になる。

†9 ［訳注］ここでは、オンス（ounce）、ポンド（pound）、ガロン（gallon）、グラム（gram）という単位を用いている。

$$cost \cdot quantity = \$2.50 \cdot 6 + \$1.50 \cdot 14 + \$0.006 \cdot 7 + \$0.45 \cdot 11 = \$40.992$$

価値（*value*）ベクトルは、それぞれの食べ物を単位量あたりのカロリー量に対応付ける。

$$value = \mathrm{Vec}(D, \{\mathrm{hops} : 0\ \mathrm{kcal/ounce}, \mathrm{malt} : 960\ \mathrm{kcal/pounds}, \mathrm{water} : 0\ \mathrm{kcal/gallons}, \mathrm{yeast} : 3.25\ \mathrm{kcal/grams}\})$$

このとき、6 ガロンの黒ビールの総カロリー量は**価値**ベクトルと**量**ベクトルのドット積になる。

$$value \cdot quantity = 0 \cdot 6 + 960 \cdot 14 + 0 \cdot 7 + 3.25 \cdot 11 = 13475.75$$

2.9.2 線形方程式

定義 2.9.6： **線形方程式**とは、$\boldsymbol{a} \cdot \boldsymbol{x} = \beta$ の形をした方程式である。ここで、$\boldsymbol{a}$ はベクトル、β はスカラー、$\boldsymbol{x}$ はベクトル変数である。

スカラー β は、等号の右側に書かれるため、線形方程式の**右辺**と呼ばれる。

例 2.9.7： **センサーノードのエネルギー消費**：センサーネットワークは、小さくて安価なセンサーノードで構成される。それぞれのセンサーノードはいくつかのハードウェアコンポーネント（例えば、メモリ（memory）、無線（radio）、温度センサー（sensor）、CPU など）から構成される。センサーノードはバッテリー駆動であり、遠隔地に置かれていることが多い。このため設計者は各コンポーネントの消費電力を気にしなければならない。ここでは次のように定義域 D を定義する。

$$D = \{memory, radio, sensor, CPU\}$$

各ハードウェアコンポーネントと消費電力（ワット）を対応付ける関数を、**割合**（*rate*）ベクトルと呼ぶ。

$$\textit{rate} = \mathrm{Vec}(D, \{memory : 0.06\mathrm{W}, radio : 0.1\mathrm{W}, sensor : 0.004\mathrm{W}, CPU : 0.0025\mathrm{W}\})$$

それぞれのコンポーネントを、テスト期間中にオンになっている時間（秒）に対応付ける関数を、**継続時間**（*duration*）ベクトルと呼ぶ。

$$\textit{duration} = \mathrm{Vec}(D, \{memory : 1.0\mathrm{s}, radio : 0.2\mathrm{s}, sensor : 0.5\mathrm{s}, CPU : 1.0\mathrm{s}\})$$

テスト期間中、そのセンサーノードが消費する総エネルギーは、継続時間ベクトルと割合ベクトルとのドット積になる。

$$\textit{duration} \cdot \textit{rate} = 0.0845\mathrm{J}$$

単位はジュール（ワット秒と等価）で測られるとした†10。

```
>>> D = {'memory', 'radio', 'sensor', 'CPU'}
>>> rate = Vec(D, {'memory':0.06, 'radio':0.1, 'sensor':0.004, 'CPU':0.0025})
>>> duration = Vec(D, {'memory':1.0, 'radio':0.2, 'sensor':0.5, 'CPU':1.0})
>>> duration*rate
0.0845
```

さて、実際には、それぞれのハードウェアコンポーネントの消費電力は分からないとしよう。即ち、***rate*** の要素の値は未知である。何回か実施するテスト期間中に消費される総電力量を調べることで、これらの値を決定したい。テスト期間は 3 つあるとしよう。$i = 1, 2, 3$ に対し、ベクトル $\textbf{\textit{duration}}_i$ とスカラー β_i が決まる。$\textbf{\textit{duration}}_i$ は各ハードウェアコンポーネントがテスト期間 i にオンになっている時間を要素とするベクトルであり、β_i はテスト期間 i における消費電力である。***rate*** をベクトル値の変数と考え、この変数を含む 3 つの線形方程式の形で書く。

$$\textbf{\textit{duration}}_1 \cdot \textbf{\textit{rate}} = \beta_1$$

$$\textbf{\textit{duration}}_2 \cdot \textbf{\textit{rate}} = \beta_2$$

$$\textbf{\textit{duration}}_3 \cdot \textbf{\textit{rate}} = \beta_3$$

これらの方程式から ***rate*** の要素を計算することができるだろうか？ この問いは次の 2 つの疑問に言い換えることができる。

1. これらの線形方程式を満たすベクトルを見つけるアルゴリズムは存在するか？
2. 解は 1 つしか存在しないか？ 即ち、この線形方程式を満たすベクトルは 1 つか？

この線形方程式を満たす**ある**ベクトルを計算するアルゴリズムが存在したとしても、解が 1 つでなければ、その解が実際に求めているベクトルであるかは分からない。

例 2.9.8： 以下に継続時間を表すベクトルをいくつか示す。

```
>>> duration1 = Vec(D, {'memory':1.0, 'radio':0.2, 'sensor':0.5, 'CPU':1.0})
>>> duration2 = Vec(D, {'sensor':0.2, 'CPU':0.4})
>>> duration3 = Vec(D, {'memory':0.3, 'CPU':0.1})
```

`duration1*rate = 0.11195`、`duration2*rate = 0.00158`、`duration3*rate = 0.02422` であるようなベクトル `rate` を求めることはできるか？ また、そのようなベクトルは 1 つだけか？

†10 ［訳注］この Vec クラスのインスタンス間のドット積・（プログラム中では*）はサンプルコードとして提供されている旨が 2.10 節で述べられている。

クイズ 2.9.9： 次の表のデータを用いて、各ハードウェアコンポーネントのエネルギー消費の割合を計算せよ。この表は、4つのテスト期間に対し、各ハードウェアコンポーネントがオンになっていた時間と、センサーノードに送られた電力を示すものである。

	無線	センサー	メモリ	CPU	総エネルギー消費量
テスト 0	1.0 秒	1.0 秒	0 秒	0 秒	1.5 J
テスト 1	2.0 秒	1.0 秒	0	0	2.5 J
テスト 2	0	0	1.0 秒	1.0 秒	1.5 J
テスト 3	0	0	0	1.0 秒	1 J

答え

無線	センサー	メモリ	CPU
1 W	0.5 W	0.5 W	1 W

定義 2.9.10： 一般に、**連立線形方程式系**（**線形系**と略されることが多い）とは、線形方程式の集まりである。

$$\begin{aligned} \boldsymbol{a}_1 \cdot \boldsymbol{x} &= \beta_1 \\ \boldsymbol{a}_2 \cdot \boldsymbol{x} &= \beta_2 \\ &\vdots \\ \boldsymbol{a}_m \cdot \boldsymbol{x} &= \beta_m \end{aligned} \tag{2-3}$$

ここで $\boldsymbol{x}$ はベクトル変数である。この方程式の**解**は、これらの式全てを満たすベクトル $\hat{\boldsymbol{x}}$ となる。

これらの定義を用いて、センサーノードのコンポーネントが消費するエネルギー量の推測に関する2つの疑問に戻ろう。最初は解の一意性に関する疑問である。

疑問 2.9.11： 線形系の解の一意性

与えられた線形系（連立方程式 (2-3) のような）に対し、どのようにすれば解が一意かどうかを示せるか？

2つ目は解の計算に関する疑問である。

計算問題 2.9.12： 線形系を解く

- **入力**：ベクトルのリスト $\boldsymbol{a}_1, \ldots, \boldsymbol{a}_m$ と対応するスカラー $\beta_1, \ldots, \beta_m$（右辺）
- **出力**：線形系 (2-3) を満たすベクトル $\hat{\boldsymbol{x}}$、もしくは、解が存在しないことを報告する

計算問題 2.8.7 の、「$GF(2)$ 上の与えられたベクトルを、別のベクトルの部分集合の合計として表現せよ」という問題は、この問題の特殊なケースになる。以降のいくつかの章でこの関係を調べる。後の章では、この計算問題を解くアルゴリズムを示す。

2.9.3 類似性の測定

ドット積は $\mathbb{R}$ 上のベクトル間の類似性を測るのに使用できる。

投票記録の比較

ラボ 2.12 では、ドット積を用いて上院議員の投票記録を比較する。定義域 D は上院が投票する法案の集合である。各上院議員は法案を $\{+1, -1, 0\}$（それぞれ、**賛成**、**反対**、**棄権**に対応）に対応付けるベクトルで表される。2 人の上院議員のドット積を考える。例えば、オバマ上院議員とマケイン上院議員である。各法案に対し、2 人の上院議員の意見が一致した場合（両方が賛成、両方が反対）、対応する要素の積は 1 になる。2 人の上院議員の意見が一致しなかった場合（片方が賛成、片方が反対）、積は -1 となる。片方か両方が棄権した場合、積は 0 になる。これらの積を足すと、彼らの意見がどれくらい一致したかを計算できる。合計が大きければ大きいほど一致した意見が多い。合計が正の場合は合意を、負の場合は不合意を示す。

オーディオクリップの比較

短いオーディオクリップがあるとして、それがまた別の長いオーディオクリップ内にあるかどうかを検索したいとしよう。みなさんは干し草の山（長いオーディオクリップ）の中からどうやって針（短いオーディオクリップ）を探すだろうか[†11]？

これを次の例で考えてみる。準備として、よりシンプルな問題、即ち、同じ長さの 2 つのオーディオクリップの類似性を計算してみよう。

数学的には、オーディオクリップは次のように波の形をしており、時間の連続関数である。

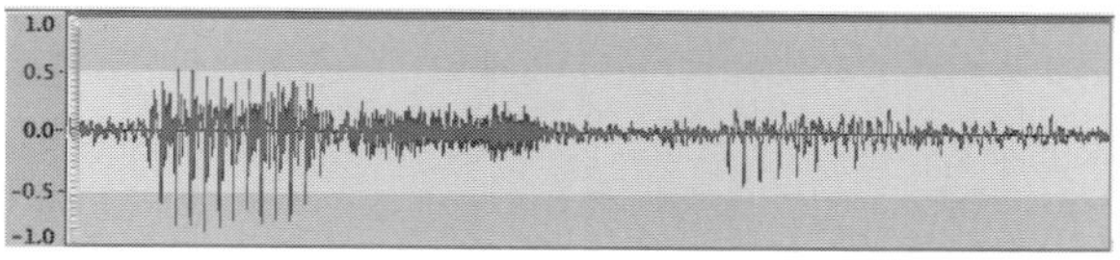

この関数の値は**振幅**である。振幅は正の数と負の数の間で振動する。どれくらいの大きさかは、そのオーディオの音量による。

コンピュータでは、オーディオクリップは数値列で表される。これは均一な時間間隔（例えば、1 秒間に 44,100 回）でサンプリングされた連続関数の値である。

---

†11 ［訳注］英語の慣用句 "It's like looking for a needle in a haystack."（干し草の山の中から針を見つけ出すようなものだ）に基づく表現。

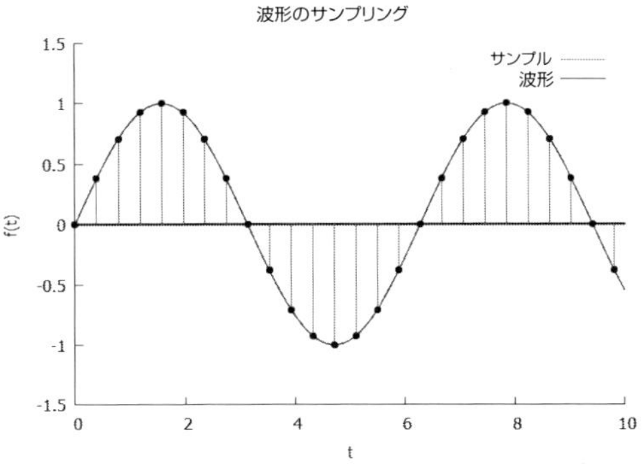

最初に長さの等しい2つのオーディオクリップを比較する作業を考えてみよう。オーディオクリップが2つあり、それぞれ n 個のサンプルから構成されており、n 要素のベクトル $\boldsymbol{u}$ と $\boldsymbol{v}$ で表されているとする。

5	−6	9	−9	−5	−9	−5	5	−8	−5	−9	9	8	−5	−9	6	−2	−4	−9	−1	−1	−9	−3
5	−3	−9	0	−1	3	0	−2	−1	6	0	0	−4	5	−7	1	−9	0	−1	0	9	5	−3

これらを比較する簡単な方法は、ドット積 $\sum_{i=1}^{n} \boldsymbol{u}[i]\ \boldsymbol{v}[i]$ を用いることである。この和の i 番目の項は、$\boldsymbol{u}[i]$ と $\boldsymbol{v}[i]$ の符号が同じ場合に正となり、反対の符号の場合に負となる。従って、先ほどの例と同様、同じものが多くなればドット積の値も大きくなる。

ほとんど同じオーディオクリップ（音量が異なる場合でも）は、他のオーディオクリップより値が大きくなる。しかし、問題は2つのオーディオクリップのテンポやピッチが、わずかでもずれているとそのドット積は小さいか、おそらくゼロに近くなってしまうことである（この種の違いを扱う他の方法が存在する）。

オーディオクリップの探索

干し草（長いオーディオクリップ）の中から針（短いオーディオクリップ）を探す問題に戻ろう。例えば、干し草が23個のサンプルから成り、針が11個のサンプルから成るとする。

長いオーディオクリップのサンプル10〜20が、短いクリップを含むサンプルとよく一致するかどうかを推測しているものとする。これを確認するために、長いオーディオクリップのサンプル10〜20から成るベクトルを作り、そのベクトルと短いクリップとのドット積を計算する[†12]。

5	−6	9	−9	−5	−9	−5	5	−8	−5	−9	9	8	−5	−9	6	−2	−4	−9	−1	−1	−9	−3
										2	7	4	−3	0	−1	−6	4	5	−8	−9		

もちろん通常は、長いオーディオクリップのどこによく一致する短いクリップがあるかは分からない。0、1、···、12のどの位置からでも始まる可能性がある。即ち、$23 - 11 + 1$ 個の可能な開始点が存在する（開始点から最後までの長さが短いクリップより短くなるような開始点は考慮しない）。これらの可能性は、適切なドット積を計算することで評価できる。

†12 ［訳注］ここで、時間は0秒から始まるので上のサンプル番号も0から始まっていることに注意。

5	-6	9	-9	-5	-9	-5	5	-8	-5	-9	9	8	-5	-9	6	-2	-4	-9	-1	-1	-9	-3
2	7	4	-3	0	-1	-6	4	5	-8	-9												

5	-6	9	-9	-5	-9	-5	5	-8	-5	-9	9	8	-5	-9	6	-2	-4	-9	-1	-1	-9	-3
	2	7	4	-3	0	-1	-6	4	5	-8	-9											

5	-6	9	-9	-5	-9	-5	5	-8	-5	-9	9	8	-5	-9	6	-2	-4	-9	-1	-1	-9	-3
		2	7	4	-3	0	-1	-6	4	5	-8	-9										

5	-6	9	-9	-5	-9	-5	5	-8	-5	-9	9	8	-5	-9	6	-2	-4	-9	-1	-1	-9	-3
			2	7	4	-3	0	-1	-6	4	5	-8	-9									

5	-6	9	-9	-5	-9	-5	5	-8	-5	-9	9	8	-5	-9	6	-2	-4	-9	-1	-1	-9	-3
				2	7	4	-3	0	-1	-6	4	5	-8	-9								

5	-6	9	-9	-5	-9	-5	5	-8	-5	-9	9	8	-5	-9	6	-2	-4	-9	-1	-1	-9	-3
					2	7	4	-3	0	-1	-6	4	5	-8	-9							

5	-6	9	-9	-5	-9	-5	5	-8	-5	-9	9	8	-5	-9	6	-2	-4	-9	-1	-1	-9	-3
						2	7	4	-3	0	-1	-6	4	5	-8	-9						

5	-6	9	-9	-5	-9	-5	5	-8	-5	-9	9	8	-5	-9	6	-2	-4	-9	-1	-1	-9	-3
							2	7	4	-3	0	-1	-6	4	5	-8	-9					

5	-6	9	-9	-5	-9	-5	5	-8	-5	-9	9	8	-5	-9	6	-2	-4	-9	-1	-1	-9	-3
								2	7	4	-3	0	-1	-6	4	5	-8	-9				

5	-6	9	-9	-5	-9	-5	5	-8	-5	-9	9	8	-5	-9	6	-2	-4	-9	-1	-1	-9	-3
									2	7	4	-3	0	-1	-6	4	5	-8	-9			

5	-6	9	-9	-5	-9	-5	5	-8	-5	-9	9	8	-5	-9	6	-2	-4	-9	-1	-1	-9	-3
										2	7	4	-3	0	-1	-6	4	5	-8	-9		

5	-6	9	-9	-5	-9	-5	5	-8	-5	-9	9	8	-5	-9	6	-2	-4	-9	-1	-1	-9	-3
											2	7	4	-3	0	-1	-6	4	5	-8	-9	

5	-6	9	-9	-5	-9	-5	5	-8	-5	-9	9	8	-5	-9	6	-2	-4	-9	-1	-1	-9	-3
												2	7	4	-3	0	-1	-6	4	5	-8	-9

この例では、長いオーディオクリップは 23 個の数から成り、短いオーディオクリップは 11 個の数から成る。つまり、$23-11+1$ 個のドット積となる。これらの 13 個の数を出力ベクトルに入れる。

クイズ 2.9.13： 干し草が $[1,-1,1,1,1,-1,1,1,1]$ で針が $[1,-1,1,1,-1,1]$ だとする。ドット積を計算し、どの場所で最もよく一致するかを示せ。

答え

得られるドット積のリストは $[2,2,0,0]$ となるので、干し草の先頭から 0 と 1 の位置で、最もよく一致することが分かる。

クイズ 2.9.14： この探索手法はどのようなケースにでも対応できるわけではない。$[1, 2, 3]$ という短いクリップが長いクリップ $[1, 2, 3, 4, 5, 6]$ のどこにあるかを調べたいとしよう。ドット積を用いた手法は最もよく一致する場所を選び出すことができるだろうか？

答え

このベクトルは 4 つの開始点を取ることができ、それぞれの場所でドット積を取ると、次のベクトルが得られる。

$$[1 + 4 + 9, 2 + 6 + 12, 3 + 8 + 15, 4 + 10 + 18] = [14, 20, 26, 32]$$

この結果からは、最もよく一致する開始点は 3 となるが、これは明らかに正しくない。

では、以下のようなドット積を実行するプログラムを書くことにしよう。

クイズ 2.9.15： 次の機能を持つプロシージャ `dot_product_list(needle, haystack)` を書け。

- **入力**：短いリスト `needle` と長いリスト `haystack`。両方とも数から成る。
- **出力**：`len(haystack)-len(needle)+1` の長さを持つリスト。このリストの i 番目の要素は、`needle` と位置 i から始まる `haystack` の部分リスト（`needle` と同じ長さ）のドット積となる。

このプロシージャには内包表記とクイズ 2.9.4 のプロシージャ `list_dot(u, v)` を用いる（**ヒント**：0.5.5 節で説明したスライスを使うことができる）。

答え

```
def dot_product_list(needle, haystack):
  s = len(needle)
  return [list_dot(needle, haystack[i:i+s]) for i in range(len(haystack)-s+1)]
```

はじめての線形フィルタ

前節では、短い針と長い干し草のスライスを比較した。これは、干し草のスライスをベクトルとし、そのスライスと針のドット積を取ることで行われた。今度は同じ数を計算する別の方法を示す。即ち、空いている場所を 0 で埋め、針を長いベクトルに変換して、そのベクトルと干し草のドット積を計算する。

5	-6	9	-9	-5	-9	-5	5	-8	-5	-9	9	8	-5	-9	6	-2	-4	-9	-1	-1	-9	-3
0	0	0	0	0	0	0	0	0	0	2	7	4	-3	0	-1	-6	4	5	-8	-9	0	0

同様に、別の場所に並べた針のベクトルと干し草のベクトルのドット積を計算することができる。この処理は**線形フィルタ**の適用例である。短いクリップはフィルタの**カーネル**（*kernel*、**核**）の役割を果たす。実際の例では、針のベクトルと干し草のベクトルは、両方ともずっと長い。干し草のベクトルの長さが5,000,000、針のベクトルの長さが50,000としよう。この場合には、約5,000,000個のドット積を計算し、それぞれの計算には約50,000個の0ではない数が含まれるのである。これには非常に長い時間がかかるだろう。

幸いなことに、この計算には近道がある。4章では、行列とベクトルの積が、入力ベクトル $\boldsymbol{u}$ とカーネルから出力ベクトル $\boldsymbol{w}$ を計算する便利な記法であることを説明する。更に、10章では、これらのドット積全てを高速に計算するアルゴリズムを紹介する。このアルゴリズムは12章で学ぶ考え方を利用している。

2.9.4 $GF(2)$ 上のベクトルのドット積

ここまで $\mathbb{R}$ 上のベクトルのドット積の応用について見てきた。今度は $GF(2)$ 上のベクトルのドット積について考えよう。

例 2.9.16： 11111と10101のドット積を考えよう。

$$\begin{array}{cccccccccc} & 1 & & 1 & & 1 & & 1 & & 1 \\ \bullet & 1 & & 0 & & 1 & & 0 & & 1 \\ \hline & 1 & + & 0 & + & 1 & + & 0 & + & 1 & = & 1 \end{array}$$

次に、11111と00101のドット積について考えよう。

$$\begin{array}{cccccccccc} & 1 & & 1 & & 1 & & 1 & & 1 \\ \bullet & 0 & & 0 & & 1 & & 0 & & 1 \\ \hline & 0 & + & 0 & + & 1 & + & 0 & + & 1 & = & 0 \end{array}$$

一般に、全てが1のベクトルと、あるベクトルのドット積を取ると、その値は2つ目のベクトルのパリティになる。即ち、1の個数が偶数の場合に0、奇数の場合に1となる。

2.9.5 パリティビット

データを格納したり転送したりする際にエラーが起きることがある。エラーの頻度が低い場合、エラーを検出できるようにシステムを設計することが多い。エラーを検出する最も基本的な方法に、**パリティチェックビット**がある。n ビット列を転送する場合、この n ビット列のパリティを計算して、パリティビットとして1ビット追加し、n ビット列と一緒に送る。

例えば、コンピュータ内のPCI（ペリフェラルコンポーネントインターコネクト）バスは、パリティビットを転送するPAR線を持つ。

パリティが一致しないとプロセッサに割り込みがかかる。
パリティチェックは、次の欠点を持つ。

- 2つのビットエラーが起きた場合（より一般的には、偶数個のエラー)、パリティチェックはそのエラーを検出しない。3.6.4節では**チェックサム関数**について説明する。これはパリティチェックよりもよいエラーの検出方法である。
- エラーが1つの場合でも、パリティチェックでは、どのビットがエラーを起こしたかが分からない。4.7.3節では**エラー訂正コード**について説明する。これはエラーの箇所を特定できる。

2.9.6　簡単な認証方式

パスワードの再利用（http://xkcd.com/792/）

ユーザが安全ではないネットワークでコンピュータにログインする方法を考える。これは、人間が、自分が本人であるという証拠を与えるので、**認証方式**と呼ばれる。このような方式でお馴染みのものは**パスワード**に基づくものである。ハリー（人間）がパスワードをキャロル（コンピュータ）に送り、コンピュータはそれが正しいパスワードかをチェックする。

この方式は盗み見られると厄介である。ここではイブがネットワーク上を行き交うビットを読めるものとしよう。イブはログインを1回観察しさえすればパスワードを盗むことができる。そしてハリーとしてログインできるようになるのである。

盗み見に対するより安全なやり方は、**チャレンジレスポンス**方式である。人間がキャロルにログインしようとする。一連の**トライアル**で、その人間に対し、キャロルはパスワードを知らない人には答えられなさそうな質問を繰り返し行う。人間がそれぞれの質問に正しく答えれば、キャロルはその人間がパスワードを知っていると結論付ける。

ここでは単純なチャレンジレスポンス方式を示そう。パスワードを n ビットの文字列、即ち、$GF(2)$ 上の n 要素のベクトル $\hat{\boldsymbol{x}}$ とし、無作為に選ばれたものとする。i 番目のトライアルでは、キャロルはゼロベクトルでない n 要素のベクトル $\boldsymbol{a}_i$（**チャレンジベクトル**）を選び、それを人間に送る。人間は、1ビット β_i を送り返す。これは $\boldsymbol{a}_i$ とパスワード $\hat{\boldsymbol{x}}$ のドット積となることが想定されている。そして、キャロルは $\beta_i = \boldsymbol{a}_i \cdot \hat{\boldsymbol{x}}$ かどうかをチェックする。人間が十分な数のトライアルに通れば、キャロルはその人間がパスワードを知っていると結論付け、ログインできるようにする。

例 2.9.17： パスワードが $\hat{\boldsymbol{x}} = 10111$ であるとしよう。ハリーはログインを始める。レスポンスとして、キャロルはチャレンジベクトル $\boldsymbol{a}_1 = 01011$ を選び、ハリーに送る。ハリーはドット積 $\boldsymbol{a}_1 \cdot \hat{\boldsymbol{x}}$ を計算する。

$$\begin{array}{rccccccccccc} & 0 & & 1 & & 0 & & 1 & & 1 & & \\ \bullet & 1 & & 0 & & 1 & & 1 & & 1 & & \\ \hline & 0 & + & 0 & + & 0 & + & 1 & + & 1 & = & 0 \end{array}$$

そして結果のビット $\beta_1 = 0$ をキャロルに返す。

次にキャロルはチャレンジベクトル $\boldsymbol{a}_2 = 11110$ をハリーに送る。ハリーは $\boldsymbol{a}_2 \cdot \hat{\boldsymbol{x}}$ を計算する。

$$\begin{array}{rccccccccccc} & 1 & & 1 & & 1 & & 1 & & 0 & & \\ \bullet & 1 & & 0 & & 1 & & 1 & & 1 & & \\ \hline & 1 & + & 0 & + & 1 & + & 1 & + & 0 & = & 1 \end{array}$$

そして結果のビット $\beta_2 = 1$ をキャロルに返す。

これは特定のトライアル回数 k まで続く。キャロルは $\beta_1 = \boldsymbol{a}_1 \cdot \hat{\boldsymbol{x}}$、$\beta_2 = \boldsymbol{a}_2 \cdot \hat{\boldsymbol{x}}$、...、$\beta_k = \boldsymbol{a}_k \cdot \hat{\boldsymbol{x}}$ の場合にハリーのログインを許す。

2.9.7 この簡単な認証方式への攻撃

イブがこの方法に対し、どのように攻撃するかを考えよう。彼女はハリーが正しい応答を返した m 回のトライアルを盗み見るとしよう。彼女は、チャレンジベクトルの列 $\boldsymbol{a}_1, \boldsymbol{a}_2, \ldots, \boldsymbol{a}_m$ と対応するレスポンスビット $\beta_1, \beta_2, \ldots, \beta_m$ を知る。**これらはパスワードに関してイブに何を教えるか？**

イブはパスワードを知らないので、パスワードを $\boldsymbol{x}$ というベクトル変数で表す。イブは、ハリーが正しくレスポンスビットを計算していることは知っているので、彼女は次の線形方程式が正しいことは分かる。

$$\begin{aligned} \boldsymbol{a}_1 \cdot \boldsymbol{x} &= \beta_1 \\ \boldsymbol{a}_2 \cdot \boldsymbol{x} &= \beta_2 \\ &\vdots \\ \boldsymbol{a}_m \cdot \boldsymbol{x} &= \beta_m \end{aligned} \tag{2-4}$$

おそらくイブは、計算問題 2.9.12 のアルゴリズムを使ってパスワードを計算することができ、線形方程式を解くことができる。このとき、彼女は線形方程式から**何らかの**解を見つけることができるかもしれない。しかし、それは正しいパスワードだろうか？ これに答えるには、疑問 2.9.11、即ち「この線形系は一意な解を持つか？」について考える必要がある。

おそらく一意性は望むべくもない。イブは解の個数がさほど多くなければ満足するだろう。即ち、彼女は全ての解について計算し、それを全部試せるからである。従って、以下の疑問と計算問題が問題になる。

> **疑問 2.9.18： $GF(2)$ 上の線形系の解の個数**
> $GF(2)$ 上の与えられた線形系には解がいくつあるか？

> **計算問題 2.9.19： $GF(2)$ 上の線形系の全ての解の計算**
> $GF(2)$ 上の与えられた線形系の解を全て見つけよ。

しかしながら、イブはもう 1 つ、攻撃経路を持っている。パスワードが正確に特定できなくても、彼女はハリーのレスポンスビットに関する知識を使って、その先のトライアルの答えを推測することができるのだ！ 将来送られてくるどのチャレンジベクトル $\boldsymbol{a}$ に対して、$\boldsymbol{x}$ とのドット積は m 個の方程式から計算することができるのだろうか？ もう少し一般的に述べよう。

> **疑問 2.9.20：** ある連立線形方程式系は、何か別の線形方程式を表すだろうか？ そうであれば、その別の線形方程式とはどのようなものだろうか？

次にドット積の性質について学ぶ。これは、この疑問に答える手助けとなるものである。

2.9.8 ドット積の代数的性質

この節では、単純だが強力な、ドット積の代数的性質を紹介する。これらは体の選び方（$\mathbb{R}$ や $GF(2)$ など）によらない。

可換則 2 つのベクトルのドット積を取るとき、その 2 つの順序は入れ替えてもよい。

命題 2.9.21（ドット積の可換則）： $\boldsymbol{u} \cdot \boldsymbol{v} = \boldsymbol{v} \cdot \boldsymbol{u}$

ドット積の可換則はスカラーとスカラーの掛け算が可換であるという事実より導かれる。

証明

$$[u_1, u_2, \ldots, u_n] \cdot [v_1, v_2, \ldots, v_n] = u_1 v_1 + u_2 v_2 + \cdots + u_n v_n$$
$$= v_1 u_1 + v_2 u_2 + \cdots + v_n u_n$$
$$= [v_1, v_2, \ldots, v_n] \cdot [u_1, u_2, \ldots, u_n]$$

□

同次性　次の性質は、ドット積と、スカラーとベクトルの掛け算とを関連付ける。ドット積の中のベクトルの片方をスカラー倍するのと、元のベクトル同士のドット積をスカラー倍するのとは、互いに等しい。

命題 2.9.22（ドット積の同次性）： $(\alpha\, \boldsymbol{u}) \cdot \boldsymbol{v} = \alpha\, (\boldsymbol{u} \cdot \boldsymbol{v})$

問題 2.9.23： 命題 2.9.22 を証明せよ。

問題 2.9.24： $(\alpha\, \boldsymbol{u}) \cdot (\alpha\, \boldsymbol{v}) = \alpha\, (\boldsymbol{u} \cdot \boldsymbol{v})$ に対する反例を与えることで、これが必ずしも真では**ない**ことを示せ。

分配則　最後は、ドット積とベクトルの加法を関連付ける法則である。

命題 2.9.25（ドット積とベクトルの加法に対する分配則）： $(\boldsymbol{u} + \boldsymbol{v}) \cdot \boldsymbol{w} = \boldsymbol{u} \cdot \boldsymbol{w} + \boldsymbol{v} \cdot \boldsymbol{w}$

証明

$\boldsymbol{u} = [u_1, \ldots, u_n]$、$\boldsymbol{v} = [v_1, \ldots, v_n]$、$\boldsymbol{w} = [w_1, \ldots, w_n]$ に対し、

$$(\boldsymbol{u} + \boldsymbol{v}) \cdot \boldsymbol{w} = ([u_1, \ldots, u_n] + [v_1, \ldots, v_n]) \cdot [w_1, \ldots, w_n]$$
$$= [u_1 + v_1, \ldots, u_n + v_n] \cdot [w_1, \ldots, w_n]$$
$$= (u_1 + v_1) w_1 + \cdots + (u_n + v_n) w_n$$
$$= u_1 w_1 + v_1 w_1 + \cdots + u_n w_n + v_n w_n$$
$$= (u_1 w_1 + \cdots + u_n w_n) + (v_1 w_1 + \cdots + v_n w_n)$$
$$= [u_1, \ldots, u_n] \cdot [w_1, \ldots, w_n] + [v_1, \ldots, v_n] \cdot [w_1, \ldots, w_n]$$

□

問題 2.9.26： $(\boldsymbol{u} + \boldsymbol{v}) \cdot (\boldsymbol{w} + \boldsymbol{x}) = \boldsymbol{u} \cdot \boldsymbol{w} + \boldsymbol{v} \cdot \boldsymbol{x}$ に対する反例を与えることで、これが正しく**ない**ことを示せ。

例 2.9.27： 実数上のベクトルに対する分配則の例を示す。

$[27, 37, 47] \cdot [2, 1, 1] = [20, 30, 40] \cdot [2, 1, 1] + [7, 7, 7] \cdot [2, 1, 1]$:

$$\begin{array}{ccccccccc} & 20 & & 30 & & 40 & & \\ \bullet & 2 & & 1 & & 1 & & \\ \hline & 20 \cdot 2 & + & 30 \cdot 1 & + & 40 \cdot 1 & = & 110 \end{array}$$

$$\begin{array}{ccccccccc} & 7 & & 7 & & 7 & & \\ \bullet & 2 & & 1 & & 1 & & \\ \hline & 7 \cdot 2 & + & 7 \cdot 1 & + & 7 \cdot 1 & = & 28 \end{array}$$

$$\begin{array}{ccccccccc} & 27 & & 37 & & 47 & & \\ \bullet & 2 & & 1 & & 1 & & \\ \hline & 27 \cdot 2 & + & 37 \cdot 1 & + & 47 \cdot 1 & = & 138 \end{array}$$

2.9.9 簡単な認証方式への攻撃、再訪

2.9.7 節では、イブはいくつかのトライアルに対するハリーのレスポンスの知識を用いて、別のチャレンジに対するレスポンスを導くことができるかどうかを考えた。$GF(2)$ 上のベクトルに対する分配則を用いてこの問題に取り組もう。

例 2.9.28： この例は例 2.9.17（p.120）をもとにしている。キャロルはハリーにチャレンジベクトル 01011 と 11110 を送り、イブはレスポンスビット 0 と 1 を観測している。イブがその結果、ハリーとしてログインを試みたとし、更に、キャロルがたまたま 01011 と 11110 の合計をチャレンジベクトルとして送ったとしよう。イブは分配則を用いることで、パスワードを知らなくとも、この合計とパスワード $\boldsymbol{x}$ のドット積を計算することができる。

$$\begin{aligned} (01011 + 11110) \cdot \boldsymbol{x} &= 01011 \cdot \boldsymbol{x} + 11110 \cdot \boldsymbol{x} \\ &= 0 + 1 \\ &= 1 \end{aligned}$$

読者のみなさんはパスワードを知っているので、これがチャレンジベクトルに対する正しいレスポンスであることを実際に確認することができる。

この考え方は、更に先に進めることができる。例えばキャロルが、既に送った 3 つのチャレンジベクトルの合計から成るチャレンジベクトルを送ったとしよう。イブはそれまでの送られた 3 つのチャレンジベクトルのレスポンスの合計を用いて、レスポンスビット（パスワードとのドット積）を計算することができる。

実際、以下の計算は、イブが正しいレスポンスを知っているような任意の個数のチャレンジベクトルの合計に対し、正しいレスポンスを計算できることを示している。

もし	$\boldsymbol{a}_1 \cdot \boldsymbol{x} = \beta_1$
かつ	$\boldsymbol{a}_2 \cdot \boldsymbol{x} = \beta_2$
⋮	⋮
かつ	$\boldsymbol{a}_k \cdot \boldsymbol{x} = \beta_k$
ならば	$(\boldsymbol{a}_1 + \boldsymbol{a}_2 + \cdots + \boldsymbol{a}_k) \cdot \boldsymbol{x} = (\beta_1 + \beta_2 + \cdots + \beta_k)$

問題 2.9.29： イブは以下のチャレンジベクトルとレスポンスを知っているとする。

チャレンジ	レスポンス
110011	0
101010	0
111011	1
001100	1

彼女はどのようにすればチャレンジベクトル 011101 と 000100 に対する正しいレスポンスを導き出すことができるかを示せ。

イブが数百のチャレンジベクトル $\boldsymbol{a}_1, \ldots, \boldsymbol{a}_n$ とレスポンス $\beta_1, \ldots, \beta_n$ を観測できたとし、彼女がチャレンジベクトル $\boldsymbol{a}$ のレスポンスを返したいとしよう。このときイブは、$\boldsymbol{a}$ と合計が等しい $\boldsymbol{a}_1, \ldots, \boldsymbol{a}_n$ の部分集合を求める必要がある。

疑問 2.9.20 は、ある連立線形方程式系は、何か別の線形方程式を表すだろうか？ というものであった。この例は部分的な答えを与える。

もし	$\boldsymbol{a}_1 \cdot \boldsymbol{x} = \beta_1$
かつ	$\boldsymbol{a}_2 \cdot \boldsymbol{x} = \beta_2$
⋮	⋮
かつ	$\boldsymbol{a}_k \cdot \boldsymbol{x} = \beta_k$
ならば	$(\boldsymbol{a}_1 + \boldsymbol{a}_2 + \cdots + \boldsymbol{a}_k) \cdot \boldsymbol{x} = (\beta_1 + \beta_2 + \cdots + \beta_k)$

従ってイブは、チャレンジベクトルとレスポンスビットを観察することで、それまでに観測したチャレンジベクトルの**任意の部分集合**の合計になっているチャレンジベクトルに対しては、レスポンスを導き出すことができる。

もちろんここでは、彼女は、新しいチャレンジベクトルがこのような合計として表すことができ、また、どの合計かを決定できるということが**分かっている**と仮定している。これは計算問題 2.8.7 そのものである。本書では線形代数における計算問題が、いかに強力かを見ることから始めた。即ち、パズルを解いたり、認証方式を攻撃したりする際に、同じ計算問題が現れるのである！ もちろん、このような問題が、別のケースに現れることもたくさんある。

2.10 Vec の実装

2.7 節では、ベクトルを表す Python のクラスを定義し、それを扱ういくつかのプロシージャを作成した。

2.10.1 Vec を扱う構文

Vec のクラス定義を拡張し、以下の便利な記法を提供することにする。

演算	構文
ベクトルの加法	u+v
ベクトルの反転	-v
ベクトルの減法	u-v
スカラーとベクトルの乗法	alpha*v
ベクトルのスカラーによる除法	v/alpha
ドット積	u*v
d に対応する要素の値を取り出す	v[d]
d に対応する要素の値を設定する	v[d] = ...
ベクトルが等しいかどうか	u == v
ベクトルの表示	print(v)
ベクトルのコピー	v.copy()

更に、式の評価結果が Vec のインスタンスになる場合、その式の値は次のような Python の意味不明な呪文

```
>>> v
<__main__.Vec object at 0x10058cad0>
```

ではなく、その値がベクトルとなる式で表されるようにする。

```
>>> v
Vec({'A', 'B', 'C'},{'A': 1.0})
```

2.10.2 実装

問題 2.14.10 では Vec を実装する。本書は、Python によるクラスの実装方法を詳細に説明する本ではないので、このクラスの定義を書く必要はない。定義はサンプルコードとして提供される。みなさんがすべきことは、いくつかのプロシージャを追加することである。そして、そのほとんどは 2.7 節で作成したものだ。

2.10.3 Vec の利用

実装する際は、setitem(v, d, val) や add(u, v)、scalar_mul(v, alpha) のような、名前の付いたプロシージャの本体を書くことになる。しかし、実際に Vec を他のコードで使用するためには、名前付きプロシージャではなく、演算子を使わなければならない。例えば、

```
>>> setitem(v, 'a', 1.0)
```

の代わりに次のような演算子を用いる。

```
>>> v['a'] = 1.0
```

また、

```
>>> b = add(b, neg(scalar_mul(v, dot(b,v))))
```

の代わりに次のような演算子を用いる。

```
>>> b = b - (b*v)*v
```

実際には、vec モジュールの外のコードから Vec を使う場合は、単に Vec を vec モジュールからインポートするだけである。

```
from vec import Vec
```

つまり、名前付きプロシージャはその名前空間にインポートされない。vec モジュールの名前付きプロシージャは、vec モジュール内**だけ**で使うことを意図している。

2.10.4 Vec の表示

Vec クラスは、表示用にインスタンスを文字列に変換するプロシージャを定義している。

```
>>> print(v)

 A B C
------
 1 0 0
```

ベクトル v を表示するためのプロシージャ print は、定義域 v.D 上で順番を指定する必要がある。ここでは sorted(v.D, key=hash) を使用する。これは、数を数値順、文字列をアルファベット順にし、タプルに対してはその形式に応じた適切な方法でソートする。

2.10.5 Vec のコピー

Vec クラスは.copy() メソッドを持つ。このメソッドは Vec のインスタンスに対して呼び出され、元のインスタンスと同じ内容の新しいインスタンスを返す。これは、元のインスタンスと定義域.D を共有する。また初期状態においては、元のインスタンスと同じ関数.f を持つ。

みなさんは通常、Vec をコピーする必要はない。スカラーとベクトルの積やベクトルの和は、Vec の新しいインスタンスを返し、元のベクトルを変更することはない。

2.10.6　リストから Vec へ

Vec クラスはベクトルを表現するのに便利だが、唯一の表現というわけではない。2.1 節で述べたように、リストでベクトルを表す場合もある。リスト L は $\{0, 1, 2, \ldots, \text{len}(L) - 1\}$ を定義域とする関数と見ることができるので、リストベースの表現から、辞書ベースの表現に変換することができる。

クイズ 2.10.1： 次の機能を持つプロシージャ list2vec(L) を書け。

- **入力**：体の要素のリスト L
- **出力**：$\{0, 1, 2, \ldots, \text{len}(L) - 1\}$ という定義域を持ち、その定義域の各整数 i に対し、$\boldsymbol{v}[i] = L[i]$ となる $\boldsymbol{v}$（Vec のインスタンス）

答え

```
def list2vec(L):
  return Vec(set(range(len(L))), {k:x for k,x in enumerate(L)})
```

または

```
def list2vec(L):
  return Vec(set(range(len(L))), {k:L[k] for k in range(len(L))})
```

このプロシージャを使うと、小さな Vec の例を楽に作ることができる。このプロシージャの定義は本書のウェブサイトの vecutil.py にある。

2.11　上三角線形方程式系を解く

ここでは、計算問題 2.9.12（線形系を解く）を解く最初のステップとして、その連立線形方程式が特殊な形をしている場合の解法を説明する。

2.11.1　上三角線形方程式系

上三角線形方程式系は以下の形式を持つ。

$$\begin{array}{lcccccccclccc}
[& a_{11}, & a_{12}, & a_{13}, & a_{14}, & \cdots & a_{1,n-1}, & a_{1,n} &] & \cdot & \boldsymbol{x} & = & \beta_1 \\
[& 0, & a_{22}, & a_{23}, & a_{24}, & \cdots & a_{2,n-1}, & a_{2,n} &] & \cdot & \boldsymbol{x} & = & \beta_2 \\
[& 0, & 0, & a_{33}, & a_{34}, & \cdots & a_{3,n-1}, & a_{3,n} &] & \cdot & \boldsymbol{x} & = & \beta_3 \\
 & & & & & \vdots & & & & & & & \\
[& 0, & 0, & 0, & 0, & \cdots & a_{n-1,n-1}, & a_{n-1,n} &] & \cdot & \boldsymbol{x} & = & \beta_{n-1} \\
[& 0, & 0, & 0, & 0, & \cdots & 0, & a_{n,n} &] & \cdot & \boldsymbol{x} & = & \beta_n
\end{array}$$

即ち

- 1 番目のベクトルは 0 の要素を持たなくてもよい。
- 2 番目のベクトルは 1 番目の要素が 0 である。

- 3番目のベクトルは1番目と2番目の要素が0である。
- 4番目のベクトルは、1番目、2番目、3番目の要素が0である。

⋮

- $n-1$ 番目のベクトルは $n-1$ 番目と n 番目の要素以外は0である。
- n 番目のベクトルは n 番目の要素以外は全て0である。

例 2.11.1： 以下に4要素のベクトルの例を示す。

$$\begin{aligned}
[\ 1,\ 0.5,\ -2,\ 4\ ]\cdot \boldsymbol{x} &= -8\\
[\ 0,\ 3,\ 3,\ 2\ ]\cdot \boldsymbol{x} &= 3\\
[\ 0,\ 0,\ 1,\ 5\ ]\cdot \boldsymbol{x} &= -4\\
[\ 0,\ 0,\ 0,\ 2\ ]\cdot \boldsymbol{x} &= 6
\end{aligned}$$

上三角（*upper-triangular*）という言葉の由来は、0でなくてもよい要素の位置を考えると分かる。これらは三角形を形成している。

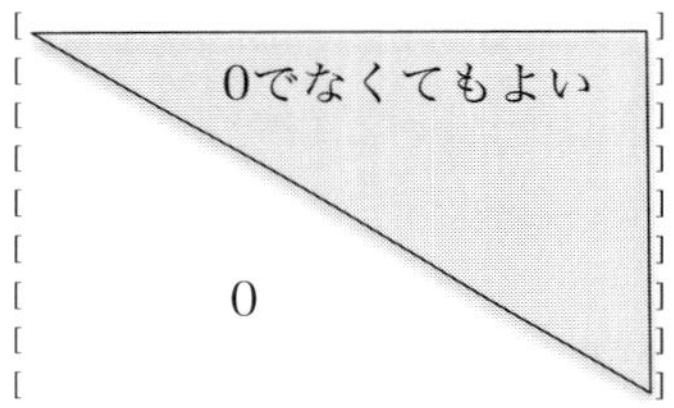

$\boldsymbol{x} = [x_1, x_2, x_3, x_4]$ と表すことにし、ドット積の定義を用いることで、この線形方程式系を x_1、x_2、x_3、x_4 という未知数を持つ4つの元の方程式に書き換えることができる。

$$\begin{aligned}
1x_1 + 0.5x_2 - 2x_3 + 4x_4 &= -8\\
3x_2 + 3x_3 + 2x_4 &= 3\\
1x_3 + 5x_4 &= -4\\
2x_4 &= 6
\end{aligned}$$

2.11.2 後退代入

これは解法への戦略を示唆している。最初に4番目の式を用いて x_4 について解く。得られた x_4 の値を3番目の方程式に代入し、x_3 について解く。x_3 と x_4 を2番目の方程式に代入し、x_2 について解く。x_2、x_3、x_4 の値を最初の方程式に代入し、x_1 について解く。それぞれの処理で求めなければならない変数は1つだけである。

従って、上記の線形方程式系は以下のようにして解くことができる。

$$2x_4 = 6$$
よって $$x_4 = 6/2 = 3$$

$$1x_3 = -4 - 5x_4 = -4 - 5(3) = -19$$
よって $$x_3 = -19/1 = -19$$

$$3x_2 = 3 - 3x_3 - 2x_4 = 3 - 2(3) - 3(-19) = 54$$
よって $$x_2 = 54/3 = 18$$

$$1x_1 = -8 - 0.5x_2 + 2x_3 - 4x_4 = -8 - 0.5(18) + 2(-19) - 4(3) = -67$$
よって $$x_1 = -67/1 = -67$$

ここで示したアルゴリズムは**後退代入**と呼ばれる（「後退」というのは、最後の方程式から始めて、最初の方程式に向かって処理を行うからである）。

クイズ 2.11.2： 上記の手法を用いて、以下の線形方程式系を手で解け。

$$\begin{array}{rcrcrcr} 2x_1 & + & 3x_2 & - & 4x_3 & = & 10 \\ & & 1x_2 & + & 2x_3 & = & 3 \\ & & & & 5x_3 & = & 15 \end{array}$$

答え

$$x_3 = 15/5 = 3$$
$$x_2 = 3 - 2x_3 = -3$$
$$x_1 = (10 - 3x_2 + 4x_3)/2 = (10 + 9 + 12)/2 = 31/2$$

練習問題 2.11.3： 以下の線形方程式系を解け。

$$\begin{array}{rcrcrcr} 1x_1 & - & 3x_2 & - & 2x_3 & = & 7 \\ & & 2x_2 & + & 4x_3 & = & 4 \\ & & & & -10x_3 & = & 12 \end{array}$$

2.11.3 後退代入の最初の実装

このアルゴリズムをベクトルとドット積で表現する簡単な方法がある。この方法では、まず、解となるベクトル $\boldsymbol{x}$ をゼロベクトルで初期化する。更に、後ろの要素から順番に $\boldsymbol{x}$ を埋めていく。要素 x_i を埋めるときには、要素 $x_{i+1}, x_{i+2}, \ldots, x_n$ は全て埋まっており、その他の要素は 0 である。つまり、このプロシージャはドット積を用いて、既に値が分かっている変数を含む式の計算を行うことができる。

$$\text{要素 } a_{ii} \cdot x_i \text{ の値 } = \beta_i - (\text{既知の変数を含む式})$$

つまり

$$x_i\text{の値} = \frac{\beta_i - (\text{既知の変数を含む式})}{a_{ii}}$$

である。この考えを用いて、以下の機能を持つプロシージャ triangular_solve_n(rowlist, b) を書こう。

- **入力**：ある整数 n に対して、n 要素のベクトルから成るリスト rowlist と、数から成る長さ n のリスト $\boldsymbol{b}$ から成る上三角線形系
- **出力**：$i = 0, 1, \ldots, n-1$ に対し、rowlist[i] と $\hat{\boldsymbol{x}}$ のドット積が $\boldsymbol{b}[i]$ と等しくなるようなベクトル $\hat{\boldsymbol{x}}$

このプロシージャ名の末尾の n は、このプロシージャが rowlist 内のベクトルそれぞれに定義域 $\{0, 1, 2, \ldots, n-1\}$ を持たなければならないこと意味する（後で、この条件を必要としないプロシージャを書く）。

以下にコードを示す。

```
def triangular_solve_n(rowlist, b):
  D = rowlist[0].D
  n = len(D)
  assert D == set(range(n))
  x = zero_vec(D)
  for i in reversed(range(n)):
    x[i] = (b[i] - rowlist[i] * x)/rowlist[i][i]
  return x
```

練習問題 2.11.4： triangular_solve_n を Python に入力し、上記の例題の線形方程式系で試せ。

2.11.4 このアルゴリズムはどのような場合に役に立つか？

後退代入のアルゴリズムは、全ての上三角線形方程式系で使えるわけではない。ある i に対し、rowlist[i][i] が 0 だと、このアルゴリズムはうまく動作しない。従って、このアルゴリズムを使用する場合は、これらの要素が 0 でないことが必要である。即ち、上記の機能は不完全である。

これらの要素が 0 でない場合、このアルゴリズムは**うまく**動作する。更に、その解が、この線形方程式系の**唯一**の解であることも分かる。それぞれのステップで変数に代入される値は、そのより前のステップで各変数に代入された値と矛盾しない唯一の可能な値であるという事実から、その証明は帰納法を用いたものになる。

命題 2.11.5： n 要素のベクトルから成る長さ n のリスト rowlist と、n 要素のベクトル $\boldsymbol{b}$ で指定された上三角線形方程式系について、$i = 0, 1, \ldots, n-1$ に対して rowlist[i][i] $\neq 0$ となるとき、triangular_solve_n(rowlist, b) によって求められる解は、この線形方程式系の**唯一**の解である。

一方、以下も成り立つ。

命題 2.11.6： n 要素のベクトルから成る長さ n のリスト rowlist について、ある整数 i に対して rowlist$[i][i] = 0$ であるとき、その上三角線形方程式系が解を持たないようなベクトル $\boldsymbol{b}$ が存在する。

証明

k を n より小さい整数の中で、rowlist$[k][k] = 0$ を満たす最も大きいものとする。$\boldsymbol{b}$ は k 番目の要素だけが 0 以外の数で、それ以外の要素は全て 0 であるようなベクトルであると定義する。この triangular_solve_n のアルゴリズムは $i = n-1, n-2, \ldots, k+1$ まで繰り返される。これらの繰り返しの各ステップにおいて、繰り返し処理の前の x はゼロベクトルであり、b[i] は 0 である。つまり、x[i] には 0 が代入される。この繰り返しの各ステップで割り当てられる値 0 は、それより前のステップで各変数に代入された値と矛盾しない唯一の可能な値である。

いよいよ、このアルゴリズムは $i = k$ に至る。このとき考えるべき方程式は次のようになる。

```
rowlist[k][k]*x[k]+rowlist[k][k+1]*x[k+1]+
                  ···+rowlist[k][n-1]*x[n-1] = 0 以外の数
```

しかし、変数 x[k+1]、x[k+2]、···、x[n-1] は全て強制的に 0 にされており、かつ、rowlist[k][k] は 0 なので、この方程式の左辺は 0 である。つまり、この方程式は解けないことが分かる。 □

2.11.5 任意の定義域のベクトルを用いた後退代入

次にプロシージャ triangular_solve(rowlist, label_list, b) を書いてみよう。これは、rowlist 内のベクトルの定義域を $\{0, 1, 2, \ldots, n-1\}$ に限らないような上三角線形方程式系を解くプロシージャである。線形方程式系が上三角であるというのは、どういうことだろうか？ 引数 label_list は定義域の順番を指定するリストである。線形方程式系が上三角であるためには

- rowlist の 1 つ目のベクトルは 0 の要素を持たなくてもよい。
- 2 つ目のベクトルは、label_list の第 1 要素でラベル付けされた要素が 0 である。
- 3 つ目のベクトルは、label_list の第 1、第 2 要素でラベル付けされた要素が 0 である。

以下 4 つ目以降のベクトルも同様である。

このプロシージャの機能は次の通り。

- **入力**：ある正の整数 n に対し、n 個の Vec のリスト rowlist（全てが同じ n 個の要素から成る定義域 D を持つ)、D の要素から成るリスト label_list、n 個の数から成るリスト b
ただしこれらは $i = 0, 1, \ldots, n-1$ に対して次を満たす。
  - rowlist$[i]$[label_list$[j]$] が、$j = 0, 1, 2, \ldots, i-1$ に対しては 0 であり、かつ、$j = i$ に対しては 0 ではない。
- **出力**：$i = 0, 1, \ldots, n-1$ に対して rowlist$[i]$ と $\boldsymbol{x}$ のドット積が $b[i]$ と等しくなる Vec のインスタンス $\boldsymbol{x}$

このプロシージャは 2.11.3 節で示したプロシージャを少し変更したものになる。

以下に、このプロシージャがどのように使われるかを示す。

```
>>> label_list = ['a','b','c','d']
>>> D = set(label_list)
>>> rowlist = [Vec(D,{'a':4, 'b':-2,'c':0.5,'d':1}),
...            Vec(D,{'b':2,'c':3,'d':3}), Vec(D,{'c':5, 'd':1}),
...            Vec(D,{'d':2.})]
>>> b = [6, -4, 3, -8]
>>> triangular_solve(rowlist, label_list, b)
Vec({'d', 'b', 'c', 'a'},{'d': -4.0, 'b': 1.9, 'c': 1.4, 'a': 3.275})
```

以下は triangular_solve のコードである。プロシージャ zero_vec(D) を使っていることに注意して欲しい。

```
def triangular_solve(rowlist, label_list, b):
  D = rowlist[0].D
  x = zero_vec(D)
  for j in reversed(range(len(D))):
    c = label_list[j]
    row = rowlist[j]
    x[c] = (b[j] - x*row)/row[c]
  return x
```

プロシージャ triangular_solve(rowlist, label_list, b) と triangular_solve_n (rowlist, b) は triangular モジュールで提供されている。

2.12 ラボ：ドット積を用いた投票記録の比較

このラボでは、合衆国の上院議員の投票記録を $\mathbb{R}$ 上のベクトルとして表現し、ドット積を使って投票記録を比較する。ここでは、リストを用いてベクトルを表現しよう。

2.12.1 動機

現代は混沌の時代である。象牙の塔の頂上から訓示は受けなかっただろうが、現在の社会政治学的な展望は、絶望的な混乱の状態にあるということは信じてもよい。いまこそ、英雄になるときがきた。いまこそ、守護者の役割を、人民の救世主の役割を果たすときだ。そう、線形代数の出番なのだ。

このラボでは、ベクトルを用いて私たちを代表する上院議員の政治的な考え方を客観的に評価する。それぞれの上院議員の投票記録はベクトルで表現することができる。ベクトルの各要素は、投票対象の法案にどう投票したかを表している。2 人の上院議員の「投票ベクトル」間の違いを見ることで、政治という名の霧を晴らすことができ、私たちの代表がどういう立ち位置にいるかが理解できる。

いや、どちらかといえば、どういう立ち位置にいたか、というべきだろう。ここで使ったデータは少し古いものである。オバマが上院議員としてどのような投票をしてきたかが分かることは面白いだろう。もっと最近のデータでプログラムを試してみたい場合は、resources.codingthematrix.com にあるデータを用いることができる。

2.12.2 ファイルから読み込む

1つ前のラボと同様、使用する情報はスペースで区切られてテキストファイルに保存されている。109回目の議会での投票記録は、voting_record_dump109.txt にある。

ファイル内のそれぞれの行は、異なる上院議員の投票記録を表している。ファイルの読み込み方法を忘れてしまった読者のために、その方法を以下に示しておこう。

```
>>> f = open('voting_record_dump109.txt')
>>> mylist = list(f)
```

split(·) プロシージャを用いると、ファイルの各行を分割してリストにすることができる。このリストの1番目の要素は上院議員の名前、2番目の要素は政党（R が共和党、D が民主党）、3番目の要素は出身州、残りの要素は各法案に関するその上院議員の投票記録である。「1」は賛成、「-1」は反対、「0」は棄権を表す。

課題 2.12.1： 文字列のリスト（ファイルから読み込んだ投票記録）を与えると、上院議員の名前をその上院議員の投票記録を表す数のリストに写像する辞書を返すプロシージャ create_voting_dict(strlist) を書け。組み込み関数 int(·) を用いて、整数を表す文字列（例えば、'1'）を実際の整数（例えば、1）に変換する。

2.12.3 ドット積を用いてベクトルを比較する 2 つの方法

$\boldsymbol{u}$ と $\boldsymbol{v}$ をベクトルとする。ここでは、これらのベクトルは、その全ての要素が1もしくは、0、-1 であるような（このラボに関連する）簡単なケースを考えよう。$\boldsymbol{u}$ と $\boldsymbol{v}$ のドット積は次のように定義されたことを思い出して欲しい。

$$\boldsymbol{u} \cdot \boldsymbol{v} = \sum_k \boldsymbol{u}[k]\boldsymbol{v}[k]$$

k 番目の要素を考える。$\boldsymbol{u}[k]$ と $\boldsymbol{v}[k]$ が両方とも1だった場合、これに対応する総和の中の項は1である。$\boldsymbol{u}[k]$ と $\boldsymbol{v}[k]$ が両方とも -1 だった場合、これに対応する項も1である。従って、総和の中の項が1であることは、一致を表す。一方で、$\boldsymbol{u}[k]$ と $\boldsymbol{v}[k]$ の符号が異なる場合、対応する項は -1 になる。従って、総和の中の項が -1 の場合は不一致を表す（$\boldsymbol{u}[k]$ と $\boldsymbol{v}[k]$ の片方、または、両方が0だった場合、これに対応する総和の中の項は0である。これは、それらの要素は意見の一致または不一致について、何の根拠も提供しないという事実を反映している）。従って、$\boldsymbol{u}$ と $\boldsymbol{v}$ のドット積は、$\boldsymbol{u}$ と $\boldsymbol{v}$ がどれくらい一致しているかの尺度となる。

2.12.4 ポリシーの比較

ここでは、単に、指定した2人の上院議員の考え方が、どれくらい似ているかを知りたいとしよう。ベクトル $\boldsymbol{u}$ と $\boldsymbol{v}$ のドット積を用いて、2人の上院議員がどの程度意見が一致しているかを判定する。

課題 2.12.2： 2人の上院議員の名前と、上院議員の名前を投票記録を表すリストに写像する辞書を与えると、2人の上院議員の投票ポリシーの類似度を表すドット積を返すプロシージャ

policy_compare(sen_a, sen_b, voting_dict) を書け。

課題 2.12.3： 上院議員の名前と、上院議員の名前を投票記録を表すリストに写像する辞書を与えると、入力された上院議員と政治的な考え方が最も似ている上院議員の名前を返す（もちろん、入力された上院議員自身は除く）プロシージャ most_similar(sen, voting_dict) を書け。

課題 2.12.4： これと似たプロシージャで、投票記録上、sen で指定された名前の上院議員と最も意見の合わない上院議員の名前を返す least_similar(sen, voting_dict) を書け。

課題 2.12.5： これらのプロシージャを用いて、ロードアイランド州の伝説的人物であるリンカーン・チェイフィーと最も意見が似ている上院議員を見つけ出せ。次に、これらのプロシージャを用いて、ペンシルベニア州のリック・サントラムと最も意見が合わない上院議員を見つけ出せ。それぞれ名前を示すこと。

課題 2.12.6： みなさんの好きな州の 2 人の上院議員の投票記録はどれくらい似ているだろうか？

2.12.5 平均的でない民主党員

課題 2.12.7： 上院議員の名前 sen を与えると、その上院議員の投票記録を、sen_set で指定された名前の上院議員全ての投票記録と比較し、ドット積を計算して、その平均を返すプロシージャ find_average_similarity(sen, sen_set, voting_dict) を書け。

このプロシージャを用いて、民主党員の集合の平均に最も近い人物は、どの上院議員かを計算せよ（民主党員の集合は入力ファイルから抽出できる）。

上記の課題では、各上院議員の記録と、民主党の上院議員それぞれの投票記録を比較する必要があった。同じような計算を、例えば、Netflix の全加入者の映画の好みを用いて行う場合には、非常に時間がかかりすぎて実用的ではないだろう。

次に、ドット積の代数的性質である**分配**則を元に、この計算をショートカットしよう。

$$(\boldsymbol{v}_1 + \boldsymbol{v}_2) \cdot \boldsymbol{x} = \boldsymbol{v}_1 \cdot \boldsymbol{x} + \boldsymbol{v}_2 \cdot \boldsymbol{x}$$

課題 2.12.8： 上院議員の名前の集合を与えると、彼らの投票記録の平均を返すプロシージャ find_average_record(sen_set, voting_dict) を書け。即ち、その投票記録を表すリストに対して、ベクトルの足し算を実行し、そのベクトルの和をベクトルの個数で割る。この結果はベクトルとなる。

このプロシージャを用いて、民主党員の集合に対して投票記録の平均を計算し、その結果を変数 average_Democrat_record に代入する。次に、どの上院議員の投票記録が民主党員の投票記録の平均に最も良く似ているかを求める。課題 2.12.7 と同じ結果が得られただろうか？ また、それを説明できるか？

2.12.6 宿敵

課題 2.12.9： 最も意見の合わない2人の上院議員を見つけるプロシージャ `bitter_rivals(voting_dict)` を書け。

この課題では、再度、投票記録の各組の比較が必要になる。これは、これまで行った方法より速くできるのだろうか？ **高速な行列の掛け算**を用いる、ほんの少し効率的なアルゴリズムが存在する。行列の掛け算については後で説明するが、理論的に高速なアルゴリズムは本書では扱わない。

2.12.7 更なる課題

これで現代政治の汚れきった小麦の中から真実をふるいにかける、シンプルだが強力なツールのコーディングが終わった。ここで得た新しいスキルを用いて、以下の質問の少なくとも 1 つに答えよ（もしくは自分で問題を作って答えよ）。

- 誰/どちらが最も共和党または民主党の上院議員/意見らしいか？
- マケインは本当に異端か？
- オバマは本当に過激か？
- どの上院議員が最も政治的に対立しているか？（ドット積の和が負であり、ある負の閾値よりも小さい 2 人の上院議員が対立しているとする。即ち、ある負の閾値より小さい場合である）

2.13 確認用の質問

- ベクトルの加法とは何か？
- ベクトルの加法の幾何学的な解釈は何か？
- スカラーとベクトルの乗法とは何か？
- スカラーとベクトルの乗法では用いるが、ベクトルの加法では用いない分配則はどのようなものか？
- スカラーとベクトルの乗法とベクトルの加法の両方を用いる分配則はどのようなものか？
- スカラーとベクトルの乗法をどのように使えば、原点と与えられた点を通る直線を表現できるか？
- スカラーとベクトルの乗法とベクトルの加法をどのように使えば、与えられた 2 点を通る直線を表現できるか？
- ドット積とは何か？
- ドット積とスカラーとベクトルの乗法に関連する同次性とは何か？
- ドット積とベクトルの加法に対する分配則とは何か？
- （ドット積を使って表現された）線形方程式とは何か？
- 線形方程式系とは何か？
- 上三角線形方程式系とは何か？
- どのようにすれば上三角線形方程式系を解くことができるか？

2.14 問題

ベクトルの加法の練習

問題 2.14.1： ベクトル $\boldsymbol{v} = [-1, 3]$ と $\boldsymbol{u} = [0, 4]$ に対し、$\boldsymbol{v} + \boldsymbol{u}$、$\boldsymbol{v} - \boldsymbol{u}$、$3\boldsymbol{v} - 2\boldsymbol{u}$ を求めよ。同じグラフ上にこれらのベクトルを描け。

問題 2.14.2： ベクトル $\boldsymbol{v} = [2, -1, 5]$ と $\boldsymbol{u} = [-1, 1, 1]$ に対し、$\boldsymbol{v} + \boldsymbol{u}$、$\boldsymbol{v} - \boldsymbol{u}$、$2\boldsymbol{v} - \boldsymbol{u}$、$\boldsymbol{v} + 2\boldsymbol{u}$ を求めよ。

問題 2.14.3： $GF(2)$ 上のベクトル $\boldsymbol{v} = [0, one, one]$、$\boldsymbol{u} = [one, one, one]$ に対し、$\boldsymbol{v}+\boldsymbol{u}$ と $\boldsymbol{v}+\boldsymbol{u}+\boldsymbol{u}$ を求めよ。

$GF(2)$ 上のベクトルを他のベクトルの合計として表す

問題 2.14.4： 以下に $GF(2)$ 上の 6 つの 7 要素のベクトルがある。

a =	1100000	**d** =	0001100
b =	0110000	**e** =	0000110
c =	0011000	**f** =	0000011

次のそれぞれのベクトル $\boldsymbol{u}$ に対し、上記のベクトルの部分集合のうち、合計が $\boldsymbol{u}$ となるものを求めよ。ない場合はその旨を述べよ。

1. $\boldsymbol{u} = 0010010$
2. $\boldsymbol{u} = 0100010$

問題 2.14.5： 以下に $GF(2)$ 上の 6 つの 7 要素のベクトルがある。

a =	1110000	**d** =	0001110
b =	0111000	**e** =	0000111
c =	0011100	**f** =	0000011

次のそれぞれのベクトル $\boldsymbol{u}$ に対し、上記のベクトルの部分集合のうち、合計が $\boldsymbol{u}$ となるものを求めよ。ない場合はその旨を述べよ。

1. $\boldsymbol{u} = 0010010$
2. $\boldsymbol{u} = 0100010$

$GF(2)$ 上の線形方程式の解を求める

問題 2.14.6： 以下の線形方程式を満たす $GF(2)$ 上のベクトル $\boldsymbol{x} = [x_1, x_2, x_3, x_4]$ を 1 つ求めよ。

$$1100 \cdot \boldsymbol{x} = 1$$

$$1010 \cdot \boldsymbol{x} = 1$$

$$1111 \cdot \boldsymbol{x} = 1$$

また、$\boldsymbol{x} + 1111$ もこの方程式を満たすことを示せ。

ドット積を使って式を書き直す

問題 2.14.7： 以下の方程式を考える。

$$\begin{array}{ccccccccc} 2x_0 & + & 3x_1 & - & 4x_2 & + & x_3 & = & 10 \\ x_0 & - & 5x_1 & + & 2x_2 & + & 0x_3 & = & 35 \\ 4x_0 & + & x_1 & - & x_2 & - & x_3 & = & 8 \end{array}$$

これらの方程式を解くのではなく、ドット積を使って書き直せ。具体的には、上記の方程式が以下と等価となるような 3 つのベクトル $\boldsymbol{v}_1$、$\boldsymbol{v}_2$、$\boldsymbol{v}_3$ を見つけ出せ。

$$\boldsymbol{v}_1 \cdot \boldsymbol{x} = 10$$

$$\boldsymbol{v}_2 \cdot \boldsymbol{x} = 35$$

$$\boldsymbol{v}_3 \cdot \boldsymbol{x} = 8$$

ここで $\boldsymbol{x}$ は $\mathbb{R}$ 上の 4 要素のベクトルである。

線や線分の描画

問題 2.14.8： `plot` モジュールを使用して以下を描画せよ。

(a) $[-1.5, 2]$ と $[3, 0]$ を通る直線
(b) $[2, 1]$ と $[-2, 2]$ の間の線分

それぞれに対して使用した Python のプログラムと得られた結果を示せ。

ドット積の練習

問題 2.14.9： 以下の R 上のベクトル $\boldsymbol{u}$ と $\boldsymbol{v}$ の組に対して、$\boldsymbol{u}\cdot\boldsymbol{v}$ を計算せよ。

(a) $\boldsymbol{u}=[1,0]$、$\boldsymbol{v}=[5,4321]$
(b) $\boldsymbol{u}=[0,1]$、$\boldsymbol{v}=[12345,6]$
(c) $\boldsymbol{u}=[-1,3]$、$\boldsymbol{v}=[5,7]$
(d) $\boldsymbol{u}=\left[-\frac{\sqrt{2}}{2},\frac{\sqrt{2}}{2}\right]$、$\boldsymbol{v}=\left[\frac{\sqrt{2}}{2},-\frac{\sqrt{2}}{2}\right]$

Vec クラス用のプロシージャを書く

問題 2.14.10： `vec.py` をコンピュータにダウンロードし、編集する。このファイルは Python の構文 `pass` を使ってプロシージャを定義している。これは何もしない構文である。即ち、`vec` モジュールをインポートすれば `Vec` のインスタンスを作成することはできるが、`*`や + などの演算子は何もしない。`pass` と書かれた場所に適切なコードを書け。

`vec` モジュールでは 7 つのプロシージャを定義している。各プロシージャのコードには、他の 6 つのプロシージャの呼び出しを含めることができる。クラスの定義は変更しないこと。

docstring 各プロシージャの本文の最初には、複数の行から成る文字列がある（3 つの引用符で囲まれている）。これはドキュメンテーション文字列（*docstring*）と呼ばれるものである。ここでは、そのプロシージャが何をするかを示している。

doctest 提供しているプロシージャ内のドキュメンテーション文字列には、そのプロシージャが `Vec` にサポートすべき機能の例も含まれている。それぞれの例は Python とのやりとりを示し、評価対象の文と式、及びそれに対する応答を記述している。これらの例は *doctest* と呼ばれるテストとして使用することができる。自分で作成した `Vec` のプロシージャが、この例に合うように書いておかないと、その実装は間違っていることになる[†13]。

Python では、`vec` のようなモジュールがその全ての doctest に通るかを、1 コマンドでチェックすることができる。これには Python のセッションに入る必要さえない。コンソールで、現在作業中のディレクトリが `vec.py` の置いてあるディレクトリであることを確認してから、以下を入力する。

```
python3 -m doctest vec.py
```

ここで `python3` は Python の実行ファイルの名前である。全テストを通った場合は、このコマンドは何も出力しない。そうでない場合は、通らなかったテストに関する情報が出力される。

また、Python のセッションの中でもモジュールの doctest を実行することができる。

†13 それぞれのプロシージャ用に提供されている例は、そのプロシージャのテストに使用される。ただし注意が必要なのは、`equal(u, v)` 以外のプロシージャのテストでも`==`が使われており、`equal(u, v)` の定義が間違っていると他のプロシージャのテストも失敗する可能性があることである。

```
>>> import doctest
>>> import vec
>>> doctest.testmod(vec)
```

assertion 作成したプロシージャのほとんどで、docstring の直後の文は assertion である。assertion を実行すると、条件が成り立つかをどうかをチェックし、成り立たない場合はエラーを出力する。assertion がそこに書かれているのは、プロシージャの使用中にエラーを検出するためである。各 assertion を確認し、その意味を理解しておいて欲しい。assertion を外してしまうこともできるが、自分の責任で行うこと。

定義域としての任意集合 本書のベクトルの実装は、例えば、文字列の集合を定義域にすることができる。定義域が整数から成るという誤った仮定をおいてはいけない。作成したコードに len や range が含まれていたらそれは間違いである。

スパース表現 作成したプロシージャはスパース表現を扱える必要がある。即ち、辞書 v.f のキーとならないような定義域 v.D の要素があってもよい。例えば、getitem(v, k) は、k が v.f のキーでなかったとしても全ての定義域の要素に対し、値を返す。一方で、2 つのベクトルの足し算をするときには、プロシージャがスパース性を保つようにする必要はない。即ち、2 つの Vec のインスタンス u と v に対し、u.D の全ての要素がインスタンス u+v の辞書で表現されていても問題はない。

ただし、他のプロシージャのいくつかは、スパース表現を考慮して書く必要がある。例えば、2 つのベクトルはその .f フィールドが等しくない場合でも、同じベクトルとなりうる。即ち、片方のベクトルの .f フィールドにその値が 0 であるようなキーが含まれており、もう片方のベクトルの .f フィールドからはそのようなキーが除外されている場合である。この理由から、equal(u, v) プロシージャを書くときには注意が必要である。

3章
ベクトル空間

［古代人の幾何学］……つねに図形の考察に縛り付けられている
ので、知性を働かせると、想像力をひどく疲れさせてしまう……
ルネ・デカルト『方法序説』†1

前章では、ベクトルの応用について議論していく中で、4 つの疑問に出会った。更に本章では、すぐにもう 2 つの疑問に出会うことになる。しかし本章ではこれらの疑問に答えるつもりはない。代わりにこれらの疑問を、より新しく、より深い疑問へと変えていく。これらの疑問の答えは 5 章と 6 章で示す。本章では、この答えの根底にあり、また、本書で学ぶ全てのものの根底にある概念、ベクトル空間について説明しよう。

3.1　線形結合

3.1.1　線形結合の定義

定義 3.1.1： $\boldsymbol{v}_1, \ldots, \boldsymbol{v}_n$ をベクトルとする。次の和

$$\alpha_1 \boldsymbol{v}_1 + \cdots + \alpha_n \boldsymbol{v}_n$$

を $\boldsymbol{v}_1, \ldots, \boldsymbol{v}_n$ の**線形結合**という。ここで $\alpha_1, \ldots, \alpha_n$ はスカラーである。$\alpha_1, \ldots, \alpha_n$ をこの線形結合の**係数**という。特に、α_1 をこの線形結合における $\boldsymbol{v}_1$ の係数、α_2 を $\boldsymbol{v}_2$ の係数、... という。

例 3.1.2： ベクトル $[2, 3.5]$、$[4, 10]$ の線形結合の 1 つに、次のものがある。

$$-5\,[2, 3.5] + 2\,[4, 10]$$

これは $[-5 \cdot 2, -5 \cdot 3.5] + [2 \cdot 4, 2 \cdot 10]$ と等しく、更に $[-10, -17.5] + [8, 20]$ と等しい。従ってこれは $[-2, 2.5]$ と等しい。

同じベクトルの組の別な線形結合として、次のものがある。

$$0\,[2, 3.5] + 0\,[4, 10]$$

†1　［訳注］訳は『方法序説』ルネ・デカルト著、谷川 多佳子訳（岩波書店）より引用。

これはゼロベクトル $[0, 0]$ と等しい。

線形結合の全ての係数が 0 のとき、**自明な**線形結合と呼ぶ。

3.1.2 線形結合の利用

例 3.1.3： 株式ポートフォリオ：D を株式の集合とする。$\mathbb{R}$ 上の D ベクトルはポートフォリオを表すとする。即ち、各株式と保有株式数とを対応付けるものである。いま n 社の投資信託会社があるとしよう。$i = 1, \ldots, n$ に対し、投資信託会社 i が保有する各株式の所有権は、D ベクトル $\boldsymbol{v}_i$ で表現することができる。α_i を自分が保有する投資信託会社 i の株の総数とすると、自分が保有する株に関する全ての所有権は、次の線形結合で表される。

$$\alpha_1 \boldsymbol{v}_1 + \cdots + \alpha_n \boldsymbol{v}_n$$

例 3.1.4： 規定食：1930 年代から 1940 年代にかけて、アメリカ軍は最も費用が安く、かつ、兵士に必要な分の栄養を与えられる規定食を求めようとしていた。経済学者ジョージ・スティグラーは 77 種類の食品（小麦粉、無糖練乳、キャベツなど）と、必要な 9 種類の栄養量（カロリー、ビタミン A、ビタミン B_2 など）について考察した。彼は各食品の単位重量あたりの 9 種類の栄養価を計算した。この計算結果は 9 要素のベクトル $\boldsymbol{v}_i$ を 77 個用いて表現することができる。

規定食は、例えば、小麦粉 1 ポンド、キャベツ 0.5 ポンドといった各食品の量で表される。$i = 1, \ldots, 77$ に対し、α_i をその食事に含まれる食品 i の量とする。以上の定義のもと、ある規定食に含まれる総栄養価は、次の線形結合で表される。

$$\alpha_1 \boldsymbol{v}_1 + \cdots + \alpha_{77} \boldsymbol{v}_{77}$$

13 章では、指定された栄養目標を達成する最も安価な規定食を見つける方法を検討することにしよう。

例 3.1.5： 平均顔：2.3 節で述べたように、顔写真などの白黒写真は、ベクトルとしてコンピュータに保存することができる。このような 3 つのベクトルの、係数を 1/3、1/3、1/3 とした線形結合は、3 つの顔の**平均**を与える。

この平均顔の考え方は、本書の後の方で固有顔を用いた顔画像の識別を扱う際に再登場することになる。

例 3.1.6： 製品と資源： あるジャンク工場は、金属（metal）、コンクリート（concrete）、プラスチック（plastic）、水（water）、電気（electricity）の 5 つの資源を用いて製品を作っているとする。この資源の集合を D とおく。またこの工場は次の 5 種類の製品を作っているとしよう。

    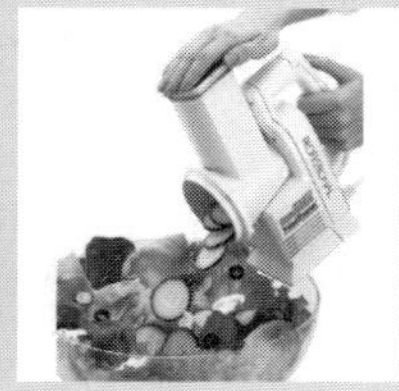

各製品を 1 つ作るのに各資源がどれくらい必要であるかをまとめたのが次の表である[†2]。

	金属	コンクリート	プラスチック	水	電気
ガーデンノーム	0	1.3	0.2	0.8	0.4
フラフープ	0	0	1.5	0.4	0.3
スリンキー	0.25	0	0	0.2	0.7
シリーパティー	0	0	0.3	0.7	0.5
サラダシューター	0.15	0	0.5	0.4	0.8

i 番目の製品の資源の使用量は $\mathbb{R}$ 上の D ベクトル $\boldsymbol{v}_i$ に格納される。例えばガーデンノームは次のように書かれる。

$\boldsymbol{v}_{\text{gnome}}$ = `Vec(D, {'concrete':1.3, 'plastic':.2, 'water':.8, 'electricity':.4})`

この工場が、α_{gnome} 個のガーデンノーム（garden gnome）、α_{hoop} 個のフラフープ（hula hoop）、α_{slinky} 個のスリンキー（slinky）、α_{putty} 個のシリーパティー（silly putty）、そして、α_{shooter} 個のサラダシューター（salad shooter）を作ろうとしているとしよう。すると、資源の総使用量は次の線形結合で表される。

$$\alpha_{\text{gnome}}\,\boldsymbol{v}_{\text{gnome}} + \alpha_{\text{hoop}}\,\boldsymbol{v}_{\text{hoop}} + \alpha_{\text{slinky}}\,\boldsymbol{v}_{\text{slinky}} + \alpha_{\text{putty}}\,\boldsymbol{v}_{\text{putty}} + \alpha_{\text{shooter}}\,\boldsymbol{v}_{\text{shooter}}$$

例えば、このジャンク工場は 240 個のガーデンノーム、55 個のフラフープ、150 個のスリンキー、133 個のシリーパティー、そして 90 個のサラダシューターを作ることを決めたとする。このとき、これらの線形結合は Python の `Vec` クラスで、次のように書くことができる。

```
>>> D = {'metal','concrete','plastic','water','electricity'}
>>> v_gnome = Vec(D, {'concrete':1.3, 'plastic':.2, 'water':.8,
...                   'electricity':.4})
```

†2 ［訳注］ガーデンノームは庭の置物、シリーパティーはスライム状のおもちゃである。スリンキーはバネ状のおもちゃで、日本では虹色に配色してレインボースプリングの名で販売されていることが多いようである。

```
>>> v_hoop = Vec(D, {'plastic':1.5, 'water':.4, 'electricity':.3})
>>> v_slinky = Vec(D, {'metal':.25, 'water':.2, 'electricity':.7})
>>> v_putty = Vec(D, {'plastic':.3, 'water':.7, 'electricity':.5})
>>> v_shooter = Vec(D, {'metal':.15, 'plastic':.5, 'water':.4,
...                     'electricity':.8})
>>>
>>> print(240*v_gnome + 55*v_hoop + 150*v_slinky + 133*v_putty + 90*v_shooter)

 plastic metal concrete water electricity
------------------------------------------
     215    51      312   373         356
```

この例は次の節で再登場することになる。

3.1.3 係数から線形結合へ

長さ n のベクトルのリスト $[\boldsymbol{v}_1, \ldots, \boldsymbol{v}_n]$ に対し、長さ n の係数のリスト $[\alpha_1, \ldots, \alpha_n]$ を線形結合 $\alpha_1 \boldsymbol{v}_1 + \cdots + \alpha_n \boldsymbol{v}_n$ に対応させるような関数 f が考えられる。そして、0.3.2 節で説明したように、関連する 2 つの計算問題、**順問題**（定義域の要素から関数の像を見つける）と**逆問題**（余定義域の要素から関数の原像を、存在するならば見つける）が考えられる。

これらの問題のうち、**順問題**を解くのは簡単である。

クイズ 3.1.7： 次の機能を持つプロシージャ lin_comb(vlist, clist) を定義せよ。

- **入力**：ベクトルのリスト vlist、スカラーから成る同じ長さのリスト clist
- **出力**：対応する clist の要素を係数に持つ vlist のベクトルの線形結合

答え

```
def lin_comb(vlist, clist):
  return sum([coeff*v for (coeff, v) in zip(clist, vlist)])
```

または

```
def lin_comb(vlist, clist):
  return sum([clist[i]*vlist[i] for i in range(len(vlist))])
```

例えば、このプロシージャを使ってジャンク工場の順問題を解くことができる。つまり、工場は各製品の量を与えることで、必要になる各資源の量を計算することができる。

3.1.4 線形結合から係数へ

いま、みなさんが産業スパイだったとしよう。目標はジャンク工場が製造するガーデンノームの数を調査することである。みなさんはこの工場が消費している資源の量を盗み見ることができるとする。つまり関数 f が出力するベクトル $\boldsymbol{b}$ を得ることができるとする。

最初の疑問は、この**逆問題**を解くことができるか？、即ち、$\boldsymbol{b}$ の関数 f による原像を求めることができるか？というものだ。そして 2 つ目の疑問は、どうすれば解が 1 つであるといえるか？というものだ。$\boldsymbol{b}$ の原像が複数ある場合、計算したガーデンノームの個数が正しいという確証を得ることはできない。

最初の疑問は次のような計算問題で表される。

> **計算問題 3.1.8： あるベクトルを、与えられた別のベクトルの線形結合として表現し、それが存在しない場合、それを報告せよ。**
>
> - **入力**：ベクトル $\boldsymbol{b}$、n 要素のベクトルのリスト $[\boldsymbol{v}_1, \ldots, \boldsymbol{v}_n]$
> - **出力**：次の式を満たす係数のリスト $[\alpha_1, \ldots, \alpha_n]$
>
> $$\boldsymbol{b} = \alpha_1 \boldsymbol{v}_1 + \cdots + \alpha_n \boldsymbol{v}_n$$
>
> または、それが存在しない場合はその旨を報告する。

4 章では、与えられたベクトル $\boldsymbol{b}$ と等しいベクトル $\boldsymbol{v}_1, \ldots, \boldsymbol{v}_n$ の線形結合を見つける問題と、ある線形系を解く問題が等価であることを見る。従って、上の計算問題は計算問題 2.9.12（線形系を解く）と等価であり、更に、単一の解を持つかどうかという 2 つ目の疑問は、疑問 2.9.11（線形系の解の一意性）と等価である。

> **例 3.1.9： ライツアウト：** 2.8.3 節で見たように、**ライツアウト**パズルの状態は $GF(2)$ 上のベクトルとして表現でき、それぞれのボタンは $GF(2)$ 上の「ボタン」ベクトルに対応していた。
>
> $\boldsymbol{s}$ をパズルの初期状態とする。以前見たように、パズルの解（全てのライトを消すために押すボタン）を見つけることと、和が $\boldsymbol{s}$ になるボタンベクトルの部分集合を見つけることは等価であった。
>
> 今度は線形結合を用いてこの問題を定式化することができる。$GF(2)$ 上では、全ての線形結合の係数は 0 と 1 だけである。25 個のボタンベクトルの線形結合
>
> $$\alpha_{0,0}\boldsymbol{v}_{0,0} + \alpha_{0,1}\boldsymbol{v}_{0,1} + \cdots + \alpha_{4,4}\boldsymbol{v}_{4,4}$$
>
> は、対応する係数が 1 であるボタンベクトルの部分集合のベクトルの和である。
>
> 従って目標は値が $\boldsymbol{s}$ となる 25 個のボタンベクトルの線形結合を求めることとなる。
>
> $$\boldsymbol{s} = \alpha_{0,0}\boldsymbol{v}_{0,0} + \alpha_{0,1}\boldsymbol{v}_{0,1} + \cdots + \alpha_{4,4}\boldsymbol{v}_{4,4} \tag{3-1}$$
>
> 即ち、またしても計算問題 3.1.8 を解かなければならないということだ。

> **クイズ 3.1.10：** 練習として 2 × 2 版のライツアウトを考えよう。$\boldsymbol{s} =$ 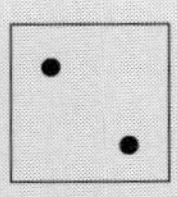 はボタンベクトル
>
> 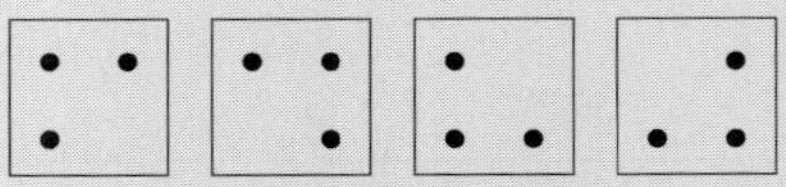
>
> の線形結合として、どのように表現されるか示せ。

答え

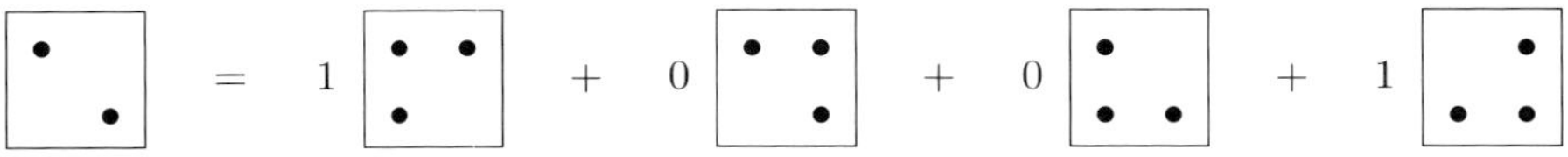

3.2 線形包

3.2.1 線形包の定義

定義 3.2.1： ベクトル $\boldsymbol{v}_1, \ldots, \boldsymbol{v}_n$ の線形結合全てが成す集合をベクトル $\boldsymbol{v}_1, \ldots, \boldsymbol{v}_n$ の**線形包**、あるいはベクトル $\boldsymbol{v}_1, \ldots, \boldsymbol{v}_n$ が張る空間と呼び、Span $\{\boldsymbol{v}_1, \ldots, \boldsymbol{v}_n\}$ と書く。

$\mathbb{R}$ や $\mathbb{C}$ のような無限体上のベクトルに対しては、線形包は一般に無限集合となる。次節では、そのような集合の図形的性質について議論する。また、有限体 $GF(2)$ 上のベクトルに対し、線形包は有限集合となる。

クイズ 3.2.2： 体 $GF(2)$ 上の線形包 Span $\{[1,1],[0,1]\}$ はいくつのベクトルから成るか？

答え

全ての線形結合は次の通りである。

$$
\begin{aligned}
0\,[1,1] + 0\,[0,1] &= [0,0] \\
0\,[1,1] + 1\,[0,1] &= [0,1] \\
1\,[1,1] + 0\,[0,1] &= [1,1] \\
1\,[1,1] + 1\,[0,1] &= [1,0]
\end{aligned}
$$

従って、この線形包は 4 つのベクトルから成る。

クイズ 3.2.3： 体 $GF(2)$ 上の線形包 Span $\{[1,1]\}$ はいくつのベクトルから成るか？

答え

全ての線形結合は次の通りである。

$$
\begin{aligned}
0\,[1,1] &= [0,0] \\
1\,[1,1] &= [1,1]
\end{aligned}
$$

従ってこの線形包は 2 つのベクトルから成る。

クイズ 3.2.4： 2 要素のベクトルの空集合の線形包はいくつのベクトルから成るか？

答え

このクイズに対し、線形結合が存在**しない**と解答する間違いを犯さないようにすること。即ち、割り当てる係数がないと考えては**いけない**。なぜなら「何も割り当てない」という 1 つの割り当てが存在するからである。ベクトルの空集合の和を取ること（そして問題 1.7.9 に戻って考えること）で $[0,0]$ が得られる。

クイズ 3.2.5： $\mathbb{R}$ 上の 2 要素のベクトル $[2,3]$ の線形包はいくつのベクトルから成るか？

答え

答えは無限個である。2.5.3 節で見たように、線形包 $\{\alpha\,[2,3]\ :\ \alpha \in \mathbb{R}\}$ は原点と点 $[2,3]$ を結ぶ直線上の点から成る。

クイズ 3.2.6： $\mathbb{R}$ 上の 2 要素のベクトル $\boldsymbol{v}$ で、線形包 Span $\{\boldsymbol{v}\}$ が有限個のベクトルから成るものは何か？

答え

ゼロベクトル $[0,0]$ である。

3.2.2 他の方程式を含む線形方程式系

例 3.2.7： 2.9.6 節の単純な認証方式を思い出して欲しい。秘密のパスワードは $GF(2)$ 上のベクトル $\hat{\boldsymbol{x}}$ である。コンピュータは**チャレンジ**ベクトル $\boldsymbol{a}$ を送信し、人間がパスワードを知っているかをテストする。これに対し人間はドット積 $\boldsymbol{a} \cdot \hat{\boldsymbol{x}}$ を返さなければならない。

一方、通信の様子を盗み見ているイブが、このやりとりを観察しているとしよう。そしてイブはチャレンジベクトル $\boldsymbol{a}_1 = [1,1,1,0,0]$、$\boldsymbol{a}_2 = [0,1,1,1,0]$、$\boldsymbol{a}_3 = [0,0,1,1,1]$、及び、対応するレスポンス $\beta_1 = 1$、$\beta_2 = 0$、$\beta_3 = 1$ を得たとしよう。このときイブは、チャレンジベクトルから正しいレスポンスを導くことができるだろうか？

$\boldsymbol{a}_1$、$\boldsymbol{a}_2$、$\boldsymbol{a}_3$ の全ての線形結合を考える。3 つのベクトルがあるので、3 つの係数 α_1、α_2、α_3 を選ぶ必要がある。そして、各係数 α_i には 0 と 1 の 2 通りの選択肢がある。従って、線形包は以下の 8 つのベクトルから成る。

$$0\,[1,1,1,0,0] + 0\,[0,1,1,1,0] + 0\,[0,0,1,1,1] = [0,0,0,0,0]$$
$$1\,[1,1,1,0,0] + 0\,[0,1,1,1,0] + 0\,[0,0,1,1,1] = [1,1,1,0,0]$$
$$0\,[1,1,1,0,0] + 1\,[0,1,1,1,0] + 0\,[0,0,1,1,1] = [0,1,1,1,0]$$
$$1\,[1,1,1,0,0] + 1\,[0,1,1,1,0] + 0\,[0,0,1,1,1] = [1,0,0,1,0]$$
$$0\,[1,1,1,0,0] + 0\,[0,1,1,1,0] + 1\,[0,0,1,1,1] = [0,0,1,1,1]$$

$$1\,[1,1,1,0,0] + 0\,[0,1,1,1,0] + 1\,[0,0,1,1,1] = [1,1,0,1,1]$$
$$0\,[1,1,1,0,0] + 1\,[0,1,1,1,0] + 1\,[0,0,1,1,1] = [0,1,0,0,1]$$
$$1\,[1,1,1,0,0] + 1\,[0,1,1,1,0] + 1\,[0,0,1,1,1] = [1,0,1,0,1]$$

チャレンジベクトルがこの線形包に含まれる場合、イブは正しいレスポンスを計算することができる。例えばチャレンジベクトルを上記の最後のベクトル $[1,0,1,0,1]$ とすると、次が得られる。

$$[1,0,1,0,1] = 1\,[1,1,1,0,0] + 1\,[0,1,1,1,0] + 1\,[0,0,1,1,1]$$

従って次を得る。

$$\begin{aligned}
[1,0,1,0,1]\cdot\hat{\boldsymbol{x}} &= (1\,[1,1,1,0,0] + 1\,[0,1,1,1,0] + 1\,[0,0,1,1,1])\cdot\hat{\boldsymbol{x}} \\
&= 1\,[1,1,1,0,0]\cdot\hat{\boldsymbol{x}} + 1\,[0,1,1,1,0]\cdot\hat{\boldsymbol{x}} + 1\,[0,0,1,1,1]\cdot\hat{\boldsymbol{x}} && \text{分配則より} \\
&= 1\,([1,1,1,0,0]\cdot\hat{\boldsymbol{x}}) + 1\,([0,1,1,1,0]\cdot\hat{\boldsymbol{x}}) + 1\,([0,0,1,1,1]\cdot\hat{\boldsymbol{x}}) && \text{同次性より} \\
&= 1\beta_1 + 1\beta_2 + 1\beta_3 \\
&= 1\cdot 1 + 1\cdot 0 + 1\cdot 1 \\
&= 0
\end{aligned}$$

より一般に、任意の体上でベクトル $\hat{\boldsymbol{x}}$ が線形方程式

$$\begin{aligned}
\boldsymbol{a}_1\cdot\boldsymbol{x} &= \beta_1 \\
&\vdots \\
\boldsymbol{a}_m\cdot\boldsymbol{x} &= \beta_m
\end{aligned}$$

を満たすことが分かっていれば、$\boldsymbol{a}_1,\ldots,\boldsymbol{a}_m$ の線形包の任意のベクトル $\boldsymbol{a}$ について、$\hat{\boldsymbol{x}}$ とのドット積を計算することができる。

$\boldsymbol{a} = \alpha_1\,\boldsymbol{a}_1 + \cdots + \alpha_m\,\boldsymbol{a}_m$ とすると次を得る。

$$\begin{aligned}
\boldsymbol{a}\cdot\hat{\boldsymbol{x}} &= (\alpha_1\,\boldsymbol{a}_1 + \cdots + \alpha_m\,\boldsymbol{a}_m)\cdot\hat{\boldsymbol{x}} \\
&= \alpha_1\,\boldsymbol{a}_1\cdot\hat{\boldsymbol{x}} + \cdots + \alpha_m\,\boldsymbol{a}_m\cdot\hat{\boldsymbol{x}} && \text{分配則より} \\
&= \alpha_1\,(\boldsymbol{a}_1\cdot\hat{\boldsymbol{x}}) + \cdots + \alpha_m\,(\boldsymbol{a}_m\cdot\hat{\boldsymbol{x}}) && \text{同次性より} \\
&= \alpha_1\,\beta_1 + \cdots + \alpha_m\,\beta_m
\end{aligned}$$

これらの数学を用いて疑問 2.9.20、即ち**ある線形方程式系は、何か別の線形方程式系を表すだろうか？そうであれば、その別の線形方程式系とはどのようなものだろうか？**を考えよう。ここで線形方程式系とは、ベクトル $\boldsymbol{a}_1,\ldots,\boldsymbol{a}_m$ の線形包の全てのベクトル $\boldsymbol{a}$ に対する $\boldsymbol{a}\cdot\boldsymbol{x} = \beta$ の形の線形方程式全体のことであった。

この問題に対して、まだ不十分な解答しか得られていない。なぜなら線形方程式系から導かれる線形方程式が１**つしか**存在しないことを示せていないからだ。これについては後の章で示すことにしよう。

例 3.2.8： 単純な認証方式への攻撃：イブは、既にチャレンジベクトル $\boldsymbol{a}_1, \ldots, \boldsymbol{a}_m$ を得ており、そのレスポンスを知っているとしよう。このとき彼女は Span $\{\boldsymbol{a}_1, \ldots, \boldsymbol{a}_m\}$ のどのチャレンジに対してもレスポンスを返すことができる。そこには送られてくる可能性のある全てのチャレンジが含まれているのだろうか？ これは $GF(2)^n$ と Span $\{\boldsymbol{a}_1, \ldots, \boldsymbol{a}_m\}$ が等しいかどうかという問いと等価である。

3.2.3 生成子

定義 3.2.9： $\mathcal{V}$ をベクトルの集合とする。ベクトル $\boldsymbol{v}_1, \ldots, \boldsymbol{v}_n$ が $\mathcal{V} = \text{Span}\ \{\boldsymbol{v}_1, \ldots, \boldsymbol{v}_n\}$ を満たすとき、$\{\boldsymbol{v}_1, \ldots, \boldsymbol{v}_n\}$ は $\mathcal{V}$ の**生成集合**であるといい、ベクトル $\boldsymbol{v}_1, \ldots, \boldsymbol{v}_n$ を $\mathcal{V}$ の**生成子**という。

例 3.2.10： $\mathcal{V}$ を $GF(2)$ 上の 5 要素のベクトルの集合 $\{00000, 11100, 01110, 10010, 00111, 11011, 01001, 10101\}$ とする。例 3.2.7（p.147）で見たように、これらの 8 個のベクトルはベクトル 11100、01110、00111 の線形包である。従ってベクトル 11100、01110、00111 は $\mathcal{V}$ の生成集合である。

例 3.2.11： $\{[3,0,0], [0,2,0], [0,0,1]\}$ が $\mathbb{R}^3$ の生成集合であることを示そう。これには、3 つのベクトルの線形結合の集合が $\mathbb{R}^3$ と等しくなることを示さなければならない。つまり、次の 2 つのことを証明しなければならない。

1. これらのベクトルの線形結合は、全て $\mathbb{R}^3$ のベクトルである。
2. 全ての $\mathbb{R}^3$ のベクトルは、これらのベクトルの線形結合で書ける。

$\mathbb{R}^3$ は、$\mathbb{R}$ 上の全ての 3 要素のベクトルを含むので、1 つ目の命題が正しいことは明らかである。2 つ目の命題を証明するには、$[x, y, z]$ を $\mathbb{R}^3$ の任意のベクトルとし、$[x, y, z]$ が与えられた 3 つのベクトルの線形結合として書けることを示さなければならない。即ち、全ての係数を x、y、z を用いて指定する必要がある。それには次のようにすればよい。

$$[x, y, z] = (x/3)\,[3,0,0] + (y/2)\,[0,2,0] + z\,[0,0,1]$$

3.2.4 線形結合の線形結合

$\{[1,0,0], [1,1,0], [1,1,1]\}$ が $\mathbb{R}^3$ の先ほどの例とは別の生成集合であることを示そう。今度は、これらのベクトルの線形包が $\mathbb{R}^3$ 全体を含むことを、例 3.2.11（p.149）の 3 つのベクトルをそれぞれ線形結合として書くことで証明することにする。

$$\begin{aligned}
[3,0,0] &= 3\,[1,0,0] \\
[0,2,0] &= -2\,[1,0,0] + 2\,[1,1,0] \\
[0,0,1] &= -1\,[1,1,0] + 1\,[1,1,1]
\end{aligned}$$

なぜこれで十分なのだろうか？ 理由は以下の通りである。先ほどの古いベクトルを新しいベクトルの線形結合で書くことができるので、古いベクトルの線形結合は、いずれも新しいベクトルの線形結合に変換できる。また、例 3.2.11（p.149）で見たように、任意の 3 要素のベクトル $[x, y, z]$ は古いベクトルの線形結合として書ける。以上より、$[x, y, z]$ は新しいベクトルの線形結合としても書けることが分かる。

これを具体的に見て行くことにしよう。まず $[x, y, z]$ を古いベクトルの線形結合として、次のように書く。

$$[x, y, z] = (x/3)\,[3, 0, 0] + (y/2)\,[0, 2, 0] + z\,[0, 0, 1]$$

次に、古いベクトルそれぞれを、新しいベクトルの線形結合に置き換える。

$$[x, y, z] = (x/3)\Big(3\,[1, 0, 0]\Big) + (y/2)\Big(-2\,[1, 0, 0] + 2\,[1, 1, 0]\Big) + z\Big(-1\,[1, 1, 0] + 1\,[1, 1, 1]\Big)$$

更に、スカラーとベクトルの積の結合則（命題 2.5.5）、及び、スカラーとベクトルの積のベクトルの和に対する分配則（命題 2.6.3）を用いて積を実行する。

$$[x, y, z] = x\,[1, 0, 0] - y\,[1, 0, 0] + y\,[1, 1, 0] - z\,[1, 1, 0] + z\,[1, 1, 1]$$

最後にスカラーとベクトルの積のスカラーの和に対する積の分配則（命題 2.6.5）を用いて項をまとめると、次のようになる。

$$[x, y, z] = (x - y)\,[1, 0, 0] + (y - z)\,[1, 1, 0] + z\,[1, 1, 1]$$

従って、$\mathbb{R}^3$ の任意のベクトルが $[1, 0, 0]$、$[1, 1, 0]$、$[1, 1, 1]$ の線形結合で書けることが示された。これは $\mathbb{R}^3$ が Span $\{[1, 0, 0], [1, 1, 0], [1, 1, 1]\}$ の部分集合であることを示している。

もちろん、これらのベクトルの線形結合は全て $\mathbb{R}^3$ に属している。つまり、Span $\{[1, 0, 0], [1, 1, 0], [1, 1, 1]\}$ は $\mathbb{R}^3$ の部分集合である。故に、これらの 2 つの集合は互いの部分集合であり、等しいことが分かる。

クイズ 3.2.12： 古いベクトル $[3, 0, 0]$、$[0, 2, 0]$、$[0, 0, 1]$ を、それぞれ新しいベクトル $[2, 0, 1]$、$[1, 0, 2]$、$[2, 2, 2]$ の線形結合で書け。

答え

$$\begin{aligned}
[3, 0, 0] &= 2\,[2, 0, 1] - 1\,[1, 0, 2] + 0\,[2, 2, 2] \\
[0, 2, 0] &= -\frac{2}{3}\,[2, 0, 1] - \frac{2}{3}\,[1, 0, 2] + 1\,[2, 2, 2] \\
[0, 0, 1] &= -\frac{1}{3}\,[2, 0, 1] + \frac{2}{3}\,[1, 0, 2] + 0\,[2, 2, 2]
\end{aligned}$$

3.2.5 標準生成子

先ほど、ベクトル $[3, 0, 0]$、$[0, 2, 0]$、$[0, 0, 1]$ の線形結合として、ベクトル $[x, y, z]$ を表現する式を与えた。この式は 3 つのベクトルが特殊な形なため、かなりシンプルである。更に、代わりに $[1, 0, 0]$、$[0, 1, 0]$、$[0, 0, 1]$ を用いれば、より単純に表現できる。

$$[x, y, z] = x\,[1, 0, 0] + y\,[0, 1, 0] + z\,[0, 0, 1]$$

この単純な式は、それぞれのベクトルが $\mathbb{R}^3$ の最も「自然な」生成子であることを示している。実際、これらの生成子による座標表現 $[x, y, z]$ は、それ自身、即ち、$[x, y, z]$ である。

この 3 つのベクトルを $\mathbb{R}^3$ の**標準生成子**と呼ぶ。$\mathbb{R}^3$ 上のベクトルについて考えていることが分かっている場合、これらを $\boldsymbol{e}_0$、$\boldsymbol{e}_1$、$\boldsymbol{e}_2$ と書く。

他の例として、$\mathbb{R}^4$ 上で考えている場合は、$\boldsymbol{e}_0$、$\boldsymbol{e}_1$、$\boldsymbol{e}_2$、$\boldsymbol{e}_3$ は $[1, 0, 0, 0]$、$[0, 1, 0, 0]$、$[0, 0, 1, 0]$、$[0, 0, 0, 1]$ を表すのに用いられる。

任意の正の整数 n に対し、$\mathbb{R}^n$ の標準生成子は以下で与えられる。

$$\begin{aligned}
\boldsymbol{e}_0 &= [1, 0, 0, 0, \ldots, 0] \\
\boldsymbol{e}_1 &= [0, 1, 0, 0, \ldots, 0] \\
\boldsymbol{e}_2 &= [0, 0, 1, 0, \ldots, 0] \\
&\vdots \\
\boldsymbol{e}_{n-1} &= [0, 0, 0, 0, \ldots, 1]
\end{aligned}$$

ここで $\boldsymbol{e}_i$ は、i 番目の要素だけが 1 で他の要素が全て 0 のベクトルである。

当然ながら、任意の有限な定義域 D と体 $\mathbb{F}$ に対し、$\mathbb{F}^D$ の標準生成子が存在する。これらは次のように定義される。即ち、それぞれの $k \in D$ に対し、$\boldsymbol{e}_k$ を関数 $\{k : 1\}$ とする。これは k を 1 に写し、かつ、定義域の他の要素は 0 に写すものである。

$\mathbb{F}^D$ の「標準生成子」が $\mathbb{F}^D$ の生成子になっていることを示すのは簡単であるが、証明は自明なのでここでは省略する。

クイズ 3.2.13： 与えられた定義域 D と体上の単位元 one に対し、$\mathbb{R}^D$ の標準生成子のリストを返すプロシージャ standard(D, one) を書け（このプロシージャは $GF(2)$ が使えるように、one を引数として用いている）。

答え

```
>>> def standard(D, one): return [Vec(D, {k:one}) for k in D]
```

例 3.2.14： **2 × 2 のライツアウトの可解性**：全ての初期配置に対し、2 × 2 のライツアウトは解けるか？という問いは、2 × 2 個のボタンベクトル

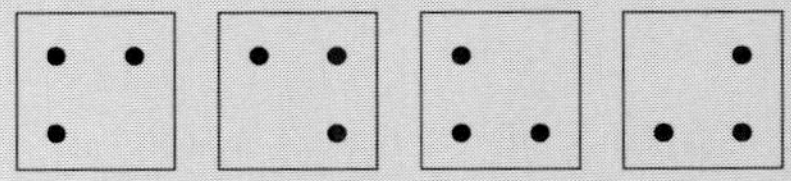

が $GF(2)^D$ の生成子かどうかを問うことと等価である。ここで $D = \{(0,0), (0,1), (1,0), (1,1)\}$ である。

問いの答えがイエスであることを示すには、それぞれの標準生成子がボタンベクトルの線形結合で書けることを示せば十分である。

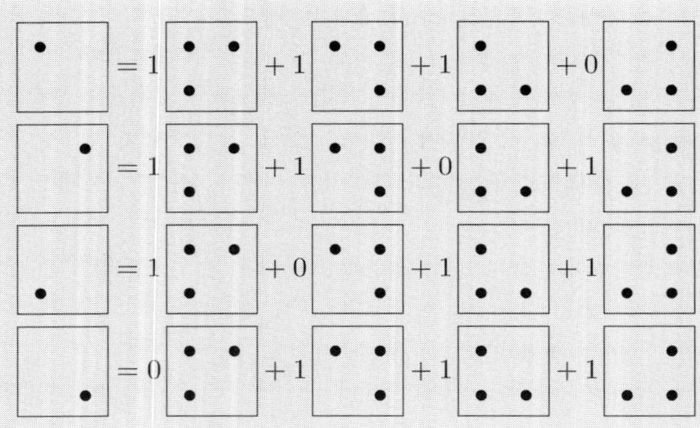

練習問題 3.2.15： 次の与えられたベクトルが $\mathbb{R}^2$ を張るかどうか調べよ。張る場合、$\mathbb{R}^2$ の全ての標準生成子を与えられたベクトルの線形結合として書け。張らない場合、1つベクトルを加えて、それらの線形結合として $\mathbb{R}^2$ の全ての標準生成子を書け。

1. $[1, 2]$、$[3, 4]$
2. $[1, 1]$、$[2, 2]$、$[3, 3]$
3. $[1, 1]$、$[1, -1]$、$[0, 1]$

練習問題 3.2.16： ベクトル $[1, 1, 1]$、$[0.4, 1.3, -2.2]$ が与えられたとする。これらのベクトルに1つベクトルを加え、3つのベクトルの線形結合として $\mathbb{R}^3$ の全ての標準生成子を書け。

3.3 ベクトルの集合の幾何学

2章では、ベクトルを用いた直線や線分の書き方を示した。物理シミュレーションやグラフィックスアプリケーションでは、面のような高次元の幾何学的対象を処理したい場合がある。壁やテーブルの表面を表現する必要があるかもしれないし、たくさんの多角形を貼り合わせることで複雑な3次元的物体を表現するかもしれない。本節では $\mathbb{R}$ 上のベクトルの線形包の幾何学について簡単に調べ、更におまけとして、それ以外のベクトルの集合の幾何学についても調べることにしよう。

3.3.1 $\mathbb{R}$ 上のベクトルの線形包の幾何学

あるゼロでないベクトル $\boldsymbol{v}$ の線形結合全てから成る集合について考えよう。

$$\text{Span }\{\boldsymbol{v}\} = \{\alpha\,\boldsymbol{v} \ : \ \alpha \in \mathbb{R}\}$$

2.5.3節で見たように、この集合は原点と点 $\boldsymbol{v}$ を通る直線である。そして直線は、1次元の幾何学的対象である。

更に簡単な場合として、ベクトルの空集合に対する線形包がある。クイズ3.2.4で示したように、この線形包はただ1つのベクトル、即ち、ゼロベクトルから成る。従って、この場合、線形包は0次元の幾何学的対象である 1 点から成る。

2 つのベクトルが張る空間はどのようなものだろうか？ それは 2 次元の幾何学的対象、いわば、平面になるだろうか？

例 3.3.1： Span $\{[1,0],[0,1]\}$ はどんな図形か？ この 2 つのベクトルは $\mathbb{R}^2$ の標準生成子なので、全ての 2 要素のベクトルはこの線形包に含まれる。従って Span $\{[1,0],[0,1]\}$ はユークリッド平面内の全ての点を含むことが分かる。

例 3.3.2： Span $\{[1,2],[3,4]\}$ はどんな図形か？ 練習問題 3.2.15 で示したように、$\mathbb{R}^2$ の標準生成子はこれらのベクトルの線形結合として書くことができる。つまりこの 2 つのベクトルの線形結合全てから成る集合は、やはり平面内の全ての点を含むことが分かる。

例 3.3.3： 同様に 2 つの 3 要素のベクトルについてはどうだろうか？ $[1,0,1.65]$ と $[0,1,1]$ の線形結合は原点を通る平面となる。この平面の一部を次の図に示す。

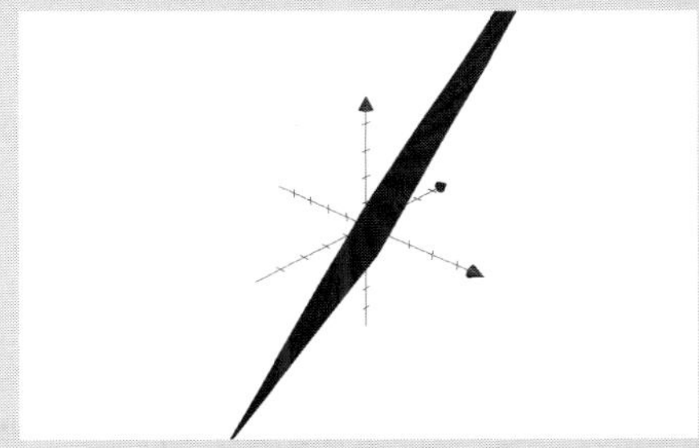

この平面を描くのにこれら 2 つのベクトルを用いることができる。ここで集合 $\{\alpha\,[1,0,1.65]+\beta\,[0,1,1]\ :\ \alpha\in\{-5,-4,\ldots,3,4\},\ \beta\in\{-5,-4,\ldots,3,4\}\}$ の点をプロットすると、次のようになる。

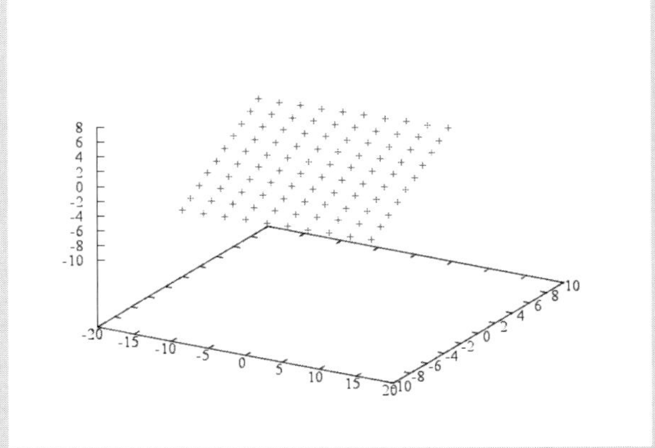

例 3.3.4： 互いに異なる2つのベクトルは平面全体を張るだろうか？ Span $\{[1,2],[2,4]\}$ はどのような図形か？ 任意の係数 α_1、α_2 の組に対し、次が成り立つ。

$$\begin{aligned}\alpha_1[1,2]+\alpha_2[2,4] &= \alpha_1[1,2]+\alpha_2(2\,[1,2]) \\ &= \alpha_1[1,2]+(\alpha_2\cdot 2)[1,2] \\ &= (\alpha_1+2\alpha_2)[1,2]\end{aligned}$$

従って、Span $\{[1,2],[2,4]\}$ = Span $\{[1,2]\}$ であり、2.5.3 節より、Span $\{[1,2]\}$ は直線であり平面ではない。

これらの例から $\mathbb{R}$ 上の 2 つのベクトルの線形包は、平面、**または**、より低い次元の対象（直線か点）であると考えられる。特に、ベクトルの集まりに対する線形包は**全て**、自明な線形結合（全ての係数が 0）を持つため、必ず原点を含むことに注意して欲しい。

以上より、次のようなケースが明らかになった。

- 0 個のベクトルの線形包は原点——0 次元的対象——となる。
- 1 個のベクトルの線形包は原点を通る直線——1 次元的対象——、または、原点となる。
- 2 個のベクトルの線形包は原点を通る平面——2 次元的対象——、または、原点を通る直線、または、原点となる。

平面や直線、点のような幾何学的対象は**フラット**†3と呼ばれる。高次元におけるフラットも同様に存在する。例えば $\mathbb{R}^3$ 全体は 3 次元のフラットである。しかし 4 次元空間 $\mathbb{R}^4$ の中の 3 次元フラットを想像することは難しい。これはより高次元についても同様であろう。

これらの事実を一般化することで次の仮説が導かれる。

仮説 3.3.5： $\mathbb{R}$ 上の k 個のベクトルの線形包は、原点を含む k 次元フラット、または、より低い次元の原点を含むフラットとなる。

これらの言い回しのパターンに注目することで、次の疑問が浮かび上がってくる。

疑問 3.3.6： 与えられた k 個のベクトルの集まりの線形包が k 次元的対象を構成するかどうかは、どのようにすれば判定できるか？ より一般に、与えられたベクトルの集まりに対し、どのようにすれば線形包の次元を予測できるか？

この疑問の答えは 6 章のはじめに示すことにしよう。

3.3.2 同次線形系の解集合の幾何学

平面を指定するより親しまれた方法は $\{(x,y,z)\in\mathbb{R}^3\ :\ ax+by+cz=d\}$ のような方程式によるものだろう。ここでは原点 $(0,0,0)$ を含む平面に焦点を当てたい。この場合 $(0,0,0)$ が方程式 $ax+by+cz=d$

†3 ［訳注］原文は flat であり、通常、訳語は「平坦」などが当てられるが、本書では、直線や平面、またより高次元の「平たい図形」全般をまとめた言葉として用いられており、対応するよい訳語がないため、便宜上「フラット」とカタカナでの訳を採用した。

を満たすことから、d は 0 でなければならない。

例 3.3.7： 前に図示した平面 Span $\{[1, 0, 1.65], [0, 1, 1]\}$ は、次の方程式で表すことができる。

$$\{(x, y, z) \in \mathbb{R}^3 \;:\; 1.65x + 1y - 1z = 0\}$$

更にこの方程式は、次のようにドット積を用いて書き直すことができる。

$$\{[x, y, z] \in \mathbb{R}^3 \;:\; [1.65, 1, -1] \cdot [x, y, z] = 0\}$$

従ってこの平面は、右辺が 0 となる線形方程式の解集合となる。

定義 3.3.8： 右辺が 0 となる線形方程式は**同次線形方程式**と呼ばれる[†4]。

例 3.3.9： 直線

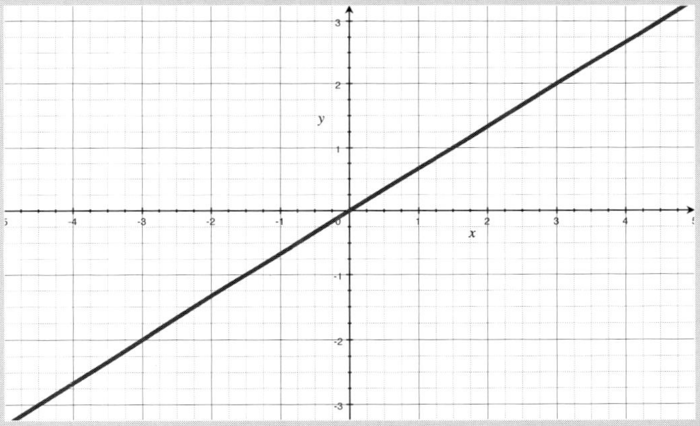

は Span $\{[3, 2]\}$ で表現され、また

$$\{[x, y] \in \mathbb{R}^2 \;:\; 2x - 3y = 0\}$$

とも表現される。即ち、直線は同次線形方程式の解集合である。

†4 ［訳注］一般に、同次方程式とは、多項式であり全ての項の次数が同じであるものをいう。即ち、同次線形方程式とは、各項が x、y、z の 1 次式のみを含むものをいう。

例 3.3.10： 直線

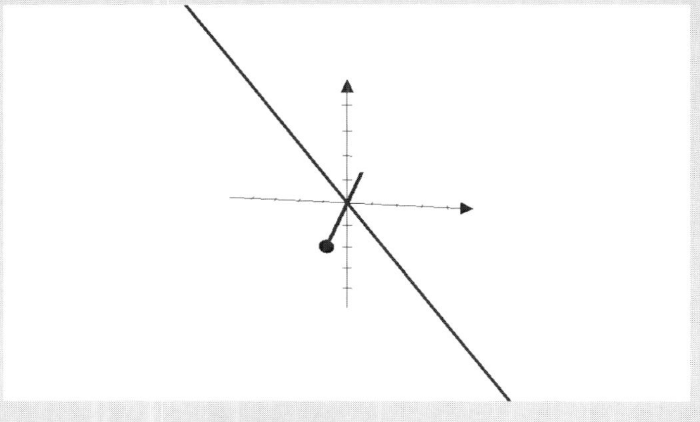

は Span $\{[-1,-2,2]\}$ として表現される。また、それは同次線形方程式の組

$$\{[x,y,z] \in \mathbb{R}^3 \ : [4,-1,1] \cdot [x,y,z] = 0, [0,1,1] \cdot [x,y,z] = 0\}$$

の解集合としても表現できる。つまりこの直線は、これら 2 つの同次線形方程式を同時に満たす組 $[x,y,z]$ の集合で構成される。

定義 3.3.11： 右辺が 0 となる線形系（線形方程式の集まり）を**同次線形系**と呼ぶ。

以上の 2 つの例を一般化することで次の仮説が導かれる。

仮説 3.3.12： 原点を含むフラットは同次線形系の解集合である。

ここではこの仮説を厳密に示したり、**フラット**の厳密な定義を与えたりといったことはまだできない。現在我々は、その定義の基礎を成す概念の開発に向けて取り組み中なのだ。

3.3.3 原点を含むフラットの 2 通りの表現

コンピュータサイエンスの世界では、同じデータを複数の方法で表現することの有用性に関する研究が、1 つのテーマとして確立している。これまでに見たように、原点を含む平面には 2 つの表現方法があった。

- ある複数のベクトルの線形包として表現する。
- 同次線形系の解集合として表現する。

それぞれの表現には、それぞれの使い道がある、もしくは、漫画の中のハットガイ[†5]がいったことをもじると

†5 ［訳注］ハットガイとは、28 ページの漫画「ドナルド・クヌース」に登場する黒帽をかぶったキャラクターのことである。

やることが違えば、表現も変える必要がある。

といえるだろう。それを見るために 2 つの問題を考えてみよう。まず、2 つの与えられた直線 Span $\{[4, -1, 1]\}$, Span $\{[0, 1, 1]\}$ を含む平面を求めたいとしよう。

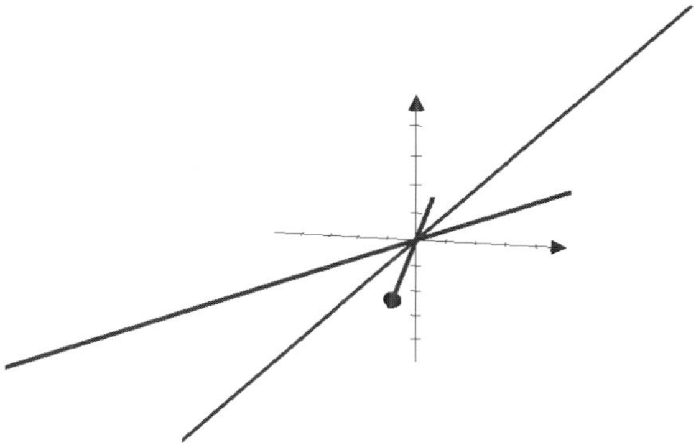

これらの直線は線形包として表現されているので、その平面を求めるのは簡単である。即ち、2 つの直線を含む平面は Span $\{[4, -1, 1], [0, 1, 1]\}$ である。

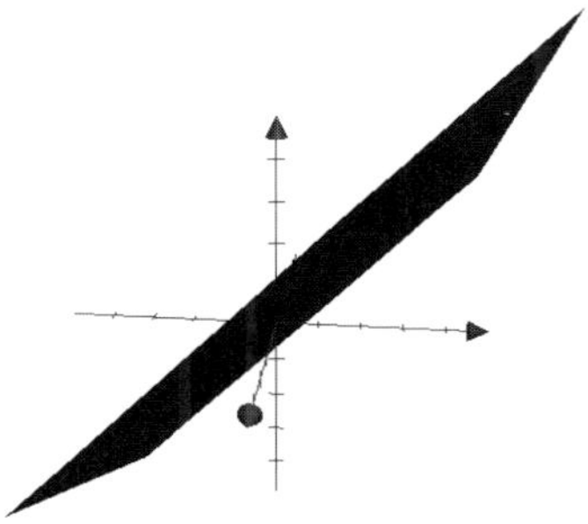

また、2 つの与えられた平面 $\{[x, y, z] \ : \ [4, -1, 1] \cdot [x, y, z] = 0\}$ と $\{[x, y, z] \ : \ [0, 1, 1] \cdot [x, y, z] = 0\}$ の交線を求めたいとしよう。

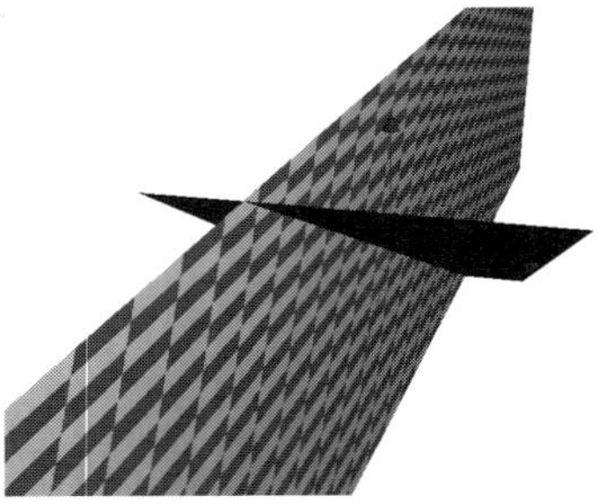

それぞれの平面は同次線形方程式の解集合として表現されているので、その解を求めるのは簡単である。両方の平面に属するような点の集合は、両方の方程式を同時に満たすベクトルの集合 $\{[x,y,z] \ : \ [4,-1,1]\cdot[x,y,z]=0, [0,1,1]\cdot[x,y,z]=0\}$ である。

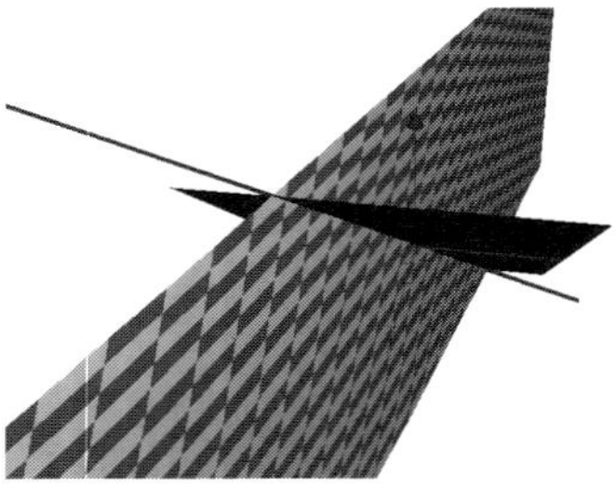

これらの表現は、どちらも有用なので、一方の表現から他方の表現への変換ができると便利である。果たしてそれは可能だろうか？ ベクトルの線形包として表された任意の集合を、同次線形系の解集合として表現することは可能だろうか？ その逆はどうだろうか？ これらの変換問題については 6.5 節で議論することにしよう。まずは前提となる数学をよりよく理解することが必要である。

3.4 ベクトル空間

3.4.1 2つの表現に共通するものは何か？

本節の目標は、前節で与えた 2 つの表現の間のつながりを理解することである。以下では $\mathbb{F}^D$ の部分集合 $\mathcal{V}$ が、$\mathbb{F}$ 上の D ベクトルの線形包であっても、線形系の解集合であっても、どちらの場合も次の 3 つの性質を持つことを見る。

性質 V1： $\mathcal{V}$ はゼロベクトルを含む。

性質 V2： 全てのベクトル $\boldsymbol{v}$ に対し、$\mathcal{V}$ が $\boldsymbol{v}$ を含むならば、全てのスカラー α に対して $\alpha\boldsymbol{v}$ は $\mathcal{V}$ に含まれる。

性質 V3： 全てのベクトル $\boldsymbol{u},\boldsymbol{v}$ の組に対し、$\mathcal{V}$ が $\boldsymbol{u}$ と $\boldsymbol{v}$ を含むならば、$\boldsymbol{u}+\boldsymbol{v}$ は $\mathcal{V}$ に含まれる。

まず $\mathcal{V} = \text{Span}\ \{\boldsymbol{v}_1,\ldots,\boldsymbol{v}_n\}$ としよう。このとき $\mathcal{V}$ は次を満たす。

- 性質 V1

$$0\,\boldsymbol{v}_1 + \cdots + 0\,\boldsymbol{v}_n$$

- 性質 V2

$$\text{もし } \boldsymbol{v} = \beta_1\,\boldsymbol{v}_1 + \cdots + \beta_n\,\boldsymbol{v}_n \text{ ならば } \alpha\,\boldsymbol{v} = \alpha\,\beta_1\boldsymbol{v}_1 + \cdots + \alpha\,\beta_n\,\boldsymbol{v}_n$$

- 性質 V3

$$\begin{array}{lccc} \text{もし} & \boldsymbol{u} & = & \alpha_1\,\boldsymbol{v}_1 + \cdots + \alpha_n\,\boldsymbol{v}_n \\ \text{かつ} & \boldsymbol{v} & = & \beta_1\,\boldsymbol{v}_1 + \cdots + \beta_n\,\boldsymbol{v}_n \\ \text{ならば} & \boldsymbol{u}+\boldsymbol{v} & = & (\alpha_1+\beta_1)\boldsymbol{v}_1 + \cdots + (\alpha_n+\beta_n)\boldsymbol{v}_n \end{array}$$

次に、$\mathcal{V}$ を線形系 $\{\boldsymbol{x} : \boldsymbol{a}_1 \cdot \boldsymbol{x} = 0, \ldots, \boldsymbol{a}_m \cdot \boldsymbol{x} = 0\}$ の解集合とする。このとき $\mathcal{V}$ は次を満たす。

- 性質 V1

$$\boldsymbol{a}_1 \cdot \boldsymbol{0} = 0, \quad \ldots, \quad \boldsymbol{a}_m \cdot \boldsymbol{0} = 0$$

- 性質 V2

$$\begin{array}{lccccccc} \text{もし} & \boldsymbol{a}_1 \cdot \boldsymbol{v} & = & 0, & \ldots, & \boldsymbol{a}_m \cdot \boldsymbol{v} & = & 0 \\ \text{ならば} & \alpha\,(\boldsymbol{a}_1 \cdot \boldsymbol{v}) & = & 0, & \cdots, & \alpha\,(\boldsymbol{a}_m \cdot \boldsymbol{v}) & = & 0 \\ \text{故に} & \boldsymbol{a}_1 \cdot (\alpha\,\boldsymbol{v}) & = & 0, & \cdots, & \boldsymbol{a}_m \cdot (\alpha\,\boldsymbol{v}) & = & 0 \end{array}$$

- 性質 V3

$$\begin{array}{lccccccc} \text{もし} & \boldsymbol{a}_1 \cdot \boldsymbol{u} & = & 0, & \ldots, & \boldsymbol{a}_m \cdot \boldsymbol{u} & = & 0 \\ \text{かつ} & \boldsymbol{a}_1 \cdot \boldsymbol{v} & = & 0, & \ldots, & \boldsymbol{a}_m \cdot \boldsymbol{v} & = & 0 \\ \text{ならば} & \boldsymbol{a}_1 \cdot \boldsymbol{u} + \boldsymbol{a}_1 \cdot \boldsymbol{v} & = & 0, & \ldots, & \boldsymbol{a}_m \cdot \boldsymbol{u} + \boldsymbol{a}_m \cdot \boldsymbol{v} & = & 0 \\ \text{故に} & \boldsymbol{a}_1 \cdot (\boldsymbol{u}+\boldsymbol{v}) & = & 0, & \ldots, & \boldsymbol{a}_m \cdot (\boldsymbol{u}+\boldsymbol{v}) & = & 0 \end{array}$$

3.4.2 ベクトル空間の定義と例

性質 V1、V2、V3 を利用し、ベクトルの線形包、及び、同次線形系の解集合という 2 つの表現を包括する概念を定義しよう。

定義 3.4.1： ベクトルの集合 $\mathcal{V}$ は性質 V1、V2、V3 を満たすとき**ベクトル空間**と呼ばれる。

例 3.4.2： 先ほど確認したように、ベクトルの線形包はベクトル空間である。

例 3.4.3： 先ほど確認したように、同次線形系の解集合はベクトル空間である。

例 3.4.4： 原点を含むフラットは、あるベクトルの線形包、あるいは、同次線形系の解集合として書くことができる。従って、そのようなフラットはベクトル空間である。

「$\mathcal{V}$ が $\boldsymbol{v}$ を含むならば $\mathcal{V}$ は全てのスカラー α に対し $\alpha\boldsymbol{v}$ を含む」ことを数学では

「$\mathcal{V}$ はスカラーとベクトルの積について**閉じている**」

という。また、「$\mathcal{V}$ が $\boldsymbol{v}$ と $\boldsymbol{u}$ を含むならば $\mathcal{V}$ は $\boldsymbol{v}+\boldsymbol{u}$ を含む」ことを数学では

「$\mathcal{V}$ はベクトルの和について**閉じている**」

という（一般に、集合が演算について**閉じている**とは、集合の要素を入力とする演算によって生成される対象が再び元の集合に含まれることをいう）。

$\mathbb{F}^D$ 自身はどうか？

例 3.4.5： 全ての体 $\mathbb{F}$、及び、全ての有限な定義域 D に対し、$\mathbb{F}$ 上の D ベクトルの集合 $\mathbb{F}^D$ はベクトル空間である。なぜだろうか？ それは、F^D はゼロベクトルを含み、かつ、スカラーとベクトルの積やベクトルの和について閉じているからである。例えば、$\mathbb{R}^2$、$\mathbb{R}^3$、$GF(2)^4$ などはいずれもベクトル空間である。

$\mathbb{F}^D$ の部分集合のうち、最も小さいベクトル空間となるものは何だろうか？

命題 3.4.6： 全ての体 $\mathbb{F}$ と全ての有限な定義域 D に対し、ゼロベクトル $\mathbf{0}_D$ だけから成る集合はベクトル空間である。

証明

集合 $\{\mathbf{0}_D\}$ は当然ゼロベクトルを含む。よって性質 V1 を満たす。全てのスカラー α に対し、$\alpha\,\mathbf{0}_D = \mathbf{0}_D$ を満たすので、スカラーとベクトルの積について閉じている。よって性質 V2 を満たす。$\{\mathbf{0}_D\}$ はベクトルの和について閉じている。よって性質 V3 を満たす。 □

定義 3.4.7： ゼロベクトルだけから成るベクトル空間を**自明な**ベクトル空間と呼ぶ。

クイズ 3.4.8： $\{\mathbf{0}_D\}$ を張るベクトルの最小数はいくつか？

答え

答えは 0 である。クイズ 3.2.4 の答えの中で議論した通り、$\{\mathbf{0}_D\}$ は D ベクトルの空集合の線形包と等しい。クイズ 3.2.6 の答えにおける議論のように、$\{\mathbf{0}_D\}$ の線形包が $\{\mathbf{0}_D\}$ であることは正しいが、これは同じ線形包を持つが相異なる集合があることを具体的に示している。本書では多くの場合、最小サイズの集合に興味がある。

3.4.3 部分空間

定義 3.4.9： $\mathcal{V}$ と $\mathcal{W}$ はベクトル空間であり、かつ、$\mathcal{V}$ が $\mathcal{W}$ の部分集合であるとき、$\mathcal{V}$ は $\mathcal{W}$ の部分空間であるという。

集合はそれ自身、自身の部分集合であることを思い出せば、$\mathcal{W}$ はそれ自身、$\mathcal{W}$ の部分空間であることが分かる。

例 3.4.10： $\{[0,0]\}$ の部分空間は自身のみである。

例 3.4.11： 集合 $\{[0,0]\}$ は $\{\alpha\,[2,1]\ :\ \alpha \in \mathbb{R}\}$ の部分空間であり、更にこれは $\mathbb{R}^2$ の部分空間である。

例 3.4.12： 集合 $\mathbb{R}^2$ は $\mathbb{R}^3$ に含まれていないため、$\mathbb{R}^3$ の部分空間ではない。実際、$\mathbb{R}^2$ は 2 要素のベクトルを含むが、$\mathbb{R}^3$ は 2 要素のベクトルを含まない[†6]。

例 3.4.13： $\mathbb{R}^2$ に含まれるベクトル空間はどんなものだろうか？

- 最も小さいものは $\{[0,0]\}$ である。
- 最も大きいものは $\mathbb{R}^2$ 自身である。
- 全てのゼロでないベクトル $[a,b]$ に対し、原点と点 $[a,b]$ を通る直線、即ち、Span $\{[a,b]\}$ はベクトル空間である。

$\mathbb{R}^2$ はこの他に部分空間を持つだろうか？ $\mathcal{V}$ を $\mathbb{R}^2$ の部分空間とする。$\mathcal{V}$ はゼロでないベクトル $[a,b]$ を持ち、かつ、Span $\{[a,b]\}$ に含まれない他のベクトル $[c,d]$ を持つとする。このとき以下に示すように $\mathcal{V} = \mathbb{R}^2$ となる。

補題 3.4.14： $ad \neq bc$

証明

$[a,b] \neq [0,0]$ より、$a \neq 0$、または、$b \neq 0$（または両方）が成り立つ。

ケース 1：$a \neq 0$ とする。このとき $\alpha = c/a$ とおく。$[c,d]$ は Span $\{[a,b]\}$ に含まれないので、$[c,d] \neq \alpha[a,b]$ でなければならない。ここで $c = \alpha a$ より、$d \neq \alpha b$ でなければならない。α に c/a を代入すると、$d \neq \frac{c}{a}b$ を得る。両辺に a を掛けることで $ad \neq cb$ を得る。

ケース 2：$b \neq 0$ とする。このとき $\alpha = d/b$ とおく。$[c,d] \neq \alpha[a,b]$ なので、上と同様にして $c \neq \alpha a$ を得る。α に d/b を代入し両辺に b を掛けることで $ad \neq cb$ を得る。

□

では $\mathcal{V} = \mathbb{R}^2$ を示すことにしよう。これを証明するために、$\mathbb{R}^2$ の全てのベクトルが前述の $\mathcal{V}$ のベクトル $[a,b]$ と $[c,d]$ の線形結合で書けることを示す。

$[p,q]$ を $\mathbb{R}^2$ の任意のベクトルとする。$\alpha = \frac{dp-cq}{ad-bc}$、$\beta = \frac{aq-bp}{ad-bc}$ と定義する。このとき

$$\begin{aligned}&\alpha\,[a,b] + \beta\,[c,d]\\ &= \frac{1}{ad-bc}[(dp-cq)a + (aq-bp)c, (dp-cq)b + (aq-bp)d]\end{aligned}$$

†6 ［訳注］ただし、$\mathbb{R}^2$ のベクトルを $[x,y,0]$ のように書き、$\mathbb{R}^3$ の部分空間とみなすという立場を取る教科書もあるので、扱いに注意が必要である。

$$= \frac{1}{ad-bc}[adp-bcp, adq-bcq]$$
$$= [p,q]$$

が成り立つ。これで $[p,q]$ が $[a,b]$ と $[c,d]$ の線形結合とが等しいことが示された。$[p,q]$ は $\mathbb{R}^2$ の任意の要素だったので、$\mathbb{R}^2 = \text{Span}\ \{[a,b],[c,d]\}$ が示された。

$\mathcal{V}$ は $[a,b]$ と $[c,d]$ を含み、かつ、スカラーとベクトルの積、及び、ベクトルの和について閉じているので、Span $\{[a,b],[c,d]\}$ の全てを含むことが分かる。故に $\mathcal{V}$ が $\mathbb{R}^2$ 全体を含むことが証明された。$\mathcal{V}$ の全てのベクトルは $\mathbb{R}^2$ に属するので、$\mathcal{V}$ もまた $\mathbb{R}^2$ の部分集合である。つまり、$\mathcal{V}$、$\mathbb{R}^2$ は互いの部分集合であるから、等しくなければならないことが分かる。

集合を構成する以下の2つの方法を考察することで、ベクトル空間の概念を与えた。

- あるベクトルの線形包
- ある同次線形系の解集合

これらはそれぞれベクトル空間である。特に、それぞれ、ある体 $\mathbb{F}$ 及びある定義域 D による、$\mathbb{F}^D$ の部分空間である。

では、その逆はどうだろうか？

疑問 3.4.15： $\mathbb{F}^D$ の部分空間は全て、ベクトルの有限集合の線形包として表現可能か？

疑問 3.4.16： $\mathbb{F}^D$ の部分空間は全て、同次線形系の解集合として表現可能か？

6章で、これらの疑問が正しいことを示すことにしよう。そのためには更に数学を学ばなければならない。

3.4.4 *抽象ベクトル空間

全ての**ベクトル空間**は有限個のベクトルの線形包として、あるいは、同次線形系の解集合として表現可能だろうか？ 残念ながら、数学の形式的定義によればそれは必ずしも正しくない。

本書ではベクトルを有限な定義域 D から体 $\mathbb{F}$ への関数として定義した。しかし、現代数学では何かを定義するとき、その内部構造には立ち入らず、それが満たす公理によって定義する傾向にある（本書でも体の概念の議論の中でそのアイデアをざっくばらんに提案した）。

この抽象的なアプローチに従った場合、ベクトルがどのようなものかを定義するのではなく、代わりに、体 F 上の**ベクトル空間**の方を、（いくつかの公理を満たす）**和**と**スカラー倍**を備え性質 V1、V2、V3 を満たす任意の集合 $\mathcal{V}$ と定義し、$\mathcal{V}$ の要素はいかなる場合もベクトルの役割を果たすのだ、とすることもできる。

この定義ではベクトルの具体的な内部構造に言及することを避けているので、より広いクラスの数学的対象をベクトルとすることができる。例えば、$\mathbb{R}$ から $\mathbb{R}$ への関数全てから成る集合は、この抽象的な定義によりベクトル空間となる。この空間の部分空間がベクトルの有限集合の線形包となるかどうかは、本書で扱うよりもより深い数学的問題である。

本書ではこの抽象的なアプローチは使わないことにする。というのも、より具体的なベクトルの概念は直感を養う助けになると考えたからだ。しかし、更に深い数学へと進んでいく場合、このような抽象的なアプローチに出会うことになるだろう。

3.5 アフィン空間

原点を含まない、点、直線、平面とはどのようなものだろうか？

3.5.1 原点を通らないフラット

2.6.1 節では、原点を通らない直線が、原点を通る直線を平行移動して得られることを示した。そして平行移動とは $f([x, y]) = [x, y] + [0.5, 1]$ のような関数を適用するものであった。

ではどうすれば原点を通らない直線を表現できるだろうか？ 2.6.4 節では 2 つのアプローチの要点を述べた。まずは原点を通る直線から始めよう。

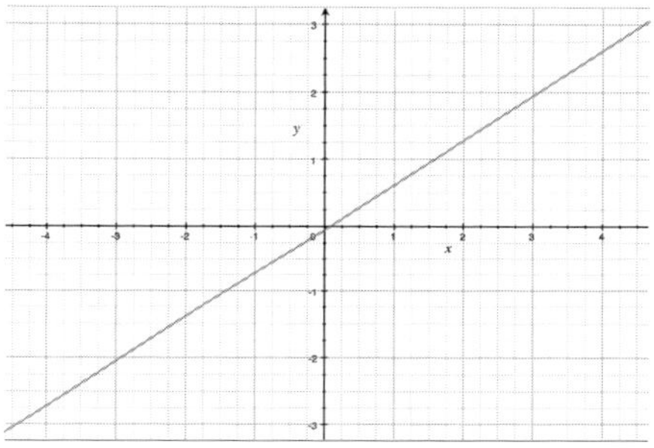

この直線上の点の集まりがベクトル空間 $\mathcal{V}$ を作ることはもう分かっている。

あるゼロでないベクトル $\boldsymbol{a}$ を選んで、$\mathcal{V}$ の全てのベクトルに足すことができる。

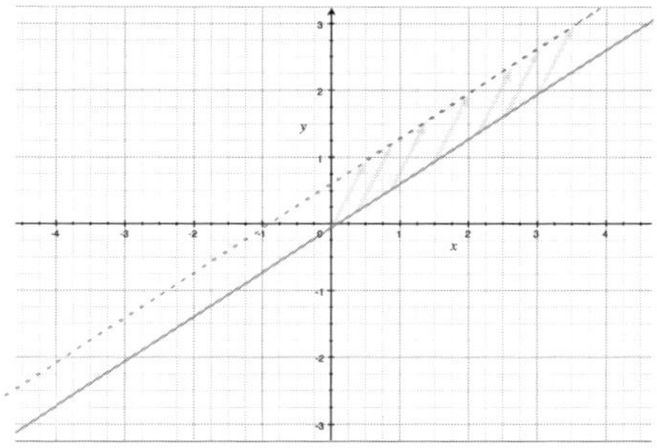

結果として得られる集合を数学的に書けば

$$\{\boldsymbol{a} + \boldsymbol{v} \ : \ \boldsymbol{v} \in \mathcal{V}\}$$

となる。この集合を $\boldsymbol{a} + \mathcal{V}$ と略記しよう。

得られた集合は $\boldsymbol{a}$ を通る（かつ、原点を通らない）直線である。

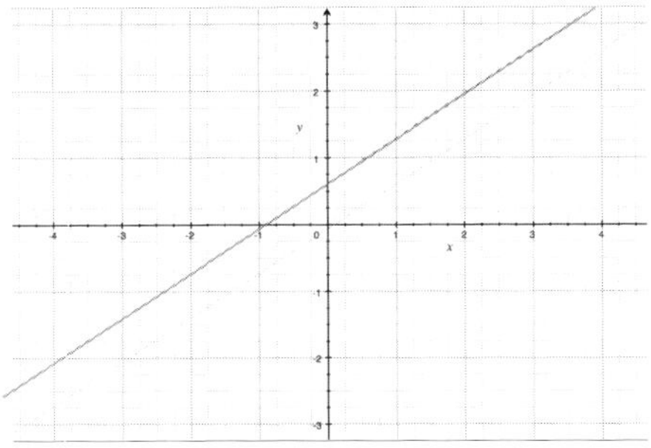

同様の議論を平面にも適用しよう。

例 3.5.1： 3 点 $\boldsymbol{u}_1 = [1, 0, 4.4]$、$\boldsymbol{u}_2 = [0, 1, 4]$、$\boldsymbol{u}_3 = [0, 0, 3]$ を通る平面がある。

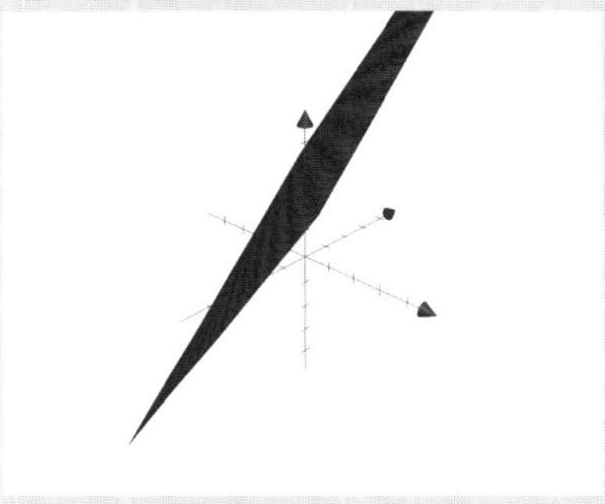

どのようにすれば、この平面上の点の集合をベクトル空間の平行移動として書けるだろうか？

ベクトル $\boldsymbol{a}$、$\boldsymbol{b}$ を $\boldsymbol{a} = \boldsymbol{u}_2 - \boldsymbol{u}_1$、$\boldsymbol{b} = \boldsymbol{u}_3 - \boldsymbol{u}_1$ と定義し、ベクトル空間 $\mathcal{V}$ を Span $\{\boldsymbol{a}, \boldsymbol{b}\}$ とする。このとき $\mathcal{V}$ の点は平面を成す。

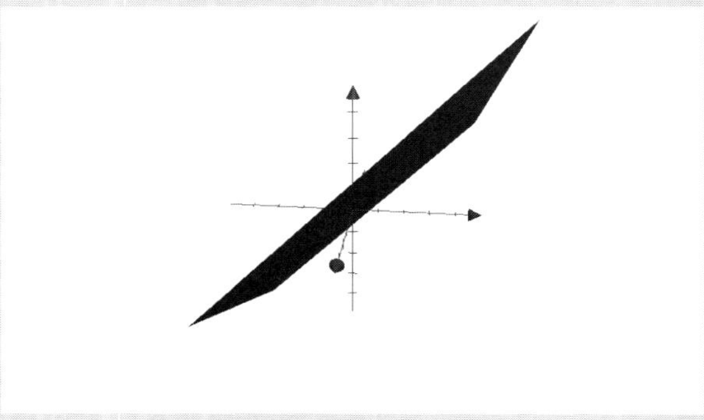

集合

$$\boldsymbol{u}_1 + \mathcal{V}$$

を考えよう。直感的に、平面を平行移動したものは平面となる。特に $\boldsymbol{u}_1 + \mathcal{V}$ は次の点を含む。

- 点 $\boldsymbol{u}_1$（$\mathcal{V}$ がゼロベクトルを含むため）
- 点 $\boldsymbol{u}_2$（$\mathcal{V}$ が $\boldsymbol{u}_2 - \boldsymbol{u}_1$ を含むため）
- 点 $\boldsymbol{u}_3$（$\mathcal{V}$ が $\boldsymbol{u}_3 - \boldsymbol{u}_1$ を含むため）

つまり、平面 $\boldsymbol{u}_1 + \mathcal{V}$ は、$\boldsymbol{u}_1$、$\boldsymbol{u}_2$、$\boldsymbol{u}_3$ を含むので、それらの点を通る唯一の平面でなければならない。

3.5.2 アフィン結合

2.6.4 節では、点 $\boldsymbol{u}$、$\boldsymbol{v}$ を通る直線の別の表現方法として、それを $\boldsymbol{u}$ と $\boldsymbol{v}$ のアフィン結合の集合として表現する方法を示した。ここではこの方法を一般化することにしよう。

定義 3.5.2： 線形結合 $\alpha_1 \boldsymbol{u}_1 + \cdots + \alpha_n \boldsymbol{u}_n$ は、その係数の和が 1 となるとき**アフィン結合**と呼ばれる。

例 3.5.3： 線形結合 $2\,[10., 20.] + 3\,[0, 10.] + (-4)\,[30., 40.]$ は、$2 + 3 + (-4) = 1$ より**アフィン結合**である。

例 3.5.4： 例 3.5.1（p.164）では $\boldsymbol{u}_1$、$\boldsymbol{u}_2$、$\boldsymbol{u}_3$ を通る平面を

$$\boldsymbol{u}_1 + \mathcal{V}$$

と書いた。ここで $\mathcal{V} = \text{Span}\,\{\boldsymbol{u}_2 - \boldsymbol{u}_1, \boldsymbol{u}_3 - \boldsymbol{u}_1\}$ である。

$\mathcal{V}$ のベクトルは次のような線形結合として書ける。

$$\alpha\,(\boldsymbol{u}_2 - \boldsymbol{u}_1) + \beta\,(\boldsymbol{u}_3 - \boldsymbol{u}_1)$$

従って、$\boldsymbol{u}_1 + \mathcal{V}$ のベクトルは

$$\boldsymbol{u}_1 + \alpha\,(\boldsymbol{u}_2 - \boldsymbol{u}_1) + \beta\,(\boldsymbol{u}_3 - \boldsymbol{u}_1)$$

と書ける。更に、これは次のように書き換えられる。

$$(1 - \alpha - \beta)\,\boldsymbol{u}_1 + \alpha\,\boldsymbol{u}_2 + \beta\,\boldsymbol{u}_3$$

ここで、$\gamma = 1 - \alpha - \beta$ とおくと、上の式はアフィン結合

$$\gamma\,\boldsymbol{u}_1 + \alpha\,\boldsymbol{u}_2 + \beta\,\boldsymbol{u}_3$$

として書くことができる。従って、$\boldsymbol{u}_1 + \mathcal{V}$ は、$\boldsymbol{u}_1$、$\boldsymbol{u}_2$、$\boldsymbol{u}_3$ のアフィン結合全ての集合となる。

あるベクトルの集まりに対し、そのアフィン結合全てから成る集合を、そのベクトルの集まりの**アフィン包**と呼ぶ。

例 3.5.5： $\{[0.5, 1], [3.5, 3]\}$ のアフィン包は何か？ 2.6.4 節で見たように、アフィン結合の集合

$$\{\alpha\,[3.5, 3] + \beta\,[0.5, 1] \;:\; \alpha \in \mathbb{R}, \beta \in \mathbb{R}, \alpha + \beta = 1\}$$

は $[0.5, 1]$、$[3.5, 3]$ を通る直線である。

例 3.5.6： $\{[1, 2, 3]\}$ のアフィン包は何か？ それは線形結合の集合 $\alpha\,[1, 2, 3]$ で係数の和が 1 となるものであるが、係数は 1 つだけ、α しかない。従って、$\alpha = 1$ でなければならず、アフィン包は単一のベクトル $[1, 2, 3]$ から成る。

これらの例を通し、次のことが見えてきた。

- 1 つのベクトルのアフィン包は 1 つの点（1 つのベクトルが表す点）である。即ち 0 次元的対象である。
- 2 つのベクトルの集まりのアフィン包は直線（2 つのベクトルを通る直線）である。即ち 1 次元的対象である。
- 3 つのベクトルの集まりのアフィン包は平面（3 つのベクトルを通る平面）である。即ち 2 次元的対象である。

しかし、まだ結論を急がないことにしよう。

例 3.5.7： $\{[2, 3], [3, 4], [4, 5]\}$ のアフィン包は何か？

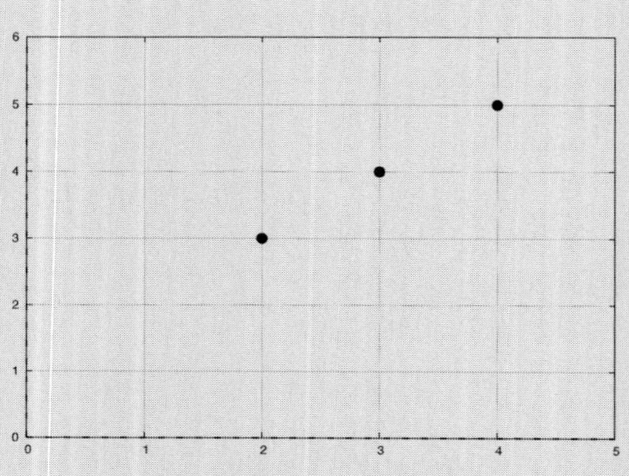

これらの点は、全てある直線上にある。従って、アフィン包は平面ではなく、直線である。

ベクトルの線形包のように、ベクトルのアフィン包はベクトルの数から予想されるものより低い次元の対象となる。そこで疑問 3.3.6 での線形包に関する疑問と同じような、次の新たな疑問が浮かび上がる。即ち、アフィン包の次元はどのようにして予測することができるか？というものだ。例 3.5.1（p.164）では $\boldsymbol{u}_1$、$\boldsymbol{u}_2$、$\boldsymbol{u}_3$ のアフィン包は Span $\{\boldsymbol{u}_2 - \boldsymbol{u}_1, \boldsymbol{u}_3 - \boldsymbol{u}_1\}$ の平行移動であった。よって直感的には、アフィン包の次元は Span $\{\boldsymbol{u}_2 - \boldsymbol{u}_1, \boldsymbol{u}_3 - \boldsymbol{u}_1\}$ の次元と同じであると考えられる。従って、この場合、アフィン包に関するこの疑問は本質的に新しい疑問ではないということになる。

3.5.3 節では、より一般にあるベクトルの全てのアフィン包が、他のベクトルの線形包の平行移動であることを述べる。従って、先ほどのアフィン包の次元に関する疑問は、線形包の次元に関する疑問に置き換えることができる。

3.5.3 アフィン空間

定義 3.5.8： **アフィン空間**とはベクトル空間の平行移動の結果として得られる空間である。即ち、ベクトル $\boldsymbol{a}$ とベクトル空間 $\mathcal{V}$ で次を満たすようなものが存在するとき、$\mathcal{A}$ をアフィン空間という。

$$\mathcal{A} = \{\boldsymbol{a} + \boldsymbol{v} \ : \ \boldsymbol{v} \in \mathcal{V}\}$$

またこれは $\mathcal{A} = \boldsymbol{a} + \mathcal{V}$ とも書ける。

ここまでくれば、**フラット**とはある n に対し、$\mathbb{R}^n$ の部分集合となるようなアフィン空間であると述べることができる。

例 3.5.9： 例 3.5.1（p.164）で見たように、点 $\boldsymbol{u}_1 = [1, 0, 4.4]$、$\boldsymbol{u}_2 = [0, 1, 4]$、$\boldsymbol{u}_3 = [0, 0, 3]$ を通る平面は、ベクトル $\boldsymbol{u}_2 - \boldsymbol{u}_1$、$\boldsymbol{u}_3 - \boldsymbol{u}_1$ の線形包の全ての点に $\boldsymbol{u}_1$ を加えたものとして書くことができる。Span $\{\boldsymbol{u}_2 - \boldsymbol{u}_1, \boldsymbol{u}_3 - \boldsymbol{u}_1\}$ はベクトル空間なので、$\boldsymbol{u}_1$、$\boldsymbol{u}_2$、$\boldsymbol{u}_3$ を通る平面はアフィン空間である。

また、3.5.2 節で見たように、上の例の平面は $\boldsymbol{u}_1$、$\boldsymbol{u}_2$、$\boldsymbol{u}_3$ の**アフィン結合**の集合である。従ってこれはベクトルのアフィン結合の集合がアフィン空間となるケースである。これは一般に正しいだろうか？

補題 3.5.10： 任意のベクトル $\boldsymbol{u}_1, \ldots, \boldsymbol{u}_n$ に対し

$$\{\alpha_1 \boldsymbol{u}_1 + \cdots + \alpha_n \boldsymbol{u}_n \ : \sum_{i=1}^{n} \alpha_i = 1\} = \{\boldsymbol{u}_1 + \boldsymbol{v} \ : \ \boldsymbol{v} \in \text{Span}\ \{\boldsymbol{u}_2 - \boldsymbol{u}_1, \ldots, \boldsymbol{u}_n - \boldsymbol{u}_1\}\} \tag{3-2}$$

である。即ち、$\boldsymbol{u}_1, \ldots, \boldsymbol{u}_n$ のアフィン包は、$\boldsymbol{u}_2 - \boldsymbol{u}_1, \ldots, \boldsymbol{u}_n - \boldsymbol{u}_1$ の線形包のそれぞれのベクトルに $\boldsymbol{u}_1$ を加えたものの集合に等しい。

この補題により、ベクトルの全てのアフィン包はアフィン空間であることが示される。これを知っておくと、平面と直線の交点の求め方を学ぶ際などに、非常に役立つことだろう。

証明は、例 3.5.4（p.165）と同様の計算によって与えられる。

証明

Span $\{\boldsymbol{u}_2-\boldsymbol{u}_1,\ldots,\boldsymbol{u}_n-\boldsymbol{u}_1\}$ の任意のベクトルは次の形で書ける。

$$\alpha_2\,(\boldsymbol{u}_2-\boldsymbol{u}_1)+\cdots+\alpha_n\,(\boldsymbol{u}_n-\boldsymbol{u}_1)$$

従って、方程式 (3-2) の右辺の全てのベクトルは次の形で書ける

$$\boldsymbol{u}_1+\alpha_2\,(\boldsymbol{u}_2-\boldsymbol{u}_1)+\cdots+\alpha_n\,(\boldsymbol{u}_n-\boldsymbol{u}_1)$$

これは例 3.5.4（p.165）と同様に分配則を用いると次の形で書ける。

$$(1-\alpha_2-\cdots-\alpha_n)\,\boldsymbol{u}_1+\alpha_2\,\boldsymbol{u}_2+\cdots+\alpha_n\,\boldsymbol{u}_n \tag{3-3}$$

これは係数の和が 1 であることから $\boldsymbol{u}_1,\boldsymbol{u}_2,\ldots,\boldsymbol{u}_n$ のアフィン結合である。従って、方程式 (3-2) の右辺の全てのベクトルは、左辺に含まれることが示された。

逆に、左辺の全てのベクトル $\alpha_1\,\boldsymbol{u}_1+\alpha_2\,\boldsymbol{u}_2+\cdots+\alpha_n\,\boldsymbol{u}_n$ は $\sum_{i=1}^{n}\alpha_i=1$ であることから、$\alpha_1=1-\alpha_2-\cdots-\alpha_n$ である。従って式 (3-3) と同じ書き方ができ、左辺の全てのベクトルは、右辺に含まれることが示された。 □

以上より、アフィン空間に対し、次の 2 つの表現方法を手に入れることができた。

- $\boldsymbol{a}+\mathcal{V}$、ただし $\mathcal{V}$ はあるベクトルの線形包
- あるベクトルのアフィン包

これらの表現は本質的に違わない。即ち、これまでに見たように、これらの表現は簡単に相互に変換することができるのだ。次はこれらとは大きく異なる表現を見ていくことにしよう。

3.5.4 線形系の解集合によるアフィン空間の表現

3.3.2 節で、原点を含むフラットが同次線形系の解集合として表現できる例を示した。ここでは原点を含まないフラットが、同次で**ない**線形系の解集合として書けることを示そう。

例 3.5.11： 例 3.5.1（p.164）で見たように、点 $[1,0,4.4]$、$[0,1,4]$、$[0,0,3]$ を通る平面は、これらの点のアフィン包である。しかし、この平面は方程式 $1.4x+y-z=-3$ の解集合でもある。即ち、この平面は次の集合として与えられる。

$$\{[x,y,z]\in\mathbb{R}^3\ :\ [1.4,1,-1]\cdot[x,y,z]=-3\}$$

例 3.5.12： 2.6.4 節（例 3.5.5（p.166）も参照）で示したように、次の直線

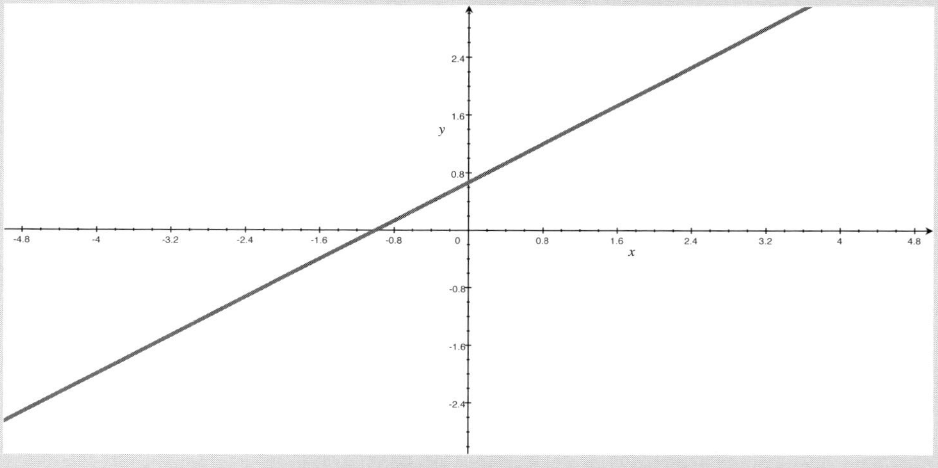

は、点 $[0.5, 1]$、$[3.5, 3]$ を通り、$[0.5, 1]$、$[3.5, 3]$ のアフィン結合全体の集合から成る。ここで、この直線は方程式 $2x - 3y = -2$ の解集合としても書ける。即ち、この直線は次の集合で与えられる。

$$\{[x, y] \in \mathbb{R}^2 \ : \ [2, -3] \cdot [x, y] = -2\}$$

例 3.5.13： 直線

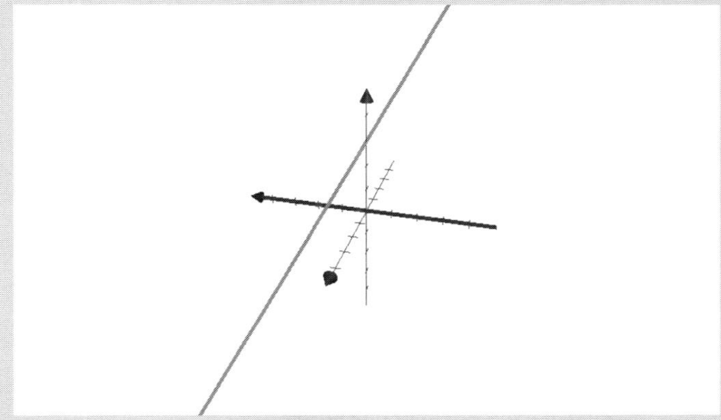

は $[1, 2, 1]$、$[1, 2, 2]$ のアフィン結合全体の集合として表現できる。ここで、この直線は方程式 $4x - y + z = 3$、$y + z = 3$ から成る線形系の解集合でもある。即ち、この直線は次の集合で与えられる。

$$\{[x, y, z] \in \mathbb{R}^3 \ : \ [4, -1, 1] \cdot [x, y, z] = 3, [0, 1, 1] \cdot [x, y, z] = 3\}$$

3.5.5 2通りの表現について、再訪

3.3.3 節で見たように、原点を含むフラットを扱う際、異なる 2 通りの表現の存在は有用であった。

例 3.5.14： 2 つの直線

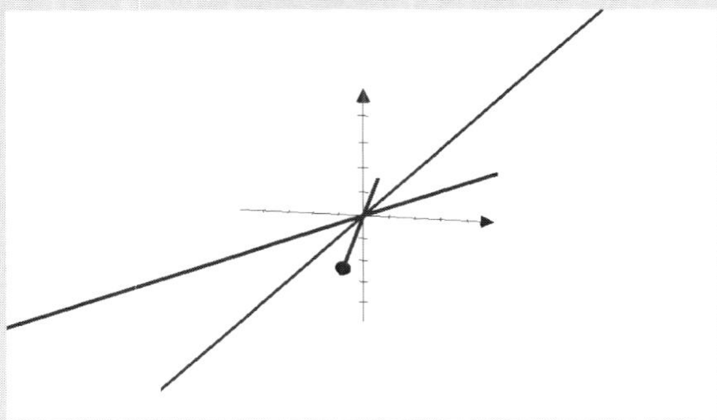

が与えられたとき、この 2 つの直線を含む平面を見つけよう。

ここで、1 つ目の直線は Span $\{[4,-1,1]\}$ であり、2 つ目の直線は Span $\{[0,1,1]\}$ である。従って、これら 2 つの直線を含む平面は Span $\{[4,-1,1],[0,1,1]\}$ である。

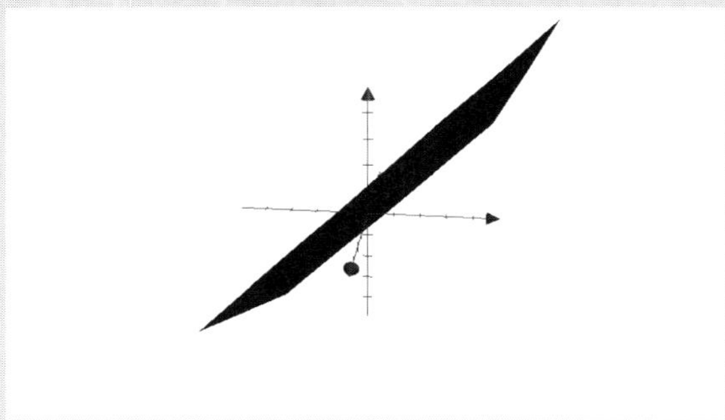

次に 2 つ目の表現を用いた例を与えよう。

例 3.5.15： 原点を通る 2 つの平面

が与えられたとき、これらの平面が交差する直線、即ち、交線を求めたいとしよう。

1つ目の平面は $\{[x, y, z] : [4, -1, 1] \cdot [x, y, z] = 0\}$ であり、2つ目の平面は $\{[x, y, z] : [0, 1, 1] \cdot [x, y, z] = 0\}$ である。ここで、これらの平面は、右辺が0となる線形系の解集合として書かれている。交差する点の集合は両方の方程式を満たす点の集合であり、次のように表せる。

$$\{[x, y, z] : [4, -1, 1] \cdot [x, y, z] = 0, [0, 1, 1] \cdot [x, y, z] = 0\}$$

この点集合は直線を成す。しかし、ベクトルの線形包としての表現を見つけることは、この直線を描画する際に便利である。後で右辺が0となる線形系から、解集合の生成集合を与える方法について学ぶ。その結果を用いると、解集合は Span $\{[1, 2, -2]\}$ であることが分かる。

異なる表現は異なる操作を可能にするので、幾何学的な対象を、異なる表現間で相互に変換できると便利である。これをコンピュータグラフィックスの事例を使って示すことにしよう。コンピュータグラフィックスで作られるシーンは、数千の三角形から構成されることが多い。特定の三角形に光線が当たっているかを調べるにはどうすればよいだろうか？ 光線が当たっている場合、当たっているのはその三角形のどこだろうか？

三角形の頂点がベクトル $\boldsymbol{v}_0$、$\boldsymbol{v}_1$、$\boldsymbol{v}_2$ にあるとする。このとき三角形を含む平面は、これらのベクトルのアフィン包である。

次に、光源が点 $\boldsymbol{b}$ に置かれており、その光源がベクトル $\boldsymbol{d}$ の表す方向を向いているとする。光線は次の点の集合

$$\{\boldsymbol{b} + \alpha \boldsymbol{d} : \alpha \in \mathbb{R}, \alpha \geqq 0\}$$

から成る。これは、直線

$$\{\boldsymbol{b} + \alpha \boldsymbol{d} : \alpha \in \mathbb{R}\}$$

の一部である。

ここまでは、三角形、その三角形を含む平面、光線とその光線を含む直線に1つ目の表現を使ってきた。光線が三角形に当たるかどうかを調べるため、次の平面と直線の交差を求めよう。

- 三角形を含む平面
- 光線を含む直線

通常、この交差は1つの点から成る。この点を求めることができれば、その点が三角形に属しているかどうか、また、それが光線に属しているかどうかを調べることができる。

しかし、どうすれば平面と直線の交差を見つけられるだろうか？ これには次の**2つ目**の表現を用いる。

- 平面のある線形系の解集合としての表現
- 直線の、平面のものとは別の線形系の解集合としての表現

平面と直線の両方に含まれる点の集合は、両方の方程式の解集合に含まれる点の集合、即ち、両方の方程式を合わせた方程式の解集合と完全に等しい。

例 3.5.16： 三角形の頂点を $[1,1,1]$、$[2,2,3]$、$[-1,3,0]$ とする。

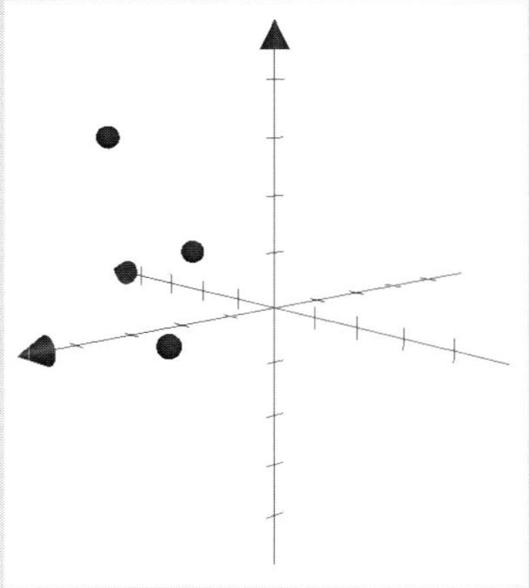

この三角形は次のようなものである。

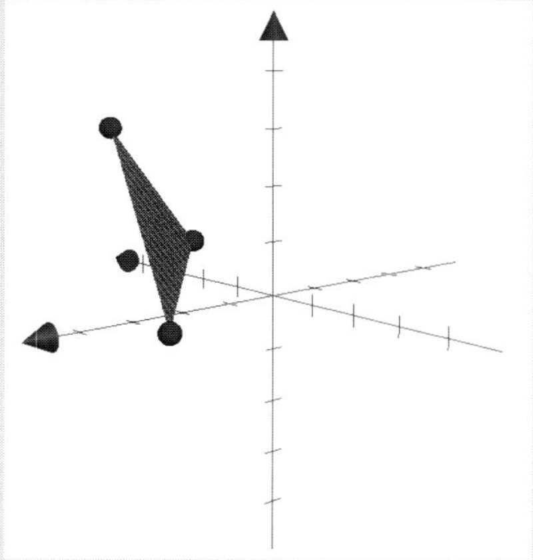

また、光源は $\boldsymbol{p}=[-2.2,0.8,3.1]$ にあり、$\boldsymbol{d}=[1.55,0.65,-0.7]$ の方向を向いているとする。

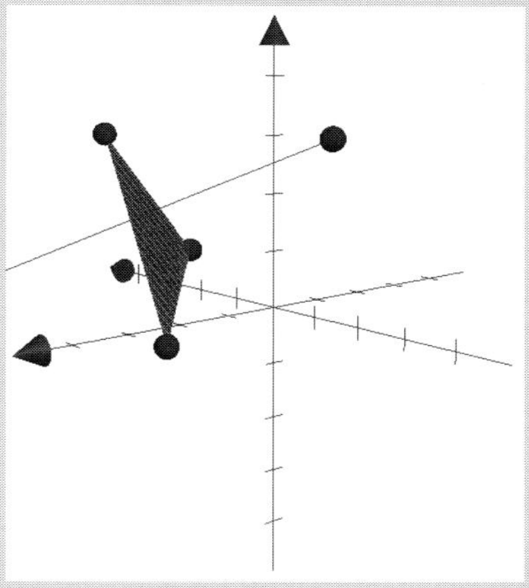

光線と三角形が交わっていることは図を見れば分かる。しかし、コンピュータにそれを認識させるためにはどのようにすればよいだろうか？

ここで三角形を含む平面は次の通りである。

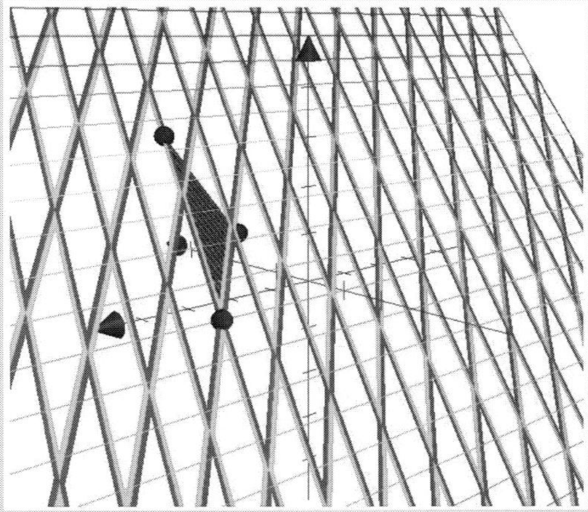

後で、ある平面を解集合として持つ線形方程式を見つける方法を学ぶ。その方法を用いると、そのような方程式の 1 つは $[5, 3, -4] \cdot [x, y, z] = 4$ となることが分かる。

また、後で光線を含む直線を解空間として持つ線形方程式を見つける方法も学ぶ。その方法を用いると、そのような系の 1 つは以下で与えられる。

$$[0.275..., -0.303..., 0.327...] \cdot [x, y, z] = 0.1659...$$
$$[0, 0.536..., 0.498...] \cdot [x, y, z] = 1.975...$$

これらの平面と直線の交点は、これらの線形方程式を合わせ、次で与えられる。

$$[5, 3, -4] \cdot [x, y, z] = 4$$

$$[0.275..., -0.303..., 0.327...] \cdot [x, y, z] = 0.1659...$$

$$[0, 0.536..., 0.498...] \cdot [x, y, z] = 1.975...$$

結合された線形系の解集合は、平面と直線の両方に含まれる点から構成される。ここでは2つ目の表現を用いている。この場合、解集合は1つの点から成る。その点を求めるために、1つ目の表現に戻ることにしよう。

線形系を解くアルゴリズムについては後で学ぶが、それを使うと解は $\boldsymbol{w} = [0.9, 2.1, 1.7]$ となる。従って、点 $\boldsymbol{w}$ が平面と直線の交点である。

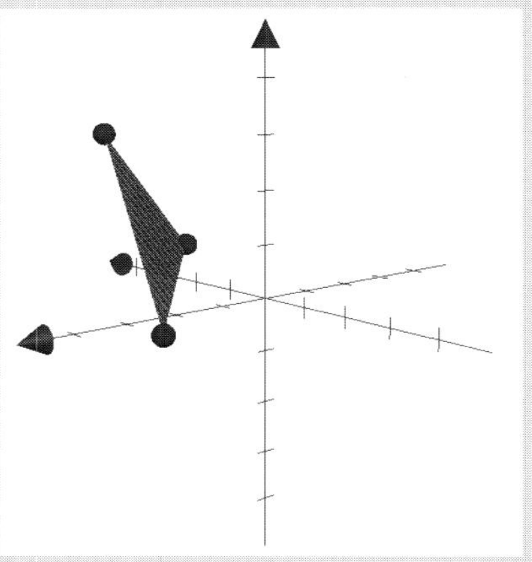

直線と平面の交点が見つかったとき、その交点が三角形と光線に属しているかを判定するにはどのようにすればよいだろうか？ 判定のために、1つ目の表現に戻ることにしよう。

例 3.5.17： この交点は平面内にある。従って、交点は三角形の頂点のアフィン結合である。

$$\boldsymbol{w} = \alpha_0 [1, 1, 1] + \alpha_1 [2, 2, 3] + \alpha_2 [-1, 3, 0]$$

即ち、係数の和は1である。点が頂点の凸結合であるとき、点は三角形の上にある。更に、後で、そのような場合には、この点をアフィン結合で書く方法が1つしかないということと、その係数を見つける方法を学ぶ。

$$\boldsymbol{w} = 0.2 [1, 1, 1] + 0.5 [2, 2, 3] + 0.3 [-1, 3, 0]$$

これらの係数は全て非負であるから、確かにこの点は三角形の上にあることが分かる。

もう1つチェックすべきことがある。それは、交点が光線の「半直線」部分にあるかどうかである。光線上の点の集合は $\{\boldsymbol{p} + \alpha \boldsymbol{d} : \alpha \in \mathbb{R}, \alpha \geqq 0\}$ である。また、光線を含む直線上の点の集合は $\{\boldsymbol{p} + \alpha \boldsymbol{d} : \alpha \in \mathbb{R}\}$ である。従って、$\boldsymbol{w} = \boldsymbol{p} + \alpha \boldsymbol{d}$ となる α を見つけ、これが非負であることを確認すれば、交点 $\boldsymbol{w}$ が光線の上にあることが分かる。

ベクトル方程式 $\boldsymbol{w} = \boldsymbol{p} + \alpha\,\boldsymbol{d}$ は、その要素の 3 つのスカラー量の方程式と等価である。α を見つけるべく、最初の要素を吟味しよう。$\boldsymbol{w}$ の第 1 要素は 0.9、$\boldsymbol{p}$ の第 1 要素は -2.2、$\boldsymbol{d}$ の第 1 要素は 1.55 である。従って、α は以下の方程式を満たす必要がある。

$$0.9 = -2.2 + \alpha\ 1.55$$

これを解くと、$\alpha = 2$ となる。従って、α は非負であり、確かに交点は光線に属していることが分かる。

この例では、フラットの 2 つの表現、(1) 線形結合の集合と (2) 線形系の解集合を、相互に変換する必要があった。

3.6 同次線形系とその他の線形系

3.4 節では同次線形系の解集合がベクトル空間となることを示した。では、任意の線形系の解集合はどうだろうか？ それはアフィン空間だろうか？ 解集合が空集合になる例外を除き、答えはイエスである。

3.6.1 同次線形系と対応する一般の線形系

2.9.2 節では、センサーノードのハードウェアコンポーネントについて、その消費電力の割合を計算する問題を考えた。その問題は、$\mathbb{R}$ 上の線形系の解を探す問題として定式化し、更に疑問 2.9.11 では「どのようにすれば線形系の解が一意かどうかを示せるか？」という問題について考えた。

2.9.7 節では、簡単な認証方式への攻撃について考えた。ここでは、通信を盗み見ているイブが認証の試行を傍受することで、パスワードを計算できることが分かった。この問題は、$GF(2)$ 上の線形方程式系の解を求める問題として定式化し、加えて疑問 2.9.18 では、「$GF(2)$ 上の与えられた線形系には解がいくつあるか？」という問題について考えた。

どちらの応用に対しても、最初の疑問には対応する**同次**線形系について考えることで答えられる。即ち、それぞれの右辺は 0 とすることができるのだ。

補題 3.6.1： 次の線形方程式系の解を $\boldsymbol{u}_1$ とする。

$$\begin{aligned} \boldsymbol{a}_1 \cdot \boldsymbol{x} &= \beta_1 \\ &\vdots \\ \boldsymbol{a}_m \cdot \boldsymbol{x} &= \beta_m \end{aligned} \tag{3-4}$$

このとき、ベクトル $\boldsymbol{u}_2$ がこの線形方程式系の解となるのは、その差 $\boldsymbol{u}_2 - \boldsymbol{u}_1$ が対応する**同次**方程式系

$$\begin{aligned} \boldsymbol{a}_1 \cdot \boldsymbol{x} &= 0 \\ &\vdots \\ \boldsymbol{a}_m \cdot \boldsymbol{x} &= 0 \end{aligned} \tag{3-5}$$

の解であるときに限る。

証明

$i=1,\ldots,m$ に対し、$\boldsymbol{a}_i \cdot \boldsymbol{u}_1 = \beta_i$ である。従って、$\boldsymbol{a}_i \cdot \boldsymbol{u}_2 = \beta_i$ であるのは、$\boldsymbol{a}_i \cdot \boldsymbol{u}_2 - \boldsymbol{a}_i \cdot \boldsymbol{u}_1 = 0$ であるとき、かつ、そのときに限り、これは、$\boldsymbol{a}_i \cdot (\boldsymbol{u}_2 - \boldsymbol{u}_1) = 0$ となるとき、かつ、そのときに限る。 □

同次線形系の解集合はベクトル空間 $\mathcal{V}$ であった。従って、補題 3.6.1 は次のように言い換えられる。

> $\boldsymbol{u}_2$ が元の線形系 (3-4) の解となるのは、$\boldsymbol{u}_2 - \boldsymbol{u}_1$ が同次線形系 (3-5) の解集合 $\mathcal{V}$ に含まれるとき、かつ、そのときに限る。

$\boldsymbol{u}_2 - \boldsymbol{u}_1$ を $\boldsymbol{v}$、即ち、$\boldsymbol{u}_2 = \boldsymbol{u}_1 + \boldsymbol{v}$ と置き換えることで、更に次のように言い換えられる。

> $\boldsymbol{u}_1 + \boldsymbol{v}$ が元の線形系の解となるのは、$\boldsymbol{v}$ が $\mathcal{V}$ に含まれるとき、かつ、そのときに限る。

これは更に次のように言い換えることができる。

$$\{\text{ 元の線形系の解全体 }\} = \{\boldsymbol{u}_1 + \boldsymbol{v} \;:\; \boldsymbol{v} \in \mathcal{V}\} \tag{3-6}$$

この右辺の集合はアフィン空間である！

定理 3.6.2： 任意の線形系に対し、その解集合は空集合、または、アフィン空間となる。

証明

線形系が解を持たなければ解集合は空集合である。少なくとも 1 つの解 $\boldsymbol{u}_1$ を持てば解集合は $\{\boldsymbol{u}_1 + \boldsymbol{v} \;:\; \boldsymbol{v} \in \mathcal{V}\}$ である。 □

疑問 3.4.16 で、任意のベクトル空間が同次線形系の解集合となるか、について考えた。これに類似した疑問は、**任意のアフィン空間は線形系の解集合か？**である。前述の疑問が正しいことから、この疑問も正しいことが分かる。

例 3.6.3： 次の線形系の解集合は空集合である。

$$[0,0] \cdot \boldsymbol{x} = 1$$

次の線形系の解集合は、1 つの要素から成る集合 $\{[2,5]\}$ である。

$$\begin{aligned} [1,0] \cdot \boldsymbol{x} &= 2 \\ [0,1] \cdot \boldsymbol{x} &= 5 \end{aligned}$$

これは

$$\{[2,5] + \boldsymbol{v} \;:\; \boldsymbol{v} \in \{[0,0]\}\}$$

と書くことができる。

次の線形系の解集合は、$\{[-2,-1]+\alpha[2.5,1] \ : \ \alpha \in \mathbb{R}\}$ である。

$$\begin{aligned} [2,-5]\cdot \boldsymbol{x} &= 1 \\ [4,-10]\cdot \boldsymbol{x} &= 2 \end{aligned}$$

これは

$$\{[-2,-1]+\boldsymbol{v} \ : \ \boldsymbol{v} \in \text{Span } \{[2.5,1]\}\}$$

と書くことができる。

3.6.2 解の個数、再訪

これで、疑問 2.9.11「どのようにすれば線形系の解が一意かどうかを示せるか？」について、部分的に答えることができる。

系 3.6.4： 線形系が解を持つとする。この解が一意的であるのは、対応する同次線形系の解がゼロベクトルであるとき、かつ、そのときに限る。

上に示した解の一意性に関する疑問は、次のように言い換えることができる。

疑問 3.6.5： どうすれば同次線形系が一意的で自明な解を持つことを示せるか？

更に、疑問 2.9.18「$GF(2)$ 上の与えられた線形系には解がいくつあるか？」については、式 (3-6) から部分的に答えることができる。この方程式は、解の個数が対応する同次線形系の解から構成されるベクトル空間の濃度 $|\mathcal{V}|$ と等しいことを示している。

従って、$GF(2)$ 上の線形系の解を数え上げる問題は、次のように書き変えることができる。

疑問 3.6.6： どうすれば $GF(2)$ 上の同次線形系の解の個数を導けるか？

これらの問題を解くために、同次線形系の解集合がベクトル空間になることを利用することにしよう。

3.6.3 平面と直線の交差について

ここでは定理 3.6.2 をどのように利用できるか例で示そう。平面と直線の交差を求めてみる。

ステップ 1： 平面はアフィン空間なので、平面は線形系の解集合として表現できる。
ステップ 2： 直線はアフィン空間なので、直線は別の線形系の解集合として表現される。
ステップ 3： 以上の 2 つの線形系を結合し、1 つの線形系にする。このようにして得られた 1 つの線形系の解は、平面と直線の両方の上にある点となる。

結合して得られた線形系の解集合は、たくさんのベクトルから成る場合（直線が平面上に乗っていた場合）

や、1つの場合（平面と直線の交点である場合）がある。

このやり方には将来性がありそうだ。しかし、これを応用する方法をまだ知らないので、ひとまず置いておくことにしよう。

3.6.4 チェックサム関数

本節では同次線形方程式のもう1つの応用について示そう。

大きなデータやプログラムなどの塊に対する**チェックサム**（*Checksum*）とは、そのデータが変更されていないことを確認するために利用される小さなデータの塊のことである。例えば、次の図はPythonのダウンロードページの一部である。

MD5 checksums and sizes of the released files:
（MD5のチェックサムとリリースされたファイルのサイズ）

```
3c63a6d97333f4da35976b6a0755eb67  12732276  Python-3.2.2.tgz
9d763097a13a59ff53428c9e4d098a05  10743647  Python-3.2.2.tar.bz2
3720ce9460597e49264bbb63b48b946d   8923224  Python-3.2.2.tar.xz
f6001a9b2be57ecfbefa865e50698cdf  19519332  python-3.2.2-macosx10.3.dmg
8fe82d14dbb2e96a84fd6fa1985b6f73  16226426  python-3.2.2-macosx10.6.dmg
cccb03e14146f7ef82907cf12bf5883c  18241506  python-3.2.2-pdb.zip
72d11475c986182bcb0e5c91acec45bc  19940424  python-3.2.2.amd64-pdb.zip
ddeb3e3fb93ab5a900adb6f04edab21e  18542592  python-3.2.2.amd64.msi
8afb1b01e8fab738e7b234eb4fe3955c  18034688  python-3.2.2.msi
```

チェックサムとサイズが、それぞれのPythonリリースについて示されている。

チェックサム関数は、大きなデータファイルを、小さなデータの塊であるチェックサムに写像する関数である。チェックサムの個数は、ファイルの個数よりはるかに少ないため、1対1の写像になるチェックサム関数は存在しない。即ち、同じチェックサムに写されるような、異なるファイルの組は常に存在する。チェックサム関数を使用する目的は、ファイルの送信や保存中に起こる偶発的な破損を検出することにある。

ランダムな破損を検出できそうな関数を探そう。任意のファイルに対し、ランダムなファイルの変更はチェックサムを変更させる可能性が高い。

ここで、応用上の役には立たないが、教育的なチェックサム関数を説明しよう。入力は$GF(2)$上のnビットベクトルとして表現される「ファイル」であり、出力は64要素のベクトルである。チェックサム関数は64個のn要素のベクトル$\boldsymbol{a}_1, \ldots, \boldsymbol{a}_{64}$で指定される。以上より、関数は次のように定義される。

$$\boldsymbol{x} \mapsto [\boldsymbol{a}_1 \cdot \boldsymbol{x}, \ldots, \boldsymbol{a}_{64} \cdot \boldsymbol{x}]$$

$\boldsymbol{p}$を「ファイル」とする。破損のモデルとして、ランダムなn要素のベクトル$\boldsymbol{e}$（**エラー**）を加えることを考える。つまり破損したファイルは$\boldsymbol{p}+\boldsymbol{e}$となる。破損したファイルが元のファイルと同じチェックサムを持つ確率を与える公式を見つけたい。

元のファイルのチェックサムは$[\beta_1, \ldots, \beta_{64}]$である。ここで、$\beta_i = \boldsymbol{a}_i \cdot \boldsymbol{p}$（$i = 1, \ldots, 64$）とおいた。$i = 1, \ldots, 64$に対し、破損したファイルのチェックサムのビット$i$は$\boldsymbol{a}_i \cdot (\boldsymbol{p}+\boldsymbol{e})$である。ドット積はベクトルの和に対する分配則を満たすので（命題2.9.25）、これは$\boldsymbol{a}_i \cdot \boldsymbol{p} + \boldsymbol{a}_i \cdot \boldsymbol{e}$と等価である。従って、破損したファイルと元のファイルのチェックサムのビットiが等しくなるのは、$\boldsymbol{a}_i \cdot \boldsymbol{p} + \boldsymbol{a}_i \cdot \boldsymbol{e} = \boldsymbol{a}_i \cdot \boldsymbol{p}$のとき、即ち、$\boldsymbol{a}_i \cdot \boldsymbol{e} = 0$のとき、かつ、そのときに限る。

従って、破損したファイルと元のファイルの全体のチェックサムが等しくなるのは、$i = 1, \ldots 64$ に対し $\boldsymbol{a}_i \cdot \boldsymbol{e} = 0$ のとき、かつ、そのときに限る。これは更に、$\boldsymbol{e}$ が同次線形系

$$\begin{aligned} \boldsymbol{a}_1 \cdot \boldsymbol{x} &= 0 \\ &\vdots \\ \boldsymbol{a}_{64} \cdot \boldsymbol{x} &= 0 \end{aligned}$$

の解集合に属しているときに限る。

ランダムな n 要素のベクトル $\boldsymbol{e}$ が解集合に属する確率は次のようになる。

$$\frac{\text{解集合に属するベクトルの数}}{GF(2) \text{ 上の } n \text{ 要素ベクトルの数}}$$

$GF(2)$ の n 要素のベクトルの数は、既に知っているように 2^n である。確率を計算するには、またしても、疑問 3.6.6「$GF(2)$ 上の与えられた線形系には解がいくつあるか？」に答える必要がある。

3.7 確認用の質問

- 線形結合とは何か？
- 線形結合の係数とは何か？
- ベクトルの線形包とは何か？
- 標準生成子とは何か？
- フラットの例は何か？
- 同次線形方程式とは何か？
- 同次線形系とは何か？
- 原点を含むフラットの 2 つの表現は何か？
- ベクトル空間とは何か？
- 部分空間とは何か？
- アフィン結合とは何か？
- ベクトルのアフィン包とは何か？
- アフィン空間とは何か？
- 原点を含まないフラットの 2 つの表現は何か？
- 線形系の解集合は、常にアフィン空間であるか？

3.8 問題

Vec の確認

コンテナの中のベクトル

問題 3.8.1：

1. 以下で定義されるプロシージャ `vec_select(veclist, k)` を内包表記を用いて書き、実行せよ。

- **入力**：ある定義域上のベクトルのリスト veclist と、その定義域の要素 k
- **出力**：v[k] が 0 となる veclist のベクトル v から成る veclist の部分リスト

2. 以下で定義されるプロシージャ vec_sum(veclist, D) を、組み込み関数 sum(·) を用いて書き、実行せよ。
   - **入力**：ベクトルのリスト veclist と、それらのベクトルに共通する定義域である集合 D
   - **出力**：veclist のベクトルの和のベクトル

   ただし、veclist の長さが 0 の場合でも、プロシージャが動作するようにせよ。

   ヒント：Python 入門のラボで説明したように、sum(·) はオプションで 2 番目の引数を取り、それに各要素を加えていく関数である。この引数はベクトルでもよい。

   免責：Vec クラスは、ベクトル v に対し式 0 + v を v と評価するように定義されている。これにより、ベクトルの数が 0 でないときは sum([v1,v2,...,vk]) は正しくベクトルの和を与える。しかし、ベクトルの数が 0 のときは動作しない。
3. これまでのプロシージャを組み合わせて、以下で定義されるプロシージャ vec_select_sum(D, veclist, k) を書け。
   - **入力**：集合 D と、定義域を D とするベクトルのリスト veclist、その定義域の要素 k
   - **出力**：v[k] が 0 となる veclist のベクトル全ての和

問題 3.8.2： 以下で定義されるプロシージャ scale_vecs(vecdict) を書き、実行せよ。

- **入力**：正の数からベクトル（Vec のインスタンス）へ写像する辞書 vecdict
- **出力**：vecdict の各要素に対応したベクトルのリスト。vecdict がベクトル $\boldsymbol{v}$ に対応するキー k を持つならば、出力は $(1/k)\boldsymbol{v}$ を持つ。

線形結合

与えられた $GF(2)$ 上のベクトルの線形包の構成

問題 3.8.3： 以下で定義されるプロシージャ GF2_span(D, L) を書け。

- **入力**：ラベルの集合 D、ラベルの集合 D が付随する $GF(2)$ 上のベクトルのリスト L
- **出力**：L のベクトルの全ての線形結合のリスト

ヒント：ループ（あるいは再帰）や内包表記を用いること。L が空のリストである場合についてもプロシージャを実行し確かめること。

問題 3.8.4： a、b を実数とする。方程式 $z = ax + by$ について考える。この方程式を満たす点 $[x, y, z]$ の集合が、$\boldsymbol{v}_1$ と $\boldsymbol{v}_2$ の線形結合の集合となるような、2 つの 3 要素ベクトル $\boldsymbol{v}_1$、$\boldsymbol{v}_2$ が存在することを示せ。

ヒント：a、b を含む式を用いてベクトルを書け。

問題 3.8.5： a、b、c を実数とし、方程式 $z = ax + by + c$ を考える。この方程式を満たす点 $[x, y, z]$ の集合が、

$$\{\boldsymbol{v}_0 + \alpha_1 \boldsymbol{v}_1 + \alpha_2 \boldsymbol{v}_2 \ : \ \alpha_1 \in \mathbb{R}, \alpha_2 \in \mathbb{R}\}$$

となるような、3 つの 3 要素ベクトル $\boldsymbol{v}_0$、$\boldsymbol{v}_1$、$\boldsymbol{v}_2$ が存在することを示せ。
ヒント：a、b、c を含む式を用いてベクトルを書け。

線形結合の集合と幾何学

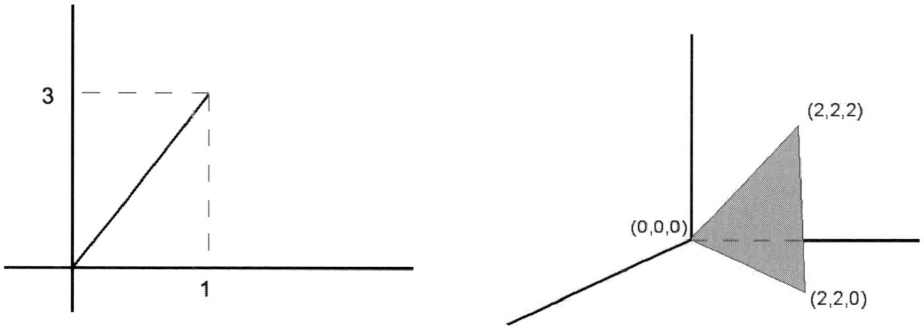

(a) (b)

図 3-1 問題 3.8.6 のための図

問題 3.8.6： 図 3-1(a) の線分を、線形結合を用いて表現せよ。図 3-1(b) の三角形を含む平面についても同様に表現せよ。

ベクトル空間

問題 3.8.7： 以下、正しければ証明し、間違っていれば反例を示せ。
$\{[x, y, z] : x, y, z \in \mathbb{R}, x + y + z = 1\}$ はベクトル空間である。

問題 3.8.8： 以下、正しければ証明し、間違っていれば反例を示せ。
$\{[x, y, z] : x, y, z \in \mathbb{R}, x + y + z = 0\}$ はベクトル空間である。

問題 3.8.9： 以下、正しければ証明し、間違っていれば反例を示せ。
$\{[x_1, x_2, x_3, x_4, x_5] : x_1, x_2, x_3, x_4, x_5 \in \mathbb{R}, x_2 = 0 \text{ or } x_5 = 0\}$ はベクトル空間である。

問題 3.8.10： 以下の問いに答えよ。

1. $\mathcal{V}$ を 1 の要素を偶数個持つ $GF(2)$ 上の 5 要素のベクトルの集合とする。このとき $\mathcal{V}$ はベクトル空間か？
2. $\mathcal{V}$ を 1 の要素を奇数個持つ $GF(2)$ 上の 5 要素のベクトルの集合とする。このとき $\mathcal{V}$ はベクトル空間か？

4章
行列

ネオ：マトリックスとは何か？
トリニティー：答えはあなたの近くにある。あなたを捜している。あなたが求めれば向こうから来る。

『マトリックス』（1999）

4.1 行列とは何か？

4.1.1 伝統的な行列

通常、体 $\mathbb{F}$ 上の行列とは $\mathbb{F}$ の要素を要素として持つ 2 次元配列である。以下は $\mathbb{R}$ 上の行列である。

$$\begin{bmatrix} 1 & 2 & 3 \\ 10 & 20 & 30 \end{bmatrix}$$

この行列は 2 つの行と 3 つの列を持つので、2×3 行列と呼ばれる。伝統的には、行と列はその番号で指定される。上の行列では第 1 行は $\begin{bmatrix} 1 & 2 & 3 \end{bmatrix}$、第 2 行は $\begin{bmatrix} 10 & 20 & 30 \end{bmatrix}$、第 1 列は $\begin{bmatrix} 1 \\ 10 \end{bmatrix}$、第 2 列は $\begin{bmatrix} 2 \\ 20 \end{bmatrix}$、第 3 列は $\begin{bmatrix} 3 \\ 30 \end{bmatrix}$ といった具合である。

一般に、m 個の行と n 個の列を持つ行列は $m \times n$ 行列と呼ばれる。行列 A に対し、i, j **要素**は第 i 行、かつ、第 j 列の要素で定義され、$A_{i,j}$ または A_{ij} と書かれる。Python では $A[i, j]$ と表すので、本書ではこの表記も用いる。

第 i 行はベクトルとして

$$\begin{bmatrix} A[i,0], & A[i,1], & A[i,2], & \cdots, & A[i,n-1] \end{bmatrix}$$

と表すことができる。また、第 j 列もベクトルとして

$$\begin{bmatrix} A[0,j], & A[1,j], & A[2,j], & \cdots, & A[m-1,j] \end{bmatrix}$$

と表すことができる。

行のリストのリストによる伝統的な行列の表現

行列はどのように表現すればよいだろうか？ おそらく最初に思い浮かぶのは、**行のリストを要素とするリスト**だろう。行列 A の各行を数のリストで表現し、行列をこれらのリストのリスト（リストを要素とするリスト）L で表現する。即ち、次のようなリスト L である。

$$\text{全ての } 0 \leqq i < m,\ 0 \leqq j < n \text{ に対し、} \quad A[i,j] = L[i][j]$$

例えば、行列 $\begin{bmatrix} 1 & 2 & 3 \\ 10 & 20 & 30 \end{bmatrix}$ は `[[1,2,3],[10,20,30]]` と表現できる。

クイズ 4.1.1： 評価すると、全ての要素が 0 の 3×4 行列

$$\begin{bmatrix} 0 & 0 & 0 & 0 \\ 0 & 0 & 0 & 0 \\ 0 & 0 & 0 & 0 \end{bmatrix}$$

の**行のリストのリスト**による表現となる、入れ子の内包表記を書け（**ヒント：**まず、ある行の内包表記を書き、その式をリストのリスト用の内包表記で使用する）。

答え

```
>>> [[0 for j in range(4)] for i in range(3)]
[[0, 0, 0, 0], [0, 0, 0, 0], [0, 0, 0, 0]]
```

列のリストのリストによる伝統的な行列の表現

後で見るように、行列を便利に、かつ、美しくしている側面の 1 つは、行と列の双対性である。即ち、列に対してできることは行に対してもできるのである。従って、行列 A は、次のような**列のリストを要素とするリスト** L で表すこともできる。

$$\text{全ての } 0 \leqq i < m,\ 0 \leqq j < n \text{ に対し、} \quad A[i,j] = L[j][i]$$

例えば、行列 $\begin{bmatrix} 1 & 2 & 3 \\ 10 & 20 & 30 \end{bmatrix}$ は `[[1,10],[2,20],[3,30]]` と表現できる。

クイズ 4.1.2： 評価すると、i,j 要素が $i-j$ である 3×4 行列

$$\begin{bmatrix} 0 & -1 & -2 & -3 \\ 1 & 0 & -1 & -2 \\ 2 & 1 & 0 & -1 \end{bmatrix}$$

の**列**のリストのリストによる表現となる、入れ子の内包表記を書け（**ヒント**：j は整数であるとし、第 j 列を内包表記で書き、その式を j を制御変数とする内包表記で使用する）。

答え

```
>>> [[i-j for i in range(3)] for j in range(4)]
[[0, 1, 2], [-1, 0, 1], [-2, -1, 0], [-3, -2, -1]]
```

4.1.2　行列の正体

マトリックス リビジテッド（http://xkcd.com/566/より抜粋）

ここまでの例で示したような記法は、これからよく使うことになるだろう。しかし、ベクトルの要素を任意の有限集合の要素で指定できるようにベクトルを定義しておくと便利だったように、行列の行と列を任意の有限集合で指定できるようにしたい。

そこで、体 $\mathbb{F}$ 上の D ベクトルを D から $\mathbb{F}$ への関数で定義したのと同様に、**体 $\mathbb{F}$ 上の $R \times C$ 行列**をデカルト積 $R \times C$ から $\mathbb{F}$ への関数で定義する。以下では、R の要素を**行ラベル**とし、C の要素を**列ラベル**と呼ぶ。

例 4.1.3： $R =$ {'a', 'b'}、$C =$ {'#', '@', '?'} として例を示そう。

	@	#	?
a	1	2	3
b	10	20	30

列ラベルは表の上に、行ラベルは左に並べてある。

数学的には、この行列は $R \times C$ から $\mathbb{R}$ への関数である。この関数は Python の辞書表記で表すことができる。

```
{('a','@'):1, ('a','#'):2, ('a', '?'):3, ('b', '@'):10, ('b', '#'):20,
 ('b','?'):30}
```

4.1.3 行、列、要素

行列が強力なのは、行と列をベクトルとして解釈できることにある。例 4.1.3（p.185）の行列では

- 行`'a'`はベクトル`Vec({'@', '#', '?'}, {'@':1, '#':2, '?':3})`
- 行`'b'`はベクトル`Vec({'@', '#', '?'}, {'@':10, '#':20, '?':30})`
- 列`'#'`はベクトル`Vec({'a', 'b'}, {'a':2, 'b':20})`
- 列`'@'`はベクトル`Vec({'a', 'b'}, {'a':1, 'b':10})`

と解釈できる。

クイズ 4.1.4： 列`'?'`に対する Python の式を`Vec`を用いて書け。

答え

```
Vec({'a', 'b'}, {'a':3, 'b':30})
```

$R \times C$ 行列 M と、$r \in R$、$c \in C$ に対し、**M の r, c 要素**は組 (r, c) を写像したもので定義され、$M_{r,c}$ や $M[r, c]$ と書かれる。行と列は次のように定義される。

- $r \in R$ に対し、r 行は各要素 $c \in C$ が $M[r, c]$ の要素であるような C ベクトルである。
- $c \in C$ に対し、c 列は各要素 $r \in R$ が $M[r, c]$ の要素であるような R ベクトルである。

M の r 行は、$M[r, :]$、または、$M_{r,:}$ と表され、c 列は、$M[:, c]$、または、$M_{:,c}$ と表される。

行の辞書表現

行列の各行はベクトルであるとしたので、各行を`Vec`のインスタンスとして表現することができる。行ラベルから行へ写像するために辞書を用いる。行列のこの表現方法を**行の辞書**（*rowdict*）表現と呼ぶ。例えば、例 4.1.3 の行列の行の辞書表現は

```
{'a': Vec({'#', '@', '?'}, {'@':1, '#':2, '?':3}),
 'b': Vec({'#', '@', '?'}, {'@':10, '#':20, '?':30})}
```

である。

列の辞書表現

行と列の双対性は、列のラベルから`Vec`のインスタンスで表された列へ写像する辞書による表現もまた可能であることを示唆している。この表現を**列の辞書**（*coldict*）表現と呼ぶ。

クイズ 4.1.5： 評価すると例 4.1.3 の行列の列の辞書表現となる Python の式を書け。

答え

```
{'#': Vec({'a', 'b'}, {'a':2, 'b':20}),
 '@': Vec({'a', 'b'}, {'a':1, 'b':10}),
 '?': Vec({'a', 'b'}, {'a':3, 'b':30})}
```

4.1.4 Python における行列の実装

これまでも行列のいくつかの異なる表現を定義し、これからも新たな定義をすることになるが、ひとまず、行列を表すクラス Mat を定義しておくと便利だろう。これはベクトルのクラス Vec に似ている。Mat のインスタンスは次の 2 つのフィールドを持つ。

- D：集合の組 (R, C)（Vec の D とは異なり、単一の集合ではない）
- f：組 $(r, c) \in R \times C$ をフィールドの要素に写像する関数を表現する辞書

ここでもベクトルを表現するときに用いたスパース表現に従う。即ち、値が 0 である要素を辞書で表現する必要はない。C ベクトルは $|C|$ 個の要素を持つが、$R \times C$ 行列は $|R| \cdot |C|$ 個の要素を持つということから分かるように、行列の要素数はベクトルよりはるかに大きくなることが多く、行列に対するスパース性はベクトルの場合より重要となる。

本書で用いる行列とベクトルの表現の間の重要な違いの 1 つは、D フィールドの用途である。ベクトルでは D の値は集合であり、辞書のキーは集合の要素であった。行列では D の値は集合の組 (R, C) であり、辞書のキーはデカルト積 $R \times C$ の要素である。このような表現にした理由は、集合 $R \times C$ 全体を格納してしまうと、大きなスパース行列に対してメモリを使いすぎるからである。

次のコードはクラス Mat を定義するのに必要な Python のコードである。

```
class Mat:
  def __init__(self, labels, function):
    self.D = labels
    self.f = function
```

この定義を Python が処理すれば、次のように Mat のインスタンスを作成することができる。

```
>>> M = Mat(({'a', 'b'}, {'@', '#', '?'}), {('a','@'):1, ('a','#'):2,
...          ('a','?'):3, ('b','@'):10, ('b','#'):20, ('b','?'):30})
```

Vec と同様に、第 1 引数は新しいインスタンスの D フィールドに代入され、第 2 引数は f フィールドに代入される。

また、Vec と同様に、Mat のインスタンスを操作するプロシージャを書き、最終的には Mat をよりよいクラスにする。これにより、*のような演算が可能になり、次のような美しい表示もできる。

```
>>> print(M)
        #   @   ?
     ---------
 a  |   2   1   3
 b  |  20  10  30
```

4.1.5 単位行列

定義 4.1.6： 有限集合 D に対し、$D \times D$ **単位行列**（*identity matrix*）とは、行ラベル集合と列ラベル集合がどちらも D であり、全ての $d \in D$ に対し、(d, d) 要素が 1（かつ他の全ての要素が 0）であるような行列である。以降これを $\mathbb{1}_D$ と表す。通常、集合 D は前後の文脈から明らかなので、添字を付けずに $\mathbb{1}$ と書く。

例えば次の行列は{'a','b','c'}×{'a','b','c'}単位行列である。

```
       a b c
     -------
 a  |  1 0 0
 b  |  0 1 0
 c  |  0 0 1
```

クイズ 4.1.7： {'a','b','c'}×{'a','b','c'}単位行列を Mat のインスタンスとして表す式を書け。

答え

```
Mat(({'a','b','c'},{'a','b','c'}),{('a','a'):1,('b','b'):1,('c','c'):1})
```

クイズ 4.1.8： 与えられた有限集合 D に対して、Mat のインスタンスとして表現された D×D 単位行列を返す 1 行プロシージャ identity(D) を書け。

答え

```
def identity(D): return Mat((D,D), {(d,d):1 for d in D})
```

4.1.6 行列の表現間の変換

本書では、行列のさまざまな表現を用いるので、それらの表現間の変換ができると便利だろう。

クイズ 4.1.9： 与えられた Mat のインスタンスに対し、その行列の行の辞書表現を返す 1 行プロシージャ mat2rowdict(A) を書け。辞書の内包表記を用いよ。

```
>>> mat2rowdict(M)
{'a': Vec({'@', '#', '?'},{'@': 1, '#': 2, '?': 3}),
 'b': Vec({'@', '#', '?'},{'@': 10, '#': 20, '?': 30})}
```

ヒント：まず値が行 r の Vec であるような式を書く。体 F の要素は、辞書の内包表記で定義される。次にその式を r を制御変数とする辞書の内包表記で用いる。

答え

r が A の行ラベルの 1 つにバインドされるとすると、行 r は次の式の値となる。

```
Vec(A.D[1],{c:A.f[r,c] for c in A.D[1]})
```

この式を辞書の内包表記におけるキー r に対応する値として用いたい。

```
{r:...  for r in A.D[0]}
```

これらの 2 つの式を一緒に用いて、次のようにプロシージャを定義する。

```
def mat2rowdict(A):
  return {r:Vec(A.D[1],{c:A.f[r,c] for c in A.D[1]}) for r in A.D[0]}
```

クイズ 4.1.10： 与えられた Mat のインスタンスに対し、その行列の列の辞書表現を返す 1 行プロシージャ mat2coldict(A) を書け。辞書の内包表記を用いよ。

```
>>> mat2coldict(M)
{'@': Vec({'a', 'b'},{'a': 1, 'b': 10}),
 '#': Vec({'a', 'b'},{'a': 2, 'b': 20}),
 '?': Vec({'a', 'b'},{'a': 3, 'b': 30})}
```

答え

```
def mat2coldict(A):
  return {c:Vec(A.D[0],{r:A.f[r,c] for r in A.D[0]}) for c in A.D[1]}
```

4.1.7 matutil.py

matutil.py には、クイズ 4.1.8 のプロシージャ identity(D) と、4.1.6 節の便利なプロシージャが含まれている。このモジュールはこの先よく使うことになる。また、プロシージャ mat2rowdict(A) と mat2coldict(A) の逆の機能を持つ rowdict2mat(rowdict) と coldict2mat(coldict) も含まれている[†1]。また、このモジュールにはプロシージャ listlist2mat(L) も含まれている。これは、与えられたフィールドの要素のリストのリスト L に対し、L のリストに対応する行を持つ Mat のインスタンスを返す。このプロシージャは、次の例のような小さな行列を作る際に便利である。

```
>>> A = listlist2mat([[10,20,30,40],[50,60,70,80]])
>>> print(A)
```

†1 rowdict2mat(rowdict) 及び coldict2mat(coldict) の引数は、ベクトルの辞書、ベクトルのリストのどちらでも可能である。

```
       0  1  2  3
     -------------
0  |  10 20 30 40
1  |  50 60 70 80
```

4.2 列ベクトル空間と行ベクトル空間

行列は多くの役割を果たすが、その1つに、ベクトルをまとめる役割がある。行列をベクトルの集まりと解釈する場合、2通りの考え方がある。即ち、列の集まりと考えるか、行の集まりと考えるかである。

それらの解釈に対応して、行列と関連付けられる2つのベクトル空間が存在する。

定義 4.2.1： 行列 M に対し

- M の**列ベクトル空間**は、M の列ベクトルの集合により張られるベクトル空間であり、Col M と書かれる。
- M の**行ベクトル空間**は、M の行ベクトルの集合により張られるベクトル空間であり、Row M と書かれる。

例 4.2.2： $\begin{bmatrix} 1 & 2 & 3 \\ 10 & 20 & 30 \end{bmatrix}$ の列ベクトル空間は Span $\{[1,10],[2,20],[3,30]\}$ である。ここでは $[2,20]$ と $[3,30]$ は $[1,10]$ のスカラー倍なので、列ベクトル空間は Span $\{[1,10]\}$ に等しい。

この行列の行ベクトル空間は Span $\{[1,2,3],[10,20,30]\}$ である。ここでは $[10,20,30]$ は $[1,2,3]$ のスカラー倍なので、行ベクトル空間は Span $\{[1,2,3]\}$ に等しい。

4.5.1、4.5.2、4.10.6 節で、列ベクトル空間と行ベクトル空間の重要性について深く説明することにしよう。また、4.7 節では、行列に関連付けられる更に重要な、もう1つのベクトル空間について学ぶ。

4.3 ベクトルとしての行列

ここでは、行列が持つ演算について説明する。この演算が行列を便利なものにしている。まず、行列はベクトルとして解釈できるということを見てみよう。具体的には、体 $\mathbb{F}$ 上の $R \times S$ 行列は、$R \times S$ から $\mathbb{F}$ への関数なので、$\mathbb{F}$ 上の $R \times S$ ベクトルと解釈できる。この解釈を用いると、**スカラーとベクトルの積**や**ベクトルの加法**といったベクトルの通常の演算を行列に対しても適用することができる。Mat クラスの完全な実装には、これらの演算も含まれる（ただし、行列にドット積は使わない）。

クイズ 4.3.1： 与えられた Mat のインスタンスに対し、対応する Vec のインスタンスを返すプロシージャ mat2vec(M) を書け。例えば、このプロシージャを例 4.1.3（p.185）で与えられた M に適用した結果を示す。

```
>>> print(mat2vec(M))
 ('a', '#') ('a', '?') ('a', '@') ('b', '#') ('b', '?') ('b', '@')
---------------------------------------------------------------------
          2          3          1         20         30         10
```

答え

```
def mat2vec(M):
  return Vec({(r,s) for r in M.D[0] for s in M.D[1]}, M.f)
```

Mat はベクトル演算を含むので、mat2vec(M) は必要ではない。

4.4 転置

行列を**転置する**（*transpose*）とは、その行列の行と列を入れ替えることである。

定義 4.4.1： $P \times Q$ 行列 M の転置は M^T と書かれる。これは全ての $i \in P$、$j \in Q$ に対し、$(M^T)_{j,i} = M_{i,j}$ を満たす行列である。

クイズ 4.4.2： 行列を表す Mat のインスタンスに対し、その転置を返すプロシージャ transpose(M) を書け。

```
>>> print(transpose(M))
       a  b
    ------
 #  |   2 20
 @  |   1 10
 ?  |   3 30
```

答え

```
def transpose(M):
  return Mat((M.D[1], M.D[0]), {(q,p):v for (p,q),v in M.f.items()})
```

$M^T = M$ であるとき、M を**対称行列**（*symmetric matrix*）と呼ぶ。

例 4.4.3： 行列 $\begin{bmatrix} 1 & 2 \\ 3 & 4 \end{bmatrix}$ は対称ではないが、行列 $\begin{bmatrix} 1 & 2 \\ 2 & 4 \end{bmatrix}$ は対称である。

4.5 線形結合による行列とベクトルの積及びベクトルと行列の積の表現

行列に対し行われるのは、そのほとんどが行列にベクトルを掛けることである。行列にベクトルを掛ける方法には 2 通りある。即ち、行列の右からベクトルを掛ける**行列とベクトルの積**と、行列の左からベクトルを掛ける**ベクトルと行列の積**である。それぞれの積に対し、本書では 2 つの等価な定義を与える。即ち、1 つは線形結合による定義、もう 1 つはドット積による定義である。文脈により、用いられる解釈が異なるので、これらの定義を理解しておいて欲しい。

4.5.1 線形結合による行列とベクトルの積の表現

定義 4.5.1（線形結合による行列とベクトルの積の定義）： M を $\mathbb{F}$ 上の $R \times C$ 行列とし、$\boldsymbol{v}$ を $\mathbb{F}$ 上の C ベクトルとする。このとき $M * \boldsymbol{v}$ とは、線形結合

$$\sum_{c \in C} \boldsymbol{v}[c]\ (M\text{ の }c\text{ 列})$$

のことである。

M が $R \times C$ 行列であっても、$\boldsymbol{v}$ が C ベクトルでないならば、積 $M * \boldsymbol{v}$ は定義できない。

伝統的な行列の場合、$\mathbb{F}$ 上の $m \times n$ 行列 M に対し、$\boldsymbol{v}$ が n 要素のベクトルの場合に限り $M * \boldsymbol{v}$ が定義できる。つまり行列の列の数がベクトルの要素の数と同じでなければならない。

例 4.5.2： 上の積の例を考えよう。

$$\begin{aligned}\begin{bmatrix} 1 & 2 & 3 \\ 10 & 20 & 30 \end{bmatrix} * [7,0,4] &= 7\,[1,10] + 0\,[2,20] + 4\,[3,30] \\ &= [7,70] + [0,0] + [12,120] = [19,190]\end{aligned}$$

例 4.5.3： $\begin{bmatrix} 1 & 2 & 3 \\ 10 & 20 & 30 \end{bmatrix}$ と $[7,0]$ の積はどうだろうか？ これは定義できない。即ち、2×3 行列と 2 要素のベクトルは掛けることができない。行列は 3 つの列を持つが、ベクトルは 2 つの要素しか持っていないからである。

例 4.5.4： より面白い行ラベル、列ラベルを持つ行列の例を挙げよう。

$$\begin{array}{c|ccc} & @ & \# & ? \\ \hline a & 2 & 1 & 3 \\ b & 20 & 10 & 30 \end{array} \;*\; \begin{array}{ccc} @ & \# & ? \\ \hline 0.5 & 5 & -1 \end{array} \;=\; \begin{array}{cc} a & b \\ \hline 3.0 & 30.0 \end{array}$$

例 4.5.5： **ライツアウト**：例 3.1.9（p.145）では、ライツアウトパズル（ボタンを押すとライトのオン・オフが切り替わる）の解が「ボタンベクトル」の線形結合であることを見た。これからは、その線形結合を、列がボタンベクトルであるような行列とベクトルの積で書くことができる。

例えば、

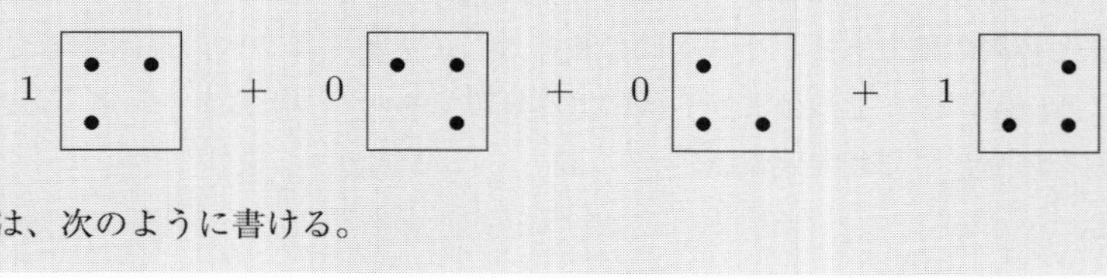

という線形結合は、次のように書ける。

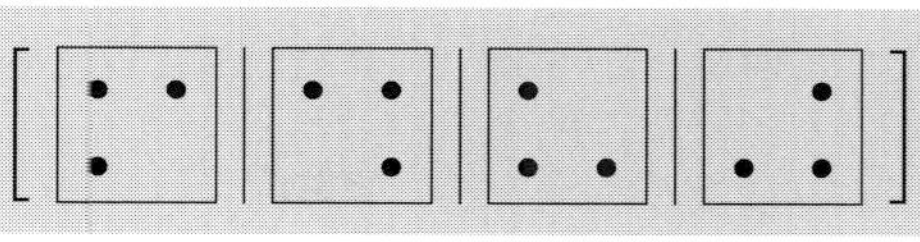

$* [1, 0, 0, 1]$

4.5.2 線形結合によるベクトルと行列の積の表現

行列の**列**ベクトルの線形結合として表現された、行列とベクトルの積の定義を見た。ここでは**行**ベクトルの線形結合としてのベクトルと行列の積の定義を与えよう。

定義 4.5.6（線形結合によるベクトルと行列の積の定義）： M を $R \times C$ 行列とし、$\boldsymbol{w}$ を R ベクトルとする。このとき $\boldsymbol{w} * M$ とは、線形結合

$$\sum_{r \in R} \boldsymbol{w}[r] \; (M \text{ の } r \text{ 行})$$

のことである。

M が $R \times C$ 行列であっても、$\boldsymbol{w}$ が R ベクトルでないならば、積 $\boldsymbol{w} * M$ は定義できない。

このことは、行列とベクトルの積が、ベクトルと行列の積とは異なることを示すよい機会であろう。実際、積 $M * \boldsymbol{v}$ が定義できても、$\boldsymbol{v} * M$ が定義できないことはよくあり、その逆もまた同様である。数同士の掛け算で、可換性に慣れてしまっているので、はじめは行列とベクトルの積の非可換性には抵抗があるかもしれない。

例 4.5.7：

$$[3,4] \quad * \quad \begin{bmatrix} 1 & 2 & 3 \\ 10 & 20 & 30 \end{bmatrix} \quad = \quad 3\,[1,2,3] \quad + \quad 4\,[10,20,30]$$
$$= \quad [3,6,9] \quad + \quad [40,80,120] \quad = \quad [43,86,129]$$

例 4.5.8： $[3,4,5] * \begin{bmatrix} 1 & 2 & 3 \\ 10 & 20 & 30 \end{bmatrix}$ の場合はどうだろうか？ これは定義できない。3 要素のベクトルと 2×3 行列は掛けることができないからだ。ベクトルの要素の数は行列の行の数と同じでなければならない。

注意 4.5.9： 転置は行と列を入れ替える。M の行は M^T の列である。従って $\boldsymbol{w} * M$ を $M^T * \boldsymbol{w}$ で定義することができる。しかし、このような方法で積を実装することは間違っているだろう。転置は完全に新しい行列を作るので、行列が大きい場合、ベクトルと行列の積を計算するだけのために転置をするのは効率が悪い。

例 4.5.10： 3.1.2 節で、線形結合の応用例を示した。例 3.1.6（p.143）のジャンク工場のデータの表を思い出そう。

	金属	コンクリート	プラスチック	水	電気
ガーデンノーム	0	1.3	0.2	0.8	0.4
フラフープ	0	0	1.5	0.4	0.3
スリンキー	0.25	0	0	0.2	0.7
シリーパティー	0	0	0.3	0.7	0.5
サラダシューター	0.15	0	0.5	0.4	0.8

各製品はベクトルに対応する。例 3.1.6（p.143）では、次の各ベクトルを定義した。

v_gnome、 v_hoop、v_slinky、v_putty、v_shooter

これらの定義域はそれぞれ

{'metal','concrete','plastic','water','electricity'}

である。いま、これらのベクトルを行に持つ行列 M を構成することができる。

```
>>> rowdict = {'gnome':v_gnome, 'hoop':v_hoop, 'slinky':v_slinky,
...            'putty':v_putty, 'shooter':v_shooter}
>>> M = rowdict2mat(rowdict)
>>> print(M)

           plastic metal concrete water electricity
         ------------------------------------------
   putty  |    0.3     0        0   0.7         0.5
   gnome  |    0.2     0      1.3   0.8         0.4
  slinky  |      0  0.25        0   0.2         0.7
    hoop  |    1.5     0        0   0.4         0.3
 shooter  |    0.5  0.15        0   0.4         0.8
```

この例では、ジャンク工場は、製品の量 α_{gnome}、α_{hoop}、α_{slinky}、α_{putty}、α_{shooter} を決めていた。このとき、定義域が{*metal, concrete, plastic, water, electricity*}で、各資源の総使用量を与えるベクトルは、上の表の行ベクトルの線形結合であり、その係数は各製品の量であった。

この総使用量を与えるベクトルは、ベクトルと行列の積としても得ることができる。

$$[\alpha_{\text{gnome}}, \alpha_{\text{hoop}}, \alpha_{\text{slinky}}, \alpha_{\text{putty}}, \alpha_{\text{shooter}}] * M \tag{4-1}$$

Python でベクトルと行列の積を用いて総使用量ベクトルを計算する方法を以下に示す。アスタリスク $*$ を積の演算子として用いていることに注意して欲しい。

```
>>> R = {'gnome', 'hoop', 'slinky', 'putty', 'shooter'}
>>> u = Vec(R, {'putty':133, 'gnome':240, 'slinky':150, 'hoop':55,
...             'shooter':90})
```

```
>>> print(u*M)

 plastic metal concrete water electricity
------------------------------------------
     215    51      312   373         356
```

4.5.3 ベクトルの線形結合による表現の行列とベクトルの方程式による定式化

ここまで、線形結合を行列とベクトルの積、または、ベクトルと行列の積として表現できるということを学んできた。ここではその考え方を用いて、与えられたベクトルを線形結合で表す問題を再定式化しよう。

例 4.5.11： 3.1.4 節の**産業スパイ**問題を思い出そう。ジャンク工場のデータの表と消費される資源の総量から、製品の生産量を計算する問題だ。$\boldsymbol{b}$ を消費された資源を表すベクトルとし、$\boldsymbol{x}$ を変数ベクトルと定義する。式 (4-1) から、次の行列とベクトルの方程式を得る。

$$\boldsymbol{x} * M = \boldsymbol{b}$$

産業スパイ問題を解くことは、この方程式を解くことに帰着される。

例 4.5.12： 例 3.1.9（p.145）では、ライツアウトの与えられた初期状態 s に対し、全てのライトを消すために押すボタンを求める問題は、s をボタンベクトルの（$GF(2)$ 上の）線形結合として表現する問題に書き換えられることを示した。更に、例 4.5.5（p.192）では、このボタンベクトルの線形結合は、ボタンベクトルを列に持つ行列 B を用いて、行列とベクトルの積 $B * \boldsymbol{x}$ で書けることを指摘した。従って、正しい係数を求める問題は、$B * \boldsymbol{x} = \boldsymbol{s}$ を満たすようなベクトル $\boldsymbol{x}$ を求める問題に書き換えられる。

以下に $n \times n$ のライツアウトに対するボタンベクトルの辞書を作成するプロシージャを示す。ここで GF2 モジュールで定義されている値 one を用いることに注意して欲しい。

```
def button_vectors(n):
  D = {(i,j) for i in range(n) for j in range(n)}
  vecdict = {(i,j):
             Vec(D,dict([((x,j),one) for x in range(max(i-1,0), min(i+2,n))]
                       +[((i,y),one) for y in range(max(j-1,0), min(j+2,n))]))
                       for (i,j) in D}
  return vecdict
```

返される辞書の (i,j) 要素は、(i,j) ボタンに対応するボタンベクトルである。

これで 5×5 のライツアウトに対応するボタンベクトルを列に持つ行列 B を作成することができる。

```
>>> B = coldict2mat(button_vectors(5))
```

例えば、中央のライトだけ点灯しているような特定の配置からパズルを始め、そのときの押すべきボタンベクトルを見つけたいとしよう。まず、その配置を表すベクトル $\boldsymbol{s}$ を作成する。

```
>>> s = Vec(B.D[0], {(2,2):one})
```

そして、方程式 $B * \boldsymbol{x} = \boldsymbol{s}$ を解けばよい。

4.5.4 行列とベクトルの方程式を解く

これまでのそれぞれの例で、また、多くの応用でも、次のような計算問題に直面した。

計算問題 4.5.13： 行列とベクトルの方程式を解く

- **入力**：$R \times C$ 行列 A と R ベクトル $\boldsymbol{b}$
- **出力**：$A * \hat{\boldsymbol{x}} = \boldsymbol{b}$ を満たすような C ベクトル $\hat{\boldsymbol{x}}$

この計算問題では、$A * \boldsymbol{x} = \boldsymbol{b}$ の形の方程式を解くものとして説明したが、この問題に対するアルゴリズムは A の転置 A^T にも適用できるので、$\boldsymbol{x} * A = \boldsymbol{b}$ の形のベクトルと行列の方程式を解くと考えてもよい。

例 4.5.14： 例 3.4.13（p.161）では、$a, b, c, d \in \mathbb{R}$ と Span $\{[a, b], [c, d]\}$ について考えた。

1. $[c, d]$ が Span $\{[a, b]\}$ に属してないならば $ad \neq bc$ であることを示した。
2. その場合、$\mathbb{R}^2$ 上の任意のベクトル $[p, q]$ に対し、次のような係数 α と β があることを示した。

$$[p, q] = \alpha\,[a, b] + \beta\,[c, d] \tag{4-2}$$

例の後半では、p, q, a, b, c, d を用いて、α と β の式 $\alpha = \frac{dp-cq}{ad-bc}$、$\beta = \frac{aq-bp}{ad-bc}$ を与えた。

式 (4-2) は、次のような行列とベクトルの方程式に書き直せることに注意しよう。

$$\begin{bmatrix} a & c \\ b & d \end{bmatrix} * [\alpha, \beta] = [p, q]$$

このとき、α と β に対する式は、行列が 2×2 で、かつ、2 列目が 1 列目の線形包に属していない場合に関する行列とベクトルの方程式を解くためのアルゴリズムを与えている。

例えば、行列の方程式 $\begin{bmatrix} 1 & 2 \\ 3 & 4 \end{bmatrix} * [\alpha, \beta] = [-1, 1]$ を解くには、$\alpha = \frac{4\cdot(-1)-2\cdot1}{1\cdot4-2\cdot3} = \frac{-6}{-2} = 3$、$\beta = \frac{1\cdot1-3\cdot(-1)}{1\cdot4-2\cdot3} = \frac{4}{-2} = -2$ とすればよい。

後の章で、この計算問題に対するアルゴリズムについて説明する。これらのアルゴリズムを実装するモジュール `solver` を提供しておこう。このモジュールには次のような機能を持つプロシージャ `solve(A, b)` が含まれている。

- **入力**：`Mat` のインスタンス A と `Vec` のインスタンス $\boldsymbol{v}$

- **出力**：$A * \boldsymbol{u} = \boldsymbol{v}$ を（許容誤差の範囲内で）満たす**ある**ベクトル $\boldsymbol{u}$ が存在するとき、そのベクトル $\boldsymbol{u}$ を返す

出力のベクトルは、行列とベクトルの方程式の解で**ない**ことがあるので注意しよう。特に、行列とベクトルの方程式に解が**ない**場合、`solve(A, b)` が返すベクトルは解ではない。従って、`solver(A, b)` から得られた解答 `u` に対し、`A*u` と `b` を比べて、それが解であるかどうかチェックする必要がある。

更に、$\mathbb{R}$ 上の行列とベクトルの場合、その計算は、Python の限られた精度の数値計算によって行われるので、$A * \boldsymbol{x} = \boldsymbol{b}$ が解を持つ場合でさえ、返されるベクトル `u` は正確な解でない可能性がある。

例 4.5.15： 産業スパイ問題を `solve(A, b)` を使って解こう。ジャンク会社が金属を 51、コンクリートを 312、プラスチックを 215.4、水を 373.1、電気を 356 使っていることを傍受したとしよう[†2]。これをベクトル $\boldsymbol{b}$ で次のように表す。

```
>>> C = {'metal','concrete','plastic','water','electricity'}
>>> b = Vec(C, {'water':373.1,'concrete':312.0,'plastic':215.4,
...              'metal':51.0,'electricity':356.0})
```

ここで、ベクトルと行列の方程式 $\boldsymbol{x} * M = \boldsymbol{b}$ を解きたいとする。M は例 4.5.10（p.194）で定義された行列である。`solve(A, b)` は行列とベクトルの方程式を解くので、M の転置を第 1 引数 A として与えよう。

```
>>> solution = solve(M.transpose(), b)
>>> print(solution)

 putty gnome slinky hoop shooter
--------------------------------
   133   240    150   55       90
```

このベクトルは方程式の解になるだろうか？ それは**余剰ベクトル**[†3]を計算し、確かめることができる。

```
>>> residual = b - solution*M
```

この解が正しければ余剰ベクトルはゼロベクトルとなる。余剰ベクトルが**ほとんど**ゼロであるかどうかを確かめる簡単な方法は、その要素の 2 乗の和を計算すること、つまり、自分自身とドット積を取ることである。

```
>>> residual * residual
1.819555009546577e-25
```

10^{-25} は、ここでの目的においては、ほとんど 0 と考えてよい！

しかし、これでジャンク工場の秘密を理解できたとはまだ言い切れない。即ち、この計算で得られ

†2 ［訳注］簡単のため、単位は省略した。
†3 ［訳注］得られた解が正しいかを確認するためのベクトル。得られた解を元の式に代入し、実際に式が成り立っているかを見積もる。

た解は、唯一の解ではないかもしれないからだ！ これについてはまた後で議論しよう。

例 4.5.16： 例 4.5.12（p.195）に続けて、solve(A, b) を用いて 5×5 のライツアウトを解こう。例として、中央のライトだけが点灯している状態から始めるとしよう。

```
>>> s = Vec(B.D[0], {(2,2):one})
>>> sol = solve(B, s)
```

これが正しい解であることは、次のようにチェックすることができる。

```
>>> B*sol == s
True
```

$GF(2)$ の要素は、コンピュータ上で正確に表現されるので、計算の正確さについての懸念は生じない。更に、この問題では方程式に複数の解があるかどうかを気にする必要はない。この解によって押すべきボタンの集まりの 1 つが分かるからである。

```
>>> [(i,j) for (i,j) in sol.D if sol[i,j] == one]
[(4,0),(2,2),(4,1),(3,2),(0,4),(1,4),(2,3),(1,0),(0,1),(2,0),(0,2)]
```

4.6 ドット積による行列とベクトルの積の表現

ドット積による行列とベクトルの積の表現を定義する。

4.6.1 定義

定義 4.6.1（ドット積による行列とベクトルの積の定義）： M が $R \times C$ 行列、$\boldsymbol{u}$ が C ベクトルならば、$M * \boldsymbol{u}$ は $\boldsymbol{v}[r]$ が M の r 行と $\boldsymbol{u}$ のドット積となるような R ベクトル $\boldsymbol{v}$ である。

例 4.6.2： 次の行列とベクトルの積を考えよう。

$$\begin{bmatrix} 1 & 2 \\ 3 & 4 \\ 10 & 0 \end{bmatrix} * [3, -1]$$

この積の結果は 3 要素のベクトルとなる。第 1 要素は第 1 行 $[1,2]$ と $[3,-1]$ とのドット積で、$1 \cdot 3 + 2 \cdot (-1) = 1$ となる。第 2 要素は第 2 行 $[3,4]$ と $[3,-1]$ のドット積で、$3 \cdot 3 + 4 \cdot (-1) = 5$ となる。第 3 要素は同様に $10 \cdot 3 + 0 \cdot (-1) = 30$ となる。よって積の結果は $[1,5,30]$ となる。

$$\begin{bmatrix} 1 & 2 \\ 3 & 4 \\ 10 & 0 \end{bmatrix} * [3,-1] \quad = \quad [\quad [1,2]\cdot[3,-1], \quad [3,4]\cdot[3,-1], \quad [10,0]\cdot[3,-1] \quad] \quad = \quad [1,5,30]$$

ベクトルと行列の積は、列とのドット積により定義される。

定義 4.6.3（ドット積によるベクトルと行列の積の定義）： M が $R \times C$ 行列、u が R ベクトルならば、$\boldsymbol{u} * M$ は $\boldsymbol{v}[c]$ が $\boldsymbol{u}$ と M の c 列のドット積であるような C ベクトル $\boldsymbol{v}$ である。

4.6.2　応用例

例 4.6.4： 高解像度の画像があり、これをウェブページ上でより高速に表示するために、その画像の低解像度版が必要だとしよう。

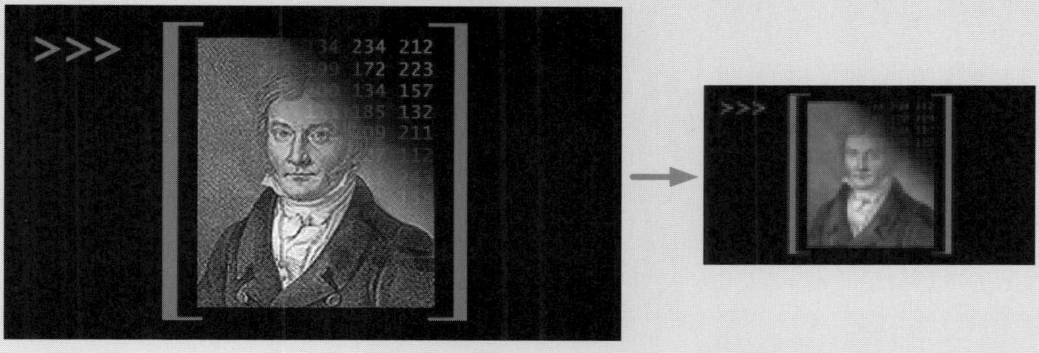

つまり画像の**ダウンサンプリング**を試みる。

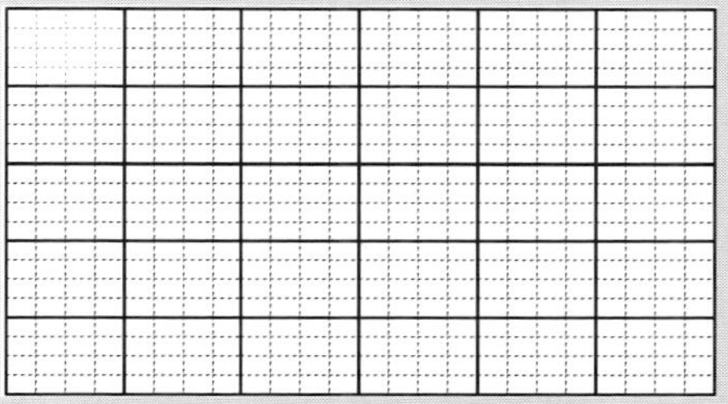

低解像度画像の各ピクセル（実線の長方形で表現されている）は、高解像度画像のピクセル（点線の長方形で表現されている）のいくつかのグリッドに対応する。低解像度画像のピクセルの強度は、対応する高解像度画像のピクセルの強度の**平均**である。

この高解像度画像をベクトル $\boldsymbol{u}$ で表そう。クイズ 2.9.3 で、平均化はドット積で表現できることを示した。ダウンサンプリングでは、低解像度画像の各ピクセルの強度は $\boldsymbol{u}$ の要素の部分集合の平均として計算される。従って、これもドット積で表すことができる。故に、低解像度画像の計算には画像の各ピクセルについてドット積が1回必要である。

ドット積による行列とベクトルの積の定義を用いると、$\boldsymbol{u}$ とドット積を取るべきベクトルを行に持つ行列 M を作成することができる。M の列ラベルは高解像度画像のピクセル座標であり、行ラベルは低解像度画像のピクセル座標である。低解像度画像を表すベクトルを $\boldsymbol{v}$ として、$\boldsymbol{v} = M * \boldsymbol{u}$ と書く。

高解像度画像は 3000×2000 の大きさを持ち、目標とする低解像度画像は 750×500 の大きさを持つとしよう。このとき、高解像度画像は定義域が $\{0, 1, \ldots, 2999\} \times \{0, 1, \ldots, 1999\}$ のベクトル $\boldsymbol{u}$ により表され、低解像度画像は定義域が $\{0, 1, \ldots, 749\} \times \{0, 1, \ldots, 499\}$ のベクトル $\boldsymbol{v}$ により表される。

行列 M は列ラベル集合 $\{0, 1, \ldots, 2999\} \times \{0, 1, \ldots, 1999\}$ と行ラベル集合 $\{0, 1, \ldots, 749\} \times \{0, 1, \ldots, 499\}$ を持つ。低解像度画像の各ピクセル座標の組 (i, j) に対し、対応する M の行は高解像度画像のピクセル座標

$$(4i, 4j), (4i, 4j+1), (4i, 4j+2), (4i, 4j+3), (4i+1, 4j), (4i+1, 4j+1), \ldots, (4i+3, 4j+3)$$

の 4×4 グリッド以外は全て0のベクトルである。ここで、これらの値は $\frac{1}{16}$ である。

以下に行列 M を作成する Python のコードを示す。

```
D_high = {(i,j) for i in range(3000) for j in range(2000)}
D_low ={(i,j) for i in range(750) for j in range(500)}
M = Mat((D_low, D_high),
    {((i,j), (4*i+m, 4*j+n)):1./16 for m in range(4) for n in range(4)
                                   for i in range(750) for j in range(500)})
```

しかし、実際に、このような行列を作りたくはないだろう。ここではコードの例として示しただけである。

例 4.6.5： 画像と、その画像の領域を表すピクセル座標の組の集合が与えられており、その領域をぼやけさせた新しい画像を作りたいとしよう。

ここではプライバシーを守るために顔の部分をぼかしたいとする。ここでも、ぼかす変換は、行列とベクトルの積 $M * \boldsymbol{v}$ で表すことができる（繰り返しになるが、実際にはこの行列を明示的に作りたくはないだろう。しかし、10章で議論するように、そのような行列があるとこの変換を高速に計算できて便利である）。

ここでは入力画像と出力画像は同じ大きさを持つとする。ぼかしたいピクセルそれぞれの強度は、隣接するピクセルの強度の平均として計算される。今度も、平均がドット積として計算できること、及び、行列とベクトルの積が行列の各行に対するドット積であると解釈できることを用いよう。

平均化処理では全ての隣接するピクセルを平等に扱う。この方法で得られる画像は、人工的で好ま

しくない見た目になりがちで、目で見たときのぼやけ方とは違っている。**ガウシアン**ブラーは、中心により近いピクセルに重みを持たせて計算するもので、重みは中心から離れるほど（特定の式に従って）小さくなる。

単純な平均と重み付きの平均のどちらでぼかしても、その変換は 2.9.3 節で述べた**線形フィルタ**の例となっている。

例 4.6.6： 2.9.3 節のような、オーディオの中からオーディオクリップを探す問題は、たくさんのドット積を求める問題として定式化できる。ドット積は探したいオーディオクリップが取りうる位置それぞれに対して計算されるので、これらのドット積が行列とベクトルの積で求められると便利だろう。

次の長い数列から数列 $[0, 1, -1]$ を見つけたいとしよう。

$$[0, 0, -1, 2, 3, -1, 0, 1, -1, -1]$$

そのためには、長い数列内で、短い数列が取りうる位置それぞれに対し、短い数列のドット積を計算する必要がある。長い数列は 10 個の要素を持つので、短い数列の取りうる位置が 10 個存在することになる。従って、計算するドット積は 10 個ある。

これらの位置のいくつかでは、ドット積を計算することができないと思うかもしれない。そこでは、長い数列に対し、短い数列の全要素とドット積を計算するのに十分な個数の要素が残っていないからである。ここで、長い数列の最初と最後がつながっていると考えてみよう。こうすれば、長い数列の終わりから始めにかけての要素に対してもドット積を計算できるので、全ての位置に対して短い数列を探すことができる。これは長い数列が環状に書かれているのと同じである。

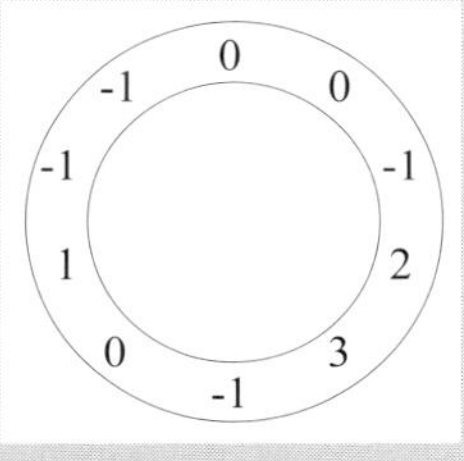

10 個のドット積を 10 行の行列と 10 個の要素を持つ長い数列の積として書こう。

$$\begin{bmatrix} 0 & 1 & -1 & 0 & 0 & 0 & 0 & 0 & 0 & 0 \\ 0 & 0 & 1 & -1 & 0 & 0 & 0 & 0 & 0 & 0 \\ 0 & 0 & 0 & 1 & -1 & 0 & 0 & 0 & 0 & 0 \\ 0 & 0 & 0 & 0 & 1 & -1 & 0 & 0 & 0 & 0 \\ 0 & 0 & 0 & 0 & 0 & 1 & -1 & 0 & 0 & 0 \\ 0 & 0 & 0 & 0 & 0 & 0 & 1 & -1 & 0 & 0 \\ 0 & 0 & 0 & 0 & 0 & 0 & 0 & 1 & -1 & 0 \\ 0 & 0 & 0 & 0 & 0 & 0 & 0 & 0 & 1 & -1 \\ -1 & 0 & 0 & 0 & 0 & 0 & 0 & 0 & 0 & 1 \\ 1 & -1 & 0 & 0 & 0 & 0 & 0 & 0 & 0 & 0 \end{bmatrix} * [0, 0, -1, 2, 3, -1, 0, 1, -1, -1]$$

この積の結果はベクトル $[1, -3, -1, 4, -1, -1, 2, 0, -1, 0]$ となる。2 番目に大きいドット積は 2 であり、これは確かに短い数列と最も一致する位置となっている。最大のドット積は 4 であるが、これはほとんど一致しない位置である。

長い数列の最初と最後をつなげたのは、そうすることで優れたアルゴリズムを用いて、はるかに高速に行列とベクトルの積を計算できるようになるからである。10 章で説明する**高速フーリエ変換**（FFT）のアルゴリズムでは、この行列が特別な形をしていることを利用する。

4.6.3　線形方程式の行列とベクトルの方程式としての定式化

2.9.2 節で、線形方程式を $\boldsymbol{a} \cdot \boldsymbol{x} = \beta$ で定義し、線形方程式系を線形方程式の集まりとして定義した。

$$\begin{aligned} \boldsymbol{a}_1 \cdot \boldsymbol{x} &= \beta_1 \\ \boldsymbol{a}_2 \cdot \boldsymbol{x} &= \beta_2 \\ &\vdots \\ \boldsymbol{a}_m \cdot \boldsymbol{x} &= \beta_m \end{aligned}$$

この線形方程式系は、ドット積による行列とベクトルの積の定義を用いて、行列とベクトルの方程式 1 つに書き直すことができる。A は $\boldsymbol{a}_1, \boldsymbol{a}_2, \ldots, \boldsymbol{a}_m$ を行に持つ行列とし、$\boldsymbol{b}$ はベクトル $[\beta_1, \beta_2, \ldots, \beta_m]$ とする。このとき線形方程式系は行列とベクトルの方程式 $A * \boldsymbol{x} = \boldsymbol{b}$ に等しい。

例 4.6.7： 例 2.9.7（p.110）で、センサーノードのハードウェアコンポーネントの消費電力について学んだことを思い出そう。ここでは `D = {'radio', 'sensor', 'memory', 'CPU'}`と定義する。目標は各ハードウェアコンポーネントが消費する電力を与える `D` ベクトルを求めることである。

5 回のテスト期間を設ける。$i = 0, 1, 2, 3, 4$ に対し、各ハードウェアコンポーネントがテスト期間 i の間、電源がオンである合計時間を与えるベクトル $\textit{duration}_i$ を定義することができる。

```
>>> D = {'radio', 'sensor', 'memory', 'CPU'}
>>> v0 = Vec(D, {'radio':.1, 'CPU':.3})
>>> v1 = Vec(D, {'sensor':.2, 'CPU':.4})
>>> v2 = Vec(D, {'memory':.3, 'CPU':.1})
>>> v3 = Vec(D, {'memory':.5, 'CPU':.4})
>>> v4 = Vec(D, {'radio':.2, 'CPU':.5})
```

次を満たす `D` ベクトル `rate` を求めたい。

`v0*rate = 140`、 `v1*rate = 170`、`v2*rate = 60`、`v3*rate = 170`、 `v4*rate = 250`

この方程式系は、行列とベクトルの方程式として書くことができる。

$$\begin{bmatrix} \text{v0} \\ \hline \text{v1} \\ \hline \text{v2} \\ \hline \text{v3} \\ \hline \text{v4} \end{bmatrix} * [x_0, x_1, x_2, x_3, x_4] = [140, 170, 60, 170, 250]$$

この計算を Python で実行するために、次のベクトル

```
>>> b = Vec({0, 1, 2, 3, 4},{0: 140.0, 1: 170.0, 2: 60.0, 3: 170.0, 4: 250.0})
```

を作成し、更に、v0, v1, v2, v3, v4 を行に持つ行列 A

```
>>> A = rowdict2mat([v0,v1,v2,v3,v4])
```

を構成する。次に行列とベクトルの方程式 A*x=b を解く。

```
>>> rate = solve(A, b)
```

結果として、次のベクトルを得る。

```
Vec(D, {'radio':500, 'sensor':250, 'memory':100, 'CPU':300})
```

これで線形方程式系が行列とベクトルの方程式で書けることが分かったので、線形方程式を含む問題や疑問を、行列とベクトルの方程式の問題として書き直すことができる。

- 「線形系を解く」(計算問題 2.9.12) は、「行列の方程式を解く」(計算問題 4.5.13) という計算問題に置き換わる。
- 認証方式 (2.9.7 節) に関連して説明した、「$GF(2)$ 上の線形系にはいくつ解があるか」(疑問 2.9.18) は、「$GF(2)$ 上の行列とベクトルの方程式にはいくつ解があるか」という疑問に置き換わる。
- 「$GF(2)$ 上の線形系の全ての解を計算せよ」(計算問題 2.9.19) は、「$GF(2)$ 上の行列とベクトルの方程式の全ての解を計算せよ」という計算問題に置き換わる。

4.6.4 三角系と三角行列

2.11 節では、線形方程式の三角系を解くアルゴリズムについて説明した。先ほど線形方程式系が行列とベクトルの方程式として書き換えられることを見た。ここでは三角系についてはどうなるか見てみることにしよう。

例 4.6.8： 例 2.11.1 (p.128) の三角系を行列とベクトルの方程式として再定式化すると、次を得る。

$$\begin{bmatrix} 1 & 0.5 & -2 & 4 \\ 0 & 3 & 3 & 2 \\ 0 & 0 & 1 & 5 \\ 0 & 0 & 0 & 2 \end{bmatrix} * \boldsymbol{x} = [-8, 3, -4, 6]$$

三角系から始めたため、結果の行列は特殊な形になっている。即ち、第 2 行の第 1 要素は 0、第 3 行の第 1、第 2 要素は 0、第 4 行の第 1、第 2、第 3 要素は 0 という形だ。0 でない要素が三角形を成すので、このような行列は**三角行列**と呼ばれる。

定義 4.6.9： $n \times n$ **上三角**行列 A とは、$i > j$ に対し $A_{ij} = 0$ を満たす行列である。

行列の三角形を形づくる要素は 0 でも 0 でなくてもよいことに注意して欲しい。

この定義は伝統的な行列に適用されている。任意の行ラベル、列ラベルの集合を持つ行列に一般化するために、これらのラベル集合の順序を指定する。

定義 4.6.10： R と C を有限集合、L_R を R の要素のリスト、L_C を C の要素のリストとする。$R \times C$ 行列 A は、$i > j$ における L_R と L_C に対し、

$$A[L_R[i], L_C[j]] = 0$$

を満たすとき、**三角行列**であるという。

例 4.6.11： {a, b, c}× {@, #, ?}行列

	@	#	?
a	0	2	3
b	10	20	30
c	0	35	0

は、[b, a, c] と [@, ?, #] についての三角行列である。これは

	@	?	#
b	10	30	20
a	0	3	2
c	0	0	35

のように行と列をリストの順に並び変えることで確認できる。

行と列を並び変えた行列を見やすくするために、Mat クラスはプリティプリントメソッドを提供している。これは読みやすく整形して出力するメソッドで、2 つの引数、リスト L_R と L_C を取る。

```
>>> A = Mat(({'a', 'b', 'c'}, {'#', '@', '?'}),
...         {('a','#'):2, ('a','?'):3,
...          ('b','@'):10, ('b','#'):20, ('b','?'):30,
...          ('c','#'):35})
>>>
>>> print(A)

          #  ?  @
       ----------
  a  |    2  3  0
  b  |   20 30 10
  c  |   35  0  0

>>> A.pp(['b','a','c'], ['@','?','#'])

          @  ?  #
       ----------
  b  |   10 30 20
```

```
a  |   0  3  2
c  |   0  0 35
```

問題 4.6.12： （グラフアルゴリズムの知識がある読者への問題）与えられた行列に対し、その行列が三角行列である場合に、その行ラベルと列ラベルのリストを求める（リストがなければそれを知らせる）アルゴリズムを考えよ。

4.6.5 行列とベクトルの積の代数的性質

行列とベクトルの積の 2 つの重要な性質を導くために、ここではドット積による表現を使うことにする。最初の性質は、次の節で行列とベクトルの方程式の解の特徴付けや、エラー訂正コードなどに用いる。

命題 4.6.13： M を $R \times C$ 行列としよう。

- 任意の C ベクトル $\boldsymbol{v}$ と任意のスカラー α に対し、次が成り立つ。

$$M * (\alpha\, \boldsymbol{v}) = \alpha\, (M * \boldsymbol{v}) \tag{4-3}$$

- 任意の C ベクトル $\boldsymbol{u}$ と $\boldsymbol{v}$ に対し、次が成り立つ。

$$M * (\boldsymbol{u} + \boldsymbol{v}) = M * \boldsymbol{u} + M * \boldsymbol{v} \tag{4-4}$$

証明

式 (4-3) が成り立つことを示すためには、各 $r \in R$ に対し、左辺の r 要素と右辺の r 要素が等しいことを示せばよい。ドット積による行列とベクトルの積の定義より

- 左辺の r 要素は M の r 行と $\alpha\boldsymbol{v}$ とのドット積と等しい
- 右辺の r 要素は M の r 行と $\boldsymbol{v}$ のドット積の α 倍と等しい

これら 2 つの量はドット積の同次性（命題 2.9.22）より等しい。

式 (4-4) も同様に証明することができる。その証明は演習問題としよう。 □

問題 4.6.14： 式 (4-4) を証明せよ。

4.7 ヌル空間

4.7.1 同次線形系と行列の方程式

3.6 節では、同次線形系、つまり右辺の値が全て 0 である線形方程式系について紹介した。そのような系は、当然、右辺がゼロベクトルであるような行列とベクトルの方程式 $A * \boldsymbol{x} = \boldsymbol{0}$ で表すことができる。

定義 4.7.1： 行列 A の**ヌル空間**（*null space*）とは、$\{\boldsymbol{v} \ : \ A * \boldsymbol{v} = \boldsymbol{0}\}$ というベクトルの集合である。ヌル空間は Null A と書かれる。

Null A は同次線形系の解集合なので、ベクトル空間を成す（3.4.1 節）。

例 4.7.2： $A = \left[\begin{array}{c|c|c} 1 & 4 & 5 \\ 2 & 5 & 7 \\ 3 & 6 & 9 \end{array}\right]$ とする。最初の 2 列の和は第 3 列と等しいので、$A * [1, 1, -1]$ はゼロベクトルとなる。従って $[1, 1, -1]$ は Null A に含まれる。式 (4-3) より、任意のスカラー α に対し、$A * (\alpha\,[1, 1, -1])$ もまたゼロベクトルとなるので、$\alpha\,[1, 1, -1]$ も Null A に属している。例えば $[2, 2, -2]$ は Null A に属する。

問題 4.7.3： 与えられた以下の各行列に対し、その行列のヌル空間に属するゼロでないベクトルを求めよ。

1. $\begin{bmatrix} 1 & 0 & 1 \end{bmatrix}$
2. $\begin{bmatrix} 2 & 0 & 0 \\ 0 & 1 & 1 \end{bmatrix}$
3. $\begin{bmatrix} 1 & 0 & 0 \\ 0 & 0 & 0 \\ 0 & 0 & 1 \end{bmatrix}$

ここで、式 (4-4) を活用しよう。

補題 4.7.4： 任意の $R \times C$ 行列 A と、C ベクトル $\boldsymbol{v}$ に対し、$A * (\boldsymbol{v} + \boldsymbol{z}) = A * \boldsymbol{v}$ が成り立つとき、かつ、そのときに限りベクトル $\boldsymbol{z}$ は A のヌル空間に属する。

証明

この補題は次の命題と等価である。

1. $\boldsymbol{z}$ が A のヌル空間に属するならば、$A * (\boldsymbol{v} + \boldsymbol{z}) = A * \boldsymbol{v}$ が成り立つ。
2. $A * (\boldsymbol{v} + \boldsymbol{z}) = A * \boldsymbol{v}$ が成り立つならば、$\boldsymbol{z}$ は A のヌル空間に属する。

簡単のため、この 2 つの命題を別々に証明する。

1. $\boldsymbol{z}$ が A のヌル空間に属するとする。このとき次が成り立つ。

$$A * (\boldsymbol{v} + \boldsymbol{z}) = A * \boldsymbol{v} + A * \boldsymbol{z} = A * \boldsymbol{v} + \boldsymbol{0} = A * \boldsymbol{v}$$

2. $A * (\boldsymbol{v} + \boldsymbol{z}) = A * \boldsymbol{v}$ が成り立つとする。このとき次が成り立つ。

$$A * (\boldsymbol{v} + \boldsymbol{z}) = A * \boldsymbol{v}$$
$$A * \boldsymbol{v} + A * \boldsymbol{z} = A * \boldsymbol{v}$$
$$A * \boldsymbol{z} = \boldsymbol{0}$$

□

4.7.2 行列とベクトルの方程式の解空間

補題 3.6.1（3.6.1 節）で、線形方程式系の 2 つの解は、対応する同次方程式系の解の分だけ異なることを見た。その結果を行列とベクトルの方程式で言い換えて再証明しよう。

系 4.7.5： $\boldsymbol{u}_1$ を行列の方程式 $A * \boldsymbol{x} = \boldsymbol{b}$ の解とする。このとき、$\boldsymbol{u}_1 - \boldsymbol{u}_2$ が A のヌル空間に属するとき、かつ、そのときに限り $\boldsymbol{u}_2$ もまた方程式 $A * \boldsymbol{x} = \boldsymbol{b}$ の解である。

証明

$A * \boldsymbol{u}_1 = \boldsymbol{b}$ より

$A * \boldsymbol{u}_2 = A * \boldsymbol{u}_1$ であるとき、かつ、そのときに限り $A * \boldsymbol{u}_2 = \boldsymbol{b}$

である。また $\boldsymbol{v} = \boldsymbol{u}_2$ と $\boldsymbol{z} = \boldsymbol{u}_1 - \boldsymbol{u}_2$ に補題 4.7.4 を用いると

$\boldsymbol{u}_1 - \boldsymbol{u}_2$ が A のヌル空間に属するとき、かつ、そのときに限り $A * \boldsymbol{u}_2 = A * \boldsymbol{u}_1$

である。これら 2 つを組み合わせることで、系は証明される。 □

ハードウェアコンポーネントの消費電力の割合（2.9.2 節）を計算する方法を学んだ際、線形方程式系の解の一意性に関する疑問を提示した。また、系 3.6.4 では、解の一意性は、対応する同次系が自明な解だけを持つかどうかによることを示した。次に挙げるのは、行列の言葉で書かれた同様の系である。

系 4.7.6： 行列とベクトルの方程式 $A\boldsymbol{x} = \boldsymbol{b}$ が解を持つとする。A のヌル空間がゼロベクトルだけから成るとき、かつ、そのときに限り、その解は一意的である。

従って、解の一意性の問題は次の疑問に帰着する。

疑問 4.7.7： どうすれば行列のヌル空間がゼロベクトルだけから成るといえるだろうか？

これは、疑問 3.6.5 の「どうすれば同次線形系が一意的な自明な解を持ことが示せるか？」を、行列の言葉で言い換えたものである。

2.9.7 節で、認証方式への攻撃を学んだ際、$GF(2)$ 上の線形方程式系の解の数に興味が湧いた（疑問 2.9.18）。また、3.6.1 節では、それは同次線形系の解の数と等価であることを示した（疑問 3.6.6）。この

疑問を行列の言葉で再度述べよう。

> **疑問 4.7.8：** $GF(2)$ 上の行列のヌル空間の濃度はどのように求められるか？

4.7.3 はじめてのエラー訂正コード

リチャード・ハミングは「とても神経質」であったといわれている。彼はニュージャージー州のベル研究所で働いていたが、ニューヨークにあるコンピュータを使う必要があった。これはかなり初期のコンピュータで、電気機械式リレーが用いられており、信頼性が低かった。しかし、このコンピュータはエラーが起きたことを検出でき、エラーが起きときには、その計算を再度行った。だが、3回計算を繰り返すと、結果によらず次の計算に進んでしまう。

ハミングは、彼曰く「最下層の人」だったそうで、平日はそのコンピュータを十分に使えなかった。ただし、週末は誰も使わなかったので、ハミングは金曜の午後にまとまった計算をすることを許可された。このようにすると、コンピュータは週末の間動き続け、ハミングはその結果を集めることができた。

しかし、彼がある月曜に来て結果を集計してみたら、何か間違いが起こり、全ての計算がエラーとなっていることを発見した。彼は次の週末に再度試してみたが、また同じことが起きた。イライラした彼は自問自答した。コンピュータが入力にエラーがあることを検出できるのなら、エラーがどこにあるかを教えてくれないだろうか？

ハミングはこの問題の答えの1つを知っていた。レプリケーション（複製）である。たまに起こるビットエラーを心配するのなら、ビット列を3回書いておけばよい。それぞれのビットの位置において、3つの複製のうち2つのビットが同じで残りの1つが異なっていたら、同じ2つのビットの内容が正しいと判断するのである。しかし、この方法はビットを必要以上に使ってしまう。

この経験の結果、ハミングは**エラー訂正コード**を考案した。彼の考えた最初のコードは**ハミングコード**と呼ばれ、現在でもフラッシュメモリーなどで用いられている。ハミングを含め、研究者たちは次々と他の多くのエラー訂正コードを発見した。いまとなっては、エラー訂正コードはさまざまな信号の伝達（Wi-Fiや携帯電話などの、人工衛星や宇宙船との通信、テレビのデジタル放送など）や、ストレージ（RAM、ディスクドライブ、フラッシュメモリー、CD、DVDなど）など、あらゆるところで使われている。

ハミングコードは、いまでいう**2値線形ブロック符号**である。

- 線形代数に基づいていることから**線形**
- 入力と出力は2値であるという仮定から**2値**
- コードが決まった長さのビット列を含むことから**ブロック**

データの送信または保存は**ノイズがあるチャンネル（雑音のある通信路）**によりモデル化され、このチャンネルを通してベクトルを送ることができるが、たまにビットが反転する。2値のブロックは $GF(2)$ 上のベクトルで表現され、2値ブロック符号は関数 $f : GF(2)^m \longrightarrow GF(2)^n$ を定義する（ハミングコードでは

m は 4、n は 7 である)。

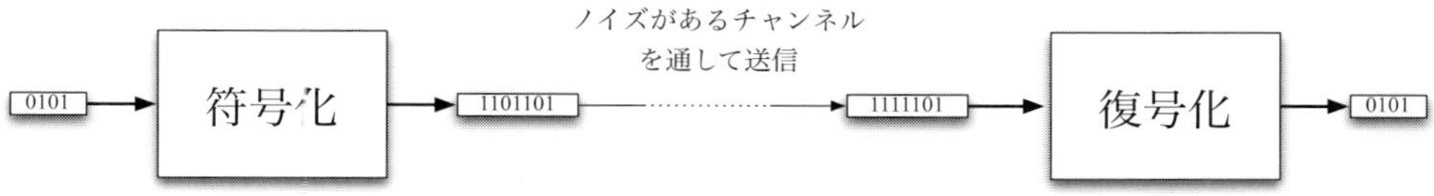

他端で確実に受け取りたい m ビットのブロックがあるとき、それを f で n 要素のベクトルに変換してからノイズがあるチャンネルを通して送る。ノイズがあるチャンネルの他端では受信者が n 要素のベクトルを受け取るが、おそらくこのうちのいくつかのビットは元のビットとは異なるだろう。このベクトルがノイズがあるチャンネルを通ったことにより変更されたビットがどれであるかを、受信者は何とか見つけ出す必要がある。

符号化されたものの集合、つまりノイズがあるチャンネルに入れることができる n 要素のベクトルの集合の f による像を $\mathcal{C}$ と書くことにする。$\mathcal{C}$ のベクトルは**コードワード**と呼ばれる†4。

4.7.4 線形符号

$\boldsymbol{c}$ をノイズがあるチャンネルに入れるコードワードとし、$\tilde{\boldsymbol{c}}$ はチャンネルの他端から出てくるベクトル(コードワードである必要はない)としよう。通常、$\tilde{\boldsymbol{c}}$ は $\boldsymbol{c}$ とはいくつかの位置のビットだけが違う。これはノイズがあるチャンネルがエラーを引き起こした位置である。それを次のように書こう。

$$\tilde{\boldsymbol{c}} = \boldsymbol{c} + \boldsymbol{e}$$

ここで $\boldsymbol{e}$ はエラーの位置に 1 を持つベクトルである。$\boldsymbol{e}$ を**エラーベクトル**と呼ぶ。

受信者は $\tilde{\boldsymbol{c}}$ を受け取り、$\boldsymbol{c}$ を求めるために $\boldsymbol{e}$ を見つけ出さなければならない。でもどうやって?

線形符号ではコードワードの集合 $\mathcal{C}$ はある行列 H のヌル空間である。この事実により受信者の仕事は簡単になる。式 (4-4) を用いると、$\boldsymbol{c}$ が H のヌル空間に属することから次を得る。

$$H * \tilde{\boldsymbol{c}} = H * (\boldsymbol{c} + \boldsymbol{e}) = H * \boldsymbol{c} + H * \boldsymbol{e} = \boldsymbol{0} + H * \boldsymbol{e} = H * \boldsymbol{e}$$

H を**チェック行列**と呼ぶ。

つまり、受信者は $\boldsymbol{e}$ に関する便利な量、$H * \boldsymbol{e}$ を知っている(この量は $H * \tilde{\boldsymbol{c}}$ と同じなので、受信者はこれを計算できる)。ベクトル $H * \boldsymbol{e}$ は**エラーシンドローム**と呼ばれる。エラーシンドロームがゼロベクトルならば、受信者は $\boldsymbol{e}$ が全て 0、つまりエラーが生じていないと分かる。エラーシンドロームがまだゼロベクトルでないならば、受信者はエラーが生じている、つまり $\boldsymbol{e}$ に 0 でない要素があると分かる。受信者はベクトル $H * \boldsymbol{e}$ から $\boldsymbol{e}$ を計算する必要がある。この計算方法は、どのようなコードを用いているかに依存する。

4.7.5 ハミングコード

ハミングコードでは、コードワードは 7 要素のベクトルであり、チェック行列は

†4 [訳注] コードと符号は同じ意味であるが、用途により使い分けを行う。

$$H = \begin{bmatrix} 0 & 0 & 0 & 1 & 1 & 1 & 1 \\ 0 & 1 & 1 & 0 & 0 & 1 & 1 \\ 1 & 0 & 1 & 0 & 1 & 0 & 1 \end{bmatrix}$$

である。これらの列と順番には何か特別な意味があるのだろうか？

いま、ノイズがあるチャンネルによるビットエラーは高々1つであるとしよう。このとき $\boldsymbol{e}$ は要素に1つだけ1を持つ。行列とベクトルの積 $H * \boldsymbol{e}$ からビットエラーの位置を決められるだろうか？

例 4.7.9： $\boldsymbol{e}$ が第3要素に1を持つとすると、$\boldsymbol{e} = [0,0,1,0,0,0,0]$ と書ける。このとき、$H * \boldsymbol{e}$ は H の第3列を表し、$[0,1,1]$ である。

$\boldsymbol{e}$ が持つビットエラーが高々1つである限り、そのビットの位置は $H * \boldsymbol{e}$ から決めることができる。これはハミングコードにより受信者が1ビットエラーを訂正できることを示している。

クイズ 4.7.10： $H * \boldsymbol{e}$ が $[1,1,0]$ であるとしよう。$\boldsymbol{e}$ を求めよ。

答え

$[0,0,0,0,0,1,0]$

クイズ 4.7.11： このハミングコードでは受信者は2ビットエラーを訂正できないことを示せ。即ち $H * \boldsymbol{e}_1 = H * \boldsymbol{e}_2$ であるような2つの異なるエラーベクトルで、1を高々2つだけ持つ $\boldsymbol{e}_1$、$\boldsymbol{e}_2$ を与えよ。

答え

解答はたくさんあるが、例えば $\boldsymbol{e}_1 = [1,1,0,0,0,0,0]$ と $\boldsymbol{e}_2 = [0,0,1,0,0,0,0]$ や、$\boldsymbol{e}_1 = [0,0,1,0,0,1,0]$ と $\boldsymbol{e}_2 = [0,1,0,0,0,0,1]$ などがある。

次にハミングコードは、エラーが2つ以下である限りエラーを**検出**できることを示す。受信者は $H * \boldsymbol{e}$ がゼロベクトルであれば、エラーは生じていないと考えていたことを思い出して欲しい。$H * \boldsymbol{e} = \boldsymbol{0}$ となるように、$\boldsymbol{e}$ の要素にちょうど2つの1を持たせる方法はあるだろうか？

$\boldsymbol{e}$ が2つの1を持つとき、$H * \boldsymbol{e}$ は H の対応する2つの列の和となる。2つの列の和が $\boldsymbol{0}$ ならば（$GF(2)$ の計算より）2つの列は等しい。

例 4.7.12： $\boldsymbol{e} = [0,0,1,0,0,0,1]$ とすると、$H * \boldsymbol{e} = [0,1,1] + [1,1,1] = [1,0,0]$ である。

しかし、2ビットのエラーは、1ビットのエラーと間違う可能性があることに注意して欲しい。この例では、受信者がエラーは高々1つだと仮定していれば、エラーベクトルは $\boldsymbol{e} = [0,0,0,1,0,0,0]$ であると結論付けるだろう。

ラボ 4.14 でハミングコードを実装し、試すことにしよう。

4.8 スパース行列とベクトルの積の計算

行列とベクトルの積の計算に対し、線形結合による表現、または、ドット積による表現を使うことができるが、これらはスパースなものに用いる際にはあまり便利ではない。

ドット積の定義と、ドット積による行列とベクトルの積の定義を組み合わせて、次の等価な定義を得る。

定義 4.8.1（行列とベクトルの積の通常の定義）： M が $R \times C$ 行列、$\boldsymbol{u}$ が C ベクトルならば、$M * \boldsymbol{u}$ は、各 $r \in R$ について次を満たす R ベクトル $\boldsymbol{v}$ である。

$$\boldsymbol{v}[r] = \sum_{c \in C} M[r, c]\boldsymbol{u}[c] \tag{4-5}$$

この定義に基づいた行列とベクトルの積を実装する最も素直な方法は、以下の通りである。

```
1  R上の各 i に対し
2      v[i] := Σ_{j∈C} M[i, j]u[j]
```

しかし、これは M の要素の多くが 0 であるという事実を活かしていないし、M のスパース表現を用いているようにも見えない。2 行目の総和をもっと賢い方法、即ち、スパース表現に現れない M の要素に対応する項を除外する方法で実装したい。我々の行列表現はこれを効果的に行う方法はサポートしていない。だが、実際に表現されている M の要素についてのみ和を取るという、より一般的なアイデアは有効である。

考えられるのは、出力のベクトル $\boldsymbol{v}$ をゼロベクトルに初期化し、M の 0 でない要素について繰り返し、式 (4-5) で指定された項を加えるという方法だ。

```
v をゼロベクトルに初期化する
スパース表現で M[i, j] が指定されているような各 (i, j) の組に対し
    v[i] = v[i] + M[i, j]u[j]
```

ベクトルと行列の積の計算にも似たようなアルゴリズムを用いることができる。

注意 4.8.2： このアルゴリズムではベクトルのスパース性を利用しようとはしていない。一般に、行列とベクトルの積やベクトルと行列の積を取るとき、ベクトルのスパース性を利用しようとすることに意味はない。

注意 4.8.3： 出力のベクトルの要素が 0 になる場合があるが、そのような 0 は「偶然の産物であり」、また稀にしか起こらないので考える必要はない。

4.9 行列と関数

4.9.1 行列から関数へ

全ての行列 M に対し、行列とベクトルの積を用いて関数 $\boldsymbol{x} \mapsto M * \boldsymbol{x}$ を定義することができる。この行列 M について勉強することは、この関数について勉強することの一部であり、その逆もまた然りであ

る。この関数を表す記号があると便利であろう。このような関数によく使われる記号はないが、この節では f_M とする。これは形式的には次のように定義する。即ち、M が体 $\mathbb{F}$ 上の $R \times C$ 行列ならば、関数 $f_M : \mathbb{F}^C \longrightarrow \mathbb{F}^R$ は $f_M(\boldsymbol{x}) = M * \boldsymbol{x}$ で定義される。

これは線形代数における一般的な定義ではなく、教育的な目的で導入したものである。

例 4.9.1： M を行列

	#	@	?
a	1	2	3
b	10	20	30

とする。

このとき、関数 f_M の定義域は $\mathbb{R}^{\{\#,@,?\}}$ で、余定義域は $\mathbb{R}^{\{a,b\}}$ である。例えば、ベクトル

#	@	?
2	2	−2

の像はベクトル

a	b
0	0

である。

問題 4.9.2： M^T は M の転置であることを思い出そう。M^T に対応する関数は f_{M^T} である。

1. f_{M^T} の定義域を答えよ。
2. f_{M^T} の余定義域を答えよ。
3. 像がゼロベクトルになるような f_{M^T} の定義域中のベクトルを求めよ。

4.9.2 関数から行列へ

ある行列 M に対応する関数 $f_M : \mathbb{F}^A \longrightarrow \mathbb{F}^B$ が存在し、いま、この M を直接知らないとする。このとき、$f_M(\boldsymbol{x}) = M * \boldsymbol{x}$ を満たすような行列 M を計算したいとしよう。

まず M の列ラベル集合を計算しよう。f_M の定義域は $\mathbb{F}^A$ なので、$\boldsymbol{x}$ は A ベクトルであることが分かる。従って、積 $M * \boldsymbol{x}$ を定義するためには、M の列ラベル集合は A でなければならない。

f_M の余定義域は $\mathbb{F}^B$ なので、M と $\boldsymbol{x}$ の積の結果は B ベクトルであることが分かる。そのため、M の行ラベル集合は B でなければならない。

ここまでは問題なかった。M が $B \times A$ 行列であることは分かった。しかしその要素はどうだろうか？これらを求めるために、線形結合による行列とベクトルの積の定義を用いる。

$\mathbb{F}^A$ に対し、標準生成子、即ち、各要素 $a \in A$ に対し、a を 1 に写し、それ以外の A の全ての要素を 0 に写す生成子 $\boldsymbol{e}_a$ が存在する。線形結合による定義より、$M * \boldsymbol{e}_a$ は M の a 列である。これは M の a 列が $f_M(\boldsymbol{e}_a)$ でなければならないことを示す。

4.9.3 行列の導出例

この節では、関数 $\boldsymbol{x} \mapsto M * \boldsymbol{x}$ に対応する行列 M があると**仮定**して、関数から行列を求める方法の例を示す（注意：これらの例のうち、少なくとも 1 つは仮定を満たしていない）。

例 4.9.3： $s(\cdot)$ を $\mathbb{R}^2$ から $\mathbb{R}^2$ への関数で、x 座標を 2 倍にスケーリングする関数であるとしよう。

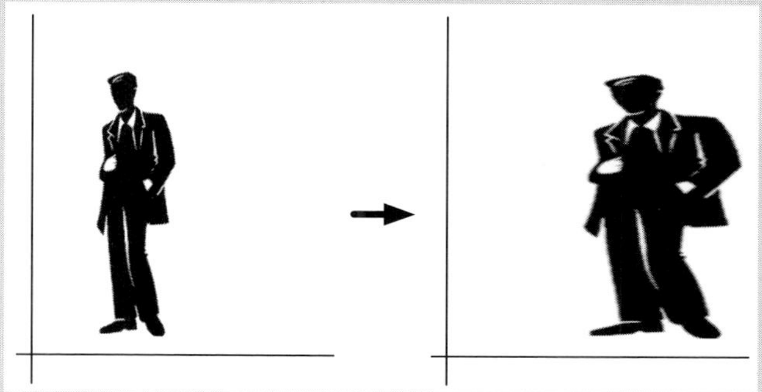

ある行列 M で、$s([x,y]) = M * [x,y]$ と書けると仮定する。$[1,0]$ の像は $[2,0]$、また、$[0,1]$ の像は $[0,1]$ となるから、$M = \begin{bmatrix} 2 & 0 \\ 0 & 1 \end{bmatrix}$ である。

例 4.9.4： $r_{90}(\cdot)$ を $\mathbb{R}^2$ から $\mathbb{R}^2$ への関数とし、2 次元平面上の点を、原点を中心に反時計回りに 90 度回転させる関数であるとしよう。

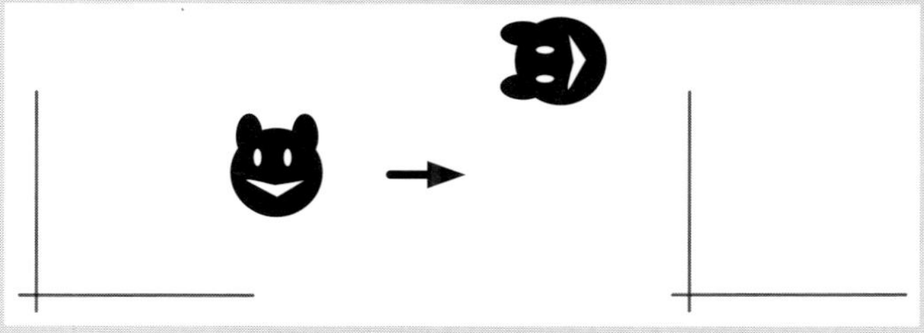

ある行列 M で $r_{90}([x,y]) = M * [x,y]$ と書けると仮定する。M を求めるために、2 つの標準生成子 $[1,0]$ と $[0,1]$ のこの関数による像を求める。

点 $[1,0]$ を原点を中心に 90 度回転させた点は $[0,1]$ なので、これが M の第 1 列でなければならない。

同様に、点 $[0,1]$ を 90 度回転させた点は $[-1,0]$ なので、これが M の第 2 列でならなければならない。従って $M = \begin{bmatrix} 0 & -1 \\ 1 & 0 \end{bmatrix}$ となる。

例 4.9.5： 角度 θ について、$r_\theta(\cdot)$ を $\mathbb{R}^2$ から $\mathbb{R}^2$ への関数で、原点を中心に反時計回りに θ だけ回転させる関数であるとしよう。

ある行列 M で $r_\theta([x,y]) = M * [x,y]$ と書けると仮定する。点 $[1,0]$ を θ だけ回転させた点は $[\cos\theta, \sin\theta]$ なので、これが M の第 1 列でなければならない。

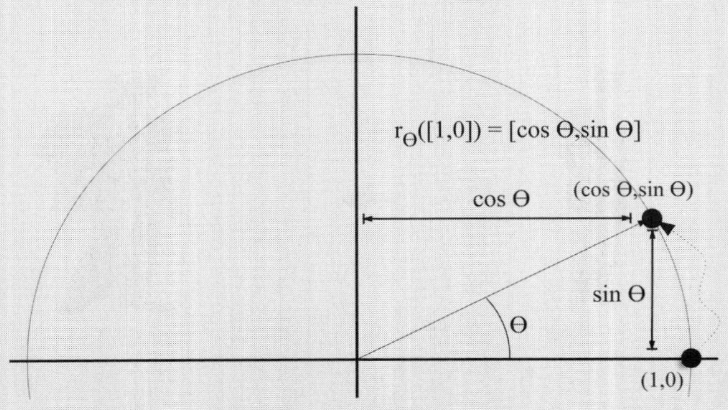

点 $[0, 1]$ を θ だけ回転させた点は $[-\sin\theta, \cos\theta]$ なので、これが M の第 2 列でなければならない。

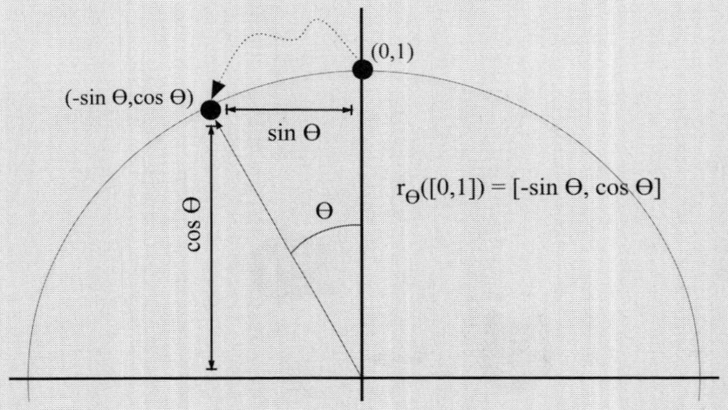

従って $M = \begin{bmatrix} \cos\theta & -\sin\theta \\ \sin\theta & \cos\theta \end{bmatrix}$ となる。

例えば 30 度回転させるための行列は $\begin{bmatrix} \frac{\sqrt{3}}{2} & -\frac{1}{2} \\ \frac{1}{2} & \frac{\sqrt{3}}{2} \end{bmatrix}$ となる。結果、複素数に対して積で表していた回転（1.4.10 節）を、行列でも表すことができた。

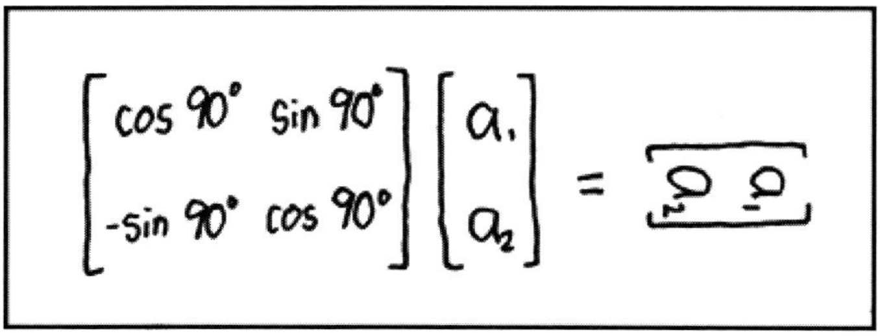

行列による変換（http://xkcd.com/184/）

例 4.9.6： $t(\cdot)$ を $\mathbb{R}^2$ から $\mathbb{R}^2$ への関数で、点を右に 1 目盛、上に 2 目盛平行移動させる関数であるとしよう。

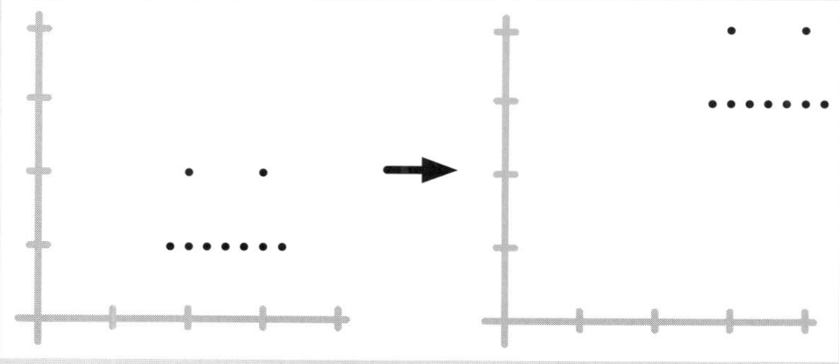

ある行列 M で $t([x,y]) = M * [x,y]$ と書けると仮定する。$[1,0]$ の像は $[2,2]$、$[0,1]$ の像は $[1,3]$ となるので、$M = \begin{bmatrix} 2 & 1 \\ 2 & 3 \end{bmatrix}$ となる。

4.10 線形関数

それぞれの例では、関数が行列とベクトルの積で表現できると**仮定**したが、この仮定は上の例全部には当てはまらない。関数がそのように表現できるかどうかは、どうすれば示すことができるだろうか？

4.10.1 行列とベクトルの積で表現できる関数

3.4 節では、ベクトル空間の 3 つの性質 V1、V2、V3 を与えた。これらの性質は、以下に対して成り立つものであった。

- いくつかのベクトルの線形包
- 同次線形系の解集合

特に、性質 V1、V2、V3 を満たす任意のベクトルの集合を**ベクトル空間**と呼んだ。

ここでは似たようなアプローチを取る。即ち、4.6.5 節では、行列とベクトルの積の 2 つの代数的性質を証明したが、改めてその代数的性質を特別な関数、**線形関数**を定義するのに用いよう。

4.10.2 定義と簡単な例

定義 4.10.1： $\mathcal{U}$ と $\mathcal{V}$ を体 $\mathbb{F}$ 上のベクトル空間とする。関数 $f : \mathcal{U} \longrightarrow \mathcal{V}$ は、次の 2 つの性質を満たすとき**線形関数**と呼ばれる。また、**線形変換**は**線形関数**の同義語である。

性質 L1： f の定義域の任意のベクトル $\boldsymbol{u}$ と、$\mathbb{F}$ の任意のスカラー α に対し

$$f(\alpha\,\boldsymbol{u}) = \alpha\, f(\boldsymbol{u})$$

性質 L2： f の定義域の任意の2つのベクトル $\boldsymbol{u}$ と $\boldsymbol{v}$ に対し

$$f(\boldsymbol{u}+\boldsymbol{v}) = f(\boldsymbol{u}) + f(\boldsymbol{v})$$

M を体 $\mathbb{F}$ 上の $R \times C$ 行列とし

$$f : \mathbb{F}^C \longrightarrow \mathbb{F}^R$$

を $f(\boldsymbol{x}) = M * \boldsymbol{x}$ と定義する。定義域と余定義域は、それぞれベクトル空間である。命題4.6.13より、関数 f は性質L1とL2を満たす。従って、f は線形関数であり、次が示された。

命題 4.10.2： 任意の行列 M に対し、関数 $\boldsymbol{x} \mapsto M * \boldsymbol{x}$ は線形関数である。

次の補題は上の命題の特別な場合である。

補題 4.10.3： $\mathbb{F}$ 上の任意の C ベクトル $\boldsymbol{a}$ に対し、$f(\boldsymbol{x}) = \boldsymbol{a} \cdot \boldsymbol{x}$ で定義される関数 $f : \mathbb{F}^C \longrightarrow \mathbb{F}$ は線形関数である。

証明

A を行 $\boldsymbol{a}$ だけから成る $\{0\} \times C$ 行列とする。このとき、$f(\boldsymbol{x}) = A * \boldsymbol{x}$ なので、この補題は命題4.10.2より得られる。 □

ドット積の双線形性　補題4.10.3が示しているのは、任意のベクトル $\boldsymbol{w}$ に対し、関数 $\boldsymbol{x} \mapsto \boldsymbol{w} \cdot \boldsymbol{x}$ が $\boldsymbol{x}$ の線形関数であることである。従って、ドット積関数 $f(\boldsymbol{x}, \boldsymbol{y}) = \boldsymbol{x} \cdot \boldsymbol{y}$ は、第1引数（つまり第2引数には、あらかじめベクトルを代入してあるとする）に関して線形である。ドット積の持つ対称性（命題2.9.21）より、ドット積関数は第2引数についても線形である。以上より、ドット積関数はそれぞれの引数に対して線形であり、その意味でドット積関数は**双線形**であるといわれる。

例 4.10.4： $\mathbb{F}$ を任意の体とする。$(x, y) \mapsto x + y$ で定義される $\mathbb{F}^2$ から $\mathbb{F}$ への関数は線形関数である。これはドット積の双線形性を使って証明することができる。

クイズ 4.10.5： 定義域が $\mathbb{R}^2$ で、$[x, y] \mapsto xy$ で定義された関数について、性質L1とL2のどちらかを満たさないような入力を与え、線形関数で**ない**ことを示せ。

答え

$$f([1,1] + [1,1]) = f([2,2]) = 4$$
$$f([1,1]) + f([1,1]) = 1 + 1 = 2$$

クイズ 4.10.6： 90 度回転 $r_{90}(\cdot)$ が線形関数であることを示せ。

答え

スカラーとの積の性質である性質 L1 は、次のように示される。

$$\begin{aligned}\alpha\, f([x,y]) &= \alpha\,[-y,x]\\ &= [-\alpha y, \alpha x]\\ &= f([\alpha x, \alpha y])\\ &= f(\alpha\,[x,y])\end{aligned}$$

ベクトルの加法の性質である性質 L2 も同様に示される。

$$\begin{aligned}f([x_1,y_1]) + f([x_2,y_2]) &= [-y_1,x_1] + [-y_2,x_2]\\ &= [-(y_1+y_2), x_1+x_2]\\ &= f([x_1+x_2, y_1+y_2])\end{aligned}$$

練習問題 4.10.7： $g : \mathbb{R}^2 \longrightarrow \mathbb{R}^3$ を $g([x,y]) = [x,y,1]$ と定義する。このとき g は線形関数か？ そうであれば証明し、そうでなければ反例を示せ。

練習問題 4.10.8： 点 $[x,y]$ を y 軸について対称な点に写す関数 $h : \mathbb{R}^2 \longrightarrow \mathbb{R}^2$ を定義せよ。h の明示的な（つまり代数的な）定義を与えよ。更に、これが線形関数かどうか答えよ。

問題 4.10.9： 4.9.3 節の例のうち少なくとも 1 つは $f(\boldsymbol{x}) = M * \boldsymbol{x}$ と書くことができない。それはどれか？ 特に、具体的な数値を用いた計算によって、その関数が線形関数を定義する性質 L1 と L2 を満たさないことを示せ。

4.10.3　線形関数とゼロベクトル

補題 4.10.10： $f : \mathcal{U} \longrightarrow \mathcal{V}$ が線形関数であれば、f は $\mathcal{U}$ のゼロベクトルを $\mathcal{V}$ のゼロベクトルへと写す。

証明

$\mathcal{U}$ のゼロベクトルを $\mathbf{0}$ と表し、$\mathcal{V}$ のゼロベクトルを $\mathbf{0}_{\mathcal{V}}$ と表すとしよう。

$$f(\mathbf{0}) = f(\mathbf{0}+\mathbf{0}) = f(\mathbf{0}) + f(\mathbf{0})$$

両辺から $f(\mathbf{0})$ を引くと、次を得る。

$$\mathbf{0}_{\mathcal{V}} = f(\mathbf{0})$$

□

定義 4.10.11： 線形関数 f の核とは、行列のヌル空間（定義4.7.1）と似たもので、ベクトルの集合 $\{\boldsymbol{v} \ : \ f(\boldsymbol{v}) = \mathbf{0}\}$ で定義される。線形関数 f の核を Ker f と表す。

補題 4.10.12： 線形関数の核はベクトル空間を成す。

問題 4.10.13： Ker f がベクトル空間の性質 V1、V2、V3（3.4節）を満たすことを示し、補題 4.10.12 を証明せよ。

4.10.4 線形関数による直線の変換

$f : \mathcal{U} \longrightarrow \mathcal{V}$ を線形関数とする。$\boldsymbol{u}_1$ と $\boldsymbol{u}_2$ を $\mathcal{U}$ のベクトルとし、線形結合 $\alpha_1 \boldsymbol{u}_1 + \alpha_2 \boldsymbol{u}_2$ とその f による像を考えよう。

$$\begin{aligned} f(\alpha_1 \boldsymbol{u}_1 + \alpha_2 \boldsymbol{u}_2) &= f(\alpha_1 \boldsymbol{u}_1) + f(\alpha_2 \boldsymbol{u}_2) && \text{性質 L2 より} \\ &= \alpha_1 f(\boldsymbol{u}_1) + \alpha_2 f(\boldsymbol{u}_2) && \text{性質 L1 より} \end{aligned}$$

これは次のように解釈できる。即ち、$\boldsymbol{u}_1$ と $\boldsymbol{u}_2$ の線形結合の像は $f(\boldsymbol{u}_1)$ と $f(\boldsymbol{u}_2)$ の線形結合となる。

これは幾何学的には何を意味するだろうか？

定義域 $\mathcal{U}$ が $\mathbb{R}^n$ である場合に注目しよう。点 $\boldsymbol{u}_1$ と $\boldsymbol{u}_2$ を通る直線は $\boldsymbol{u}_1$ と $\boldsymbol{u}_2$ のアフィン包である。即ち、全てのアフィン結合の集合である。

$$\{\alpha_1 \boldsymbol{u}_1 + \alpha_2 \boldsymbol{u}_2 \ : \ \alpha_1, \alpha_2 \in \mathbb{R}, \alpha_1 + \alpha_2 = 1\}$$

これら全てのアフィン結合の f による像の集合はどのような図形になるか？ それは

$$\{f(\alpha_1 \boldsymbol{u}_1 + \alpha_2 \boldsymbol{u}_2) \ : \ \alpha_1, \alpha_2 \in \mathbb{R}, \alpha_1 + \alpha_2 = 1\}$$

であり、次と等しい。

$$\{\alpha_1 f(\boldsymbol{u}_1) + \alpha_2 f(\boldsymbol{u}_2) \ : \ \alpha_1, \alpha_2 \in \mathbb{R}, \alpha_1 + \alpha_2 = 1\}$$

これは $f(\boldsymbol{u}_1)$ と $f(\boldsymbol{u}_2)$ の全てのアフィン結合の集合である。

これは次のことを意味する。

> $\boldsymbol{u}_1$ と $\boldsymbol{u}_2$ を通る直線の f による像は、$f(\boldsymbol{u}_1)$ と $f(\boldsymbol{u}_2)$ を通る「直線」である。

$\boldsymbol{u}_1$ と $\boldsymbol{u}_2$ が f によって同じ点に写される可能性があるので、ここではかぎ括弧を用いて「直線」としている。即ち、同じ2つの点のアフィン結合の集合は、1点のみから成る集合と等しいからである。

上で与えた線形結合の像についての議論は、もちろん3つ以上のベクトルの線形結合を扱えるように拡張することができる。

命題 4.10.14： 線形関数 f と、f の定義域の任意のベクトル $\boldsymbol{u}_1, \ldots, \boldsymbol{u}_n$、任意のスカラー $\alpha_1, \ldots, \alpha_n$ に対し、次が成り立つ。

$$f(\alpha_1 \boldsymbol{u}_1 + \cdots + \alpha_n \boldsymbol{u}_n) = \alpha_1 f(\boldsymbol{u}_1) + \cdots + \alpha_n f(\boldsymbol{u}_n)$$

従って、任意のフラットの線形変換による像は、別なフラットとなる。

4.10.5 単射な線形関数

核の記法を用いて、線形関数が単射であるかどうかを決める、素晴らしい基準を与えることができる。

補題 4.10.15（単射の補題）： 線形関数は、核が自明なベクトル空間であるとき、かつ、そのときに限り単射である。

証明

$f : \mathcal{V} \longrightarrow \mathcal{W}$ を線形関数とする。双方向からの証明を行う。

Ker f がゼロでないベクトル $\boldsymbol{v}$ を含むとすると $f(\boldsymbol{v}) = \boldsymbol{0}_{\mathcal{W}}$ である。補題 4.10.10 より $f(\boldsymbol{0}) = \boldsymbol{0}_{\mathcal{W}}$ なので f は単射ではない。

Ker $f = \{\boldsymbol{0}\}$ とし、$\boldsymbol{v}_1$ と $\boldsymbol{v}_2$ を $f(\boldsymbol{v}_1) = f(\boldsymbol{v}_2)$ を満たす任意のベクトルとしよう。このとき、$f(\boldsymbol{v}_1) - f(\boldsymbol{v}_2) = \boldsymbol{0}_{\mathcal{W}}$ だから、線形性より $f(\boldsymbol{v}_1 - \boldsymbol{v}_2) = \boldsymbol{0}_{\mathcal{W}}$、従って、$\boldsymbol{v}_1 - \boldsymbol{v}_2 \in$ Ker f である。Ker f はゼロのみから成るので、$\boldsymbol{v}_1 - \boldsymbol{v}_2 = \boldsymbol{0}$、つまり $\boldsymbol{v}_1 = \boldsymbol{v}_2$ である。 □

このシンプルな補題は線形系の解の一意性に対して新しい見方を与えてくれる。関数 $f(\boldsymbol{x}) = A * \boldsymbol{x}$ を考えよう。線形系 $A * \boldsymbol{x} = \boldsymbol{b}$ を解くことは、f に関する $\boldsymbol{b}$ の原像を求めることと解釈できる。f が単射であれば、そのような原像が存在するときに解が一意的であることが保証される。

4.10.6 全射な線形関数

単射の補題は線形関数が単射かどうかを決める基準を与えてくれた。全射についてはどうだろうか？

定義域が $\mathcal{V}$ である関数 f の**像**は集合 $\{f(v) \ : \ v \in \mathcal{V}\}$ であることを思い出そう。関数 f が全射であるとは、関数の像が余定義域と一致することを意味する。

疑問 4.10.16： どうすれば線形関数が全射かどうかを示せるだろうか？

$f : \mathcal{V} \longrightarrow \mathcal{W}$ が線形関数であるとき、f の像を Im f と書こう。このようにすると、f が全射かどうかという問いは、Im $f = \mathcal{W}$ であるかどうかという問いと同じである。

例 4.10.17：（ライツアウトの可解性）任意の初期配置から 3×3 のライツアウトを解くことはできるだろうか？（疑問 2.8.5）

例 4.5.5（p.192）で見たように、行列を用いてライツアウトに取り組むことができる。まずは、ボタンベクトルを列ベクトルに持つ行列 M を作成する。

$M =$ 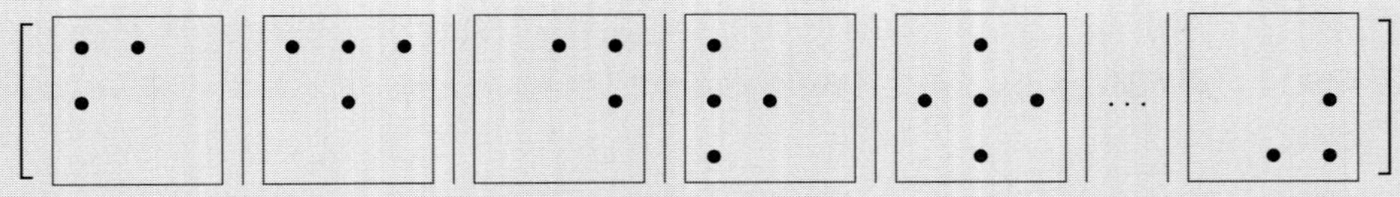

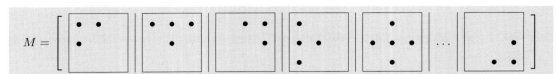

解を持つ初期配置の集合（即ち、全てのライトを消すことができる配置の集合）は、これらの列ベクトルの全ての線形結合であり、行列の列ベクトル空間を成す。例 3.2.14（p.151）で、2×2 のライツアウトの場合、全ての初期配置から解けることを示した。3×3 のライツアウトの場合はどうだろうか？

$D = \{(0,0), \ldots, (2,2)\}$ とし、$f : GF(2)^D \longrightarrow GF(2)^D$ を $f(\boldsymbol{x}) = M * \boldsymbol{x}$ と定義する。解を持つ初期配置の集合は f の像である。また、全ての初期配置の集合は、f の余定義域である。従って、全ての配置を解けるかどうかという問いは、f が全射であるかどうかという問いに等しい。

疑問 4.10.16 の答えにもう少し近付けそうだ。

補題 4.10.18： 線形関数の像は、その関数の余定義域の部分空間である。

証明

$f : \mathcal{V} \longrightarrow \mathcal{W}$ は線形関数であるとしよう。明らかに $\mathrm{Im}\, f$ は $\mathcal{W}$ の部分集合である。$\mathrm{Im}\, f$ が $\mathcal{W}$ の部分空間であることを示すためには、$\mathrm{Im}\, f$ がベクトル空間の性質 V1、V2、V3 を満たすことを示す必要がある。

- V1：補題 4.10.10 で f が $\mathcal{V}$ のゼロベクトルを $\mathcal{W}$ のゼロベクトルに写すことを示した。従って、$\mathcal{W}$ のゼロベクトルは $\mathrm{Im}\, f$ に属する。
- V2：$\boldsymbol{w}$ を $\mathrm{Im}\, f$ のベクトルとする。$\mathrm{Im}\, f$ の定義より、$f(\boldsymbol{v}) = \boldsymbol{w}$ を満たす $\mathcal{V}$ のベクトル $\boldsymbol{v}$ が存在する。線形関数の性質 L1 より、任意のスカラー α に対し

  $$\alpha\, \boldsymbol{w} = \alpha\, f(\boldsymbol{v}) = f(\alpha\, \boldsymbol{v})$$

  なので、$\alpha\, \boldsymbol{w}$ は $\mathrm{Im}\, f$ に属する。
- V3：$\boldsymbol{w}_1$ と $\boldsymbol{w}_2$ を $\mathrm{Im}\, f$ のベクトルとする。$\mathrm{Im}\, f$ の定義より、$f(\boldsymbol{v}_1) = \boldsymbol{w}_1$ と $f(\boldsymbol{v}_2) = \boldsymbol{w}_2$ を満たす $\mathcal{V}$ のベクトル $\boldsymbol{v}_1$ と $\boldsymbol{v}_2$ が存在する。線形関数の性質 L2 より、$\boldsymbol{w}_1 + \boldsymbol{w}_2 = f(\boldsymbol{v}_1) + f(\boldsymbol{v}_2) = f(\boldsymbol{v}_1 + \boldsymbol{v}_2)$ なので、$\boldsymbol{w}_1 + \boldsymbol{w}_2$ は $\mathrm{Im}\, f$ に属する。

□

残念ながら、疑問 4.10.16 に対する完全な回答は、6 章まで待たなければならない。

4.10.7 $\mathbb{F}^C$ から $\mathbb{F}^R$ への線形関数の行列による表現

$f : \mathbb{F}^C \longrightarrow \mathbb{F}^R$ が線形関数であるとする。その関数を表す行列 M は、4.9.2 節の方法で求めることができる。即ち、各 $c \in C$ に対し、標準生成子 $\boldsymbol{e}_c$ の f による像が M の c 列となる。

求めた行列 M が $f(\boldsymbol{x}) = M * \boldsymbol{x}$ を満たすことはどのようにすれば分かるのだろうか？ それは線形性である！ 任意のベクトル $\boldsymbol{x} \in \mathbb{F}^C$ と、各 $c \in C$ に対し、α_c を $\boldsymbol{x}$ の c 要素の値とする。このとき $\boldsymbol{x} = \sum_{c \in C} \alpha_c\, \boldsymbol{e}_c$ が成り立つ。f は線形関数なので、$f(\boldsymbol{x}) = \sum_{c \in C} \alpha_c f(\boldsymbol{e}_c)$ である。

一方、線形結合による行列とベクトルの積の定義より、$M * \boldsymbol{x}$ は M の列の線形結合で書くことができ

る。このとき、各 $c \in C$ に対する係数はスカラー α_c である。M を各列 $c \in C$ に $f(\boldsymbol{e}_c)$ を持つ行列と定義したので、$M * \boldsymbol{x}$ もまた、$\sum_{c \in C} \alpha_c f(\boldsymbol{e}_c)$ と同じである。このことは、全てのベクトル $\boldsymbol{x} \in \mathbb{F}^C$ に対し、$f(\boldsymbol{x}) = M * \boldsymbol{x}$ であることを表している。

以上の結果を補題としてまとめる。

補題 4.10.19： $f : \mathbb{F}^C \longrightarrow \mathbb{F}^R$ が線形関数ならば、全てのベクトル $\boldsymbol{x} \in \mathbb{F}^C$ に対し、$f(\boldsymbol{x}) = M * \boldsymbol{x}$ を満たすような $\mathbb{F}$ 上の $R \times C$ 行列 M が存在する。

4.10.8 対角行列

$d_1, \ldots, d_n$ を実数とし、$f : \mathbb{R}^n \longrightarrow \mathbb{R}^n$ を $f([x_1, \ldots, x_n]) = [d_1 x_1, \ldots, d_n x_n]$ を満たす関数とする。この関数に対応する行列は

$$\begin{bmatrix} d_1 & & \\ & \ddots & \\ & & d_n \end{bmatrix}$$

である。対角要素だけが 0 でないことが許された行列なので、このような行列は**対角**（*diagonal*）行列と呼ばれる。

定義 4.10.20： 定義域 D に対し、$D \times D$ 行列 M は、$r \neq c$ である全ての組 $r, c \in D$ に対し $M[r, c] = 0$ であるならば、**対角**行列である。

対角行列は 11 章と 12 章において、とても重要な働きをする。

クイズ 4.10.21： 次のような機能を持つプロシージャ diag(D, entries) を書け。

- **入力：**集合 D と D から体の要素に写す辞書 entries
- **出力：**(d,d) 要素が entries[d] であるような対角行列

答え

```
def diag(D, entries):
  return Mat((D,D), {(d,d):entries[d] for d in D})
```

特に簡単で重要な対角行列は、4.1.5 節で定義した**単位**行列である。例えば、次は $\{\mathtt{a,b,c}\} \times \{\mathtt{a,b,c}\}$ 単位行列である。

```
      a b c
     -------
a  |  1 0 0
b  |  0 1 0
c  |  0 0 1
```

これを $\mathbb{1}_D$、または、単に $\mathbb{1}$ で表したことを思い出そう。

なぜこれは単位行列と呼ばれるのだろうか？ それは $f(\boldsymbol{x}) = \mathbb{1} * \boldsymbol{x}$ により定義された関数 $f : \mathbb{F}^D \longrightarrow \mathbb{F}^D$ を考えると、$\mathbb{1} * \boldsymbol{x} = \boldsymbol{x}$ より、関数 f は $\mathbb{F}^D$ 上の恒等関数となるからである。

4.11 行列と行列の積

2つの行列を掛け合わせることもできる。A を $R \times S$ 行列、B を $S \times T$ 行列とする。このとき A と B の積が計算でき、その結果は $R \times T$ 行列となる。数学では、「A 掛ける B」は単に AB と書き、行列間の演算子を省略する（ただし、本書で用いる行列を実装する `Mat` クラスでは、行列と行列の積を表すのに $*$ 演算子を用いる）。

一般に、積 AB は、積 BA とは異なることに注意しよう。実際、一方の積が定義できても、もう一方の積は定義できない場合がある。即ち、行列の積は交換可能**ではない**。

4.11.1 行列と行列の積の行列とベクトルの積及びベクトルと行列の積による表現

ここで行列と行列の積に対する2つの等価な定義を与える。1つ目はベクトルと行列の積を用いたもので、2つ目は行列とベクトルの積を用いたものである。

定義 4.11.1（ベクトルと行列の積による行列と行列の積の定義）： A のそれぞれの行ラベル r に対し

$$AB \text{ の } r \text{ 行} = (A \text{ の } r \text{ 行}) * B \tag{4-6}$$

例 4.11.2： ここに 3×3 の単位行列から少しだけ異なる行列 A がある。

$$A = \begin{bmatrix} 1 & 0 & 0 \\ 2 & 1 & 0 \\ 0 & 0 & 1 \end{bmatrix}$$

B を $3 \times n$ 行列として、積 AB を考えよう。ベクトルと行列の積による行列と行列の積の定義を用いるために、A を3つの行から成るものとして考える。

$$A = \begin{bmatrix} 1 \quad 0 \quad 0 \\ \hline 2 \quad 1 \quad 0 \\ \hline 0 \quad 0 \quad 1 \end{bmatrix}$$

行列と行列の積 AB の i 行目は、ベクトルと行列の積

$$(A \text{ の } i \text{ 行目}) * B$$

である。線形結合によるベクトルと行列の積の定義より、この積は B の行の線形結合であり、その係数は A の i 行目の要素である。

B を行の集まりとして書くと

$$B = \begin{bmatrix} \boldsymbol{b}_1 \\ \hline \boldsymbol{b}_2 \\ \hline \boldsymbol{b}_3 \end{bmatrix}$$

となり、このとき

$$\begin{array}{lcccc} AB\text{の1行目} & = & 1\,\boldsymbol{b}_1 + 0\,\boldsymbol{b}_2 + 0\,\boldsymbol{b}_3 & = & \boldsymbol{b}_1 \\ AB\text{の2行目} & = & 2\,\boldsymbol{b}_1 + 1\,\boldsymbol{b}_2 + 0\,\boldsymbol{b}_3 & = & 2\boldsymbol{b}_1 + \boldsymbol{b}_2 \\ AB\text{の3行目} & = & 0\,\boldsymbol{b}_1 + 0\,\boldsymbol{b}_2 + 1\,\boldsymbol{b}_3 & = & \boldsymbol{b}_3 \end{array}$$

である。つまり、A を左から掛けると、1 行目の 2 倍が 2 行目に足される。

例 4.11.2 の行列 A は**行基本行列**と呼ばれ、単位行列に非対角要素を 1 つだけ加えたものである。行基本行列を左から掛けると、ある行の定数倍を他の行に加えることになる。7 章で説明するアルゴリズムでは、この行列を利用することになる。

定義 4.11.3（行列とベクトルの積による行列と行列の積の定義）： B のそれぞれの列ラベル s に対し

$$AB\text{の } s \text{ 列} = A * (B\text{の } s \text{ 列}) \tag{4-7}$$

例 4.11.4： $A = \begin{bmatrix} 1 & 2 \\ -1 & 1 \end{bmatrix}$ とし、B をその列が $[4, 3]$、$[2, 1]$、$[0, -1]$ であるような行列としよう。

$$B = \left[\begin{array}{c|c|c} 4 & 2 & 0 \\ 3 & 1 & -1 \end{array}\right]$$

すると、AB はその i 列目が、A に B の i 列目を掛けた行列となる。

$$AB = \left[\begin{array}{c|c|c} 10 & 4 & -2 \\ -1 & -1 & -1 \end{array}\right]$$

例 4.11.5： 例 4.9.5（p.213）の $\mathbb{R}^2$ 上の点を 45 度回転する行列は

$$A = \begin{bmatrix} \cos\theta & -\sin\theta \\ \sin\theta & \cos\theta \end{bmatrix} = \begin{bmatrix} \frac{\sqrt{2}}{2} & -\frac{\sqrt{2}}{2} \\ \frac{\sqrt{2}}{2} & \frac{\sqrt{2}}{2} \end{bmatrix}$$

である。課題 2.3.2 のリスト `L` から、`L` に属する $\mathbb{R}^2$ 上の点を列に持つ行列 B を作る。

$$B = \left[\begin{array}{c|c|c|c|c|c|c|c|c} 2 & 3 & 1.75 & 2 & 2.25 & 2.5 & 2.75 & 3 & 3.25 \\ 2 & 2 & 1 & 1 & 1 & 1 & 1 & 1 & 1 \end{array}\right]$$

すると、AB はその i 列目が、B の i 列目に A を左側から掛けた結果の行列となる。即ち L の i 番目の点を 45 度回転させたものである。

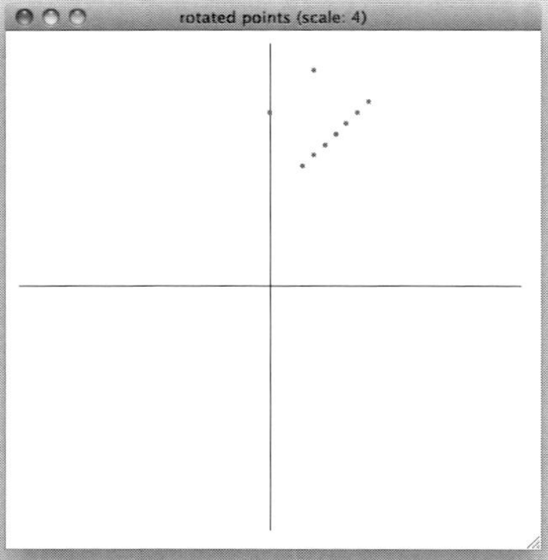

例 4.11.6： 3.2.4 節では、「古い」ベクトル [3, 0, 0]、[0, 2, 0]、[0, 0, 1] それぞれを、「新しい」ベクトル [1, 0, 0]、[1, 1, 0]、[1, 1, 1] の線形結合で書けることを示した。

$$[3,0,0] = 3\,[1,0,0] + 0\,[1,1,0] + 0\,[1,1,1]$$
$$[0,2,0] = -2\,[1,0,0] + 2\,[1,1,0] + 0\,[1,1,1]$$
$$[0,0,1] = 0\,[1,0,0] - 1\,[1,1,0] + 1\,[1,1,1]$$

これらの式を、線形結合による行列とベクトルの積の定義を用いて書き直すと次のようになる。

$$[3,0,0] = \left[\begin{array}{c|c|c} 1 & 1 & 1 \\ 0 & 1 & 1 \\ 0 & 0 & 1 \end{array}\right] * [3,0,0]$$

$$[0,2,0] = \left[\begin{array}{c|c|c} 1 & 1 & 1 \\ 0 & 1 & 1 \\ 0 & 0 & 1 \end{array}\right] * [-2,2,0]$$

$$[0,0,1] = \left[\begin{array}{c|c|c} 1 & 1 & 1 \\ 0 & 1 & 1 \\ 0 & 0 & 1 \end{array}\right] * [0,-1,1]$$

更に、行列とベクトルの積による行列と行列の積の定義を用いて、これら 3 つの式を 1 つにまとめると次のようになる。

$$\begin{bmatrix} 3 & 0 & 0 \\ 0 & 2 & 0 \\ 0 & 0 & 1 \end{bmatrix} = \begin{bmatrix} 1 & 1 & 1 \\ 0 & 1 & 1 \\ 0 & 0 & 1 \end{bmatrix} \begin{bmatrix} 3 & -2 & 0 \\ 0 & 2 & -1 \\ 0 & 0 & 1 \end{bmatrix}$$

行列とベクトルの積による定義と、ベクトルと行列の積による定義は、行列と行列の積が、単に、行列とベクトル、あるいは、ベクトルと行列の積の集まりを表す便利な記法にすぎないことを示している。しかし、行列と行列の積は、より深い意味を持っている。それについては 4.11.3 節で議論することにしよう。

一方で、注意して欲しいのは、行列と行列の積の定義と、行列とベクトル、あるいは、ベクトルと行列の積の定義を統合することで、よりきめ細かい行列と行列の積の定義を得られることである。例えば、行列とベクトルの積による行列と行列の積の定義と、ドット積による行列とベクトルの積の定義を統合することで、次の定義が得られる。

定義 4.11.7（ドット積による行列と行列の積の定義）： AB の rc 要素は、A の r 行と B の c 列のドット積である。

問題 4.17.18 では、国際連合（UN）の投票データを扱う。国際連合に属する国ごとの投票記録を行とする行列 A を作るとする。行列と行列の積を用いて、投票記録のドット積を国と国の全組み合わせについて計算することができる。更に、これらのデータを用いて最も対立している国の組み合わせを見つけ出すことができる。

行列と行列の積の計算には非常に長い時間がかかる。研究者たちによって、行列と行列の積を高速に計算するアルゴリズムが発見されている。この方法は行列が非常に大きく、密で、おおまかに正方である場合に非常に役に立つ（ストラッセンのアルゴリズムは最初に見つかったものだが、未だに最も実用的なものである）。

全てのドット積を**近似的に**計算する、更に高速なアルゴリズムが存在する（近似的に計算するとはいえ、対立している国の組み合わせから、上位のいくつかを見つけ出すには十分正確である）。

4.11.2　グラフ、隣接行列、そして道の数え上げ

『グッド・ウィル・ハンティング／旅立ち』という映画の中で、講義の終わりに教授が次のようにいうシーンがある。

「廊下の黒板にフーリエ系の問題を書いておいた。この学期の終わりまでにこの中の誰かがこれを証明してくれることを期待している。証明できた者は私に気に入られるだけではなく、その功績と名前が MIT の新聞に掲載されることで、名声と幸福を得ることになるだろう。これまでの成功者には、ノーベル賞受賞者、フィールズ賞受賞者、高名な宇宙物理学者、そして MIT の平凡な教授がいる。」

実に難しい問題ではないかね？

MIT の清掃員として働いていた主人公のウィル・ハンティングは、この問題を見て、解答をこっそりと書いた。

このクラスは週末にかけて騒然となった——この問題を解いた謎の学生は誰だろうか？

この問題はフーリエ系とは関係がない。関係があるのは、行列を用いた**グラフ**の表現と操作である。

グラフ

大雑把にいうと、グラフとは**頂点**、あるいは、**ノード**と呼ばれる点と**辺**と呼ばれる線を持ったものである。以下にウィルが解いた問題のグラフを示す。ただし、注意して欲しいのは、ここで重要なのは頂点や辺の幾何学的な位置ではなく、単にどの辺がどの頂点とつながっているかということだ。

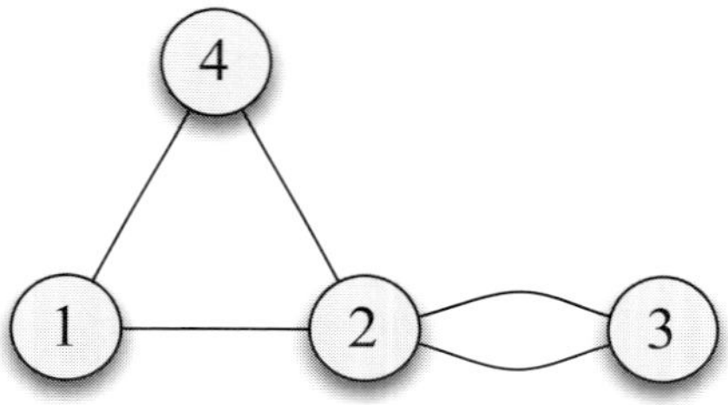

このグラフの頂点は 1、2、3、4 とラベル付けされている。辺については、端点が 2 と 3 の辺が 2 つ、1 と 2 の辺が 1 つ、……という具合である。

隣接行列

ウィルの問題の最初の部分は、グラフの隣接行列を求めよ、というものである。グラフ G の隣接行列 A とは、D を頂点のラベル集合としたときの $D \times D$ 行列のことである。ウィルのグラフでは $D = \{1, 2, 3, 4\}$ である。任意の頂点の組 i, j に対して、$A[i, j]$ は i と j を端点に持つ辺の数である。従って、ウィルのグラフの隣接行列は

	1	2	3	4
1	0	1	0	1
2	1	0	2	1
3	0	2	0	0
4	1	1	0	0

である。この行列は対称であることに注意して欲しい。これは、ある辺が終点に i と j を持つとき、同時に終点 j と i を持つ、ということを表している。後半の章で、もう少し複雑な**有向**グラフについて議論する。

また、この行列の対角要素はいずれも 0 であることにも注意して欲しい。これはウィルのグラフが**自己ループ**を持たないことを表している。自己ループとは、その 2 つの端点が同じ点となるような辺のことである。

歩道

問題の次の部分はグラフ内の**歩道**に焦点を当てている。歩道とは、次のような頂点と辺が交互に並んだ列のことである。

$$v_0\ e_0\ v_1\ e_1\ \cdots\ e_{k-1}\ v_k$$

それぞれの辺は、その 2 つの端点の間にある。

以下は、辺にラベルを付けたウィルのグラフである。

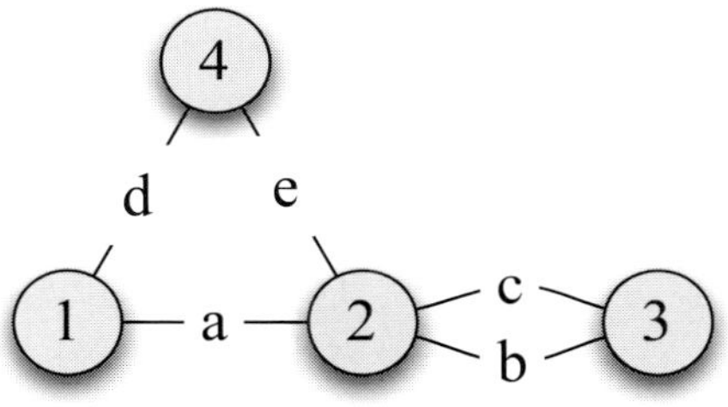

また、次の図は、同じグラフに歩道 3 c 2 e 4 e 2 を明示したものである。

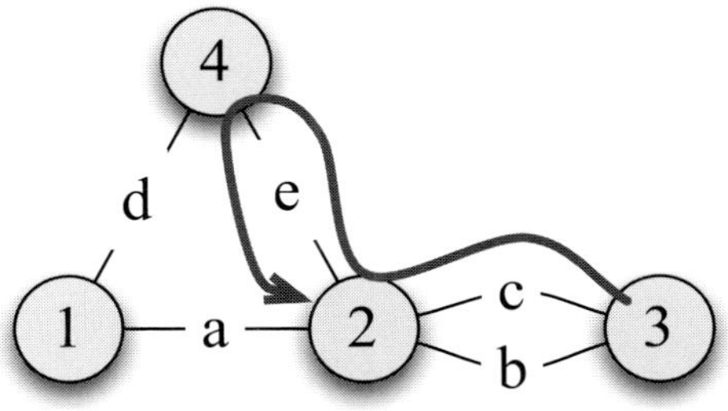

歩道は同じ辺を何度も通れることに注意しよう。同様に、歩道はグラフの全ての頂点を通る必要はない（全ての頂点を通る歩道は巡回セールスマンの通り道である。そのような歩道のうち最短の経路を探す問題は計算困難な問題として有名である）。

ウィルの問題では 3 ステップの歩道、即ち 3 つの辺から成る歩道を考える。例えば、頂点 3 から頂点 2 までの全ての 3 ステップの歩道は次の通りである。

3 c 2 e 4 e 2,　3 b 2 e 4 e 2,　3 c 2 c 3 c 2,　3 c 2 c 3 b 2,　3 c 2 b 3 c 2,

3 c 2 b 3 b 2,　3 b 2 c 3 c 2,　3 b 2 c 3 b 2,　3 b 2 b 3 c 2,　3 b 2 b 3 b 2

従って、全部で10本である。あるいは……見逃しているものはないだろうか？

歩道の数の計算

行列と行列の積を用いて、全ての頂点 i, j の組に対し、i から j への2ステップの歩道、i から j への3ステップの歩道、……を計算することができる。

まず隣接行列 A そのものが、1ステップの歩道の数を符号化していることに注意して欲しい。各頂点の組 i, j に対し、$A[i, j]$ は i と j を端点とする辺の数、即ち、i から j への1ステップの歩道の数となる。

2ステップの歩道についてはどうだろうか？ i から j への2ステップの歩道は、i からある頂点 k への1ステップの歩道と、それに続く k から j への1ステップの歩道から成る。従って、i から j への2ステップの歩道の数は、次の式で求められる。

i から1への1ステップの歩道の数 × 1から j への1ステップの歩道の数
＋ i から2への1ステップの歩道の数 × 2から j への1ステップの歩道の数
＋ i から3への1ステップの歩道の数 × 3から j への1ステップの歩道の数
＋ i から4への1ステップの歩道の数 × 4から j への1ステップの歩道の数

これはドット積の形をしている！ A の i 行は、$\boldsymbol{u}[k]$ が i から k への1ステップの歩道の数を与えるベクトル $\boldsymbol{u}$ であり、A の j 列は、$\boldsymbol{v}[k]$ が、k から j への1ステップの歩道の数を与えるベクトル $\boldsymbol{v}$ である。従って、i 行と j 列のドット積は i から j への2ステップの歩道の数となる。ドット積による行列と行列の積の定義により、これは、積 AA が2ステップの歩道の数を表すことを示している。

```
>>> D = {1,2,3,4}
>>> A = Mat((D,D), {(1,2):1, (1,4):1, (2,1):1, (2,3):2, (2,4):1, (3,2):2,
...                   (4,1):1, (4,2):1})
>>> print(A*A)

       1 2 3 4
      ---------
 1  |  2 1 2 1
 2  |  1 6 0 1
 3  |  2 0 4 2
 4  |  1 1 2 2
```

次に3ステップの歩道について考えよう。i から j への3ステップの歩道は、i からある頂点 k への2ステップの歩道と、それに続く k から j への1ステップの歩道から成る。従って、i から j への3ステップの歩道の数は、次の式で求められる。

i から1への2ステップの歩道の数 × 1から j への1ステップの歩道の数
＋ i から2への2ステップの歩道の数 × 2から j への1ステップの歩道の数
＋ i から3への2ステップの歩道の数 × 3から j への1ステップの歩道の数
＋ i から4への2ステップの歩道の数 × 4から j への1ステップの歩道の数

AA が 2 ステップの歩道の数を与えることは既に分かっている。再び、ドット積による行列と行列の積の定義により、積 $(AA)A$ が 3 ステップの歩道の数を与えることが分かる。

```
>>> print((A*A)*A)

        1  2  3 4
     -----------
 1  |  2  7  2 3
 2  |  7  2 12 7
 3  |  2 12  0 2
 4  |  3  7  2 2
```

おっと、3 から 2 への 3 ステップの歩道は 10 本ではなく、12 本あった。3 c 2 a 1 a 2 と 3 b 2 a 1 a 2 を見逃していた。いずれにしても、ウィルの問題の解への道のりはあと半分だ。生成関数の問題はそう難しくはない。これには多項式（10 章）と行列式（12 章）を用いる。本書では生成関数を扱わないが、生成関数は決してみなさんの能力を超えるようなものではなく、また、とてもエレガントなものなので安心して欲しい。

（不朽の名声はさておき）なぜグラフの頂点の組の間の、k ステップの歩道の数を計算したいのだろうか？例えばこれは、ソーシャルネットワークをモデル化するグラフにおいて、頂点の組がどれくらい密につながっているかを大雑把に計る方法としてこれらの数が役に立つ（ただし、この方法より確実によく、速い方法は存在する）。

4.11.3 行列と行列の積と関数の合成

行列 A と B は、行列とベクトルの積 $f_A(\boldsymbol{y}) = A * \boldsymbol{y}$ と、$f_B(\boldsymbol{x}) = B * \boldsymbol{x}$ を通して関数を定義する。当然、これら 2 つの行列の積から得られる行列 AB も同様に関数 $f_{AB}(\boldsymbol{x}) = (AB) * \boldsymbol{x}$ を定義する。この関数に関して、ちょっとした面白いことがある。

補題 4.11.8（行列の積の補題）： $f_{AB} = f_A \circ f_B$

証明

記法の便宜のため、伝統的な行ラベルと列ラベルを用いよう。

B を列の集まりとして書くと次のようになる。

$$B = \left[\begin{array}{c|c|c} \boldsymbol{b}_1 & \cdots & \boldsymbol{b}_n \end{array}\right]$$

行列とベクトルの積による行列と行列の積の定義より、AB の j 列目は $A * (B \text{ の } j \text{ 列目})$ である。

任意の n 要素のベクトル $\boldsymbol{x} = [x_1, \ldots, x_n]$ に対し、以下が成り立つ。

$$
\begin{aligned}
f_B(\boldsymbol{x}) &= B * \boldsymbol{x} && f_B\text{の定義より} \\
&= x_1\boldsymbol{b}_1 + \cdots + x_n\boldsymbol{b}_n && \text{行列とベクトルの積の線形結合による定義より}
\end{aligned}
$$

従って、

$$
\begin{aligned}
f_A(f_B(\boldsymbol{x})) &= f_A(x_1\boldsymbol{b}_1 + \cdots + x_n\boldsymbol{b}_n) \\
&= x_1(f_A(\boldsymbol{b}_1)) + \cdots + x_n(f_A(\boldsymbol{b}_n)) && f_A\text{の線形性より} \\
&= x_1(A\boldsymbol{b}_1) + \cdots + x_n(A\boldsymbol{b}_n) && f_A\text{の定義より} \\
&= x_1(AB\text{ の 1 列目})+ \\
&\quad \cdots + x_n(AB\text{ の } n \text{ 列目}) && AB\text{ の行列とベクトルの積による定義より} \\
&= (AB) * \boldsymbol{x} && \text{行列とベクトルの積の線形結合による定義より} \\
&= f_{AB}(\boldsymbol{x}) && f_{AB}\text{の定義より}
\end{aligned}
$$

□

例 4.11.9： 関数の合成は可換ではないので、行列と行列の積が同様に可換でないことは驚くに値しない。例えば、関数 $f([x_1, x_2]) = [x_1 + x_2, x_2]$ と $g([x_1, x_2]) = [x_1, x_1 + x_2]$ を考えてみればよい。これらに対応する行列は

$$A = \begin{bmatrix} 1 & 1 \\ 0 & 1 \end{bmatrix} \text{ と } B = \begin{bmatrix} 1 & 0 \\ 1 & 1 \end{bmatrix}$$

で、それぞれ行基本行列である。これらの関数の合成を見てみよう。

$$
\begin{aligned}
f \circ g([x_1, x_2]) &= f([x_1, x_1 + x_2]) = [2x_1 + x_2, x_1 + x_2] \\
g \circ f([x_1, x_2]) &= g([x_1 + x_2, x_2]) = [x_1 + x_2, x_1 + 2x_2]
\end{aligned}
$$

対応する行列と行列の積は

$$
\begin{aligned}
AB &= \begin{bmatrix} 1 & 1 \\ 0 & 1 \end{bmatrix}\begin{bmatrix} 1 & 0 \\ 1 & 1 \end{bmatrix} = \begin{bmatrix} 2 & 1 \\ 1 & 1 \end{bmatrix} \\
BA &= \begin{bmatrix} 1 & 0 \\ 1 & 1 \end{bmatrix}\begin{bmatrix} 1 & 1 \\ 0 & 1 \end{bmatrix} = \begin{bmatrix} 1 & 1 \\ 1 & 2 \end{bmatrix}
\end{aligned}
$$

である。これは行列と行列の積が可換ではないことを表す具体例となっている。

例 4.11.10： しかしながら、特定の行列同士の積はそれらの順序によらないことが多い。例 4.11.9 の行列 A、B は、両方とも行基本行列だが、一方は 1 行目を 2 行目に加え、もう一方は 2 行目を 1 行目に加えるものだった。

代わりに 3 つの行基本行列を考えよう。いずれも 1 行目の定数倍を他の行に加えるものである。

- 行列 $B = \begin{bmatrix} 1 & 0 & 0 & 0 \\ 2 & 1 & 0 & 0 \\ 0 & 0 & 1 & 0 \\ 0 & 0 & 0 & 1 \end{bmatrix}$ は 1 行目の 2 倍を 2 行目に加える。
- 行列 $C = \begin{bmatrix} 1 & 0 & 0 & 0 \\ 0 & 1 & 0 & 0 \\ 3 & 0 & 1 & 0 \\ 0 & 0 & 0 & 1 \end{bmatrix}$ は 1 行目の 3 倍を 3 行目に加える。
- 行列 $D = \begin{bmatrix} 1 & 0 & 0 & 0 \\ 0 & 1 & 0 & 0 \\ 0 & 0 & 1 & 0 \\ 4 & 0 & 0 & 1 \end{bmatrix}$ は 1 行目の 4 倍を 4 行目に加える。

これらの和を一度に行う行列 $A = \begin{bmatrix} 1 & 0 & 0 & 0 \\ 2 & 1 & 0 & 0 \\ 3 & 0 & 1 & 0 \\ 4 & 0 & 0 & 1 \end{bmatrix}$ を考えよう。これらの和は、どのような順序でも一度に行うことができ、これはB、C、D の積はそれらの順序によらず常に A になることを示唆している。

関数の合成は結合的なので、行列の積の補題（補題 4.11.8）より、次の系が示される。

系 4.11.11： 行列と行列の積は結合的である。

例 4.11.12：

$$\begin{bmatrix} 1 & 0 \\ 1 & 1 \end{bmatrix} \left(\begin{bmatrix} 1 & 1 \\ 0 & 1 \end{bmatrix} \begin{bmatrix} -1 & 3 \\ 1 & 2 \end{bmatrix} \right) = \begin{bmatrix} 1 & 0 \\ 1 & 1 \end{bmatrix} \begin{bmatrix} 0 & 5 \\ 1 & 2 \end{bmatrix} = \begin{bmatrix} 0 & 5 \\ 1 & 7 \end{bmatrix}$$

$$\left(\begin{bmatrix} 1 & 0 \\ 1 & 1 \end{bmatrix} \begin{bmatrix} 1 & 1 \\ 0 & 1 \end{bmatrix} \right) \begin{bmatrix} -1 & 3 \\ 1 & 2 \end{bmatrix} = \begin{bmatrix} 1 & 1 \\ 1 & 2 \end{bmatrix} \begin{bmatrix} -1 & 3 \\ 1 & 2 \end{bmatrix} = \begin{bmatrix} 0 & 5 \\ 1 & 7 \end{bmatrix}$$

例 4.11.13： 4.11.2 節で、グラフ G とその隣接行列 A において、積 $(AA)A$ は、頂点のそれぞれの組 i, j に対し、i から j への 3 ステップの歩道の数を与えたことを思い出して欲しい。同様の論証から、$((AA)A)A$ は 4 ステップの歩道の数を与えることが分かり、それ以上のステップ数においても同様である。行列と行列の積は結合的なので括弧は重要ではなく、この積を $AAAA$ と書くことができる。

行列 A 自身の k 回の積

$$\underbrace{AA\cdots A}_{k\text{ 個}}$$

は A^k と書かれ、「A の k 乗」と呼ばれる。

4.11.4 行列と行列の積の転置

転置は、行列と行列の積に対し、予想通りに作用する。

命題 4.11.14： 行列 A と B に対して

$$(AB)^T = B^T A^T$$

例 4.11.15：

$$\begin{bmatrix} 1 & 2 \\ 3 & 4 \end{bmatrix} \begin{bmatrix} 5 & 0 \\ 1 & 2 \end{bmatrix} = \begin{bmatrix} 7 & 4 \\ 19 & 8 \end{bmatrix}$$

$$\begin{aligned} \begin{bmatrix} 5 & 0 \\ 1 & 2 \end{bmatrix}^T \begin{bmatrix} 1 & 2 \\ 3 & 4 \end{bmatrix}^T &= \begin{bmatrix} 5 & 1 \\ 0 & 2 \end{bmatrix} \begin{bmatrix} 1 & 3 \\ 2 & 4 \end{bmatrix} \\ &= \begin{bmatrix} 7 & 19 \\ 4 & 8 \end{bmatrix} \end{aligned}$$

証明

A を $R \times S$ 行列、B を $S \times T$ 行列とする。このとき、ドット積による行列と行列の積の定義より、全ての $r \in R$ と $t \in T$ に対し、次のようになる。

$$\begin{aligned} (AB)^T \text{の } t, r \text{ 要素} &= AB \text{ の } r, t \text{ 要素} = (A \text{ の } r \text{ 行}) \cdot (B \text{ の } t \text{ 列}) \\ B^T A^T \text{の } t, r \text{ 要素} &= (B^T \text{の } t \text{ 行}) \cdot (A^T \text{の } r \text{ 列}) \\ &= (B \text{ の } t \text{ 列}) \cdot (A \text{ の } r \text{ 行}) \end{aligned}$$

最後に、行列と行列の積とは異なり、ベクトルのドット積は**可換**なので

$$(A \text{ の } r \text{ 行}) \cdot (B \text{ の } t \text{ 列}) = (B \text{ の } t \text{ 列}) \cdot (A \text{ の } r \text{ 行})$$

である。 □

積の順序が逆になっていることに注意しよう。等式「$(AB)^T = A^T B^T$」が成り立つと思われるかもしれないが、行ラベルと列ラベルを考えると、この等式が意味を成さないことが分かる。A を $R \times S$ 行列、B を $S \times T$ 行列としよう。

- A の列ラベルの集合は B の行ラベルの集合と一致しているので、積 AB は定義できる。
- しかしながら、A^T は $S \times R$ 行列で、B^T は $T \times S$ 行列なので A^T の列ラベルの集合と B^T の行ラベルの集合は**一致していない**。従って、$A^T B^T$ は**定義できない**。
- 一方で B^T の列ラベルの集合は A^T の行ラベルの集合と**一致している**。従って、$B^T A^T$ は**定義できる**。

例 4.11.16： 次の例は、$B^T A^T$ と $A^T B^T$ が共に計算できても、前者のみが $(AB)^T$ と等しくなることを示している。

$$\begin{bmatrix} 1 & 2 \\ 3 & 4 \end{bmatrix}^T \begin{bmatrix} 5 & 0 \\ 1 & 2 \end{bmatrix}^T = \begin{bmatrix} 1 & 3 \\ 2 & 4 \end{bmatrix} \begin{bmatrix} 5 & 1 \\ 0 & 2 \end{bmatrix} = \begin{bmatrix} 5 & 7 \\ 10 & 10 \end{bmatrix}$$

この結果と例 4.11.15 を比較せよ。

4.11.5 列ベクトルと行ベクトル

列ベクトル $n \times 1$ 行列は左側から何かを掛けられたとき、ベクトルのように振る舞うので**列ベクトル**と呼ばれる。

$$\begin{bmatrix} & & \\ & M & \\ & & \end{bmatrix} \begin{bmatrix} u_1 \\ \vdots \\ u_n \end{bmatrix}$$

行列とベクトルの積による行列と行列の積の定義より、M に列を 1 つしか持たない行列を掛けた結果は、列を 1 つしか持たない行列となる。

$$\begin{bmatrix} & & \\ & M & \\ & & \end{bmatrix} \begin{bmatrix} u_1 \\ \vdots \\ u_n \end{bmatrix} = \begin{bmatrix} v_1 \\ \vdots \\ v_m \end{bmatrix} \tag{4-8}$$

$\begin{bmatrix} u_1 \\ \vdots \\ u_n \end{bmatrix}$ をベクトル $\boldsymbol{u}$ と解釈し、$\begin{bmatrix} v_1 \\ \vdots \\ v_m \end{bmatrix}$ をベクトル $\boldsymbol{v}$ と解釈することで、方程式 (4-8) を行列とベクトルの方程式 $M * \boldsymbol{u} = \boldsymbol{v}$ と再解釈することができる。

行ベクトル ベクトルを行列と解釈するもう 1 つの方法がある。行を 1 つしか持たない行列である。そのような行列は**行ベクトル**と呼ばれる。行列 M を行ベクトルの右側から掛けると、ベクトルと行列の積のように振る舞う。

$$\begin{bmatrix} v_1 & \ldots & v_m \end{bmatrix} \begin{bmatrix} & & \\ & M & \\ & & \end{bmatrix} = \begin{bmatrix} u_1 & \cdots & u_n \end{bmatrix}$$

4.11.6 全てのベクトルは列ベクトルと解釈される

行列やベクトルを含む式を書くとき、線形代数では慣習的に全てのベクトルを列ベクトルと解釈する。従って、行列とベクトルの積は伝統的に $M\boldsymbol{v}$ と書かれる。

ベクトルと行列の積に対応する記法は $\boldsymbol{v}^T M$ である。ベクトルの転置を取るのは無意味だと思うかもしれない。だが $\boldsymbol{v}$ は1つの列から成る行列と解釈されていることを思い出して欲しい。1つの列から成る行列の転置は、1つの行から成る行列である。

ベクトルを行ベクトルではなく、列ベクトルと解釈する理由は、行列とベクトルの積の方がベクトルと行列の積よりもよく見かけるからである。

例 4.11.17： 列ベクトルの記法を用いると、行列とベクトルの積 $\begin{bmatrix} 1 & 2 & 3 \\ 10 & 20 & 30 \end{bmatrix} * [7, 0, 4]$ は

$$\begin{bmatrix} 1 & 2 & 3 \\ 10 & 20 & 30 \end{bmatrix} \begin{bmatrix} 7 \\ 0 \\ 4 \end{bmatrix}$$

と書ける。

例 4.11.18： 列ベクトルの記法を用いると、ベクトルと行列の積 $[3, 4] * \begin{bmatrix} 1 & 2 & 3 \\ 10 & 20 & 30 \end{bmatrix}$ は

$$\begin{bmatrix} 3 \\ 4 \end{bmatrix}^T \begin{bmatrix} 1 & 2 & 3 \\ 10 & 20 & 30 \end{bmatrix}$$

と書ける。

式の中でベクトルを行列として解釈することで、行列と行列の積の結合則が利用できる。これは次の節で利用するが、更に、7章や9章で、行列とベクトルの方程式を解くアルゴリズムでも用いることになる。

今後はベクトルを列ベクトルとみなす見方を採用しよう。従って、Python のコードを除き、これからは行列とベクトルやベクトルと行列の積で $*$ を用いるのを控える。Python のコードでは行列とベクトル、ベクトルと行列、行列と行列の積を表すのに $*$ を用いる。

4.11.7 線形結合の線形結合、再訪

3.2.4 節では、「古い」ベクトル $[3, 0, 0]$、$[0, 2, 0]$、$[0, 0, 1]$ を「新しい」ベクトル $[1, 0, 0]$、$[1, 1, 0]$、$[1, 1, 1]$ の線形結合で表し、古いベクトルの線形結合は、新しいベクトルの線形結合に変換できることを示した。この節では、この変換が行列と行列の積の結合則の結果であることを示す。

例 4.11.6（p.224）で見たように、行列の方程式を用いることで、古いベクトルそれぞれが新しいベクトルの線形結合だという事実を表すことができる。

$$\begin{bmatrix} 3 & 0 & 0 \\ 0 & 2 & 0 \\ 0 & 0 & 1 \end{bmatrix} = \begin{bmatrix} 1 & 1 & 1 \\ 0 & 1 & 1 \\ 0 & 0 & 1 \end{bmatrix} \begin{bmatrix} 3 & -2 & 0 \\ 0 & 2 & -1 \\ 0 & 0 & 1 \end{bmatrix} \tag{4-9}$$

古いベクトルの線形結合を行列とベクトルの積として表現すると、次のようになる。

$$\begin{bmatrix} x \\ y \\ z \end{bmatrix} = \begin{bmatrix} 3 & 0 & 0 \\ 0 & 2 & 0 \\ 0 & 0 & 1 \end{bmatrix} \begin{bmatrix} x/3 \\ y/2 \\ z \end{bmatrix}$$

ここで、行列に式 (4-9) を代入しよう。

$$\begin{bmatrix} x \\ y \\ z \end{bmatrix} = \left(\begin{bmatrix} 1 & 1 & 1 \\ 0 & 1 & 1 \\ 0 & 0 & 1 \end{bmatrix} \begin{bmatrix} 3 & -2 & 0 \\ 0 & 2 & -1 \\ 0 & 0 & 1 \end{bmatrix} \right) \begin{bmatrix} x/3 \\ y/2 \\ z \end{bmatrix}$$

結合則より、これは次のように書き換えることができる。

$$\begin{bmatrix} x \\ y \\ z \end{bmatrix} = \begin{bmatrix} 1 & 1 & 1 \\ 0 & 1 & 1 \\ 0 & 0 & 1 \end{bmatrix} \left(\begin{bmatrix} 3 & -2 & 0 \\ 0 & 2 & -1 \\ 0 & 0 & 1 \end{bmatrix} \begin{bmatrix} x/3 \\ y/2 \\ z \end{bmatrix} \right)$$

括弧内の式 $\begin{bmatrix} 3 & -2 & 0 \\ 0 & 2 & -1 \\ 0 & 0 & 1 \end{bmatrix} \begin{bmatrix} x/3 \\ y/2 \\ z \end{bmatrix}$ を整理すると、$\begin{bmatrix} x-y \\ y-z \\ z \end{bmatrix}$ が得られる。これを代入する。

$$\begin{bmatrix} x \\ y \\ z \end{bmatrix} = \begin{bmatrix} 1 & 1 & 1 \\ 0 & 1 & 1 \\ 0 & 0 & 1 \end{bmatrix} \begin{bmatrix} x-y \\ y-z \\ z \end{bmatrix}$$

これは $[x, y, z]$ が新しいベクトルの線形結合で書けることを示している。

この例が示すように、線形結合の線形結合が線形結合であるという事実は、行列と行列の積の結合則の結果である。

4.12 内積と外積

ベクトルを行列として解釈できるようになったので、行列に見せかけた 2 つのベクトルを掛け合わせたとき、何が起こるかを見よう。ベクトルを掛け合わせる方法は 2 つある。

4.12.1 内積

$\boldsymbol{u}$ と $\boldsymbol{v}$ をそれぞれ D ベクトルとする。「行列と行列の」積 $\boldsymbol{u}^T\boldsymbol{v}$ を考えよう。1 つ目の「行列」は 1 つの

行を持ち、2つ目の行列は1つの列を持つ。行列と行列の積のドット積による定義から、この積は $\boldsymbol{u} \cdot \boldsymbol{v}$ を値とする、ただ1つの要素から成る。

例 4.12.1：

$$\begin{bmatrix} 1 & 2 & 3 \end{bmatrix} \begin{bmatrix} 3 \\ 2 \\ 1 \end{bmatrix} = \begin{bmatrix} 10 \end{bmatrix}$$

このため、$\boldsymbol{u}$ と $\boldsymbol{v}$ のドット積は $\boldsymbol{u}^T\boldsymbol{v}$ と書かれることが多い。この積はよく**内積**と呼ばれる。しかしながらこの「内積」という用語は、8章で議論する関連した別の意味でも用いられる。

4.12.2 外積

$\boldsymbol{u}$ と $\boldsymbol{v}$ を任意のベクトル（同じ定義域を共有している必要はない）とし、$\boldsymbol{u}\boldsymbol{v}^T$ を考えよう。$\boldsymbol{u}$ の定義域のそれぞれの要素 s と $\boldsymbol{v}$ の定義域のそれぞれの要素 t に対し、$\boldsymbol{u}\boldsymbol{v}^T$ の s, t 要素は $\boldsymbol{u}[s]\ \boldsymbol{v}[t]$ である。

例 4.12.2：

$$\begin{bmatrix} u_1 \\ u_2 \\ u_3 \end{bmatrix} \begin{bmatrix} v_1 & v_2 & v_3 & v_4 \end{bmatrix} = \begin{bmatrix} u_1v_1 & u_1v_2 & u_1v_3 & u_1v_4 \\ u_2v_1 & u_2v_2 & u_2v_3 & u_2v_4 \\ u_3v_1 & u_3v_2 & u_3v_3 & u_3v_4 \end{bmatrix}$$

このような積をベクトル $\boldsymbol{u}$ と $\boldsymbol{v}$ の**外積**と呼ぶ。

4.13 逆関数から逆行列へ

関数を行列で定義するという考え方に戻ろう。行列 M が関数 $f(\boldsymbol{x}) = M\boldsymbol{x}$ を与えたことを思い出して欲しい。f が逆関数を持つ場合を考えよう。$f \circ g$ と $g \circ f$ がそれぞれの定義域における恒等関数のとき、g は f の逆関数であった。

4.13.1 線形関数の逆関数も線形である

補題 4.13.1： f が線形関数で、g がその逆関数であるとき、g もまた線形関数である。

証明

以下のことを示す必要がある。

1. g の定義域のベクトルの全ての組 $\boldsymbol{y}_1$、$\boldsymbol{y}_2$ に対し、$g(\boldsymbol{y}_1 + \boldsymbol{y}_2) = g(\boldsymbol{y}_1) + g(\boldsymbol{y}_2)$
2. g の定義域の全てのベクトル $\boldsymbol{y}$ とスカラー α に対し、$g(\alpha\,\boldsymbol{y}) = \alpha\, g(\boldsymbol{y})$

1つ目を証明する。$\boldsymbol{y}_1$ と $\boldsymbol{y}_2$ を g の定義域のベクトルとし、$\boldsymbol{x}_1 = g(\boldsymbol{y}_1)$、$\boldsymbol{x}_2 = g(\boldsymbol{y}_2)$ とする。逆関数の定義より、$f(\boldsymbol{x}_1) = \boldsymbol{y}_1$、$f(\boldsymbol{x}_2) = \boldsymbol{y}_2$ である。

$$\begin{aligned} g(\boldsymbol{y}_1 + \boldsymbol{y}_2) &= g(f(\boldsymbol{x}_1) + f(\boldsymbol{x}_2)) \\ &= g(f(\boldsymbol{x}_1 + \boldsymbol{x}_2)) && f \text{ の線形性より} \\ &= \boldsymbol{x}_1 + \boldsymbol{x}_2 && g \text{ は } f \text{ の逆関数なので} \\ &= g(\boldsymbol{y}_1) + g(\boldsymbol{y}_1) && \boldsymbol{x}_1 \text{ と } \boldsymbol{x}_2 \text{ の定義より} \end{aligned}$$

2つ目の証明はこれと同様なので、みなさんに任せることにしよう。 □

問題 4.13.2： 2つ目の主張を証明することで、補題 4.13.1 の証明を完成させよ。

4.13.2 逆行列

定義 4.13.3： A を $\mathbb{F}$ 上の $R \times C$ 行列とし、B を $\mathbb{F}$ 上の $C \times R$ 行列とする。関数 $f : \mathbb{F}^C \longrightarrow \mathbb{F}^R$ を $f_A(\boldsymbol{x}) = A\boldsymbol{x}$ で定義し、$g : \mathbb{F}^R \longrightarrow \mathbb{F}^C$ を $g(\boldsymbol{y}) = B\boldsymbol{y}$ で定義する。f と g がそれぞれの逆関数であるとき、行列 A と B はそれぞれの逆行列であるという。また、A が逆行列を持つとき、A を**可逆行列**であるという。行列が高々 1 つの逆行列を持つことは、逆関数の一意性（補題 0.3.19）を用いて示される。そこで可逆行列 A の逆行列を A^{-1} と書く。

可逆ではない行列は**特異行列**と呼ばれることが多いが、本書ではこの用語は用いないことにする。

例 4.13.4： 3×3 の単位行列 $\mathbb{1} = \begin{bmatrix} 1 & 0 & 0 \\ 0 & 1 & 0 \\ 0 & 0 & 1 \end{bmatrix}$ は $\mathbb{R}^3$ 上の恒等関数に対応する。恒等関数の逆関数はそれ自身であり、故に、単位行列はそれ自身の逆行列である。

例 4.13.5： 3×3 対角行列 $\begin{bmatrix} 2 & 0 & 0 \\ 0 & 3 & 0 \\ 0 & 0 & 4 \end{bmatrix}$ の逆行列は何だろうか？ この行列は $f([x, y, z]) = [2x, 3y, 4z]$ で定義された関数 $f : \mathbb{R}^3 \longrightarrow \mathbb{R}^3$ と対応する。この関数の逆関数は関数 $g([x, y, z]) = \left[\frac{1}{2}x, \frac{1}{3}y, \frac{1}{4}z\right]$ で、これに対応する行列は $\begin{bmatrix} \frac{1}{2} & 0 & 0 \\ 0 & \frac{1}{3} & 0 \\ 0 & 0 & \frac{1}{4} \end{bmatrix}$ である。

例 4.13.6： 3×3 対角行列 $\begin{bmatrix} 2 & 0 & 0 \\ 0 & 0 & 0 \\ 0 & 0 & 4 \end{bmatrix}$ は関数 $f([x, y, z]) = [2x, 0, 4z]$ に対応し、これは可逆関数ではないので、この行列もまた可逆ではない。

例 4.13.7： 例 4.11.2（p.222）で用いた次の行基本行列を考えよう。

$$A = \begin{bmatrix} 1 & 0 & 0 \\ 2 & 1 & 0 \\ 0 & 0 & 1 \end{bmatrix}$$

この行列は関数 $f([x_1, x_2, x_3]) = [x_1, x_2 + 2x_1, x_3])$ に対応する。この関数は 1 つ目の要素の 2 倍を 2 つ目の要素に加えるものである。その逆は、2 つ目の要素から 1 つ目の要素の 2 倍を引く関数であり、$f^{-1}([x_1, x_2, x_3]) = [x_1, x_2 - 2x_1, x_3]$ となる。従って、A の逆行列は

$$A^{-1} = \begin{bmatrix} 1 & 0 & 0 \\ -2 & 1 & 0 \\ 0 & 0 & 1 \end{bmatrix}$$

である。これもまた行基本行列である。

例 4.13.8： 別の行基本行列を考える。

$$B = \begin{bmatrix} 1 & 0 & 5 \\ 0 & 1 & 0 \\ 0 & 0 & 1 \end{bmatrix}$$

この行列は 3 つ目の要素の 3 倍を 1 つ目の要素に加える関数 $f([x_1, x_2, x_3])$ に対応する。即ち、$f([x_1, x_2, x_3]) = [x_1 + 5x_3, x_2, x_3]$ となる。f の逆関数は 1 つ目の要素から 3 つ目の要素の 5 倍を引く関数であり、$f^{-1}([x_1, x_2, x_3]) = [x_1 - 5x_3, x_2, x_3]$ となる。f^{-1} に対応する行列、即ち B の逆行列は

$$B^{-1} = \begin{bmatrix} 1 & 0 & -5 \\ 0 & 1 & 0 \\ 0 & 0 & 1 \end{bmatrix}$$

で、これもまた別の行基本行列である。

全ての行基本行列が可逆であること、及び、その逆行列もまた行基本行列であることは明らかだ。では 1 つの行を、それ以外の全ての行に、行ごとに異なった定数を掛けて足す行列についてはどうだろうか？

例 4.13.9： 例 4.11.10（p.230）で用いた次の行列を考えよう。

$$A = \begin{bmatrix} 1 & 0 & 0 & 0 \\ 2 & 1 & 0 & 0 \\ 3 & 0 & 1 & 0 \\ 4 & 0 & 0 & 1 \end{bmatrix}$$

この行列は1行目の2倍を2行目に、3倍を3行目に、そして4倍を4行目に足す行列である。この逆は、1行目の2倍を2行目から、3倍を3行目から、そして4倍を4行目から**引く**、次の行列である。

$$A^{-1} = \begin{bmatrix} 1 & 0 & 0 & 0 \\ -2 & 1 & 0 & 0 \\ -3 & 0 & 1 & 0 \\ -4 & 0 & 0 & 1 \end{bmatrix}$$

例 4.13.10： 関数 $f([x_1, x_2]) = [x_1 + x_2, x_1 + x_2]$ に対応する行列 $\begin{bmatrix} 1 & 1 \\ 1 & 1 \end{bmatrix}$ についてはどうだろうか？ この関数は $[1, -1]$ と $[0, 0]$ の両方を $[0, 0]$ に写すので、可逆ではない。従って、この行列は可逆ではない。

4.13.3 逆行列の利用

補題 4.13.11： $R \times C$ 行列 A が逆行列 A^{-1} を持つとき、AA^{-1} は $R \times R$ 単位行列である。

証明

$B = A^{-1}$ とし、$f_A(\boldsymbol{x}) = A\boldsymbol{x}$、$f_B(\boldsymbol{y}) = B\boldsymbol{y}$ と定義する。行列の積の補題（補題 4.11.8）より、関数 $f_A \circ f_B$ は全ての R ベクトル $\boldsymbol{x}$ に対し、$(f_A \circ f_B)(\boldsymbol{x}) = AB\boldsymbol{x}$ を満たす。一方で $f_A \circ f_B$ は恒等関数なので AB は $R \times R$ 単位行列である。 □

次の行列とベクトルの方程式を考えよう。

$$A\boldsymbol{x} = \boldsymbol{b}$$

A が逆行列 A^{-1} を持つとき、この方程式の両辺に左から A^{-1} を掛けることで

$$A^{-1}A\boldsymbol{x} = A^{-1}\boldsymbol{b}$$

を得る。$A^{-1}A$ は単位行列なので

$$\mathbb{1}\boldsymbol{x} = A^{-1}\boldsymbol{b}$$

を得る。また、単位行列との掛け算は恒等関数に対応するので、次を得る。

$$\boldsymbol{x} = A^{-1}\boldsymbol{b} \tag{4-10}$$

これは、方程式 $A\boldsymbol{x} = \boldsymbol{b}$ が解を持つとき、解は $A^{-1}\boldsymbol{b}$ でなければならないことを示している。逆に、$\hat{\boldsymbol{x}} = A^{-1}\boldsymbol{b}$ とすれば $A\hat{\boldsymbol{x}} = AA^{-1}\boldsymbol{b} = \mathbb{1}\boldsymbol{b} = \boldsymbol{b}$ であり、$A^{-1}\boldsymbol{b}$ は確かに $A\boldsymbol{x} = \boldsymbol{b}$ の解である。

以上をまとめると次のようになる。

命題 4.13.12： A が可逆ならば、その定義域が A の行ラベルと等しいような任意のベクトル $\boldsymbol{b}$ に対し、行列とベクトルの方程式 $A\boldsymbol{x} = \boldsymbol{b}$ はただ 1 つの解、即ち $A^{-1}\boldsymbol{b}$ を持つ。

この結果は、数学的に非常に有用であることが分かる。例えば、次の補題は 12 章における固有値の説明で用いることになる。ここでは上三角行列 A を考えよう。

補題 4.13.13： A を上三角行列とする。このとき A はその全ての対角要素が 0 ではないとき、かつ、そのときに限り、可逆である。

証明

A の全ての対角要素が 0 ではないとする。このとき、命題 2.11.5 より、右辺の任意のベクトル $\boldsymbol{b}$ に対し、$A\boldsymbol{x} = \boldsymbol{b}$ に対する解が必ず 1 つ存在する。従って、関数 $\boldsymbol{x} \mapsto A\boldsymbol{x}$ は全単射である。

一方、A の対角要素の少なくとも 1 つが 0 であるとする。このとき、命題 2.11.6 より、$A\boldsymbol{x} = \boldsymbol{b}$ が解を持たないようなベクトル $\boldsymbol{b}$ が存在する。A が可逆ならば命題 4.13.12 より $A^{-1}\boldsymbol{b}$ が解となるので、A は可逆ではない。 □

これから命題 4.13.12 を繰り返し用いることで、線形計画法を解くアルゴリズムが得られる（13 章）。

この結果を応用するためには、行列が可逆であるかどうかを判断する便利な基準を開発しておく必要がある。これには次の節から着手するが、完成は 6 章までお待ちいただこう。

式 (4-10) は、行列とベクトルの方程式 $A\boldsymbol{x} = \boldsymbol{b}$ を解く方法が A の逆行列を求め、$\boldsymbol{b}$ に掛けることだと思わせるかもしれない。事実、数学科の学生は伝統的にそう教わってきた。しかしながら、これは、コンピュータの内部で実数が浮動小数点数で表現されている場合には、あまりよい方法ではない。この方法は他の方法で計算した結果よりも答えの精度が悪いからである。

4.13.4 可逆行列の積は可逆行列である

命題 4.13.14： A、B が可逆行列であり、それらの積 AB が定義されるならば、AB も可逆行列であり、かつ、$(AB)^{-1} = B^{-1}A^{-1}$ である。

証明

関数 f、g を $f(\boldsymbol{x}) = A\boldsymbol{x}$ と $g(\boldsymbol{x}) = B\boldsymbol{x}$ で定義する。

A、B を可逆行列とする。このとき、対応する関数 f、g も可逆である。従って、補題 0.3.20 より、$f \circ g$ も可逆であり、その逆関数は $g^{-1} \circ f^{-1}$ である。故に、$f \circ g$ に対応する行列（即ち AB）は可逆行列であり、その逆行列は $B^{-1}A^{-1}$ であることが分かる。 □

例 4.13.15： $A = \begin{bmatrix} 1 & 1 \\ 0 & 1 \end{bmatrix}$、$B = \begin{bmatrix} 1 & 0 \\ 1 & 1 \end{bmatrix}$ は、それぞれ関数 $f : \mathbb{R}^2 \longrightarrow \mathbb{R}^2$、$g : \mathbb{R}^2 \longrightarrow \mathbb{R}^2$ に対応する。

$$f\left(\begin{bmatrix} x_1 \\ x_2 \end{bmatrix}\right) = \begin{bmatrix} 1 & 1 \\ 0 & 1 \end{bmatrix}\begin{bmatrix} x_1 \\ x_2 \end{bmatrix} = \begin{bmatrix} x_1 + x_2 \\ x_2 \end{bmatrix}$$

f は可逆関数である。

$$g\left(\begin{bmatrix} x_1 \\ x_2 \end{bmatrix}\right) = \begin{bmatrix} 1 & 0 \\ 1 & 1 \end{bmatrix}\begin{bmatrix} x_1 \\ x_2 \end{bmatrix} = \begin{bmatrix} x_1 \\ x_1 + x_2 \end{bmatrix}$$

g は可逆関数である。

関数 f、g が可逆なので、関数 $f \circ g$ も可逆である。

行列の積の補題より、関数 $f \circ g$ は行列の積

$$AB = \begin{bmatrix} 1 & 1 \\ 0 & 1 \end{bmatrix}\begin{bmatrix} 1 & 0 \\ 1 & 1 \end{bmatrix} = \begin{bmatrix} 2 & 1 \\ 1 & 1 \end{bmatrix}$$

に対応する。従ってこの行列は可逆である。

例 4.13.16： $A = \begin{bmatrix} 1 & 0 & 0 \\ 4 & 1 & 0 \\ 0 & 0 & 1 \end{bmatrix}$、$B = \begin{bmatrix} 1 & 0 & 0 \\ 0 & 1 & 0 \\ 5 & 0 & 1 \end{bmatrix}$ とする。

行列 A を掛けると、2 番目の要素に 1 番目の要素の 4 倍が足される。

$$f([x_1, x_2, x_3]) = [x_1, x_2 + 4x_1, x_3])$$

この関数は可逆である。

行列 B を掛けると、3 番目の要素に 1 番目の要素の 5 倍が足される。

$$g([x_1, x_2, x_3]) = [x_1, x_2, x_3 + 5x_1]$$

この関数は可逆である。

行列の積の補題より、行列 AB を掛けることは関数の合成 $f \circ g$ に対応する。

$$(f \circ g)([x_1, x_2, x_3]) = [x_1, x_2 + 4x_1, x_3 + 5x_1]$$

関数 $f \circ g$ は可逆関数なので、行列 AB は可逆行列である。

例 4.13.17： $A = \begin{bmatrix} 1 & 2 & 3 \\ 4 & 5 & 6 \\ 7 & 8 & 9 \end{bmatrix}$、$B = \begin{bmatrix} 1 & 0 & 1 \\ 0 & 1 & 0 \\ 1 & 1 & 0 \end{bmatrix}$ とする。

これらの積は $AB = \begin{bmatrix} 4 & 5 & 1 \\ 10 & 11 & 4 \\ 16 & 17 & 7 \end{bmatrix}$ であり、これは可逆では**ない**。従って、少なくとも A と B のいずれかは可逆でない。実際 $\begin{bmatrix} 1 & 2 & 3 \\ 4 & 5 & 6 \\ 7 & 8 & 9 \end{bmatrix}$ は可逆ではない。

4.13.5 逆行列についての補足

既に AA^{-1} が単位行列となることを見た。このことから、逆に、任意の行列 A に対し、AB が単位行列 $\mathbb{1}$ となるような行列 B が存在するならば、B は A の逆行列であると思われるだろう。だが、これは正しくない。

例 4.13.18： 簡単な反例は

$$A = \begin{bmatrix} 1 & 0 & 0 \\ 0 & 1 & 0 \end{bmatrix}、B = \begin{bmatrix} 1 & 0 \\ 0 & 1 \\ 0 & 0 \end{bmatrix}$$

である。実際

$$AB = \begin{bmatrix} 1 & 0 & 0 \\ 0 & 1 & 0 \end{bmatrix} \begin{bmatrix} 1 & 0 \\ 0 & 1 \\ 0 & 0 \end{bmatrix} = \begin{bmatrix} 1 & 0 \\ 0 & 1 \end{bmatrix}$$

だが、$f_A(\boldsymbol{x}) = A\boldsymbol{x}$ で定義される関数 $f_A : \mathbb{F}^3 \longrightarrow \mathbb{F}^2$ と $f_B(\boldsymbol{y}) = B\boldsymbol{y}$ で定義される関数 $f_B : \mathbb{F}^2 \longrightarrow \mathbb{F}^3$ は、一方が他方の逆関数ではない。実際、$A \begin{bmatrix} 0 \\ 0 \\ 1 \end{bmatrix}$ と $A \begin{bmatrix} 0 \\ 0 \\ 0 \end{bmatrix}$ の結果は共に $\begin{bmatrix} 0 \\ 0 \end{bmatrix}$ であり、これは f_A が単射ではないこと、即ち、可逆関数ではないことを示している。

従って、$AB = \mathbb{1}$ は A と B が、それぞれの逆行列であることを保証するには十分ではない。しかしながら、次のことはいえる。

系 4.13.19： 行列 A、B は、AB と BA が共に単位行列のとき、かつ、そのときに限り、それぞれ他方の逆行列となる。

証明

- A と B をそれぞれの逆行列としよう。B は A の逆行列なので補題 4.13.11 より、AB は単位行列である。A は B の逆行列なので同じ補題より、BA は単位行列である。
- 逆に AB と BA を共に単位行列とする。行列の積の補題（補題 4.11.8）より、A と B に対応する関数はそれぞれの逆関数となる。従って、A と B はそれぞれの逆行列となる。

□

次の疑問を投げかけて、終わりとしよう。

疑問 4.13.20： どうすれば行列 M が可逆だといえるだろうか？

この疑問は他の問題に関連付けて考えることができる。定義より、M は関数 $f(\boldsymbol{x}) = M\boldsymbol{x}$ が可逆関数、即ち、全単射であるとき、可逆行列となる。

- **単射性**：関数は線形なので、単射の補題（補題 4.10.15）より、その核が自明、即ち M のヌル空間が自明なとき、関数は単射となる。
- **全射性**：疑問 4.10.16 は、「どうすれば線形関数が全射かどうかを示せるだろうか？」と聞いている。

あとは線形関数が全射であることを示す方法が分かれば、行列が可逆であることを示す方法も分かるだろう。

次の 2 つの章では、これらの疑問に答えるために必要な道具を見つけ出していこう。

4.14 ラボ：エラー訂正コード

このラボでは、$GF(2)$ 上のベクトルと行列を用いて議論を行う。従って、このラボで 1 や 0 を見たら、その 1 は、本当は `GF2` モジュールの `one` であることに注意して欲しい。

4.14.1 チェック行列

4.7.3 節でエラー訂正コードを紹介した。2 値線形符号に対し、コードワードの集合 $\mathcal{C}$ は、$GF(2)$ 上のベクトル空間である。そのような線形符号では、$\mathcal{C}$ が H のヌル空間となるような**チェック行列** H が存在する。受信者は、ベクトル $\tilde{\boldsymbol{c}}$ を受信したとき、受け取ったベクトルに H を掛け、その結果のベクトル（**エラーシンドローム**）がゼロベクトルかどうかをチェックすることで、受け取ったベクトルがコードワードかどうかをチェックできる。

4.14.2 生成子行列

ベクトル空間 $\mathcal{C}$ はチェック行列のヌル空間とみなせる。これ以外にも、このベクトル空間を指定する方法がある。それは生成子を用いた方法である。線形符号に対する**生成子行列** G とは、コードワードの集合 $\mathcal{C}$ に対する生成子を列に持つような行列である[†5]。

†5 生成子行列の伝統的な定義では、$\mathcal{C}$ に対する生成子を**行**に持つものとして定義される。ここでは、説明を単純にするために、この伝統から抜け出すことにしよう。

線形結合による行列とベクトルの積の定義より、全ての行列とベクトルの積 $G * \boldsymbol{p}$ は、G の列ベクトルの線形結合である。従って、これはコードワードである。

4.14.3 ハミングコード

ハミングは、4 ビットメッセージが 7 ビットのコードワードで表されるようなコードを発見した。その生成子行列は

$$G = \begin{bmatrix} 1 & 0 & 1 & 1 \\ 1 & 1 & 0 & 1 \\ 0 & 0 & 0 & 1 \\ 1 & 1 & 1 & 0 \\ 0 & 0 & 1 & 0 \\ 0 & 1 & 0 & 0 \\ 1 & 0 & 0 & 0 \end{bmatrix}$$

である。4 ビットメッセージは $GF(2)$ 上の 4 要素のベクトル $\boldsymbol{p}$ として表現される。$\boldsymbol{p}$ を符号化したものは、行列とベクトルの積 $G * \boldsymbol{p}$ で得られる 7 要素のベクトルである。

f_G を $f_G(\boldsymbol{x}) = G * \boldsymbol{p}$ で定義される関数とし、これを符号化関数とする。f_G の像、即ち、全てのコードワードの集合は、G の列ベクトル空間を成す。

課題 4.14.1： 生成子行列 G を表す `Mat` のインスタンスを作成せよ。ここでは `matutil` モジュールのプロシージャ `listlist2mat` を用いてよい。また、$GF(2)$ で作業するので、1 を用いる場合は、`GF2` モジュールの値 `one` を用いなければならない。

課題 4.14.2： メッセージ $[1, 0, 0, 1]$ を符号化すると何になるか？

4.14.4 復号化

G の行の中で、4 つの行は $GF(2)^4$ の標準生成子 $\boldsymbol{e}_1$、$\boldsymbol{e}_2$、$\boldsymbol{e}_3$、$\boldsymbol{e}_4$ であることに注意して欲しい。これは単語とコードワードの間の関係について何を表しているのだろうか？ コンピュータを使うことなくコードワード $[0, 1, 1, 1, 1, 0, 0]$ を簡単に復号化できるだろうか？

課題 4.14.3： 手で復号化する場合の処理について考えよう。任意のコードワード $\boldsymbol{c}$ に対し、行列とベクトルの積 $R * \boldsymbol{c}$ が、それを符号化したものが $\boldsymbol{c}$ となる 4 要素のベクトルであるような、4×7 行列 R を作成せよ。行列と行列の積 RG はどのようなものになるべきか？ 実際に行列を計算し、その予想と比較せよ。

4.14.5 エラーシンドローム

アリスはコードワード $\boldsymbol{c}$ を、ノイズを持つチャンネルを通して送るとしよう。このときボブが受け取ったベクトルを $\tilde{\boldsymbol{c}}$ とする。$\tilde{\boldsymbol{c}}$ は $\boldsymbol{c}$ と異なるだろうから、これを

$$\tilde{\boldsymbol{c}} = \boldsymbol{c} + \boldsymbol{e}$$

と書こう。ここで $\boldsymbol{e}$ はエラーベクトルであり、破損箇所に 1 を持つベクトルである。

エラーベクトル $\boldsymbol{e}$ を求めることができれば、ボブは元のメッセージのコードワード $\boldsymbol{c}$ を復元することができる。そこで、ボブはエラーベクトル $\boldsymbol{e}$ を求めるためにチェック行列を用いる。ハミングコードに対するチェック行列は、

$$H = \begin{bmatrix} 0 & 0 & 0 & 1 & 1 & 1 & 1 \\ 0 & 1 & 1 & 0 & 0 & 1 & 1 \\ 1 & 0 & 1 & 0 & 1 & 0 & 1 \end{bmatrix}$$

である。ボブがエラーベクトルを求める最初のステップは、**エラーシンドローム** $H * \tilde{\boldsymbol{c}}$ を計算することだ。これは $H * \boldsymbol{e}$ と等しい。

行列 H を慎重に調べよう。H の列の順序にはどのような特徴があるだろうか？

関数 f_H を $f_H(\boldsymbol{y}) = H * \boldsymbol{y}$ と定義する。任意のコードワードに対する f_H の像はゼロベクトルである。ここで、f_H と f_G の合成、$f_H \circ f_G$ について考えよう。任意のベクトル $\boldsymbol{p}$ に対し、$f_G(\boldsymbol{p})$ はコードワード $\boldsymbol{c}$ であり、また、任意のコードワード $\boldsymbol{c}$ に対し、$f_H(\boldsymbol{c}) = \boldsymbol{0}$ である。従って、任意のベクトル $\boldsymbol{p}$ に対し、$(f_H \circ f_G)(\boldsymbol{p}) = \boldsymbol{0}$ が導かれる。

行列 HG は関数 $f_H \circ f_G$ に対応する。この事実に基づいて、行列 HG の要素を予測しよう。

課題 4.14.4： チェック行列 H を表す `Mat` のインスタンスを作成せよ。また、行列と行列の積 HG を計算せよ。その結果はみなさんの予想と一致しただろうか？

4.14.6 エラーの検出

ボブは、コードワードの高々 1 ビットが破損している、つまり、$\boldsymbol{e}$ の高々 1 ビットがゼロではないと仮定している。この位置を $i \in \{1, 2, \ldots, 7\}$ と書くことにしよう。このとき、$H * \boldsymbol{e}$ の値はどうなるだろうか？（**ヒント**：H の列の順序が持つ特徴を用いる）

課題 4.14.5： エラーシンドロームを入力とし、対応するエラーベクトル $\boldsymbol{e}$ を返すプロシージャ `find_error` を書け。

課題 4.14.6： この課題では、自分がボブだと想像してみて欲しい。いま、コードワード**ではない**ベクトル $\tilde{\boldsymbol{c}} = [1, 0, 1, 1, 0, 1, 1]$ を受け取ったとする。ここでの目標は、アリスが送ろうとした元の 4 ビットメッセージを復元することである。そのためにはまず、`find_error` を用いて対応するエラーベクトル $\boldsymbol{e}$ を見つけ、$\tilde{\boldsymbol{c}}$ に加えて正しいコードワードを得る。そして最後に、課題 4.14.3 の行列 R を用いて、元の 4 要素のベクトルを導けばよい。

課題 4.14.7： 次の機能を持つ 1 行プロシージャ `find_error_matrix(S)` を書け。

- **入力**：エラーシンドロームを列に持つような行列 `S`

- **出力**：S の c 列に対応するエラーを c 列に持つような行列

このプロシージャは、プロシージャ find_error と、matutil モジュールのプロシージャを一緒に用いた内包表記より成る。

$[1,1,1]$ と $[0,0,1]$ を列に持つ行列に対し、このプロシージャをテストせよ。

4.14.7 全てをまとめる

ここでは文字列全体を符号化し、その文字列をエラーから守ってみよう。そのためには、まず、テキストをビットの行列として表現する方法について少し勉強する必要がある。文字は **UTF-8** と呼ばれる可変長符号化方式を用いて表現される。この方式では各文字はあるバイト数によって表現される。文字 c の数値は ord('c') で調べられる。文字 'a'、'A'、スペースの数値は、それぞれいくつだろうか？

chr(i) を用いると、数値を文字にすることができる。0 から 255 までの数値を持つ文字から成る文字列は、以下のように得られる。

```
>>> s = ''.join([chr(i) for i in range(256)])
>>> print(s)
```

本書では、$GF(2)$ のリスト、$GF(2)$ 上の行列、文字列の間の変換用のプロシージャなどから成るモジュール bitutil を提供している。そのようなプロシージャのうち 2 つが str2bits(str) と bits2str(L) である。

str2bits(str) は以下の機能を持つ。

- **入力**：文字列
- **出力**：文字列を表す $GF(2)$ の値（0 または one）のリスト

bits2str(L) はその逆変換で、以下の機能を持つ。

- **入力**：$GF(2)$ の値のリスト
- **出力**：対応する文字列

課題 4.14.8： 上で定義した文字列 s に対し、str2bits(str) をテストし、bits2str(L) を適用することで元の文字列が得られることを確認せよ。

ハミングコードは一度に 4 ビットを操作する。4 ビットの列は**ニブル**と呼ばれる。（str2bits で生成されるような）ビットのリストを符号化する場合、そのリストをニブルに分解し、それぞれのニブルを別々に符号化する。

それぞれのニブルを変換するには、ニブルを 4 要素のベクトルとして解釈し、生成子行列 G を掛ければよい。これを実装する方法の 1 つは、このビットのリストを 4 要素のベクトルのリストへ変換し、その後、例えば、内包表記を用いてリスト内の各ベクトルに G を掛けることである。いまは行列に興味があるので、代わりに、ビットのリストを、各列ベクトルがニブルを表現する 4 要素のベクトルであるような行列 B に変換する。従って、$4n$ ビットの列は、$4 \times n$ 行列 P で表現される。`bitutil` モジュールは、ビットのリストをこのような行列に変換するプロシージャ `bits2mat(bits)` と、このような行列 A をビットのリストに逆変換するプロシージャ `mat2bits(A)` を定義している。

課題 4.14.9： 文字列をビットのリスト、ビットのリストを行列 P へ変換し、そして文字列へ逆変換してみることで、元の文字列を得られることを確認せよ。

課題 4.14.10： これらのプロシージャをまとめ、文字列 "I'm trying to free your mind, Neo. But I can only show you the door. You're the one that has to walk through it."†6 を表現する行列 P を計算せよ。

ノイズがあるチャンネルを用いて、上記のメッセージを送信することを想像してみよう。このチャンネルはビットを送信するが、時々、間違ったビットを送信する。即ち、0 が 1 になり、逆もまた然りといった具合である。

`bitutil` モジュールは、次のようなプロシージャ `noise(A, s)` を提供している。即ち、行列 A と確率 s を与えられると、A と同じ行ラベル、及び、列ラベルを持ち、確率分布 `{one:s, 0:1-s}` に従って選ばれた $GF(2)$ の要素を持つ行列を返す。例えば、`noise(A, 0.02)` の各要素は、確率 0.02 で `one`、確率 0.98 で 0 となる。

課題 4.14.11： ノイズがあるチャンネルを用いて行列 P を送信したときのノイズの効果をシミュレートするために、まず `noise(P, 0.02)` を用いてランダムな行列 E を作成せよ。$E + P$ とすることでエラーを導入する。そして、ノイズの効果を見るために、この行列をテキストに逆変換せよ。

得られた結果はかなりひどいものに見えるだろう。これを解決するために、ハミングコードを使ってみよう。行ベクトル $\boldsymbol{p}$ で表される単語を符号化するには、$G * \boldsymbol{p}$ を計算すればよかったことを思い出そう。

課題 4.14.12： 行列 P の列で表された単語を符号化し、行列 C を導け。ここで、P から C を計算するのに、ループや内包表記を用いてはならない。符号化する前のテキストは何ビットで表現されるだろうか？ また、符号化後はどうか？

課題 4.14.13： 符号化したデータをノイズがあるチャンネルで送信することを考えてみよう。`noise` を用いて、エラー確率が 0.02 であるような適切なサイズを持つノイズ行列を作成し、これを C に加えることでノイズの入った行列 `CTILDE` を求めよ。エラーを訂正せずに、`CTILDE` を復号化し、そのままテキストに変換することで、受信した情報がどのように文字化けしたか確認して欲しい。

†6 ［訳注］これは映画『マトリックス』の登場人物モーフィアスのセリフ「私はキミの心を解き放とうとしているのだよ、ネオ。だが私は入口を見せてやることしかできない。キミはそこを通り抜けるべくして選ばれし者なのだ。」である（出典：『マトリックス（名作映画完全セリフ集――スクリーンプレイ・シリーズ）』塚田 三千代 監修、スクリーンプレイ出版（2000））。

課題 4.14.14： この課題では、次の機能を持つ1行プロシージャ correct(A) を書こう。

- **入力：**それぞれの列がコードワードから高々1ビット異なるような行列 A
- **出力：**対応する正しいコードワードを列に持つ行列

このプロシージャではループや内包表記を用いてはならない。その代わりに、このラボで作成したプロシージャと一緒に、行列と行列の積のプロシージャ、行列と行列の和のプロシージャを用いてみよ。

課題 4.14.15： 作成したプロシージャ correct(A) を CTILDE に適用し、コードワードの行列を作成せよ。また、課題 4.14.3 の行列 R を用いて、このコードワードの行列を復号化し、4要素のベクトルを列ベクトルに持つ行列を導け。その後、これらの4要素のベクトルに対応する文字列を導け。

ハミングコードは全ての破損を訂正できただろうか？ そうでない場合、その理由を説明せよ。

課題 4.14.16： この処理を異なるエラー確率に対して繰り返し、ハミングコードが異なる状況でどれくらいうまく機能するかを確認せよ。

4.15 ラボ：2次元幾何学における座標変換

4.15.1 平面上の点の表現

ここまでで平面上の点 (x, y) を{'x','y'}ベクトル、$\begin{bmatrix} x \\ y \end{bmatrix}$ によって表現することには慣れてきただろう。このラボでは、{'x','y','u'}ベクトル、$\begin{bmatrix} x \\ y \\ u \end{bmatrix}$ を用いる。その理由は後で明らかになる。この表現は**同次座標**と呼ばれるものである。ただしここでは、このような完全に一般化された同次座標は用いない。即ち、u 座標は常に1とする。

4.15.2 座標変換

幾何学的な座標変換は行列 M で表現される。即ち、点の座標を変換する場合、行列とベクトルの積を利用し、点の位置を表すベクトルに行列を掛けることで表現される。

例えば、いま、点の座標を垂直方向へ2倍にスケーリングしたいとしよう。平面上の点が、2要素のベクトル $\begin{bmatrix} x \\ y \end{bmatrix}$ で表現されていたとすると、この座標変換は行列

$$\begin{bmatrix} 1 & 0 \\ 0 & 2 \end{bmatrix}$$

で表現される。従って、座標変換を行うには、ベクトルにこの行列を掛ければよい。

$$\begin{bmatrix} 1 & 0 \\ 0 & 2 \end{bmatrix} \begin{bmatrix} x \\ y \end{bmatrix}$$

例えば、点が $(12, 15)$ にあったとすると

$$\begin{bmatrix} 1 & 0 \\ 0 & 2 \end{bmatrix} \begin{bmatrix} 12 \\ 15 \end{bmatrix} = \begin{bmatrix} 12 \\ 30 \end{bmatrix}$$

となる。しかし、ここでは平面上の点を3要素のベクトル $\begin{bmatrix} x \\ y \\ u \end{bmatrix}$（ただし $u = 1$）で表現するので、座標変換行列も

$$\begin{bmatrix} 1 & 0 & 0 \\ 0 & 2 & 0 \\ 0 & 0 & 1 \end{bmatrix}$$

のようになる。これを点 (x, y) を表すベクトルに適用すればよい。

$$\begin{bmatrix} 1 & 0 & 0 \\ 0 & 2 & 0 \\ 0 & 0 & 1 \end{bmatrix} \begin{bmatrix} x \\ y \\ 1 \end{bmatrix}$$

例えば、先ほどと同様に、点が $(12, 15)$ にあったとすると、

$$\begin{bmatrix} 1 & 0 & 0 \\ 0 & 2 & 0 \\ 0 & 0 & 1 \end{bmatrix} \begin{bmatrix} 12 \\ 15 \\ 1 \end{bmatrix} = \begin{bmatrix} 12 \\ 30 \\ 1 \end{bmatrix}$$

となる。結果のベクトルの u 要素も1であることに注意しよう。

今度はたくさんの点を同時に座標変換したいとしよう。例4.11.4と例4.11.5で説明したように、行列とベクトルの積による行列と行列の積の定義より、たくさんの点を座標変換するには、それらの点を1つの行列にまとめ、その行列の左から座標変換を表す行列を掛ければよい。

$$\begin{bmatrix} 3 & 0 & 0 \\ 0 & 3 & 0 \\ 0 & 0 & 1 \end{bmatrix} \left[\begin{array}{c|c|c|c} 2 & 2 & -2 & -2 \\ 2 & -2 & 2 & 2 \\ 1 & 1 & 1 & 1 \end{array}\right] = \left[\begin{array}{c|c|c|c} 6 & 6 & -6 & -6 \\ 6 & -6 & 6 & 6 \\ 1 & 1 & 1 & 1 \end{array}\right]$$

4.15.3　画像表現

このラボでは、Pythonにおける行列を用いた画像処理を行う。そのためには、まず、画像を行列として表現する必要がある。そこで画像を平面上の色が付いた点の集合として表現することにしよう。

色が付いた点

色が付いた点を表現するためには、その点の位置と、色を指定する必要がある。従って、色が付いた点は 2 つのベクトルを用いて表現される。`{'x','y','u'}`というラベルを持つ**位置**ベクトルと、`{'r','g','b'}`というラベルを持つ**色**ベクトルである。この位置ベクトルは、通常通り (x,y) が指定する点の位置を表している。いまは、u 要素は常に 1 としているが、後でこれの使い方を説明する。例えば、先ほどの点 $(12,15)$ は、ベクトル `Vec({'x','y','u'}, {'x':12, 'y':15, 'u':1})` で表現される。

色ベクトルは点の色を表現する。これは、`'r'`、`'g'`、`'b'` 要素を持つベクトルであり、各要素は**赤**、**緑**、**青**の強度を与える。例えば、赤は関数`{'r':1}`により表現される。

画像を表現する方法

通常、画像は、長方形のピクセルが規則正しく並んだ長方形の格子であり、各ピクセルには色が割り当てられている。ここでは、画像の変換を行うために、もう少しだけ一般的な表現を用いることにしよう。

一般化された画像は一般化されたピクセルの格子から構成される。一般化されたピクセルは一般の四角形である（即ち、この四角形は長方形である必要はない）。

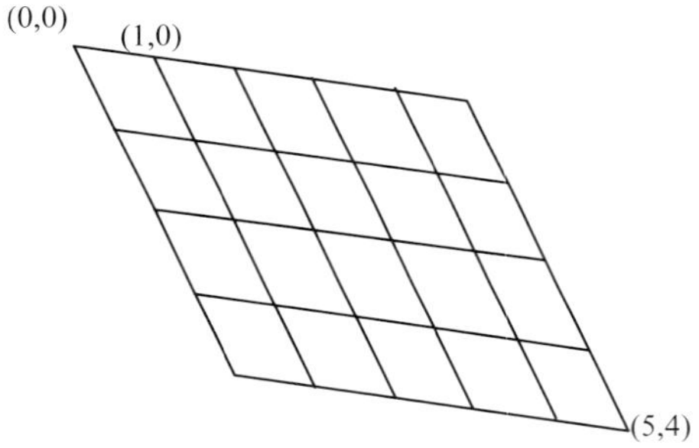

このピクセル[†7]の隅の点は整数の組 (x,y) により指定される。これを**ピクセル座標**と呼ぶ。画像の左上の隅はピクセル座標 $(0,0)$ を持ち、その 1 つ右の点はピクセル座標 $(1,0)$ を持ち、... という具合である。例えば、左上のピクセルの 4 隅のピクセル座標は $(0,0)$、$(0,1)$、$(1,0)$、$(1,1)$ となる。

それぞれの隅には平面上の位置が割り当てられ、それぞれのピクセルには色が割り当てられる。隅から平面上の点への写像は**位置行列**と呼ばれる行列によって与えられる。各隅は位置行列の列ベクトルに対応し、各列のラベルは隅のピクセル座標 (x,y) である。この列ベクトルは隅の位置を与えるベクトル`{'x','y','u'}`である。従って、位置行列の行ラベルは`'x'`、`'y'`、`'u'` である。

一般化されたピクセルから色への写像は、別の行列である**色行列**で与えられる。ピクセルはそれぞれ、色行列の列ベクトルに対応し、その列のラベルは、そのピクセルの左上の隅のピクセル座標の組である。この列ベクトルはピクセルの色を与えるベクトル`{'r','g','b'}`である。

例えば、画像  は、4 つのピクセルより成り、全体で 9 つの隅を持つ。この画像は位置行列

†7 ［訳注］以下、簡単のため、自明である場合は一般化されたピクセルをピクセルと略すことにする。

```
       (0, 0) (0, 1) (0, 2) (1, 2) (1, 1) (1, 0) (2, 2) (2, 0) (2, 1)
     ---------------------------------------------------------------
 x  |      0      0      0      1      1      1      2      2      2
 y  |      0      1      2      2      1      0      2      0      1
 u  |      1      1      1      1      1      1      1      1      1
```

と色行列

```
       (0, 0) (0, 1) (1, 1) (1, 0)
     -----------------------------
 b  |    225    125     75    175
 g  |    225    125     75    175
 r  |    225    125     75    175
```

で表現される。位置行列に適切な座標変換を適用すると

```
       (0, 0) (0, 1) (0, 2) (1, 2) (1, 1) (1, 0) (2, 2) (2, 0) (2, 1)
     ---------------------------------------------------------------
 x  |      0      2      4     14     12     10     24     20     22
 y  |      0     10     20     22     12      2     24      4     14
 u  |      1      1      1      1      1      1      1      1      1
```

を得る。これに同じ色行列を組み合わせると、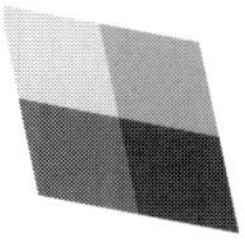 のような画像となる。

4.15.4　画像の読み込みと表示

本書では、以下の便利なプロシージャを持つ `image_mat_util` モジュールを提供している。

- `file2mat`
  - **入力**：`.png` 画像ファイルのパス名を表す文字列
  - **出力**：画像を表現する 2 要素タプル（位置行列と色行列の組）
- `mat2display`
  - **入力**：位置行列と色行列（2 つの引数）
  - **出力**：ウェブブラウザに画像を表示させる

課題 4.15.1： `.png` という拡張子の画像ファイルをダウンロードし、`file2mat` を用いて読み込み、`mat2display` で画面に表示せよ。

4.15.5 線形変換

これからいくつかの単純な線形変換を提供する transform モジュールを書いていくことにしよう。ここで作成するメソッドは、画像を直接操作するプロシージャを書く代わりに、変換行列を返し、それを画像に適用することで画像を変換する。それぞれの課題では、プロシージャを書くだけでなく、matrix_resources/images が提供するいくつかの画像に対するテストもしてみて欲しい。

課題 4.15.2： 引数を取らず、位置ベクトルに対する単位行列を返すプロシージャ identity() を書け。まず、この行列を画像のいくつかの点に適用し、次に画像全体に適用して、何も変化しないことを確認せよ。
ヒント：正しい行ラベルと列ラベルについて考えよ。

4.15.6 平行移動

まず、平行移動とは、点 (x, y) を $(x+\alpha, y+\beta)$ に動かすような変換であったことを思い出そう。ここで、α と β はこの座標変換のパラメータである。平行移動を表す 2×2 行列を考え出すことはできるだろうか？ 即ち、$\boldsymbol{x}' = M\boldsymbol{x}$ を満たすような行列 M は存在するだろうか？ ここで、$\boldsymbol{x}$、$\boldsymbol{x}'$ はそれぞれ、平行移動前の点の座標を表すベクトルと、平行移動後の点の座標を表すベクトルである。

ヒント：平行移動は、原点、即ち、ゼロベクトルに対し、どのように作用するだろうか？

さて、3番目の座標を1に固定した3次元ベクトルによる、2次元の点の表現について考えよう。これは**同次座標**として知られる表現の特別な場合である。この表現における平行移動を記述するような 3×3 行列を見つけ出せるだろうか？

課題 4.15.3： 2つの平行移動パラメータを入力とし、対応する 3×3 平行移動行列を返すプロシージャ translation(alpha, beta) を書け。また、適当な画像でこれをテストせよ。

4.15.7 スケーリング

スケーリング（拡大縮小）を行う座標変換は点 (x, y) を $(\alpha x, \beta y)$ へと変換する。ここで、α と β は、それぞれ x 方向と y 方向のスケーリングパラメータである。スケーリングは 2×2 行列をベクトル $\begin{bmatrix} x \\ y \end{bmatrix}$ に掛け算することで表現できるだろうか？ また、同様に、スケーリングは 3×3 行列をベクトル $\begin{bmatrix} x \\ y \\ 1 \end{bmatrix}$ に掛け算することで表現できるだろうか？

課題 4.15.4： x 方向、y 方向に対するスケーリングパラメータを入力とし、$\begin{bmatrix} x \\ y \\ 1 \end{bmatrix}$ へ掛けるための 3×3 のスケーリング行列を返すプロシージャ scale(alpha, beta) を書け。

4.15.8 回転

- 同次座標において、ベクトル $(1,0,1)$ はどのような点を表現しているか？ また、この点を、原点を中心として反時計回りに 30 度回転したとき、同次座標はどうなるか？
- 同様に、ベクトル $(0,1,1)$ と $(0,0,1)$ に対して、上記の質問に答えよ。
- 原点を中心として反時計回りに 30 度回転することを表現する 3×3 行列 M は、どのようなものだろうか？ 即ち、$\boldsymbol{x}' = M\boldsymbol{x}$ を満たす行列 M はどのようなものだろうか？ ここで、$\boldsymbol{x}$、$\boldsymbol{x}'$ はそれぞれ、回転する前の点の座標を表すベクトルと、回転した後の点の座標を表すベクトルである。
- 一般に、原点を中心として反時計回りに θ ラジアン回転することを表現する行列はどのようなものだろうか？ その行列と本書で導いた 2×2 回転行列とを比較せよ。

課題 4.15.5： ラジアンで表された角度を入力とし、対応する回転行列を返すプロシージャ `rotation(theta)` を書け（**ヒント：**`sin(·)` と `cos(·)` は `math` モジュールに用意されている）。

4.15.9 原点以外の点を中心とした回転

課題 4.15.6： ラジアンで表された角度 `theta`、x 座標、y 座標の 3 つのパラメータを入力とし、(x,y) を中心として角度 `theta` だけ反時計回りに回転させる行列を返すプロシージャ `rotation_about(theta, x, y)` を書け（**ヒント：**これまでに書いたプロシージャを用いよ）。

4.15.10 反転

y 軸に関する反転は、点 (x,y) を点 $(-x,y)$ へと座標変換する。

課題 4.15.7： 引数を取らず、y 軸に関する反転を行う行列を返すプロシージャ `reflect_y()` を書け。

課題 4.15.8： 引数を取らず、x 軸に関する反転を行う行列を返すプロシージャ `reflect_x()` を書け。

4.15.11 色の変換

ここで用いている画像表現では、位置だけでなく、色も変換できる。この変換は、対応する行列を色行列に掛けることで実行される。

課題 4.15.9： r、g、b に対するスケーリングパラメータを入力とし、対応するスケーリング行列を返すプロシージャ `scale_color(alpha, beta, gamma)` を書け。

課題 4.15.10： カラー画像をグレースケール画像に変換する行列を返すプロシージャ `grayscale()` を書け。変換前後の画像はどちらも、色調が RGB で表現されていることに注意して欲しい。即ち、元の画像のピクセルがそれぞれ値 r、g、b を持っていたとすると、グレースケール画像では、そのピクセルの 3 つのカラーチャンネルは全て値 $\frac{77r}{256}+\frac{151g}{256}+\frac{28b}{256}$ を持つ。

4.15.12 より一般的な反転

課題 4.15.11： 2 点を入力とし、その 2 点を通る直線に関する反転を行う行列を返すプロシージャ `reflect_about(x1, y1, x2, y2)` を書け（**ヒント：**回転、平行移動、単純な反転を用いよ）。

4.16 確認用の質問

- 行列の転置とは何か？
- スパース行列とは何か？また、その計算における重要性とは何か？
- 線形結合による行列とベクトルの積の定義とは何か？
- 線形結合によるベクトルと行列の積の定義とは何か？
- ドット積による行列とベクトルの積の定義とは何か？
- ドット積によるベクトルと行列の積の定義とは何か？
- 単位行列とは何か？
- 上三角行列とは何か？
- 対角行列とは何か？
- 線形関数とは何か？
- 線形関数 $f : \mathbb{F}^n \longrightarrow \mathbb{F}^m$ の行列による 2 つの可能な表現とは何か？
- 線形関数の核と像とは何か？
- ヌル空間、行列の行ベクトル空間、行列の列ベクトル空間とは何か？
- 行列とベクトルの積による行列と行列の積の定義とは何か？
- ベクトルと行列の積による行列と行列の積の定義とは何か？
- ドット積による行列と行列の積の定義とは何か？
- 行列と行列の積の結合則とは何か？
- 行列とベクトルの積、ベクトルと行列の積は、行列と行列の積を用いてどのように表現できるか？
- 外積とは何か？
- ドット積は行列と行列の積を用いてどのように表現できるか？
- 逆行列とは何か？
- 2 つの行列がそれぞれ一方の逆であることの 1 つの基準は何か？

4.17 問題

行列とベクトルの積

問題 4.17.1： 以下の行列とベクトルの積を計算せよ（練習のために、これらの計算にはコンピュータを用いないことをお勧めする）。

1. $\begin{bmatrix} 1 & 1 \\ 1 & -1 \end{bmatrix} * [0.5, 0.5]$
2. $\begin{bmatrix} 0 & 0 \\ 0 & 1 \end{bmatrix} * [1.2, 4.44]$
3. $\begin{bmatrix} 1 & 2 & 3 \\ 2 & 3 & 4 \\ 3 & 4 & 5 \end{bmatrix} * [1, 2, 3]$

問題 4.17.2： 任意のベクトル $[x, y]$ に対し、$M * [x, y] = [y, x]$ を満たす 2×2 行列 M を求めよ。

問題 4.17.3： 任意のベクトル $[x, y, z]$ に対し、$M * [x, y, z] = [z + x, y, x]$ を満たす 3×3 行列 M を求めよ。

問題 4.17.4： 任意のベクトル $[x, y, z]$ に対し、$M * [x, y, z] = [2x, 4y, 3z]$ を満たす 3×3 行列 M を求めよ。

行列と行列の積：行列のサイズ

問題 4.17.5： 以下のそれぞれの問題に対し、行列と行列の積が可能かどうか答えよ。可能ならば、結果の行列の行及び列の数を答えよ（結果の行列そのものは必要ない）。

1. $\begin{bmatrix} 1 & 1 & 0 \\ 1 & 0 & 1 \end{bmatrix} \begin{bmatrix} 2 & 1 & 1 \\ 3 & 1 & 2 \end{bmatrix}$
2. $\begin{bmatrix} 3 & 3 & 0 \end{bmatrix} \begin{bmatrix} 1 & 4 & 1 \\ 1 & 7 & 2 \end{bmatrix}$
3. $\begin{bmatrix} 3 & 3 & 0 \end{bmatrix} \begin{bmatrix} 1 & 4 & 1 \\ 1 & 7 & 2 \end{bmatrix}^T$
4. $\begin{bmatrix} 1 & 4 & 1 \\ 1 & 7 & 2 \end{bmatrix} \begin{bmatrix} 3 & 3 & 0 \end{bmatrix}^T$

5. $\begin{bmatrix} 1 & 4 & 1 \\ 1 & 7 & 2 \end{bmatrix} \begin{bmatrix} 3 & 3 & 0 \end{bmatrix}$

6. $\begin{bmatrix} 2 & 1 & 5 \end{bmatrix} \begin{bmatrix} 1 & 6 & 2 \end{bmatrix}^T$

7. $\begin{bmatrix} 2 & 1 & 5 \end{bmatrix}^T \begin{bmatrix} 1 & 6 & 2 \end{bmatrix}$

行列と行列の積の練習

問題 4.17.6： 以下を計算せよ。

1. $\begin{bmatrix} 2 & 3 \\ 4 & 2 \end{bmatrix} \begin{bmatrix} 1 & 2 \\ 2 & 3 \end{bmatrix}$

2. $\begin{bmatrix} 2 & 4 & 1 \\ 3 & 0 & -1 \end{bmatrix} \begin{bmatrix} 1 & 2 & 0 \\ 5 & 1 & 1 \\ 2 & 3 & 0 \end{bmatrix}$

3. $\begin{bmatrix} 2 & 2 & 1 \end{bmatrix} \begin{bmatrix} 3 & 1 \\ -2 & 6 \\ 1 & -1 \end{bmatrix}$

4. $\begin{bmatrix} 1 & 2 & 3 \end{bmatrix} \begin{bmatrix} 1 \\ 2 \\ 3 \end{bmatrix}$

5. $\begin{bmatrix} 1 \\ 2 \\ 3 \end{bmatrix} \begin{bmatrix} 1 & 2 & 3 \end{bmatrix}$

6. $\begin{bmatrix} 4 & 1 & -3 \\ 2 & 2 & -2 \end{bmatrix}^T \begin{bmatrix} -1 & 1 \\ 1 & 0 \end{bmatrix}$

問題 4.17.7： 行列 A を

$$A = \begin{bmatrix} 2 & 0 & 1 & 5 \\ 1 & -4 & 6 & 2 \\ 3 & 0 & -4 & 2 \\ 3 & 4 & 0 & -2 \end{bmatrix}$$

とする。以下の行列 B それぞれに対し、AB 及び BA を計算せよ（練習のために、これらの計算にはコンピュータを用いないことをお勧めする）。

1. $B = \begin{bmatrix} 0 & 1 & 0 & 0 \\ 0 & 0 & 1 & 0 \\ 0 & 0 & 0 & 1 \\ 1 & 0 & 0 & 0 \end{bmatrix}$ 2. $B = \begin{bmatrix} 0 & 0 & 0 & 1 \\ 0 & 0 & 1 & 0 \\ 0 & 1 & 0 & 0 \\ 1 & 0 & 0 & 0 \end{bmatrix}$ 3. $B = \begin{bmatrix} 0 & 0 & 0 & 1 \\ 0 & 1 & 0 & 0 \\ 1 & 0 & 0 & 0 \\ 0 & 0 & 1 & 0 \end{bmatrix}$

問題 4.17.8： a、b を数とし、$A = \begin{bmatrix} 1 & a \\ 0 & 1 \end{bmatrix}$、$B = \begin{bmatrix} 1 & b \\ 0 & 1 \end{bmatrix}$ とする。

1. AB を a、b を使って書け。
2. 行列 M と非負整数 k に対し、M^k は M の自身の k 回の積、即ち

$$\underbrace{MMM\ldots M}_{k\text{ 回}}$$

を表していたことを思い出そう。A の a に 1 を代入したとき、A^2、A^3 を求めよ。また、n を非負整数とするとき、A^n を求めよ。

問題 4.17.9： 行列 A を

$$A = \begin{bmatrix} 4 & 2 & 1 & -1 \\ 1 & 5 & -2 & 3 \\ 4 & 4 & 4 & 0 \\ -1 & 6 & 2 & -5 \end{bmatrix}$$

とする。以下の行列 B それぞれに対し、コンピュータを使わずに AB、BA を計算せよ（次の 3 点について考えること。それぞれの計算で、行列と行列の積のどの定義が最も有用か？ B の (i, j) 要素における 0 でない要素は、AB の j 列目にどのような寄与をするか？ また、同様に、BA の i 行目にどのような寄与をするか？）。

(a) $\begin{bmatrix} 0 & 0 & 0 & 0 \\ 0 & 0 & 1 & 0 \\ 0 & 0 & 0 & 0 \\ 0 & 0 & 0 & 0 \end{bmatrix}$ (b) $\begin{bmatrix} 0 & 0 & 0 & 0 \\ 0 & 1 & 0 & 0 \\ 0 & 0 & 0 & 0 \\ 0 & 0 & 1 & 0 \end{bmatrix}$ (c) $\begin{bmatrix} 1 & 0 & 0 & 0 \\ 1 & 0 & 0 & 0 \\ 0 & 0 & 0 & 0 \\ 0 & 0 & 0 & 0 \end{bmatrix}$

(d) $\begin{bmatrix} 0 & 1 & 0 & 1 \\ 0 & 0 & 0 & 0 \\ 0 & 0 & 0 & 0 \\ 0 & 1 & 0 & 0 \end{bmatrix}$ (e) $\begin{bmatrix} 0 & 0 & 0 & 2 \\ 0 & 0 & 0 & 0 \\ 0 & 0 & 0 & 0 \\ 0 & -3 & 0 & 0 \end{bmatrix}$ (f) $\begin{bmatrix} -1 & 0 & 0 & 0 \\ 0 & 2 & 0 & 0 \\ 0 & 0 & 2 & 0 \\ 0 & 0 & 0 & 3 \end{bmatrix}$

列ベクトルや行ベクトルに対する行列の積

問題 4.17.10： 以下の行列の積を計算せよ。

(a) $\begin{bmatrix} 2 & 3 & 1 \\ 1 & 3 & 4 \end{bmatrix} \begin{bmatrix} 2 \\ 2 \\ 3 \end{bmatrix}$

(b) $\begin{bmatrix} 2 & 4 & 1 \end{bmatrix} \begin{bmatrix} 1 & 2 & 0 \\ 5 & 1 & 1 \\ 2 & 3 & 0 \end{bmatrix}$

(c) $\begin{bmatrix} 2 & 1 \end{bmatrix} \begin{bmatrix} 3 & 1 & 5 & 2 \\ -2 & 6 & 1 & -1 \end{bmatrix}$

(d) $\begin{bmatrix} 1 & 2 & 3 & 4 \\ 1 & 1 & 3 & 1 \end{bmatrix} \begin{bmatrix} 1 \\ 2 \\ 3 \\ 4 \end{bmatrix}$

(e) $\begin{bmatrix} 4 \\ 1 \\ -3 \end{bmatrix}^T \begin{bmatrix} -1 & 1 & 1 \\ 1 & 0 & 2 \\ 0 & 1 & -1 \end{bmatrix}$

行列クラス

問題 4.17.11： ここでは、行列クラス `Mat` を実装する `mat` モジュールを作成する。`Mat` のインスタンスで用いられるデータ構造は、`Vec` のインスタンスのデータ構造と似たものである。異なるのは、今度は、定義域 `D` が、単一の集合ではなく集合の組（即ち 2 要素のタプル）を格納するということである。辞書 `f` のキーは、`D` の 2 つの集合のデカルト積の要素である組だ。

`Mat` に対して定義された演算には、要素の設定、取り出し、等価テスト、加法、減法、マイナス、スカラー倍、転置、ベクトルと行列の積、行列とベクトルの積、行列と行列の積がある。`Vec` と同様、クラス `Mat` は + 演算子、* 演算子が利用できるように定義されている。`Mat` のインスタンスを使用するための構文は次の通りである。ここで、`A` と `B` は行列、`v` はベクトル、`alpha` はスカラー、`r` は行ラベル、`c` は列ラベルである。

演算	構文
行列の加法、減法	A+B 、 A-B
行列のマイナス	-A
スカラーと行列の積	alpha*A
行列の等価テスト	A == B
行列の転置	A.transpose()
行列の要素の取り出し、設定	A[r,c] 、 A[r,c] = alpha
ベクトルと行列の積、行列とベクトルの積	v*A、A*v
行列と行列の積	A*B

このため、プロシージャ equal、getitem、setitem、mat_add、mat_scalar_mul、transpose、vector_matrix_mul、matrix_vector_mul、matrix_matrix_mul を書く必要がある。まず、equal を作成するところから始めよう。というのは、==は他のプロシージャの doctest で使われているからである。

注意：作成するプロシージャでは演算子を使った構文（例：$M[r,c]$）の利用を推奨する（もちろん、例えば、プロシージャ getitem の中で $M[r,c]$ という構文を用いることはできない）。

ファイル mat.py を作業ディレクトリに置き、各プロシージャに対して、pass の部分を作成したものに書き換えること。問題 2.14.10 の vec.py に対して行ったように、doctest を用いて実装をテストせよ。列ラベル集合と異なる行ラベル集合を持つ行列に対してもテストしてみること。

注意：行列とベクトルの積については、4.8 節で述べた（「通常の」定義に基づく）スパース行列とベクトルの積のアルゴリズムを用いること。また、ベクトルと行列の積については、これに類似したアルゴリズムを用いること。この積のアルゴリズムでは transpose は使用しないこと。また、vec 以外のモジュールやプロシージャを用いないこと。特に、matutil のプロシージャは用いないこと。これらを用いた場合、ここで作成した Mat の実装は、大きなスパース行列を用いた場合、十分に効率的ではなくなる可能性がある。

行列とベクトルの積とベクトルと行列の積の Python での定義

ここではいくつかのプロシージャを作成しよう。それぞれは、**指定された定義**を用いて行列とベクトルの積、または、ベクトルと行列の積を実装するものである。

- これらのプロシージャは、Mat に getitem(M, k) を加えれば、書き、実行できる。
- これらのプロシージャはスパース性を利用しては**ならない**。
- 作成するコードには、Mat に含まれる行列とベクトルの積、ベクトルと行列の積を用いては**ならない**。
- 作成するコードには matutil モジュールの以下のプロシージャを用いてもよい。
  mat2rowdict(A)、mat2coldict(A)、rowdict2mat(rowdict)、coldict2mat(coldict)

作成したプロシージャで、以下の結果を再現せよ。

- $\begin{bmatrix} -1 & 1 & 2 \\ 1 & 2 & 3 \\ 2 & 2 & 1 \end{bmatrix} \begin{bmatrix} 1 \\ 2 \\ 0 \end{bmatrix} = \begin{bmatrix} 1 \\ 5 \\ 6 \end{bmatrix}$
- $\begin{bmatrix} 4 & 3 & 2 & 1 \end{bmatrix} \begin{bmatrix} -5 & 10 \\ -4 & 8 \\ -3 & 6 \\ -2 & 4 \end{bmatrix} = \begin{bmatrix} -40 & 80 \end{bmatrix}$

問題 4.17.12： M と v の積を線形結合による定義を用いて計算するプロシージャ `lin_comb_mat_vec_mult(M, v)` を書け。この問題に関しては、v への操作として許されるのは、大括弧（`v[k]`）を使って要素を取り出す操作だけである。返されるベクトルは、線形結合を用いて計算されたものでなければならない。

問題 4.17.13： v と M の積を線形結合による定義を用いて計算するプロシージャ `lin_comb_vec_mat_mult(v, M)` を書け。この問題に関しては、v への操作として許されるのは、大括弧（`v[k]`）を使って要素を取り出す操作だけである。返されるベクトルは、線形結合を用いて計算されたものでなければならない。

問題 4.17.14： M と v の積をドット積による定義を用いて計算するプロシージャ `dot_product_mat_vec_mult(M, v)` を書け。この問題に関しては、v への操作として許されるのは、v と他のベクトルとのドット積と、他のベクトルと v とのドット積を取る操作だけである（`v*u`、または、`u*v`）。返されるベクトルの要素は、ドット積を用いて計算されたものでなければならない。

問題 4.17.15： v と M の積をドット積による定義を用いて計算するプロシージャ `dot_product_vec_mat_mult(v, M)` を書け。この問題に関しては、v への操作として許されるのは、v と他のベクトルとのドット積と、他のベクトルと v とのドット積を取る操作だけである（`v*u`、または、`u*v`）。返されるベクトルの要素は、ドット積を用いて計算されたものでなければならない。

行列と行列の積の Python への実装

いくつかプロシージャを作成しよう。それぞれは、**指定された定義**を用いて行列と行列の積を実装するものである。

- これらのプロシージャは、行列とベクトルの積、ベクトルと行列の積を計算する `mat.py` のプロシージャを書き、テストすれば、書き、実行できる。
- これらのプロシージャはスパース性を利用しては**ならない**。

- 作成するコードには、`Mat` の行列と行列の積を用いては**ならない**。
- 作成するコードには `matutil` モジュールの以下のプロシージャを用いてもよい。
  `mat2rowdict(A)`、`mat2coldict(A)`、`rowdict2mat(rowdict)`、`coldict2mat(ccldict)`

問題 4.17.16： 行列とベクトルの積の定義を用いて、行列と行列の積 $A * B$ を計算するプロシージャ `Mv_mat_mat_mult(A, B)` を書け。この問題に関しては、`A` への操作として許されるのは、`*`演算子（`A*v`）を用いた行列とベクトルの積の演算だけである。プロシージャ `matrix_vector_mul` や、これより前の問題で定義されたいかなるプロシージャも用いてはなら**ない**。

問題 4.17.17： ベクトルと行列の積の定義を用いて、行列と行列の積 $A * B$ を計算するプロシージャ `vM_mat_mat_mult(A, B)` を書け。この問題に関しては、`B` への操作として許されるのは、`*`演算子（`v*B`）を用いたベクトルと行列の積の演算だけである。プロシージャ `vector_matrix_mul` や、これより前の問題で定義されたいかなるプロシージャも用いてはなら**ない**。

行列と行列の積によるドット積

問題 4.17.18： A を、列ラベルが国連に加盟している国、行ラベルが国連における投票を表すような行列とする。$A[i, j]$ は国 j が投票 i において「賛成」「反対」「どちらでもない」のどれを投じたかに応じ、1、-1、0 の値を取るとする。

ラボ 2.12 で見たように、各国の投票記録を比較することで、国同士を比較することができる。$M = A^T A$ とする。このとき、M の行ラベルと列ラベルはいずれも国であり、$M[i, j]$ は、国 i の投票記録と国 j の投票記録のドット積である。

本書で提供しているファイル `UN_voting_data.txt` では、各行が各国に割り当てられている。この行は、国名、それに続けて $+1$、-1、0 がスペースで区切られながら列挙されている。このデータを読み込み、行列 A を作って、行列 $M = A^T A$ を作れ（**注意**：これにはかなり時間がかかる。利用するコンピュータによるが、15 分から 1 時間程度を要する）。

M を用いて、以下の質問に答えよ。

1. どの国とどの国が最も対立しているか？（ドット積の負の値が最も大きいか）
2. 最も対立している国 10 組はどれか？
3. どの国とどの国が最も意見が合っているか？（ドット積の正の値が最も大きいか）

ヒント： $M.f$ 内の項目はキーと値の組で、値はドット積の値である。内包表記を用いれば、値とキーの組のリストを取り出し、その値でソートすることができる。ソートには以下を用いる。

```
sorted([(value,key) for key,value in M.f.items()])
```

内包表記の練習

問題 4.17.19： 次の機能を持つ 1 行プロシージャ `dictlist_helper(dlist, k)` を書け。

- **入力**：全て同一のキーを持つ辞書のリスト `dlist` とキー `k`
- **出力**：i 番目の要素が `dlist` の i 番目の辞書のキー `k` に対応する値から成るリスト
- **例**：入力を `dlist=[{'a':'apple', 'b':'bear'}, {'a':1, 'b':2}]`、`k='a'` とすると、出力は `['apple', 1]` である。

このプロシージャでは内包表記を用いる。

後で用いるので、解答を保存しておくこと。

2 × 2 行列の逆行列

問題 4.17.20：

1. 本書で与えた公式を用いて線形系 $\begin{bmatrix} 3 & 4 \\ 2 & 1 \end{bmatrix} \begin{bmatrix} x_1 \\ x_2 \end{bmatrix} = \begin{bmatrix} 1 \\ 0 \end{bmatrix}$ を解け。
2. 同様に公式を用いて線形系 $\begin{bmatrix} 3 & 4 \\ 2 & 1 \end{bmatrix} \begin{bmatrix} y_1 \\ y_2 \end{bmatrix} = \begin{bmatrix} 0 \\ 1 \end{bmatrix}$ を解け。
3. 上の 2 問の答えを用いて $\begin{bmatrix} 3 & 4 \\ 2 & 1 \end{bmatrix}$ との積が単位行列となる 2×2 行列 M を求めよ。
4. M と $\begin{bmatrix} 3 & 4 \\ 2 & 1 \end{bmatrix}$ の積、及び、$\begin{bmatrix} 3 & 4 \\ 2 & 1 \end{bmatrix}$ と M の積を計算し、系 4.13.19 を用いて M が $\begin{bmatrix} 3 & 4 \\ 2 & 1 \end{bmatrix}$ の逆行列であるか決定せよ。また、答えについて説明せよ。

逆行列の基準

問題 4.17.21： 系 4.13.19 を用いて、以下で与えられる行列がそれぞれ互いの逆行列であるかどうか示せ。

1. $\mathbb{R}$ 上の行列 $\begin{bmatrix} 5 & 1 \\ 9 & 2 \end{bmatrix}, \begin{bmatrix} 2 & -1 \\ -9 & 5 \end{bmatrix}$
2. $\mathbb{R}$ 上の行列 $\begin{bmatrix} 2 & 0 \\ 0 & 1 \end{bmatrix}, \begin{bmatrix} \frac{1}{2} & 0 \\ 0 & 1 \end{bmatrix}$
3. $\mathbb{R}$ 上の行列 $\begin{bmatrix} 3 & 1 \\ 0 & 2 \end{bmatrix}, \begin{bmatrix} 1 & \frac{1}{6} \\ -2 & \frac{1}{2} \end{bmatrix}$
4. $GF(2)$ 上の行列 $\begin{bmatrix} 1 & 0 & 1 \\ 0 & 1 & 0 \end{bmatrix}, \begin{bmatrix} 0 & 1 \\ 0 & 1 \\ 1 & 1 \end{bmatrix}$

問題 4.17.22： $f(\boldsymbol{x}) = A\boldsymbol{x}$ と書くことができる行列 A が存在しないような、可逆関数 f（定義域、余定義域、そのルール）を書け。

5章
基底

君たちの基底[†1]は全て我々がいただいた。
『ゼロウィング』セガ メガドライブ版（1991）からの誤引用

5.1 座標系

5.1.1 ルネ・デカルトのアイデア

1618年、フランスの数学者ルネ・デカルトは、それまでの数学者たちの幾何学観を一変させるアイデアを持っていた。

彼は、父の希望を尊重して、大学で法学を学んだ。しかし、大学にいる間に彼の中の何かが折れてしまった。

> （以上の理由で、わたしは教師たちへの従属から解放されるとすぐに、）文字による学問をまったく放棄してしまった。そしてこれからは、わたし自身のうちに、あるいは世界という大きな書物のうちに見つかる学問だけを探求しようと決心し、青春の残りをつかって次のことをした。旅をし、あちこちの宮廷や軍隊を見、気質や身分の異なるさまざまな人たちと交わり、さまざまの経験を積み、運命の巡り合わせる機会をとらえて自分に試練を課し、いたるところで目の前に現れる事柄について反省を加え、そこから何らかの利点をひきだすことだ[†2]

パリの社会に疲れた彼は、ナッサウ伯マウリッツの軍隊に1年間、次の年にはバイエルン公の軍隊に加わった。しかし、結局彼が戦争に駆り出されることはなかった。

彼には、朝ベッドに横になったまま数学について思索する習慣があった。思索の中、彼は古代ギリシャから用いられてきた広く利用されている幾何学の手法が、不必要に扱いにくいことに気が付いた。

ある説では、彼の幾何学についての偉大なアイデアは、彼がベッドに寝そべりながら部屋の天井の隅を飛ぶハエを眺めているときに訪れたという。そのとき彼はハエの位置を2つの数で表せることに気が付いた。即ち、2枚の壁からの距離である。更に、それは2枚の壁が直角に交わっていない場合でも成り立つことに気が付いた。こうして彼は、幾何学的解析を代数的に行う方法を発見したのである。

†1 ［訳注］正しくは「君たちの基地は全て我々がいただいた」。基地（base/bases）と本章で扱う基底（basis/bases）とをかけたシャレ。
†2 ［訳注］訳は『方法序説』ルネ・デカルト著、谷川 多佳子訳（岩波文庫）より引用。

5.1.2 座標表現

ハエの位置を特徴付ける2つの数は、現在では**座標**と呼ばれるものである。ベクトル解析では、ベクトル空間 $\mathcal{V}$ の**座標系**は $\mathcal{V}$ の生成子 $\boldsymbol{a}_1, \ldots, \boldsymbol{a}_n$ で指定される。$\mathcal{V}$ の任意のベクトル $\boldsymbol{v}$ は生成子の線形結合で書ける。

$$\boldsymbol{v} = \alpha_1 \boldsymbol{a}_1 + \cdots + \alpha_n \boldsymbol{a}_n$$

従って、係数のベクトル $[\alpha_1, \ldots, \alpha_n]$ でベクトル $\boldsymbol{v}$ を表すことができる。このとき、これらの係数は**座標**と呼ばれ、ベクトル $[\alpha_1, \ldots, \alpha_n]$ は $\boldsymbol{v}$ の $\boldsymbol{a}_1, \ldots, \boldsymbol{a}_n$ についての**座標表現**と呼ばれる。

しかし、各点に座標を割り当てるだけでは不十分である。混同を避けるために、各点は座標によって厳密に一意的に指定されることを保証する必要がある。これを確かめるには、生成子 $\boldsymbol{a}_1, \ldots, \boldsymbol{a}_n$ の選び方に気をつけなければならない。5.7.1節で**表現の存在と一意性**について示すことにしよう。

例 5.1.1： ベクトル $\boldsymbol{v} = [1,3,5,3]$ は $1\,[1,1,0,0] + 2\,[0,1,1,0] + 3\,[0,0,1,1]$ と等しい。よって、$\boldsymbol{v}$ の $[1,1,0,0]$、$[0,1,1,0]$、$[0,0,1,1]$ についての座標表現は $[1,2,3]$ である。

例 5.1.2： ベクトル $[6,3,2,5]$ の $[2,2,2,3]$、$[1,0,-1,0]$、$[0,1,0,1]$ についての座標表現はどうなるだろうか？ このベクトルは

$$[6,3,2,5] = 2\,[2,2,2,3] + 2\,[1,0,-1,0] - 1\,[0,1,0,1],$$

と書けるので、その座標表現は $[2,2,-1]$ である。

例 5.1.3： $GF(2)$ 上のベクトルの例を考える。ベクトル $[0,0,0,1]$ の $[1,1,0,1]$、$[0,1,0,1]$、$[1,1,0,0]$ についての座標表現はどうなるだろうか？ このベクトルは

$$[0,0,0,1] = 1\,[1,1,0,1] + 0\,[0,1,0,1] + 1\,[1,1,0,0]$$

と書けるので、$[0,0,0,1]$ の座標表現は $[1,0,1]$ である。

5.1.3 座標表現及び行列とベクトルの積

なぜ座標をベクトルで表すのだろうか？それは、行列とベクトル、あるいは、線形結合によるベクトルと行列の積の定義などを考えたときに、座標が絶大な効果を発揮するからである。座標軸を $\boldsymbol{a}_1, \ldots, \boldsymbol{a}_n$ とし、

これらの生成子を列ベクトルとする行列 $A = \left[\begin{array}{c|c|c} \boldsymbol{a}_1 & \cdots & \boldsymbol{a}_n \end{array}\right]$ を考えよう。

- 「$\boldsymbol{u}$ は $\boldsymbol{v}$ の $\boldsymbol{a}_1, \ldots, \boldsymbol{a}_n$ についての座標表現である」という事実は、行列とベクトルの方程式 $A\boldsymbol{u} = \boldsymbol{v}$

として書き表すことができる。

- 従って、座標表現 $\boldsymbol{u}$ を元のベクトル $\boldsymbol{v}$ に変換するには、$\boldsymbol{u}$ に A を掛ければよい。
- 更に、ベクトル $\boldsymbol{v}$ をその座標表現に変換するには、行列とベクトルの方程式 $A\boldsymbol{x} = \boldsymbol{v}$ を解けばよい。A の列は $\mathcal{V}$ の生成子であり、$\boldsymbol{v}$ は $\mathcal{V}$ に属するので、方程式は少なくとも 1 つの解を持つ。

座標表現に関しては、このように行列とベクトルの積を用いることが多い。

5.2　はじめての非可逆圧縮

本節では座標表現の応用の 1 つを説明する。いま、サイズが 2000×1000 であるたくさんのグレースケール画像を保存する必要があるとしよう。このような画像は $D = \{0, 1, \ldots, 1999\} \times \{0, 1, \ldots, 999\}$ の D ベクトルとして表すことができる。しかしこれをもう少しコンパクトに保存したい。ここでは 3 つの方法について考えよう。

5.2.1　方法 1：最も近いスパースベクトルに置き換える

画像ベクトルの要素のほとんどが 0 である場合、画像はコンパクトに保存することができる。しかし、これは稀なケースである。そこで、ある画像から、スパースであるが、元の画像と見た目が似ている別の画像に置き換える方法を考えることにしよう。このような圧縮法は元の画像の情報を失うので**非可逆**（*lossy*）であるといわれる。

元のベクトルに最も近い k スパースベクトルへの置き換えを考えよう。この方法では次のような疑問が生じる。

疑問 5.2.1： 与えられたベクトル $\boldsymbol{v}$ と、正の整数 k に対し、$\boldsymbol{v}$ に最も近い k スパースベクトルとは何か？

まだベクトルの間の距離を定義していないので、「最も近い」とはどういう意味かを述べる段階ではない。$\mathbb{R}$ 上のベクトルの間の距離は 8 章の題材であり、k スパースベクトルは、$\boldsymbol{v}$ の要素のうち、絶対値が大きい順に k 番目のものまでを除き、他の全ての要素を単に 0 で置き換えたベクトルとして得られることを見る。結果のベクトルは k スパースベクトルとなり、仮に $k = 200,000$ としても、元の画像よりコンパクトな形で表される。しかし、これは画像の圧縮法としてよい方法だろうか？

例 5.2.2： 画像  は強度 200、75、200、75 の 4 つのピクセルを並べたものである。つまり画像は 4 つの数で表されている。これに最も近い、強度 200、0、200、0 を持つ 2 スパース画像は  である。

ここにある写真がある。

こちらは元の写真の要素の 10% 以外を全て 0 にした結果である。

多くのピクセルの強度が 0 になってしまったため、結果の画像は元の画像とはかけ離れたものになってしまっている。つまりこの圧縮方法はよい方法ではないだろう。

5.2.2 方法 2：画像ベクトルを座標で表現する

ここでは、元の画像の情報を欠損せずに、忠実に圧縮するような、別の方法を考えよう。

- 画像を圧縮する前に、ベクトルの集まり $\boldsymbol{a}_1, \ldots, \boldsymbol{a}_n$ を選ぶ。
- 次にそれぞれの画像ベクトルに対し、$\boldsymbol{a}_1, \ldots, \boldsymbol{a}_n$ についての座標表現 $\boldsymbol{u}$ を求め、これを格納する[†3]。
- この座標表現から元の画像を復元するには、対応する線形結合を計算する[†4]。

例 5.2.3： $\boldsymbol{a}_1 =$ （強度 255、0、255、0 の画像）、$\boldsymbol{a}_2 =$ （強度 0、255、0、255 の画像）とする。

ここで、画像 （強度 200、75、200、75 の画像）を $\boldsymbol{a}_1$ と $\boldsymbol{a}_2$ で表すと

†3　5.1.3 節で述べたように行列とベクトルの方程式を解けばよい。

†4　5.1.3 節で述べたように行列とベクトルの積を計算すればよい。

 $= \dfrac{200}{255}\boldsymbol{a}_1 + \dfrac{75}{255}\boldsymbol{a}_2$

となる。

従って、この画像を圧縮した形式は座標表現 $\left[\frac{200}{255}, \frac{75}{255}\right]$ で表される。

一方、画像 （強度 255、200、150、90 の画像）は、$\boldsymbol{a}_1$ と $\boldsymbol{a}_2$ の線形結合で書くことができず、従って、これらのベクトルについての座標表現を持たない。

上の例が示すように、この方法が確実に機能するためには、サイズ $2{,}000 \times 1{,}000$ の全ての可能な画像ベクトルが、$\boldsymbol{a}_1, \ldots, \boldsymbol{a}_n$ の線形結合で表せるということを保証する必要がある。即ち、これは、$\mathbb{R}^D = \text{Span}\ \{\boldsymbol{a}_1, \ldots, \boldsymbol{a}_n\}$ が満たされるかどうかという問いと等価である。

この問いを一般化すると、次のような根本的な疑問になる。

疑問 5.2.4： ベクトル空間 $\mathcal{V}$ が与えられたとき、$\mathcal{V} = \text{Span}\ \{\boldsymbol{a}_1, \ldots, \boldsymbol{a}_n\}$ を示すにはどうすればよいか？

更に、この方法を圧縮として用いることができるのは、線形結合に用いられるベクトルの数 n が、ピクセルの数より少ない場合だけである。そのようなベクトルを選ぶことは可能だろうか？ またその線形包が $\mathbb{R}^D$ に等しくなるベクトルの最小数はいくつだろうか？

以上の議論を一般化すると、次のような根本的な疑問になる。

疑問 5.2.5： ベクトル空間 $\mathcal{V}$ が与えられたとき、その線形包が $\mathcal{V}$ と等しくなるベクトルの最小数はいくつか？

結局この 2 つ目の方法も失敗に終わる。なぜなら可能な $2{,}000 \times 1{,}000$ の画像全てを張るのに必要なベクトルの最小数は、圧縮として用いるには多すぎるからである。

5.2.3 方法 3：複合的な方法

前述の 2 つの方法、即ち、座標表現と最も近い k スパースベクトルを組み合わせることで、うまく圧縮を行うことができる。

ステップ 1： ベクトル $\boldsymbol{a}_1, \ldots, \boldsymbol{a}_n$ を選ぶ。

ステップ 2： 圧縮したい画像に対応するベクトル $\boldsymbol{v}$ に対し、その $\boldsymbol{a}_1, \ldots, \boldsymbol{a}_n$ についての座標表現 $\boldsymbol{u}$ を求める[†5]。

ステップ 3： 次に、$\boldsymbol{u}$ を最も近い k スパースベクトル $\tilde{\boldsymbol{u}}$ で置き換え、格納する。

ステップ 4： $\tilde{\boldsymbol{u}}$ から画像を復元するために、対応する $\boldsymbol{a}_1, \ldots \boldsymbol{a}_n$ の線形結合を計算する[†6]。

この方法はどのように機能するだろうか？ 全てはステップ 1 でのベクトルの選び方にかかってくる。その際、次の 2 つの性質を持つベクトルの集まりを選ばなければならない。

†5　5.1.3 節で述べたように行列とベクトルの方程式を解けばよい。
†6　5.1.3 節で述べたように行列とベクトルの積を計算すればよい。

- **ステップ 2 は常に成功しなければならない。** つまり、任意のベクトル $\boldsymbol{v}$ が、選んだベクトルの集まりで表現できる。
- **ステップ 3 は画像を変えすぎてはいけない。** 座標表現が $\tilde{\boldsymbol{u}}$ である画像が、座標表現が $\boldsymbol{u}$ の元の画像からかけ離れすぎてはならない。

この方法はどれくらいうまくいくだろうか？ ステップ 1 のベクトルをある有名な方法（詳細は 10 章で述べる）で選ぶと、元のたった 10% の容量で、次のような画像が得られる。

5.3 生成子を探す 2 つの欲張りなアルゴリズム

この節では、先ほどの疑問 5.2.5 を解く、2 つのアルゴリズムを考える。

ベクトル空間 $\mathcal{V}$ が与えられたとき、その線形包が $\mathcal{V}$ と等しくなるベクトルの最小数はいくつか？

これから見るアイデアは、疑問 5.2.4 を含む、より多くの問題に答える助けになる。

5.3.1 グローアルゴリズム

どうすればベクトルの最小数が得られるだろうか？ **グロー**アルゴリズムと**シュリンク**アルゴリズムという 2 つの方法が考えられる。まず、**グロー**（*Grow*）アルゴリズムについて紹介する。

```
def GROW(𝒱)
  B := ∅
  以下を可能な限り繰り返す:
      Span B に含まれない 𝒱 のベクトル v を見つけ、それを B に加える
```

このアルゴリズムは、加えるべきベクトルがなくなると終了し、そのとき B は $\mathcal{V}$ 全体を張っている。つまり、このアルゴリズムが終了とすると、生成子の集合が見つかったことになる。ここで、「これは必要以上に大きくならないだろうか？」という疑問が生じる。

このアルゴリズムは制限がさほど強くないことに注意して欲しい。通常、加えるベクトルの選択肢は非常に多い。

例 5.3.1： $\mathbb{R}^3$ の生成子の集合を選ぶために、グローアルゴリズムを使ってみよう。3.2.3 節で $\mathbb{R}^n$ の**標準**生成子を定義した。グローアルゴリズムの最初の繰り返しでベクトル $[1, 0, 0]$ を集合 B に加える。このとき $[0, 1, 0]$ が Span $\{[1, 0, 0]\}$ に含まれていないことは容易に分かるので、次の繰り返しではこのベクトルを B に加える。同様に 3 度目の繰り返しでは $[0, 0, 1]$ を B に加える。この結果、任意のベクトル $\boldsymbol{v} = (\alpha_1, \alpha_2, \alpha_3) \in \mathbb{R}^3$ を線形結合

$$\boldsymbol{v} = \alpha_1\boldsymbol{e}_1 + \alpha_2\boldsymbol{e}_2 + \alpha_3\boldsymbol{e}_3$$

として表現できるので、$\boldsymbol{v}$ は Span $\{\boldsymbol{e}_1, \boldsymbol{e}_2, \boldsymbol{e}_3\}$ に含まれていることが分かる。即ち、B に加えるべきベクトル $\boldsymbol{v} \in \mathbb{R}^3$ は存在せず、アルゴリズムは終了する。

5.3.2 シュリンクアルゴリズム

前節に続き、与えられたベクトル空間 $\mathcal{V}$ を張るベクトルの最小の集合を探す方法として、**シュリンク**（*Shrink*）アルゴリズムを紹介する。

```
def SHRINK(𝒱)
  B := 𝒱 を張るベクトルの有限集合
  以下を可能な限り繰り返す:
      Span (B − {v}) = 𝒱 となる B に含まれるベクトル v を見つけ、B から v を取り除く
```

このアルゴリズムは、線形包の集合から取り除けるベクトルがなくなると終了する。アルゴリズムの実行中は、いつでも B は $\mathcal{V}$ を張り、それはアルゴリズムの終了時でも同様である。従って、このアルゴリズムは確実に、ある生成子の集合を見つけ出す。しかし、ここでも、「これは必要以上に大きくならないだろうか？」という疑問は生じる。

例 5.3.2： B が最初次のようなベクトルから成る簡単な例を考える。

$$\boldsymbol{v}_1 = [1, 0, 0]$$
$$\boldsymbol{v}_2 = [0, 1, 0]$$
$$\boldsymbol{v}_3 = [1, 2, 0]$$
$$\boldsymbol{v}_4 = [3, 1, 0]$$

最初の繰り返しでは、$\boldsymbol{v}_4 = 3\boldsymbol{v}_1 + \boldsymbol{v}_2$ より、Span B を変えることなく B から $\boldsymbol{v}_4$ を取り除くことができる。この繰り返しの結果は $B = \{\boldsymbol{v}_1, \boldsymbol{v}_2, \boldsymbol{v}_3\}$ となる。次の繰り返しでは $\boldsymbol{v}_3 = \boldsymbol{v}_1 + 2\boldsymbol{v}_2$ より、B から $\boldsymbol{v}_3$ を取り除き、$B = \{\boldsymbol{v}_1, \boldsymbol{v}_2\}$ とできる。最終的には、Span $B = \mathbb{R}^2$ であることに注意すると、$\boldsymbol{v}_1$ と $\boldsymbol{v}_2$ のどちらかだけでは $\mathbb{R}^2$ を生成できないので、ここでシュリンクアルゴリズムは終了する。

注意： これらは実行も実装もできないアルゴリズムである。つまり、これらは抽象的なアルゴリズムであり、アルゴリズム的な思考実験である。即ち、

- 入力のベクトル空間がどのように指定されるかは問題にしない。
- 各ステップでどのように実行されるかは問題にしない。
- 各々の繰り返しでどのベクトルを選ぶかは問題にしない。

後で、この3つ目の性質（加えたり取り除いたりするベクトルの選び方の自由さ）を実際に証明に用いる。

5.3.3 欲張って失敗する場合

生成子の最小の集合を求めるグローアルゴリズムとシュリンクアルゴリズムを分析する前に、これと似たアルゴリズムが、これまでと異なる問題である、グラフ理論の問題に対し、どのように振る舞うかを見よう。

支配集合 **支配集合**とは、頂点の集合で、グラフ上の全ての頂点がその集合に含まれるか、あるいは、その集合の頂点に隣接する（1つの辺を共有する）集合のことである。**最小支配集合問題**とは、最も小さい支配集合を見つけることを目標とする問題である。

ここでは支配集合を交差点に配備された警備員の集合と考えてみたい。それぞれの交差点は、その交差点か隣接する交差点に配備された警備員によって監視されていなければならない。

次のグラフを考える。

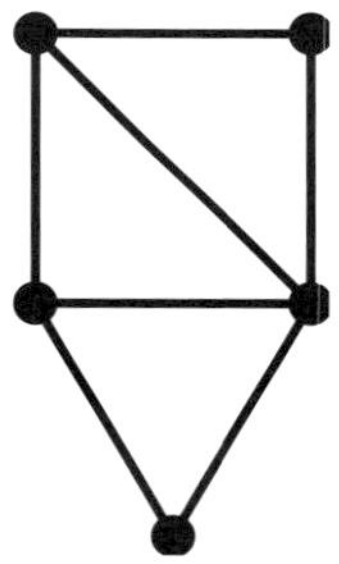

支配集合は次のように示される。

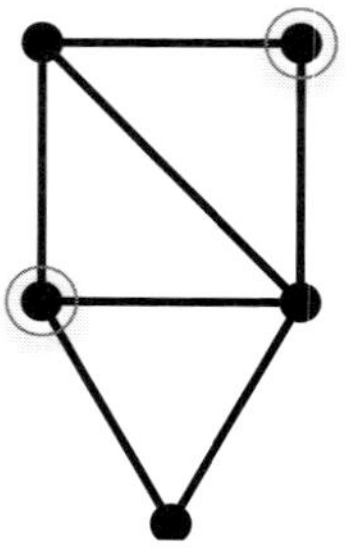

グローアルゴリズムを使って支配集合を求めることを考えよう。

支配集合のためのグローアルゴリズム：
始めは B が空集合とする。B が支配集合ではないとき、頂点 v を B に加える。

または、シュリンクアルゴリズムを使うと

支配集合のためのシュリンクアルゴリズム：
始めは B が全ての頂点を含むとする。$B-\{v\}$ が支配集合となるような頂点 v が存在するとき、B から頂点 v を取り除く。

しかし、どちらのアルゴリズムでも、不幸な選択をすると、先ほどの図のような支配集合を選んで終了する可能性がある。だがこの場合、次の図のような更に小さい支配集合が存在する。

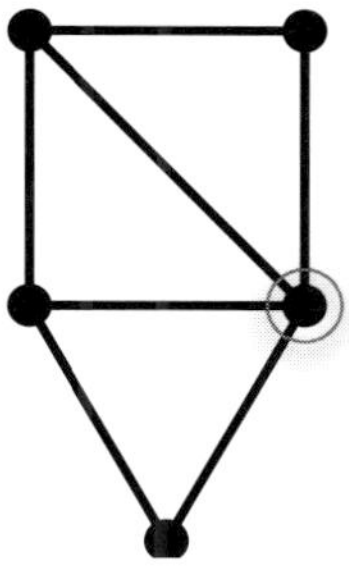

グローアルゴリズムとシュリンクアルゴリズムは、各ステップで後先を考えずに選択を行うので、**欲張りなアルゴリズム**と呼ばれる。この例はこれらの欲張りなアルゴリズムが最適な解を確実に導くわけではないことを示している。

しかし、グローアルゴリズムとシュリンクアルゴリズムを使って、ベクトル空間の生成子の最小の集合を求める場合は例外で、後で見るように、それらは最小の解を見つけることができる。

5.4 最小全域森と $GF(2)$

ここではグラフ理論の問題、即ち、**最小全域森**を使ってグローアルゴリズムとシュリンクアルゴリズムを具体的に説明する。ブラウン大学のキャンパス内に温水の配送ネットワークを設置することを想像して欲しい。このために次のように重み付きの辺でグラフを考える。

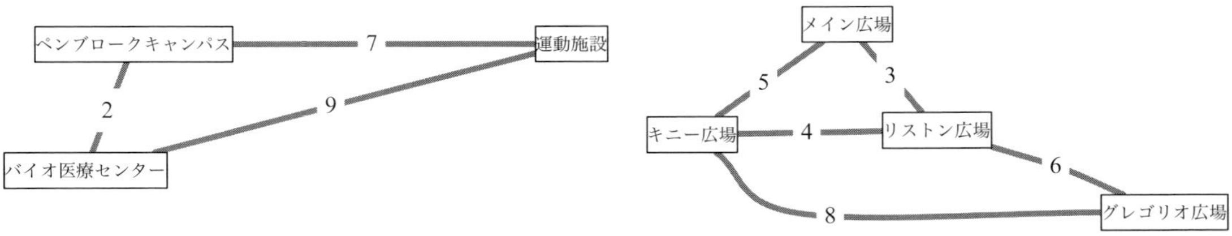

各頂点はキャンパスのエリアを表す。辺はつなぐことができるエリア間の温水パイプを表し、辺の重みはそのパイプを導入するコストである。ここでの目標は、全てのエリアをパイプでつなぎ、そのコストを最小にすることである。

5.4.1 定義

定義 5.4.1： グラフ G に対し、辺の列

$$[\{x_1, x_2\}, \{x_2, x_3\}, \{x_3, x_4\}, \dots, \{x_{k-1}, x_k\}]$$

を x_1 から x_k への**道**と呼ぶ。

このグラフでは

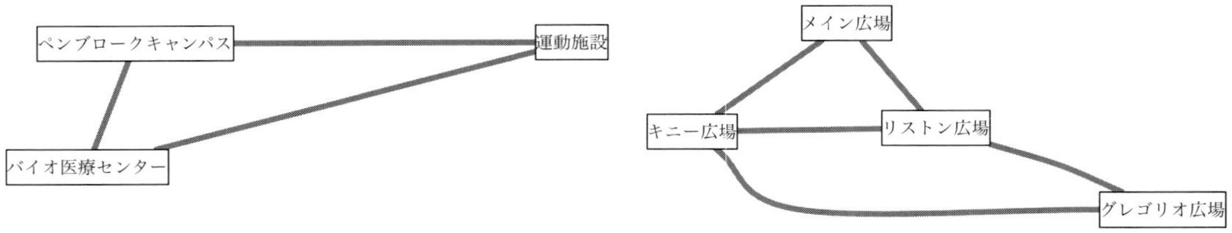

「メイン広場」から「グレゴリオ広場」への道はあるが、「メイン広場」から「運動施設」への道はない。

定義 5.4.2： 辺の集合 S は、G の全ての辺 $\{x, y\}$ に対し、x から y への道が S に含まれる辺で構成されるとき、グラフ G を**張る**という。

例えば、次の図の黒い辺の集合は、グラフを張っている。

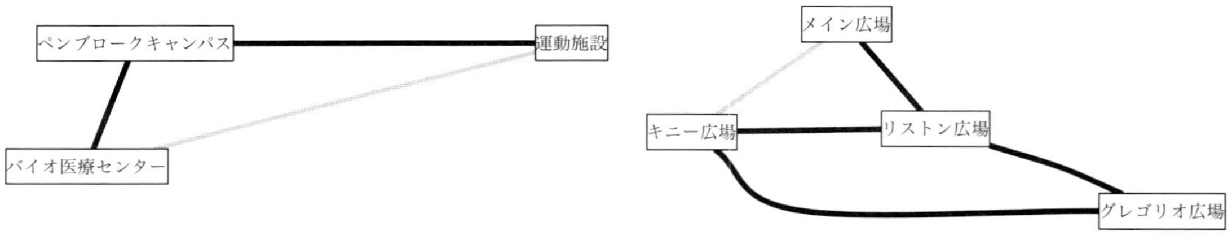

ここでの「張る」という言葉の意味と、線形代数での張るという言葉の意味との関係については、この後ですぐに説明する。

定義 5.4.3： **森**は閉路[†7]を含まない辺の集合である。

例えば、先ほどの図の黒い辺の集合は森**ではない**。このグラフにはキニー広場、リストン広場、グレゴリオ広場を結ぶ 3 本の黒い辺から成る閉路があるからだ。一方、次の図の黒い辺の集合は森**である**。

†7 ［訳注］閉路とは始点と終点が同じ道のことである。

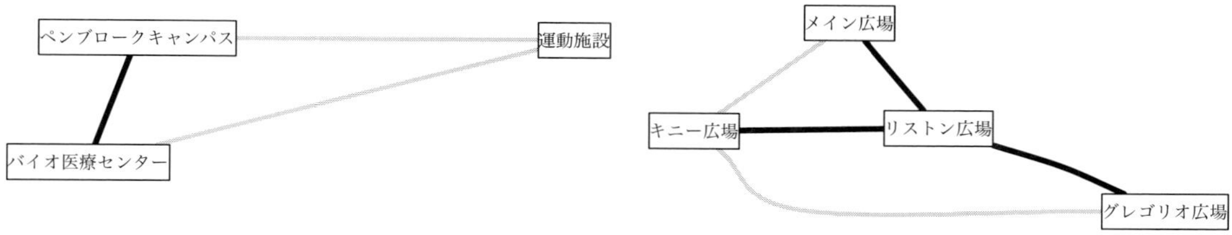

グラフ理論での森は生物学上の森と似ている。これらは共に木の集まりであり、木の枝は発散することはなく、枝が閉じることもない。これが「森」という名称の由来である。

以下では、最小全域森（MSF）の計算問題[†8]に対し、2 つのアルゴリズムを与える。

- **入力**：グラフ G と、その辺に割り当てる実数の**重み**
- **出力**：グラフを張り、かつ、森である辺の集合のうち、重みが最小の集合 B

5.4.2 最小全域森に対するグローアルゴリズムとシュリンクアルゴリズム

最小全域森に対するアルゴリズムはたくさんあるが、ここではグローアルゴリズムとシュリンクアルゴリズムの 2 つに注目しよう。まず、グローアルゴリズムについて見ていこう。

```
def GROW(G)
  B := ∅
  各辺 e に対し、最小の重みを持つ辺から最大の重みを持つ辺の順に検討していく:
      もし e の端点が B に属する辺につながっていなければ、次を実行する:
          e を B に加える
```

このアルゴリズムは、グローアルゴリズムで加える辺を選ぶ際の自由度を利用している。

重みは小さい順に 2、3、4、5、6、7、8、9 である。解は、次の図のように 2、3、4、6、7 の重みを持つ辺で与えられる。

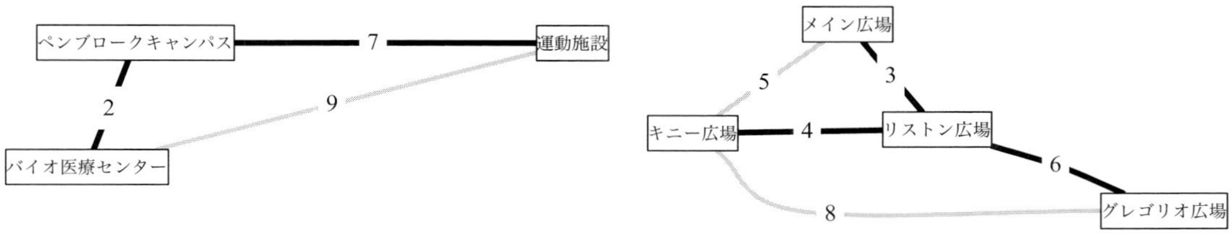

次にシュリンクアルゴリズムについて見ていこう。

†8　この問題は**最小重み全域森**（minimum-weight spanning forest）とも呼ばれる。重みに負符号を付けるだけで、最大重み全域森（maximum-weight spanning forest）も同様のアルゴリズムを用いて解くことができる。

```
def SHRINK(G)
  B := { 全ての辺 }
  各辺 e に対し、最大の重みを持つ辺から最小の重みを持つ辺の順に検討していく:
      もしB を通してつながっている全ての頂点の組が辺の集合 B − {e} を通しても
      つながっているならば、次を実行する:
          e を B から取り除く
```

このアルゴリズムは、シュリンクアルゴリズムで取り除く辺を選ぶ際の自由度を利用している。重みは大きい順に 9、8、7、6、5、4、3、2 である。解は 7、6、4、3、2 の重みを持つ辺で与えられる。

従って、グローアルゴリズムとシュリンクアルゴリズムは共に正しい解を導いた。

5.4.3 線形代数での最小全域森

最小全域森に対するグローアルゴリズムとシュリンクアルゴリズムが、ベクトル空間の生成子の集合を見つけるためのアルゴリズムと似ているのは偶然ではない。この節では、$GF(2)$ 上のベクトルを用いてグラフを定式化する方法を説明しよう。

$D = \{$ ペンブローク, 運動施設, バイオ, メイン, キニー, リストン, グレゴリオ $\}$ を頂点の集合とする。D の部分集合は、含んでいる D の要素を 1、それ以外を 0 に対応付けることで、ベクトルとして表すことができる。例えば、{**ペンブローク**, **メイン**, **グレゴリオ**} を含む部分集合は、{**ペンブローク**:one, **メイン**:one, **グレゴリオ**:one} という辞書を持つベクトルで表され、次のように書ける。

ペンブローク	運動施設	バイオ	メイン	キニー	リストン	グレゴリオ
1			1			1

各辺は D の 2 つの要素から成る部分集合なので、端点の場所に 1 を、それ以外は 0 であるようなベクトルで表される。例えば、ペンブロークと運動施設をつなぐ辺は{'**ペンブローク**':1, '**運動施設**':1}という辞書を持つベクトルで表される。

次の表は、グラフ中の全ての辺とベクトルとの対応を表している。

辺	ベクトル						
	ペンブローク	運動施設	バイオ	メイン	キニー	リストン	グレゴリオ
{**ペンブローク**, **運動施設**}	1	1					
{**ペンブローク**, **バイオ**}	1		1				
{**運動施設**, **バイオ**}		1	1				
{**メイン**, **キニー**}				1	1		
{**メイン**, **リストン**}				1		1	
{**キニー**, **リストン**}					1	1	
{**キニー**, **グレゴリオ**}					1		1
{**リストン**, **グレゴリオ**}						1	1

次の{**キニー**, **グレゴリオ**}を表すベクトル

ペンブローク	運動施設	バイオ	メイン	キニー	リストン	グレゴリオ
				1		1

については、例えば{**キニー**, **メイン**}、{**メイン**, **リストン**}、{**リストン**, **グレゴリオ**}の和で表すことができる。

ペンブローク	運動施設	バイオ	メイン	キニー	リストン	グレゴリオ
			1	1		
			1		1	
					1	1

これは**メイン**と**リストン**の 1 が $GF(2)$ の性質からキャンセルされ、その結果として、**キニー**と**グレゴリオ**だけが残るためである。

一般に、x と y に 1 を持つベクトルは、グラフ上の x から y への道に対応するベクトルの和である。従って、これらのベクトルに対し、そのベクトルが他のベクトルを張るかどうかは容易に示すことができる。

例 5.4.4： 次を表すベクトルの線形包

{**ペンブローク**, **バイオ**}, {**メイン**, **リストン**}, {**キニー**, **リストン**}, {**リストン**, **グレゴリオ**}

は{**メイン**, **キニー**}を表すベクトルを含むが、{**運動施設**, **バイオ**}や{**バイオ**, **メイン**}を表すベクトルは含まない。

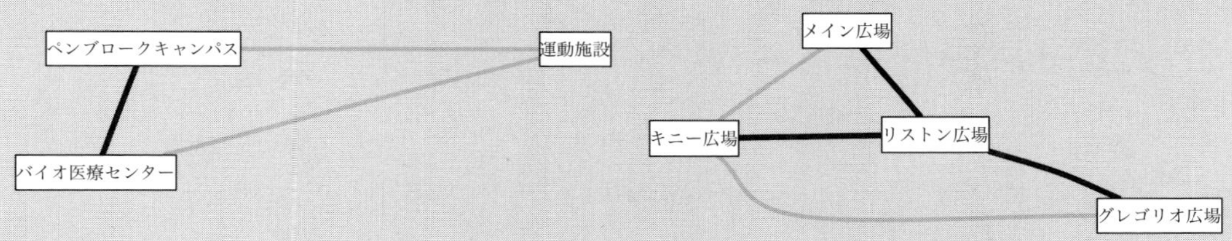

例 5.4.5： 次を表すベクトルの線形包

{**運動施設**, **バイオ**}, {**メイン**, **キニー**}, {**キニー**, **リストン**}, {**メイン**, **リストン**}

は{**ペンブローク**, **キニー**}、{**メイン**, **グレゴリオ**}、{**ペンブローク**, **グレゴリオ**}を表すベクトルはいずれも含まない。

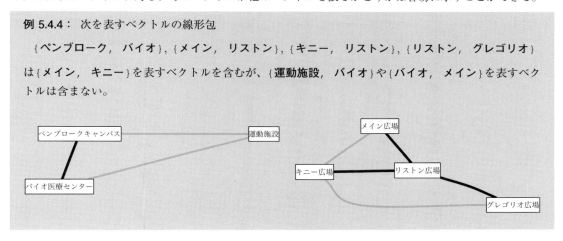

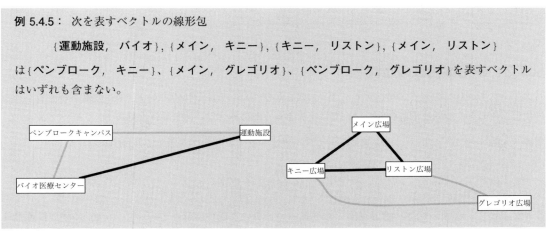

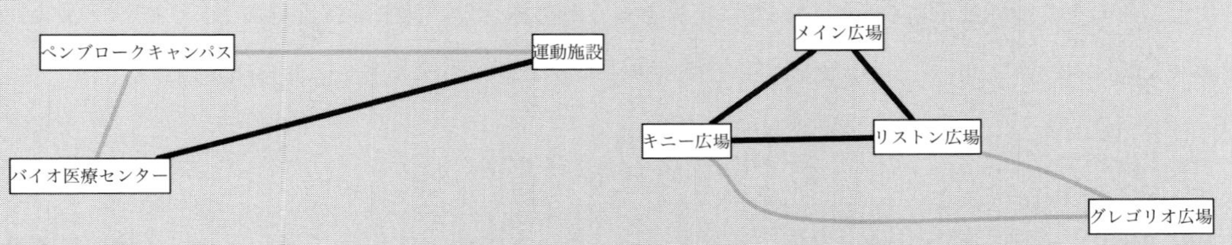

ここから、辺を加える（グローアルゴリズム）か取り除く（シュリンクアルゴリズム）かを決める MSF

アルゴリズム内の条件が、ベクトルに対するグローアルゴリズムやシュリンクアルゴリズムの場合と同様に、単に線形包に対する条件にすぎないことが分かる。

5.5 線形従属性

5.5.1 余分なベクトルの補題

グローアルゴリズムとシュリンクアルゴリズムの理解を深めるには、生成子の集合からその線形包を変えることなくベクトルを取り除く条件を理解する必要がある。

補題 5.5.1（余分なベクトルの補題）： 任意の集合 S と任意のベクトル $\boldsymbol{v} \in S$ に対し、$\boldsymbol{v}$ が S の他のベクトルの線形結合で書けるとき、$\text{Span}\ (S - \{\boldsymbol{v}\}) = \text{Span}\ S$ が成り立つ。

証明

$S = \{\boldsymbol{v}_1, \ldots, \boldsymbol{v}_n\}$ とし

$$\boldsymbol{v}_n = \alpha_1\,\boldsymbol{v}_1 + \alpha_2\,\boldsymbol{v}_2 + \cdots + \alpha_{n-1}\,\boldsymbol{v}_{n-1} \tag{5-1}$$

とする。Span S の全てのベクトルが $\text{Span}\ (S - \{\boldsymbol{v}_n\})$ に属することを示す。Span S の全てのベクトル $\boldsymbol{v}$ は、次のように書くことができる。

$$\boldsymbol{v} = \beta_1\,\boldsymbol{v}_1 + \cdots + \beta_n\,\boldsymbol{v}_n$$

この $\boldsymbol{v}_n$ に式 (5-1) を代入すると

$$\begin{aligned}\boldsymbol{v} &= \beta_1\,\boldsymbol{v}_1 + \beta_2\,\boldsymbol{v}_2 + \cdots + \beta_n\,(\alpha_1\,\boldsymbol{v}_1 + \alpha_2\,\boldsymbol{v}_2 + \cdots + \alpha_{n-1}\,\boldsymbol{v}_{n-1})\\ &= (\beta_1 + \beta_n\alpha_1)\boldsymbol{v}_1 + (\beta_2 + \beta_n\alpha_2)\boldsymbol{v}_2 + \cdots + (\beta_{n-1} + \beta_n\alpha_{n-1})\boldsymbol{v}_{n-1}\end{aligned}$$

を得る。これは、Span S の任意のベクトルが $S - \{\boldsymbol{v}_n\}$ のベクトルの線形結合で書けること、即ち、$\text{Span}\ (S - \{\boldsymbol{v}_n\})$ に属することを示している。□

5.5.2 線形従属性の定義

グローアルゴリズムとシュリンクアルゴリズムを結びつけ、それぞれのアルゴリズムが最適解を導くことを示し、他の多くの問題を解決し、ひいては世界を救うその概念は、線形従属性である。

定義 5.5.2： ベクトル $\boldsymbol{v}_1, \ldots, \boldsymbol{v}_n$ に対し、ゼロベクトルがこれらのベクトルの**非自明な**線形結合

$$\boldsymbol{0} = \alpha_1\boldsymbol{v}_1 + \cdots + \alpha_n\boldsymbol{v}_n$$

で書けるとき、$\boldsymbol{v}_1, \ldots, \boldsymbol{v}_n$ は**線形従属**であるといい、このときの線形結合を $\boldsymbol{v}_1, \ldots, \boldsymbol{v}_n$ の**線形従属性**と呼ぶ。

一方、ゼロベクトルがこれらのベクトルの自明な線形結合でしか書けないとき、$\boldsymbol{v}_1, \ldots, \boldsymbol{v}_n$ は**線形独立**であるという。

ここで、非自明な線形結合とは、1 つでも 0 でない係数を持つような線形結合であることに注意しよう。

例 5.5.3： $[1,0,0]$、$[0,2,0]$、$[2,4,0]$ は、次の式より線形従属である。

$$2\,[1,0,0] + 2\,[0,2,0] - 1\,[2,4,0] = [0,0,0]$$

従って、$2\,[1,0,0] + 2\,[0,2,0] - 1\,[2,4,0]$ は $[1,0,0]$、$[0,2,0]$、$[2,4,0]$ の線形従属性である。

例 5.5.4： ベクトル $[1,0,0]$、$[0,2,0]$、$[0,0,4]$ は線形独立である。これは、これらのベクトルの形を見ればすぐに分かる。即ち、各ベクトルは互い違いに 0 でない要素を持っているからだ。確認のために、次のような非自明な線形結合を考えよう。

$$\alpha_1\,[1,0,0] + \alpha_2\,[0,2,0] + \alpha_3\,[0,0,4]$$

この係数の少なくとも 1 つは 0 でないと仮定する。そこで α_1 が 0 でないとしよう。このとき $\alpha_1\,[1,0,0]$ の第 1 要素は 0 でない。$\alpha_2\,[0,2,0]$ と $\alpha_3\,[0,0,4]$ の第 1 要素は 0 であることから、これらのベクトルの和によって第 1 要素を 0 にすることはできない。このことは、最初の係数が 0 でないような任意の線形結合からはゼロベクトルを得られない、ということを示している。同様の論理は、第 2、第 3 の係数が 0 でない場合についても当てはめることができる。従って、以上のベクトルに対し、非自明な線形結合からゼロベクトルを得ることは**できない**。

例 5.5.3 では、線形従属性を表すベクトルの式を容易に見つけることができた。また、例 5.5.4 では、簡単な議論によって線形独立性を示すことができた。しかし、多くの場合、線形従属性を簡単に示すことはできない。

計算問題 5.5.5： 線形従属性のテスト

- **入力**：ベクトルのリスト $[\boldsymbol{v}_1, \ldots, \boldsymbol{v}_n]$
- **出力**：ベクトルが線形従属の場合は DEPENDENT、そうでない場合は INDEPENDENT

この計算問題は、これまでの章における 2 つの疑問を記述し直したものである。

- $A = \left[\begin{array}{c|c|c} \boldsymbol{v}_1 & \cdots & \boldsymbol{v}_n \end{array}\right]$ とする。ベクトル $\boldsymbol{v}_1, \ldots, \boldsymbol{v}_n$ は、$A\boldsymbol{u} = \boldsymbol{0}$ となるゼロでないベクトル $\boldsymbol{u}$ が存在するとき、即ち、A のヌル空間がゼロでないベクトルを含むとき、かつ、そのときに限り、線形従属である。これは、疑問 4.7.7 の「どうすれば行列のヌル空間がゼロベクトルだけから成るといえるだろうか？」を表している。
- 4.7.2 節でも指摘した通り、この問題は、疑問 3.6.5 の「どうすれば同次線形系が一意的な自明な解を持つことを示せるか？」と等価である。

問題 5.5.6： ゼロベクトルを含む線形独立なベクトルの集合が存在しないことを示せ。

5.5.3 最小全域森における線形従属性

最小全域森における線形従属性とは何だろうか？ 閉路に対応するベクトルを足し合わせると、その結果はゼロベクトルとなる。そのような和では必ず頂点は 2 つずつ含まれている。例えば

{**メイン，キニー**}, {**キニー，リストン**}, {**メイン，リストン**}

に対応するベクトルは次のように書ける。

ペンブローク	運動施設	バイオ	メイン	キニー	リストン	グレゴリオ
			1	1		
				1	1	
			1		1	

表を見て分かるように、これらの和はゼロベクトルとなる。

従って、S が辺に対応するベクトルの集まりで、辺の一部が閉路を形成する場合、その部分の各辺に対応するベクトルに係数 1 を割り当てることで、ゼロベクトルを非自明な線形結合で書くことができる。

例 5.5.7： 以下の辺は閉路を含む。

{**メイン，キニー**}, {**メイン，リストン**}, {**キニー，リストン**}, {**リストン，グレゴリオ**}

従って、これに対応するベクトルは線形従属である。即ち、非自明な線形結合がゼロベクトルと等しくなる。

	ペンブローク	運動施設	バイオ	メイン	キニー	リストン	グレゴリオ
1 *				1	1		
+ 1 *				1		1	
+ 1 *					1	1	
+ 0 *						1	1

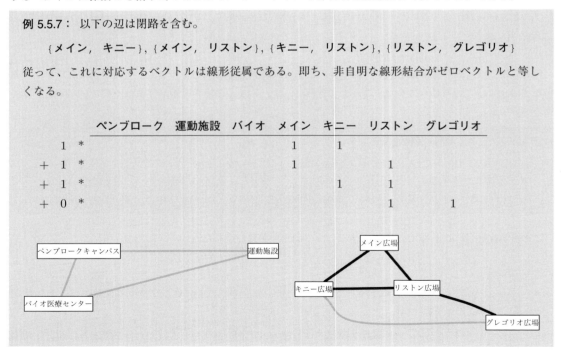

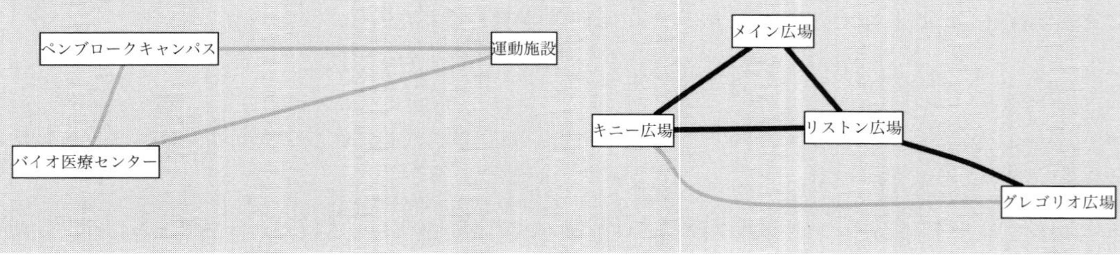

逆に、次の図のように、閉路を含まない場合（即ち、グラフが森である場合）、対応するベクトルの集合は線形独立である。

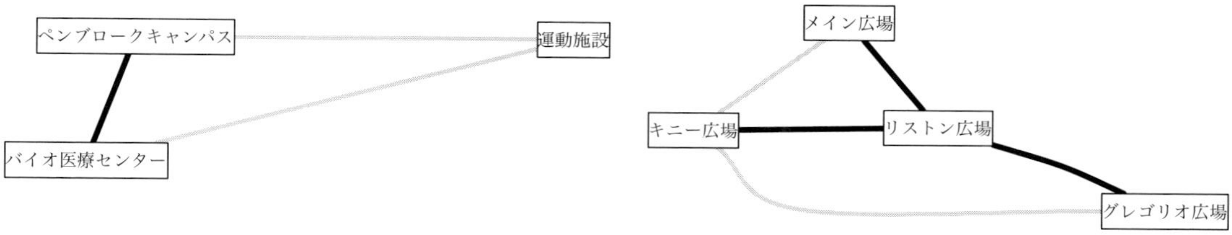

5.5.4 線形従属、線形独立の性質

補題 5.5.8： 線形独立なベクトルの集合の部分集合は線形独立である。

例えば、MSF では全域森に対応するベクトルの集合は線形独立であり、その任意の部分集合も線形独立である。

証明

S と T をベクトルの集合とし、S は T の部分集合であるとする。T が線形従属ならば S も線形従属であることを示そう。これは S が線形独立ならば T も線形独立であること、即ち、証明すべき補題の対偶にあたる。

いくつかのベクトルの非自明な線形結合としてゼロベクトルを書くことができれば、そこに新たなベクトルを加えても、同様に非自明な線形結合を書けるということは、簡単に予想できるだろう。

きちんとした証明を与えよう。$T = \{\boldsymbol{s}_1, \ldots, \boldsymbol{s}_n, \boldsymbol{t}_1, \ldots, \boldsymbol{t}_k\}$、$S = \{\boldsymbol{s}_1, \ldots, \boldsymbol{s}_n\}$ とし、S は線形従属であるとする。このとき、以下を満たす、全てが 0 ではない係数 $\alpha_1, \ldots, \alpha_n$ が存在する。

$$\boldsymbol{0} = \alpha_1 \boldsymbol{s}_1 + \cdots + \alpha_n \boldsymbol{s}_n$$

従って、

$$\boldsymbol{0} = \alpha_1 \boldsymbol{s}_1 + \cdots + \alpha_n \boldsymbol{s}_n + 0\,\boldsymbol{t}_1 + \cdots + 0\,\boldsymbol{t}_k$$

このように、T のベクトルの非自明な線形結合でゼロベクトルを書くことができる、つまり、T は線形従属である。 □

補題 5.5.9（線形包の補題）： $\boldsymbol{v}_1, \ldots, \boldsymbol{v}_n$ をベクトルとする。$\boldsymbol{v}_i$ が残りのベクトルの線形包に含まれるのは、ゼロベクトルが、ベクトル $\boldsymbol{v}_i$ の係数が 0 でないような $\boldsymbol{v}_1, \ldots, \boldsymbol{v}_n$ の線形結合で書けるとき、かつ、そのときに限る。

グラフ理論において線形包の補題は、辺 e を含む閉路が存在するならば、e はその閉路の e 以外の辺で張られる、ということを意味する。

証明

多くの「必要十分条件」の証明と同様、双方向の証明を行う。

まず、$\boldsymbol{v}_i$ は他のベクトルの線形包に含まれるとする。つまり、係数 $\alpha_1, \ldots, \alpha_{i-1}, \alpha_{i+1}, \ldots, \alpha_n$ が存在し、次のように書ける。

$$\boldsymbol{v}_i = \alpha_1\,\boldsymbol{v}_1 + \cdots + \alpha_{i-1}\,\boldsymbol{v}_{i-1} + \alpha_{i+1}\boldsymbol{v}_{i+1} + \cdots + \alpha_n\boldsymbol{v}_n$$

$\boldsymbol{v}_i$ を移項すると、

$$\boldsymbol{0} = \alpha_1\,\boldsymbol{v}_1 + \cdots + (-1)\,\boldsymbol{v}_i + \cdots + \alpha_n\,\boldsymbol{v}_n$$

を得る。これは、ゼロベクトルが、ゼロでない係数を持つ $\boldsymbol{v}_i$ を含むような $\boldsymbol{v}_1, \ldots, \boldsymbol{v}_n$ の線形結合で書けることを示している。

次に逆を証明しよう。係数 $\alpha_1, \ldots, \alpha_n$（$\alpha_i \neq 0$）が存在し、次のように書けるとする。

$$\boldsymbol{0} = \alpha_1\,\boldsymbol{v}_1 + \cdots + \alpha_i\,\boldsymbol{v}_i + \cdots + \alpha_n\,\boldsymbol{v}_n$$

両辺から $\alpha_i\boldsymbol{v}_i$ を引き、両辺を $-\alpha_i$ で割ると

$$1\,\boldsymbol{v}_i = (\alpha_1/-\alpha_i)\,\boldsymbol{v}_1 + \cdots + (\alpha_{i-1}/-\alpha_i)\,\boldsymbol{v}_{i-1} + (\alpha_{i+1}/-\alpha_i)\,\boldsymbol{v}_{i+1} + \cdots + (\alpha_n/-\alpha_i)\,\boldsymbol{v}_n$$

を得る。これは、$\boldsymbol{v}_i$ が他のベクトルの線形包に含まれることを示している。 □

5.5.5 グローアルゴリズムの考察

系 5.5.10（グローアルゴリズムの系）： グローアルゴリズムにより得られるベクトルは線形独立である。

証明

$n = 1, 2, \ldots$ に対し、$\boldsymbol{v}_n$ をグローアルゴリズムの n 回目の繰り返しにおいて B に加えられたベクトルとする。数学的帰納法を用いて $\boldsymbol{v}_1, \boldsymbol{v}_2, \ldots, \boldsymbol{v}_n$ が線形独立であることを示そう。

$n = 0$ のとき、B にベクトルは存在しないことから、これは明らかに成り立つ。$n = k-1$ のときも成り立つとし、$n = k$ の場合を証明しよう。

k 回目に加えられる $\boldsymbol{v}_k$ は $\boldsymbol{v}_1, \ldots, \boldsymbol{v}_{k-1}$ の線形包に含まれていない。従って、線形包の補題より、

$$\boldsymbol{0} = \alpha_1\boldsymbol{v}_1 + \cdots + \alpha_{k-1}\boldsymbol{v}_{k-1} + \alpha_k\boldsymbol{v}_k$$

であるような任意の係数 $\alpha_1, \ldots, \alpha_k$ に対し、α_k は 0 でなければならない。よって次のように書くことができる。

$$\boldsymbol{0} = \alpha_1\boldsymbol{v}_1 + \cdots + \alpha_{k-1}\boldsymbol{v}_{k-1}$$

しかし、$n = k - 1$ に関する前提から、$\boldsymbol{v}_1, \ldots, \boldsymbol{v}_{k-1}$ は線形独立なので、$\alpha_1, \ldots, \alpha_{k-1}$ は全て 0 でなければならない。$\boldsymbol{v}_1, \ldots, \boldsymbol{v}_k$ は、自明な線形結合を取ったときだけゼロベクトルとなる、つまり、線形独立となることが示された。これで $n = k$ の場合でも成り立つことを証明できた。 □

最小全域森におけるグローアルゴリズムでは、x から y への道がまだ選ばれていないとき、つまり、$\{x, y\}$ に対応するベクトルが既に選ばれているベクトル（辺）で張られていないときにだけ、辺 $\{x, y\}$ を加える。従って、辺を加えても、既に加えられている辺と閉路を作ることはない。これはアルゴリズムによりベクトルが加えられても線形独立であり続けることを意味する。

5.5.6 シュリンクアルゴリズムの考察

系 5.5.11（シュリンクアルゴリズムの系）： シュリンクアルゴリズムにより得られるベクトルは線形独立である。

証明

$B = \{\boldsymbol{v}_1, \ldots, \boldsymbol{v}_n\}$ をシュリンクアルゴリズムで得られるベクトルの集合とする。ここでは、これらが線形従属であると仮定し、そこから矛盾を導こう。このように仮定すると、ゼロベクトルは非自明な線形結合

$$\mathbf{0} = \alpha_1 \boldsymbol{v}_1 + \cdots + \alpha_n \boldsymbol{v}_n$$

で書くことができ、少なくとも 1 つは 0 でない係数がある。そこで α_i を 0 でない係数とする。線形包の補題より、$\boldsymbol{v}_i$ は他のベクトルの線形結合で書くことができる。よって、余分なベクトルの補題（補題 5.5.1）より、$\text{Span}\,(B - \{\boldsymbol{v}_i\}) = \text{Span}\,B$ である。従って、シュリンクアルゴリズムは $\boldsymbol{v}_i$ を取り除いているはずだ。 □

MSF に対するシュリンクアルゴリズムでは、辺 $\{x, y\}$ について、他の辺を使った x から y への道が存在する場合、辺 $\{x, y\}$ を取り除く。また、辺 $\{x, y\}$ が閉路の一部になっている場合にも、辺 $\{x, y\}$ を取り除く。この場合は他の辺の組み合わせにより x から y への経路が保持されるからである。

5.6 基底

グローアルゴリズムとシュリンクアルゴリズムは共にベクトル空間 $\mathcal{V}$ を張るベクトルの集合を見つけるものである。更に、そのどちらのケースでも、見つけたベクトルの集合は線形独立である。

5.6.1 基底の定義

これでようやく線形代数で最も重要な概念に辿り着いた。

定義 5.6.1： $\mathcal{V}$ をベクトル空間とする。$\mathcal{V}$ の**基底**（*basis*）とは、$\mathcal{V}$ を生成する線形独立なベクトルの集合である。

これまでの議論から、$\mathcal{V}$ のベクトルの集合 B が次の 2 つの性質を満たすとき、B は $\mathcal{V}$ の**基底**であるといえる。

性質 B1（**線形包**）Span $B = \mathcal{V}$

性質 B2（**線形独立**）B は線形独立

例 5.6.2： $\mathcal{V}$ を $[1,0,2,0]$、$[0,-1,0,-2]$、$[2,2,4,4]$ で張られるベクトル空間とする。このとき、$\{[1,0,2,0],[0,-1,0,-2],[2,2,4,4]\}$ は線形独立ではないので、これらは $\mathcal{V}$ の基底では**ない**。例えば、

$$1\,[1,0,2,0] - 1\,[0,-1,0,-2] - \frac{1}{2}\,[2,2,4,4] = \mathbf{0}$$

である。一方、$\{[1,0,2,0],[0,-1,0,-2]\}$ は $\mathcal{V}$ の基底と**なる**。

- それぞれの 0 でない要素のところに、もう一方では 0 の要素があるので、この 2 つのベクトルは線形独立であることが分かる。線形独立性の条件は例 5.5.4（p.279）で議論されている。
- 余分なベクトルの補題（補題 5.5.1）を用いて、この 2 つのベクトルが $\mathcal{V}$ を張ることが示せる。即ち、$\mathcal{V}$ の定義の 3 つ目のベクトル $[2,2,4,4]$ は余分なベクトルである。それは 1 つ目、2 つ目のベクトルで、次のように書けるからである。

$$[2,2,4,4] = 2\,[1,0,2,0] - 2\,[0,-1,0,-2] \tag{5-2}$$

$\{[1,0,2,0],[0,-1,0,-2]\}$ は $\mathcal{V}$ を張り、かつ、線形独立なので、この 2 つのベクトルの集合は基底である。

例 5.6.3： $\{[1,0,2,0],[2,2,4,4]\}$ も $\mathcal{V}$ の基底である。

- 線形独立であることを示すため、任意の非自明な線形結合を考えよう。

$$\alpha_1\,[1,0,2,0] + \alpha_2\,[2,2,4,4]$$

  α_2 が 0 でない場合、和にも 0 でない要素（例えば第 2 要素）が含まれる。また、α_2 は 0 であるが、α_1 は 0 でない場合、和は 0 でない要素を第 1 要素に持つ。
- これらのベクトルが $\mathcal{V}$ を張ることを示すために、再び余分なベクトルの補題を用いる。即ち、ベクトル $[0,-1,0,-2]$ は他の 2 つの線形結合として書けるので、余分なベクトルである。実際、式 (5-2) を変形すると、次の式を得る。

$$[0,-1,0,-2] = 1\,[1,0,2,0] - \frac{1}{2}\,[2,2,4,4]$$

例 5.6.4： ベクトル空間 $\mathbb{R}^3$ についてはどうだろうか？ $\mathbb{R}^3$ の基底の 1 つに $\{[1,0,0],[0,1,0],[0,0,1]\}$ がある。これが基底であることを確認するにはどうすればよいだろうか？

- $\mathbb{R}^3$ の全てのベクトル $[x,y,z]$ は、$x[1,0,0]+y[0,1,0]+z[0,0,1]$ のように表現することができる。これはこれらが $\mathbb{R}^3$ を張ることを示している。
- これらのベクトルが線形独立であることを確認するにはどうすればよいだろうか？ それにはこの 3 つのベクトルそれぞれが、他の 2 つのベクトルを用いて表せないことを示せばよい。そこ

で $[1,0,0]$ に注目する。他の 2 つのベクトルは第 1 要素が 0 であるため、これらの線形結合で $[1,0,0]$ を表すことはできない。$[0,1,0]$ と $[0,0,1]$ についても同様である。このことは $\mathbb{R}^3$ の次元が 3 であることを示している。

例 5.6.5： $\mathbb{R}^3$ の異なる基底として $\{[1,1,1],[1,1,0],[0,1,1]\}$ が挙げられる。どうすればこれらのベクトルが $\mathbb{R}^3$ を張ることが分かるだろうか？ 既に $[1,0,0]$、$[0,1,0]$、$[0,0,1]$ が $\mathbb{R}^3$ を張ることは分かっている。従って、これらのベクトルを $[1,1,1]$、$[1,1,0]$、$[0,1,1]$ で表すことができるので、$[1,1,1]$、$[1,1,0]$、$[0,1,1]$ もまた、$\mathbb{R}^3$ 全てを張ることが分かる。

$$[1,0,0] = [1,1,1] - [0,1,1]$$
$$[0,1,0] = [1,1,0] + [0,1,1] - [1,1,1]$$
$$[0,0,1] = [1,1,1] - [1,1,0]$$

では、どのようにして、ベクトル $[1,1,1]$、$[1,1,0]$、$[0,1,1]$ が線形独立だと分かるだろうか？ これらが線形従属であると仮定しよう。線形包の補題より、それらのうち 1 つは他の 2 つで表すことができる。これは以下の 3 つのケースに分けられる。

- $[1,1,1]$ は線形結合 $\alpha\,[1,1,0]+\beta\,[0,1,1]$ で書けるだろうか？ 第 1 要素が 1 となるには、α は 1 でなければならない。第 3 要素が 1 となるには、β は 1 でなければならない。つまり第 2 要素は 2 となり、$[1,1,1]$ はこれらの線形結合では書けない。
- $[1,1,0]$ は線形結合 $\alpha\,[1,1,1]+\beta\,[0,1,1]$ で書けるだろうか？ 第 1 要素が 1 となるには、α は 1 でなければならない。第 2 要素が 1 となるには、β は 0 でなければならないが、第 3 要素が 0 となるには β は -1 でなければならない。
- $[0,1,1]$ は線形結合 $\alpha\,[1,1,1]+\beta\,[1,1,0]$ で書けるだろうか？ 上の 2 つの場合と同様、これらのベクトルの線形結合では書けないことが分かる。

例 5.6.6： ゼロベクトルだけから成る自明なベクトル空間は基底を持つだろうか？ もちろん、空集合という基底がある。クイズ 3.2.4 より、空集合の線形包はゼロベクトルから成る集合であることが分かっている。ベクトルの空集合の非自明な線形結合が存在しないので、空集合は線形独立である（空集合の全ての線形結合に対して、0 でない係数は存在しない）。

例 5.6.7： グラフ G において、グラフを形づくる辺の集合の基底は、G を張る辺（定義 5.4.2）と森（定義 5.4.3）の集合 B に対応する。従って、基底はまさに全域森そのものである。以下に例を 2 つ示す。

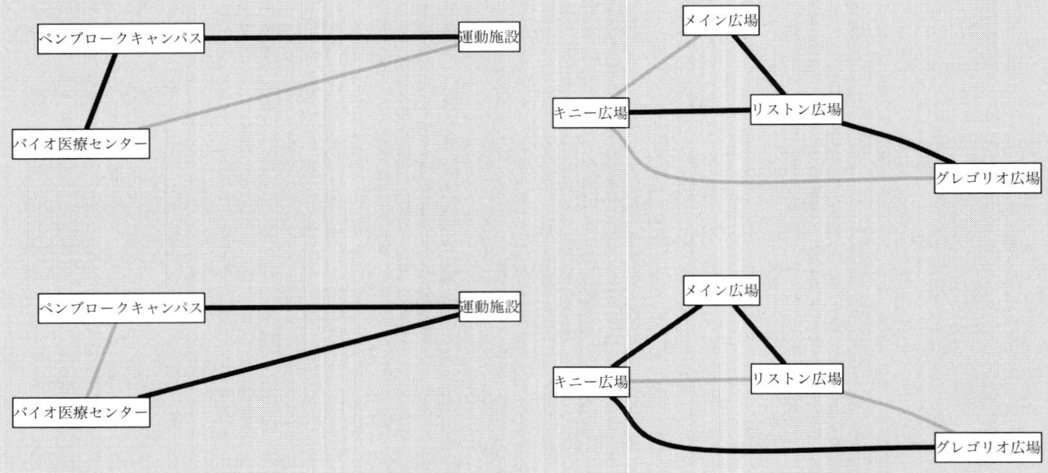

例 5.6.8： T をグラフの辺の部分集合とする。例えば次のグラフの黒い辺の集合とする。

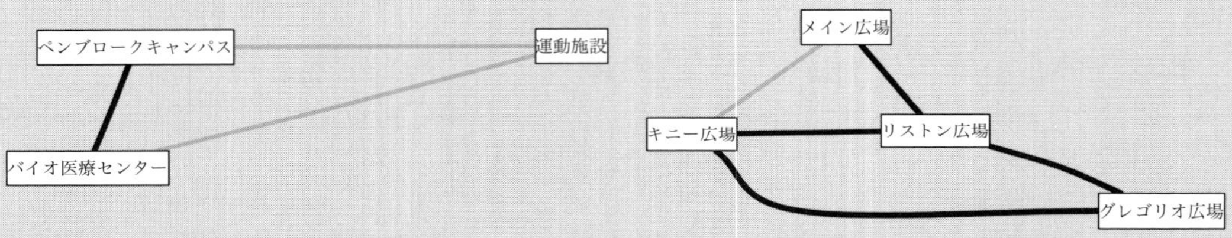

次の図の黒い辺の集合 B は Span T の基底を成す。

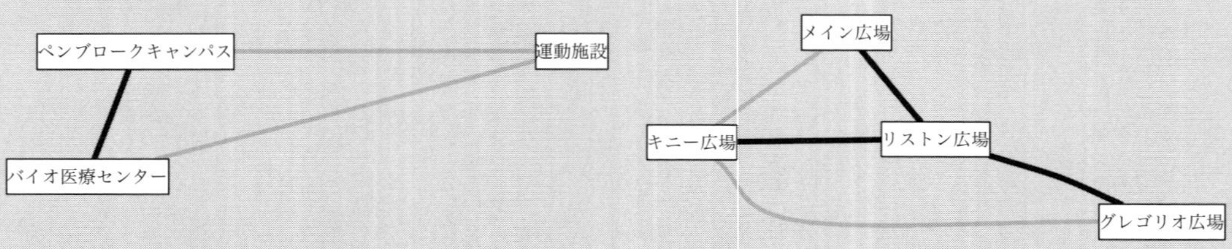

B が Span T の基底であることを示そう。B の辺は閉路を作らない、つまり B は線形独立である。また、T の全ての辺に対し、その端点は B の辺によってつなげられるので、Span B = Span T である。

次の図は、Span T の基底の別の例である。

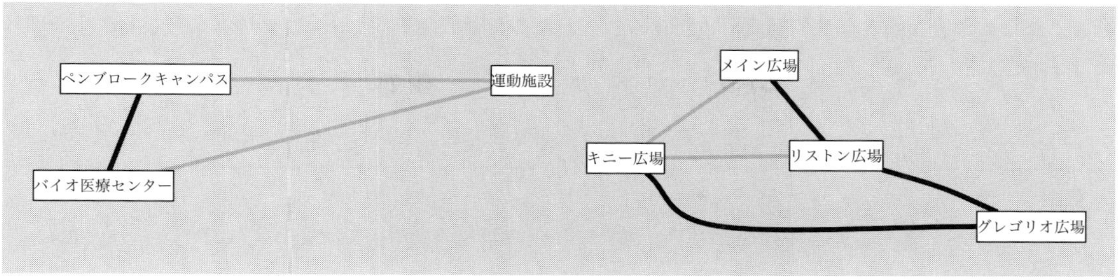

5.6.2 $\mathbb{F}^D$ の標準基底

3.2.5 節では、$\mathbb{F}^D$ を生成する集合である**標準**生成子を定義した。次の補題は、ベクトルに対するこれらの基底が、まさしく**標準基底ベクトル**と呼ぶべきものになっている（事実、伝統的にそう呼ばれている）ことを示す。

補題 5.6.9： $\mathbb{F}^D$ の標準生成子は基底となる。

問題 5.6.10： 補題 5.6.9 を証明せよ。これは例 5.6.4（p.284）において、$\{[1,0,0],[0,1,0],[0,0,1]\}$ が基底であることを示した議論の一般化である。

5.6.3 全てのベクトル空間が基底を持つことの証明への準備

いま、全てのベクトル空間 $\mathcal{V}$ が基底を持つことを証明したい。グローアルゴリズムとシュリンクアルゴリズム、それぞれが証明の道筋を与えてくれるが、まだ証明の準備ができたわけではない。

- グローアルゴリズムの系は、グローアルゴリズムが終了すると、選ばれたベクトルの集合がベクトル空間 $\mathcal{V}$ の基底になっているということを示しているが、**それが常に終了することはまだ示していない**。
- シュリンクアルゴリズムの系は、シュリンクアルゴリズムでは $\mathcal{V}$ を張るベクトルの有限集合から始めたならば、アルゴリズムが終了すると、$\mathcal{V}$ の基底が選ばれることを示しているが、**全てのベクトル空間が有限のベクトルの集合で張られることはまだ示していない**。

これらは数学的に自明な問題ではない。上記の問題は——我々としては——次章で解決する。本書では、D が有限集合であるような D ベクトルに焦点を当てているので、「我々としては」なのである。広汎な数学の世界では、D を無限とすることができるが、さまざまな困難を避けるため、ここでは有限としておこう。

5.6.4 ベクトルの有限集合は全てその線形包の基底を含むということ

$\mathcal{V}$ がベクトルの有限集合の線形包として与えられた場合、その有限集合の部分集合から成る $\mathcal{V}$ の基底があることを示せる。

補題 5.6.11（部分集合と基底の補題）： 任意のベクトルの有限集合 T は、Span T の基底となるような部分集合 B を含む。

この結果はグラフ理論において、任意のグラフが全域森を含むことに対応している。

証明

$\mathcal{V} = \text{Span}\ T$ とする。この補題をグローアルゴリズムの方法を用いて証明しよう。

def subset_basis(T):
  $B := \emptyset$
  以下を可能な限り繰り返す:
    Span B に含まれない T のベクトル $\boldsymbol{v}$ を選び、B に加える

このアルゴリズムは、集合 T からベクトル $\boldsymbol{v}$ を選ぶという点において、一般的なグローアルゴリズムとは異なる。そのような違いがあっても、これはグローアルゴリズムを具体化したものなのだろうか？ このアルゴリズムは Span B が T の全てのベクトルを含んだとき終了するが、元々のグローアルゴリズムは Span B が $\mathcal{V}$ の全てのベクトルを含んだときにだけ終了した。しかし、これは問題ない。なぜなら、Span B が T の全てのベクトルを含んだとき、Span B は T のベクトルの任意の線形結合を含むことになり、この時点で Span $B = \mathcal{V}$ となるからである。これは、ここで用いたアルゴリズムが、元のグローアルゴリズムを正しく実装したものであり、きちんと基底を生成することを意味する。 □

読者のみなさんは、この証明法が実際にはプロシージャであり、実装することができるグローアルゴリズムの1種であることに気付くだろう。

例 5.6.12： $T = \{[1,0,2,0],[0,-1,0,-2],[2,2,4,4]\}$ とする。このプロシージャは Span T の基底となる部分集合 B を見つけ出せるはずだ。

- まず $B = \emptyset$ とする。
- Span $\emptyset$ に含まれない T のベクトルを選び、B に加える。Span $\emptyset$ はゼロベクトルだけから成るので、はじめに選ばれるベクトルは、ゼロベクトル以外であればよい。まず、$[1,0,2,0]$ が選ばれたとする。
- Span $\{[1,0,2,0]\}$ に含まれない T のベクトルを選ぶ。次に、$[0,-1,0,-2]$ が選ばれたとする。
- Span $\{[1,0,2,0],[0,-1,0,-2]\}$ に含まれない T のベクトルを選ぶ。おっと、もうそのようなベクトルはない。T の全てのベクトルは Span $\{[1,0,2,0],[0,-1,0,-2]\}$ に含まれている。従って、このプロシージャはここで終了する。

問題 5.6.13： 補題 5.6.11 をシュリンクアルゴリズムを用いて証明せよ。

5.6.5 $\mathcal{V}$ の任意の線形独立なベクトルの部分集合は $\mathcal{V}$ の基底の形にすることができるか？

部分集合と基底の補題の場合と同様に、**上位集合**と基底の補題を証明する。即ち、証明する補題は

> 任意のベクトル空間 $\mathcal{V}$ と任意の線形独立なベクトルの集合 T に対し、$\mathcal{V}$ は T の全てを含むような基底を持つ。

である。

このような基底を探すために、グローアルゴリズムを次のように適用することができるだろう。

def superset_basis($T, \mathcal{V}$):
  $B := T$
  以下を可能な限り繰り返す:
    Span B に含まれない $\mathcal{V}$ のベクトルを選び、B に加える

最初、B は T の要素全てを含んでいる（実際 B と T は等しい）。グローアルゴリズムの系より、集合 B はアルゴリズム中ずっと線形独立のままである。アルゴリズムが終了した時点で Span $B = \mathcal{V}$ となり、そのとき B は $\mathcal{V}$ の基底となる。更に、このアルゴリズムによって B からベクトルが取り除かれることはないため、アルゴリズムが終了しても B は T を含んだままである。

この推論で 1 つ問題点がある。5.6.3 節で、全てのベクトル空間が基底を持つことを示そうとしたときのように、**まだアルゴリズムが終了することを示せていないのだ！** これも次章で解決される。

5.7 一意的な表現

5.1 節で議論したように、$\mathcal{V}$ の座標系は生成子 $\boldsymbol{a}_1, \ldots, \boldsymbol{a}_n$ で与えられ、$\mathcal{V}$ の各ベクトル $\boldsymbol{v}$ の座標表現 $[\alpha_1, \ldots, \alpha_n]$ はその線形結合の係数として与えられる。

$$\boldsymbol{v} = \alpha_1 \boldsymbol{a}_1 + \cdots + \alpha_n \boldsymbol{a}_n$$

しかし、これには任意のベクトル $\boldsymbol{v}$ が、**一意的な**座標表現を持つような座標軸が必要である。どのようにすればこのような軸を見つけられるだろうか？

5.7.1 基底による座標表現の一意性

いま、軸ベクトルとして $\mathcal{V}$ の基底を選び、この軸に対する座標表現の一意性を確かめよう。

補題 5.7.1（一意的表現の補題）： $\boldsymbol{a}_1, \ldots, \boldsymbol{a}_n$ をベクトル空間 $\mathcal{V}$ の基底とする。$\mathcal{V}$ の任意のベクトル $\boldsymbol{v}$ に対し、$\mathcal{V}$ の基底ベクトルによるただ 1 つの座標表現が存在する。

これは、グラフ G で、G の任意の全域森 F と頂点 x, y の組に対し、G が x から y への道を含む場合、F がそのような道をちょうど 1 つだけ含む、ということに対応する。

証明

Span $\{\boldsymbol{a}_1, \ldots, \boldsymbol{a}_n\} = \mathcal{V}$ より、全てのベクトル $\boldsymbol{v} \in \mathcal{V}$ は、$\boldsymbol{a}_1, \ldots, \boldsymbol{a}_n$ についての座標表現を、少なくとも 1 つ持つ。いま、座標表現が 2 つあると仮定すると、次のように書ける。

$$\boldsymbol{v} = \alpha_1\, \boldsymbol{a}_1 + \cdots + \alpha_n\, \boldsymbol{a}_n = \beta_1\, \boldsymbol{a}_1 + \cdots + \beta_n\, \boldsymbol{a}_n$$

このとき、一方の線形結合から他方の線形結合を引くことで、ゼロベクトルが得られる。

$$\begin{aligned} \boldsymbol{0} &= \alpha_1\, \boldsymbol{a}_1 + \cdots + \alpha_n\, \boldsymbol{a}_n - (\beta_1\, \boldsymbol{a}_1 + \cdots + \beta_n\, \boldsymbol{a}_n) \\ &= (\alpha_1 - \beta_1)\boldsymbol{a}_1 + \cdots + (\alpha_n - \beta_n)\boldsymbol{a}_n \end{aligned}$$

ベクトル $\boldsymbol{a}_1, \ldots, \boldsymbol{a}_n$ は線形独立なので、この係数 $\alpha_1 - \beta_1, \ldots, \alpha_n - \beta_n$ は全て 0 になる。従って、2 つの座標表現は一致する。 □

5.8 はじめての基底の変換

基底の変換とは、ある基底に対する座標表現から別の基底に対する座標表現へ変換することである。

5.8.1 表現からベクトルへの関数

$\boldsymbol{a}_1, \ldots, \boldsymbol{a}_n$ を体 $\mathbb{F}$ 上のベクトル空間 $\mathcal{V}$ の基底とする。このとき関数 $f : \mathbb{F}^n \mapsto \mathcal{V}$ を次のように定義する。

$$f([x_1, \ldots, x_n]) = x_1\, \boldsymbol{a}_1 + \cdots + x_n\, \boldsymbol{a}_n$$

この関数 f は、ベクトルの $\boldsymbol{a}_1, \ldots, \boldsymbol{a}_n$ についての座標表現をそのベクトル自身に写す。一意的表現の補題より、$\mathcal{V}$ の任意のベクトルは $\boldsymbol{a}_1, \ldots, \boldsymbol{a}_n$ に対するただ 1 つの表現を持つので、f は全単射であり、逆関数を持つ。

例 5.8.1： $\mathbb{R}^3$ の基底を $\boldsymbol{a}_1 = [2, 1, 0]$、$\boldsymbol{a}_2 = [4, 0, 2]$、$\boldsymbol{a}_3 = [0, 1, 1]$ と取る。これらのベクトルを列ベクトルとする行列は、次のようになる。

$$A = \left[\begin{array}{c|c|c} 2 & 4 & 0 \\ 1 & 0 & 1 \\ 0 & 2 & 1 \end{array}\right]$$

このとき、関数 $f : \mathbb{R}^3 \longrightarrow \mathbb{R}^3$ は $f(\boldsymbol{x}) = A\boldsymbol{x}$ により定義され、$\boldsymbol{a}_1$、$\boldsymbol{a}_2$、$\boldsymbol{a}_3$ を基底とするベクトルの座標表現をそのベクトル自身に写す。$\boldsymbol{a}_1$、$\boldsymbol{a}_2$、$\boldsymbol{a}_3$ は基底なので、$\mathbb{R}^3$ の任意のベクトルはこの基底に対する一意的な表現を持ち、f は逆関数を持つ。実際、逆関数 $g : \mathbb{R}^3 \longrightarrow \mathbb{R}^3$ は $g(\boldsymbol{y}) = M\boldsymbol{y}$ により定義される。ここで、M は

$$M = \begin{bmatrix} \frac{1}{4} & \frac{1}{2} & -\frac{1}{2} \\ \frac{1}{8} & -\frac{1}{4} & \frac{1}{4} \\ -\frac{1}{4} & \frac{1}{2} & \frac{1}{2} \end{bmatrix}$$

である。このとき M は A の逆行列である。

5.8.2 ある表現から別の表現へ

ここでは $\mathcal{V}$ の 1 つの基底 $\boldsymbol{a}_1, \ldots, \boldsymbol{a}_n$ から別の基底 $\boldsymbol{b}_1, \ldots, \boldsymbol{b}_m$ への変換について考えよう。$f : \mathbb{F}^n \longrightarrow \mathcal{V}$ と $g : \mathbb{F}^m \longrightarrow \mathcal{V}$ を次のように定義する。

$$f([x_1, \ldots, x_n]) = x_1\,\boldsymbol{a}_1 + \cdots + x_n\,\boldsymbol{a}_n \quad , \quad g([y_1, \ldots, y_m]) = y_1\,\boldsymbol{b}_1 + \cdots + y_m\,\boldsymbol{b}_m$$

線形結合による行列とベクトルの積の定義より、これらの関数はそれぞれ行列とベクトルの積で表すことができる。

$$f(\boldsymbol{x}) = \left[\begin{array}{c|c|c} \\ \boldsymbol{a}_1 & \cdots & \boldsymbol{a}_n \\ \\ \end{array}\right] \left[\begin{array}{c} \boldsymbol{x} \end{array}\right] \quad , \quad g(\boldsymbol{y}) = \left[\begin{array}{c|c|c} \\ \boldsymbol{b}_1 & \cdots & \boldsymbol{b}_m \\ \\ \end{array}\right] \left[\begin{array}{c} \boldsymbol{y} \end{array}\right]$$

更に、5.8.1 節における議論より、関数 f と g はどちらも逆関数を持つ。よって、補題 4.13.1 より、それらの逆関数は線形関数である。

さて、$g^{-1} \circ f$ について考えよう。これは線形関数の合成なので、やはり線形関数である。この関数の定義域は f の定義域 $\mathbb{F}^n$、余定義域は g の余定義域 $\mathbb{F}^m$ である。従って、補題 4.10.19 より、$C\boldsymbol{x} = (g^{-1} \circ f)(\boldsymbol{x})$ となるような行列 C が存在する。

この行列 C は**基底の変換**行列である。

- $\boldsymbol{a}_1, \ldots, \boldsymbol{a}_n$ を基底とするベクトルの座標表現は C を掛けることで $\boldsymbol{b}_1, \ldots, \boldsymbol{b}_m$ を基底とするベクトルの座標表現に変換される。

逆関数を持つ関数の合成なので、$g^{-1} \circ f$ もまた逆関数を持つ。同様の議論より、$D\boldsymbol{y} = (f^{-1} \circ g)(\boldsymbol{y})$ を満たすような行列 D が存在する。

- $\boldsymbol{b}_1, \ldots, \boldsymbol{b}_m$ を基底とするベクトルの座標表現は D を掛けることで $\boldsymbol{a}_1, \ldots, \boldsymbol{a}_n$ を基底とするベクトルの座標表現に変換される。

最後に、$f^{-1} \circ g$ と $g^{-1} \circ f$ は互いに逆関数なので、行列 C と D は互いに逆行列である。

どうしてベクトルをある表現から違う表現に写す関数が必要なのだろうか？ これには理由がたくさんある。まず次節で、画像の遠近法について扱うことにしよう。ラボ 5.12 では、同様に基底の変換を用いた遠近法について扱う。更に、基底の変換は 10 章、11 章、12 章を読む上でも非常に重要な役割を果たす。

5.9 遠近法によるレンダリング

ここでは座標表現の応用として、3 次元空間中の点の集合からカメラに写る画像を、遠近法を考慮して得る方法について見ていこう。この課題の数学的な基礎は、本章のラボで役に立つだろう。ラボでは逆に、実際の画像から遠近感を取り除いたりする。

5.9.1 3次元空間内の点

まず次の図のような座標でワイヤーフレームの立方体を構成する点の集合を考えよう。

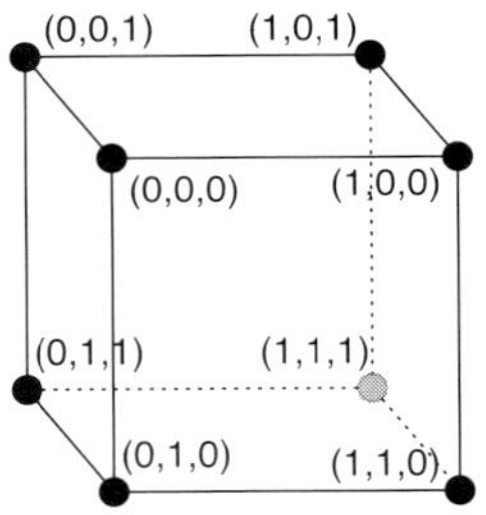

この座標は少し奇妙に感じられるかもしれない。というのも $(0,1,0)$ が $(0,0,0)$ よりも**下**にあるからだ。通常、y 座標は上を正の向きに取るが、ここでは、ピクセル座標系と合うように、このような座標系を用いることにする。

このワイヤーフレームの立方体を構成する点のリストは、次のように作成できる。

```
>>> L = [[0,0,0],[1,0,0],[0,1,0],[1,1,0],[0,0,1],[1,0,1],[0,1,1],[1,1,1]]
>>> corners = [list2vec(v) for v in L]
>>>
>>> def line_segment(pt1, pt2, samples=100):
...    return [(i/samples)*pt1 + (1-i/samples)*pt2 for i in range(samples+1)]
...
>>> line_segments = [line_segment(corners[i], corners[j]) for i,j in
...    [(0,1),(2,3),(0,2),(1,3),(4,5),(6,7),(4,6),(5,7),(0,4),(1,5),(2,6),(3,7)]]
>>>
>>> pts = sum(line_segments, [])
```

カメラがこの立方体の写真を撮ることを想像してみよう。その写真はどのようなものになるだろうか？それは、カメラがどの位置から、どのような角度で撮るかによって変わるのは明らかである。ここではカメラの位置を $(-1,-1,-8)$ とし、立方体の前面を含む平面に対し真っ直ぐに向くようにしよう。

5.9.2 カメラと画像平面

単純なカメラのモデルとして、**ピンホール**カメラを考えよう。カメラの位置と方向は固定されているとする。ピンホールは**カメラの中心**と呼ばれる点である。

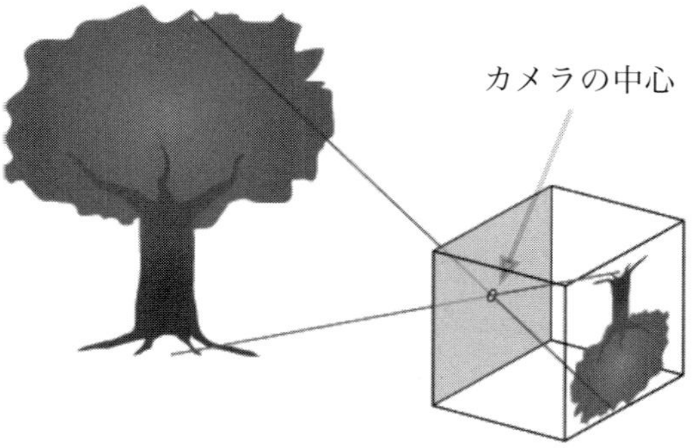

カメラの後ろには画像センサーを並べたもの（画像センサーアレイ）がある。光はシーン内の物体に反射され、カメラの中心を通って画像センサーに達する。シーンからの光のうち、カメラの中心を通る直線を通過したものだけが画像センサーアレイに到達する。その結果、画像は反転する。

モデルをより簡単にし、用いる数学を簡単にしよう。このモデルでは画像センサーアレイがカメラの中心とシーンの間にあるとする。

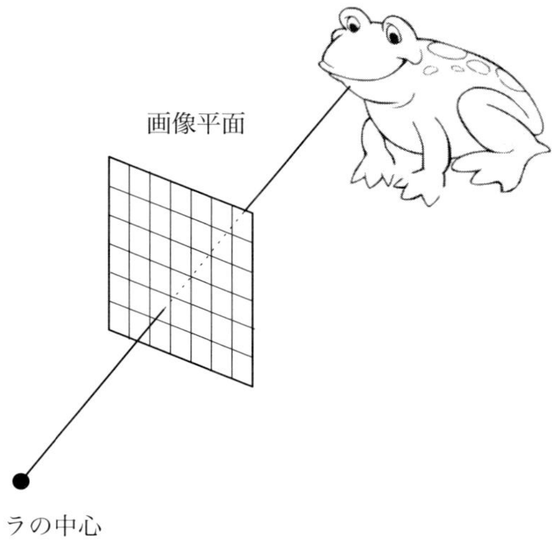

このセンサーアレイはカメラの中心を通過する光だけを検知するとする。

画像センサーアレイは**画像平面**と呼ばれる平面に置かれる。光はシーン内の物体、この場合はカエルの顎で反射され、カメラの中心に向かって真っ直ぐ進む。その途中、光はセンサーアレイがある画像平面に衝突する。

センサーアレイは長方形のセンサー素子の格子から成る。画像センサーアレイの各素子は、そこに衝突した光の赤、緑、青の明るさを測り、3つの数にする。やってきた光を拾うのは、どのセンサー素子だろうか？ それは、やってきた光が進む直線と、画像平面が交わる点に位置する素子である。

全てのセンサーの測定結果を集めると、その結果は、長方形のピクセル（画素）の格子から成る画像となる。このとき各ピクセルには色が割り当てられている。この各ピクセルは、各センサー素子に対応する。

以前見たように、これらのピクセルには、以下のような座標が割り当てられる。

(0,0)					(5,0)
(0,3)					(5,3)

5.9.3 カメラ座標系

センサーアレイの各点 $\boldsymbol{q}$ に対し、$\boldsymbol{q}$ に当たった光はカメラの中心に向かって直進する。従って、$\boldsymbol{q}$ 上のセンサーで検出される色は、カメラの中心と画像平面上の点 $\boldsymbol{q}$ を通る直線上にある 3 次元空間内の点 $\boldsymbol{p}$ の色である。

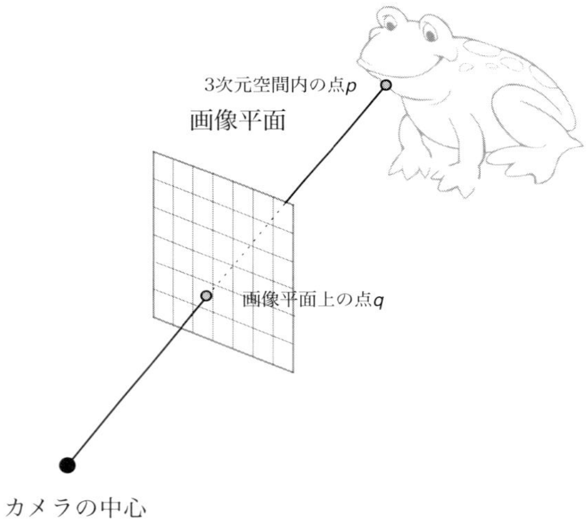

ワイヤーフレームの立方体の画像を生成するには、3 次元空間内の点 $\boldsymbol{p}$ を対応する画像平面上の点 $\boldsymbol{q}$ のピクセル座標に写す関数を定義する必要がある。

この関数を簡単に表現する便利な基底がある。それを**カメラ座標系**と呼ぶことにしよう。

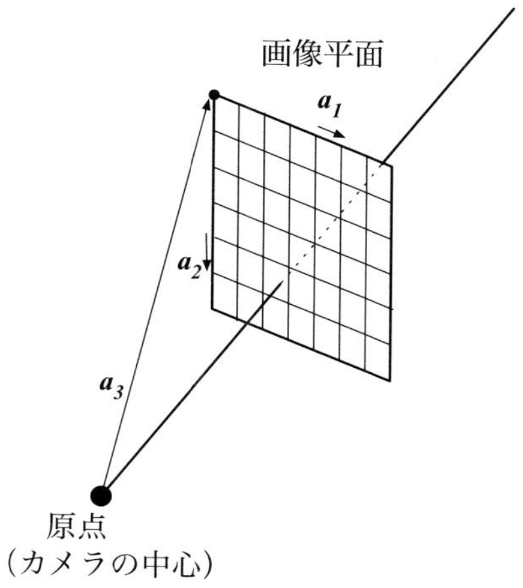

カメラの中心を原点として定義しよう。図のように、最初の基底ベクトル $\boldsymbol{a}_1$ をセンサー素子の左上の隅から右上の隅に向けての水平方向に取る。また、2 つ目の基底ベクトル $\boldsymbol{a}_2$ をセンサー素子の左上の隅から左下の隅に向けての垂直方向に取る。最後に、3 つ目の基底ベクトル $\boldsymbol{a}_3$ を原点（カメラの中心）からセンサー素子の左上の隅 $(0, 0)$ への方向に取る。この基底をカメラ基底と呼ぶことにする。

カメラ基底には次のような利点がある。$\boldsymbol{q}$ を画像平面上の点とする。

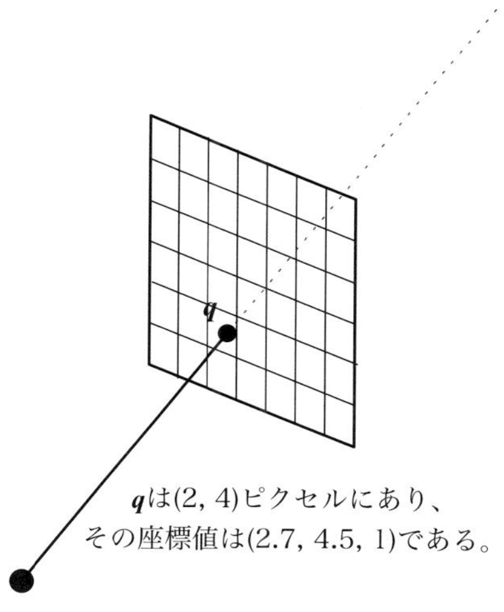

また $\boldsymbol{q}$ の座標値を $\boldsymbol{x} = (x_1, x_2, x_3)$ とする。つまり $\boldsymbol{q} = x_1\,\boldsymbol{a}_1 + x_2\,\boldsymbol{a}_2 + x_3\,\boldsymbol{a}_3$ である。

すると x_3 は 1 なので、x_1 と x_2 で点 $\boldsymbol{q}$ を含むピクセルを指定することができるのである。

```
def pixel(x): return (x[0], x[1])
```

従って、$(i, j$ にピクセルがあれば）x_1、x_2 の小数点以下を切り捨てて整数 i、j にすることで、そのピクセルの座標を得ることができる。

5.9.4 3次元空間内のある点のカメラ座標から対応する画像平面上の点のカメラ座標へ

画像平面のある点から横を向いてみよう。ここからはセンサーアレイの縁しか見ることができない。

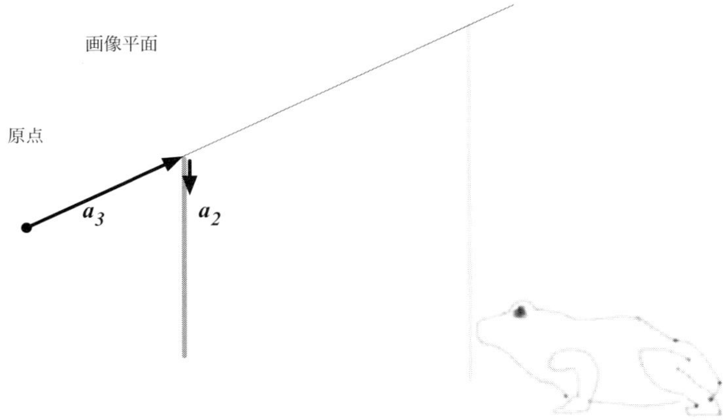

この視点から基底ベクトル $\boldsymbol{a}_2$、$\boldsymbol{a}_3$ を見ることはできるが、$\boldsymbol{a}_1$ はこちらを向いているので見ることができない。

ここで、$\boldsymbol{p}$ を3次元空間内の点とし、画像平面の外側にあるとする。

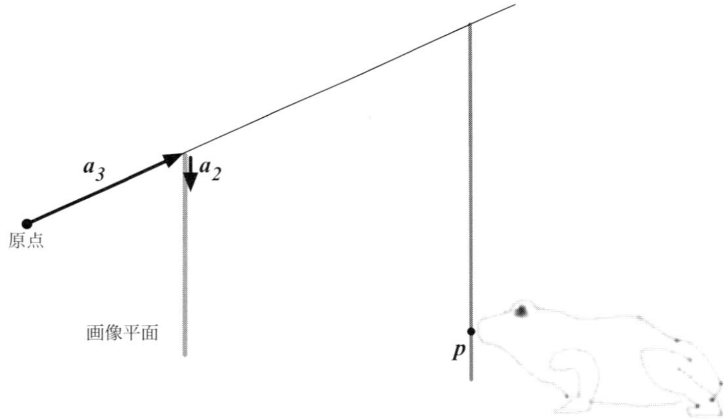

$\boldsymbol{p}$ を通り画像平面に平行な平面の縁がある。$\boldsymbol{p}$ をカメラ基底の線形結合で書くと次のようになる。

$$\boldsymbol{p} = x_1\,\boldsymbol{a}_1 + x_2\,\boldsymbol{a}_2 + x_3\,\boldsymbol{a}_3$$

ベクトル $x_3\,\boldsymbol{a}_3$ は、センサーアレイの（座標上での）左上の隅を通過し、画像平面と平行な $\boldsymbol{p}$ を含む面まで伸びていると考える。

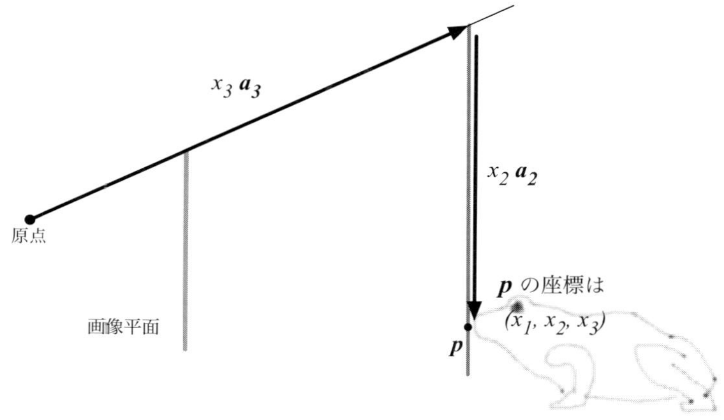

ベクトル $x_2\,\boldsymbol{a}_2$ は垂直下向きに伸びている。先ほどと同様に、ベクトル $x_1\,\boldsymbol{a}_1$ はこちら向きに水平に伸びているため見ることができない。

$\boldsymbol{p}$ と原点を通る直線と画像平面の交わる点を $\boldsymbol{q}$ とする。

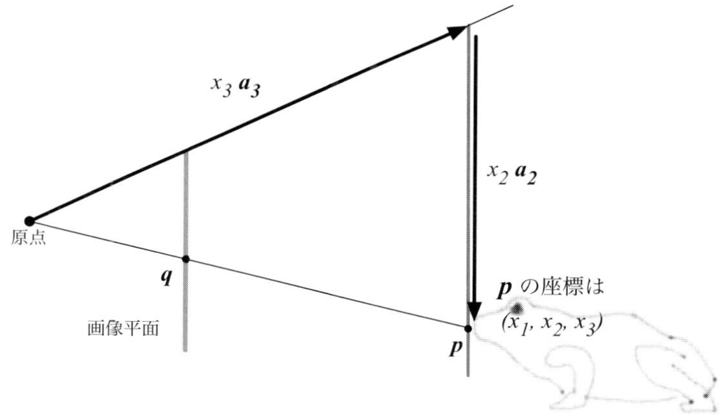

このとき、$\boldsymbol{q}$ の座標はどう表せるだろうか？

上の図より、原点、$\boldsymbol{a}_3$ の終点（始点は原点）、$\boldsymbol{q}$ の 3 点から作られている三角形は、原点、$x_3\,\boldsymbol{a}_3$ の終点、$\boldsymbol{p}$ が作る三角形を縮小したものであることが分かる。$\boldsymbol{a}_3$ 側の辺は $x_3\,\boldsymbol{a}_3$ 側の辺の $1/x_3$ の長さなので、相似の関係を使うと、$\boldsymbol{q}$ の座標は $\boldsymbol{p}$ のそれぞれの座標の $1/x_3$ 倍、即ち $(x_1/x_3, x_2/x_3, x_3/x_3)$ であることが分かる。

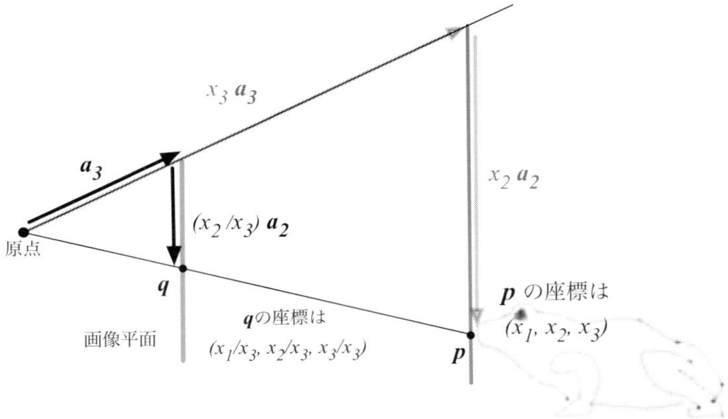

従って、カメラ基底を使っていれば、$\boldsymbol{p}$ から $\boldsymbol{q}$ への変換が簡単にできる。それぞれの座標値を3つ目の座標値で割ればよいのである。

```
def scale_down(x): return list2vec([x[0]/x[2], x[1]/x[2], 1])
```

5.9.5 3次元空間内の座標からカメラ座標へ

ここまでの議論より

- 3次元空間内の点のカメラ座標による表現から
- その点を「見る」ピクセルの座標へ

どのように写すかが分かった。

しかし、ワイヤーフレームの立方体の点を写すには、立方体の点の座標を同じ点のカメラ座標による表現に写す必要がある。

まず、カメラ座標の基底ベクトルを書いてみよう。

これは2つのステップで行う。最初のステップでは、カメラの中心が通常の3次元空間の座標で $(-1, -1, -8)$ にあることを思い出しておく。カメラ座標系を使うには、カメラの中心を $(0, 0, 0)$ に置く必要があるので、ワイヤーフレームの立方体の各点に $(1, 1, 8)$ を加え、平行移動させる。

```
>>> shifted_pts = [v+list2vec([1,1,8]) for v in pts]
```

次のステップは、基底の変換である。shifted_pts の各点に対し、カメラ基底での座標表現を得る必要がある。

そのために、まず、カメラ座標の基底ベクトルを書いてみよう。いま、カメラの横が100ピクセル、縦が100ピクセルで、それぞれが 1×1 のサイズのセンサーアレイで構成されているとする。このとき、$\boldsymbol{a}_1 = [1/100, 0, 0]$、$\boldsymbol{a}_2 = [0, 1/100, 0]$ である。3つ目の基底ベクトル $\boldsymbol{a}_3$ は、カメラの中心がセンサーアレイの中心とぴったり合うように決める。$\boldsymbol{a}_3$ はカメラの中心からセンサーアレイの左上に伸びていることを思い出すと、$\boldsymbol{a}_3 = [0, 0, 1]$ である。

```
>>> cb = [list2vec([1/xpixels,0,0]),
...        list2vec([0,1/ypixels,0]),
...        list2vec([0,0,1])]
```

そして shifted_pts の点のカメラ基底における座標を求める。ここで vec2rep は後の問題 5.14.14 で定義される。

```
>>> reps = [vec2rep(cb, v) for v in shifted_pts]
```

5.9.6 ピクセル座標系へ

次に、これらの点から、画像平面への射影を与えよう。

```
>>> in_camera_plane = [scale_down(u) for u in reps]
```

ここで、これらの点は画像平面上にあり、それらの 3 番目の座標は全て 1 であり、1 番目、2 番目の座標は、ピクセル座標を表していると解釈できる。

```
>>> pixels = [pixel(u) for u in in_camera_plane]
```

plotting モジュールのプロシージャ plot を用いて結果を視覚化できる。

```
>>> plot(pixels, 30, 1)
```

ここで、ピクセル座標系の 2 番目の座標は、下向きが正であったことに注意して欲しい。一方で、plot プロシージャは、通常通り 2 番目の座標は上向きが正なので、描画される画像は次の図のように垂直方向が反転したものになってしまう。

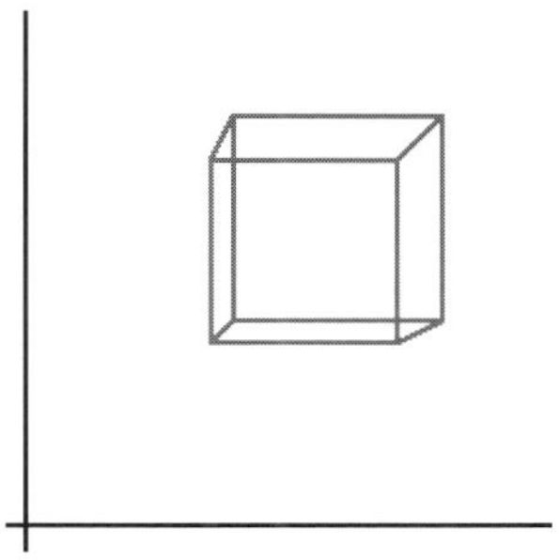

5.10 基底を求める計算問題

基底は非常に便利である。そのため、与えられたベクトル空間の基底を求めるアルゴリズムは重要である。しかし、ベクトル空間は大きく、無限であることさえある。では、ベクトル空間をプロシージャの入力にするにはどのようにすればよいだろうか？ ベクトル空間 $\mathcal{V}$ を指定する 2 つの自然な方法がある。

1. $\mathcal{V}$ の生成子を指定する。これは $\mathcal{V} = \text{Col } A$ を満たすような行列 A を指定することと等価である。
2. 解集合が $\mathcal{V}$ であるような同次線形方程式系を指定する。これは $\mathcal{V} = \text{Null } A$ を満たすような行列 A を指定することと等価である。

これらの $\mathcal{V}$ の指定方法それぞれに応じた、基底を求める計算問題を考えよう。

計算問題 5.10.1： 与えられたベクトルの集合で張られたベクトル空間の基底を求める

- **入力**：ベクトルのリスト $[\boldsymbol{v}_1, \ldots, \boldsymbol{v}_n]$
- **出力**：Span $\{\boldsymbol{v}_1, \ldots, \boldsymbol{v}_n\}$ の基底ベクトルのリスト

この問題を解くにあたり、部分集合と基底の補題（補題 5.6.11）や、後で見る問題 5.14.17 のプロシージャ `subset_basis(T)` を使えると思うかもしれない。しかし、これらの方法は、そのベクトルが他のベクトルの集合の線形包に含まれるかどうかに依存し、この問題はそれ自身が非自明であるため、使用できない。

計算問題 5.10.2： 同次線形方程式の解集合の基底を求める

- **入力**：ベクトルのリスト $[\boldsymbol{a}_1, \ldots, \boldsymbol{a}_m]$
- **出力**：線形方程式 $\boldsymbol{a}_1 \cdot \boldsymbol{x} = 0, \ldots, \boldsymbol{a}_m \cdot \boldsymbol{x} = 0$ の解集合の基底ベクトルのリスト

この問題は次のように言い直すことができる。

与えられた行列

$$A = \begin{bmatrix} \boldsymbol{a}_1 \\ \hline \vdots \\ \hline \boldsymbol{a}_m \end{bmatrix}$$

に対し、A のヌル空間に対する基底を求めよ。

この問題を解くアルゴリズムはさまざまな問題に応用することができる。例えば、基底があるということは、方程式の解集合が自明かどうかを教えてくれる。即ち、基底が空集合でない場合、解の集合は非自明である。

7 章と 9 章では、これらの問題を解く効率的なアルゴリズムについて議論する。

5.11 交換の補題

最小全域森アルゴリズムは、本当に最小の重みの全域森を求めてくれるのだろうか？ 前に見た計算問題の例（最小支配集合）では、欲張りなアルゴリズムが、常に最善の答えを導くとは限らなかった。最小全域森の場合ではどうだろうか？

5.11.1 交換の補題

ここで、ベクトルに対する補題、交換の補題を与える。5.4.3 節では、MSF とベクトルの密接な関係を見た。5.11.2 節では、MSF に対するグローアルゴリズムの正当性を、交換の補題を用いて証明する。

補題 5.11.1（交換の補題）： S をベクトルの集合、A を S の線形独立な部分集合とする。また、$\boldsymbol{z}$ を Span S に含まれるが、A には含まれない、つまり、$A \cup \{\boldsymbol{z}\}$ が線形独立であるようなベクトルとする。このとき、Span $S =$ Span $(\{\boldsymbol{z}\} \cup S - \{\boldsymbol{w}\})$ を満たすようなベクトル $\boldsymbol{w} \in S - A$ が存在する。

この補題は、線形包を変えることなく、ベクトル $\boldsymbol{z}$ を加えて別のベクトルを取り除けることを示しているため、**交換の補題**と呼ばれる。集合 A は一部のベクトルを取り除かれないようにするために使われる。

証明

$S = \{\boldsymbol{v}_1, \ldots, \boldsymbol{v}_k, \boldsymbol{w}_1, \ldots, \boldsymbol{w}_\ell\}$、$A = \{\boldsymbol{v}_1, \ldots, \boldsymbol{v}_k\}$ とする。$\boldsymbol{z}$ は Span S に含まれるため、S のベクトルの線形結合で表すことができる。

$$\boldsymbol{z} = \alpha_1\, \boldsymbol{v}_1 + \cdots + \alpha_k\, \boldsymbol{v}_k + \beta_1\, \boldsymbol{w}_1 + \cdots + \beta_\ell\, \boldsymbol{w}_\ell \tag{5-3}$$

係数 $\beta_1, \ldots, \beta_\ell$ が全て 0 の場合、$\boldsymbol{z} = \alpha_1\, \boldsymbol{v}_1 + \cdots + \alpha_k\, \boldsymbol{v}_k$ となり、$A \cup \{\boldsymbol{z}\}$ の線形独立性と矛盾する。そのため係数 $\beta_1, \ldots, \beta_\ell$ は全てが 0 ではない。そこで β_j が 0 でない係数であるとしよう。このとき式 (5-3) は次のように書ける。

$$\boldsymbol{w}_j = (1/\beta_j)\, \boldsymbol{z} + (-\alpha_1/\beta_j)\, \boldsymbol{v}_1 + \cdots + (-\alpha_k/\beta_j)\, \boldsymbol{v}_k + (-\beta_1/\beta_j)\, \boldsymbol{w}_1 + \ldots + (-\beta_{j-1}/\beta_j)\, \boldsymbol{w}_{j-1} + (-\beta_{j+1}/\beta_j)\, \boldsymbol{w}_{j+1} + \cdots + (-\beta_\ell/\beta_j)\, \boldsymbol{w}_\ell \tag{5-4}$$

よって、余分なベクトルの補題（補題 5.5.1）より、次を得る。

$$\text{Span } (\{\boldsymbol{z}\} \cup S - \{\boldsymbol{w}_j\}) = \text{Span } (\{\boldsymbol{z}\} \cup S) = \text{Span } S$$

□

次の節で、この交換の補題を用いて MSF に対するグローアルゴリズムの正当性を証明する。また、次章では、この補題を用いてベクトル空間 $\mathcal{V}$ の全ての基底ベクトルの個数が同じであることを示す。これは線形代数の重要な結果である。

5.11.2 最小全域森に対するグローアルゴリズムの正当性の証明

アルゴリズム Grow(G) は G に対する最小重み全域森を返すことを示す。簡単のため、全ての辺の重みは互いに異なるとしよう。F^* を G の真の最小重み全域森とし、F をグローアルゴリズムによって選ばれた辺の集合であるとする。また、$e_1, e_2, \ldots, e_m$ を重みの昇順に並べた G の各辺とする。

背理法を使うため、$F \neq F^*$ と仮定し、F と F^* のどちらか一方のみに含まれる辺のうち、最小の重みを持つものを e_k としよう。A を e_k よりも重みが小さく F と F^* の両方に含まれる辺の集合とする。少なくとも F と F^* のいずれかは A 全てと e_k を含むので、$A \cup \{e_k\}$ は閉路を持たない（線形独立である）ことが分かる。

グローアルゴリズムが e_k について検討している瞬間を考える。その時点までは、アルゴリズムは A から辺を選び、かつ e_k は A の辺と閉路を作らない。つまりアルゴリズムは e_k を選ぶはずである。F と F^* は e_k の分だけ違うので、e_k を含んでいないのは F^* だと推測できる。

ここで、交換の補題を用いよう。

- A は F^* の部分集合である
- $A \cup \{e_k\}$ は線形独立である
- 従って、$\text{Span}\ (F^* \cup \{e_k\} - \{e_n\}) = \text{Span}\ F^*$ を満たすような $F^* - A$ 中の辺 e_n が存在する

これは $F^* \cup \{e_k\} - \{e_n\}$ もまた線形包であることを示している。

しかし、e_k は e_n より重みが小さいので、F^* は最小重みの解ではないことになり矛盾する。従って Grow(G) の正当性の証明が完成する。

5.12 ラボ：透視補正

このラボの目標は、平面の画像から遠近感を取り除くことである。ここでは、以下の筆者のオフィスのホワイトボードの画像（board.png）を考えることにする。

このホワイトボードには線形代数についての面白そうなことが書かれているように見える！

さて、次のような画像を新たに作ろう。この新しい画像は、カメラで撮られたものではない。実際、完全

に遠近感がなくなっていることから、これをカメラで撮影するのは不可能である。

この変換は座標系の考え方を利用して行われている。実際、この変換を行うためには、2 つの座標系を用意し、片方の系での表現から、もう片方の系での表現への変換を考える必要がある。

まず、元の画像を、それぞれのマスに色を割り当てられた長方形の格子として考える（各長方形はピクセルに対応する）。この画像の中のそれぞれの長方形は、ホワイトボードの面内の台形に対応する。つまり、透視補正した画像は、それぞれの台形を、元の画像の対応する長方形の色で塗ることで作り出すことができる。

このような透視補正した画像を作ることは、ピクセルの座標をホワイトボードの面内の対応する座標に変換する関数が分かってしまえば簡単である。では、どうすればそのような関数を導けるだろうか？

同様の問題は Wii リモコンの光学ペンを使う際にも生じる。即ち、光学ペンからの光は、Wii リモコンのセンサー素子に当たり、Wii リモコンが Wii 本体内のコンピュータにセンサー素子の座標を報告する。コンピュータはマウスの位置を決めるために、対応するスクリーン上の座標を計算する必要がある。従って、センサー素子の座標からコンピュータのスクリーンの座標へ写す関数を導く方法が必要となる。

この変換を導く基本的な方法は、具体例を用いることである。いくつかの入力と出力の組——元の画像平面上の点と、それに対応するホワイトボード平面上の点——を求め、その振る舞いにあった関数を導けばよい。

5.12.1 カメラ基底

ここではカメラ基底 $\boldsymbol{a}_1$、$\boldsymbol{a}_2$、$\boldsymbol{a}_3$ を用いる。ただし

- 原点はカメラの中央
- 1 つ目のベクトル $\boldsymbol{a}_1$ はセンサー素子の左上の隅から右上への水平方向を向いている
- 2 つ目のベクトル $\boldsymbol{a}_2$ はセンサー素子の左上の隅から左下への垂直方向を向いている

- 3つ目のベクトル a_3 は原点（カメラの中央）からセンサー素子の左上の隅 $(0, 0)$ への方向に向いている

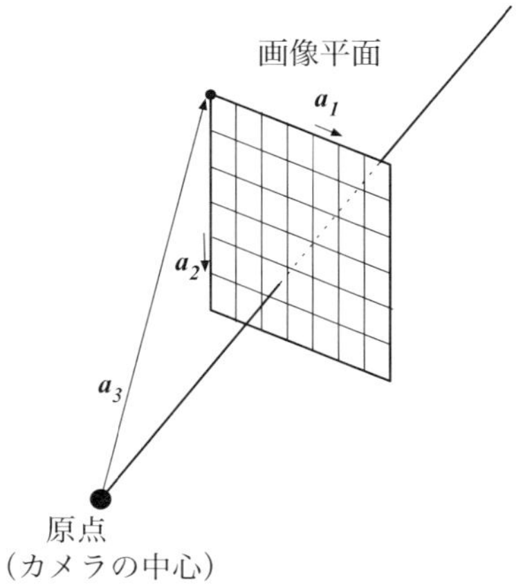

この基底はセンサー素子 (x_1, x_2) の左上が座標表現 $(x_1, x_2, 1)$ を持つという利点がある。

5.12.2 ホワイトボード基底

更に、**ホワイトボード基底** c_1、c_2、c_3 を定義する。ただし

- 原点はカメラの中央
- 1つ目のベクトル c_1 はホワイトボードの左上の隅から右上の隅へ水平方向に向いている
- 2つ目のベクトル c_2 はホワイトボードの左上の隅から左下の隅へ垂直方向に向いている
- 3つ目のベクトル c_3 は原点（カメラの中央）からホワイトボードの左上の隅の方向に向いている

後で見るように、この基底は、点 q の座標表現 (y_1, y_2, y_3) が与えられると、原点と q を通る直線と、ホワイトボード平面との交点の座標が $(y_1/y_3, y_2/y_3, y_3/y_3)$ で表せるという利点がある。

5.12.3 ピクセルからホワイトボード上の点への写像

ここでの目標は、画像平面内の点のカメラ座標を、ホワイトボード座標に写す関数を導くことである。

この関数のポイントは、基底の変換を行っていることである。以下のような2つの座標系を考えよう。即ち、基底 $\boldsymbol{a}_1$、$\boldsymbol{a}_2$、$\boldsymbol{a}_3$ で定義されたカメラ座標系と、基底 $\boldsymbol{c}_1$、$\boldsymbol{c}_2$、$\boldsymbol{c}_3$ で定義されたホワイトボード座標系である。この変換により、1つの点に対し2つの表現が得られる。それぞれの表現は以下の点で便利である。

1. **ピクセル座標からカメラ座標への変換は簡単である。** ピクセル座標で (x_1, x_2) と表される点は、カメラ座標では $(x_1, x_2, 1)$ と表せる。
2. **空間中の点 $\boldsymbol{q}$ のホワイトボード座標を、対応するホワイトボード上の点 $\boldsymbol{p}$ のホワイトボード座標に変換するのは簡単である。** $\boldsymbol{q}$ がホワイトボード座標で (y_1, y_2, y_3) と表されるのであれば、$\boldsymbol{p}$ はホワイトボード座標で $(y_1/y_3, y_2/y_3, y_3/y_3)$ と表される。

ピクセル座標からホワイトボード座標へ写す関数を完成させるには、これらの間に、点 $\boldsymbol{q}$ のカメラ座標を同じ点のホワイトボード座標に写す、というステップを追加する必要がある。

あるベクトルがカメラ座標とホワイトボード座標のどちらの座標で表されているかが分かるように、これら2種類のベクトルに対し、異なる定義域を用いることにする。即ち、カメラ座標での座標の定義域を C={'x1','x2','x3'}とし、ホワイトボード座標での座標の定義域を R={'y1','y2','y3'}とする。

ここでの目標は次の関数 $f : \mathbb{R}^C \longrightarrow \mathbb{R}^R$ を導くことである。

- **入力**：点 $\boldsymbol{q}$ のカメラ座標における座標表現 $\boldsymbol{x}$
- **出力**：原点と点 $\boldsymbol{q}$ の2点を通る直線とホワイトボード平面との交点である点 $\boldsymbol{p}$ のホワイトボード座標での座標表現 $\boldsymbol{y}$

しかし、ここで少し問題がある。原点と $\boldsymbol{q}$ を通る直線がホワイトボード平面と平行となり、ホワイトボードと直線が交わらないような位置に $\boldsymbol{q}$ がある場合である。このような場合については、いまは無視することにしよう。

f を2つの関数の合成 $f = g \circ h$ として書こう。ここで

- $h : \mathbb{R}^C \longrightarrow \mathbb{R}^R$ は以下のように定義される。
  - **入力**：ある点のカメラ基底における座標表現
  - **出力**：同じ点のホワイトボード基底における座標表現
- $g : \mathbb{R}^R \longrightarrow \mathbb{R}^R$ は以下のように定義される。
  - **入力**：$\boldsymbol{q}$ のホワイトボード座標における座標表現
  - **出力**：原点と点 $\boldsymbol{q}$ を通る直線とホワイトボード平面との交点である点 $\boldsymbol{p}$ のホワイトボード座標における座標表現

である。

5.12.4 ホワイトボード上にない点から対応するホワイトボードの上の点への写像

この節では関数 g のプロシージャを作成しよう。

ホワイトボード座標系はホワイトボード上の点の y_3 が 1 となるように定義されている。カメラにより近い点については、y_3 座標が 1 より小さくなる。

点 $\boldsymbol{q}$ をホワイトボード上にない点としよう。例えばホワイトボードよりカメラに近い点が考えられる。原点と $\boldsymbol{q}$ を通る直線を考えると、この直線はホワイトボード平面と点 $\boldsymbol{p}$ で交わる。このとき、どのようにすれば点 $\boldsymbol{q}$ から点 $\boldsymbol{p}$ を計算できるだろうか？

次の図は、この状況を上から見た様子である。

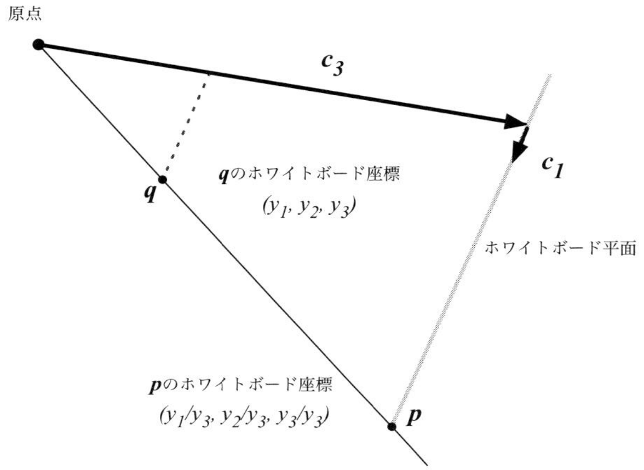

この視点からは、ホワイトボードの上の辺が見えている。点 $\boldsymbol{q}$ はホワイトボード上になく、また、点 $\boldsymbol{p}$ は点 $\boldsymbol{q}$ に対応するホワイトボード上の点である（「対応する」とは、ここでは原点と点 $\boldsymbol{q}$ を結ぶ直線がホワイトボード平面上の点 $\boldsymbol{p}$ で交わる、という意味である）。

$\boldsymbol{q}$ のホワイトボード座標を (y_1, y_2, y_3) としよう。この図では y_3 は 1 より小さい。図中の三角形は相似なので、点 $\boldsymbol{p}$ のホワイトボード座標での座標表現は $(y_1/y_3, y_2/y_3, y_3/y_3)$ となる。これはホワイトボード平面上の点なので、第 3 座標の値が 1 となることに注意して欲しい。

課題 5.12.1： 以下の機能を持つプロシージャ `move2board(y)` を書け。

- **入力：** 点 $\boldsymbol{q}$ をホワイトボード座標における座標表現で表した `{'y1','y2','y3'}` ベクトル $\boldsymbol{y}$（ただし、$\boldsymbol{q}$ と原点を通る直線はホワイトボード平面と平行ではない、つまり、`y3` 要素が 0 でないとする）
- **出力：** 原点と点 $\boldsymbol{q}$ を結ぶ直線とホワイトボード平面との交点 $\boldsymbol{p}$ をホワイトボード座標における座標表現で表した `{'y1','y2','y3'}` ベクトル $\boldsymbol{z}$

5.12.5 基底の変換行列

前節で g についてのプロシージャを作成したので、ここでは h についてのプロシージャに取りかかろう。

カメラ座標系 $\boldsymbol{a}_1$、$\boldsymbol{a}_2$、$\boldsymbol{a}_3$ とホワイトボード座標系 $\boldsymbol{c}_1$、$\boldsymbol{c}_2$、$\boldsymbol{c}_3$ による点 $\boldsymbol{q}$ の表現は、線形結合による行列とベクトルの積の定義を用いると、次のように書ける。

$$\begin{bmatrix} \\ \boldsymbol{q} \\ \\ \end{bmatrix} = \begin{bmatrix} & & \\ \boldsymbol{a}_1 & \boldsymbol{a}_2 & \boldsymbol{a}_3 \\ & & \end{bmatrix} \begin{bmatrix} x_1 \\ x_2 \\ x_3 \end{bmatrix} = \begin{bmatrix} & & \\ \boldsymbol{c}_1 & \boldsymbol{c}_2 & \boldsymbol{c}_3 \\ & & \end{bmatrix} \begin{bmatrix} y_1 \\ y_2 \\ y_3 \end{bmatrix}$$

$A = \begin{bmatrix} \boldsymbol{a}_1 & \boldsymbol{a}_2 & \boldsymbol{a}_3 \end{bmatrix}$、$C = \begin{bmatrix} \boldsymbol{c}_1 & \boldsymbol{c}_2 & \boldsymbol{c}_3 \end{bmatrix}$ とおく。

$\mathbb{R}^3$ から $\mathbb{R}^3$ への関数 $\boldsymbol{y} \mapsto C\boldsymbol{y}$ は可逆なので、行列 C は逆行列 C^{-1} を持つ。そこで $H = C^{-1}A$ としよう。すると代数的な計算から

$$\begin{bmatrix} & & \\ & H & \\ & & \end{bmatrix} \begin{bmatrix} x_1 \\ x_2 \\ x_3 \end{bmatrix} = \begin{bmatrix} y_1 \\ y_2 \\ y_3 \end{bmatrix}$$

となることが分かる。これは単に基底の変換が行列の掛け算であることを表しているだけである。

5.12.6 基底の変換行列の計算

これまでで、基底の変換行列 H が存在することが分かった。この行列を計算するのに、カメラ基底やホワイトボード基底は使わない。なぜなら、これらの基底を知らないからだ！ 基底を用いる代わりに、これが既知の点にどう作用するかを調べ、それをもとに構成した線形系を解くことで H の要素を求めよう。

いま $H = \begin{bmatrix} h_{y_1,x_1} & h_{y_1,x_2} & h_{y_1,x_3} \\ h_{y_2,x_1} & h_{y_2,x_2} & h_{y_2,x_3} \\ h_{y_3,x_1} & h_{y_3,x_2} & h_{y_3,x_3} \end{bmatrix}$ と書くことにする。

$\boldsymbol{q}$ を画像平面上の点とする。$\boldsymbol{q}$ がピクセルの左上の隅 x_1, x_2 にあるならば、$\boldsymbol{q}$ の位置はカメラ座標では $(x_1, x_2, 1)$ となるので、変換行列は次のようになる。

$$\begin{bmatrix} y_1 \\ y_2 \\ y_3 \end{bmatrix} = \begin{bmatrix} h_{y_1,x_1} & h_{y_1,x_2} & h_{y_1,x_3} \\ h_{y_2,x_1} & h_{y_2,x_2} & h_{y_2,x_3} \\ h_{y_3,x_1} & h_{y_3,x_2} & h_{y_3,x_3} \end{bmatrix} \begin{bmatrix} x_1 \\ x_2 \\ 1 \end{bmatrix}$$

ここで、(y_1, y_2, y_3) は $\boldsymbol{q}$ のホワイトボード座標である。

掛け算を行うと

$$y_1 = h_{y_1,x_1}x_1 + h_{y_1,x_2}x_2 + h_{y_1,x_3} \tag{5-5}$$

$$y_2 = h_{y_2,x_1}x_1 + h_{y_2,x_2}x_2 + h_{y_2,x_3} \tag{5-6}$$

$$y_3 = h_{y_3,x_1}x_1 + h_{y_3,x_2}x_2 + h_{y_3,x_3} \tag{5-7}$$

を得る。カメラ座標とホワイトボード座標の両方が分かっている点があれば、その座標を代入し H の要素を求めるための 3 つの線形方程式を導くことができる。そのような点を 3 つ用いて合計 9 つの線形方程式を導けば、H の要素について解け、H を導くことができる。

例えば、ホワイトボードの画像を調べることで、ホワイトボードの左下の隅のピクセル座標が分かるだろう。これは、GIMP などのイメージビューアーで画像を開き、そこにカーソルを当て、ピクセル座標を読み取れば調べられる[†9]。筆者が調べたところその座標値は $x_1 = 329$、$x_2 = 597$ だった。この隅からの光を検出するセンサー素子のカメラ座標は $(x_1, x_2, x_3) = (329, 597, 1)$ である。

これらの値を代入すると

$$y_1 = h_{y_1,x_1}329 + h_{y_1,x_2}597 + h_{y_1,x_3} \tag{5-8}$$

$$y_2 = h_{y_2,x_1}329 + h_{y_2,x_2}597 + h_{y_2,x_3} \tag{5-9}$$

$$y_3 = h_{y_3,x_1}329 + h_{y_3,x_2}597 + h_{y_3,x_3} \tag{5-10}$$

を得る。仮に同じ点のホワイトボード座標も分かっているとし、それを $(0.2, 0.1, 0.3)$ とする。これらの値を式に代入すれば、H の要素についての 3 つの方程式を得る。また、画像の他の点を考えることで、更に式を得ることができ、最終的に H の要素を全て求めるに十分な式を得ることができる。これは、$h(\boldsymbol{x}) = \boldsymbol{y}$ となる入出力の組 $(\boldsymbol{x}, \boldsymbol{y})$ から、関数 h を求める方法である。

ここで、悪い知らせとよい知らせがある。悪い知らせは、実際には、これらの点のホワイトボード座標が分からないことである。また、よい知らせは、同様の方法で $f(\boldsymbol{x}) = \boldsymbol{y}$ の入出力の組から関数 f を得られることである。例えば、$\boldsymbol{x}$ が $(329, 597, 1)$ ならば $\boldsymbol{y} = f(\boldsymbol{x})$ は $(0, 1, 1)$ である。

さて、f の入出力の組の情報をどのように使えば H の要素が計算できるだろうか？ それには少し数学的な工夫が必要となる。カメラ座標では $(329, 597, 1)$ であるような点 $\boldsymbol{q}$ のホワイトボード座標を (y_1, y_2, y_3) としよう。y_1、y_2、y_3 の値は分からないが（5.12.4 節の議論より）

$$0 = y_1/y_3$$
$$1 = y_2/y_3$$

であることは分かる。よって

$$0y_3 = y_1$$
$$1y_3 = y_2$$

となる。ここで 1 つ目の式は $y_1 = 0$ を表している。これを式 (5-8) と組み合わせると、線形方程式

$$h_{y_1,x_1}329 + h_{y_1,x_2}597 + h_{y_1,x_3} = 0$$

を得る。2 つ目の式は $y_3 = y_2$ を表している。従って、これを式 (5-9)、(5-10) と組み合わせると、

$$h_{y_3,x_1}329 + h_{y_3,x_2}597 + h_{y_3,x_3} = h_{y_2,x_1}329 + h_{y_2,x_2}597 + h_{y_2,x_3}$$

を得る。これで未知の H の要素を求めるための 2 つの線形方程式が得られた。

これ以外のホワイトボードの 3 つの隅を調べることで、更に 6 つの方程式を得ることができる。一般に、

†9 同じ用途に使えるより単純なソフトウェアは他にもある。Mac OS では、何もインストールする必要はなく、長方形領域のスクリーンショットを撮るツールを用いればよい。

次を満たす数 x_1、x_2、w_1、w_2 を知っていると仮定する。

$$f([x_1, x_2, 1]) = [w_1, w_2, 1]$$

カメラ座標が $[x_1, x_2, 1]$ であるような点のホワイトボード座標を $[y_1, y_2, y_3]$ とする。5.12.4 節の議論から、元の点 $\boldsymbol{p}$ はホワイトボード座標で $(y_1/y_3, y_2/y_3, 1)$ と表現される。これは次のように表せる。

$$w_1 = y_1/y_3$$
$$w_2 = y_2/y_3$$

両辺に y_3 を掛けることにより

$$w_1 y_3 = y_1$$
$$w_2 y_3 = y_2$$

を得る。これらの式と、式 (5-5)、(5-6)、(5-7) を組み合わせることで、以下の式を得る。

$$w_1(h_{y_3,x_1}x_1 + h_{y_3,x_2}x_2 + h_{y_3,x_3}) = h_{y_1,x_1}x_1 + h_{y_1,x_2}x_2 + h_{y_1,x_3}$$
$$w_2(h_{y_3,x_1}x_1 + h_{y_3,x_2}x_2 + h_{y_3,x_3}) = h_{y_2,x_1}x_1 + h_{y_2,x_2}x_2 + h_{y_2,x_3}$$

これらの式を整理すると

$$(w_1x_1)h_{y_3,x_1} + (w_1x_2)h_{y_3,x_2} + w_1h_{y_3,x_3} - x_1h_{y_1,x_1} - x_2h_{y_1,x_2} - 1h_{y_1,x_3} = 0 \quad (5\text{-}11)$$
$$(w_2x_1)h_{y_3,x_1} + (w_2x_2)h_{y_3,x_2} + w_2h_{y_3,x_3} - x_1h_{y_2,x_1} - x_2h_{y_2,x_2} - 1h_{y_2,x_3} = 0 \quad (5\text{-}12)$$

を得る。x_1、x_2、w_1、w_2 から始めたので、既知の係数を持つ線形方程式を 2 つ得たことになる。ここで線形方程式は係数ベクトル（要素が係数であるベクトル）と未知の要素のベクトルの内積で表現できることを思い出そう。

課題 5.12.2： 定義域を $D = R \times C$ とする。
　式 (5-11) 及び式 (5-12) が

$$\boldsymbol{u} \cdot \boldsymbol{h} = 0$$
$$\boldsymbol{v} \cdot \boldsymbol{h} = 0$$

と表されるような D ベクトル $\boldsymbol{u}$、$\boldsymbol{v}$ のリスト $[\boldsymbol{u}, \boldsymbol{v}]$ を出力とするプロシージャ `make_equations(x1, x2, w1, w2)` を書け。
　ここで、$\boldsymbol{h}$ は未知の行列 H の要素から成る D ベクトルである。

　ホワイトボードの 4 つの隅を使えば、8 つの方程式が得られる。しかし、どんなに多くの点を使っても、f の入出力の組だけから H を完全に決めることは期待できない。

　その理由は以下のようなものである。$\hat{H}$ を以下の方程式を全て満たすような行列とする。即ち、任意の入力ベクトル $\boldsymbol{x} = [x_1, x_2, 1]$ に対し、出力が $g(\hat{H}\boldsymbol{x}) = f(\boldsymbol{x})$ を満たすとする。また、任意のスカラー α に対し、行列とベクトルの積の代数的性質は次のようなものであった。

$$(\alpha\hat{H})\boldsymbol{x} = \alpha(\hat{H}\boldsymbol{x})$$

ここで、$[y_1, y_2, y_3] = \hat{H}\boldsymbol{x}$ としよう。このとき $\alpha(\hat{H}\boldsymbol{x}) = [\alpha y_1, \alpha y_2, \alpha y_3]$ である。しかし、g は各要素を 3 つ目の要素で割る関数なので、全ての要素に α が掛かっていても、それは g の出力を変えることはない。

$$g(\alpha\hat{H}\boldsymbol{x}) = g([\alpha y_1, \alpha y_2, \alpha y_3]) = g([y_1, y_2, y_3])$$

即ち、$\hat{H}$ が求めたい行列 H であったとすると、$\alpha\hat{H}$ もまた、求めたい行列 H となってしまう。

この数学的な結果は、画像からホワイトボードのスケールまで再現することはできない、という事実を表している。つまり、この写真のホワイトボードは、遠くに置かれた巨大なホワイトボードかもしれないし、近くに置かれた小さなホワイトボードかもしれない。幸運なことに、先ほどの数学的な結果は、関数 f を考える上ではこれが問題にならないということも示している。

適当な行列 H を定めるために、スケールを決める式を導入しよう。そこには、単純にある要素、例えば `('y1', 'x1')` を 1 とおこう。これを $\boldsymbol{w} \cdot \boldsymbol{h} = 1$ と書く。

課題 5.12.3： `('y1', 'x1')` 要素に 1 を持つ D ベクトル $\boldsymbol{w}$ を書け。

これで 9 つの式から成る線形系が手に入った。これらを解くために、行が係数ベクトルであるような $\{0, 1, \ldots, 8\} \times D$ 行列 L と、スケールを決める式に対応する要素だけ 1 で他の全ての要素が 0 であるような $\{0, 1, \ldots, 8\}$ ベクトル $\boldsymbol{b}$ を作成する。

課題 5.12.4： 以下に画像中のホワイトボードの 4 隅のピクセル座標を示す。

左上	$x_1 = 358,\ x_2 = 36$
左下	$x_1 = 329,\ x_2 = 597$
右上	$x_1 = 592,\ x_2 = 157$
右下	$x_1 = 580,\ x_2 = 483$

L に次の列を順に持つ $\{0, 1, \ldots, 8\} \times D$ 行列を割り当てよ。

- 左上の隅に `make_equations(x1, x2, w1, w2)` を適用して得られたベクトル $\boldsymbol{u}$ と $\boldsymbol{v}$
- 左下の隅に `make_equations(x1, x2, w1, w2)` を適用して得られたベクトル $\boldsymbol{u}$ と $\boldsymbol{v}$
- 右上の隅に `make_equations(x1, x2, w1, w2)` を適用して得られたベクトル $\boldsymbol{u}$ と $\boldsymbol{v}$
- 右下の隅に `make_equations(x1, x2, w1, w2)` を適用して得られたベクトル $\boldsymbol{u}$ と $\boldsymbol{v}$
- 上の課題のベクトル $\boldsymbol{w}$

9 番目の要素のみ 1 で他の全ての要素が 0 であるような $\{0, 1, \ldots, 8\}$ 要素のベクトルを $\boldsymbol{b}$ に割り当てよ。

$L\boldsymbol{h} = \boldsymbol{b}$ を解くことで得られる解を $\boldsymbol{h}$ に割り当てよ。そして実際に、それがこの式の解となっていることを確かめよ。

最後に、ベクトル $\boldsymbol{h}$ で要素が与えられる行列を H に割り当てよ。

5.12.7 画像表現

2 次元幾何学のラボ（ラボ 4.15）で使った画像表現を思い出して欲しい。**一般化された画像**とは、一般化されたピクセルの格子から成る画像であり、一般化されたピクセルとは、長方形とは限らない一般の四角形であった。

一般化されたピクセルの隅の点はピクセル座標の整数の組 (x, y) で指定された。画像の左上の隅のピクセル座標は $(0, 0)$ である。

それぞれの隅に平面上の位置が割り当てられ、それぞれの一般化されたピクセルに色が割り当てられる。隅の点から平面への写像は行列、即ち、**位置行列**で与えられる。それぞれの隅は位置行列の列に対応し、列ラベルは隅のピクセル座標の組 (x, y) である。つまり列は隅の平面上における位置を与える`{'x','y','u'}`ベクトルであり、位置行列の行ラベルは`'x'`、`'y'`、`'u'` となる。

一般化されたピクセルから色への写像は、別の行列、即ち、**色行列**で与えられる。一般化されたピクセルは色行列の列に対応し、列ラベルは一般化されたピクセルの左上の隅のピクセル座標の組で与えられる。列は`{'r','g','b'}`ベクトルであり、一般化されたピクセルの色を与える。

`image_mat_util` モジュールは次のプロシージャを定義する

- `file2mat(filename, rowlabels)`：`.png` 画像ファイルへのパスを引数、行ラベルのタプルを省略可能な引数として、画像を表現する行列の組 `(points, colors)` を返す。
- `mat2display(pts, colors, row_labels)`：行列 `pts` と行列 `colors`、行ラベルのタプルを省略可能な引数として取り、それらにより与えられた画像を表示する。省略可能な引数は他にもいくつかあり、このラボの後の方で用いる。

2 次元幾何学のラボのときと同様、座標変換を位置に適用することで新しい位置を得て、結果の画像を表示するといったことができる。

5.12.8 透視補正した画像の生成

ここでは `H` を用いて透視補正した画像を作る課題について考えよう。

課題 5.12.5： 画像ファイル `board.png` から一般化した画像を作成せよ。

```
(X_pts, colors) = image_mat_util.file2mat('board.png', ('x1','x2','x3'))
```

課題 5.12.6： 行列 `X_pts` の列は、画像中の点をカメラ座標で表したものである。これらの点のホワイトボード座標を得たい。行列と行列の積を用いて `X_pts` の各列に座標変換 `H` を適用せよ。

```
Y_pts = H * X_pts
```

課題 5.12.7： `Y_pts` の各列は、画像中の点 $\boldsymbol{q}$ のホワイトボード座標 (y_1, y_2, y_3) を与える。それとは別に、この点に対応するホワイトボード平面上の点 $\boldsymbol{p}$ のホワイトボード座標 $(y_1/y_3, y_2/y_3, 1)$ を列に持つ行列 `Y_board` を作る必要がある。

以下の機能を持つプロシージャ mat_move2board(Y) を書け。

- **入力**：点 $\boldsymbol{q}$ のホワイトボード座標を与える{'y1','y2','y3'}ベクトルを各列に持つ Mat のインスタンス
- **出力**：ホワイトボード平面上の対応する点（ホワイトボード平面と、原点と点 $\boldsymbol{q}$ を通る直線が交わる点）を各列に持つ Mat のインスタンス

以下に例を示す。

```
>>> Y_in = Mat(({'y1', 'y2', 'y3'}, {0,1,2,3}),
...            {('y1',0):2, ('y2',0):4, ('y3',0):8,
...             ('y1',1):10, ('y2',1):5, ('y3',1):5,
...             ('y1',2):4, ('y2',2):25, ('y3',2):2,
...             ('y1',3):5, ('y2',3):10, ('y3',3):4})
>>> print(Y_in)

         0  1  2  3
       ------------
 y1  |   2 10  4  5
 y2  |   4  5 25 10
 y3  |   8  5  2  4

>>> print(mat_move2board(Y_in))

            0 1    2    3
       ------------------
 y1  |  0.25 2    2 1.25
 y2  |   0.5 1 12.5  2.5
 y3  |     1 1    1    1
```

mat_move2board ができてしまえば、これを用いて行列 Y_pts から行列 Y_board を導くことができる。

```
>>> Y_board = mat_move2board(Y_pts)
```

mat_move2board(Y) を実装する簡単な方法は、Mat を列の辞書（coldict）に変換し、それぞれの列に対してプロシージャ move2board(y) を呼び出し、その結果の列の辞書を行列に変換し直すものである。

課題 5.12.8： 最後に、以下の結果を表示させよ。

```
>>> image_mat_util.mat2display(Y_board, colors, ('y1','y2','y3'),
scale=100, xmin=None, ymin=None)
```

課題 5.12.9： 時間に余裕があれば、`cit.png` でも試して見よ。これはブラウン大学のコンピュータサイエンス棟の写真である。建物の壁の長方形（例えば、窓の１つ）を選び、長方形の隅に座標 $(0,0,1)$、$(1,0,1)$、$(0,1,1)$、$(1,1,1)$ を割り当て、座標系を定義せよ。そしてこれらの点に対応するピクセル座標を求めて、上でやったように処理していけばよい。

5.13 確認用の質問

- 座標表現とは何か？
- ベクトルとその座標表現の変換は行列を使ってどのように表すことができるか？
- 線形従属性とは何か？
- ベクトルが線形独立であることの証明はどのように行われるか？
- グローアルゴリズムとは何か？
- シュリンクアルゴリズムとは何か？
- 線形従属と線形包の概念を、どのようにグラフの辺の部分集合に適用するか？
- なぜグローアルゴリズムで得られるベクトルは線形独立なのか？
- なぜシュリンクアルゴリズムで得られるベクトルは線形独立なのか？
- 基底とは何か？
- 座標表現の一意性とは何か？
- 基底の変換とは何か？
- 交換の補題とは何か？

5.14 問題

$\mathbb{R}$ 上のベクトルの線形包

問題 5.14.1： $\mathcal{V} = \text{Span}\ \{[2,0,4,0],[0,1,0,1],[0,0,-1,-1]\}$ とする。以下の各ベクトルを、$\mathcal{V}$ の生成子の線形結合として表し、$\mathcal{V}$ のベクトルであることを示せ。

(a) $[2,1,4,1]$
(b) $[1,1,1,0]$
(c) $[0,1,1,2]$

問題 5.14.2： $\mathcal{V} = \text{Span}\ \{[0,0,1],[2,0,1],[4,1,2]\}$ とする。以下の各ベクトルを、$\mathcal{V}$ の生成子の線形結合として表し、$\mathcal{V}$ のベクトルであることを示せ。

(a) $[2,1,4]$
(b) $[1,1,1]$
(c) $[5,4,3]$
(d) $[0,1,1]$

$GF(2)$ 上のベクトルの線形包

問題 5.14.3： $\mathcal{V} = \text{Span}\ \{[0,1,0,1],[0,0,1,0],[1,0,0,1],[1,1,1,1]\}$ とする。これらのベクトルは $GF(2)$ 上のベクトルであるとする。以下の $GF(2)$ 上の各ベクトルを、$\mathcal{V}$ の生成子の線形結合として表し、$\mathcal{V}$ のベクトルであることを示せ。

(a) $[1,1,0,0]$
(b) $[1,0,1,0]$
(c) $[1,0,0,0]$

問題 5.14.4： 次のグラフ

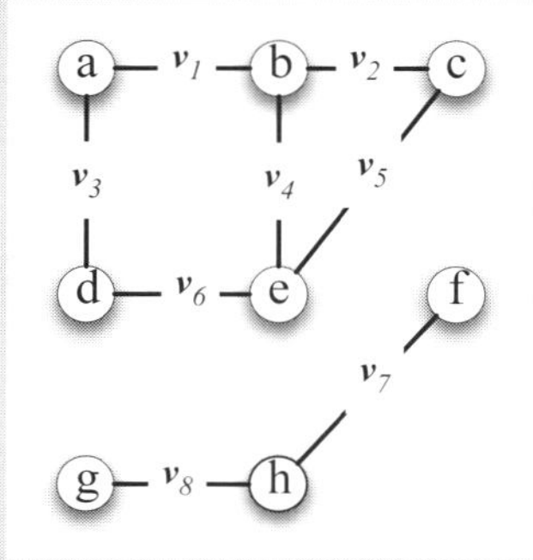

は、$GF(2)$ 上のベクトルで、次の表のように表される。

	a	b	c	d	e	f	g	h
$\boldsymbol{v}_1$	1	1						
$\boldsymbol{v}_2$		1	1					
$\boldsymbol{v}_3$	1			1				
$\boldsymbol{v}_4$		1			1			
$\boldsymbol{v}_5$			1		1			
$\boldsymbol{v}_6$				1	1			
$\boldsymbol{v}_7$						1		1
$\boldsymbol{v}_8$							1	1

以下の $GF(2)$ 上の各ベクトルを、表のベクトルの線形結合として表し、表のベクトルの線形包に属することを示せ。

(a) $[0,0,1,1,0,0,0,0]$
(b) $[0,0,0,0,0,1,1,0]$
(c) $[1,0,0,0,1,0,0,0]$
(d) $[0,1,0,1,0,0,0,0]$

$\mathbb{R}$ 上の線形従属性

問題 5.14.5： 以下の $\mathbb{R}$ 上の各ベクトルについて、非自明な線形結合でゼロベクトルを書き、線形従属であることを示せ。

(a) $[1,2,0],[2,4,1],[0,0,-1]$
(b) $[2,4,0],[8,16,4],[0,0,7]$
(c) $[0,0,5],[1,34,2],[123,456,789],[-3,-6,0],[1,2,0.5]$

問題 5.14.6： 以下の $\mathbb{R}$ 上の各ベクトルについて、非自明な線形結合でゼロベクトルを書き、線形従属であることを示せ。$\sqrt{\cdot}$ や π を用いてもよい。

(a) $[1,2,3],[4,5,6],[1,1,1]$
(b) $[0,-1,0,-1],[\pi,\pi,\pi,\pi],[-\sqrt{2},\sqrt{2},-\sqrt{2},\sqrt{2}]$
(c) $[1,-1,0,0,0],[0,1,-1,0,0],[0,0,1,-1,0],[0,0,0,1,-1],[-1,0,0,0,1]$

問題 5.14.7： 以下のベクトルのうち、いずれかを他の 2 つの線形結合で表すことでそれが余分なベクトルであることを示せ。

$$\boldsymbol{u} = [3,9,6,5,5]$$
$$\boldsymbol{v} = [4,10,6,6,8]$$
$$\boldsymbol{w} = [1,1,0,1,3]$$

問題 5.14.8： 4 つの線形従属なベクトルで、そのうちのどの 3 つを取っても線形独立になるようなものを与えよ。

$GF(2)$ 上の線形従属性

問題 5.14.9： 以下の $GF(2)$ 上の各ベクトルについて、非自明な線形結合でゼロベクトルを書き、線形従属であることを示せ。

(a) $[one,one,one,one],[one,0,one,0],[0,one,one,0],[0,one,0,one]$
(b) $[0,0,0,one],[0,0,one,0],[one,one,0,one],[one,one,one,one]$
(c) $[one,one,0,one,one],[0,0,one,0,0],[0,0,one,one,one],$
$[one,0,one,one,one],[one,one,one,one,one]$

問題 5.14.10： 次の $\boldsymbol{v}_1$、...、$\boldsymbol{v}_8$ は問題 5.14.4 の表で与えられた $GF(2)$ 上のベクトルである。以下の各ベクトルについて、ゼロベクトルを非自明な線形結合で書き、与えられたベクトルが線形従属であることを示せ（**ヒント**：グラフを参考にするとよい）。

(a) $\boldsymbol{v}_1, \boldsymbol{v}_2, \boldsymbol{v}_3, \boldsymbol{v}_4, \boldsymbol{v}_5$
(b) $\boldsymbol{v}_1, \boldsymbol{v}_2, \boldsymbol{v}_3, \boldsymbol{v}_4, \boldsymbol{v}_5, \boldsymbol{v}_7, \boldsymbol{v}_8$
(c) $\boldsymbol{v}_1, \boldsymbol{v}_2, \boldsymbol{v}_3, \boldsymbol{v}_4, \boldsymbol{v}_6$
(d) $\boldsymbol{v}_1, \boldsymbol{v}_2, \boldsymbol{v}_3, \boldsymbol{v}_5, \boldsymbol{v}_6, \boldsymbol{v}_7, \boldsymbol{v}_8$

$\mathbb{R}$ 上のベクトルに対する交換の補題

問題 5.14.11： $S = \{[1,0,0,0,0],[0,1,0,0,0],[0,0,1,0,0],[0,0,0,1,0],[0,0,0,0,1]\}$、$A = \{[1,0,0,0,0],[0,1,0,0,0]\}$ とする。以下の各ベクトル $\boldsymbol{z}$ について、Span $S =$ Span $(S \cup \{\boldsymbol{z}\} - \{\boldsymbol{w}\})$ を満たすような $S - A$ のベクトル $\boldsymbol{w}$ を求めよ。

(a) $\boldsymbol{z} = [1,1,1,1,1]$
(b) $\boldsymbol{z} = [0,1,0,1,0]$
(c) $\boldsymbol{z} = [1,0,1,0,1]$

$GF(2)$ 上のベクトルに対する交換の補題

問題 5.14.12： ここでは問題 5.14.4 の表で与えられた $GF(2)$ 上のベクトルについて考えよう。

$S = \{\boldsymbol{v}_1, \boldsymbol{v}_2, \boldsymbol{v}_3, \boldsymbol{v}_4\}$ とする。次の A は S の部分集合であり、$\boldsymbol{z}$ は $A \cup \{\boldsymbol{z}\}$ が線形独立であるようなベクトルである。各 A、$\boldsymbol{z}$ に対し、Span $S =$ Span $(S \cup \{\boldsymbol{z}\} - \{\boldsymbol{w}\})$ を満たすような $S - A$ のベクトル $\boldsymbol{w}$ を求めよ（**ヒント**：図にかくと分かりやすい）。

(a) $A = \{\boldsymbol{v}_1, \boldsymbol{v}_4\}$、$\boldsymbol{z}$ が

a	b	c	d	e	f	g	h
			1	1			

(b) $A = \{\boldsymbol{v}_2, \boldsymbol{v}_3\}$、$\boldsymbol{z}$ が

a	b	c	d	e	f	g	h
		1	1				

(c) $A = \{\boldsymbol{v}_2, \boldsymbol{v}_3\}$、$\boldsymbol{z}$ が

a	b	c	d	e	f	g	h
1				1			

問題 5.14.13： 以下の機能を持つプロシージャ `rep2vec(u, veclist)` を書き、テストせよ。

- **入力**：ベクトル $\boldsymbol{u}$ とベクトルのリスト `veclist` $[\boldsymbol{a}_0, \ldots, \boldsymbol{a}_{n-1}]$
  ここで、$\boldsymbol{u}$ の定義域は n を `veclist` の長さとして、$\{0, 1, 2, n-1\}$ である。
- **出力**：$\boldsymbol{a}_0, \ldots, \boldsymbol{a}_{n-1}$ に対する $\boldsymbol{v}$ の座標表現が $\boldsymbol{u}$ となるようなベクトル $\boldsymbol{v}$
  即ち、$i = 0, 1, 2 \ldots, n-1$ について、$\boldsymbol{u}$ の i 番目の要素は $\boldsymbol{a}_i$ の係数である。

このプロシージャでは、繰り返しや内包表記を使わないこと。Mat、Vec のインスタンスに対する演算は使ってもよく、また matutil モジュールのプロシージャも使ってよい。matutil モジュールで定義されているプロシージャ coldict2mat と rowdict2mat は、引数にリストは指定できるが、辞書は指定できないことに注意すること。

以下に、このプロシージャがどのように使われるか示しておこう。

```
>>> a0 = Vec({'a','b','c','d'}, {'a':1})
>>> a1 = Vec({'a','b','c','d'}, {'b':1})
>>> a2 = Vec({'a','b','c','d'}, {'c':1})
>>> rep2vec(Vec({0,1,2}, {0:2, 1:4, 2:6}), [a0,a1,a2])
Vec({'a', 'c', 'b', 'd'},{'a': 2, 'c': 6, 'b': 4, 'd': 0})
```

作成したプロシージャを、以下の例に対しテストせよ。

- $\mathbb{R}$ 上の $\boldsymbol{u} = [5, 3, -2]$ と veclist $= [[1, 0, 2, 0], [1, 2, 5, 1], [1, 5, -1, 3]]$
- $GF(2)$ 上の $\boldsymbol{u} = [1, 1, 0]$ と veclist $= [[1, 0, 1], [1, 1, 0], [0, 0, 1]]$

上の例のベクトルは数学の記法に従っているが、ここで作成したプロシージャを使うには、ベクトルは Vec のインスタンスで表さなければならないことに注意しよう。vecutil モジュールで定義されているプロシージャ list2vec を使うと、先ほどの例のベクトルをリストから Vec に変換することができ、プロシージャの入力として使えるようになる。

また、$GF(2)$ 上の例を実行する際は、数字の 1 ではなく GF2 モジュールの one を利用することにも注意しなければならない。

問題 5.14.14： 以下の機能を持つプロシージャ vec2rep(veclist, v) を書き、テストせよ。

- **入力**：ベクトル $[\boldsymbol{a}_0, \ldots, \boldsymbol{a}_{n-1}]$ のリスト veclist とベクトル $\boldsymbol{v}$
  ここで、$\boldsymbol{v}$ の定義域は $\boldsymbol{a}_0, \ldots, \boldsymbol{a}_{n-1}$ と同じである。また、$\boldsymbol{v}$ は Span $\{\boldsymbol{a}_0, \ldots, \boldsymbol{a}_{n-1}\}$ のベクトルと仮定してよい
- **出力**：$\boldsymbol{a}_0, \ldots, \boldsymbol{a}_{n-1}$ に対する座標表現が $\boldsymbol{v}$ であるようなベクトル $\boldsymbol{u}$

問題 5.14.13 と同様に、このプロシージャは繰り返しや内包表記を直接使ってはいけないが、matutil モジュールで定義されたプロシージャや、solver モジュールで定義された solve(A, b) は使用することができる。

以下に、このプロシージャがどのように使われるか示しておこう。

```
>>> a0 = Vec({'a','b','c','d'}, {'a':1})
>>> a1 = Vec({'a','b','c','d'}, {'b':1})
>>> a2 = Vec({'a','b','c','d'}, {'c':1})
>>> vec2rep([a0,a1,a2], Vec({'a','b','c','d'}, {'a':3, 'c':-2}))
Vec({0, 1, 2},{0: 3.0, 1: 0.0, 2: -2.0})
```

作成したプロシージャを、以下の例に対しテストせよ。

- $\mathbb{R}$ 上の $\boldsymbol{v} = [6, -4, 27, -3]$ と veclist $= [[1,0,2,0],[1,2,5,1],[1,5,-1,3]]$
- $GF(2)$ 上の $\boldsymbol{v} = [0,1,1]$ と veclist $= [[1,0,1],[1,1,0],[0,0,1]]$

問題 5.14.13 と同様、このプロシージャに必要なのは、上の例のような数学的表記のベクトルではなく、Vec のインスタンスである。また GF2 モジュールでは、1 を one で表す。

問題 5.14.15： 以下の機能を持つプロシージャ is_superfluous(L, i) を書き、テストせよ。

- **入力**：ベクトルのリスト L、$n = \text{len}(L)$ として $\{0,1,\ldots,n-1\}$ に含まれる整数 i
- **出力**：L のベクトルの線形包が次の線形包と一致した場合に True

$$L[0], L[1], \ldots, L[i-1], L[i+1], ..., L[n-1]$$

このプロシージャでも、繰り返し表記や内包表記を直接用いてはいけないが、matutil モジュールで定義されたプロシージャや、solver モジュールで定義された solve(A, b) は使用することができる。また、$\text{len}(L)$ が 1 となる特別なケースが必要になるだろう。

solve(A, b) は常にベクトル $\boldsymbol{u}$ を返すことに注意する。$\boldsymbol{u}$ が実際に方程式 $A\boldsymbol{x} = \boldsymbol{b}$ を満たしていることを確認するかどうかはみなさんにお任せしよう。更に $\mathbb{R}$ 上では、解が存在しているとしても、solve が返す解は丸め誤差により近似値になっている場合がある。ベクトル $\boldsymbol{u}$ が解であるかどうかを確認するには、$\boldsymbol{b} - A * \boldsymbol{u}$ を計算し、ゼロベクトルに十分近くなるかを確認すればよい。

```
>>> residual = b - A*u
>>> residual * residual
1.819555009546577e-25
```

residual の各要素の 2 乗の総和（ベクトル residual の自分自身とのドット積）がおよそ 10^{-14} より小さければ、ベクトル $\boldsymbol{u}$ は解であるとしてよいだろう。

以下に、is_superfluous(L, v) がどのように使われるか示しておこう。

```
>>> a0 = Vec({'a','b','c','d'}, {'a':1})
>>> a1 = Vec({'a','b','c','d'}, {'b':1})
>>> a2 = Vec({'a','b','c','d'}, {'c':1})
>>> a3 = Vec({'a','b','c','d'}, {'a':1,'c':3})
>>> is_superfluous([a0,a1,a2,a3], 3)
True
>>> is_superfluous([a0,a1,a2,a3], 0)
True
>>> is_superfluous([a0,a1,a2,a3], 1)
False
```

作成したプロシージャを、以下の例に対しテストせよ。

- ℝ 上の $L = [[1,2,3]]$ と $\boldsymbol{v} = [1,2,3]$
- ℝ 上の $L = [[2,5,5,6],[2,0,1,3],[0,5,4,3]]$ と $\boldsymbol{v} = [0,5,4,3]$
- $GF(2)$ 上の $L = [[1,1,0,0],[1,1,1,1],[0,0,0,1]]$ と $\boldsymbol{v} = [0,0,0,1]$

問題 5.14.13、5.14.14 と同様、数学的表記を Python で使用可能な表記に直してテストすること。

問題 5.14.16： 以下の機能を持つプロシージャ `is_independent(L)` を書き、テストせよ。

- **入力**：ベクトルのリスト L
- **出力**：L のベクトルが線形独立であれば `True`

このプロシージャのアルゴリズムは、線形包の補題（補題 5.5.9）に基づいて考えよ。次のサブルーチンのどちらかを利用してよい。

- 問題 5.14.15 のプロシージャ `is_superfluous(L, i)`
- `solver` モジュールのプロシージャ `solve(A, b)`（問題 5.14.15 の条件に注意）

このプロシージャでは繰り返しや内包表記を用いる必要がある。

以下に、このプロシージャがどのように使われるかを示しておこう。

```
>>> a0 = Vec({'a','b','c','d'}, {'a':1})
>>> a1 = Vec({'a','b','c','d'}, {'b':1})
>>> a2 = Vec({'a','b','c','d'}, {'c':1})
>>> a3 = Vec({'a','b','c','d'}, {'a':1,'c':3})
>>> is_independent([a0, a1, a2])
True
>>> is_independent([a0, a2, a3])
False
>>> is_independent([a0, a1, a3])
True
>>> is_independent([a0, a1, a2, a3])
False
```

注意：集合が線形独立になる条件と、リストが線形独立になる条件の間には、わずかではあるが技術的な違いが存在する。即ち、リストはベクトル $\boldsymbol{v}$ を 2 回含むことができるのだ。その場合、このリストは線形従属となる。プログラムでは、このケースを特別扱いすべきでは**ない**。これは自然に処理されるはずなので、プロシージャを書き終えるまではこのケースについては考えなくてもよい。

作成したプロシージャを、以下の例に対しテストせよ。

- ℝ 上の $[[2,4,0],[8,16,4],[0,0,7]]$
- ℝ 上の $[[1,3,0,0],[2,1,1,0],[0,0,1,0],[1,1,4,-1]]$
- $GF(2)$ 上の $[[1,0,1,0],[0,1,0,0],[1,1,1,1],[1,0,0,1]]$

これまで通り、数学的表記を Python で使用可能な表記に直してテストすること。

問題 5.14.17： 以下の機能を持つプロシージャ `subset_basis(T)` を書き、テストせよ。

- **入力**：ベクトルのリスト T
- **出力**：T の線形包の基底となるような、T のベクトルから成るリスト S

このプロシージャはグローアルゴリズム、または、シュリンクアルゴリズムのどちらかに基づいて考えよ。自分にとって簡単な方を参考にして欲しい。このプロシージャでは繰り返しや内包表記を用いる必要がある。また、次のいずれかのサブルーチンを利用してよい。

- 問題 5.14.15 のプロシージャ `is_superfluous(L, b)`
- 問題 5.14.16 もしくは `independence` モジュールのプロシージャ `is_independent(L)`
- 問題 5.14.15 で用いた `solver` モジュールのプロシージャ `solve(A, b)`（問題 5.14.15 の条件に注意）

以下に、このプロシージャがどのように使われるか示しておこう。

```
>>> a0 = Vec({'a','b','c','d'}, {'a':1})
>>> a1 = Vec({'a','b','c','d'}, {'b':1})
>>> a2 = Vec({'a','b','c','d'}, {'c':1})
>>> a3 = Vec({'a','b','c','d'}, {'a':1,'c':3})
>>> subset_basis([a0,a1,a2,a3])
[Vec({'a', 'c', 'b', 'd'},{'a': 1}), Vec({'a', 'c', 'b', 'd'},{'b': 1}),
 Vec({'a', 'c', 'b', 'd'},{'c': 1})]
>>> subset_basis([a0,a3,a1,a2])
[Vec({'a', 'c', 'b', 'd'},{'a': 1}),
 Vec({'a', 'c', 'b', 'd'},{'a': 1, 'c': 3}),
 Vec({'a', 'c', 'b', 'd'},{'b': 1})]
```

T のベクトルの順序は、返されるリストに影響を与え、出力が変わる場合があることに注意して欲しい。

作成したプロシージャを、以下の例に対しテストせよ。

- $\mathbb{R}$ 上の $[[1,1,2,1],[2,1,1,1],[1,2,2,1],[2,2,1,2],[2,2,2,2]]$
- $GF(2)$ 上の $[[1,1,0,0],[1,1,1,1],[0,0,1,1],[0,0,0,1],[0,0,1,0]]$
- $\mathbb{R}$ 上の $[[1,1,2,1],[2,1,1,1],[1,2,2,1],[2,2,1,2],[2,2,2,2]]$
- $GF(2)$ 上の $[[1,1,0,0],[1,1,1,1],[0,0,1,1],[0,0,0,1],[0,0,1,0]]$

これまで通り、数学的表記を Python で使用可能な表記に直してテストすること。

問題 5.14.18： 以下の機能を持つプロシージャ superset_basis(T, L) を書き、テストせよ。

- **入力**：線形独立なベクトルのリスト T と、T の全てのベクトルが L の線形包に含まれるようなベクトルのリスト L
- **出力**：T の全てのベクトルを含み、L の線形包と一致するような線形独立なベクトルのリスト S（つまり S は L の線形包の基底）

このプロシージャはグローアルゴリズム、またはシュリンクアルゴリズムのどちらかに基づいて考えよ。自分にとって簡単な方を参考にして欲しい。このプロシージャには繰り返し表記や内包表記を用いる必要がある。また、次のいずれかのサブルーチンを利用してよい。

- 問題 5.14.15 のプロシージャ is_superfluous(L, i)
- 問題 5.14.16 のプロシージャ is_independent(L)
- 問題 5.14.15 で用いた solver モジュールのプロシージャ solve(A, b)（問題 5.14.15 の条件に注意）

以下に、このプロシージャがどのように使われるか示しておこう。

```
>>> a0 = Vec({'a','b','c','d'}, {'a':1})
>>> a1 = Vec({'a','b','c','d'}, {'b':1})
>>> a2 = Vec({'a','b','c','d'}, {'c':1})
>>> a3 = Vec({'a','b','c','d'}, {'a':1,'c':3})
>>> superset_basis([a0, a3], [a0, a1, a2])
[Vec({'b', 'c', 'd', 'a'},{'a': 1}),
 Vec({'b', 'c', 'd', 'a'}, {'c': 3, 'a': 1}),
 Vec({'b', 'c', 'd', 'a'},{'b': 1})]
```

作成したプロシージャを、以下の例に対しテストせよ。

- $\mathbb{R}$ 上の $T = [[0,5,3],[0,2,2],[1,5,7]]$ と $L = [[1,1,1],[0,1,1],[0,0,1]]$
- $\mathbb{R}$ 上の $T = [[0,5,3],[0,2,2]]$ と $L = [[1,1,1],[0,1,1],[0,0,1]]$
- $GF(2)$ 上の $T = [[0,1,1,0],[1,0,0,1]]$ と $L = [[1,1,1,1],[1,0,0,0],[0,0,0,1]]$

これまで通り、数学的表記を Python で使用可能な表記に直してテストすること。

問題 5.14.19： 以下の機能を持つプロシージャ exchange(S, A, z) を書き、テストせよ。

- **入力**：ベクトルのリスト S、$\text{len}(A) < \text{len}(S)$ を満たすその部分リスト A、$A + [\boldsymbol{z}]$ が線形独立であるような Span S のベクトル $\boldsymbol{z}$
- **出力**：

$$\text{Span}\ S = \text{Span}\ (\{\boldsymbol{z}\} \cup S - \{\boldsymbol{w}\})$$

であるような、S に含まれかつ A には含まれないベクトル $\boldsymbol{w}$

このプロシージャは交換の補題（補題 5.11.1）に従うはずである。`solver` モジュールや問題 5.14.14 のプロシージャ `vec2rep(veclist, v)` を使うとよい。`v in L` という式を用いて、ベクトルがリストに含まれるかどうかを確認できる。

以下に、このプロシージャがどのように使われるか示しておこう。

```
>>> S = [list2vec(v) for v in [[0,0,5,3],[2,0,1,3],[0,0,1,0],[1,2,3,4]]]
>>> A = [list2vec(v) for v in [[0,0,5,3],[2,0,1,3]]]
>>> z = list2vec([0,2,1,1])
>>> print(exchange(S, A, z))

 0 1 2 3
--------
 0 0 1 0
```

作成したプロシージャを、以下の例に対しテストせよ。

- $\mathbb{R}$ 上の $S = [[0,0,5,3],[2,0,1,3],[0,0,1,0],[1,2,3,4]]$、$A = [[0,0,5,3],[2,0,1,3]]$、$\boldsymbol{z} = [0,2,1,1]$
- $GF(2)$ 上の $S = [[0,1,1,1],[1,0,1,1],[1,1,0,1],[1,1,1,0]]$、$A = [[0,1,1,1],[1,1,0,1]]$、$\boldsymbol{z} = [1,1,1,1]$

6章 次元

私がここに述べた事柄についてだけでなく、各自がみずから発見する喜びを残しておくためことさら省略した事柄についても、後世の人々が私に感謝してくれることを期待したい。

ルネ・デカルト『幾何学』†1

基底に関する重大な事実として、ベクトル空間の基底ベクトルの個数は、その選び方によらず全て同じである、というものがある。6.1 節でこの事実を証明しよう。また、6.2 節ではこの事実を用いてベクトル空間の**次元**を定義する。この概念は、ベクトル空間、同次線形系、線形関数、行列について、多くの重要な知見をもたらしてくれる。

6.1 基底ベクトルの個数

以下の結果は線形代数の核を成す（しかしながら、ここで与える名称は、おそらく標準的ではない）。

6.1.1 モーフィングの補題とその結果

補題 6.1.1（モーフィング†2の補題）： $\mathcal{V}$ をベクトル空間、S を $\mathcal{V}$ の生成子の集合、B を $\mathcal{V}$ に属する線形独立なベクトルの集合とする。このとき $|S| \geqq |B|$ が成り立つ。

この補題はすぐに証明するが、その前に、これを用いて、おそらく線形代数で最も重要であろう結果を証明してみよう。

定理 6.1.2（基底定理）： $\mathcal{V}$ をベクトル空間とする。このとき、$\mathcal{V}$ の全ての基底ベクトルの個数は同じである。

証明

B_1、B_2 を $\mathcal{V}$ の 2 つの基底とする。$S = B_1$、$B = B_2$ とし、モーフィングの補題を適用すると、$|B_1| \geqq |B_2|$ を得る。また、$S = B_2$、$B = B_1$ とし、モーフィングの補題を適用すると、$|B_2| \geqq |B_1|$ を得る。これらの不等式より $|B_1| = |B_2|$ である。□

†1 ［訳注］訳は『幾何学』ルネ・デカルト著、原 亨吉訳（筑摩書房）より引用。
†2 ［訳注］徐々に変形していくこと。

定理 6.1.3： $\mathcal{V}$ をベクトル空間とする。このとき、$\mathcal{V}$ の生成子の集合が**最も小さくなる**のは、その集合が $\mathcal{V}$ の基底であるとき、かつ、そのときに限る。

証明

T を $\mathcal{V}$ の生成子の集合とする。定理を証明するには、(1) T が $\mathcal{V}$ の基底であれば、T は $\mathcal{V}$ の生成子の最小の集合であり、かつ、(2) T が $\mathcal{V}$ の基底でないならば、T よりも小さな $\mathcal{V}$ の生成子の集合が存在する、ということを示さなければならない。

1. T を基底、S を $\mathcal{V}$ の生成子の最小の集合とする。モーフィングの補題より、$|T| \leqq |S|$ であり、また、仮定より、S は生成子の最小の集合であることから、T もまた生成子の最小の集合である。
2. 次に T が基底ではないとする。基底は線形独立な生成子の集合であった。T は生成子の集合であり、基底ではないので、これは線形従属でなければならない。線形包の補題（補題 5.5.9）より、あるベクトルの線形包の要素であるような、T のベクトルが存在する。従って、余分なベクトルの補題（補題 5.5.1）より、T から取り除いても $\mathcal{V}$ の生成子の集合のまま保つようなベクトルが存在する。故に T は生成子の最小の集合ではないことが分かる。

□

6.1.2 モーフィングの補題の証明

モーフィングの補題の証明は、集合 S を以下のような集合 S' に変換するアルゴリズムにより与えられる。即ち、S' は $\mathcal{V}$ を張ったままで、S と同じ濃度を持つが、B の全ての要素を持つ集合である。このアルゴリズムより、$|S|$ の最小値が $|B|$ であることが分かる。

これがなぜ「モーフィングの補題」と呼ばれるのだろうか？ 証明のアルゴリズムは、S を、$\mathcal{V}$ を張ったまま、かつ、その濃度を保存しつつ、S が B の全ての要素を含むようになるまで段階的に B のベクトルを加え、変形（モーフィング）していくからである。つまり、アルゴリズムは各ステップで B のベクトルを S に「加え」、S の濃度を保存するように S からベクトルを「取り除く」。取り除くベクトルをどう選ぶかは 5.11.1 節の交換の補題のサブルーチンに任されている。

以下に、モーフィングの補題（補題 6.1.1）を再掲する。

> $\mathcal{V}$ をベクトル空間、S を $\mathcal{V}$ の生成子の集合、B を $\mathcal{V}$ に属する線形独立なベクトルの集合とする。このとき $|B| \leqq |S|$ が成り立つ。

証明

$B = \{\boldsymbol{b}_1, \ldots, \boldsymbol{b}_n\}$ とする。S を、その濃度を増やさずに、段階的に B のベクトルを含むように変形する。$k = 0, 1, \ldots, |B|$ に対し、k ステップ後の集合 S を S_k で表すとする。$\mathcal{V}$ を張り、かつ、S と同じ濃度を持ちつつ、$\boldsymbol{b}_1, \ldots, \boldsymbol{b}_k$ を含むような S_k が存在することを、k についての帰納法で示す。

まず、$k = 0$ の場合を考えよう。集合 S_0 は S そのものであり、仮定より、これは $\mathcal{V}$ を張り、かつ、それ自身と同じ濃度を持つ。ここで、これはまだ B のどんなベクトルを持つことも要求されていない。故に、帰納法のはじめの段階は満たされている。

次に、その他の帰納法のステップについて示そう。$k = 1, \ldots, n$ に対し、以下のように S_{k-1} から S_k を与える。$A_k = \{\boldsymbol{b}_1, \ldots, \boldsymbol{b}_{k-1}\}$ とする。$\{\boldsymbol{b}_k\} \cup A_k$ は線形独立だから、交換の補題を A_k と S_{k-1} に適用することができる。即ち、ベクトル $\boldsymbol{w} \in S_{k-1} - A_k$ で、$\{\boldsymbol{b}_k\} \cup (S_{k-1} - \{\boldsymbol{w}\})$ が $\mathcal{V}$ を張るようなものが存在する。そこで、$S_k = \{\boldsymbol{b}_k\} \cup (S_{k-1} - \{\boldsymbol{w}\})$ とする。すると、S_k は $\mathcal{V}$ を張り、かつ、$|S_k| = |S_{k-1}|$ で、S_k は $\boldsymbol{b}_1, \ldots, \boldsymbol{b}_k$ を含む。従って、帰納法より、任意の k について主張が成り立つことが示された。 □

例 6.1.4： S を次のグラフの黒い辺に対応するベクトルの集合とする。

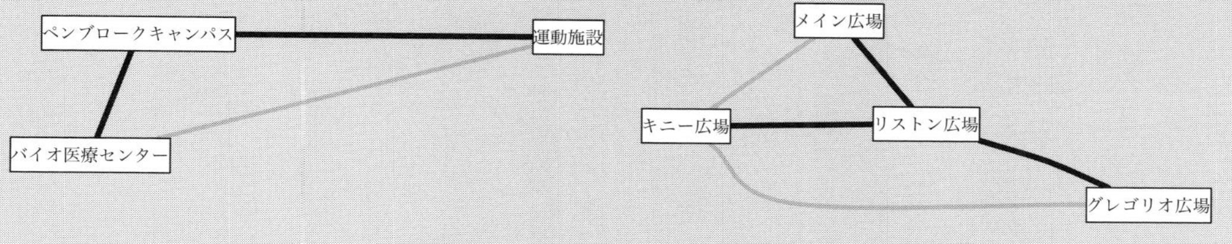

どのようにして S を次のグラフの黒い辺に対応する B のベクトルの集合へ変形すればよいだろうか？

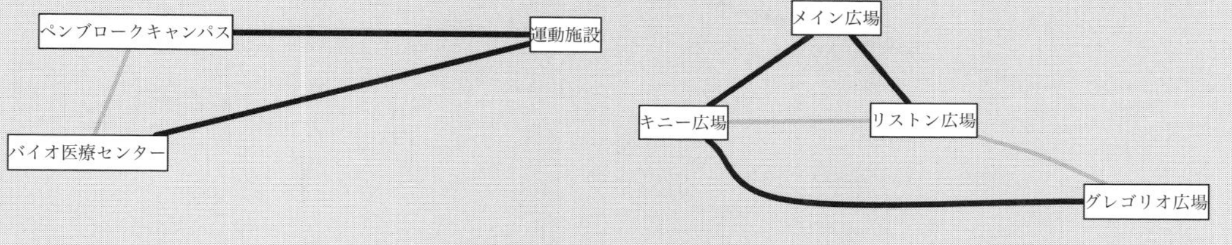

そのためには、B の辺を 1 つずつ S に追加していき、各ステップで交換の補題が与える辺を S から取り除けばよい。最初にバイオ医療センターと運動施設を結ぶ辺を加えてみよう。

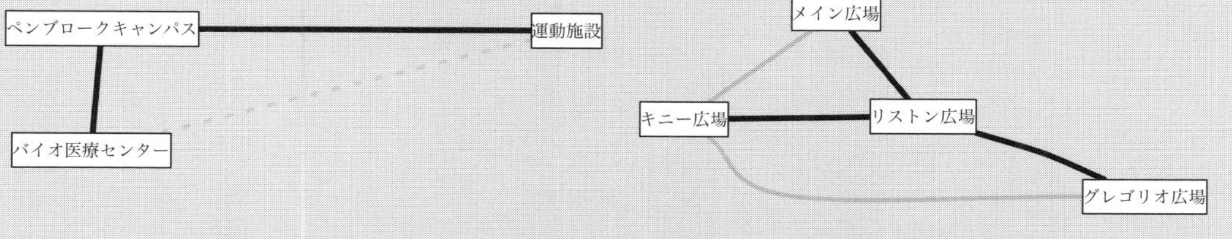

このとき取り除くべき辺が生じる。その辺とは、バイオ医療センターとペンブロークキャンパスを結ぶ辺である。

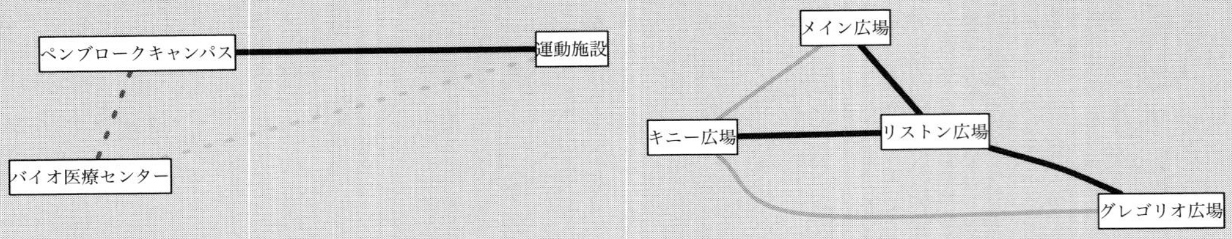

この結果のグラフは森になる。

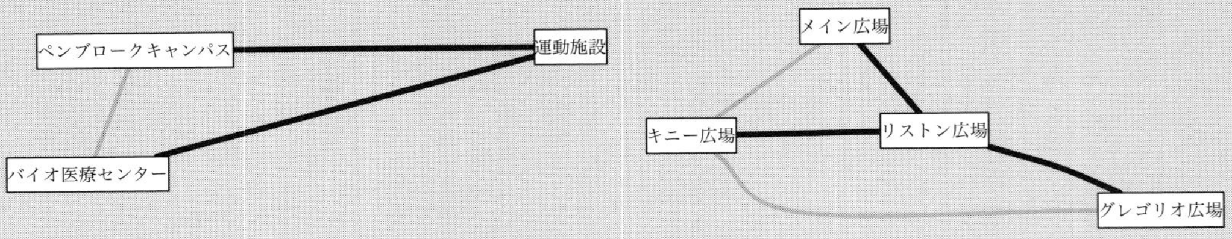

次に、キニー広場とメイン広場を結ぶ辺を加えてみる。取り除くのはキニー広場とリストン広場を結ぶ辺である。

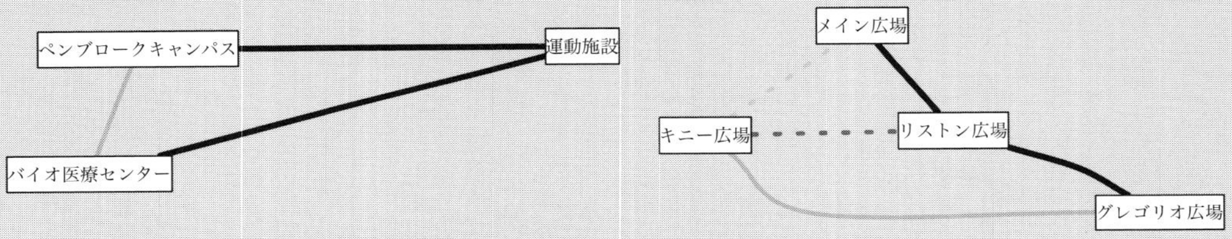

結果、次のグラフを得る。

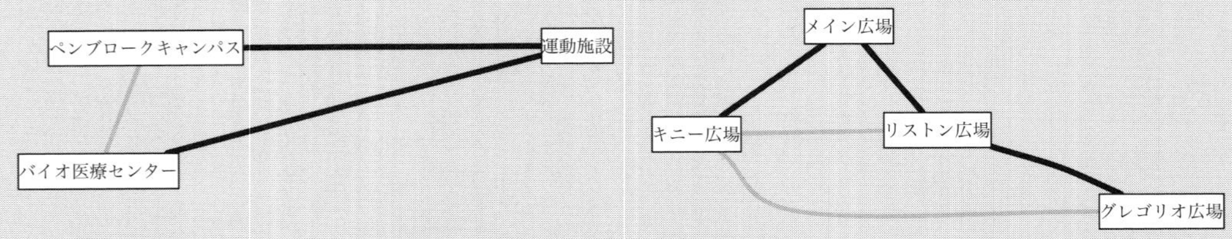

最後に、キニー広場とグレゴリオ広場を結ぶ辺を加え、リストン広場とグレゴリオ広場を結ぶ辺を取り除く。

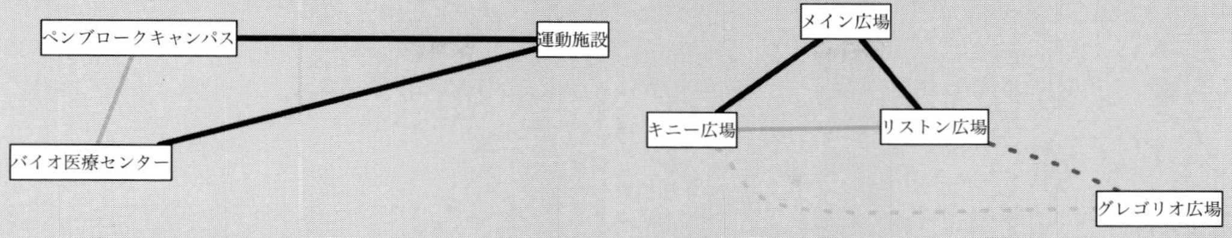

最終的に得られた結果は、全域森 B となる。

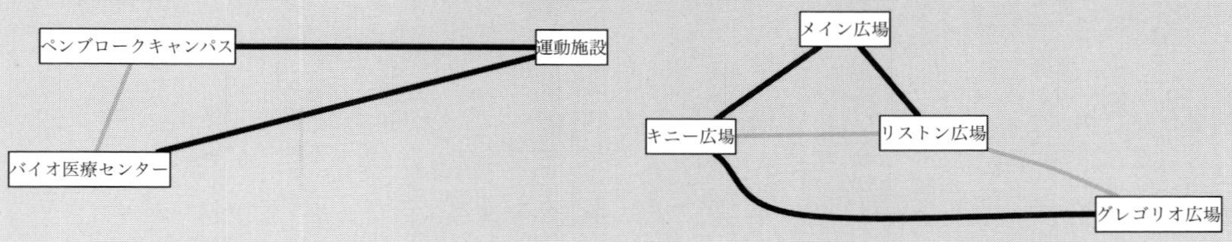

6.2 次元とランク

先ほど $\mathcal{V}$ の全ての基底ベクトルの個数は同じであることを示した。

6.2.1 定義と例

定義 6.2.1： ベクトル空間の**次元**（*dimension*）を、その基底ベクトルの個数で定義する。ベクトル空間 $\mathcal{V}$ の次元を $\dim \mathcal{V}$ と書く。

例 6.2.2： $\mathbb{R}^3$ の基底の 1 つとして標準基底 $\{[1,0,0],[0,1,0],[0,0,1]\}$ がある。従って、$\mathbb{R}^3$ の次元は 3 である。

例 6.2.3： より一般に、任意の体 $\mathbb{F}$ と任意の有限集合 D に対し、$\mathbb{F}^D$ の基底の 1 つとして $|D|$ 個のベクトルから成る標準基底がある。従って、$\mathbb{F}^D$ の次元は $|D|$ である。

例 6.2.4： $S = \{[-0.6,-2.1,-3.5,-2.2],[-1.3,1.5,-0.9,-0.5],[4.9,-3.7,0.5,-0.3],$ $[2.6,-3.5,-1.2,-2.0],[-1.5,-2.5,-3.5,0.94]\}$ とする。Span S の次元はいくつか？

ここで、S が線形独立であることが分かっていれば、S が Span S の基底であることが分かり、従って $\dim \mathrm{Span}\ S$ は S の濃度と等しく、5 であることが分かる。

しかし、S が線形独立かどうか分からない場合、部分集合と基底の補題（補題 5.6.11）より、S が基底を含むことは分かるので、基底ベクトルの個数は $|S|$ 以下でなければならないことが分かる。つまり、$\dim \mathrm{Span}\ S$ は 5 以下であることが分かる。

また、S は 0 でないベクトルを含むので、Span S も 0 でないベクトルを含む。従って、$\dim \mathrm{Span}\ S$

は0より大きいことも分かる。

定義 6.2.5： ベクトルの集合 S の**ランク**（*rank*）を、Span S の次元と定義する。S のランクを rank S と書く。

例 6.2.6： 例 5.5.3（p.279）では、ベクトル $[1,0,0]$、$[0,2,0]$、$[2,4,0]$ が線形独立でないことを示した。従って、これらのベクトルの集合のランクは3より小さい。更に、3つのベクトルのうち、任意の2つのベクトルを取ってくれば、これら3つのベクトルから成る線形包の基底となる。従って、これらのベクトルの集合のランクは2である。

例 6.2.7： 例 6.2.4（p.327）で与えた集合 S のランクは1から5の間である。

例 6.2.4（p.327）で見たように、部分集合と基底の補題（補題 5.6.11）より、次が成り立つ。

命題 6.2.8： 任意のベクトルの集合 S に対し、rank $S \leqq |S|$

定義 6.2.9： 行列 M に対し、M の**行ランク**を行ベクトルの集合のランク、M の**列ランク**を列ベクトルの集合のランクと定義する。

M の行ランクは Row M の次元、M の列ランクは Col M の次元とそれぞれ等しい。

例 6.2.10： 例 6.2.6のベクトルを行に持つ行列について考える。

$$M = \begin{bmatrix} 1 & 0 & 0 \\ 0 & 2 & 0 \\ 2 & 4 & 0 \end{bmatrix}$$

先ほど見たように、これらのベクトルから成る集合のランクは2だったので、M の行ランクも2であることが分かる。

また、M の列ベクトルは $[1,0,2]$、$[0,2,4]$、$[0,0,0]$ である。3つ目のベクトルはゼロベクトルなので、これは列ベクトル空間を張らない。また、はじめの2つのベクトルは、それぞれ一方が0となる要素に対してもう一方が0でない要素を持っているので、これらのベクトルは線形独立である。従って、列ランクは2であることが分かる。

例 6.2.11： 行列

$$M = \begin{bmatrix} 1 & 0 & 0 & 5 \\ 0 & 2 & 0 & 7 \\ 0 & 0 & 3 & 9 \end{bmatrix}$$

について考える。各行ベクトルは、一方が0となる要素に対してもう一方が0でない要素を持っており、故に、3つの行ベクトルは線形独立であることが分かる。従って、M の行ランクは3である。

また、M の列ベクトルは $[1,0,0]$、$[0,2,0]$、$[0,0,3]$、$[5,7,9]$ である。はじめの3つのベクトルは線形独立であり、また、4つ目のベクトルは始めの3つのベクトルの線形結合として書けることは明らかである。従って、M の列ランクは3である。

以上の例では行ランクと列ランクが等しかった。実はこれは偶然ではない。後で、任意の行列について、これが常に真であることを示そう。

例 6.2.12： ベクトルの集合 $S = \{[1,0,3],[0,4,0],[0,0,3],[2,1,3]\}$ について考えよう。簡単な計算により、S のはじめの3つのベクトルが線形独立であることを示せる。従って、S のランクは3であることが分かる。ここで、S のベクトルを行に持つ行列を考える。

$$M = \begin{bmatrix} 1 & 0 & 3 \\ 0 & 4 & 0 \\ 0 & 0 & 3 \\ 2 & 1 & 3 \end{bmatrix}$$

S のランクは3であったので、M の行ランクもまた3であることが分かる。各列ベクトルは、一方が0となる要素について、もう一方が0でない要素を持っているので、列ベクトルは線形独立である。従って、M の列ランクは3である。

6.2.2 幾何学

3.3.1 節では、与えられたベクトルの集合の線形包から構成される幾何学的対象の次元に関する疑問を与えた。

ようやく、座標系の言葉を用いて、これらの幾何学を理解することができる。即ち、幾何学的対象の次元とは、図形の点に割り当てられる座標の最小の数のことである。座標の数は基底ベクトルの個数であり、また、基底ベクトルの個数は与えられたベクトルの集合のランクである。

以下に例を挙げよう。

- Span $\{[1,2,-2]\}$ は直線であり、1次元的対象であるのに対し、Span $\{[0,0,0]\}$ は点であり、0次元的対象である。即ち、1つ目のベクトル空間は1次元であり、2つ目のベクトル空間は0次元である。
- Span $\{[1,2],[3,4]\}$ は $\mathbb{R}^2$ の全ての点を含む2次元的対象であるのに対し、Span $\{[1,3],[2,6]\}$ は直線であり、1次元的対象である。即ち、1つ目のベクトル空間は2次元であり、2つ目のベクトル空間は1次元である。
- Span $\{[1,0,0],[0,1,0],[0,0,1]\}$ は $\mathbb{R}^3$ の全ての点を含む3次元的対象であるのに対し、Span $\{[1,0,0],[0,1,0],[1,1,0]\}$ は平面であり、2次元的対象である。即ち、1つ目のベクトル空間は3次元であり、2つ目のベクトル空間は2次元である。

6.2.3 グラフの次元とランク

5章では、線形包、線形独立性、基底の概念を、次のようなグラフへ応用することについて述べた。

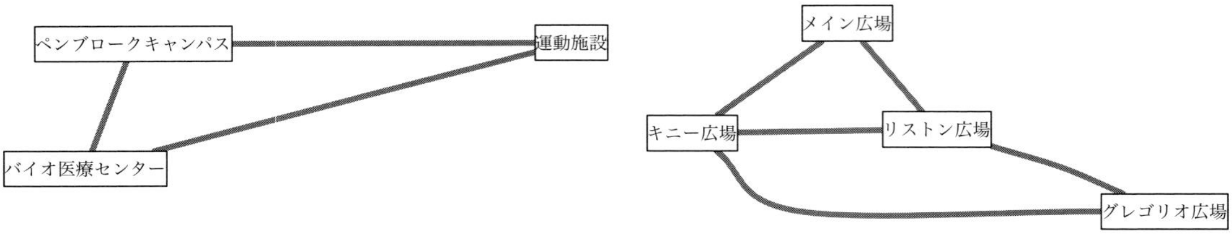

例 5.6.8（p.286）では、辺の部分集合が張る空間の基底の例を示した。T を次の図で定義される黒い辺の集合とする。

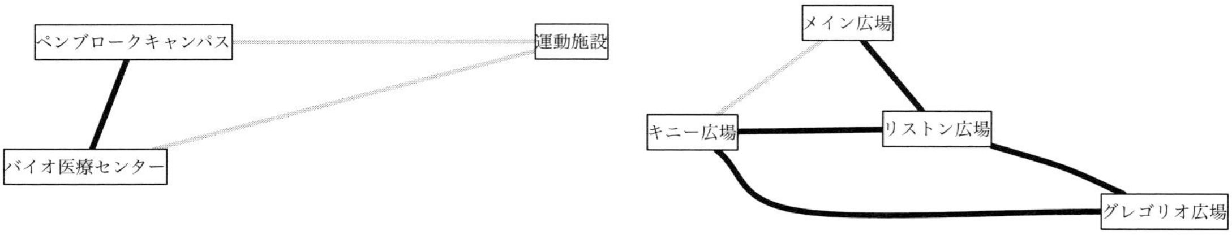

次の 2 つの図では、黒い辺が T の基底を成している。

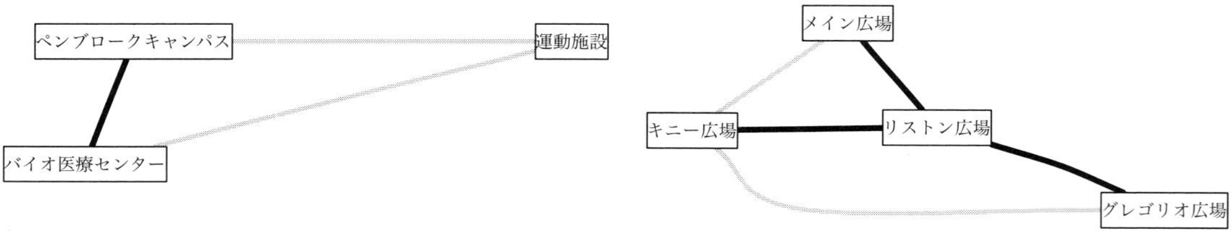

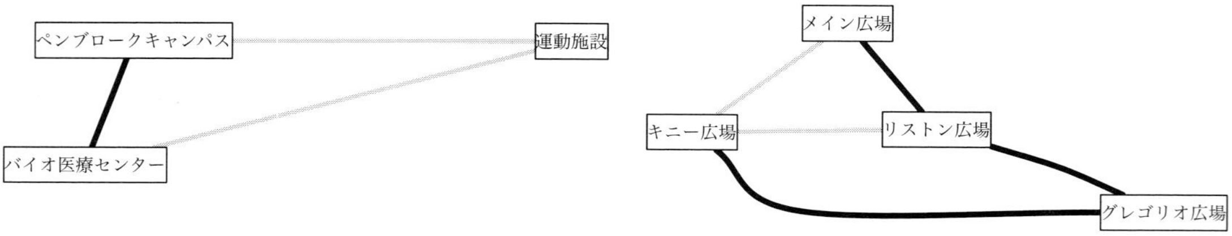

それぞれの基底ベクトルの個数は 4 つである。従って、$\dim \mathrm{Span}\, T = 4$ であり、また、$\mathrm{rank}\, T = 4$ である。

グラフの辺の集合 T が**連結部分グラフ**であるとは、T の全ての辺の組が、T の辺から成る経路に属しているものをいう。連結部分グラフ T のランクが、T の辺の端点の数から 1 を引いたものと等しいことは、簡単な帰納法で示すことができる。例えば、1 つの辺のみから成る集合はランクが 1、そして、閉路を成す 3 つの辺から成る集合はランクが 2 である。

先ほどの 2 つの図で、それぞれのグラフは、黒い辺が頂点を共有しないような 2 つの連結部分グラフから成っていた。左の連結部分グラフは辺を 1 つだけ持ち、ランクは 1 である。右の連結部分グラフは 4 つの頂点を持ち、ランクは 3 である。全ての黒い辺の集合のランクは 1 と 3 を加えた 4 となる。

6.2.4 $GF(2)$ 上のベクトル空間の濃度

3.6.2 節で、$GF(2)$ 上の線形系

$$\begin{aligned}\boldsymbol{a}_1 \cdot \boldsymbol{x} &= \beta_1 \\ &\vdots \\ \boldsymbol{a}_m \cdot \boldsymbol{x} &= \beta_m\end{aligned}$$

の解の数が、対応する同次線形方程式系の解を含む、ベクトル空間 $\mathcal{V}$ のベクトルの数と等しいことを示した。

3.6.4 節では、ファイルの破損確率を計算するために、$GF(2)$ 上のベクトル空間 $\mathcal{V}$ の濃度を知る必要があった。

d を $\mathcal{V}$ の次元、$\boldsymbol{b}_1, \ldots, \boldsymbol{b}_d$ を $\mathcal{V}$ の基底とする。一意的表現の補題（補題 5.7.1）より、$\mathcal{V}$ の各ベクトルは、基底ベクトルの線形結合として一意的に表現される。従って、$\mathcal{V}$ に含まれるベクトルの数は、基底ベクトルの線形結合の数に等しいことが分かる。仮定より、d 個の基底ベクトルが存在するから、各線形結合には d 個の係数が存在する。各係数は 0、または、1 の値を取ることができる。従って、2^d 個の異なる線形結合が存在することが分かる。

6.2.5 $\mathcal{V}$ に属する任意の線形独立なベクトルの集合から $\mathcal{V}$ の基底への拡張

いま、次元の概念が手に入ったため、5.6.5 節で説明した、上位集合と基底の補題を証明することができる。

補題 6.2.13（上位集合と基底の補題）： 任意のベクトル空間 $\mathcal{V}$ と任意の線形独立なベクトルの集合 T に対し、$\mathcal{V}$ は T の全てを含むような基底を持つ。

証明

この証明は 5.6.5 節で始めたものだが、そこで証明を終えることはできなかった。それは次元の概念が欠けていたからである。そこで次元の概念を用いて証明の続きに取りかかろう。

以下ではグローアルゴリズム型の論法を用いる。

```
def superset_basis(T, V):
  B := T
  以下を可能な限り繰り返す:
      Span B に含まれない V のベクトルを選び、B に加える
```

初期状態では、B は T の全ての要素を含み（実際には B は T と等しい）、また、B は線形独立である。グローアルゴリズムの系より、集合 B はアルゴリズムの実行中ずっと線形独立のままである。アルゴリズムが終了すれば Span $B = \mathcal{V}$ である。従って、最終状態では、B は $\mathcal{V}$ の基底である。更に、

このアルゴリズムは B の要素を1つも取り除いていないので、B は T の全ての要素を含んだままである。

ここで、アルゴリズムが終了したことはどのようにして分かるのだろうか？ ある体 $\mathbb{F}$ と、ある集合 D に対し、このベクトル空間 $\mathcal{V}$ は $\mathbb{F}^D$ のベクトルから成る。本書では D は有限と仮定していた。従って、$|D|$ 個のベクトルから成る $\mathbb{F}^D$ の標準基底が存在する。

B は $\mathbb{F}^D$ に含まれる線形独立なベクトルの集合なので、モーフィングの補題より、B の濃度は最大でも $\mathbb{F}^D$ の標準基底の個数に等しい。しかし、グローアルゴリズムの各ステップで、B の濃度は1つずつ大きくなる。従って、このアルゴリズムを無限に続けることはできない（更にいえば、明らかに $|D|$ 回より多く実行することはできない）。 □

この証明では、本書の仮定、全てのベクトル空間は D を有限集合とする F^D の部分空間である、という事実を決定的な部分で用いた。D が無限であることを許すと、厄介な問題が生じてしまう！

6.2.6 次元原理

上位集合と基底の補題は、次の原理を用いて証明された。

補題 6.2.14（次元原理）： $\mathcal{V}$ が $\mathcal{W}$ の部分空間であるとき、以下が成り立つ。

性質 D1： $\dim \mathcal{V} \leqq \dim \mathcal{W}$

性質 D2： $\dim \mathcal{V} = \dim \mathcal{W}$ ならば $\mathcal{V} = \mathcal{W}$

証明

$\boldsymbol{v}_1, \ldots, \boldsymbol{v}_k$ を $\mathcal{V}$ の基底とする。上位集合と基底の補題（補題 6.2.13）より、$\boldsymbol{v}_1, \ldots, \boldsymbol{v}_k$ を含む $\mathcal{W}$ の基底 B が存在する。従って、B の濃度は k 以上である。これにより、性質 D1 が示された。更に、B の濃度がちょうど k であれば、B は $\boldsymbol{v}_1 \ldots, \boldsymbol{v}_k$ 以外のベクトルを含まない。故に、これは $\mathcal{V}$ の基底であり、また、$\mathcal{W}$ の基底でもあるから、性質 D2 が示された。 □

例 6.2.15： $\mathcal{V} = \text{Span}\,\{[1,2],[2,1]\}$ とする。明らかに $\mathcal{V}$ は $\mathbb{R}^2$ の部分空間である。しかし、集合 $\{[1,2],[2,1]\}$ は線形独立なので、$\dim \mathcal{V} = 2$ である。従って、$\dim \mathbb{R}^2 = 2$、及び、性質 D2 より $\mathcal{V} = \mathbb{R}^2$ が分かる。

例 6.2.16： 例 6.2.4（p.327）では、集合 $S = \{[-0.6, -2.1, -3.5, -2.2], [-1.3, 1.5, -0.9, -0.5], [4.9, -3.7, 0.5, -0.3], [2.6, -3.5, -1.2, -2.0], [-1.5, -2.5, -3.5, 0.94]\}$ を扱った。$|S| = 5$ より $\dim \text{Span}\, S \leqq 5$ であることは分かっていたが、ここではもう少し詳しく取り扱うことができる。即ち、S の全てのベクトルは4要素のベクトルなので、$\text{Span}\, S$ は $\mathbb{R}^4$ の部分空間である。従って、$\dim \text{Span}\, S \leqq 4$ である。

例 6.2.16 の主張より、次の結論を得る。

命題 6.2.17： 任意の D ベクトルの集合のランクは、高々 $|D|$ である。

6.2.7 グローアルゴリズムの終了

5.6.3 節では、グローアルゴリズムを用いて、任意のベクトル空間が基底を持つことをほぼ示すことができた。しかしながら、まだこのアルゴリズムが終了することを示せていない。いま、これを次元原理を用いて示すことができる。

5.3.1 節のグローアルゴリズムを再掲しよう。

```
def GROW(𝒱)
  S := ∅
  以下を可能な限り繰り返す:
      Span S の要素でない 𝒱 のベクトル v を選び、S に加える
```

補題 6.2.18（グローアルゴリズムの終了の補題）： $\dim \mathcal{V}$ が有限であるとき、$\text{GROW}(\mathcal{V})$ は終了する。

証明

それぞれの繰り返しで S に新しいベクトルが追加される。従って、k 回目の繰り返しの後では、$|S| = k$ となる。グローアルゴリズムの系（系 5.5.10）は、アルゴリズムの各繰り返しで S が線形独立のままであることを保証する。従って、k 回目の繰り返しの後では、$\text{rank}\ S = k$ となる。S に加えられる全てのベクトルは $\mathcal{V}$ の要素なので、$\text{Span}\ S$ は $\mathcal{V}$ の部分空間である。仮定より $\dim \mathcal{V}$ は有限で、$\dim \mathcal{V}$ ステップ経った後では $\dim \text{Span}\ S = \dim \mathcal{V}$ なので、次元原理の性質 D2 より、$\text{Span}\ S = \mathcal{V}$ であることが分かる。従って、アルゴリズムは終了しなければならない。そのとき S は $\mathcal{V}$ の基底となる。 □

どうすれば $\dim \mathcal{V}$ が有限であることを確かめられるだろうか？ D を有限集合とし、$\mathcal{V}$ を体 $\mathbb{F}$ 上の D ベクトルから成るベクトル空間とする。このとき、$\mathcal{V}$ は $\mathbb{F}^D$ の部分空間なので、次元原理の性質 D1 より、$\dim \mathcal{V} \leqq |D|$ である。従って次の系を得る。

系 6.2.19： 有限の D に対し、$\mathbb{F}^D$ の部分空間は基底を持つ。

本書では、D が有限集合の場合の D ベクトルしか扱わない。5.6.3 節で触れたように、広汎な数学の世界では、D が無限集合の場合の D ベクトルを扱う場合がある。それらのベクトルの次元の概念は、より複雑であり、本書では扱わない。しかし、証明なしでいっておくと、それらのベクトルの全てのベクトル空間も基底を持つことが知られている（ただし、その数が無限大の可能性はあるが）。

6.2.8 ランク定理

本章のはじめのいくつかの例で見たように、行列の行ランクと列ランクは等しかった。ここではそれが偶然ではないことを示そう。

定理 6.2.20（ランク定理）： 任意の行列に対し、その行ランクと列ランクは等しい。

証明

任意の行列 A に対し、A の行ランクが A の列ランク以下であることを示そう。これと同じ主張を A^T に当てはめることで、A^T の行ランクが A^T の列ランク以下であることが分かる。即ち、A の列ランクが A の行ランク以下であることが分かる。従って、得られた 2 つの不等式を合わせると、A の行ランクと A の列ランクが等しいことが分かる。

A を行列とする。A を列ベクトルで書き、$A = \left[\begin{array}{c|c|c} \boldsymbol{a}_1 & \cdots & \boldsymbol{a}_n \end{array}\right]$ とする。r を A の列ランク、$\boldsymbol{b}_1, \dots, \boldsymbol{b}_r$ を A の列ベクトル空間の基底とする。

A の各列ベクトル $\boldsymbol{a}_j$ に対し、$\boldsymbol{u}_j$ を $\boldsymbol{a}_j$ の $\boldsymbol{b}_1, \dots, \boldsymbol{b}_r$ による座標表現とする。このとき、線形結合による行列とベクトルの積の定義により、次のように書ける。

$$\left[\begin{array}{c} \boldsymbol{a}_j \end{array}\right] = \left[\begin{array}{c|c|c} \boldsymbol{b}_1 & \cdots & \boldsymbol{b}_r \end{array}\right] \left[\begin{array}{c} \boldsymbol{u}_j \end{array}\right]$$

これをまとめて、行列とベクトルの積による行列と行列の積の定義により、次のように書ける。

$$\left[\begin{array}{c|c|c} \boldsymbol{a}_1 & \cdots & \boldsymbol{a}_n \end{array}\right] = \left[\begin{array}{c|c|c} \boldsymbol{b}_1 & \cdots & \boldsymbol{b}_r \end{array}\right] \left[\begin{array}{c|c|c} \boldsymbol{u}_1 & \cdots & \boldsymbol{u}_n \end{array}\right]$$

これを次の式で表す。

$$A = BU$$

ここで、B は r 個の列、U は r 個の行を持つ。

いま、これまでの解釈と説明を切り替え、A と B を列ベクトルではなく、行ベクトルで書く。

$$\left[\begin{array}{c} \bar{\boldsymbol{a}}_1 \\ \hline \vdots \\ \hline \bar{\boldsymbol{a}}_m \end{array}\right] = \left[\begin{array}{c} \bar{\boldsymbol{b}}_1 \\ \hline \vdots \\ \hline \bar{\boldsymbol{b}}_m \end{array}\right] U$$

ベクトルと行列の積による行列と行列の積の定義から、A の i 行目の行ベクトル $\bar{\boldsymbol{a}}_i$ は、B の i 行目

の行ベクトル $\bar{\boldsymbol{b}}_i$ と行列 U との積である。

$$\begin{bmatrix} \bar{\boldsymbol{a}}_i \end{bmatrix} = \begin{bmatrix} \bar{\boldsymbol{b}}_i \end{bmatrix} \begin{bmatrix} & U & \end{bmatrix}$$

線形結合によるベクトルと行列の積の定義より、全ての A の行は、U の行の線形結合である。従って、A の行ベクトル空間は、U の行ベクトル空間の部分空間である。命題 6.2.8 より、U の行ベクトル空間の次元は高々 U の行の数 r である。従って、次元原理の性質 D1 より、A の行ランクは r 以下である。

任意の行列 A に対し、A の行ランクは A の列ランク以下であることが示せた。この結果を、任意の行列 M に対し用いると

$$M \text{ の行ランク} \leqq M \text{ の列ランク}$$

となる。また、M^T にこの結果を用いると

$$M^T \text{の行ランク} \leqq M^T \text{の列ランク}$$

が分かる。即ち

$$M \text{ の列ランク} \leqq M \text{ の行ランク}$$

である。従って M の行ランクと列ランクが等しいことが示された。 □

定義 6.2.21： 行列のランクは、その行列の列ランク、あるいは、それと等しい行ランクと定義する。

6.2.9 簡単な認証、再訪

2.9.6 節の簡単な認証方式を思い出そう。パスワードは $GF(2)$ 上の n 要素のベクトル $\hat{\boldsymbol{x}}$ である。コンピュータは人間にチャレンジを提示し、人間はレスポンスを返す。

- **チャレンジ**：コンピュータはランダムな n 要素のベクトル $\boldsymbol{a}$ を送る。
- **レスポンス**：人間は $\boldsymbol{a} \cdot \hat{\boldsymbol{x}}$ を送り返す。

コンピュータは、人間がパスワード $\hat{\boldsymbol{x}}$ を知っていることが確認できるまで、確認を行う。

イブは、通信を傍受して、チャレンジ $\boldsymbol{a}_i$ に対する正しいレスポンス b_i の m 個の組 $\boldsymbol{a}_1, b_1, \ldots, \boldsymbol{a}_m, b_m$ を傍受したとしよう。2.9.9 節で見たように、イブは任意の Span $\{\boldsymbol{a}_1, \ldots, \boldsymbol{a}_m\}$ のチャレンジに対し、正しいレスポンスを計算することができる。

実際に $\boldsymbol{a} = \alpha_1 \boldsymbol{a}_1 + \cdots + \alpha_m \boldsymbol{a}_m$ としよう。このとき、正しいレスポンスは $\alpha_1 b_1 + \cdots + \alpha_m b_m$ である。

確率論を用いて次の事実を示すことができる。

事実 6.2.22： おそらく rank $[\boldsymbol{a}_1, \ldots, \boldsymbol{a}_m]$ は $\min\{m, n\}$ よりも大幅に小さくなることはない。

このことは Python を使って試すことができる。例えば $n = 100$ とし、ある数 m だけ $GF(2)$ 上のランダムな n 要素のベクトルを生成する。

```
>>> from vec import Vec
>>> from random import randint
>>> from GF2 import one
>>> def rand_GF2(): return one if randint(0,1)==1 else 0
...
>>> def rand_GF2_vec(D): return Vec(D, {d:rand_GF2() for d in D})
...
>>> D = set(range(100))
```

independence モジュールにプロシージャ rank(L) がある。

```
>>> L = [rand_GF2_vec(D) for i in range(50)]
>>> from independence import rank
>>> rank(L)
50
```

$m > n$ ならば、おそらく Span $\{\boldsymbol{a}_1, \ldots, \boldsymbol{a}_m\}$ は $GF(2)^n$ 全体であり、従ってイブは**全ての**チャレンジに応答することができる。

また、パスワード $\hat{\boldsymbol{x}}$ は線形系 $\underbrace{\begin{bmatrix} \boldsymbol{a}_1 \\ \hline \vdots \\ \hline \boldsymbol{a}_m \end{bmatrix}}_{A} \begin{bmatrix} \boldsymbol{x} \end{bmatrix} = \underbrace{\begin{bmatrix} b_1 \\ \vdots \\ b_m \end{bmatrix}}_{\boldsymbol{b}}$ の解である。

$A\boldsymbol{x} = \boldsymbol{b}$ の解集合は $\hat{\boldsymbol{x}} + \text{Null } A$ である。

rank A が n ならば A の列ベクトルは線形独立、即ち、Null A は自明である。このことは唯一の解がパスワード $\hat{\boldsymbol{x}}$ であることを示している。従って、イブは solver モジュールを用いてパスワードを得ることができる。

6.3 直和

ここまでで、ベクトルの加法の概念については随分慣れてきたことだろう。ここではベクトル空間の加法について勉強しよう。ここで示す考え方は、次の節で重要な定理（次元定理）を示す際に有用であり、また、後の章で触れる直交補空間の概念の準備にもなっている。

6.3.1 定義

$\mathcal{U}$、$\mathcal{V}$ を体 $\mathbb{F}$ 上の D ベクトルから成るベクトル空間とする。

定義 6.3.1： $\mathcal{U}$ と $\mathcal{V}$ がゼロベクトルのみを共有するとき、$\mathcal{U}$ と $\mathcal{V}$ の**直和**を次の集合

$$\{\boldsymbol{u}+\boldsymbol{v}\ :\ \boldsymbol{u}\in\mathcal{U},\boldsymbol{v}\in\mathcal{V}\}$$

で定義し、$\mathcal{U}\oplus\mathcal{V}$ と書く。

従って、$\mathcal{U}\oplus\mathcal{V}$ は、全ての $\mathcal{U}$ と $\mathcal{V}$ のベクトルの和の集合である。

Python では `U` と `V` の直和は次のようなベクトルの集合として定義される。

```
>>> {u+v for u in U for v in V}
```

`U` と `V` のデカルト積が `[(u,v) for u in U for v in V]` と書かれていたことを思い出そう（集合ではなくリストであるが）。これは直和とデカルト積の類似性を表している。即ち、2 つのベクトルをタプルにする代わりに、2 つのベクトルを足すのである。

$\mathcal{U}$ と $\mathcal{V}$ がゼロでないベクトルを共有している場合はどうなるか？ この場合、これらの直和は取れない！

まず $GF(2)$ 上のベクトルの例を以下に示す。

例 6.3.2： $\mathcal{U}=\text{Span}\ \{1000,0100\}$、$\mathcal{V}=\text{Span}\ \{0010\}$ とする。

- $\mathcal{U}$ のゼロでないベクトルは全て、1 つ目か 2 つ目の位置、あるいは両方に 1 を持ち、それ以外は 0 である。
- $\mathcal{V}$ のゼロでないベクトルは全て、3 つ目の位置に 1 を持ち、それ以外は 0 である。

即ち、$\mathcal{U}$ と $\mathcal{V}$ はゼロベクトルのみを共有している。従って、$\mathcal{U}\oplus\mathcal{V}$ は次で定義される。

$\mathcal{U}\oplus\mathcal{V}=\{0000+0000, 1000+0000, 0100+0000, 1100+0000, 0000+0010, 1000+0010, 0100+0010, 1100+0010\}$

これは、$\{0000,1000,0100,1100,0010,1010,0110,1110\}$ と等しい。

更に、$\mathbb{R}$ 上のベクトルの例をいくつか示す。

例 6.3.3： $\mathcal{U}=\text{Span}\ \{[1,2,1,2],[3,0,0,4]\}$、$\mathcal{V}$ を $\begin{bmatrix}0&1&-2&0\\1&0&0&-1\end{bmatrix}$ のヌル空間とする。

- ベクトル $[2,-2,-1,2]$ は $\mathcal{U}$ の要素である。なぜなら $[3,0,0,4]-[1,2,1,2]$ と書けるからである。
- これは $\mathcal{V}$ の要素でもある。なぜなら、これは

$$\begin{bmatrix}0&1&-2&0\\1&0&0&-1\end{bmatrix}\begin{bmatrix}2\\-2\\-1\\2\end{bmatrix}=\begin{bmatrix}0\\0\end{bmatrix}$$

が成り立つからである。

従って、$\mathcal{U} \oplus \mathcal{V}$ は定義できない。

例 6.3.4： $\mathcal{U} = \text{Span}\ \{[4, -1, 1]\}$、$\mathcal{V} = \text{Span}\ \{[0, 1, 1]\}$ とする。$\mathcal{U}$ と $\mathcal{V}$ はそれぞれ 1 つのベクトルの線形包である。従って、それぞれ直線を成す。

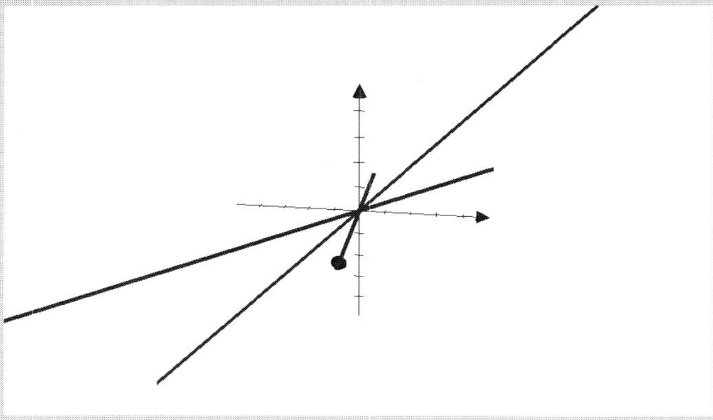

2 つの直線の交点は原点だけである。従って $\mathcal{U} \oplus \mathcal{V}$ を定義することができる。これは $\text{Span}\ \{[4, -1, 1], [0, 1, 1]\}$、即ち、2 つの直線を含む平面である。

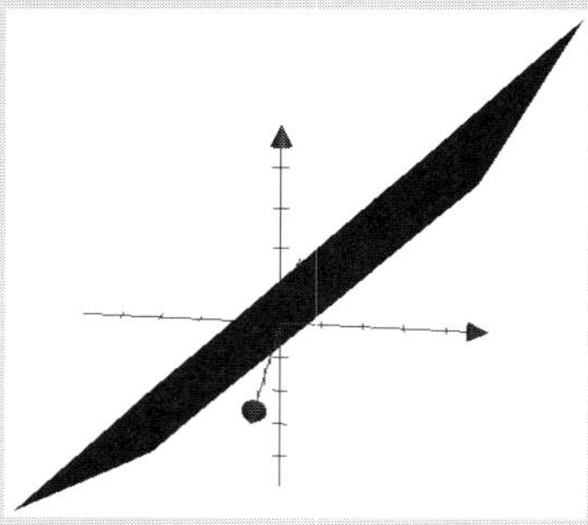

命題 6.3.5： 直和 $\mathcal{U} \oplus \mathcal{V}$ はベクトル空間である。

この証明はのちほど練習問題で行う。

6.3.2 直和の生成子

例 6.3.4 では、直和 $\mathcal{U} \oplus \mathcal{V}$ の生成子の集合は、$\mathcal{U}$ と $\mathcal{V}$ の生成子の和集合で与えられた。これは一般に正しい。

補題 6.3.6： 以下の 2 つの集合

- $\mathcal{V}$ の生成子の集合
- $\mathcal{W}$ の生成子の集合

の和集合は、$\mathcal{V} \oplus \mathcal{W}$ の生成子の集合である。

証明

$\mathcal{V} = \text{Span}\ \{\boldsymbol{v}_1, \ldots, \boldsymbol{v}_m\}$、$\mathcal{W} = \text{Span}\ \{\boldsymbol{w}_1, \ldots, \boldsymbol{w}_n\}$ とする。
このとき

- 全ての $\mathcal{V}$ のベクトルは $\alpha_1\, \boldsymbol{v}_1 + \cdots + \alpha_m\, \boldsymbol{v}_m$ と書ける。
- 全ての $\mathcal{W}$ のベクトルは $\beta_1\, \boldsymbol{w}_1 + \cdots + \beta_n\, \boldsymbol{w}_n$ と書ける。

従って、全ての $\mathcal{V} \oplus \mathcal{W}$ のベクトルは、次のように書くことができる。

$$\alpha_1\, \boldsymbol{v}_1 + \cdots + \alpha_m\, \boldsymbol{v}_m \ + \ \beta_1\, \boldsymbol{w}_1 + \cdots + \beta_n\, \boldsymbol{w}_n$$

□

例 6.3.7： $\mathbb{R}^3$ 内の原点を含む平面の点から成る集合を $\mathcal{U}$、原点を含む直線の点から成る集合を $\mathcal{V}$ とする。

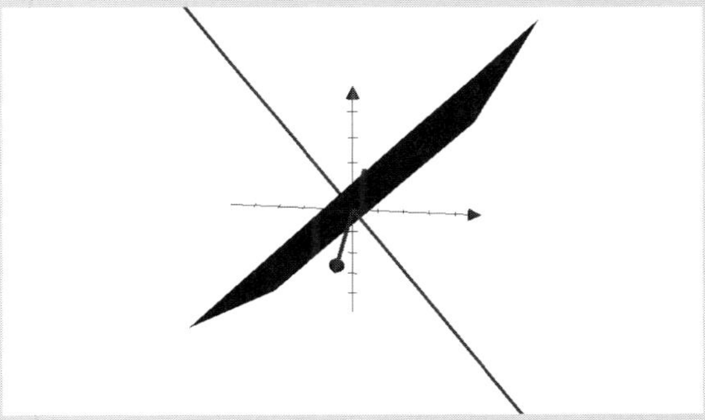

この直線が平面の中に包含されていなければ、これらの交点は原点だけから成る。従って、それらの直和を定義することができ、これらの直和は $\mathbb{R}^3$ の全ての点から成る。

6.3.3 直和の基底

補題 6.3.8（直和の基底の補題）： $\mathcal{U}$ と $\mathcal{V}$ の基底の和集合は $\mathcal{U} \oplus \mathcal{V}$ の基底となる。

証明

$\{\boldsymbol{u}_1, \ldots, \boldsymbol{u}_m\}$ を $\mathcal{U}$ の基底、$\{\boldsymbol{v}_1, \ldots, \boldsymbol{v}_n\}$ を $\mathcal{V}$ の基底とする。基底は生成子の集合なので、1つ前の補題から $\{\boldsymbol{u}_1, \ldots, \boldsymbol{u}_m, \boldsymbol{v}_1, \ldots, \boldsymbol{v}_n\}$ が $\mathcal{U} \oplus \mathcal{V}$ の生成子の集合であることは既に分かっている。この集合が $\mathcal{U} \oplus \mathcal{V}$ の基底であることを示すには、これらの線形独立性だけ示せばよい。

まず、次の式を仮定する。

$$\mathbf{0} = \alpha_1 \boldsymbol{u}_1 + \cdots + \alpha_m \boldsymbol{u}_m + \beta_1 \boldsymbol{v}_1 + \cdots + \beta_n \boldsymbol{v}_n \tag{6-1}$$

このとき

$$\underbrace{\alpha_1 \boldsymbol{u}_1 + \cdots + \alpha_m \boldsymbol{u}_m}_{\mathcal{U}\text{ の要素}} = \underbrace{(-\beta_1) \boldsymbol{v}_1 + \cdots + (-\beta_n) \boldsymbol{v}_n}_{\mathcal{V}\text{ の要素}}$$

である。ここで、左辺のベクトルは $\mathcal{U}$ の要素であり、右辺のベクトルは $\mathcal{V}$ の要素である。

$\mathcal{U} \oplus \mathcal{V}$ の定義より、$\mathcal{U}$ と $\mathcal{V}$ 両方に含まれるベクトルはゼロベクトルのみなので、以下が成り立つ。

$$\mathbf{0} = \alpha_1 \boldsymbol{u}_1 + \cdots + \alpha_m \boldsymbol{u}_m$$

及び

$$\mathbf{0} = (-\beta_1) \boldsymbol{v}_1 + \cdots + (-\beta_n) \boldsymbol{v}_n$$

基底の線形独立性より、これは自明な線形結合となり、式 (6-1) の元の線形結合もまた自明な線形結合となる。以上より、基底の和集合が線形独立となることが示された。 □

以上の補題と、基底の定義[†3]により、直ちに、次元定理の証明に用いる次の系が与えられる。

系 6.3.9（直和の次元）： $\dim \mathcal{U} + \dim \mathcal{V} = \dim \mathcal{U} \oplus \mathcal{V}$

6.3.4 ベクトルの分解の一意性

定義より $\mathcal{U} \oplus \mathcal{V} = \{\boldsymbol{u} + \boldsymbol{v} \ : \ \boldsymbol{u} \in \mathcal{U}, \boldsymbol{v} \in \mathcal{V}\}$ である。このとき、$\mathcal{U} \oplus \mathcal{V}$ のあるベクトルに対し、これを $\mathcal{U}$ と $\mathcal{V}$ のベクトルの和として2通り以上の方法で表すことができるだろうか？

以下に示すように、その答えはノーである。即ち、$\mathcal{U}$ のベクトル $\boldsymbol{u}$、$\mathcal{V}$ のベクトル $\boldsymbol{v}$ の和として $\boldsymbol{w}$ を与えたならば、逆に、$\boldsymbol{w}$ から正しく元の $\boldsymbol{u}$ と $\boldsymbol{v}$ を見出すことができる。

系 6.3.10（直和の表現の一意性の系）： $\boldsymbol{u} \in \mathcal{U}$、$\boldsymbol{v} \in \mathcal{V}$ とする。このとき、$\mathcal{U} \oplus \mathcal{V}$ の任意のベクトルは、$\boldsymbol{u} + \boldsymbol{v}$ という形で一意的に表現される。

証明

$\{\boldsymbol{u}_1, \ldots, \boldsymbol{u}_m\}$ を $\mathcal{U}$ の基底、$\{\boldsymbol{v}_1, \ldots, \boldsymbol{v}_n\}$ を $\mathcal{V}$ の基底とする。このとき、$\{\boldsymbol{u}_1, \ldots, \boldsymbol{u}_m, \boldsymbol{v}_1, \ldots, \boldsymbol{v}_n\}$

†3 ［訳注］基底ベクトルの個数がベクトル空間の次元となること。

は$\mathcal{U} \oplus \mathcal{V}$の基底である。

$\boldsymbol{w}$ を$\mathcal{U} \oplus \mathcal{V}$の任意のベクトルとする。このとき、$\boldsymbol{w}$ は

$$\boldsymbol{w} = \underbrace{\alpha_1 \boldsymbol{u}_1 + \cdots + \alpha_m \boldsymbol{u}_m}_{\mathcal{U}\ \text{の要素}} + \underbrace{\beta_1 \boldsymbol{v}_1 + \cdots + \beta_n \boldsymbol{v}_n}_{\mathcal{V}\ \text{の要素}} \tag{6-2}$$

のように書かれる。$\boldsymbol{u}$、$\boldsymbol{v}$ をそれぞれ$\mathcal{U}$、$\mathcal{V}$ の要素として、$\boldsymbol{w}$ を $\boldsymbol{w} = \boldsymbol{u} + \boldsymbol{v}$ と書く全ての方法について考えよう。$\boldsymbol{u}$、$\boldsymbol{v}$ をそれぞれ$\mathcal{U}$、$\mathcal{V}$ の基底を用いて書くと

$$\boldsymbol{w} = \gamma_1 \boldsymbol{u}_1 + \cdots + \gamma_m \boldsymbol{u}_m + \delta_1 \boldsymbol{v}_1 + \cdots + \delta_n \boldsymbol{v}_n$$

と書ける。一意的表現の補題（補題 5.7.1）より、$\gamma_1 = \alpha_1, \ldots, \gamma_m = \alpha_m, \delta_1 = \beta_1, \ldots, \delta_n = \beta_n$ となる。これは、$\boldsymbol{w}$ を$\mathcal{U}$、$\mathcal{V}$ のベクトルの和として書き、かつ、式 (6-2) を満たすものが 1 つしかないことを示している。 □

6.3.5 補空間

定義 6.3.11： $\mathcal{U} \oplus \mathcal{V} = \mathcal{W}$ のとき、$\mathcal{U}$ を $\mathcal{W}$ における $\mathcal{V}$ の**補空間**と呼ぶ。

例 6.3.12： $\mathcal{U}$ を $\mathbb{R}^3$ 内の原点を通る平面とする。

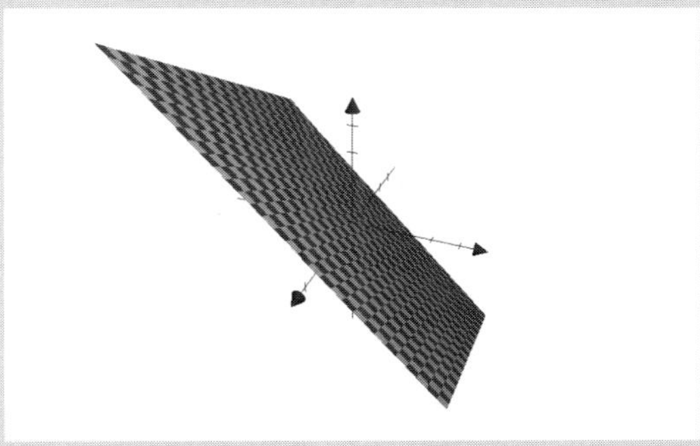

このとき、原点を通り$\mathcal{U}$に含まれない任意の直線と$\mathcal{U}$はそれぞれ互いに $\mathbb{R}^3$ における補空間である。例えば次のようなものである。

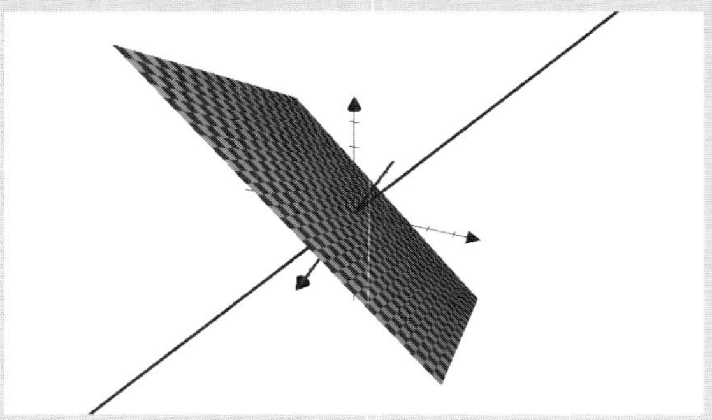

他の例として次のようなものがある。

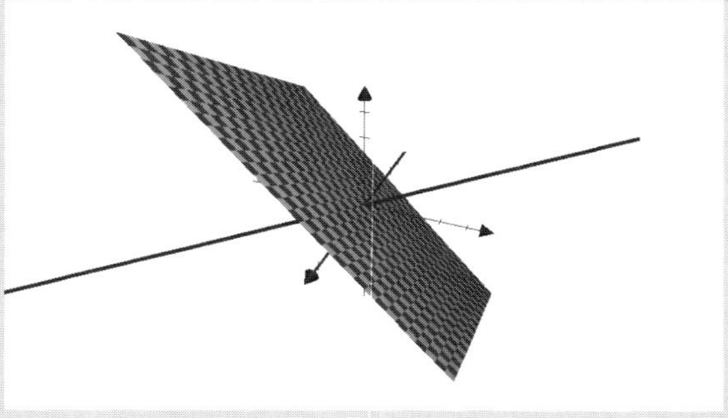

この例は、与えられた $\mathcal{W}$ の部分空間 $\mathcal{U}$ に対し、$\mathcal{U}$ が $\mathcal{W}$ における $\mathcal{V}$ の補空間となるような、部分空間 $\mathcal{V}$ が複数存在しうることを表している。

問題 6.3.13： 以下の各 S に対し、$(\text{Span } S) \oplus (\text{Span } T) = \mathbb{R}^3$ を満たす $\mathbb{R}$ 上のベクトルの集合 T を与え、$\mathbb{R}^3$ 上の一般のベクトル $[x, y, z]$ を $S \cup T$ の線形結合として表せ。

1. $S = \{[2, 1, 2], [1, 1, 1]\}$
2. $S = \{[0, 1, -1], [0, 0, 0]\}$

ヒント：$[x, y, z]$ を表すにあたり、まずは $\mathbb{R}^3$ の標準基底を $S \cup T$ のベクトルの線形結合で表してみよ。

問題 6.3.14： 以下の各 S について、$(\text{Span } S) \oplus (\text{Span } T) = GF(2)^3$ を満たす $GF(2)$ 上のベクトルの集合 T を与え、$GF(2)^3$ 上の一般のベクトル $[x, y, z]$ を $S \cup T$ の線形結合として表せ。

1. $S = \{[1, 1, 0], [0, 1, 1]\}$
2. $S = \{[1, 1, 1]\}$

ヒント：$[x, y, z]$ を表すにあたり、まずは $GF(2)^3$ の標準基底を $S \cup T$ のベクトルの線形結合で表してみよ。

命題 6.3.15： 任意のベクトル空間 $\mathcal{W}$ と、$\mathcal{W}$ の任意の部分空間 $\mathcal{U}$ に対し、$\mathcal{W} = \mathcal{U} \oplus \mathcal{V}$ となるような $\mathcal{W}$ の部分空間 $\mathcal{V}$ が存在する。

証明

$\boldsymbol{u}_1, \ldots, \boldsymbol{u}_k$ を $\mathcal{U}$ の基底とする。上位集合と基底の補題（補題 6.2.13）より、$\boldsymbol{u}_1, \ldots, \boldsymbol{u}_k$ を含む $\mathcal{W}$ の基底が存在する。この基底を $\{\boldsymbol{u}_1, \ldots, \boldsymbol{u}_k, \boldsymbol{v}_1, \ldots, \boldsymbol{v}_r\}$ と書く。$\mathcal{V}$ を Span $\{\boldsymbol{v}_1, \ldots, \boldsymbol{v}_r\}$ とする。$\mathcal{W}$ の任意のベクトル $\boldsymbol{w}$ はその基底を用いて、次のように書くことができる。

$$\boldsymbol{w} = \underbrace{\alpha_1\,\boldsymbol{u}_1 + \cdots + \alpha_k\,\boldsymbol{u}_k}_{\mathcal{U}\text{ の要素}} + \underbrace{\beta_1\,\boldsymbol{v}_1 + \cdots + \beta_r\,\boldsymbol{v}_r}_{\mathcal{V}\text{ の要素}}$$

あとは直和 $\mathcal{W} = \mathcal{U} \oplus \mathcal{V}$ がちゃんと定義できることを示さなければならない。即ち、$\mathcal{U}$ と $\mathcal{V}$ の両方に属するベクトルがゼロベクトルだけであるということを示せばよい。

$\boldsymbol{v}$ を $\mathcal{U}$、$\mathcal{V}$ の両方に属するベクトルと仮定する。このとき

$$\alpha_1\,\boldsymbol{u}_1 + \cdots + \alpha_k\,\boldsymbol{u}_k = \beta_1\,\boldsymbol{v}_1 + \cdots + \beta_r\,\boldsymbol{v}_r$$

が成り立つ。故に

$$\boldsymbol{0} = \alpha_1\,\boldsymbol{u}_1 + \cdots + \alpha_k\,\boldsymbol{u}_k - \beta_1\,\boldsymbol{v}_1 - \cdots - \beta_r\,\boldsymbol{v}_r$$

となるが、これは、$\alpha_1 = \cdots = \alpha_k = \beta_1 = \cdots = \beta_r = 0$ を表す。即ち、$\boldsymbol{v}$ がゼロベクトルであることを示している。 □

6.4 次元と線形関数

ここでは線形関数が可逆であるかどうかを判断する方法を開発しよう。この方法は行列が可逆かどうかを判断する方法も与えてくれる。これらの判断方法は、重要な定理である次元定理をもとに作られ、他の問題を解く際にも助けになる。

6.4.1 線形関数の可逆性

どうすれば線形関数 $f : \mathcal{V} \longrightarrow \mathcal{W}$ が可逆かどうかを判定することができるだろうか？ これには（1）f が単射かどうかと、（2）f が全射かどうかを知る必要がある。

単射の補題（補題 4.10.15）より、f が単射なのは、その核が自明なとき、かつ、そのときに限る。また、疑問 4.10.16 では、線形関数が全射かどうかを判定するよい方法が存在するかどうかについて考えた。

f の像 $\mathrm{Im}\ f = \{f(\boldsymbol{v})\ :\ \boldsymbol{v} \in \mathcal{V}\}$ の定義より、f が全射なのは $\mathrm{Im}\ f = \mathcal{W}$ のとき、かつ、そのときに限る。

ここで、Im f が $\mathcal{W}$ の部分空間であることを示すことができる。よって、次元原理（補題 6.2.14）より、f が全射なのは $\dim \mathrm{Im}\ f = \dim \mathcal{W}$ のとき、かつ、そのときに限る。

まとめると次の通りである。即ち、線形関数 $f : \mathcal{V} \longrightarrow \mathcal{W}$ が可逆なのは、$\dim \mathrm{Ker}\ f = 0$、かつ、$\dim \mathrm{Im}\ f = \dim W$ のときである。

このことと定義域の次元とはどのような関係にあるのだろうか？ f が可逆となるのに、条件 $\dim \mathcal{V} = \dim \mathcal{W}$ が必要だと思うかもしれないが、それは実際に正しい。これは後で、より強力で有用な定理の結果として導かれる。

6.4.2 可逆な最大部分関数

$f : \mathcal{V} \longrightarrow \mathcal{W}$ を可逆とは限らない線形関数とする。

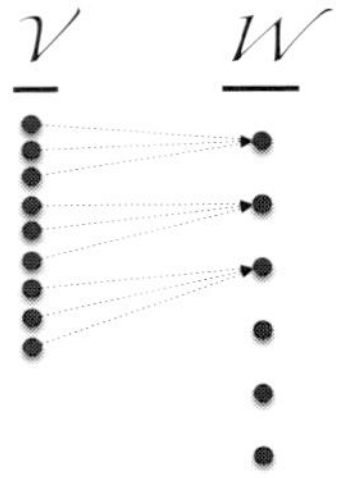

このとき可逆**である**部分関数 $f^* : \mathcal{V}^* \longrightarrow \mathcal{W}^*$ の定義を試みよう。

ここで「部分関数」という言葉の意味は、$\mathcal{V}^*$ は $\mathcal{V}$ の部分集合、$\mathcal{W}^*$ は $\mathcal{W}$ の部分集合、更に、f^* は f の定義域を $\mathcal{V}^*$ へ制限したものであるとする。この方針に従って $\mathcal{V}^*$ の基底と $\mathcal{W}^*$ の基底も選ぶ。

まず、f^* が全射になるように $\mathcal{W}^*$ を選ぶ。このステップは簡単である。$\mathcal{W}^*$ を f の像で定義する。即ち、$\mathcal{W}^*$ の要素は、$\mathcal{W}$ の要素であり、かつ、定義域の要素の像となる。さて、$\boldsymbol{w}_1, \ldots, \boldsymbol{w}_r$ を $\mathcal{W}^*$ の基底とする。

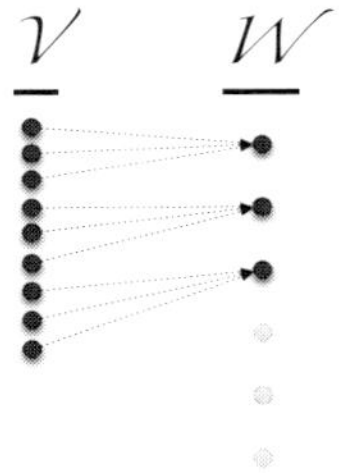

次に、$\boldsymbol{v}_1, \ldots, \boldsymbol{v}_r$ を $\boldsymbol{w}_1, \ldots, \boldsymbol{w}_r$ の原像とする。即ち、$f(\boldsymbol{v}_1) = \boldsymbol{w}_1, \ldots, f(\boldsymbol{v}_r) = \boldsymbol{w}_r$ となる $\mathcal{V}$ の任意のベクトル $\boldsymbol{v}_1, \ldots, \boldsymbol{v}_r$ を選ぶ。ここで $\mathcal{V}^*$ を Span $\{\boldsymbol{v}_1, \ldots, \boldsymbol{v}_r\}$ で定義する。

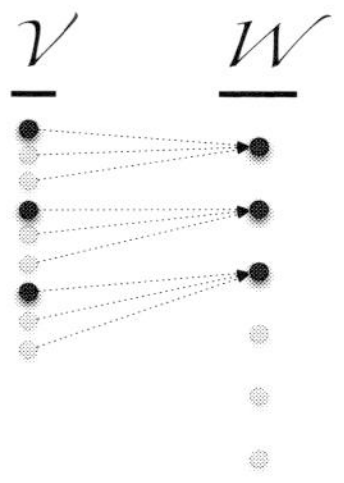

最後に、$f^*(\boldsymbol{x}) = f(\boldsymbol{x})$ の規則に従って、$f^* : \mathcal{V}^* \longrightarrow \mathcal{W}^*$ を定義する。

補題 6.4.1： f^* は全射である。

証明

$\boldsymbol{w}$ を余定義域 $\mathcal{W}^*$ の任意のベクトルとする。このとき、

$$\boldsymbol{w} = \alpha_1\,\boldsymbol{w}_1 + \cdots + \alpha_r\,\boldsymbol{w}_r$$

を満たすスカラー $\alpha_1, \ldots, \alpha_r$ が存在する[†4]。f は線形なので、以下が成り立つ。

$$\begin{aligned}
&f(\alpha_1\,\boldsymbol{v}_1 + \cdots + \alpha_r\,\boldsymbol{v}_r)\\
&= \alpha_1\,f(\boldsymbol{v}_1) + \cdots + \alpha_r\,f(\boldsymbol{v}_r)\\
&= \alpha_1\,\boldsymbol{w}_1 + \cdots + \alpha_r\,\boldsymbol{w}_r
\end{aligned}$$

従って、$\boldsymbol{w}$ は $\alpha_1\,\boldsymbol{v}_1 + \cdots + \alpha_r\,\boldsymbol{v}_r \in \mathcal{V}^*$ の像である。 □

補題 6.4.2： f^* は単射である。

証明

単射の補題より、f^* の核が自明であることを示せばよい。$\boldsymbol{v}^*$ を $\mathcal{V}^*$ の要素であり、$f(\boldsymbol{v}^*) = \boldsymbol{0}$ を満たすものとする。$\mathcal{V}^* = \mathrm{Span}\,\{\boldsymbol{v}_1, \ldots, \boldsymbol{v}_r\}$ より

$$\boldsymbol{v}^* = \alpha_1\,\boldsymbol{v}_1 + \cdots + \alpha_r\,\boldsymbol{v}_r$$

を満たすスカラー $\alpha_1, \ldots, \alpha_r$ が存在する。両辺を f で写像すると

$$\boldsymbol{0} = f(\alpha_1\,\boldsymbol{v}_1 + \cdots + \alpha_r\,\boldsymbol{v}_r)$$

†4 ［訳注］$\boldsymbol{w}_1, \cdots, \boldsymbol{w}_r$ は $\mathcal{W}^*$ の基底より。

$$= \alpha_1 \boldsymbol{w}_1 + \cdots + \alpha_r \boldsymbol{w}_r$$

を得る。ここで、$\boldsymbol{w}_1, \ldots, \boldsymbol{w}_r$ は線形独立なので、$\alpha_1 = \cdots = \alpha_r = 0$、即ち、$\boldsymbol{v}^* = \boldsymbol{0}$ である。 □

補題 6.4.3： $\boldsymbol{v}_1, \ldots, \boldsymbol{v}_r$ は $\mathcal{V}^*$ の基底である。

証明

$\mathcal{V}^*$ は $\boldsymbol{v}_1, \ldots, \boldsymbol{v}_r$ の線形包だったので、これらが線形独立であることを示せばよい。

$$\boldsymbol{0} = \alpha_1 \boldsymbol{v}_1 + \cdots + \alpha_r \boldsymbol{v}_r$$

とする。このとき、両辺を f で写像すると

$$\begin{aligned}\boldsymbol{0} &= f(\alpha_1 \boldsymbol{v}_1 + \cdots + \alpha_r \boldsymbol{v}_r) \\ &= \alpha_1 \boldsymbol{w}_1 + \cdots + \alpha_r \boldsymbol{w}_r\end{aligned}$$

を得る。$\boldsymbol{w}_1, \ldots, \boldsymbol{w}_r$ は線形独立だったので、$\alpha_1 = \cdots = \alpha_r = 0$ が示された。 □

例 6.4.4： 行列 $A = \left[\begin{array}{c|c|c} 1 & 2 & 1 \\ 2 & 1 & 1 \\ 1 & 2 & 1 \end{array}\right]$ に対し、線形関数 $f : \mathbb{R}^3 \longrightarrow \mathbb{R}^3$ を $f(\boldsymbol{x}) = A\boldsymbol{x}$ で定義する。

$\mathcal{W}^* = \mathrm{Im}\ f = \mathrm{Col}\ A = \mathrm{Span}\ \{[1,2,1],[2,1,2],[1,1,1]\}$ と定義する。$\mathcal{W}^*$ の基底の 1 つは、$\boldsymbol{w}_1 = [0,1,0]$、$\boldsymbol{w}_2 = [1,0,1]$ である。

$\boldsymbol{w}_1$ と $\boldsymbol{w}_2$ の原像を、

$$\begin{aligned}\boldsymbol{v}_1 &= \left[\frac{1}{2}, -\frac{1}{2}, \frac{1}{2}\right] \\ \boldsymbol{v}_2 &= \left[-\frac{1}{2}, \frac{1}{2}, \frac{1}{2}\right]\end{aligned}$$

と選ぶ。このとき $A\boldsymbol{v}_1 = \boldsymbol{w}_1$、$A\boldsymbol{v}_2 = \boldsymbol{w}_2$ である。

$\mathcal{V}^* = \mathrm{Span}\ \{\boldsymbol{v}_1, \boldsymbol{v}_2\}$ とする。従って、$f^*(\boldsymbol{x}) = f(\boldsymbol{x})$ により関数 $f^* : \mathcal{V}^* \longrightarrow \mathrm{Im}\ f$ を定義すると、これは、全射かつ単射である。

6.4.3 次元定理

前節で扱った、線形関数 f から可逆な部分関数 $f^* : \mathcal{V}^* \longrightarrow \mathcal{W}^*$ を得る構成方法により、部分関数の定義域と元の線形関数 f の核を関係付けることができる。

補題 6.4.5： $\mathcal{V} = \mathrm{Ker}\ f \oplus \mathcal{V}^*$

証明

この補題を証明するには、次の 2 つのことを示さなければならない。

1. Ker f と $\mathcal{V}^*$ はゼロベクトルだけを共有する
2. 任意の $\mathcal{V}$ のベクトルは Ker f のベクトルと $\mathcal{V}^*$ のベクトルの和である

既に f^* の核が自明であることを示した。これは $\mathcal{V}^*$ に属する Ker f のベクトルがゼロベクトルだけであることを示している。故に、1 つ目が示された。

$\boldsymbol{v}$ を $\mathcal{V}$ の任意のベクトルであり、$\boldsymbol{w} = f(\boldsymbol{v})$ を満たすものとする。f^* は全射なので、その定義域 $\mathcal{V}^*$ には $f(\boldsymbol{v}^*) = \boldsymbol{w}$ となる $\boldsymbol{v}^*$ が含まれる。つまり、$f(\boldsymbol{v}) = f(\boldsymbol{v}^*)$ である。よって、$f(\boldsymbol{v}) - f(\boldsymbol{v}^*) = \boldsymbol{0}$ から $f(\boldsymbol{v} - \boldsymbol{v}^*) = \boldsymbol{0}$ を得る。即ち、$\boldsymbol{u} = \boldsymbol{v} - \boldsymbol{v}^*$ は Ker f の要素であり、$\boldsymbol{v} = \boldsymbol{u} + \boldsymbol{v}^*$ となる。故に、2 つ目が示された。 □

例 6.4.6： 例 6.4.4 について再度触れよう。行列 $A = \begin{bmatrix} 1 & 2 & 1 \\ 2 & 1 & 1 \\ 1 & 2 & 1 \end{bmatrix}$ に対し、$f : \mathbb{R}^3 \longrightarrow \mathbb{R}^3$ を $f(\boldsymbol{x}) = A\boldsymbol{x}$ で定義する。$\mathcal{V}^*$ の基底は $\boldsymbol{v}_1 = \left[\frac{1}{2}, -\frac{1}{2}, \frac{1}{2}\right]$、$\boldsymbol{v}_2 = \left[-\frac{1}{2}, \frac{1}{2}, \frac{1}{2}\right]$ である。

f の核は Span $\{[1,1,-3]\}$ である。従って、$\mathcal{V} = (\text{Span } \{[1,1,-3]\}) \oplus (\text{Span } \{\boldsymbol{v}_1, \boldsymbol{v}_2\})$ を得る。

それでは最後に次元定理を証明しよう。

定理 6.4.7（次元定理）： 任意の線形関数 $f : \mathcal{V} \longrightarrow \mathcal{W}$ に対し、次が成り立つ。

$$\dim \text{Ker } f + \dim \text{Im } f = \dim \mathcal{V}$$

証明

補題 6.4.5 より、$\mathcal{V} = \text{Ker } f \oplus \mathcal{V}^*$ であった。直和の次元の系より

$$\dim \mathcal{V} = \dim \text{Ker } f + \dim \mathcal{V}^*$$

である。$\boldsymbol{v}_1, \ldots, \boldsymbol{v}_r$ は $\mathcal{V}^*$ の基底であり、また、r は Im f の基底ベクトルの個数と等しいので

$$\dim \mathcal{V}^* = r = \dim \text{Im } f$$

を得る。以上で定理は示された。 □

6.4.4 線形関数の可逆性、再訪

これで線形関数の可逆性について、より魅力的な判断方法を与えることができる。

定理 6.4.8（線形関数の可逆性定理）： $f : \mathcal{V} \longrightarrow \mathcal{W}$ を線形関数とする。このとき f が可逆であるのは、$\dim \text{Ker}\ f = 0$、かつ、$\dim \mathcal{V} = \dim \mathcal{W}$ であるときに限る。

証明

6.4.1 節で見たように、f が可逆であるのは $\dim \text{Ker}\ f = 0$、かつ、$\dim \text{Im}\ f = \dim \mathcal{W}$ のとき、かつ、そのときに限る。次元定理より、$\dim \text{Ker}\ f = 0$、かつ、$\dim \text{Im}\ f = \dim \mathcal{W}$ であるのは、$\dim \text{Ker}\ f = 0$、かつ、$\dim \mathcal{V} = \dim \mathcal{W}$ であるときに限られる。 □

6.4.5 ランクと退化次数の定理

$R \times C$ 行列 A に対し、$f : \mathbb{F}^C \longrightarrow \mathbb{F}^R$ を $f(\boldsymbol{x}) = A\boldsymbol{x}$ により定義する。次元定理は $\dim \mathbb{F}^C = \dim \text{Ker}\ f + \dim \text{Im}\ f$ を主張する。f の核はヌル空間と等しく、また線形結合による行列とベクトルの積の定義より、f の像は A の列ベクトル空間と等しい。従って

$$\dim \mathbb{F}^C = \dim \text{Null}\ A + \dim \text{Col}\ A$$

を得る。更に、$\mathbb{F}^C$ の次元は $|C|$ であり、これは A の列の数と等しい。また、A の列ベクトル空間の次元は A のランクと呼ばれたが、行列 A のヌル空間の次元を A の**退化次数**（*nullity*）と呼ぶことにする。以上の設定のもと、次の定理が得られる。

定理 6.4.9（ランクと退化次数の定理）： 任意の n 列行列 A に対し以下が成り立つ。

$$\text{rank}\ A + \text{nullity}\ A = n$$

6.4.6 チェックサム問題、再訪

$GF(2)$ 上の n 要素のベクトルを $GF(2)$ 上の 64 要素のベクトルに写像することで定義される単純なチェックサム関数を思い出そう。

$$\boldsymbol{x} \mapsto [\boldsymbol{a}_1 \cdot \boldsymbol{x}, \ldots, \boldsymbol{a}_{64} \cdot \boldsymbol{x}]$$

元の「ファイル」を n 要素のベクトル $\boldsymbol{p}$、伝達によるエラーを n 要素のベクトル $\boldsymbol{e}$ で表し、破損ファイルは $\boldsymbol{p} + \boldsymbol{e}$ であった。

エラーが一様な確率分布で選ばれる場合、次が成り立つ。

$$\text{確率}\ (\boldsymbol{p} + \boldsymbol{e}\ \text{が}\ \boldsymbol{p}\ \text{と同じチェックサムを持つ}) = \frac{2^{\dim \mathcal{V}}}{2^n}$$

ここで $\mathcal{V}$ は行列

$$A = \begin{bmatrix} \boldsymbol{a}_1 \\ \hline \vdots \\ \hline \boldsymbol{a}_{64} \end{bmatrix}$$

のヌル空間である。

チェックサム関数を定義するベクトル $\boldsymbol{a}_1, \ldots, \boldsymbol{a}_{64}$ が、それぞれ一様分布により選ばれたとする。事実 6.2.22 は（$n > 64$ と仮定すると）おそらく rank $A = 64$ であることを示している。

ランクと退化次数の定理より

$$\begin{aligned} \text{rank } A \quad + \text{nullity } A &= n \\ 64 \quad + \quad \dim \mathcal{V} &= n \\ \dim \mathcal{V} &= n - 64 \end{aligned}$$

となる。従って、次を得る。

$$\text{確率} = \frac{2^{n-64}}{2^n} = \frac{1}{2^{64}}$$

故に、変更が気付かれないようなケースは**ほとんど**ないことが分かる。

6.4.7 行列の可逆性

疑問 4.13.20 では、行列 A が可逆である必要十分条件について考えた。

系 6.4.10： A を $R \times C$ 行列とする。このとき、A が可逆なのは、$|R| = |C|$、かつ、A の列ベクトルが線形独立のとき、かつ、そのときに限る。

証明

$\mathbb{F}$ を体とする。$f : \mathbb{F}^C \longrightarrow \mathbb{F}^R$ を $f(\boldsymbol{x}) = A\boldsymbol{x}$ により定義する。このとき A が可逆行列なのは、f が可逆関数のとき、かつ、そのときに限る。

定理 6.4.8 より、f が可逆なのは、$\dim \text{Ker } f = 0$、かつ、$\dim \mathbb{F}^C = \dim \mathbb{F}^R$ のときに限り、これは、$\dim \text{Null } A = 0$、かつ、$|C| = |R|$ のときに限る。更に、$\dim \text{Null } A = 0$ なのは、ゼロベクトルが列ベクトルの自明な線形結合でしか書けないときに限る。即ち、列ベクトルが線形独立のときに限る。 □

系 6.4.11： 可逆行列の転置は可逆である。

証明

A を可逆行列とする。このとき、A は正方行列であり、かつ、その列ベクトルは線形独立である。n を列の数とする。これらを以下のように表す。

$$A = \left[\begin{array}{c|c|c} \boldsymbol{v}_1 & \cdots & \boldsymbol{v}_n \end{array} \right] = \left[\begin{array}{c} \boldsymbol{a}_1 \\ \hline \vdots \\ \hline \boldsymbol{a}_n \end{array} \right]$$

及び

$$A^T = \left[\begin{array}{c|c|c} \boldsymbol{a}_1 & \cdots & \boldsymbol{a}_n \end{array}\right]$$

A の列ベクトルは線形独立なので、A のランクは n である。A は正方行列なので、n 個の行を持つ。ランク定理より、A の行ランクは n、即ち、行ベクトルは線形独立である。

転置行列 A^T の列ベクトルは A の行ベクトルである。従って、A^T の列ベクトルは線形独立である。A^T は正方行列であり、かつ、その列ベクトルは線形独立なので、系 6.4.10 より、A^T は可逆であることが分かる。 □

補題 4.13.11 では、**A が逆行列 A^{-1} を持つならば AA^{-1} は単位行列である**、ということを示した。更に、例 4.13.18（p.242）では、この逆は必ずしも真ではないことを見た。即ち、AB が単位行列になるような行列 A、B について、それぞれがもう一方の逆行列になっていないものが存在する。ここでようやく足りないものが分かった。正方行列という条件だ。

系 6.4.12： A、B をそれぞれ BA が単位行列になるような正方行列とする。このとき、A と B は、一方がもう一方の逆行列になっている。

証明

A を $R \times C$ 行列とすると、B は $C \times R$ 行列である必要がある。このとき、BA は $C \times C$ 単位行列 $\mathbb{1}_C$ となる。

まず、A の列ベクトルが線形独立であることを示そう。$\boldsymbol{u}$ を $A\boldsymbol{u} = \boldsymbol{0}$ を満たす任意のベクトルとする。このとき、$B(A\boldsymbol{u}) = B\boldsymbol{0} = \boldsymbol{0}$ である。一方、$(BA)\boldsymbol{u} = \mathbb{1}_C\boldsymbol{u} = \boldsymbol{u}$ なので、$\boldsymbol{u} = \boldsymbol{0}$ を得る。

従って、系 6.4.10 より、A は可逆である。この逆行列を A^{-1} と書く。補題 4.13.11 より、AA^{-1} は $R \times R$ 単位行列 $\mathbb{1}_R$ である。

$$\begin{array}{rcll} BA & = & \mathbb{1}_C & \\ BAA^{-1} & = & \mathbb{1}_C A^{-1} & \text{右から } A^{-1} \text{を掛ける} \\ BAA^{-1} & = & A^{-1} & \\ B\mathbb{1}_R & = & A^{-1} & \text{補題 4.13.11 より} \\ B & = & A^{-1} & \end{array}$$

□

例 6.4.13： $\begin{bmatrix} 1 & 2 & 3 \\ 4 & 5 & 6 \end{bmatrix}$ は正方行列でないので、可逆ではない。

例 6.4.14： $\begin{bmatrix} 1 & 2 \\ 3 & 4 \end{bmatrix}$ は正方行列であり、かつ、列ベクトルが線形独立なので、可逆である。

例 6.4.15： $\begin{bmatrix} 1 & 1 & 2 \\ 2 & 1 & 3 \\ 3 & 1 & 4 \end{bmatrix}$ は正方行列であるが、列ベクトルが線形独立でないので、可逆ではない。

6.4.8 行列の可逆性と基底の変換

5.8 節で見たように、ある空間の基底 $\boldsymbol{a}_1, \ldots, \boldsymbol{a}_n$ と基底 $\boldsymbol{b}_1, \ldots, \boldsymbol{b}_m$ に対し、ベクトルの $\boldsymbol{a}_1, \ldots, \boldsymbol{a}_n$ についての座標表現を $\boldsymbol{b}_1, \ldots, \boldsymbol{b}_m$ についての座標表現へ変換する $m \times n$ 行列 C が存在する。更に、これまでに見てきたように、C は可逆であった。

いま、これらの基底が同じ数でなければならないことが分かっている。実際、系 6.4.10 より、C は正方行列である。

6.5 アニヒレーター

3.3.3 節で見たように、ベクトル空間の 2 つの表現

- 有限のベクトルの集合の線形包
- 同次線形系の解集合

は有用であった。また、3.5.5 節で見たようにアフィン空間についての類似の表現

- 有限のベクトルの集合のアフィン包
- 線形系の解集合

もやはり非常に有用であった。これらの表現がその潜在能力を十分に発揮するには、表現の間の変換方法を知っていなければならない。

6.5.1 表現の間の変換

それには 4 つの異なる変換問題の計算方法が必要だろう。

変換問題 1： 与えられた同次線形系 $A\boldsymbol{x} = \boldsymbol{0}$ に対し、この同次線形系の解集合を張るようなベクトル $\boldsymbol{w}_1, \ldots, \boldsymbol{w}_k$ を求めよ。

変換問題 2： 与えられたベクトル $\boldsymbol{w}_1, \ldots, \boldsymbol{w}_k$ に対し、解集合が Span $\{\boldsymbol{w}_1, \ldots, \boldsymbol{w}_k\}$ と等しくなるような同次線形系 $A\boldsymbol{x} = \boldsymbol{0}$ を求めよ。

変換問題 3： 与えられた線形系 $A\boldsymbol{x} = \boldsymbol{b}$ に対し、（解集合が空でないならば）この線形系の解集合のアフィン包となるようなベクトル $\boldsymbol{u}_1, \ldots, \boldsymbol{u}_k$ を求めよ。

変換問題 4： 与えられたベクトル $\boldsymbol{u}_1, \ldots, \boldsymbol{u}_k$ に対し、解集合が $\{\boldsymbol{u}_1, \ldots, \boldsymbol{u}_k\}$ のアフィン包と等しくなるような線形系 $A\boldsymbol{x} = \boldsymbol{b}$ を求めよ。

変換問題1は次のように言い換えることができる。

与えられた行列 A に対し、A のヌル空間の生成子を求めよ。

これはまさに5.10節で述べた計算問題5.10.2である。7章と9章で、この問題を解くアルゴリズムを示す。実は、変換問題1を解くアルゴリズムは全て、変換問題2〜4を解く際にも利用できる。

まず変換問題2について考えよう。これは、変換問題1を解くアルゴリズムで解くことができる。その解法は驚くべきものであり、また、エレガントである。次の節で、それを支える数学的基礎について説明することにしよう。

次に、変換問題3について考えよう。与えられた線形系 $A\boldsymbol{x} = \boldsymbol{b}$ に対し、行列とベクトルの方程式の解法(`solver` モジュールのような)を用いて、解 $\boldsymbol{u}_1$(存在する場合)を見つけることができる。更に、変換問題1のアルゴリズムを用いると、対応する同次線形系 $A\boldsymbol{x} = \boldsymbol{0}$ の解集合の生成子 $\boldsymbol{w}_1, \ldots, \boldsymbol{w}_k$ が導かれる。すると3.6.1節で見たように、$A\boldsymbol{x} = \boldsymbol{b}$ の解集合は、次のように与えられる。

$$\boldsymbol{u}_1 + \text{Span}\ \{\boldsymbol{w}_1, \ldots, \boldsymbol{w}_k\}$$

つまり、この解集合は、$\boldsymbol{u}_1, \boldsymbol{w}_1 + \boldsymbol{u}_1, \ldots, \boldsymbol{w}_k + \boldsymbol{u}_k$ のアフィン包である。

最後に、変換問題4について考えよう。その目的は、$\boldsymbol{u}_1, \ldots, \boldsymbol{u}_k$ のアフィン包を、線形系の解集合として表現することである。3.5.3節で見たように、そのアフィン包は次のように与えられる。

$$\boldsymbol{u}_1 + \text{Span}\ \{\boldsymbol{u}_2 - \boldsymbol{u}_1, \ldots, \boldsymbol{u}_k - \boldsymbol{u}_1\}$$

変換問題2のアルゴリズムを用いると、解集合が Span $\{\boldsymbol{u}_2 - \boldsymbol{u}_1, \ldots, \boldsymbol{u}_k - \boldsymbol{u}_1\}$ である同次線形系 $A\boldsymbol{x} = \boldsymbol{0}$ を見つけることができる。$\boldsymbol{b} = A\boldsymbol{u}_1$ とする。これは $\boldsymbol{u}_1$ が行列ベクトル方程式 $A\boldsymbol{x} = \boldsymbol{b}$ の1つの解であることを保証する。また補題3.6.1は解集合が

$$\boldsymbol{u}_1 + \text{Span}\ \{\boldsymbol{u}_2 - \boldsymbol{u}_1, \ldots, \boldsymbol{u}_k - \boldsymbol{u}_1\}$$

であることを保証する。これは $\boldsymbol{u}_1, \ldots, \boldsymbol{u}_k$ のアフィン包である。

例 6.5.1: 平面 $\{[x, y, z] \in \mathbb{R}^3 : [4, -1, 1] \cdot [x, y, z] = 0\}$ が与えられたとする。

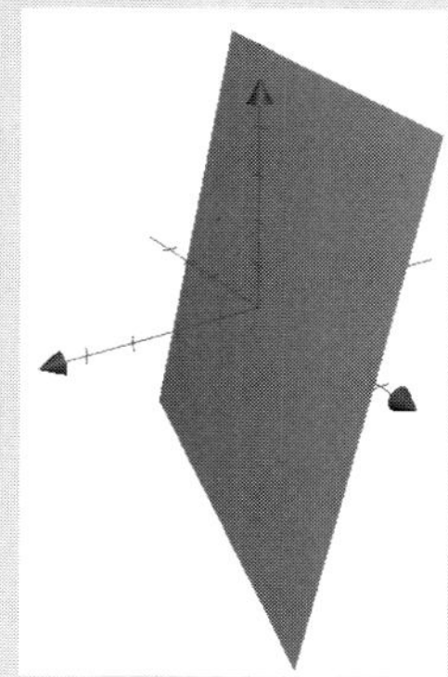

変換問題 1 のアルゴリズムは、この平面が Span $\{[1,2,-2],[0,1,1]\}$ としても書けることを教えてくれる。

例 6.5.2： 直線 $\{[x,y,z] \in \mathbb{R}^3 : [1,2,-2]\cdot[x,y,z]=0,\ [0,1,1]\cdot[x,y,z]=0\}$ が与えられたとする。

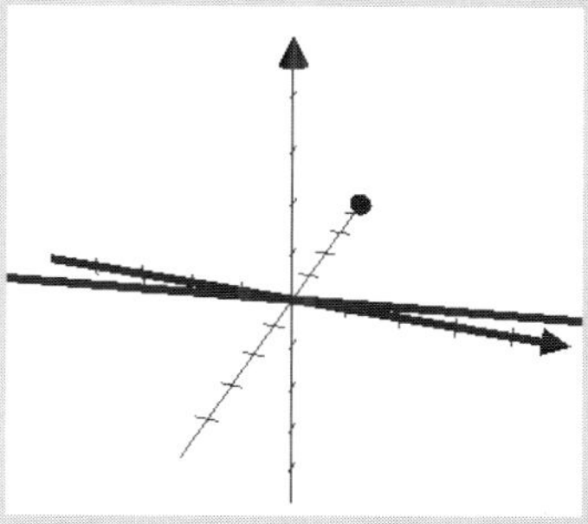

変換問題 1 のアルゴリズムは、この直線が Span $\{[4,-1,1]\}$ としても書けることを教えてくれる。

例 6.5.3： 平面 Span $\{[1,2,-2],[0,1,1]\}$ が与えられたとする。変換問題 2 のアルゴリズムは、この平面が $\{[x,y,z] \in \mathbb{R}^3 : [4,-1,1]\cdot[x,y,z]=0\}$ としても書けることを教えてくれる。

例 6.5.4： 直線 Span $\{[4,-1,1]\}$ が与えられたとする。変換問題 2 のアルゴリズムは、この直線が $\{[x,y,z] \in \mathbb{R}^3 : [1,2,-2]\cdot[x,y,z]=0,\ [0,1,1]\cdot[x,y,z]=0\}$ としても書けることを教えてくれる。

変換問題 1 と 2 は明らかに一方がもう一方の逆になっている。これは、例 6.5.4 が例 6.5.2 の逆の意味を持つこと、また、例 6.5.3 が例 6.5.1 の逆であるということからも分かる。

しかし、鋭い読者のみなさんは次のことに気付いているかもしれない。即ち、例 6.5.1 と例 6.5.3 では、平面は方程式 $[4,-1,1]\cdot[x,y,z]=0$ を含む線形系の解集合として、あるいは、ベクトル $[1,2,-2]$ と $[0,1,1]$ の線形包のどちらかで指定され、例 6.5.2 と例 6.5.4 では、同じベクトルが逆の役割を果たしていることだ。この直線は、同次線形系 $[1,2,-2]\cdot[x,y,z]=0,\ [0,1,1]\cdot[x,y,z]=0$ の解集合、あるいは、Span $\{[4,-1,1]\}$ として指定された。6.5.2 節では、このことから学んで行くことにしよう。

例 6.5.5： ある直線が $\{[x,y,z] \in \mathbb{R}^3 : [5,2,4]\cdot[x,y,z]=13,\ [0,2,-1]\cdot[x,y,z]=3\}$ として与えられたとする。

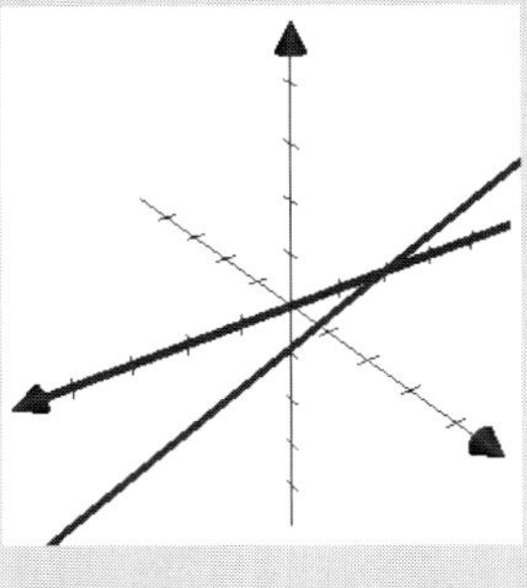

変換問題3のアルゴリズムは、この直線がベクトル $[3,1,-1]$、$[1,2,1]$ のアフィン包としても書けることを教えてくれる。

例 6.5.6： 3.5.5節の例では、複数の表現を用いて、光線と三角形の交差の求め方について具体的に示した。その重要なステップの1つは、与えられた三角形の頂点に対し、三角形を含む平面の方程式を見つけることであった。その頂点は $[1,1,1]$、$[2,2,3]$、$[-1,3,0]$ であった。

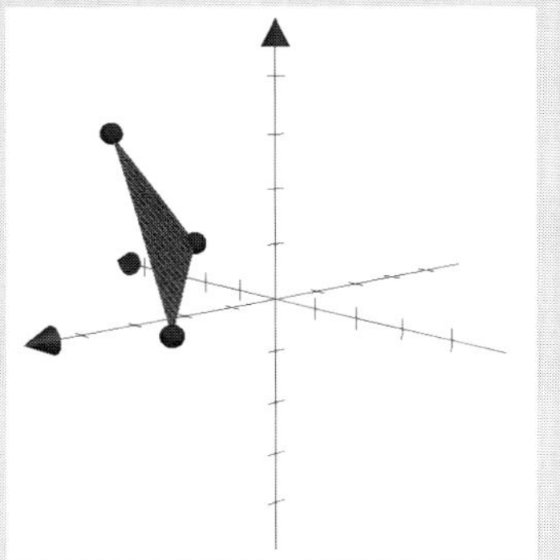

その三角形を含む平面はこれらの頂点のアフィン包である。変換問題4のアルゴリズムは、この平面が $[5,3,-4]\cdot[x,y,z]=4$ の解集合であることを教えてくれる。

6.5.2 ベクトル空間のアニヒレーター

この節では変換問題1のアルゴリズムを変換問題2で用いることを可能にする数学的概念を与えよう。

定義 6.5.7： $\mathbb{F}^n$ の部分空間 $\mathcal{V}$ に対し、$\mathcal{V}$ の**アニヒレーター**（*annihilator*）[†5]を $\mathcal{V}^o$ と書き、次のように定義する。

$$\mathcal{V}^o = \{\boldsymbol{u} \in \mathbb{F}^n \ : \ 任意のベクトル\ \boldsymbol{v} \in \mathcal{V}\ に対し\ \boldsymbol{u}\cdot\boldsymbol{v} = 0\}$$

†5 ［訳注］線形代数の文脈で、annihilator は、後で定義される直交補空間という訳が採用されることがある。しかし、これは orthogonal complement space の訳と重複し、更に、本書では、これらを明確に区別して用いている。また、抽象代数学の文脈で、annihilator は、零化イデアルと訳されることがある。しかし、これは無定義に使用するには難しい用語であると判断し、結局、「アニヒレーター」とカタカナでの訳を採用した。

変換問題 1 は行列のヌル空間の生成子を求めることを問題としていた。ベクトル空間のアニヒレーターとヌル空間はどのような関係にあるのだろうか？

補題 6.5.8： $\boldsymbol{a}_1, \ldots, \boldsymbol{a}_m$ を $\mathcal{V}$ の生成子とし、

$$A = \begin{bmatrix} \boldsymbol{a}_1 \\ \hline \vdots \\ \hline \boldsymbol{a}_m \end{bmatrix}$$

とする。このとき $\mathcal{V}^o = \text{Null}\ A$ が成り立つ。

証明

$\boldsymbol{v}$ を $\mathbb{F}^n$ のベクトルとする。このとき、

$$\begin{aligned} \boldsymbol{v} \text{ が Null } A \text{ の要素である} &\Leftrightarrow \boldsymbol{a}_1 \cdot \boldsymbol{v} = 0, \ldots, \boldsymbol{a}_m \cdot \boldsymbol{v} = 0 \\ &\Leftrightarrow \text{任意のベクトル } \boldsymbol{a} \in \text{Span } \{\boldsymbol{a}_1, \ldots, \boldsymbol{a}_m\} \text{ に対し } \boldsymbol{a} \cdot \boldsymbol{v} = 0 \\ &\Leftrightarrow \boldsymbol{v} \text{ は } \mathcal{V}^o \text{ の要素である。} \end{aligned}$$

□

例 6.5.9（$\mathbb{R}$ 上の例）： $\mathcal{V} = \text{Span } \{[1, 0, 1], [0, 1, 0]\}$ とする。$\mathcal{V}^o = \text{Span } \{[1, 0, -1]\}$ を示そう。

- まず、$[1, 0, -1] \cdot [1, 0, 1] = 0$、かつ、$[1, 0, -1] \cdot [0, 1, 0] = 0$ である。従って、$\text{Span } \{[1, 0, 1], [0, 1, 0]\}$ の任意のベクトル $\boldsymbol{v}$ に対し、$[1, 0, -1] \cdot \boldsymbol{v} = 0$ である。
- 任意のスカラー β と、$\text{Span } \{[1, 0, 1], [0, 1, 0]\}$ の任意のベクトル $\boldsymbol{v}$ に対し

$$\beta\,[1, 0, -1] \cdot \boldsymbol{v} = \beta\,([1, 0, -1] \cdot \boldsymbol{v}) = 0$$

  である。
- $\text{Span } \{[1, 0, 1], [0, 1, 0]\}$ の任意のベクトル $\boldsymbol{v}$ に対し、$\boldsymbol{u} \cdot \boldsymbol{v} = 0$ を満たす $\boldsymbol{u}$ はどのようなベクトルだろうか？ これは $[1, 0, -1]$ にスカラーを掛けたものに限る。

この例では、$\dim \mathcal{V} = 2$、$\dim \mathcal{V}^o = 1$ より

$$\dim \mathcal{V} + \dim \mathcal{V}^o = 3$$

が成り立つ。

例 6.5.10（$GF(2)$ 上の例）： $\mathcal{V} = \text{Span } \{[1, 0, 1], [0, 1, 0]\}$ とする。$\mathcal{V}^o = \text{Span } \{[1, 0, 1]\}$ を示そう。

- まず、$[1, 0, 1] \cdot [1, 0, 1] = 0$（$GF(2)$ の加法を思い出すこと）、かつ、$[1, 0, 1] \cdot [0, 1, 0] = 0$ である。
- 従って、$\text{Span } \{[1, 0, 1], [0, 1, 0]\}$ の任意のベクトル $\boldsymbol{v}$ に対し、$[1, 0, 1] \cdot \boldsymbol{v} = 0$ である。

- もちろん、Span $\{[1,0,1],[0,1,0]\}$ の任意のベクトル $\boldsymbol{v}$ に対し、$[0,0,0]\cdot\boldsymbol{v}=0$ である。
- 結果として、$[1,0,1]$ と $[0,0,0]$ だけが、このような条件を満たすベクトルである。

この例でも、$\dim\mathcal{V}=2$、$\dim\mathcal{V}^o=1$ より

$$\dim\mathcal{V}+\dim\mathcal{V}^o=3$$

が成り立つ。

例 6.5.11（$\mathbb{R}$ 上の例）： $\mathcal{V}=\text{Span }\{[1,0,1,0],[0,1,0,1]\}$ とする。このとき、$\mathcal{V}^o=\text{Span }\{[1,0,-1,0],[0,1,0,-1]\}$ である。この例では、$\dim\mathcal{V}=2$、$\dim\mathcal{V}^o=2$ より、

$$\dim\mathcal{V}+\dim\mathcal{V}^o=4$$

が成り立つ。

注意 6.5.12： 3.4.4 節で少し触れた線形代数の伝統的かつ抽象的なアプローチでは、アニヒレーターは異なった方法で定義される。しかし、どちらの定義でも矛盾はない。

6.5.3 アニヒレーター次元定理

以上の例では、$\mathcal{V}$ の次元とそのアニヒレーターの次元の和が、元となる空間の次元と等しかった。これは、ただの偶然ではない。

定理 6.5.13（アニヒレーター次元定理）： $\mathcal{V}$ と $\mathcal{V}^o$ を $\mathbb{F}^n$ の部分空間とする。このとき、

$$\dim\mathcal{V}+\dim\mathcal{V}^o=n$$

が成り立つ。

証明

A を行ベクトル空間が $\mathcal{V}$ となる行列とする。補題 6.5.8 より、$\mathcal{V}^o=\text{Null }A$ である。ランクと次元退化の定理は rank $A+$ nullity $A=n$ であることを主張し、これは $\dim\mathcal{V}+\dim\mathcal{V}^o=n$ を導く。 □

例 6.5.14： $A=\begin{bmatrix}1&0&2&4\\\hline 0&5&1&2\\\hline 0&2&5&6\end{bmatrix}$ のヌル空間の基底を求めよう。$\mathcal{V}=\text{Row }A$ とする。補題 6.5.8 より、A のヌル空間はアニヒレーター $\mathcal{V}^o$ である。A の 3 つの行ベクトルは線形独立なので、$\dim\text{Row }A$ は 3 である。従って、アニヒレーター次元定理より、$\dim\mathcal{V}^o$ は $4-3$、つまり 1 である。ここでベク

トル $\left[1, \frac{1}{10}, \frac{13}{20}, -\frac{23}{40}\right]$ は、A の任意の行ベクトルとのドット積が 0 となる。つまり、このベクトルがアニヒレーターの基底を成す。即ち、A のヌル空間の基底を成す。

6.5.4 $\mathcal{V}$ の生成子から $\mathcal{V}^o$ の生成子へ、及びその逆

補題 6.5.8 では、行を $\boldsymbol{a}_1, \ldots, \boldsymbol{a}_m$ とする行列に対するヌル空間の生成子を求めるアルゴリズムは、Span $\{\boldsymbol{a}_1, \ldots, \boldsymbol{a}_m\}$ のアニヒレーターの生成子を求めるアルゴリズムでもあるということを示した。

以下のようなアルゴリズム、**アルゴリズム X** を持っていたとする。即ち、これはベクトル空間 $\mathcal{V}$ の生成子を与えると、そのアニヒレーター $\mathcal{V}^o$ の生成子を出力する。

ベクトル空間 $\mathcal{V}$ の生成子
↓
| アルゴリズム X |
↓
アニヒレーター $\mathcal{V}^o$ の生成子

アルゴリズム X の入力として $\mathcal{V}^o$ の生成子を与えるとどうなるだろうか？ それは当然アニヒレーター $\mathcal{V}^o$ に対するアニヒレーターの生成子を出力すべきである。

アニヒレーター $\mathcal{V}^o$ の生成子
↓
| アルゴリズム X |
↓
アニヒレーター $\mathcal{V}^o$ のアニヒレーター $(\mathcal{V}^o)^o$ の生成子

次の節で、アニヒレーターのアニヒレーターは、元の空間となることを学ぶ。これは、アルゴリズム X に対し、$\mathcal{V}$ のアニヒレーター $\mathcal{V}^o$ の生成子を入力すると、元の空間 $\mathcal{V}$ の生成子を出力することを意味する。

アニヒレーター $\mathcal{V}^o$ の生成子
↓
| アルゴリズム X |
↓
元の空間 $\mathcal{V}$ の生成子

ここではヌル空間とアニヒレーターの関係を与えた。これは、出力ベクトルが行ベクトルとなる行列は、入力ベクトルの線形包が、その行列のヌル空間であることを意味する。従って、アルゴリズム X は変換問題 1 より、変換問題 2 を解くことができる。それら 2 つの問題は、一見異なって見えるが実は同じ問題なのである。

6.5.5 アニヒレーター定理

定理 6.5.15（アニヒレーター定理）： $(\mathcal{V}^o)^o = \mathcal{V}$（アニヒレーターのアニヒレーターは元の空間と等しい）

証明

$\boldsymbol{a}_1, \ldots, \boldsymbol{a}_m$ を $\mathcal{V}$ の基底とし、$\boldsymbol{b}_1, \ldots, \boldsymbol{b}_k$ を $\mathcal{V}^o$ の基底とする。$\mathcal{V}$ の任意のベクトル $\boldsymbol{v}$ に対し、$\boldsymbol{b}_1 \cdot \boldsymbol{v} = 0$ なので

$$\boldsymbol{b}_1 \cdot \boldsymbol{a}_1 = 0,\ \boldsymbol{b}_1 \cdot \boldsymbol{a}_2 = 0,\ \ldots,\ \boldsymbol{b}_1 \cdot \boldsymbol{a}_m = 0$$

を得る。同様に、$i = 1, 2, \ldots, k$ に対し $\boldsymbol{b}_i \cdot \boldsymbol{a}_1 = 0,\ \boldsymbol{b}_i \cdot \boldsymbol{a}_2 = 0,\ \ldots,\ \boldsymbol{b}_i \cdot \boldsymbol{a}_m = 0$ である。

これを見直せば

$$\boldsymbol{a}_1 \cdot \boldsymbol{b}_1 = 0,\ \boldsymbol{a}_1 \cdot \boldsymbol{b}_2 = 0,\ \ldots,\ \boldsymbol{a}_1 \cdot \boldsymbol{b}_k = 0$$

を得る。つまり、Span $\{\boldsymbol{b}_1, \ldots, \boldsymbol{b}_k\}$、即ち、$\mathcal{V}^o$ の任意のベクトル $\boldsymbol{u}$ に対し $\boldsymbol{a}_1 \cdot \boldsymbol{u} = 0$ が成り立つ。従って $\boldsymbol{a}_1$ は $(\mathcal{V}^o)^o$ の要素であることが分かる。

同様に、$\boldsymbol{a}_2$ は $(\mathcal{V}^o)^o$ の要素、$\boldsymbol{a}_3$ は $(\mathcal{V}^o)^o$ の要素、……、$\boldsymbol{a}_m$ は $(\mathcal{V}^o)^o$ の要素であることが分かる。従って、Span $\{\boldsymbol{a}_1, \boldsymbol{a}_2, \ldots, \boldsymbol{a}_m\}$ の任意のベクトルが $(V^o)^o$ の要素であることが分かった。即ち、Span $\{\boldsymbol{a}_1, \boldsymbol{a}_2, \ldots, \boldsymbol{a}_m\}$、つまり、$\mathcal{V}$ は $(\mathcal{V}^o)^o$ の部分空間である。

あとは $\dim \mathcal{V} = \dim (\mathcal{V}^o)^o$ を示すことが残っている。これを示せば、次元原理により $\mathcal{V} = (\mathcal{V}^o)^o$ が分かる。

アニヒレーター次元定理より、$\dim \mathcal{V} + \dim \mathcal{V}^o = n$ を得る。また、$\mathcal{V}^o$ にアニヒレーター次元定理を用いると、$\dim \mathcal{V}^o + \dim (\mathcal{V}^o)^o = n$ を得る。

これらの式を合わせ、$\dim \mathcal{V} = \dim (\mathcal{V}^o)^o$ を得る。 □

6.6 確認用の質問

- 1つのベクトル空間は異なる数の基底を持つことはできるか？
- ベクトルの集合のランクとは何か？
- 行列のランクとは何か？
- 次元とランクの違いは何か？
- 次元とランクはどのようにグラフに応用されるか？
- ランク定理とは何か？
- 次元原理とは何か？
- 2つのベクトル空間はどのような条件を満たすとき直和を取ることができるか？
- 2つのベクトル空間の直和の次元と元の2つのベクトル空間の次元にはどのような関係があるか？
- 次元はどのようにして線形関数の可逆性の判定に用いられるか？
- 次元定理とは何か？
- ランクと退化次数の定理とは何か？
- 次元はどのようにして行列の可逆性の判定に用いられるか？
- ベクトル空間のアニヒレーターとは何か？
- アニヒレーター定理とは何か？

6.7 問題

交換の補題を用いたモーフィング

問題 6.7.1： 交換の補題を用いて、ある全域森を他の全域森に変換する練習をしてみよう。

図 6-1(a) のキャンパスマップを考えよう。全域森に対する交換の補題を用いて、図 6-1(a) の全域森 $F_0 = \{$(W, K), (W, M), (P, W), (K, A)$\}$ を、図 6-1(b) の全域森 $F_4 = \{$(P, K), (P, M), (P, A), (W, A)$\}$ に変換する。ここで変換の各ステップに対応する森 F_0、F_1、F_2、F_3、F_4 を示せ。

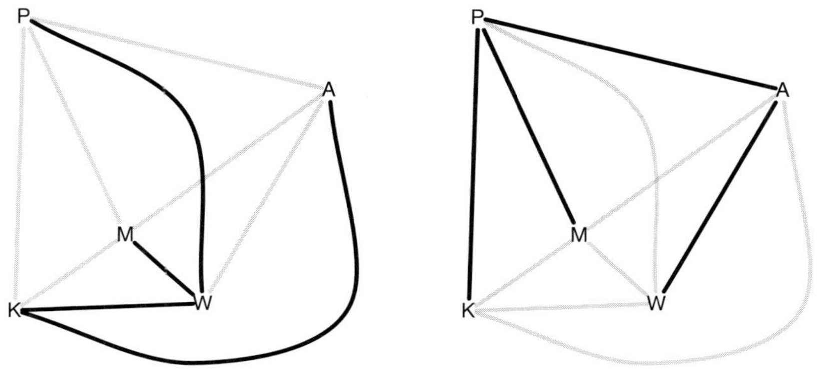

(a) キャンパスマップと全域森 F_0　　(b) キャンパスマップと全域森 F_4

図 6-1　問題 6.7.1 のための図

次の 2 つの問題では、交換の補題を繰り返し用いて、集合 $S = \{\boldsymbol{w}_0, \boldsymbol{w}_1, \boldsymbol{w}_2\}$ を、集合 $B = \{\boldsymbol{v}_0, \boldsymbol{v}_1, \boldsymbol{v}_2\}$ に変換する。各ステップで、B のベクトルの 1 つが加えられ、S のベクトルの 1 つが取り除かれる。ここで、ベクトルを取り除く際に、ベクトルが張る集合を変えないように注意しなければならない。

変換の繰り返しの経過を追うために、次の表を用いても構わない。

	S_i	A	加えられた $\boldsymbol{v}$	取り除かれた $\boldsymbol{w}$
$i=0$	$\{\boldsymbol{w}_0, \boldsymbol{w}_1, \boldsymbol{w}_2\}$	$\emptyset$		
$i=1$				
$i=2$				
$i=3$	$\{\boldsymbol{v}_0, \boldsymbol{v}_1, \boldsymbol{v}_2\}$	$\{\boldsymbol{v}_0, \boldsymbol{v}_1, \boldsymbol{v}_2\}$	-	

$\{\boldsymbol{w}_0, \boldsymbol{w}_1, \boldsymbol{w}_2\}$ から $\{\boldsymbol{v}_0, \boldsymbol{v}_1, \boldsymbol{v}_2\}$ へ変換する過程で S_1（1 回目の繰り返し後）と S_2（2 回目の繰り返し後）に属するベクトルのリストを完成させよ。

問題 6.7.2： $\mathbb{R}$ 上のベクトル：

$$\boldsymbol{w}_0 = [1,0,0] \qquad \boldsymbol{v}_0 = [1,2,3]$$
$$\boldsymbol{w}_1 = [0,1,0] \qquad \boldsymbol{v}_1 = [1,3,3]$$
$$\boldsymbol{w}_2 = [0,0,1] \qquad \boldsymbol{v}_2 = [0,3,3]$$

問題 6.7.3： $GF(2)$ 上のベクトル：

$$w_0 = [0, one, 0] \qquad v_0 = [one, 0, one]$$

$$w_1 = [0, 0, one] \qquad v_1 = [one, 0, 0]$$

$$w_2 = [one, one, one] \qquad v_2 = [one, one, 0]$$

問題 6.7.4： この問題では、以下の機能を持つプロシージャを書いてもらう。

- **入力**：ベクトルのリスト S と、及び線形独立なベクトルのリスト B で Span S = Span B を満たすもの
- **出力**：B のベクトルと、S のいくつかのベクトルを含むベクトルのリスト T で以下を満たすもの
  - $|T| = |S|$
  - Span T = Span S

このプロシージャはそれ自身が有用なのではない。実際、B のベクトルと、B に $|T| = |S|$ とするのに十分な S のベクトルを加えることで T が定義されるような、自明な実装が存在する。このプロシージャを書くポイントは、モーフィングの定理の証明について理解したことを、具体的に書いてみることである。従って、このプロシージャはモーフィングの定理の証明に似たものになるだろう。即ち、T は S から段階的に求めることができる。このとき各ステップでは、交換の補題を用いて B のベクトルを加え、$S - B$ のベクトルを取り除く。このプロシージャは S から T へのモーフィングを用いて（加えられるベクトル, 取り除かれるベクトル）の組のリストを返さなくてはならない。

このプロシージャは `morph(S, B)` と書かれる。その機能は以下の通りである。

- **入力**：異なるベクトルのリスト S と、線形独立なベクトルのリスト B で Span S = Span B を満たすもの
- **出力**：ベクトルの組の k 個の要素を持つリスト $[(z_1, w_1), (z_2, w_2), \ldots, (z_k, w_k)]$ で $i = 1, 2, \ldots, k$ に対し、次を満たすもの

$$\text{Span } S = \text{Span } (S \cup \{z_1, z_2, \ldots, z_i\} - \{w_1, w_2, \ldots, w_i\})$$

  ここで $k = |B|$ である。

このプロシージャではループを用いる。また、問題 5.14.19 の `exchange(S, A, z)` か、問題 5.14.14 の `vec2rep(veclist, v)`、あるいは solver モジュールを用いてもよい。

以下に、プロシージャの使用方法を示す。

```
>>> S = [list2vec(v) for v in [[2,4,0],[1,0,3],[0,4,4],[1,1,1]]]
>>> B = [list2vec(v) for v in [[1,0,0],[0,1,0],[0,0,1]]]
>>> for (z,w) in morph(S, B):
...   print("加えた ", z)
```

```
...   print("取り出した ", w)
...   print()
...
加えた
 0 1 2
------
 1 0 0
取り出した
 0 1 2
------
 2 4 0

加えた
 0 1 2
------
 0 1 0
取り出した
 0 1 2
------
 1 0 3

加えた
 0 1 2
------
 0 0 1
取り出した
 0 1 2
------
 0 4 4
```

作成したプロシージャを以上の例を用いて試してみよ。ただし、その結果は上の例と完全に一致している必要はない。

次元とランク

問題 6.7.5： 以下のそれぞれの行列に対し、(a) 行ベクトル空間の基底を与え、(b) 列ベクトル空間の基底を与え、(c) 行ランクと列ランクが等しいことを確認せよ。

1. $\begin{bmatrix} 1 & 2 & 0 \\ 0 & 2 & 1 \end{bmatrix}$

2. $\begin{bmatrix} 1 & 4 & 0 & 0 \\ 0 & 2 & 2 & 0 \\ 0 & 0 & 1 & 1 \end{bmatrix}$

3. $\begin{bmatrix} 1 \\ 2 \\ 3 \end{bmatrix}$

4. $\begin{bmatrix} 1 & 0 \\ 2 & 1 \\ 3 & 4 \end{bmatrix}$

問題 6.7.6： この問題では、再び線形独立性をテストするプロシージャを書いてみる。以下の機能を持つプロシージャ my_is_independent(L) を書きテストせよ。

- **入力：** ベクトルのリスト L
- **出力：** ベクトルのリストが線形独立であれば True

ベクトルは Vec のインスタンスとして表現される。プロシージャ rank(L) を提供する independence モジュールは既にあるので、このプロシージャを用いて my_is_independent(L) を書け。ループや内包表記は必要ない。これはとても単純なプロシージャである。

以下にプロシージャの使用方法を示す。

```
>>> my_is_independent([list2vec(v) for v in [[2,4,0],[8,16,4],[0,0,7]]])
False
>>> my_is_independent([list2vec(v) for v in [[2,4,0],[8,16,4]]])
True
```

作成したプロシージャを以下の例に対しテストせよ（これは数学的に書かれており、Python 形式で書かれてはいないので適切に書き換えよ）。

- $\mathbb{R}$ 上の $[[2,4,0],[8,16,4],[0,0,7]]$
- $\mathbb{R}$ 上の $[[1,3,0,0],[2,1,1,0],[0,0,1,0],[1,1,4,-1]]$
- $GF(2)$ 上の $[[one,0,one,0],[0,one,0,0],[one,one,one,one],[one,0,0,one]]$

問題 6.7.7： 以下の機能を持つプロシージャ my_rank(L) を書きテストせよ。

- **入力：** Vec のリスト L
- **出力：** L のランク

この問題では問題 5.14.17 で作成したプロシージャ subset_basis(T) を用いることができる。この場合、ループは必要ない。別の方法として、問題 5.14.16、または、independence モジュールのプロシージャ is_independent(L) を用いることができる。この場合はプロシージャにループが必要である。

以下にプロシージャの使用方法を示す。

```
>>> my_rank([list2vec(v) for v in [[1,2,3],[4,5,6],[1.1,1.1,1.1]]])
2
```

作成したプロシージャを以下の例を用いてテストせよ。

- $\mathbb{R}$ 上の $[[1,2,3],[4,5,6],[1.1,1.1,1.1]]$（ランクは 2）
- $\mathbb{R}$ 上の $[[1,3,0,0],[2,0,5,1],[0,0,1,0],[0,0,7,-1]]$
- $GF(2)$ 上の $[[one,0,one,0],[0,one,0,0],[one,one,one,one],[0,0,0,one]]$

問題 6.7.8： ベクトル空間の次元が n のとき、任意の $n+1$ 個のベクトルが線形従属であることを示せ。

直和

問題 6.7.9： 以下の各ベクトル空間の部分空間 $\mathcal{U}$、$\mathcal{V}$ について、$\mathcal{U} \cap \mathcal{V} = \{\mathbf{0}\}$ かどうか確かめよ。

1. $GF(2)^4$ の部分空間：$\mathcal{U} = \text{Span}\ \{1010, 0010\}$、$\mathcal{V} = \text{Span}\ \{0101, 0001\}$
2. $\mathbb{R}^3$ の部分空間：$\mathcal{U} = \text{Span}\ \{[1,2,3],[1,2,0]\}$、$\mathcal{V} = \text{Span}\ \{[2,1,3],[2,1,3]\}$
3. $\mathbb{R}^4$ の部分空間：$\mathcal{U} = \text{Span}\ \{[2,0,8,0],[1,1,4,0]\}$、$\mathcal{V} = \text{Span}\ \{[2,1,1,1],[0,1,1,1]\}$

問題 6.7.10： 命題 6.3.5 は直和 $\mathcal{U} \oplus \mathcal{V}$ がベクトル空間であると主張する。ベクトル空間の定義である性質 V1、V2、V3 を満たすことを確認し、この命題を証明せよ。

直和の表現の一意性

問題 6.7.11： 以下の機能を持つプロシージャ `direct_sum_decompose(U_basis, V_basis, w)` を書きテストせよ。

- **入力**：ベクトル空間 $\mathcal{U}$ の基底のリスト *U_basis*、ベクトル空間 $\mathcal{V}$ の基底のリスト *V_basis*、直和 $\mathcal{U} \oplus \mathcal{V}$ の要素であるベクトル $\boldsymbol{w}$
- **出力**：$\boldsymbol{w} = \boldsymbol{u} + \boldsymbol{v}$ を満たし $\boldsymbol{u}$、$\boldsymbol{v}$ がそれぞれ $\mathcal{U}$、$\mathcal{V}$ に属する組 $(\boldsymbol{u}, \boldsymbol{v})$

任意のベクトルは `Vec` のインスタンスとして表現される。作成するプロシージャでは $\mathcal{U}$ と $\mathcal{V}$ の基底を加えたものが $\mathcal{U} \oplus \mathcal{V}$ の基底であるという事実を用いる。`solver` モジュールか、問題 5.14.14 のプロシージャ `vec2rep(veclist, v)` を用いること。

R 上：U_basis $= \{[2,1,0,0,6,0],[11,5,0,0,1,0],[3,1.5,0,0,7.5,0]\}$,
V_basis $= \{[0,0,7,0,0,1],[0,0,15,0,0,2]\}$ が与えられたとき、以下のそれぞれのベクトル $\boldsymbol{w}$ を用いて作成したプロシージャをテストせよ。

1. $\boldsymbol{w} = [2,5,0,0,1,0]$
2. $\boldsymbol{w} = [0,0,3,0,0,-4]$
3. $\boldsymbol{w} = [1,2,0,0,2,1]$
4. $\boldsymbol{w} = [-6,2,4,0,4,5]$

$GF(2)$ 上：U_basis $= \{[one, one, 0, one, 0, one],[one, one, 0, 0, 0, one],[one, 0, 0, 0, 0, 0]\}$,
V_basis $= \{[one, one, one, 0, one, one]\}$ が与えられたとき、以下のそれぞれのベクトル $\boldsymbol{w}$ を用いて作成したプロシージャをテストせよ。

1. $\boldsymbol{w} = [0,0,0,0,0,0]$
2. $\boldsymbol{w} = [one, 0, 0, one, 0, 0]$
3. $\boldsymbol{w} = [one, one, one, one, one, one]$

可逆性の判定

問題 6.7.12： 以下の機能を持つプロシージャ `is_invertible(M)` を書きテストせよ。

- **入力**：`Mat` のインスタンス `M`
- **出力**：`M` が可逆行列のとき `True`、そうでないとき `False`

このプロシージャではループも内包表記も使う必要がない。これには `matutil` モジュール、及び、`independence` モジュールのプロシージャを用いることができる。

作成したプロシージャを以下の例を用いてテストせよ。

$\mathbb{R}$ 上：

$$\begin{bmatrix} 1 & 2 & 3 \\ 3 & 1 & 1 \end{bmatrix} \quad \begin{bmatrix} 1 & 0 & 1 & 0 \\ 0 & 2 & 1 & 0 \\ 0 & 0 & 3 & 1 \\ 0 & 0 & 0 & 4 \end{bmatrix} \quad \begin{bmatrix} 1 & 0 \\ 0 & 1 \\ 2 & 1 \end{bmatrix} \quad \begin{bmatrix} 1 & 0 \\ 0 & 1 \end{bmatrix} \quad \begin{bmatrix} 1 & 0 & 1 \\ 0 & 1 & 1 \\ 1 & 1 & 0 \end{bmatrix}$$

False　True　False　True　True

$GF(2)$ 上：

$$\begin{bmatrix} one & 0 & one \\ 0 & one & one \\ one & one & 0 \end{bmatrix} \quad \begin{bmatrix} one & one \\ 0 & one \end{bmatrix}$$

False　　　　True

ℝ 上の行列と $GF(2)$ 上の行列でよく似た例があることと、その一方の行列は可逆だが他方は可逆ではないことに注意して欲しい。

逆行列の計算

問題 6.7.13： 以下の機能を持つプロシージャ `find_matrix_inverse(A)` を書け。

- **入力**：$GF(2)$ 上の可逆行列 A（`Mat` のインスタンス）
- **出力**：A の逆行列（これもまた `Mat` のインスタンス）

入力と出力の行列が $GF(2)$ 上で定義されていることに注意せよ。

作成した逆行列プロシージャを AA^{-1} と $A^{-1}A$ を出力することでテストせよ。

以下の $GF(2)$ 上の行列に対し、作成したプロシージャをテストせよ（**注意**：プロシージャから行列の出力が得られたら、入力と出力の行列を互いに掛けることで、確かに入力された行列の逆行列となっていることをチェックせよ）。

- $$\begin{bmatrix} 0 & one & 0 \\ one & 0 & 0 \\ 0 & 0 & one \end{bmatrix}$$
- $$\begin{bmatrix} one & one & one & one \\ one & one & one & 0 \\ 0 & one & 0 & one \\ 0 & 0 & one & 0 \end{bmatrix}$$
- $$\begin{bmatrix} one & one & 0 & 0 & 0 \\ 0 & one & one & 0 & 0 \\ 0 & 0 & one & one & 0 \\ 0 & 0 & 0 & one & one \\ 0 & 0 & 0 & 0 & one \end{bmatrix}$$

このプロシージャは `solver` モジュールのプロシージャ `solve` をサブルーチンとして用いることになるだろう。$GF(2)$ を用いているので丸め誤差によるエラーを心配する必要はない。プロシージャは次の結果に基づく。

A、B をそれぞれ BA が単位行列になるような正方行列とする。このとき、A と B は、一方がもう一方の逆行列になっている。

具体的にいえば、このプロシージャでは、AB が単位行列になるような正方行列 B を探す。

$$\begin{bmatrix} & & \\ & A & \\ & & \end{bmatrix}\begin{bmatrix} & & \\ & B & \\ & & \end{bmatrix}=\begin{bmatrix} 1 & & \\ & \ddots & \\ & & 1 \end{bmatrix}$$

これを見つけるために、B と単位行列はいずれも列ベクトルから成ると考える。

$$\begin{bmatrix} & & \\ & A & \\ & & \end{bmatrix}\left[\begin{array}{c|c|c} & & \\ \boldsymbol{b}_1 & \cdots & \boldsymbol{b}_n \\ & & \end{array}\right]=\left[\begin{array}{c|c|c} 1 & & \\ & \cdots & \\ & & 1 \end{array}\right]$$

行列とベクトルの積による行列と行列の積の定義を用いると、この行列と行列の方程式を、行列とベクトルの n 個の方程式の集まり、即ち、$\boldsymbol{b}_1$ の方程式、...、$\boldsymbol{b}_n$ の方程式と解釈できる。これらの方程式を解くことで B の列ベクトルを導くことができる。

注意：A が $R \times C$ 行列ならば、AB は $R \times R$ 行列でなければならないから、逆行列 B は $C \times R$ 行列でなければならない。

問題 6.7.14： 上三角行列の逆行列を見つけるプロシージャ `find_triangular_matrix_inverse(M)` を書け。

- **入力**：対角要素が 0 でない上三角行列である `Mat` のインスタンス M
  行のラベルの集合と列のラベルの集合を $\{0, 1, 2 \ldots, n-1\}$ と仮定してよい。
- **出力**：M の逆行列を表す `Mat` のインスタンス

このプロシージャは、`triangular` モジュールで定義された `triangular_solve` を用いる。また、このプロシージャは `matutil` のプロシージャを用いることができるが、それ以外のプロシージャなどを利用してはいけない。

以下の例で作成したプロシージャを試せ。

```
>>> A = listlist2mat([[1, .5, .2, 4],[0, 1, .3, .9],[0,0,1,.1],[0,0,0,1]])
```

7章 ガウスの掃き出し法

自然よ、きさまがおれの神さまだ。きさまの掟だけにおれは仕えるのだ。†1

カール・フリードリヒ・ガウス

本章では、いよいよ線形代数の計算問題を解くための洗練されたアルゴリズムについて扱おう。これは、一般に**ガウスの掃き出し法**と呼ばれているものであるが、実はガウスが生まれるおよそ 2000 年前に中国の**九章算術**という教科書の第 8 章で既に発表されていたものである。

その後、ヨーロッパでアイザック・ニュートンや、ミシェル・ロルにより再発見され、多くの人々によって洗練されていった。ガウスはこれを他の問題にも適用できるように改善したが、それについては 8 章で扱うことにしよう。

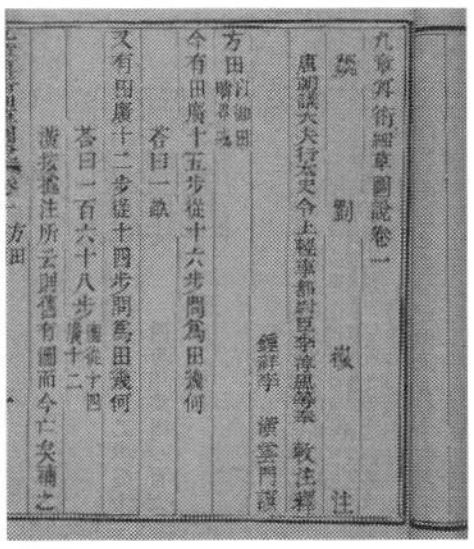
方田
今有田廣十五步從十六步問爲田幾何
答曰一畝
又有田廣十二步從十四步問爲田幾何
答曰一百六十八步

ガウス自身はこの方法を**共通消去法**と呼んでいた。しかし、彼はこの計算を分かりやすく表す記法を導入したので、おそらくそれが理由となって、1944 年に出版された調査論文の著者ヘンリー・ジェンセンにより「ガウスの掃き出し法」と呼ばれ、今日に至っている。

このアルゴリズムは行列の概念より前に定式化されていたので、ジェンセンやその他の人々によって、行列を用いた表現に書き直された。また、このアルゴリズムは 2.11 節で取り扱った後退代入と関係している。

これから見ていくように、ガウスの掃き出し法は、線形方程式系の問題を解く際に最もよく用いられるが、もちろん他にも応用がある。これを行列で表現しておくことで、このアルゴリズムを幅広く応用できるということがよく分かる。

伝統的に、ガウスの掃き出し法は $\mathbb{R}$ 上の行列に対して適用されてきたが、実数はコンピュータ上では浮動小数点数として扱われるため、計算結果が正確であると保証するためには繊細な扱いを要する。本章では、

†1 ［訳注］元はシェークスピアの戯曲『リア王』における登場人物エドマンドのセリフ。訳は『世界文学全集 1 シェイクスピア』三上 勲、中野 好夫訳（河出書房）より引用。

主に $\mathbb{R}$ 上の行列を用いてガウスの掃き出し法を説明していくが、主眼に置くのは $GF(2)$ 上の行列への適用である。特に、このアルゴリズムを次のような問題に適用していく。

- **与えられたベクトルの集合を張る基底を求める**。これによりランクを求めたり、線形独立性をテストしたりするアルゴリズムが得られる。
- **行列のヌル空間の基底を求める**。
- **行列の方程式を解く**（計算問題 4.5.13）。これは**あるベクトルを他のベクトルの線形結合で表す**問題（計算問題 3.1.8）と同じであり、**線形方程式系を解く**問題（計算問題 2.9.12）、及び、計算問題 2.8.7 とも同じである。

7.1　階段形式

階段形式とは三角行列の一般化であり、例えば次のような行列である。

$$\begin{bmatrix} 0 & 2 & 3 & 0 & 5 & 6 \\ 0 & 0 & 1 & 0 & 3 & 4 \\ 0 & 0 & 0 & 0 & 1 & 2 \\ 0 & 0 & 0 & 0 & 0 & 9 \end{bmatrix}$$

ここで注意して欲しいのは、この行列は次のような性質を持つことである[†2]。

- 0 行目において 0 でない要素がはじめて現れるのは 1 列目
- 1 行目において 0 でない要素がはじめて現れるのは 2 列目
- 2 行目において 0 でない要素がはじめて現れるのは 4 列目
- 3 行目において 0 でない要素がはじめて現れるのは 5 列目

定義 7.1.1：$m \times n$ 行列 A は、以下の条件を満たすとき**階段形式**であるという。即ち、任意の行において、左側の列から数えて[†3]0 でない要素がはじめて現れる列を k とおくと、その行以前の行において、0 でない要素がはじめて現れる列は k 以下である。

この名称は、行列 A の各行に対し、0 でない要素がはじめて現れる列の様子が右下がりの階段のようになっていることに因んでいる。

†2　［訳注］Python の配列のラベルに合わせて 0 から始まっていることに注意。
†3　［訳注］読みやすさのため、以降「左側の列から数えて」を省略する。

$$\begin{array}{|c|c|c|c|c|c|c|c|} \hline 2 & 1 & 0 & 4 & 1 & 3 & 9 & 7 \\ \hline 0 & 6 & 0 & 1 & 3 & 0 & 4 & 1 \\ \hline 0 & 0 & 0 & 0 & 2 & 1 & 3 & 2 \\ \hline 0 & 0 & 0 & 0 & 0 & 0 & 0 & 1 \\ \hline \end{array}$$

$\begin{bmatrix} 4 & 1 & 3 & 0 \\ 0 & 3 & 0 & 1 \\ 0 & 0 & 1 & 7 \\ 0 & 0 & 0 & 9 \end{bmatrix}$ のような三角行列では、i 行目に 0 でない要素がはじめて現れるのは i 列目なので、これは階段形式の特殊な例であることが分かる。

階段形式の行列は、ある行が全て 0 ならば、それより下の行もまた全て 0 にならなければならない。例えば、次のようなものである。

$$\begin{bmatrix} 0 & 2 & 3 & 0 & 5 & 6 \\ 0 & 0 & 1 & 0 & 3 & 4 \\ 0 & 0 & 0 & 0 & 0 & 0 \\ 0 & 0 & 0 & 0 & 0 & 0 \end{bmatrix}$$

7.1.1 階段形式から行ベクトル空間の基底へ

階段形式を用いる利点は何だろうか？ その利点の 1 つが次の補題である。

補題 7.1.2： 行列が階段形式ならば、0 でない要素を持つ行は行ベクトル空間の基底を成す。

例えば、次の行列

$$\begin{bmatrix} 0 & 2 & 3 & 0 & 5 & 6 \\ 0 & 0 & 1 & 0 & 3 & 4 \\ 0 & 0 & 0 & 0 & 0 & 0 \\ 0 & 0 & 0 & 0 & 0 & 0 \end{bmatrix}$$

の行ベクトル空間の基底は $\left\{ \begin{bmatrix} 0 & 2 & 3 & 0 & 5 & 6 \end{bmatrix}, \begin{bmatrix} 0 & 0 & 1 & 0 & 3 & 4 \end{bmatrix} \right\}$ である。

特に、次の行列のように、全ての行が 0 でない要素を持っていれば、それぞれの行が行ベクトル空間の基底となる。

$$\begin{bmatrix} 0 & 2 & 3 & 0 & 5 & 6 \\ 0 & 0 & 1 & 0 & 3 & 4 \\ 0 & 0 & 0 & 0 & 1 & 2 \\ 0 & 0 & 0 & 0 & 0 & 9 \end{bmatrix}, \begin{bmatrix} 2 & 1 & 0 & 4 & 1 & 3 & 9 & 7 \\ 0 & 6 & 0 & 1 & 3 & 0 & 4 & 1 \\ 0 & 0 & 0 & 0 & 2 & 1 & 3 & 2 \\ 0 & 0 & 0 & 0 & 0 & 0 & 0 & 1 \end{bmatrix}, \begin{bmatrix} 4 & 1 & 3 & 0 \\ 0 & 3 & 0 & 1 \\ 0 & 0 & 1 & 7 \\ 0 & 0 & 0 & 9 \end{bmatrix}$$

補題 7.1.2 を証明するにあたり、0 でない要素を持つ行が行ベクトル空間を張ることは明らかだということに注意しよう。これより、あとは行ベクトルが線形独立であることを示せばよい。

厳密な証明に入る前に、次の行列を用いて証明の流れを追っておくことにしよう。

$$\begin{bmatrix} 4 & 1 & 3 & 0 \\ 0 & 3 & 0 & 1 \\ 0 & 0 & 1 & 7 \\ 0 & 0 & 0 & 9 \end{bmatrix}$$

ここで次のグローアルゴリズムを思い出して欲しい。

```
def GROW(𝒱)
  S := ∅
  以下を可能な限り繰り返す:
      Span S に含まれない 𝒱 内のベクトル v があれば、それを S に追加する
```

グローアルゴリズムは、次のように行列内の行をそれぞれ逆順に S に追加していくことと考えられる。

- はじめは $S = \emptyset$ である。
- Span $\emptyset$ は $\begin{bmatrix} 0 & 0 & 0 & 9 \end{bmatrix}$ を含まないので、これを S に追加する。
- $S = \left\{\begin{bmatrix} 0 & 0 & 0 & 9 \end{bmatrix}\right\}$ である。Span S のベクトルは全て最初の 3 要素が 0 なので、Span S は $[0, 0, 1, 7]$ を含まない。従って、これを S に追加する。
- $S = \left\{\begin{bmatrix} 0 & 0 & 0 & 9 \end{bmatrix}, \begin{bmatrix} 0 & 0 & 1 & 7 \end{bmatrix}\right\}$ である。Span S のベクトルは全て最初の 2 要素が 0 なので、Span S は $[0, 3, 0, 1]$ を含まない。従って、これを S に追加する。
- $S = \left\{\begin{bmatrix} 0 & 0 & 0 & 9 \end{bmatrix}, \begin{bmatrix} 0 & 0 & 1 & 7 \end{bmatrix}, \begin{bmatrix} 0 & 3 & 0 & 1 \end{bmatrix}\right\}$ である。Span S のベクトルは全て最初の 1 要素が 0 なので、Span S は $[4, 1, 3, 0]$ を含まない。従って、これを S に追加する。これで完了である。

グローアルゴリズムの系（系 5.5.10）により S は線形独立である。

以下に、より正確な証明を示そう。

証明

階段形式の行列の各行ベクトルを $\boldsymbol{a}_1, \ldots, \boldsymbol{a}_m$ とおく。ただし、ラベルの順番は行列の上から下へと向かうものとする。これらのベクトルが線形独立であることを示すために、Span $\{\boldsymbol{a}_1, \ldots, \boldsymbol{a}_m\}$ にグローアルゴリズムを適用しよう。ここではラベルの降順に $\boldsymbol{a}_m, \boldsymbol{a}_{m-1}, \ldots, \boldsymbol{a}_2, \boldsymbol{a}_1$ を S へ追加するようにグローアルゴリズムを用いていく。

グローアルゴリズムでは $\boldsymbol{a}_m, \boldsymbol{a}_{m-1}, \ldots, \boldsymbol{a}_i$ を S に追加した後、$\boldsymbol{a}_{i-1}$ を追加すべきかどうかを検討するわけであるが、$\boldsymbol{a}_{i-1}$ が Span S に含まれていないことを確認するにはどうすればよいだろうか？ $\boldsymbol{a}_{i-1}$ において 0 でない要素が $k+1$ 番目にはじめて現れるとすると、階段形式の定義により、$\boldsymbol{a}_{i-1}$ の最初の k 個の要素は 0 であり、$\boldsymbol{a}_i, \boldsymbol{a}_{i+1}, \ldots, \boldsymbol{a}_m$ の最初の $k+1$ 個の要素も 0 である。故に、Span S に含まれる全てのベクトルの、最初の $k+1$ 個の要素は 0 である。$\boldsymbol{a}_{i-1}$ の $k+1$ 番目の要素

は0ではないので、$\boldsymbol{a}_{i-1}$ は S に追加されることとなる。 □

7.1.2 階段形式における行ベクトルのリスト

階段形式は行単位で処理されることが多いので、階段形式の行列は Mat クラスのインスタンスではなく、行リスト、即ち行ベクトルのリストとして表しておいた方が便利である。

また、ベクトルの定義域を $\{0, 1, 2, \ldots, n-1\}$ に限定せず、任意の有限集合 D としても処理できるよう、ラベル（行列の列ラベル）間の順序を決めておく必要がある。そのためには

```
col_label_list = sorted(rowlist[0].D, key=hash)
```

を用いる。これはラベルをソートするプログラムである。

7.1.3 行を0でない要素がはじめて現れる位置でソートする

もちろん行ベクトルのリスト全てが階段形式であるとは限らない。ここでの最終的な目標は、行ベクトルのリストで表現された任意の行列を、階段形式に変換するアルゴリズムを作成することである。後でどのような変換が可能であるかを見ていく。

はじめに、階段形式になりうる行ベクトルのリスト rowlist について、そのベクトルを並べ直す方法を見ていこう。階段形式の定義は、それぞれの行ベクトルが、0でない要素が最初に現れる位置によって順番が決まることを示している。ここではその並べ替えのために素朴なソートアルゴリズムを用いよう。まず、1列目で0でない要素を持つベクトルを探し、次に2列目で0でない数を持つベクトルを探し、……とやっていく。このアルゴリズムは見つかった行を new_rowlist に集めていく。new_rowlist の初期値は空のリストである。

```
new_rowlist = []
```

また、このアルゴリズムはソートされていない行のラベル集合を rows_left に保持する。rows_left の初期値は全ての行のラベルから成る。

```
rows_left = set(range(len(rowlist)))
```

このアルゴリズムでは、列ラベルに対して順に、残った行の中で現在調べている列に0でない要素を持つ行を探し、そのインデックスのリストを求める。これらの行のうちの1つを取り、これを new_rowlist に加えて、rows_left からそのインデックスを削除する。

```
for c in col_label_list:
  rows_with_nonzero = [r for r in rows_left if rowlist[r][c] != 0]
  pivot = rows_with_nonzero[0]
  new_rowlist.append(rowlist[pivot])
  rows_left.remove(pivot)
```

new_rowlist に追加された行を**ピボット**（*pivot*）**行**と呼ぶ。また、このピボット行の c 列の要素を**ピボット要素**という。

さて、このアルゴリズムを次の行列に適用してみることにしよう。

$$\begin{bmatrix} 0 & 2 & 3 & 4 & 5 \\ 0 & 0 & 0 & 3 & 2 \\ 1 & 2 & 3 & 4 & 5 \\ 0 & 0 & 0 & 6 & 7 \\ 0 & 0 & 0 & 9 & 8 \end{bmatrix}$$

はじまりは順調である。$c = 0$ と $c = 1$ の場合について処理をした後、new_rowlist の中身は次のようになっている。

$$\left[\begin{bmatrix} 1 & 2 & 3 & 4 & 5 \end{bmatrix}, \begin{bmatrix} 0 & 2 & 3 & 4 & 5 \end{bmatrix}\right]$$

また rows_left は $\{1,3,4\}$ である。この行列には 2 列目に 0 でない要素を持つ行がないので、このアルゴリズムは $c = 2$ の際の処理で問題を起こす。先ほどのコードは list index out of range（リストのインデックスが範囲外です）という例外エラーを生じる。どうすればこの問題を修正できるだろうか？

現在調べている列に 0 でない要素を持つ行がない場合は、new_rowlist と rows_left を変更せずに、この列を飛ばしてしまえばよい。従って、プログラムは次のように修正できる。

```
for c in col_label_list:
  rows_with_nonzero = [r for r in rows_left if rowlist[r][c] != 0]
  if rows_with_nonzero != []:
    pivot = rows_with_nonzero[0]
    new_rowlist.append(rowlist[pivot])
    rows_left.remove(pivot)
```

この修正により例外は発生しなくなり、最終的に new_rowlist は

$$\begin{bmatrix} 1 & 2 & 3 & 4 & 5 \\ 0 & 2 & 3 & 4 & 5 \\ 0 & 0 & 0 & 3 & 2 \\ 0 & 0 & 0 & 6 & 7 \end{bmatrix}$$

となる。だが、この結果は階段形式の定義を満たさない。4 行目の行ベクトルで、0 でない要素が最初に現れるのは 4 列目である。よって、この行列が階段形式であるためには、3 行目以前の行ベクトルで 0 でない要素が最初に現れるのは 3 列目以前でなければならないが、3 行目では 4 列目に現れてしまっている。

7.1.4 行基本変形

この問題を解決する方法は存在する。それは、c 列の処理をしているときに、ピボット行以外に c 列に 0 でない要素を持つ行があれば、**行基本変形**（*elementary row-addition operation*）[†4]を行い、その要素を 0

†4 ［訳注］通常、この操作は elementary row operation と呼ばれ、「行基本変形」と訳されているので、ここでもその訳語を用いた。

にしてしまう方法である。

例えば、行列

$$\begin{bmatrix} 0 & 2 & 3 & 4 & 5 \\ 0 & 0 & 0 & 3 & 2 \\ 1 & 2 & 3 & 4 & 5 \\ 0 & 0 & 0 & 6 & 7 \\ 0 & 0 & 0 & 9 & 8 \end{bmatrix}$$

に対して、4列目を処理している際、4行目

$$\begin{bmatrix} 0 & 0 & 0 & 6 & 7 \end{bmatrix}$$

から2行目の2倍

$$2\begin{bmatrix} 0 & 0 & 0 & 3 & 2 \end{bmatrix}$$

を引く。即ち

$$\begin{bmatrix} 0 & 0 & 0 & 6 & 7 \end{bmatrix} - 2\begin{bmatrix} 0 & 0 & 0 & 3 & 2 \end{bmatrix} = \begin{bmatrix} 0 & 0 & 0 & 6-6 & 7-4 \end{bmatrix} = \begin{bmatrix} 0 & 0 & 0 & 0 & 3 \end{bmatrix}$$

という新しい4行目が得られる。5行目

$$\begin{bmatrix} 0 & 0 & 0 & 9 & 8 \end{bmatrix}$$

についても同様に、2行目の3倍

$$3\begin{bmatrix} 0 & 0 & 0 & 3 & 2 \end{bmatrix}$$

を引く。即ち

$$\begin{bmatrix} 0 & 0 & 0 & 9 & 8 \end{bmatrix} - 3\begin{bmatrix} 0 & 0 & 0 & 3 & 2 \end{bmatrix} = \begin{bmatrix} 0 & 0 & 0 & 0 & 2 \end{bmatrix}$$

という新しい5行目が得られる。

結果として、行列は

$$\begin{bmatrix} 0 & 2 & 3 & 4 & 5 \\ 0 & 0 & 0 & 3 & 2 \\ 1 & 2 & 3 & 4 & 5 \\ 0 & 0 & 0 & 0 & 3 \\ 0 & 0 & 0 & 0 & 2 \end{bmatrix}$$

となる。

5列目を処理する際も同様で、$\begin{bmatrix} 0 & 0 & 0 & 0 & 3 \end{bmatrix}$ をピボット行とし、`new_rowlist` に加える。そして5行目からその2/3倍を引く。結果は次の通りである。

$$\begin{bmatrix} 0 & 0 & 0 & 0 & 2 \end{bmatrix} - \frac{2}{3}\begin{bmatrix} 0 & 0 & 0 & 0 & 3 \end{bmatrix} = \begin{bmatrix} 0 & 0 & 0 & 0 & 0 \end{bmatrix}$$

もうこれ以上列はないので、アルゴリズムはここで終了する。この時点で new_rowlist は次のようになっている。

$$\begin{bmatrix} 1 & 2 & 3 & 4 & 5 \\ 0 & 2 & 3 & 4 & 5 \\ 0 & 0 & 0 & 3 & 2 \\ 0 & 0 & 0 & 0 & 3 \end{bmatrix}$$

この部分のプログラムは次の=>で示した行である。

```
   for c in col_label_list:
     rows_with_nonzero = [r for r in rows_left if rowlist[r][c] != 0]
     if rows_with_nonzero != []:
       pivot = rows_with_nonzero[0]
       rows_left.remove(pivot)
       new_rowlist.append(rowlist[pivot])
=>     for r in rows_with_nonzero[1:]:
=>       multiplier = rowlist[r][c]/rowlist[pivot][c]
=>       rowlist[r] -= multiplier*rowlist[pivot]
```

唯一の変更点は、ピボット行を適切に定数倍したものを、他の残った行から引くところにある。

次節以降で、アルゴリズムが終了したときに、new_rowlist が元の行列の行ベクトル空間の基底になっていることを証明しよう。

7.1.5　行基本行列を掛ける

前節で行ったような、ある行の定数倍を他の行から引く操作は、**行基本行列**（*elementary row-addition matrix*）と呼ばれる行列を掛けることで実現できる。

$$\begin{bmatrix} 1 & 0 & 0 & 0 \\ 0 & 1 & 0 & 0 \\ 0 & 0 & 1 & 0 \\ 0 & 0 & -2 & 1 \end{bmatrix}\begin{bmatrix} 1 & 2 & 3 & 4 & 5 \\ 0 & 2 & 3 & 4 & 5 \\ 0 & 0 & 0 & 3 & 2 \\ 0 & 0 & 0 & 6 & 7 \end{bmatrix} = \begin{bmatrix} 1 & 2 & 3 & 4 & 5 \\ 0 & 2 & 3 & 4 & 5 \\ 0 & 0 & 0 & 3 & 2 \\ 0 & 0 & 0 & 0 & 3 \end{bmatrix}$$

4章で述べたように、このような形の行列は逆行列を持つ。

$$\begin{bmatrix} 1 & 0 & 0 & 0 \\ 0 & 1 & 0 & 0 \\ 0 & 0 & 1 & 0 \\ 0 & 0 & -2 & 1 \end{bmatrix} \text{と} \begin{bmatrix} 1 & 0 & 0 & 0 \\ 0 & 1 & 0 & 0 \\ 0 & 0 & 1 & 0 \\ 0 & 0 & 2 & 1 \end{bmatrix}$$

はそれぞれ他方の逆行列である。

7.1.6 行基本変形による行ベクトル空間の保存

与えられた行列を階段形式に変形することを目標にした理由は、その行列の行ベクトル空間の基底を得るためであった。ここでは行基本変形が行ベクトル空間を変えないことを証明しよう。即ち、変形された行列の行ベクトル空間の基底が、元の行列の行ベクトル空間の基底になっていることを証明する。

補題 7.1.3： 任意の行列 A、N に対して、Row $NA \subseteq$ Row A が成り立つ。

証明

Row NA の任意のベクトルを $\boldsymbol{v}$ とおく。即ち、$\boldsymbol{v}$ は NA の行ベクトルの線形結合で表される。線形結合によるベクトルと行列の積の定義により、次のようなベクトル $\boldsymbol{u}$ が存在する。

$$\boldsymbol{v} = \begin{bmatrix} \quad \boldsymbol{u}^T \quad \end{bmatrix} \left(\begin{bmatrix} \\ \quad N \quad \\ \\ \end{bmatrix} \begin{bmatrix} \\ \quad A \quad \\ \\ \end{bmatrix} \right)$$

$$= \left(\begin{bmatrix} \quad \boldsymbol{u}^T \quad \end{bmatrix} \begin{bmatrix} \\ \quad N \quad \\ \\ \end{bmatrix} \right) \begin{bmatrix} \\ \quad A \quad \\ \\ \end{bmatrix} \qquad \text{結合則より}$$

これは $\boldsymbol{v}$ が A の行ベクトルの線形結合で書けることを表している。 □

系 7.1.4： 任意の行列 A、M に対して、M が逆行列を持つならば Row $MA =$ Row A が成り立つ。

証明

補題 7.1.3 において、$N = M$ とすると Row $MA \subseteq$ Row A を得る。次に $B = MA$ とおく。M は逆行列を持つので、補題を $N = M^{-1}$ の場合に適用すると、Row $M^{-1}B \subseteq$ Row B を得る。$M^{-1}B = M^{-1}(MA) = (M^{-1}M)A = \mathbb{1}A = A$ なので、Row $A \subseteq$ Row MA が示された。 □

例 7.1.5： 7.1.4 節の例に戻ろう。$A = \begin{bmatrix} 0 & 2 & 3 & 4 & 5 \\ 0 & 0 & 0 & 3 & 2 \\ 1 & 2 & 3 & 4 & 5 \\ 0 & 0 & 0 & 6 & 7 \\ 0 & 0 & 0 & 9 & 8 \end{bmatrix}$、$M = \begin{bmatrix} 1 & 0 & 0 & 0 & 0 \\ 0 & 1 & 0 & 0 & 0 \\ 0 & 0 & 1 & 0 & 0 \\ 0 & -2 & 0 & 1 & 0 \\ 0 & 0 & 0 & 0 & 1 \end{bmatrix}$ とおく。このとき $MA = \begin{bmatrix} 0 & 2 & 3 & 4 & 5 \\ 0 & 0 & 0 & 3 & 2 \\ 1 & 2 & 3 & 4 & 5 \\ 0 & 0 & 0 & 0 & 3 \\ 0 & 0 & 0 & 9 & 8 \end{bmatrix}$ である。

補題 7.1.3 を用いて Row $MA \subseteq$ Row A、及び Row $A \subseteq$ Row MA を示そう。

Row MA の全てのベクトル $\boldsymbol{v}$ は以下のように書ける。

$$
\begin{aligned}
\boldsymbol{v} &= \begin{bmatrix} u_1 & u_2 & u_3 & u_4 & u_5 \end{bmatrix} MA \\
&= \begin{bmatrix} u_1 & u_2 & u_3 & u_4 & u_5 \end{bmatrix} \begin{bmatrix} 0 & 2 & 3 & 4 & 5 \\ 0 & 0 & 0 & 3 & 2 \\ 1 & 2 & 3 & 4 & 5 \\ 0 & 0 & 0 & 0 & 3 \\ 0 & 0 & 0 & 9 & 8 \end{bmatrix} \\
&= \begin{bmatrix} u_1 & u_2 & u_3 & u_4 & u_5 \end{bmatrix} \left(\begin{bmatrix} 1 & 0 & 0 & 0 & 0 \\ 0 & 1 & 0 & 0 & 0 \\ 0 & 0 & 1 & 0 & 0 \\ 0 & -2 & 0 & 1 & 0 \\ 0 & 0 & 0 & 0 & 1 \end{bmatrix} \begin{bmatrix} 0 & 2 & 3 & 4 & 5 \\ 0 & 0 & 0 & 3 & 2 \\ 1 & 2 & 3 & 4 & 5 \\ 0 & 0 & 0 & 6 & 7 \\ 0 & 0 & 0 & 9 & 8 \end{bmatrix} \right) \\
&= \left(\begin{bmatrix} u_1 & u_2 & u_3 & u_4 & u_5 \end{bmatrix} \begin{bmatrix} 1 & 0 & 0 & 0 & 0 \\ 0 & 1 & 0 & 0 & 0 \\ 0 & 0 & 1 & 0 & 0 \\ 0 & -2 & 0 & 1 & 0 \\ 0 & 0 & 0 & 0 & 1 \end{bmatrix} \right) \begin{bmatrix} 0 & 2 & 3 & 4 & 5 \\ 0 & 0 & 0 & 3 & 2 \\ 1 & 2 & 3 & 4 & 5 \\ 0 & 0 & 0 & 6 & 7 \\ 0 & 0 & 0 & 9 & 8 \end{bmatrix}
\end{aligned}
$$

この式は $\boldsymbol{v}$ がベクトルと行列 A の積に分解できることを示している。つまり Row MA の全てのベクトルは Row A にも含まれるので、Row $MA \subseteq$ Row A が示された。

同様に Row $A \subseteq$ Row MA を示さなければならない。$A = M^{-1}MA$ なので Row $M^{-1}MA \subseteq$ Row MA を示せばよい。

Row $M^{-1}MA$ の全てのベクトル $\boldsymbol{v}$ は以下のように書ける。

$$
\begin{aligned}
\boldsymbol{v} &= \begin{bmatrix} u_1 & u_2 & u_3 & u_4 & u_5 \end{bmatrix} M^{-1}MA \\
&= \begin{bmatrix} u_1 & u_2 & u_3 & u_4 & u_5 \end{bmatrix} \left(\begin{bmatrix} 1 & 0 & 0 & 0 & 0 \\ 0 & 1 & 0 & 0 & 0 \\ 0 & 0 & 1 & 0 & 0 \\ 0 & 2 & 0 & 1 & 0 \\ 0 & 0 & 0 & 0 & 1 \end{bmatrix} \begin{bmatrix} 1 & 0 & 0 & 0 & 0 \\ 0 & 1 & 0 & 0 & 0 \\ 0 & 0 & 1 & 0 & 0 \\ 0 & -2 & 0 & 1 & 0 \\ 0 & 0 & 0 & 0 & 1 \end{bmatrix} \begin{bmatrix} 0 & 2 & 3 & 4 & 5 \\ 0 & 0 & 0 & 3 & 2 \\ 1 & 2 & 3 & 4 & 5 \\ 0 & 0 & 0 & 6 & 7 \\ 0 & 0 & 0 & 9 & 8 \end{bmatrix} \right) \\
&= \left(\begin{bmatrix} u_1 & u_2 & u_3 & u_4 & u_5 \end{bmatrix} \begin{bmatrix} 1 & 0 & 0 & 0 & 0 \\ 0 & 1 & 0 & 0 & 0 \\ 0 & 0 & 1 & 0 & 0 \\ 0 & 2 & 0 & 1 & 0 \\ 0 & 0 & 0 & 0 & 1 \end{bmatrix} \right) \begin{bmatrix} 1 & 0 & 0 & 0 & 0 \\ 0 & 1 & 0 & 0 & 0 \\ 0 & 0 & 1 & 0 & 0 \\ 0 & -2 & 0 & 1 & 0 \\ 0 & 0 & 0 & 0 & 1 \end{bmatrix} \begin{bmatrix} 0 & 2 & 3 & 4 & 5 \\ 0 & 0 & 0 & 3 & 2 \\ 1 & 2 & 3 & 4 & 5 \\ 0 & 0 & 0 & 6 & 7 \\ 0 & 0 & 0 & 9 & 8 \end{bmatrix}
\end{aligned}
$$

この式は $\boldsymbol{v}$ がベクトルと行列 MA の積に分解できることを示している。従って $\boldsymbol{v}$ は Row MA の元である。

7.1.7 ガウスの掃き出し法を通じた基底、ランク、そして線形独立性

前節までに作成したプログラムは、echelon モジュールのプロシージャ row_reduce(rowlist) に組み込まれている。これはベクトルのリスト rowlist を受け取り、そのリストを変形させ、行基本変形を行い、rowlist と同じ行ベクトル空間を与える階段形式の行列の行リストを返すものである。この戻り値のベクトルのリストは、ゼロベクトルを含まない。従って、これは rowlist が張る空間の基底のリストである。

与えられたベクトルの集合が張るベクトル空間の基底を求めるプロシージャが手に入ったので、ランクや線形独立性を判定するプロシージャは簡単に書くことができる。しかし、これらのプロシージャは正しいのだろうか？

7.1.8 ガウスの掃き出し法が失敗する場合

ここまでは基底を得るための、数学的に正しいアルゴリズムを示してきた。しかし、Python では浮動小数点数を計算に用いるので、その算術演算の正しさは近似的なものにすぎない。このため、その計算結果を使ってベクトルの集合のランクを決める場合には注意が必要である。

例えば次のような行列を考えてみよう。

$$A = \begin{bmatrix} 10^{-20} & 0 & 1 \\ 1 & 10^{20} & 1 \\ 0 & 1 & -1 \end{bmatrix}$$

A の各行は線形独立である。しかし、これらの行に対して row_reduce を実行すると、その結果は 2 つの行から成り、そのランクが 2 であるかのように思えるだろう。

はじめに、$c = 0$ の列について、このアルゴリズムははじめの行 $\begin{bmatrix} 10^{-20} & 0 & 1 \end{bmatrix}$ をピボット行とし、その 10^{20} 倍を 2 つ目の行 $\begin{bmatrix} 1 & 10^{20} & 1 \end{bmatrix}$ から引く。結果は次のようになる。

$$\begin{bmatrix} 1 & 10^{20} & 1 \end{bmatrix} - 10^{20} \begin{bmatrix} 10^{-20} & 0 & 1 \end{bmatrix} = \begin{bmatrix} 0 & 10^{20} & 1 - 10^{20} \end{bmatrix}$$

だが、Python を用いて最後の要素を計算すると、次のようになってしまう。

```
>>> 1 - 1e+20
-1e+20
```

1 が -1e+20 という巨大な負の数に埋もれ、計算から除外されてしまっている。このため、Python による行基本変形の結果は、次のようになる。

$$\begin{bmatrix} 10^{-20} & 0 & 1 \\ 0 & 10^{20} & -10^{20} \\ 0 & 1 & -1 \end{bmatrix}$$

次に、このアルゴリズムは $c = 1$ の列について、2 行目 $\begin{bmatrix} 0 & 10^{20} & -10^{20} \end{bmatrix}$ をピボット行とし、これの 10^{-20} 倍を 3 行目から引く。結果は次の通りである。

$$\begin{bmatrix} 10^{-20} & 0 & 1 \\ 0 & 10^{20} & -10^{20} \\ 0 & 0 & 0 \end{bmatrix}$$

残りの行、即ち3行目の $c = 2$ の列は0なので、次に選択されるピボット行はなく、アルゴリズムは終了する。

7.1.9 ピボット化と数値解析

不正確な浮動小数点数演算を用いている限り誤差を避けることはできないが、ガウスの掃き出し法を修正することで悲惨な状況を避けることはできる。ピボット要素を注意深く選ぶことを**ピボット化**と呼ぶことにする。これには以下の2つの方法がある。

- **部分ピボット化**：c 列に0でない要素を含む行の中で、絶対値が最も大きな数を含むものを選択する
- **完全ピボット化**：あらかじめ選ぶ列の順番を決めておく代わりに、その都度ピボット要素を最大にするような列を選ぶ

通常は、実装が容易で処理が高速な部分ピボット化が多く用いられている。しかしながら、理論的には、巨大な行列に対し部分ピボット化はどうしようもないほど対処できない。それに対し、完全ピボット化はこのような場合にも誤差を制御することができる。

数値解析の手法を用いれば、不正確な計算を含むガウスの掃き出し法のようなアルゴリズムによって生じる誤差を数学的に解析することができる。本書では数値解析を扱わないので、ここでは数値計算にはこのような弱点があり、数学的な解析を行うことでそれを改善することができる、と述べるに留めることにしよう。

不正確な計算を用いている場合は行列のランクの計算が難しい、ということはよく知られた事実である。適切な方法として行列の**特異値分解**が知られている。これについては後の章で扱うことにしよう。

7.1.10 $GF(2)$ 上におけるガウスの掃き出し法

$GF(2)$ 上の計算は正確に行えるので、$GF(2)$ 上のベクトルにガウスの掃き出し法を用いても数値計算特有の問題は発生しない。

例として、次のような行列を考えよう。

	A	B	C	D
1	0	0	one	one
2	one	0	one	one
3	one	0	0	one
4	one	one	one	one

このアルゴリズムをA、B、C、D列に対し、この順で実行する。このアルゴリズムはA列に対して2行目をピボット行として選択する。3行目、4行目もA列に0でない要素を持つので、このアルゴリズムは2行目を3行目と4行目に加え、次の行列を得る。

	A	B	C	D
1	0	0	one	one
2	one	0	one	one
3	0	0	one	0
4	0	one	0	0

次に、このアルゴリズムはB列に移る。このアルゴリズムは、4行目をピボット行として指定するが、残りの行におけるB列の値はいずれも0なので、行列を変形する必要はない。

C列では、1行目がピボット行として選択される。C列に0でない要素を持つ残りの行は3行目だけなので、1行目が3行目に加えられ、行列は次のようになる。

	A	B	C	D
1	0	0	one	one
2	one	0	one	one
3	0	0	0	one
4	0	one	0	0

最後に、D列でピボット行に指定されるのは3行目であるが、もう処理すべき行は残っていないので、行基本変形はこれで終了である。最終的に new_rowlist の値は、次のようになる。

	A	B	C	D
0	one	0	one	one
1	0	one	0	0
2	0	0	one	one
3	0	0	0	one

これらの行列の例は gaussian_examples.py に収められている。

7.2 ガウスの掃き出し法の他の応用

ここまでで、階段形式の行列の0ではない行は、その行列の行ベクトル空間の基底であるということを学んだ。また、ガウスの掃き出し法を用いて、行ベクトル空間を変えずに行列を階段形式にする方法を見た。

これは行列の行ベクトル空間の基底を見つけるアルゴリズムだが、次のような他の問題を解く場合にも利用できる。

- 線形系を解く
- ヌル空間の基底を求める

$GF(2)$ 上の線形系の問題（例えば**ライツアウト**）にもこのアルゴリズムが使用でき、また、簡単な認証方式に用いられているパスワードを解析する問題にも応用することができる。他にもっと重要な問題として、Python の乱数発生器 random が生成する次の乱数を予想するのに用いることができる（resources.codingthematrix.com 参照）。

$GF(2)$ 上のヌル空間の基底を求めると、単純なチェックサム関数に検出されないようにファイルを破損させる方法が分かる。また、整数の素因数分解の問題にも応用することができる。これは、難しい計算問題であることで有名であり、ウェブブラウザ上で、クレジットカード番号を保護する際によく用いられる暗号化システムである RSA にとって欠かせないものである。

7.2.1 逆行列を持つ行列 M で MA が階段形式になるものが存在すること

これらの問題に対してガウスの掃き出し法を用いる際に重要なのは、行列を階段行列にする際にどのように行基本変形を用いたか、その経過を追うことである。

行基本変形は行基本行列 M を行列に掛けることで行えたことを思い出そう。即ち、階段形式にする前の行列を A とすると

- アルゴリズムは、1回の行基本変形を $M_1 A$ のように行う
- 次に、また別の行基本変形を行列に施す。結果は $M_2 M_1 A$ のようになる

  ⋮

最終的に得られる行列は、次のようになる。

$$M_k\, M_{k-1} \cdots M_2\, M_1\, A$$

ただし、k は行基本変形を行った回数である。$\bar{M}$ を $M_k, ..., M_1$ の全ての積としよう。このとき、A に対しガウスの掃き出し法を行った結果は $\bar{M}A$ と書ける。

この方法では、最終的な結果が階段形式にならない。行が正しい順番に並べ替えられていないからである。即ち、$\bar{M}$ の行を適切に並べ替えることで、MA が階段形式となるような行列 M を得ることができる。

更に、$M_k, ..., M_1$ はそれぞれ逆行列が存在するので、それらの全ての積 $\bar{M}$ についてもまた同様である。即ち、$\bar{M}$ は正方行列で、その行は線形独立である。従って、$\bar{M}$ の各行を並べ替えてできる M もまた同様に正方行列で、かつ、各行はそれぞれ線形独立である。以上より、次のことがいえる。

命題 7.2.1： 任意の行列 A に対し、逆行列を持ち、MA が階段形式となるような行列 M が存在する。

7.2.2 行列の積を用いずに M を計算する

実際の M の計算には、このような行列の積は全く必要ない。M を求める更にうまい方法が知られている。この方法では、行リストで表現された次の2つの行列を扱う。

- 変形される行列（プログラムでは `rowlist` で表す）
- 変形行列（プログラムでは `M_rowlist` で表す）

このアルゴリズムが実行されている間、変形行列と入力された行列の積は `rowlist` と等しいという条件が常に保たれる。

$$\texttt{M\_rowlist}\,(\text{はじめの行列}) = \texttt{rowlist} \qquad (7\text{-}1)$$

i 番目の行基本変形では、`rowlist` の中のある行の定数倍を他の行から引く。これは `rowlist` で表され

る行列に行基本行列 M_i を掛けることと等価である。上記の条件（式 (7-1)）を保つために、この式の両辺に M_i を掛ける。

$$M_i\,(\texttt{M\_rowlist})\,(\text{はじめの行列}) = M_i\,(\texttt{rowlist})$$

このプロシージャは、右辺では、ピボット行の定数倍を他の行から引いている。

では左辺ではどうなるのだろうか？ M_rowlist を M_i と M_rowlist の積に更新するために、このプロシージャは M_rowlist にも行基本変形を施す。つまり、右辺と同様に、引かれる行に対応する行からピボット行に対応する行の定数倍を引く。

例 7.2.2： 次の行列 A を用いて計算してみよう。

$$A = \begin{bmatrix} 0 & 2 & 3 & 4 & 5 \\ 0 & 0 & 0 & 3 & 2 \\ 1 & 2 & 3 & 4 & 5 \\ 0 & 0 & 0 & 6 & 7 \\ 0 & 0 & 0 & 9 & 8 \end{bmatrix}$$

最初、rowlist の要素は A のそれぞれの行である。条件（式 (7-1)）を保つため、このアルゴリズムは M_rowlist を単位行列に初期化する。いま

$$\begin{bmatrix} 1 & & & & \\ & 1 & & & \\ & & 1 & & \\ & & & 1 & \\ & & & & 1 \end{bmatrix} \begin{bmatrix} 0 & 2 & 3 & 4 & 5 \\ 0 & 0 & 0 & 3 & 2 \\ 1 & 2 & 3 & 4 & 5 \\ 0 & 0 & 0 & 6 & 7 \\ 0 & 0 & 0 & 9 & 8 \end{bmatrix} = \begin{bmatrix} 0 & 2 & 3 & 4 & 5 \\ 0 & 0 & 0 & 3 & 2 \\ 1 & 2 & 3 & 4 & 5 \\ 0 & 0 & 0 & 6 & 7 \\ 0 & 0 & 0 & 9 & 8 \end{bmatrix}$$

である。はじめの行基本変形では、2 行目の 2 倍を 4 行目から引く。このアルゴリズムは、この操作を変形行列（左辺）と変形される行列（右辺）に適用し、次の結果を与える。

$$\begin{bmatrix} 1 & & & & \\ & 1 & & & \\ & & 1 & & \\ & -2 & & 1 & \\ & & & & 1 \end{bmatrix} \begin{bmatrix} 0 & 2 & 3 & 4 & 5 \\ 0 & 0 & 0 & 3 & 2 \\ 1 & 2 & 3 & 4 & 5 \\ 0 & 0 & 0 & 6 & 7 \\ 0 & 0 & 0 & 9 & 8 \end{bmatrix} = \begin{bmatrix} 0 & 2 & 3 & 4 & 5 \\ 0 & 0 & 0 & 3 & 2 \\ 1 & 2 & 3 & 4 & 5 \\ 0 & 0 & 0 & 0 & 3 \\ 0 & 0 & 0 & 9 & 8 \end{bmatrix}$$

同じ行列 M_1 が両辺に掛かるので不変量は保たれている。次の行基本変形では、2 行目の 3 倍を 5 行目から引く。このアルゴリズムは、この操作を変形行列と変形される行列に適用し、次の結果を与える。

$$\begin{bmatrix} 1 & & & & \\ & 1 & & & \\ & & 1 & & \\ & -2 & & 1 & \\ & -3 & & & 1 \end{bmatrix} \begin{bmatrix} 0 & 2 & 3 & 4 & 5 \\ 0 & 0 & 0 & 3 & 2 \\ 1 & 2 & 3 & 4 & 5 \\ 0 & 0 & 0 & 6 & 7 \\ 0 & 0 & 0 & 9 & 8 \end{bmatrix} = \begin{bmatrix} 0 & 2 & 3 & 4 & 5 \\ 0 & 0 & 0 & 3 & 2 \\ 1 & 2 & 3 & 4 & 5 \\ 0 & 0 & 0 & 0 & 3 \\ 0 & 0 & 0 & 0 & 2 \end{bmatrix}$$

最後の行変形では、4行目の2/3倍を5行目から引く。このアルゴリズムは、これを変形行列と変形される行列に適用する必要がある。変形行列の4行目は $\begin{bmatrix} 0 & -2 & 0 & 1 & 0 \end{bmatrix}$ であり、この2/3倍は $\begin{bmatrix} 0 & -1\frac{1}{3} & 0 & \frac{2}{3} & 0 \end{bmatrix}$ である。変換行列の5行目は $\begin{bmatrix} 0 & -3 & 0 & 0 & 1 \end{bmatrix}$ であり、先ほどの4行目の2/3を引くと $\begin{bmatrix} 0 & -1\frac{2}{3} & 0 & -\frac{2}{3} & 1 \end{bmatrix}$ となる。よって、次のような等式が得られる。

$$\begin{bmatrix} 1 & & & & \\ & 1 & & & \\ & & 1 & & \\ & -2 & & 1 & \\ & -1\frac{2}{3} & & -\frac{2}{3} & 1 \end{bmatrix} \begin{bmatrix} 0 & 2 & 3 & 4 & 5 \\ 0 & 0 & 0 & 3 & 2 \\ 1 & 2 & 3 & 4 & 5 \\ 0 & 0 & 0 & 6 & 7 \\ 0 & 0 & 0 & 9 & 8 \end{bmatrix} = \begin{bmatrix} 0 & 2 & 3 & 4 & 5 \\ 0 & 0 & 0 & 3 & 2 \\ 1 & 2 & 3 & 4 & 5 \\ 0 & 0 & 0 & 0 & 3 \\ 0 & 0 & 0 & 0 & 0 \end{bmatrix} \qquad (7\text{-}2)$$

このやり方をプログラムに組み込むためには、次の2つの変更が必要となる。

- M_rowlist を単位行列で初期化する（適宜1や GF2.one を用いること）。

```
M_rowlist = [Vec(row_labels, {row_label_list[i]:one}) for i in range(m)]
```

- 行基本変形を rowlist に行った場合は、常に、同じ行基本変形を M_rowlist にも行う。

以下にメインループを示す。これは2番目の変更を反映させたものである。

```
  for c in sorted(col_labels, key=hash):
    rows_with_nonzero = [r for r in rows_left if rowlist[r][c] != 0]
    if rows_with_nonzero != []:
      pivot = rows_with_nonzero[0]
      rows_left.remove(pivot)
      for r in rows_with_nonzero[1:]:
        multiplier = rowlist[r][c]/rowlist[pivot][c]
        rowlist[r] -= multiplier*rowlist[pivot]
=>      M_rowlist[r] -= multiplier*M_rowlist[pivot]
```

これを7.2節で述べたような他の問題を解くのにも便利な形にするために、最終的には、与えられた行列に掛けると階段形式を得られる行列 M を求められるようにする必要がある。式 (7-2) に書いたように、行が正しく並んでいないので、右辺の行列は階段形式ではない。従って、M_rowlist によって表される行列

$$\begin{bmatrix} 1 & & & & \\ & 1 & & & \\ & & 1 & & \\ & -2 & & 1 & \\ & -1\frac{2}{3} & & -\frac{2}{3} & 1 \end{bmatrix}$$

は M そのものではない。それぞれの行自体は正しいので、それらを並べ替えればよい。

正しい順番に並んだ行を得る簡単な方法がある。7.1.3 節で、それぞれの行を 0 でない最も左側の要素の位置でソートしたことを思い出して欲しい。そこではピボット行をリスト new_rowlist に集めた。ここでも同じ考え方を用いるのだが、ここではピボット行を集めるのではなく、対応する M_rowlist の行をリスト new_M_rowlist に集める。

```
=> new_M_rowlist = []
   for c in sorted(col_labels, key=hash):
     rows_with_nonzero = [r for r in rows_left if rowlist[r][c] != 0]
     if rows_with_nonzero != []:
       pivot = rows_with_nonzero[0]
       rows_left.remove(pivot)
=>     new_M_rowlist.append(M_rowlist[pivot])
       for r in rows_with_nonzero[1:]:
         multiplier = rowlist[r][c]/rowlist[pivot][c]
         rowlist[r] -= multiplier*rowlist[pivot]
         M_rowlist[r] -= multiplier*M_rowlist[pivot]
```

この方法には1つだけ問題がある。ゼロ行(要素が全て0の行)はピボット行にはならないので、M_rowlist に含まれる行のうち、rowlist のゼロ行に対応する行は追加することができない。そこでプログラムの最後に、もう一度ループを回し、これらの行を M_rowlist に追加することにする。

```
   for c in sorted(col_labels, key=hash):
     rows_with_nonzero = [r for r in rows_left if rowlist[r][c] != 0]
     if rows_with_nonzero != []:
       pivot = rows_with_nonzero[0]
       rows_left.remove(pivot)
       new_M_rowlist.append(M_rowlist[pivot])
       for r in rows_with_nonzero[1:]:
         multiplier = rowlist[r][c]/rowlist[pivot][c]
         rowlist[r] -= multiplier*rowlist[pivot]
         M_rowlist[r] -= multiplier*M_rowlist[pivot]
=> for r in rows_left: new_M_rowlist.append(M_rowlist[r])
```

echelon モジュールのプロシージャ transformation(A) は、逆行列を持ち、MA が階段形式になるような行列 M を返す。このプロシージャの実装には上記のコードが用いられている。

例 7.2.3： 以下に、変形行列が保持されるような別の例を示す。

$$\begin{bmatrix} 1 & 0 & 0 & 0 \\ 0 & 1 & 0 & 0 \\ 0 & 0 & 1 & 0 \\ 0 & 0 & 0 & 1 \end{bmatrix} \begin{bmatrix} 0 & 2 & 4 & 2 & 8 \\ 2 & 1 & 0 & 5 & 4 \\ 4 & 1 & 2 & 4 & 2 \\ 5 & 0 & 0 & 2 & 8 \end{bmatrix} = \begin{bmatrix} 0 & 2 & 4 & 2 & 8 \\ 2 & 1 & 0 & 5 & 4 \\ 4 & 1 & 2 & 4 & 2 \\ 5 & 0 & 0 & 2 & 8 \end{bmatrix}$$

$$\begin{bmatrix} 1 & 0 & 0 & 0 \\ 0 & 1 & 0 & 1 \\ 0 & -2 & 1 & 0 \\ 0 & 0 & 0 & 1 \end{bmatrix} \begin{bmatrix} 0 & 2 & 4 & 2 & 8 \\ 2 & 1 & 0 & 5 & 4 \\ 4 & 1 & 2 & 4 & 2 \\ 5 & 0 & 0 & 2 & 8 \end{bmatrix} = \begin{bmatrix} 0 & 2 & 4 & 2 & 8 \\ 2 & 1 & 0 & 5 & 4 \\ 0 & -1 & 2 & -6 & -6 \\ 5 & 0 & 0 & 2 & 8 \end{bmatrix}$$

$$\begin{bmatrix} 1 & 0 & 0 & 0 \\ 0 & 1 & 0 & 0 \\ 0 & -2 & 1 & 0 \\ 0 & -2.5 & 0 & 1 \end{bmatrix} \begin{bmatrix} 0 & 2 & 4 & 2 & 8 \\ 2 & 1 & 0 & 5 & 4 \\ 4 & 1 & 2 & 4 & 2 \\ 5 & 0 & 0 & 2 & 8 \end{bmatrix} = \begin{bmatrix} 0 & 2 & 4 & 2 & 8 \\ 2 & 1 & 0 & 5 & 4 \\ 0 & -1 & 2 & -6 & -6 \\ 0 & -2.5 & 0 & -10.5 & -2 \end{bmatrix}$$

$$\begin{bmatrix} 1 & 0 & 0 & 0 \\ 0 & 1 & 0 & 0 \\ 0.5 & -2 & 1 & 0 \\ 0 & -2.5 & 0 & 1 \end{bmatrix} \begin{bmatrix} 0 & 2 & 4 & 2 & 8 \\ 2 & 1 & 0 & 5 & 4 \\ 4 & 1 & 2 & 4 & 2 \\ 5 & 0 & 0 & 2 & 8 \end{bmatrix} = \begin{bmatrix} 0 & 2 & 4 & 2 & 8 \\ 2 & 1 & 0 & 5 & 4 \\ 0 & 0 & 4 & -5 & -2 \\ 0 & -2.5 & 0 & -10.5 & -2 \end{bmatrix}$$

7.3 ガウスの掃き出し法による行列とベクトルの方程式の解法

次のような行列とベクトルの方程式を解こう。

$$A\boldsymbol{x} = \boldsymbol{b} \tag{7-3}$$

逆行列を持ち、MA が階段形式になるような行列 M を計算し、式 (7-3) の両辺に掛けることで、次を得る。

$$MA\boldsymbol{x} = M\boldsymbol{b} \tag{7-4}$$

これは元の方程式 (7-3) が解 $\boldsymbol{u}$ を持っていれば、同じ解 $\boldsymbol{u}$ は新しい方程式 (7-4) も満たすことを示している。逆に、この新しい方程式の解を $\boldsymbol{u}$ とおこう。即ち、$MA\boldsymbol{u} = M\boldsymbol{b}$ である。両辺に M^{-1} を掛けると、$M^{-1}MA\boldsymbol{u} = M^{-1}M\boldsymbol{b}$ であり、$A\boldsymbol{u} = \boldsymbol{b}$ となるので、これは元の方程式の解でもあることが分かる。

この新しい方程式 $MA\boldsymbol{x} = M\boldsymbol{b}$ は、左辺の行列 MA が階段形式になっているので、元の方程式よりも解きやすい。

7.3.1 行列が階段形式の場合の行列とベクトルの方程式の解法 ——逆行列を持つ場合

行列とベクトルの方程式 $U\boldsymbol{x} = \boldsymbol{b}$ で、U が階段形式の場合、これを解くアルゴリズムはどのようなものになるだろうか？

ここではまず U が逆行列を持つ場合について考えてみよう。この場合、U は正方行列であり、その対角要素は 0 ではない。U が上三角行列の場合、方程式 $U\boldsymbol{x} = \boldsymbol{b}$ を後退代入を用いて解くことができる。このアルゴリズムは、2.11.2 節で扱った `triangular` モジュールのプロシージャ `triangular_solve(rowlist, label_list, b)` で実装されている。

7.3.2 ゼロ行を処理する

今度は一般的なケースについて議論しよう。次の 2 通りの場合、U は三角化できない可能性がある。

- 全ての要素が 0 の行（ゼロ行）が存在する場合
- U の列に、その列の 0 でない要素を最も左側の要素とする行が存在しない場合

最初の問題は簡単に処理できる。即ち、そのような行を無視すればよい。

$\boldsymbol{a}_i = \boldsymbol{0}$ であるような方程式 $\boldsymbol{a}_i \cdot \boldsymbol{x} = b_i$ を考えよう。

- $b_i = 0$ ならば、$\boldsymbol{x}$ によらず方程式は成立する
- $b_i \neq 0$ ならば、$\boldsymbol{x}$ によらずこの方程式は成立しない

従って、ゼロ行を無視する唯一の欠点は、方程式が解けない場合をアルゴリズムが気付けないことにある。

7.3.3 無関係な列を処理する

U がゼロ行を含まないと仮定しよう。例えば、次のような場合である。

$$\begin{array}{c|ccccc} & \mathrm{A} & \mathrm{B} & \mathrm{C} & \mathrm{D} & \mathrm{E} \\ \hline 0 & 1 & & 1 & & \\ 1 & & 2 & & 3 & \\ 2 & & & & 1 & 9 \end{array} * \begin{bmatrix} x_a & x_b & x_c & x_d & x_e \end{bmatrix} = \begin{bmatrix} 1 \\ 1 \\ 1 \end{bmatrix}$$

この行列にゼロ行は存在しない。即ち、全ての行は最も左側に 0 でない要素を持つ。ある c 列上の要素を最も左側の要素とするような行が存在しない場合、その c を全て捨てることにする（ここでは C 列と E 列が捨てられる）。その結果は次のようになる。

$$\begin{array}{c|ccc} & \mathrm{A} & \mathrm{B} & \mathrm{D} \\ \hline 0 & 1 & & \\ 1 & & 2 & 3 \\ 2 & & & 1 \end{array} * \begin{bmatrix} x_a & x_b & x_d \end{bmatrix} = \begin{bmatrix} 1 \\ 1 \\ 1 \end{bmatrix}$$

これは三角系なので後退代入を用いて解ける。この解は、変数 x_a、x_b、x_d に値を割り当てるが、先ほど無

視された列に対応する変数 x_c と x_e の値はどうなるだろうか？ それらを 0 とすることにしよう。線形結合による行列とベクトルの積の定義を用いると、無視された列は線形結合には何ら影響を及ぼさないことが分かる。即ち、無視された列を再度挿入したときには、このように値を割り当ててしまっても解は変わらないのである。

問題 7.9.6 で階段形式を持つ行列とベクトルの方程式を解くプロシージャを書くことになる。素直だが多少面倒な方法は、ゼロ行と無関係な列を削除した新しい行列を作り、`triangular_solve` を適用することだが、そんなことをしなくても、より単純で、短く、かつエレガントな解法が知られている。そのプログラムは `triangular_solve` を少し修正することで得られる。

7.3.4 単純な認証方式への攻撃とその改善

2.9.7 節で扱った単純な認証方式を思い出して欲しい。

- パスワードは $GF(2)$ 上の n 要素のベクトル $\hat{\boldsymbol{x}}$ である
- **チャレンジ**として、コンピュータはランダムな n 要素のベクトル $\boldsymbol{a}$ を送る
- **レスポンス**として、人間は $\boldsymbol{a}\cdot\hat{\boldsymbol{x}}$ を送り返す
- コンピュータがパスワード $\hat{\boldsymbol{x}}$ を受理するまで、このチャレンジとレスポンスのやりとりが繰り返される

イブは b_i がチャレンジ $\boldsymbol{a}_i$ に対する正しいレスポンスであるような組 $\boldsymbol{a}_1, b_1, \ldots, \boldsymbol{a}_m, b_m$ を盗み見たとする。このとき、パスワード $\hat{\boldsymbol{x}}$ は次の方程式の解である。

$$\underbrace{\begin{bmatrix} \boldsymbol{a}_1 \\ \hline \vdots \\ \hline \boldsymbol{a}_m \end{bmatrix}}_{A} \begin{bmatrix} \\ \boldsymbol{x} \\ \\ \end{bmatrix} = \underbrace{\begin{bmatrix} b_1 \\ \vdots \\ b_m \end{bmatrix}}_{\boldsymbol{b}}$$

rank A が n に達すると、解は一意となり、イブはガウスの掃き出し法を用いてパスワードを得ることができる。

わざと間違えることで認証方式の安全性を高める　これに対し、認証方式の安全性を高める方法は、**わざと間違える**ことである。

- 人間は、繰り返しの約 6 回に 1 回、ランダムに正しくないドット積 $\boldsymbol{a}\cdot\hat{\boldsymbol{x}}$ を送り返す
- コンピュータは人間が 75% の確率で正しい答えを返したとき認証する

たとえイブが、人間がわざと間違えていると分かったとしても、繰り返しのどの段階で間違えているかを知る方法はない。ガウスの掃き出し法は、右辺の値 b_i が間違っている場合、正しい解を見つけることは**できない**。実際、イブがどれだけ多くの情報を盗み見たとしても、イブが正しい解を見つけられる効果的なアルゴリズムは**どのようなものも**知られていない。$GF(2)$ 上の巨大な行列とベクトルの方程式について、その「近似」解を求めることは計算困難な問題であると考えられている。

これとは対照的に、$\mathbb{R}$ 上の行列とベクトルの方程式の近似解を求める方法はよく知られている。次章ではこれについて取り扱おう。

7.4 ヌル空間の基底を見つける

行列 A に対し、$\{\boldsymbol{v} : \boldsymbol{v} * A = \boldsymbol{0}\}$ で定義されるベクトル空間の基底を求めるアルゴリズムを考えよう。このベクトル空間は A^T のヌル空間である。

最初のステップは、$MA = U$ が階段形式となるような、逆行列を持つ行列 M を求めることである。ベクトルと行列の積による行列と行列の積の定義を利用するために、M と U は次のように行ベクトルから成るものと考えよう。

$$\begin{bmatrix} \boldsymbol{b}_1 \\ \hline \vdots \\ \hline \boldsymbol{b}_m \end{bmatrix} \begin{bmatrix} & A & \end{bmatrix} = \begin{bmatrix} \boldsymbol{u}_1 \\ \hline \vdots \\ \hline \boldsymbol{u}_m \end{bmatrix}$$

U の行でゼロベクトルであるような $\boldsymbol{u}_i$ に対し、対応する M の行 $\boldsymbol{b}_i$ は $\boldsymbol{b}_i * A = \boldsymbol{0}$ を満たす。

例 7.4.1： 次のような $GF(2)$ 上の行列 A を考えよう。

$A =$

	A	B	C	D	E
a	0	0	0	one	0
b	0	0	0	one	one
c	one	0	0	one	0
d	one	0	0	0	one
e	one	0	0	0	0

`transformation(A)` を用いることで $MA = U$ が階段行列となるような変換行列 M を得る。

	a	b	c	d	e
0	0	0	one	0	0
1	one	0	0	0	0
2	one	one	0	0	0
3	0	one	one	one	0
4	one	0	one	0	one

$*$

	A	B	C	D	E
a	0	0	0	one	0
b	0	0	0	one	one
c	one	0	0	one	0
d	one	0	0	0	one
e	one	0	0	0	0

$=$

	A	B	C	D	E
0	one	0	0	one	0
1	0	0	0	one	0
2	0	0	0	0	one
3	0	0	0	0	0
4	0	0	0	0	0

右辺の行列の 3 行目と 4 行目はゼロベクトルなので、左辺の最初の行列 M の 3 行目と 4 行目の行ベ

クトルはベクトル空間 $\{\boldsymbol{v} : \boldsymbol{v} * A = \boldsymbol{0}\}$ に属する。次に、この2つのベクトルが、このベクトル空間の基底になっていることを示そう。

次のステップは、ゼロベクトルであるような U の行を探し、それに対応する M の行を選び出すことである。

選び出された M の行ベクトルがベクトル空間 $\{\boldsymbol{v} : \boldsymbol{v} * A = \boldsymbol{0}\}$ の基底になっていることを示すためには、次の2つのことを証明しなければならない。

- 線形独立である
- ベクトル空間を張る

M は逆行列を持つので、M は正方行列であり、各列ベクトルは線形独立である。従って、そのランクは列の数と同じで、行の数と同じである。また、系6.4.11より、M の各行ベクトルは線形独立である。更に、補題5.5.8より、行ベクトルの任意の部分集合も線形独立である。

選び出された行ベクトルがベクトル空間 $\{\boldsymbol{v} : \boldsymbol{v} * A = \boldsymbol{0}\}$ を張ることを示すために、やや間接的な方法を用いよう。s を選び出された行の数とする。選び出された行はベクトル空間に属するので、それらが張るのはその部分空間である。選び出された行ベクトルたちのランクが、ベクトル空間の次元と一致していることを示せれば、次元原理（補題6.2.14）の性質D2により、選び出された行ベクトルの張る空間と、このベクトル空間とが一致していることが保証される。選び出された行ベクトルが線形独立なので、そのランクは s に等しい。

m を A の行の数とする。U は A と同じ数の行を持っていることに注意して欲しい。U に含まれている行は、全ての要素が0か、0でない要素を含むかの2通りである。7.1.1節で、ゼロでない行は Row A の基底を成すことを示したので、U のゼロでない行の数は rank A に等しい。

$$\begin{aligned} m &= (U\text{ のゼロでない行の数}) + (U\text{ のゼロ行の数}) \\ &= \text{rank } A + s \end{aligned}$$

次元定理の行列版の定理である、ランクと退化次数の定理により

$$m = \text{rank } A + \text{nullity } A^T$$

従って、$s = \text{nullity } A^T$ である。

7.5 整数の素因数分解

ここではまず200年以上前にガウスによって書かれた文献を引用することから始めよう。

> ある整数が、合成数か素数かを見分ける問題、及び、合成数を素数の積に分解する問題は、数論において有用で、かつ、最も重要な問題の1つとして知られていた。それはその問題を議論するには十分すぎると思われるくらいに長い間、産業や古代の知恵、現代の幾何学研究者を魅了してきた。特に科学それ自身の自尊心はエレガントでかつ賞賛されるような解法を要求しているように思われた。（カール・フリードリヒ・ガウス、『算術研究（Disquisitiones Arithmeticae）』、1801）

素数とは、1 よりも大きい整数で、1 またはそれ自身でしか割り切ることのできない数のことである。また、合成数とは、1 よりも大きな整数で、素数ではないもの、即ち、正の整数で 1 より大きく、また、それ自身以外の数で割り切れるものである。数論における基本定理は次のようなものである。

定理 7.5.1（素因数分解定理）： 任意の正の整数 N に対し、その積が N になるような素数の多重集合が 1 通りに定まる。

例えば、75 は $\{3,5,5\}$ の積で表すことができ、また、126 は $\{2,3,3,7\}$ の積で表すことができる。23 に対応するのは $\{23\}$ である。この多重集合の要素は全て素数でなければならない。即ち、N が素数ならば $\{N\}$ が対応する。

数 N を**素因数分解**するということは対応する素数の多重集合を見つけるということである。ガウスは実際に、(1) 合成数か素数かを見分ける、(2) 素因数分解する、という 2 つの問題を挙げている。最初の問題はすぐに解かれた。2 つ目の素因数分解の問題は、ガウスの時代と比べ、素因数分解のアルゴリズムが飛躍的に進歩したにも関わらず、未だに解かれていない。

ガウスの時代では、この問題は数学的な興味にすぎなかったが、今日では、素数判定と素因数分解の問題はクレジットカード番号などの機密情報を安全に伝えるための RSA 暗号化システムの要となっている。ウェブブラウザでは、安全なウェブサイトを閲覧している場合には

と表示されるだろう。このとき、ブラウザとサーバは RSA 暗号化システムに基づいた転送プロトコルである、HTTPS（Secure HTTP）を用いて通信している。今日のこの分野の専門家であるビル・ゲイツの本から引用しよう。

> 個人情報や電子マネーの管理は暗号化システムに依存しているため、数学や計算機科学の大躍進はその暗号化システムを全く無力なものにしてしまうかもしれない。数学のとりわけ際立つ躍進は、巨大な素数を素因数分解する簡単な方法を見つけることだろう。（ビル・ゲイツ、『ビル・ゲイツ未来を語る』、1995）

ビルはちょっとした間違いを犯している。巨大であっても「素数」を素因数分解するのは簡単だ。案ずることはない、この間違いは次の版が出るときには修正されていることだろう。

合成数を素数に分解することもそれほど大変ではない。合成数 N を取り、$N = ab$ であるような 1 よりも大きな**任意の**数 a、b を返すアルゴリズム `factor(N)` があれば、再帰的にこれを適用することで素因数分解できる。

```
def prime_factorize(N):
  if is_prime(N):
    return [N]
  a,b = factor(N)
  return prime_factorize(a)+prime_factorize(b)
```

問題は、高速に実行できる `factor(N)` を実装するところにある。

7.5.1 素因数分解へのはじめての試み

ある数が割り切れるかどうか、試しに割ってみることにしよう。即ち、**試し割り**を行うアルゴリズムを考えてみる。適当な整数 b で N が割り切れるかどうかを判定する。試し割りは自明な演算ではない。正確な計算が必要なので、小数を用いた演算よりも遅くなってしまう。だがこれは悪いことではない。

いくつかの具体的な方法を考えてみよう。最も単純な方法は N を 2 から $N-1$ の全ての数で割ることである。このとき $N-2$ 回の試し割りが行われる。試し割りが 10 億回できるのなら、最大で 10 億までの数、即ち 9 桁の数を素因数分解することができる。

```
def find_divisor(N):
  for i in range(2, N):
    if N % i == 0:
      return i
```

次の主張を用いることで、このプログラムを少しだけ改善できる。

主張： N が合成数であれば、それを割り切る高々 $\sqrt{N}$ の非自明な因数が存在する。

証明

合成数 N に対し、b を N を割り切る非自明な数とする。b が $\sqrt{N}$ よりも大きくなければこの主張は満たされる。一方 $b > \sqrt{N}$ であれば、$N/b < \sqrt{N}$ となるので、N/b は $b \cdot (N/b) = N$ を満たす整数となる。 □

この主張は、N の因数を探すのに、$\sqrt{N}$ 以下の数を探せば十分であるということを示している。従って、試し割りの最大数は $\sqrt{N}$ でよいことが分かる。つまり、10 億回の試し割りができるのなら、最大で 10 億の 2 乗までの数、即ち 18 桁の数を対象とすることができる。

次にすべきことは、試し割りに用いる数を、$\sqrt{N}$ 以下の素数に限ることだろう。素数定理は、K 以下の素数の数が、およそ $K/\ln(K)$ 個であることを示している。ここで $\ln(K)$ は K の自然対数である。これにより試し割りの回数が 20 倍ほど節約され、19 桁の数を扱うことができるようになる。

しかし、RSA 暗号化システムに用いる数に 10 桁程度加えるのは容易であり、これによって増加する計算時間は 1 万倍か、それ以上である。ここから何か得るものはあるだろうか？

本書では扱わないが、より洗練された素因数分解の方法として 2 次ふるい法が知られている。重要なのはこの方法が線形代数に基づいているということである。これよりも更に洗練された素因数分解の方法もあるが、それもまた同様に線形代数に基づいている。

7.6 ラボ：閾値シークレットシェアリング

このラボでは、秘密の情報を 2 つに分け、その両方がなければ元の情報を復元できないような方法について、再び扱うことにしよう。この方法では $GF(2)$ を用いていた。ここでは、それを 2 つではなくそれ以上の数、例えば 4 人のティーチングアシスタント（TA）がいる場合に一般化しよう。即ち、4 つに分けられた情報のうち、3 つではそれを復元することはできず、4 つ揃ってはじめて復元ができる。しかし、4 人の TA 全員がちゃんとミーティングに出席しない危険性もある。

そこで、代わりに 4 人のうち 3 人が集まれば情報を復元でき、2 人では復元できないような、**閾値**(しきい)

(*threshold*) シークレットシェアリング方式（閾秘密分散法と呼ばれることもある）を採用しよう。それには $GF(2)$ 以外の体を用いる方法もあるが、まずは $GF(2)$ を用いてできるかどうか見てみよう。

7.6.1 最初の試み

実はこの試みは失敗する運命にある。$GF(2)$ 上の 5 つの 3 要素のベクトル、$\boldsymbol{a}_0$、$\boldsymbol{a}_1$、$\boldsymbol{a}_2$、$\boldsymbol{a}_3$、$\boldsymbol{a}_4$ を用いよう。これらのベクトルは次の条件を満たすとする。

条件：これらのベクトルのうち、どの 3 つを選んでもそれらは線形独立である。

これらのベクトルは、閾値シークレットシェアリング方式の一部であり、全員が知っているとする。いま、1 ビットの秘密 s を TA 間で共有したいとしよう。$\boldsymbol{a}_0 \cdot \boldsymbol{u} = s$ となるような 3 要素のベクトル $\boldsymbol{u}$ を無作為に選ぶ。$\boldsymbol{u}$ を秘密にしておき、次のドット積を計算する。

$$\begin{aligned}\beta_1 &= \boldsymbol{a}_1 \cdot \boldsymbol{u}\\ \beta_2 &= \boldsymbol{a}_2 \cdot \boldsymbol{u}\\ \beta_3 &= \boldsymbol{a}_3 \cdot \boldsymbol{u}\\ \beta_4 &= \boldsymbol{a}_4 \cdot \boldsymbol{u}\end{aligned}$$

TA1 には β_1 を、TA2 には β_2 を、TA3 には β_3 を、そして TA4 には β_4 を与える。TA に与えられたビットはそれぞれの TA の**シェア**（割り当て）と呼ばれる。

まず、この方法で任意の 3 人の TA が、彼らのシェアを組み合わせることで元の情報を復元できることを示そう。

TA1、TA2、TA3 の 3 人が情報を復元したいとしよう。彼らは次の行列とベクトルの積を計算する。

$$\begin{bmatrix} \boldsymbol{a}_1 \\ \hline \boldsymbol{a}_2 \\ \hline \boldsymbol{a}_3 \end{bmatrix} \begin{bmatrix} x_1 \\ x_2 \\ x_3 \end{bmatrix} = \begin{bmatrix} \beta_1 \\ \beta_2 \\ \beta_3 \end{bmatrix}$$

3 人の TA は、右辺のビットを知っており、この行列とベクトルの方程式を立てることができる。$\boldsymbol{a}_1$、$\boldsymbol{a}_2$、$\boldsymbol{a}_3$ は線形独立なので、行列のランクは 3 であり、従って、列ベクトルも線形独立となる。行列は正方行列で、その列が線形独立なので可逆であり、解が一意的に存在する。即ち、この解は秘密のベクトル $\boldsymbol{u}$ とならなければならない。TA たちは $\boldsymbol{u}$ を復元するために `solve` を用い、秘密 s を得るために $\boldsymbol{a}_0$ と $\boldsymbol{u}$ のドット積を取る。

同様に、どの 3 人の TA も各自のシェアを合わせることで秘密のベクトル $\boldsymbol{u}$ を復元し、秘密を得ることができる。

いま、2 人の不良 TA、TA1 と TA2 がおり、他の TA を巻き込むことなく情報を得ようと画策したとしよう。彼らは β_1 と β_2 を知っている。これらを用いて秘密 s を得ることができるだろうか？ その答えはノーである。彼らの情報は $s = 0$ と $s =$ one のどちらとも矛盾しない。事実、行列

$$\begin{bmatrix} \boldsymbol{a}_0 \\ \hline \boldsymbol{a}_1 \\ \hline \boldsymbol{a}_2 \end{bmatrix}$$

は可逆なので、2つの行列の方程式

$$\begin{bmatrix} \boldsymbol{a}_0 \\ \hline \boldsymbol{a}_1 \\ \hline \boldsymbol{a}_2 \end{bmatrix} \begin{bmatrix} x_0 \\ x_1 \\ x_2 \end{bmatrix} = \begin{bmatrix} 0 \\ \beta_1 \\ \beta_2 \end{bmatrix}$$

$$\begin{bmatrix} \boldsymbol{a}_0 \\ \hline \boldsymbol{a}_1 \\ \hline \boldsymbol{a}_2 \end{bmatrix} \begin{bmatrix} x_0 \\ x_1 \\ x_2 \end{bmatrix} = \begin{bmatrix} \text{one} \\ \beta_1 \\ \beta_2 \end{bmatrix}$$

はそれぞれ一意的な解を持つ。最初の方程式の解は $\boldsymbol{a}_0 \cdot \boldsymbol{v} = 0$ であるようなベクトル $\boldsymbol{v}$ であり、2つ目の方程式の解は $\boldsymbol{a}_0 \cdot \boldsymbol{v} = \text{one}$ であるようなベクトル $\boldsymbol{v}$ である。

7.6.2 うまくいく方法

この方法はうまくいっているかのように見える。何が問題なのだろうか？

問題は、上で述べたような条件を満たす5つの3要素のベクトルが存在しないことだ。$GF(2)$ 上には十分な3要素のベクトルが存在しないのである。

代わりにより大きなベクトルを使うことにしよう。今度は $GF(2)$ 上の10個の6要素のベクトル $\boldsymbol{a}_0$、$\boldsymbol{b}_0$、$\boldsymbol{a}_1$、$\boldsymbol{b}_1$、$\boldsymbol{a}_2$、$\boldsymbol{b}_2$、$\boldsymbol{a}_3$、$\boldsymbol{b}_3$、$\boldsymbol{a}_4$、$\boldsymbol{b}_4$ を探すことにする。これらは以下の5つの組を構成するものとする。

- 第0組は $\boldsymbol{a}_0$ と $\boldsymbol{b}_0$ から成る
- 第1組は $\boldsymbol{a}_1$ と $\boldsymbol{b}_1$ から成る
- 第2組は $\boldsymbol{a}_2$ と $\boldsymbol{b}_2$ から成る
- 第3組は $\boldsymbol{a}_3$ と $\boldsymbol{b}_3$ から成る
- 第4組は $\boldsymbol{a}_4$ と $\boldsymbol{b}_4$ から成る

また、これらのベクトルは次の条件を満たすとする。

条件：任意の3つの組に対し、対応する6つのベクトルは線形独立である。

この方法を用いて2つのビット s、t を共有するため、$\boldsymbol{a}_0 \cdot \boldsymbol{u} = s$、かつ、$\boldsymbol{b}_0 \cdot \boldsymbol{u} = t$ であるような秘密の6要素のベクトル $\boldsymbol{u}$ を選ぶ。そしてTA1に2つのビット $\beta_1 = \boldsymbol{a}_1 \cdot \boldsymbol{u}$ と $\gamma_1 = \boldsymbol{b}_1 \cdot \boldsymbol{u}$ を、TA2に $\beta_2 = \boldsymbol{a}_2 \cdot \boldsymbol{u}$ と $\gamma_2 = \boldsymbol{b}_2 \cdot \boldsymbol{u}$ を、……と渡していく。つまり、それぞれのTAのシェアは2つのビットから成る。

復元可能性　先ほどの議論と同様に、3人のTAが集まれば、6×6 行列の行列とベクトルの方程式を解き $\boldsymbol{u}$ を得ることができる。即ち、彼らは秘密のビット s、t を手にすることができる。例えばTA1、TA2、TA3が集まったとしよう。そのとき彼らは次の方程式を解き、$\boldsymbol{u}$ を、そして秘密のビットを得ることができるだろう。

$$\begin{bmatrix} \boldsymbol{a}_1 \\ \hline \boldsymbol{b}_1 \\ \hline \boldsymbol{a}_2 \\ \hline \boldsymbol{b}_2 \\ \hline \boldsymbol{a}_3 \\ \hline \boldsymbol{b}_3 \end{bmatrix} \begin{bmatrix} \\ \\ \boldsymbol{x} \\ \\ \\ \end{bmatrix} = \begin{bmatrix} \beta_1 \\ \gamma_1 \\ \beta_2 \\ \gamma_2 \\ \beta_3 \\ \gamma_3 \end{bmatrix}$$

ベクトル $\boldsymbol{a}_1$、$\boldsymbol{b}_1$、$\boldsymbol{a}_2$、$\boldsymbol{b}_2$、$\boldsymbol{a}_3$、$\boldsymbol{b}_3$ は線形独立なので、この行列は可逆であり、従って、この方程式は一意的な解を持つ。

秘密性　一方、どの2人のTAにとっても、彼らが手にしている情報は、どのような秘密のビット s、t とも矛盾しない。先ほどと同様に、TA1とTA2が不良になり、s と t の復元を画策したとしよう。彼らはビット β_1、γ_1、β_2、γ_2 を持っている。これらのビットと $s = 0$、$t = \text{one}$ は共存するだろうか？ もし、次の方程式の解 $\boldsymbol{u}$ が存在したとすれば、それらは矛盾なく共存する。

$$\begin{bmatrix} \boldsymbol{a}_0 \\ \hline \boldsymbol{b}_0 \\ \hline \boldsymbol{a}_1 \\ \hline \boldsymbol{b}_1 \\ \hline \boldsymbol{a}_2 \\ \hline \boldsymbol{b}_2 \end{bmatrix} \begin{bmatrix} \\ \\ \boldsymbol{x} \\ \\ \\ \end{bmatrix} = \begin{bmatrix} 0 \\ \text{one} \\ \beta_1 \\ \gamma_1 \\ \beta_2 \\ \gamma_2 \end{bmatrix}$$

このとき、右辺の最初の2つの要素 s と t は推測された値である。

ベクトル $\boldsymbol{a}_0$、$\boldsymbol{b}_0$、$\boldsymbol{a}_1$、$\boldsymbol{b}_1$、$\boldsymbol{a}_2$、$\boldsymbol{b}_2$ は線形独立なので、行列は可逆であり、従って、一意的な解が存在する。同様に、右辺の最初の2つの要素に何を入れても、解が厳密に1つだけ存在する。つまり、先ほどと同様に、これはTA1とTA2のシェアだけでは s と t の正しい値について何も分からないということを示している。

7.6.3 本手法の実装

問題を簡単にするために、$\boldsymbol{a}_0 = [\text{one}, \text{one}, 0, \text{one}, 0, \text{one}]$、$\boldsymbol{b}_0 = [\text{one}, \text{one}, 0, 0, 0, \text{one}]$ とする。

```
>>> a0 = list2vec([one, one, 0, one, 0, one])
>>> b0 = list2vec([one, one, 0, 0, 0, one])
```

ここで、`list2vec` は `vecutil` モジュールで、`one` は `GF2` モジュールで定義されていたことを思い出そう。

7.6.4 u の生成

課題 7.6.1： 以下の機能を持つプロシージャ choose_secret_vector(s, t) を書け。

- **入力：** $GF(2)$ の要素 s、t（即ちビット）
- **出力：** $\boldsymbol{a}_0 \cdot \boldsymbol{u} = s$、かつ、$\boldsymbol{b}_0 \cdot \boldsymbol{u} = t$ を満たすランダムな 6 要素のベクトル $\boldsymbol{u}$

なぜ出力がランダムでなければならないのだろうか？ そこで、このプロシージャがランダムではなかったとしよう。出力のベクトル $\boldsymbol{u}$ は 2 つの秘密のビットによって決められるので、TA は自分の持つ情報から $\boldsymbol{u}$ の値をうまく推測でき、更には s 及び t の値も推測できてしまう可能性がある。

この課題では $GF(2)$ 上の疑似乱数を生成するにあたり、Python の random モジュールを使うことができる。

```
>>> import random
>>> def randGF2(): return random.randint(0,1)*one
```

だが注意しておいて欲しい。本当に秘密にしておきたいのなら、この方法を用いてはならない。なぜなら Python の random モジュールは暗号論的に安全な疑似乱数を生成しないからだ。具体的には、不良の TA は自分のシェアを用いて疑似乱数ジェネレータの状態を計算し、未来の疑似乱数の値を予測することで、本手法のセキュリティを破ることができる（疑似乱数ジェネレータの状態の計算には、お察しの通り、$GF(2)$ 上の線形代数が用いられる）。

7.6.5 条件を満たすベクトルの探索

課題 7.6.2： $\boldsymbol{a}_0 = [\text{one}, \text{one}, 0, \text{one}, 0, \text{one}]$、$\boldsymbol{b}_0 = [\text{one}, \text{one}, 0, 0, 0, \text{one}]$ とする。ここでの目標は、次のような条件を満たす $GF(2)$ 上のベクトル $\boldsymbol{a}_1$、$\boldsymbol{b}_1$、$\boldsymbol{a}_2$、$\boldsymbol{b}_2$、$\boldsymbol{a}_3$、$\boldsymbol{b}_3$、$\boldsymbol{a}_4$、$\boldsymbol{b}_4$ を選ぶことである。

任意の 3 つの組に対し、対応する 6 つのベクトルは線形独立である。

ヒント： 8 つのランダムなベクトルを選び、それらが条件を満たすかどうか確かめ、うまくいくまで繰り返してみよ。independence モジュールを用いること。

7.6.6 文字列の共有

ここまで 2 つのビットを共有したが、実は任意の長さのビットを共有することができる。
bitutil モジュールには以下のプロシージャが定義されている。

- 文字列を $GF(2)$ 上のリストに変換するプロシージャ str2bits(str)
- str2bits の逆のプロシージャ bits2str(bitlist)
- bitlist のビットを nrows 行の行列に変換するプロシージャ bits2mat(bitlist, nrows)
- bits2mat の逆のプロシージャ mat2bits(M)

str2bits を用いると"Rosebud"といった文字列をビットのリストに変換でき、bits2mat を用いるとビットのリストを $2 \times n$ 行列に変換することができる。

課題 7.6.1 のプロシージャ choose_secret_vector(s, t) を用いると、行列の各列に対し対応する秘密のベクトル $\boldsymbol{u}$ が得られ，秘密のベクトルを列として持つ行列 U を構成することができる。

TA のシェアを計算するには、行列

$$\begin{bmatrix} \boldsymbol{a}_0 \\ \hline \boldsymbol{b}_0 \\ \hline \boldsymbol{a}_1 \\ \hline \boldsymbol{b}_1 \\ \hline \boldsymbol{a}_2 \\ \hline \boldsymbol{b}_2 \\ \hline \boldsymbol{a}_3 \\ \hline \boldsymbol{b}_3 \\ \hline \boldsymbol{a}_4 \\ \hline \boldsymbol{b}_4 \end{bmatrix}$$

を U に掛ける。この積の 3、4 行目は TA1 のシェアになり、また他の TA についても同様である。

7.7 ラボ：整数の素因数分解

7.7.1 平方根を用いた最初の試み

現代的な素因数分解アルゴリズムに向けた 1 つのステップとして、次のような整数 a、b を見つけることができたとしよう。

$$a^2 - b^2 = N$$

このとき

$$(a-b)(a+b) = N$$

となる。従って、$a-b$、$a+b$ は N の因数である。ただしそれらは非自明な因数となって欲しい（即ち $a-b$ は 1 でも N でもない数とする）。

課題 7.7.1： $a^2 - b^2 = N$ を満たす整数 a、b を見つけるために、次のアルゴリズムを実行するプロシージャ root_method(N) を書け。

- a を $\sqrt{N}$ よりも大きな整数に初期化する。
- $\sqrt{a^2 - N}$ が整数かどうかチェックする。
- 整数なら $b = \sqrt{a^2 - N}$ とおく。これで素因数分解は成功だ！ $a-b$ を返す。
- 整数でなければ a を次に大きな整数にし、これを繰り返す。

factoring_support モジュールは、以下の機能を持ったプロシージャ intsqrt(x) を提供している。

- **入力**：整数 x
- **出力**：$y*y$ が x に近い整数 y。x が平方数の場合、$y*y$ は x となる。

上記のアルゴリズムを実装する際、`intsqrt(x)` を用いるとよい。55、77、146771、118 で試してみよ。
ヒント：このプロシージャは自明な因数を見つける場合や、永遠に実行が終わらない場合がある。

7.7.2 最大公約数を求めるためのユークリッドの互除法

これを改善するために、2300 年ほど昔の愛すべきアルゴリズム、最大公約数（greatest common divisor、gcd と略す）を求めるためのユークリッドの互除法に助けを求めよう。そのコードは次のようなものである。

```
def gcd(x,y): return x if y == 0 else gcd(y, x % y)
```

課題 7.7.2：この `gcd` のコードを入力するか、本書で提供する `factoring_support` モジュールからインポートして欲しい。まずは使ってみよう。具体的には、Python の疑似乱数ジェネレータ（`random` モジュールのプロシージャ `randint(a, b)`）を用いるか、キーボードをでたらめに打つことで、適当な巨大な整数 r、s、t を作って欲しい。次に、$a = r*s$、$b = s*t$ とし、a と b の最大公約数 d を求め、d が以下の特徴を持つことを確かめよ。

- a は d で割り切れる（即ち、$a\%d$ が 0 と等しくなることを確かめよ）
- b は d で割り切れる
- $d \geqq s$

7.7.3 平方根を用いた試み、再訪

$a^2 - b^2$ が N と等しくなるような整数 a、b を見つけるのは非常に大変である。そこで目標を少し下げ、$a^2 - b^2$ が N で割り切れるような整数 a、b を探すことにしよう。いま、そのような整数を見つけたとすると、次のような整数 k が存在する。

$$a^2 - b^2 = kN$$

これは

$$(a - b)(a + b) = kN$$

を意味する。その全ての積が kN となるような素数の多重集合に含まれる全ての素数は次の 2 つをいずれも満たす。

- その全ての積が k となるような素数の多重集合、または、その全ての積が N となるような素数の多重集合に含まれる
- その全ての積が $a-b$ となるような素数の多重集合、または、その全ての積が $a+b$ となるような素数の多重集合に含まれる

N が 2 つの素数 p と q の積であるとしよう。幸運にも、これらの素数のうち片方で $a-b$ が割り切れ、もう片方で $a+b$ が割り切れたとしよう。このとき $a-b$ と N の最大公約数は非自明な数になる！ ユークリッドの互除法のおかげでこの値を計算することができる。

課題 7.7.3： $N = 367160330145890434494322103$、$a = 67469780066325164$、$b = 9429601150488992$ とし、$a*a-b*b$ が N で割り切れることを確かめよ。このことは $a-b$ と N の最大公約数が、N の非自明な因数になるかもしれないということを意味している。プロシージャ `gcd` を用いてこれを確かめ、得られた非自明な因数を示せ。

しかし、そのような整数の組はどうすれば見つけることができるのだろうか？ 幸運を望むのではなく、自分で何とかしてみることにしよう。まずは a と b を作り出すことからはじめよう。この方法は、はじめの 1000 個ほどの素数から成る集合 `primeset` を作ることからはじまる。整数 x が `primeset` の部分集合 S の素数のいくつかを掛け合わせて作ることができたとき（このとき、同じ素数を 2 度以上用いてもよい)、整数 x は S 上で割り切れるということにする。

例えば

- 75 は $75 = 3 \cdot 5 \cdot 5$ なので $\{2, 3, 5, 7\}$ 上で割り切れる
- 30 は $30 = 2 \cdot 3 \cdot 5$ なので $\{2, 3, 5, 7\}$ 上で割り切れる
- 1176 は $1176 = 2 \cdot 2 \cdot 2 \cdot 3 \cdot 7 \cdot 7$ なので $\{2, 3, 5, 7\}$ 上で割り切れる

ある素数の集合上の整数の素因数分解は組（素数, 指数）のリストで表すことができる。例えば

- $\{2, 3, 5, 7\}$ 上の 75 の素因数分解は組のリスト $[(3, 1), (5, 2)]$ で表せる。これは 75 が、3 が 1 つ、5 が 2 つの積によって得られることを表している。
- 30 の素因数分解はリスト $[(2, 1), (3, 1), (5, 1)]$ で表される。これは 30 が 2、3、5 の積によって得られることを表している。
- 1176 の素因数分解はリスト $[(2, 3), (3, 1), (7, 2)]$ で表される。これは 1176 が、2 が 3 つ、3 が 1 つ、7 が 2 つの積によって得られることを表している。

即ち、それぞれの組の 1 つ目の数は集合 `primeset` に含まれる素数であり、2 つ目の数はその指数である。

$$75 = 3^1 5^2$$
$$30 = 2^1 3^1 5^1$$
$$1176 = 2^3 3^1 7^2$$

`factoring_support` モジュールは以下の機能を持つプロシージャ `dumb_factor(x, primeset)`

を定義している。

- **入力**：整数 x と素数の集合 primeset
- **出力**：primeset に含まれる素数 $p_1, \ldots, p_s$ と、$x = p_1^{e_1} p_2^{e_2} \cdots p_s^{e_s}$ であるような正の整数（指数）$e_1, e_2, \ldots, e_s$ が存在する場合、このプロシージャは組（素数, 指数）のリスト $[(p_1, e_1), (p_2, e_2), \ldots, (p_s, e_s)]$ を返す。存在しなければ空リストを返す。

以下にいくつかの例を挙げる。

```
>>> dumb_factor(75, {2,3,5,7})
[(3, 1), (5, 2)]
>>> dumb_factor(30, {2,3,5,7})
[(2, 1), (3, 1), (5, 1)]
>>> dumb_factor(1176, {2,3,5,7})
[(2, 3), (3, 1), (7, 2)]
>>> dumb_factor(2*17, {2,3,5,7})
[]
>>> dumb_factor(2*3*5*19, {2,3,5,7})
[]
```

課題 7.7.4： $primeset = \{2, 3, 5, 7, 11, 13\}$ を定義せよ。整数 $x = 12$、$x = 154$、$x = 2 * 3 * 3 * 3 * 11 * 11 * 13$、$x = 2 * 17$、$x = 2 * 3 * 5 * 7 * 19$ に対して dumb_factor(x, primeset) を試し、結果を示せ。

課題 7.7.5： GF2 モジュールから値 one をインポートせよ。与えられた整数 i に対し、i が奇数ならば one を、偶数ならば 0 を返すプロシージャ int2GF2(i) を書け。

```
>>> int2GF2(3)
one
>>> int2GF2(4)
0
```

factoring_support モジュールは、P 以下の素数から成る集合を返すプロシージャ primes(P) を定義している。

課題 7.7.6： vec モジュールから Vec をインポートせよ。以下の機能を持ったプロシージャ make_Vec(primeset, factors) を書け。

- **入力**：素数の集合 primeset と、dumb_factor によって生成されるようなリスト $factors = [(p_1, a_1), (p_2, a_2), \ldots, (p_s, a_s)]$。ただし、$p_i$ は全て primeset に含まれるものであるとする。
- **出力**：$i = 1, \ldots, s$ について $\boldsymbol{v}[p_i] =$ int2GF2(a_i) であるような、primeset を定義域に持つ $GF(2)$ 上のベクトル $\boldsymbol{v}$

例えば

```
>>> make_Vec({2,3,5,7,11}, [(3,1)])
Vec({3, 2, 11, 5, 7},{3: one})
>>> make_Vec({2,3,5,7,11}, [(2,17), (3,0), (5,1), (11,3)])
Vec({3, 2, 11, 5, 7},{11: one, 2: one, 3: 0, 5: one})
```

いよいよここからが面白いところだ。

課題 7.7.7： 整数 $N = 2419$ を素因数分解したいとしよう（この数は例題にちょうどよく、簡単で大きな数である）。

素因数分解したい整数 N と素数の集合 `primeset` に対し、$a{\cdot}a-N$ が `primeset` 上で完全に素因数分解できるような `len(primeset)+1` 個の整数 a を見つけるプロシージャ `find_candidates(N, primeset)` を書け。このプロシージャは以下の 2 つのリストを返す。

- $a_i \cdot a_i - N$ が `primeset` 上で完全に素因数分解されるような $a_0, a_1, a_2, \ldots$ のリスト `roots`
- i 番目の要素が a_i に対応する $GF(2)$ 上の `primeset` ベクトル（即ち、`make_Vec` が生成するベクトル）であるリスト `rowlist`

それぞれのリストは以下のように初期化される。

```
roots = []
rowlist = []
```

次に、$x =$ `intsqrt(N)+2, intsqrt(N)+3, ...` に対し、

- $x \cdot x - N$ が `primeset` 上で完全に素因数分解されるならば
  - x を `roots` に追加し、
  - $x \cdot x - N$ の因数に対応するベクトルを `rowlist` に追加する

これを少なくとも `roots` と `rowlist` の長さが `len(primeset)+1` 以上になるまで続ける。

$N = 2419$ とし、`find_candidates(N, primes(32))` を呼び出して、作成したプロシージャを試してみよ。

計算結果の概要は次のようになる。

x	x^2-N	因数	`dumb_factor` の結果	ベクトル `.f`
51	182	$2\cdot7\cdot13$	$[(2,1),(7,1),(13,1)]$	`{2: one, 13: one, 7: one}`
52	285	$3\cdot5\cdot19$	$[(3,1),(5,1),(19,1)]$	`{19: one, 3: one, 5: one}`
53	390	$2\cdot3\cdot5\cdot13$	$[(2,1),(3,1),(5,1),(13,1)]$	`{2: one, 3: one, 5: one, 13: one}`
58	945	$3^3\cdot5\cdot7$	$[(3,3),(5,1),(7,1)]$	`{3: one, 5: one, 7: one}`
61	1302	$2\cdot3\cdot7\cdot31$	$[(2,1),(3,1),(7,1),(31,1)]$	`{31: one, 2: one, 3: one, 7: one}`
62	1425	$3\cdot5^2\cdot19$	$[(3,1),(5,2),(19,1)]$	`{19: one, 3: one, 5: 0}`
63	1550	$2\cdot5^2\cdot31$	$[(2,1),(5,2),(31,1)]$	`{2: one, 5: 0, 31: one}`
67	2070	$2\cdot3^2\cdot5\cdot23$	$[[(2,1),(3,2),(5,1),(23,1)]$	`{2: one, 3: 0, 5: one, 23: one}`
68	2205	$3^2\cdot5\cdot7^2$	$[(3,2),(5,1),(7,2)]$	`{3: 0, 5: one, 7: 0}`
71	2622	$2\cdot3\cdot19\cdot23$	$[(2,1),(3,1),(19,1),(23,1)]$	`{19: one, 2: one, 3: one, 23: one}`
77	3510	$2\cdot3^3\cdot5\cdot13$	$[(2,1),(3,3),(5,1),(13,1)]$	`{2: one, 3: one, 5: one, 13: one}`
79	3822	$2\cdot3\cdot7^2\cdot13$	$[(2,1),(3,1),(7,2),(13,1)]$	`{2: one, 3: one, 13: one, 7: 0}`

従って、ループ終了後、`roots` の値は次のようなリスト

$$[51,52,53,58,61,62,63,67,68,71,77,79]$$

となるはずで、`rowlist` の値は

```
[Vec({2,3,5, ..., 31}, {2: one, 13: one, 7: one}),
                    ⋮
Vec({2,3,5, ...  , 31}, {2: one, 3: one, 5: one, 13: one}),
Vec({2,3,5, ..., 31}, {2: one, 3: one, 13: one, 7: 0})]
```

となるはずである。さぁ、この結果を用いて N の自明な因数を見つけよう。

この表の 53 と 77 に対応する行を確かめてみよう。$53*53-N$ は $2\cdot3\cdot5\cdot13$ と分解される。また、$77*77-N$ は $2\cdot3^3\cdot5\cdot13$ と分解される。従って、それらの積 $(53*53-N)(77*77-N)$ は次のようになる。

$$(2\cdot3\cdot5\cdot13)(2\cdot3^3\cdot5\cdot13)=2^2\cdot3^4\cdot5^2\cdot13^2$$

全ての指数が偶数なので、これらの積は確かに平方数である。即ち、

$$2\cdot3^2\cdot5\cdot13$$

の 2 乗である。

以上より以下が導かれた。

$$\begin{aligned}(53^2-N)(77^2-N)&=(2\cdot3^2\cdot5\cdot13)^2\\ 53^2\cdot77^2-kN&=(2\cdot3^2\cdot5\cdot13)^2\\ (53\cdot77)^2-kN&=(2\cdot3^2\cdot5\cdot13)^2\end{aligned}$$

課題 7.7.8： 因数を探すために $a = 53 \cdot 77$、$b = 2 \cdot 3^2 \cdot 5 \cdot 13$ とし、gcd$(a-b, N)$ を計算せよ。N の適切な因数を見つけられただろうか？

同様に表の 52、67、71 に対応する行について確かめてみよう。これらの値 x に対する $x * x - N$ の素因数分解は次の通りである。

$$3 \cdot 5 \cdot 19$$
$$2 \cdot 3^2 \cdot 5 \cdot 23$$
$$2 \cdot 3 \cdot 19 \cdot 23$$

従って、積 $(52 * 52 - N)(67 * 67 - N)(71 * 71 - N)$ の素因数分解は

$$(3 \cdot 5 \cdot 19)(2 \cdot 3^2 \cdot 5 \cdot 23)(2 \cdot 3 \cdot 19 \cdot 23) = 2^2 \cdot 3^4 \cdot 5^2 \cdot 19^2 \cdot 23^2$$

である。またしてもこれは平方数である！ 即ち、

$$2 \cdot 3^2 \cdot 5 \cdot 19 \cdot 23$$

の 2 乗である。

課題 7.7.9： （練習のため）もう一度 N の因数を探そう。$a = 52 \cdot 67 \cdot 71$、$b = 2 \cdot 3^2 \cdot 5 \cdot 19 \cdot 23$ とし、gcd$(a-b, N)$ を計算せよ。N の適切な因数は見つかっただろうか？

52、67、71 に対応する行を結合すると平方数が得られることに、どうやって気付いたのだろうか？ ここで線形代数の出番である。この 3 つの行のベクトルの合計はゼロベクトルになる。A をこれらの行から成る行列とする。$GF(2)$ 上の和がゼロベクトルとなるような、A の行の空でない集合を探すことは、線形結合によるベクトルと行列の積の定義から、$\boldsymbol{v} * A$ がゼロベクトルとなるような、ゼロではないベクトル $\boldsymbol{v}$ を探すことと等価である。

どうすればこのようなベクトルが存在することが分かるのだろうか？ `rowlist` の各ベクトルは `primeset` ベクトルで、K 次元空間の要素である。ここで、$K = len(primelist)$ である。即ち、これらのベクトルのランクは高々 K である。しかし、`rowlist` は少なくとも $K+1$ 個のベクトルから成る。従って、行ベクトルの集合は線形従属となる。

どうすればこのようなベクトルが見つけられるのだろうか？ これより、ガウスの掃き出し法を用いて行列を階段形式に変形したとき、最後の行はゼロ行であることが保証される。

より具体的にいえば、まず、`rowlist` のベクトルを階段形式に変換する行列 M を見つける。M の最後の行は `rowlist` で表現された元の行列に掛けられて、階段形式の行列の最後の行を与える。これがゼロベクトルとなる。

M の計算には、`echelon` モジュールのプロシージャ `transformation_rows(rowlist_input)` を使える。行のリスト `rowlist_input` で表されている行列 A に対して、このプロシージャは、同様に行のリストで表され、MA が階段形式となるような行列 M を返す。

MA の最後の行はゼロベクトルでなければならないので、線形結合による行列とベクトルの積の定義より、M の最後の行と A の積はゼロベクトルとなる。線形結合によるベクトルと行列の積の定義より、このゼロベクトルは A の行の線形結合であり、その係数は M の最後の行の要素で与えられる。M の最後の

行は

```
Vec({0, 1, 2, 3, 4, 5, 6, 7, 8, 9, 10, 11},{0: 0, 1: one, 2: one, 4: 0,
     5: one, 11: one})
```

である。ここで注意すべきことは、1 に対応する要素、2 に対応する要素、5 に対応する要素、11 に対応する要素は 0 ではないということである。これは対応する `rowlist` の行の総和がゼロベクトルになることを意味している。更にこれは、これらの行が、その総乗が平方数となるような数の素因数分解に対応することを示している。その数は 285、390、1425、3822 である。これらの総乗は 605361802500 であり、これは確かに平方数であり、778050 の 2 乗である。従って $b = 778050$ とおく。a は対応する x の値（52、53、62、79）の総乗とする。即ち 13498888 である。$a - b$ と N の最大公約数は、ううむ、1 となる。ああ、ついていないことに、うまくいってない。

全て無駄だったのだろうか？ 実は、それほど不運ではなかったことが分かる。行列 A のランクは、$len(rowlist)$ という可能性があったが、いま、それよりかは幾分か少ないことが分かった。従って、MA の最後から 2 番目の行もゼロ行となる。M の最後から 2 番目の行は

```
Vec({0, 1, 2, 3, 4, 5, 6, 7, 8, 9, 10, 11},{0: 0, 1: 0, 10: one, 2: one})
```

である。10 に対応する要素と 2 に対応する要素が 0 でないことに注意して欲しい。これは `rowlist` の 2 行目（53 に対応する行）と `rowlist` の 10 行目（77 に対応する行）を合わせた結果が平方数になることを意味している。

課題 7.7.10： ベクトル $\boldsymbol{v}$（M の行の 1 つ）、リスト `roots`、素因数分解したい整数 N を引数とし、$a^2 - b^2$ が N の倍数となるような整数の組 (a, b) を計算するプロシージャ `find_a_and_b(v, roots, N)` を定義せよ。

作成するプロシージャは以下のように機能しなければならない。

- `alist` をベクトル $\boldsymbol{v}$ の 0 でない要素に対応する `roots` の要素のリストとする（内包表記を用いよ）
- `a` をそれらの総乗とする（`factoring_support` モジュールで定義されているプロシージャ `prod(alist)` を用いよ）
- `c` を集合 $\{x \cdot x - N : x \in$ `alist`$\}$ の総乗とする
- `b` を `intsqrt(c)` とする
- 主張 `b*b == c` が成り立つか確かめる
- 組 (a, b) を返す

M の最後の行を $\boldsymbol{v}$ として、作成したプロシージャを試せ。$a - b$ と N が非自明な公約数を持つかどうかを確かめよ。もしうまくいかなければ、M の最後から 2 番目の行を $\boldsymbol{v}$ として試してみよ。

最後により大きな整数に対し、上記の戦略を試してみよう。

課題 7.7.11： $N = 2461799993978700679$ として、N の素因数分解を試みる。

- *primelist* を 10000 までの素数の集合とする
- `find_candidates(N, primelist)` を用いてリスト `roots` と `rowlist` を計算する
- `echelon.transformation_rows(rowlist)` を用いて行列 M を求める
- $\boldsymbol{v}$ を M の最後の行とし、`find_a_and_b(v, roots, N)` を用いて a、b を探す
- $a - b$ と N が非自明な公約数を持つかどうかをチェックする。持たなければ $\boldsymbol{v}$ を M の最後から 2 番目の行で置き換え、それでも見つからなければ 3 番目の行で置き換え、……

N の非自明な因数を与えよ。

課題 7.7.12： $N = 20672783502493917028427$ とし、N の素因数分解を試みよう。今回は N が非常に大きいため、$K + 1$ 行を見つけるのに時間がかかるだろう。使っているコンピュータによっては 6 分から 10 分ほどかかるかもしれない。更に、M を見つける際にも数分かかりうる。

課題 7.7.13： M の探索を高速化する方法がある。プロシージャ `echelon.transformation_rows` は省略可能な第 2 引数として列ラベルのリストを取る。このリストは列ラベルをどのような順番で扱うかプロシージャに教えるものである。このプロシージャは、このリストが `primelist` の素数から成り、値の降順に並んでいると非常に高速に機能する。

```
>>> M_rows = echelon.transformation_rows(rowlist,
...                                       sorted(primelist, reverse=True))
```

なぜ数の順番が違いを生むのだろうか？ なぜこの順番だとうまく働くのだろうか？
ヒント：整数の素因数分解に含まれる素数は、大きな素数は小さな素数よりも少ないだろう。

7.8 確認用の質問

- 階段形式とは何か？
- 行列のランクについて、階段形式から何が分かるか？
- 行列はどのような逆行列を持つ行列を掛けることで階段形式へと変換されるか？
- ガウスの掃き出し法は、行列のヌル空間の基底を探すためにどう用いられるか？
- ガウスの掃き出し法は、逆行列を持つ行列とベクトルの方程式を解くのにどう用いられるか？

7.9 問題

ガウスの掃き出し法の練習

問題 7.9.1： 以下の $GF(2)$ 上の行列に対し、手計算でガウスの掃き出し法を実行せよ。
　ここで列は A、B、C、D の順に処理するものとする。また、それぞれの列ラベルに対し、以下のこ

とを具体的に書け。

- ピボット行としてどの行を選択したか
- ピボット行をどの行に足したのか
- 結果はどのような行列か

最後に、掃き出し法によって得られた行列の行を並べ替え、階段形式にせよ。

注意：それぞれの行はピボット行として一度だけ使われ、各列に対するピボット行はその列に0でない値を持たなければならないこと、また、この行列は$GF(2)$上で定義されていることを忘れないように。

	A	B	C	D
0	one	one	0	0
1	one	0	one	0
2	0	one	one	one
3	one	0	0	0

階段形式かどうかの判定

問題 7.9.2： 以下に与えられたそれぞれの行列は、ほぼ階段形式であるが、厳密には階段形式ではない。**最小限の**要素を0に置き換えることで、それらを階段形式にせよ。このとき行や列を入れ替えてはいけない（**注意**：この問題ではガウスの掃き出し法を行う必要はない）。

例えば、次の行列

$$\begin{bmatrix} 1 & 2 & 3 & 4 \\ 9 & 2 & 3 & 4 \\ 0 & 0 & 3 & 4 \\ 0 & 8 & 0 & 4 \end{bmatrix}$$

について、9及び8を0に置き換えれば階段形式の行列

$$\begin{bmatrix} 1 & 2 & 3 & 4 \\ 0 & 2 & 3 & 4 \\ 0 & 0 & 3 & 4 \\ 0 & 0 & 0 & 4 \end{bmatrix}$$

を得る。

問題は次の4つの行列である。

1. $\begin{bmatrix} 1 & 2 & 0 & 2 & 0 \\ 0 & 1 & 0 & 3 & 4 \\ 0 & 0 & 2 & 3 & 4 \\ 1 & 0 & 0 & 2 & 0 \\ 0 & 3 & 0 & 0 & 4 \end{bmatrix}$

2. $\begin{bmatrix} 0 & 4 & 3 & 4 & 4 \\ 6 & 5 & 4 & 2 & 0 \\ 0 & 0 & 0 & 0 & 1 \\ 0 & 0 & 0 & 0 & 2 \end{bmatrix}$

3. $\begin{bmatrix} 1 & 0 & 0 & 1 \\ 1 & 0 & 0 & 1 \\ 0 & 0 & 0 & 1 \end{bmatrix}$

4. $\begin{bmatrix} 1 & 0 & 0 & 0 \\ 0 & 1 & 0 & 0 \\ 1 & 1 & 0 & 0 \\ 0 & 0 & 0 & 1 \end{bmatrix}$

問題 7.9.3： 行リストのリストで表された行列を引数に取り、それが階段形式ならば True を、そうでなければ False を返すプロシージャ `is_echelon(A)` を書け。

また、次の各行列に対し、このプロシージャをテストしてみよ。

1. $\begin{bmatrix} 2 & 1 & 0 \\ 0 & -4 & 0 \\ 0 & 0 & 1 \end{bmatrix}$ (True)
2. $\begin{bmatrix} 2 & 1 & 0 \\ -4 & 0 & 0 \\ 0 & 0 & 1 \end{bmatrix}$ (False)
3. $\begin{bmatrix} 2 & 1 & 0 \\ 0 & 3 & 0 \\ 1 & 0 & 1 \end{bmatrix}$ (False)
4. $\begin{bmatrix} 1 & 1 & 1 & 1 & 1 \\ 0 & 2 & 0 & 1 & 3 \\ 0 & 0 & 0 & 5 & 3 \end{bmatrix}$ (True)

行列が階段形式の場合の行列とベクトルの方程式を解く

次の行列とベクトルの方程式を考えよう。

	a	b	c	d	e
0	1		1		
1		2		3	
2				1	9

$$* [x_a, x_b, x_c, x_d, x_e] = [1, 1, 1]$$

この行列は階段形式である。これを解くアルゴリズムは三角系を解くアルゴリズムと非常に似ている。違いはいくつかの列を無視するという点にある。具体的には、最も左側の 0 でない要素をその行内に含まない列は無視される。

上の例では、c 列と e 列が無視される。一方、a 列は 0 行目に、b 列は 1 行目に、d 列は 2 行目に 0 ではない最も左側の要素を持っている。

問題 7.9.4： 以下の行列とベクトルの方程式の解を求めよ。

(a) $$\begin{bmatrix} 10 & 2 & -3 & 53 \\ 0 & 0 & 1 & 2013 \end{bmatrix} * [x_1, x_2, x_3, x_4] = [1, 3]$$

(b) $$\begin{bmatrix} 2 & 0 & 1 & 3 \\ 0 & 0 & 5 & 3 \\ 0 & 0 & 0 & 1 \end{bmatrix} * [x_1, x_2, x_3, x_4] = [1, -1, 3]$$

(c) $$\begin{bmatrix} 2 & 2 & 4 & 3 & 2 \\ 0 & 0 & -1 & 11 & 1 \\ 0 & 0 & 0 & 0 & 5 \end{bmatrix} * [x_1, x_2, x_3, x_4, x_5] = [2, 0, 10]$$

上の例はゼロ行を持たない。ゼロ行を含む行列に対しては、どうすればよいのだろうか？ ただ無視すればよい！

$\boldsymbol{a}_i = \boldsymbol{0}$ であるような方程式 $\boldsymbol{a}_i \cdot \boldsymbol{x} = b_i$ を考えよう。

- $b_i = 0$ ならば、$\boldsymbol{x}$ の値によらず方程式は成立する
- $b_i \neq 0$ ならば、$\boldsymbol{x}$ の値によらず方程式は成立しない

従って、ゼロ行を無視する唯一の欠点は、方程式が解けない場合をアルゴリズムが気付けないことにある。

問題 7.9.5： 次の行列とベクトルの方程式について、解が存在するかどうかを判定し、存在する場合にはそれを求めよ。

(a) $$\begin{bmatrix} 1 & 3 & -2 & 1 & 0 \\ 0 & 0 & 2 & -3 & 0 \\ 0 & 0 & 0 & 0 & 0 \end{bmatrix} * [x_1, x_2, x_3, x_4, x_5] = [5, 3, 2]$$

(b) $$\begin{bmatrix} 1 & 2 & -8 & -4 & 0 \\ 0 & 0 & 2 & 12 & 0 \\ 0 & 0 & 0 & 0 & 0 \\ 0 & 0 & 0 & 0 & 0 \end{bmatrix} * [x_1, x_2, x_3, x_4, x_5] = [5, 4, 0, 0]$$

問題 7.9.6： 以下の機能を持つプロシージャ `echelon_solve(row_list, label_list, b)` を書け。

- **入力**：ある整数 n に対し、n 個のベクトルから成るリスト row_list によって表現された階段形式の行列、その行列の列の順番を与える列ラベルのリスト（即ちベクトルの定義域）、そして、体の要素から成る長さ n のリスト b
- **出力**：$i = 0, 1, \ldots, n-1$ に対し、row_list[i] がゼロベクトルではないときに row_list[i] と x とのドット積が b[i] に等しくなるようなベクトル x

当然のことながら、この問題では solver モジュールを用いてはならない。

このプロシージャを浮動小数点数に用いた場合、プロシージャが非常に小さい数を 0 と誤ってしまう場合がある。この問題を避けるためには、体は $GF(2)$ であると仮定すべきである（興味のある読者はこのプロシージャを $\mathbb{R}$ 上でも機能するように修正せよ）。

- このプロシージャを書く上で最もうまい方法は、triangular モジュールのプロシージャ triangular_solve(rowlist, label_list, b) のコードを書き換えることである。triangular_solve と同様に、ベクトル x をゼロベクトルで初期化した上で、rowlist の最後の行から最初の行まで処理を繰り返す。それぞれの繰り返しの処理において、x の要素を割り当てる。ただしこのプロシージャでは、行の中で 0 でないはじめの要素を含む列に対応する変数を指定しなければならない（行の中に 0 でない要素がなければ何も行わない）。

  この方法を用いると 7 行ほどのプログラムになり、triangular_solve と非常に似たものになる。
- 上の方法は意味がないと感じる人のために代わりの方法があるが、コードは 2 倍ほどの長さになるだろう。その方法は、
  - ゼロ行
  - 不適切な列

  を削除して新たな方程式を作り、その方程式に対して triangular モジュールのプロシージャ triangular_solve を用いるというものである。

  ゼロ行の削除：行列からゼロ行を削除するとき、同時に、右辺のベクトル b からも対応する要素を削除しなければならない。行列は階段形式なので、全てのゼロ行はリストの終端に来ている。行列でゼロ行を見つけたら、これらを行リストから削除し、新しい行リストを作る。また、右辺のベクトルからも対応する要素を削除し、新しいベクトル b を作る。

  不適切な列の削除：残った行それぞれについて、0 でない最も左側の要素の場所を探す。そして 0 でない最も左側の要素を含まない列を削除する。

  $A\boldsymbol{x} = \boldsymbol{b}$ を元の方程式とし、$\hat{A}\hat{\boldsymbol{x}} = \hat{\boldsymbol{b}}$ を上記の操作を完了した結果とする。また、最終的に $\hat{A}\hat{\boldsymbol{x}} = \hat{\boldsymbol{b}}$ から triangular_solve を用いて得た解を $\hat{\boldsymbol{u}}$ とする。$\hat{\boldsymbol{u}}$ の定義域は、A の列ラベル集合ではなく $\hat{A}$ のラベル集合と等しい。$\hat{\boldsymbol{u}}$ から $A\boldsymbol{x} = \boldsymbol{b}$ の解である $\boldsymbol{u}$ を構成したい。$\boldsymbol{u}$ の定義域は A の列ラベルの集合なので、$\hat{\boldsymbol{u}}$ に含まれない $\boldsymbol{u}$ の余分な要素は 0 にすればよい（スパース表現を用いているので、これを表現するのは簡単である）。

以下の例について、作成したプロシージャを試してみよ。

A	B	C	D	E
one	0	one	one	0
0	one	0	0	one
0	0	one	0	one
0	0	0	0	one

  と b = [one, 0, one, one]

  解は

A	B	C	D	E
one	one	0	0	one

A	B	C	D	E
one	one	0	one	0
0	one	0	one	one
0	0	one	0	one
0	0	0	0	0

  と b = [one, 0, one, 0]

  解は

A	B	C	D	E
one	0	one	0	0

問題 7.9.7： これで階段形式の行列とベクトルの方程式を解くプロシージャができたので、一般の場合を解くためのプロシージャで用いることができる。その方法については既に述べた。即ち、プログラムは次のようになる。

```
def solve(A, b):
  M = echelon.transformation(A)
  U = M*A
  col_label_list = sorted(A.D[1])
  U_rows_dict = mat2rowdict(U)
  row_list = [U_rows_dict[i] for i in sorted(U_rows_dict)]
  return echelon_solve(row_list,col_label_list, M*b)
```

（列ラベルに、整数と文字列といった、異なる型の値が含まれている場合、並べ替えに失敗する）

次のような行列

$A =$

	A	B	C	D
a	one	one	0	one
b	one	0	0	one
c	one	one	one	one
d	0	0	one	one

と右辺のベクトル $\boldsymbol{g} =$

a	b	c	d
one	0	one	0

を考えよう。

いま、方程式 $A\boldsymbol{x} = \boldsymbol{g}$ を解きたいとする。解を見つけるために、ガウスの掃き出し法を用いてはじめにすることは、MA が階段形式となるような行列 M を見つけることである。

この場合 $M =$

	a	b	c	d
0	one	0	0	0
1	one	one	0	0
2	one	0	one	0
3	one	0	one	one

かつ、$MA =$

	A	B	C	D
0	one	one	0	one
1	0	one	0	0
2	0	0	one	0
3	0	0	0	one

となる。

上記のデータとプロシージャを用いて、解ではなく、元の方程式の解を得るために実際に `echelon_solve` に与えられるべき引数は何かを答えよ。

$\{u : u * A = 0\} =$ Null A^T の基底を探す

問題 7.9.8： $GF(2)$ 上の行列を考える。行列 A を次のように定義する。

$A =$

	A	B	C	D	E
a	0	0	0	one	0
b	0	0	0	one	one
c	one	0	0	one	0
d	one	0	0	0	one
e	one	0	0	0	0

このとき行列

$M =$

	a	b	c	d	e
0	0	0	one	0	0
1	one	0	0	0	0
2	one	one	0	0	0
3	0	one	one	one	0
4	one	0	one	0	one

は MA が階段形式となるような行列である。実際

$MA =$

	A	B	C	D	E
0	one	0	0	one	0
1	0	0	0	one	0
2	0	0	0	0	one
3	0	0	0	0	0
4	0	0	0	0	0

である。$\boldsymbol{u} * A = \boldsymbol{0}$ であるような M の行 $\boldsymbol{u}$ を列挙せよ（$\boldsymbol{u}$ は A の転置 A^T のヌル空間のベクトルであることに注意）。

問題 7.9.9： $GF(2)$ 上の行列を考える。行列 A を次のように定義する。

$A =$

	A	B	C	D	E
a	0	0	0	one	0
b	0	0	0	one	one
c	one	0	0	one	0
d	one	one	one	0	one
e	one	0	0	one	0

このとき行列

$M =$

	a	b	c	d	e
0	0	0	one	0	0
1	0	0	one	one	0
2	one	0	0	0	0
3	one	one	0	0	0
4	0	0	one	0	one

は MA が階段形式となるような行列である。実際

$MA =$

A	B	C	D	E	
0	one	0	0	one	0
1	0	one	one	one	one
2	0	0	0	one	0
3	0	0	0	0	one
4	0	0	0	0	0

である。$\boldsymbol{u} * A = \boldsymbol{0}$ であるような M の行 $\boldsymbol{u}$ を列挙せよ（$\boldsymbol{u}$ は A の転置 A^T のヌル空間のベクトルであることに注意）。

8章 内積

計算の目的は洞察だ。数ではない。
リチャード・ハミング

本章では、まず、**長さ**と**直角**の概念が数学的にどのように解釈されるかを学ぶ。次に、与えられた直線と点に対し、点に最も近い直線上の点を探す、という問題に取り組む。次章では、この問題を更に一般化したものを学ぶことになる。

8.1 消防車問題

いま、座標 $[2,4]$ の家で火事が起きている！ 家の近くには真っ直ぐな道があり、この道は原点と座標 $[6,2]$ を結ぶ方向に通っている。消防車のホースの長さが 3.5 だとする。この消防車をこの道の上で、家から最も近い場所（点）に誘導したとして、ホースの長さは足りているだろうか？ 即ち、この道はこの家に十分近いだろうか？

ここでは 2 つの問題に直面している。即ち、この道の上で家から最も近い場所はどこなのだろうか？という問題と、その場所から家までの距離はどのくらいだろうか？という問題である。

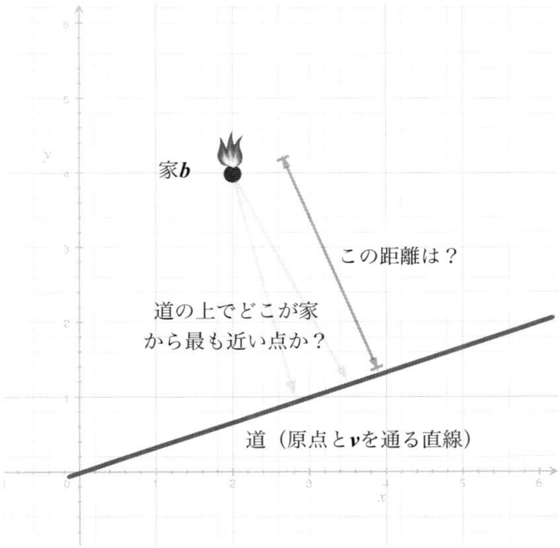

この状況を計算問題として定式化してみよう。2.5.3 節で、原点を通る直線は、ベクトルのスカラー倍で表されることを学んだ。この例の場合、この道は直線 $\{\alpha[3,1] : \alpha \in \mathbb{R}\}$ に沿って通っている。従って、この**消防車**問題は、以下のように定式化できる。

計算問題 8.1.1： 与えられた 1 つのベクトルの線形包に属するベクトルの中から、別に与えられたベクトルに最も近いものを求める。これは**消防車問題**として知られている。

- **入力**：ベクトル $\boldsymbol{v}$、$\boldsymbol{b}$
- **出力**：直線 $\{\alpha\boldsymbol{v} : \alpha \in \mathbb{R}\}$ 上の点で $\boldsymbol{b}$ に最も近いもの

この問題ではベクトル同士が**最も近い**とはどういうことかを述べていないので、まだ十分に定式化できてはいない。

8.1.1 距離、長さ、ノルム、内積

2 つのベクトル $\boldsymbol{p}$ と $\boldsymbol{b}$ の間の距離を、その差 $\boldsymbol{p}-\boldsymbol{b}$ の長さとして定義したい。そのために、まず、ベクトルの長さを定義する必要がある。数学では、ベクトルの「長さ」という言葉の代わりに、普通は「**ノルム**」という言葉を用いる。ベクトル $\boldsymbol{v}$ のノルムは $\|\boldsymbol{v}\|$ と書かれる。ノルムは、もちろん長さとしての役割を持つので、次の**ノルムの性質**を満たす。

性質 N1： 任意のベクトル $\boldsymbol{v}$ に対し、$\|\boldsymbol{v}\|$ は負でない実数である[†1]
性質 N2： 任意のベクトル $\boldsymbol{v}$ に対し、$\|\boldsymbol{v}\|$ が 0 となるのは $\boldsymbol{v}$ がゼロベクトルのとき、かつ、そのときに限る[†2]
性質 N3： 任意のベクトル $\boldsymbol{v}$ と任意のスカラー α に対し、$\|\alpha\boldsymbol{v}\| = |\alpha|\|\boldsymbol{v}\|$ が成り立つ
性質 N4： 任意のベクトル $\boldsymbol{u}$ と $\boldsymbol{v}$ に対し、$\|\boldsymbol{u}+\boldsymbol{v}\| \leqq \|\boldsymbol{u}\| + \|\boldsymbol{v}\|$ が成り立つ[†3]

ベクトルのノルムを定義する 1 つの方法は、2 つのベクトルの**内積**と呼ばれる操作を定義することである。ベクトル $\boldsymbol{u}$ と $\boldsymbol{v}$ の内積は、次のように書かれる。

$$\langle \boldsymbol{u}, \boldsymbol{v} \rangle$$

内積は後で説明する公理を満たさねばならない。

なお、$GF(2)$ 上に後で説明する公理を満たすような内積を定義する方法はない。従って、残念ながら本章以降では $GF(2)$ から離れることにしよう。

実数、及び、複素数に対して内積を定義する方法はいくつかあるが、ここでは実数上のベクトルが表す矢印の幾何学的な意味での長さをノルムとして再現するような、最も自然で便利な方法を採用しよう（本書では取り扱わないが、より高度な応用例では、もっと複雑な内積の定義が必要になる場合がある）。

ひとたび内積が定義できれば、ベクトル $\boldsymbol{v}$ のノルムを次のように定義することができる。

---

†1 ［訳注］このような実数を非負実数ということがある。
†2 ［訳注］この性質を「ノルムは非退化である」ということがある。
†3 ［訳注］これは三角不等式と呼ばれる。

$$\|\boldsymbol{v}\| = \sqrt{\langle \boldsymbol{v}, \boldsymbol{v} \rangle} \tag{8-1}$$

8.2 実数上のベクトルの内積

ここでは実数 $\mathbb{R}$ 上のベクトルの内積をドット積として定義する。

$$\langle \boldsymbol{u}, \boldsymbol{v} \rangle = \boldsymbol{u} \cdot \boldsymbol{v}$$

実数上のベクトルの内積には次のような代数的な性質があり、これらはドット積の性質（双線形性、同次性、対称性）から簡単に得られる。

- **第 1 引数についての線形性**：$\langle \boldsymbol{u} + \boldsymbol{v}, \boldsymbol{w} \rangle = \langle \boldsymbol{u}, \boldsymbol{w} \rangle + \langle \boldsymbol{v}, \boldsymbol{w} \rangle$
- **対称性**：$\langle \boldsymbol{u}, \boldsymbol{v} \rangle = \langle \boldsymbol{v}, \boldsymbol{u} \rangle$
- **同次性**：$\langle \alpha\, \boldsymbol{u}, \boldsymbol{v} \rangle = \alpha \, \langle \boldsymbol{u}, \boldsymbol{v} \rangle$

8.2.1 実数上のベクトルのノルム

次のようなノルム関数が何を意味するのかを見ていこう。

$$\|\boldsymbol{v}\| = \sqrt{\langle \boldsymbol{v}, \boldsymbol{v} \rangle}$$

$\boldsymbol{v}$ を n 要素のベクトルとし、$\boldsymbol{v} = [v_1, \ldots, v_n]$ と書く。このとき

$$\begin{aligned} \|\boldsymbol{v}\|^2 &= \langle \boldsymbol{v}, \boldsymbol{v} \rangle = \boldsymbol{v} \cdot \boldsymbol{v} \\ &= v_1^2 + \cdots + v_n^2 \end{aligned}$$

である。一般に、D ベクトル $\boldsymbol{v}$ に対して

$$\|\boldsymbol{v}\|^2 = \sum_{i \in D} v_i^2$$

である。即ち、$\|\boldsymbol{v}\| = \sqrt{\sum_{i \in D} v_i^2}$ である。

このように定義されたノルムは、8.1.1 節の**ノルムの性質**を満たすだろうか？

1. 最初の性質は、$\|\boldsymbol{v}\|$ は負でない実数であるというものである。実数上の全てのベクトル $\boldsymbol{v}$ に対し、これは正しいだろうか？ ベクトルの各要素 v_i は実数なので、その 2 乗 v_i^2 は負でない実数となり、その総和もまた負でない実数となる。従って、$\|\boldsymbol{v}\|$ は負でない実数の平方根だから、負でない実数である。
2. 2 番目の性質は、$\|\boldsymbol{v}\|$ が 0 となるのは、$\boldsymbol{v}$ がゼロベクトルのとき、かつ、そのときに限るというものである。$\boldsymbol{v}$ がゼロベクトルのとき、その要素は全て 0 なので、その 2 乗の総和もまた 0 である。一方、$\boldsymbol{v}$ がゼロベクトルでなければ、0 ではない要素 v_i が少なくとも 1 つ存在する。ここで $\|\boldsymbol{v}\|^2$ は 2 乗の総和なので、少なくとも 1 つの要素が正の数であれば、総和もまた正の数となり、数の打ち消し合いは起こらない。従って、$\|\boldsymbol{v}\|$ はこの場合、正の数である。
3. 3 番目の性質は任意のスカラー α に対し、$\|\alpha\, \boldsymbol{v}\| = |\alpha| \|\boldsymbol{v}\|$ であるというものである。この性質を確か

めてみよう。

$$\begin{aligned}\|\alpha\boldsymbol{v}\|^2 &= \langle\alpha\boldsymbol{v},\alpha\boldsymbol{v}\rangle && \text{ノルムの定義}\\ &= \alpha\langle\boldsymbol{v},\alpha\boldsymbol{v}\rangle && \text{内積の同次性}\\ &= \alpha(\alpha\langle\boldsymbol{v},\boldsymbol{v}\rangle) && \text{内積の対称性と同次性}\\ &= \alpha^2\|\boldsymbol{v}\|^2 && \text{ノルムの定義}\end{aligned}$$

従って、$\|\alpha\boldsymbol{v}\| = |\alpha|\,\|\boldsymbol{v}\|$ である。

4. 4番目の性質は、ベクトルの和のノルムはそれぞれのノルムの和よりも小さい $\|\boldsymbol{u}+\boldsymbol{v}\| \leqq \|\boldsymbol{u}\| + \|\boldsymbol{v}\|$ というものである。この性質の確認は後回しにすることにする。

例 8.2.1： 2要素のベクトルの例を見てみよう。ベクトル $\boldsymbol{u} = [u_1, u_2]$ の長さはいくつだろうか？ 三平方の定理を用いると、斜辺の長さが c で残りの辺の長さが a、b であるような直角三角形に対し、

$$a^2 + b^2 = c^2 \tag{8-2}$$

が成り立つ。この等式を用いて $\boldsymbol{u}$ の長さが計算できる。

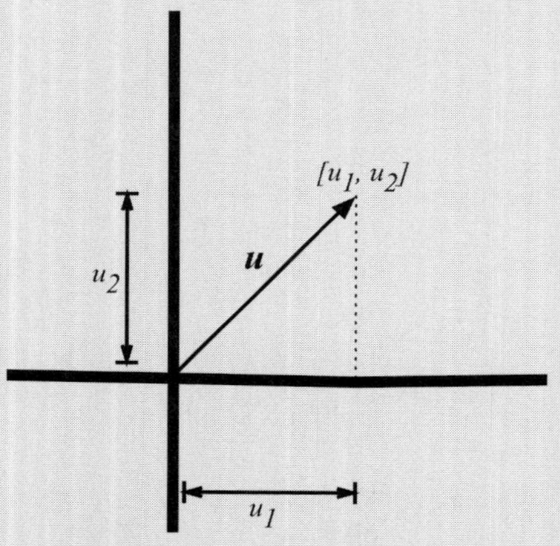

$$(\boldsymbol{u}\text{ の長さ})^2 = u_1^2 + u_2^2$$

即ち、$\mathbb{R}^2$ 上のベクトルについては、中学校で学んだ線分の長さの公式と一致する。

8.3 直交性

直交性とは**直角**の数学的な表現である。

定義を与える前にその動機付けを行いたい。ここでは逆に三平方の定理を利用する。即ち、直交性を三平方の定理が成り立つように定義する。$\boldsymbol{u}$、$\boldsymbol{v}$ をベクトルとする。これらの長さは $\|\boldsymbol{u}\|$、$\|\boldsymbol{v}\|$ である。これらのベクトルが平行移動を表すものと考えると、これらの移動を足すには、$\boldsymbol{v}$ の始点を $\boldsymbol{u}$ の終点に置けばよ

い。このときの「斜辺」は $\boldsymbol{u}$ の始点から $\boldsymbol{v}$ の終点へのベクトル $\boldsymbol{u}+\boldsymbol{v}$ である（できた三角形が直角三角形である必要はない）。

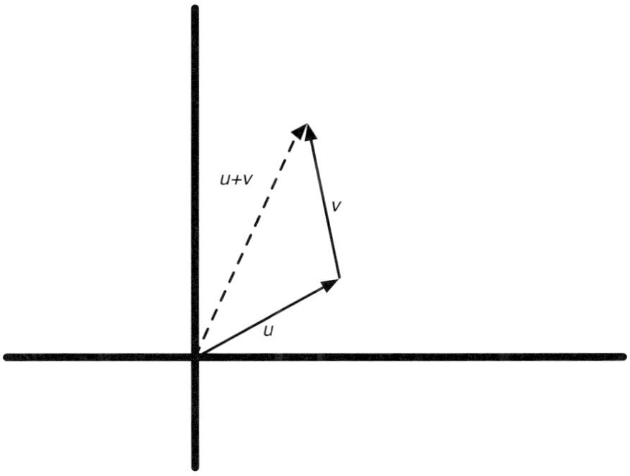

この「斜辺」ベクトル $\boldsymbol{u}+\boldsymbol{v}$ の長さの 2 乗は

$$\begin{aligned}
\|\boldsymbol{u}+\boldsymbol{v}\|^2 &= \langle \boldsymbol{u}+\boldsymbol{v}, \boldsymbol{u}+\boldsymbol{v} \rangle \\
&= \langle \boldsymbol{u}, \boldsymbol{u}-\boldsymbol{v} \rangle + \langle \boldsymbol{v}, \boldsymbol{u}+\boldsymbol{v} \rangle && \text{内積の第 1 引数についての線形性} \\
&= \langle \boldsymbol{u}, \boldsymbol{u} \rangle + \langle \boldsymbol{u}, \boldsymbol{v} \rangle + \langle \boldsymbol{v}, \boldsymbol{u} \rangle + \langle \boldsymbol{v}, \boldsymbol{v} \rangle && \text{対称性と線形性} \\
&= \|\boldsymbol{u}\|^2 + 2\langle \boldsymbol{u}, \boldsymbol{v} \rangle + \|\boldsymbol{v}\|^2 && \text{対称性}
\end{aligned}$$

最後の式は $\langle \boldsymbol{u}, \boldsymbol{v} \rangle = 0$ のとき、かつ、そのときに限り、$\|\boldsymbol{u}\|^2 + \|\boldsymbol{v}\|^2$ と等しい。

そこで $\langle \boldsymbol{u}, \boldsymbol{v} \rangle = 0$ のときに $\boldsymbol{u}$ と $\boldsymbol{v}$ が**直交する**（*orthogonal*）と定義しよう。以上より、次の定理を得る。

定理 8.3.1（実数上のベクトルについての三平方の定理）： 実数上のベクトル $\boldsymbol{u}$ と $\boldsymbol{v}$ が直交しているとき、次が成り立つ。

$$\|\boldsymbol{u}+\boldsymbol{v}\|^2 = \|\boldsymbol{u}\|^2 + \|\boldsymbol{v}\|^2$$

8.3.1 直交性が満たす性質

三平方の定理と以下の性質を一緒に用いて消防車問題を解こう。

補題 8.3.2（直交性の性質）： 任意のベクトル $\boldsymbol{u}$、$\boldsymbol{v}$ と任意のスカラー α に対し、以下が成り立つ。

性質 O1： $\boldsymbol{u}$ と $\boldsymbol{v}$ が直交しているならば、$\boldsymbol{u}$ と $\alpha\boldsymbol{v}$ は直交する。

性質 O2： $\boldsymbol{u}$ と $\boldsymbol{v}$ が共に $\boldsymbol{w}$ と直交しているならば、$\boldsymbol{u}+\boldsymbol{v}$ も $\boldsymbol{w}$ に直交する。

証明

1. $\langle \boldsymbol{u}, \alpha\,\boldsymbol{v} \rangle = \alpha\,\langle \boldsymbol{u}, \boldsymbol{v} \rangle = \alpha\,0 = 0$
2. $\langle \boldsymbol{u} + \boldsymbol{v}, \boldsymbol{w} \rangle = \langle \boldsymbol{u}, \boldsymbol{w} \rangle + \langle \boldsymbol{v}, \boldsymbol{w} \rangle = 0 + 0 = 0$

□

補題 8.3.3： $\boldsymbol{u}$ と $\boldsymbol{v}$ が直交しているならば、任意のスカラー α、β に対し、次が成り立つ。

$$\|\alpha\,\boldsymbol{u} + \beta\,\boldsymbol{v}\|^2 = \alpha^2\|\boldsymbol{u}\|^2 + \beta^2\|\boldsymbol{v}\|^2$$

証明

$$\begin{aligned}(\alpha\,\boldsymbol{u} + \beta\,\boldsymbol{v}) \cdot (\alpha\,\boldsymbol{u} + \beta\,\boldsymbol{v}) &= \alpha\,\boldsymbol{u} \cdot \alpha\,\boldsymbol{u} + \beta\,\boldsymbol{v} \cdot \beta\,\boldsymbol{v} + \alpha\,\boldsymbol{u} \cdot \beta\,\boldsymbol{v} + \beta\,\boldsymbol{v} \cdot \alpha\,\boldsymbol{u} \\ &= \alpha\,\boldsymbol{u} \cdot \alpha\,\boldsymbol{u} + \beta\,\boldsymbol{v} \cdot \beta\,\boldsymbol{v} + \alpha\beta\,(\boldsymbol{u} \cdot \boldsymbol{v}) + \beta\alpha\,(\boldsymbol{v} \cdot \boldsymbol{u}) \\ &= \alpha\,\boldsymbol{u} \cdot \alpha\,\boldsymbol{u} + \beta\,\boldsymbol{v} \cdot \beta\,\boldsymbol{v} + 0 + 0 \\ &= \alpha^2\,\|\boldsymbol{u}\|^2 + \beta^2\,\|\boldsymbol{v}\|^2\end{aligned}$$

□

問題 8.3.4： $\boldsymbol{u}$ と $\boldsymbol{v}$ が直交するという条件がないと補題 8.3.3 が成立しないことを具体的な例で示せ。

問題 8.3.5： 帰納法と補題 8.3.3 を用いて、次の一般化された命題を証明せよ。即ち、$\boldsymbol{v}_1, \ldots, \boldsymbol{v}_n$ を互いに直交するベクトルとすると、任意のスカラー $\alpha_1, \ldots, \alpha_n$ に対し、次が成り立つ。

$$\|\alpha_1\boldsymbol{v}_1 + \cdots + \alpha_n\boldsymbol{v}_n\|^2 = \alpha_1^2\|\boldsymbol{v}_1\|^2 + \cdots + \alpha_n^2\|\boldsymbol{v}_n\|^2$$

8.3.2 ベクトル b の平行成分と直交成分への分解

消防車問題の解を述べる上で重要な概念を導入しよう。

定義 8.3.6： 任意のベクトル $\boldsymbol{b}$、$\boldsymbol{v}$ に対し、ベクトル $\boldsymbol{b}^{||\boldsymbol{v}}$、及び、$\boldsymbol{b}^{\perp\boldsymbol{v}}$ を

$$\boldsymbol{b} = \boldsymbol{b}^{||\boldsymbol{v}} + \boldsymbol{b}^{\perp\boldsymbol{v}} \tag{8-3}$$

で、あるスカラー $\sigma \in \mathbb{R}$ に対し

$$\boldsymbol{b}^{||\boldsymbol{v}} = \sigma\,\boldsymbol{v} \tag{8-4}$$

かつ

$$\left\langle \boldsymbol{b}^{\perp\boldsymbol{v}}, \boldsymbol{v} \right\rangle = 0 \tag{8-5}$$

が成り立つとき、$\boldsymbol{b}^{||\boldsymbol{v}}$ を $\boldsymbol{b}$ の $\boldsymbol{v}$ **に沿った射影**（*projection*）、$\boldsymbol{b}^{\perp\boldsymbol{v}}$ を $\boldsymbol{b}$ の $\boldsymbol{v}$ **に直交する射影**と定義する。

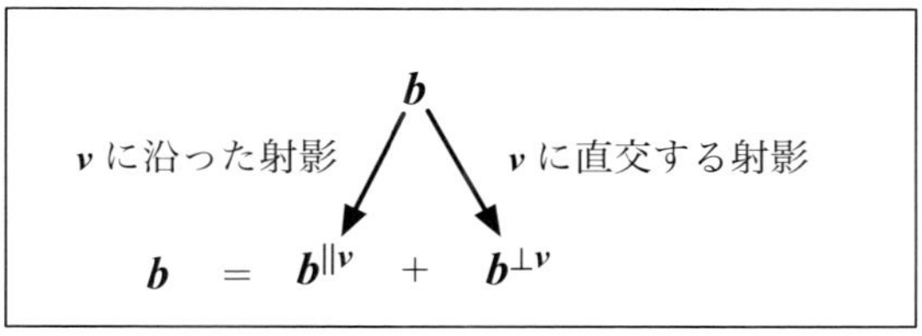

例 8.3.7： 平面と、その上の直線である x 軸、即ち $\{(x,y) \ : \ y=0\}$ を考える。また、$\boldsymbol{b}$ を (b_1,b_2)、$\boldsymbol{v}$ を $(1,0)$ とする。このとき、$\boldsymbol{b}$ の $\boldsymbol{v}$ に沿った射影は $(b_1,0)$ であり、$\boldsymbol{v}$ に直交する射影は $(0,b_2)$ である。

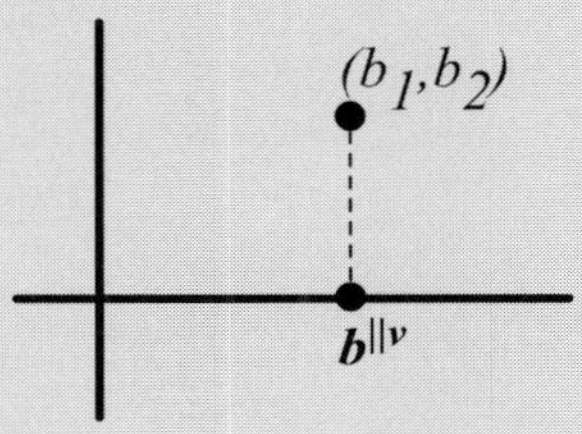

これを確かめるために、定義の式を満たすかを調べてみよう。

- 式 (8-3) は $(b_1,b_2)=(b_1,0)+(0,b_2)$ で、これは明らかである
- 式 (8-4) は $(b_1,0)=\sigma\,(1,0)$ で、これは σ を b_1 とすれば明らかである
- 式 (8-5) は $(0,b_1)$ が $(1,0)$ に直交するということで、これは明らかである

$\boldsymbol{v}$ がゼロベクトルの場合

$\boldsymbol{v}$ がゼロベクトルの場合、結果はどうなるだろうか？ この場合、式 (8-4) を満たす $\boldsymbol{b}^{\|\boldsymbol{v}}$ はゼロベクトルだけとなる。従って、式 (8-3) により、$\boldsymbol{b}^{\perp\boldsymbol{v}}$ は $\boldsymbol{b}$ に等しくならなければならない。幸いなことに、この場合でも $\boldsymbol{b}^{\perp\boldsymbol{v}}$ は式 (8-5) を満たす。即ち $\boldsymbol{b}^{\perp\boldsymbol{v}}$ は $\boldsymbol{v}$ に直交する。つまり $\boldsymbol{v}$ がゼロベクトルの場合、**全て**のベクトルが $\boldsymbol{v}$ に直交する。

ここで後回しにしていたノルムの 4 番目の性質、即ち $\|\boldsymbol{u}+\boldsymbol{v}\| \leqq \|\boldsymbol{u}\|+\|\boldsymbol{v}\|$ を確認しておこう。以前行った計算より

$$\|\boldsymbol{u}+\boldsymbol{v}\|^2 = \|\boldsymbol{u}\|^2 + 2\,\langle \boldsymbol{u},\boldsymbol{v}\rangle + \|\boldsymbol{v}\|^2$$

また

$$(\|\boldsymbol{u}\|+\|\boldsymbol{v}\|)^2 = \|\boldsymbol{u}\|^2 + 2\|\boldsymbol{u}\|\|\boldsymbol{v}\| + \|\boldsymbol{v}\|^2$$

である。従って

$$\langle \boldsymbol{u}, \boldsymbol{v} \rangle \leqq \|\boldsymbol{u}\|\|\boldsymbol{v}\| \tag{8-6}$$

を示すことができれば、$\|\boldsymbol{u}+\boldsymbol{v}\|^2 \leqq (\|\boldsymbol{u}\|+\|\boldsymbol{v}\|)^2$ が成り立ち、性質 N1 より $\|\boldsymbol{u}+\boldsymbol{v}\| \leqq \|\boldsymbol{u}\|+\|\boldsymbol{v}\|$ が導かれる。ここではより強い条件

$$|\langle \boldsymbol{u}, \boldsymbol{v} \rangle| \leqq \|\boldsymbol{u}\|\|\boldsymbol{v}\| \tag{8-7}$$

を示そう。

いま $\boldsymbol{v} = \boldsymbol{v}^{\perp \boldsymbol{u}} + \boldsymbol{v}^{||\boldsymbol{u}}$ で $\boldsymbol{v}^{||\boldsymbol{u}} = \sigma \boldsymbol{u}$ とする。

$$\begin{aligned}
|\langle \boldsymbol{u}, \boldsymbol{v} \rangle| &= \left|\left\langle \boldsymbol{u}, \boldsymbol{v}^{\perp \boldsymbol{u}} + \boldsymbol{v}^{||\boldsymbol{u}} \right\rangle\right| \\
&= \left|\left\langle \boldsymbol{u}, \boldsymbol{v}^{\perp \boldsymbol{u}} \right\rangle + \left\langle \boldsymbol{u}, \boldsymbol{v}^{||\boldsymbol{u}} \right\rangle\right| && \text{対称性と線形性} \\
&= \left|\left\langle \boldsymbol{u}, \boldsymbol{v}^{||\boldsymbol{u}} \right\rangle\right| && \text{対称性と式 (8-5)} \\
&= |\langle \boldsymbol{u}, \sigma \boldsymbol{u} \rangle| \\
&= |\sigma|\|\boldsymbol{u}\|^2 && \text{同次性と実数上のノルムの定義}
\end{aligned}$$

また

$$\begin{aligned}
\|\boldsymbol{u}\|\|\boldsymbol{v}\| &= \|\boldsymbol{u}\|\|\boldsymbol{v}^{\perp \boldsymbol{u}} + \boldsymbol{v}^{||\boldsymbol{u}}\| \\
&= \|\boldsymbol{u}\|\sqrt{\|\boldsymbol{v}^{\perp \boldsymbol{u}}\|^2 + \|\boldsymbol{v}^{||\boldsymbol{u}}\|^2} && \text{定理 8.3.1} \\
&\geqq \|\boldsymbol{u}\|\|\boldsymbol{v}^{||\boldsymbol{u}}\| \\
&= \|\boldsymbol{u}\|\|\sigma \boldsymbol{u}\| \\
&= |\sigma|\|\boldsymbol{u}\|^2 && \text{性質 N3}
\end{aligned}$$

ここで等号は $\boldsymbol{v}^{\perp \boldsymbol{u}}$ がゼロベクトルのとき成立する。従って

$$|\langle \boldsymbol{u}, \boldsymbol{v} \rangle| = |\sigma|\|\boldsymbol{u}\|^2 \leqq \|\boldsymbol{u}\|\|\boldsymbol{v}\|$$

が示され、実数上のノルムの定義が性質 N4 $\|\boldsymbol{u}+\boldsymbol{v}\| \leqq \|\boldsymbol{u}\|+\|\boldsymbol{v}\|$ を満たすことが確かめられた。

8.3.3 直交性が持つ性質と消防車問題の解

直交性の概念は消防車問題を解く助けとなる。

補題 8.3.8（消防車の補題）： $\boldsymbol{b}$、$\boldsymbol{v}$ をベクトルとする。Span $\{\boldsymbol{v}\}$ 上の点で $\boldsymbol{b}$ に最も近いのは $\boldsymbol{b}^{||\boldsymbol{v}}$ であり、その距離は $\|\boldsymbol{b}^{\perp \boldsymbol{v}}\|$ である。

例 8.3.9： 例 8.3.7 の続きを考えよう。補題 8.3.8 によれば直線 Span $\{(1,0)\}$ 上の点で (b_1, b_2) に最も近いのは $\boldsymbol{b}^{||\boldsymbol{v}} = (b_1, 0)$ である。

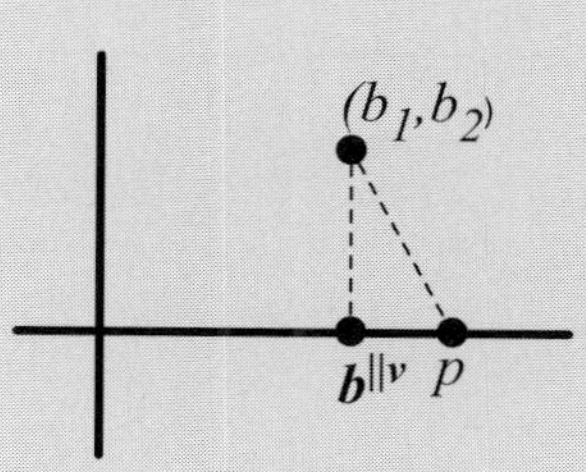

他の任意の点 $\boldsymbol{p}$ について、点 (b_1, b_2)、$\boldsymbol{b}^{||\boldsymbol{v}}$、$\boldsymbol{p}$ は直角三角形を成す。いま、$\boldsymbol{p}$ は $\boldsymbol{b}^{||\boldsymbol{v}}$ とは異なるので、底辺は 0 ではない。従って、三平方の定理より、斜線の長さはその高さよりも大きくなる。即ち、$\boldsymbol{p}$ は $\boldsymbol{b}^{||\boldsymbol{v}}$ と比べて、(b_1, b_2) から一段と離れたところにある。

補題の証明にも上の例と同様の議論を用いる。この証明は任意の次元空間について有効であるが、図では $\mathbb{R}^2$ を用いることにしよう。

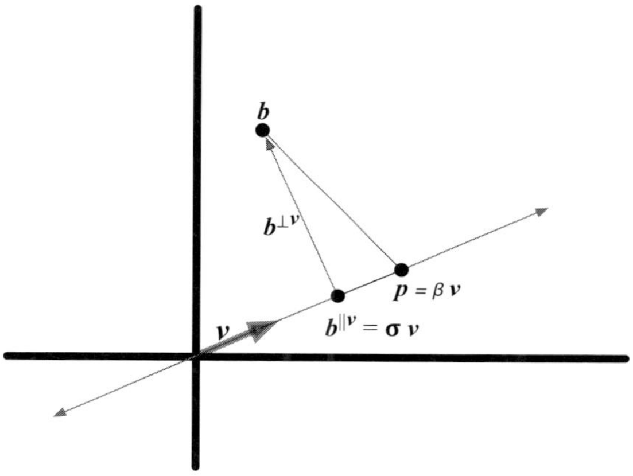

証明

$\boldsymbol{p}$ を $L = \mathrm{Span}\ \{\boldsymbol{v}\}$ 上の任意の点とする。3 点 $\boldsymbol{p}$、$\boldsymbol{b}^{||\boldsymbol{v}}$、$\boldsymbol{b}$ は三角形を成す。$\boldsymbol{p}$ から $\boldsymbol{b}^{||\boldsymbol{v}}$ への矢印は $\boldsymbol{b}^{||\boldsymbol{v}} - \boldsymbol{p}$ であり、$\boldsymbol{b}^{||\boldsymbol{v}}$ から $\boldsymbol{b}$ への矢印は $\boldsymbol{b} - \boldsymbol{b}^{||\boldsymbol{v}}$ であり、更に、これは $\boldsymbol{b}^{\perp \boldsymbol{v}}$ である。また、$\boldsymbol{p}$ から $\boldsymbol{b}$ への矢印は $\boldsymbol{b} - \boldsymbol{p}$ である。

$\boldsymbol{b}^{||\boldsymbol{v}}$ と $\boldsymbol{p}$ は共に L 上にあるので、どちらも $\boldsymbol{v}$ の定数倍で表せる。その差 $\boldsymbol{b}^{||\boldsymbol{v}} - \boldsymbol{p}$ も同様である。$\boldsymbol{b} - \boldsymbol{b}^{||\boldsymbol{v}}$ は $\boldsymbol{v}$ に直交するので、これは直交性の満たす性質 O1（補題 8.3.2）より、$\boldsymbol{b}^{||\boldsymbol{v}} - \boldsymbol{p}$ にも直交する。従って、三平方の定理より次を得る。

$$\|\boldsymbol{b} - \boldsymbol{p}\|^2 = \|\boldsymbol{b}^{||\boldsymbol{v}} - \boldsymbol{p}\|^2 + \|\boldsymbol{b} - \boldsymbol{b}^{||\boldsymbol{v}}\|^2$$

$\boldsymbol{p} \neq \boldsymbol{b}^{||\boldsymbol{v}}$ のとき、$\|\boldsymbol{b}^{||\boldsymbol{v}} - \boldsymbol{p}\|^2 > 0$ となるので、$\|\boldsymbol{b} - \boldsymbol{b}^{||\boldsymbol{v}}\| < \|\boldsymbol{b} - \boldsymbol{p}\|$ となる。

以上より、$\boldsymbol{b}^{||\boldsymbol{v}}$ から $\boldsymbol{b}$ への距離は、$\boldsymbol{b}$ から L 上の他のいかなる点への距離よりも小さいことが示さ

れた。その距離はベクトル $\boldsymbol{b} - \boldsymbol{b}^{||\boldsymbol{v}}$ の長さ $\|\boldsymbol{b}^{\perp \boldsymbol{v}}\|$ である。 □

例 8.3.10： $\boldsymbol{v}$ がゼロベクトルの場合はどうだろうか？ このとき L はそもそも直線にならず、ゼロベクトルしか含まない集合となる。$\boldsymbol{b}$ に最も近い L の点が、L に含まれる唯一の点、即ちゼロベクトルとなることは明白で、これは 8.3.2 節の最後で議論したように $\boldsymbol{b}^{||\boldsymbol{v}}$ でもある。この場合、ベクトル $\boldsymbol{b}^{\perp \boldsymbol{v}}$ はそのまま $\boldsymbol{b}$ となり、距離は $\|\boldsymbol{b}\|$ となる。

8.3.4 射影と最も近い点の探索

さて、解の特徴を示し、記法を与えたが、実際にそれを計算するにはどうすればよいだろうか？ それには式 (8-4) のスカラー σ を求めれば十分である。$\boldsymbol{v}$ がゼロベクトルの場合 σ の値は任意で決まらない。そうでない場合、他の 2 つの式から σ の値を導くことができる。式 (8-5) は $\left\langle \boldsymbol{b}^{\perp \boldsymbol{v}}, \boldsymbol{v} \right\rangle = 0$ である。この式の $\boldsymbol{b}^{\perp \boldsymbol{v}}$ に式 (8-3) を代入すると $\left\langle \boldsymbol{b} - \boldsymbol{b}^{||\boldsymbol{v}}, \boldsymbol{v} \right\rangle = 0$ を得る。更に、$\boldsymbol{b}^{||\boldsymbol{v}}$ に式 (8-4) を代入すると条件 $\langle \boldsymbol{b} - \sigma\,\boldsymbol{v}, \boldsymbol{v} \rangle = 0$ を得る。これに 8.2 節で扱った内積の線形性と同次性を用いると、次を得る。

$$\langle \boldsymbol{b}, \boldsymbol{v} \rangle - \sigma \langle \boldsymbol{v}, \boldsymbol{v} \rangle = 0 \tag{8-8}$$

σ について解くと

$$\sigma = \frac{\langle \boldsymbol{b}, \boldsymbol{v} \rangle}{\langle \boldsymbol{v}, \boldsymbol{v} \rangle} \tag{8-9}$$

を得る。

$\|\boldsymbol{v}\| = 1$ のような特別な場合には、式 (8-9) の分母が $\langle \boldsymbol{v}, \boldsymbol{v} \rangle = 1$ となるので、単純化され

$$\sigma = \langle \boldsymbol{b}, \boldsymbol{v} \rangle \tag{8-10}$$

となる。

注意して欲しい！ $\boldsymbol{b}$、$\boldsymbol{b}^{||\boldsymbol{v}}$、$\boldsymbol{b}^{\perp \boldsymbol{v}}$ が定義 8.3.6 を満たすならば、σ は式 (8-9) を満たさなければならないことを示した。形式的には、この逆、つまり、式 (8-9) が成り立つならば $\boldsymbol{b}^{||\boldsymbol{v}} = \sigma\,\boldsymbol{v}$ と $\boldsymbol{b}^{\perp \boldsymbol{v}} = \boldsymbol{b} - \boldsymbol{b}^{||\boldsymbol{v}}$ が定義 8.3.6 を満たすことも証明しなければならない。

この証明は、導出のちょうど逆順を辿ることになる。即ち、式 (8-9) より式 (8-8) であり、更に $\langle \boldsymbol{b} - \sigma\,\boldsymbol{v}, \boldsymbol{v} \rangle = 0$ を得る。結果、これは定義により式 (8-5) が成り立つことを示す。

この結論を補題としてまとめておこう。

補題 8.3.11： 実数上の任意のベクトル $\boldsymbol{b}$ とゼロでない任意のベクトル $\boldsymbol{v}$ に対し、以下が成り立つ。

1. $\boldsymbol{b} - \sigma\,\boldsymbol{v}$ と $\boldsymbol{v}$ が直交するようなスカラー σ が存在する
2. Span $\{\boldsymbol{v}\}$ 上の点 $\boldsymbol{p}$ で $\|\boldsymbol{b} - \boldsymbol{p}\|$ を最小にするのは $\sigma\,\boldsymbol{v}$ である
3. このとき、σ の値は $\frac{\langle \boldsymbol{b}, \boldsymbol{v} \rangle}{\langle \boldsymbol{v}, \boldsymbol{v} \rangle}$ である

クイズ 8.3.12： Python で $\boldsymbol{b}$ の $\boldsymbol{v}$ に沿った射影を返すプロシージャ project_along(b, v) を書け。

答え

```
def project_along(b, v):
  sigma = ((b*v)/(v*v)) if v*v != 0 else 0
  return sigma * v
```

1 行プロシージャとして書くと、次のようになる。

```
def project_along(b, v): return (((b*v)/(v*v)) if v*v != 0 else 0) * v
```

数学的には、この project_along の実装は正しい。しかし、浮動小数点数の丸め誤差が生じるので、ほんの少し修正する必要がある。

ベクトル $\boldsymbol{v}$ が本当はゼロベクトルでなかったとしても、実用的にはゼロということがある。つまり、$\boldsymbol{v}$ の要素が極めて小さい場合、このプロシージャは $\boldsymbol{v}$ をゼロベクトルとして扱う。このとき σ は 0 でなければならない。ここでは、ベクトル $\boldsymbol{v}$ のノルムの 2 乗が 10^{-20} よりも小さいとき、ゼロベクトルとみなすことにする。project_along を修正したものを以下に示す。

```
def project_along(b, v):
  sigma = (b*v)/(v*v) if v*v > 1e-20 else 0
  return sigma * v
```

次に project_along を用いて $\boldsymbol{b}$ の直交する射影を返すプロシージャを書くことにしよう。

クイズ 8.3.13： Python で $\boldsymbol{b}$ の $\boldsymbol{v}$ に直交する射影を返すプロシージャ project_orthogonal_1(b, v) を書け。

答え

```
def project_orthogonal_1(b, v): return b - project_along(b, v)
```

これらのプロシージャは orthogonalization モジュールに定義されている。

8.3.5 消防車問題の解

例 8.3.14： 本章の最初に提示した消防車問題に戻ることにしよう。例では、$\boldsymbol{v} = [6, 2]$、$\boldsymbol{b} = [2, 4]$ の場合について考えていた。直線 $\{\alpha \boldsymbol{v} : \alpha \in \mathbb{R}\}$ 上で $\boldsymbol{b}$ に最も近いのは点 $\sigma \boldsymbol{v}$ で

$$\begin{aligned}\sigma &= \frac{\boldsymbol{v} \cdot \boldsymbol{b}}{\boldsymbol{v} \cdot \boldsymbol{v}} \\ &= \frac{6 \cdot 2 + 2 \cdot 4}{6 \cdot 6 + 2 \cdot 2} \\ &= \frac{20}{40} \\ &= \frac{1}{2}\end{aligned}$$

である。従って $\boldsymbol{b}$ に最も近い点は $\frac{1}{2}[6, 2] = [3, 1]$ で、$\boldsymbol{b}$ までの距離は $\|[2, 4] - [3, 1]\| = \|[-1, 3]\| = \sqrt{10}$ である。これは消防車のホースの長さ 3.5 を下回っているので、火事の家は救われる！

消防車問題は、与えられたベクトル $\boldsymbol{b}$ に「最良近似」な直線上のベクトルを求める問題とも考えられる。この場合の「最良近似」とは、距離的に最も近いことを意味している。「最良近似」という言葉は、以降の章で以下のテーマを扱う際に、何度か現れることになる。

- データ解析の基礎的な手法である最小二乗法
- 画像の圧縮
- もう 1 つのデータ解析の手法である主成分分析
- 情報検索技術である潜在意味解析
- 圧縮センシング

8.3.6 *外積と射影

ベクトル $\boldsymbol{u}$、$\boldsymbol{v}$ の**外積**は、行列と行列の積 $\boldsymbol{u}\boldsymbol{v}^T$ で定義されていたことを思い出して欲しい。

$$\begin{bmatrix} \\ \boldsymbol{u} \\ \\ \end{bmatrix} \begin{bmatrix} & \boldsymbol{v}^T & \end{bmatrix}$$

この概念を用いて、行列とベクトルの積で射影を表現しよう。

ゼロでないベクトル $\boldsymbol{v}$ に対する**射影関数**（*projection function*）$\mathbb{R}^n \longrightarrow \mathbb{R}^n$ を

$$\pi_{\boldsymbol{v}}(\boldsymbol{x}) = \boldsymbol{x} \text{ の } \boldsymbol{v} \text{ に沿った射影}$$

と定義する。この関数は行列とベクトルの積で表現できるだろうか？ この関数は線形関数なのだろうか？

射影の式を簡単にするために、ひとまず $\|\boldsymbol{v}\| = 1$ と仮定しよう。このとき

$$\pi_{\boldsymbol{v}}(\boldsymbol{x}) = (\boldsymbol{v} \cdot \boldsymbol{x})\, \boldsymbol{v}$$

である。

最初にすることは、行ベクトルと列ベクトルの考え方を用いて、行列と行列の積としてこの関数を表現することである。ドット積は行ベクトルと列ベクトルの積へと置き換えられる。

$$\pi_{\boldsymbol{v}}(\boldsymbol{x}) = \begin{bmatrix} \\ \boldsymbol{v} \\ \\ \end{bmatrix} \left(\begin{bmatrix} & \boldsymbol{v}^T & \end{bmatrix} \begin{bmatrix} \\ \boldsymbol{x} \\ \\ \end{bmatrix} \right) = \underbrace{\left(\begin{bmatrix} \\ \boldsymbol{v} \\ \\ \end{bmatrix} \begin{bmatrix} & \boldsymbol{v}^T & \end{bmatrix} \right)}_{\text{行列}} \underbrace{\begin{bmatrix} \\ \boldsymbol{x} \\ \\ \end{bmatrix}}_{\text{ベクトル}}$$

この式は射影関数 $\pi_{\boldsymbol{v}}(\boldsymbol{x})$ が行列とベクトルの積で表されることを示している。従って命題 4.10.2 により、もちろんこの関数は線形である。

後で行列の近似について考察する際、再びこの外積の式を用いるだろう。

問題 8.3.15： 与えられたベクトル $\boldsymbol{v}$ に対し、$\pi_{\boldsymbol{v}}(\boldsymbol{x}) = M\boldsymbol{x}$ であるような行列 M を返す Python のプロシージャ `projection_matrix(v)` を書け。$\|\boldsymbol{v}\| \neq 1$ の場合であっても正しく動くようにせよ。

問題 8.3.16： $\boldsymbol{v}$ をゼロでない n 要素のベクトルとする。$\pi_{\boldsymbol{v}}(\boldsymbol{x}) = M\boldsymbol{x}$ であるような行列 M のランクはいくつか？ 行列とベクトルの積、あるいは、行列と行列の積を適切に解釈し、答えを説明せよ。

問題 8.3.17： $\boldsymbol{v}$ をゼロでない n 要素のベクトルとし、M を $\pi_{\boldsymbol{v}}(\boldsymbol{x}) = M\boldsymbol{x}$ であるような行列とする。

1. M と $\boldsymbol{x}$ を掛ける際、スカラーとスカラーの積（つまり普通の積）は何回行われるか？ 答えを n の簡単な式で与え、それを確かめよ。
2. $\boldsymbol{x}$ が列ベクトル、即ち、$n \times 1$ 行列で表されているとする。このとき、$\pi_{\boldsymbol{v}}(\boldsymbol{x})$ を、スカラーとスカラーの積を $2n$ 回だけ用いて $M_1(M_2\boldsymbol{x})$ により計算するような 2 つの行列、M_1、M_2 が存在する。これについて説明せよ。

8.3.7 高次元版の問題の解法に向けて

消防車問題を自然に一般化すると、与えられたいくつかのベクトルが張る空間上のベクトルの中から、与えられた別のベクトル $\boldsymbol{b}$ に最も近いものを求めよ、という問題になる。次のラボではこの計算問題を解く手法の 1 つである、**最急降下法**に基づく手法を探る。更に、次章では直交性と射影に基づいたアルゴリズムを開発することにしよう。

8.4 ラボ：機械学習

このラボでは、初歩的な機械学習アルゴリズムを用いて、画像の特徴量から乳がんを診断する方法について学習しよう。

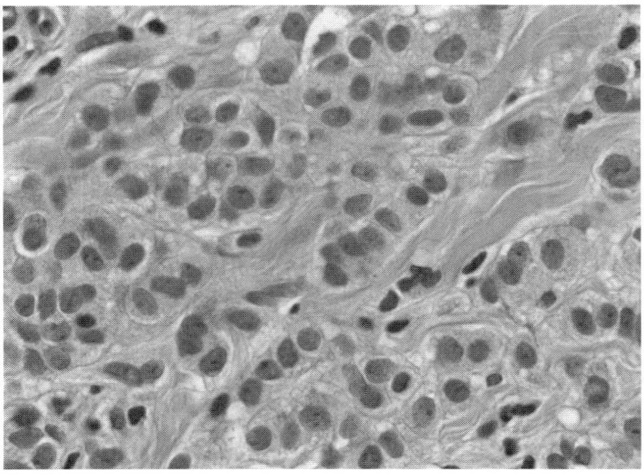

ここで中心となる考え方は**最急降下法**である。これは、「最もよい」仮説を見つけ出す反復的な方法であり、非線形な関数[†4]をほぼ最小化する点を探すのに役に立つ。それぞれの繰り返しで、非線形な関数は、線形関数で近似される。

免責：この特定の関数に対しては、最適な点を見つける、より高速で、より直接的な方法が存在するが、それについては直交化のところで学ぶことにしよう。それでも、最急降下法はより幅広く有用であり、知る価値のあるものである。

8.4.1　データ

ここでは、ウィスコンシン乳がん診断センター（WDBC）のデータの一部を用いる。それぞれの患者に対し、乳腺腫の生検法で得られたデジタル画像があり、その画像から計算された特徴量を与えるベクトル $\boldsymbol{a}$ がある。この特徴量は画像内の細胞核の特徴を記述している。ここの目標は、細胞が悪性か良性かを診断することである。

まず、画像の特徴量がどのように計算されているか、手短に説明する。細胞核それぞれに対し、以下の10個の実数量が計算されているとする。

- 半径（中心から境界までの距離の平均）
- テクスチャー（グレースケール値の標準偏差）
- 境界の長さ
- 面積
- なめらかさ（半径の局所的な変化量）
- コンパクトさ（境界の長さ^2/ 面積）
- 窪み度合い（輪郭の窪んでいる部分の度合い）
- 窪み所（輪郭の窪んでいる部分の個数）
- 対称性
- フラクタル次元（「海岸線近似」）

†4　［訳注］線形関数ではない関数を、一般に非線形な関数と呼ぶ。

それぞれの画像に対し、各特徴量の平均、標準偏差、最大値の尺度（3 つの最大値の平均）が計算されている。従って各標本は 30 要素のベクトル $\boldsymbol{a}$ で表される。定義域 D はこれらの特徴量を指定する `"radius (mean)"`、`"radius (stderr)"`、`"radius (worst)"`、`"area (mean)"`、…… といった 30 個の文字列から成る。

本書ではデータを保存した 2 つのファイル `train.data` と `validate.data` を提供している。

`cancer_data` モジュールのプロシージャ `read_training_data` は、ファイルのパス名のみを引数として取る。これは指定されたファイルのデータを読み込み、組 $(A, \boldsymbol{b})$ を返す。ただし、

- A は行ラベルが患者の ID 番号で、列ラベルが D の行列である
- $\boldsymbol{b}$ は定義域が患者の ID 番号で、患者 r の標本が悪性のとき $\boldsymbol{b}[r]$ の値が 1、良性のとき -1 であるようなベクトルである

課題 8.4.1： `read_training_data` を用いて、ファイル `train.data` のデータを変数 A、$\boldsymbol{b}$ に読み込め。

8.4.2 教師あり学習

ここでの目標は**分類器**、即ち、与えられた特徴ベクトル $\boldsymbol{a}$ に対し、細胞の組織が悪性か良性かを分類する関数 $C(\boldsymbol{y})$ を選び出すプログラムを作成することである。このプログラムが、より正確な分類器を選び出せるように、**ラベル付けされたサンプル** $(\boldsymbol{a}_1, b_1), \ldots, (\boldsymbol{a}_m, b_m)$ から成る**訓練データ**を与える。ラベル付けされたサンプルはそれぞれ特徴ベクトル $\boldsymbol{a}_i$ とそれに対応するラベル b_i から成り、b_i の値は $+1$（悪性）か -1（良性）である。プログラムが分類器を選び出したら、正解が分かっているラベル付されていない特徴ベクトル $\boldsymbol{a}$ を使って、その分類器の正確さをテストする。

8.4.3 仮説クラス

分類器は可能な分類器の集合（**仮説クラス**）から選ばれる。この場合（機械学習の場合ではよくあるように）、仮説クラスとは特徴ベクトルの空間 $\mathbb{R}^D$ から $\mathbb{R}$ への線形関数 $h(\cdot)$ である。すると分類器は次のような関数として定義される。

$$C(\boldsymbol{y}) = \begin{cases} +1 & h(\boldsymbol{y}) \geqq 0 \text{ のとき} \\ -1 & h(\boldsymbol{y}) < 0 \text{ のとき} \end{cases}$$

各線形関数 $h : \mathbb{R}^D \longrightarrow \mathbb{R}$ に対して、次のような D ベクトル $\boldsymbol{w}$ が存在する。

$$h(\boldsymbol{y}) = \boldsymbol{w} \cdot \boldsymbol{y}$$

従って、そのような線形関数を選ぶことは、結局、D ベクトル $\boldsymbol{w}$ を選ぶことに等しい。特に、$\boldsymbol{w}$ を選ぶことは、仮説クラス h を選ぶことと等価なので、$\boldsymbol{w}$ を**仮説ベクトル**と呼ぶ。

与えられた仮説ベクトル $\boldsymbol{w}$ に対し、関数 $h(\boldsymbol{y}) = \boldsymbol{w} \cdot \boldsymbol{y}$ を用いた分類器で、正しく予測できなかったラベル付けされたサンプルの数を計算するプロシージャを書こう。まずは簡単のため、シンプルなユーティリティプロシージャを書こう。

課題 8.4.2： 以下の機能を持つプロシージャ `signum(u)` を書け。

- **入力**：ベクトル $\boldsymbol{u}$
- **出力**：$\boldsymbol{u}$ と同じ定義域を持ち、次を満たすベクトル $\boldsymbol{v}$

$$\boldsymbol{v}[d] = \begin{cases} +1 & \boldsymbol{u}[d] \geqq 0 \text{ のとき} \\ -1 & \boldsymbol{u}[d] < 0 \text{ のとき} \end{cases}$$

例えば `signum(Vec({'A','B'}, {'A':3, 'B':-2}))` は

`Vec({'A', 'B'},{'A':1, 'B':-1})`

である。

課題 8.4.3： 以下の機能を持つプロシージャ `fraction_wrong(A, b, w)` を書け。

- **入力**：特徴ベクトルを行ベクトルとする $R \times C$ 行列 A、要素が $+1$ か -1 の R ベクトル $\boldsymbol{b}$、C ベクトル $\boldsymbol{w}$
- **出力**：(A の r 行) $\cdot\, \boldsymbol{w}$ の符号が $\boldsymbol{b}[r]$ と異なるような A の行ラベル r の割合

ヒント：ループを用いず、行列とベクトルの積とドット積、及び、先ほど書いた `signum` を用いる賢い方法がある。

$[1, 1, 1, .., 1]$ や要素が $+1$ か -1 のランダムベクトルなどの単純な仮説ベクトルを用いて、このプロシージャがデータをどれほどよく分類するか確認せよ。

8.4.4 訓練データにおける誤差を最小化する分類器の選択

関数 h はどのようにして選ばれるべきだろうか？ 訓練データに対応する特定の h の誤差を測る方法を定義すれば、プログラムで、仮説クラスの全ての分類器の中から誤差を最小にする関数を選び出すことができる。

仮説の誤差を測る明白な方法は、ラベル付けされたサンプルのうち、その仮説で間違えたものの割合を用いるものだが、この判定基準に対して最適な解を見つけ出すのは難しいので、他の方法を用いることにしよう。このラボでは非常に初歩的な誤差の測定方法を用いる。即ち、ラベル付けされたサンプル $(\boldsymbol{a}_i, b_i)$ それぞれに対し、そのサンプルに関する h の誤差は、$(h(\boldsymbol{a}_i) - b_i)^2$ であるとする。$h(\boldsymbol{a}_i)$ が b_i に近ければ誤差は小さい。訓練データの総誤差は、ラベル付けされたサンプルそれぞれの誤差の総和となる。

$$(h(\boldsymbol{a}_1) - b_1)^2 + (h(\boldsymbol{a}_2) - b_2)^2 + \cdots + (h(\boldsymbol{a}_m) - b_m)^2$$

関数 $h(\cdot)$ を選ぶことは D ベクトル $\boldsymbol{w}$ を選ぶことと等価であり、$h(\boldsymbol{y}) = \boldsymbol{w} \cdot \boldsymbol{y}$ と定義したことを思い出そう。即ち、対応する誤差は

$$(\boldsymbol{a}_1 \cdot \boldsymbol{w} - b_1)^2 + (\boldsymbol{a}_2 \cdot \boldsymbol{w} - b_2)^2 + \cdots + (\boldsymbol{a}_m \cdot \boldsymbol{w} - b_m)^2$$

となる。

これでようやく学習アルゴリズムの目標について述べることができる。関数 $L : \mathbb{R}^D \longrightarrow \mathbb{R}$ を

$$L(\boldsymbol{x}) = (\boldsymbol{a}_1 \cdot \boldsymbol{x} - b_1)^2 + (\boldsymbol{a}_2 \cdot \boldsymbol{x} - b_2)^2 + \cdots + (\boldsymbol{a}_m \cdot \boldsymbol{x} - b_m)^2$$

と定める。この関数は訓練データの**損失**関数であり、特定の仮説ベクトル $\boldsymbol{w}$ の誤差を測る際に用いられる。この学習アルゴリズムの目標は $L(\boldsymbol{w})$ をできるだけ小さくするような仮説ベクトル（つまり、関数 L の**最小化子**）$\boldsymbol{w}$ を選ぶことである。

この特定の損失関数を選んだ理由の1つは、本書で学んでいる線形代数と関係付けられるからだ。A を行ベクトルが訓練用のサンプル $\boldsymbol{a}_1, \ldots, \boldsymbol{a}_m$ である行列、$\boldsymbol{b}$ を i 番目の要素が b_i である m 要素のベクトル、$\boldsymbol{w}$ を D ベクトルとする。ドット積による行列とベクトルの積の定義より、ベクトル $A\boldsymbol{w} - \boldsymbol{b}$ の i 番目の要素は $\boldsymbol{a}_i \cdot \boldsymbol{w} - b_i$ となる。従って、このベクトルのノルムの2乗は $(\boldsymbol{a}_1 \cdot \boldsymbol{w} - b_1)^2 + \cdots + (\boldsymbol{a}_m \cdot \boldsymbol{w} - b_m)^2$ である。結果、ここからの目標は $\|A\boldsymbol{w} - \boldsymbol{b}\|^2$ を最小化するベクトル $\boldsymbol{w}$ を選ぶこととなる。

次章で直交化について学ぶ際に、この計算問題が直交性と射影を用いたアルゴリズムで解けることを学ぶ。

課題 8.4.4： 訓練データ A、$\boldsymbol{b}$ と仮説ベクトル $\boldsymbol{w}$ を入力とし、損失関数の入力を $\boldsymbol{w}$ としたときの値 $L(\boldsymbol{w})$ を返すプロシージャ `loss(A, b, w)` を書け（**ヒント：**ループを用いるのではなく、行列の積とドット積を用いよ）。

全ての要素が1、あるいは、+1か−1のランダムベクトルのような単純な仮説ベクトルに対する損失関数の値を求めよ。

8.4.5 ヒルクライミングによる非線形最適化

一方このラボでは、関数の最小化子を探すために、普通はヒューリスティックに使われる、ジェネリックな**ヒルクライミング**を用いることにしよう。この方法は非常に広汎な関数に対して使えるので**ジェネリック**だと表現したが、一般には真の最小値を見つけることが保証されておらず、実際しばしば失敗するので、**ヒューリスティック**だとも表現した。適用範囲の一般化に伴う代償は大きいのである。

ヒルクライミングは解 $\boldsymbol{w}$ を保持し、小さな変化（今回の場合はベクトル）を繰り返し加える。従って、以下のような一般形を持つ。

$\boldsymbol{w}$ を何かに初期化し
我慢できる限り、次を繰り返す:
　$\boldsymbol{w} := \boldsymbol{w} +$ **変化**
$\boldsymbol{w}$ を返す

ここで**変化**とは、$\boldsymbol{w}$ の現在の値に依存した小さなベクトルである。目標は、最適化される関数の値を、繰り返しのたびに改善していくことである。

平面を成す解空間を想像して欲しい。可能な解 $\boldsymbol{w}$ は、それぞれ最適化される関数によって値を割り当てられる。それぞれの解の値は標高と解釈される。それは3次元の地形図によって可視化できる。

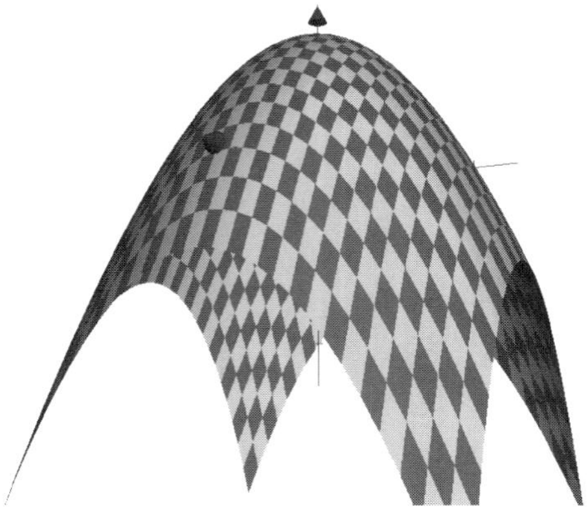

関数の**最大化子**を見つけようとしているならば、アルゴリズムは解 $\boldsymbol{w}$ を徐々に丘（ヒル）の最も高いところを目指して動かしていくことになる。それ故、この方法は**ヒルクライミング**と呼ばれるのである。

ここでの目的は、最も低い点を探すことなので、次のように表すのがよいだろう。

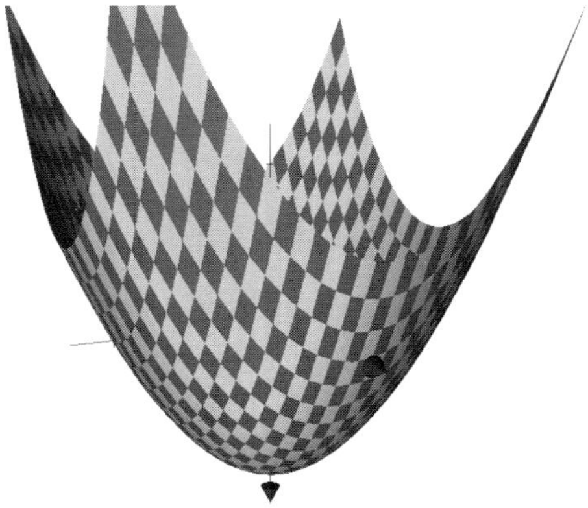

この場合、アルゴリズムは丘を**降り**ようとする。

ヒルクライミングの試みは、地形が単純な場合はうまくいくが、より複雑な場合に対しても適用されることが多い。例えば次のような場合である。

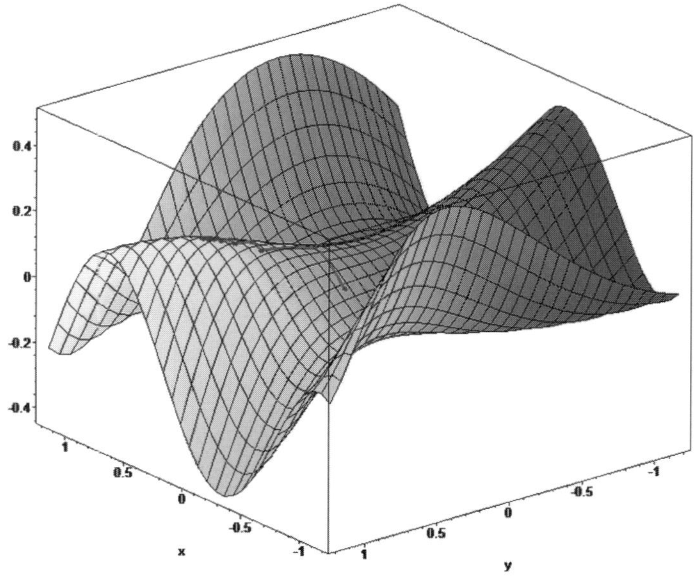

このような場合、ヒルクライミングは、通常、関数の真の最小値ではないところで終了する。直観的には、このアルゴリズムは谷の最低点に達するまで、丘を降りるものだ。最低点が現在の谷から遠く離れたどこかにある場合、このアルゴリズムはひたすら降りるだけなので、近くにより低い点がない場合は、それ以上先に進むことができない。つまり、最も標高が低い位置には辿り着けない。このような点は（**大域的な**最小値の反対として）**局所的な**最小値と呼ばれる。これがヒルクライミングのじれったいところだが、ヒルクライミングは大域的な最小値を探すのが計算的に困難な問題であるような関数にも適用できるので、仕方がないだろう。

8.4.6 勾配

それぞれの繰り返しにおいて変化ベクトルをどう選べばよいだろうか？

例 8.4.5： 最小化される関数が線形関数、例えば、$f(\boldsymbol{w}) = \boldsymbol{c}\cdot\boldsymbol{w}$ だったとしよう。いま、$\boldsymbol{w}$ に $\boldsymbol{c}\cdot\boldsymbol{u} < 0$ を満たすベクトル $\boldsymbol{u}$ を足して、変化させたとする。このとき、$f(\boldsymbol{w}+\boldsymbol{u}) < f(\boldsymbol{w})$ となるので、$\boldsymbol{w}$ を $\boldsymbol{w}+\boldsymbol{u}$ に置き換えることで処理を進める。つまり、$\boldsymbol{u}$ 方向の移動は関数の値を減少させる。

しかし、このラボで最小化する関数は線形ではない。よって、進むべき方向は、現在どこにいるかに依存するということが分かる。各点 $\boldsymbol{w}$ において、**その点からの**、最急降下方向が存在する。この方向に移動すべきだ！ もちろん、少しでも移動したなら、最急降下方向は変化するので、それを計算し直し、また少しずつ進むことになる。繰り返しごとに、少し移動し、それから進むべき方向を再計算しなくてはならない。

関数 $f : \mathbb{R}^n \longrightarrow \mathbb{R}$ に対し、f の**勾配**とは、$\mathbb{R}^n$ から $\mathbb{R}^n$ への関数であり、∇f と書かれる。これは単一の数ではなく、ベクトルを出力することに注意しよう。任意の入力ベクトル $\boldsymbol{w}$ に対し、$f(\boldsymbol{x})$ の入力 $\boldsymbol{w}$ 付近の最急上昇方向は $\nabla f(\boldsymbol{w})$、即ち、$\boldsymbol{w}$ に関数 ∇f を適用した値となる。よって、最急**降下**方向は $\nabla f(\boldsymbol{w})$ の

符号を負にしたものである。

勾配の定義は、本書で微分を使う唯一の場所である。微分を知らなければこの導出は意味を成さないが、それでもこのラボを続けることはできる。

定義 8.4.6： $f([x_1,\ldots,x_n])$ の勾配は

$$\left[\frac{\partial f}{\partial x_1},\ldots,\frac{\partial f}{\partial x_n}\right]$$

で定義される。

例 8.4.7： もう一度、f が線形関数 $f(\boldsymbol{x})=\boldsymbol{c}\cdot\boldsymbol{x}$ である、単純な場合に戻ることにしよう。これはもちろん $f([x_1,\ldots,x_n])=c_1x_1+\cdots+c_nx_n$ のことである。f の x_i についての偏微分は、ちょうど c_i である。従って、$\nabla f([x_1,\ldots,x_n])=[c_1,\ldots,c_n]$ となる。この関数は引数に依存しない。即ち、その勾配はどこでも等しくなる。

例 8.4.8： 今度は、線形ではない関数を考えよう。ベクトル $\boldsymbol{a}$ とスカラー b に対し、$f(\boldsymbol{x})=(\boldsymbol{a}\cdot\boldsymbol{x}-b)^2$ とする。ここで、$\boldsymbol{x}=[x_1,\ldots,x_n]$ とすると、$j=1,\ldots,n$ に対し

$$\begin{aligned}\frac{\partial f}{\partial x_j}&=2(\boldsymbol{a}\cdot\boldsymbol{x}-b)\frac{\partial}{\partial x_j}(\boldsymbol{a}\cdot\boldsymbol{x}-b)\\&=2(\boldsymbol{a}\cdot\boldsymbol{x}-b)a_j\end{aligned}$$

となる。

損失関数に

$$L(\boldsymbol{x})=\sum_{i=1}^{m}(\boldsymbol{a}_i\cdot\boldsymbol{x}-b_i)^2$$

を選んだ理由の 1 つは、この関数の偏微分が存在し、簡単に計算できるからである（微分の計算を少し覚えていればだが……）。$L(\boldsymbol{x})$ の x_j についての偏微分は

$$\begin{aligned}\frac{\partial L}{\partial x_j}&=\sum_{i=1}^{m}\frac{\partial}{\partial x_j}(\boldsymbol{a}_i\cdot\boldsymbol{x}-b_i)^2\\&=\sum_{i=1}^{m}2(\boldsymbol{a}_i\cdot\boldsymbol{x}-b_i)a_{ij}\end{aligned}$$

となる。ここで a_{ij} は、$\boldsymbol{a}_i$ の j 番目の要素である。

従って、ベクトル $\boldsymbol{w}$ に対する勾配関数の値は、その j 番目の要素が

$$\sum_{i=1}^{m}2(\boldsymbol{a}_i\cdot\boldsymbol{w}-b_i)a_{ij}$$

であるようなベクトルとなる。即ち、このベクトルは

$$\nabla L(\boldsymbol{w}) = \left[\sum_{i=1}^{m} 2(\boldsymbol{a}_i \cdot \boldsymbol{w} - b_i)a_{i1}, \ldots, \sum_{i=1}^{m} 2(\boldsymbol{a}_i \cdot \boldsymbol{w} - b_i)a_{in}\right]$$

であり、ベクトルの加法を用いて次のように書き直せる。

$$\sum_{i=1}^{m} 2(\boldsymbol{a}_i \cdot \boldsymbol{w} - b_i)\boldsymbol{a}_i \tag{8-11}$$

課題 8.4.9： 訓練データ A、$\boldsymbol{b}$ と仮説ベクトル $\boldsymbol{w}$ を入力とし、式 (8-11) を用いて $\boldsymbol{w}$ における L の勾配の値を返すプロシージャ `find_grad(A, b, w)` を書け（**ヒント：**行列の積と転置、ベクトルの和・差を使うことでループなしで書ける）。

8.4.7 最急降下法

最急降下法の考え方は、ベクトル $\boldsymbol{w}$ を反復的に更新していくというものであった。それぞれの繰り返しで、このアルゴリズムは、$\boldsymbol{w}$ における勾配の符号を負にした値の小さなスカラー倍を $\boldsymbol{w}$ に足す。このスカラーを**ステップサイズ**と呼び、σ と書くことにする。

ステップサイズを小さな数にしなければならないのはなぜだろうか？ 大きなステップにすれば、アルゴリズムの繰り返しごとに、たくさん処理を進められると思うかもしれない。しかしながら、勾配は仮説ベクトルが変わるたびに変化するので、それを飛び越えてしまわないように小さな数を用いた方が安全である（より洗練された方法では、計算の進行に応じてステップサイズを調節することもある）。

よって、最急降下法の基本的なアルゴリズムは以下のようになる。

```
σ を小さな数とする
w を D ベクトルに初期化する
ある回数だけ次を繰り返す:
  w := w − σ(∇L(w))
w を返す
```

課題 8.4.10： 与えられた訓練データ A、$\boldsymbol{b}$、現在の仮説ベクトル $\boldsymbol{w}$、ステップサイズ σ に対し、次の仮説ベクトルを返すプロシージャ `gradient_descent_step(A, b, w, sigma)` を書け。

次の仮説ベクトルは、勾配を計算し、その勾配にステップサイズを掛け、現在の仮説ベクトルから引くことで得られる（なぜ引くのか？ それは勾配が最急上昇方向で、関数が増加する方向であったことを思い出せばよい）。

課題 8.4.11： 入力として、訓練ベクトル A、$\boldsymbol{b}$、仮説ベクトルの初期値 $\boldsymbol{w}$、ステップサイズ σ、繰り返しの回数 T を取るプロシージャ `gradient_descent(A, b, w, sigma, T)` を書け。このプロシージャは上で述べた方法を T 回繰り返す最急降下法を実装するものとし、$\boldsymbol{w}$ の最終値を返す。サブルーチンとして `gradient_descent_step` を用いるとよい。

このプロシージャは処理を30回くらい繰り返すごとに、損失関数の値、及び、現在の仮説ベクトルの間違いの割合を出力すること。

課題 8.4.12： 実装した最急降下法で、訓練データを試してみよ！ 間違いの割合は損失関数の値が小さくなるたびに増えうることに注意して欲しい。最終的には、損失関数が減少し続ける間は間違いの割合も（ある程度まで）減少し続けるはずである。

このアルゴリズムはステップサイズに影響を受けやすい。即ち、`loss` の値は原理的には繰り返しごとに減少していくはずだが、ステップサイズが大きすぎるとそうはならない。一方でステップサイズが小さすぎると繰り返しの回数が増える。ステップサイズが $\sigma = 2 \cdot 10^{-9}$ の場合と $\sigma = 10^{-9}$ の場合で調べてみよ。

このアルゴリズムは $\boldsymbol{w}$ の初期値にも影響を受けやすい。全ての要素が1のベクトルを初期値として試し、それからゼロベクトルでも試してみよ。

課題 8.4.13： 作成した最急降下法のコードを用いて仮説ベクトルを見つけた後、その仮説ベクトルが `validate.data` ファイルのデータに対して、うまく働くかどうかを確認せよ。正しく分類できなかった標本の割合はどれくらいだろうか？ 訓練データに対する失敗率と比べて大きいだろうか、あるいは、小さいだろうか？ その性能の違いを説明できるか？

8.5 確認用の質問

- $\mathbb{R}$ 上のベクトルの内積とは何か？
- ノルムはドット積を用いてどのように定義されるか？
- 2つのベクトルが直交しているとはどういう意味か？
- ベクトルに対する三平方の定理とは何か？
- ベクトルの別のベクトルに対する平行成分と垂直成分への分解とはどのようなものか？
- どのようにしてベクトル $\boldsymbol{b}$ のベクトル $\boldsymbol{v}$ に直交する射影を得られるか？
- 線形代数はいかにして非線形関数の最適化の役に立つか？

8.6 問題

ノルム

問題 8.6.1： 以下の各ベクトルのノルムを計算せよ。

(a) $\boldsymbol{v} = [2, 2, 1]$
(b) $\boldsymbol{v} = [\sqrt{2}, \sqrt{3}, \sqrt{5}, \sqrt{6}]$
(c) $\boldsymbol{v} = [1, 1, 1, 1, 1, 1, 1, 1, 1]$

最も近いベクトル

問題 8.6.2： 以下の各ベクトル $\boldsymbol{a}$、$\boldsymbol{b}$ に対し、Span $\{\boldsymbol{a}\}$ のベクトルで $\boldsymbol{b}$ に最も近いものを求めよ。

1. $\boldsymbol{a} = [1, 2]$、$\boldsymbol{b} = [2, 3]$
2. $\boldsymbol{a} = [0, 1, 0]$、$\boldsymbol{b} = [1.414, 1, 1.732]$
3. $\boldsymbol{a} = [-3, -2, -1, 4]$、$\boldsymbol{b} = [7, 2, 5, 0]$

a に沿った射影及び a に直交する射影

問題 8.6.3： 以下の各ベクトル $\boldsymbol{a}$、$\boldsymbol{b}$ に対し、$\boldsymbol{b}^{\perp \boldsymbol{a}}$ 及び $\boldsymbol{b}^{||\boldsymbol{a}}$ を求めよ。

1. $\boldsymbol{a} = [3, 0]$、$\boldsymbol{b} = [2, 1]$
2. $\boldsymbol{a} = [1, 2, -1]$、$\boldsymbol{b} = [1, 1, 4]$
3. $\boldsymbol{a} = [3, 3, 12]$、$\boldsymbol{b} = [1, 1, 4]$

9章
直交化

天才は「ふつう」の天才と「魔法使い的」な天才の2種類に分かれる。ふつうの天才は長い時間を掛けさえすれば我々にでもなれるものである...が、魔法使い的な天才は違う。彼らは、数学の呪文を使うために、我々の直交補空間に属しているのである...

マーク・カック、『Enigmas of Chance: An Autobiography』

本章の第1目標は、次の問題に対するアルゴリズムを与えることである。

計算問題 9.0.1：（ベクトルの線形包の中で最も近い点） 実数上のベクトル $\boldsymbol{b}$ と、$\boldsymbol{v}_1, \ldots, \boldsymbol{v}_n$ が与えられているとき、Span $\{\boldsymbol{v}_1, \ldots, \boldsymbol{v}_n\}$ の中から $\boldsymbol{b}$ に最も近い点を見つけよ。

例 9.0.2：

$\boldsymbol{v}_1 = [8, -2, 2]$、$\boldsymbol{v}_2 = [4, 2, 4]$ とする。これらが張る図形は平面である。$\boldsymbol{b} = [5, -5, 2]$ として、目標は Span $\{\boldsymbol{v}_1, \boldsymbol{v}_2\}$ の中から $\boldsymbol{b}$ に最も近い点を見つけることである。

この場合、最も近い点は $[6, -3, 0]$ である。

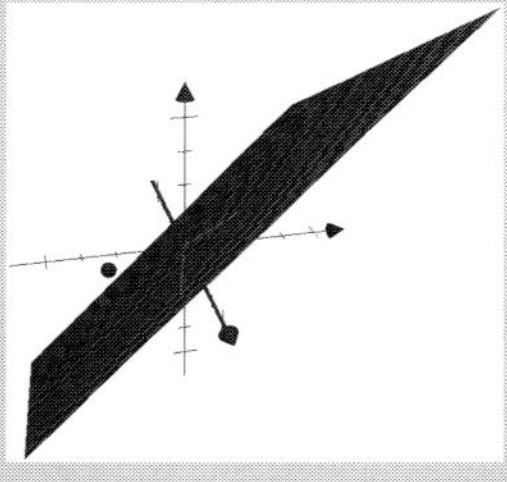

計算問題 9.0.1 を解くこと自体も重要な目標だが、ここでは、この目標への取り組みを通して、それ以外のいくつかの計算問題を解く方法の開発も行う。

重要な拡張として、Span $\{\boldsymbol{v}_1, \ldots, \boldsymbol{v}_n\}$ から最も近い点だけでなく、その点を表す線形結合の係数も見つけ出せるようになる。

$$A = \left[\begin{array}{c|c|c} \boldsymbol{v}_1 & \cdots & \boldsymbol{v}_n \end{array}\right]$$

とする。線形結合による行列とベクトルの積の定義より、Span $\{\boldsymbol{v}_1, \ldots, \boldsymbol{v}_n\}$ は $A\boldsymbol{x}$ と書けるベクトルの集合である。つまり、最も近い点を表す線形結合の係数を探すことは、$\|\boldsymbol{b} - A\boldsymbol{x}\|$ を最小とする $\boldsymbol{x}$ を探すことと等価である。これは**最小二乗**問題と呼ばれる。またそれを解く方法を**最小二乗法**という。

行列とベクトルの方程式 $A\boldsymbol{x} = \boldsymbol{b}$ が解を持てば、最も近いベクトルは $\boldsymbol{b}$ 自身となる。即ち、最小二乗問題の解は、行列とベクトルの方程式の解と一致する。最小二乗法のアルゴリズムの利点は、行列とベクトルの方程式が解を持たない場合にも使えることだ。というのも、大抵の場合、現実の計測量に基づく方程式は解を持たないからである。

最小二乗問題の解を探る過程で、以下の機能を持つアルゴリズムも発見することになるだろう。

- 線形従属性をチェックする
- ランクを求める。与えられたベクトルの線形包の基底を探す
- ヌル空間の基底を見つける。これは 6.5 節で見たように、アニヒレーターの基底を見つけることと等価である

また、**直交補空間**についても学ぶ。実数上のベクトル空間に対する直交補空間は、直和とアニヒレーターの概念をつなぐものである。

9.1 複数のベクトルに直交する射影

最短距離問題は消防車問題の一般化なので、前章で用いた直交性や射影といった概念を用いれば解けると考えるかもしれない。その推測は正しい。

9.1.1 ベクトルの集合に対する直交性

消防車の補題を一般化する前に、まず、直交性の概念を拡張する必要がある。前章ではベクトルと別のベクトルが直交するとはどういうことかについて定義した。ここではベクトルとベクトルの集合が直交するとはどういうことかについて定義する。

定義 9.1.1： ベクトル $\boldsymbol{v}$ とベクトルの集合 $\mathcal{S}$ の全てのベクトルが直交するとき、$\boldsymbol{v}$ と $\mathcal{S}$ は直交するという。

例 9.1.2： ベクトル $[2,0,-1]$ は、$[0,1,0]$、$[1,0,2]$ のどちらとも直交するので、集合 $\{[0,1,0],[1,0,2]\}$ と直交する。更に無限集合 $\mathcal{V}=\text{Span}\ \{[0,1,0],[1,0,2]\}$ とも直交する。なぜなら $\mathcal{V}$ の全てのベクトルは $\alpha\,[0,1,0]+\beta\,[1,0,2]$ の形で表され

$$\begin{aligned}\langle[2,0,-1],\alpha\,[0,1,0]+\beta\,[1,0,2]\rangle &= \alpha\,\langle[2,0,-1],[0,1,0]\rangle+\beta\,\langle[2,0,-1],[1,0,2]\rangle\\ &= \alpha\,0+\beta\,0\end{aligned}$$

となるからである。

例 9.1.2 で用いる議論は、次のようなかなり一般的なものである。

補題 9.1.3： ベクトル $\boldsymbol{v}$ は、$\boldsymbol{a}_1,\ldots,\boldsymbol{a}_n$ の各ベクトルと直交するとき、かつ、そのときに限り $\text{Span}\ \{\boldsymbol{a}_1,\ldots,\boldsymbol{a}_n\}$ の全てのベクトルと直交する。

証明

$\boldsymbol{v}$ を集合 $\boldsymbol{a}_1,\ldots,\boldsymbol{a}_n$ に直交するベクトル、$\boldsymbol{w}$ を $\text{Span}\ \{\boldsymbol{a}_1,\ldots,\boldsymbol{a}_n\}$ の任意のベクトルとする。こ

のとき $\boldsymbol{v}$ と $\boldsymbol{w}$ が直交していることを示そう。線形包の定義より

$$\boldsymbol{w} = \alpha_1 \boldsymbol{a}_1 + \cdots + \alpha_n \boldsymbol{a}_n$$

を満たす係数 $\alpha_1, \ldots, \alpha_n$ が存在する。従って、内積の代数的な性質より

$$\begin{aligned}\langle \boldsymbol{v}, \boldsymbol{w} \rangle &= \langle \boldsymbol{v}, \alpha_1 \boldsymbol{a}_1 + \cdots + \alpha_n \boldsymbol{a}_n \rangle \\ &= \alpha_1 \langle \boldsymbol{v}, \boldsymbol{a}_1 \rangle + \cdots + \alpha_n \langle \boldsymbol{v}, \boldsymbol{a}_n \rangle \\ &= \alpha_1 0 + \cdots + \alpha_n 0 \\ &= 0\end{aligned}$$

である。故に、$\boldsymbol{v}$ と $\boldsymbol{w}$ は直交していることが分かる。

今度は逆に、$\boldsymbol{v}$ と Span $\{\boldsymbol{a}_1, \ldots, \boldsymbol{a}_n\}$ の全てのベクトルは直交しているとする。このとき、線形包は $\boldsymbol{a}_1, \ldots, \boldsymbol{a}_n$ を含むので、$\boldsymbol{v}$ は $\boldsymbol{a}_1, \ldots, \boldsymbol{a}_n$ のそれぞれと直交していることが分かる。 □

補題 9.1.3 より、ベクトル空間と直交するベクトルと、ベクトル空間を生成するベクトルの集合と直交するベクトルとの区別は曖昧にしてよい。

9.1.2 ベクトル空間への射影とそれに直交する射影

同様にして、射影の概念も自然に一般化できる。

定義 9.1.4： ベクトル $\boldsymbol{b}$ とベクトル空間 $\mathcal{V}$ に対し、$\boldsymbol{b}$ の $\mathcal{V}$ への射影（$\boldsymbol{b}^{||\mathcal{V}}$ と書く）と、$\boldsymbol{b}$ の $\mathcal{V}$ に直交する射影（$\boldsymbol{b}^{\perp\mathcal{V}}$ と書く）を、次のように定義する。

$$\boldsymbol{b} = \boldsymbol{b}^{||\mathcal{V}} + \boldsymbol{b}^{\perp\mathcal{V}} \tag{9-1}$$

ここで、$\boldsymbol{b}^{||\mathcal{V}}$ は $\mathcal{V}$ のベクトル、$\boldsymbol{b}^{\perp\mathcal{V}}$ は $\mathcal{V}$ の全てのベクトルと直交するベクトルとする。

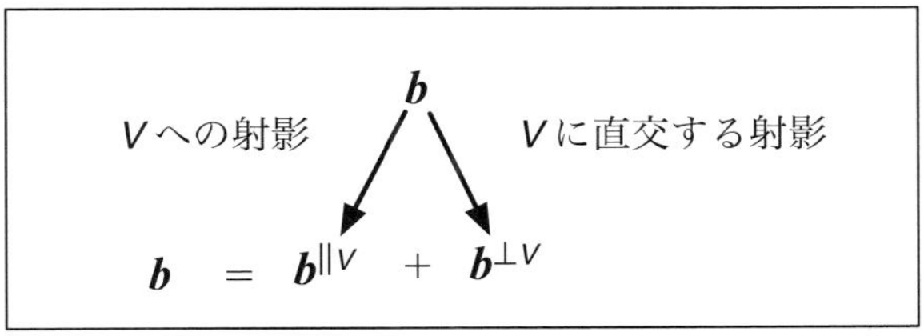

例 9.1.5： 例 9.0.2（p.435）に戻り、$\mathcal{V} = \text{Span}\,\{[8,-2,2],[4,2,4]\}$、$\boldsymbol{b} = [5,-5,2]$ とする。このとき $\boldsymbol{b}$ の $\mathcal{V}$ への射影は $\boldsymbol{b}^{||\mathcal{V}} = [6,-3,0]$、$\mathcal{V}$ に直交する射影は $\boldsymbol{b}^{\perp\mathcal{V}} = [-1,-2,2]$ となる。このことを証明するため、これらのベクトルが次の条件を満たすことを示そう。

- $\boldsymbol{b} = \boldsymbol{b}^{||\mathcal{V}} + \boldsymbol{b}^{\perp\mathcal{V}}$ を満たすか？

正しい：$[5,-5,2]=[-1,-2,2]+[6,-3,0]$ である ✓

- $\boldsymbol{b}^{||\mathcal{V}}$ は $\mathcal{V}$ のベクトルか？

  正しい：$\boldsymbol{b}^{||\mathcal{V}}=1\,[8,-2,2]-\frac{1}{2}\,[4,2,4]$ である ✓
- $\boldsymbol{b}^{\perp\mathcal{V}}$ は $\mathcal{V}$ と直交しているか？

  正しい：$[-1,-2,2]\cdot[8,-2,2]=0$ であり、$[-1,-2,2]\cdot[4,2,4]=0$ である ✓

従って、これが解であることが確認できた。しかし、どのようにすれば、この解を計算することができるだろうか？ その問いに答えるためには、もう少し準備が必要である。

これで準備が整ったので、消防車の補題の一般化を述べることができる。

補題 9.1.6（一般化された消防車の補題）： $\mathcal{V}$ をベクトル空間、$\boldsymbol{b}$ をベクトルとする。$\boldsymbol{b}$ に最も近い $\mathcal{V}$ の点は $\boldsymbol{b}^{||\mathcal{V}}$ であり、その距離は $\|\boldsymbol{b}^{\perp\mathcal{V}}\|$ である。

証明

この証明は消防車の補題（補題 8.3.8）の証明をそのまま一般化したものとなる。$\boldsymbol{b}$ と $\boldsymbol{b}^{||\mathcal{V}}$ 間の距離は明らかに $\|\boldsymbol{b}-\boldsymbol{b}^{||\mathcal{V}}\|$ で与えられ、これは $\|\boldsymbol{b}^{\perp\mathcal{V}}\|$ である。$\boldsymbol{p}$ を $\mathcal{V}$ の任意の点とする。この $\boldsymbol{p}$ が $\boldsymbol{b}^{||\mathcal{V}}$ より $\boldsymbol{b}$ の近くにないことを示そう。

まず次のように書く。

$$\boldsymbol{b}-\boldsymbol{p}=\left(\boldsymbol{b}-\boldsymbol{b}^{||\mathcal{V}}\right)+\left(\boldsymbol{b}^{||\mathcal{V}}-\boldsymbol{p}\right)$$

右辺の第 1 項は $\boldsymbol{b}^{\perp\mathcal{V}}$ である。第 2 項は $\mathcal{V}$ のベクトル同士の差なので、これは $\mathcal{V}$ のベクトルである。$\boldsymbol{b}^{\perp\mathcal{V}}$ は $\mathcal{V}$ に直交するので、三平方の定理（定理 8.3.1）を用いると

$$\|\boldsymbol{b}-\boldsymbol{p}\|^2=\|\boldsymbol{b}-\boldsymbol{b}^{||\mathcal{V}}\|^2+\|\boldsymbol{b}^{||\mathcal{V}}-\boldsymbol{p}\|^2$$

を得る。これは $\boldsymbol{p}\neq\boldsymbol{b}^{||\mathcal{V}}$ のとき、$\|\boldsymbol{b}-\boldsymbol{p}\|>\|\boldsymbol{b}-\boldsymbol{b}^{||\mathcal{V}}\|$ であることを示している。 □

ここでの目標は、これらの射影を求めるプロシージャを作ることである。それぞれの射影を求めるには $\boldsymbol{b}^{\perp\mathcal{V}}$ が求められれば十分である。なぜなら式 (9-1) を用いることで $\boldsymbol{b}^{||\mathcal{V}}$ も得られるからである。

9.1.3 ベクトルのリストに直交する射影の第一歩

最初の目標は、次の機能を持つプロシージャ `project_orthogonal` である。

- **入力**：ベクトル $\boldsymbol{b}$ と、ベクトルのリスト *vlist*
- **出力**：Span *vlist* に直交する $\boldsymbol{b}$ の射影

まず、1 つのベクトル $\boldsymbol{v}$ に直交する $\boldsymbol{b}$ の射影を求めるために、8.3.4 節で使ったプロシージャを思い出そう。

```
def project_orthogonal_1(b, v): return b - project_along(b, v)
```

ベクトルのリストに直交する射影を求めるために、以下のような project_orthogonal_1 を真似たプロシージャを試してみよう。

```
def project_orthogonal(b, vlist):
  for v in vlist:
    b = b - project_along(b, v)
  return b
```

これは短くてエレガントだが、欠陥がある。即ち、これは上で述べた機能を持たない。確認のために、ベクトル $[1,0]$、$\left[\frac{\sqrt{2}}{2}, \frac{\sqrt{2}}{2}\right]$ から成るリストを *vlist*、ベクトル $[1,1]$ を $\boldsymbol{b}$ とする。

$\boldsymbol{b}_i$ を i 回目の繰り返し後の変数 $\boldsymbol{b}$ の値とする。ただし $\boldsymbol{b}_0$ は $\boldsymbol{b}$ の初期値で $[1,1]$ である。このときプロシージャは以下の計算を実行する。

$$\begin{aligned}
\boldsymbol{b}_1 &= \boldsymbol{b}_0 - ([1,1] \text{ の } [1,0] \text{ に沿った射影}) \\
&= \boldsymbol{b}_0 - [1,0] \\
&= [0,1] \\
\boldsymbol{b}_2 &= \boldsymbol{b}_1 - \left([0,1] \text{ の } \left[\frac{\sqrt{2}}{2}, \frac{\sqrt{2}}{2}\right] \text{ に沿った射影}\right) \\
&= \boldsymbol{b}_1 - \left[\frac{1}{2}, \frac{1}{2}\right] \\
&= \left[-\frac{1}{2}, \frac{1}{2}\right]
\end{aligned}$$

最後に、このプロシージャは $\boldsymbol{b}_2$ を返し、その値は $\left[-\frac{1}{2}, \frac{1}{2}\right]$ となる。残念なことに、このベクトルは vlist の最初のベクトル $[1,0]$ に直交していない。従って、このプロシージャは指定された機能を持っていないことが分かる。

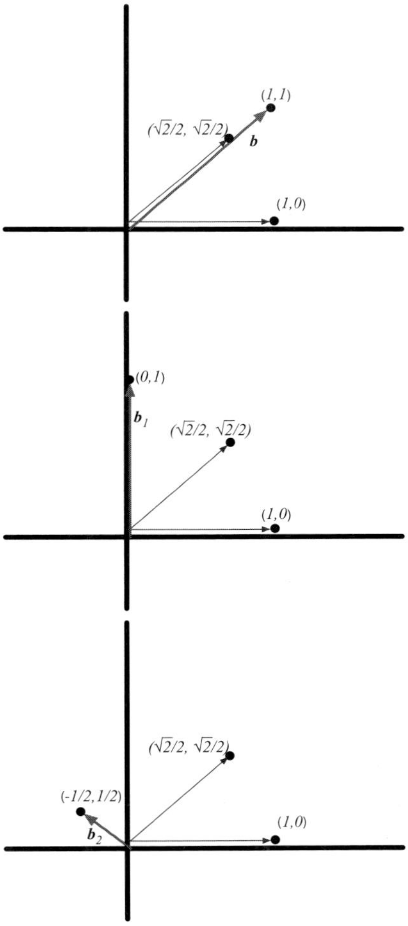

ではどうすればこの欠陥を修正できるだろうか？ 最初に vlist の各ベクトルに沿った b の射影を見つけ、b からその全ての射影を引けば、うまくいくかもしれない。これを実装するプロシージャは以下のようになる。

```
def classical_project_orthogonal(b, vlist):
  w = all-zeroes-vector
  for v in vlist:
    w = w + project_along(b, v)
  return b - w
```

悲しいことに、このプロシージャもうまく機能しない。実際、上で指定した入力に対し、出力ベクトルは $[-1,0]$ となり、これは vlist の 2 つのベクトルのどちらとも直交しないのである。

9.2 互いに直交するベクトルに直交する射影

このアプローチを断念する代わりに、このプロシージャが使える特別なケースを考えることにしよう。

例 9.2.1：

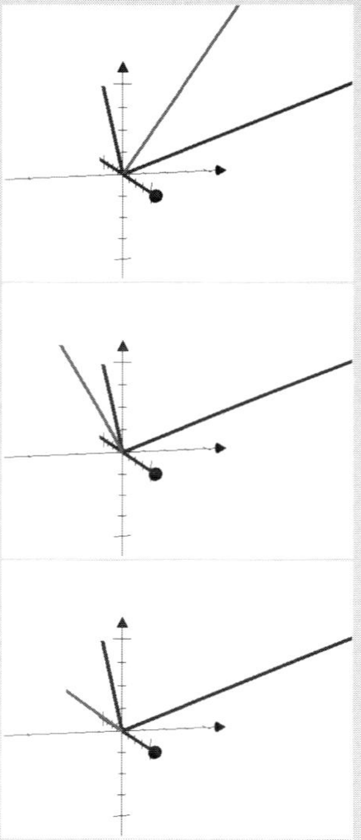

$\boldsymbol{v}_1=[1,2,1]$、$\boldsymbol{v}_2=[-1,0,1]$、$\boldsymbol{b}=[1,1,2]$ とする。ここで再び $\boldsymbol{b}_i$ を i 回目の繰り返しの後の $\boldsymbol{b}$ の値とする。このとき

$$\begin{aligned}
\boldsymbol{b}_1 &= \boldsymbol{b}-\frac{\boldsymbol{b}\cdot\boldsymbol{v}_1}{\boldsymbol{v}_1\cdot\boldsymbol{v}_1}\boldsymbol{v}_1 \\
&= [1,1,2]-\frac{5}{6}[1,2,1] \\
&= \left[\frac{1}{6},-\frac{4}{6},\frac{7}{6}\right] \\
\boldsymbol{b}_2 &= \boldsymbol{b}_1-\frac{\boldsymbol{b}_1\cdot\boldsymbol{v}_2}{\boldsymbol{v}_2\cdot\boldsymbol{v}_2}\boldsymbol{v}_2 \\
&= \left[\frac{1}{6},-\frac{4}{6},\frac{7}{6}\right]-\frac{1}{2}[-1,0,1] \\
&= \left[\frac{2}{3},-\frac{2}{3},\frac{2}{3}\right]
\end{aligned}$$

であり、$\boldsymbol{b}_2$ が $\boldsymbol{v}_1$ と $\boldsymbol{v}_2$ のどちらとも直交していることに注目して欲しい。

$\boldsymbol{v}_2$ と $\boldsymbol{v}_1$ は直交しているとする。このとき $\boldsymbol{b}$ の $\boldsymbol{v}_2$ に沿った射影もまた $\boldsymbol{v}_1$ に直交している（射影は $\boldsymbol{v}_2$ のスカラー倍なので）。$\boldsymbol{b}$ と $\boldsymbol{v}_1$ が直交している（つまり最初の繰り返しの後、直交している）場合、$\boldsymbol{b}$ から $\boldsymbol{v}_1$ に直交するベクトルを引いてもその直交性は保たれる。それを確認してみよう。

$\langle\boldsymbol{v}_1,\boldsymbol{b}\rangle=0$、$\langle\boldsymbol{v}_1,\boldsymbol{v}_2\rangle=0$ とすると、以下を得る。

$$\begin{aligned}
\langle\boldsymbol{v}_1,\boldsymbol{b}-\sigma\,\boldsymbol{v}_2\rangle &= \langle\boldsymbol{v}_1,\boldsymbol{b}\rangle-\langle\boldsymbol{v}_1,\sigma\,\boldsymbol{v}_2\rangle \\
&= \langle\boldsymbol{v}_1,\boldsymbol{b}\rangle-\sigma\,\langle\boldsymbol{v}_1,\boldsymbol{v}_2\rangle \\
&= 0+0 \quad = \quad 0
\end{aligned}$$

ここでプロシージャ project_orthogonal(b, vlist) に戻り、その欠陥を修正するのではなく、機能の方を変えてみることにしよう。即ち、今度は、vlist が**互いに直交する**ベクトルから成るときにだけ、正しい答えが得られるとしよう。これは、任意の $i \neq j$ を満たす組 i、j に対し、リスト中の i 番目のベクトルと j 番目のベクトルが直交している場合である。つまり、新しい機能は以下のようになる。

- **入力**：ベクトル $\boldsymbol{b}$ と、**互いに直交する**ベクトルのリスト $vlist$
- **出力**：ベクトル $\boldsymbol{b}$ の $vlist$ に直交する射影 $\boldsymbol{b}^{\perp}$

このように入力を制限しておけば、このプロシージャは正しく動く！

問題 9.2.2： project_orthogonal に b=$[1,1,1]$、vlist= $[\boldsymbol{v}_1, \boldsymbol{v}_2]$（$\boldsymbol{v}_1 = [0,2,2]$、$\boldsymbol{v}_2 = [0,1,-1]$）を入力した場合、実行されるステップを手計算で示せ。

9.2.1 project_orthogonal が正しいことの証明

定理 9.2.3（project_orthogonal の正当性）： ベクトル $\boldsymbol{b}$ と、互いに直交するベクトルのリスト vlist に対し、プロシージャ project_orthogonal($\boldsymbol{b}$,vlist) は、vlist のベクトルと直交し、$\boldsymbol{b} - \boldsymbol{b}^{\perp}$ が vlist のベクトルの線形包に属するようなベクトル $\boldsymbol{b}^{\perp}$ を返す。

ループを使うプロシージャでは、その結果がループの終わりで突然希望する結果になるようなことはない。このようなプロシージャが希望する結果を与えることを証明するには、$i = 0, 1, 2, \ldots$ に対して、i 回目のループの後、i を含むある条件文が真であることを示せばよいことが知られている。このような場合に用いられる条件文を**ループ不変条件**と呼ぶ。以下の補題は、project_orthogonal の正しさを示すためのループ不変条件を与える。直感的に、このループ不変条件は、i 回目の繰り返しの後、vlist がちょうど i 個のベクトルを持つ場合は、変数 b の現在の値が正しい戻り値となることを意味する。

補題 9.2.4（project_orthogonal のループ不変条件）： k =len(vlist) とする。$i = 0, \ldots, k$ に対して、$\boldsymbol{b}_i$ を i 回目の繰り返し後の変数 b の値とする。このとき

- $\boldsymbol{b}_i$ は vlist の最初の i 個のベクトルに直交する
- $\boldsymbol{b} - \boldsymbol{b}_i$ は vlist の最初の i 個のベクトルの線形包に属する

ループ不変条件によりプロシージャが正しいことを示す

project_orthogonal が返すベクトル $\boldsymbol{b}^{\perp}$ は、k 回の繰り返しの後の変数 b の値であり、これを $\boldsymbol{b}_k$ と書いた。ループ不変条件の i に k を代入すると、次を得る。

> $\boldsymbol{b}_k$ は vlist の最初の k 個のベクトルに直交し、$\boldsymbol{b} - \boldsymbol{b}_k$ は vlist の最初の k 個のベクトルの線形包に属する

vlist はちょうど k 個のベクトルを持っているので、これは次と等価である。

$\boldsymbol{b}_k$ は vlist の全てのベクトルに直交し、$\boldsymbol{b} - \boldsymbol{b}_k$ は Span vlist に属する。

$\boldsymbol{b}^{\perp} = \boldsymbol{b}_k$ とすれば、これはまさに定理 9.2.3 が表す内容である。

ループ不変条件の証明

証明

この証明は i についての数学的帰納法を用いて行う。$i = 0$ のとき、このループ不変条件は、明らかに真である。即ち、$\boldsymbol{b}_0$ は最初の 0 個のベクトル（全てのベクトル）と直交し、（$\boldsymbol{b} - \boldsymbol{b}_0$ がゼロベクトルであることから）$\boldsymbol{b} - \boldsymbol{b}_0$ は最初の 0 個のベクトルの線形包に属する。

この不変条件が $i - 1$ 回目の繰り返しで保たれると仮定し、i 回目の繰り返しでも保たれることを示そう。vlist を $[\boldsymbol{v}_1, \ldots, \boldsymbol{v}_k]$ と書く。

このプロシージャは、i 回目の繰り返しで

$$\boldsymbol{b}_i = \boldsymbol{b}_{i-1} - \texttt{project\_along}(\boldsymbol{b}_{i-1}, \boldsymbol{v}_i)$$

を計算する。これは、プロシージャ project_along の定義から、次のように書き直すことができる。

$$\boldsymbol{b}_i = \boldsymbol{b}_{i-1} - \alpha_i\, \boldsymbol{v}_i \tag{9-2}$$

ここで $\alpha_i = \frac{\langle \boldsymbol{b}_{i-1}, \boldsymbol{v}_i \rangle}{\langle \boldsymbol{v}_i, \boldsymbol{v}_i \rangle}$ である。帰納法の仮定より $\boldsymbol{b}_{i-1}$ は最初の $i - 1$ 個のベクトルと直交する $\boldsymbol{b}_0$ の射影である。

$\boldsymbol{b}_i$ が $\{\boldsymbol{v}_1, \ldots, \boldsymbol{v}_{i-1}, \boldsymbol{v}_i\}$ の各ベクトルと直交することを示す必要がある。この α_i は $\boldsymbol{b}_i$ と $\boldsymbol{v}_i$ が直交することを保証する。各 $j < i$ に対し、$\boldsymbol{b}_i$ と $\boldsymbol{v}_j$ が直交することを示さなければならない。

$$\begin{aligned}
\langle \boldsymbol{b}_i, \boldsymbol{v}_j \rangle &= \langle \boldsymbol{b}_{i-1} - \alpha_i \boldsymbol{v}_i, \boldsymbol{v}_j \rangle \\
&= \langle \boldsymbol{b}_{i-1}, \boldsymbol{v}_j \rangle - \alpha_i \langle \boldsymbol{v}_i, \boldsymbol{v}_j \rangle \\
&= 0 - \alpha_i \langle \boldsymbol{v}_i, \boldsymbol{v}_j \rangle && \text{帰納法の仮定より} \\
&= 0 - \alpha_i 0 && \text{互いに直交することより}
\end{aligned}$$

また、$\boldsymbol{b}_0 - \boldsymbol{b}_i$ が vlist の最初の i 個のベクトルの線形包に属することも示す必要がある。帰納法の仮定より、$\boldsymbol{b}_0 - \boldsymbol{b}_{i-1}$ は、最初の $i - 1$ 個のベクトルの線形包に属するので

$$\begin{aligned}
\boldsymbol{b}_0 - \boldsymbol{b}_i &= \boldsymbol{b}_0 - (\boldsymbol{b}_{i-1} - \alpha_i\, \boldsymbol{v}_i) \qquad \text{式 (9-2) より} \\
&= (\boldsymbol{b}_0 - \boldsymbol{b}_{i-1}) + \alpha_i\, \boldsymbol{v}_i \\
&= (\text{最初の } i-1 \text{ 個のベクトルの線形包に属するベクトル}) + \alpha_i\, \boldsymbol{v}_i \\
&= \text{最初の } i \text{ 個のベクトルの線形包に属するベクトル}
\end{aligned}$$

を得る。これでこれでループ不変条件を証明できた。 □

project_orthogonal が新しく決めた機能を持つことを示した。

ループ不変条件の証明ができたので、定理 9.2.3 の証明もでき、結局、このプロシージャが正しいことを示すことができた。

問題 9.2.5： 9.1.3 節で、2 つのプロシージャ project_orthogonal と classical_project_orthogonal を定義した。本節では、vlist が互いに直交するベクトルのリストである場合に、project_orthogonal(b, vlist) がそれらのベクトルに直交する b の射影を正しく計算することを証明した。ここでは classical_project_orthogonal(b, vlist) について、これと類似した結果を示すことにしよう。

補題 9.2.4 の証明と同様に、$\boldsymbol{b}_i$ を project_orthogonal の i 回目の繰り返しの後の b の値とする。また、$\boldsymbol{w}_i$ を classical_project_orthogonal の i 回目の繰り返しの後の w の値とする。数学的帰納法を用いて次の主張を証明し、classical_project_orthogonal が project_orthogonal と同じベクトルを返すことを示せ。

主張：$i = 0, 1, 2, \ldots$ に対し、

$$\boldsymbol{b}_i = \boldsymbol{b} - \boldsymbol{w}_i$$

が成り立つ。

問題 9.2.5 は 2 つのプロシージャ project_orthogonal と classical_project_orthogonal が数学的に等価であることを示している。つまり、2 つのプロシージャは**計算が完璧に正確ならば**、全く同じ答えを導く。

コンピュータは有限な桁数、つまり、近似で計算するので、実際には同じ答えにはならない。classical_project_crthogonal の方が、若干精度が悪い。

9.2.2 project_orthogonal の拡張

ここからは Python に合わせるため、しばらくの間、添字を 0 から始めることにしよう。

$\boldsymbol{b} - \boldsymbol{b}^{\perp}$ がベクトル $\boldsymbol{v}_0, \ldots, \boldsymbol{v}_{k-1}$ の線形包に属することを、次のように書くことができる。

$$\boldsymbol{b} = \sigma_0\, \boldsymbol{v}_0 + \cdots + \sigma_{k-1}\, \boldsymbol{v}_{k-1} + 1\, \boldsymbol{b}^{\perp} \tag{9-3}$$

係数 $\sigma_0, \ldots, \sigma_{k-1}$ の値は、式 (9-2) の α_i によって指定される。即ち、σ_i は $\sigma_i\, \boldsymbol{v}_i$ が $\boldsymbol{b}_{i-1}$ の $\boldsymbol{v}_i$ に沿った射影であるような係数である。

式 (9-3) を行列の形で書くと、次のようになる。

$$\begin{bmatrix} \\ \boldsymbol{b} \\ \\ \end{bmatrix} = \left[\begin{array}{c|c|c|c} & & & \\ \boldsymbol{v}_0 & \cdots & \boldsymbol{v}_{k-1} & \boldsymbol{b}^{\perp} \\ & & & \end{array}\right] \begin{bmatrix} \sigma_0 \\ \sigma_1 \\ \vdots \\ \sigma_{k-1} \\ 1 \end{bmatrix} \tag{9-4}$$

ここで、project_orthogonal(b, vlist) を拡張したものを aug_project_orthogonal(b, vlist)とし、以下の機能を持つものとする。

- **入力**：実数上のベクトル $\boldsymbol{b}$ と、互いに直交するベクトルのリスト $[\boldsymbol{v}_0, \ldots, \boldsymbol{v}_{k-1}]$
- **出力**：以下のような組 $(\boldsymbol{b}^{\perp}, sigmadict)$
  - 1つ目の要素は $\boldsymbol{b}$ の Span $\{\boldsymbol{v}_0, \ldots, \boldsymbol{v}_{k-1}\}$ に直交する射影
  - 2つ目の要素は次のような辞書 $sigmadict = \{0 : \sigma_0, \ldots, (k-1) : \sigma_{k-1}, k : 1\}$

$$\boldsymbol{b} = \sigma_0\, \boldsymbol{v}_0 + \sigma_1\, \boldsymbol{v}_1 + \cdots + \sigma_{k-1}\, \boldsymbol{v}_{k-1} + 1\, \boldsymbol{b}^{\perp} \tag{9-5}$$

これを既に見た次の2つのプロシージャに基づいて作成しよう。

```
def project_along(b, v):
  sigma = ((b*v)/(v*v)) if v*v != 0 else 0
  return sigma * v

def project_orthogonal(b, vlist):
  for v in vlist:
    b = b - project_along(b, v)
  return b
```

1つ目のプロシージャは、ベクトル $\boldsymbol{b}$ の、他のベクトル $\boldsymbol{v}$ に沿った射影の計算方法を教えてくれる。これを見直すことで、次の公式を思い出すことができるだろう。

$$\boldsymbol{b}^{||\boldsymbol{v}} = \sigma\, \boldsymbol{v}$$

ここで、$\boldsymbol{v} \neq \boldsymbol{0}$ の場合、σ は $\frac{\boldsymbol{b}\cdot\boldsymbol{v}}{\boldsymbol{v}\cdot\boldsymbol{v}}$ と等しく、$\boldsymbol{v}$ がゼロベクトルの場合は σ は0となる。

実用上、浮動小数点数を用いる場合は、この1つ目のプロシージャはベクトル v が十分にゼロベクトルに近ければ、以下のように sigma を0にするよう実装する必要があることを覚えておいて欲しい。

```
def project_along(b, v):
  sigma = ((b*v)/(v*v)) if v*v > 1e-20 else 0
  return sigma * v
```

2つ目のプロシージャは、互いに直交するベクトルのリストに直交する $\boldsymbol{b}$ の射影が、$\boldsymbol{b}$ からリストの各ベクトルに沿った射影を引いて得られることを示している。

プロシージャ aug_project_orthogonal(b, vlist) は project_orthogonal(b, vlist) に基づいているが、これは式(9-5)の係数の値を設定した辞書 sigmadict を作る必要があるという点で異なっている。*vlist* の各ベクトルに対して係数があり、それに加えて $\boldsymbol{b}^{\perp}$ の係数は1である。従って、まず、以下のように sigmadict を $\boldsymbol{b}^{\perp}$ に対応する係数1のみから成る辞書で初期化する。

```
def aug_project_orthogonal(b, vlist):
  sigmadict = {len(vlist):1}
  ...
```

このプロシージャは、*vlist* の添字と合うように sigmadict に要素を作る必要があるので、

enumerate(vlist) を用いて、添字の組 i, v に対して繰り返し処理を行う。ここで i は vlist の添字、v は対応する要素である。

```
def aug_project_orthogonal(b, vlist):
  sigmadict = {len(vlist):1}
  for i,v in enumerate(vlist):
    sigma = (b*v)/(v*v) if v*v > 1e-20 else 0
    sigmadict[i] = sigma
    b = b - sigma*v
  return (b, sigmadict)
```

より伝統的な、ただし Python らしくはないやり方は、添字 i に対して繰り返し処理を実行することである。

```
def aug_project_orthogonal(b, vlist):
  sigmadict = {len(vlist):1}
  for i in range(len(vlist)):
    v = vlist[i]
    sigma = (b*v)/(v*v) if v*v > 1e-20 else 0
    sigmadict[i] = sigma
    b = b - sigma*v
  return (b, sigmadict)
```

これらのプロシージャは 1e-20 を 0 で置き換えても数学的には正しいが、計算に浮動小数点数を用いている場合は、1e-20 を用いた方が、正しい結果を得る可能性が高いことに注意して欲しい。

このプロシージャ aug_project_orthogonal は orthogonalization モジュールで定義されている。

プロシージャの定義が終わったので、ここからは再び数学の慣習に合わせて添字が 1 から始まるようにしよう。混乱させて申し訳ない！

9.3 直交する生成子の集合の作成

ここでの目標は、$\boldsymbol{b}$ を任意のベクトルの集合 $\boldsymbol{v}_1, \ldots, \boldsymbol{v}_n$ の線形包に直交するように射影することだったが、既に、$\boldsymbol{b}$ を互いに直交するベクトルの線形包に直交するように射影することには成功している。更に、$\boldsymbol{b}$ を $\boldsymbol{v}_1, \ldots, \boldsymbol{v}_n$（これらは互いに直交しているとは限らない）の線形包に直交するように射影するには、まず、Span $\{\boldsymbol{v}_1, \ldots, \boldsymbol{v}_n\}$ に対して、互いに直交する生成子を見つけなければならない。

従って、新しい問題として、**直交化**（*orthogonalization*）について考えよう。

- **入力**：実数上のベクトルのリスト $[\boldsymbol{v}_1, \ldots, \boldsymbol{v}_n]$
- **出力**：次を満たすような互いに直交するベクトルのリスト $\boldsymbol{v}_1^*, \ldots, \boldsymbol{v}_n^*$

$$\text{Span}\,\{\boldsymbol{v}_1^*, \ldots, \boldsymbol{v}_n^*\} = \text{Span}\,\{\boldsymbol{v}_1, \ldots, \boldsymbol{v}_n\}$$

9.3.1 プロシージャ orthogonalize

この問題を解くアイデアは、project_orthogonal を繰り返し用いて、互いに直交するベクトルのリストを長くしていくことである。まず $\boldsymbol{v}_1$ を考える。集合 $\{\boldsymbol{v}_1^*\}$ は明らかに互いに直交するベクトルの集合なので $\boldsymbol{v}_1^* := \boldsymbol{v}_1$ と定義する。次に $\boldsymbol{v}_2$ の $\boldsymbol{v}_1^*$ に直交する射影として $\boldsymbol{v}_2^*$ を定義する。このとき、$\{\boldsymbol{v}_1^*, \boldsymbol{v}_2^*\}$ は互いに直交するベクトルの集合である。次に $\boldsymbol{v}_3$ の $\boldsymbol{v}_1^*$ と $\boldsymbol{v}_2^*$ に直交する射影を $\boldsymbol{v}_3^*$ と定義し、その後も同様のステップを繰り返す。それぞれのステップで、次の直交するベクトルを見つけるために、project_orthogonal を用いる。i 回目の繰り返しでは、$\boldsymbol{v}_i$ の $\boldsymbol{v}_1^*, \ldots, \boldsymbol{v}_{i-1}^*$ に直交する射影 $\boldsymbol{v}_i^*$ を見つける。

```
def orthogonalize(vlist):
  vstarlist = []
  for v in vlist:
    vstarlist.append(project_orthogonal(v, vstarlist))
  return vstarlist
```

定理 9.2.3 を用いた簡単な数学的帰納法により、次の補題を証明することができる。

補題 9.3.1： orthogonalize を実行している間、vstarlist の全てのベクトルは互いに直交する。

特に、実行終了時に返されるリスト vstarlist は、互いに直交するベクトルから成っている。

例 9.3.2： 次のベクトルから成るリスト vlist

$$\boldsymbol{v}_1 = [2, 0, 0],\ \boldsymbol{v}_2 = [1, 2, 2],\ \boldsymbol{v}_3 = [1, 0, 2]$$

に対し、orthogonalize が呼ばれると、次のベクトルから成るリスト vstarlist が返される。

$$\boldsymbol{v}_1^* = [2, 0, 0],\ \boldsymbol{v}_2^* = [0, 2, 2],\ \boldsymbol{v}_3^* = [0, -1, 1]$$

(1) 最初の繰り返しでは、v は $\boldsymbol{v}_1$ であり、vstarlist が空である。従って、vstarlist に加えられる最初のベクトル $\boldsymbol{v}_1^*$ は $\boldsymbol{v}_1$ 自身となる。

(2) 2 回目の繰り返しでは、v は $\boldsymbol{v}_2$ であり、vstarlist は $\boldsymbol{v}_1^*$ だけから成る。$\boldsymbol{v}_2$ の $\boldsymbol{v}_1^*$ に直交する射影は

$$\begin{aligned}\boldsymbol{v}_2 - \frac{\langle \boldsymbol{v}_2, \boldsymbol{v}_1^* \rangle}{\langle \boldsymbol{v}_1^*, \boldsymbol{v}_1^* \rangle}\boldsymbol{v}_1^* &= [1, 2, 2] - \frac{2}{4}[2, 0, 0] \\ &= [0, 2, 2]\end{aligned}$$

となる。

(3) 3 回目の繰り返しでは、v は $\boldsymbol{v}_3$ であり、vstarlist は $\boldsymbol{v}_1^*$ と $\boldsymbol{v}_2^*$ から成る。$\boldsymbol{v}_3$ の $\boldsymbol{v}_1^*$ に直交する射影は $[0, 0, 2]$ となり、$[0, 0, 2]$ の $\boldsymbol{v}_2^*$ に直交する射影は

$$[0, 0, 2] - \frac{1}{2}[0, 2, 2] = [0, -1, 1]$$

となる。

例 9.3.3： 例 9.0.2 と例 9.1.5 で述べた問題に戻り、ベクトルのリスト $[\boldsymbol{v}_1, \boldsymbol{v}_2]$ の直交化を行う。ここで $\boldsymbol{v}_1 = [8, -2, 2]$、$\boldsymbol{v}_2 = [4, 2, 4]$ である。

まず $\boldsymbol{v}_1^* = \boldsymbol{v}_1$ とする。次に $\boldsymbol{v}_2$ の $\boldsymbol{v}_1^*$ に直交する射影として $\boldsymbol{v}_2^*$ を計算する。

$$\begin{aligned}\boldsymbol{v}_2^* &= \boldsymbol{v}_2 - \texttt{project\_along}(\boldsymbol{v}_2, \boldsymbol{v}_1^*)\\ &= \boldsymbol{v}_2 - \frac{\langle \boldsymbol{v}_2, \boldsymbol{v}_1^* \rangle}{\langle \boldsymbol{v}_1^*, \boldsymbol{v}_1^* \rangle}\boldsymbol{v}_1^*\\ &= \boldsymbol{v}_2 - \frac{36}{72}\boldsymbol{v}_1^*\\ &= \boldsymbol{v}_2 - \frac{1}{2}[8, -2, 2]\\ &= [0, 3, 3]\end{aligned}$$

最終的に直交化したベクトルのリスト $[\boldsymbol{v}_1^*, \boldsymbol{v}_2^*] = [[8, -2, 2], [0, 3, 3]]$ を得る。

問題 9.3.4： `orthogonalize` に、$\boldsymbol{v}_1 = [1, 0, 2]$、$\boldsymbol{v}_2 = [1, 0, 2]$、$\boldsymbol{v}_3 = [2, 0, 0]$ から成るリスト $[\boldsymbol{v}_1, \boldsymbol{v}_2, \boldsymbol{v}_3]$ を入力したとき、実行されるステップを手計算で示せ。

9.3.2 orthogonalize が正しいことの証明

`orthogonalize` が指定された機能を持っていることを示すには、返されたベクトルのリストの線形包が、入力として与えられたベクトルのリストの線形包と一致することも示さなければならない。

これを示すために、次のループ不変条件を用いる。

補題 9.3.5： n 個の要素を持つリスト $[\boldsymbol{v}_1, \ldots, \boldsymbol{v}_n]$ に `orthogonalize` を適用すると、i 回目の繰り返しの後で Span `vstarlist` $=$ Span $\{\boldsymbol{v}_1, \ldots, \boldsymbol{v}_i\}$ となる。

証明

この証明は i についての数学的帰納法を用いて行う。$i = 0$ の場合は自明である。$i - 1$ 回目の繰り返しの後、`vstarlist` はベクトル $\boldsymbol{v}_1^*, \ldots, \boldsymbol{v}_{i-1}^*$ から成っている。この時点では補題が成り立っていると仮定しよう。

つまり、次が成り立つとする。

$$\text{Span}\ \{\boldsymbol{v}_1^*, \ldots, \boldsymbol{v}_{i-1}^*\} = \text{Span}\ \{\boldsymbol{v}_1, \ldots, \boldsymbol{v}_{i-1}\}$$

両辺の集合にベクトル $\boldsymbol{v}_i$ を加えると、次の関係式が得られる。

$$\text{Span}\ \{\boldsymbol{v}_1^*, \ldots, \boldsymbol{v}_{i-1}^*, \boldsymbol{v}_i\} = \text{Span}\ \{\boldsymbol{v}_1, \ldots, \boldsymbol{v}_{i-1}, \boldsymbol{v}_i\}$$

従って、あとは Span $\{\boldsymbol{v}_1^*, \ldots, \boldsymbol{v}_{i-1}^*, \boldsymbol{v}_i^*\} =$ Span $\{\boldsymbol{v}_1^*, \ldots, \boldsymbol{v}_{i-1}^*, \boldsymbol{v}_i\}$ を示せばよい。

i 回目の繰り返しでは `project_orthogonal(`$\boldsymbol{v}_i$`, [`$\boldsymbol{v}_1^*, \ldots, \boldsymbol{v}_{i-1}^*$`])` を使って $\boldsymbol{v}_i^*$ を計算している。式 (9-3) より

$$\boldsymbol{v}_i = \sigma_{1i}\boldsymbol{v}_1^* + \cdots + \sigma_{i-1,i}\boldsymbol{v}_{i-1}^* + \boldsymbol{v}_i^* \tag{9-6}$$

を満たすスカラー $\sigma_{1i}, \sigma_{2i}, \ldots, \sigma_{i-1,i}$ が存在する。この式は

$$\boldsymbol{v}_1^*, \boldsymbol{v}_2^* \ldots, \boldsymbol{v}_{i-1}^*, \boldsymbol{v}_i$$

の任意の線形結合が

$$\boldsymbol{v}_1^*, \boldsymbol{v}_2^* \ldots, \boldsymbol{v}_{i-1}^*, \boldsymbol{v}_i^*$$

の線形結合に変換できることを示している。逆もまた同様である。 □

この直交化のプロセスは、数学者グラムとシュミットの名を取って**グラム・シュミットの直交化**とも呼ばれる。

注意 9.3.6： 順番が重要である！ いま、プロシージャ `orthogonalize` を 2 回実行するとしよう。即ち、1 回目は元のリストのベクトルに対して実行し、2 回目はそのリストの逆に対し実行する。出力のリストは互いに可逆にならない。`project_orthogonal(b, vlist)` の場合とは対照的である。$\boldsymbol{b}$ のベクトル空間に直交する射影は一意的なので、原理的には[†1] `vlist` のベクトルの順番は `project_orthogonal(b, vlist)` の出力に影響しない。

行列の式 (9-4) より、式 (9-6) を、次のように行列の形で書くことができる。

$$\left[\begin{array}{c|c|c|c|c} \\ \\ \boldsymbol{v}_1 & \boldsymbol{v}_2 & \boldsymbol{v}_3 & \cdots & \boldsymbol{v}_n \\ \\ \\ \end{array}\right] = \left[\begin{array}{c|c|c|c|c} \\ \\ \boldsymbol{v}_1^* & \boldsymbol{v}_2^* & \boldsymbol{v}_3^* & \cdots & \boldsymbol{v}_n^* \\ \\ \\ \end{array}\right] \begin{bmatrix} 1 & \sigma_{12} & \sigma_{13} & & \sigma_{1n} \\ & 1 & \sigma_{23} & & \sigma_{2n} \\ & & 1 & & \sigma_{3n} \\ & & & \ddots & \\ & & & & \sigma_{n-1,n} \\ & & & & 1 \end{bmatrix} \tag{9-7}$$

右辺の 2 つの行列は特別な行列であることに注意しよう。即ち、1 つ目は互いに直交する列を持ち、2 つ目は正方行列で、$i > j$ を満たす ij 要素は 0 である。このような行列は**上三角行列**と呼ばれていたことを思い出そう。

これらの行列について、もう少し述べておこう。

例 9.3.7： ベクトル $\boldsymbol{v}_1 = [2,0,0]$、$\boldsymbol{v}_2 = [1,2,2]$、$\boldsymbol{v}_3 = [1,0,2]$ より成る `vlist` に対して、対応する互いに直交するベクトルのリスト `vstarlist` は $\boldsymbol{v}_1^* = [2,0,0]$、$\boldsymbol{v}_2^* = [0,2,2]$、$\boldsymbol{v}_3^* = [0,-1,1]$ から成る。対応する行列の方程式は次の通り。

†1 ただし、実際に返されるベクトルは、数値計算が正確でないために、ベクトルの順番に依存する可能性があることに注意して欲しい。

$$\begin{bmatrix} \\ \boldsymbol{v}_1 & \boldsymbol{v}_2 & \boldsymbol{v}_3 \\ \\ \end{bmatrix} = \begin{bmatrix} 2 & 0 & 0 \\ 0 & 2 & -1 \\ 0 & 2 & 1 \end{bmatrix} \begin{bmatrix} 1 & 0.5 & 0.5 \\ & 1 & 0.5 \\ & & 1 \end{bmatrix}$$

9.4 計算問題「ベクトルの線形包の中で最も近い点」を解く

これでようやく計算問題 9.0.1、Span $\{\boldsymbol{v}_1, \ldots, \boldsymbol{v}_n\}$ の中から $\boldsymbol{b}$ に最も近いベクトルを求めるアルゴリズムを考えることができる。

一般化された消防車の補題（補題 9.1.6）によると、最も近いベクトルは $\boldsymbol{b}$ の $\mathcal{V} = \text{Span}\ \{\boldsymbol{v}_1, \ldots, \boldsymbol{v}_n\}$ に沿った射影 $\boldsymbol{b}^{||\mathcal{V}}$ であり、これは $\mathcal{V}$ に直交する $\boldsymbol{b}$ の射影 $\boldsymbol{b}^{\perp\mathcal{V}}$ を用いて、$\boldsymbol{b} - \boldsymbol{b}^{\perp\mathcal{V}}$ であることが分かっている。$\boldsymbol{b}^{\perp\mathcal{V}}$ を求める 2 つの方法がある。

- **方法 1**：まず $\boldsymbol{v}_1, \ldots, \boldsymbol{v}_n$ に対し、orthogonalize を適用して $\boldsymbol{v}_1^*, \ldots, \boldsymbol{v}_n^*$ を得る。次に project_orthogonal($\boldsymbol{b}$, [$\boldsymbol{v}_1^*, \ldots, \boldsymbol{v}_n^*$]) を呼び、$\boldsymbol{b}^{\perp\mathcal{V}}$ を得る。
- **方法 2**：$[\boldsymbol{v}_1^*, \ldots, \boldsymbol{v}_n^*, \boldsymbol{b}^*]$ を得るために orthogonalize を $[\boldsymbol{v}_1, \ldots, \boldsymbol{v}_n, \boldsymbol{b}]$ に適用したときと全く同じ計算を行う。orthogonalize の最後の繰り返しで、$\boldsymbol{b}$ の $\boldsymbol{v}_1^*, \ldots, \boldsymbol{v}_n^*$ に直交する射影として $\boldsymbol{b}^*$ が求められる。従って、$\boldsymbol{b}^* = \boldsymbol{b}^{\perp\mathcal{V}}$ を得る。

このとき $\boldsymbol{b}^{||\mathcal{V}} = \boldsymbol{b} - \boldsymbol{b}^{\perp\mathcal{V}}$ は Span $\{\boldsymbol{v}_1, \ldots, \boldsymbol{v}_n\}$ の中で最も $\boldsymbol{b}$ に近いベクトルである。

例 9.4.1： 例 9.0.2、例 9.1.5 で示した問題に戻ろう。$\boldsymbol{v}_1 = [8, -2, 2]$、$\boldsymbol{v}_2 = [4, 2, 4]$ とする。例 9.3.3 (p.447) では、$\boldsymbol{v}_1^* = [8, -2, 2]$、$\boldsymbol{v}_2^* = [0, 3, 3]$ が同じ空間を張り、互いに直交することを見た。これにより project_orthogonal($\boldsymbol{b}, [\boldsymbol{v}_1^*, \boldsymbol{v}_2^*]$) を用いて、$\boldsymbol{b} = [5, -5, 2]$ をこの空間に射影することができる。

$i = 0, 1, 2$ に対し、$\boldsymbol{b}_i$ を project_orthogonal の i 回目の繰り返しの後の変数 $\boldsymbol{b}$ の値とする。

$$\begin{aligned}
\boldsymbol{b}_1 &= \boldsymbol{b}_0 - \frac{\langle \boldsymbol{b}_0, \boldsymbol{v}_1^* \rangle}{\langle \boldsymbol{v}_1^*, \boldsymbol{v}_1^* \rangle} \boldsymbol{v}_1^* \\
&= \boldsymbol{b}_0 - \frac{3}{4} [8, -2, 2] \\
&= [-1, -3.5, 0.5] \\
\boldsymbol{b}_2 &= \boldsymbol{b}_1 - \frac{\langle \boldsymbol{b}_1, \boldsymbol{v}_2^* \rangle}{\langle \boldsymbol{v}_2^*, \boldsymbol{v}_2^* \rangle} \boldsymbol{v}_2^* \\
&= \boldsymbol{b}_1 - \frac{-1}{2} [0, 3, 3] \\
&= [-1, -2, 2]
\end{aligned}$$

結果のベクトル $\boldsymbol{b}_2$ は $\boldsymbol{b}$ の Span $\{\boldsymbol{v}_1^*, \boldsymbol{v}_2^*\}$ に直交する射影であり、Span $\{\boldsymbol{v}_1, \boldsymbol{v}_2\}$ と Span $\{\boldsymbol{v}_1^*, \boldsymbol{v}_2^*\}$ は同じ集合なので、$\boldsymbol{b}$ は Span $\{\boldsymbol{v}_1, \boldsymbol{v}_2\}$ に直交することが分かる。

9.5 直交化の他の問題への応用

ここまで、`orthogonalize` を用いて、Span $\{\boldsymbol{v}_1, \ldots, \boldsymbol{v}_n\}$ の中から $\boldsymbol{b}$ に最も近いベクトル $\boldsymbol{b}^{||\mathcal{V}}$ を求める方法を示してきた。この後、$\boldsymbol{v}_1, \ldots, \boldsymbol{v}_n$ についての $\boldsymbol{b}^{||\mathcal{V}}$ の座標表現を求めるアルゴリズムを示すが、まずは直交化が他の計算問題に対しどのように応用できるかを見ていこう。

ここで、互いに直交するベクトルに関して、証明が必要な命題がある。

命題 9.5.1： 互いに直交するゼロでないベクトルは線形独立である。

証明

$\boldsymbol{v}_1^*, \boldsymbol{v}_2^*, \ldots, \boldsymbol{v}_n^*$ を互いに直交するゼロでないベクトルとする。$\alpha_1, \alpha_2, \ldots, \alpha_n$ を

$$\mathbf{0} = \alpha_1\, \boldsymbol{v}_1^* + \alpha_2\, \boldsymbol{v}_2^* + \cdots + \alpha_n\, \boldsymbol{v}_n^*$$

となるような係数とする。これらの係数が全て 0 であることを示さなければならない。

α_1 が 0 であることを示すために、両辺に対し $\boldsymbol{v}_1^*$ との内積を取る。

$$\begin{aligned}
\left\langle \boldsymbol{v}_1^*, \mathbf{0} \right\rangle &= \left\langle \boldsymbol{v}_1^*, \alpha_1\, \boldsymbol{v}_1^* + \alpha_2\, \boldsymbol{v}_2^* + \cdots + \alpha_n\, \boldsymbol{v}_n^* \right\rangle \\
&= \alpha_1 \left\langle \boldsymbol{v}_1^*, \boldsymbol{v}_1^* \right\rangle + \alpha_2 \left\langle \boldsymbol{v}_1^*, \boldsymbol{v}_2^* \right\rangle + \cdots + \alpha_n \left\langle \boldsymbol{v}_1^*, \boldsymbol{v}_n^* \right\rangle \\
&= \alpha_1 \|\boldsymbol{v}_1^*\|^2 + \alpha_2\, 0 + \cdots + \alpha_n\, 0 \\
&= \alpha_1 \|\boldsymbol{v}_1^*\|^2
\end{aligned}$$

内積 $\langle \boldsymbol{v}_1^*, \mathbf{0} \rangle$ は 0 なので、$\alpha_1 \|\boldsymbol{v}_1^*\|^2 = 0$ である。いま、$\boldsymbol{v}_1^*$ はゼロでないベクトルなので、そのノルムも 0 でない。故に、$\alpha_1 = 0$ とならなければならない。

$\alpha_2 = 0, \cdots, \alpha_n = 0$ に対しても同様に示せる。 □

9.5.1 基底の計算

プロシージャ `orthogonalize` では、`vlist` のベクトルが線形独立である必要はなかった。では、線形独立でない場合、何が起こるだろうか？

まず $\boldsymbol{v}_1^*, \ldots, \boldsymbol{v}_n^*$ を `orthogonalize`$([\boldsymbol{v}_1, \ldots, \boldsymbol{v}_n])$ で返されたベクトルとする。それらは互いに直交し、$\boldsymbol{v}_1, \ldots, \boldsymbol{v}_n$ と同じ空間を張る。しかし、それらのうちいくつかはゼロベクトルかもしれない。そこで、$\{\boldsymbol{v}_1^*, \ldots, \boldsymbol{v}_n^*\}$ のゼロ以外のベクトルの部分集合を S としよう。明らかに、Span $S =$ Span $\{\boldsymbol{v}_1^*, \ldots, \boldsymbol{v}_n^*\}$ である。更に、命題 9.5.1 より、S のベクトルは線形独立である。従って、これらは Span $\{\boldsymbol{v}_1^*, \ldots, \boldsymbol{v}_n^*\}$ の基底を成しており、従って、Span $\{\boldsymbol{v}_1, \ldots, \boldsymbol{v}_n\}$ の基底も成していることが分かる。

これで計算問題 5.10.1、即ち、与えられたベクトルの集合で張られたベクトル空間の基底を求める問題に対するアルゴリズムを得ることができた。

以下にそのアルゴリズムの疑似コードを示す。

> def find_basis([$\boldsymbol{v}_1, \ldots, \boldsymbol{v}_n$]):
> 　“ゼロでないスター付きのベクトルのリストを返す”
> 　[$\boldsymbol{v}_1^*, \ldots, \boldsymbol{v}_n^*$] = orthogonalize([$\boldsymbol{v}_1, \ldots, \boldsymbol{v}_n$])
> 　[$\boldsymbol{v}_1^*, \ldots, \boldsymbol{v}_n^*$] のベクトル $\boldsymbol{v}^*$ に対し、$\boldsymbol{v}^*$ がゼロベクトルではなければ $\boldsymbol{v}^*$ を返す

おまけとして以下のアルゴリズムを得る。

- ベクトルのリストのランクを見つける
- ベクトル $\boldsymbol{v}_1, \ldots, \boldsymbol{v}_n$ が線形独立かどうか調べる。つまり計算問題 5.5.5 である

9.5.2 部分集合から成る基底の計算

もう少し工夫すれば、元のベクトル $\boldsymbol{v}_1, \ldots, \boldsymbol{v}_n$ の部分集合から成る Span $\{\boldsymbol{v}_1, \ldots, \boldsymbol{v}_n\}$ の基底を求めることができる。k を直交するゼロでないベクトルの個数とし、$i_1, i_2, \ldots, i_k$ をその昇順の添字とする。つまり、ゼロでない直交するベクトルは

$$\boldsymbol{v}_{i_1}^*, \boldsymbol{v}_{i_2}^*, \ldots, \boldsymbol{v}_{i_k}^*$$

である。

このとき、これに対応する元のベクトル

$$\boldsymbol{v}_{i_1}, \boldsymbol{v}_{i_2}, \ldots, \boldsymbol{v}_{i_k}$$

も基底 $\boldsymbol{v}_{i_1}^*, \boldsymbol{v}_{i_2}^*, \ldots, \boldsymbol{v}_{i_k}^*$ と同様、同じベクトル空間を張る。どちらも基底として同じ濃度を持つので、元の k 個のベクトルも基底を成すことが分かる。

これが正しい理由を知るため、

orthogonalize([$\boldsymbol{v}_{i_1}, \boldsymbol{v}_{i_2}, \ldots, \boldsymbol{v}_{i_k}$])

を呼び出したときの計算を考えてみよう。簡単な数学的帰納法により、$j = 1, \ldots, k$ に対し、`vstarlist` に加えられるベクトルが $\boldsymbol{v}_{i_j}^*$ であることを示せる。その理由は、射影を取る計算において、`project_orthogonal(v, vstarlist)` は `vstarlist` に含まれるゼロベクトルを効率的に無視するからである。

以下にそのアルゴリズムの疑似コードを示す。

> def find_subset_basis([$\boldsymbol{v}_0, \ldots, \boldsymbol{v}_n$]):
> 　“ゼロでないスター付きのベクトルに対応する元のベクトルのリストを返す”
> 　[$\boldsymbol{v}_0^*, \ldots, \boldsymbol{v}_n^*$] = orthogonalize([$\boldsymbol{v}_0, \ldots, \boldsymbol{v}_n$])
> 　$\{0, \ldots, n\}$ の要素 i に対し、$\boldsymbol{v}_i^*$ がゼロベクトルでなければ $\boldsymbol{v}_i$ を返す

9.5.3 aug_orthogonalize

`aug_project_orthogonal(b, vlist)` をもとに、以下のような機能を持つプロシージャ `aug_` orthogonalize(vlist) を書こう。

- **入力**：ベクトルのリスト $[\boldsymbol{v}_1, \ldots, \boldsymbol{v}_n]$
- **出力**：以下のようなベクトルのリストの組 $([\boldsymbol{v}_1^*, \ldots, \boldsymbol{v}_n^*], [\boldsymbol{u}_1, \ldots, \boldsymbol{u}_n])$
  - 線形包が Span $\{\boldsymbol{v}_1, \ldots, \boldsymbol{v}_n\}$ と同じであるような互いに直交するベクトル $\boldsymbol{v}_1^*, \ldots, \boldsymbol{v}_n^*$
  - $i = 1, \ldots, n$ に対し

$$\begin{bmatrix} \boldsymbol{v}_1 & \cdots & \boldsymbol{v}_n \end{bmatrix} = \begin{bmatrix} \boldsymbol{v}_1^* & \cdots & \boldsymbol{v}_n^* \end{bmatrix} \begin{bmatrix} \boldsymbol{u}_1 & \cdots & \boldsymbol{u}_n \end{bmatrix}$$

    を満たすベクトル $\boldsymbol{u}_1, \ldots, \boldsymbol{u}_n$

```
def aug_orthogonalize(vlist):
  vstarlist = []
  sigma_vecs = []
  D = set(range(len(vlist)))
  for v in vlist:
    (vstar, sigmadict) = aug_project_orthogonal(v, vstarlist)
    vstarlist.append(vstar)
    sigma_vecs.append(Vec(D, sigmadict))
  return vstarlist, sigma_vecs
```

9.5.4 丸め誤差がある場合のアルゴリズム

先ほど考えたアルゴリズム find_basis、find_subset_basis は、数学的には正しいものの、実用上はうまく動作しない。orthogonalize の戻り値のベクトルのリストで、ゼロになるべきベクトルが丸め誤差によりゼロにならないからである。このことは project_along を定義する際に既に見ている。これを解決する方法の 1 つは、ベクトルのノルムが非常に小さい、例えば 10^{-20} より小さい場合に、そのベクトルが実質ゼロベクトルであると考えることである。

9.6 直交補空間

ここまで、ベクトル $\boldsymbol{b}$ のベクトル空間に直交する射影について学んできた。次に、他のベクトル空間に（ある意味で）直交するようなベクトル空間全体の射影を考えよう。

9.6.1 直交補空間の定義

定義 9.6.1： $\mathcal{W}$ を実数上のベクトル空間、$\mathcal{U}$ を $\mathcal{W}$ の部分空間とする。$\mathcal{W}$ **における** $\mathcal{U}$ **の直交補空間**は、次のような集合 $\mathcal{V}$ として定義される。

$$\mathcal{V} = \{\boldsymbol{w} \in \mathcal{W} \ : \ \boldsymbol{w} \text{ は } \mathcal{U} \text{ の全てのベクトルと直交する} \}$$

集合 $\mathcal{V}$ は、その定義より $\mathcal{W}$ の部分集合であるが、もう少し詳しいことがいえる。

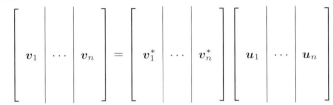

補題 9.6.2： $\mathcal{V}$ は $\mathcal{W}$ の部分空間である。

証明

$\mathcal{V}$ が $\mathcal{W}$ の部分集合であることから、$\mathcal{V}$ がベクトル空間であることを示せばよい。そのため、$\mathcal{V}$ の任意の 2 つのベクトル $\boldsymbol{v}_1$、$\boldsymbol{v}_2$ に対し、$\boldsymbol{v}_1+\boldsymbol{v}_2$ もまた $\mathcal{V}$ のベクトルであることを示したい。$\mathcal{V}$ の定義より、$\boldsymbol{v}_1$ と $\boldsymbol{v}_2$ は

1. どちらも $\mathcal{W}$ に属する
2. どちらも $\mathcal{U}$ の全てのベクトルと直交する

1 より、2 つのベクトルの和は $\mathcal{W}$ に属することが分かる。また、2 と補題 8.3.2 の直交性の性質 O2 を組み合わせると、2 つのベクトルの和は $\mathcal{U}$ の全てのベクトルと直交することが分かる。従って、この和は $\mathcal{V}$ に属している。

同様に、$\mathcal{V}$ の任意のベクトル $\boldsymbol{v}$ と任意のスカラー $\alpha\in\mathbb{R}$ に対し、$\alpha\boldsymbol{v}$ も $\mathcal{V}$ に属すことを示さなければならない。$\boldsymbol{v}$ はベクトル空間 $\mathcal{W}$ のベクトルなので、$\alpha\boldsymbol{v}$ も $\mathcal{W}$ に属する。また、$\boldsymbol{v}$ が $\mathcal{U}$ の全てのベクトルと直交することから、直交性の性質 O1 により、$\alpha\boldsymbol{v}$ もまた $\mathcal{U}$ の全てのベクトルと直交する。従って、$\alpha\boldsymbol{v}$ は $\mathcal{V}$ に属することが分かる。 □

例 9.6.3： $\mathcal{U}=\text{Span}\ \{[1,1,0,0],[0,0,1,1]\}$ とし、$\mathcal{V}$ を $\mathbb{R}^4$ における $\mathcal{U}$ の直交補空間とする。このとき、どのようなベクトルが $\mathcal{V}$ の基底になるだろうか？

いま、$\mathcal{U}$ の全てのベクトルは $[a,a,b,b]$ の形をしている。従って $[c,-c,d,-d]$ の形をした任意のベクトルは、$\mathcal{U}$ の全てのベクトルと直交することが分かる。

$\text{Span}\ \{[1,-1,0,0],[0,0,1,-1]\}$ の全てのベクトルは $\mathcal{U}$ の全てのベクトルと直交する。従って、$\text{Span}\ \{[1,-1,0,0],[0,0,1,-1]\}$ は $\mathbb{R}^4$ における $\mathcal{U}$ の直交補空間 $\mathcal{V}$ の部分空間である。実際は、以下のように次元定理を使えば一致することを示せる。まず、$\mathcal{U}\oplus\mathcal{V}=\mathbb{R}^4$ より、$\dim\mathcal{U}+\dim\mathcal{V}=4$ である。更に、$\{[1,1,0,0],[0,0,1,1]\}$ は線形独立なので、$\dim\mathcal{U}=2$、従って、$\dim\mathcal{V}=2$ である。また、$\{[1,-1,0,0],[0,0,1,-1]\}$ は線形独立なので、$\dim\text{Span}\ \{[1,-1,0,0],[0,0,1,-1]\}=2$ である。故に、次元原理より、$\text{Span}\ \{[1,-1,0,0],[0,0,1,-1]\}$ は $\mathcal{V}$ と等しい。

9.6.2 直交補空間と直和

ここでは直交補空間と直和の関係について見ていこう。

補題 9.6.4： $\mathcal{V}$ を $\mathcal{W}$ における $\mathcal{U}$ の直交補空間とする。$\mathcal{U}\cap\mathcal{V}$ に属するベクトルはゼロベクトルだけである。

証明

$\mathcal{V}$ のベクトル $\boldsymbol{u}$ は、$\mathcal{U}$ の全てのベクトルに直交している。更に、$\boldsymbol{u}$ が $\mathcal{U}$ にも属していると仮定すると、$\boldsymbol{u}$ は自分自身と直交する。つまり $\langle\boldsymbol{u},\boldsymbol{u}\rangle=0$ となる。ノルムの性質の 2 番目の性質（8.1.1 節参

照）より、これは $\boldsymbol{u}$ がゼロベクトルであることを示している。 □

$\mathcal{V}$ を $\mathcal{W}$ における $\mathcal{U}$ の直交補空間とする。補題 9.6.4 より、これらの直和を $\mathcal{U} \oplus \mathcal{V}$ と書くことができ（6.3 節参照）、これは次のように定義される。

$$\{\boldsymbol{u} + \boldsymbol{v} \ : \ \boldsymbol{u} \in \mathcal{U}, \boldsymbol{v} \in \mathcal{V}\}$$

次の補題は、$\mathcal{W}$ が $\mathcal{U}$ と $\mathcal{V}$ の直和で表されること、つまり、$\mathcal{U}$ と $\mathcal{V}$ が $\mathcal{W}$ の補空間であることを示している。

補題 9.6.5： $\mathcal{V}$ が $\mathcal{W}$ における $\mathcal{U}$ の直交補空間であるとき、次が成り立つ。

$$\mathcal{W} = \mathcal{U} \oplus \mathcal{V}$$

証明

この証明は 2 つの方向から行う。

1. $\mathcal{U} \oplus \mathcal{V}$ の全ての要素は $\boldsymbol{u} \in \mathcal{U}$ と $\boldsymbol{v} \in \mathcal{V}$ を用いて $\boldsymbol{u} + \boldsymbol{v}$ と書ける。ここで、$\mathcal{U}$ と $\mathcal{V}$ はどちらもベクトル空間 $\mathcal{W}$ の部分集合なので、その和 $\boldsymbol{u} + \boldsymbol{v}$ も $\mathcal{W}$ に属している。これは $\mathcal{U} \oplus \mathcal{V} \subseteq \mathcal{W}$ を意味する。
2. $\mathcal{W}$ の全てのベクトル $\boldsymbol{b}$ に対し、$\boldsymbol{b}$ の $\mathcal{U}$ への射影 $\boldsymbol{b}^{||\mathcal{U}}$ と $\mathcal{U}$ に直交する射影 $\boldsymbol{b}^{\perp\mathcal{U}}$ を用いて $\boldsymbol{b} = \boldsymbol{b}^{||\mathcal{U}} + \boldsymbol{b}^{\perp\mathcal{U}}$ と書く。このとき、$\boldsymbol{b}^{||\mathcal{U}}$ は $\mathcal{U}$ に属し、$\boldsymbol{b}^{\perp\mathcal{U}}$ は $\mathcal{V}$ に属するので、$\boldsymbol{b}$ は $\mathcal{U}$ のベクトルと $\mathcal{V}$ のベクトルの和で表すことができる。これは $\mathcal{W} \subseteq \mathcal{U} \oplus \mathcal{V}$ を意味する。

□

10 章では、画像圧縮で用いられるウェーブレット基底の定義の中で、直交補空間と直和の間の関係を用いることになる。

9.6.3 線形包またはアフィン包で与えられた $\mathbb{R}^3$ における平面に対する法ベクトル

以降、「平面の法ベクトル」という表現をしばしば目にすることになる。この使い方では、「法」とは、平面に対して垂直であることを意味する（9.1.1 節参照）。

平面が 2 つの 3 要素ベクトル $\boldsymbol{u}_1$ と $\boldsymbol{u}_2$ で張られているとする。このとき、この平面は 2 次元のベクトル空間であり、それを $\mathcal{U}$ と書く。この場合は、あるベクトルが、この平面上の全てのベクトルと直交するならば、そのベクトルはこの平面に対して垂直となる。

$\boldsymbol{n}$ を $\mathcal{U}$ と直交するゼロでないベクトルとする。このとき、Span $\{\boldsymbol{n}\}$ は、$\mathbb{R}^3$ における $\mathcal{U}$ の直交補空間の部分空間である。更に、直和の次元（系 6.3.9）より直交補空間の次元は $\dim \mathbb{R}^3 - \dim \mathcal{U} = 1$ であり、次元原理（補題 6.2.14）より直交補空間は、まさに Span $\{\boldsymbol{n}\}$ であることが分かる。従って、Span $\{\boldsymbol{n}\}$ のゼロでない任意のベクトルは、法ベクトルであることが分かる。そのような法ベクトルは通常、ノルムが 1 の Span $\{\boldsymbol{n}\}$ のベクトルから選ばれる。

例 9.6.6： 例 9.4.1（p.449）で学んだように、Span $\{[8,-2,2],[0,3,3]\}$ に直交する 0 でないベクトルの 1 つは $[-1,-2,2]$ であり、これは法ベクトルである。ノルムが 1 の法ベクトルを得るために、$[-1,-2,2]$ のノルムで割り、$\left[\frac{-1}{9},\frac{-2}{9},\frac{2}{9}\right]$ を得る。

同様に、$\mathbb{R}^2$ 平面中の直線に対する法ベクトルも得ることができる。ある直線がこの平面上の 2 要素ベクトル u_1 で張られるとすると、$\boldsymbol{u}_1$ に直交するゼロでない全てのベクトル $\boldsymbol{n}$ は、法ベクトルである。

次に、平面が $\boldsymbol{u}_1$、$\boldsymbol{u}_2$、$\boldsymbol{u}_3$ のアフィン包として与えられるとする。これは 3.5.3 節で述べたように、例えば

$$\boldsymbol{u}_1 + \text{Span}\,\{\boldsymbol{u}_2 - \boldsymbol{u}_1, \boldsymbol{u}_3 - \boldsymbol{u}_1\}$$

のように、原点を含む平面の平行移動として書き直すことができる。幾何学的な直感から分かるように、元の平面とベクトルが直交するとき、かつ、そのときに限り、ベクトルは新しい平面とも直交する。従って、前述のように、ベクトル空間 Span $\{\boldsymbol{u}_2 - \boldsymbol{u}_1, \boldsymbol{u}_3 - \boldsymbol{u}_1\}$ に直交する法ベクトル $\boldsymbol{n}$ を見つければ、このベクトルは元の平面に対しても法ベクトルとなる。

9.6.4 直交補空間、ヌル空間、アニヒレーター

A を $\mathbb{R}$ 上の $R \times C$ 行列とする。A のヌル空間とは、$A\boldsymbol{u}$ がゼロベクトルとなる全ての C ベクトル $\boldsymbol{u}$ の集合であったことを思い出そう。ドット積による行列とベクトルの積の定義より、この集合は、A の各行とのドット積が 0 となるような、C ベクトル $\boldsymbol{u}$ の集合である。$\mathbb{R}$ 上のベクトルに対し、内積をドット積で定義したので、これは $\mathbb{R}^C$ における Row A の直交補空間が Null A であることを意味する†2。

ヌル空間とアニヒレーターの間の関係、即ち、Row A のアニヒレーターが Null A であることは既に確かめた（6.5.2 節参照）。これは、$\mathbb{R}^C$ の任意の部分空間 $\mathcal{U}$ に対し、$\mathbb{R}^C$ における $\mathcal{U}$ の直交補空間がアニヒレーター $\mathcal{U}^o$ であることを意味する。

アニヒレーター定理はアニヒレーターのアニヒレーターが元の空間であることを意味していた。この議論は、$\mathbb{R}$ 上（$\mathbb{R}^C$ ではない）の任意のベクトル空間 $\mathcal{W}$ とその部分空間 $\mathcal{U}$ に対し、$\mathcal{W}$ における $\mathcal{U}$ の直交補空間の直交補空間は $\mathcal{U}$ 自身であることを示すために用いることができる。

9.6.5 方程式で与えられた $\mathbb{R}^3$ の中の平面に対する法ベクトル

平面の法ベクトルを求める問題に戻ろう。平面が線形方程式に対する解集合で与えられているとする。

$$\{[x,y,z] \in \mathbb{R}^3 \,:\, [a,b,c]\cdot[x,y,z] = d\}$$

3.6.1 節で見たように、この解集合は対応する同次方程式

$$\{[x,y,z] \in \mathbb{R}^3 \,:\, [a,b,c]\cdot[x,y,z] = 0\}$$

の解集合を平行移動したものである。

†2 ［訳注］アニヒレーターの定義の際に訳注で言及したが、この事実のために、伝統的な線形代数の教科書ではアニヒレーターを直交補空間と訳す場合があるのである。

$\mathcal{U} = \mathrm{Span}\ \{[a,b,c]\}$ とする。解集合 $\{[x,y,z] \in \mathbb{R}^3 : [a,b,c]\cdot[x,y,z] = 0\}$ はアニヒレーター $\mathcal{U}^o$ である。アニヒレーター $\mathcal{U}^o$ のベクトルが成す平面に対する法ベクトルを求めたいとしよう。アニヒレーター $\mathcal{U}^o$ に直交するベクトルの集合はアニヒレーターのアニヒレーター、つまり、$(\mathcal{U}^o)^o$ である。しかし、アニヒレーター定理（定理 6.5.15）により、アニヒレーターのアニヒレーターは元の空間 $\mathcal{U}$ である。従って、法ベクトルの 1 つの候補はベクトル $[a,b,c]$ 自身である。

9.6.6 直交補空間の計算

$\mathcal{U}$ の基底 $\boldsymbol{u}_1,\ldots,\boldsymbol{u}_k$ と $\mathcal{W}$ の基底 $\boldsymbol{w}_1,\ldots,\boldsymbol{w}_n$ が与えられているとする。どのようにして $\mathcal{W}$ における $\mathcal{U}$ の直交補空間の基底を計算できるだろうか？

ここでは、`orthogonalize(vlist)` を

$$\mathrm{vlist} = [\boldsymbol{u}_1,\ldots,\boldsymbol{u}_k,\boldsymbol{w}_1,\ldots,\boldsymbol{w}_n]$$

に対して用いる方法を示す。この戻り値のリストを $[\boldsymbol{u}_1^*,\ldots,\boldsymbol{u}_k^*,\boldsymbol{w}_1^*,\ldots,\boldsymbol{w}_n^*]$ とする。

これらのベクトルは、入力のベクトル $\boldsymbol{u}_1,\ldots,\boldsymbol{u}_k,\boldsymbol{w}_1,\ldots,\boldsymbol{w}_n$ と同じ空間 $\mathcal{W}$ を張り、その次元は n である。従って、出力のベクトル $\boldsymbol{u}_1^*,\ldots,\boldsymbol{u}_k^*,\boldsymbol{w}_1^*,\ldots,\boldsymbol{w}_n^*$ のうち、ちょうど n 個はゼロベクトルではない。

$\boldsymbol{u}_1^*,\ldots,\boldsymbol{u}_k^*$ は $\boldsymbol{u}_1,\ldots,\boldsymbol{u}_k$ と同じ空間を張り、また、$\boldsymbol{u}_1,\ldots,\boldsymbol{u}_k$ が線形独立であることから、全てゼロでない。従って、残りのベクトル $\boldsymbol{w}_1^*,\ldots,\boldsymbol{w}_n^*$ のうち、ちょうど $n-k$ 個はゼロでないことが分かる。これらのベクトルはいずれも $\boldsymbol{u}_1,\ldots,\boldsymbol{u}_n$ と直交するので、$\mathcal{U}$ と直交する。つまり、これらのベクトルは $\mathcal{U}$ の直交補空間に含まれる。

一方、直和の次元についての系（系 6.3.9）によれば、直交補空間は $n-k$ 次元なので、残ったゼロでないベクトルは直交補空間の基底となる。

以下にアルゴリズムの疑似コードを示す。

```
def find_orthogonal_complement(U_basis, W_basis):
    “与えられた U の基底 U_basis と W の基底 W_basis に対し
    W における U の直交補空間の基底を返す”
    [u*_1, ..., u*_k, w*_1, ..., w*_n] = orthogonalize(U_basis + W_basis)
    {1, ..., n} の要素 i に対し、w*_i がゼロベクトルでなければ w*_i を返す
```

例 9.6.7： このアルゴリズムを用いて $\mathbb{R}^3$ における $\mathrm{Span}\ \{[8,-2,2],[0,3,3]\}$ の直交補空間の基底を求めてみよう。$\mathbb{R}^3$ の標準基底 $[1,0,0]$、$[0,1,0]$、$[0,0,1]$ を用いる。

```
>>> L = [list2vec(v) for v in [[8,-2,2], [0,3,3], [1,0,0], [0,1,0], [0,0,1]]]
>>> Lstar = orthogonalize(L)
>>> print(Lstar[2])

     0     1      2
-------------------
 0.111 0.222 -0.222
>>> print(Lstar[3])
```

```
         0          1          2
-----------------------------
 -8.33E-17 1.67E-16 5.55E-17
>>> print(Lstar[4])

         0          1          2
-----------------------------
 8.33E-17 5.55E-17 1.67E-16
```

Lstar の 3 つ目のベクトル $\left[\frac{1}{9}, \frac{2}{9}, \frac{-2}{9}\right]$ は、$[1,0,0]$ の Span $\{[8,-2,2],[0,3,3]\}$ に直交する射影である。4 つ目と 5 つ目のベクトルはゼロベクトルなので、求める直交補空間の基底は $\left[\frac{1}{9}, \frac{2}{9}, \frac{-2}{9}\right]$ だけである。

9.7 QR 分解

ようやく行列の分解を考える準備ができた。行列の分解には数学的な役割と計算的な役割との 2 つの役割がある。

- **数学的な役割**：行列の性質についての洞察を与える。特に、各分解は行列について考えるための新しい方法を与える
- **計算的な役割**：行列を含むような基礎的な計算問題の解き方を与える

ここでは正方行列の方程式と最小二乗問題を解くために、QR アルゴリズムを用いることにしよう。
式 (9-7) は、各列が $\boldsymbol{v}_1, \ldots, \boldsymbol{v}_n$ の行列が、以下の 2 つの行列の積によって表せることを示している。

- 各列 $\boldsymbol{v}_1^*, \ldots, \boldsymbol{v}_n^*$ が互いに直交している行列
- 三角行列

9.7.1 直交行列と列直交行列

定義 9.7.1： 互いに直交するベクトルは、その各ノルムが 1 のとき、**正規直交**（*orthonormal*）しているという。基底が正規直交しているとき、この基底を**正規直交基底**（*orthonormal basis*）と呼ぶ。各列ベクトルが正規直交している行列を**列直交**行列と呼び、列直交正方行列を**直交**行列と呼ぶ。

見ての通り、これらの言葉はややこしい。列が正規直交している行列を**正規直交**行列と呼ぶと思われるかもしれないが、それは慣習的な呼び方ではない。

Q を列直交行列とし、その列を $\boldsymbol{q}_1^*, \ldots, \boldsymbol{q}_n^*$ と書こう。このとき Q^T の各行ベクトルは正規直交している。それらの行列の積 Q^TQ がどうなるか見てみよう。これは次のように書ける。

$$\begin{bmatrix} \boldsymbol{q}_1^* \\ \hline \vdots \\ \hline \boldsymbol{q}_n^* \end{bmatrix} \left[\begin{array}{c|c|c} \boldsymbol{q}_1^* & \cdots & \boldsymbol{q}_n^* \end{array} \right]$$

ドット積による行列と行列の積の定義より、積の ij 要素は、1つ目の行列の i 行と、2つ目の行列の j 列のドット積である。この場合、ij 要素は $\boldsymbol{q}_i^* \cdot \boldsymbol{q}_j^*$ である。$i = j$ の場合、$\boldsymbol{q}_i^* \cdot \boldsymbol{q}_i^*$ より、これは $\boldsymbol{q}_i^*$ のノルムの2乗なので1である。$i \neq j$ の場合、これは互いに直交するベクトル同士のドット積なので0である。従って、ij 要素は $i = j$ のとき1で、それ以外は0となる。即ち、この積の結果は単位行列となる。

補題 9.7.2： Q が列直交行列ならば、Q^TQ は単位行列である。

更に Q が正方行列であることも仮定に加えよう。つまり Q は直交行列である。このとき、系6.4.10より、Q^T と Q は互いに逆行列であることが分かる。

即ち、次が示された。

系 9.7.3（直交行列の逆行列）： Q が直交行列ならば Q^T はその逆行列である。

9.7.2 列直交行列の積はノルムを保存する

列直交行列は他にもよい性質を持っている。それはノルムを保存することだ。

補題 9.7.4： Q を列直交行列とする。Q とベクトルの積は、内積を保存する。即ち、任意のベクトル $\boldsymbol{u}$、$\boldsymbol{v}$ に対し、次が成り立つ。

$$\langle Q\boldsymbol{u}, Q\boldsymbol{v} \rangle = \langle \boldsymbol{u}, \boldsymbol{v} \rangle$$

証明

本書での内積はドット積で定義された。2つのベクトル $\boldsymbol{a}$、$\boldsymbol{b}$ のドット積は次のように表せたことを思い出そう。

$$\begin{bmatrix} \quad \boldsymbol{a}^T \quad \end{bmatrix} \begin{bmatrix} \\ \boldsymbol{b} \\ \\ \end{bmatrix}$$

また、これを $\boldsymbol{a}^T\boldsymbol{b}$ と書いたのであった。

故に、内積 $\langle Q\boldsymbol{u}, Q\boldsymbol{v} \rangle$ を、次のように書くことができる。

$$\left(\begin{bmatrix} \\ \quad Q \quad \\ \\ \end{bmatrix} \begin{bmatrix} \\ \boldsymbol{u} \\ \\ \end{bmatrix} \right)^T \begin{bmatrix} \\ \quad Q \quad \\ \\ \end{bmatrix} \begin{bmatrix} \\ \boldsymbol{v} \\ \\ \end{bmatrix}$$

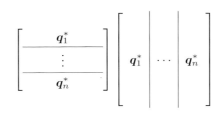

特に、$\left(\begin{bmatrix} & Q & \end{bmatrix}\begin{bmatrix} \boldsymbol{u} \end{bmatrix}\right)^T$ は $\begin{bmatrix} \boldsymbol{u} \end{bmatrix}^T\begin{bmatrix} & Q^T & \end{bmatrix}$ と書き換えられるので

$$\begin{aligned}
&\left(\begin{bmatrix} & Q & \end{bmatrix}\begin{bmatrix} \boldsymbol{u} \end{bmatrix}\right)^T\begin{bmatrix} & Q & \end{bmatrix}\begin{bmatrix} \boldsymbol{v} \end{bmatrix} \\
&= \begin{bmatrix} \boldsymbol{u} \end{bmatrix}^T\begin{bmatrix} & Q^T & \end{bmatrix}\begin{bmatrix} & Q & \end{bmatrix}\begin{bmatrix} \boldsymbol{v} \end{bmatrix} \\
&= \begin{bmatrix} & \boldsymbol{u}^T & \end{bmatrix}\begin{bmatrix} & Q^T & \end{bmatrix}\begin{bmatrix} & Q & \end{bmatrix}\begin{bmatrix} \boldsymbol{v} \end{bmatrix} \\
&= \begin{bmatrix} & \boldsymbol{u}^T & \end{bmatrix}\begin{bmatrix} \boldsymbol{v} \end{bmatrix}
\end{aligned}$$

を得る。これは $\boldsymbol{u}$ と $\boldsymbol{v}$ のドット積である。 □

ベクトルのノルムは内積を用いて定義されていたので、次の系を得る。

系 9.7.5： 任意の列直交行列 Q とベクトル $\boldsymbol{u}$ に対し、$\|Q\boldsymbol{u}\| = \|\boldsymbol{u}\|$ が成り立つ。

この節で扱った列直交行列の性質は次章で用いられることになる。

9.7.3 行列の QR 分解の定義

定義 9.7.6： $m \times n$ 行列 A（ただし $m \geqq n$ とする）の QR 分解とは、Q を $m \times n$ 列直交行列、R を三角行列として、次の式で与えられる分解のことである。

$$\begin{bmatrix} & & \\ & A & \\ & & \end{bmatrix} = \begin{bmatrix} & & \\ & Q & \\ & & \end{bmatrix}\begin{bmatrix} & R & \end{bmatrix} \tag{9-8}$$

（上の定義は、**完全**（*full*）QR 分解の対語として、**簡約**（*reduced*）QR 分解と呼ばれることがある[†3]）

後で行列 A の QR 分解がどのように計算問題を解く助けとなるかを見る。まずは行列 A に対する QR 分解を計算する問題を考えよう。

†3 ［訳注］full、reduced QR factorization に対する訳語がないので、ここでは full：完全、reduced：簡約とした。

9.7.4 A が線形独立な列ベクトルを持つための条件

A の各行を $\boldsymbol{v}_1, \ldots, \boldsymbol{v}_n$ とする。式 (9-7) の分解は、ほとんど QR 分解の定義を満たす。問題は、各列 $\boldsymbol{v}_1^*, \ldots, \boldsymbol{v}_n^*$ のノルムは一般には 1 でないという点だけだ。これを解決するために各列の**正規化**を行う。つまり j 列を $\|\boldsymbol{v}_j^*\|$ で割るのである。式 (9-7) を変えないように、三角行列の j 行に $\|\boldsymbol{v}_j^*\|$ を掛けて相殺する。

従って、A の QR 分解の計算方法は、以下のような疑似コードで表すことができる。

```
def QR_factor(A):
    以下のベクトルと係数を得るために、aug_orthogonalize を A の列に適用する
      • 互いに直交したベクトル
      • 対応する係数
    Q = ベクトルを正規化した行列
    R = 行をスケーリングした係数行列
    Q と R を返す
```

これを実行した場合、どのような問題が起こるだろうか？あるベクトル $\boldsymbol{v}_j^*$ がゼロベクトルである場合、$\|\boldsymbol{v}_j^*\| = 0$ なので、$\|\boldsymbol{v}_j^*\|$ で割ることはできない。

0 で割ることを避けるために、QR 分解に条件を課そう。即ち、A の各行 $\boldsymbol{v}_1, \ldots, \boldsymbol{v}_n$ は線形独立、つまり、Col A の基底を成しているとする。

ゼロの割り算は含まない

この条件は次のことを意味する。即ち、基底定理より、n 個のベクトルより少ない Col A の生成子の集合は存在しない。

直交化のプロシージャ `aug_orthogonalize` により返されるベクトル $\boldsymbol{v}_1^*, \ldots, \boldsymbol{v}_n^*$ を考えると、これらは Col A を張る。これらのベクトルのうち、1 つでもゼロベクトルがあれば、残りの $n-1$ 個のベクトルが Col A を張ることになり、Col A が n 次元であったことに矛盾する。

R の対角要素が 0 でない

A の列ベクトルの線形独立性は他の結論も導く。直交化のプロシージャ `aug_orthogonalize` により返される係数行列は、対角要素が全て 1 の上三角行列である。プロシージャ `QR_factor` は、係数行列の各列に対応するベクトル $\boldsymbol{v}_i^*$ のノルムを掛け、係数行列から行列 R を得る。これらのノルムが 0 でないことは先ほど証明した（A の各列は線形独立であると仮定している）。この結果から（同じ仮定の下で）、R の対角要素は 0 でない。後で、後退代入を用いてこの三角系を解く際、この性質は重要なものとなる。

Col Q = Col A

`aug_orthogonalize` により返される、互いに直交するベクトルは、A の列ベクトルと同じ空間を張る。それは正規化しても変わらないので、次の補題を得る。

補題 9.7.7： A の QR 分解において、A の列ベクトルが線形独立ならば、Col Q = Col A が成り立つ。

9.8 QR 分解による行列の方程式 $A\boldsymbol{x} = \boldsymbol{b}$ の解法

9.8.1 正方行列の場合

$\mathbb{R}$ 上の行列の方程式 $A\boldsymbol{x} = \boldsymbol{b}$ を考える。A が正方行列であり、その列ベクトルが線形独立である場合、この方程式を QR 分解を用いて解く方法がある。

この方法を示し、それが正しいことを証明する前に、まず、その方法の裏にある洞察を示そう。

A の各列ベクトルが線形独立であり、A の QR 分解が $A = QR$ であるとする。次の方程式を満たすベクトルを求めたい。

$$A\boldsymbol{x} = \boldsymbol{b}$$

A に QR を代入すると次を得る。

$$QR\boldsymbol{x} = \boldsymbol{b}$$

また、両辺の左から Q^T を掛けると次を得る。

$$Q^T QR\boldsymbol{x} = Q^T\boldsymbol{b}$$

Q の列ベクトルが正規直交していることから $Q^T Q$ は単位行列 $\mathbb{1}$ となり

$$\mathbb{1}R\boldsymbol{x} = Q^T\boldsymbol{b}$$

つまり

$$R\boldsymbol{x} = Q^T\boldsymbol{b}$$

を得る。方程式 $A\boldsymbol{x} = \boldsymbol{b}$ を満たす任意のベクトル $\hat{\boldsymbol{x}}$ は、方程式 $R\boldsymbol{x} = Q^T\boldsymbol{b}$ をも満たすことが示された。以上の論証から、次の方法が示唆される。

```
def QR_solve(A, b):
  (A の列ベクトルは線形独立であるとする)
  QR 分解 QR = A を求める
  Rx = Q^T b の解 x̂ を返す
```

$\boldsymbol{b}' = Q^T\boldsymbol{b}$ とおく。R は対角要素が 0 でない上三角正方行列なので、$R\boldsymbol{x} = \boldsymbol{b}'$ の解は後退代入を用いて求めることができる（2.11.2 節と `triangular` モジュールを参照）。

9.8.2 正方行列の場合の正しさ

`QR_solve` が本当に $A\boldsymbol{x} = \boldsymbol{b}$ の解を見つけられることを示せただろうか？ 答えはノーである。

- $A\boldsymbol{x} = \boldsymbol{b}$ の任意の解は $R\boldsymbol{x} = Q^T\boldsymbol{b}$ も満たすことを示した（この議論は A の行が列より長い場合でも適用できる。この場合、$A\boldsymbol{x} = \boldsymbol{b}$ に**解がない**こともある）
- 代わりに示すべきことは $R\boldsymbol{x} = Q^T\boldsymbol{b}$ の解が $A\boldsymbol{x} = \boldsymbol{b}$ の解だということである（これは A の行が列

より長い場合には必要ない。しかし、後で $R\boldsymbol{x} = Q^T\boldsymbol{b}$ の解が、ある意味で $A\boldsymbol{x} = \boldsymbol{b}$ の最も**近似された**解であることが分かる）

定理 9.8.1： A を各列ベクトルが線形独立であるような正方行列とする。このとき、上のアルゴリズムにより見つかるベクトル $\hat{\boldsymbol{x}}$ は、方程式 $A\boldsymbol{x} = \boldsymbol{b}$ の解である。

証明

まず、

$$R\hat{\boldsymbol{x}} = Q^T\boldsymbol{b}$$

に対し、両辺の左から Q を掛けて、次を得る。

$$QR\hat{\boldsymbol{x}} = QQ^T\boldsymbol{b}$$

これは次の式と等価である。

$$A\hat{\boldsymbol{x}} = QQ^T\boldsymbol{b}$$

A は正方行列なので、Q も正方行列である。よって Q は（単なる列直交行列ではなく）直交行列であり、系 9.7.3 より、その逆行列は Q^T である。

従って、$QQ^T\boldsymbol{b} = \boldsymbol{b}$ なので

$$A\hat{\boldsymbol{x}} = \boldsymbol{b}$$

を得る。 □

行列の方程式の解法の計算問題の（特別な場合の）解を求めた。これにより**与えられたベクトルを異なるベクトルの線形結合で表現する**ことができた。

いま、以下の全ての条件を満たす場合、$A\boldsymbol{x} = \boldsymbol{b}$ を解くことができることが分かった。

- 体が $\mathbb{R}$
- A の列ベクトルが線形独立
- A が正方行列

後ろの 2 つの仮定を取り除く方法を見ていく。まず、A が正方行列でない場合について考えよう（ただし、これ以外の仮定はそのままとする）。

9.8.3 最小二乗問題

体を $\mathbb{R}$ とし、A の列ベクトルは線形独立であるとする。まず、何が達成できそうか考えてみよう。A が $R \times C$ 行列で、関数 $f_A : \mathbb{R}^C \longrightarrow \mathbb{R}^R$ を $f_A(\boldsymbol{x}) = A\boldsymbol{x}$ と定義する。定義域は $\mathbb{R}^C$ なので、定義域の次元は $|C|$ であり、同様に余定義域の次元は $|R|$ である。従って、A の行が列より長い場合、像より余定義域の方

が次元が大きくなる。従ってこの場合、像にはないが余定義域には含まれるベクトルが存在し、f_A はそこには**写像しない**。$\boldsymbol{b}$ をそのようなベクトルの 1 つであるとしよう。このとき $A\boldsymbol{x} = \boldsymbol{b}$ には解が**存在しない**。

このような場合、どうすればよいだろうか？ 本章の始めでは次の 2 つの問題を区別していた。

- A の列ベクトルの線形結合の中から $\boldsymbol{b}$ に最も近いベクトルを求めよ
- その最も近いベクトルを、A の列ベクトルの線形結合として表すことができる場合、その係数を求めよ

いま、直交化により最初の問題を解決することができる。即ち、$\boldsymbol{b}$ に最も近い点は、A の列ベクトル空間への $\boldsymbol{b}$ の射影 $\boldsymbol{b}^{||\mathrm{Col}\ A}$ である。

2 つ目の問題は、ラボ 8.4 で議論したものの、完全なアルゴリズムは与えていなかった。

計算問題 9.8.2： 最小二乗問題

- **入力**：$R \times C$ 行列 A、R ベクトル $\boldsymbol{b}$
- **出力**：$\|A\boldsymbol{x} - \boldsymbol{b}\|$ を最小にするベクトル $\hat{\boldsymbol{x}}$

4.5.4 節より、ベクトル $\hat{\boldsymbol{x}}$ に対し、$\boldsymbol{b} - A\hat{\boldsymbol{x}}$ が**余剰ベクトル**と呼ばれていたことを思い出そう。最小二乗問題の目標は、余剰ベクトルのノルムが最小になるようなベクトル $\hat{\boldsymbol{x}}$ を求めることである。

9.8.4 列直交行列の列ベクトルによる座標表現

プロシージャ `QR_solve` が最小二乗問題を解くことを証明する前に、この証明や、他の多くの応用でも用いることになる補題を導入しよう。

補題 9.8.3： Q を列直交行列、$\mathcal{V} = \mathrm{Col}\ Q$ とする。このとき Q の行ラベル集合と同じ定義域を持つ任意のベクトル $\boldsymbol{b}$ に対し、$Q^T\boldsymbol{b}$ は Q の列ベクトルについての $\boldsymbol{b}^{||\mathcal{V}}$ の座標表現であり、$QQ^T\boldsymbol{b}$ は $\boldsymbol{b}^{||\mathcal{V}}$ そのものになる。

証明

$\boldsymbol{b} = \boldsymbol{b}^{\perp\mathcal{V}} + \boldsymbol{b}^{||\mathcal{V}}$ と表す。$\boldsymbol{b}^{||\mathcal{V}}$ は $\mathcal{V}$ のベクトルなので、Q の列 $\boldsymbol{q}_1, \ldots, \boldsymbol{q}_n$ の線形結合で表すことができる。

$$\boldsymbol{b}^{||\mathcal{V}} = \alpha_1\,\boldsymbol{q}_1 + \cdots + \alpha_n\,\boldsymbol{q}_n \tag{9-9}$$

このとき、$\boldsymbol{b}^{||\mathcal{V}}$ の Q の列についての座標表現は、$[\alpha_1, \ldots, \alpha_n]$ である。このベクトルが $Q^T\boldsymbol{b}$ と一致することを示さなければならない。

ドット積による行列とベクトルの積の定義より、$Q^T\boldsymbol{b}$ の j 要素は Q の j 列と $\boldsymbol{b}$ のドット積である。この積は α_j と等しくなるだろうか？

Q の j 列は $\boldsymbol{q}_j$ であり，ここでのドット積は内積である。式 (9-9) を用いて $\boldsymbol{q}_j$ と $\boldsymbol{b}$ の内積を計算してみよう。

$$\begin{aligned}\langle \boldsymbol{q}_j, \boldsymbol{b}\rangle &= \left\langle \boldsymbol{q}_j, \boldsymbol{b}^{\perp\mathcal{V}} + \boldsymbol{b}^{||\mathcal{V}}\right\rangle \\ &= \left\langle \boldsymbol{q}_j, \boldsymbol{b}^{\perp\mathcal{V}}\right\rangle + \left\langle \boldsymbol{q}_j, \boldsymbol{b}^{||\mathcal{V}}\right\rangle \\ &= 0 + \langle \boldsymbol{q}_j, \alpha_1\,\boldsymbol{q}_1 + \cdots + \alpha_j\,\boldsymbol{q}_j + \cdots + \alpha_n\,\boldsymbol{q}_n\rangle \\ &= \alpha_1\langle \boldsymbol{q}_j, \boldsymbol{q}_1\rangle + \cdots + \alpha_j\langle \boldsymbol{q}_j, \boldsymbol{q}_j\rangle + \cdots + \alpha_n\langle \boldsymbol{q}_j, \boldsymbol{q}_n\rangle \\ &= \alpha_j\end{aligned}$$

よって、$j=1,\ldots,n$ に対し、$\alpha_j = \langle \boldsymbol{q}_j, \boldsymbol{b}\rangle$ が成り立つ。これは $Q^T\boldsymbol{b}$ が $\boldsymbol{q}_1,\ldots,\boldsymbol{q}_n$ に対する $\boldsymbol{b}^{||\mathcal{V}}$ の座標表現であることを示す。

ベクトルの座標表現から、そのベクトル自身を求めるために、基底を列として持つ行列、(つまりここでは) Q を掛ける。従って、$QQ^T\boldsymbol{b}$ は $\boldsymbol{b}^{||\mathcal{V}}$ 自身となる。 □

9.8.5 A の行が列より長い場合の QR_solve の使用

ここではプロシージャ `QR_solve` が最小二乗問題を解くことを示そう。ここでの目標は、$A\boldsymbol{x}-\boldsymbol{b}$ を最小にするベクトル $\hat{\boldsymbol{x}}$ を見つけることである。一般化された消防車の補題(補題 9.1.6)より、$A\hat{\boldsymbol{x}}$ は A の列ベクトル空間 $\mathcal{V}$ への射影 $\boldsymbol{b}^{||\mathcal{V}}$ と等しくなることが分かっている。これは `QR_solve`$(A,\boldsymbol{b})$ が返す解 $\hat{\boldsymbol{x}}$ についてもいえるのだろうか?

`QR_solve`$(A,\boldsymbol{b})$ は

$$R\hat{\boldsymbol{x}} = Q^T\boldsymbol{b}$$

を満たすベクトル $\hat{\boldsymbol{x}}$ を返す。両辺の左から Q を掛けると

$$QR\hat{\boldsymbol{x}} = QQ^T\boldsymbol{b}$$

を得る。更に、QR を A に置き換えると

$$A\hat{\boldsymbol{x}} = QQ^T\boldsymbol{b}$$

を得る。補題 9.7.7 より、$\mathcal{V}$ は Q の列ベクトル空間でもある。従って、補題 9.8.3 より、$QQ^T\boldsymbol{b} = \boldsymbol{b}^{||\mathcal{V}}$ なので

$$A\hat{\boldsymbol{x}} = \boldsymbol{b}^{||\mathcal{V}}$$

となる。これは `QR_solve`$(A,\boldsymbol{b})$ が最小二乗問題を解くことを示している。

9.9 最小二乗法の応用

9.9.1 線形回帰(直線へのフィッティング)

最小二乗法の応用例の1つとして、ある2次元データから、最もよく当てはまる直線を見つける問題を考えよう。

ここでは、年齢に対する脳の重さのデータを集めたとしよう。以下に、ある架空のデータがある。

年齢	脳の重さ（ポンド）
45	4
55	3.8
65	3.75
75	3.5
85	3.3

$f(x)$ を年齢 x の人が持つ脳の重さの予測量を表す関数とする。45 歳をすぎると脳の重さの平均は線形に減少していく、つまり、ある数 a、c に対し $f(x) = a + cx$ となっていると仮定してみよう。ここでの目標は、予測誤差の 2 乗の和を最小にするような a、c を見つけることである。計測値は $(x_1, y_1) = (45, 4), (x_2, y_2) = (55, 3.8), \ldots, (x_5, y_5) = (85, 3.3)$ である。i 回目の計測値の予測誤差は $|f(x_i) - y_i|$ であり、予測誤差の 2 乗の和は $\sum_i (f(x_i) - y_i)^2$ である。

以下にグラフを示す（このデータを実際にプロットしたものではない）。

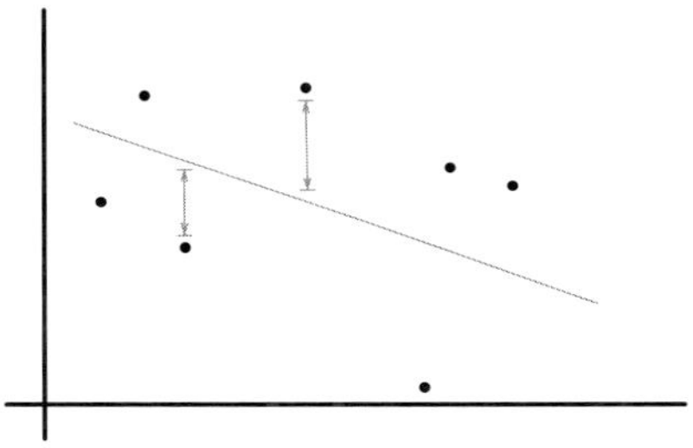

それぞれの測定では予測値と測定値の y の値の差を測っていることに注意して欲しい。この例の場合、差の単位にポンドが用いられる。

ここでは点 (x_i, y_i) から直線への距離は測らない。これは測っても意味を成さない。測るとしてもどのような単位で測るのだろうか？ 垂直方向の距離の単位はポンドで、水平方向の距離の単位は年齢で測られているのだ。

では、なぜ予測値の誤差の **2 乗**の和を最小にしようとしているのだろうか？ 理由の 1 つは、それが扱いやすいからだ！ 更に、この値がよい尺度となる理由は確率論に基づいていている。誤差がガウス分布（または**正規**分布）と呼ばれる確率分布でモデル化される場合、この量の最小化が a、c を見つけるための最適な方法であることを示すことができる。

しかし、測定値が直線からあまりに離れすぎている場合、これは悪いモデルであることに注意して欲しい。外れ値が多い場合は**ロバスト統計**が用いられる。

A を行が $(1, x_1), (1, x_2), \ldots, (1, x_5)$ で与えられる行列とする。行 i とベクトル (a, c) のドット積は $a + cx_i$、つまり、i 回目の測定での $f(x) = a + cx$ による予測値を表す。このとき予測値のベクトルは $A(a, c)$ と書ける。予測値と測定値の差のベクトルは $A(a, c) - (y_1, y_2, \ldots, y_5)$ なので、差の 2 乗の和はこのベクトルのノルムの 2 乗で与えられる。従って、最小二乗法を使うと、2 乗の和を最小にする (a, c)、つまり、データに最もよく当てはまる直線を引くことができる。この残差の 2 乗されたノルムは、データが得られた直線にどれくらいよく合っているかを表している。

9.9.2 放物線へのフィッティング

直線へのフィッティングは、データが直線に当てはまりそうな場合にはよいが、もう少し複雑なパターンに出くわす場合も多いので、今度はそのような例を見よう。

画像の中から何らかの構造、例えば、腫瘍などを探したいとしよう。各ピクセルに対し、そのピクセルを中心とする領域がどの程度腫瘍のように見えるかを計算する線形フィルタがあるとする。

画像を各ピクセルを１つの要素とする $\mathbb{R}^n$ の巨大なベクトルだと考えることにすると、この線形フィルタは $\mathbb{R}^n$ から $\mathbb{R}^n$ への線形変換にすぎない。このフィルタの出力は、各ピクセルに信号の強度を割り当てたものである。

ここでの目標は、フィルタの結果から腫瘍の中心の位置を見つけることである。１つのピクセルがセンサー上の１点ではなく１つの領域に対応することに注意すると、単にどのピクセルが腫瘍の中心かを知りたいわけではなく、中心がどのピクセルエリアにあるかを知りたい。これはサブピクセル精度と呼ばれる。

まず１次元の画像を考えよう。

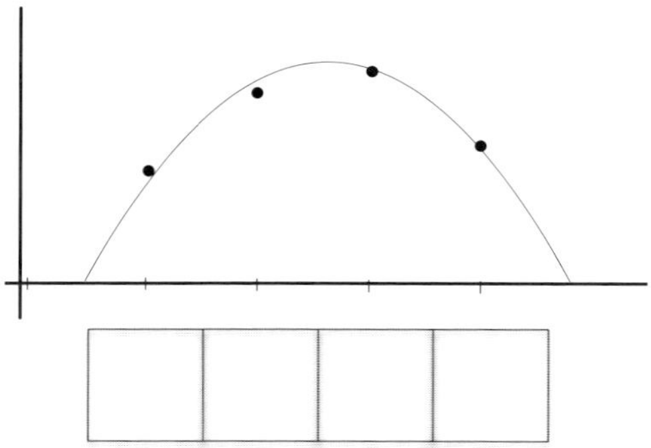

ピクセルの位置を $x_1, \ldots, x_5$ とし、それに対応する信号強度を $y_1, \ldots, y_5$ とする。この強度が、最大値を腫瘍のちょうど中心とするようなピークを形成していると予想する。ただし、最大値はピクセルの中央にはないかもしれない。従って、このデータに合うような２次関数 $f(x) = u_0 + u_1 x + u_2 x^2$ を見つけよう。２次関数は適した形（つまり凸型で最大値を持つ）である場合、その最大値の位置 x は腫瘍の中央にあると結論付けられる。

最もよく当てはまる２次関数を見つけるには、u_0、u_1、u_2 を最小二乗問題の未知の解として扱い、次の残差のノルムの値を最小にするような $\boldsymbol{u}$ を見つける。

$$\left\| \begin{bmatrix} 1 & x_1 & x_1^2 \\ 1 & x_2 & x_2^2 \\ 1 & x_3 & x_3^2 \\ 1 & x_4 & x_4^2 \\ 1 & x_5 & x_5^2 \end{bmatrix} \begin{bmatrix} u_0 \\ u_1 \\ u_2 \end{bmatrix} - \begin{bmatrix} y_1 \\ y_2 \\ y_3 \\ y_4 \\ y_5 \end{bmatrix} \right\|$$

9.9.3 2変数の放物線へのフィッティング

２次元画像（３次元画像でも同様）に対しても同様のテクニックを用いることができる。各 i に対し、ピクセル (x_i, y_i) で測定した強度を z_i とし、２次元画像のデータを $(x_1, y_1, z_1), \ldots, (x_m, y_m, z_m)$ という形で持つものと考える。次のような 2 変数の 2 次関数を探そう。

$$f(x,y) = a + bx + cy + dxy + ex^2 + fy^2$$

最もよく当てはまる関数を探すには、次の残差のノルムの値を最小にすればよい。

$$\left\| \begin{bmatrix} 1 & x_1 & y_1 & x_1y_1 & x_1^2 & y_1^2 \\ 1 & x_2 & y_2 & x_2y_2 & x_2^2 & y_2^2 \\ & & & \vdots & & \\ 1 & x_m & y_m & x_my_m & x_m^2 & y_m^2 \end{bmatrix} \begin{bmatrix} a \\ b \\ c \\ d \\ e \\ f \end{bmatrix} - \begin{bmatrix} z_1 \\ z_2 \\ \vdots \\ z_m \end{bmatrix} \right\|$$

9.9.4 産業スパイ問題の近似値への応用

産業スパイ問題を思い出そう。この問題では各製品 1 つあたりに消費される資源の量を指定する行列 M が与えられていた。

	金属	コンクリート	プラスチック	水	電気
ガーデンノーム	0	1.3	0.2	0.8	0.4
フラフープ	0	0	1.5	0.4	0.3
スリンキー	0.25	0	0	0.2	0.7
シリーパティー	0	0	0.3	0.7	0.5
サラダシューター	0.15	0	0.5	0.4	0.8

この問題の目標は、消費された資源の総量のベクトル $\boldsymbol{b}$ から、生産された各製品の量を求めることであった。

$\boldsymbol{b} =$

金属	コンクリート	プラスチック	水	電気
226.25	1300	677	1485	1409.5

消費された各資源の総量を求めるには、ベクトルと行列の方程式 $\boldsymbol{u}^T M = \boldsymbol{b}$ を解けばよい。結果、次を得る。

ガーデンノーム	フラフープ	スリンキー	シリーパティー	サラダシューター
1000	175	860	590	75

より現実的な状況では、消費された資源の近似値の情報が手に入るだけであろう。

$\tilde{\boldsymbol{b}} =$

金属	コンクリート	プラスチック	水	電気
223.23	1331.62	679.32	1488.69	1492.64

これらの近似値を用いて解くと

ガーデンノーム	フラフープ	スリンキー	シリーパティー	サラダシューター
1024.32	28.85	536.32	446.7	594.34

となる。これはかなりずれた値である。これ以上精度のよい測定値が手に入らないとした場合、どのようにすれば精度をよくできるだろうか？ それには測定値を増やせばよいのだ！

何か他のものの量を測らなければならない。例えば廃水の量だ。少し大きくした行列 M を用いよう。

	金属	コンクリート	プラスチック	水	電気	廃水
ガーデンノーム	0	1.3	0.2	0.8	0.4	0.3
フラフープ	0	0	1.5	0.4	0.3	0.35
スリンキー	0.25	0	0	0.2	0.7	0
シリーパティー	0	0	0.3	0.7	0.5	0.2
サラダシューター	0.15	0	0.5	0.4	0.8	0.15

ここで、次のように測定値も 1 つ追加された。

$\tilde{\boldsymbol{b}} =$

金属	コンクリート	プラスチック	水	電気	廃水
223.23	1331.62	679.32	1488.69	1492.64	489.19

運の悪いことに、線形方程式を付け足したことで、このベクトルと行列の方程式は解を持たなくなってしまった。

しかし、最小二乗法を用いることで、次のように最適な解を見つけることができる。

ガーデンノーム	フラフープ	スリンキー	シリーパティー	サラダシューター
1022.26	191.8	1005.58	549.63	41.1

これは実際の量にかなり近い。同じ精度の入力から、よりよい結果を得ることができた。

9.9.5 センサーノード問題の近似値への応用

もう 1 つの例として**センサーノード**問題を思い出そう。これはハードウェアの各コンポーネントに対する消費電力を見積もる問題であり、目標は、各コンポーネントにおける消費電力を与える `D` ベクトル $\boldsymbol{u}$ を計算することだった。`D = {'radio', 'sensor', 'memory', 'CPU'}`と定義する。

測定を 4 回行い、各測定では mA 秒の合計を測り、$\boldsymbol{b} = [140, 170, 60, 170]$ を得たとする。また、各測定に対して、それぞれのデバイスが動いている時間を指定するベクトルを持っているとする。

$$\textit{duration}_1 = \texttt{Vec(D, \{'radio':0.1, 'CPU':0.3\})}$$
$$\textit{duration}_2 = \texttt{Vec(D, \{'sensor':0.2, 'CPU':0.4\})}$$
$$\textit{duration}_3 = \texttt{Vec(D, \{'memory':0.3, 'CPU':0.1\})}$$
$$\textit{duration}_4 = \texttt{Vec(D, \{'memory':0.5, 'CPU':0.4\})}$$

$\boldsymbol{u}$ を得るために $A\boldsymbol{x} = \boldsymbol{b}$ を解こう。ここで

$$A = \begin{bmatrix} \text{duration}_1 \\ \hline \text{duration}_2 \\ \hline \text{duration}_3 \\ \hline \text{duration}_4 \end{bmatrix}$$

とする。測定値が正確な場合、各コンポーネントの消費電力を次のように正確に知ることができる。

radio	sensor	CPU	memory
500	250	300	100

より現実的な状況では、次のような近似的な測定値が手に入るだけだろう。

$$\tilde{\boldsymbol{b}} = [141.27, 160.59, 62.47, 181.25]$$

$A\boldsymbol{x} = \tilde{\boldsymbol{b}}$ を解くと

radio	sensor	CPU	memory
421	142	331	98.1

どのようにすれば、より正確な結果を得ることができるだろうか？ それには計測の回数を増やし、最小二乗問題を解けばよい。8 回計測を行うとしよう。

```
duration1 = Vec(D, {'radio':0.1, 'CPU':0.3})
duration2 = Vec(D, {'sensor':0.2, 'CPU':0.4})
duration3 = Vec(D, {'memory':0.3, 'CPU':0.1})
duration4 = Vec(D, {'memory':0.5, 'CPU':0.4})
duration5 = Vec(D, {'radio':0.2, 'CPU':0.5})
duration6 = Vec(D, {'sensor':0.3, 'radio':0.8, 'CPU':0.9, 'memory':0.8})
duration7 = Vec(D, {'sensor':0.5, 'radio':0.3, 'CPU':0.9, 'memory':0.5})
duration8 = Vec(D, {'radio':0.2, 'CPU':0.6})
```

ここで

$$A = \begin{bmatrix} \text{duration}_1 \\ \hline \text{duration}_2 \\ \hline \vdots \\ \hline \text{duration}_8 \end{bmatrix}$$

とする。測定値としてベクトル $\tilde{\boldsymbol{b}} = [141.27, 160.59, 62.47, 181.25, 247.74, 804.58, 609.10, 282.09]$ を用いると、解を持たない行列とベクトルの方程式 $A\boldsymbol{x} = \tilde{\boldsymbol{b}}$ が得られる。

しかし、最小二乗問題の解は

radio	sensor	CPU	memory
451.40	252.07	314.37	111.66

となり、これは真の値にかなり近い。ここでも測定を増やすことで、同じ精度の入力から、よりよい結果を得ることができた。

9.9.6 機械学習の問題への最小二乗法の利用

乳がんに関する機械学習のラボでは、その訓練データは以下のデータから構成されていた。

- 標本の特徴量を与えるベクトル $\boldsymbol{a}_1, \ldots, \boldsymbol{a}_m$
- $+1$（悪性）か -1（良性）かを指定する値 $b_1, \ldots, b_m$

おおまかにいうと、この問題の目標は、$\boldsymbol{a}_i \cdot \boldsymbol{w}$ の符号が b_i の符号を予測するようなベクトル $\boldsymbol{w}$ を求めることであった。

そして、この目標を次のように数学的に定義した。

$$2 乗誤差\ (\boldsymbol{b}[1] - \boldsymbol{a}_1 \cdot \boldsymbol{w})^2 + \cdots + (\boldsymbol{b}[m] - \boldsymbol{a}_m \cdot \boldsymbol{w})^2\ を最小にするようなベクトル\ \boldsymbol{w}\ を見つける$$

ただし $\boldsymbol{b} = [b_1, \ldots, b_m]$ とする。

機械学習のラボでは最急降下法という方法を用いた。この方法は広く応用できるが、個別の問題に対して必ずしも最適な解を導くとは限らない。それはこの問題に対しても同様である。

結局、目指すべき最適な解を求めるという目標には、最小二乗法を用いて辿り着けることが分かった。上で述べた数学的な目標は、次の目標と等価である。

$$\left\| \begin{bmatrix} \\ \boldsymbol{b} \\ \\ \end{bmatrix} - \begin{bmatrix} \boldsymbol{a}_1 \\ \hline \vdots \\ \hline \boldsymbol{a}_m \end{bmatrix} \begin{bmatrix} \\ \boldsymbol{w} \\ \\ \end{bmatrix} \right\|^2 を最小にするようなベクトル\ \boldsymbol{w}\ を見つける$$

これは最小二乗問題である。QR 分解に基づくアルゴリズムを使用すると、最急降下法よりわずかに時間がかかるが、最適解、つまり本当に最小化する解が求まることが保証される（最急降下法をこの問題に使う場合、最適解が得られるかはステップサイズに依存する）。

機械学習は、以下のような、より洗練された線形代数のテクニックを用いることで、更によい解を与える。

- 最急降下法を使うが、学習問題をよりよくモデリングする損失関数を一緒に用いる
- 各特徴量の分散をよりよく反映するような内積を利用する
- 13章の手法、**線形計画法**を用いる
- 本書では触れないより一般的な手法、**凸計画法**を用いる

9.10 確認用の質問

- ベクトルの正規化とは何か？
- ベクトルが互いに直交するとはどういう意味か？
- ベクトルが互いに正規直交しているといえるのはどのようなときか？ また、正規直交基底とは何か？
- Span $\{\boldsymbol{v}_1, \ldots, \boldsymbol{v}_n\}$ から $\boldsymbol{b}$ に最も近いベクトルを見つけるにはどうすればよいか？
- 互いに直交するベクトル $\boldsymbol{v}_1, \ldots, \boldsymbol{v}_n$ に直交する $\boldsymbol{b}$ の射影を見つけるにはどうすればよいか？
- (i) $\boldsymbol{v}_1, \ldots, \boldsymbol{v}_n$ と同じ空間を張り、(ii) 互いに直交するベクトルを見つけるにはどうすればよいか？
- 列直交行列とは何か？ 直交行列とは何か？
- Q が列直交行列であるとき、関数 $\boldsymbol{x} \mapsto Q\boldsymbol{x}$ が、ドット積を保存するのはなぜか？ また、ノルムを保存するのはなぜか？
- 直交行列の逆行列とは何か？
- 行列とベクトルの積を使ってベクトルの列直交行列の列ベクトルについての座標表現を見つけるにはどうすればよいか？
- 行列の QR 分解とは何か？
- QR 分解をどのように用いれば行列の方程式を解くことができるか？
- QR 分解はどのように計算できるか？
- QR 分解をどのように用いれば最小二乗問題を解くことができるか？
- 最小二乗問題を解くことは、データを直線や放物線へフィッティングする際にどのように役に立つか？
- 最小二乗問題を解くことで、より正確な出力を得るにはどのようにすればよいか？
- 直交補空間とは何か？
- 直交補空間と直和の間の関係はどんなものか？

9.11 問題

直交補空間

問題 9.11.1： 以下の各 $\mathcal{W}$、$\mathcal{U}$ に対し、$\mathcal{W}$ における $\mathcal{U}$ の直交補空間の生成子を求めよ。

1. $\mathcal{U} = \text{Span}\ \{[0,0,3,2]\}$、$\mathcal{W} = \text{Span}\ \{[1,2,-3,-1],[1,2,0,1],[3,1,0,-1],[-1,-2,3,1]\}$
2. $\mathcal{U} = \text{Span}\ \{[3,0,1]\}$、$\mathcal{W} = \text{Span}\ \{[1,0,0],[1,0,1]\}$
3. $\mathcal{U} = \text{Span}\ \{[-4,3,1,-2],[-2,2,3,-1]\}$、$\mathcal{W} = \mathbb{R}^4$

問題 9.11.2： 以下の命題が真ではない理由を説明せよ。

1. $\mathcal{U} = \text{Span}\ \{[0,0,1],[1,2,0]\}$、$\mathcal{W} = \text{Span}\ \{[1,0,0],[1,0,1]\}$ としたとき、$\mathcal{W}$ における $\mathcal{U}$ の直交補空間であるベクトル空間 $\mathcal{V}$ が存在する。
2. $\mathcal{U} = \text{Span}\ \{[3,2,1],[5,2,-3]\}$、$\mathcal{W} = \text{Span}\ \{[1,0,0],[1,0,1],[0,1,1]\}$ としたとき、ベクトル $[2,-3,1]$ を含み、$\mathcal{W}$ における $\mathcal{U}$ の直交補空間であるような $\mathcal{V}$ が存在する。

ヌル空間の基底を得るために直交補空間を用いる

問題 9.11.3： $A = \begin{bmatrix} -4 & -1 & -3 & -2 \\ 0 & 4 & 0 & -1 \end{bmatrix}$ とする。直交補空間を用いて A のヌル空間の基底を求めよ。

法ベクトル

問題 9.11.4： 以下の $\mathbb{R}^2$ 上の直線に対する法ベクトルを求めよ。

1. $\{\alpha\,[3,2] : \alpha \in \mathbb{R}\}$
2. $\{\alpha\,[3,5] : \alpha \in \mathbb{R}\}$

問題 9.11.5： 以下の $\mathbb{R}^3$ 上の平面に対する法ベクトルを求めよ。

1. $\text{Span}\,\{[0,1,0],[0,0,1]\}$
2. $\text{Span}\,\{[2,1,-3],[-2,1,1]\}$
3. $[3,1,4]$、$[5,2,6]$、$[2,3,5]$ のアフィン包

問題 9.11.6： 以下の $\mathbb{R}^2$ 上のベクトルを法ベクトルとして持つような直線の式を求めよ。

1. $[0,7]$
2. $[1,2]$

問題 9.11.7： 以下のベクトルを法ベクトルとして持つ、$\mathbb{R}^3$ 上の平面を張るベクトルの集合を求めよ。

1. $[0,1,1]$
2. $[0,1,0]$

直交補空間とランク

問題 9.11.8： この問題ではランク定理を別な方法で証明しよう。証明は $\mathbb{R}$ 上の行列に対して行うこととする。

定理：$\mathbb{R}$ 上の行列 A の行ランクと列ランクは等しい。

証明は次の手順で進める。

- Row A の直交補空間は Null A である
- 直交補空間と直和の関係（補題 9.6.5）と、直和の次元の系（系 6.3.9）を用いて次を示す

$$\dim \text{Row } A + \dim \text{Null } A = A \text{ の列の数}$$

- 次元定理（定理 6.4.7）を用いて次を示す

$$\dim \text{Col } A + \dim \text{Null } A = A \text{ の列の数}$$

- これらの式を組み合わせて上の定理を得る

QR 分解

問題 9.11.9： 以下の機能を持つプロシージャ `orthonormalize(L)` を定義する `orthonormalization` モジュールを作成せよ。

- **入力**：線形独立なベクトルのリスト L
- **出力**：$i = 1, \ldots, \text{len}(L)$ に対し、L^* のはじめの i 個のベクトルと、L のはじめの i 個のベクトルが同じ空間を張るような、正規直交する len(L) 個のベクトルのリスト L^*

このプロシージャは以下の流れに従う。

1. `orthogonalize(L)` を呼ぶ
2. 得られたベクトルのノルムのリストを計算する
3. ステップ 1 の結果の各ベクトルを正規化したリストを返す

作ったプロシージャをテストせよ。

入力が、$[4, 3, 1, 2]$、$[8, 9, -5, -5]$、$[10, 1, -1, 5]$ に対応するベクトルのリストから成るとき、作成したプロシージャは、以下の各ベクトルとほぼ等しいベクトルのリストを返す。

$$[0.73, 0.55, 0.18, 0.37],\ [0.19, 0.40, -0.57, -0.69],\ [0.53, -0.65, -0.51, 0.18]$$

問題 9.11.10： `orthonormalization` モジュールに、以下の機能を持つプロシージャ `aug_orthonormalize(L)` を加えよ。

- **入力**：ベクトルのリスト L
- **出力**：次を満たすベクトルのリストの組 `Qlist, Rlist`
  - `coldict2mat(L)` は `coldict2mat(Qlist)` と `coldict2mat(Rlist)` の積に等しい
  - `Qlist` = `orthonormalize(L)`

このプロシージャは、最初に `orthogonalization` モジュールで定義されたプロシージャ

aug_orthogonalize(L) を呼び出すことから処理が始まる。また、以下のような機能を持つサブルーチン adjust(v, multipliers) を用いるとよいだろう。

- **入力**：定義域が $\{0,1,2,...,n-1\}$ のベクトル v と、n 個のスカラーのリスト multipliers
- **出力**：v と同じ定義域を持ち、w[i] = multipliers[i]*v[i] を満たすベクトル w

以下に aug_orthonormalize(L) の実行例を示す。

```
>>> L = [list2vec(v) for v in [[4,3,1,2],[8,9,-5,-5],[10,1,-1,5]]]
>>> print(coldict2mat(L))

       0  1  2
     ---------
 0  |  4  8 10
 1  |  3  9  1
 2  |  1 -5 -1
 3  |  2 -5  5

>>> Qlist, Rlist = aug_orthonormalize(L)
>>> print(coldict2mat(Qlist))

           0      1      2
     ---------------------
 0  |   0.73  0.187  0.528
 1  |  0.548  0.403 -0.653
 2  |  0.183 -0.566 -0.512
 3  |  0.365 -0.695  0.181

>>> print(coldict2mat(Rlist))

          0    1      2
     ------------------
 0  |  5.48 8.03   9.49
 1  |     0 11.4 -0.636
 2  |     0    0   6.04

>>> print(coldict2mat(Qlist)*coldict2mat(Rlist))

       0  1  2
     ---------
 0  |  4  8 10
 1  |  3  9  1
 2  |  1 -5 -1
 3  |  2 -5  5
```

しかし、数値計算が近似であることには注意して欲しい。

```
>>> print(coldict2mat(Qlist)*coldict2mat(Rlist)-coldict2mat(L))
```

```
            0 1        2
    ----------------------
0   |   -4.44E-16 0        0
1   |           0 0 4.44E-16
2   |   -1.11E-16 0        0
3   |   -2.22E-16 0        0
```

問題 9.11.11： 以下の各行列に対し QR 分解を計算せよ。電卓やコンピュータを用いてもよい。

1. $\begin{bmatrix} 6 & 6 \\ 2 & 0 \\ 3 & 3 \end{bmatrix}$

2. $\begin{bmatrix} 2 & 3 \\ 2 & 1 \\ 1 & 1 \end{bmatrix}$

QR 分解で行列とベクトルの方程式を解く

問題 9.11.12： 行列 A の列が線形独立な場合、$\|A\boldsymbol{x} - \boldsymbol{b}\|$ を最小にするようなベクトル $\hat{\boldsymbol{x}}$ を返すプロシージャ `QR_solve(A, b)` を書き、テストせよ。

このプロシージャは、以下のプロシージャを利用するとよい。

- `triangular` モジュールで定義されている `triangular_solve(rowlist, label_list, b)`
- `QR` モジュールで定義されているプロシージャ `factor(A)` を用いる。これは問題 9.11.10 で作成したプロシージャ `aug_orthonormalize(L)` を用いる

`triangular_solve` の引数の行列は、行のリストで表現されている必要があることに注意して欲しい。`factor(A)` が返す行列 R の行ラベルは $\{0, 1, 2, ...\}$ なので、`mat2rowdict(R)` が返す辞書を用いればよい。`factor(A)` は、9.7.4 節で示した疑似コードを実装したものである。

`triangular_solve` には、適切な順序に並べられた列ラベルのリストも渡す必要があることに注意して欲しい。これは、`rowlist` のベクトルが三角系を構成するように解釈する方法を示す順序である。R の列ラベルは、もちろん、A の列ラベルである。与える順序は、ここでは `QR_factor(A)` で用いられる順序、即ち、`sorted(A.D[1], key=repr)` と一致している必要がある。

作成したプロシージャが 3×2 行列と 3×3 行列に対し機能することを例で示せ。このコードと Python で試した結果を組み込むこと。

問題 9.11.13 の例と、以下の例を用いて、このプロシージャを試してみることができる。

```
>>> A = Mat(({'a','b','c'},{'A','B'}), {('a','A'):-1, ('a','B'):2,
...             ('b','A'):5, ('b','B'):3, ('c','A'):1, ('c','B'):-2})
```

```
>>> print(A)

       A  B
     -------
 a  |  -1  2
 b  |   5  3
 c  |   1 -2

>>> Q, R = QR_factor(A)
>>>
>>> print(Q)

           0     1
     --------------
 a  |  -0.192  0.68
 b  |   0.962 0.272
 c  |   0.192 -0.68

>>> print(R)

        A    B
     ----------
 0  |  5.2 2.12
 1  |    0 3.54

>>> b = Vec({'a','b','c'}, {'a':1,'b':-1})
>>> x = QR_solve(A, b)
>>> x
Vec({'A', 'B'},{'A': -0.269..., 'B': 0.115...})
```

得られた解を確かめるよい方法は、余剰ベクトルが（近似的に）A の列と直交しているかを確かめることである。

```
>>> A.transpose()*(b-A*x)
Vec({'A', 'B'},{'A': -2.22e-16, 'B': 4.44e-16})
```

最小二乗法

問題 9.11.13： 以下では行列 A とベクトル $\boldsymbol{b}$ が与えられており、更に、A の近似 QR 分解も与えられている。このとき

- $\|A\boldsymbol{x} - \boldsymbol{b}\|^2$ を最小にするベクトル $\hat{\boldsymbol{x}}$ を見つけよ
- A の列が余剰ベクトル $\boldsymbol{b} - A\hat{\boldsymbol{x}}$ に（近似的に）直交していることを、内積の計算で証明せよ
- $\|A\hat{\boldsymbol{x}} - \boldsymbol{b}\|$ の値を計算せよ

1. $A = \begin{bmatrix} 8 & 1 \\ 6 & 2 \\ 0 & 6 \end{bmatrix}$、$\boldsymbol{b} = [10, 8, 6]$

$$A = \underbrace{\begin{bmatrix} 0.8 & -0.099 \\ 0.6 & 0.132 \\ 0 & 0.986 \end{bmatrix}}_{Q} \underbrace{\begin{bmatrix} 10 & 2 \\ 0 & 6.08 \end{bmatrix}}_{R}$$

2. $A = \begin{bmatrix} 3 & 1 \\ 4 & 1 \\ 5 & 1 \end{bmatrix}$、$\boldsymbol{b} = [10, 13, 15]$

$$A = \underbrace{\begin{bmatrix} 0.424 & 0.808 \\ 0.566 & 0.115 \\ 0.707 & -0.577 \end{bmatrix}}_{Q} \underbrace{\begin{bmatrix} 7.07 & 1.7 \\ 0 & 0.346 \end{bmatrix}}_{R}$$

問題 9.11.14： 以下の各行列 A とベクトル $\boldsymbol{b}$ に対し、$\|A\hat{\boldsymbol{x}} - \boldsymbol{b}\|$ を最小にするベクトル $\hat{\boldsymbol{x}}$ を求めよ。これには QR 分解に基づくアルゴリズムを用いよ。

1. $A = \begin{bmatrix} 8 & 1 \\ 6 & 2 \\ 0 & 6 \end{bmatrix}$、$\boldsymbol{b} = [10, 8, 6]$
2. $A = \begin{bmatrix} 3 & 1 \\ 4 & 1 \end{bmatrix}$、$\boldsymbol{b} = [10, 13]$

線形回帰

この問題では、QR 分解を使い、上三角行列の方程式を解くことで、与えられた点の集合を通る「最もよい」直線を求める（プロシージャ `QR_solve(A, b)` が機能しない場合、`solver` モジュールを用いることができる）。

`read_data` モジュールは、ファイル名で指定されたファイル内のベクトルのリストを読み込むプロシージャ `read_vectors(filename)` を定義している。

この問題ではエジプトのカラーム村の若者の年齢と身長の関係のデータを用いよう。子供の身長は大きく変わるので、このデータは 18 歳から 29 歳の各年齢における**平均**身長から構成される。データはファイル `age-height.txt` にある。

問題 9.11.15： Python を用いて、年齢 (x) と身長 (y) の間の関係を最もよく近似する直線 $y = ax + b$ を与えるパラメータ、a と b の値を求めよ。

機械学習における最小二乗法

問題 9.11.16： 機械学習のラボで扱った問題に最小二乗法を用いてみよ。また最急降下法を用いて得られた解と比較せよ。

10章
特別な基底

普遍的で、単純で、誤解や曖昧さがなく… 全ての自然現象の不変な関係を表現する価値のある、そのような言語は［数学以外に］存在しえない。

ジョセフ・フーリエ

本章では、正規直交するベクトルから成る2つの特別な基底について扱う。それぞれの基底の変換は、行列とベクトルの積を計算したり行列とベクトルの方程式を解いたりするよりも、かなり高速に行うことができる。どちらの基底も応用上重要である。

10.1 最も近い k スパースベクトル

まず、ベクトル $\boldsymbol{b}$ が0でない要素を高々 k 個持つとき、$\boldsymbol{b}$ は k スパースであると呼んだことを思い出して欲しい。k スパースベクトルは簡潔に表現することができる。ここでは k スパースではないベクトル $\boldsymbol{b}$ を簡潔に表現したい。そのためには正確さを諦めざるを得ないだろう。即ち、$\boldsymbol{b}$ ではなく、$\boldsymbol{b}$ に似たベクトルを表現することになる。以上の目的より、次のような計算問題を考えることにしよう。

- **入力**：ベクトル $\boldsymbol{b}$、整数 k
- **出力**：$\boldsymbol{b}$ に最も近い k スパースベクトル $\tilde{\boldsymbol{b}}$

体が $\mathbb{R}$ の場合、ベクトルの近さは、これまで行ってきたように、その差のノルム $\|\boldsymbol{b}-\tilde{\boldsymbol{b}}\|$ で測られる。

この問題には、**抑制による圧縮**と呼ばれる単純な解法が存在する。この方法では、値が大きな方から k 個の要素を残し、それ以外を抑制する（つまり0にする）ことで $\boldsymbol{b}$ から $\tilde{\boldsymbol{b}}$ を得る。この方法が実際に最も近い k スパースベクトルを与えることは証明可能である。後で、これより一般的であるが、更に役に立つ主張を証明しよう。では、この**抑制による圧縮**法の画像への応用を考えよう。

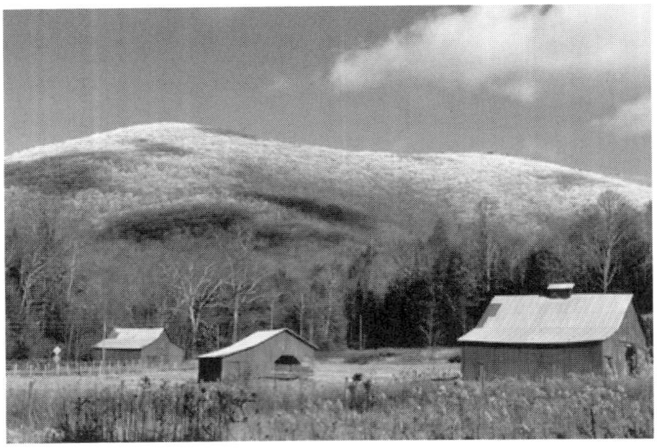

ヴァージニア クリーパ・トレイルの頂上（ウィリアム・フェールによる）

この方法では白に近い方から k 個のピクセル以外を全て 0 にする。以下に k が全ピクセル数の 4 分の 1 のときの結果を示す。

この圧縮は壊滅的に失敗してしまっている！

10.2 与えられた基底に対する表現が k スパースであるような最も近いベクトル

ここから浮かび上がる問題は、典型的な画像ベクトルに対して、最も近い k スパースな画像ベクトルを求めたとしても、それが元の画像ベクトルと同じように見えない可能性があるということだ。これは、ピクセルを抑制しすぎると、画像の視覚イメージを壊してしまうという、画像の性質の 1 つである。即ち、人間の知覚システムは失われたデータを埋め合わせることができないのだ。

これに対し、うまい方法が存在している。これを簡単に説明しよう。普段は画像のそれぞれのピクセルを指定することで画像を保存したり送信したりする。このやり方は画像を**標準**基底で表現していると考えることにしよう。そして、標準基底とは別の基底で表現することで、画像を保存、送信することを考えよう。もし新しい基底による表現がスパースであれば、画像をより少ない情報量で表現でき、目的とする圧縮が達成できる。

更に、新しい基底による表現がなおスパースでなくても、0 に近い要素を抑制することで画像の視覚イメージを保ったままスパースにすることができる。

ここで更に新たな問題に直面する。

> **計算問題 10.2.1： 与えられた基底による表現がスパースであるような最も近いベクトルを求める**
> - **入力**：D ベクトル $\boldsymbol{b}$、整数 k、$\mathbb{R}^D$ の基底 $\boldsymbol{u}_1, \ldots, \boldsymbol{u}_{|D|}$
> - **出力**：$\boldsymbol{u}_1, \ldots, \boldsymbol{u}_{|D|}$ で表現された全ての k スパースベクトルの中で $\boldsymbol{b}$ に最も近いベクトル $\tilde{\boldsymbol{b}}$

10.2.1 正規直交基底による座標表現を求める

ある画像に抑制による圧縮を適用する際に、最初に行うことは元の画像ベクトルを基底 $\boldsymbol{u}_1, \ldots, \boldsymbol{u}_n$ で表現されたベクトルに変換することである。$\boldsymbol{b}$ を元の画像ベクトル、$\boldsymbol{x}$ を $\boldsymbol{b}$ の $\boldsymbol{u}_1, \ldots, \boldsymbol{u}_n$ による表現とし、Q を $\boldsymbol{u}_1, \ldots, \boldsymbol{u}_n$ を列ベクトルに持つ行列とする。このとき、線形結合による行列とベクトルの積の定義より、$Q\boldsymbol{x} = \boldsymbol{b}$ と書ける。

$\boldsymbol{x}$ を計算するためには、行列の方程式を解く必要があるように見える。原理的には、このような方程式は `QR_solve` を用いて解くことができるが、この計算に含まれるスカラー演算の回数は大体 n^3 であり、これは 1 メガピクセルの画像に対し 10^{18} 回の演算が行われることを意味する。

ここで、計算問題 10.2.1 において基底 $\boldsymbol{u}_1, \ldots, \boldsymbol{u}_{|D|}$ が正規直交しているような特別な場合について考察しよう。$n = |D|$ とする。この場合 Q は直交行列である。

$Q\tilde{\boldsymbol{x}} = \tilde{\boldsymbol{b}}$ を満たすもう 1 つのベクトル $\tilde{\boldsymbol{b}}$ を考える。もちろん $\boldsymbol{x}$ は $\tilde{\boldsymbol{b}}$ の $\boldsymbol{u}_1, \ldots, \boldsymbol{u}_n$ についての表現である。すると系 9.7.5 より $\|\boldsymbol{b} - \tilde{\boldsymbol{b}}\| = \|\boldsymbol{x} - \tilde{\boldsymbol{x}}\|$ が導かれる。これは $\boldsymbol{b}$ に近いベクトルを求めることと $\boldsymbol{x}$ に近い表現を求めることとが互いに等価であることを意味している。

また系 9.7.3 より、Q の逆行列は Q^T である。従って、より簡単に方程式 $Q\boldsymbol{x} = \boldsymbol{b}$ を解くことができる。即ち、この方程式の両辺に左から Q^T を掛ければ、$\boldsymbol{x} = Q^T\boldsymbol{b}$ を得る。つまりこの表現を計算するには、行列とベクトルの積を計算するだけでよいのである。特に、この計算に必要なスカラー演算は n^2 回だけで済む。

更に、画像をスパース表現したデータを送信し、ユーザはそのスパース表現 $\tilde{\boldsymbol{x}}$ をダウンロードするとしよう。データを画像として見られるようにするには、ブラウザはスパース表現を画像ベクトルへと変換しなければならない。これには $Q\tilde{\boldsymbol{x}}$ を計算すればよく、この計算でも大体 n^2 回のスカラー演算を行えばよい。

実は、メガピクセル単位の画像を扱う場合、n^2 回の演算であってもやや実用的ではない。更に、本当の目標を動画の圧縮としてみよう！ 動画は一連の静止画の長い列であり、このため、動画の圧縮のためにかかる計算時間は格段に長くなってしまう。

そこで、次章からは、計算時間の短縮に用いることができる、正規直交基底の中でも更に特別な基底を扱うことにする。その基底は**ウェーブレット**（*wavelet*）基底と呼ばれる。

10.3 ウェーブレット

ここでは画像や音のような信号の、標準的な表現とその代わりとなる新しい表現について議論しよう。この 2 つの表現は、それぞれ同じベクトル空間の異なる基底によるものだ。

正規直交基底の利用は、いくつかの目的（圧縮を含む）では都合がよい。

まず、白黒画像について考えよう。512×512 の画像は、それぞれのピクセルに対し強度（数）を持つ（実際の画像では、強度は整数で定義されるが、ここでは強度を実数として扱うことにする)。

もうダウンサンプリングの概念には馴染んだだろうか？ 512×512 の画像をダウンサンプリングして 256×256 の画像を得ることができる。この際、元の大きなサイズの画像は 2×2 の小さな画像のブロックに分割され、各ブロックはそのブロックの平均を強度として持つピクセルに置き換えられる。また、この 256×256 の画像は、同様の方法で更にダウンサンプリングすることができ、これを繰り返せば最終的には 1×1 の画像に至る。その 1×1 の画像の強度は元の画像の全ての強度の平均となる。このダウンサンプリングを繰り返すという考え方が、ウェーブレットの概念を生むことになる。

10.3.1 解像度の異なる1次元「画像」

まず、本物の画像のウェーブレットから勉強するのではなく、1次元「画像」のウェーブレットについて勉強しよう。伝統的に、n 個のピクセルから成る1次元画像は、ピクセルの強度の列 $x_0, x_1, \ldots, x_{n-1}$ として表現される。

異なる解像度（異なるピクセルの数）でのサブサンプルを考えることで、画像のウェーブレットを導くことにしよう。512ピクセルの画像を512要素のベクトルで、256ピクセルの画像を256要素のベクトルで、……と表現しようと考えることは自然である。しかし、線形代数のテクニックを用いると、このような画像全てを、1つのベクトル空間のベクトルとして見ることができ、これにより直交補空間の概念が使えるようになる。

このテクニックを用いるために、まず、1つの基準となる解像度 n を選ぶ。これを考えうる最も大きな解像度とする。また、簡単化のため、n を2の累乗とする。ラボでは $n = 512$ とすることになるが、ここでは $n = 16$ を例に説明していこう。以下では空間 $\mathbb{R}^{16}$ を $\mathcal{V}_{16}$ と表すことにする。

ここでは、$\mathcal{V}_{16}$ の直交基底として、標準基底を用いる。この文脈では、この基底を $\mathcal{V}_{16}$ の**箱**基底と呼び、これらのベクトルを $\boldsymbol{b}_0^{16}, \boldsymbol{b}_1^{16}, \ldots, \boldsymbol{b}_{15}^{16}$ と書く。ここでは、ベクトルを、通常の表記方法ではなく小さな四角形を使って描画することで、(1次元の画像ではあるが）画像を表現していることを意識できるようにしよう。即ち、基底ベクトルは以下のようになる。

$$\boldsymbol{b}_0^{16} = \begin{array}{|c|c|c|c|c|c|c|c|c|c|c|c|c|c|c|c|}\hline 1&0&0&0&0&0&0&0&0&0&0&0&0&0&0&0\\\hline\end{array}$$
$$\boldsymbol{b}_1^{16} = \begin{array}{|c|c|c|c|c|c|c|c|c|c|c|c|c|c|c|c|}\hline 0&1&0&0&0&0&0&0&0&0&0&0&0&0&0&0\\\hline\end{array}$$
$$\vdots$$
$$\boldsymbol{b}_{15}^{16} = \begin{array}{|c|c|c|c|c|c|c|c|c|c|c|c|c|c|c|c|}\hline 0&0&0&0&0&0&0&0&0&0&0&0&0&0&0&1\\\hline\end{array}$$

任意の1次元の16ピクセルの画像は、これらの基底ベクトルの線形結合として表現することができる。例として、画像

は、次のように表現される。

ダウンサンプリングで 16 ピクセルの画像から 8 ピクセルの画像を作るとどうなるだろうか？ この 8 ピクセルの画像は元の 16 ピクセルの画像のように「見え」、その細部だけが失われたものとなっていて欲しい。例えば、上の画像をダウンサンプリングすると、次のようになる。

これを $\mathbb{R}^{16}$ のベクトルとして表現したい。従って、$\mathcal{V}_8$ を $\mathbb{R}^{16}$ のベクトルの集合で、第 0 要素の強度と第 1 要素の強度が等しく、第 2 要素の強度と第 3 要素の強度が等しく、……と定義する。即ち、$\mathcal{V}_8$ で用いる自然な基底は次のようになる。

1	1	0	0	0	0	0	0	0	0	0	0	0	0	0	0
0	0	1	1	0	0	0	0	0	0	0	0	0	0	0	0

⋮

0	0	0	0	0	0	0	0	0	0	0	0	0	0	1	1

これらのベクトルを $\boldsymbol{b}_0^8, \boldsymbol{b}_1^8, \ldots, \boldsymbol{b}_7^8$ と書く。これを $\mathcal{V}_8$ の**箱**基底と呼ぶ。ここで、これらのベクトルは互いに直交していることに注意して欲しい。

同様に $\mathcal{V}_4$、$\mathcal{V}_2$、$\mathcal{V}_1$ を定義する。$\mathcal{V}_4$ の画像（先ほどの画像をダウンサンプリングして得られた画像）を

とすると、$\mathcal{V}_2$ の画像は

となり、最終的に $\mathcal{V}_1$ の画像は

となる。

おそらく、$\mathcal{V}_4$、$\mathcal{V}_2$、$\mathcal{V}_1$ の箱基底がどんなものかは見当がつくだろう。一般に $\mathcal{V}_k$ の箱基底は次のような k 個のベクトルから成る。即ち、ベクトル i は、$ki, ki+1, ki+2, \ldots, ki+(k-1)$ 要素に 1 を持ち、その他の要素は 0 となる。

10.3.2 $\mathcal{V}_n$ の直和への分解

ウェーブレットの概念は、高解像度画像のベクトル空間における、低解像度画像の部分空間の直交補空間を考えることから生まれる。2の累乗であるような任意の正の整数 $k < n$ に対し、ウェーブレット空間 $\mathcal{W}_k$ を、$\mathcal{V}_{2k}$ における $\mathcal{V}_k$ の直交補空間と定義する。直交補空間と直和の補題より

$$\mathcal{V}_{2k} = \mathcal{V}_k \oplus \mathcal{W}_k \tag{10-1}$$

が成り立つ。従って、$k = 8, 4, 2, 1$ とすると

$$\begin{aligned}
\mathcal{V}_{16} &= \mathcal{V}_8 \oplus \mathcal{W}_8 \\
\mathcal{V}_8 &= \mathcal{V}_4 \oplus \mathcal{W}_4 \\
\mathcal{V}_4 &= \mathcal{V}_2 \oplus \mathcal{W}_2 \\
\mathcal{V}_2 &= \mathcal{V}_1 \oplus \mathcal{W}_1
\end{aligned}$$

を得る。代入を繰り返し

$$\mathcal{V}_{16} = \mathcal{V}_1 \oplus \mathcal{W}_1 \oplus \mathcal{W}_2 \oplus \mathcal{W}_4 \oplus \mathcal{W}_8 \tag{10-2}$$

を得る。故に、$\mathcal{V}_{16}$ の1つの基底は、以下のベクトルの集合の和集合であることが分かる。

- $\mathcal{V}_1$ の基底
- $\mathcal{W}_1$ の基底
- $\mathcal{W}_2$ の基底
- $\mathcal{W}_4$ の基底
- $\mathcal{W}_8$ の基底

このような基底、**ハール**（*Haar*）基底を導くことにしよう。以下ではこの基底を与えるベクトルを**ウェーブレット**（*wavelet*）ベクトルと呼ぶ。それぞれハールウェーブレット基底、ハールウェーブレットベクトルと呼ぶこともある。

より一般に

$$\begin{aligned}
\mathcal{V}_n &= \mathcal{V}_{n/2} \oplus \mathcal{W}_{n/2} \\
\mathcal{V}_{n/2} &= \mathcal{V}_{n/4} \oplus \mathcal{W}_{n/4} \\
&\vdots \\
\mathcal{V}_4 &= \mathcal{V}_2 \oplus \mathcal{W}_2 \\
\mathcal{V}_2 &= \mathcal{V}_1 \oplus \mathcal{W}_1
\end{aligned}$$

が成り立つ。故に、次を得る。

$$\mathcal{V}_n = \mathcal{V}_1 \oplus \mathcal{W}_1 \oplus \mathcal{W}_2 \oplus \mathcal{W}_4 \cdots \oplus \mathcal{W}_{n/2}$$

即ち、各 $\mathcal{V}_1, \mathcal{W}_1, \mathcal{W}_2, \mathcal{W}_4, \ldots, \mathcal{W}_{n/2}$ に対し、特定の基底を選び、それらの和集合を取ることで、$\mathcal{V}_n$ の**ハールウェーブレット基底**を得ることができる。

10.3.3 ハールウェーブレット基底

ここでは $\mathcal{W}_8$、$\mathcal{W}_4$、$\mathcal{W}_2$、$\mathcal{W}_1$ の基底を導く。$\mathcal{W}_k$ は $\mathcal{V}_{2k}$ における $\mathcal{V}_k$ の直交補空間であった。ここでは、空間の 1 つの直交基底が与えられた際に、その空間の中の直交補空間の生成子を計算する方法を用いよう。例えば、$\mathcal{W}_8$ の生成子を計算するには、$\mathcal{V}_{16}$ の基底から、$\mathcal{V}_8$ の基底に直交する射影を取る。この際、互いに直交したベクトルがたくさん得られるが、半分はゼロベクトルであり、残りの半分が $\mathcal{W}_8$ の基底となる。これを $\boldsymbol{w}_0^8, \boldsymbol{w}_1^8, \ldots, \boldsymbol{w}_7^8$ と書く。これらはどのような形をしているだろうか？

1 つ目のウェーブレットベクトルは、$\boldsymbol{b}_0^{16}$ の $\mathcal{V}_8$ の基底 $\boldsymbol{b}_0^8, \ldots, \boldsymbol{b}_7^8$ に直交する射影である。即ち

$$\boldsymbol{b}_0^{16} = \begin{array}{|c|c|c|c|c|c|c|c|c|c|c|c|c|c|c|c|}\hline 1&0&0&0&0&0&0&0&0&0&0&0&0&0&0&0\\\hline\end{array}$$

というベクトルの

$$\begin{array}{rl}
\boldsymbol{b}_0^{8} = & \begin{array}{|c|c|c|c|c|c|c|c|c|c|c|c|c|c|c|c|}\hline 1&1&0&0&0&0&0&0&0&0&0&0&0&0&0&0\\\hline\end{array}\\
\boldsymbol{b}_1^{8} = & \begin{array}{|c|c|c|c|c|c|c|c|c|c|c|c|c|c|c|c|}\hline 0&0&1&1&0&0&0&0&0&0&0&0&0&0&0&0\\\hline\end{array}\\
\vdots & \\
\boldsymbol{b}_7^{8} = & \begin{array}{|c|c|c|c|c|c|c|c|c|c|c|c|c|c|c|c|}\hline 0&0&0&0&0&0&0&0&0&0&0&0&0&0&1&1\\\hline\end{array}
\end{array}$$

に直交する射影である。特に、$\boldsymbol{b}_0^{16}$ の $\boldsymbol{b}_0^8$ に沿った射影は

$$((\boldsymbol{b}_0^{16} \cdot \boldsymbol{b}_0^8)/(\boldsymbol{b}_0^8 \cdot \boldsymbol{b}_0^8))\boldsymbol{b}_0^8$$

である。分子は 1 であり、分母は 2 であるから、$\boldsymbol{b}_0^{16}$ の $\boldsymbol{b}_0^8$ に沿った射影は次で与えられる†1。

$$\begin{array}{|c|c|c|c|c|c|c|c|c|c|c|c|c|c|c|c|}\hline .5&.5&0&0&0&0&0&0&0&0&0&0&0&0&0&0\\\hline\end{array}$$

$\boldsymbol{b}_0^{16}$ からこのベクトルを引くと次を得る。

$$\begin{array}{|c|c|c|c|c|c|c|c|c|c|c|c|c|c|c|c|}\hline .5&-.5&0&0&0&0&0&0&0&0&0&0&0&0&0&0\\\hline\end{array}$$

通常、`project_orthogonal` は、得られたベクトルの $\boldsymbol{b}_1^8, \ldots, \boldsymbol{b}_7^8$ に直交する射影を求めていくが、ここで得られたベクトルは既にこれらのベクトルと直交しているので、これが 1 つ目の基底ベクトル $\boldsymbol{w}_0^8$ となる。

$\boldsymbol{b}_1^{16}$ を $\mathcal{V}_8$ の箱基底に直交するように射影すると、ちょうど $-\boldsymbol{w}_0^8$ が得られるので、続いて、$\boldsymbol{b}_2^{16}$ を $\boldsymbol{b}_0^8, \ldots, \boldsymbol{b}_7^8$ に直交するように射影する。ここで $\boldsymbol{b}_2^{16}$ は $\boldsymbol{b}_1^8$ を除いた全てのベクトルと直交していることに注意して欲しい。その結果は 2 つ目の基底ベクトル

†1 ［訳注］式中では簡単のため、0.5 を、.5 と略記する。

$\boldsymbol{w}_1^8 =$	0	0	.5	-.5	0	0	0	0	0	0	0	0	0	0	0	0

となる。同様に、$\boldsymbol{w}_2^8, \boldsymbol{w}_3^8, \ldots, \boldsymbol{w}_7^8$ を得る。これらの基底ベクトルの形はいずれも同じである。即ち、2つの隣り合った要素に値 0.5、-0.5 を持ち、他の全ての要素は 0 となる。

ここで、それぞれのベクトルのノルムの 2 乗は

$$(0.5)^2 + (0.5)^2 = 2(0.25) = 0.5$$

だということに注意して欲しい。

ウェーブレットベクトル $\boldsymbol{w}_0^8, \ldots, \boldsymbol{w}_7^8$ は、$\mathcal{V}_{16}$ における $\mathcal{V}_8$ の直交補空間 $\mathcal{W}_8$ に対する直交基底である。これらのベクトルと、$\mathcal{V}_8$ の箱基底を組み合わせることで、$\mathcal{V}_{16}$ の直交基底を得る。

同じ方法で、$\mathcal{V}_8$ における $\mathcal{V}_4$ の直交補空間 $\mathcal{W}_4$ の基底を構成するベクトルを導くことができる。即ち、$\mathcal{V}_8$ の基底ベクトルを、$\mathcal{V}_4$ の基底ベクトルと直交するように射影する。結果、得られる $\mathcal{W}_4$ の基底は

$\boldsymbol{w}_0^4 =$	.5	.5	-.5	-.5	0	0	0	0	0	0	0	0	0	0	0	0
$\boldsymbol{w}_1^4 =$	0	0	0	0	.5	.5	-.5	-.5	0	0	0	0	0	0	0	0
$\boldsymbol{w}_2^4 =$	0	0	0	0	0	0	0	0	.5	.5	-.5	-.5	0	0	0	0
$\boldsymbol{w}_3^4 =$	0	0	0	0	0	0	0	0	0	0	0	0	.5	.5	-.5	-.5

である。それぞれのベクトルのノルムの 2 乗は次で与えられる。

$$(0.5)^2 + (0.5)^2 + (0.5)^2 + (0.5)^2 = 4(0.25) = 1$$

$\mathcal{W}_2$ の基底は

$\boldsymbol{w}_0^2 =$	.5	.5	.5	.5	-.5	-.5	-.5	-.5	0	0	0	0	0	0	0	0
$\boldsymbol{w}_1^2 =$	0	0	0	0	0	0	0	0	.5	.5	.5	.5	-.5	-.5	-.5	-.5

である。それぞれのベクトルのノルムの 2 乗は $8(0.5)^2 = 2$ である。

$\mathcal{W}_1$ の基底は、次の単一のベクトル

$\boldsymbol{w}_0^1 =$	.5	.5	.5	.5	.5	.5	.5	.5	-.5	-.5	-.5	-.5	-.5	-.5	-.5	-.5

だけから成り、このベクトルのノルムの 2 乗は $16(0.5)^2 = 4$ である。

10.3.4　$\mathcal{V}_1$ の基底

$\mathcal{V}_1$ の基底、即ち、1 ピクセルの画像の空間は、次の単一のベクトル

$\boldsymbol{b}_0^1 =$	1	1	1	1	1	1	1	1	1	1	1	1	1	1	1	1

だけから成り、このベクトルのノルムの 2 乗は 16 である。

ベクトル $\boldsymbol{b}_0^1$ と、ウェーブレットベクトル

$$
\begin{aligned}
\boldsymbol{w}_0^8, \boldsymbol{w}_1^8, \boldsymbol{w}_2^8, \boldsymbol{w}_3^8, \boldsymbol{w}_4^8, \boldsymbol{w}_5^8, \boldsymbol{w}_6^8, \boldsymbol{w}_7^8,\\
\boldsymbol{w}_0^4, \boldsymbol{w}_1^4, \boldsymbol{w}_2^4, \boldsymbol{w}_3^4,\\
\boldsymbol{w}_0^2, \boldsymbol{w}_1^2,\\
\boldsymbol{w}_0^1
\end{aligned}
$$

を合わせたものが、$\mathcal{V}^{16}$ のハールウェーブレット基底を成す。

10.3.5 一般の n について

n の値が 16 以外の場合のウェーブレットベクトルを考えたい。

全ての 2 の累乗 $s \leqq n$ に対し、$\mathcal{W}_s$ の基底ベクトルを $\boldsymbol{w}_0^s, \ldots, \boldsymbol{w}_{s-1}^s$ と書く。このとき、ベクトル $\boldsymbol{w}_i^s$ は、$(n/s)i, (n/s)i+1, \ldots, (n/s)i+n/2s-1$ 要素に 1/2、$(n/s)i+n/2s, (n/s)i+n/2s+1, \ldots, (n/s)i+n/s-1$ 要素に $-1/2$、その他の要素に 0 を持っている。

従って、これらのベクトルのノルムの 2 乗は

$$\|\boldsymbol{w}_i^s\|^2 = (n/s)\left(\frac{1}{2}\right)^2 = n/4s \tag{10-3}$$

となる。

$\mathcal{V}_1$ の基底 $\boldsymbol{b}_0^1$ は、n 個の要素全てが値 1 を持つ。従って、このベクトルのノルムの 2 乗は

$$\|\boldsymbol{b}_0^1\|^2 = n \tag{10-4}$$

となる。

10.3.6 ウェーブレット変換の最初のステップ

$\mathcal{V}_{16}$ の最初の基底は箱基底である。分解 $\mathcal{V}_{16} = \mathcal{V}_8 \oplus \mathcal{W}_8$ は、$\mathcal{V}_{16}$ の別な基底、即ち、$\mathcal{V}_8$ の箱基底と $\mathcal{W}_8$ のウェーブレット基底の和集合に対応する。最初の基底で表現されたベクトルが与えられると、変換の最初のステップでは、この別な基底による表現を求める。

例えば、$\boldsymbol{v}$ を 1 次元画像ベクトル

$$\begin{bmatrix} 4 & 5 & 3 & 7 & 4 & 5 & 9 & 7 & 2 & 3 & 3 & 5 & 0 & 0 & 0 & 0 \end{bmatrix}$$

とする。このベクトルに対応する画像は、次のようなものである。

これを最初の基底で表現すると

$$\boldsymbol{v} = 4\,\boldsymbol{b}_0^{16} + 5\,\boldsymbol{b}_1^{16} + 3\,\boldsymbol{b}_2^{16} + \cdots + 0\boldsymbol{b}_{15}^{16}$$

となる。入力ベクトルは、この線形結合の係数のリストとして、次のように表現される。

```
>>> v = [4,5,3,7,4,5,9,7,2,3,3,5,0,0,0,0]
```

ここでの目標は、このベクトルを、基底 $\boldsymbol{b}_0^8, \ldots, \boldsymbol{b}_7^8, \boldsymbol{w}_0^8, \ldots \boldsymbol{w}_7^8$ で表現することである。即ち

$$\boldsymbol{v} = x_0\,\boldsymbol{b}_0^8 + \cdots + x_7\,\boldsymbol{b}_7^8 + y_0\,\boldsymbol{w}_0^8 + \cdots + y_7\,\boldsymbol{w}_7^8$$

となるような $x_0, \ldots, x_7, y_0, \ldots, y_7$ を与えたい。右辺のベクトルは互いに直交しているので、右辺の各項は、$\boldsymbol{v}$ の各ベクトルに沿った射影となっている。このため、係数は、射影の係数についての式 (8-9)[†2]より、次のように与えられる。

$$\begin{aligned} x_i &= (\boldsymbol{v} \cdot \boldsymbol{b}_i^8)/(\boldsymbol{b}_i^8 \cdot \boldsymbol{b}_i^8) \\ y_i &= (\boldsymbol{v} \cdot \boldsymbol{w}_i^8)/(\boldsymbol{w}_i^8 \cdot \boldsymbol{w}_i^8) \end{aligned}$$

例えば、$\boldsymbol{b}_0^8$ について考えよう。これは第 0 要素と第 1 要素に 1 を持つので、その係数は

$$\begin{aligned} (\boldsymbol{v} \cdot \boldsymbol{b}_0^8)/(\boldsymbol{b}_0^8 \cdot \boldsymbol{b}_0^8) &= (4+5)/(1+1) \\ &= 4.5 \end{aligned}$$

である。つまり、$\boldsymbol{b}_0^8$ の係数は、最初の 2 つの要素の平均、4.5 である。一般に、$i = 0, 1, 2, \ldots, 7$ に対し、$\boldsymbol{b}_i^8$ の係数は第 $2i$ 要素と第 $2i+1$ 要素の平均である。ここでは次のような計算を行っている。

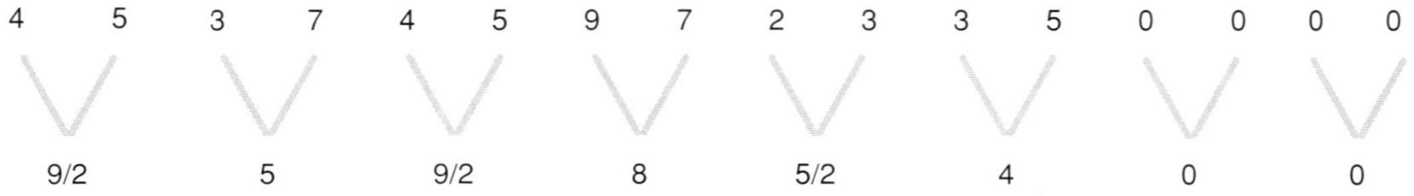

内包表記を用いて、$\boldsymbol{b}_0^8, \ldots, \boldsymbol{b}_7^8$ の係数から成るリストを導くことができる。

```
vnew = [(v[2*i]+v[2*i+1])/2 for i in range(len(v)//2)]
```

次に $\boldsymbol{w}_0^8$ の係数を計算する。再度、正射影の公式を用いると

$$\begin{aligned} (\boldsymbol{v} \cdot \boldsymbol{w}_0^8)/(\boldsymbol{w}_0^8 \cdot \boldsymbol{w}_0^8) &= \left(\frac{1}{2}4 - \frac{1}{2}5\right) / \left(\frac{1}{2}\frac{1}{2} + \frac{1}{2}\frac{1}{2}\right) \\ &= 4 - 5 \end{aligned}$$

を得る。分母の $\frac{1}{2}$ と、分子の $\frac{1}{2}$ が約分されるからである。

即ち、$\boldsymbol{w}_0^8$ の係数は、第 0 要素から第 1 要素を引いたものとなる。一般に、$i = 0, 1, 2, \ldots, 7$ に対し、$\boldsymbol{w}_i^8$ の係数は第 $2i$ 要素から第 $2i+1$ 要素を引いたものとなる。

直感的には、箱基底の係数は強度の組の平均であり、ウェーブレットベクトルの係数はその差であることが分かる。

---

†2 ［訳注］正射影の公式とも呼ばれる。

10.3.7 ウェーブレット分解の以降のステップ

ここまでウェーブレット分解の最初のステップだけを説明してきた。最初のステップでは以下を示した。

- 箱基底 $\boldsymbol{b}_0^{16},\ldots,\boldsymbol{b}_{15}^{16}$ の係数のリストから、箱基底 $\boldsymbol{b}_0^{8},\ldots,\boldsymbol{b}_7^{8}$ の係数のリストを得る方法
- 対応する 8 つのウェーブレット係数、即ち、$\boldsymbol{w}_0^{8},\ldots,\boldsymbol{w}_7^{8}$ の係数を得る方法

箱基底 $\boldsymbol{b}_0^{16},\ldots,\boldsymbol{b}_{15}^{16}$ の係数が 16 ピクセルの 1 次元画像に対するピクセルの強度だったように、箱基底 $\boldsymbol{b}_0^{8},\ldots,\boldsymbol{b}_7^{8}$ の係数を 16 ピクセルの画像をダウンサンプリングして得られた 8 ピクセルの 1 次元画像に対するピクセルの強度と考えるとよい。

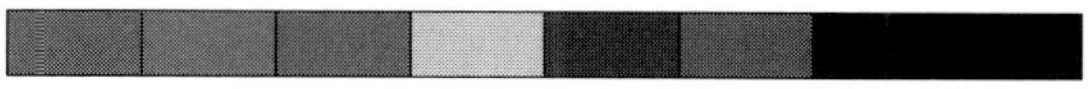

ウェーブレット分解の次のステップでは、8 ピクセルの画像に対し、第 1 ステップと同じ操作を行うことになり、結果、4 ピクセルの画像

と、更に 4 つのウェーブレット係数が得られる。

ウェーブレット分解の次のステップでは、更に、この 4 ピクセルの画像に対して操作を行い、結果、2 ピクセルの画像

と、更に 2 つのウェーブレット係数が得られる。

ウェーブレット分解の最後のステップでは、この 2 ピクセルの画像に対して操作を行い、1 ピクセルの画像

と、更に 1 つのウェーブレット係数が得られる。

箱基底の係数の計算を次の図に示す。

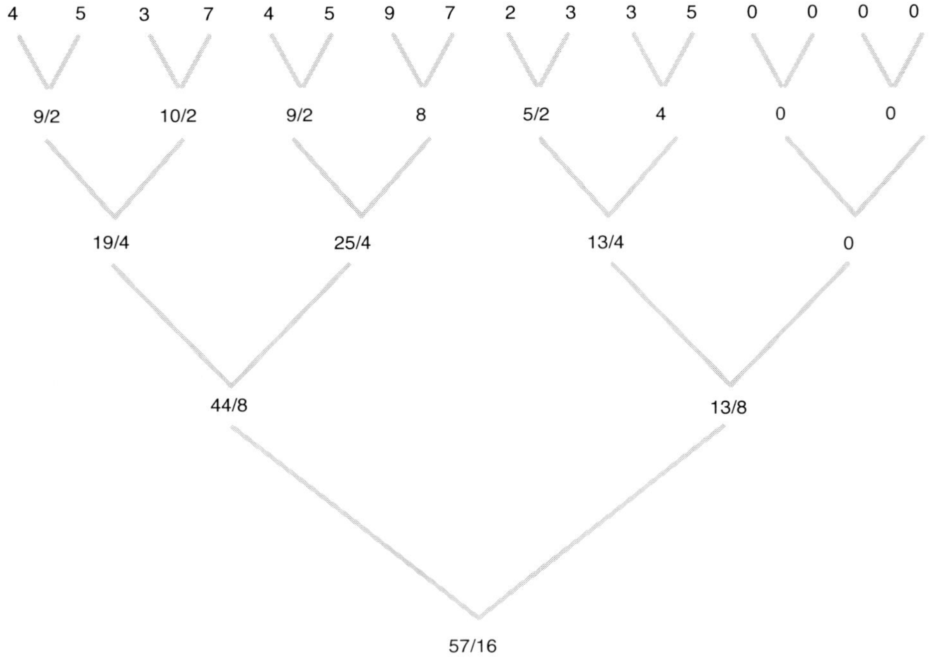

次の図では、箱基底の係数に加え、ウェーブレット係数（楕円の中の数）も示している。

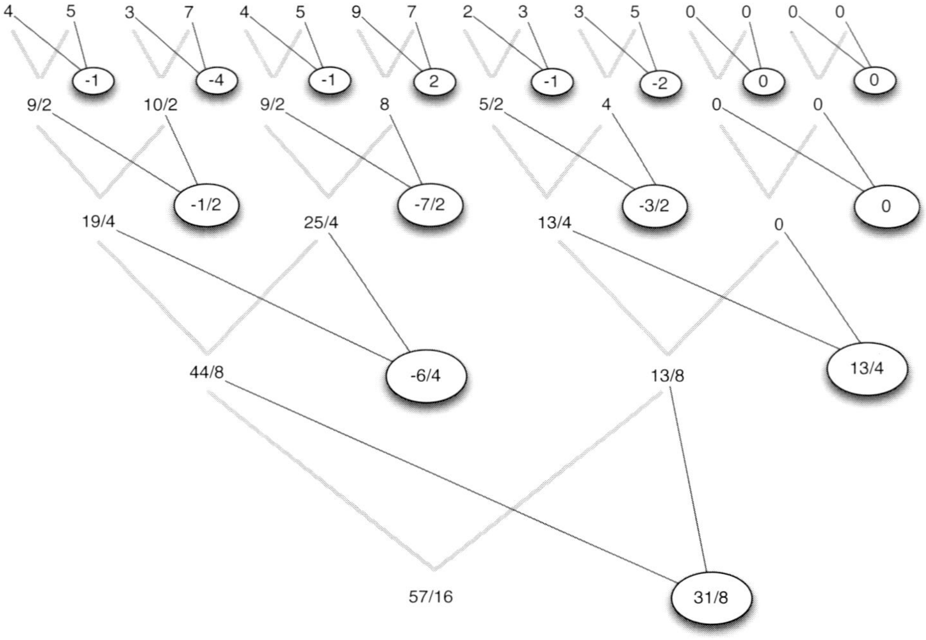

いま、全部で $8+4+2+1=15$ 個のウェーブレット係数がある。元のベクトル空間が16次元だったの

で、画像を一意的に表現するためには、もう 1 つ数が必要である。それが、1 ピクセルの画像を構成する 1 ピクセルの強度である。

以上より、これが $\mathcal{V}_{16}$ のウェーブレット変換となる。即ち、入力は元の 1 次元画像の強度のリストであり、出力は以下から成る。

- 15 個のウェーブレット係数、即ち、ウェーブレットベクトル

$$\begin{aligned}\boldsymbol{w}_0^8, \boldsymbol{w}_1^8, \boldsymbol{w}_2^8, \boldsymbol{w}_3^8, \boldsymbol{w}_4^8, \boldsymbol{w}_5^8, \boldsymbol{w}_6^8, \boldsymbol{w}_7^8,\\ \boldsymbol{w}_0^4, \boldsymbol{w}_1^4, \boldsymbol{w}_2^4, \boldsymbol{w}_3^4,\\ \boldsymbol{w}_0^2, \boldsymbol{w}_1^2,\\ \boldsymbol{w}_0^1\end{aligned}$$

  の係数
- 1 ピクセル画像のピクセルの強度（全ての強度の平均）

n ピクセルの 1 次元画像（ここで n は 2 の累乗とする）の場合、入力は元の画像の強度のリストであり、出力は以下のようになる。

- $n/2 + n/4 + n/8 + \cdots + 2 + 1 = n - 1$ 個のウェーブレット係数
- 全ての強度の平均

10.3.8 正規化

ここまでで説明してきた基底は正規直交基底ではない。なぜならノルムが 1 ではないからである。（例えば）圧縮が目的なら、ベクトルは正規直交基底で表現した方がよい。基底ベクトルの正規化は、自身のノルムで割ることにより実行された。基底ベクトルに対する正規化に合わせ、対応する係数に、元の基底ベクトルのノルムを掛ける必要がある。即ち、必ずしもノルムが 1 ではないベクトルで表されたベクトル $\boldsymbol{v}$

$$\boldsymbol{v} = \alpha_1 \boldsymbol{v}_1 + \cdots + \alpha_n \boldsymbol{v}_n$$

が与えられたとき、正規化されたベクトルによる表現は

$$\boldsymbol{v} = (\|\boldsymbol{v}_1\|\alpha_1)\frac{\boldsymbol{v}_1}{\|\boldsymbol{v}_1\|} + \cdots + (\|\boldsymbol{v}_n\|\alpha_n)\frac{\boldsymbol{v}_n}{\|\boldsymbol{v}_n\|}$$

となる。

これまでに説明したウェーブレット係数を求める方法で、**非正規**基底ベクトルの係数が得られた。従って、最後のステップが必要となる。このステップでは、各係数が正規基底ベクトルの係数となるように調整しなければばならない。

- 式 (10-3) より、非正規なハールウェーブレット基底ベクトル $\boldsymbol{w}_i^s$ のノルムの 2 乗は $n/4s$ なので、その係数には $\sqrt{n/4s}$ を掛ける必要がある
- 式 (10-4) より、$\mathcal{V}_1$ の基底を成す箱基底 $\boldsymbol{b}_0^1$ のノルムの 2 乗は n なので、その係数には $\sqrt{n}$ を掛ける必要がある

10.3.9 逆変換

このウェーブレット変換の出力は、元のベクトル空間のハールウェーブレット基底の係数から成る。このとき、元のベクトルの情報は失われていないので、この処理を逆順に辿ることができる。逆変換では、ウェーブレット係数を用いて、$\mathcal{V}_2, \mathcal{V}_4, \mathcal{V}_8, \ldots$ の箱基底の係数を順に求めていく。

10.3.10 実装

ラボでは、順変換と逆変換を実装する。また、これらが実際の 2 次元画像の変換にどのように用いられるかを確かめ、画像の非可逆圧縮の実験をしてみよう。

10.4 多項式の評価と補間

次数 d の多項式とは、1 変数関数で

$$f(x) = a_0 1 + a_1 x^1 + a_2 x^2 + \cdots + a_d x^d$$

という形のものである。ここで、$a_0, a_1, \ldots, a_d$ はスカラーであり、これらは多項式の**係数**と呼ばれる。即ち、次数 d の多項式は、これらの係数から成る $d+1$ 要素のベクトル $(a_0, a_1, a_2, \ldots, a_d)$ で指定することができる。

数 r における多項式の**値**とは、この関数の r に関する像のことである。つまり、値を得るには x に r を代入すればよい。また、多項式を**評価する**とは、多項式の値を得ることである。例えば、7 で多項式 $2+3x+x^2$ を評価すると 72 となる。

与えられた r に対し、r における多項式の値が 0 となるとき、r を多項式の**根**(こん)と呼ぶ。特に、多項式に対し、次の有名な定理が成り立つ。

定理 10.4.1： 次数 d の任意のゼロでない多項式 $f(x)$ に対し、f の像が 0 となるような値 x が高々 d 個存在する。

a_1 以外の係数が全て 0 でない限り、多項式は線形関数ではない。しかし、ここには線形関数が潜んでいる。それは与えられた数 r に対し、係数のベクトル $(a_0, a_1, a_2, \ldots, a_d)$ を入力とし、r における多項式の値を出力とする関数である。例えば、r を 2 とし、d を 3 とする。このとき、対応する線形関数は

$$g((a_0, a_1, a_2, a_3)) = a_0 + a_1 2 + a_2 4 + a_3 8$$

である。この関数は、行列と列ベクトルの積として、次のように書くことができる。

$$\begin{bmatrix} 1 & 2 & 4 & 8 \end{bmatrix} \begin{bmatrix} a_0 \\ a_1 \\ a_2 \\ a_3 \end{bmatrix}$$

任意の値 r に対し、左側の行列は

$$\begin{bmatrix} r^0 & r^1 & r^2 & r^3 \end{bmatrix}$$

となる。より一般に k 個の数 $r_0, r_1, \ldots, r_{k-1}$ を考える。対応する線形関数は、次数 d の多項式を指定する係数のベクトル $(a_0, \ldots, a_d)$ を入力とし

- r_0 における多項式の値
- r_1 における多項式の値
- $\vdots$
- r_{k-1} における多項式の値

から成るベクトルを出力とする。$d = 3$ の場合、この線形関数は、行列と列ベクトルの積を用いて、次のように書ける。

$$\begin{bmatrix} r_0^0 & r_0^1 & r_0^2 & r_0^3 \\ r_1^0 & r_1^1 & r_1^2 & r_1^3 \\ r_2^0 & r_2^1 & r_2^2 & r_2^3 \\ r_3^0 & r_3^1 & r_3^2 & r_3^3 \\ \vdots & & & \\ r_{k-1}^0 & r_{k-1}^1 & r_{k-1}^2 & r_{k-1}^3 \end{bmatrix} \begin{bmatrix} a_0 \\ a_1 \\ a_2 \\ a_3 \end{bmatrix}$$

任意の d に対しては次のように書ける。

$$\begin{bmatrix} r_0^0 & r_0^1 & r_0^2 & \cdots & r_0^d \\ r_1^0 & r_1^1 & r_1^2 & \cdots & r_1^d \\ r_2^0 & r_2^1 & r_2^2 & \cdots & r_2^d \\ r_3^0 & r_3^1 & r_3^2 & \cdots & r_3^d \\ \vdots & & & & \\ r_{k-1}^0 & r_{k-1}^1 & r_{k-1}^2 & \cdots & r_{k-1}^d \end{bmatrix} \begin{bmatrix} a_0 \\ a_1 \\ a_2 \\ \vdots \\ a_d \end{bmatrix}$$

この線形関数に対し、次の定理が成り立つ。

定理 10.4.2： $k = d + 1$、かつ、数 $r_0, \ldots, r_{k-1}$ が全て異なっているならば、この関数は可逆である。

証明

次数 d の 2 つの多項式 $f(x)$、$g(x)$ で、$f(r_0) = g(r_0), f(r_1) = g(r_1), \ldots, f(r_d) = g(r_d)$ を満たすものがあったとする。3 つ目の多項式を $h(x) = f(x) - g(x)$ で定義する。このとき、h の次数は高々 d であり、かつ、$h(r_0) = h(r_1) = \cdots = h(r_d) = 0$ となる。従って、先の定理により $h(x)$ はゼロ多項式である[†3]。故に、$f(x) = g(x)$ が分かる。 □

次数 d の多項式の $r_0, \ldots, r_d$ における値が与えられたとき、この多項式の係数を返すような関数が存在する。値から係数を導く処理は**多項式の補間**と呼ばれる。即ち、多項式の評価と補間は、互いに逆関数の関係にある。

†3 ［訳注］次数 d の多項式の根は、最大で d 個なので、それ以上根があるということは、これがゼロ多項式であることを意味する。

次数 d の多項式を係数で定義したが、代わりに $r_0, \ldots, r_d$ における値で表現することもできる。2 つの表現にはそれぞれの強みがある。例えば以下が挙げられる。

- 全く異なる値で新たに多項式の評価をしたいときは、係数が分かっていると便利である
- 2 つの多項式の積を取りたいときは、値による表現を用いた方が楽である。単に対応する値の積を取るだけでよい

実際、係数で表現された次数 d の 2 つの多項式の積を取るための、現在知られている最も速いアルゴリズムは、(a) 係数による表現から値による表現へ変換し、(b) その表現を用いた積を計算して、(c) 得られた結果を係数による表現に戻す変換をかける、というものである。

しかし、これを高速なアルゴリズムにするためには、勝手な値ではできず、用いる値を注意深く選ばなければならない。その鍵となるサブルーチンが高速フーリエ変換アルゴリズムである。

10.5 フーリエ変換

音は、振幅のサンプルの列として、デジタルで保存することができる。マイクをアナログデジタル変換機に接続し、変換機はデジタル表現された振幅の列を特定のレート（例えば毎秒 40000 サンプル）で出力するものとする。ここで、2 秒間の音のデータを考えよう。これは 80000 個の数値のサンプルとなり、80000 要素のベクトルとして表現することができる。これは標準基底で表された表現である。

純音とはサイン波で表される音である。離散フーリエ基底はサイン波から成る。音のサンプルが純音をサンプリングしたものであり、更に、その純音の振動数を注意深く選んでいれば、この音のサンプルのフーリエ基底による表現はとてもスパースになり、0 ではないものが 1 つしか存在しない。より一般に、音のサンプルがいくつかの純音だけを合わせたものから成る場合、そのフーリエ表現はやはりスパースになる。

次の例は 2 つの純音を混ぜて得られる信号である。

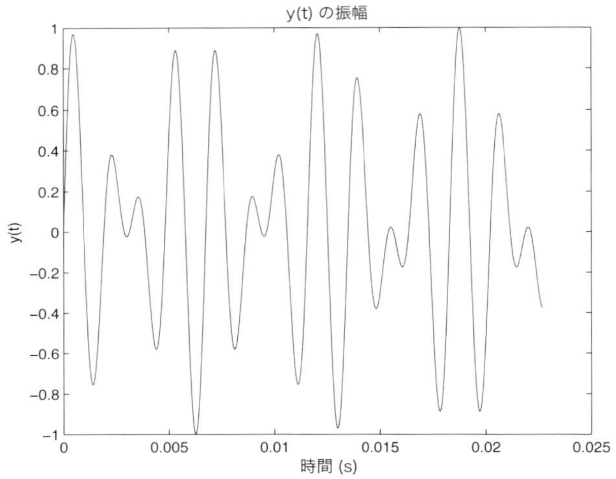

この信号のフーリエ基底を用いた座標表現をプロットすると次の図のようになる。

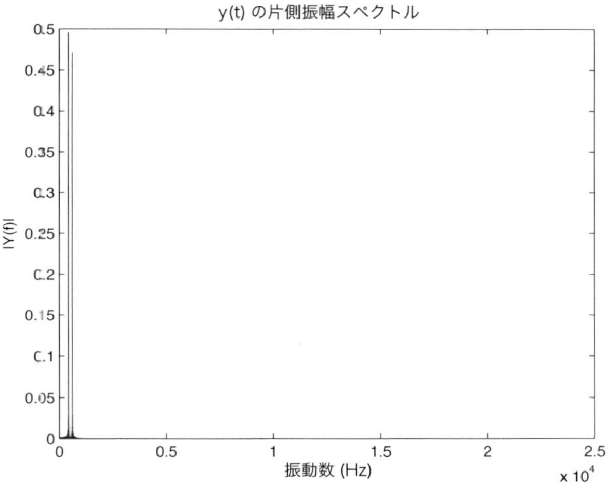

次の図は、乱数ジェネレータによって生成された信号である。ランダムに生成された信号は**ノイズ**と呼ばれる。

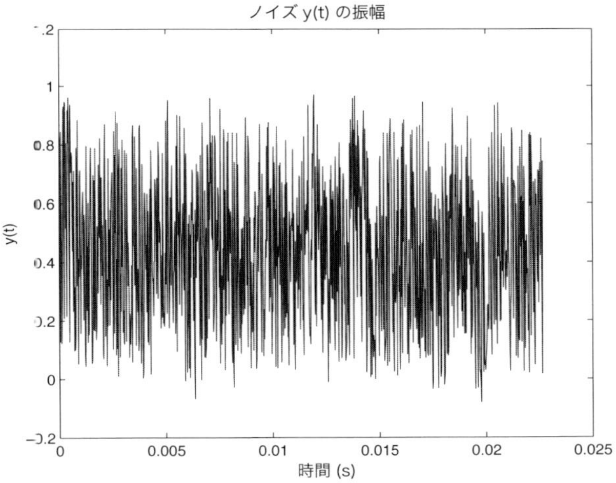

このノイズに2つの純音から成る信号を加えても、それはまだかなり乱れているように**見える**が、耳は2つの音をノイズから聞き分けることができる。即ちフーリエ変換することができるのである。次の図は、ノイズと2つの純音から成る信号を足し合わせたものを、フーリエ基底を用いて座標表現し、プロットしたものである。

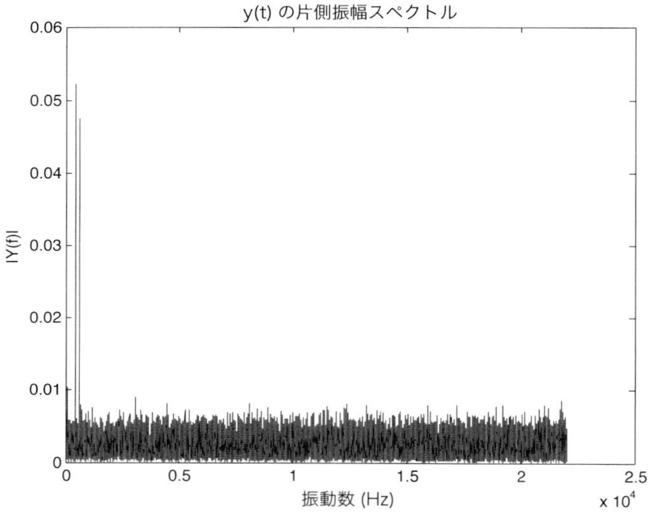

このとき、小さな係数を無視することで次の図を得ることができる。

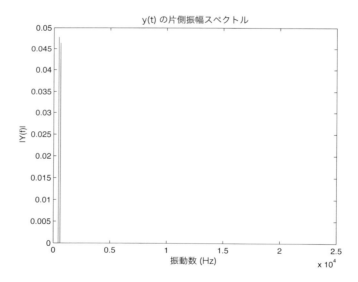

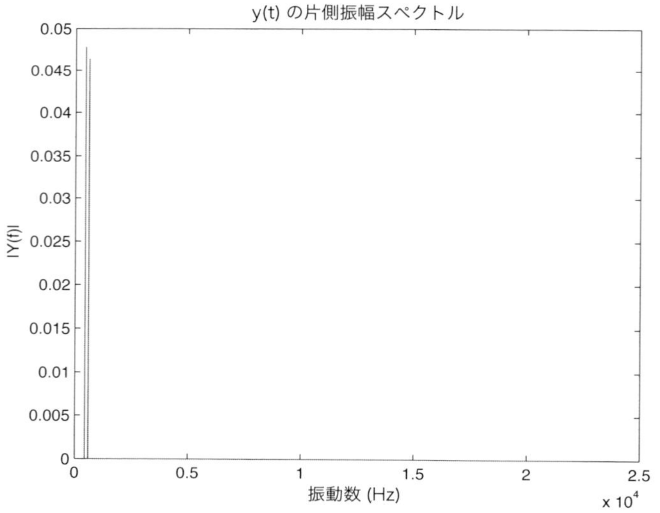

この表現から標準基底による表現へ変換することで、次の図を得ることができる。

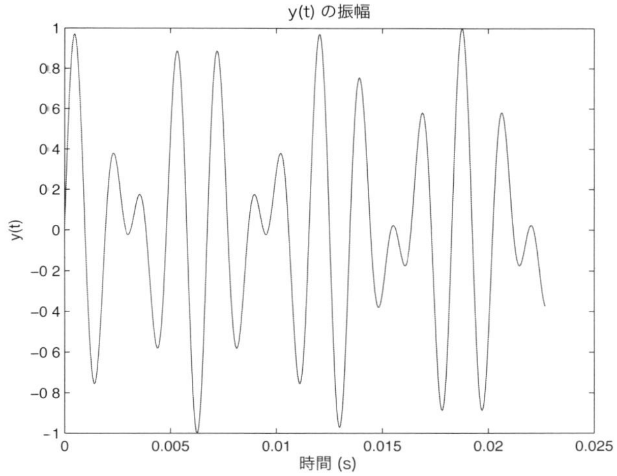

これはちょうど元の音のように見える（聞こえる、というべきだろうか）。

10.6 離散フーリエ変換

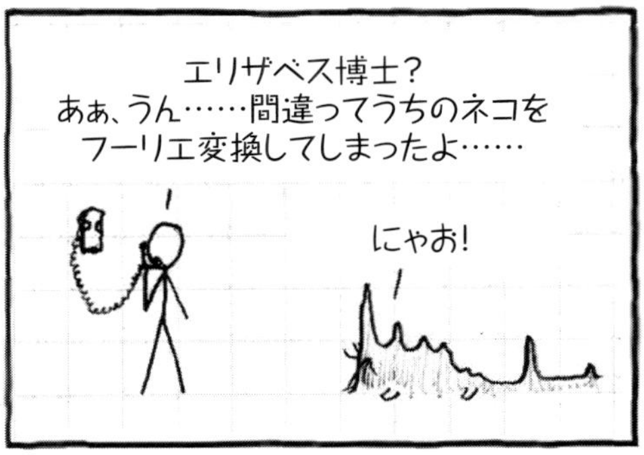

フーリエ（http://xkcd.com/26/）

10.6.1 指数法則

指数はよく知られた2つの指数法則により、素晴らしい働きをする。1つ目の指数法則は

$$e^u e^v = e^{u+v} \quad \text{（2つの冪の積を求めることは、2つの冪の指数の\textbf{和}を求めることに等しい）}$$

であり、これは1.4.9節で説明した。2つ目の指数法則は

$$(e^u)^v = e^{uv} \quad \text{（冪の冪を求めることは、2つの冪の指数の\textbf{積}を求めることに等しい）}$$

である。

10.6.2　n 個のストップウォッチ

$e^{(2\pi/n)\mathrm{i}}$ を ω と書く。ここでは $F(t)=\omega^t$ で定義される関数 $F:\mathbb{R}\longrightarrow\mathbb{C}$ を考えることにしよう。$t=0$ において $F(t)$ は $1+0\mathrm{i}$ である。t が大きくなるにつれて、$F(t)$ は単位円上を周回し、$t=n,2n,3n,\ldots$ で $1+0\mathrm{i}$ に戻る。従って $F(t)$ は周期 n を持つ（また、それ故、振動数は $1/n$ である）。$F(t)$ を反時計周りに回るストップウォッチと考えることにしよう。

この考え方に基づき、n 個のストップウォッチを定義し、それぞれの時計の針は異なる速さで動くものとしよう。しかし、これら n 個のストップウォッチは、$F(t)$ よりかなり小さいとする。即ち、それらの円の半径は 1 ではなく、全て $\frac{1}{\sqrt{n}}$ であるとする（このようにより小さい半径を選ぶ理由は、後で見るように、これらの関数の値のノルムが 1 となるようにするためである）。

関数 $F_1:\mathbb{R}\longrightarrow\mathbb{C}$ を、次で定義する。

$$F_1(t)=\frac{1}{\sqrt{n}}\omega^t \tag{10-5}$$

即ち、$F_1(t)$ は $F(t)$ とそっくりで、ただ値が小さくなっただけである。例えば、$t=0$ で、$F_1(0)=\frac{1}{\sqrt{n}}+0\mathrm{i}$ である。$F_1(t)$ の周期は、$F(t)$ の周期と同じように n であることに注意して欲しい。

$k=0,1,2,\ldots,n-1$ に対し、$F_k(t)=\frac{1}{\sqrt{n}}(\omega^k)^t$ と定義する。

関数 $F_0(t),F_1(t),F_2(t),\ldots,F_{n-1}(t)$ は、それぞれ $t=0$ において値 $\frac{1}{\sqrt{n}}+0\mathrm{i}$ を持つが、t が増えるにつれて、これらは半径 $\frac{1}{\sqrt{n}}$ の円の周りを、それぞれ異なる速度で回る。

- $F_2(t)$ が最初に $\frac{1}{\sqrt{n}}+0\mathrm{i}$ に戻ってくるのは t が $n/2$ になるときである。
- $F_3(t)$ が最初に戻ってくるのは $t=n/3$ になるときであり、他も同様である。

従って $F_k(t)$ の周期は n/k である。

- $F_0(t)$ の周期は $n/0$ である。即ち、無限大であるが、それは $F_0(t)$ が永久に動かないからである。時計の針は永遠に $\frac{1}{\sqrt{n}} + 0\mathrm{i}$ を指している。

10.6.3 離散フーリエ空間：基底関数のサンプリング

フーリエ解析では、関数をこのようなストップウォッチの線形結合として表現する。ここでは**離散**フーリエ解析を扱うことにする。離散フーリエ解析を用いて、値 $t = 0, 1, 2, \ldots, n-1$ でサンプリングされた関数 $s(t)$ を、同一時刻でサンプリングされたストップウォッチ $F_0(t), F_1(t), F_2(t), \ldots, F_{n-1}(t)$ の線形結合で表現しよう。

信号 $s(t)$ のサンプルはベクトル

$$\boldsymbol{s} = \begin{bmatrix} s(0) \\ s(1) \\ s(2) \\ \vdots \\ s(n-1) \end{bmatrix}$$

に格納される。

同様にストップウォッチ $F_j(t)$ のサンプルもベクトルで書く。

$$\begin{bmatrix} F_j(0) \\ F_j(1) \\ F_j(2) \\ \vdots \\ F_j(n-1) \end{bmatrix}$$

ここでの目標は、信号のサンプルから成るベクトル $\boldsymbol{s}$ を、ストップウォッチのサンプルから成るベクトルの線形結合として表現するための方程式を書くことだ。この線形結合の係数は**フーリエ係数**と呼ばれる。

幸運なことに、我々は既にその方法を知っている。ストップウォッチベクトルを列ベクトルに持つ行列 $\mathcal{F}$ を作り、フーリエ係数 $\phi_0, \phi_1, \phi_2, \ldots, \phi_{n-1}$（各ストップウォッチに対して 1 つある）から成るベクトル ϕ を作る。更に、線形結合による行列とベクトルの積の定義を利用すると、求める方程式は、行列の方程式 $\mathcal{F}_n\phi = \boldsymbol{s}$ と書くことができる。より明示的に書くと、方程式は次のようになる。

$$\left[\begin{array}{c|c|c|c|c} F_0(0) & F_1(0) & F_2(0) & & F_{n-1}(0) \\ F_0(1) & F_1(1) & F_2(1) & & F_{n-1}(1) \\ F_0(2) & F_1(2) & F_2(2) & & F_{n-1}(2) \\ F_0(3) & F_1(3) & F_2(3) & \cdots & F_{n-1}(3) \\ F_0(4) & F_1(4) & F_2(4) & & F_{n-1}(4) \\ F_0(5) & F_1(5) & F_2(5) & & F_{n-1}(5) \\ \vdots & \vdots & \vdots & & \vdots \\ F_0(n-1) & F_1(n-1) & F_2(n-1) & & F_{n-1}(n-1) \end{array}\right] \begin{bmatrix} \phi_0 \\ \\ \phi_1 \\ \\ \phi_2 \\ \vdots \\ \phi_{n-1} \end{bmatrix} = \begin{bmatrix} s(0) \\ s(1) \\ s(2) \\ s(3) \\ s(4) \\ s(5) \\ \vdots \\ s(n-1) \end{bmatrix}$$

本書では左辺の行列をフーリエ行列と呼ぶことにしよう。この方程式は信号の 2 つの異なる表現を関連付けている。それは、信号のサンプルによる表現と、(サンプリングされた) ストップウォッチの重み付き和としての表現である。

この 2 つの表現は、どちらも有用である。

- .wav ファイルは音の信号を信号のサンプルで表現したものであり、それをストップウォッチによる表現にすれば、音の中でどの周波数 (振動数) のものが最も突出しているかを教えてくれる。信号は最初の形式で取り込まれる (アナログデジタル変換機につながったマイクがサンプルを出力する) が、音の解析では 2 番目の形式への変換が行われることが多い。
- MRI (磁気共鳴画像) では、信号は大雑把にはフーリエ係数のベクトル ϕ として取り込まれるが、デジタル画像の作成にはサンプル $\boldsymbol{s}$ が必要である。

方程式 $\mathcal{F}_n\phi = \boldsymbol{s}$ は 2 つの表現の間の変換を行う方法を教えてくれる。

- 与えられた ϕ に対し、左から $\mathcal{F}_n$ を掛けることで $\boldsymbol{s}$ を得ることができる
- 与えられた $\boldsymbol{s}$ に対し、行列の方程式を解く、あるいは、$\boldsymbol{s}$ に左から逆行列 $\mathcal{F}_n^{-1}$ を掛けることで ϕ を得ることができる

10.6.4 フーリエ行列の逆行列

普通、線形系を解くには逆行列を計算し、それを掛けるのが望ましい方法である。しかし、フーリエ行列はその点でとても特殊である。というのも、フーリエ行列の逆行列は、フーリエ行列自身にとてもよく似ているのである。

これを確認するための最初のステップとして、フーリエ行列を特別な種類の行列のスカラー倍として書こう。ω を $e^{\theta \mathrm{i}}$ という形の複素数とし、$W(\omega, n)$ を次のような行列とする。

- 行、及び、列のラベル集合が $\{0, 1, 2, 3, \ldots, n-1\}$
- rc 要素が $\omega^{r \cdot c}$ と等しい

即ち、具体的には、次のようなものである。

$$W(\omega, n) = \begin{bmatrix} \omega^{0\cdot 0} & \omega^{0\cdot 1} & \omega^{0\cdot 2} & & \omega^{0\cdot (n-1)} \\ \omega^{1\cdot 0} & \omega^{1\cdot 1} & \omega^{1\cdot 2} & & \omega^{1\cdot (n-1)} \\ \omega^{2\cdot 0} & \omega^{2\cdot 1} & \omega^{2\cdot 2} & & \omega^{2\cdot (n-1)} \\ \omega^{3\cdot 0} & \omega^{3\cdot 1} & \omega^{3\cdot 2} & & \omega^{3\cdot (n-1)} \\ \omega^{4\cdot 0} & \omega^{4\cdot 1} & \omega^{4\cdot 2} & \cdots & \omega^{4\cdot (n-1)} \\ \omega^{5\cdot 0} & \omega^{5\cdot 1} & \omega^{5\cdot 2} & & \omega^{5\cdot (n-1)} \\ \vdots & \vdots & \vdots & & \vdots \\ \omega^{(n-1)\cdot 0} & \omega^{(n-1)\cdot 1} & \omega^{(n-1)\cdot 2} & & \omega^{(n-1)\cdot (n-1)} \end{bmatrix}$$

コンピュータでこの行列を明示的に表現しても使うことはないが、Python では

```
def W(w, n):
```

```
    R=set(range(n))
    return Mat((R,R), {(r,c):w**(r*c) for r in R for c in R})
```

と書ける。このように定義すると、$\mathcal{F}_n = \frac{1}{\sqrt{n}} W(e^{2\pi \mathrm{i}/n}, n)$ と書くことができる。

定理 10.6.1（逆フーリエ変換定理）： $\mathcal{F}_n^{-1} = \frac{1}{\sqrt{n}} W(e^{-2\pi \mathrm{i}/n}, n)$

逆フーリエ変換定理を証明するには、次の補題を証明すれば十分である。

補題 10.6.2： $W(e^{2\pi \mathrm{i}/n}, n) W(e^{-2\pi \mathrm{i}/n}, n) = n\mathbb{1}$

証明

$e^{2\pi \mathrm{i}/n}$ を ω と書くことにする。このとき $e^{-2\pi \mathrm{i}/n} = (e^{2\pi \mathrm{i}/n})^{-1} = \omega^{-1}$ であることに注意する。ドット積による行列と行列の積の定義より、この積の rc 要素は $W(e^{2\pi \mathrm{i}/n}, n)$ の r 行と $W(e^{-2\pi \mathrm{i}/n}, n)$ の c 列のドット積

$$\begin{aligned} &\omega^{r0}\omega^{-0c} + \omega^{r1}\omega^{-1c} + \omega^{r2}\omega^{-2c} + \cdots \omega^{r(n-1)}\omega^{-(n-1)c} && \text{(10-6)} \\ &= \omega^{0(r-c)} + \omega^{1(r-c)} + \omega^{2(r-c)} + \cdots + \omega^{(n-1)(r-c)} && \text{指数の和の法則より} \end{aligned}$$

となる。これには 2 つの可能性がある。$r = c$ の場合、式 (10-6) のそれぞれの指数は 0、即ち、この式は

$$\begin{aligned} &\omega^0 + \omega^0 + \omega^0 + \cdots + \omega^0 \\ &= 1 + 1 + 1 + \cdots + 1 \\ &= n \end{aligned}$$

と等価になる。

次に $r \neq c$ とすると、指数の積の法則より、式 (10-6) は

$$(\omega^{r-c})^0 + (\omega^{r-c})^1 + (\omega^{r-c})^2 + \cdots + (\omega^{r-c})^{n-1} \tag{10-7}$$

と等価になる。z を上記の式の値とし、z が 0 になることを示そう。$r \neq c$ であり、また、c と r はどちらも 0 から $n-1$ の間の数なので、ω^{r-c} は 1 でないことが分かる。このことから、z に ω^{r-c} を掛けても z であることを示す。つまり、

$$\omega^{r-c} z = z$$

であり

$$(\omega^{r-c} - 1) z = 0$$

が成り立つ。即ち $z=0$ が示せる。

z に ω^{r-c} を掛けたものが z となることを示し、証明を完了させよう。

$$\begin{aligned}
\omega^{r-c}z &= \omega^{r-c}((\omega^{r-c})^0 + (\omega^{r-c})^1 + (\omega^{r-c})^2 + \cdots + (\omega^{r-c})^{n-2} + (\omega^{r-c})^{n-1}) \\
&= (\omega^{r-c})^1 + (\omega^{r-c})^2 + (\omega^{r-c})^3 + \cdots + (\omega^{r-c})^{n-1} + (\omega^{r-c})^n \\
&= (\omega^{r-c})^1 + (\omega^{r-c})^2 + (\omega^{r-c})^3 + \cdots + (\omega^{r-c})^{n-1} + (\omega^n)^{r-c} \\
&= (\omega^{r-c})^1 + (\omega^{r-c})^2 + (\omega^{r-c})^3 + \cdots + (\omega^{r-c})^{n-1} + 1^{r-c} \\
&= (\omega^{r-c})^1 + (\omega^{r-c})^2 + (\omega^{r-c})^3 + \cdots + (\omega^{r-c})^{n-1} + (\omega^{r-c})^0 \\
&= z
\end{aligned}$$

□

10.6.5　高速フーリエ変換（FFT）アルゴリズム

実際の応用では、大抵サンプルの数 n は非常に大きな数なので、これらの計算に必要な時間について考えておく必要がある。$\mathcal{F}$ や $\mathcal{F}^{-1}$ を左から掛けるためには、n^2 回の積が必要に思える。しかし

- $\mathcal{F}$ の積は $W(e^{2\pi\mathrm{i}/n}, n)$ と積を取り、$\frac{1}{\sqrt{n}}$ でスケーリングすることで計算できる
- 同様に、$\mathcal{F}^{-1}$ の積は、まず $W(e^{-2\pi\mathrm{i}/n}, n)$ と積を取り、スケーリングすることで計算できる

以下の前提条件が満たされるとき、$W(\omega, n)$ の積を計算するための高速なアルゴリズムが存在する。そのアルゴリズムを**高速フーリエ変換**（*FFT：Fast Fourier Transform*）と呼ぶ。

FFTの前提条件

- n は2の累乗である
- $\omega^n = 1$ である

このアルゴリズムを実行するには、$O(n \log n)$ 程度の時間がかかるが、n が大きい場合は行列とベクトルの積をそのまま計算するよりもかなり速い。FFTは現代のデジタル信号処理の中心的役割を果たしている。

10.6.6　FFTの導出

以下に $\mathrm{FFT}(\omega, \boldsymbol{s})$ の機能を示す。

- **入力**：n 個の複素数のリスト $\boldsymbol{s} = [s_0, s_1, s_2, \ldots, s_{n-1}]$、$\omega^n = 1$ を満たす複素数 ω（n は2の累乗）
- **出力**：$k = 0, 1, 2, \ldots, n-1$ に対し

$$z_k = s_0(\omega^k)^0 + s_1(\omega^k)^1 + s_2(\omega^k)^2 + \cdots + s_{n-1}(\omega^k)^{n-1} \tag{10-8}$$

　で与えられる複素数のリスト $[z_0, z_1, z_2, \ldots, z_{n-1}]$

リスト $\boldsymbol{s}$ が多項式関数を表していると解釈すると便利である。この多項式関数は次のようになる。

$$s(x) = s_0 + s_1 x + s_2 x^2 + \cdots + s_{n-1} x^{n-1}$$

即ち、式 (10-8) より、出力されるリストの k 番目の要素は、入力 ω^k に対する $s(x)$ の値である。

このアルゴリズムの最初のステップは、リスト $\boldsymbol{s} = [s_0, s_1, s_2, \ldots, s_{n-1}]$ を半分に分割することだ。

- $\boldsymbol{s}$ の偶数番目の要素から成るリスト $\boldsymbol{s}_{even}$

$$\boldsymbol{s}_{even} = [s_0, s_2, s_4, \ldots, s_{n-2}]$$

- $\boldsymbol{s}$ の奇数番目の要素から成るリスト $\boldsymbol{s}_{odd}$

$$\boldsymbol{s}_{odd} = [s_1, s_3, s_5, \ldots, s_{n-1}]$$

$\boldsymbol{s}$ と同様に、$\boldsymbol{s}_{even}$ と $\boldsymbol{s}_{odd}$ は、次の多項式関数を表すものと解釈することができる。

$$s_{even}(x) = s_0 + s_2 x + s_4 x^2 + s_6 x^3 + \cdots + s_{n-2} x^{\frac{n-2}{2}}$$
$$s_{odd}(x) = s_1 + s_3 x + s_5 x^2 + s_7 x^3 + \cdots + s_{n-1} x^{\frac{n-2}{2}}$$

このとき、FFT の土台となるのは、多項式 $s(x)$ を多項式 $s_{even}(x)$ と $s_{odd}(x)$ で表現した、次の関係式である。

$$s(x) = s_{even}(x^2) + x \cdot s_{odd}(x^2) \tag{10-9}$$

この関係式により、$s_{even}(x)$ と s_{odd} を $(\omega^0)^2, (\omega^1)^2, (\omega^2)^2, (\omega^3)^2, \ldots, (\omega^{n-1})^2$ で評価し、対応する値を以下のように組み合わせることで、FFT の目標（$s(x)$ の $\omega^0, \omega^1, \omega^2, \omega^3, \ldots, \omega^{n-1}$ における評価）を達成できる。

$$\begin{array}{rcl} s(\omega^0) & = & s_{even}((\omega^0)^2) + \omega^0 s_{odd}((\omega^0)^2) \\ s(\omega^1) & = & s_{even}((\omega^1)^2) + \omega^1 s_{odd}((\omega^1)^2) \\ s(\omega^2) & = & s_{even}((\omega^2)^2) + \omega^2 s_{odd}((\omega^2)^2) \\ s(\omega^3) & = & s_{even}((\omega^3)^2) + \omega^3 s_{odd}((\omega^3)^2) \\ & \vdots & \\ s(\omega^{n-1}) & = & s_{even}((\omega^{n-1})^2) + \omega^{n-1} s_{odd}((\omega^{n-1})^2) \end{array} \tag{10-10}$$

FFT では、n 個の異なる値で $s_{even}(x)$ と $s_{odd}(x)$ を評価する必要があるように見えるが、しかし実際には

$$(\omega^0)^2, (\omega^1)^2, (\omega^2)^2, (\omega^3)^2, \ldots, (\omega^{n-1})^2$$

は、全て異なるわけではない！ なぜなら、10.6.5 節の前提条件より、$\omega^n = 1$ を満たすので、以下の関係が成り立つからである。

$$\begin{array}{ccccc}
(\omega^0)^2 & = & (\omega^0)^2(\omega^{\frac{n}{2}})^2 & = & (\omega^{0+\frac{n}{2}})^2 \\
(\omega^1)^2 & = & (\omega^1)^2(\omega^{\frac{n}{2}})^2 & = & (\omega^{1+\frac{n}{2}})^2 \\
(\omega^2)^2 & = & (\omega^2)^2(\omega^{\frac{n}{2}})^2 & = & (\omega^{2+\frac{n}{2}})^2 \\
(\omega^3)^2 & = & (\omega^3)^2(\omega^{\frac{n}{2}})^2 & = & (\omega^{3+\frac{n}{2}})^2 \\
 & \vdots & & & \\
(\omega^{\frac{n}{2}-1})^2 & = & (\omega^{\frac{n}{2}-1})^2(\omega^{\frac{n}{2}})^2 & = & (\omega^{\frac{n}{2}-1+\frac{n}{2}})^2
\end{array} \tag{10-11}$$

このことは、$s_{even}(x)$ と $s_{odd}(x)$ を評価しなければならない値は

$$(\omega^0)^2, (\omega^1)^2, (\omega^2)^2, (\omega^3)^2, \ldots, (\omega^{\frac{n}{2}-1})^2$$

の、たった $n/2$ 個しか存在しないことを示している。これは

$$(\omega^2)^0, (\omega^2)^1, (\omega^2)^2, (\omega^2)^3, \ldots, (\omega^2)^{\frac{n}{2}-1}$$

と等価である。

更に、結果の値は、FFT を再帰的に用いて得ることができる。

- それぞれの数における $s_{even}(x)$ の値は
  $$\texttt{f0} = \mathrm{FFT}(\omega^2, [s_0, s_2, s_4, \ldots, s_{n-2}])$$
  のように呼び出すことで得られる
- それぞれの数における $s_{odd}(x)$ の値は
  $$\texttt{f1} = \mathrm{FFT}(\omega^2, [s_1, s_3, s_5, \ldots, s_{n-1}])$$
  のように呼び出すことで得られる

これらの文が実行されると、その結果は

$$\texttt{f0} = [s_{even}((\omega^2)^0),\ s_{even}((\omega^2)^1),\ s_{even}((\omega^2)^2),\ s_{even}((\omega^2)^3),\ \ldots,\ s_{even}((\omega^2)^{\frac{n}{2}-1})]$$

及び

$$\texttt{f1} = [s_{odd}((\omega^2)^0),\ s_{odd}((\omega^2)^1),\ s_{odd}((\omega^2)^2),\ s_{odd}((\omega^2)^3),\ \ldots,\ s_{odd}((\omega^2)^{\frac{n}{2}-1})]$$

となる。これらの値が FFT を再帰的に実行して計算されれば、FFT はこれらの値を式 (10-10) を用いて結合し、次のリストを与える。

$$[s(\omega^0), s(\omega^1), s(\omega^2), s(\omega^3), \ldots, s(\omega^{\frac{n}{2}-1}), s(\omega^{\frac{n}{2}}), s(\omega^{\frac{n}{2}+1}), s(\omega^{\frac{n}{2}+2}), \ldots, s(\omega^{n-1})]$$

最初の $n/2$ 個の値は、式 (10-10) を用いて、以下のように計算される。

$$
\begin{aligned}
\left[s(\omega^0),\ s(\omega^1),\ s(\omega^2),\ s(\omega^3),\ \ldots,\ s(\omega^{\frac{n}{2}-1})\right] \quad = \quad & \Big[s_{even}((\omega^2)^0) \quad + \quad \omega^0 \cdot s_{odd}((\omega^2)^0), \\
& s_{even}((\omega^2)^1) \quad + \quad \omega^1 \cdot s_{odd}((\omega^2)^1), \\
& s_{even}((\omega^2)^2) \quad + \quad \omega^2 \cdot s_{odd}((\omega^2)^2), \\
& s_{even}((\omega^2)^3) \quad + \quad \omega^3 \cdot s_{odd}((\omega^2)^3), \\
& \vdots \\
& s_{even}((\omega^2)^{\frac{n}{2}-1}) \quad + \quad \omega^{\frac{n}{2}-1} \cdot s_{odd}((\omega^2)^{\frac{n}{2}-1})\Big]
\end{aligned}
$$

これは内包表記 $\left[\texttt{f0}[j] + \omega^j * \texttt{f1}[j] \text{ for } j \text{ in range}(n//2)\right]$ を用いて計算することができる。

後半の $n/2$ 個の値も、式 (10-11) を用いる点を除き、同様に計算される。

$$
\begin{aligned}
& [s(\omega^{\frac{n}{2}}),\ s(\omega^{\frac{n}{2}+1}),\ s(\omega^{\frac{n}{2}+2}),\ s(\omega^{\frac{n}{2}+3}),\ \ldots,\ s(\omega^{n-1})] \quad = \\
& \qquad \Big[s_{even}((\omega^2)^0) \quad + \quad \omega^{\frac{n}{2}} \cdot s_{odd}((\omega^2)^0), \\
& \qquad s_{even}((\omega^2)^1) \quad + \quad \omega^{\frac{n}{2}+1} \cdot s_{odd}((\omega^2)^1), \\
& \qquad s_{even}((\omega^2)^2) \quad + \quad \omega^{\frac{n}{2}+2} \cdot s_{odd}((\omega^2)^2), \\
& \qquad s_{even}((\omega^2)^3) \quad + \quad \omega^{\frac{n}{2}+3} \cdot s_{odd}((\omega^2)^3), \\
& \qquad \vdots \\
& \qquad s_{even}((\omega^2)^{\frac{n}{2}-1}) \quad + \quad \omega^{n-1} \cdot s_{odd}((\omega^2)^{\frac{n}{2}-1})\Big]
\end{aligned}
$$

これもまた、内包表記 $\left[\texttt{f0}[j] + \omega^{j+\frac{n}{2}} * \texttt{f1}[j] \text{ for } j \text{ in range}(n//2)\right]$ を用いて計算することができる。

10.6.7 FFT のコーディング

最後に Python における FFT のコードを示す。再帰のベースとなるのは入力のリスト s が $[s_0]$ の場合である。このとき多項式 $s(x)$ は s_0 そのものなので、この多項式の値はどのような数においても（特に 1 でも）s_0 となる。これ以外の場合、FFT は、入力のリストの偶数番目の要素のリストと奇数番目の要素のリストに対して再帰的に呼び出される。この戻り値は式 (10-9) に従い、$s(x)$ の値を計算するために用いられる。

```
def FFT(w, s):
  n = len(s)
  if n==1: return [s[0]]
  f0 = FFT(w*w, [s[i] for i in range(n) if i % 2 == 0])
  f1 = FFT(w*w, [s[i] for i in range(n) if i % 2 == 1])
  return [f0[j]+w**j*f1[j] for j in range(n//2)] +
         [f0[j]+w**(j+n//2)*f1[j] for j in range(n//2)]
```

FFT の実行時間を解析してみると、例えば、マージソート（入門的なアルゴリズムの講義でよく解析されるプログラム）に似ており、その演算回数は $O(n \log n)$ である。

注意：リストの長さ n が 2 の累乗でない場合の 1 つの対処法は、リストの長さが 2 の累乗になるまで入力列 s に 0 を追加することである。こうすることで n の値にあわせて FFT を調整することもできる。

10.7 複素数上のベクトルの内積

本書では ℝ 上のベクトルの内積をドット積を用いて定義した。内積が満たすべき条件の 1 つは、ベクトルの自身との内積がノルムであることであり、ノルムが満たすべき条件の 1 つは、非負実数であることであった。しかし ℂ 上のベクトルのドット積は必ずしも非負ではない！ 例えば 1 要素のベクトル [i] と自分自身とのドット積は -1 である。だが幸運なことに、実数上のベクトルの内積の定義に単純な変更を加えるだけで、ベクトルの要素が複素数であっても、以前と同様の結果が得られるようにできる。

ここで、複素数 z の共役 $\bar{z}$ は $z.\mathrm{real} - z.\mathrm{imag}$ と定義され、z と $\bar{z}$ の積は非負実数、即ち、z の絶対値 $|z|$ の 2 乗であったことを思い出そう。

例 10.7.1： $e^{\theta \mathrm{i}}$ は、複素平面内の単位円上にあり、かつ、偏角が θ であるような点である。即ち、これは複素数 $\cos\theta + (\sin\theta)\mathrm{i}$ と等しい。従って、その共役は $\cos\theta - (\sin\theta)\mathrm{i}$ であり、これは $\cos(-\theta) + (\sin(-\theta))\mathrm{i}$、即ち、$e^{-\theta \mathrm{i}}$ と等しい。故に、$e^{\theta \mathrm{i}}$ の共役は指数の虚数の符号を反転したものであることが分かる。

さて、$z = e^{\theta \mathrm{i}}$ に対し、z と $\bar{z}$ の積は何だろうか？ これは指数の和の法則を用いれば $z\bar{z} = e^{\theta \mathrm{i}} e^{-\theta \mathrm{i}} = e^{\theta \mathrm{i} - \theta \mathrm{i}} = e^0 = 1$ となることが分かる。

ℂ 上のベクトル $\boldsymbol{v} = [z_1, \ldots, z_n]$ に対し、$\bar{\boldsymbol{v}}$ を、$\boldsymbol{v}$ の各要素をその共役に置き換えたものとする。

$$\bar{\boldsymbol{v}} = [\bar{z}_1, \ldots, \bar{z}_n]$$

当然、$\boldsymbol{v}$ の要素が全て実数であるときには、$\bar{\boldsymbol{v}}$ と $\boldsymbol{v}$ は等しくなる。

定義 10.7.2： ℂ 上のベクトルの内積を次で定義する。

$$\langle \boldsymbol{u}, \boldsymbol{v} \rangle = \bar{\boldsymbol{u}} \cdot \boldsymbol{v}$$

当然ながら、$\boldsymbol{u}$ の要素が全て実数であるときには、内積は $\boldsymbol{u}$ と $\boldsymbol{v}$ のドット積そのものとなる。

この定義は、ベクトルとそれ自身との内積が非負であることを保証する。即ち、$\boldsymbol{v} = [z_1, \ldots, z_n]$ を ℂ 上の n 要素のベクトルとすると

$$\begin{aligned} \langle \boldsymbol{v}, \boldsymbol{v} \rangle &= [\bar{z}_1, \ldots, \bar{z}_n] \cdot [z_1, \ldots, z_n] && \text{(10-12)} \\ &= \bar{z}_1 z_1 + \cdots + \bar{z}_n z_n \\ &= |z_1|^2 + \cdots + |z_n|^2 && \text{(10-13)} \end{aligned}$$

となる。これは非負実数である。

例 10.7.3： ω を $e^{\theta \mathrm{i}}$ の形の複素数とし、$\boldsymbol{v}$ を $W(\omega, n)$ の c 列とする。このとき

$$\boldsymbol{v} = [\omega^{0 \cdot c}, \omega^{1 \cdot c}, \ldots, \omega^{(n-1) \cdot c}]$$

なので

$$\bar{\boldsymbol{v}} = [\omega^{-0 \cdot c}, \omega^{-1 \cdot c}, \ldots, \omega^{-(n-1) \cdot c}]$$

よって

$$\begin{aligned}\langle \boldsymbol{v}, \boldsymbol{v}\rangle &= \omega^{0\cdot c}\omega^{-0\cdot c} + \omega^{1\cdot c}\omega^{-1\cdot c} + \cdots + \omega^{(n-1)\cdot c}\omega^{-(n-1)\cdot c}\\ &= \omega^0 + \omega^0 + \cdots + \omega^0\\ &= 1 + 1 + \cdots + 1\\ &= n\end{aligned}$$

となる。これは補題 10.6.2 で証明した最初のケースそのものである。

内積が定義できたので、式 (8-1) と同様にベクトルのノルムを定義しよう。

$$\|\boldsymbol{v}\| = \sqrt{\langle \boldsymbol{v}, \boldsymbol{v}\rangle}$$

式 (10-13) は、ベクトルのノルムが非負であること（ノルムの性質 N1）、及び、ノルムが 0 となるのはベクトルがゼロベクトルのときだけであること（ノルムの性質 N2）を満たしている。

例 10.7.3 は、$W(\omega, n)$ の列のノルムの 2 乗が n であること、即ち、$\mathcal{F}_n$ の列のノルムが 1 であることを示している。

ベクトルを列ベクトル（1 列の行列）と解釈する取り決めに従い、積 $\boldsymbol{u}^T\boldsymbol{v}$ を、唯一の要素 $\boldsymbol{u}\cdot\boldsymbol{v}$ から成る行列と解釈したことを思い出そう。同様に、$\mathbb{C}$ 上のベクトルに対し、積 $\boldsymbol{u}^H\boldsymbol{v}$ は、唯一の要素 $\langle \boldsymbol{u}, \boldsymbol{v}\rangle$ から成る行列となる。ここで、$\boldsymbol{u}^H$ は $\boldsymbol{u}$ の**エルミート共役**と呼ばれるベクトルである。

定義 10.7.4： 一般に $\mathbb{C}$ 上の行列 A に対して、その**エルミート共役** A^H とは、A に転置を行い、かつ、その全ての要素を共役に置き換えた行列である。

事実、式

$$\boldsymbol{u}^H\boldsymbol{v} = \left[\ \langle \boldsymbol{u}, \boldsymbol{v}\rangle\ \right] \tag{10-14}$$

はベクトルが $\mathbb{C}$ 上、$\mathbb{R}$ 上どちらのものであっても保たれる。

$\mathbb{R}$ 上のベクトルに対する内積は対称であったが、$\mathbb{C}$ 上のベクトルに対する内積は対称ではない。

例 10.7.5： $\boldsymbol{u} = [1+2\mathrm{i}, 1]$、$\boldsymbol{v} = [2, 1]$ とする。このとき

$$\begin{aligned}\left[\ \langle \boldsymbol{u}, \boldsymbol{v}\rangle\ \right] &= \begin{bmatrix} 1-2\mathrm{i} & 1\end{bmatrix}\begin{bmatrix}2\\1\end{bmatrix}\\ &= \left[\ 2-4\mathrm{i}+1\ \right]\\ \left[\ \langle \boldsymbol{v}, \boldsymbol{u}\rangle\ \right] &= \begin{bmatrix} 2 & 1\end{bmatrix}\begin{bmatrix}1+2\mathrm{i}\\1\end{bmatrix}\\ &= \left[\ 2+4\mathrm{i}+1\ \right]\end{aligned}$$

であり、対称でないことが分かる。

$\mathbb{R}$ 上のベクトルに対して定義したように、$\mathbb{C}$ 上のベクトルの直交性を定義しよう。即ち、内積が 0 となるとき、2 つのベクトルは直交しているとする。

例 10.7.6： $\boldsymbol{u} = [e^{0\cdot\pi i/2}, e^{1\cdot\pi i/2}, e^{2\cdot\pi i/2}, e^{3\cdot\pi i/2}]$、$\boldsymbol{v} = [e^{0\cdot\pi i}, e^{1\cdot\pi i}, e^{2\cdot\pi i}, e^{3\cdot\pi i}]$ とする。このとき

$$\begin{aligned}\langle \boldsymbol{u}, \boldsymbol{v}\rangle &= \bar{\boldsymbol{u}} \cdot \boldsymbol{v} \\ &= [e^{-0\cdot\pi i/2}, e^{-1\cdot\pi i/2}, e^{-2\cdot\pi i/2}, e^{-3\cdot\pi i/2}] \cdot [e^{0\cdot\pi i}, e^{1\cdot\pi i}, e^{2\cdot\pi i}, e^{3\cdot\pi i}] \\ &= e^{-0\cdot\pi i/2}e^{0\cdot\pi i} + e^{-1\cdot\pi i/2}e^{1\cdot\pi i} + e^{-2\cdot\pi i/2}e^{2\cdot\pi i} + e^{-3\cdot\pi i/2}e^{3\cdot\pi i} \\ &= e^{0\cdot\pi i/2} + e^{1\cdot\pi i/2} + e^{2\cdot\pi i/2} + e^{3\cdot\pi i/2}\end{aligned}$$

であり、最後の和の部分は 0 となる（Python を使って試してみるか、補題 10.6.2 の証明の終わりの部分の議論を参照すること）。

例 10.7.7： より一般に、補題 10.6.2 の証明の 2 つ目のケースは、$W(e^{2\pi i/n}, n)$ の 2 つの異なる列が直交していることを示している。

定義 10.7.8： $\mathbb{C}$ 上の行列 A は、正方行列であり、かつ、$A^H A$ が単位行列となるとき、**ユニタリー行列**であるという。

逆フーリエ変換の定理（定理 10.6.1）は、フーリエ行列がユニタリー行列であることを示している。

ユニタリー行列は、$\mathbb{R}$ 上の直交行列に相当する、$\mathbb{C}$ 上の対応物である。直交行列の転置がその逆行列だったのと同様に、次の補題が導かれる。

補題 10.7.9： ユニタリー行列のエルミート共役は自身の逆行列である。

更に、直交行列の積がノルムを保存したように、ユニタリー行列の積もノルムを保存する。

即ち、8 章と 9 章で示した結果は、転置をエルミート共役と書き換えることで、$\mathbb{C}$ 上のベクトルや行列に対しても同様に用いることができる。

10.8 巡回行列

（実または虚な）数 a_0、a_1、a_2、a_3 に対し、次のような行列を考えよう。

$$A = \begin{bmatrix} a_0 & a_1 & a_2 & a_3 \\ a_3 & a_0 & a_1 & a_2 \\ a_2 & a_3 & a_0 & a_1 \\ a_1 & a_2 & a_3 & a_0 \end{bmatrix}$$

ここで、2 行目は、1 行目の各成分を 1 つ右へ巡回的にずらすことで得られることに注意して欲しい。3 行目も同様に 2 行目から得られ、更に、4 行目も 3 行目から得られる。

定義 10.8.1： $\{0,1,\ldots,n-1\} \times \{0,1,\ldots,n-1\}$ 行列 A は

$$A[i,j] = A[0,(j-i) \bmod n]$$

を満たすとき、**巡回行列**と呼ばれる。即ち、巡回行列 A は、次のような形をしている。

$$\begin{bmatrix} a_0 & a_1 & a_2 & \cdots & a_{n-3} & a_{n-2} & a_{n-1} \\ a_{n-1} & a_0 & a_1 & \cdots & a_{n-4} & a_{n-3} & a_{n-2} \\ a_{n-2} & a_{n-1} & a_0 & \cdots & a_{n-3} & a_{n-2} & a_{n-3} \\ & & & \vdots & & & \\ a_2 & a_3 & a_4 & \cdots & a_{n-1} & a_0 & a_1 \\ a_1 & a_2 & a_3 & \cdots & a_{n-2} & a_{n-1} & a_0 \end{bmatrix}$$

巡回行列は面白そうではあるものの、役に立たないものと感じるかもしれない。例 4.6.6（p.201）を考えてみよう。そこでは順にドット積を計算することで、より長いオーディオに対し、オーディオクリップが一致するかを調べた。その例で触れたように、これらの全てのドット積を求める処理は、巡回行列とベクトルの積として定式化することができた。即ち、巡回行列の各行は、対応する短いシーケンスが長いシーケンス内の特定の部分シーケンスと一致するか判定する。

この節では、巡回行列とベクトルの積は、通常のアルゴリズムよりもはるかに速く実行できることを示す。通常のアルゴリズムでは積は n^2 回行われる。後で見るように、呼び出しごとに $O(n \log n)$ 程度の時間がかかる FFT を数回呼び出し、更に、積を n 回実行することで計算できる（積の計算に複素数を用いいなければならないため、コストはもう少しかかるが、この巧妙なアルゴリズムは n が大きい場合でも非常に速いままである）。

似たような現象が 2 次元の場合にだけ起こる。例えば、ある画像に対する、あるパターンのドット積を取るときなどである。ここではそれに立ち入らないが、FFT に基づくアルゴリズムを拡張し、これを扱えるようにするのは難しくない。

10.8.1 巡回行列とフーリエ行列の列の積

A を $n \times n$ 巡回行列とする。A と $W(\omega, n)$ の列ベクトルの積を取ると興味深いことが起こる。$n = 4$ の小さな例から始めよう。$[a_0, a_1, a_2, a_3]$ を A の 1 行目とする。また $W(\omega, 4)$ を

$$\begin{bmatrix} \omega^{0\cdot 0} & \omega^{0\cdot 1} & \omega^{0\cdot 2} & \omega^{0\cdot 3} \\ \omega^{1\cdot 0} & \omega^{1\cdot 1} & \omega^{1\cdot 2} & \omega^{1\cdot 3} \\ \omega^{2\cdot 0} & \omega^{2\cdot 1} & \omega^{2\cdot 2} & \omega^{2\cdot 3} \\ \omega^{3\cdot 0} & \omega^{3\cdot 1} & \omega^{3\cdot 2} & \omega^{3\cdot 3} \end{bmatrix}$$

とする。$j = 0, 1, 2, 3$ に対し、$W(\omega, 4)$ の j 列はベクトル $[\omega^{0\cdot j}, \omega^{1\cdot j}, \omega^{2\cdot j}, \omega^{3\cdot j}]$ である。行列とベクトルの積の最初の要素は、A の 1 行目と、この列とのドット積である。

$$a_0\omega^{j\cdot 0} + a_1\omega^{j\cdot 1} + a_2\omega^{j\cdot 2} + a_3\omega^{j\cdot 3} \tag{10-15}$$

A の 2 行目は $[a_3, a_0, a_1, a_2]$ であるから、行列とベクトルの積の 2 番目の要素は

$$a_3\omega^{j\cdot 0} + a_0\omega^{j\cdot 1} + a_1\omega^{j\cdot 2} + a_2\omega^{j\cdot 3} \tag{10-16}$$

である。この 2 番目の要素は、最初の要素に ω^j を掛けて得られることに注意して欲しい。同様に 3 番目の要素も最初の要素に $\omega^{j\cdot 2}$ を掛けて得られ、更に、4 番目の要素も最初の要素に $\omega^{j\cdot 3}$ を掛けて得られる。

この行列とベクトルの積の最初の要素を λ_j と書くことにすると、積の結果全体は $[\lambda_j\omega^{j\cdot 0}, \lambda_j\omega^{j\cdot 1}, \lambda_j\omega^{j\cdot 2}, \lambda_j\omega^{j\cdot 3}]$ という形をしている。即ち、A と $W(\omega, 4)$ の j 列との積は、λ_j と $W(\omega, 4)$ の j 列の積、つまりスカラーとベクトルの積になる。

これはとても特別な性質である。のちほど 12 章で詳細に調べることにする。ひとまず、以上の結果を方程式として書いておこう。

$$\lambda_j \begin{bmatrix} \omega^{0\cdot j} \\ \omega^{1\cdot j} \\ \omega^{2\cdot j} \\ \omega^{3\cdot j} \end{bmatrix} = \begin{bmatrix} a_0 & a_1 & a_2 & a_3 \\ a_3 & a_0 & a_1 & a_2 \\ a_2 & a_3 & a_0 & a_1 \\ a_1 & a_2 & a_3 & a_0 \end{bmatrix} \begin{bmatrix} \omega^{0\cdot j} \\ \omega^{1\cdot j} \\ \omega^{2\cdot j} \\ \omega^{3\cdot j} \end{bmatrix}$$

$W(\omega, n)$ の各列に対する方程式が手に入ったので、行列とベクトルの積による行列と行列の積の定義を用いて、これら 4 つの式を 1 つの式にまとめてみよう。

次の列

$$\lambda_0 \begin{bmatrix} \omega^{0\cdot 0} \\ \omega^{1\cdot 0} \\ \omega^{2\cdot 0} \\ \omega^{3\cdot 0} \end{bmatrix}, \lambda_1 \begin{bmatrix} \omega^{0\cdot 1} \\ \omega^{1\cdot 1} \\ \omega^{2\cdot 1} \\ \omega^{3\cdot 1} \end{bmatrix}, \lambda_2 \begin{bmatrix} \omega^{0\cdot 2} \\ \omega^{1\cdot 2} \\ \omega^{2\cdot 2} \\ \omega^{3\cdot 2} \end{bmatrix}, \lambda_3 \begin{bmatrix} \omega^{0\cdot 3} \\ \omega^{1\cdot 3} \\ \omega^{2\cdot 3} \\ \omega^{3\cdot 3} \end{bmatrix}$$

から成る行列は、次のように書ける。

$$\begin{bmatrix} \omega^{0\cdot 0} & \omega^{0\cdot 1} & \omega^{0\cdot 2} & \omega^{0\cdot 3} \\ \omega^{1\cdot 0} & \omega^{1\cdot 1} & \omega^{1\cdot 2} & \omega^{1\cdot 3} \\ \omega^{2\cdot 0} & \omega^{2\cdot 1} & \omega^{2\cdot 2} & \omega^{2\cdot 3} \\ \omega^{3\cdot 0} & \omega^{3\cdot 1} & \omega^{3\cdot 2} & \omega^{3\cdot 3} \end{bmatrix} \begin{bmatrix} \lambda_0 & 0 & 0 & 0 \\ 0 & \lambda_1 & 0 & 0 \\ 0 & 0 & \lambda_2 & 0 \\ 0 & 0 & 0 & \lambda_3 \end{bmatrix}$$

従って、方程式は

$$\begin{bmatrix} \omega^{0\cdot 0} & \omega^{0\cdot 1} & \omega^{0\cdot 2} & \omega^{0\cdot 3} \\ \omega^{1\cdot 0} & \omega^{1\cdot 1} & \omega^{1\cdot 2} & \omega^{1\cdot 3} \\ \omega^{2\cdot 0} & \omega^{2\cdot 1} & \omega^{2\cdot 2} & \omega^{2\cdot 3} \\ \omega^{3\cdot 0} & \omega^{3\cdot 1} & \omega^{3\cdot 2} & \omega^{3\cdot 3} \end{bmatrix} \begin{bmatrix} \lambda_0 & 0 & 0 & 0 \\ 0 & \lambda_1 & 0 & 0 \\ 0 & 0 & \lambda_2 & 0 \\ 0 & 0 & 0 & \lambda_3 \end{bmatrix} = \begin{bmatrix} a_0 & a_1 & a_2 & a_3 \\ a_3 & a_0 & a_1 & a_2 \\ a_2 & a_3 & a_0 & a_1 \\ a_1 & a_2 & a_3 & a_0 \end{bmatrix} \begin{bmatrix} \omega^{0\cdot 0} & \omega^{0\cdot 1} & \omega^{0\cdot 2} & \omega^{0\cdot 3} \\ \omega^{1\cdot 0} & \omega^{1\cdot 1} & \omega^{1\cdot 2} & \omega^{1\cdot 3} \\ \omega^{2\cdot 0} & \omega^{2\cdot 1} & \omega^{2\cdot 2} & \omega^{2\cdot 3} \\ \omega^{3\cdot 0} & \omega^{3\cdot 1} & \omega^{3\cdot 2} & \omega^{3\cdot 3} \end{bmatrix}$$

と書くか、より簡潔に

$$W(\omega, 4)\ \Lambda = A\ W(\omega, 4)$$

と書ける。ここで Λ は対角行列 $\begin{bmatrix} \lambda_0 & 0 & 0 & 0 \\ 0 & \lambda_1 & 0 & 0 \\ 0 & 0 & \lambda_2 & 0 \\ 0 & 0 & 0 & \lambda_3 \end{bmatrix}$ である。フーリエ行列 $\mathcal{F}_4$ は $\frac{1}{2}W(\omega, 4)$ なので、この方程式は、更に、次のように書き直すことができる。

$$\mathcal{F}_4 \; \Lambda = A \; \mathcal{F}_4$$

ここで両辺の $\frac{1}{2}$ は相殺しておいた。最後に、両辺に右から $\mathcal{F}_4$ の逆行列を掛け、

$$\mathcal{F}_4 \; \Lambda \; \mathcal{F}_4^{-1} = A$$

を得る。特に、これまでの全ての代数計算は、A を $n \times n$ 行列とした場合にも成り立ち、次の重要な方程式を導く。

$$\mathcal{F}_n \; \Lambda \; \mathcal{F}_n^{-1} = A \tag{10-17}$$

ここで Λ は、ある $n \times n$ 対角行列である。

いま、行列とベクトルの積 $A\boldsymbol{v}$ を計算するとしよう。先ほどの方程式で示したように、これは $\mathcal{F}_n \; \Lambda \; \mathcal{F}_n^{-1} \; \boldsymbol{v}$ と等しく、更に、結合則より次のように書ける。

$$\mathcal{F}_n(\Lambda(\mathcal{F}_n^{-1}\boldsymbol{v}))$$

以上より、1 つの行列とベクトルの積 $A\boldsymbol{v}$ は、3 つの連続した行列とベクトルの積に置き換えられた。これの何がよいのだろうか？ それは、この新しい行列とベクトルの積が、それぞれとても特別な行列を含むからである。$\mathcal{F}_n^{-1}$、または、$\mathcal{F}_n$ のベクトルへの積は、FFT を用いれば $O(n \log n)$ 程度の時間で計算できる。Λ とベクトルの積は簡単であり、ベクトルの各要素と Λ の対角要素と積を取ればよい。従って、これらの計算を全て行うのに必要な時間は $O(n \log n)$ であり、これは通常の行列とベクトルの積のアルゴリズムを用いて計算するのに必要な時間 $O(n^2)$ よりもはるかに速いのである。

10.8.2 巡回行列と基底の変換

式 (10-17) は重要な意味を持つ。即ち、この方程式に左から $\mathcal{F}_n^{-1}$ を、右から $\mathcal{F}_n$ を掛けて変換することで、

$$\Lambda = \mathcal{F}_n^{-1} A \; \mathcal{F}_n \tag{10-18}$$

を得る。$\mathcal{F}_n$ の列ベクトルは基底、即ち、離散フーリエ基底を成している。$\mathcal{F}_n$ とベクトルの積は、離散フーリエ基底によるベクトルの座標表現をベクトル自身に変換する `rep2vec` に対応する。また、$\mathcal{F}_n^{-1}$ とベクトルの積は、ベクトルを離散フーリエ基底によるベクトルの座標表現に変換する `vec2rep` に対応する。式 (10-18) は、$\boldsymbol{x} \mapsto A\boldsymbol{x}$ を離散フーリエ基底で記述すると、とても簡単になることを表している。即ち、Λ は対角行列なので、それは単に各座標にある数を乗算したものになる。

式 (10-18) は行列 A の**対角化**と呼ばれる。対角化について、詳しくは 12 章で説明することにしよう。

10.9 ラボ：ウェーブレットを用いた圧縮

このラボでは、ベクトルのクラス Vec を用いず、リストと辞書を用いてベクトルを表現する。簡単のため、全てのベクトルの要素の数は、2 の累乗であるとする。

注意：このラボの目的はスパースな表現を与えることだが、簡単のため、0 を含む全ての値を明記することにする。

- 標準基底による座標表現はリストとして格納される。具体的には、画像の各行ベクトルはリストとして表現される
- ハールウェーブレット基底による座標表現は辞書として表現される

例えば、$n = 16$ としたとき、標準基底によるベクトル $\boldsymbol{v}$ の表現は、次のようなリストになる。

```
>>> v = [4,5,3,7,4,5,9,7,2,3,3,5,0,0,0,0]
```

ここで v[i] は標準基底ベクトル $\boldsymbol{b}_i^{16}$ の係数である。

（正規化されていない）ハールウェーブレット基底は、次のベクトルの集合から成る。

$$\begin{aligned}\boldsymbol{w}_0^8, \boldsymbol{w}_1^8, \boldsymbol{w}_2^8, \boldsymbol{w}_3^8, \boldsymbol{w}_4^8, \boldsymbol{w}_5^8, \boldsymbol{w}_6^8, \boldsymbol{w}_7^8,\\ \boldsymbol{w}_0^4, \boldsymbol{w}_1^4, \boldsymbol{w}_2^4, \boldsymbol{w}_3^4,\\ \boldsymbol{w}_0^2, \boldsymbol{w}_1^2,\\ \boldsymbol{w}_0^1,\\ \boldsymbol{b}_0^1\end{aligned}$$

表記の便宜のため、$\boldsymbol{b}_0^1$ を $\boldsymbol{w}_0^0$ と表す。

ハールウェーブレット基底による $\boldsymbol{v}$ の表現は、次のキーを持つ辞書に格納される。

$$\begin{aligned}(8,0),(8,1),(8,2),(8,3),(8,4),(8,5),(8,6),(8,7),\\ (4,0),(4,1),(4,2),(4,3),\\ (2,0),(2,1),\\ (1,0),\\ (0,0)\end{aligned}$$

ここで、キー $(8,0)$ に関連付けられている値は $\boldsymbol{w}_0^8$ の係数であり、……、キー $(1,0)$ に関連付けられている値は $\boldsymbol{w}_0^1$ の係数であり、キー $(0,0)$ に関連付けられている値は $\boldsymbol{w}_0^0$ の係数（即ち、全体の強度の平均）である。

例えば、先ほど与えたベクトル $\boldsymbol{v}$ に対し、その表現は次のような辞書になる。

```
{(8, 3): -1, (0, 0): 3.5625, (8, 2): -1, (8, 1): -4, (4, 1): 2.0, (4, 3): 0.0,
 (8, 0): -1, (2, 1): 6.0, (2, 0): 1.25, (8, 7): 0, (4, 2): 4.0, (8, 6): 0,
 (1, 0): 1.125, (4, 0): -0.5, (8, 5): -2, (8, 4): 2}
```

これは**正規化されていない基底ベクトル**による表現であることを忘れないで欲しい。さて、この表現を求めるためのプロシージャを作成しよう。このプロシージャは、後で正規化された基底ベクトルによる表現を返す、別のプロシージャで用いることになる。

10.9.1 正規化されていない順変換

課題 10.9.1： 以下の機能を持つプロシージャ forward_no_normalization(v) を書け。

- **入力：**$\mathbb{R}^n$ のベクトルを表現するリスト v。ここで n は 2 の累乗とする。
- **出力：**入力ベクトルの非正規ハールウェーブレット基底による表現を与える辞書。$\boldsymbol{w}_i^j$ の係数に対するキーはタプル (j, i) でなければならない。

以下に参考のための疑似コードを示す。

```
def forward_no_normalization(v):
  D = {}
  while len(v) > 1:
    k = len(v)
    # v は k 要素のリスト
    vnew = ... v からサイズが k//2 のダウンサンプリングされた 1 次元画像を計算 ...
    # vnew は k//2 要素のリスト
    w = ... W(k//2) に対する基底の非正規係数を計算 ...
    # w は係数のリスト
    D.update( ... キー (k//2, 0), (k//2, 1), ..., (k//2, k//2-1) を持つ辞書と、
              w からの値 ...)
    v = vnew
  # v は 1 要素のリスト
  D[(0,0)] = v[0]  # 最後の係数の保存
  return D
```

以下にいくつかのテスト用の例を示す。

```
>>> forward_no_normalization([1,2,3,4])
{(2, 0): -1, (1, 0): -2.0, (0, 0): 2.5, (2, 1): -1}
>>> v = [4,5,3,7,4,5,9,7,2,3,3,5,0,0,0,0]
>>> forward_no_normalization(v)
{(8,3): -2, (0,0): 3.5625, (8,2): -1, (8,1): -4, (4,1): -3.5, (4,3): 0.0,
 (8,0): -1, (2,1): 3.25, (2,0): -1.5, (8,7): 0, (4,2): -1.5, (8,6): 0,
 (1,0): 3.875, (4,0): -0.5, (8,5): -2, (8,4): -1}
```

作成したプロシージャを、いくつかの似たような隣接ピクセルをたくさん持つ小さな 1 次元画像に対し、テストせよ。例えば、$[1, 1, 2, 2]$ や、$[0, 1, 1, 1, -1, 1, 0, 1, 100, 101, 102, 100, 101, 100, 99, 100]$ などが考えられる。次に、隣接するピクセルの強度が激しく変化するものに対してもテストせよ。このとき係数の大きさには違いがあるだろうか？

10.9.2 順変換の正規化

ウェーブレット基底を導入する際に計算したように、正規化されていないウェーブレット基底ベクトル $\boldsymbol{w}_i^s$ のノルムの2乗は $n/4s$ である。また、全体の平均強度に対応する特別な基底ベクトル $\boldsymbol{w}_0^0$ は

$$[1, 1, \ldots, 1]$$

なので、そのノルムの2乗は $1^2 + 1^2 + \cdots + 1^2$、即ち、n である。

これまでに見てきたように、**正規化されていない**（非正規）基底ベクトルによる係数から、対応する**正規化された**（正規）基底ベクトルによる係数へ変換するためには、非正規基底ベクトルのノルムを掛ければよい。従って、係数の正規化とは、$\boldsymbol{w}_0^0$ の係数に $\sqrt{n}$ を掛け、その他の $\boldsymbol{w}_i^s$ の係数に $\sqrt{n/4s}$ を掛けるということを意味する。

課題 10.9.2： 元の空間の次元 n と、`forward_no_normalization(v)` が返す形式の辞書 D に対して、D の係数を正規化したものに対応する辞書を返すプロシージャ `normalize_coefficients(n, D)` を書け。

以下に例を示す。

```
>>> normalize_coefficients(4, {(2,0):1, (2,1):1, (1,0):1, (0,0):1})
{(2, 0): 0.707..., (1, 0): 1.0, (0, 0): 2.0, (2, 1): 0.707...}
>>> normalize_coefficients(4, forward_no_normalization([1,2,3,4]))
{(2, 0): -0.707, (1, 0): -2.0, (0, 0): 5.0, (2, 1): -0.707}
```

課題 10.9.3： 正規化されたハールウェーブレット基底による表現を与えるプロシージャ `forward(v)` を書け。このプロシージャは、`forward_no_normalization` と `normalize_coefficients` を単に組み合わせたものである。

例として、$[1, 2, 3, 4]$ の順変換を求めてみよ。$\boldsymbol{w}_0^2$ と $\boldsymbol{w}_1^2$ の非正規係数は -1 と -1 である。これらのベクトルのノルムの2乗は $1/2$ であり、故に、元の各係数に $\sqrt{1/2}$ を掛けなければならない。

ダウンサンプリングされた2ピクセルの画像は $[1.5, 3.5]$ である。これは次の繰り返し処理のために `v` に割り当てられる値である。$\boldsymbol{w}_0^1$ の非正規係数は -2 である。$\boldsymbol{w}_0^1$ のノルムの2乗は1であり、故に、元の係数には1を掛けなければならない。

ダウンサンプリングされた1ピクセルの画像は $[2.5]$ である。即ち、$\boldsymbol{w}_0^0 = \boldsymbol{b}_0^1$ の係数は2.5である。また、$\boldsymbol{w}_0^0$ のノルムの2乗は4であり、故に、元の係数には2が掛けられなければならない。

従って、出力の辞書は次のようになる。

```
{(2, 0): -sqrt(1/2), (2, 1): -sqrt(1/2), (1, 0): -2, (0, 0): 5}
```

再度、作成したプロシージャを、隣接するピクセル間の値が大きく、あるいは、小さく変化するような1次元画像でテストせよ。

10.9.3 抑制による圧縮

本章の圧縮方法では、その絶対値が与えられた閾値未満となる係数を全て0にする。

課題 10.9.4： 正規基底によるベクトルの表現を与える辞書 D に対して、絶対値が threshold 未満である要素を全て 0 に置き換えた辞書を返すプロシージャ suppress(D, threshold) を書け。

このプロシージャは単純な内包表記を用いて書けるはずだ。

例を以下に示す。

```
>>> suppress(forward([1,2,3,4]), 1)
{(2, 0): 0, (1, 0): -2.0, (0, 0): 5.0, (2, 1): 0}
```

課題 10.9.5： 上の課題と同様の辞書が与えられたとき、0 でない値の割合を返すプロシージャ sparsity(D) を書け。この値が小さければ小さいほど、より小さく圧縮できていることになる。

```
>>> D = forward([1,2,3,4])
>>> sparsity(D)
1.0
>>> sparsity(suppress(D, 1))
0.5
```

10.9.4 非正規化

これで 1 次元画像を圧縮するために必要なプロシージャが用意できた。0 に近い値を抑制することでスパース表現を得ることができる。

しかし、圧縮された表現から元の画像への復元も行いたい。そのためには、ウェーブレット係数の辞書に対応するリストを計算するプロシージャ backward(D) が必要になる。

最初のステップは正規化の逆の変換である。

課題 10.9.6： normalize_coefficients(n, D) の逆関数に相当するプロシージャ unnormalize_coefficients(n, D) を書け。

10.9.5 正規化されていない逆変換

課題 10.9.7： 正規化されていないウェーブレット係数の辞書に対し、対応するリストを返すプロシージャ backward_no_normalization(D) を書け。このプロシージャは、forward_no_normalization(v) の逆である。

以下に参考のための疑似コードを示す。

```
def backward_no_normalization(D):
  n = len(D)
  v = (要素が b_0^0 の係数である 1 要素のリスト)
  while len(v) < n:
    k = 2 * len(v)
    v = (k 要素のリスト)
```

```
    return v
```

作成したプロシージャが forward_no_normalization(v) の逆関数になっていることをテストせよ。

10.9.6　逆変換

課題 10.9.8： 逆ウェーブレット変換を計算するプロシージャ backward(D) を書け。これは単に unnormalize_coefficients(n, D) と backward_no_normalization(D) を組み合わせたものである。

作成したプロシージャが forward(v) の逆になっていることをテストせよ。

10.10　2次元画像の処理

ここでは2次元のハールウェーブレット基底について扱おう。2次元の基底と少し異なるアプローチを用いることになる。

10.10.1　補助プロシージャ

問題 4.17.19 では、以下の機能を持つプロシージャ dictlist_helper(dlist, k) を書いた。

- **入力：**
  - 全て同一のキーを持つ辞書のリスト dlist
  - キー k
- **出力：**i 番目の要素が dlist の i 番目の辞書のキー k に対応する値から成るリスト

まだこのプロシージャを書いていない読者のために、このプロシージャは簡単な内包表記で書けるということをコメントしておく。

10.10.2　2次元ウェーブレット変換

ここでの目標は2次元画像のウェーブレットウェーブレット基底による表現を見つけることである。

m 行 n 列を持つ画像ファイルから始める。image モジュールを使用することで、各要素を n 要素のリストとする m 要素のリストによる listlist 表現を得る。

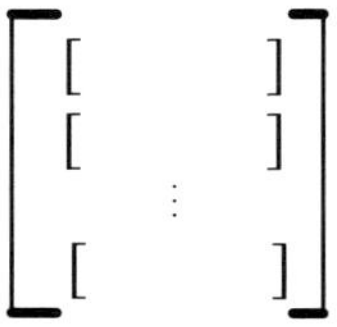

プロシージャ forward(v) は、画像の各行を変換するために用いられる。forward(v) の出力は辞書なので、結果は n 要素の辞書の m 要素のリスト、dictlist となる。

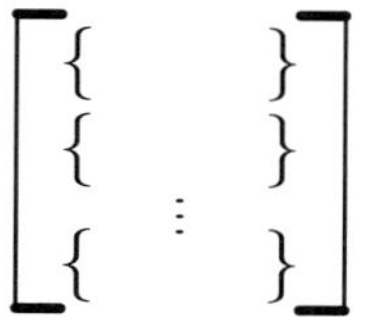

次の目標は、forward(v) を再び適用できるような列を得ることである。各キー k に対して、辞書はそれぞれ対応する値を持つ。即ち，各キー k に対し、以下の要素から成る m 要素リストを取り出す。

- 1番目の辞書の k に対応する要素
- 2番目の辞書の k に対応する要素

  ⋮
- m 番目の辞書の k に対応する要素

そして、各キー k をこの対応する m 要素のリストに写像する辞書を作成する。それは次のような listdict 表現である。

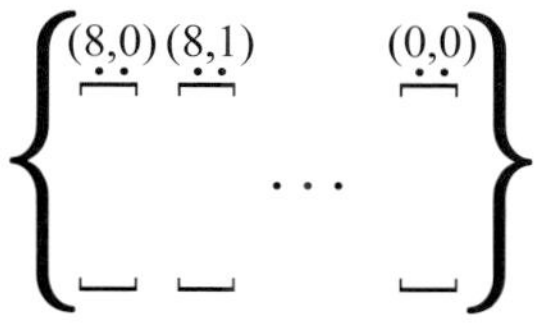

最後に、forward(v) を各リストに適用して辞書へ変換し、次のような dictdict 表現を得る。

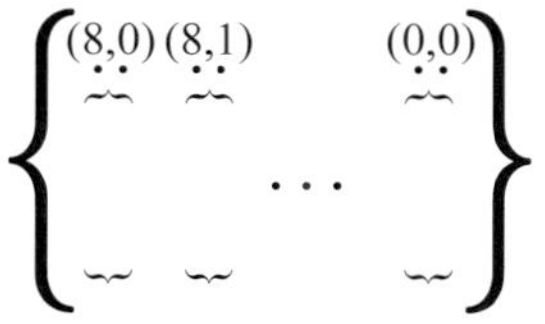

これが本書で用いる画像のウェーブレット変換の表現である。

10.10.3　2次元順変換

ここでは、画像の listlist 表現を、ウェーブレット係数の dictdict 表現へ変換するプロシージャ forward2d(listlist) を書くことにしよう。

入力 listlist は n 要素のリストを要素とする m 要素のリストである。各要素のリストはピクセル強度から成る行である。簡単のため、m、n を2の累乗とする。

ステップ1： forward(v) を用いて画像の各行を変換する。それぞれの行に対して、結果は辞書となる。この辞書は全て同じキーの集合を持つ。これらの辞書を m 要素のリスト D_list に格納する。

ステップ2： これは列にアクセスできるようにするための「転置」型のステップである。各キー k に対し、以下から構成される m 要素のリストを作成する。

- 最初の辞書の k 要素
- 2番目の辞書の k 要素

  ⋮

- m 番目の辞書の k 要素

このリストをキー k で辞書 L_dict に格納する。つまり、L_dict は、m 要素のリストを要素とする n 要素の辞書となる。

ステップ3： forward(v) を用いてこれらのリストそれぞれを変換することで、各リストを辞書で置き換えた辞書 D_dict を得る

以上より、m 要素の辞書を要素とする n 要素の辞書が得られる。

課題 10.10.1： この2次元順変換を実行するプロシージャ forward2d(vlist) を書け。

- ステップ1は、単純なリストの内包表記である。
- ステップ2は、プロシージャ dictlist_helper(dlist, k) を用いた辞書の内包表記である。
- ステップ3は、辞書の内包表記である。

最初に、1×4 の画像 $[[1,2,3,4]]$ に対し、作成したプロシージャをテストせよ。このような画像に対しては、1次元の変換と同じ結果を与える。まず、最初のステップでは、次の結果が得られる。

```
[{(2,0): -0.707..., (1,0): -2.0, (0,0): 5.0, (2,1): -0.707...}]
```

次の「転置」ステップでは、次の結果が得られる。

```
{(2,0): [-0.707...], (1,0): [-2.0], (0,0): [5.0], (2,1): [-0.707...]}
```

最後の3番目のステップでは、次の結果が得られる。

```
{(2,0): {(0,0): -0.35...}, (1,0): {(0,0): -1.0},
 (0,0): {(0,0): 5.0}, (2,1): {(0,0): -0.35...}}
```

次は、2×4 の画像 $[[1,2,3,4],[2,3,4,3]]$ でテストしよう。最初のステップでは、次の結果が得られる。

```
[{(2, 0): -0.707..., (1, 0): -2.0, (0, 0): 5.0, (2, 1): -0.707...},
 {(2, 0): -0.707..., (1, 0): -1.0, (0, 0): 6.0, (2, 1): 0.707...}]
```

次の「転置」ステップでは、次の結果が得られる。

```
{(2, 0): [-0.707..., -0.707...], (1, 0): [-2.0, -1.0],
 (0, 0): [5.0, 6.0], (2, 1): [-0.707..., 0.707...]}
```

最後の 3 番目のステップでは、次の結果が得られる。

```
{(2, 0): {(1, 0): 0.0, (0, 0): -1}, (1, 0): {(1, 0): -0.707...,
 (0, 0): -2.121...}, (0, 0): {(1, 0): -0.707..., (0, 0): 7.778...},
 (2, 1): {(1, 0): -1, (0, 0): 0.0}}
```

課題 10.10.2： suppress(D, threshold) の 2 次元版として、forward2d(vlist) で返された辞書の辞書に対し、絶対値が threshold 未満である値を抑制するプロシージャ suppress2d(D_dict, threshold) を書け。

課題 10.10.3： sparsity(D) の 2 次元版、sparsity2d(D_dict) を書け。

10.10.4　いくつかの補助プロシージャ

課題 10.10.4： 以下の機能を持つプロシージャ listdict2dict(L_dict, i) を書け。

- **入力**：全て同じ長さのリストから成る辞書 L_dict と、そのリストのインデックス i
- **出力**：L_dict と同じキーを持つ辞書。ただし、キー k は L_dict[i] の i に対応する要素へと写像される。

課題 10.10.5： listdict による表現（リストの辞書）を、dictlist による表現（辞書のリスト）に変換するプロシージャ listdict2dictlist(listdict) を書け。

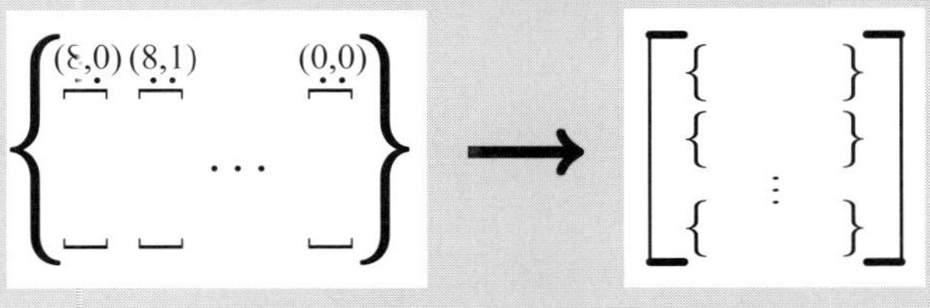

10.10.5　2 次元逆変換

ここでは 2 次元の逆変換を作成する。その前に、まず手順を確認しよう。

ステップ 1：入力は dictdict である。このステップは、backward(D) を適用し、それぞれの内部の辞書をリストに変換する。結果は listdict になる。

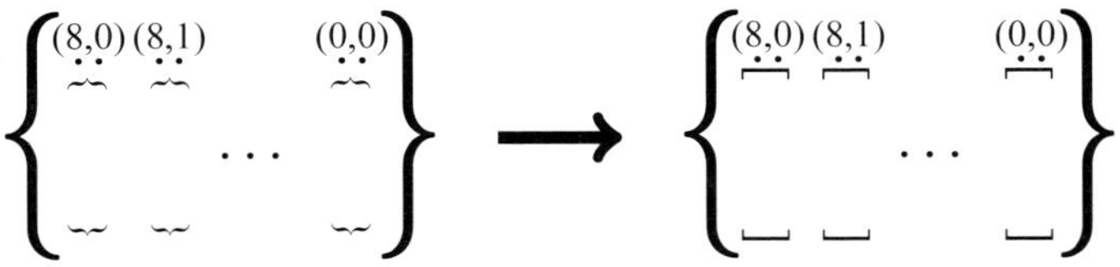

ステップ 2：このステップは、`listdict` から `dictlist` への「転置」型の変換を行う。

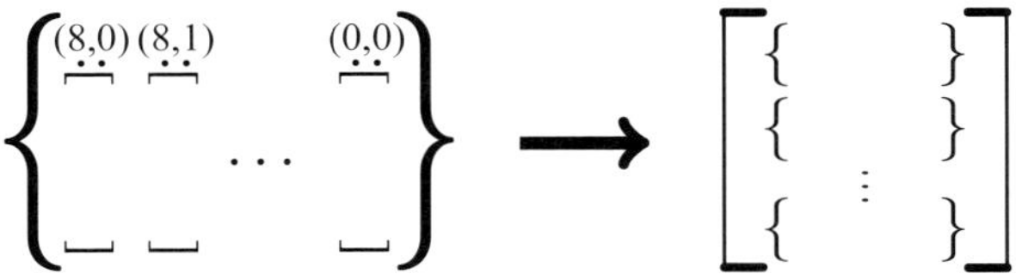

ステップ 3：このステップは、それぞれの内部の辞書に `backward(D)` を適用する。結果は `listlist` になる。

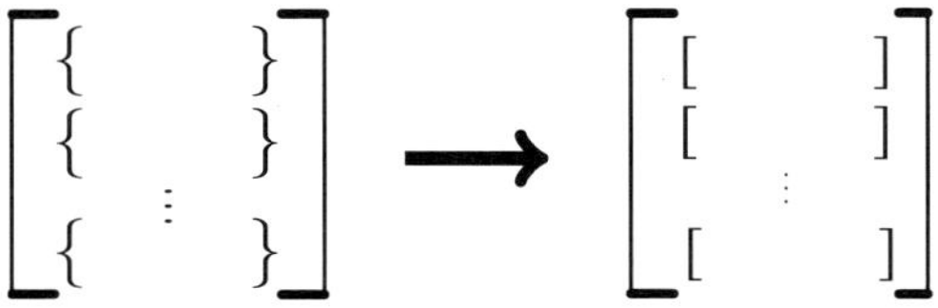

課題 10.10.6： `forward2d(vlist)` の逆関数、`backward2d(dictdict)` を書け。また、これが本当に逆になっていることをテストせよ。

10.10.6　画像圧縮の実験

課題 10.10.7： サイズが 2 の累乗である画像ファイル（`.png`）を用意せよ[†4]。
用意できない場合、`resources.codingthematrix.com` から `.png` ファイルをいくつかダウンロードすることができる。適当なアプリケーションを用いて画像を表示してみよ。

課題 10.10.8： 以下の機能を持つプロシージャ `image_round(image)` を書け。

- **入力**：浮動小数点数のリストのリストとして表現されたグレースケール画像
- **出力**：整数のリストのリストとして表現されたグレースケール画像。この画像は入力画像の浮動小数点数を丸め、それらの絶対値を取り、255 を超えるものを 255 に置き換えることで得られるものとする。

†4　画像サイズが 2 の累乗でない場合に、このコードを変更し、必要に応じて 0 を「詰め込む」ようにしてもよい。

課題 10.10.9： まず、image モジュールから、プロシージャ file2image(filename) と color2gray(image) をインポートせよ。これらを color2gray(file2image(filename)) として用い、画像をリストのリストに読み込め。

image モジュールのプロシージャ image2display を用いて画像を表示せよ。また、forward2d を用いて、2 次元ハールウェーブレット変換を計算せよ。その後、backward2d を適用すれば、リストのリスト表現が得られる。image_round を用いてその表現を丸め、image2display を用いて表示するか、image2file(filename, vlist) を用いてファイルに書き込んで結果を表示せよ。それが元の画像と同じように見えることを確認せよ。

課題 10.10.10： 最後に、suppress2d(D_dict, threshold) と sparsity2d(D_dict) を用いて、実行したい度合いの圧縮を行う閾値を見つけ、その圧縮を実行せよ。逆変換を適用し、image_round を用いて結果を丸め、image2display や image2file を用いて画像を表示し、元の画像にどれだけ近いかを確認せよ。

課題 10.10.11： 他の画像で試してみよ。また、同じ閾値がうまく動作するかどうかを確認せよ。

10.11 確認用の質問

- どのようにして、与えられた基底の表現が k スパースであるような、最も近いベクトルを求めるのか？ また、それを求めたい理由は何か？
- ベクトルとベクトルの座標表現との間の変換を高速に行うアルゴリズムが存在するような基底が欲しかったのはなぜか？
- ハールウェーブレット基底とは何か？ ハールウェーブレット基底はどのように直交補空間と直和の概念を扱ったか？
- ハールウェーブレット基底で表現されたベクトルの計算の過程はどのようなものか？
- $\mathbb{C}$ 上のベクトルの内積とはどのようなものか？
- エルミート共役とは何か？
- 離散フーリエ変換と巡回行列には、どのような関係があるか？

10.12 問題

異なる基底による射影と表現

ここでの問題は、手の込んだアルゴリズムが必要なように見えるかもしれないが、解答は行列とベクトルの積、ベクトルと行列の積、行列と行列の積、更にドット積や、場合によっては転置などの、簡単な操作から構成されていなければならない。作成するプログラムではサブルーチンを使わないこと（もちろん、Mat と Vec に対して定義された演算は使用してよい）。

問題を解いていけば、各問題のプロシージャの本文が非常に短いことに気付くだろう。もし作成するプロシージャが少しでも複雑だったなら（例えば、ループや内包表記を用いていたら）、その解答は間違っているだろう！

解答はできるだけ短くしてみて欲しい。筆者が作成した答えでは、プロシージャの平均的長さ（def…や return…は数えない）は 5 文字程度である！ だが、白状すると、筆者の答えの 1 つは少々ごまかしを含んでいる。ベクトルが行ベクトルや列ベクトルに変換された場合、数学的に許容されない式を用いている。

線形代数の知識を用いて、できるだけ単純、かつ、美しい解答を与えよ。

問題 10.12.1： 以下の機能を持つプロシージャ `orthogonal_vec2rep(Q, b)` を書け。

- **入力：** 直交行列 Q、Q の列ラベル集合と等しいラベル集合を持つベクトル $\boldsymbol{b}$
- **出力：** Q の行ベクトルによる $\boldsymbol{b}$ の座標表現

作成するプログラムでは、`mat` モジュールの他は、どんなモジュールも、どんなプロシージャも用いてはならない。

入力が $Q = \begin{bmatrix} \frac{1}{\sqrt{2}} & \frac{1}{\sqrt{2}} & 0 \\ \frac{1}{\sqrt{3}} & -\frac{1}{\sqrt{3}} & \frac{1}{\sqrt{3}} \\ -\frac{1}{\sqrt{6}} & \frac{1}{\sqrt{6}} & \frac{2}{\sqrt{6}} \end{bmatrix}$、$\boldsymbol{b} = \begin{bmatrix} 10 \\ 20 \\ 30 \end{bmatrix}$ ならば、出力 $[21.213, 11.547, 28.577]$ が得られる。

問題 10.12.2： 以下の機能を持つプロシージャ `orthogonal_change_of_basis(A, B, a)` を書け。

- **入力：**
  - 2 つの直交行列 A、B で、A の行ラベル集合と列ラベル集合が等しく、更にそれが B の行ラベルと列ラベル集合に等しいもの
  - A の行によるベクトル $\boldsymbol{v}$ の座標表現 $\boldsymbol{a}$
- **出力：** B の列によるベクトル $\boldsymbol{v}$ の座標表現

半分冗談ではあるが、作成したプロシージャの本文の文字数を 5 文字程度に制限してみよ（`return` は数えないこととする）。

テストケース：入力が $A = B = \begin{bmatrix} \frac{1}{\sqrt{2}} & \frac{1}{\sqrt{2}} & 0 \\ \frac{1}{\sqrt{3}} & -\frac{1}{\sqrt{3}} & \frac{1}{\sqrt{3}} \\ -\frac{1}{\sqrt{6}} & \frac{1}{\sqrt{6}} & \frac{2}{\sqrt{6}} \end{bmatrix}$、$\boldsymbol{a} = \left[\sqrt{2}, \frac{1}{\sqrt{3}}, \frac{2}{\sqrt{6}}\right]$ ならば、出力 $[0.876, 0.538, 1.393]$ を得る。

問題 10.12.3： 以下の機能を持つプロシージャ `orthonormal_projection_orthogonal(W, b)` を書け。

- **入力：** 正規直交した行ベクトルから成る行列 W、W の列ラベル集合と等しいラベル集合を持つベクトル $\boldsymbol{b}$
- **出力：** W の行ベクトル空間と直交した $\boldsymbol{b}$ の射影

半分冗談であるが、作成したプロシージャの本文の文字数を 7 文字程度に制限してみよ（`return` は数えないこととする）。これは、その式が数学的に適切な構文であると考えられない点でインチキである。インチキせずに書いても、19 文字以内で書くことができる。

ヒント：まず $\boldsymbol{b}$ の W の行ベクトル空間への射影を求めよ。

テストケース：入力が $W = \begin{bmatrix} \frac{1}{\sqrt{2}} & \frac{1}{\sqrt{2}} & 0 \\ \frac{1}{\sqrt{3}} & -\frac{1}{\sqrt{3}} & \frac{1}{\sqrt{3}} \end{bmatrix}$、$\boldsymbol{b} = [10, 20, 30]$ ならば、

出力 $\begin{bmatrix} -11\frac{2}{3} & 11\frac{2}{3} & 23\frac{1}{3} \end{bmatrix}$ を得る。

11章
特異値分解

ワン　ひとつの夢　胸にいだいて†1
ミュージカル『コーラスライン』より
作詞：エドワード・クレバン

前の章では、ハールウェーブレット基底行列、フーリエ行列、巡回行列などの特別な行列について学んだ。これらの行列は、積を高速に計算でき、その上、より少ないメモリ量で扱うことができた。即ち、ハールウェーブレット基底行列とフーリエ行列はプロシージャを用いて暗に表現することができ、また、巡回行列はその 1 行目だけを格納しておくだけで表現でき、他の行はそこから導くことができたのだった。

11.1　低ランク行列による行列の近似

11.1.1　低ランク行列の利点

低ランク行列にも同様の利点がある。ランクが 1 の行列を考えよう。この行列の全ての行は、ある 1 次元空間に属している。そこで $\{\boldsymbol{v}\}$ をこの空間の基底とする。このとき、この行列の行は、全て $\boldsymbol{v}$ のスカラー倍となる。$\boldsymbol{u}$ をベクトルとし、その i 番目の要素が、行列の i 行目の $\boldsymbol{v}$ の係数であるとする。すると、元の行列は、$\boldsymbol{u}\boldsymbol{v}^T$ と書くことができる。このように表すことで、ランクが 1 の $m \times n$ 行列は、$m+n$ 個の数として格納すればよくなり、必要なメモリは少なくて済む。更に、行列 $\boldsymbol{u}\boldsymbol{v}^T$ をベクトル $\boldsymbol{w}$ に掛けるには、次のようにすればよい。

$$\left(\begin{bmatrix} \\ \boldsymbol{u} \\ \\ \end{bmatrix}\begin{bmatrix} & \boldsymbol{v}^T & \end{bmatrix}\right)\begin{bmatrix} \\ \boldsymbol{w} \\ \\ \end{bmatrix} = \begin{bmatrix} \\ \boldsymbol{u} \\ \\ \end{bmatrix}\left(\begin{bmatrix} & \boldsymbol{v}^T & \end{bmatrix}\begin{bmatrix} \\ \boldsymbol{w} \\ \\ \end{bmatrix}\right)$$

これは、行列とベクトルの積が、2 つのドット積の計算によって得られることを示している。

行列のランクが 1 より大きい場合でも、ランクが小さければ同様の恩恵を受けることができる。例えば、ランクが 2 の行列は、次のように書くことができる。

$$\left[\begin{array}{c|c} & \\ \boldsymbol{u}_1 & \boldsymbol{u}_2 \\ & \end{array}\right]\left[\begin{array}{c} \boldsymbol{v}_1^T \\ \hline \boldsymbol{v}_2^T \end{array}\right]$$

†1　［訳注］原文は「One singular sensation...」である。これは本章のテーマの特異値分解（Singular value decomposition）の「singular」と「特異」を掛けたシャレである。

これにより、この行列はコンパクトに格納でき、また、ベクトルとの積は高速に計算できる。

残念ながら、測定データから作成した行列のほとんどは、ランクが低くならない。だが運のよいことに、行列を低いランクの行列で近似したものは、その行列自身とほぼ同様の働きをし、よりよく働くことさえある。本章では、行列の最もよい k ランク近似、つまり、与えられた行列に最も近い k ランク行列を求める方法について学ぶ。これには、**主成分分析**（*PCA*：*principal component analysis*）と**潜在的意味索引**と呼ばれる2つの解析的方法を含め、さまざまな応用が存在する。

11.1.2 行列のノルム

与えられた行列に最も近い k ランク行列を見つける問題を定式化するためには、まず、行列間の距離を定義しなければならない。ベクトルの間の距離は、その差のベクトルのノルムで与えられ、更にベクトルのノルムは内積で定義された。特に $\mathbb{R}$ 上のベクトルの内積はドット積で定義した。10章では、複素数に対する内積が $\mathbb{R}$ に対するものとは少々異なることを見たが、本章では複素数から離れ、$\mathbb{R}$ 上のベクトルと行列に戻ることにしよう。従って、ここでの内積は単にドット積であり、ベクトルのノルムは要素の2乗の総和の平方根であるとしよう。では、行列のノルムは、どのように定義すればよいだろうか？

おそらく、最も自然な行列のノルムは†2、行列 A をベクトルとして解釈することで定義される。$m \times n$ 行列は、mn 要素のベクトル、つまり、各要素が行列の各要素であるようなベクトルとして解釈することができる†3。ベクトルのノルムは、要素の2乗の総和の平方根だったので、行列 A のノルムも同じように定義しよう。このノルムは**フロベニウス**ノルムと呼ばれ、次のように計算される。

$$\|A\|_F = \sqrt{\sum_i \sum_j A[i,j]^2}$$

補題 11.1.1： *A のフロベニウスノルムの2乗は、A のそれぞれの行ベクトルのノルムの2乗の総和と等しい。*

証明

A を $m \times n$ 行列とする。A を行ベクトルとして書くと $A = \begin{bmatrix} \boldsymbol{a}_1 \\ \hline \vdots \\ \hline \boldsymbol{a}_m \end{bmatrix}$ である。それぞれの行ラベル i に対し

$$\|\boldsymbol{a}_i\|^2 = \boldsymbol{a}_i[1]^2 + \boldsymbol{a}_i[2]^2 + \cdots + \boldsymbol{a}_i[n]^2 \tag{11-1}$$

なので、この式をフロベニウスノルムの定義に代入すると、次を得る。

†2 ［訳注］行列のノルムを定義する方法は複数ある。
†3 ［訳注］実際、同一サイズの行列全体の集合は和とスカラー倍に対し、ベクトル空間を成し、行列はその空間のベクトルとなる。

$$\|A\|_F^2 = \left(A[1,1]^2 + A[1,2]^2 + \cdots + A[1,n]^2\right) + \cdots + \left(A[m,1]^2 + A[m,2]^2 + \cdots + A[m,n]^2\right)$$
$$= \|\boldsymbol{a}_1\|^2 + \cdots \|\boldsymbol{a}_m\|^2$$

□

列に対しても同様の命題が成り立つ。

11.2 路面電車の路線配置問題

まず、ある意味で、消防車問題の反対ともいえる問題から始めることにしよう。ここでは、それを**路面電車の路線配置**問題と呼ぶことにする。この問題では、次のように、m 個の家の位置がベクトル $\boldsymbol{a}_1, \ldots, \boldsymbol{a}_m$ で与えられており

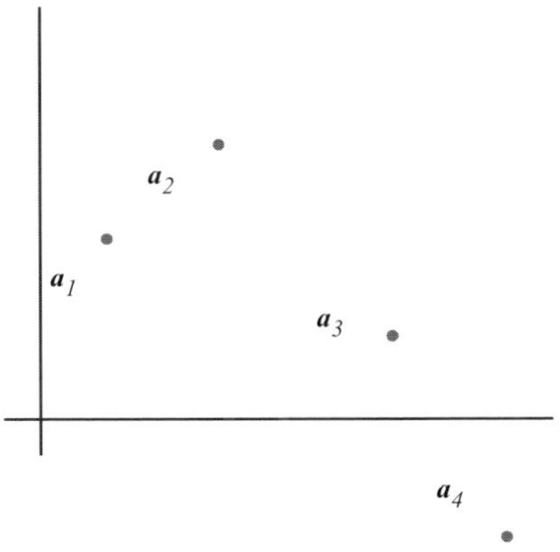

次の条件を満たすように路面電車の配置を決めなければならない。この路線は繁華街（原点とする）を通らなければならなく、かつ、路線は直線でなければならない。

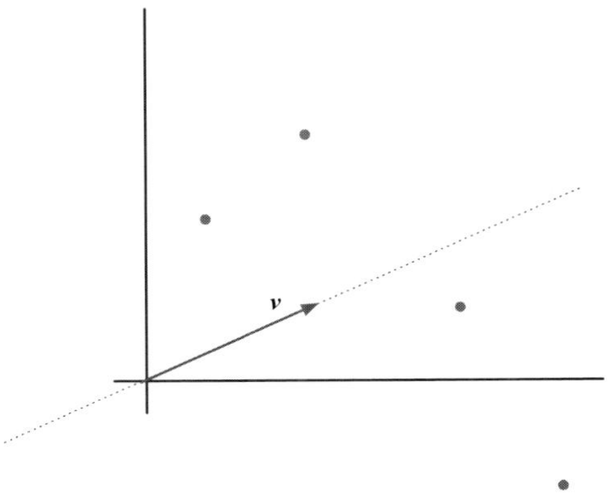

ここでの目標は、路面電車の路線を、m 個の家のできる限り近くを通るように決めることである。

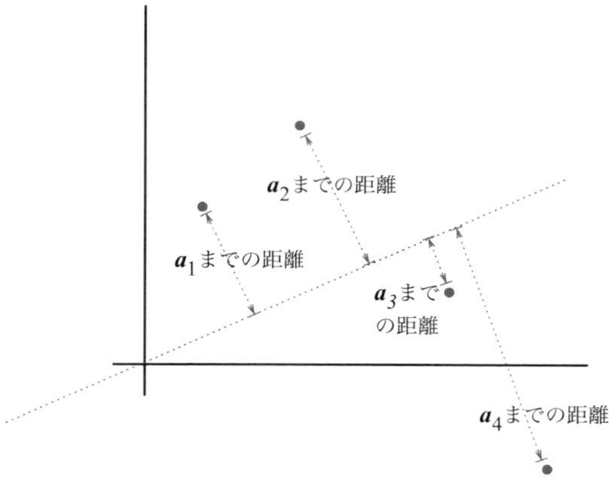

これだけでは、問題はまだ十分明確になっていない。まず、家が1軒しかなければ（ベクトルが $\boldsymbol{a}_1$ だけの場合）、解は明らかである。即ち、路線を、原点と $\boldsymbol{a}_1$ を通る直線沿いに作ればよい。この場合、この1軒の家と路線との距離は0である。さて、たくさんのベクトル $\boldsymbol{a}_1, \ldots, \boldsymbol{a}_m$ がある場合、これらのベクトルから路線までの距離をどう測ればよいだろうか？ 各ベクトル $\boldsymbol{a}_i$ は、それぞれ路線までの距離 d_i を持つ——これらの数 $[d_1, \ldots, d_m]$ をどのように組み合わせれば、最小にすべき数を得られるだろうか？

そこで、最小二乗問題と同様に、ベクトル $[d_1, \ldots, d_m]$ のノルムを最小にしよう。これは、このベクトルのノルムの2乗、つまり、$d_1^2 + \cdots + d_m^2$ を最小にすることと等しい。

また、出力の直線をどのような形で指定すればよいだろうか？ それには単位ベクトル $\boldsymbol{v}$ を用いればよい。即ち、路線の直線は、Span $\{\boldsymbol{v}\}$ となる。結果、路面電車の路線配置問題は次のような計算問題となる。

計算問題 11.2.1： 路面電車の路線配置問題：

- **入力**：ベクトル $\boldsymbol{a}_1, \ldots, \boldsymbol{a}_m$
- **出力**：以下を最小にする単位ベクトル $\boldsymbol{v}$

$$(\boldsymbol{a}_1 \text{ から Span } \{\boldsymbol{v}\} \text{ までの距離})^2 + \cdots + (\boldsymbol{a}_m \text{ から Span } \{\boldsymbol{v}\} \text{ までの距離})^2 \qquad (11\text{-}2)$$

11.2.1 路面電車の路線配置問題の解

各ベクトル $\boldsymbol{a}_i$ を $\boldsymbol{a}_i = \boldsymbol{a}_i^{||\boldsymbol{v}} + \boldsymbol{a}_i^{\perp\boldsymbol{v}}$ と書く。ここで、$\boldsymbol{a}_i^{||\boldsymbol{v}}$ は $\boldsymbol{a}_i$ の $\boldsymbol{v}$ に沿った射影、$\boldsymbol{a}_i^{\perp\boldsymbol{v}}$ は $\boldsymbol{v}$ に直交する射影である。このとき

$$\begin{aligned}\boldsymbol{a}_1^{\perp\boldsymbol{v}} &= \boldsymbol{a}_1 - \boldsymbol{a}_1^{||\boldsymbol{v}} \\ &\vdots \\ \boldsymbol{a}_m^{\perp\boldsymbol{v}} &= \boldsymbol{a}_m - \boldsymbol{a}_m^{||\boldsymbol{v}}\end{aligned}$$

が成り立つ。また、三平方の定理より

$$
\begin{aligned}
\|\boldsymbol{a}_1^{\perp \boldsymbol{v}}\|^2 &= \|\boldsymbol{a}_1\|^2 - \|\boldsymbol{a}_1^{||\boldsymbol{v}}\|^2 \\
&\vdots \\
\|\boldsymbol{a}_m^{\perp \boldsymbol{v}}\|^2 &= \|\boldsymbol{a}_m\|^2 - \|\boldsymbol{a}_m^{||\boldsymbol{v}}\|^2
\end{aligned}
$$

が成り立つ。

$\boldsymbol{a}_i$ から Span $\{\boldsymbol{v}\}$ までの距離は $\|\boldsymbol{a}_i^{\perp \boldsymbol{v}}\|$ なので

$$
\begin{aligned}
(\boldsymbol{a}_1\text{から Span } \{\boldsymbol{v}\} \text{ までの距離})^2 &= \|\boldsymbol{a}_1\|^2 - \|\boldsymbol{a}_1^{||\boldsymbol{v}}\|^2 \\
&\vdots \\
(\boldsymbol{a}_m\text{から Span } \{\boldsymbol{v}\} \text{ までの距離})^2 &= \|\boldsymbol{a}_m\|^2 - \|\boldsymbol{a}_m^{||\boldsymbol{v}}\|^2
\end{aligned}
$$

これらを足し合わせて、補題 11.1.1 を利用すると、

$$
\begin{aligned}
\textstyle\sum_i(\boldsymbol{a}_i\text{から Span } \{\boldsymbol{v}\} \text{ までの距離})^2 &= \|\boldsymbol{a}_1\|^2 + \cdots + \|\boldsymbol{a}_m\|^2 - \left(\|\boldsymbol{a}_1^{||\boldsymbol{v}}\|^2 + \cdots + \|\boldsymbol{a}_m^{||\boldsymbol{v}}\|^2\right) \\
&= \|A\|_F^2 - \left(\|\boldsymbol{a}_1^{||\boldsymbol{v}}\|^2 + \cdots + \|\boldsymbol{a}_m^{||\boldsymbol{v}}\|^2\right)
\end{aligned}
$$

となる。ここで、A は $\boldsymbol{a}_1, . . , \boldsymbol{a}_m$ を行に持つ行列である。

$\boldsymbol{v}$ は単位ベクトルなので、$\boldsymbol{a}_i^{||\boldsymbol{v}} = \langle \boldsymbol{a}_i, \boldsymbol{v}\rangle\, \boldsymbol{v}$ であり、これを用いると $\|\boldsymbol{a}_i^{||\boldsymbol{v}}\|^2 = \langle \boldsymbol{a}_i, \boldsymbol{v}\rangle^2$ となる。従って、次を得る。

$$
\textstyle\sum_i(\boldsymbol{a}_i\text{から Span } \{\boldsymbol{v}\} \text{ までの距離})^2 = \|A\|_F^2 - \left(\langle \boldsymbol{a}_1, \boldsymbol{v}\rangle^2 + \langle \boldsymbol{a}_2, \boldsymbol{v}\rangle^2 + \cdots + \langle \boldsymbol{a}_m, \boldsymbol{v}\rangle^2\right) \tag{11-3}
$$

次に $\left(\langle \boldsymbol{a}_1, \boldsymbol{v}\rangle^2 + \langle \boldsymbol{a}_2, \boldsymbol{v}\rangle^2 + \cdots + \langle \boldsymbol{a}_m, \boldsymbol{v}\rangle^2\right)$ が $\|A\boldsymbol{v}\|^2$ で置き換えられることを示す。ドット積による行列とベクトルの積の定義により

$$
\begin{bmatrix} \boldsymbol{a}_1 \\ \hline \vdots \\ \hline \boldsymbol{a}_m \end{bmatrix}
\begin{bmatrix} \\ \boldsymbol{v} \\ \\ \end{bmatrix}
=
\begin{bmatrix} \langle \boldsymbol{a}_1, \boldsymbol{v}\rangle \\ \vdots \\ \langle \boldsymbol{a}_m, \boldsymbol{v}\rangle \end{bmatrix} \tag{11-4}
$$

よって

$$
\|A\boldsymbol{v}\|^2 = \left(\langle \boldsymbol{a}_1, \boldsymbol{v}\rangle^2 + \langle \boldsymbol{a}_2, \boldsymbol{v}\rangle^2 + \cdots + \langle \boldsymbol{a}_m, \boldsymbol{v}\rangle^2\right)
$$

これを式 (11-3) に代入すると

$$
\textstyle\sum_i(\boldsymbol{a}_i\text{から Span } \{\boldsymbol{v}\} \text{ までの距離})^2 = \|A\|_F^2 - \|A\boldsymbol{v}\|^2 \tag{11-5}
$$

を得る。

従って、最適なベクトル $\boldsymbol{v}$ は、$\|A\boldsymbol{v}\|^2$ を最大にする（つまり $\|A\boldsymbol{v}\|$ を最大にする）単位ベクトルである。これで少なくとも原理的には路面電車の路線配置問題（計算問題 11.2.1）の解を知ることができた。

```
def trolley_line_location(A):
    "指定された行列 A に対し、
     ∑_i(A の i 行から Span {v1} までの距離 )^2 を最小にするベクトル v1 を求める"
    v1 = arg max{||Av|| : ||v|| = 1}
    σ1 = ||Av1||
    v1 を返す
```

ここで、記号 arg max は $\|A\boldsymbol{v}\|$ の値を最大にするベクトルを表し、この場合は単位ベクトルという条件が課されている。

ここまででは、実際に $\boldsymbol{v}_1$ をどのように計算するかは説明していないので、これは単に**原理的な**解である。12 章で $\boldsymbol{v}_1$ を近似する方法を説明する。

定義 11.2.2： 上記の疑似コードの、σ_1 を A の**第 1 特異値**、$\boldsymbol{v}_1$ を**第 1 右特異ベクトル**と定義する。

例 11.2.3： $A = \begin{bmatrix} 1 & 4 \\ 5 & 2 \end{bmatrix}$ とすると、$\boldsymbol{a}_1 = [1,4]$、$\boldsymbol{a}_2 = [5,2]$ である。この場合、$\|A\boldsymbol{v}\|$ を最大にする単位ベクトルは、$\boldsymbol{v}_1 \approx \begin{bmatrix} 0.78 \\ 0.63 \end{bmatrix}$ である。σ_1 は $\|A\boldsymbol{v}_1\|$ を表し、ここでは約 6.1 である。

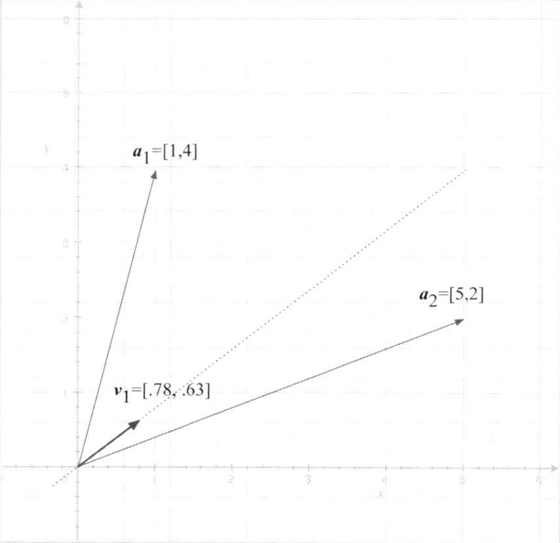

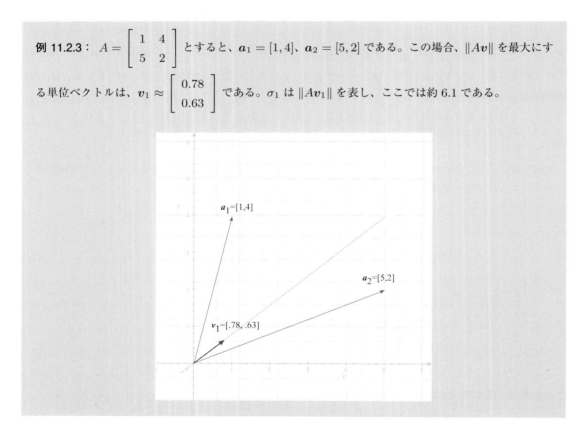

既に、次の定理は証明した。これは trolley_line_location(A) が最も近いベクトル空間を与えることを示すものである。

定理 11.2.4： A を $\boldsymbol{a}_1, \ldots, \boldsymbol{a}_m$ を行に持つ $\mathbb{R}$ 上の $m \times n$ 行列、$\boldsymbol{v}_1$ を A の第 1 右特異ベクトルとする。こ

のとき Span $\{\boldsymbol{v}_1\}$ は

$$(\boldsymbol{a}_1\text{から } \mathcal{V} \text{ までの距離})^2 + \cdots + (\boldsymbol{a}_m\text{から } \mathcal{V} \text{ までの距離})^2$$

を最小にする 1 次元ベクトル空間 $\mathcal{V}$ である。

では、A の行ベクトルに最も近いベクトル空間は、どれだけ近いのだろうか？

補題 11.2.5： 距離の 2 乗の和の最小値は $\|A\|_F^2 - \sigma_1^2$ である。

証明

行列 A の行ベクトルから Span $\{\boldsymbol{v}_1\}$ までの距離は、式 (11-5) より $\|A\|_F^2 - \|A\boldsymbol{v}_1\|^2$ で与えられる。この $\|A\boldsymbol{v}_1\|$ を σ_1 と定義していた。 □

例 11.2.6： 例 11.2.3（p.530）の続きを考えて、距離の 2 乗の和を計算しよう。

まず、$\boldsymbol{v}_1$ に直交する $\boldsymbol{a}_1$ の射影を求める。

$$\begin{aligned}\boldsymbol{a}_1 - \langle \boldsymbol{a}_1, \boldsymbol{v}_1 \rangle\, \boldsymbol{v}_1 &\approx [1,4] - (1 \cdot 0.78 + 4 \cdot 0.63)[0.78, 0.63] \\ &\approx [1,4] - 3.3\,[0.78, 0.63] \\ &\approx [-1.6, 1.9]\end{aligned}$$

このベクトルのノルムは約 2.5 で、これは $\boldsymbol{a}_1$ から Span $\{\boldsymbol{v}_1\}$ までの距離である。

次に、$\boldsymbol{v}_1$ に直交する $\boldsymbol{a}_2$ の射影を求める。

$$\begin{aligned}\boldsymbol{a}_2 - \langle \boldsymbol{a}_2, \boldsymbol{v}_1 \rangle\, \boldsymbol{v}_1 &\approx [5,2] - (5 \cdot 0.78 + 2 \cdot 0.63)[0.78, 0.63] \\ &\approx [5,2] - 5.2\,[0.78, 0.63] \\ &\approx [1.0, -1.2]\end{aligned}$$

このベクトルのノルムは約 1.6 で、これは $\boldsymbol{a}_2$ から Span $\{\boldsymbol{v}_1\}$ までの距離である。

このとき、距離の 2 乗の和は約 8.7 である。

補題 11.2.5 によると、距離の 2 乗の和は $\|A\|_F^2 - \sigma_1^2$ となるはずである。A のフロベニウスノルムの 2 乗は $1^2 + 4^2 + 5^2 + 2^2 = 46$ で、第 1 特異値は約 6.11 なので、$\|A\|_F^2 - \sigma_1^2$ は約 8.7 となる。即ち、この例では、補題 11.2.5 は正しい！

注意： ここでは部分空間までの距離を用いて差を計算している。ベクトルのノルムは全ての要素を平等に扱うので、このテクニックを利用するためには、その要素の単位が適切なものでなければならない。

例 11.2.7： $\boldsymbol{a}_1, \ldots, \boldsymbol{a}_{100}$ をアメリカの上院議員の投票結果としよう（投票記録のラボで用いたものと同じデータを用いる）。

$\boldsymbol{a}_1, \ldots, \boldsymbol{a}_{100}$ から Span $\{\boldsymbol{v}\}$ までの距離の 2 乗を最小にする単位ベクトル $\boldsymbol{v}$ を求め、各ベクトルの

$\boldsymbol{v}$ に沿った射影をプロットする。

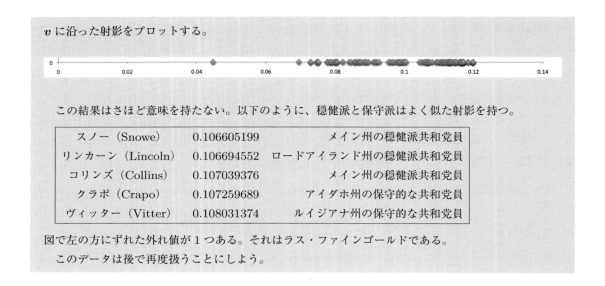

この結果はさほど意味を持たない。以下のように、穏健派と保守派はよく似た射影を持つ。

スノー（Snowe）	0.106605199	メイン州の穏健派共和党員
リンカーン（Lincoln）	0.106694552	ロードアイランド州の穏健派共和党員
コリンズ（Collins）	0.107039376	メイン州の穏健派共和党員
クラポ（Crapo）	0.107259689	アイダホ州の保守的な共和党員
ヴィッター（Vitter）	0.108031374	ルイジアナ州の保守的な共和党員

図で左の方にずれた外れ値が1つある。それはラス・ファインゴールドである。

このデータは後で再度扱うことにしよう。

11.2.2 行列のランク1近似

路面電車の路線配置問題の解の構築に向け、これと異なる計算問題、**与えられた行列の最適なランク1近似を求める**という問題の解を導こう。あるベクトルに対する最適な k スパース近似を見つける際に（10章)、「最適」とは「元のベクトルに最も近いこと」を表すと定義した。このベクトル間の距離は通常の方法、つまりノルムで測られる。ここでも同様の方法で、元の行列とその近似行列との距離を測りたい。そのために、行列に対するノルムが必要となるのだ。

11.2.3 最適なランク1近似

ここで**ランク1近似**問題を定義しよう。

計算問題 11.2.8： ランク1近似：

- **入力：**ゼロでない行列 A
- **出力：**フロベニウスノルムによる距離が A に最も近い、ランク1の行列 $\tilde{A}$

つまり、目標は $\|A-\tilde{A}\|_F$ を最小にするランク1行列 $\tilde{A}$ を求めることである。

$$\tilde{A} = \arg\min\{\|A-B\|_F \ : \ B \text{ のランクは } 1\}$$

あるランク1行列 $\tilde{A}$ があったとしよう。これは A にどれくらい近いだろうか？ A と $\tilde{A}$ の間の距離の2乗は、補題 11.1.1 より

$$\|A-\tilde{A}\|_F^2 = \| A-\tilde{A} \text{ の } 1 \text{ 行目 } \|^2 + \cdots + \| A-\tilde{A} \text{ の } m \text{ 行目 } \|^2 \tag{11-6}$$

である。従って、A との距離を最小にするには、$\tilde{A}$ の各行をできる限り A の対応する行に近付ければよいことが分かる。一方で、$\tilde{A}$ のランクは、1でなくてはならない。これは、あるベクトル $\boldsymbol{v}$ に対し、$\tilde{A}$ の各行が Span $\{\boldsymbol{v}\}$ に含まれることと等価であった。従って、A までの距離を最小にするような $\boldsymbol{v}$ が選ばれたな

らば、$\tilde{A}$ を次のように選ばなければならない。

$$\tilde{A} = \begin{bmatrix} \boldsymbol{a}_1 \text{に最も近い Span } \{\boldsymbol{v}\} \text{ のベクトル} \\ \hline \vdots \\ \hline \boldsymbol{a}_m \text{に最も近い Span } \{\boldsymbol{v}\} \text{ のベクトル} \end{bmatrix} \tag{11-7}$$

この結果、$i = 1, \ldots, m$ に対し

$$\| A - \tilde{A} \text{ の } i \text{ 行目 } \| = \boldsymbol{a}_i \text{ から Span } \{\boldsymbol{v}\} \text{ までの距離}$$

となる。

これと式 (11-6) を組み合わせると、$\boldsymbol{v}$ が選ばれたならば、最適な近似行列 $\tilde{A}$ は、次を満たす。

$$\|A - \tilde{A}\|_F^2 = \big(\boldsymbol{a}_1 \text{から Span } \{\boldsymbol{v}\} \text{ までの距離}\big)^2 + \cdots + \big(\boldsymbol{a}_m \text{から Span } \{\boldsymbol{v}\} \text{ までの距離}\big)^2$$

定理 11.2.4 より、Span $\{\boldsymbol{v}\}$ までの距離の 2 乗の和を最小にするには、$\boldsymbol{v}$ として $\boldsymbol{v}_1$ を、つまり第 1 右特異ベクトルを選べばよい。また、補題 11.2.5 より、距離の 2 乗の和は $\|A\|_F^2 - \sigma_1^2$ である。従って、次の定理を得る。

定理 11.2.9： $\|A - \tilde{A}\|_F$ を最小にするランク 1 行列 $\tilde{A}$ は次のように書ける。

$$\tilde{A} = \begin{bmatrix} \boldsymbol{a}_1 \text{に最も近い Span } \{\boldsymbol{v}_1\} \text{ のベクトル} \\ \hline \vdots \\ \hline \boldsymbol{a}_m \text{に最も近い Span } \{\boldsymbol{v}_1\} \text{ のベクトル} \end{bmatrix} \tag{11-8}$$

このとき、$\|A - \tilde{A}\|_F^2 = \|A\|_F^2 - \sigma_1^2$ である。

11.2.4 最適なランク 1 近似の表現

式 (11-8) は $\tilde{A}$ を指定するものだが、更に巧妙な表現方法が存在する。

$\boldsymbol{a}_i$ に最も近い Span $\{\boldsymbol{v}_1\}$ のベクトルは $\boldsymbol{a}_i^{||\boldsymbol{v}_1}$、つまり Span $\{\boldsymbol{v}_1\}$ への $\boldsymbol{a}_i$ の射影である。そのため、$\boldsymbol{a}_i^{||\boldsymbol{v}_1} = \langle \boldsymbol{a}_i, \boldsymbol{v}_1 \rangle \, \boldsymbol{v}_1$ の式を用いると、

$$\tilde{A} = \begin{bmatrix} \langle \boldsymbol{a}_1, \boldsymbol{v}_1 \rangle \, \boldsymbol{v}_1^T \\ \hline \vdots \\ \hline \langle \boldsymbol{a}_m, \boldsymbol{v}_1 \rangle \, \boldsymbol{v}_1^T \end{bmatrix}$$

を得る。線形結合によるベクトルと行列の積の定義を用いると、これを 2 つのベクトルの外積として書くことができる。

$$\tilde{A} = \begin{bmatrix} \langle \boldsymbol{a}_1, \boldsymbol{v}_1 \rangle \\ \vdots \\ \langle \boldsymbol{a}_m, \boldsymbol{v}_1 \rangle \end{bmatrix} \begin{bmatrix} \quad \boldsymbol{v}_1^T \quad \end{bmatrix} \tag{11-9}$$

更に、式 (11-4) より、この外積の 1 つ目のベクトルは $A\boldsymbol{v}_1$ と書ける。これを式 (11-9) に代入し、次を得る。

$$\tilde{A} = \begin{bmatrix} \\ A\boldsymbol{v}_1 \\ \\ \end{bmatrix} \begin{bmatrix} & \boldsymbol{v}_1^T & \end{bmatrix} \tag{11-10}$$

σ_1 はノルム $\|A\boldsymbol{v}_1\|$ で定義されていた。$\boldsymbol{u}_1$ を $\sigma_1\,\boldsymbol{u}_1 = A\boldsymbol{v}_1$ を満たすノルムが 1 のベクトルと定義すると、式 (11-10) を、次のように書き直すことができる。

$$\tilde{A} = \sigma_1 \begin{bmatrix} \\ \boldsymbol{u}_1 \\ \\ \end{bmatrix} \begin{bmatrix} & \boldsymbol{v}_1^T & \end{bmatrix} \tag{11-11}$$

定義 11.2.10： A の**第 1 左特異ベクトル**を $\sigma_1\,\boldsymbol{u}_1 = A\boldsymbol{v}_1$ を満たすようなベクトル $\boldsymbol{u}_1$ として定義する。ここで σ_1 と $\boldsymbol{v}_1$ はそれぞれ A の第 1 特異値と第 1 右特異ベクトルである。

定理 11.2.11： A の最適なランク 1 近似は $\sigma_1\,\boldsymbol{u}_1\boldsymbol{v}_1^T$ である。ここで、σ_1 は A の第 1 特異値、$\boldsymbol{u}_1$ は第 1 左特異ベクトル、$\boldsymbol{v}_1$ は第 1 右特異ベクトルである。

例 11.2.12： 例 11.2.3 (p.530) で、行列 $A = \begin{bmatrix} 1 & 4 \\ 5 & 2 \end{bmatrix}$ に対し、右特異ベクトルは $\boldsymbol{v}_1 \approx \begin{bmatrix} 0.78 \\ 0.63 \end{bmatrix}$ であり、第 1 特異値 σ_1 が約 6.11 であることを見た。第 1 左特異ベクトルは $\boldsymbol{u}_1 \approx \begin{bmatrix} 0.54 \\ 0.84 \end{bmatrix}$、即ち、$\sigma_1\,\boldsymbol{u}_1 = A\boldsymbol{v}_1$ である。このとき、次のように書ける。

$$\begin{aligned} \tilde{A} &= \sigma_1\,\boldsymbol{u}_1\boldsymbol{v}_1^T \\ &\approx 6.1 \begin{bmatrix} 0.54 \\ 0.84 \end{bmatrix} \begin{bmatrix} 0.78 & 0.63 \end{bmatrix} \\ &\approx \begin{bmatrix} 2.56 & 2.07 \\ 4.00 & 3.24 \end{bmatrix} \end{aligned}$$

よって

$$A - \tilde{A} \approx \begin{bmatrix} 1 & 4 \\ 5 & 2 \end{bmatrix} - \begin{bmatrix} 2.56 & 2.07 \\ 4.00 & 3.24 \end{bmatrix}$$

$$\approx \begin{bmatrix} -1.56 & 1.93 \\ 1.00 & -1.24 \end{bmatrix}$$

を得る。従って、$A - \tilde{A}$ のフロベニウスノルムの 2 乗は

$$1.56^2 + 1.93^2 + 1.00^2 + 1.24^2 \approx 8.7$$

となる。

これは定理 11.2.9 を満たしているだろうか？ 定理は $\|A - \tilde{A}\|_F^2 = \|A\|_F^2 - \sigma_1^2$ を表しており、右辺を計算した結果は、例 11.2.6（p.531）では約 8.7 となった。

11.2.5 最も近い 1 次元アフィン空間

11.2 節では、路面電車の路線配置問題を定義した際に、路面電車が原点を通ることを仮定した。これは、この問題を、最も近い 1 次元**ベクトル空間**を探す問題に対応させるために必要であった。原点を通る直線は 1 次元ベクトル空間である。3 章で学んだように、任意の直線（原点を通る必要はない）は**アフィン空間**だったことを思い出そう。

この路面電車の路線配置問題で用いたテクニックを応用し、原点を通らないような任意の直線に対する同様の問題も解くことができる。与えられた点 $\boldsymbol{a}_1, \ldots, \boldsymbol{a}_m$ に対し、点 $\bar{\boldsymbol{a}}$ を選び、入力の各点から $\bar{\boldsymbol{a}}$ を引き、平行移動する。即ち

$$\boldsymbol{a}_1 - \bar{\boldsymbol{a}}, \ldots, \boldsymbol{a}_m - \bar{\boldsymbol{a}}$$

これらの平行移動された点に最も近い 1 次元ベクトル空間を見つけ、今度はその空間に $\bar{\boldsymbol{a}}$ を加え直し、再び平行移動する。

いま説明したやり方が、**最も近い**アフィン空間を正しく求めるかどうかは、$\bar{\boldsymbol{a}}$ の選び方に依存する。$\bar{\boldsymbol{a}}$ の最適な選び方は、かなり直感的にいえば、入力の**重心**、即ち、ベクトル

$$\bar{\boldsymbol{a}} = \frac{1}{m}(\boldsymbol{a}_1 + \cdots + \boldsymbol{a}_m)$$

である。これについての証明は省く。

与えられた点の重心を求め、その後、これらの点から重心の座標を引いて平行移動することは、点の**センタリング**と呼ばれる。

例 11.2.13： 例 11.2.7（p.531）をもう一度考えてみよう。$\boldsymbol{a}_1, \ldots, a_{100}$ はアメリカ上院議員の投票の記録であった。ここでは、データを**センタリング**し、最も近い 1 次元ベクトル空間 Span $\{\boldsymbol{v}_1\}$ を求める。

ここで、$\boldsymbol{v}$ に沿った射影は図のように、ほどよくばらついている。

原点の左にいる上院議員のうち、3 人だけが共和党員である。

```
>>> {r for r in senators if is_neg[r] and is_Repub[r]}
{'Collins', 'Snowe', 'Chafee'}
```

彼らはおそらく、そのとき上院議会にいた最も穏健な共和党員だろう。同様に、原点の右側にいる上院議員のうちで 3 人だけが民主党員である。

11.3 最も近い k 次元ベクトル空間

路面電車の路線配置問題を、より高い次元の問題へと一般化すると、次のようになる。

計算問題 11.3.1： 最も近い低次元部分空間：

- **入力**：ベクトル $\boldsymbol{a}_1, \ldots \boldsymbol{a}_m$ と、正の整数 k
- **出力**：

$$\sum_i (\boldsymbol{a}_i \text{から } \mathcal{V}_k \text{までの距離})^2$$

を最小にする k 次元ベクトル空間 $\mathcal{V}_k$ の基底

路面電車の路線配置問題は、単に、この計算問題の $k = 1$ の場合にすぎない。この特別な場合における 1 次元ベクトル空間の基底を求めよう。その解は `trolley_line_location(`A`)` で具体化したように、$\|A\boldsymbol{v}\|$ を最大にするような単位ベクトル $\boldsymbol{v}$ から成る基底である。ここで A は $\boldsymbol{a}_1, \ldots, \boldsymbol{a}_m$ を行に持つ行列である。

11.3.1 特異値と特異ベクトルを求めるための「思考実験的」アルゴリズム

この**正規直交**基底を求めるアルゴリズムを自然に一般化したものが存在する。そのアルゴリズムでは、i 回目の繰り返しで選ばれるベクトル $\boldsymbol{v}$ は、次のように、$\|A\boldsymbol{v}\|$ を最大化し、それ以前に選ばれた全てのベクトルに直交するものとなる。

- $\boldsymbol{v}_1$ を $\|A\boldsymbol{v}\|$ を最大にするノルムが 1 のベクトル $\boldsymbol{v}$ とする
- $\boldsymbol{v}_2$ を $\boldsymbol{v}_1$ に直交し $\|A\boldsymbol{v}\|$ を最大にするノルムが 1 のベクトル $\boldsymbol{v}$ とする
- $\boldsymbol{v}_3$ を $\boldsymbol{v}_1$ と $\boldsymbol{v}_2$ に直交し $\|A\boldsymbol{v}\|$ を最大にするノルムが 1 のベクトル $\boldsymbol{v}$ とする

  $\vdots$

以下はこのアルゴリズムの疑似コードである。

“与えられた $m \times n$ 行列 A について、$k = 1, 2, \ldots, \text{rank } A$ に対し、
k 次元部分空間 $\mathcal{V}_k = \text{Span } \{\boldsymbol{v}_1, \ldots, \boldsymbol{v}_k\}$ で、$\sum_i (A \text{ の } i \text{ 行目から } \mathcal{V}_k \text{までの距離})^2$ を
最小にするようなベクトル $\boldsymbol{v}_1, \ldots, \boldsymbol{v}_r$（$1 \leqq r \leqq \text{rank } A$）を求める”

```
def find_right_singular_vectors(A):
  i = 1, 2, ... に対し
    v_i = arg max{||Av|| : ||v|| = 1, v は v_1, v_2, ... v_{i-1} に直交する }
    σ_i = ||Av_i||
  これを v_1, ..., v_i に直交する全てのベクトル v に対し、Av = 0 となるまで繰り返す
  r を最後のループ変数 i の値とする
  [v_1, v_2, ..., v_r] を返す
```

プロシージャ trollet_line_location(A) と同様に、まだ $\arg\max$ の部分の計算方法を説明していないので、このプロシージャは完全ではない。実際、これはベクトルを求めるのにはどう考えても最適なアルゴリズムでないが、その求め方を考える上では非常に役立つ。つまり、**思考実験的**アルゴリズムであるといえる。

定義 11.3.2： $\boldsymbol{v}_1, \boldsymbol{v}_2, \ldots, \boldsymbol{v}_r$ を A の**右特異ベクトル**、それに対応する実数 $\sigma_1, \sigma_2, \ldots, \sigma_r$ を A の**特異値**と呼ぶ。

11.3.2 特異値と右特異ベクトルの性質

次の性質は自明である。

命題 11.3.3： 右特異ベクトルは正規直交する。

証明

i 回目の繰り返しの $\boldsymbol{v}_i$ は、単位ベクトルであり、かつ、$\boldsymbol{v}_1, \ldots, \boldsymbol{v}_{i-1}$ に直交するベクトルの中から選ばれる。 □

例 11.3.4： 再度、例 11 2.3、11.2.6、11.2.12 の行列 $A = \begin{bmatrix} 1 & 4 \\ 5 & 2 \end{bmatrix}$ について考えてみよう。第 1 右特異ベクトルは $\boldsymbol{v}_1 \approx \begin{bmatrix} 0.78 \\ 0.63 \end{bmatrix}$、第 1 特異値 σ_1 は約 6.11 であることを見た。よって、第 2 右特異ベクトルは $\begin{bmatrix} 0.78 \\ 0.63 \end{bmatrix}$ に直交するベクトルから選ばれるため、$\begin{bmatrix} 0.63 \\ -0.78 \end{bmatrix}$ であることが分かる。これに対応する特異値は$\sigma_2 \approx 2.9$ である。

ベクトル $\boldsymbol{v}_1$ と $\boldsymbol{v}_2$ は明らかに直交している。また、σ_2 が σ_1 より小さいことに注意して欲しい。即ち、2 度目の最大化はより小さい解の候補の集合上で行うので、特異値は 1 度目より大きくなりえない。

ベクトル $\boldsymbol{v}_1$、$\boldsymbol{v}_2$ は直交し、かつ、ゼロでないので、線形独立である。従って、これらが $\mathbb{R}^2$ を張ることが分かる。

他にもほぼ自明な性質がある。

命題 11.3.5： 特異値は負でなく、かつ、降順に並ぶ。

証明

特異値はそれぞれベクトルのノルムなので、負にはならない。$i > 1$ の各繰り返しで、$\boldsymbol{v}_i$ を選び出したベクトルの集合は、$\boldsymbol{v}_{i-1}$ を選び出したベクトルの集合の部分集合となっている。よって、i 回目の繰り返しで得られる最大値は、$i-1$ 回目に得られる最大値より大きくなることはない。つまり $\sigma_i \leqq \sigma_{i-1}$ である。□

次に、自明ではないが、特異値分解の概念の肝である、次の驚くべき事実を見よう。

補題 11.3.6： A の全ての行ベクトルは右特異ベクトルの線形包に属する。

証明

$\mathcal{V} = \text{Span}\ \{\boldsymbol{v}_1, \ldots, \boldsymbol{v}_r\}$ とする。$\mathcal{V}^o$ を $\mathcal{V}$ のアニヒレーターとすると、$\mathcal{V}^o$ は $\mathcal{V}$ と直交する全てのベクトルから成ることを思い出そう。ループの終了条件より、$\mathcal{V}^o$ の任意のベクトル $\boldsymbol{v}$ に対し、積 $A\boldsymbol{v}$ はゼロベクトルとなる。従って、A の行ベクトルと $\boldsymbol{v}$ は直交する。一方、アニヒレーターのアニヒレーター $(\mathcal{V}^o)^o$ は $\mathcal{V}^o$ と直交する全てのベクトルから成るので、A の行ベクトルは $(\mathcal{V}^o)^o$ に属する。アニヒレーター定理（定理 6.5.15）より、$(\mathcal{V}^o)^o$ は $\mathcal{V}$ と等しいので、A の行ベクトルは $\mathcal{V}$ に属する。□

11.3.3　特異値分解

補題 11.3.6 より、A の各行 $\boldsymbol{a}_i$ は、右特異ベクトルの線形結合で書ける。

$$\boldsymbol{a}_i = \sigma_{i1}\,\boldsymbol{v}_1 + \cdots + \sigma_{ir}\,\boldsymbol{v}_r$$

$\boldsymbol{v}_1, \ldots, \boldsymbol{v}_r$ は正規直交しているので、j 回目に加える $\sigma_{ij}\,\boldsymbol{v}_j$ は、$\boldsymbol{a}_i$ の j 個目の右特異ベクトルに沿った射影であり、その係数 σ_{ij} は $\boldsymbol{a}_i$ と $\boldsymbol{v}_j$ の単なる内積である。

$$\boldsymbol{a}_i = \langle \boldsymbol{a}_i, \boldsymbol{v}_1 \rangle\ \boldsymbol{v}_1 + \cdots + \langle \boldsymbol{a}_i, \boldsymbol{v}_r \rangle\ \boldsymbol{v}_r$$

これは、ドット積によるベクトルと行列の積の定義を用いて、次のように書ける。

$$\boldsymbol{a}_i = \begin{bmatrix} \langle \boldsymbol{a}_i, \boldsymbol{v}_1 \rangle & \cdots & \langle \boldsymbol{a}_i, \boldsymbol{v}_r \rangle \end{bmatrix} \begin{bmatrix} \boldsymbol{v}_1^T \\ \hline \vdots \\ \hline \boldsymbol{v}_r^T \end{bmatrix}$$

これら全ての式を組み合わせ、ベクトルと行列の積による行列と行列の積の定義を用いると、A を次のような行列と行列の積で表現することができる。

$$\begin{bmatrix} \boldsymbol{a}_1^T \\ \hline \boldsymbol{a}_2^T \\ \hline \vdots \\ \hline \boldsymbol{a}_m^T \end{bmatrix} = \begin{bmatrix} \langle \boldsymbol{a}_1, \boldsymbol{v}_1 \rangle & \cdots & \langle \boldsymbol{a}_1, \boldsymbol{v}_r \rangle \\ \langle \boldsymbol{a}_2, \boldsymbol{v}_1 \rangle & \cdots & \langle \boldsymbol{a}_2, \boldsymbol{v}_r \rangle \\ & \vdots & \\ \langle \boldsymbol{a}_m, \boldsymbol{v}_1 \rangle & \cdots & \langle \boldsymbol{a}_m, \boldsymbol{v}_r \rangle \end{bmatrix} \begin{bmatrix} \boldsymbol{v}_1^T \\ \hline \vdots \\ \hline \boldsymbol{v}_r^T \end{bmatrix}$$

この式は更に単純化できる。右辺の 1 つ目の行列の第 j 列

$$\begin{bmatrix} \langle \boldsymbol{a}_1, \boldsymbol{v}_j \rangle \\ \langle \boldsymbol{a}_2, \boldsymbol{v}_j \rangle \\ \vdots \\ \langle \boldsymbol{a}_m, \boldsymbol{v}_j \rangle \end{bmatrix}$$

は、ドット積による線形結合の定義を用いると、単に $A\boldsymbol{v}_j$ であると分かる。ここで、これらのベクトルに名前があると便利であろう。

定義 11.3.7： **左特異ベクトル**とは、$\sigma_j \boldsymbol{u}_j = A\boldsymbol{v}_j$ を満たすようなベクトル $\boldsymbol{u}_1, \boldsymbol{u}_2, \ldots, \boldsymbol{u}_r$ である。

命題 11.3.8： 左特異ベクトルは正規直交する。

（この証明は 11.3.10 節で与える。）

左特異ベクトルの定義を用いて、$A\boldsymbol{v}_j$ に $\sigma_j \boldsymbol{u}_j$ を代入すると、次の式を得る。

$$\begin{bmatrix} \\ A \\ \\ \end{bmatrix} = \begin{bmatrix} \sigma_1 \boldsymbol{u}_1 & \cdots & \sigma_r \boldsymbol{u}_r \end{bmatrix} \begin{bmatrix} \boldsymbol{v}_1^T \\ \hline \vdots \\ \hline \boldsymbol{v}_r^T \end{bmatrix}$$

最後に、$\sigma_1, \ldots, \sigma_r$ を対角行列として分けると、次の式を得る。

$$\begin{bmatrix} \\ A \\ \\ \end{bmatrix} = \begin{bmatrix} \boldsymbol{u}_1 & \cdots & \boldsymbol{u}_r \end{bmatrix} \begin{bmatrix} \sigma_1 & & \\ & \ddots & \\ & & \sigma_r \end{bmatrix} \begin{bmatrix} \boldsymbol{v}_1^T \\ \hline \vdots \\ \hline \boldsymbol{v}_r^T \end{bmatrix} \tag{11-12}$$

定義 11.3.9： 行列 A の**特異値分解**（*SVD*：*singular value decomposition*）とは、A の $A = U\Sigma V^T$ のような分解のことである。ここで、行列 U、Σ、V はそれぞれ、次の 3 つの性質を持つものである。

性質 S1： Σ は対角行列であり、その要素 $\sigma_1, \ldots, \sigma_r$ は負ではなく、かつ、降順に並んでいる
性質 S2： V は列直交行列である

性質 S3： U は列直交行列である

次の定理が成り立つ。

定理 11.3.10： $\mathbb{R}$ 上の全ての行列 A は特異値分解を持つ。

証明

先ほど導いた式 (11-12) は、A の U、Σ、V への分解を示している。性質 S1 は命題 11.3.5 から得られる。また、性質 S2 は命題 11.3.3 から、性質 S3 は命題 11.3.8 から得られる。 □

プロシージャ `find_right_singular_vectors`(A) は、A の特異値分解を求める最も効率のよい方法ではない。最適なアルゴリズムは本書の範囲を超えるが、`svd` モジュールに `factor(A)` を提供しておく。これは行列 A を入力とし、$A = U\Sigma V^T$ を満たす 3 つ組 (U, Σ, V) を返すプロシージャである。

特異値分解が転置に対し、よい対称性を持つことは注目に値する。即ち、行列の積の転置の性質（命題 4.11.14）より

$$\begin{aligned} A^T &= (U\Sigma V^T)^T \\ &= V\Sigma^T U^T \\ &= V\Sigma U^T \end{aligned}$$

が成り立つ。ここで Σ の転置が Σ 自身であることを用いた。

A^T の特異値分解は A の特異値分解の U と V を単に入れ替えたものとして得られることが分かった。

後で見るように、特異値分解は数学の概念としても、計算の道具としても重要である。特異値分解のよい計算アルゴリズムの開発に貢献した人の 1 人はジーン・ゴラブであり、彼の車のナンバープレートには次のように書かれている。

ピーター・クルーネンベルグ教授の撮った写真の拡大

11.3.4　右特異ベクトルを用いた最も近い k 次元空間の求め方

ここでは、計算問題 11.3.1 に対し、右特異ベクトルをどのように用いるかを示そう。まずは、それらがどれくらいよい解を与えるかについて述べておく。

補題 11.3.11： $\boldsymbol{v}_1, \ldots, \boldsymbol{v}_k$ をベクトル空間 $\mathcal{V}$ の正規直交基底とする。このとき

$$(\boldsymbol{a}_1 \text{から } \mathcal{V} \text{ までの距離})^2 + \cdots + (\boldsymbol{a}_m \text{から } \mathcal{V} \text{ までの距離})^2$$

は $\|A\|_F^2 - \|A\boldsymbol{v}_1\|^2 - \|A\boldsymbol{v}_2\|^2 - \cdots - \|A\boldsymbol{v}_k\|^2$ となる。ただし、A は $\boldsymbol{a}_1, \ldots, \boldsymbol{a}_m$ を行に持つ行列とする

証明

この議論は 11.2.1 節での議論と同じである。各ベクトル $\boldsymbol{a}_i$ に対し、$\boldsymbol{a}_i = \boldsymbol{a}_i^{||\mathcal{V}} + \boldsymbol{a}_i^{\perp\mathcal{V}}$ と分解する。三平方の定理より、$\|\boldsymbol{a}_1^{\perp\mathcal{V}}\|^2 = \|\boldsymbol{a}_1\|^2 - \|\boldsymbol{a}_1^{||\mathcal{V}}\|^2$ である。従って、距離の 2 乗の和は、次のようになる。

$$\left(\|\boldsymbol{a}_1\|^2 - \|\boldsymbol{a}_1^{||\mathcal{V}}\|^2\right) + \cdots + \left(\|\boldsymbol{a}_m\|^2 - \|\boldsymbol{a}_m^{||\mathcal{V}}\|^2\right)$$

これは次のように変形できる。

$$\left(\|\boldsymbol{a}_1\|^2 + \cdots + \|\boldsymbol{a}_m\|^2\right) - \left(\|\boldsymbol{a}_1^{||\mathcal{V}}\|^2 + \cdots + \|\boldsymbol{a}_m^{||\mathcal{V}}\|^2\right)$$

1 つ目の和 $\|\boldsymbol{a}_1\|^2 + \cdots + \|\boldsymbol{a}_m\|^2$ は、$\|A\|_F^2$ と等しい。また、2 つ目の和は

$$\begin{aligned}
&\|\boldsymbol{a}_1^{||\mathcal{V}}\|^2 + \cdots + \|\boldsymbol{a}_m^{||\mathcal{V}}\|^2 \\
&= \left(\|\boldsymbol{a}_1^{||\boldsymbol{v}_1}\|^2 + \cdots + \|\boldsymbol{a}_1^{||\boldsymbol{v}_k}\|^2\right) + \cdots + \left(\|\boldsymbol{a}_m^{||\boldsymbol{v}_1}\|^2 + \cdots + \|\boldsymbol{a}_m^{||\boldsymbol{v}_k}\|^2\right) \\
&= \left(\langle\boldsymbol{a}_1, \boldsymbol{v}_1\rangle^2 + \cdots + \langle\boldsymbol{a}_1, \boldsymbol{v}_k\rangle^2\right) + \cdots + \left(\langle\boldsymbol{a}_m, \boldsymbol{v}_1\rangle^2 + \cdots + \langle\boldsymbol{a}_m, \boldsymbol{v}_k\rangle^2\right)
\end{aligned}$$

2 乗された内積を並べ替え、次を得る。

$$\begin{aligned}
&\left(\langle\boldsymbol{a}_1, \boldsymbol{v}_1\rangle^2 + \langle\boldsymbol{a}_2, \boldsymbol{v}_1\rangle^2 + \cdots + \langle\boldsymbol{a}_m, \boldsymbol{v}_1\rangle^2\right) + \cdots + \left(\langle\boldsymbol{a}_1, \boldsymbol{v}_k\rangle^2 + \langle\boldsymbol{a}_2, \boldsymbol{v}_k\rangle^2 + \cdots + \langle\boldsymbol{a}_m, \boldsymbol{v}_k\rangle^2\right) \\
&= \|A\boldsymbol{v}_1\|^2 + \cdots + \|A\boldsymbol{v}_k\|^2
\end{aligned}$$

□

次の定理は最初の k 個の右特異ベクトルの線形包が最適な解であることを述べている。

定理 11.3.12： A を $m \times n$ 行列、$\boldsymbol{a}_1, \ldots, \boldsymbol{a}_m$ をその行とする。また、$\boldsymbol{v}_1, \ldots, \boldsymbol{v}_r$ をその右特異ベクトル、$\sigma_1, \ldots, \sigma_r$ をその特異値とする。このとき、$k \leqq r$ を満たす任意の正の整数 k に対し、Span $\{\boldsymbol{v}_1, \ldots, \boldsymbol{v}_k\}$ は次の値を最小にする k 次元ベクトル空間 $\mathcal{V}$ である。

$$(\boldsymbol{a}_1 \text{から } \mathcal{V} \text{ までの距離})^2 + \cdots + (\boldsymbol{a}_m \text{から } \mathcal{V} \text{ までの距離})^2$$

特に、距離の 2 乗の最小の和は $\|A\|_F^2 - \sigma_1^2 - \sigma_2^2 - \cdots - \sigma_k^2$ である。

証明

補題 11.3.11 より、空間 $\mathcal{V} = \text{Span}\ \{\boldsymbol{v}_1, \ldots, \boldsymbol{v}_k\}$ に対する距離の 2 乗の和は

$$\|A\|_F^2 - \sigma_1^2 - \sigma_2^2 - \cdots - \sigma_k^2 \tag{11-13}$$

である。これが最小であることを示すために、他の k 次元ベクトル空間 $\mathcal{W}$ が、より小さい 2 乗の和

を導かないことを示す必要がある。

任意の k 次元ベクトル空間 $\mathcal{W}$ は正規直交基底を持つ。そこで $\boldsymbol{w}_1, \ldots, \boldsymbol{w}_k$ をそのような基底とする。これらのベクトルを補題 11.3.11 に代入し、$\boldsymbol{a}_1, \ldots, \boldsymbol{a}_m$ から $\mathcal{W}$ までの距離の 2 乗の和を求めると、次のようになる。

$$\|A\|_F^2 - \|A\boldsymbol{w}_1\|^2 - \|A\boldsymbol{w}_2\|^2 - \cdots - \|A\boldsymbol{w}_k\|^2 \tag{11-14}$$

$\mathcal{V}$ が最も近いことを示すために、式 (11-14) の値が、式 (11-13) の値よりも小さくならないことを示す必要がある。つまり、$\|A\boldsymbol{w}_1\|^2 + \cdots + \|A\boldsymbol{w}_k\|^2 \leqq \sigma_1^2 + \cdots + \sigma_k^2$ を示す必要がある。$\mathcal{W}$ を、$\boldsymbol{w}_1, \ldots, \boldsymbol{w}_k$ を列に持つ行列としたとき、補題 11.1.1 の列版を適用すれば、$\|AW\|_F^2 = \|A\boldsymbol{w}_1\|^2 + \cdots + \|A\boldsymbol{w}_k\|^2$ を得るので、結局、$\|AW\|_F^2 \leqq \sigma_1^2 + \cdots + \sigma_k^2$ を示さなければならない。

定理 11.3.10 より、A は、$A = U\Sigma V^T$ と分解できる。ここで V は $\boldsymbol{v}_1, \ldots, \boldsymbol{v}_r$ を列に持ち、U と V は列直交行列で、Σ は $\sigma_1, \ldots, \sigma_r$ を対角要素に持つ対角行列である。これらを代入すると、$\|AW\|_F^2 = \|U\Sigma V^T W\|_F^2$ となる。U は列直交行列であるので、U を掛けてもノルムは変わらない。故に、$\|U\Sigma V^T W\|_F^2 = \|\Sigma V^T W\|_F^2$ を得る。

X を行列 $V^T W$ とする。証明には X の列と行のそれぞれについての異なる見方を利用する。

まず、$\boldsymbol{x}_1, \ldots, \boldsymbol{x}_k$ が X の列を表すとする。$j = 1, \ldots, k$ に対し、行列とベクトルの積による行列と行列の積の定義より、$\boldsymbol{x}_j = V^T \boldsymbol{w}_j$ と書ける。ドット積による行列とベクトルの積の定義により、$\boldsymbol{x}_j = [\boldsymbol{v}_1 \cdot \boldsymbol{w}_j, \ldots, \boldsymbol{v}_r \cdot \boldsymbol{w}_j]$ であり、これは $\boldsymbol{w}_j$ の Span $\{\boldsymbol{v}_1, \ldots, \boldsymbol{v}_r\}$ への射影の $\boldsymbol{v}_1, \ldots, \boldsymbol{v}_r$ についての座標表現である。従って、射影そのものは $V\boldsymbol{x}_j$ である。単位ベクトルの空間への射影のノルムは最大でも 1 なので、$\|V\boldsymbol{x}_j\| \leqq 1$ である。V は列直交行列なので、$\|V\boldsymbol{x}_j\| = \|\boldsymbol{x}_j\|$ であり、$\boldsymbol{x}_j$ のノルムは最大でも 1 である。故に、$\|X\|_F^2 \leqq k$ が分かる。

次に、$\boldsymbol{y}_1, \ldots, \boldsymbol{y}_r$ が X の行を表すとする。$i = 1, \ldots, r$ に対し、ベクトルと行列の積による行列と行列の積の定義より、$\boldsymbol{y}_i = \boldsymbol{v}_i^T W$ と書ける。ドット積によるベクトルと行列の積の定義により、$\boldsymbol{y}_i = [\boldsymbol{v}_i \cdot \boldsymbol{w}_1, \ldots, \boldsymbol{v}_i \cdot \boldsymbol{w}_k]$ であり、これは $\boldsymbol{v}_i$ の $\mathcal{W}$ への射影の $\boldsymbol{w}_1, \ldots, \boldsymbol{w}_r$ についての座標表現である。先ほどと同様の議論により、$\boldsymbol{v}_i$ のノルムが 1 なので、座標表現のノルムは最大でも 1 である。故に、X の各行 $\boldsymbol{y}_i$ のノルムは最大でも 1 であることが分かる。

ここで ΣX を考えよう。Σ は、$\sigma_1, \ldots, \sigma_r$ を対角要素に持つ対角行列なので、ΣX の i 行目は、σ_i と X の i 行目の積、即ち、$\sigma_i \boldsymbol{y}_i$ である。従って、ΣX のフロベニウスノルムの 2 乗は $\sigma_1^2\|\boldsymbol{y}_1\|^2 + \cdots \sigma_r^2\|\boldsymbol{y}_r\|^2$ である。これはどれくらい大きい値になるだろうか？

r 個の製品に k ドル支払う状況を想像して欲しい。製品 i は 1 ドルあたり σ_i^2 の価値をもたらすとする。目標は得られる価値の総計を最大にすることである。$\sigma_1 \geqq \cdots \geqq \sigma_r$ なので、製品 1 に対して最大限の金額を払い、製品 2 には残りのお金から製品 1 よりも低い金額を支払い、……というやり方は理に適っている。ここで、各製品に対して 1 ドルより多く支払うことできないとしよう。どうすればよいだろうか？ 製品 1 に対し 1 ドル支払い、製品 2 にも 1 ドル支払い、……、製品 k に対して 1 ドル支払い、残りの製品には支払わない、とすれば、得られる価値の合計は $\sigma_1^2 + \cdots + \sigma_k^2$ である。

ここで、この直感が正しいことを数式で示そう。目標は $\sigma_1^2\|\boldsymbol{y}_1\|^2 + \cdots + \sigma_r^2\|\boldsymbol{y}_r\|^2 \leqq \sigma_1^2 + \cdots + \sigma_k^2$ を示すことである。$i = 1, \ldots, k$ に対し、$\|\boldsymbol{y}_i\|^2 \leqq 1$ であることは既に示してある。また、$\|X\|_F^2 \leqq k$ なので、$\|\boldsymbol{y}_1\|^2 + \cdots + \|\boldsymbol{y}_r\|^2 \leqq k$ であることも分かる。

β_i を $\beta_i = \begin{cases} \sigma_i^2 - \sigma_k^2 & i \leqq k \\ 0 & \text{それ以外} \end{cases}$ と定義する。このとき、$i = 1, \ldots, r$ に対し、$\sigma_i^2 \leqq \beta_i + \sigma_k^2$ である（$\sigma_1, \ldots, \sigma_r$ が降順であることを利用した）。従って

$$\begin{aligned} \sigma_1^2\|\boldsymbol{y}_1\|^2 + \cdots + \sigma_r^2\,|\boldsymbol{y}_r\|^2 &\leqq (\beta_1 + \sigma_k^2)\|\boldsymbol{y}_1\|^2 + \cdots + (\beta_r + \sigma_k^2)\|\boldsymbol{y}_r\|^2 \\ &= \left(\beta_1\|\boldsymbol{y}_1\|^2 + \cdots + \beta_r\|\boldsymbol{y}_r\|^2\right) + \left(\sigma_k^2\|\boldsymbol{y}_1\|^2 + \cdots + \sigma_k^2\|\boldsymbol{y}_r\|^2\right) \\ &\leqq (\beta_1 + \cdots + \beta_r) + \sigma_k^2\left(\|\boldsymbol{y}_1\|^2 + \cdots + \|\boldsymbol{y}_r\|^2\right) \\ &\leqq \left(\sigma_1^2 + \cdots + \sigma_k^2 - k\sigma_k^2\right) + \sigma_k^2 k \\ &= \sigma_1^2 + \cdots + \sigma_k^2 \end{aligned}$$

これで証明は完了である。 □

11.3.5 A の最適なランク k 近似

11.2.4 節で A への最適なランク 1 近似は $\sigma_1\boldsymbol{u}_1\boldsymbol{v}_1^T$ であることを見た。ここではこの式を一般化しよう。

定理 11.3.13： $k \leqq \mathrm{rank}\ A$ に対し、ランクが最大 k であるような最適な A の近似は

$$\tilde{A} = \sigma_1\,\boldsymbol{u}_1\boldsymbol{v}_1^T + \cdots + \sigma_k\,\boldsymbol{u}_k\boldsymbol{v}_k^T \tag{11-15}$$

である。このとき $\|A - \tilde{A}\|_F^2 = \|A\|_F^2 - \sigma_1^2 - \sigma_2^2 - \cdots - \sigma_k^2$ も成り立つ。

証明

この証明は 11.2.2 節の議論をそのまま一般化する。$\tilde{A}$ をランクが最大 k である最適な A の近似とする。

$$\|A - \tilde{A}\|_F^2 = \|\ A - \tilde{A}\ \text{の 1 行目}\ \|^2 + \cdots + \|\ A - \tilde{A}\ \text{の}\ m\ \text{行目}\ \|^2 \tag{11-16}$$

$\tilde{A}$ のランクが最大で k であるためには、$\tilde{A}$ の全ての行が属するような、k 次元ベクトル空間 $\mathcal{V}$ が存在しなくてはならない。$\mathcal{V}$ が決まれば、式 (11-16) により、$\tilde{A}$ の最適な選び方は、$\boldsymbol{a}_1, \ldots, \boldsymbol{a}_m$ を A の各行とすると、

$$\tilde{A} = \begin{bmatrix} \boldsymbol{a}_1\text{に最も近い}\ \mathcal{V}\ \text{のベクトル} \\ \hline \vdots \\ \hline \boldsymbol{a}_m\text{に最も近い}\ \mathcal{V}\ \text{のベクトル} \end{bmatrix} \tag{11-17}$$

となる。また、この選び方に対し、次が成り立つ。

$$\|A - \tilde{A}\|_F^2 = \left(\boldsymbol{a}_1\text{から}\ \mathcal{V}\ \text{までの距離}\right)^2 + \cdots + \left(\boldsymbol{a}_m\text{から}\ \mathcal{V}\ \text{までの距離}\right)^2$$

定理 11.3.12 は、$\mathcal{V}$ までの距離の 2 乗の和を最小にするには、$\mathcal{V}$ として右特異ベクトルのはじめの k

個の線形包を選ぶべきであることと、このとき距離の2乗の和は $\|A\|_F^2 - \sigma_1^2 - \sigma_2^2 - \cdots - \sigma_k^2$ となることを示している。

$i = 1, \ldots, m$ に対し、$\boldsymbol{a}_i$ に最も近い $\mathcal{V}$ のベクトルは、$\boldsymbol{a}_i$ の $\mathcal{V}$ への射影であり、また

$$\begin{array}{rcccccc} \boldsymbol{a}_i \text{ の } \mathcal{V} \text{ への射影} & = & \boldsymbol{a}_i \text{ の } \boldsymbol{v}_1 \text{ に沿った射影} & + & \cdots & + & \boldsymbol{a}_i \text{ の } \boldsymbol{v}_k \text{ に沿った射影} \\ & = & \langle \boldsymbol{a}_i, \boldsymbol{v}_1 \rangle\, \boldsymbol{v}_1 & + & \cdots & + & \langle \boldsymbol{a}_i, \boldsymbol{v}_k \rangle\, \boldsymbol{v}_k \end{array}$$

である。式 (11-17) に代入し、行列の和の定義を用いることで、以下の結果を得る。

$$\begin{aligned} \tilde{A} &= \begin{bmatrix} \langle \boldsymbol{a}_1, \boldsymbol{v}_1 \rangle\, \boldsymbol{v}_1 \\ \hline \vdots \\ \hline \langle \boldsymbol{a}_m, \boldsymbol{v}_1 \rangle\, \boldsymbol{v}_1 \end{bmatrix} + \cdots + \begin{bmatrix} \langle \boldsymbol{a}_1, \boldsymbol{v}_k \rangle\, \boldsymbol{v}_k \\ \hline \vdots \\ \hline \langle \boldsymbol{a}_m, \boldsymbol{v}_k \rangle\, \boldsymbol{v}_k \end{bmatrix} \\ &= \sigma_1 \begin{bmatrix} \\ \boldsymbol{u}_1 \\ \\ \end{bmatrix} \begin{bmatrix} & \boldsymbol{v}_1 & \end{bmatrix} + \cdots + \sigma_k \begin{bmatrix} \\ \boldsymbol{u}_k \\ \\ \end{bmatrix} \begin{bmatrix} & \boldsymbol{v}_k & \end{bmatrix} \end{aligned}$$

□

11.3.6 最適なランク k 近似の行列による表現

式 (11-15) は、A への最適なランク k 近似を、ランク 1 の k 個の行列の和として与える。行列と行列の積と、行列とベクトルの積の定義を用いると、式 (11-15) は、次のように書き直せる。

$$\tilde{A} = \left[\begin{array}{c|c|c} \\ \boldsymbol{u}_1 & \cdots & \boldsymbol{u}_k \\ \\ \end{array}\right] \begin{bmatrix} \sigma_1 & & \\ & \ddots & \\ & & \sigma_k \end{bmatrix} \begin{bmatrix} \boldsymbol{v}_1^T \\ \hline \vdots \\ \hline \boldsymbol{v}_k^T \end{bmatrix}$$

A の特異値分解、即ち、$A = U\Sigma V^T$ と似ていることから、

$$\tilde{A} = \tilde{U}\tilde{\Sigma}\tilde{V}^T$$

と書こう。ここで、$\tilde{U}$ は U のはじめの k 列から成り、$\tilde{V}$ は V のはじめの k 列から成る。$\tilde{\Sigma}$ は Σ の対角要素の始めの k 個を持つ対角行列である。

11.3.7 0でない特異値の数と rank A との一致

補題11.3.6より、アルゴリズム `find_right_singular_vectors(A)` で得られる右特異ベクトルの数は、最低でも A のランクと等しいことが分かる。

$k = \text{rank } A$ とする。この k に対し、A への最適なランク k 近似は A 自身となる。これは以降の特異値の数列 $\sigma_{1+\text{rank } A}, \sigma_{2+\text{rank } A}, \ldots$ が0とならなければならないことを示している。従って、アルゴリズム `find_right_singular_vectors(A)` では、rank A 回の繰り返しの後、$\boldsymbol{v}_1, \ldots, \boldsymbol{v}_{\text{rank } A}$ に直交する全てのベクトル $\boldsymbol{v}$ に対し、$A\boldsymbol{v} = \boldsymbol{0}$ となる。故に、繰り返しの回数 r は厳密に rank A と等しい。

A の特異値分解を再考してみよう。

$$\left[\begin{array}{c} \\ \quad A \quad \\ \\ \end{array}\right] = \underbrace{\left[\begin{array}{c|c|c} \\ \boldsymbol{u}_1 & \cdots & \boldsymbol{u}_r \\ \\ \end{array}\right]}_{U} \underbrace{\left[\begin{array}{ccc} \sigma_1 & & \\ & \ddots & \\ & & \sigma_r \end{array}\right]}_{\Sigma} \underbrace{\left[\begin{array}{c} \boldsymbol{v}_1^T \\ \hline \vdots \\ \hline \boldsymbol{v}_r^T \end{array}\right]}_{V^T}$$

ベクトルと行列の積による行列と行列の積の定義により、A の各行は、$U\Sigma$ の対応する行と、行列 V^T との積である。従って、線形結合によるベクトルと行列の積の定義により、A の各行は V^T の行の線形結合で書ける。一方、V^T の行はゼロでなく、互いに直交するので、線形独立（命題9.5.1）であり、rank A 個だけある。よって、それらの線形包の次元は厳密に rank A である。従って、次元原理（補題6.2.14）より、Row A = Row V^T を得る。

同様の議論を用いて、Col A と Col U が等しいことを示すことができる。A の各列は、U と ΣV^T の列の積であり、$\dim \text{Col } A = \text{rank } A = \dim \text{Col } U$、よって、Col A = Col U である。

以上の結果をまとめておこう。

命題 11.3.14： A の特異値分解 $U\Sigma V^T$ に対し、Col U = Col A、及び、Row V^T = Row A が成り立つ。

11.3.8 数値的なランク

実のところ、要素が浮動小数点数であるような行列のランクは、計算するどころか、定義することさえ難しい。A の列は線形従属かもしれないが、浮動小数点数の誤差のせいで、列に `orthogonalize` を実行すると、全部の要素がゼロでないベクトルになる場合がある。もしくは、コンピュータで表した行列は、浮動小数点数では正確に表せない要素を持つ、ある「真」の行列の近似かもしれない。即ち、この真の行列のランクは、コンピュータで表した行列のランクとは異なる場合がある。実際問題として、何か実用的なランクの定義が必要であり、ここではその定義として行列の**数値的なランク**を用いる。これは、小さな特異値を得るまでに手に入る特異値の個数で定義される。

11.3.9 最も近い k 次元アフィン空間

最も近い k 次元ベクトル空間ではなく、最も近い k 次元アフィン空間を求めるには、11.2.5節で示したセンタリング、つまり入力の点 $\boldsymbol{a}_1, \ldots, \boldsymbol{a}_m$ の重心 $\bar{\boldsymbol{a}}$ を求め、それを入力の各点から引く、というテクニックを用いればよい。結果、$\boldsymbol{a}_1 - \bar{\boldsymbol{a}}, \ldots, \boldsymbol{a}_m - \bar{\boldsymbol{a}}$ に最も近い k 次元ベクトル空間の基底 $\boldsymbol{v}_1, \ldots, \boldsymbol{v}_k$ を求める

ことができる。従って、元の点 $\boldsymbol{a}_1, \ldots, \boldsymbol{a}_m$ に最も近い k 次元アフィン空間は

$$\{\bar{\boldsymbol{a}} + \boldsymbol{v} \ : \ \boldsymbol{v} \in \text{Span}\ \{\boldsymbol{v}_1, \ldots, \boldsymbol{v}_k\}\}$$

となる。証明は省く。

例 11.3.15： 例 11.2.7、11.2.13 の合衆国上院議員の投票データに戻ろう。そこでは上院議員の投票記録を、最も近い 1 次元ベクトルへの射影に基づき、数直線上にプロットしていた。最も近い 2 次元アフィン空間を求められるようになったので、そこに投票記録を射影し、上院議員を座標にプロットすることができる。

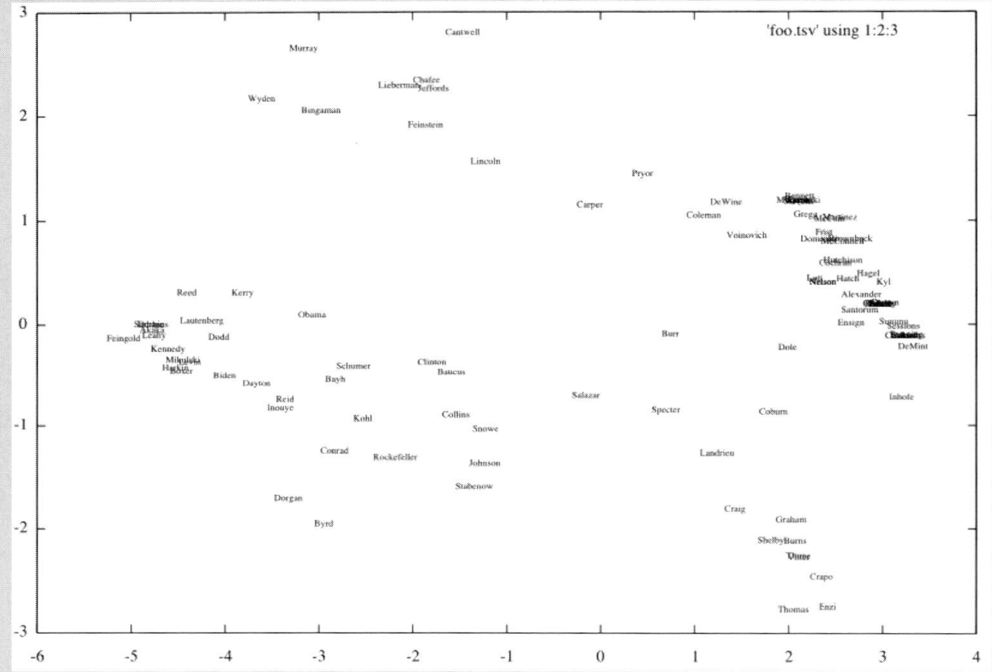

11.3.10 U が列直交であることの証明

次の証明では**コーシー・シュワルツの不等式**を用いる。これはベクトル $\boldsymbol{a}$、$\boldsymbol{b}$ に対する不等式 $|\boldsymbol{a} \cdot \boldsymbol{b}| \leqq \|\boldsymbol{a}\| \, \|\boldsymbol{b}\|$ である。証明は以下のように行う。まず $\boldsymbol{b} = \boldsymbol{b}^{||\boldsymbol{a}} + \boldsymbol{b}^{\perp \boldsymbol{a}}$ と書く。三平方の定理より、$\|\boldsymbol{b}\|^2 = \|\boldsymbol{b}^{||\boldsymbol{a}}\|^2 + \|\boldsymbol{b}^{\perp \boldsymbol{a}}\|^2$ なので、$\|\boldsymbol{b}\|^2 \geqq \|\boldsymbol{b}^{||\boldsymbol{a}}\|^2 = \|\frac{\boldsymbol{b} \cdot \boldsymbol{a}}{\boldsymbol{a} \cdot \boldsymbol{a}} \boldsymbol{a}\|^2 = \left(\frac{\boldsymbol{b} \cdot \boldsymbol{a}}{\|\boldsymbol{a}\|^2}\right)^2 \|\boldsymbol{a}\|^2 = \frac{(\boldsymbol{b} \cdot \boldsymbol{a})^2}{\|\boldsymbol{a}\|^2}$ となる。よって、$\|\boldsymbol{b}\|^2 \|\boldsymbol{a}\|^2 \geqq (\boldsymbol{b} \cdot \boldsymbol{a})^2$ より、元の不等式が証明された。

特異値分解の性質 S3 によれば、左特異ベクトルの行列 U は列直交とのことであった。ここでそれを証明しよう。

左特異ベクトル $\boldsymbol{u}_1, \ldots, \boldsymbol{u}_r$ のノルムは 1 になるように定義されている。ここでは、それらが互いに直交することを示す必要がある。$i = 1, 2, \ldots, k$ に対し、ベクトル $\boldsymbol{u}_i$ が $\boldsymbol{u}_{i+1}, \ldots, \boldsymbol{u}_r$ と直交することを、k についての帰納法を用いて証明しよう。即ち、$k = r$ で証明できれば、望む結果が証明できたことになる。

特異値分解と特異値の定義より

$$AV = \left[\begin{array}{c|c|c|c|c|c|c} \\ \sigma_1 \boldsymbol{u}_1 & \cdots & \sigma_{k-1}\boldsymbol{u}_{k-1} & \sigma_k \boldsymbol{u}_k & \sigma_{k+1}\boldsymbol{u}_{k+1} & \cdots & \sigma_r \boldsymbol{u}_r \\ \\ \end{array} \right]$$

帰納法の仮定より、$\boldsymbol{u}_k$ は $\boldsymbol{u}_1, \ldots, \boldsymbol{u}_{k-1}$ と直交している。$\boldsymbol{u}_k$ のノルムは 1 なので、$\boldsymbol{u}_k \cdot \sigma_k \boldsymbol{u}_k = \sigma_k$ である。ここで

$$\begin{aligned} \beta_{k+1} &= \boldsymbol{u}_k \cdot \sigma_{k+1}\boldsymbol{u}_{k+1} \\ \beta_{k+2} &= \boldsymbol{u}_k \cdot \sigma_{k+2}\boldsymbol{u}_{k+2} \\ &\vdots \\ \beta_r &= \boldsymbol{u}_k \cdot \sigma_r \boldsymbol{u}_r \end{aligned}$$

とする。このとき

$$\boldsymbol{u}_k^T AV = \left[\begin{array}{ccccccc} 0 & \cdots & 0 & \sigma_k & \beta_{k+1} & \cdots & \beta_r \end{array} \right] \tag{11-18}$$

ここでの目標は $\beta_{k+1}, \ldots, \beta_r$ が全て 0 であることを示すことだ。これを示すには、$\boldsymbol{u}_k$ と $\boldsymbol{u}_{k+1}, \ldots, \boldsymbol{u}_r$ が直交することを示せばよい。

$\boldsymbol{w} = \left[\begin{array}{ccccccc} 0 & \cdots & 0 & \sigma_k & \beta_{k+1} & \cdots & \beta_r \end{array} \right]$ とする。このとき、$\|\boldsymbol{w}\|^2 = \sigma_k^2 + \beta_{k+1}^2 + \cdots + \beta_r^2$ である。V は列直交なので、$\|V\boldsymbol{w}\|^2 = \|\boldsymbol{w}\|^2$ であり、故に

$$\|V\boldsymbol{w}\|^2 = \sigma_k^2 + \beta_{k+1}^2 + \cdots + \beta_r^2 \tag{11-19}$$

である。

更に、$\boldsymbol{w}$ のはじめの $k-1$ 個の要素は 0 なので、ベクトル $V\boldsymbol{w}$ は V の残りの $r-(k-1)$ 個の列の線形結合となる。また、V の列は互いに直交するので、$V\boldsymbol{w}$ は $\boldsymbol{v}_1, \ldots, \boldsymbol{v}_{k-1}$ に直交する。ここで、$\boldsymbol{v} = V\boldsymbol{w}/\|V\boldsymbol{w}\|$ としよう。このとき、$\boldsymbol{v}$ のノルムは 1 であり、$\boldsymbol{v}_1, \ldots, \boldsymbol{v}_{k-1}$ に直交する。$\beta_{k+1}, \ldots, \beta_r$ が全て 0 ではないとすると、$\|A\boldsymbol{v}\| > \sigma_k$ となり、$\boldsymbol{v}_k$ は、$\boldsymbol{v}_1, \ldots, \boldsymbol{v}_{k-1}$ に直交するベクトルの中で、$\|A\boldsymbol{v}\|$ を最大にする単位ベクトルでなかったことに矛盾する。そこで、$\beta_{k+1}, \ldots, \beta_r$ が全て 0 ではないとすると、$\|A\boldsymbol{v}\| > \sigma_k$ となることを示そう。これが示せれば、$\boldsymbol{v}_k$ は $\boldsymbol{v}_1, \ldots, \boldsymbol{v}_{k-1}$ に直交するベクトルの中で、$\|A\boldsymbol{v}\|$ を最大にする単位ベクトルではないことになり、矛盾を導ける。

式 (11-18) より、$(\boldsymbol{u}_k^T AV) \cdot \boldsymbol{w} = \sigma_k^2 + \beta_{k+1}^2 + \cdots + \beta_r^2$ である。コーシー・シュワルツの不等式より、$|\boldsymbol{u}_k \cdot (AV\boldsymbol{w})| \leqq \|\boldsymbol{u}_k\| \|AV\boldsymbol{w}\|$ であり、$\|\boldsymbol{u}_k\| = 1$ なので、$\|AV\boldsymbol{w}\| \geqq \sigma_k^2 + \beta_{k+1}^2 + \cdots + \beta_r^2$ であると推論できる。この不等式と式 (11-19) を組み合わせると

$$\frac{\|AV\boldsymbol{w}\|}{\|V\boldsymbol{w}\|} \geqq \frac{\sigma_k^2 + \beta_{k+1}^2 + \cdots + \beta_r^2}{\sqrt{\sigma_k^2 + \beta_{k+1}^2 + \cdots + \beta_r^2}} = \sqrt{\sigma_k^2 + \beta_{k+1}^2 + \cdots + \beta_r^2}$$

を得る。もし、$\beta_{k+1}, \ldots, \beta_r$ が全て 0 でなければ、右辺は σ_k より大きくなる。これで帰納法による証明は完了である。

11.4 特異値分解の利用

特異値分解が線形代数の計算において極めて重要な道具であることが明らかになってきた。

11.4.1 特異値分解の最小二乗問題への応用

9.8.5 節では、行列 A の QR 分解により、$\|A\boldsymbol{x} - \boldsymbol{b}\|$ を最小にするベクトル $\hat{\boldsymbol{x}}$ を求める**最小二乗**問題が解けることを学んだ。しかし、そのアルゴリズムは、A の列ベクトルが線形独立である場合にしか使えなかった。ここでは、特異値分解が最小二乗問題を解く別の方法を与えることと、その方法が A の線形独立性にはよらないことを見よう。

```
def SVD_solve(A, b):
    U, Σ, V = svd.factor(A)
    return VΣ^{-1}U^T b
```

このアルゴリズムでは逆行列を掛ける必要があるように見える。しかし、その行列は（0 でない対角要素 $\sigma_1, \ldots, \sigma_{\text{rank } A}$ を持つ）対角行列なので、その逆行列の積とは、要するに、関数 $f([y_1, y_2, \ldots, y_r]) = [\sigma_1^{-1}y_1, \sigma_2^{-1}y_2, \ldots, \sigma_r^{-1}y_r]$ の適用を意味することに注意しよう。

このアルゴリズムが正しい解を返すことを示すために、まず、$\hat{\boldsymbol{x}} = V\Sigma^{-1}U^T\boldsymbol{b}$ を返されるベクトルとする。左から V^T を掛けると

$$V^T\hat{\boldsymbol{x}} = \Sigma^{-1}U^T\boldsymbol{b}$$

を得る。これに、左から Σ を掛けると

$$\Sigma V^T\hat{\boldsymbol{x}} = U^T\boldsymbol{b}$$

を得る。更に、左から U を掛けると

$$U\Sigma V^T\hat{\boldsymbol{x}} = UU^T\boldsymbol{b}$$

を得る。そして代入により、次の式を得る。

$$A\hat{\boldsymbol{x}} = UU^T\boldsymbol{b}$$

この式には馴染みがあるはずだ。即ち、最小二乗問題を解く際、QR_solve(A) を使うことを正当化した式に似ている。命題 11.3.14 より、Col U = Col A なので、$UU^T\boldsymbol{b}$ は $\boldsymbol{b}$ の Col A への射影である。従って一般化した消防車の補題は、$\hat{\boldsymbol{x}}$ が最小二乗問題の正しい解であることを示している。

11.5 主成分分析

さて、データ解析の問題に戻るときが来た。ラボでは固有顔を扱う。これは、**主成分分析**（PCA）の概念を、画像（ここでは顔の画像）に応用したものである。

各画像は 32000 個のピクセルから成り、$\mathbb{R}^{32000}$ のベクトルとして表すことができる。まず、次の奇妙な仮説を導入しよう。

奇妙な仮説 その 1：顔の画像の集合は 10 次元部分ベクトル空間にある

まずは特定の縮尺、特定の向きで撮られた顔だけに制限してみよう。そう制限しても、この仮説はまるで真になりそうもないだろう。

奇妙な仮説 その 2：顔画像に近い 10 次元アフィン空間が存在する

この仮説が正しいとすると、アフィン空間からの距離に基づき、その画像が顔かどうかを推測することができるかもしれない。

この仮説が正しいとするならば、どのような 10 次元アフィン空間を使えばよいだろうか？ 20 個の顔のサンプルがベクトル $\boldsymbol{a}_1, \ldots, \boldsymbol{a}_{20}$ として表されているとする。これらのベクトルに最も近い 10 次元アフィン空間を考えよう。

やり方はもう分かっている。まず、11.3.9 節に従い、$\boldsymbol{a}_1, \ldots, \boldsymbol{a}_{20}$ の重心 $\bar{\boldsymbol{a}}$ を見つける。次に、$\boldsymbol{a}_1 - \bar{\boldsymbol{a}}, \ldots, \boldsymbol{a}_{20} - \bar{\boldsymbol{a}}$ に最も近い 10 次元ベクトル空間の正規直交基底 $\boldsymbol{v}_1, \ldots, \boldsymbol{v}_{10}$ を求める。この $\boldsymbol{v}_1, \ldots, \boldsymbol{v}_{10}$ は、次の行列 A の特異値分解 $U\Sigma V^T$ における行列 V の 1〜10 列目である。

$$A = \begin{bmatrix} \boldsymbol{a}_1 - \bar{\boldsymbol{a}} \\ \hline \vdots \\ \hline \boldsymbol{a}_{20} - \bar{\boldsymbol{a}} \end{bmatrix}$$

最終的に、求めたい 10 次元アフィン空間は次のように書ける。

$$\{\bar{\boldsymbol{a}} + \boldsymbol{v} \ : \ \boldsymbol{v} \in \text{Span } \{\boldsymbol{v}_1, \ldots, \boldsymbol{v}_{10}\}\}$$

与えられたベクトル $\boldsymbol{w}$ に対し、$\boldsymbol{w}$ と、このアフィン空間との距離はどのように計算できるだろうか？

それには平行移動を用いればよい。この距離は $\boldsymbol{w} - \bar{\boldsymbol{a}}$ と 10 次元ベクトル空間 Span $\{\boldsymbol{v}_1, \ldots, \boldsymbol{v}_{10}\}$ との距離と等しい。基底は正規直交しているので、その距離は非常に簡単に計算できるが、いかがだろうか？ あとはみなさんにお任せしよう。

11.6 ラボ：固有顔

顔画像の解析に主成分分析を用いよう。このラボでは、問題を簡単にするため、顔はほぼ位置合わせされているものとする。各画像は 166×189 次元であり、定義域を $D = \{0, 1, \ldots, 165\} \times \{0, 1, \ldots, 188\}$ とする $\mathbb{R}$ 上の D ベクトルとして表現される。この定義域は、Python では `{(x,y) for x in range(166) for y in range(189)}` と表される。

20 枚の顔の画像から始めよう。これらは 20 次元空間を張る。まず、主成分分析を用いて、20 枚の顔画像からの距離の 2 乗の和を最小にする 10 次元アフィン空間を計算する。次に、この空間から他の画像までの距離を求める。その画像のいくつかは顔の画像であり、いくつかはそうではないとする。ここで、顔でない画像は、顔画像よりも距離が離れていることが望ましい。

ここでは次の 2 つの画像の集合が提供されている。1 つは 20 枚の顔の画像から成る集合、もう 1 つは未分類の画像（つまり、何枚かは顔画像であり、何枚かは顔画像ではない）から成る集合である。また、これらの画像を Python で読み込む手助けとなる、`eigenfaces` モジュールも提供している。

課題 11.6.1： まず、20 枚の顔画像を Python に読み込み、0 から 19 の整数を、画像を表す `Vec` に対応付ける辞書を作成せよ。

課題 11.6.2： 顔画像 $\boldsymbol{a}_1, \ldots, \boldsymbol{a}_{20}$ の重心 $\boldsymbol{a}$ を計算し、対応する画像を表示せよ（`image` モジュールで定義されているプロシージャ `image2display` を用いよ）。任意の画像ベクトル（顔画像と未分類の画像の両方）から重心を引くことで**センタリングされた画像ベクトル**が得られる。センタリングされた顔画像の画像ベクトルから成る辞書を作成せよ。

`svd` モジュールには行列の特異値分解を計算するプロシージャ `factor` が含まれている。具体的には、プロシージャ `svd.factor(A)` は、$A = U\Sigma V^T$ を満たすような 3 つ組 (U, Σ, V) を返す。

課題 11.6.3： センタリングされた画像ベクトルを行に持つ行列 A を作成せよ。`svd` モジュールで定義されているプロシージャ `factor(A)` は、A の特異値分解、即ち、$A = U\Sigma V^T$ を満たすような 3 つの値 (U, Σ, V) を返す。A の行ベクトル空間は、V^T の行ベクトル空間、つまり、V の列ベクトル空間と等しいことに注意しよう。

ここで、20 個のセンタリングされた顔画像ベクトルの集合に最も近い 10 次元ベクトル空間の正規直交基底を求めよ（この基底のベクトルは**固有顔**と呼ばれる）。これを求めるために `matutil` のプロシージャと特異値分解を一緒に用いてよい。

課題 11.6.4： 以下の機能を持つプロシージャ `projected_representation(M, x)` を書け。

- **入力**：正規直交する行を持つ行列 M と、定義域が M の列ラベル集合と等しいベクトル $\boldsymbol{x}$
- **出力**：$\mathcal{V} = \text{Row } M$ として、射影 $\boldsymbol{x}^{||\mathcal{V}}$ の M の行についての座標表現

ヒント：これは以前に見たことがあるだろう。

デバッグ用に、`eigenfaces` モジュールには、行列 `test_M` とベクトル `test_x` が定義されている。それらの結果に `projected_representation` を適用すると、`{0: 21.213203435596423, 1: 11.547005383792516}`が得られる。

課題 11.6.5： 以下の機能を持つプロシージャ `projection_length_squared(M, x)` を書け。

- **入力**：正規直交する行を持つ行列 M と、定義域が M の列ラベル集合と等しいベクトル $\boldsymbol{x}$

- **出力**：M の行ベクトルが張る空間に沿った $\boldsymbol{x}$ の射影のノルムの 2 乗

ヒント：正規直交する行を持つ行列との積で保存されるものは何か？
デバッグの参考として、このプロシージャを `test_x` と `test_M` に適用すると、583.3333333333333 が得られることを述べておく。

課題 11.6.6： 以下の機能を持つプロシージャ `distance_squared(M, x)` を書け。

- **入力**：正規直交する行を持つ行列 M と、定義域が M の列ラベル集合と等しいベクトル $\boldsymbol{x}$
- **出力**：$\boldsymbol{x}$ と M の行ベクトルが張るベクトル空間の間の距離の 2 乗

ヒント：M の行ベクトル空間に対する $\boldsymbol{x}$ の平行成分と垂直成分への分解と、三平方の定理を用いよ。
デバッグの参考として、このプロシージャを `test_x` と `test_M` に適用すると 816.6666666666667 が得られることを述べておく。

課題 11.6.7： プロシージャ `distance_squared` を用いて画像を分類してみよう。まず、顔と分かっている画像を考える。選ばれた固有顔の部分空間からの距離から成るリストを計算せよ（センタリングされた画像ベクトルで作業すること）。なぜこれらの距離は 0 ではないのだろうか？

課題 11.6.8： 次に、未分類の画像ベクトルそれぞれに対し、平均顔ベクトルを引くことでベクトルをセンタリングせよ。また、センタリングされた画像ベクトルから、問題 11.6.3 で求めた固有顔の部分空間までの距離の 2 乗を求めよ。求めた距離に基づき、どの画像が顔で、どれがそうでないかを推定せよ。

課題 11.6.9： 未分類の画像それぞれを表示してみて、上で行った推定の結果が正しかったか確認せよ。顔でない画像との距離の 2 乗は、実際に、顔画像と比べて大きかっただろうか？
　与えられた画像が顔かそうでないかを決める閾値はいくつだろうか？

課題 11.6.10： 分類器ができたので、ここでは固有顔について、より詳しく見ていこう。固有顔の部分空間に射影した顔画像が、元の画像とどれくらい似ているか調べることは興味深い。そこで以下のプロシージャ `project(M, x)` を書け。

- **入力**：直交行列 M と、定義域が M の列ラベル集合と等しいベクトル $\boldsymbol{x}$
- **出力**：M の行ベクトルが張るベクトル空間への $\boldsymbol{x}$ の射影

ヒント：`projected_representation` を用いよ。

課題 11.6.11： さまざまな顔の画像の射影を表示し、元の画像と比較せよ（画像を表示する前に、センタリングされた画像ベクトルに平均顔ベクトルを加えることを忘れないこと）。射影した画像は元の画像と似ているか？

課題 11.6.12： 顔でない画像の射影を表示し、元の画像と比較せよ。射影した画像は顔と似ているか？ また、その結果について説明できるか？

11.7　確認用の質問

- 同じ行ラベルと列ラベルを持つ 2 つの行列の間の距離を測る方法の 1 つは何か？
- 行列の特異値とは何か？ 左特異ベクトルと右特異ベクトルとは何か？
- 行列の特異値分解とは何か？
- ベクトル $\boldsymbol{a}_1, \ldots, \boldsymbol{a}_m$ に最も近い 1 次元ベクトル空間はどのように求められるか？ 最も近いとはどういう意味か？
- 更に 整数 k が与えられた場合、$\boldsymbol{a}_1, \ldots, \boldsymbol{a}_m$ に最も近い k 次元ベクトル空間はどのように求められるか？
- 行列 A と整数 k に対し、A に最も近く、ランクが最大で k の行列はどのように求められるか？
- このようなランク k の近似行列を求めるのはなぜか？
- 最小二乗問題を解く際、特異値分解はどう使われるか？

11.8　問題

フロベニウスノルム

問題 11.8.1： $\mathbb{R}$ 上の `Mat` に対し、そのフロベニウスノルムの 2 乗を返すプロシージャ `squared_Frob(A)` を書け。

このプロシージャをテストせよ。例えば、次のようにすると 51 が得られる。

$$\left\| \begin{bmatrix} 1 & 2 & 3 & 4 \\ -4 & 2 & -1 & 0 \end{bmatrix} \right\|_F^2 = 51$$

問題 11.8.2： 次の命題の反例を示せ。

A を行列、Q を列直交行列とする。AQ が定義されるならば、$\|AQ\|_F = \|A\|_F$ である。

簡単な行列の特異値分解の練習

問題 11.8.3： 次は行列 A とその特異値分解 $A = U\Sigma V^T$ である。

$$A = \begin{bmatrix} 1 & 0 \\ 0 & 2 \\ 0 & 0 \end{bmatrix}, \quad U = \begin{bmatrix} 0 & 1 \\ 1 & 0 \\ 0 & 0 \end{bmatrix}, \quad \Sigma = \begin{bmatrix} 2 & 0 \\ 0 & 1 \end{bmatrix}, \quad V^T = \begin{bmatrix} 0 & 1 \\ 1 & 0 \end{bmatrix}$$

1. ベクトル $\boldsymbol{x} = [1,2]$ に対し、$V^T\boldsymbol{x}$、$\Sigma(V^T\boldsymbol{x})$、$U(\Sigma(V^T\boldsymbol{x}))$ を計算せよ。
2. ベクトル $\boldsymbol{x} = [2,0]$ に対し、$V^T\boldsymbol{x}$、$\Sigma(V^T\boldsymbol{x})$、$U(\Sigma(V^T\boldsymbol{x}))$ を計算せよ。

問題 11.8.4： 以下に各行列の行と列がラベル付きで示されている。各行列に対し、特異値分解を計算せよ。ただし、アルゴリズムは用いず、特異値分解の知識に基づき、自分で考えること。Σ の行と列のラベルは連続する整数 $0, 1, 2, \ldots$ で指定されるとする。例えば、$\Sigma[0,0]$ は第 1 特異値である。また、求めた特異値分解を構成する行列同士の積を実行し、答えが正しいことを確認せよ。

1. $A =$

	c_1	c_2
r_1	3	0
r_2	0	-1

2. $B =$

	c_1	c_2
r_1	3	0
r_2	0	4

3. $C =$

	c_1	c_2
r_1	0	4
r_2	0	0
r_3	0	0

最も近いランク k 行列

問題 11.8.5： 以下の各行列に対し、最も近いランク 2 行列を求めよ。$m \times n$ 行列に対し、答えは 2 つの行列の積 GH として与えよ。ここで、G は $m \times 2$ 行列、H は $2 \times n$ 行列である。

1. $A = \begin{bmatrix} 1 & 0 & 1 \\ 0 & 2 & 0 \\ 1 & 0 & 1 \\ 0 & 1 & 0 \end{bmatrix}$

   A の特異値分解 $A = U\Sigma V^T$ は

$$U=\begin{bmatrix}0 & -\sqrt{0.5} & 0\\ \sqrt{0.8} & 0 & \sqrt{0.2}\\ 0 & -\sqrt{0.5} & 0\\ \sqrt{0.2} & 0 & -\sqrt{0.8}\end{bmatrix},\ \Sigma=\begin{bmatrix}\sqrt{5} & 0 & 0\\ 0 & 2 & 0\\ 0 & 0 & 0\end{bmatrix},\ V^T=\begin{bmatrix}0 & 1 & 0\\ -\sqrt{0.5} & 0 & -\sqrt{0.5}\\ \sqrt{0.5} & 0 & -\sqrt{0.5}\end{bmatrix}$$

2. $B=\begin{bmatrix}0 & 0 & 1\\ 0 & 0 & 1\\ 1 & 0 & 0\\ 0 & 1 & 0\end{bmatrix}$

B の特異値分解 $B=U\Sigma V^T$ は

$$U=\begin{bmatrix}\sqrt{2}/2 & 0 & 0\\ \sqrt{2}/2 & 0 & 0\\ 0 & 0 & -1\\ 0 & -1 & 0\end{bmatrix},\ \Sigma=\begin{bmatrix}\sqrt{2} & 0 & 0\\ 0 & 1 & 0\\ 0 & 0 & 1\end{bmatrix},\ V^T=\begin{bmatrix}0 & 0 & 1\\ 0 & -1 & 0\\ -1 & 0 & 0\end{bmatrix}$$

低ランク行列による、低いランクの表現の計算

問題 11.8.6：（注意：この問題は少し頭を使う必要があり、難しい。）

次の計算問題を考えよ。

低ランク行列による、低いランクの表現を計算する

- **入力**：行列 A と、正の整数 k
- **出力**：$A=BC$ を満たす行列の組 B、C

  ここで B は最大で k 個の列を持つとする。そのような組が存在しない場合には`'FAIL'`

この問題に対し、A の特異値分解を用いるようなアルゴリズムが存在する。しかし、本章より前で学んだ道具だけを用いるようなアルゴリズムも存在する。

そのようなアルゴリズムを考え、疑似的な Python コードを作成し、それが機能する理由を説明せよ。

特異値分解を用いた $m \times m$ 行列方程式の解法

問題 11.8.7： 以下の機能を持つプロシージャ `SVD_solve(U, Sigma, V, b)` を書け。

- **入力**：正方行列の特異値分解 `A = U Sigma V`^{T}

  ここで、`U`、`Sigma`、`V` は全て正方行列であり、互いに掛け算ができると考えてよい。

- **出力**：(U*Sigma*V^T) x = b を満たすようなベクトル x
  A が逆を持たない場合には'FAIL'

このプロシージャには mat 以外のモジュールを用いてはならない。

次の例を用いてプロシージャをテストせよ。

行列 $A = \begin{bmatrix} 1 & 1 & 0 \\ 1 & 0 & 1 \\ 0 & 1 & 1 \end{bmatrix}$ の特異値分解 $A = U\Sigma V^T$ は

$$U = \begin{bmatrix} -\frac{1}{\sqrt{3}} & \frac{1}{\sqrt{6}} & \frac{1}{\sqrt{2}} \\ -\frac{1}{\sqrt{3}} & \frac{1}{\sqrt{6}} & -\frac{1}{\sqrt{2}} \\ -\frac{1}{\sqrt{3}} & -\frac{2}{\sqrt{6}} & 0 \end{bmatrix}, \quad \Sigma = \begin{bmatrix} 2 & 0 & 0 \\ 0 & 1 & 0 \\ 0 & 0 & 1 \end{bmatrix}, \quad V^T = \begin{bmatrix} -\frac{1}{\sqrt{3}} & -\frac{1}{\sqrt{3}} & -\frac{1}{\sqrt{3}} \\ \frac{2}{\sqrt{6}} & -\frac{1}{\sqrt{6}} & -\frac{1}{\sqrt{6}} \\ 0 & \frac{1}{\sqrt{2}} & -\frac{1}{\sqrt{2}} \end{bmatrix}$$

である。$\boldsymbol{b} = [2, 3, 3]$ とせよ。

12章 固有ベクトル

12.1 離散力学過程のモデル化

本章では、行列が（時間に依存した）離散力学過程を学ぶのにいかに役立つか見ていくことにしよう。例としてインターネットワームを用いる。インターネットワームがネットワークを通して広がって行く様子は、力学過程の一例であり、ここで議論するテクニックは、そのような過程を理解するのに役立つものである。まもなく、Google が最初にウェブページのランク付けに用いたページランクの方法（少なくとも元々のブリンとペイジの論文で推奨された方法）の背景にあるアイデアについても議論する。

12.1.1 2つの利息付きの口座

まず、単純な例から始めよう。実は、この例は非常に簡単なので行列を必要としないが、より複雑な問題の下地を作るために行列を用いて議論を行う。

いま、2つの利息付きの口座への入金を考える。それぞれ、口座1は年利5%、口座2は年利3%の複利方式であるとする。このとき、t 年後の2つの口座の残金は、次の2要素のベクトルで表すことができる。

$$\boldsymbol{x}^{(t)} = \begin{bmatrix} \text{口座 1 の残金} \\ \text{口座 2 の残金} \end{bmatrix}$$

行列の方程式を用いて、1年の残金の増え方を表すことができる。

$$\boldsymbol{x}^{(t+1)} = \begin{bmatrix} a_{11} & a_{12} \\ a_{21} & a_{22} \end{bmatrix} \boldsymbol{x}^{(t)}$$

この単純な場合では、$a_{11} = 1.05$、$a_{22} = 1.03$ であり、他の2つの要素は0である。

$$\boldsymbol{x}^{(t+1)} = \begin{bmatrix} 1.05 & 0 \\ 0 & 1.03 \end{bmatrix} \boldsymbol{x}^{(t)} \tag{12-1}$$

行列 $\begin{bmatrix} 1.05 & 0 \\ 0 & 1.03 \end{bmatrix}$ を A と書くことにする。A が対角行列であることに注意して欲しい。

以下のように、式 (12-1) を繰り返し用いることで $\boldsymbol{x}^{(100)}$ と $\boldsymbol{x}^{(0)}$ を比較することができる。

$$\boldsymbol{x}^{(100)} = A\boldsymbol{x}^{(99)}$$

$$
\begin{aligned}
&= A(A\boldsymbol{x}^{(98)}) \\
&= A(A(A\boldsymbol{x}^{(97)})) \\
&\vdots \\
&= \underbrace{A \cdot A \cdot \cdots \cdot A}_{100\ 個}\boldsymbol{x}^{(0)}
\end{aligned}
$$

$A \cdot A \cdot \cdots A$ と書かれた部分は A^{100} を表している。いま、A は対角行列なので、A^{100} の要素は簡単に求まる。即ち、対角要素は、1.05^{100} と 1.03^{100} である。これらはおよそ 131.5 と 19.2 である。また、非対角要素は 0 のままである。

例えば、各口座に 1 ドル預けた状態から始めると、100 年後には口座 1 は 131 ドル、口座 2 は 19 ドルとなっていることになる。つまり、簡単にいえば、時が経つにつれて、口座 2 の最初の預入金の量は意味がなくなっていく。というのも、口座 1 が口座 2 よりも支配的になるからである。

この例では、2 つの口座間でのやりとりがないので非常に単純である。故に、この例では、行列を用いずに答えを得ることができる。

12.1.2 フィボナッチ数

今度は、次の規則を満たす、フィボナッチ数について考えてみよう。

$$F_{k+2} = F_{k+1} + F_k$$

この数列は元々、うさぎの数の増え方を観察したことに由来している。混乱を避けるために、性別の違いは無視し、うさぎは単為生殖で増加することにしよう。更に、以下のような仮定を設ける。

- 毎月、1 羽の大人うさぎは 1 羽の子うさぎを生む
- 1 羽の子うさぎが大人になるまでに 1 ヶ月かかる
- うさぎが死ぬことはない

このような過程の 1 ステップを、行列とベクトルの積で表現することができる。2 要素のベクトル $\boldsymbol{x} = \begin{bmatrix} x_1 \\ x_2 \end{bmatrix}$ で現在のうさぎの数を表すことにしよう。ここで、x_1 は大人うさぎの数、x_2 は子うさぎの数とする。

$\boldsymbol{x}^{(t)}$ を t ヶ月後の[†1]うさぎの数とする。このとき次のように、$t+1$ の時点でのうさぎの数 $\boldsymbol{x}^{(t+1)}$ は、行列の積を介して t の時点でのうさぎの数 $\boldsymbol{x}^{(t)}$ と関連付けられる。

$$\boldsymbol{x}^{(t+1)} = A\boldsymbol{x}^{(t)}$$

ここで、どのようにすれば行列 A の要素を導くことができるか、考えてみよう。

†1 ［訳注］以降、これを「t の時点での」と表現することにする。

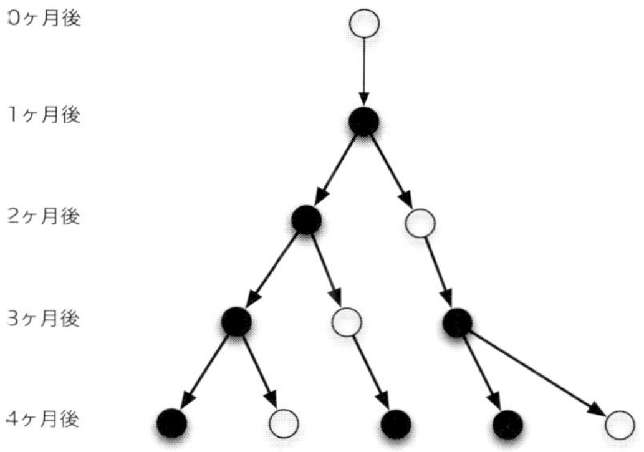

図 12-1　白丸は子うさぎを表し、黒丸は大人うさぎを表している。1 羽の大人うさぎは 1 ヶ月後、(1 ヶ月分年を取った) 大人うさぎと、(元の大人うさぎから生まれた) 子うさぎになる。1 羽の子うさぎは 1 ヶ月後、(1 ヶ月で十分に成長した) 1 羽の大人うさぎになる。

$$\begin{bmatrix} t+1\text{ の時点での大人うさぎの数} \\ t+1\text{ の時点での子うさぎの数} \end{bmatrix} = \underbrace{\begin{bmatrix} a_{11} & a_{12} \\ a_{21} & a_{22} \end{bmatrix}}_{A} \begin{bmatrix} t\text{ の時点での大人うさぎの数} \\ t\text{ の時点での子うさぎの数} \end{bmatrix}$$

$t+1$ の時点での大人うさぎの数は、t の時点で大人うさぎの数（うさぎが死ぬことはない）と、t の時点での子うさぎの数（子うさぎは 1 ヶ月で成長して大人になる）の和になる。よって a_{11} と a_{12} は 1 である。一方、$t+1$ の時点での子うさぎの数は t の時点での大人うさぎの数に等しい（毎月、1 羽の大人うさぎは 1 羽の子うさぎを生む)。従って $a_{21}=1$、$a_{22}=0$ となる。以上より、$A=\begin{bmatrix} 1 & 1 \\ 1 & 0 \end{bmatrix}$ を得る。本書ではこの行列 A をフィボナッチ行列と呼ぶことにする。

明らかに、時が経つにつれて、うさぎの数は増加する。では、その割合はどの程度だろう？ 即ち、うさぎの数は、どのような時間の関数に従って増加するのだろうか？

銀行口座の例と同様、$\boldsymbol{x}^{(t)}=A^t\boldsymbol{x}^{(0)}$ であるが、どのようにすればここから、直接計算することなく、t の関数として $\boldsymbol{x}^{(t)}$ の要素を見積もることができるだろうか？ 銀行口座の例では A が対角行列だったので、その振る舞いを予測することができた。今回、A は対角行列ではない。しかし、次のような回避策がある。

事実 12.1.1： $S=\begin{bmatrix} \frac{1+\sqrt{5}}{2} & \frac{1-\sqrt{5}}{2} \\ 1 & 1 \end{bmatrix}$ とすると、$S^{-1}AS$ は対角行列 $\begin{bmatrix} \frac{1+\sqrt{5}}{2} & 0 \\ 0 & \frac{1-\sqrt{5}}{2} \end{bmatrix}$ となる。

行列 S を計算する方法と、その解釈については、後で議論することにしよう。いまは、これがどのように使えるかを確認しておこう。

$$\begin{aligned} A^t &= \underbrace{A\cdot A\cdots\cdot A}_{t\text{ 回の積}} \\ &= (S\Lambda S^{-1})(S\Lambda S^{-1})\cdots(S\Lambda S^{-1}) \\ &= S\Lambda^t S^{-1} \end{aligned}$$

このとき、Λ は対角行列なので、Λ^t は簡単に計算することができる。Λ の対角要素を λ_1 と λ_2 とすると、

Λ^t は、λ_1^t と λ_2^t を対角要素に持つ対角行列となる。

いま、この A に対しては、$\Lambda = \begin{bmatrix} \frac{1+\sqrt{5}}{2} & \\ & \frac{1-\sqrt{5}}{2} \end{bmatrix}$ である。即ち、$\lambda_1 = \frac{1+\sqrt{5}}{2}$、$\lambda_2 = \frac{1-\sqrt{5}}{2}$ である。

$|\lambda_1|$ は $|\lambda_2|$ よりも大きいため、対応する要素はおよそ $(\lambda_1)^t$ に従って増加することになる。

S を知らなかったとしても、次の主張によって、正確な式を解くことができる。

主張：　任意の初期ベクトル $\boldsymbol{x}^{(0)}$ に対し、次を満たすような数 a_1、b_1、a_2、b_2 が存在する。即ち、$i = 1, 2$ に対し

$$\boldsymbol{x}^{(t)} \text{ の第 } i \text{ 要素} = a_i\lambda_1^t + b_i\lambda_2^t \tag{12-2}$$

証明

$\begin{bmatrix} c_1 \\ c_2 \end{bmatrix} = S^{-1}\boldsymbol{x}^{(0)}$ とする。このとき、$\Lambda^t S^{-1}\boldsymbol{x}^{(0)} = \begin{bmatrix} c_1\lambda_1^t \\ c_2\lambda_2^t \end{bmatrix}$ である。

$S = \begin{bmatrix} s_{11} & s_{12} \\ s_{21} & s_{22} \end{bmatrix}$ とおく。このとき

$$\begin{aligned} S\Lambda^t S^{-1}\boldsymbol{x}^{(0)} &= S\begin{bmatrix} c_1\lambda_1^t \\ c_2\lambda_2^t \end{bmatrix} \\ &= \begin{bmatrix} s_{11}c_1\lambda_1^t + s_{12}c_2\lambda_2^t \\ s_{21}c_1\lambda_1^t + s_{22}c_2\lambda_2^t \end{bmatrix} \end{aligned}$$

となる。従って、$a_i = s_{i1}c_1$、$b_i = s_{i2}c_2$ とおくことで、主張を得る。 □

例として$\boldsymbol{x}^{(0)} = \begin{bmatrix} 1 \\ 0 \end{bmatrix}$ としてみよう。これは、はじめに大人うさぎが 1 羽おり、子うさぎはいないという状態を仮定したことと等価である。1 ヶ月後には 1 羽の大人うさぎと 1 羽の子うさぎになっている。従って、$\boldsymbol{x}^{(1)} = \begin{bmatrix} 1 \\ 1 \end{bmatrix}$ である。式 (12-2) に代入し

$$\begin{aligned} a_1\lambda_1^1 + b_1\lambda_2^1 &= 1 \\ a_2\lambda_1^1 + b_2\lambda_2^1 &= 1 \end{aligned}$$

を得る。

また、2 ヶ月後には 2 羽の大人うさぎと 1 羽の子うさぎになっている。従って、$\boldsymbol{x}^{(2)} = \begin{bmatrix} 2 \\ 1 \end{bmatrix}$ である。式 (12-2) に代入し

$$\begin{aligned} a_1\lambda_1^2 + b_1\lambda_2^2 &= 2 \\ a_2\lambda_1^2 + b_2\lambda_2^2 &= 1 \end{aligned}$$

を得る。

結果、4 つの未知数 a_1、b_1、a_2、b_2 に対して 4 つの式を得られたので、これらを未知数について解くことができる。

$$\begin{bmatrix} \lambda_1 & \lambda_2 & 0 & 0 \\ 0 & 0 & \lambda_1 & \lambda_2 \\ \lambda_1^2 & \lambda_2^2 & 0 & 0 \\ 0 & 0 & \lambda_1^2 & \lambda_2^2 \end{bmatrix} \begin{bmatrix} a_1 \\ b_1 \\ a_2 \\ b_2 \end{bmatrix} = \begin{bmatrix} 1 \\ 1 \\ 2 \\ 1 \end{bmatrix}$$

実際に解くと、次を得る。

$$\begin{bmatrix} a_1 \\ b_1 \\ a_2 \\ b_2 \end{bmatrix} = \begin{bmatrix} \frac{5+\sqrt{5}}{10} \\ \frac{5-\sqrt{5}}{10} \\ \frac{1}{\sqrt{5}} \\ \frac{-1}{\sqrt{5}} \end{bmatrix}$$

この計算に基づくと、t ヶ月後の大人うさぎの数は

$$\boldsymbol{x}^{(t)}[1] = \frac{5+\sqrt{5}}{10}\left(\frac{1+\sqrt{5}}{2}\right)^t + \frac{5-\sqrt{5}}{10}\left(\frac{1-\sqrt{5}}{2}\right)^t$$

であることが分かる。

例えば、$t = 3, 4, 5, 6...$ とすると、数は $3, 5, 8, 13....$ となる。

12.2 フィボナッチ行列の対角化

ここでは行列 S について考えてみよう。うさぎの数を表すのに用いた方法——2 つの要素を持つベクトルを用意し、片方を大人うさぎの数、もう片方を子うさぎの数とする——は、この応用の観点からは自然だが、解析的な目的に対しては不便である。

解析をより簡単にするために、基底の変換を行おう（5.8 節参照）。ここでは基底として行列 S の 2 つの列を用いる。

$$\boldsymbol{v}_1 = \begin{bmatrix} \frac{1+\sqrt{5}}{2} \\ 1 \end{bmatrix},\ \boldsymbol{v}_2 = \begin{bmatrix} \frac{1-\sqrt{5}}{2} \\ 1 \end{bmatrix}$$

$\boldsymbol{u}^{(t)}$ を $\boldsymbol{v}_1$ と $\boldsymbol{v}_2$ についての $\boldsymbol{x}^{(t)}$ の座標表現とする。このとき、以下のようにして、$\boldsymbol{u}^{(t+1)}$ と $\boldsymbol{u}^{(t)}$ を関係付ける式を導くことができる。

- （`rep2vec`）$\boldsymbol{x}^{(t)}$ の表現 $\boldsymbol{u}^{(t)}$ からベクトル $\boldsymbol{x}^{(t)}$ に変換するために、$\boldsymbol{u}^{(t)}$ に S を掛ける
- （1 ヶ月先に進める）$\boldsymbol{x}^{(t)}$ から $\boldsymbol{x}^{(t+1)}$ にするために、$\boldsymbol{x}^{(t)}$ に A を掛ける
- （`vec2rep`）$\boldsymbol{v}_1$ と $\boldsymbol{v}_2$ についての座標表現に戻すために、S^{-1} を掛ける

行列同士の積と合成関数の関係（4.11.3 節参照）より、$S^{-1}AS$ を掛けることで、上記の 3 ステップを実行したことになる。

しかし、既に見たように、$S^{-1}AS$ は対角行列 $\begin{bmatrix} \frac{1+\sqrt{5}}{2} & 0 \\ 0 & \frac{1-\sqrt{5}}{2} \end{bmatrix}$ だったので、結果、次の式を得る。

$$\boldsymbol{u}^{(t+1)} = \begin{bmatrix} \frac{1+\sqrt{5}}{2} & 0 \\ 0 & \frac{1-\sqrt{5}}{2} \end{bmatrix} \boldsymbol{u}^{(t)} \tag{12-3}$$

こうして、銀行口座の残高の増加をモデル化した式 (12-1) に似た、とても単純な式が得られた。この式を見れば、フィボナッチ数がおよそ $\left(\frac{1+\sqrt{5}}{2}\right)^t$ の割合に従って増加することは、簡単に理解できるだろう。また、$\boldsymbol{v}_1$ に相当する座標は、**正確に**この割合で増加し、$\boldsymbol{v}_2$ に相当する座標は $\left(\frac{1-\sqrt{5}}{2}\right)^t$ の割合で増加する。

ここで用いた手法は**対角化**（*diagonalization*）と呼ばれる。正方行列を対角行列にするために、右から正方行列 S を、また、左からはその逆行列 S^{-1} を掛けた。対角化については既に 10.8.2 節で一度見ている。その節では、巡回行列が離散フーリエ行列によって対角化されることを示した。高速フーリエ変換により、巡回行列の積を高速に実行できるようになるため、対角化は有用であった。以下では、より一般的な設定の下で、対角化が有用であることを確認しよう。

12.3　固有値と固有ベクトル

ここでは、この種の解析の基礎を成す概念を導入しよう。

定義 12.3.1： 行ラベル集合と列ラベル集合が等しい行列 A に対し、$A\boldsymbol{v} = \lambda\boldsymbol{v}$ であるスカラー λ と、ゼロではないベクトル $\boldsymbol{v}$ が存在するとき、λ を A の**固有値**（*eigenvalue*）、$\boldsymbol{v}$ をそれに対応する**固有ベクトル**（*eigenvector*）と呼ぶ。

λ を A の固有値としたとき、対応する固有ベクトルは数多く存在する。実際、集合 $\{\boldsymbol{v} : A\boldsymbol{v} = \lambda\boldsymbol{v}\}$ は、固有値 λ に対するベクトル空間で、**固有空間**と呼ばれる。固有空間内のゼロではないベクトルは、どれも固有ベクトルだと考えることができる。しかし、固有ベクトルとしてノルムが 1 のものだけを考えると、便利なことが多い。

例 12.3.2： 2 つの利息付きの口座のモデルで使われた行列 $\begin{bmatrix} 1.05 & 0 \\ 0 & 1.03 \end{bmatrix}$ は、固有値 1.05 と 1.03 を持つ。最初の固有値に対応する固有ベクトルは $[1, 0]$ であり、2 つ目の固有値に対応する固有ベクトルは $[0, 1]$ である。

例 12.3.3： より一般に、A が次のような対角行列であるとしよう。

$$A = \begin{bmatrix} \lambda_1 & & \\ & \ddots & \\ & & \lambda_n \end{bmatrix}$$

この場合の固有ベクトルと固有値はどうなるだろうか？ $\boldsymbol{e}_1, \ldots, \boldsymbol{e}_n$ を標準基底ベクトルとすると、$A\boldsymbol{e}_1 = \lambda_1\boldsymbol{e}_1, \ldots, A\boldsymbol{e}_n = \lambda_n\boldsymbol{e}_n$ なので、固有値は対角要素 $\lambda_1, \ldots, \lambda_n$ であり、対応する固有ベクトルは $\boldsymbol{e}_1, \ldots, \boldsymbol{e}_n$ であることが分かる。

例 12.3.4： フィボナッチ数の解析に使った行列 $\begin{bmatrix} 1 & 1 \\ 1 & 0 \end{bmatrix}$ は、$\lambda_1 = \frac{1+\sqrt{5}}{2}$ と $\lambda_2 = \frac{1-\sqrt{5}}{2}$ を固有値に持つ。λ_1 に対応する固有ベクトルは $\begin{bmatrix} \frac{1+\sqrt{5}}{2} \\ 1 \end{bmatrix}$ であり、λ_2 に対応する固有ベクトルは $\begin{bmatrix} \frac{1-\sqrt{5}}{2} \\ 1 \end{bmatrix}$ である。

例 12.3.5： A が 0 を固有値に持つとする。この固有値に対応する固有ベクトルは、$A\boldsymbol{v} = 0\,\boldsymbol{v}$ を満たす、つまり $A\boldsymbol{v}$ がゼロベクトルとなるようなゼロではないベクトル $\boldsymbol{v}$ である。このとき、$\boldsymbol{v}$ はヌル空間に属している。逆に、A のヌル空間が自明ではないとき、0 は A の固有値となる。

例 12.3.5 は、固有値 0 に対応する固有ベクトルを見つける方法、即ち、ヌル空間内のゼロではない固有ベクトルを見つける方法を示している。その他の固有ベクトルについてはどうだろうか？

λ が A の固有値であり、対応する固有ベクトルが $\boldsymbol{v}$ だとする。このとき、$A\boldsymbol{v} = \lambda\boldsymbol{v}$ である。即ち、$A\boldsymbol{v} - \lambda\,\boldsymbol{v}$ はゼロベクトルである。式 $A\boldsymbol{v} - \lambda\,\boldsymbol{v}$ は $(A - \lambda\mathbb{1})\boldsymbol{v}$ と書くこともできるので、$(A - \lambda\mathbb{1})\boldsymbol{v}$ はゼロベクトルである。これは $\boldsymbol{v}$ が $A - \lambda\mathbb{1}$ のヌル空間内のゼロでないベクトルだということを意味している。つまり、$A - \lambda\mathbb{1}$ は可逆ではない。

逆に、$A - \lambda\mathbb{1}$ が可逆ではないと仮定してみる。このとき、これは正方行列なので、必ず自明ではないヌル空間を持つ。いま、$\boldsymbol{v}$ がヌル空間内のゼロではないベクトルであるとしよう。このとき $(A - \lambda\mathbb{1})\boldsymbol{v} = \mathbf{0}$、即ち、$A\boldsymbol{v} = \lambda\boldsymbol{v}$ となる。

以上の議論より、次のことが示された。

補題 12.3.6： A を正方行列とする。このとき次が成り立つ。

- $A - \lambda\mathbb{1}$ が可逆でないとき、かつ、そのときに限り λ は A の固有値である
- λ が A の固有値である場合、対応する固有空間は、$A - \lambda\mathbb{1}$ のヌル空間である

例 12.3.7： $A = \begin{bmatrix} 1 & 2 \\ 3 & 4 \end{bmatrix}$ とする。このとき、数 $\lambda_1 = \frac{5+\sqrt{33}}{2}$ は A の固有値である。$B = A - \lambda_1\mathbb{1}$ を用いることで、固有値 λ_1 に対応する固有ベクトル $\boldsymbol{v}_1$ を求めることができる。

```
>>> A = listlist2mat([[1,2],[3,4]])
>>> lambda1 = (5+sqrt(33))/2
>>> B = A - lambda1*identity({0,1}, 1)
>>> cols = mat2coldict(B)
>>> v1 = list2vec([-1, cols[0][0]/cols[1][0]])
>>> B*v1
Vec({0, 1},{0: 0.0, 1: 0.0})
>>> A*v1
Vec({0, 1},{0: -5.372281323269014, 1: -11.744562646538029})
>>> lambda1*v1
Vec({0, 1},{0: -5.372281323269014, 1: -11.744562646538029})
```

系 12.3.8： λ が A の固有値ならば、それは A^T の固有値でもある。

証明

λ が A の固有値だとする。補題 12.3.6 より、$A-\lambda\mathbb{1}$ は自明ではないヌル空間を持つため、可逆でない。系 6.4.11 より、$(A-\lambda\mathbb{1})^T$ も同様に可逆でない。しかし一方で、簡単に $(A-\lambda\mathbb{1})^T = A^T-\lambda\mathbb{1}$ であることが分かる。従って、補題 12.3.6 より、λ は A^T の固有値である。 □

$(A-\lambda\mathbb{1})^T = A^T-\lambda\mathbb{1}$ を用いるのはよい工夫だが、$\mathbb{1}$ を任意の行列に置き換えた場合には成立しない。固有値は、いままで行ってきた解析とどう関連するのだろうか？

12.3.1 相似と対角化可能性

定義 12.3.9： 正方行列 A と B は、$S^{-1}AS=B$ を満たすような可逆行列 S が存在するとき、**相似**であるという。

命題 12.3.10： 相似な行列は同じ固有値を持つ。

証明

λ を A の固有値、$\boldsymbol{v}$ をそれに対応する固有ベクトルとする。定義により、$A\boldsymbol{v}=\lambda\boldsymbol{v}$ である。また、$S^{-1}AS=B$ とし、$\boldsymbol{w}=S^{-1}\boldsymbol{v}$ とする。このとき

$$
\begin{aligned}
B\boldsymbol{w} &= S^{-1}AS\boldsymbol{w} \\
&= S^{-1}ASS^{-1}\boldsymbol{v} \\
&= S^{-1}A\boldsymbol{v} \\
&= S^{-1}(\lambda\boldsymbol{v}) \\
&= \lambda S^{-1}\boldsymbol{v} \\
&= \lambda\boldsymbol{w}
\end{aligned}
$$

従って、λ が B の固有値であることが示された。 □

例 12.3.11： 後で確認するが、A は上三角行列なので、その行列 $A=\begin{bmatrix} 6 & 3 & -9 \\ 0 & 9 & 15 \\ 0 & 0 & 15 \end{bmatrix}$ の固有値はその対角成分 $(6、9、15)$ になる。このとき、行列 $B=\begin{bmatrix} 416 & -315 & -499 \\ 303 & -225 & -372 \\ 139 & -108 & -161 \end{bmatrix}$ は、$S=\begin{bmatrix} -2 & 1 & 4 \\ 1 & -2 & 1 \\ -4 & 3 & 5 \end{bmatrix}$ に対し、$B=S^{-1}AS$ と書ける。従って、B の固有値もまた 6、9、15 であることが分かる。

定義 12.3.12： 正方行列 A が対角行列と相似であるとき、即ち、ある対角行列 Λ に対し、$S^{-1}AS=\Lambda$ を満たすような可逆行列 S が存在するとき、A は**対角化可能**であるという。

式 $S^{-1}AS=\Lambda$ は、式 $A=S\Lambda S^{-1}$ と等価である。この式は、事実 12.1.1 とそれに続いて行ったうさぎの数の解析で用いられたものである。

対角化可能性はどのように固有値と関連しているのだろうか？

例 12.3.3 (p.562) では、Λ が対角行列 $\begin{bmatrix}\lambda_1 & & \\ & \ddots & \\ & & \lambda_n\end{bmatrix}$ ならば、その固有値は行列の対角要素 $\lambda_1,\ldots,\lambda_n$ であることを示した。

A が Λ に相似である場合、命題 12.3.10 より、A の固有値は Λ の固有値、即ち、Λ の対角要素である。

更に話を進めて、特に $S^{-1}AS=\Lambda$ であるとしてみよう。両辺に左から S を掛けると、式

$$AS=S\Lambda$$

を得る。行列とベクトルの積による行列と行列の積の定義を用いると、行列 AS の第 i 列が、A を S の第 i 列に掛けたものであることが分かる。また、ベクトルと行列の積による行列と行列の積の定義を用いると、行列 $S\Lambda$ の第 i 列が、λ_i を S の第 i 列に掛けたものであることが分かる。従って、この場合、$\lambda_1,\ldots,\lambda_n$ が A の固有値であり、それに対応する S の列が各固有値に対応する固有ベクトルであることが分かる。更に S は可逆なので、その列はそれぞれ線形独立である。以上より、次の補題を得る。

補題 12.3.13： $\Lambda=S^{-1}AS$ が対角行列ならば、Λ の対角要素は A の固有値であり、S の列ベクトルは線形独立な A の固有ベクトルである。

逆に、$n\times n$ 行列 A が、n 個の線形独立な固有ベクトル $\boldsymbol{v}_1,\ldots,\boldsymbol{v}_n$ を持ち、$\lambda_1,\ldots,\lambda_n$ がそれらに対応する固有値であるとしよう。S を行列 $\left[\begin{array}{c|c|c} & & \\ \boldsymbol{v}_1 & \cdots & \boldsymbol{v}_n \\ & & \end{array}\right]$、$\Lambda$ を行列 $\begin{bmatrix}\lambda_1 & & \\ & \ddots & \\ & & \lambda_n\end{bmatrix}$ とすると $AS=S\Lambda$ が成り立つ。 更に、S は正方行列で、その列は線形独立なので可逆行列である。よって、この方程式の右から S^{-1} を掛けると $A=S\Lambda S^{-1}$ を得る。これは A が対角化可能であることを示している。以上より、次の補題を得る。

補題 12.3.14： $n\times n$ 行列 A は、n 個の線形独立な固有ベクトルを持つならば、対角化可能である。

2 つの補題を一緒にすることで、以下の定理を得る。

定理 12.3.15： $n\times n$ 行列は、それが n 個の線形独立な固有ベクトルを持つとき、かつ、そのときに限り対角化可能となる。

12.4　固有ベクトルによる座標表現

ここでは、12.2 節の解析手法について、より一般的な立場から復習しよう。線形独立な固有ベクトルの存在は、行列とベクトルの積を繰り返して得られる結果を解析する上で非常に有用である。

A を $n \times n$ 行列とし、$\boldsymbol{x}^{(0)}$、及び、$t = 1, 2, \ldots$ に対し、$\boldsymbol{x}^{(t)} = A^t \boldsymbol{x}^{(0)}$ とする。A を対角化可能であると仮定しよう。即ち、可逆行列 S と対角行列 Λ が存在し、$S^{-1}AS = \Lambda$ が成り立つとする。Λ の対角要素を $\lambda_1, \ldots, \lambda_n$ とすると、それらは A の固有値でもある。このとき、対応する固有ベクトルを $\boldsymbol{v}_1, \ldots, \boldsymbol{v}_n$ とすれば、これらは S の列となる。

$\boldsymbol{u}^{(t)}$ をこれらの固有ベクトルについての $\boldsymbol{x}^{(t)}$ の座標表現としよう。このとき、方程式 $\boldsymbol{x}^{(t)} = A^t \boldsymbol{x}^{(0)}$ はもっとずっと単純な方程式

$$\begin{bmatrix} \\ \boldsymbol{u}^{(t)} \\ \\ \end{bmatrix} = \begin{bmatrix} \lambda_1^t & & \\ & \ddots & \\ & & \lambda_n^t \end{bmatrix} \begin{bmatrix} \\ \boldsymbol{u}^{(0)} \\ \\ \end{bmatrix} \tag{12-4}$$

となる。即ち、$\boldsymbol{u}^{(t)}$ の要素は、$\boldsymbol{u}^{(0)}$ の対応する要素に、単に対応する固有値の t 乗を掛けるだけで得られるのである。

何が起きているのかを知る別の方法もある。

これらの固有ベクトルは $\mathbb{R}^n$ の基底を成すので、どんなベクトル $\boldsymbol{x}$ もその線形結合で書くことができる。

$$\boldsymbol{x} = \alpha_1 \boldsymbol{v}_1 + \cdots + \alpha_n \boldsymbol{v}_n$$

この方程式の両辺に左から A を掛けるとどうなるか見てみよう。

$$\begin{aligned} A\boldsymbol{x} &= A(\alpha_1 \boldsymbol{v}_1) + \cdots + A(\alpha_n \boldsymbol{v}_n) \\ &= \alpha_1 A\boldsymbol{v}_1 + \cdots + \alpha_n A\boldsymbol{v}_n \\ &= \alpha_1 \lambda_1 \boldsymbol{v}_1 + \cdots + \alpha_n \lambda_n \boldsymbol{v}_n \end{aligned}$$

同様に、$A(A\boldsymbol{x})$ に対し

$$A^2\boldsymbol{x} = \alpha_1 \lambda_1^2 \boldsymbol{v}_1 + \cdots + \alpha_n \lambda_n^2 \boldsymbol{v}_n$$

という関係が得られる。より一般に、任意の非負整数 t に対し、次が成り立つ。

$$A^t\boldsymbol{x} = \alpha_1 \lambda_1^t \boldsymbol{v}_1 + \cdots + \alpha_n \lambda_n^t \boldsymbol{v}_n \tag{12-5}$$

故に、A の t 乗を掛けた結果は、単純に各係数に対応する固有値の t 乗を掛けたものとなるのである。

さて、いくつかの固有値の絶対値が他の固有値よりほんの少しでも大きければ、十分に大きな繰り返し回数 t において、式 (12-5) の右辺で絶対値の大きな固有値を含む項が支配的になり、他の項は相対的に小さくなる。

特に、λ_1 の絶対値が他の全ての固有値の絶対値に比べて大きいとしよう。十分大きな値の t に対して、$A^t\boldsymbol{x}$ は近似的に $\alpha_1 \lambda_1^t \boldsymbol{v}_1$ になるだろう。

特に、絶対値が厳密に 1 より小さい固有値に対応する項は、t の増加と共に小さくなっていく。

12.5 インターネットワーム

1988年にインターネットに放たれたインターネットワームについて考えよう。インターネットワームとは、ネットワークを通じて増殖するプログラムである。このプログラムが、あるコンピュータで実行されているとすると、そのコンピュータに接続されている複数のコンピュータに侵入してコピーを産み付けようとする。

1988年のインターネットワームは大した被害を与えなかったが、インターネット上のかなりの割合のコンピュータに感染することには成功した。感染したコンピュータは、CPU時間†2のほとんどをインターネットワームの実行に費やさざるを得なくなった。というのも、どのコンピュータもそのプログラムの独立したインスタンスをたくさん実行していたからである。

このプログラムの作者（ロバート・T・モリスJr）は、実行に費やす時間を少なくする努力をしていた。このプログラムは、それぞれのインターネットワームが、同じコンピュータ内に別のインターネットワームがいないかチェックし、もしいればそのうちの1つが自滅のフラグを立てる。だがこのインターネットワームは1/7の確率で、チェックを走らせる代わりにそれ自身を不死身とするように設計されていた。不死身になったインターネットワームは、それ以降はチェックを走らせない。

この結果、各コンピュータは、そのコンピュータの能力が全てインターネットワームの実行に使われるようになるまで、自分自身のコピーを作り続けることになったようだ。

このように振る舞う、非常に簡単なモデルを解析してみよう。まず、インターネットは、三角形状に接続された3つのコンピュータから成るとする。繰り返しごとに、それぞれのインターネットワームが隣のコンピュータに子供を産み付ける確率を1/10とする。そのインターネットワームが死ぬワームならば、1/7の確率で不死身となり、そうでなければ死んでしまうものとする。

このモデルにはランダム性があるので、何回も繰り返した後にインターネットワームが何匹いるか、正確に述べることはできない。しかし、インターネットワームが何匹いるかの**期待値**（期待数）を求めることはできる。

ベクトル $\boldsymbol{x} = (x_1, y_1, x_2, y_2, x_3, y_3)$ を用いよう。ここで、$i = 1, 2, 3$ に対し、x_i はコンピュータ i にいる死ぬインターネットワームの期待数、y_i はコンピュータ i での不死身のインターネットワームの期待数とする。

$t = 0, 1, 2, \ldots$ に対し、$\boldsymbol{x}^{(t)} = (x_1^{(t)}, y_1^{(t)}, x_2^{(t)}, y_2^{(t)}, x_3^{(t)}, y_3^{(t)})$ とする。このモデルによれば、コンピュータ1にいる死ぬ運命にあるワームは、どれもコンピュータ2かコンピュータ3の子供である。よって、$t+1$ 回後のコンピュータ1にいる死ぬ運命にあるワームの期待値は、t 回後のコンピュータ2とコンピュータ3のワームの期待数の1/10である。従って

$$x_1^{(t+1)} = \frac{1}{10}x_2^{(t)} + \frac{1}{10}y_2^{(t)} + \frac{1}{10}x_3^{(t)} + \frac{1}{10}y_3^{(t)}$$

である。コンピュータ1にいる死ぬ運命にあるワームは、確率1/7で不死身のワームになる。前の段階で不死身のワームは、不死身のままである。従って

$$y_1^{(t+1)} = \frac{1}{7}x_1^{(t)} + y_1^{(t)}$$

$x_2^{(t+1)}$ や $y_2^{(t+1)}$、$x_3^{(t+1)}$、$y_3^{(t+1)}$ に対する式も同様である。従って

†2 ［訳注］CPU時間とは、CPUの稼働時間のこと。

$$\boldsymbol{x}^{(t+1)} = A\boldsymbol{x}^{(t)}$$

が得られる。ここで A は行列

$$A = \begin{bmatrix} 0 & 0 & 1/10 & 1/10 & 1/10 & 1/10 \\ 1/7 & 1 & 0 & 0 & 0 & 0 \\ 1/10 & 1/10 & 0 & 0 & 1/10 & 1/10 \\ 0 & 0 & 1/7 & 1 & 0 & 0 \\ 1/10 & 1/10 & 1/10 & 1/10 & 0 & 0 \\ 0 & 0 & 0 & 0 & 1/7 & 1 \end{bmatrix}$$

である。この行列は、線形独立な固有ベクトルを持ち、その最大固有値は約 1.034 である（他の固有値は絶対値が 1 より小さい）。この値は 1 より大きいので、繰り返し回数の増加と共に、ワームの数が指数関数的に増加すると推測できる。A^t の最大固有値は約 1.034^t である。大きさの感じを掴むために $t = 100$ のときを考えると、結果は最大で 29 ほどにすぎないが、$t = 200$ になると最大で 841、$t = 500$ では最大で 2000 万、$t = 600$ では最大で 6 億になる。

この例では行列 A が十分小さいので、この程度の小さな t の値に対してはワームの期待数を計算できる。死ぬ運命にあるワームが 1 匹、コンピュータ 1 にいる場合から始めよう。これはベクトル $\boldsymbol{x}^{(0)} = (1, 0, 0, 0, 0, 0)$ に対応する。この場合、600 回の繰り返し後では、ワームの期待数は約 1 億 2000 万匹になる。

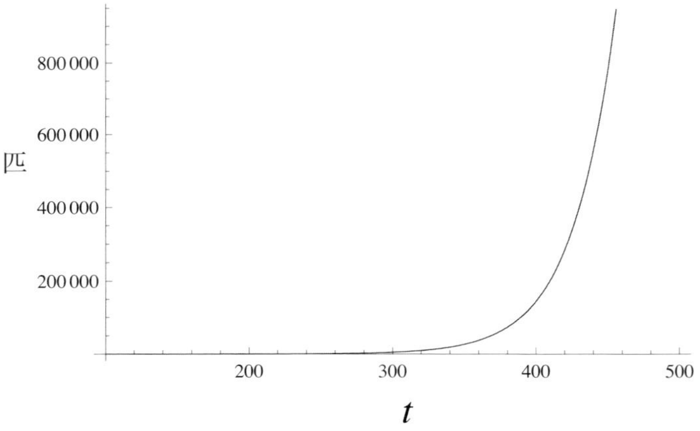

12.6　固有値の存在

どのような状況下ならば、正方行列が固有値を持つと保証できるだろうか？ 対角化可能な場合だろうか？

12.6.1　正定値行列と準正定値行列

A を任意の可逆行列とする。このとき、その特異値分解が存在する。

$$\begin{bmatrix} & & \\ & A & \\ & & \end{bmatrix} = \begin{bmatrix} & & \\ & U & \\ & & \end{bmatrix} \begin{bmatrix} \sigma_1 & & \\ & \ddots & \\ & & \sigma_n \end{bmatrix} \begin{bmatrix} & & \\ & V^T & \\ & & \end{bmatrix}$$

行列の積 $A^T A$ を考えよう。特異値分解を用いると、結果は以下のようになる。

$$\begin{aligned} A^T A &= \begin{bmatrix} & & \\ & V & \\ & & \end{bmatrix} \begin{bmatrix} \sigma_1 & & \\ & \ddots & \\ & & \sigma_n \end{bmatrix} \begin{bmatrix} & & \\ & U^T & \\ & & \end{bmatrix} \begin{bmatrix} & & \\ & U & \\ & & \end{bmatrix} \begin{bmatrix} \sigma_1 & & \\ & \ddots & \\ & & \sigma_n \end{bmatrix} \begin{bmatrix} & & \\ & V^T & \\ & & \end{bmatrix} \\ &= \begin{bmatrix} & & \\ & V & \\ & & \end{bmatrix} \begin{bmatrix} \sigma_1 & & \\ & \ddots & \\ & & \sigma_n \end{bmatrix} \begin{bmatrix} \sigma_1 & & \\ & \ddots & \\ & & \sigma_n \end{bmatrix} \begin{bmatrix} & & \\ & V^T & \\ & & \end{bmatrix} \\ &= \begin{bmatrix} & & \\ & V & \\ & & \end{bmatrix} \begin{bmatrix} \sigma_1^2 & & \\ & \ddots & \\ & & \sigma_n^2 \end{bmatrix} \begin{bmatrix} & & \\ & V^T & \\ & & \end{bmatrix} \end{aligned}$$

この方程式の左から V^T を、右から V を掛けると

$$V^T(A^T A)V = \begin{bmatrix} \sigma_1^2 & & \\ & \ddots & \\ & & \sigma_n^2 \end{bmatrix}$$

となり、これは $A^T A$ が対角化可能であること、そしてその固有値は A の特異値の 2 乗であることを示している。

この固有値は、全て正の実数である。

更に、$A^T A$ は対称行列である。これは実際に転置を取れば確認することができる。

$$(A^T A)^T = A^T(A^T)^T = A^T A$$

従って、$A^T A$ の転置は $A^T A$ 自身に等しい。

定義 12.6.1： 固有値が全て正の実数となるような対称行列は**正定値**行列と呼ばれる。

A が可逆ならば $A^T A$ の形の行列は正定値行列であることが分かった。逆に全ての正定値行列は、ある可逆行列 A について、$A^T A$ と書けることも示すことができる。

正定値行列と、その親類である**準正定値行列**（これこそ筆者が絶対的に好ましいといえる数学用語であるが）は多くの物理系をモデル化するのに重要であり、アルゴリズムや機械学習での重要さも増しつつある。

12.6.2 異なる固有値を持つ行列

この節では正方行列が対角化できる条件をもう 1 つ与えよう。

補題 12.6.2： 行列 A と、**異なる**固有値の任意の集合に対し、対応する固有ベクトルは線形独立である。

証明

背理法を用いるため、固有ベクトルが線形従属であると仮定してみよう。

$$\mathbf{0} = \alpha_1 \boldsymbol{v}_1 + \cdots + \alpha_r \boldsymbol{v}_r \tag{12-6}$$

を A の固有値に対応する固有ベクトルの部分集合の線形結合、特に、線形従属となる最小の部分集合の線形結合とする。$\lambda_1, \ldots, \lambda_r$ をそれらの固有値とする。

このとき

$$\begin{aligned}\mathbf{0} &= A(\mathbf{0}) \\ &= A(\alpha_1 \boldsymbol{v}_1 + \cdots + \alpha_r \boldsymbol{v}_r) \\ &= \alpha_1 A\boldsymbol{v}_1 + \cdots + \alpha_r A\boldsymbol{v}_r \\ &= \alpha_1 \lambda_1 \boldsymbol{v}_1 + \cdots + \alpha_r \lambda_r \boldsymbol{v}_r \end{aligned} \tag{12-7}$$

が成り立つ。こうして $\boldsymbol{v}_1, \ldots, \boldsymbol{v}_r$ の間の新たな線形従属性が得られる。λ_1 を式 (12-6) に掛け、更に、それを式 (12-7) から引けば

$$\mathbf{0} = (\lambda_1 - \lambda_1)\alpha_1 \boldsymbol{v}_1 + (\lambda_2 - \lambda_1)\alpha_2 \boldsymbol{v}_2 + \cdots + (\lambda_r - \lambda_1)\alpha_r \boldsymbol{v}_r$$

となる。最初の係数は 0 なので、これは

$$\mathbf{0} = (\lambda_2 - \lambda_1)\alpha_2 \boldsymbol{v}_2 + \cdots + (\lambda_r - \lambda_1)\alpha_r \boldsymbol{v}_r$$

とも書き直すことができてしまい、式 (12-6) より更に少ないベクトルになってしまう（全ての固有値は異なっていたことに注意）。これは矛盾である。 □

補題 12.6.2 と補題 12.3.14 より、次の定理が得られる。

定理 12.6.3： n 個の異なる固有値を持つ $n \times n$ 行列は対角化可能である。

ランダムな値を要素に持つ $n \times n$ 行列は、n 個の異なる固有値を持ちそうである。従って、この定理は「ほとんどの」正方行列が、対角化可能であることを示している。

$n \times n$ 行列には、n 個の異なる固有値を持たなくとも、対角化可能なものもある。最も簡単な例は、$n \times n$ 単位行列で、これの固有値は 1 ばかりだが、明らかに対角化可能である。

12.6.3 対称行列

固有値の文脈において、次に重要な行列は、対称行列である。この行列はとてもよい性質を持つ。

定理 12.6.4（対称行列の対角化）： A を $\mathbb{R}$ 上の対称行列とする。このとき、$\mathbb{R}$ 上の直交行列 Q と対角行列 Λ が存在して $Q^T AQ = \Lambda$ が成り立つ。

この定理は後で示す定理から得られる結果である。

この定理は、対称行列 A に対し、A が掛けられるどんなベクトルも固有ベクトルの線形結合として書くことができ、その結果、12.4 節の解析法を応用できるという意味で重要である。

実際には、式 (12-4) には固有値 $\lambda_1, \ldots, \lambda_n$ のどれかが複素数かもしれないという、複雑さがほんの少し潜んでいる。しかし、A が対称行列であれば、この複雑さは解消され、全ての固有値が実数であることが保証される。

12.6.4 上三角行列

しかし、全ての正方行列が対角化可能というわけではない。簡単な例は $A = \begin{bmatrix} 1 & 1 \\ 0 & 1 \end{bmatrix}$ である。フィボナッチ行列と似ているが、このとき $S^{-1}AS$ を対角行列にするような可逆行列 S は存在**しない**。

上三角行列を考えることから始めよう。対角化できない上の例 $\begin{bmatrix} 1 & 1 \\ 0 & 1 \end{bmatrix}$ は上三角であることに注意して欲しい。

補題 12.6.5： 上三角行列 U の対角要素は U の固有値である。

証明

補題 12.3.6 より、数 λ は $U - \lambda\mathbb{1}$ が可逆でないとき、かつ、そのときに限り U の固有値である。しかし $U - \lambda\mathbb{1}$ は上三角行列である。従って、補題 4.13.13 より、$U - \lambda\mathbb{1}$ が可逆でないのは、対角要素の少なくとも 1 つが 0 の場合であるとき、かつ、そのときに限る。従って、$U - \lambda\mathbb{1}$ の対角要素が 0 となるのは、λ が U の対角要素の 1 つであるとき、かつ、そのときに限られる。 □

例 12.6.6： 行列 $U = \begin{bmatrix} 5 & 9 & 9 \\ 0 & 4 & 7 \\ 0 & 0 & 3 \end{bmatrix}$ を考えよう。対角要素は 5、4、3 なので、それらが固有値である。

例えば

$$U - 3\mathbb{1} = \begin{bmatrix} 5-3 & 9 & 9 \\ 0 & 4-3 & 7 \\ 0 & 0 & 3-3 \end{bmatrix} = \begin{bmatrix} 2 & 9 & 9 \\ 0 & 1 & 7 \\ 0 & 0 & 0 \end{bmatrix}$$

となる。この行列は対角要素に 0 を持つので、可逆ではない。

1 つの数が U の対角上に複数回出現する可能性があることに注意して欲しい。例えば、行列 $U = \begin{bmatrix} 5 & 9 & 9 \\ 0 & 4 & 7 \\ 0 & 0 & 5 \end{bmatrix}$ には 5 が 2 回現れる。

定義 12.6.7： 上三角行列 U の**スペクトル**（*spectrum*）とは、対角要素の多重集合のことである。即ち、この多重集合の各要素は、U の対角要素に現れる回数と同じ数だけ含まれる。

例 12.6.8： $\begin{bmatrix} 5 & 9 & 9 \\ 0 & 4 & 7 \\ 0 & 0 & 5 \end{bmatrix}$ のスペクトルは多重集合 $\{5, 5, 4\}$ である（多重集合では、順序に意味はなく、重複は除かれない）。

次節では、上三角行列について知っていることをもとに、より一般的な正方行列を扱おう。

12.6.5 一般の正方行列

ここでは正方行列の固有値に関する 2 つの重要な定理を述べる。これらの定理の証明は少々複雑なので、12.11 節に回すことにしよう。

定理 12.6.9： $\mathbb{C}$ 上の全ての正方行列は固有値を持つ。

この定理は単に複素固有値の存在を保証しているだけである。実際、非常に簡単な行列でも複素（更に、実でない）固有値を持つ。例えば、$\begin{bmatrix} 1 & 1 \\ -1 & 1 \end{bmatrix}$ の固有値は $1 + \mathrm{i}$ と $1 - \mathrm{i}$ である。ここで i は -1 の平方根であった。いま、この行列の固有値が複素数なのだから、固有ベクトルが複素であっても驚くことではない。

定理 12.6.9 は、残念ながら全ての正方行列が対角化可能であるということを示す定理の基礎ではなく（事実それは間違っている）、三角化可能であることを示す定理の基礎を与える。

定理 12.6.10： 任意の $n \times n$ 行列 A に対し、$Q^{-1}AQ$ が上三角行列になるようなユニタリー行列 Q が存在する。

例 12.6.11： $A = \begin{bmatrix} 12 & 5 & 4 \\ 27 & 15 & 1 \\ 1 & 0 & 1 \end{bmatrix}$ とすると

$$Q^{-1}AQ = \begin{bmatrix} 25.2962 & -21.4985 & -4.9136 \\ 0 & 2.84283 & -2.76971 \\ 0 & 0 & -0.139055 \end{bmatrix}$$

となる。ここで$Q = \begin{bmatrix} 0.355801 & -0.886771 & -0.29503 \\ 0.934447 & 0.342512 & 0.0974401 \\ 0.0146443 & -0.310359 & 0.950506 \end{bmatrix}$である。

特に、正方行列に限らない全ての行列は、上三角行列と相似である。この定理は固有値を計算する実用的なアルゴリズムの基礎である。こうしたアルゴリズムでは、まず、行列ができるだけ上三角に近付くように変換を繰り返す。このアルゴリズムはQR分解に基づくが、残念ながら、その詳細はこの本の範囲外である。

12.4節で説明したように、ベクトルに行列を非常に多くの回数掛けた結果は、行列が対角化可能ならば容易に解析することができた。この技法を一般化し、行列が対角化可能でない場合についても同様の情報を得られるようにすることが可能であるが、幸運なことに、実際に必要となる行列は対角化可能であることが多いので、ここではその詳細には立ち入らないことにしよう。

次節では、行列が与えられたときに最も大きな値を持つ固有値（とそれに対応する固有ベクトル）を近似的に見つける、非常に初歩的なアルゴリズムについて述べよう。

12.7 冪乗法

Aを対角化可能な行列で、異なるn個の固有値$\lambda_1, \ldots, \lambda_n$（$|\lambda_1| \geqq |\lambda_2| \geqq \cdots \geqq |\lambda_n|$の順序に並べられているとする)、線形独立な固有ベクトル$\boldsymbol{v}_1, \ldots, \boldsymbol{v}_n$を持つとする（複素数$x + \mathrm{i}y$の絶対値$|\lambda|$は、複素数を$x, y$平面上の点として見たときの原点からの距離で定義された)。

無作為にベクトル$\boldsymbol{x}_0$を選び、任意の非負整数tに対し、$\boldsymbol{x}_t = A^t \boldsymbol{x}_0$とする。

$\boldsymbol{x}_0$を固有ベクトルで

$$\boldsymbol{x}_0 = \alpha_1 \boldsymbol{v}_1 + \cdots + \alpha_n \boldsymbol{v}_n$$

と表す。すると

$$\boldsymbol{x}_t = \alpha_1 \lambda_1^t \boldsymbol{v}_1 + \cdots + \alpha_n \lambda_n^t \boldsymbol{v}_n \tag{12-8}$$

が得られる。$\boldsymbol{x}_0$は無作為に選んだので、それがたまたま$\boldsymbol{v}_2, \ldots, \boldsymbol{v}_n$で張られた$n-1$次元部分空間の上にあるようなことはほとんど起きない。従って、α_1はほぼ0ではないといえる。

$\alpha_1 \neq 0$とし、$|\lambda_1|$は$|\lambda_2|$よりはるかに大きいとしよう。このとき、式(12-8)の$\boldsymbol{v}_1$の係数は他のどの係数よりも早く増加し、最終的に（tが十分大きければ）他を埋没させせてしまう。よって、$\boldsymbol{x}_t$はいずれは$\alpha_1 \lambda_1^t \boldsymbol{v}_1 +$ **誤差** の形になる。ここで**誤差**は$\alpha_1 \lambda_1^t \boldsymbol{v}_1$に比べてずっと小さなベクトルを表す。$\boldsymbol{v}_1$は固有ベクトルなので$\alpha_1 \lambda_1^t \boldsymbol{v}_1$である。結局、こうして$\boldsymbol{x}_t$は**近似**固有ベクトルとなる。更に、$A\boldsymbol{x}_t$は$\lambda_1 \boldsymbol{x}_t$に近くなるので、対応する固有値$\lambda_1$を、$\boldsymbol{x}_t$から推定することもできる。

同様に、大きい方から数えてq個の固有値が同じ、あるいは、非常に差が小さく、かつ、$q+1$番目の固有値の絶対値が小さい場合、$\boldsymbol{x}_t$は始めのq個の固有ベクトルの線形結合に近く、それが近似固有ベクトルとなる。

これで、最大の絶対値を持つ固有値を近似的に求め、その固有値に対応した近似固有ベクトルを見つける方法を得た。この方法は**冪乗法**と呼ばれる。冪乗法は行列とベクトルの積しか用いないので、行列Aがスパースな場合など、行列とベクトルの積の計算量が少ないときには特に有用である。

しかし、この方法はいつでも使えるわけではない。行列 $\begin{bmatrix} 0 & 1 \\ -1 & 0 \end{bmatrix}$ について考えよう。この行列の 2 つの固有値は互いに異なるが、それらの絶対値は等しい。従って、冪乗法で得られたベクトルも、2 つの固有ベクトルが混合したままだろう。この問題は、よりよい方法を用いることで対処でき、別の固有値を得ることができる。

12.8　マルコフ連鎖

この節では、ある種の確率論的なモデル、**マルコフ連鎖**について学ぼう。マルコフ連鎖の最初の例はコンピュータのアーキテクチャに由来するが、まずはそれをある種の人口問題としてとらえることにする。

12.8.1　人口動態のモデル化

ダンスクラブの様子を想像しよう。何人かはダンスフロアにいて、何人かは脇に立っている。フロアの脇に立っている人は、気に入った曲が始まればダンスフロアに進み、ダンスを始める。一度ダンスフロアに上がれば、聞こえてくる曲が仮に好きではないものになったとしても、そこに留まる可能性の方が高いだろう。

そこで、曲が始まったら、脇にいた人の 56% はダンスフロアに進み、ダンスフロアにいた人の 12% はフロアを出て脇に立つとしよう。この規則を行列で表すことで、ダンスフロアにいる人と脇にいる人の数の長期的な変化を調べることができる。

簡単のため、クラブに新しく入ってくる人も、出て行く人もいないと仮定しよう。t 曲流れた後の、この系の状態を表すベクトルを $\boldsymbol{x}^{(t)} = \begin{bmatrix} x_1^{(t)} \\ x_2^{(t)} \end{bmatrix}$ とする。ただし、$x_1^{(t)}$ は脇にいる人の数、$x_2^{(t)}$ はダンスフロアにいる人の数とする。この遷移規則は、大人うさぎと子うさぎの数に対する方程式と似た形になる。

$$\begin{bmatrix} x_1^{(t+1)} \\ x_2^{(t+1)} \end{bmatrix} = \begin{bmatrix} 0.44 & 0.12 \\ 0.56 & 0.88 \end{bmatrix} \begin{bmatrix} x_1^{(t)} \\ x_2^{(t)} \end{bmatrix}$$

この系とうさぎの系の重要な違いは、こちらは全体の人数は変わらないということだ。つまり、系に新しく入ってくる人はいない（もちろん出て行く人もいない）ということである。これは各列の要素の和が厳密に 1 であることに反映されている。

対角化を用いて、それぞれの場所にいる人の割合の長期的な傾向を調べることができる。行列 $A = \begin{bmatrix} 0.44 & 0.12 \\ 0.56 & 0.88 \end{bmatrix}$ は 2 つの固有値 1、0.32 を持つ。この 2×2 行列は、2 つの異なる固有値を持つので、補題 12.6.3 により対角化可能である。即ち、$\Lambda = \begin{bmatrix} 1 & 0 \\ 0 & 0.32 \end{bmatrix}$ として、$S^{-1}AS = \Lambda$ を満たす行列 S が存在する。$S = \begin{bmatrix} 0.209529 & -1 \\ 0.977802 & 1 \end{bmatrix}$ はその 1 つである。$A = S\Lambda S^{-1}$ とおけば、t 曲後にそれぞれの場所にいる人数 $\boldsymbol{x}^{(t)}$ を、はじめにそれぞれの場所にいた人数 $\boldsymbol{x}^{(0)}$ で表す公式を得ることができる。

$$\begin{bmatrix} x_1^{(t)} \\ x_2^{(t)} \end{bmatrix} = \left(S\Lambda S^{-1}\right)^t \begin{bmatrix} x_1^{(0)} \\ x_2^{(0)} \end{bmatrix}$$

$$
\begin{aligned}
&= S\Lambda^t S^{-1} \begin{bmatrix} x_1^{(0)} \\ x_2^{(0)} \end{bmatrix} \\
&\approx \begin{bmatrix} 0.21 & -1 \\ 0.98 & 1 \end{bmatrix} \begin{bmatrix} 1 & 0 \\ 0 & 0.32 \end{bmatrix}^t \begin{bmatrix} 0.84 & 0.84 \\ -0.82 & 0.18 \end{bmatrix} \begin{bmatrix} x_1^{(0)} \\ x_2^{(0)} \end{bmatrix} \\
&= \begin{bmatrix} 0.21 & -1 \\ 0.98 & 1 \end{bmatrix} \begin{bmatrix} 1^t & 0 \\ 0 & (0.32)^t \end{bmatrix} \begin{bmatrix} 0.84 & 0.84 \\ -0.82 & 0.18 \end{bmatrix} \begin{bmatrix} x_1^{(0)} \\ x_2^{(0)} \end{bmatrix} \\
&= 1^t(0.84x_1^{(0)} + 0.84x_2^{(0)}) \begin{bmatrix} 0.21 \\ 0.98 \end{bmatrix} + (0.32)^t(-0.82x_1^{(0)} + 0.18x_2^{(0)}) \begin{bmatrix} -1 \\ 1 \end{bmatrix} \\
&\approx 1^t \left(x_1^{(0)} + x_2^{(0)}\right) \begin{bmatrix} 0.18 \\ 0.82 \end{bmatrix} + (0.32)^t \left(-0.82x_1^{(0)} + 0.18x_2^{(0)}\right) \begin{bmatrix} -1 \\ 1 \end{bmatrix} \qquad (12\text{-}9)
\end{aligned}
$$

t 曲後、それぞれの場所にいる人の数は、はじめにそれぞれの場所にいた人の数に依存するものの、その依存度は曲の数が増えるにつれて低くなる。つまり、$(0.32)^t$ はどんどん小さくなり、和の中の 2 つ目の項はどんどん重要ではなくなっていく。例えば 10 曲後で $(0.32)^t$ は約 0.00001、20 曲の曲の後では約 0.0000000001 となる。一方、和の中の 1 つ目の項は $\begin{bmatrix} 0.18 \\ 0.82 \end{bmatrix}$ に総人数を掛けた値となる。このことは、曲の数が増えるにつれて、ダンスフロアにいる人の数は 82% にどんどん近付くことを示している。

12.8.2 ランディのモデル化

ここで、用いる数学は変えずに、解釈を変えてみよう。全員の振る舞いをモデル化する代わりに 1 人の男、ランディの振る舞いをモデル化する。ランディは無作為にダンスフロアを出たり入ったりしている。彼が脇にいれば（状態 S1）、次の曲が始まったときにダンスフロアに行く（状態 S2）確率は 0.56 である。従って、彼がこのまま脇に留まる確率は 0.44 である。ダンスフロアにいれば、新しい曲が始まるときにランディがダンスフロアに留まる確率は 0.88 である。従って、彼がダンスフロアを出る確率は 0.12 である。これらの値は**遷移確率**と呼ばれる。ランディの振る舞いは次の図で把握することができる。

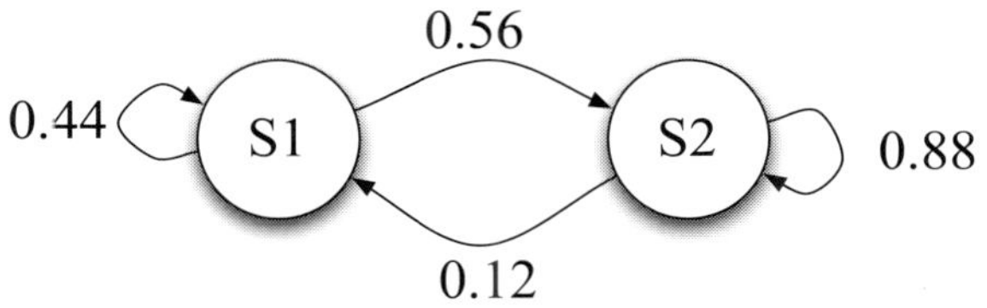

はじめにランディがダンスフロアにいたか、脇にいたかは分かっているとしよう。ランディの振る舞いは無作為なのだから、t 曲後、何らかの式で彼がどこにいるのかを特定することはできそうにない。しかし、t 曲後に彼がいる場所の**確率分布**を特定する式ならば求めることができる。$x_1^{(t)}$ をランディが t 曲後に脇にいる確率、$x_2^{(t)}$ をランディが t 曲後にダンスフロアにいる確率とする。確率分布における確率の和は 1 でなければならないので、$x_1^{(t)} + x_2^{(t)} = 1$ が成り立つ。遷移確率は方程式

$$\begin{bmatrix} x_1^{(t+1)} \\ x_2^{(t+1)} \end{bmatrix} = \begin{bmatrix} 0.44 & 0.12 \\ 0.56 & 0.88 \end{bmatrix} \begin{bmatrix} x_1^{(t)} \\ x_2^{(t)} \end{bmatrix}$$

がそのまま成り立つことを意味し、従って、12.8.1 節の解析もそのまま適用される。即ち、ランディがはじめにどこにいたかに関わらず、曲が変わる（つまり t が増える）につれて、$\begin{bmatrix} x_1^{(t)} \\ x_2^{(t)} \end{bmatrix}$ は非常に早く $\begin{bmatrix} 0.18 \\ 0.82 \end{bmatrix}$ に近付いていく。

12.8.3　マルコフ連鎖の定義

負ではない数から成り、各列の要素の和が 1 であるような行列は、**確率行列**（稀に列確率行列）と呼ばれる。

n 状態マルコフ連鎖とは、次を満たす離散時間の確率過程のことである。

- 各時刻で、系は n 個の状態のうちの 1 つ、即ち、$1, \ldots, n$ のうちの 1 つにある
- ある時刻 t に系が状態 j にあり、$i = 1, \ldots, n$ に対し、時刻 $t + 1$ に系が状態 i にある確率が $A[i, j]$ となるような行列 A が存在する

即ち、$A[i, j]$ とは、状態が j から i に遷移する確率であり、$j \to i$ **遷移確率**という。

ランディの居場所は、2 状態マルコフ連鎖で記述される。

12.8.4　メモリの取り出しにおける空間の局所性のモデル化

ランディの振る舞いを記述する 2 状態マルコフ連鎖は、本節のはじめにも述べたように、実はコンピュータメモリのキャッシュをモデル化する問題が元になっている。メモリからデータを取り出すのに長い時間がかかる（レイテンシが高い）場合があるので、コンピュータシステムはキャッシュを用いて性能を上げる。基本的には CPU が内部に小さな記憶装置（キャッシュ）を持ち、メモリから取り出した値を一時的に蓄え、その後、同じメモリの位置に対する要求をより速く処理できるようにするものである。

CPU が時刻 t にアドレス a のデータを必要とした場合、CPU は時刻 $t + 1$ にアドレス $a + 1$ のデータを必要とする確率が高い。これは命令を取り出す場合に当てはまる。なぜなら CPU が分岐命令（例えば、if 文やループに起因するもの）を実行しない限り、時刻 $t + 1$ で実行される命令は、時刻 t で実行される命令のすぐ後に格納されているからである。また、このことはデータを取り出す場合にも当てはまる。プログラムで、配列（例えば、Python のリスト）の全要素を繰り返し処理することはよくあるからだ。

このため、キャッシュは、CPU がある位置に格納された値を必要とした場合、データをブロック全体で取り出し、キャッシュに格納するよう設計されていることが多い。CPU が次に処理するアドレスがこのブロック内（例えば、すぐ次の位置）にあれば、CPU はその値をすぐに取り出すことができる。

コンピュータをどう設計するか決める際、連続した時間で要求されるメモリについて、そのアドレスも連続するかどうかを予測する数学的なモデルがあると役に立つだろう。

このシステムの非常に簡単なモデルは、1 枚の（偏った）コインだろう。即ち、各時間ステップで

$$\text{確率}\,[\text{時刻 } t+1 \text{ に要求されるアドレスは時刻 } t \text{ に要求されたアドレス } +1 \text{ である}] = 0.6$$

しかし、このモデルは単純すぎる。時間ステップ t で要求されるアドレスと $t+1$ で要求されるアドレスが連続していれば、非常に高い確率で時間ステップ $t+2$ で要求されるアドレスも連続する。

2 状態マルコフ連鎖

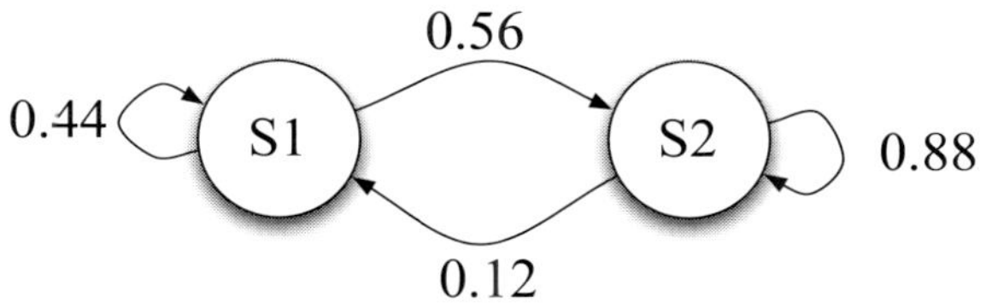

はより正確なモデルである。システムの各状態は、無関係な位置を読んでいる（S1）のか、あるいは、CPU が連続したメモリ領域を読んでいる（S2）のかに対応している。

システムが状態 S1 にあるとしよう。これは CPU がアドレスを要求している状態に対応する。次に、システムは、図中に示された確率に従って S1 から出る 2 つの矢印のうちの 1 つを選び、これを辿る。1 つの矢印は S1 自身に戻っている。これは CPU が最初のアドレスとは無関係な別のアドレスを要求したことに対応する。もう 1 つの矢印は状態 S2 に向かう。これは CPU が隣接したアドレスを要求したことに対応する。一度状態 S2 になれば、システムは次の時間ステップでは 0.88 の確率で S2 に留まり（別の連続したアドレスを要求する）、0.12 の確率で S1 に戻る（無関係なアドレスを要求する）。

12.8.2 節の解析は、システムがどこから始まるかとは無関係に、たくさんのステップの後では、確率分布はほぼ $\begin{bmatrix} 0.18 \\ 0.82 \end{bmatrix}$ になることを示している。状態 S1 にあるということは、CPU がある連続した（長さが 1 の場合もありえる）アドレスの先頭を要求したことを意味している。システムは時間にして大雑把に 18% の間は状態 S1 にあるので、そのような領域の平均的長さは 1/0.18、即ち、5.55 ほどになる。

この解析は、他のことが予測できるように拡張することで、コンピュータ設計の際に、キャッシュやブロックの大きさ、また別のパラメータをうまく選ぶ際の手助けとなる[†3]。

12.8.5 文書のモデル化：不思議の国のハムレット

数学者マルコフは、今日マルコフ連鎖と呼ばれるものを定式化し、それを用いて、ロシアの詩について、「母音」の状態から「子音」の状態への遷移を研究した。マルコフ連鎖とその一般化には自然言語の理解やテキスト解析における真面目な応用がある。ここではそうではない応用について述べる。アンドリュー・プロトキン（ザルフとしても知られている）は、文書を処理し、状態が単語に対応するようなマルコフ連鎖を作るプログラムを書いた。単語 w_1 と w_2 に対し、w_1 から w_2 への遷移確率は、文書の中でどれだけ頻繁に w_1 が w_2 の前に出現するかによって決まる。マルコフ連鎖が手に入れば、ある単語から始めてマルコフ連鎖の遷移確率に従い無作為に次の単語へ遷移することで、新しい文書を無作為に生成することができる。できた文書には、もちろん意味はないが、元の文書に似たものとなる。

ザルフのアイデアは、2 つの文書を結合した結果である複合的な文書の上で、プログラムを走らせるというものであった。以下に彼が『ハムレット』と『不思議の国のアリス』を組み合わせた文の抜粋を載せる。

†3 "An analytical cache model," Anant Agarwal, Mark Horowitz, and John Hennessy, *ACM Transactions on Computer Systems*

"Oh, you foolish Alice!" she answered herself.

"How can you learn lessons in the world were now but to follow him thither with modesty enough, and likelihood to lead it, as our statists do, A baseness to write this down on the trumpet, and called out "First witness!" ... HORATIO: Most like. It harrows me with leaping in her hand, watching the setting sun, and thinking of little pebbles came rattling in at the door that led into a small passage, not much larger than a pig, my dear," said Alice (she was so much gentry and good will

As to expend your time with us a story!" said the Caterpillar.

"Is that the clouds still hang on you? ... POLONIUS: You shall not budge. You go not to be in a trembling voice: "How the Owl and the small ones choked and had come back with the bread-knife." The March Hare said to herself; "the March Hare said in an under-tone to the Classical master, though. He was an immense length of all his crimes broad blown, as flush as May....

みなさんがEmacsユーザならば、英語の文書を開き、コマンド`dissociated-press`を引数-1で実行し訳してみて欲しい。

辞書を用いて、それぞれの多重集合B_iをKベクトル$\boldsymbol{v}_i$で表し、同じベクトル空間の異なる基底を選ぶたびにその投票記録を各列の1つの要素に持たせる。いくつかの目的（圧縮を含む）では、固有ベクトルがノルムや内積を持つことを条件にすると便利である。このような問題に対するシュトラッセンのアルゴリズムは、対費用効果や期待値を求める場合や単純な認証の際に、行列とベクトルのドット積の方程式を解くのにも十分役に立つ。しかし、次のようにもいえる。即ち、みなさんがよくご存知のように、「1対1の補題」さえあれば関数が1対1だということがすぐ分かるわけではない……。

12.8.6 それ以外のもののモデル化

マルコフ連鎖はコンピュータサイエンスにおいて非常に有用である。

- システムの資源の使い方の解析
- マルコフ連鎖モンテカルロ
- 隠れマルコフモデル（暗号や音声認識、人工知能、金融学、生物学などに使われる）

のちほど別の例として、Googleのページランクについて見てみよう。

加えて、マルコフ決定過程のような、拡張されたマルコフモデルに関する研究もある。これらの研究における重要な点は、システムが現在の状態以外を記憶していないということである。即ち、そのシステムの未来の状態を予測するために必要なものは、これまでの状態の履歴ではなく、現在の状態だけである。これは**マルコフ仮定**と呼ばれるものであり、非常に重要な仮定である。

12.8.7 マルコフ連鎖の定常分布

マルコフ連鎖で最も大事な概念は**定常分布**と呼ばれるものだろう。これはマルコフ連鎖の時間的に不変な状態に対する確率分布である。即ち、ランディの状態のある時刻tでの確率分布が定常分布であれば、**任意**

のステップ回後でもその確率分布は変わらない、ということだ。

もちろん、これはランディが動かなかった、ということを意味しているのではない。実際、彼は位置を何度も変えている。即ち、「定常」とは、確率変数の確率分布について述べているのであって、確率変数の値について述べているわけではないことに注意しよう。

どのような状況で、マルコフ連鎖は定常分布になるのだろうか？ そして、それはどうすれば分かるのだろうか？

時刻 t での確率分布 $\boldsymbol{x}^{(t)}$ と時刻 $t+1$ での確率分布 $\boldsymbol{x}^{(t+1)}$ は、方程式 $\boldsymbol{x}^{(t+1)} = A\boldsymbol{x}^{(t)}$ で関係付けられることを説明した。$\boldsymbol{v}$ をマルコフ連鎖の遷移行列 A で決まる状態に対する確率分布としよう。このとき、$\boldsymbol{v}$ が定常分布であること、及び、$\boldsymbol{v}$ が次の方程式を満たすということは、同値であることが分かる。

$$\boldsymbol{v} = A\boldsymbol{v} \tag{12-10}$$

そしてこの方程式は、1 が A の固有値の 1 つであり、固有値 1 に対応する固有ベクトルが $\boldsymbol{v}$ であるということを意味する。

12.8.8 定常分布が存在するための十分条件

どのようなときに、マルコフ連鎖は定常分布になるのか？

A を列確率行列とする。どの列の和も 1 であり、行ベクトルについて足し合わせると、要素が全て 1 のベクトルになる。よって、$A - \mathbb{1}$ の行ベクトルを足し合わせると要素が全て 0 のベクトル（ゼロベクトル）になる。これは $A - \mathbb{1}$ が可逆ではない行列であり、その列の非自明な線形結合 $\boldsymbol{v}$ で要素が全てゼロのものが存在することを意味している。これは 1 が固有値であり、$\boldsymbol{v}$ が対応する固有ベクトルであることを示している。

しかし、このことは $\boldsymbol{v}$ が確率分布であるとはいっていない。$\boldsymbol{v}$ が負の要素を含むことはありうる（スケールを変えれば、いつでも要素の和を 1 にすることはできる）。

全ての要素が非負であるような固有ベクトルが存在することを保証する定理はいくつか存在する。ここでは、この応用に使える簡単な条件を与えよう。

定理 12.8.1： 確率行列の全ての要素が正ならば、固有値 1 に対応した非負の固有ベクトルが存在し、その他の固有値は全てその絶対値が 1 より小さくなる（なぜこれが重要かは後で分かる）

この場合、どうやって定常分布を見つければよいのだろうか？ 他の固有値の絶対値は 1 より小さいので、冪乗法を用いれば近似的な固有ベクトルを見つけることができる。

12.9 ウェブサーファーのモデル化：ページランク

ページランクは Google がページをランク付ける（のに使っていた）得点表のことである。これは行き当たりばったりなウェブサーファーという考え方に基づいている。ここでも彼のことをランディと呼ぶことにしよう。ランディは無作為に選んだウェブページから始め、次のページを以下のように選択していく。

- 確率 0.85 でランディは現在いるウェブページからリンクを 1 つ選び、それを辿る
- 確率 0.15 でランディは無作為に選んだウェブページに跳ぶ（ランディがどうやってウェブページを無作為に見つけるかは気にしない）

2番目の項目から、いま、ランディがページ j にいるとして、ウェブページの各組 i, j に対して、彼が次のページとして i を見る正の確率が決まっている。その結果、先ほどの定理が適用でき、定常分布が存在し、冪乗法でその値を見出せることが分かる。

この定常分布は各ウェブページに確率を割り当てる。ページランクとは、この確率のことである。より確率が高いページは、よりよいページだとみなされる。そのため、理論的な Google 検索アルゴリズムは、ユーザが単語の組から成る検索を投稿した際、Google はこれらの単語を含むウェブページを確率が高い順に並べて提示する、というものになる。

Google にとって好都合なことに、ページランクのベクトル（定常分布）は特定の検索に依存しない。そのため、一度計算してしまえば、それ以降の全ての検索に使うことができる（もちろん Google はウェブの変化を考慮して定期的に再計算している）。

12.10 *行列式

この節では行列式について、ざっくばらんに議論しよう。行列式は、数学の議論においては有益だが、行列の計算ではほとんど役に立たない。2×2 行列の行列式を用いた計算手法の一例として、多角形の面積の計算を示そう。

12.10.1 平行四辺形の面積

クイズ 12.10.1： A を 2×2 行列とし、その列ベクトル $\boldsymbol{a}_1$、$\boldsymbol{a}_2$ が互いに直交しているとする。このとき、次の長方形の面積はいくらか？

$$\{\alpha_1 \boldsymbol{a}_1 + \alpha_2 \boldsymbol{a}_2 \ : \ 0 \leqq \alpha_1, \alpha_2 \leqq 1\} \tag{12-11}$$

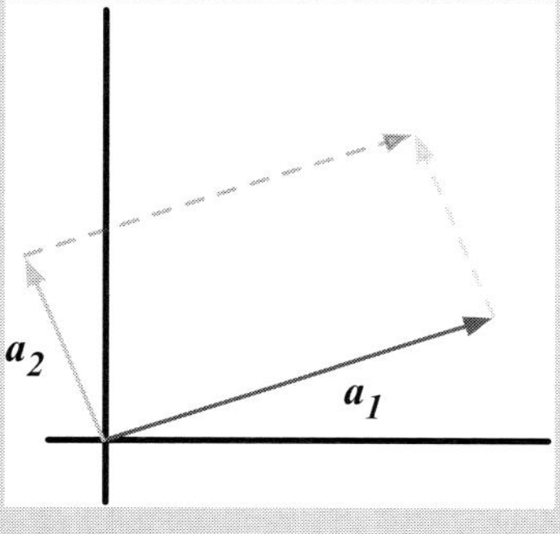

答え

長方形の面積は、2つの辺の長さの積なので、$\|\boldsymbol{a}_1\| \, \|\boldsymbol{a}_2\|$ となる。

例 12.10.2： A が $A = \begin{bmatrix} 2 & 0 \\ 0 & 3 \end{bmatrix}$ のように対角行列である場合、その2つの列ベクトルにより定まる長方形の面積は、対角要素の絶対値の積、即ち、6である。

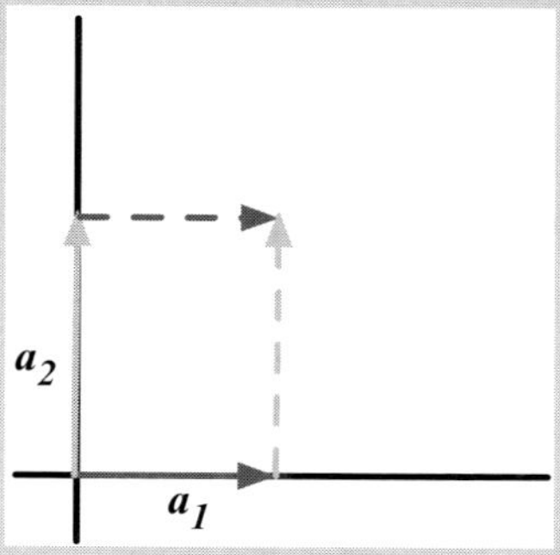

例 12.10.3： $A = \begin{bmatrix} \sqrt{2} & -\sqrt{9/2} \\ \sqrt{2} & \sqrt{9/2} \end{bmatrix}$ とする。このとき A の列ベクトルは互いに直交し、それぞれの長さは 2 と 3 なので、面積はやはり 6 となる。

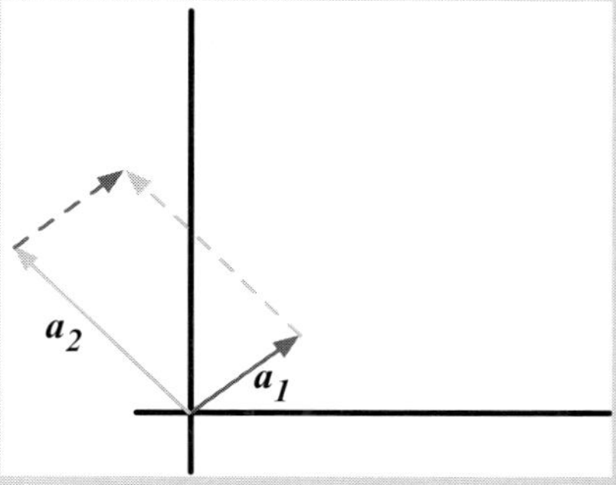

例 12.10.4： より一般的に、A をその列ベクトル $\boldsymbol{a}_1, \ldots, \boldsymbol{a}_n$ が互いに直交するような $n \times n$ 行列としよう。その超直方体の体積

$$\{\alpha_1 \boldsymbol{a}_1 + \cdots + \alpha_n \boldsymbol{a}_n \ : 0 \leqq \alpha_1, \ldots, \alpha_n \leqq 1\} \tag{12-12}$$

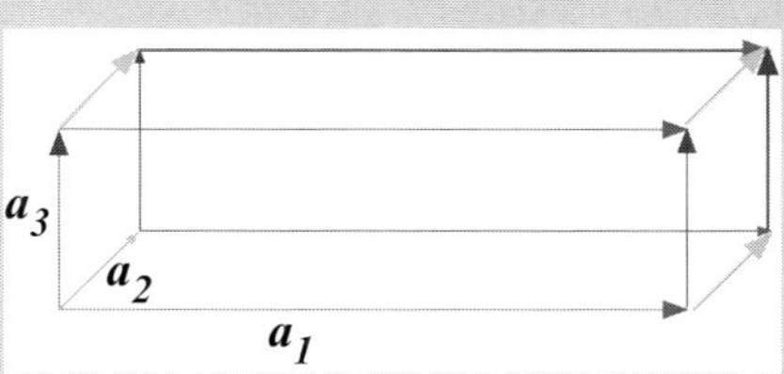

は、n 個の側線の長さの積、即ち $\|\boldsymbol{a}_1\| \, \|\boldsymbol{a}_2\| \cdots \|\boldsymbol{a}_n\|$ である。

例 12.10.5： いま、$\boldsymbol{a}_1$ と $\boldsymbol{a}_2$ が直交しているという条件を外してみよう。その集合（式 (12-11)）は平行四辺形になる。

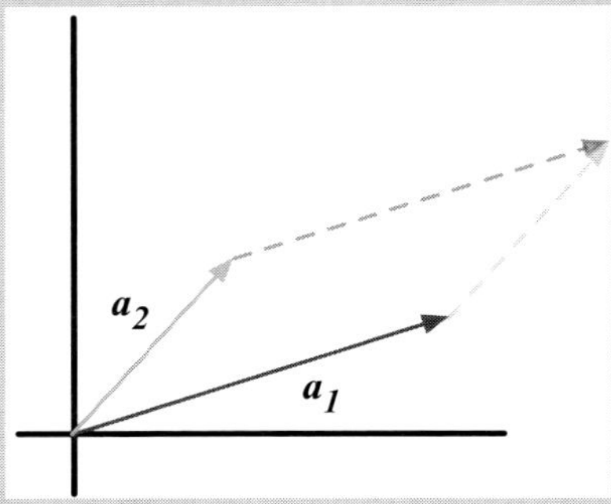

この面積はどうなるだろう。小学校の算数で、平行四辺形の面積が（底辺の長さ）×（高さ）により求められることを学んだのを思い出しただろうか。

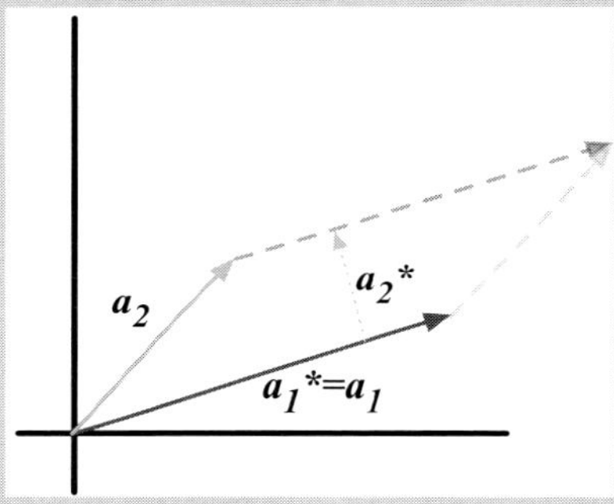

$\boldsymbol{a}_1^* = \boldsymbol{a}_1$ とし、$\boldsymbol{a}_2^*$ を $\boldsymbol{a}_1^*$ に直交する $\boldsymbol{a}_2$ の射影とする。ここでは $\boldsymbol{a}_1$ を平行四辺形の底辺としよう。すると、高さは射影 $\boldsymbol{a}_2^*$ であり、従って、面積は $\|\boldsymbol{a}_1^*\|\,\|\boldsymbol{a}_2^*\|$ である。

平行四辺形の面積が持つ性質

- $\boldsymbol{a}_1$ と $\boldsymbol{a}_2$ が直交していれば、面積は $\|\boldsymbol{a}_1\|\,\|\boldsymbol{a}_2\|$ である
- より一般に、$\boldsymbol{a}_1$ と $\boldsymbol{a}_2$ を直交化して得られるベクトルを $\boldsymbol{a}_1^*, \boldsymbol{a}_2^*$ とすれば、面積は

$$\|\boldsymbol{a}_1^*\|\,\|\boldsymbol{a}_2^*\|$$

  で与えられる
- いずれかのベクトル $\boldsymbol{a}_i$（$i = 1$ または $i = 2$）をスカラー量 α 倍すれば、$\boldsymbol{a}_i^*$ も α 倍され、結局、面積を $|\alpha|$ 倍することと等しい
- $\boldsymbol{a}_1$ のスカラー倍を $\boldsymbol{a}_2$ に加えても $\boldsymbol{a}_2^*$ は変わらないので、$\boldsymbol{a}_1$ と $\boldsymbol{a}_2$ で定義された平行四辺形の面積も変わらない
- $\boldsymbol{a}_2^*$ がゼロベクトルならば、面積は 0 である。このことから 2 つのベクトル $\boldsymbol{a}_1$、$\boldsymbol{a}_2$ が線形従属ならば、面積は 0 である

- 平行四辺形の代数的定義（式 (12-11)）は、$\boldsymbol{a}_1$ と $\boldsymbol{a}_2$ について対称なので、これらのベクトルを入れ替えても平行四辺形は変わらず、従って、その面積も変わらない

12.10.2 超平行体の体積

n 次元の場合でも同様の議論を行うことができる。$\boldsymbol{a}_1, \ldots, \boldsymbol{a}_n$ を n 要素のベクトルとする。集合

$$\{\alpha_1 \boldsymbol{a}_1 + \cdots + \alpha_n \boldsymbol{a}_n \ : \ 0 \leqq \alpha_1, \ldots, \alpha_n \leqq 1\}$$

は超平行体と呼ばれる形をしている。

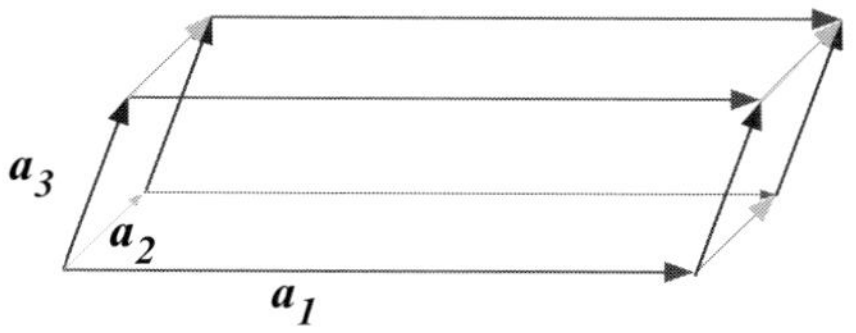

その体積は、列ベクトルに直交化を適用して得た $\boldsymbol{a}_1^*, \ldots, \boldsymbol{a}_n^*$ の長さの積により与えられる。従って、2 次元の場合と全く同様にして、以下のことが分かる。

超平行体の体積が持つ性質

- $\boldsymbol{a}_1, \ldots, \boldsymbol{a}_n$ が互いに直交していれば、体積は

  $$\|\boldsymbol{a}_1\| \, \|\boldsymbol{a}_2\| \cdots \|\boldsymbol{a}_n\|$$

  である
- より一般に、$\boldsymbol{a}_1, \boldsymbol{a}_2, \ldots, \boldsymbol{a}_n$ を直交化して得られるベクトルを $\boldsymbol{a}_1^*, \boldsymbol{a}_2^*, \ldots, \boldsymbol{a}_n^*$ とすれば、体積は

  $$\|\boldsymbol{a}_1^*\| \, \|\boldsymbol{a}_2^*\| \cdots \|\boldsymbol{a}_n^*\|$$

  で与えられる
- どれか 1 つのベクトル $\boldsymbol{a}_i$ をスカラー量 α 倍すれば、$\boldsymbol{a}_i^*$ も α 倍され、結局、体積を $|\alpha|$ 倍することと等しい
- 任意の $i < j$ に対して、$\boldsymbol{a}_i$ のスカラー倍を $\boldsymbol{a}_j$ に加えても $\boldsymbol{a}_j^*$ は変わらないので、体積も変わらない
- ベクトル $\boldsymbol{a}_1, \ldots, \boldsymbol{a}_n$ が線形従属ならば、体積は 0 である
- これらのベクトルの順序を変えても体積は変わらない

12.10.3 平行四辺形を用いた多角形面積の表現

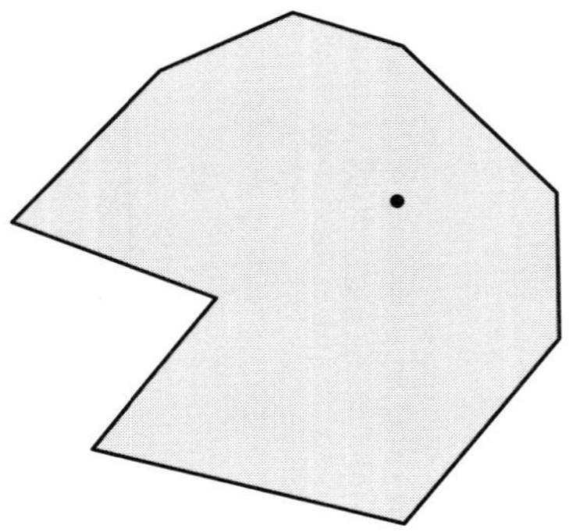

コンピュータグラフィックスでよく見られる計算問題について考えてみよう。上の図のような単純な多角形の面積を求めてみよう。

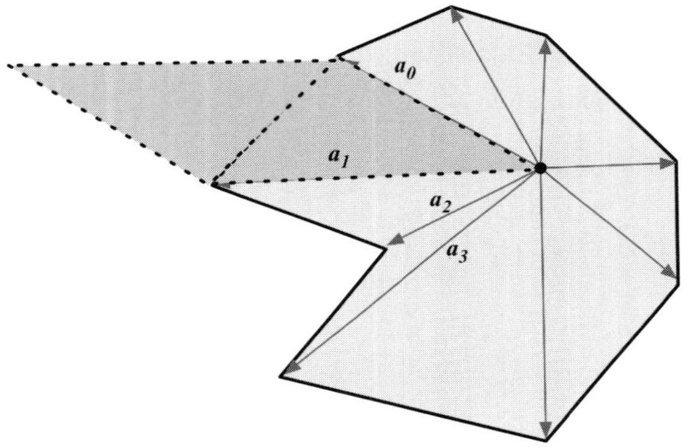

$\boldsymbol{a}_0, \ldots, \boldsymbol{a}_{n-1}$ を (x, y) の組で表した多角形の頂点の座標とし、図では点が原点の位置を表すとする。この多角形の面積は、以下の n 個の三角形の面積で表すことができる。

- 原点、$\boldsymbol{a}_0$、$\boldsymbol{a}_1$ から成る三角形
- 原点、$\boldsymbol{a}_1$、$\boldsymbol{a}_2$ から成る三角形

  ⋮
- 原点、$\boldsymbol{a}_{n-2}$、$\boldsymbol{a}_{n-1}$ から成る三角形
- 原点、$\boldsymbol{a}_{n-1}$、$\boldsymbol{a}_0$ から成る三角形

例として原点と $\boldsymbol{a}_1$ と $\boldsymbol{a}_2$ から成る三角形を考えよう。これを複製し、反転させて元の三角形につなげば、平行四辺形 $\{\alpha_1\boldsymbol{a}_1 + \alpha_2\boldsymbol{a}_2 \ : \ 0 \leqq \alpha_1, \alpha_2 \leqq 1\}$ が得られる。

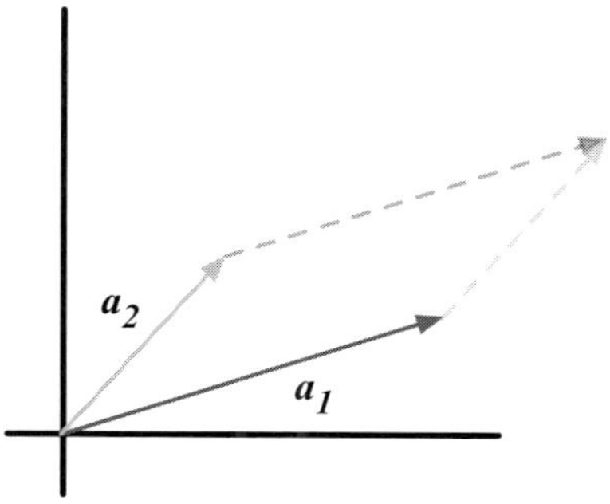

従って、三角形の面積は、この平行四辺形の面積の半分である。多角形の面積はこのようにして求められた三角形の面積を全ての三角形について合計することで得られる。

$$\frac{1}{2}(\text{面積}\ (\boldsymbol{a}_0, \boldsymbol{a}_1) + \text{面積}\ (\boldsymbol{a}_1, \boldsymbol{a}_2) + \cdots + \text{面積}\ (\boldsymbol{a}_{n-1}, \boldsymbol{a}_0)) \tag{12-13}$$

しかし、この方法はある種類の多角形ではうまくいかない。例えば次の図のような場合である。

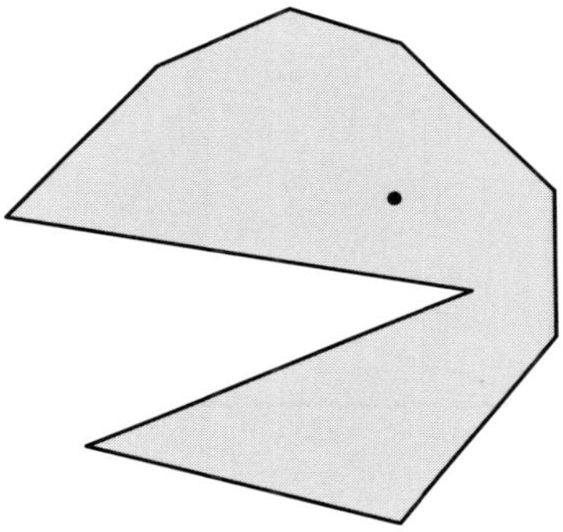

この場合、$\boldsymbol{a}_i$ と $\boldsymbol{a}_{i+1}$ で作られる三角形は分離されておらず、その多角形の内部に完全に含まれているわけでもない。

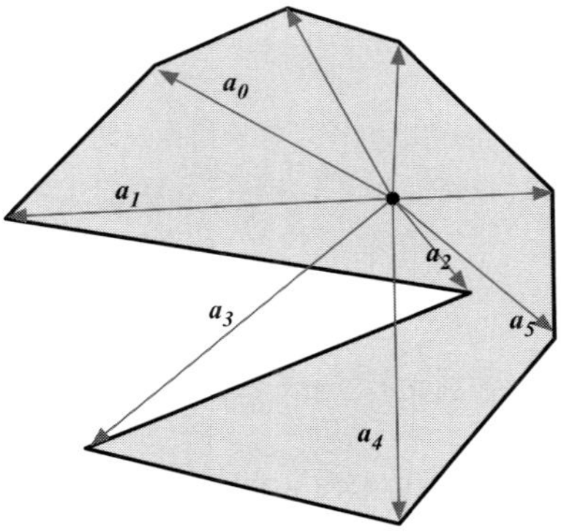

このために、**符号付き**面積を考えることにしよう。ベクトル $\boldsymbol{a}_i$、$\boldsymbol{a}_{i+1}$ が作る平行四辺形の**符号付き**面積の符号は、この平行四辺形に対し、どのようにベクトルが配置されているかによって決まるものとする。次の図の場合、$\boldsymbol{a}_1$ から見て反時計回りの方向に平行四辺形があり、また $\boldsymbol{a}_2$ から見て時計回りの方向に平行四辺形がある。

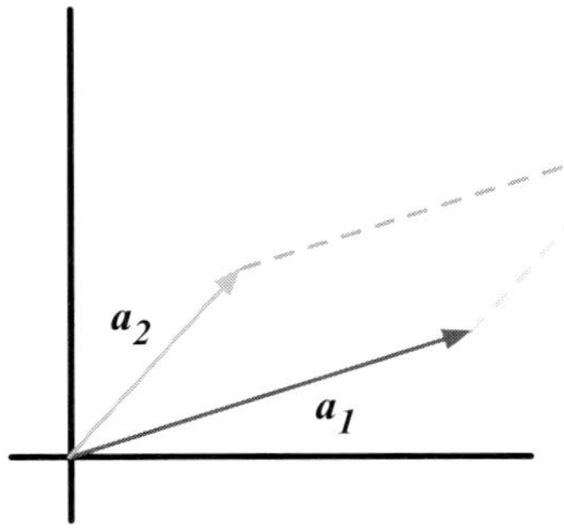

このとき面積は正であるとする。一方で、$\boldsymbol{a}_2$ の反時計回り、$\boldsymbol{a}_1$ の時計回りの方向に平行四辺形がある

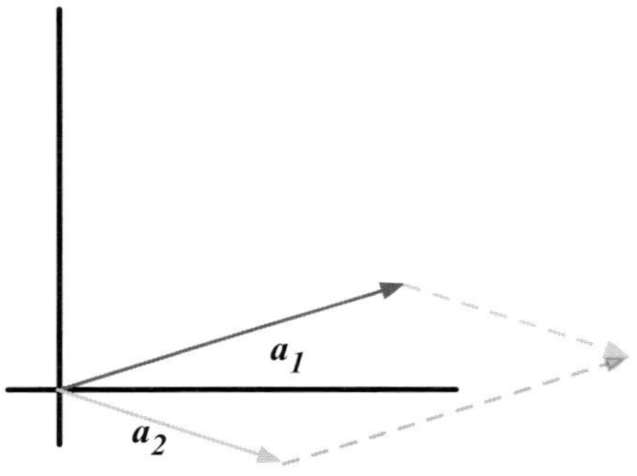

ならば面積は負であるとする。

面積の公式（式 (12-13)）の面積を、符号付き面積で置き換えれば、この公式はそのままどんな単純多角形に対しても成り立つ。

$$\frac{1}{2}(\text{符号付き面積}\ (\boldsymbol{a}_0, \boldsymbol{a}_1) + \text{符号付き面積}\ (\boldsymbol{a}_1, \boldsymbol{a}_2) + \cdots + \text{符号付き面積}\ (\boldsymbol{a}_{n-1}, \boldsymbol{a}_0)) \qquad (12\text{-}14)$$

この公式は、$\boldsymbol{a}_i$ と $\boldsymbol{a}_{i+1}$ で定まる平行四辺形の符号付き面積が簡単な形なので使いやすい。A を列が $\boldsymbol{a}_1$、$\boldsymbol{a}_2$ であるような 2×2 行列としよう。その符号付き面積は $A[1,1]A[2,2] - A[2,1]A[1,2]$ である。

12.10.4 行列式

符号付き面積は、実は、2×2 行列の**行列式**のことである。より一般に、行列式は次の関数で与えられる。

$$\det : \mathbb{R}\ \text{上の正方行列} \longrightarrow \mathbb{R}$$

A を $\boldsymbol{a}_1, \ldots, \boldsymbol{a}_n$ を列とする $n \times n$ 行列とすると、$\det A$ の値はベクトル $\boldsymbol{a}_1, \ldots, \boldsymbol{a}_n$ で定まる超平行体の**符**

号付き体積である。符号はベクトル間の関係に依存するが、その絶対値は体積である。簡単な例をいくつか示そう。

行列式の簡単な例

- $\boldsymbol{a}_1, \ldots, \boldsymbol{a}_n$ を標準基底ベクトル $\boldsymbol{e}_1, \ldots, \boldsymbol{e}_n$ としよう。このとき行列 A は単位行列となる。この場合、超平行体は n 次元単位（超）立方体であり、$\det A$ は 1 である。
- いま、ベクトルをさまざまな正の値でスケーリングしてみよう。超平行体はもはや立方体ではなく、n 次元（超）直方体となる。A は正の対角要素を持つ対角行列であり、$\det A$ はこれらの要素の積で与えられる。
- 今度は、互いの位置関係を保ちながら、軸からは外れるようにベクトルを回転しよう。これにより、超直方体は回転されるものの、$\det A$ は変わらない。

より一般に、超平行体の体積の性質は、次の行列式の性質に対応している。

行列式の性質

行列 A を $n \times n$ 行列 $A = \left[\begin{array}{c|c|c} \boldsymbol{a}_1 & \cdots & \boldsymbol{a}_n \end{array}\right]$ とする。

- $\boldsymbol{a}_1, \ldots, \boldsymbol{a}_n$ が互いに直交していれば
$$|\det A| = \|\boldsymbol{a}_1\|\,\|\boldsymbol{a}_2\| \cdots \|\boldsymbol{a}_n\|$$
- 一般に
$$|\det A| = \|\boldsymbol{a}_1^*\|\,\|\boldsymbol{a}_2^*\| \cdots \|\boldsymbol{a}_n^*\|$$
- ある列 $\boldsymbol{a}_i$ を α 倍すれば、行列式も α 倍される
$$\det\left[\begin{array}{c|c|c|c|c} \boldsymbol{a}_1 & \cdots & \alpha\boldsymbol{a}_i & \cdots & \boldsymbol{a}_n \end{array}\right] = \alpha \det\left[\begin{array}{c|c|c|c|c} \boldsymbol{a}_1 & \cdots & \boldsymbol{a}_i & \cdots & \boldsymbol{a}_n \end{array}\right]$$
- 任意の i、j ただし $i \neq j$ に対し、$\boldsymbol{a}_j$ のスカラー倍を $\boldsymbol{a}_i$ に加えても、行列式は変わらない
$$\det\left[\begin{array}{c|c|c|c|c} \boldsymbol{a}_1 & \cdots & \boldsymbol{a}_i & \cdots & \boldsymbol{a}_n \end{array}\right] = \det\left[\begin{array}{c|c|c|c|c} \boldsymbol{a}_1 & \cdots & \begin{array}{c}\boldsymbol{a}_i \\ + \\ \alpha\boldsymbol{a}_j\end{array} & \cdots & \boldsymbol{a}_n \end{array}\right]$$

行列式について覚えておくべき重要なことは 2 つあり、そのうちの 1 つは次の命題である。

命題 12.10.6： 正方行列 A は行列式が 0 でないとき、かつ、そのときに限り逆行列を持つ。

証明

$\boldsymbol{a}_1, \ldots, \boldsymbol{a}_n$ を A の列とし、$\boldsymbol{a}_1^*, \ldots, \boldsymbol{a}_n^*$ をプロシージャ `orthogonalize`$([\boldsymbol{a}_1, \ldots, \boldsymbol{a}_n])$ により返されるベクトルとする。このとき、

A が逆を持たない $\Leftrightarrow$ $\boldsymbol{a}_1, \ldots, \boldsymbol{a}_n$ が線形従属
$\Leftrightarrow$ $\boldsymbol{a}_1^*, \ldots, \boldsymbol{a}_n^*$ の少なくとも 1 つがゼロベクトル
$\Leftrightarrow$ 積 $\|\boldsymbol{a}_1^*\| \|\boldsymbol{a}_2^*\| \cdots \|\boldsymbol{a}_n^*\|$ が 0
$\Leftrightarrow$ 行列式が 0

□

数学を学ぶ学生は、伝統的に「行列の可逆性を判定する場合、命題 12.10.6 を用いよ」と教えられるが、浮動小数点数で計算を行っている場合、このやり方は勧められない。

例 12.10.7： R を対角要素が 0 でない上三角行列とする。

$$\begin{bmatrix} r_{11} & r_{12} & r_{13} & \cdots & r_{1n} \\ & r_{22} & r_{23} & \cdots & r_{2n} \\ & & r_{33} & \cdots & r_{3n} \\ & & & \ddots & \\ & & & & r_{nn} \end{bmatrix}$$

$\boldsymbol{r}_1, \ldots, \boldsymbol{r}_n$ を列ベクトルとし、$\boldsymbol{r}_1^*, \ldots, \boldsymbol{r}_n^*$ をプロシージャ `orthogonalize`$([\boldsymbol{r}_1, \ldots, \boldsymbol{r}_n])$ により返されるベクトルとする。このとき

- $\boldsymbol{r}_1^* = \boldsymbol{r}_1$ は標準基底ベクトル $\boldsymbol{e}_1$ の定数倍である
- $\boldsymbol{r}_2^*, \ldots, \boldsymbol{r}_n^*$ は $\boldsymbol{r}_1$ への射影なので、これらのベクトルの第 1 要素は 0 である
- 従って、$\boldsymbol{r}_2^*$ は $\boldsymbol{e}_2$ の定数倍であり、$\boldsymbol{r}_2^*$ の第 2 要素は $\boldsymbol{r}_2$ の第 2 要素に等しい

  ⋮
- 従って、$\boldsymbol{r}_n^*$ は $\boldsymbol{e}_n$ の定数倍であり、$\boldsymbol{r}_n^*$ の第 n 要素は $\boldsymbol{r}_n$ の第 n 要素に等しい

以上より、列が $\boldsymbol{r}_1^*, \ldots, \boldsymbol{r}_n^*$ であるような行列は対角行列であり、その対角要素は R と同じである。この行列の、即ち、R の行列式は、その対角要素の積で与えられる。

この行列式を求める関数（行列式関数）には、これまで議論してきた体積の性質からは明らかでない、次の 2 つの重要な性質がある。

多重線形性：

$\det A$ は A のどの要素についても線形関数である

乗法性：

$\det(AB) = (\det A)(\det B)$

12.10.5 行列式関数を用いた固有値の特性化

この節では、特性多項式、即ち、その根が固有値となるような多項式が、行列式関数からどのように導かれるかを、簡単に議論しよう。これは数学的には重要だが、計算上は役に立たない。

$n \times n$ 行列 A とスカラー x に対して、行列

$$\begin{bmatrix} x & & \\ & \ddots & \\ & & x \end{bmatrix} - A$$

を考える。

i 番目の対角要素は $x - A[i,i]$ である。行列式の多重線形性より

$$\det\left(\begin{bmatrix} x & & \\ & \ddots & \\ & & x \end{bmatrix} - A\right)$$

は x の多項式であり、この多項式の次数は高々 n である。これは A の**特性多項式**と呼ばれる。これを $p_A(x)$ と書こう。

命題 12.10.6 では、正方行列の行列式が 0 になるのは、行列が逆を持たない場合、即ち、列が線形従属な場合に限られるということを示した。従って、ある変数 λ が $p_A(\lambda) = 0$ を満たすのは、行列 $\lambda\mathbb{1} - A$ の列が線形従属である場合、$\lambda\mathbb{1} - A$ のヌル空間の次元が正の場合、$(\lambda\mathbb{1} - A)\boldsymbol{v}$ がゼロベクトルとなるようなゼロでないベクトル $\boldsymbol{v}$ が存在する場合、そして λ が A の固有値である場合に限られる。

こうして、厳密ではないが、行列式について 2 番目に大事なことを示せた。

定理 12.10.8： 正方行列 A の特性多項式 $p_A(x)$ に対し、$p_A(\lambda) = 0$ を満たす解 λ は、A の固有値である。

伝統的に数学を学ぶ学生は、固有値を求める場合、定理 12.10.8 を用いればよいと教わる。即ち、特性多項式の係数を求め、その根を求めると。この方法は（4×4 程度までの）小さい行列には十分に機能するが、行列が大きくなると、この方法はいくつかの理由によりうまくいかない。即ち、特性多項式の係数が簡単には求まらなくなる、4 次より高い次数の多項式の根を求めることは困難である、浮動小数点数を用いて計算する場合、その値はどんどん不正確になる、といった理由である。

例 12.10.9： $A = \begin{bmatrix} 2 & 1 \\ 0 & 3 \end{bmatrix}$ とする。次の行列

$$\begin{bmatrix} x & \\ & x \end{bmatrix} - \begin{bmatrix} 2 & 1 \\ 0 & 3 \end{bmatrix} = \begin{bmatrix} x-2 & -1 \\ 0 & x-3 \end{bmatrix}$$

の行列式は $(x-2)(x-3)$ である。故に、A の固有値は 2 と 3 であることが分かる。$\begin{bmatrix} 2 & 0 \\ 0 & 3 \end{bmatrix}$ は同じ特性多項式（従って同じ固有値）を持つことに注意して欲しい。

例 12.10.10： 対角行列 $A = \begin{bmatrix} 1 & & \\ & 1 & \\ & & 2 \end{bmatrix}$、$B = \begin{bmatrix} 1 & & \\ & 2 & \\ & & 2 \end{bmatrix}$ を考えよう。どちらの行列も固有値は 1 と 2 であるが、A の特性多項式は $(x-1)(x-1)(x-2)$ であり、B の方の特性多項式は $(x-1)(x-2)(x-2)$ である。

12.11　*いくつかの固有定理の証明

12.11.1　固有値の存在

定理 12.6.9、即ち

> $\mathbb{C}$ 上の全ての正方行列は固有値を持つ。

の証明を与えよう。

証明は多少ごまかしてある。というのは、本書では述べていない（もちろん証明もしていない）深い定理である、代数学の基本定理を用いるからだ。

証明

A を $\mathbb{C}$ 上の $n \times n$ 行列、$\boldsymbol{v}$ を $\mathbb{C}$ 上の n 要素のベクトルとする。ベクトル $\boldsymbol{v}, A\boldsymbol{v}, A^2\boldsymbol{v}, \ldots, A^n\boldsymbol{v}$ を考えよう。これらの $n+1$ 個のベクトルは $\mathbb{C}^n$ に属するので、線形従属でなければならない。従って、ゼロベクトルはこれらのベクトルの非自明な線形結合で書けなければならない。

$$\mathbf{0} = \alpha_0\,\boldsymbol{v} + \alpha_1\,A\boldsymbol{v} + \alpha_2\,A^2\boldsymbol{v} + \cdots + \alpha_n\,A^n\boldsymbol{v}$$

これは次のようにも書き直せる。

$$\mathbf{0} = \left(\alpha_0\,\mathbb{1} + \alpha_1\,A + \alpha_2\,A^2 + \cdots + \alpha_n\,A^n\right)\boldsymbol{v} \tag{12-15}$$

k を、$\alpha_k \neq 0$ を満たすような、$\{1, 2, \ldots, n\}$ に含まれる最大の整数としよう（線形結合が非自明なので、そのような整数が存在する）。

さて、$\alpha_k \neq 0$ に対し、多項式

$$\alpha_0 + \alpha_1 x + \alpha_2 x^2 + \cdots + \alpha_k x^k \tag{12-16}$$

を考えよう。代数学の基本定理によれば、この多項式は、次数 k の全ての多項式同様、次の形で書ける。

$$\beta(x-\lambda_1)(x-\lambda_2)\cdots(x-\lambda_k) \tag{12-17}$$

ただし $\beta, \alpha_1, \alpha_2, \ldots, \alpha_k$ はそれぞれ複素数で、$\beta \neq 0$ である。

ここで数学の手品を少し用いる。多項式 (12-16) が式 (12-17) のように書けるということは、式 (12-17) を代数的に掛け合わせると、式 (12-16) が得られることを意味している。そこで、行列を値に持つ式を次のように掛け合わせることで

$$\beta(A-\lambda_1 \mathbb{1})(A-\lambda_2 \mathbb{1})\cdots(A-\lambda_k \mathbb{1}) \tag{12-18}$$

行列を値とする次の式が求まる。

$$\alpha_0 \mathbb{1} + \alpha_1 A + \alpha_2 A^2 + \cdots + \alpha_k A^k \tag{12-19}$$

こうして行列を値とする 2 つの式、式 (12-18) と式 (12-19) はそれぞれ等しいことが分かる。この行列の同値性を式 (12-15) に代入し、更に、k が $\alpha_k \neq 0$ を満たすような $\{1,2,\ldots,n\}$ に含まれる最大の整数であったことから、次の関係式を得る。

$$\mathbf{0} = \beta(A-\lambda_1 \mathbb{1})(A-\lambda_2 \mathbb{1})\cdots(A-\lambda_k \mathbb{1})\boldsymbol{v} \tag{12-20}$$

よってゼロでないベクトル $\boldsymbol{v}$ は行列の積 $(A-\lambda_1 \mathbb{1})(A-\lambda_2 \mathbb{1})\cdots(A-\lambda_k \mathbb{1})$ のヌル空間にあり、故にこの行列の積は逆を持たない。逆を持つ行列同士の積は逆を持つ（命題 4.13.14）ので、これらのうち少なくとも 1 つの行列 $A-\lambda_i \mathbb{1}$ は逆を持たない。従って補題 12.3.6 より、λ_i は A の固有値である。 □

12.11.2 対称行列の対角化

定理 12.6.9 は、正方行列は固有値を持つが、行列の要素が全て実数だとしても固有値は複素数になりえるということを示している。しかし、ここで、次の定理 12.6.4 を思い出そう。

> A を $\mathbb{R}$ 上の $n \times n$ 対称行列とする。このとき、$\mathbb{R}$ 上の直交行列 Q と対角行列 Λ が存在して $Q^T A Q = \Lambda$ が成り立つ。

この定理は、対称行列 A が $\mathbb{R}$ 上で対角行列に相似であることを主張する。このことから、A の固有値は実数でなければならない。まずこのことを示そう。

補題 12.11.1： A が $\mathbb{R}$ 上の対称行列ならば、固有値はいずれも実数である。

証明

λ を A の固有値、$\boldsymbol{v}$ をそれに対応する固有ベクトルとする。一方では

$$(A\boldsymbol{v})^H \boldsymbol{v} = (\lambda \boldsymbol{v})^H \boldsymbol{v} = (\lambda \mathbb{1} \boldsymbol{v})^H \boldsymbol{v} = \boldsymbol{v}^H (\lambda \mathbb{1})^H \boldsymbol{v} = \boldsymbol{v}^H (\bar{\lambda} \mathbb{1}) \boldsymbol{v} = \boldsymbol{v}^H \bar{\lambda} \boldsymbol{v} = \bar{\lambda} \boldsymbol{v}^H \boldsymbol{v}$$

が成り立つ。ここで $\begin{bmatrix} \lambda & & \\ & \ddots & \\ & & \lambda \end{bmatrix}^H = \begin{bmatrix} \bar{\lambda} & & \\ & \ddots & \\ & & \bar{\lambda} \end{bmatrix}$ を用いた。

他方、A は対称であり実要素のみを持つことから $A^H = A$ が成り立ち、

$$(A\boldsymbol{v})^H \boldsymbol{v} = \boldsymbol{v}^H A^H \boldsymbol{v} = v^H A\boldsymbol{v} = \boldsymbol{v}^H \lambda \boldsymbol{v} = \lambda \boldsymbol{v}^H \boldsymbol{v}$$

である。また、$\boldsymbol{v}^H \boldsymbol{v}$ は 0 でないので $\bar{\lambda} = \lambda$ であり、これは λ の虚数部分は 0 であることを意味する。 □

次に定理 12.6.4 を証明しよう。

証明

証明には n についての帰納法を用いる。定理 12.6.9 は A が固有値を持つことを示しているので、それを λ_1 と書く。補題 12.11.1 より、λ_1 は実数である。補題 12.3.6 より、$A - \lambda_1 \mathbb{1}$ のヌル空間のゼロでないベクトルは固有ベクトルなので、実数上の固有ベクトル $\boldsymbol{v}_1$ が存在する。ここでは $\boldsymbol{v}_1$ として長さ 1 の固有ベクトルを選ぶ。

$\boldsymbol{q}_1, \boldsymbol{q}_2, \ldots, \boldsymbol{q}_n$ を、$\boldsymbol{q}_1 = \boldsymbol{v}_1$ が成り立つような $\mathbb{R}^n$ に対する正規直交基底としよう。そのような基底は、$\boldsymbol{e}_1, \boldsymbol{e}_2, \ldots, \boldsymbol{e}_n$ を $\mathbb{R}^n$ の標準基底として、プロシージャ `orthogonalize`$([\boldsymbol{v}_1, \boldsymbol{e}_1, \boldsymbol{e}_2, \ldots, \boldsymbol{e}_n])$ が返すものの中から、ゼロでないベクトルを取ってくれれば得られる。Q_1 をその列が $\boldsymbol{q}_1, \ldots, \boldsymbol{q}_n$ であるような行列としよう。このとき、Q_1 は直交行列なので、その転置は逆行列になる。$A\boldsymbol{q}_1 = \lambda_1 \boldsymbol{q}_1$ であり、$\boldsymbol{q}_1$ は $\boldsymbol{q}_2, \ldots, \boldsymbol{q}_n$ に直交するので

$$Q_1^T A Q_1 = \begin{bmatrix} \boldsymbol{q}_1^T \\ \hline \vdots \\ \hline \boldsymbol{q}_n^T \end{bmatrix} \begin{bmatrix} & A & \end{bmatrix} \left[\begin{array}{c|c|c} \boldsymbol{q}_1 & \cdots & \boldsymbol{q}_n \end{array}\right]$$

$$= \begin{bmatrix} \boldsymbol{q}_1^T \\ \hline \vdots \\ \hline \boldsymbol{q}_n^T \end{bmatrix} \left[\begin{array}{c|c|c} A\boldsymbol{q}_1 & \cdots & A\boldsymbol{q}_n \end{array}\right]$$

$$= \left[\begin{array}{c|c} \lambda_1 & ? \\ \hline 0 & \\ \vdots & A_2 \\ 0 & \end{array}\right]$$

である。ここで A_2 は $(n-1) \times (n-1)$ の小行列で、末尾の $n-1$ 行と $n-1$ 列から成る。

「?」で印を付けた部分の要素が 0 であることを示そう。$Q_1^T A Q_1$ の転置を考えてみる。$A^T = A$ より

$$(Q_1^T A Q_1)^T = Q_1^T A^T (Q_1^T)^T = Q_1^T A^T Q_1 = Q_1^T A Q_1$$

が成り立つので、$Q_1^T A Q_1$ は対称である。最初の列の最初の要素に続く要素は全て 0 なので、対称性から最初の行の最初の要素に続く要素は全て 0 となる。

$n = 1$ の場合には、A_2 には行も列もなく、$Q_1^T A Q_1$ は対角行列である。$n > 1$ としよう。

A_2 は対称行列なので、帰納法の仮定から対角化可能で、$Q_2^{-1} A_2 Q_2$ が対角行列 Λ_2 になるような直交行列 Q_2 が存在する。$\bar{Q}_2$ を

$$\bar{Q}_2 = \left[\begin{array}{c|ccc} 1 & 0 & \cdots & 0 \\ \hline 0 & & & \\ \vdots & & Q_2 & \\ 0 & & & \end{array}\right]$$

とすれば、$\bar{Q}_2$ の逆は

$$\bar{Q}_2^{-1} = \left[\begin{array}{c|ccc} 1 & 0 & \cdots & 0 \\ \hline 0 & & & \\ \vdots & & Q_2^{-1} & \\ 0 & & & \end{array}\right]$$

である。

更に

$$\begin{aligned} \bar{Q}_2^{-1} Q_1^{-1} A Q_1 \bar{Q}_2 &= \left[\begin{array}{c|ccc} 1 & 0 & \cdots & 0 \\ \hline 0 & & & \\ \vdots & & Q_2^{-1} & \\ 0 & & & \end{array}\right] \left[\begin{array}{c|ccc} \lambda_1 & 0 & \cdots & 0 \\ \hline 0 & & & \\ \vdots & & A_2 & \\ 0 & & & \end{array}\right] \left[\begin{array}{c|ccc} 1 & 0 & \cdots & 0 \\ \hline 0 & & & \\ \vdots & & Q_2 & \\ 0 & & & \end{array}\right] \\ &= \left[\begin{array}{c|ccc} \lambda_1 & 0 & \cdots & 0 \\ \hline 0 & & & \\ \vdots & & Q_2^{-1} A_2 Q_2 & \\ 0 & & & \end{array}\right] \\ &= \left[\begin{array}{c|ccc} \lambda_1 & 0 & \cdots & 0 \\ \hline 0 & & & \\ \vdots & & \Lambda_2 & \\ 0 & & & \end{array}\right] \end{aligned}$$

となり、これは対角行列である。$Q = Q_1 \bar{Q}_2$ とすれば帰納法のステップの証明が完結する。 □

12.11.3 三角化

定理 12.6.10、即ち

任意の $n \times n$ 行列 A に対し、$Q^{-1}AQ$ が上三角行列になるようなユニタリー行列 Q が存在する。

の証明を与えよう。

証明は、すぐ上で示した証明とほとんど同じである。

証明

まず 10.7 節からいくつかの定義と事実を思い出して欲しい。行列 M のエルミート共役は、M の転置を取り、全ての要素をその複素共役で置き換えた行列であり、M^H と書かれた。また、行列 M は $M^H = M^{-1}$ のときにユニタリー（直交行列の複素版）と呼ばれた。

この証明には n についての帰納法を用いる。定理 12.6.9 は A が固有値を持つことを示しているので、それを λ_1 と書く。$\boldsymbol{v}_1$ を対応する固有ベクトルとし、正規化されている（ノルムが 1 である）とする。$\boldsymbol{q}_1 = \boldsymbol{v}_1$ となるような $\mathbb{C}^n$ の正規直交基底 $\boldsymbol{q}_1, \boldsymbol{q}_2, \ldots, \boldsymbol{q}_n$ を定める。

（この基底は、$\boldsymbol{e}_1, \ldots, \boldsymbol{e}_n$ を $\mathbb{C}^n$ の標準基底として、`orthogonalize`$([\boldsymbol{v}_1, \boldsymbol{e}_1, \boldsymbol{e}_2, \ldots, \boldsymbol{e}_n])$ を用いれば見つけることができる。戻り値のリストにはゼロベクトルが 1 つ含まれるので、これを取り除けば、リストに残ったベクトルは $\mathbb{C}^n$ の基底を成す。このリストの最初のベクトルは $\boldsymbol{v}_1$ 自身である。

$\boldsymbol{v}_1$ には複素（従って実ではない）の要素が含まれるかもしれないので、この議論には多少ごまかしがある。プロシージャ `orthogonalize` を考えたときには、そのようなベクトルは考えていなかった。ただし、このプロシージャは 10.7 節で扱った複素数に対する内積を使うように変えることができる。）

Q_1 をその列が $\boldsymbol{q}_1, \ldots, \boldsymbol{q}_n$ であるような行列としよう。このとき、Q_1 はユニタリーなので、そのエルミート共役は逆行列になる。$A\boldsymbol{q}_1 = \lambda_1 \boldsymbol{q}_1$ であり、$\boldsymbol{q}_1$ は $\boldsymbol{q}_2, \ldots, \boldsymbol{q}_n$ に直交するので、次を得る。

$$Q_1^H A Q_1 = \begin{bmatrix} \boldsymbol{q}_1^H \\ \hline \vdots \\ \hline \boldsymbol{q}_n^H \end{bmatrix} \begin{bmatrix} & A & \end{bmatrix} \left[\begin{array}{c|c|c} \boldsymbol{q}_1 & \cdots & \boldsymbol{q}_n \end{array}\right]$$

$$= \begin{bmatrix} \boldsymbol{q}_1^H \\ \hline \vdots \\ \hline \boldsymbol{q}_n^H \end{bmatrix} \left[\begin{array}{c|c|c} A\boldsymbol{q}_1 & \cdots & A\boldsymbol{q}_n \end{array}\right]$$

$$= \left[\begin{array}{c|c} \lambda_1 & ? \\ \hline 0 & \\ \vdots & A_2 \\ 0 & \end{array}\right]$$

ここで、注意を払う必要のない要素を「？」と表した。また、A_2 は $(n-1)\times(n-1)$ の小行列で、末尾の $n-1$ 行と $n-1$ 列から成る。

$n=1$ の場合には、A_2 には行も列もなく、$Q_1^H AQ_1$ は上三角行列となるから、確かに満たされる。$n>1$ としよう。

帰納法の仮定から、A_2 は三角化可能なので、$Q_2^{-1}A_2Q_2$ が上三角行列 U_2 になるようなユニタリー行列 Q_2 が存在する。$\bar{Q}_2$ を

$$\bar{Q}_2 = \left[\begin{array}{c|ccc} 1 & 0 & \cdots & 0 \\ \hline 0 & & & \\ \vdots & & Q_2 & \\ 0 & & & \end{array}\right]$$

とすれば、$\bar{Q}_2$ の逆は

$$\bar{Q}_2^{-1} = \left[\begin{array}{c|ccc} 1 & 0 & \cdots & 0 \\ \hline 0 & & & \\ \vdots & & Q_2^{-1} & \\ 0 & & & \end{array}\right]$$

更に

$$\begin{aligned} \bar{Q}_2^{-1}Q_1^{-1}AQ_1\bar{Q}_2 &= \left[\begin{array}{c|ccc} 1 & 0 & \cdots & 0 \\ \hline 0 & & & \\ \vdots & & Q_2^{-1} & \\ 0 & & & \end{array}\right] \left[\begin{array}{c|c} \lambda_1 & ? \\ \hline 0 & \\ \vdots & A_2 \\ 0 & \end{array}\right] \left[\begin{array}{c|ccc} 1 & 0 & \cdots & 0 \\ \hline 0 & & & \\ \vdots & & Q_2 & \\ 0 & & & \end{array}\right] \\ &= \left[\begin{array}{c|c} \lambda_1 & ? \\ \hline 0 & \\ \vdots & Q_2^{-1}A_2Q_2 \\ 0 & \end{array}\right] \\ &= \left[\begin{array}{c|c} \lambda_1 & ? \\ \hline 0 & \\ \vdots & U_2 \\ 0 & \end{array}\right] \end{aligned}$$

となり、これは上三角行列である。$Q = Q_1\bar{Q}_2$ とすれば帰納法のステップの証明が完結する。 □

12.12 ラボ：ページランク

12.12.1 概念の導入

このラボでは、Google がウェブページの「重要度」（または「ランク」）を決めるのに元来用いてきた[†4]、ページランクとして知られるアルゴリズムを実装してみよう。

ページランクの考え方は以下のものである。

> まず、行き当たりばったりなウェブサーファーであるランディの行動を表すマルコフ連鎖を定義する。次に、このマルコフ連鎖の定常分布について考える。そして、そのマルコフ連鎖が定常分布している間にそのページにいる確率として、ページの重みを定義する。

最初に、初歩的なマルコフ連鎖について説明し、その後、なぜそれを改善していく必要があるのかを理解していくことにしよう。

ランディはウェブページを見るたびに現在のウェブページの外に跳ぶリンクを 1 つ選択し、移動する（現在のページに外部へのリンクが存在しない場合には、ランディはそのページに留まる）。

この初歩的なページランクが実際に動いているところを見るために、次のようなちょっとした例を考えてみよう。これを TWW（Thimble-Wide Web（指ぬき規模のウェブ））と呼ぶことにする。これには 6 ページのウェブページしかない。

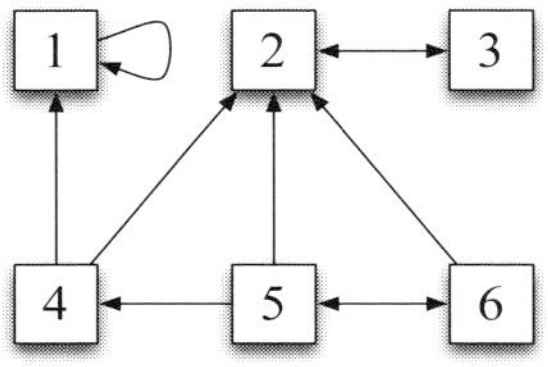

このマルコフ連鎖に対する遷移確率行列は次のようになる。

$$A_1 = \begin{array}{c|cccccc} & 1 & 2 & 3 & 4 & 5 & 6 \\ \hline 1 & 1 & & & \frac{1}{2} & & \\ 2 & & & 1 & \frac{1}{2} & \frac{1}{3} & \frac{1}{2} \\ 3 & & 1 & & & & \\ 4 & & & & & \frac{1}{3} & \\ 5 & & & & & & \frac{1}{2} \\ 6 & & & & & \frac{1}{3} & \end{array}$$

j 列目が表すのは、ページ j を見ているあるウェブサーファーが、ページ 1 と 6 の間のどこかに移動する確率である。ページ j が外部へのリンクを持たない場合には、そのウェブサーファーはページ j に確率 1 で留まることになる。そうでない場合、リンクされている各ページは等しい確率を持つ。即ち、ページ j が d 個のリンクを持っていれば、ウェブサーファーは、それぞれのリンクされたページに対して $1/d$ の確率で移

†4 もしくは、原著論文により、そのように信じさせられている。現時点では、使用されているアルゴリズムの詳細は極秘にされているが、ページランクの考え方は未だに重要な役割を果たしていると思われる。

動する。確率が 0 であるということは、ウェブサーファーがページ j から、ページ j がリンクを持たないページに移動するということである。言い方を変えれば、セル A_{ij} はページ j においてウェブサーファーがページ i に移動する確率となる。

例えば、ページ 5 はページ 2、4、6 にリンクしているため、ページ 5 にいるウェブサーファーは、これらのページそれぞれに 1/3 の確率で移動していく。ここで、上記の行列が**確率**行列（全ての列の和が 1）であり、マルコフ連鎖を記述していることを確認しておくとよいだろう。

マルコフ連鎖に基づくと、たくさんウェブページを見た後、ランディはそれぞれのページにどの程度の割合でいるといえるだろうか？ いる確率が最も高いのはどのページだろうか？ その答えは次に示すように彼がどこから出発したかということと何ページ見たかに依存する。

- 彼がページ 6 から開始し、ページを見る操作を偶数回行った場合、彼がページ 3 にいる確率は約 0.7、ページ 2 にいる確率は約 0.2、ページ 1 にいる確率は約 0.1 である
- 彼がページ 6 から開始し、ページを見る操作を奇数回行った場合、その確率分布は、2 と 3 のノードの確率が入れ替わる点を除いては前の結果と大体同じである
- 彼がページ 4 から開始した場合、彼がページ 1 にいる確率は約 0.5 になり、ページ 3（見る操作が偶数回の場合）かページ 2（見る操作が奇数回の場合）にいる確率が約 0.5 となる

最も信頼性のあるページランクを冪乗法を用いて計算する、という観点からすれば、このマルコフ連鎖には次の 2 つの欠点がある。

1. このマルコフ連鎖には、ランディが動けなくなってしまうグループが複数ある。
   1 つは { ページ 2, ページ 3 }、もう 1 つは { ページ 1 } である。
2. このマルコフ連鎖の一部は周期的な振る舞いを引き起こす。即ち、ランディが { ページ 2, ページ 3 } に入ってしまうと、ページを見るごとに、その確率分布は変化する。

1 つ目の性質は複数の定常分布が存在することを示している。2 つ目の性質は冪乗法が収束しない可能性を示唆している。

一意な定常分布を持つマルコフ連鎖が欲しい。それは、その定常分布をウェブページの重要度へ割り当てたいからである。また、そのマルコフ連鎖を、冪乗法で計算できるようにしたい。ランディがただ単に各ステップでランダムに外部へのリンクを選ぶようなマルコフ連鎖は、明らかに役に立たないのである。

どのページからでも、ウェブサーファーが一様かつ無作為に選ばれたページに移動するような、非常にシンプルなマルコフ連鎖を考えよう。TWW に対する遷移行列は次のようになる。

$A_2 =$

	1	2	3	4	5	6
1	$\frac{1}{6}$	$\frac{1}{6}$	$\frac{1}{6}$	$\frac{1}{6}$	$\frac{1}{6}$	$\frac{1}{6}$
2	$\frac{1}{6}$	$\frac{1}{6}$	$\frac{1}{6}$	$\frac{1}{6}$	$\frac{1}{6}$	$\frac{1}{6}$
3	$\frac{1}{6}$	$\frac{1}{6}$	$\frac{1}{6}$	$\frac{1}{6}$	$\frac{1}{6}$	$\frac{1}{6}$
4	$\frac{1}{6}$	$\frac{1}{6}$	$\frac{1}{6}$	$\frac{1}{6}$	$\frac{1}{6}$	$\frac{1}{6}$
5	$\frac{1}{6}$	$\frac{1}{6}$	$\frac{1}{6}$	$\frac{1}{6}$	$\frac{1}{6}$	$\frac{1}{6}$
6	$\frac{1}{6}$	$\frac{1}{6}$	$\frac{1}{6}$	$\frac{1}{6}$	$\frac{1}{6}$	$\frac{1}{6}$

このマルコフ連鎖の利点は、以前のマルコフ連鎖にあった問題を避けられるという点である。即ち、ウェブサーファーがどこかで動けなくなることはなく、決まった周期も存在しない。結果として、このマルコフ連鎖は一意な定常分布（ここでは全てのページに対して等しい確率を割り当てる）を持ち、この定常分布は冪乗法によって計算することができる。12.8.8 節の定理がこれを保証している。

一方で、このマルコフ連鎖は TWW の構造を全く反映していない、という指摘があるかもしれない。この定常分布を重みの割り当てに使うのは馬鹿げているのだろうか？

代わりに、これら 2 つのマルコフ連鎖の**混合**を使うことにしよう。即ち、ここで用いるマルコフ連鎖の遷移行列は、次のようになる。

$$A = 0.85A_1 + 0.15A_2 \tag{12-21}$$

A_1 の全ての列をそれぞれ足し合わせれば 1 になるため、$0.85A_1$ の全ての列それぞれを足し合わせたものは 0.85 になる。また、A_2 の全ての列それぞれを足し合わせれば 1 になるため、$0.15A_2$ の全ての列それぞれを足し合わせたものは 0.15 になる。従って、（最終的に）$0.85A_1 + 0.15A_2$ の全ての列それぞれを足し合わせたものは 1 となる。

行列 A に対応するマルコフ連鎖は、次の規則に従うウェブサーファーを記述している。

- 0.85 の確率で、ランディは現在のウェブページにあるリンクの中から 1 つを選択し、そこに移動する
- 0.15 の確率で、ランディは一様かつ無作為に選ばれたウェブページに移動する（これはページランクでは**テレポート**と呼ばれている）

2 つ目の項目は、ウェブサーファーが現在いる場所に飽きてしまう、という現象をモデル化していると考えることができる。しかし、これは数学的には非常に重要な役割を果たしている。この行列 A は**正行列**（全ての要素が正）である。定理より、これには一意な定常分布が存在することが保証されており、冪乗法は収束する。

n ページから成るウェブページでは、A_1 は ij 要素が次のように表される $n \times n$ 行列となる。

- $i = j$、かつ、ページ j が外部へのリンクを全く持たない場合、1
- ページ j が外部へのリンクを d_j 個持ち、そのうちの 1 つがページ i を指示している場合、$1/d_j$
- その他の場合、0

12.12.2　大きなデータセットの使用

このラボでは、Wikipedia の記事という大きなデータセットを使用しよう。Wikipedia には何百万もの記事がある。全部の記事を扱うと大変なので、`mathemati`、`sport`、`politic`、`literat`、`law` のいずれかの文字列を含む記事を取り出すことで、約 825,000 の記事から成るサブセットを扱うことにする。こうすることで多くの種類の記事を対象とすることができる。例えば、印象派の画家であるエドワード・マネの記事もこの中に含まれる。なぜなら、彼の父は彼を法律家（lawyer）にしたかったからだ……

大きなデータセットを扱うには、乗り越えなくてはならないいくつかの障害がある。以下に、実行時間と使用メモリに関して効率的なコードを書くために、具体的ないくつかの指針を示す。

- スパース性を利用する。即ち、スパースな行列やベクトルの表現を用い、計算の中でスパース性を利用する。
- 必要になるまでデータは複製しない。例えば、コードの中でWikipediaのタイトルの集合を、行列やベクトルのラベルとして使わなければならないところがいくつかある。このとき、この集合の新しいコピーを作らないようにする（集合を代入しても、その集合がコピーされるのではなく、その集合への新しい参照が作られるだけである）。
- 作成したコードを大きなデータセットで実行する前に、コードを小さなテストケース（前に示したもの）でテストする。
- 変更後は、忘れずに `imp` モジュールを用いてファイルを再読み込みする。こうすることで `pagerank` モジュールを再インポートしなくて済む（pythonを開始した際には `from imp import reload` を使い、その後、ファイルを再読み込みする際には、`pagerank` を再インポートするのではなく、`reload(myfile)` を使うようにする）。
- 大きなデータセットを使って計算を行っている際は、他のプログラム（例えば、ウェブブラウザ）は使用しないようにする。
- 計算に十分な時間を取る。冪乗法による計算は5分から10分を要するはずである。

12.12.3 冪乗法を用いたページランクの実装

冪乗法は、線形代数において、最大の絶対値を持つ固有値に対応する固有ベクトルを近似するのにとても有効な方法である。この場合、関心のある行列は、前述した A である。重要な点は、任意のベクトル $\boldsymbol{v}$ に対し、$A^k\boldsymbol{v}$（A^k は、A を自分自身に k 回掛けたもの）は、A の最大の固有値に対する固有ベクトルのよい近似になる可能性が高い、ということである。

$A^k\boldsymbol{v}$ は反復的に計算される。$\boldsymbol{v}$ を用意し、$\boldsymbol{v} := A\boldsymbol{v}$ という規則を使って更新する。ほんの数回（例えば、5回）計算した後、終了する。簡単そうに思うだろう。問題は、A が 825372×825372 行列であり、$\boldsymbol{v}$ が825372要素のベクトルだということである。A や A_2 をそのまま表現すると非常に大きなメモリ空間を必要とし、どちらの行列もベクトルとの積の計算に非常に長い時間がかかるだろう。それぞれの冪乗法の反復計算をより効率的に行うために、A の構造をうまく利用する。式 $A = 0.85A_1 + 0.15A_2$ を思い出して欲しい。これらの項それぞれを別々に扱うことにしよう。分配則より、$A\boldsymbol{v} = 0.85A_1\boldsymbol{v} + 0.15A_2\boldsymbol{v}$ である。

A_2 を処理する

ベクトル $\boldsymbol{w} = 0.85A_1\boldsymbol{v}$ を計算したとしよう。$0.15A_2\boldsymbol{v}$ を $\boldsymbol{w}$ に加えるにはどうすればよいか？ 特に、A_2 を具体的に作ることなく、この計算をすることは可能だろうか？

A_1 を計算する

入力データは、0ではない要素が全て1である正方行列 `L` から成るものとする。この行列はページ間のリンク構造を表している。具体的には、ページ c がページ r にリンクしている場合、`L` の rc 要素は1である。

テスト用に `pagerank_test` モジュールを提供しており、これにはTWWのリンク構造を表す行列 `small_links` や対応する行列 `A2` が定義されている。

課題 12.12.1： 以下の機能を持つプロシージャ find_num_links(L) を書け。

- **入力**：上で説明したようなリンク構造を表す正方行列 L
- **出力**：そのラベル集合が、L の列ラベル集合であるようなベクトル num_links
  ただし各列ラベル c に対し、num_links の要素 c が L の c 列に含まれる 0 以外の要素の数になっているとする

ループや行列 L の内包表記を使用せずに、プロシージャを書いてみよ。

課題 12.12.2： 以下の機能を持つプロシージャ make_Markov(L) を書け。

- **入力**：上で説明したようなリンク構造を表す正方行列 L
- **出力**：このプロシージャは何も出力しないが、L が A_1 の役割を果たすように（L の要素を変更して）書き換える

A_1 の説明は、このラボのはじめの方で示した。新しい行列を返すのではなく入力を書き換えれば、メモリの節約になる。find_num_links を利用してもよい。

作成したプロシージャを small_links でテストせよ。得られた行列が正しいか確認すること。

これにより Wikipedia のエントリ間のリンク構造を記述する行列 links が得られる。その行ラベルと列ラベルは、Wikipedia のエントリのタイトルである。

課題 12.12.3： 以下の機能を持つプロシージャ power_method(A, n) を書け。

- **入力**：
  - 行列 A_1
  - 冪乗法で必要な反復の回数 n
- **出力**：定常分布の近似、または少なくとも、定常分布のスカラー倍

初期ベクトルはゼロベクトルでなければ大体何でもよい。全ての要素が 1 のベクトルを使うことを推奨する。

この方法がどれくらいよく収束しているかを見るために、各反復で次の比を出力しておこう。

$$(\text{反復前の } \boldsymbol{v} \text{ のノルム}) \,/\, (\text{反復後の } \boldsymbol{v} \text{ のノルム})$$

固有値が 1 の固有ベクトルの近似がよく、なるほど、この比は 1 に近くなる。

作成したコードを TWW 用に求めた行列 A_1 を使ってテストしよう。pagerank_test モジュールは A2 を定義しているので、このプロシージャにより得られるベクトルが、A の固有ベクトルへの近似になっているかどうかをテストすることができる。

固有ベクトルとして、次のベクトルのスカラー倍が得られる。

```
{1: 0.5222, 2: 0.6182, 3: 0.5738, 4: 0.0705, 5: 0.0783, 6: 0.0705}
```

12.12.4 データセット

pagerank モジュールをインポートすることで、以下で説明する変数とプロシージャが作業領域に読み込まれる。原理的には、十分な時間があれば、みなさんは自分で、これらの課題を実行するものを書けるはずである（または、既に実際にこれまでのラボで書いてきたはずである）。

1. read_data：このラボ用のデータを読み込む関数である。この関数は実行に数分かかるので、必要なときに、一度だけ使用すること。この関数は記事間のリンク構造を表す行列 links を返す。
2. find_word：単語を引数に取り、その単語を含む記事のタイトルのリストを返すプロシージャである（いくつかの単語は、非常にたくさんの記事に現れたり、非常に少ない記事にしか現れなかったりするので除かれている。そのような単語に対しては、find_word は空のリスト None を返す）。

記事の内容は、http://en.wikipedia.org で確認することができる。Wikipedia の記事は大文字、小文字から成る場合があるが、ここで扱うタイトルは全て小文字であることに注意して欲しい。また、このデータセットは少し前に作成されたものなので、記事のいくつかは変更されている場合があることにも注意して欲しい。

課題 12.12.4： jordan という単語を含む文書はいくつあるだろうか？ jordan を含む記事のリストの最初のタイトルは alabama である。Wikipedia のページを開き、それがなぜなのかを調べてみて欲しい。

12.12.5 検索の処理

次に、検索をサポートするためのコードを書く必要がある。

課題 12.12.5： 以下の機能を持つプロシージャ wikigoogle(w, k, p) を書け。

- **入力：**
  - 単語 w
  - 必要とする結果の個数 k
  - ページランクの固有ベクトル $\boldsymbol{p}$
- **出力：**その単語を含む Wikipedia の記事のうち、ページランク k 位までのタイトルのリスト

最初に、find_word を使い、単語 w を含む記事のリスト related を得る。次に、以下を用いて、そのリストをページランクのベクトルに従って降順に並べ替える。

```
related.sort(key=lambda x:p[x], reverse=True)
```

（key キーワードで、リストの要素を番号に写像する関数を指定する。lambda x:p[x] は、x を与

えると p[x] を返すプロシージャを定義する方法である。)
最後に、リストから最初の k 個の要素を返す。

課題 12.12.6： power_method を用いて Wikipedia のコーパスのページランクの固有ベクトルを計算し、"jordan"、"obama"、"tiger"、もちろん "matrix" など、いくつかの検索を試し、上位数ページのタイトルを見てみよう。上位数ページの記事は何になっただろうか？ なぜそれになったか説明できるだろうか？ 上位ランクの結果は、ランク付けをしていないもの、例えば find_word の戻り値の最初のいくつかの文書と比べて、何らかの意味で関連している、あるいは重要だといえるだろうか？

12.12.6 ページランクの偏り

スポーツに特に関心がある場合を考えてみよう。この場合、単語の解釈をスポーツに偏らせたページランクを使いたいだろう。

A_{sport} を、どのページからも sport というタイトルのページに移動してしまう、$n \times n$ の遷移行列であるとしよう。即ち、行 sport は全て 1 で、他の行は全てゼロである。

ここで、$0.55A_1 + 0.15A_2 + 0.3A_{\text{sport}}$ は、ランディが時折 sport に移動するようなマルコフ連鎖の遷移行列である。

課題 12.12.7： 上の説明と同じように偏ったマルコフ連鎖について、定常分布への近似を求める方法の冪乗法版を書け。プロシージャの名前は power_method_biased とすること。power_method に似ているが、追加のパラメータとしてラベル r を持つ。これは、ジャンプ先を表す状態（即ち、記事）のラベルである。このプロシージャは、行列 $0.55A_1 + 0.15A_2 + 0.3A_r$ の固有ベクトルの近似を出力する。このプロシージャを A_r を作らずに書いてみよう。大きなデータセットで試す前に、TWW でテストすることを忘れないで欲しい。

sport に偏ったマルコフ連鎖の定常分布を計算しよう（後で別のランク付けで得た結果と比較できるように、それを違う変数に保存しておこう）。

前に試した検索について試し、上位数ページの結果が異なっていないか確認してみよ。違う方向へ偏らせてみることもできる。mathematics、law、politics、literature、……などを試してみよう。

12.12.7 おまけ：複数単語検索の処理

課題 12.12.8： wikigoogle に似ているが、単語の代わりに複数の単語の**リスト**を引数として取り、それらの単語を全て含む、ページランク k 位までの記事を返すプロシージャ wikigoogle2 を書け。自前の検索エンジンでいくつかの検索を試してみよ。

12.13 確認用の質問

- 行列 A が固有値を持つためには A についてどんな条件が必要か？
- 行列の固有値、及び、固有ベクトルとは何か？

- どのような問題に固有値や固有ベクトルは役立つか？
- 対角化可能行列とは何だろう？
- 固有値を持ちながら、対角化可能でない行列の例にはどのようなものがあるか？
- どのような条件の下で、行列は対角化可能となるか？（2つ以上答えよ）
- 対角化可能行列にはどのような利点があるか？
- どのような条件の下で、行列は線形独立な固有ベクトルを持つか？
- 行列が線形独立な固有ベクトルを持つ利点とは何か？
- どのような条件の下で、行列は正規直交固有ベクトルを持つか？
- 冪乗法とは何か？ どのような利点があるのか？
- 行列式とは何か？
- 行列式は体積とどのような関係にあるか？
- どのような行列が行列式を持つか？
- どのような行列が0でない行列式を持つか？
- 行列式は固有値とどのような関係にあるか？
- マルコフ連鎖とは何か？
- マルコフ連鎖は固有ベクトルとどのような関係にあるか？

12.14 問題

固有値と固有ベクトルの練習

これまで固有値と固有ベクトルを計算するアルゴリズムは与えなかったが、本節では、その概念の理解を確実なものにするため、固有値と固有ベクトルを求める問題を解いてみよう。

問題 12.14.1： 以下の行列それぞれに対し、固有値と、それに対応する固有ベクトルを求めよ。ここでは計算はせず、うまく工夫して求めよ。

(a) $\begin{bmatrix} 1 & 2 \\ 1 & 0 \end{bmatrix}$

(b) $\begin{bmatrix} 1 & 1 \\ 3 & 3 \end{bmatrix}$

(c) $\begin{bmatrix} 6 & 0 \\ 0 & 6 \end{bmatrix}$

(d) $\begin{bmatrix} 0 & 4 \\ 4 & 0 \end{bmatrix}$

問題 12.14.2： 以下に行列とその固有値が与えられている。このとき、対応する固有ベクトルを求めよ。

(a) $\begin{bmatrix} 7 & -4 \\ 2 & 1 \end{bmatrix}$ と固有値 $\lambda_1 = 5$、$\lambda_2 = 3$

(b) $\begin{bmatrix} 4 & 0 & 0 \\ 2 & 0 & 3 \\ 0 & 1 & 2 \end{bmatrix}$ と固有値 $\lambda_1 = 3$、$\lambda_2 = -1$

問題 12.14.3： 以下に行列とその固有ベクトルが与えられている。このとき、対応する固有値を求めよ。

(a) $\begin{bmatrix} 1 & 2 \\ 4 & 3 \end{bmatrix}$ と $\boldsymbol{v}_1 = \left[\frac{1}{\sqrt{2}}, -\frac{1}{\sqrt{2}}\right]$、$\boldsymbol{v}_2 = [1, 2]$

(b) $\begin{bmatrix} 5 & 0 \\ 1 & 2 \end{bmatrix}$ と $\boldsymbol{v}_1 = [0, 1]$、$\boldsymbol{v}_2 = [3, 1]$

複素固有値

問題 12.14.4： $A = \begin{bmatrix} 0 & -1 \\ 1 & 0 \end{bmatrix}$ とし、更に、正規化されていない2つの固有ベクトル $\boldsymbol{v}_1 = \begin{bmatrix} 1 \\ \mathrm{i} \end{bmatrix}$、$\boldsymbol{v}_2 = \begin{bmatrix} 1 \\ -\mathrm{i} \end{bmatrix}$ が与えられているとする。

1. 固有ベクトル $\boldsymbol{v}_1$ に対応する固有値 λ_1 を求め、行列とベクトルの積を用いてそれが実際に固有値になっていることを示せ
2. 固有ベクトル $\boldsymbol{v}_2$ に対応する固有値 λ_2 を求め、行列とベクトルの積を用いてそれが実際に固有値になっていることを示せ

Python を用いた固有ベクトルの計算

固有値と固有ベクトルを計算するプロシージャを持つモジュールを提供する。

固有値の近似法

問題 12.14.5： 行列 A

$$\begin{bmatrix} 1 & 2 & 5 & 7 \\ 2 & 9 & 3 & 7 \\ 1 & 0 & 2 & 2 \\ 7 & 3 & 9 & 1 \end{bmatrix}$$

が与えられているとき

(a) 最大の絶対値を持つ固有値 λ_1 に対応する固有ベクトルを、冪乗法を用いて近似的に求めよ
(b) λ_1 の近似値を求めよ
(c) numpy モジュールのプロシージャ eig を用いて A の固有値を求めよ
(d) 得られた λ_1 の近似値を (c) で得られた値と比較せよ

問題 12.14.6： 次の補題を証明せよ。

補題 12.14.7： A を可逆行列とする。A^{-1} の固有値は A の固有値の逆数である。

問題 12.14.8： 問題 12.14.6 の補題は、A の最小の絶対値を持つ固有値が、A^{-1} の最大の絶対値を持つ固有値の逆数であることを示している。冪乗法をどのように用いれば、絶対値が最小の A の固有値を近似できるか？ A の逆行列を計算してはならない。代わりに別の方法、即ち、行列の方程式を解く方法を用いよ。

この方法を次の行列 A に対し用いよ。

$$A = \begin{bmatrix} 1 & 2 & 1 & 9 \\ 1 & 3 & 1 & 3 \\ 1 & 2 & 9 & 5 \\ 6 & 4 & 3 & 1 \end{bmatrix}$$

問題 12.14.9： γ を数、A を $n \times n$ 行列、$\mathbb{1}$ を単位行列とする。また、$\lambda_1, \ldots, \lambda_m$ $(m \leqq n)$ を A の固有値とする。このとき $A - \gamma\mathbb{1}$ の固有値を求め、その答えを確認せよ。

問題 12.14.10： 次の計算問題を解くために問題 12.14.8 の結果と問題 12.14.9 の結果をどのように用いればよいだろうか。

- **入力**：行列 A と A の固有値 λ_i の近似値 k（この値は A の他のどの固有値よりも λ_i に近い）
- **出力**：固有値の更によい近似値

次のデータにこの方法がどう用いられるか示せ。

$$A = \begin{bmatrix} 3 & 0 & 1 \\ 4 & 8 & 1 \\ 9 & 0 & 0 \end{bmatrix}, \quad k = 4$$

マルコフ連鎖と固有ベクトル

問題 12.14.11： ここでは天気が次のマルコフ連鎖に従って変化するとしよう。

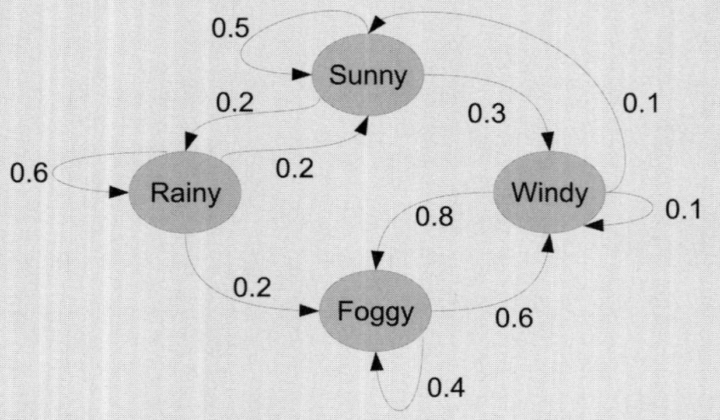

マルコフ仮定に従えば、明日の天気は、今日の天気だけで決まる。今日の天気が「晴れ」ならば、明日は 0.3 の確率で「強風」になる。この問題では、天気の長期にわたる確率分布を求めよう。

(a) 遷移行列 A の行と列は`{'S','R','F','W'}`（「Sunny（晴れ）」「Rainy（雨）」「Foggy（霧）」「Windy（強風）」の頭文字に対応）で示す。A の ij 要素は状態 i から j への遷移確率を与える。この行列を Python の `Mat` で表せ。

(b) 確率分布は`{'S','R','F','W'}`ベクトルで表すことができる。今日の天気の確率分布が $\boldsymbol{v}$ なら、明日の天気の確率分布は $A\boldsymbol{v}$ となる。
強風の確率が 1 になるような確率分布を与えるベクトル $\boldsymbol{v}$ を書け。また、翌日の確率分布を与えるベクトル $A\boldsymbol{v}$ を計算せよ。上の図と比べてこの結果は意味を持つか？

(c) 一様分布を表すベクトル $\boldsymbol{v}$ を書き、$A\boldsymbol{v}$ を計算せよ。

(d) 始めの天気の状態の確率分布が一様であるとき、400 日後の確率分布はどうなるか。

(e) 以上に基づいて、固有値と対応する固有ベクトルを 1 つ示せ。

13章 線形計画法

数学者は自分の作った衣装が似合う人をすっかり忘れてしまった衣装デザイナーと似ているかもしれない。確かに、彼の芸術は人々を着飾る必要性から誕生したはずだが、それはもはや昔のことである。今日では、人々にあつらえたかのように似合う衣装が現れるのは稀である。そう、驚きと喜びには果てがないのである。

ジョージ・ダンツィックの父、トビタ・ダンツィック

『数は科学の言葉』（1930）

13.1 規定食の問題

1930年代から1940年代にかけて、アメリカ軍は最も費用が安く、かつ、兵士に必要な分の栄養を与えられる規定食を求めようとしていた。経済学者ジョージ・スティグラーは77種類の食品と、必要な9種類の栄養素について検討し、1939年に最低限の費用は当時のドルで年間39.93ドルであると見積もった。ここで彼は9種類の食品と5種類の栄養素を選び出した。このスティグラーの結論は1945年に公開され、年間の規定食は、小麦粉370ポンド、無糖練乳57缶、キャベツ111ポンド、ほうれん草25ポンド、乾燥白インゲン豆285ポンドで、1939年当時の費用は年間39.93ドルだったが、1945年当時の物価に基づくと年間96ドルであった。

スティグラーの結論が公開された数年後、あるアルゴリズムが開発された。それは与えられた制約条件化での最適解を探す**シンプレックス**アルゴリズムである。当時はまだコンピュータが使えなかったので、このアルゴリズムを実行するために卓上計算機と人が動員された。解を求めるには120人日[†1]の作業が必要であった。得られた最適解は、小麦粉、無糖練乳、キャベツ、ほうれん草、乾燥白インゲン豆を用いたもので、費用は39.69ドル、即ち、スティグラーの結果よりも24セント削ることに成功した。

1998年には、栄養についての最新の理解と、より最新の物価に基づいて計算され、その解は、小麦粉412.45カップ、ロールドオーツ587.65カップ、牛乳6095.5オンス、ピーナッツバター大さじ945.35杯、ラード大さじ945.35杯、牛レバー2.4626オンス、バナナ438本、オレンジ85.41個、キャベツの千切り204.765カップ、にんじん79.935本、ジャガイモ140.16個、ポークビーンズ108.405カップで、年間の費用は536.55ドルであった。

†1 ［訳注］「人日」とは、作業に必要な人数と時間の積によって、作業コストを与える単位である。例えば、120人日とは、120人が1日で作業する、あるいは、60人が2日で作業する、……といった作業量を表している。

13.2 規定食の問題を線形計画としてとらえる

この問題を定式化するにはどうすればよいだろうか？ まず、各食品に対応した変数を $x_1, \ldots, x_{77}$ とし、変数 x_j は、規定食における食品 j の単位あたりの量を表しているとする。例えば、x_1 は 1 日あたりに消費する白インゲン豆のポンド数を表す。各変数 x_j に対し、費用 c_j が定まる。例えば c_1 は白インゲン豆が 1 ポンドあたり何ドルかを表している。

つまり、**目的関数**[†2]は、全体の費用 $c_1x_1 + \cdots + c_{77}x_{77}$ となり、目標はこれを適切な制約条件下で最小化することである。

必要な栄養素を表現するために、**線形不等式**を用いよう。線形不等式とは次のような形の式である。

$$f(x_1, \ldots, x_{77}) \geqq b$$

ここで $f : \mathbb{R}^{77} \longrightarrow \mathbb{R}$ は線形関数である。つまり、この関数は $f(x_1, \ldots, x_{77}) = a_1x_1 + \ldots + a_{77}x_{77}$ と書ける。従って、制約条件は

$$a_1x_1 + \ldots + a_{77}x_{77} \geqq b$$

となる。いま、この線形不等式を用いて、ある人が 1 日に 2000 キロカロリーを必要とするという制約条件を表現したいとしよう。このとき、a_1 は白インゲン豆の 1 ポンドあたりのカロリーを表し、...、a_{77} は 77 番の食べ物の単位量あたりのカロリーを表す。そして、b は 2000 とすればよい。

この文脈では、線形不等式は解に制約を与えるので、線形**制約条件**と呼ばれる。カルシウム、ビタミン A、ビタミン B_2 やビタミン C などについても同様の制約条件を課す。

しかし、このままでは食べ物の量が**負**の値を取りうるので、まだ不十分である。だが、心配しなくても大丈夫だ。これは、それぞれの変数 x_j に付加制約条件

$$x_j \geqq 0$$

を課すことで、すぐに解決する。線形制約条件の集合は、次のように、ある行列 A と、ベクトル $\boldsymbol{x} = (x_1, \ldots, x_{77})^T$ の積で表された 1 つの制約条件としてまとめることができる。

$$A\boldsymbol{x} \geqq \boldsymbol{b}$$

A の各行とそれに対応する $\boldsymbol{b}$ の要素は、1 つの線形制約条件を表す。制約条件 i は、A の i 行と x のドット積が $\boldsymbol{b}$ の第 i 要素以上の大きさであるという制約条件、即ち、$\boldsymbol{a}_i \cdot \boldsymbol{x} \geqq b_i$ を表す。それぞれの栄養素に対する行（規定食が十分な栄養を含むという制約条件に対応）と、それぞれの食品に対応する列（食品の量が負の数にはならないという制約条件に対応）がある。

目的関数 $c_1x_1 + \cdots + c_{77}x_{77}$ はドット積 $\boldsymbol{c} \cdot \boldsymbol{x}$ で書けるので、以上をまとめると

$$\min \boldsymbol{c} \cdot \boldsymbol{x} \text{ ただし}$$
$$A\boldsymbol{x} \geqq \boldsymbol{b}$$

†2 ［訳注］線形計画法で、最適化の対象となる関数のこと。

となる。これが**線形計画**（*linear program*）の例であり（ここでの「program」は、コンピュータプログラムのことではない）、$\min\{\boldsymbol{c}\cdot\boldsymbol{x} : A\boldsymbol{x} \geqq \boldsymbol{b}\}$ と書かれる。

13.3 線形計画法の起源

ジョージ・ダンツィックは、数理統計学における2つの有名な未解決問題についての博士論文を書いた。彼は、どのようにしてこれらの問題を解くに至ったのだろうか？ 授業に遅れて入ってきたダンツィックは、黒板に書かれた問題を書き写した。彼はそれを宿題だと思ってそのまま解いてきたのである。

博士号を取得した後、ダンツィックは仕事を探していた。それは、ちょうど第二次世界大戦の最中であった。彼は次の様に回想している。

> 米国国防総省の同僚が、計画の過程を機械化できないかという面白い話をしてきた。私が他の仕事に就かないようにするためだ。私は、効率のよい軍隊配置の時間的段階別展開方法や訓練、物資供給プログラムをより速く計算する方法を見つけられないか、と聞かれた。当時、軍はさまざまな計画やトレーニング、物資供給、そして、部隊の配置などのスケジュールのことを**プログラム**（*program*）と呼んでいた。つまり、「プログラム」という言葉は、コンピュータで使われる以前は線形計画を指していたのだ。

ダンツィックは軍で働きながら、線形計画の概念と、それを解くアルゴリズム、即ち、**シンプレックス**アルゴリズムを開発した。これらは戦争が終了する直後まで秘密にされていた（実はロシアではレオニート・カントロヴィチがダンツィックよりも少し前に同じ概念を考え出していた）。

ダンツィックは、この新しいアイデアをフォン・ノイマンに話した。

> 私はフォン・ノイマンに（普通の人に向けてやるように）空軍の問題について説明しようとしていたのを覚えている。私は軍の活動や軍備品などに関する線形計画法のモデルの定式化を始めた。すると彼は、彼らしくなく、「要点を言え」とキレたのだ。私は心の中で呟いた。「よし、**早くやれ**というのならそうしてやろうじゃないか。」1分にも満たぬ間に、私はその問題の幾何学的／代数的な説明を黒板に書き殴った。フォン・ノイマンは立ち上がって言った。「ああ、それか！」と。そして、彼は私に90分ほどかけて線形計画の数学的理論について講義をしたのであった。
>
> 目を見開き、口をぽっかりと開けたまま座っている私を見て、フォン・ノイマンはその講義の途中で

言った。「私がこれを手品師のように突然袖から取り出したものだと思わないで欲しい。最近オスカー・モルゲンシュテルンの書いたゲーム理論についての本を読み終えたばかりだったのだ。私がしていることは、実はそれら2つの問題が等価であることの推測にすぎない。私が概説している理論は、我々が開発したゲーム理論によく似たものなのだ。」

結局、ダンツィックは学会で自分の考えを発表することになった。

……ウィスコンシンで会議が開かれていた。ホテリングやフォン・ノイマンといった名立たる数学者や統計学者が出席していた。当時、私は無名の若者であり、このように著名な聴衆たちにはじめて線形計画という概念について発表することにどれほど怯えていたかを覚えている。
私の発表の後、座長が聴衆に質問や意見を求めた。いつものような沈黙が漂い、そして手が上がった。それはホテリングの手であった。ここで私はホテリングが太っていたということを伝えなくてはならない。彼は海で泳ぐのが大好きで、なんと、彼が泳ぐと海水の水位が目に見えるほど上昇したと言われるほどだ。巨大な鯨のような男が部屋の後ろの方で立ち上がり、彼の表情に富んだ丸顔に、誰もがよく知るあの笑顔が満ちた。そして彼は「けれどもこの世界が非線形であるということは、誰もが知っていることじゃないか」と言った。私のモデルに痛烈な批判を述べ、彼はどっかりと腰を下ろした。ほぼ無名の私は、適切な回答を大急ぎで組み立てようとしていた。
突然、聴衆から別の手が挙がった。フォン・ノイマンであった。「座長、座長」彼は言った。「発表者が気にしないなら私が代わりに答えたい」と。当然、私は同意した。すると、フォン・ノイマンは「発表は『線形計画法』というタイトルで、発表者はその公理を注意深く述べた。その公理を満たす問題があるならば、彼の理論を使えばよい。そうでないなら使わないまでだ」と言い、腰を下ろした。

やがてダンツィックとフォン・ノイマンが正しかったと証明された。即ち、線形計画はさまざまな問題を取り扱うのに目覚ましく有用であった。線形計画法は、ここで述べたような資源配分問題で話題になることが多いが、その応用範囲ははるかに広大である。

13.3.1 用語

線形計画 $\min\{\boldsymbol{c}\cdot\boldsymbol{x} : A\boldsymbol{x} \geqq \boldsymbol{b}\}$ を考えよう。以下にここで用いられる言葉を列挙する。

- 制約条件 $A\hat{\boldsymbol{x}} \geqq \boldsymbol{b}$ を満たすベクトル $\hat{\boldsymbol{x}}$ は、線形計画の**実行可能解**（*feasible solution*）であるという
- 実行可能解が存在するとき、線形計画は**実行可能**であるという
- 実行可能解 $\hat{\boldsymbol{x}}$ の**値**は $\boldsymbol{c}\cdot\hat{\boldsymbol{x}}$ である
- 線形計画の**値**は実行可能解のうちの最小値である（この線形計画は最小化する線形計画であるため）
- 線形計画を最小化するような実行可能解 $\hat{\boldsymbol{x}}$ を**最適解**（*optimal solution*）という
- 線形計画は、実行可能だが最小値を持たないとき、**非有界**（*unbounded*）であるという。つまり、任意の数 t に対し、その値が t よりも小さくなるような実行可能解が存在する

これらの定義は最大化する線形計画にも適用できる。この場合、その値は $\max\{\boldsymbol{c}\cdot\boldsymbol{x} : A\boldsymbol{x} \leqq \boldsymbol{b}\}$ となる。

13.3.2 線形計画法の異なる形式

線形計画問題にはさまざまな記述方法がある。

最小化/最大化 線形計画問題に対し、先ほどは次のような式を用いた。

$$\min\{\boldsymbol{c}\cdot\boldsymbol{x} : A\boldsymbol{x} \geqq \boldsymbol{b}\} \tag{13-1}$$

線形計画問題が式 (13-1) の形式で与えられているとしよう。$\boldsymbol{c}_{-} = -\boldsymbol{c}$ とおくことで、$\boldsymbol{c}\cdot\boldsymbol{x}$ を最小化する問題は、$\boldsymbol{c}_{-}\cdot\boldsymbol{x}$ を最大化する問題に変わる。従って、この問題は次のように書き直すことができる。

$$\max\{\boldsymbol{c}_{-}\cdot\boldsymbol{x} : A\boldsymbol{x} \geqq \boldsymbol{b}\} \tag{13-2}$$

この線形計画の**値**は、式 (13-1) の値と同じではないが、同じ解 $\boldsymbol{x}$ が最適な値を与える。どちらの場合でも評価基準は「最適」を定義するのに用いられる。

以上/以下 同様に、いままでは線形制約条件に $\leqq$ を用いてきたが、$\geqq$ を用いることもできる。$A_{-} = -A$、$\boldsymbol{b}_{-} = -\boldsymbol{b}$ とおく。このとき、制約条件 $A\boldsymbol{x} \geqq b$ は、$A_{-}\boldsymbol{x} \leqq \boldsymbol{b}_{-}$ と等価となる。従って、この問題は次のように書き換えられる。

$$\max\{\boldsymbol{c}_{-}\cdot\boldsymbol{x} : A_{-}\boldsymbol{x} \leqq \boldsymbol{b}_{-}\} \tag{13-3}$$

等式による制約条件は使用できる 線形不等式の代わりに線形**等式**を用いることも可能である。即ち、等式制約条件 $\boldsymbol{a}\cdot\boldsymbol{x} = b$ は 2 つの不等式制約条件 $\boldsymbol{a}\cdot\boldsymbol{x} \leqq b$ かつ $\boldsymbol{a}\cdot\boldsymbol{x} \geqq b$ と等価である。

強い不等式は使用できない！ 強い不等式、即ち $\boldsymbol{a}\cdot\boldsymbol{x} > b$ のような不等式を制約条件に用いることは**できない**[†3]。

13.3.3 整数による線形計画法

整数に値を取る変数を用いた線形計画 $\min\{\boldsymbol{c}\cdot\boldsymbol{x} : A\boldsymbol{x} \geqq \boldsymbol{b}\}$ は存在しないことに注意して欲しい。更に、線形制約条件を用いて整数を扱う便利な方法も存在しない。線形計画法は変数が有理数に値を取るような解を与えることが多い（例えば、1998 年度の規定食の問題が、2.6426 オンスの牛レバーという解を持っていたことを思い出して欲しい）。

しかし、整数値の解を持つことが保証されているような線形計画もある。そのような線形計画の解析に対しても線形代数が用いられているが、これは本書の範疇を超えている。

また、**整数線形計画法**（整数による制約条件付けが許されたもの）の分野の研究を続けている人々もいる。整数線形計画は、一般にコンピュータで解くのが**更に**難しい。実際、整数線形計画法は NP 困難[†4]で

†3 ［訳注］$\geqq$ などの等号付き不等式と比べ、等式を含まない分、$>$ の方が「強い」条件を課している。

†4 ［訳注］NP 問題とは、「問題の回答が与えられたとき、その回答が正しいかどうかを多項式時間、即ち、データ量の多項式程度の値の時間で解ける」問題のことであり、一般に計算可能性を研究する分野において、計算困難な問題を指す。特に、NP 困難とは「任意の NP 問題以上に難しい」問題と定義される。

ある。しかし、通常の（有理数）線形計画法は整数線形計画法を考える上で重要なツールであり、実際、最も重要なものである。また、最適解に近い整数解を見つける**近似アルゴリズム**の分野も発展している。これも線形計画法の理論に大きく依存している。

13.4　線形計画法の幾何学：多面体と頂点

規定食の問題に戻ろう。図を描きやすくするために2種類の食品、ラードと米に限定して考えることにする。ラードを x ポンド、米を y ポンドで表す。また、栄養の制約条件は線形制約条件 $10x + 2y \geqq 5$、$x + 2y \geqq 1$、$x + 8y \geqq 2$ で表されるとする。いま、最小化したい費用はラード1ポンドあたり13セント、米1ポンドあたり8セント、即ち、目的関数は $13x + 8y$ とする。

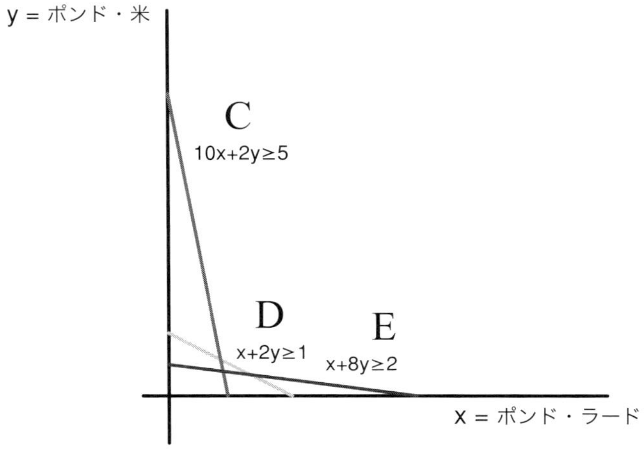

他に2つの制約条件 $x \geqq 0$ と $y \geqq 0$ がある。

線形制約条件について考えよう。線形不等式は空間 $\mathbb{R}^2$ を2つの領域に分ける。それぞれの領域は**半空間**と呼ばれる。一方の半空間は制約条件を満たし、他方は満たさない。

より一般に、空間 $\mathbb{R}^n$ では、ベクトル $\boldsymbol{a}$ とスカラー β が半空間 $\{\boldsymbol{x} \in \mathbb{R}^n : \boldsymbol{a} \cdot \boldsymbol{x} \geqq \beta\}$ を定める。

例えば、制約条件 $y \geqq 0$ について考えてみよう。制約条件を満たす方の半空間は x 軸よりも上側の空間（x 軸を含める）であり、もう1つの半空間は x 軸よりも下側の空間（やはり、x 軸を含める）である。

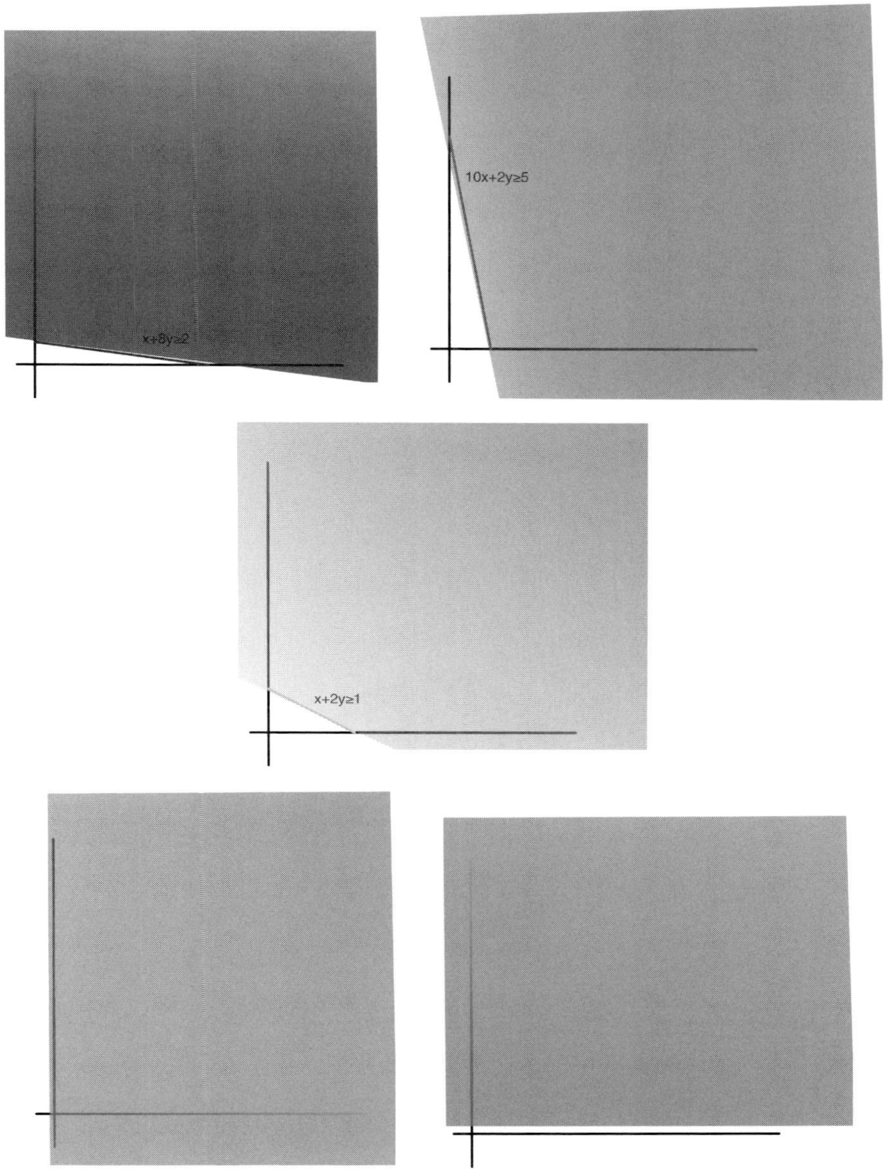

線形制約条件がいくつかある場合、それぞれの条件は対応する半空間を定義し、可能な領域はこれらの半空間の共通部分となる。この有限個の半空間の共通部分は**多面体**（*polyhedron*）と呼ばれる。

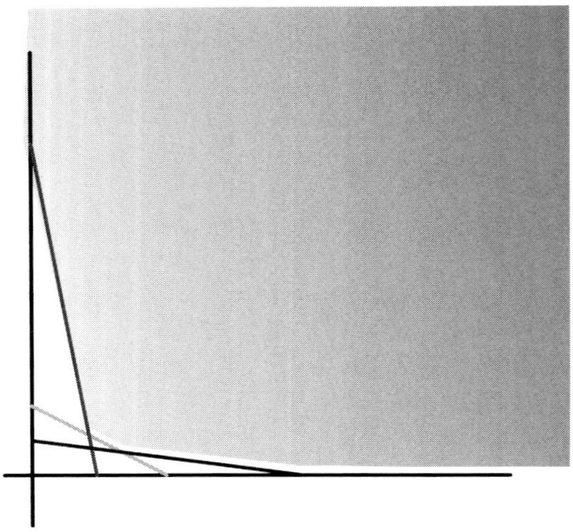

多面体といえば、12 面体のような 3 次元の多面体を考えるのが普通だが、ここでは必ずしもそうではなく、高次元であったり、無限であったりする図形に対しても用いることにしよう。例えば、米とラードの多面体は 2 次元だが、その面積は無限である。

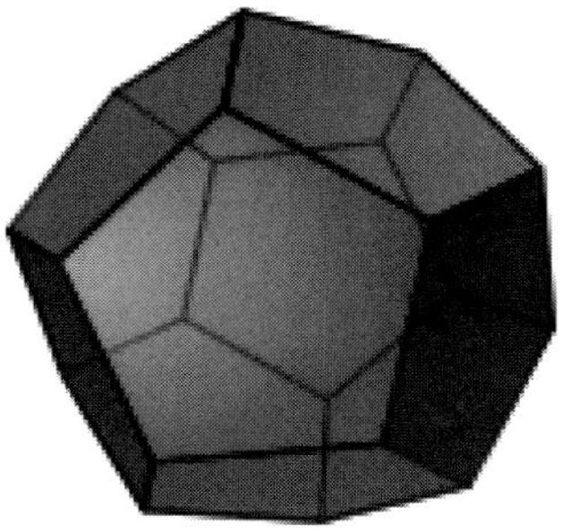

3 次元有限多面体の表面には**頂点**、**辺**、**面**があり、それぞれ 0 次元、1 次元、2 次元である。より高次元の多面体のほとんどは（全てではないが）同様に頂点と辺を持つ。

クイズ 13.4.1： 頂点を持たない多面体の例を挙げよ。

答え

n 次元の多面体で 1 つの半空間から成るものは $n \geqq 2$ のとき頂点を持たない。更に簡単な例を挙げると、半空間の空集合の共通部分が定義する $\mathbb{R}^n$ 内の多面体は $\mathbb{R}^n$ 全体であり、頂点を持たない。

$m \times n$ 行列 A に対し、$A\boldsymbol{x} \geqq \boldsymbol{b}$ を線形不等式系とする。この系は $\boldsymbol{a}_1, \ldots, \boldsymbol{a}_m$ を A の行、$b_1, \ldots, b_m$ を $\boldsymbol{b}$ の要素とすると、m 個の線形不等式

$$\boldsymbol{a}_1\boldsymbol{x} \geqq b_1,\ \ldots,\ \boldsymbol{a}_m\boldsymbol{x} \geqq b_m$$

より成る。

定義 13.4.2： **線形不等式の部分系**とは、それらの線形不等式の部分集合より成る系のことである。

例えば、最初の 3 つの不等式は部分系を成す。また、最初と最後、1 つ以外全て、全て、全てなし、なども部分系である。$A_\square$ を A の行の部分集合から成る行列、$\boldsymbol{b}_\square$ を対応する $\boldsymbol{b}$ の要素の部分集合として、部分系は $A_\square \boldsymbol{x} \geqq \boldsymbol{b}_\square$ と書くことができる。

定義 13.4.3： $\hat{x}$ は、$\boldsymbol{a} \cdot \hat{\boldsymbol{x}} = b$ ならば、不等式 $\boldsymbol{a} \cdot \boldsymbol{x} \geqq b$ を**等号に対し**満たすという。

定義 13.4.4： 多面体 $P = \{\boldsymbol{x} : A\boldsymbol{x} \geqq \boldsymbol{b}\}$ 上のベクトル $\boldsymbol{v}$ に対し、$A\boldsymbol{x} \geqq \boldsymbol{b}$ の部分系 $A_\square \boldsymbol{x} \geqq \boldsymbol{b}_\square$ で、$\boldsymbol{v}$ が $A_\square \boldsymbol{x} = \boldsymbol{b}_\square$ の唯一の解となるようなものが存在するとき、ベクトル $\boldsymbol{v}$ を P の頂点という。

ここで、n を列の数としよう。

補題 13.4.5： P のベクトル $\boldsymbol{v}$ は、n 個の線形独立な線形不等式を**等号に対し**満たすとき、かつ、そのときに限り、頂点である。

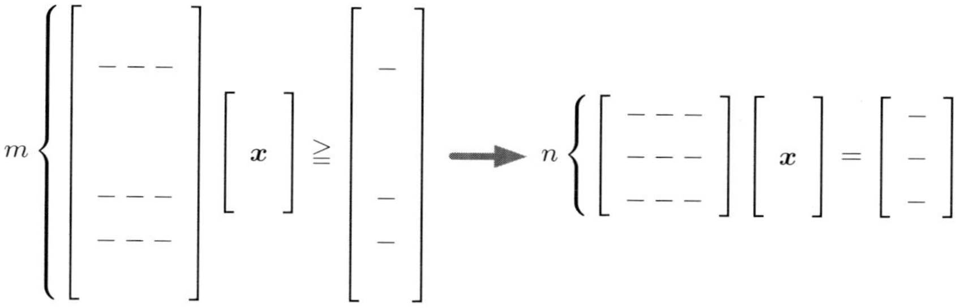

単純化した規定食の問題について考えよう。$x + 8y = 2$ と $x + 2y = 1$ を満たす点は頂点である。

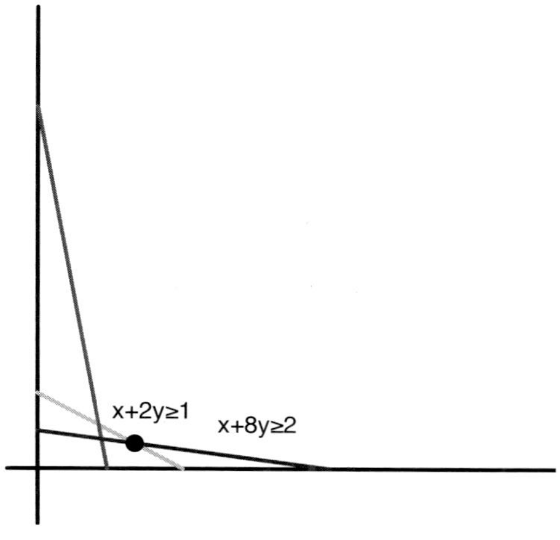

他の頂点は、$10x + 2y = 5$ と $x = 0$ を満たす点、$x + 8y = 2$ と $y = 0$ を満たす点、及び、$10x + 2y = 5$

と $x + 2y = 0$ を満たす点である。

10x + 2y = 5 と $x + 8y = 2$ を満たす点はどうだろうか。この点は実行可能ではないので頂点を与えない。

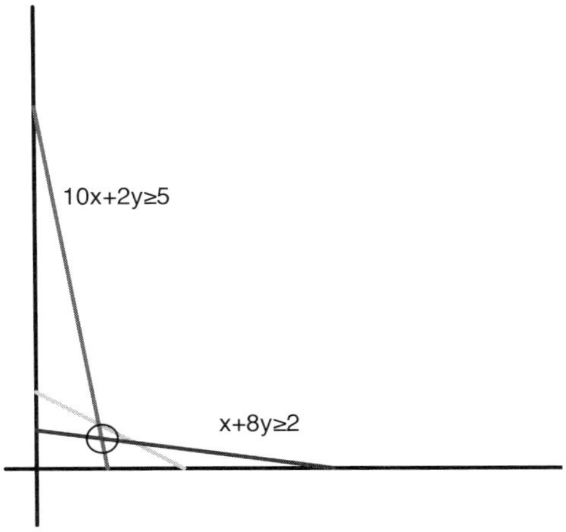

13.5 多面体の頂点であるような最適解の存在

頂点を考えることには利点がある。線形計画の解を探すとき、大抵の場合、頂点だけを考えればよいのである。

定理 13.5.1： 線形計画

$$\min\{\boldsymbol{c} \cdot \boldsymbol{x} \ : \ A\boldsymbol{x} \geqq \boldsymbol{b}\} \tag{13-4}$$

について考える。A の列がそれぞれ線形独立であり、この線形計画が値を持つとき、対応する多面体 $P = \{\boldsymbol{x} \ : \ A\boldsymbol{x} \geqq \boldsymbol{b}\}$ の頂点のうち、最適解であるものが存在する。

嬉しいことに、実際に生じる多くの線形計画で、A の列は線形独立である。更に嬉しいことには、線形計画をこのような性質を持つ等価な線形計画に変換する方法が存在するのである。

13.6 線形計画法の列挙アルゴリズム

この定理は、定理 13.5.1 の制約条件を満たす線形計画 $\min\{\boldsymbol{c} \cdot \boldsymbol{x} \ : \ A\boldsymbol{x} \geqq \boldsymbol{b}\}$ の最適解を求める方法を示している。つまり、全ての頂点を調べよ、ということだ。このアルゴリズムは頂点を列挙するものなので、**列挙**アルゴリズムと呼ぶことにしよう。

頂点を列挙するために、このアルゴリズムは A の列の数を n として、A の行の n 個の部分集合を全て列挙する。

列挙アルゴリズムをより正確に書くと次のようになる。

- A の行の n 個の要素より成る部分集合 $R_\square$ それぞれに対し、それらの行で作られる行列 $A_\square$ が逆行列を持つならば
  - $\boldsymbol{v}$ を対応する系 $A_\square \boldsymbol{x} = \boldsymbol{b}_\square$ の解とする
  - この $\boldsymbol{v}$ が全ての制約条件 $A\boldsymbol{x} \geqq \boldsymbol{b}$ を満たすかを調べる。満たすならば、それは頂点である
- 各頂点の目的値（目的関数の値）を計算し、最も大きな目的値を持つ頂点を返す

例 13.6.1： 2 つの不等式 $10x + 2y \geqq 5$、$x + 2y \geqq 1$ を考えよう。これらを等式 $10x + 2y = 5$、$x + 2y = 1$ に読み変えて解くことで、$x = 4/9$ 及び $y = 5/18$ を得る。このとき (x, y) は直線 $10x + 2y = 5$、$x + 2y = 1$ の交点に位置する頂点である。

このアルゴリズムは有限回の手順で実行することができる。m 個の制約条件があるとする。n 個の要素を持つ部分集合の数は $\begin{pmatrix} m \\ n \end{pmatrix}$ であり、これは m と n が大きく、そして互いに離れた値を取るとき、非常に大きな値となる。このアルゴリズムはそのような部分集合全てを考慮する必要があるので、m がとても小さくない限り、絶望的に遅くなる。

13.7　線形計画法における双対性入門

あの運命の日に、ダンツィックがフォン・ノイマンから学んだものの中には、もう 1 つ重要なアイデアがあった。それが**線形計画法における双対性**である。随分前に、次のことについて見た。

V のベクトルの線形独立な集合の最大のサイズは、V を張るベクトルの集合の最小のサイズに等しい

ここでは最小化問題と最大化問題の間に存在する同様の関係性について議論する。

線形計画

$$\min\{\boldsymbol{c} \cdot \boldsymbol{x} \;:\; A\boldsymbol{x} \geqq \boldsymbol{b}\} \tag{13-5}$$

に対応して別の線形計画

$$\max\{\boldsymbol{b} \cdot \boldsymbol{y} \;:\; \boldsymbol{y}^T A = \boldsymbol{c}, \boldsymbol{y} \geqq 0\} \tag{13-6}$$

が存在する。2 番目の線形計画を最初の線形計画の**双対**であるという。これに対し、最初の線形計画は**主線形計画**と呼ばれる。

線形計画の双対性定理は、主線形計画の値が、双対線形計画の値に等しいということを主張するものである。よくあるように、この等価性の証明は、互いの値の大きさを比べ、一方が他方より大きくはないと示すことで行われる。ここでは式 (13-5) の最小化線形計画の値は式 (13-6) の最大化線形計画の値よりも小さくないことを示そう。これは**弱い双対性**と呼ばれる。

補題 13.7.1（弱い双対性）： 最小化線形計画（主線形計画）の値は、最大化線形計画（双対線形計画）の値以上である。

証明

$\hat{\boldsymbol{x}}$ と $\hat{\boldsymbol{y}}$ をそれぞれ主線形計画、双対線形計画の実行可能解とする。$\hat{\boldsymbol{y}}^T A = \boldsymbol{c}$ なので

$$\boldsymbol{c} \cdot \hat{\boldsymbol{x}} = (\hat{\boldsymbol{y}}^T A)\hat{\boldsymbol{x}} = \hat{\boldsymbol{y}}^T (A\hat{\boldsymbol{x}})$$

である。最後の式は総和

$$\sum_i \hat{\boldsymbol{y}}[i]\,(A\hat{\boldsymbol{x}})[i] \tag{13-7}$$

で、$\hat{\boldsymbol{y}}[i]$ と $(A\hat{\boldsymbol{x}})[i]$ はそれぞれ $\hat{\boldsymbol{y}}$、$A\hat{\boldsymbol{x}}$ の i 要素を表す。$\hat{\boldsymbol{x}}$ は主線形計画の実行可能解なので、$A\hat{\boldsymbol{x}} \geqq \boldsymbol{b}$ である。これはそれぞれの i について

$$(A\hat{\boldsymbol{x}})[i] \geqq \boldsymbol{b}[i]$$

を意味する。不等式の両辺に $\hat{\boldsymbol{y}}[i]$ を掛けると、$\hat{\boldsymbol{y}}[i] \geqq 0$ より

$$\hat{\boldsymbol{y}}[i]\,(A\hat{\boldsymbol{x}})[i] \geqq \hat{\boldsymbol{y}}[i]\,\boldsymbol{b}[i]$$

を得る。添字 i について総和を取り

$$\sum_i \hat{\boldsymbol{y}}[i]\,(A\hat{\boldsymbol{x}})[i] \geqq \sum_i \hat{\boldsymbol{y}}[i]\,\boldsymbol{b}[i]$$

を得る。この右辺は $\hat{\boldsymbol{y}} \cdot \boldsymbol{b}$ である。従って

$$\boldsymbol{c} \cdot \hat{\boldsymbol{x}} \geqq \hat{\boldsymbol{y}} \cdot \boldsymbol{b}$$

が示された。 □

弱い双対性の証明は、双対性定理全体の証明の一部である。目的関数の値 $\boldsymbol{c} \cdot \hat{\boldsymbol{x}}$ 及び $\hat{\boldsymbol{y}} \cdot \boldsymbol{b}$ が等しくなるような主実行可能解 $\hat{\boldsymbol{x}}$ と双対実行可能解 $\hat{\boldsymbol{y}}$ が存在することを示せたとしよう。このとき、

- 弱い双対性より、$\boldsymbol{c} \cdot \hat{\boldsymbol{x}}$ は $\hat{\boldsymbol{y}} \cdot \boldsymbol{b}$ よりも小さくなることはなく、従って $\boldsymbol{c} \cdot \hat{\boldsymbol{x}}$ は実際に最小値を実現し、最小化線形計画の値となる
- 同様に、$\hat{\boldsymbol{y}} \cdot \boldsymbol{b}$ は $\boldsymbol{c} \cdot \hat{\boldsymbol{x}}$ よりも大きくなることはなく、故に $\hat{\boldsymbol{y}} \cdot \boldsymbol{b}$ は最大である

である。従って、それぞれの値が等しいような主/双対可能解の存在を示せば、これらの解が実は最適であることを導ける。

これらの値が等しくなる制約条件を導出するために、$\hat{\boldsymbol{y}}[i]\,(A\hat{\boldsymbol{x}})[i] \geqq \hat{\boldsymbol{y}}[i]\,\boldsymbol{b}[i]$ の議論を更に注意深く確かめてみよう。

補題 13.7.2（相補スラック条件）： $\hat{\boldsymbol{x}}$ と $\hat{\boldsymbol{y}}$ をそれぞれ最小化/最大化線形計画の実行可能解とする。各 i に対して、$(A\hat{\boldsymbol{x}})[i] = \boldsymbol{b}[i]$、または、$\hat{\boldsymbol{y}}[i] = 0$ のいずれかが成り立つとき、これらの解の値は等しく、どちらの

解も最適となる。

証明

弱い双対性の証明にあたり

$$\boldsymbol{c} \cdot \hat{\boldsymbol{x}} = \sum_i \hat{\boldsymbol{y}}[i]\,(A\hat{\boldsymbol{x}})[i] \tag{13-8}$$

と、それぞれの i に対し

$$\hat{\boldsymbol{y}}[i](A\hat{\boldsymbol{x}})[i] \geqq \hat{\boldsymbol{y}}[i]\,\boldsymbol{b}[i] \tag{13-9}$$

を示した。なお

- $(A\hat{\boldsymbol{x}})[i] = \boldsymbol{b}[i]$ のとき左辺と右辺は実際に等しく、かつ
- $\hat{\boldsymbol{y}}[i] = 0$ のとき左辺と右辺は共に 0 であり、従って両者は等しい

ということに注意して欲しい。これらのいずれかが成り立てば

$$\hat{\boldsymbol{y}}[i](A\hat{\boldsymbol{x}})[i] = \hat{\boldsymbol{y}}[i]\boldsymbol{b}[i] \tag{13-10}$$

である。従って、それぞれの i に対し、$(A\hat{\boldsymbol{x}})[i] = \boldsymbol{b}[i]$、または、$\hat{\boldsymbol{y}}[i] = 0$ のいずれかが成り立つとき、式 (13-10) を全ての i について足し上げることで

$$\sum_i \hat{\boldsymbol{y}}[i](A\hat{\boldsymbol{x}})[i] = \sum_i \hat{\boldsymbol{y}}[i]\boldsymbol{b}[i]$$

を得る。これは式 (13-8) より、$\boldsymbol{c} \cdot \hat{\boldsymbol{x}} = \hat{\boldsymbol{y}} \cdot \boldsymbol{b}$ を示している。□

相補スラック条件は最適性を証明する手がかりを与えてくれる。この方法は次の節で紹介するアルゴリズムで用いる。このアルゴリズムは双対的な（おお！）役割を果たす。即ち、それは線形計画を解く効果的な方法を与え、（強い）双対性を本質的に証明する。

本質的に、といういささか曖昧な言葉を用いたのは、他の可能性を考慮してのことである。主あるいは双対線形計画が実行不可能か非有界になることはありうる。シンプレックスアルゴリズムは、主線形計画が非有界であることを確認すると、解くことを諦めるのである。

13.8 シンプレックスアルゴリズム

ここではジョージ・ダンツィックによるシンプレックスアルゴリズムについて紹介しよう。これは最適解を探して多面体の頂点を順に調べていくものである。線形計画には、シンプレックスアルゴリズムで全ての頂点を探索しなくてはならないような扱いにくいものも存在するが、ほとんどの場合、探索される頂点の数はさほど大きくならない。従って、このアルゴリズムは非常に実用的である。

シンプレックスアルゴリズムは長年にわたって研究、改善されており、それを高速化する方法もたくさんある。ここでは、実用には向かないが、基本的なものを学ぶことにしよう。

シンプレックスアルゴリズムは、次のような反復的な方法で最適解を探す。1 つの頂点 $\boldsymbol{v}$ を調べると同時に次の頂点を調べる用意をする。ただし、その頂点は $\boldsymbol{v}$ と辺を共有していなければならない。加えて、最も重要な点は、このアルゴリズムは次の頂点を選ぶ際、その頂点の目的関数の値がいま調べている頂点の値よりも悪くないことを保証する、ということだ。次の頂点の値が前の頂点の値よりも優れていれば理想的であり、そうすれば反復処理によって値が改善されていくことが保証される。これは成り立つことが多いが、このアルゴリズムが現在の頂点を表現する方法によっては、必ずしも保証されないことを後で確認する。

このアルゴリズムは次のような面倒な問題を引き起こす。即ち、線形計画に対応する多面体が、頂点を持っていなかったらどうするか？という問題である。ここでは、この問題を、多面体が頂点を必ず持つと仮定することで回避しよう（これは A の行が線形独立であると仮定すれば十分である)。

他にも、アルゴリズムが最初に調べる頂点をどのように決めたらよいか、という問題がある。これについては後でふさわしい方法を見ていくことにする。

13.8.1　アルゴリズムの終了方法

このアルゴリズムはどうやって終了を判定するのだろうか？ その判定には線形計画法の双対性を用いる。

線形計画 $\min\{\boldsymbol{c}\cdot\boldsymbol{x} : A\boldsymbol{x} \geqq \boldsymbol{b}\}$ に対して、対応する双対線形計画 $\max\{\boldsymbol{y}\cdot\boldsymbol{b} : \boldsymbol{y}^T A = \boldsymbol{c}, \boldsymbol{y} \geqq 0\}$ が存在する。線形計画の双対性定理については既に証明した。これは $\hat{\boldsymbol{x}}$ と $\hat{\boldsymbol{y}}$ がそれぞれ主/双対線形計画の実行可能解であり $\boldsymbol{c}\cdot\hat{\boldsymbol{x}} = \hat{\boldsymbol{y}}\cdot\boldsymbol{b}$ のとき $\hat{\boldsymbol{x}}$ と $\hat{\boldsymbol{y}}$ は最適解であるというものであった。そこで、それぞれの段階で、ここでのシンプレックスアルゴリズムは元の線形計画に対する実行可能解 $\hat{\boldsymbol{x}}$ と $\boldsymbol{c}\cdot\hat{\boldsymbol{x}} = \hat{\boldsymbol{y}}\cdot\boldsymbol{b}$ であるようなベクトル $\hat{\boldsymbol{y}}$ を導く。$\hat{\boldsymbol{y}}$ が実行可能解であれば、$\hat{\boldsymbol{y}}$ と $\hat{\boldsymbol{x}}$ は最適解である。$\hat{\boldsymbol{y}}$ が実行可能解でなければ、このアルゴリズムは次のステップに進む。

13.8.2　現在の解を表現する

R を A の行ラベル集合とし（これは $\boldsymbol{b}$ のラベルの集合でもある)、n を A の列の数とする。列挙アルゴリズムのように、シンプレックスアルゴリズムは頂点を定める n 行の**部分系** $A_{\square}\boldsymbol{x} \geqq \boldsymbol{b}_{\square}$（即ち、その唯一の解が頂点であるもの）全体にわたって処理を繰り返すことで、頂点全体を処理する。このアルゴリズムは R の n 要素の部分集合を値とする変数 $R_{\square}$ を用いて現在の部分系を追跡する。

だが、部分系と頂点の間に完全な対応は存在しない。

- $A_{\square}$ の行が線形独立であるような各部分系 $A_{\square}\boldsymbol{x} \geqq \boldsymbol{b}_{\square}$ に対し、対応する行列の方程式 $A_{\square}\boldsymbol{x} = \boldsymbol{b}_{\square}$ を満たす唯一のベクトル $\hat{\boldsymbol{x}}$ が存在する。しかし、$\hat{\boldsymbol{x}}$ は他の線形不等式を満たさないかもしれず、この場合、頂点にはならない。
- 線形計画によっては、いくつかの異なる部分系が同一の頂点 $\boldsymbol{v}$ に対応することがある。この現象を**退化**という。幾何学的には、これは $\boldsymbol{v}$ が n 個より多くの半空間の境界上にあることを意味している。例えば、3 次元の場合、頂点は 3 つより多くの平面の交点になりうる。

1 つ目の問題については、シンプレックスアルゴリズムへの入力として、頂点に対応する集合 $R_{\square}$ を含めることで部分的に回避できる。このシンプレックスアルゴリズムは、ステップが進んでも、$R_{\square}$ が頂点に対応するという条件を満たすようにしながら残りの処理を行う。

退化のせいで、このシンプレックスアルゴリズムの繰り返しのいくつかは、同じ頂点に対応するが互いに異なる複数の集合 $R_{\square}$ を扱うことになる場合がある。このため、シンプレックスアルゴリズムがループに陥らないよう、いくつか気をつけなければならないことがある。

13.8.3 ピボットステップ

シンプレックスアルゴリズムの繰り返しの単位を**ピボットステップ**という。ここではそのピボットステップについて詳しく見ていこう。

$R_\square$ を、対応する A の行が線形独立、かつ、対応するベクトル $\hat{\boldsymbol{x}}$ が頂点となるような、A の n 個の行ラベルだと仮定する。

部分系の展開 $A_\square$ を、$R_\square$ をラベルとするような行から成る A の部分行列とする。また、同様に、$\boldsymbol{b}_\square$ を、$R_\square$ をラベルとするような要素から成る $\boldsymbol{b}$ の部分ベクトルとする。

```
A_square = Mat((R_square, A.D[1]), {(r,c):A[r,c] for r,c in A.f if r in R_square})
b_square = Vec(R_square, {k:b[k] for k in R_square})
```

現在の頂点の場所を探す 現在の頂点 $\hat{\boldsymbol{x}}$ を得るために、部分系 $A_\square \boldsymbol{x} = \boldsymbol{b}_\square$ を解く。

```
x = solve(A_square, b_square)
```

全ての $r \in R_\square$ に対し

$$(A\hat{\boldsymbol{x}})[r] = \boldsymbol{b}[r] \tag{13-11}$$

であることに注意すること。

双対線形計画の予想しうる実行可能解を調べる 系 $\boldsymbol{y}_\square^T A_\square = \boldsymbol{c}$ を解く。$\hat{\boldsymbol{y}}_\square$ をその解とする。

```
y_square = solve(A_square.transpose(), c)
```

$R_\square$ が $\hat{\boldsymbol{y}}_\square$ のラベル集合であることに注意する。ここで、$R_\square$ に含まれていない R のラベルに対応する要素を 0 とすることで $\hat{\boldsymbol{y}}_\square$ から得られる R 上のベクトルを $\hat{\boldsymbol{y}}$ とする。これは Python では、次のように書ける。

```
y = Vec(R, y_square.f) # スパース表現を用いる
```

つまり、$R_\square$ に含まれない、R の全ての要素 r に対し

$$\hat{\boldsymbol{y}}[r] = 0 \tag{13-12}$$

である。

$\hat{\boldsymbol{y}}$ の全ての要素が負でなければ、$\hat{\boldsymbol{y}}$ は双対線形計画の実行可能解である。更に、この場合、式 (13-11)、式 (13-12) と相補スラック条件によって、$\hat{\boldsymbol{y}}$、$\hat{\boldsymbol{x}}$ はそれぞれの線形計画の最適解となり、シンプレックスアルゴリズムは終了する。

```
if min(y.values()) >= 0: return ('OPTIMUM', x) # 最適解を発見！
```

そうでない場合、次にどの方向に進むかを選ばなければならない。r^- を $\hat{\boldsymbol{y}}$ の r^- 要素が負であるようなラベルとする[†5]。

```
R_leave = {i for i in R if y[i] < 0} # y の対応する要素が負であるラベル
r_leave = min(R_leave, key=hash)      # y の対応する要素が負であるラベルのうち最初のもの
```

$\boldsymbol{d}$ をそのラベル集合が R で要素 r^- が 1 であり、他の全ての要素が 0 であるようなベクトルとする。また、$\boldsymbol{w}$ を $A_\square \boldsymbol{x} = \boldsymbol{d}$ の唯一の解とする。

```
d = Vec(R_square, {r_leave:1})
w = solve(A_square, d)
```

$\boldsymbol{w}$ の方向にずらすと目的関数の値は減少する。即ち、任意の正の数 δ に対し

$$\boldsymbol{c} \cdot (\hat{\boldsymbol{x}} + \delta\, \boldsymbol{w}) - \boldsymbol{c} \cdot \hat{\boldsymbol{x}} = \delta(\boldsymbol{c} \cdot \boldsymbol{w}) = \delta\, (\hat{\boldsymbol{y}}^T A) \cdot \boldsymbol{w} = \delta\, \hat{\boldsymbol{y}}^T (A\boldsymbol{w}) = \delta\, \hat{\boldsymbol{y}}^T \boldsymbol{d} = \delta \sum_i \hat{\boldsymbol{y}}[i]\boldsymbol{d}[i] = \delta\, \hat{\boldsymbol{y}}[r^-] < 0$$

更に、$r \neq r^-$ であるような $A_\square$ の任意の行 $\boldsymbol{a}_r$ に対し、$\boldsymbol{d}[r]$ なので

$$\boldsymbol{a}_r \cdot \boldsymbol{w} = 0$$

よって、

$$\boldsymbol{a}_r \cdot (\hat{\boldsymbol{x}} + \delta\, \boldsymbol{w}) = \boldsymbol{a}_r \cdot \hat{\boldsymbol{x}} + \delta 0 = \boldsymbol{a}_r \cdot \hat{\boldsymbol{x}} = \boldsymbol{b}[r]$$

従って、対応する不等式 $\boldsymbol{a}_r \cdot \boldsymbol{x} \geqq \boldsymbol{b}[r]$ は、等号だけで満たされたままである。あとは δ の値を選べばよい。

R^+ を $\boldsymbol{a}_i \cdot \boldsymbol{w} < 0$ であるような A の行 $\boldsymbol{a}_i$ のラベル集合とする。

```
Aw = A*w    # これは何度も使うので、計算は一度だけにする
R_enter = {r for r in R if Aw[r] < 0}
```

R^+ が空集合であれば、線形計画の目的値は無限大になり、シンプレックスアルゴリズムは終了する。

```
if len(R_enter)==0: return ('UNBOUNDED', None)
```

そうでない場合、R^+ のそれぞれの要素 r に対し

$$\delta_r = \frac{\boldsymbol{a}_r \cdot \hat{\boldsymbol{x}} - \boldsymbol{b}[r]}{\boldsymbol{a}_r \cdot \boldsymbol{w}}$$

として、$\delta = \min\{\delta_r : r \in R^+\}$ とする。r^+ を $\delta_{r+} = \delta$ であるようなラベルとする[†6]。

†5 無限ループを避けるために、r^- は昇順にソートされた条件を満たすラベルのうち、先頭のものとする。
†6 無限ループを避けるために、r^+ は昇順にソートされた条件を満たすラベルのうち、先頭のものとする。

```
Ax = A*x    # これは何度も使うので、計算は一度だけにする
delta_dict = {r:(b[r] - Ax[r])/(Aw[r]) for r in R_enter}
delta = min(delta_dict.values())
r_enter = min({r for r in R_enter if delta_dict[r] == delta}, key=hash)[0]
```

$R_\square$ から r^- を除き r^+ を加える。

```
R_square.discard(r_leave)
R_square.add(r_enter)
```

シンプレックスアルゴリズムは、このようなピボットステップの列から成る。結局[†7]、シンプレックスアルゴリズムは最適解を見つけるか、線形計画が非有界であることを発見するかのいずれかとなる。

上で説明したアルゴリズムは simplex モジュールのプロシージャ simplex_step と optimize として与えられている。1つ際立った違いがある。アルゴリズム内で浮動小数点数を扱うために、数が「十分に負である」場合、例えば -10^{-10} よりも小さい場合にそれを負とみなしている。

13.8.4 単純な例

単純化した規定食の問題を使って、順に見ていこう。制約条件は以下のようになる[†8]。

$$\texttt{C} : 2 * \text{rice} + 10 * \text{lard} \geqq 5$$
$$\texttt{D} : 2 * \text{rice} + 1 * \text{lard} \geqq 1$$
$$\texttt{E} : 8 * \text{rice} + 1 * \text{lard} \geqq 2$$
$$\texttt{rice-nonneg} : \text{rice} \geqq 0$$
$$\texttt{lard-nonneg} : \text{lard} \geqq 0$$

これらは、A、$\boldsymbol{b}$ を次のようにすれば、$A\boldsymbol{x} \geqq \boldsymbol{b}$ の形で書くことができる。

$A =$

	rice	lard
C	2	10
D	2	1
E	8	1
lard-nonneg	0	1
rice-nonneg	1	0

$\boldsymbol{b} =$

C	5
D	1
E	2
lard-nonneg	0
rice-nonneg	0

目的関数は、$\boldsymbol{c} = \dfrac{\text{rice} \quad \text{lard}}{1 \quad 1.7}$ として $\boldsymbol{c} \cdot \boldsymbol{x}$ である。

最初の頂点として、不等式 E と rice-nonneg を等号でのみ満たす点を選ぶ。即ち、次の等式を満たす点である。

$$8 * \text{rice} + 1 * \text{lard} = 2$$

†7　r^- と r^+ の選び方は、シンプレックスアルゴリズムが決して無限ループに入らないことを示すことができる。

†8　［訳注］米の量を rice、ラードの量を lard で表し、それぞれが負ではないという制約条件を-nonneg を付けることで表している。

$$1 * \text{rice} = 0$$

つまり、$R_\square = \{\texttt{E}, \texttt{rice-nonneg}\}$ であり、$A_\square$、$\boldsymbol{b}_\square$ はそれぞれ

$A_\square =$

	rice	lard
E	8	1
rice-nonneg	1	0

$\boldsymbol{b}_\square =$

E	2
rice-nonneg	0

である。方程式 $A_\square \boldsymbol{x} = \boldsymbol{b}_\square$ を解き、解

$\hat{\boldsymbol{x}} =$

rice	lard
0.0	2.0

を得る。また、方程式 $\boldsymbol{y}_\square^T A = \boldsymbol{c}$ を解き、次を得る。

$\hat{\boldsymbol{y}}_\square =$

rice-nonneg	E
−12.6	1.7

$\hat{\boldsymbol{y}}$ の残りの要素を 0 で埋め、ベクトル

$\hat{\boldsymbol{y}} =$

rice-nonneg	lard-nonneg	C	D	E
−12.6	0	0	0	1.7

を得る。$\hat{\boldsymbol{y}}$ で rice-nonneg に対応する要素は負なので、除外する制約条件として rice-nonneg を選ぶ（通常、そのような要素は 2 つ以上存在しうる）。

次に、進むべき方向 $\boldsymbol{w}$ を選択する。$\boldsymbol{d}$ を、除外する制約条件に対応する要素に 1 を持ち、それが唯一の 0 でない要素であるような $R_\square$ ベクトルとする。また、$\boldsymbol{w}$ を $A_\square \boldsymbol{w} = \boldsymbol{d}$ を満たすベクトルとする。即ち $\boldsymbol{w} =$

rice	lard
1.0	−8.0

となる。$\hat{\boldsymbol{x}}$ を $\hat{\boldsymbol{x}} + \delta \boldsymbol{w}$ に置き換えて、次のことが成立するか確認してみよう。

1. 目的関数の値を改善する
2. 除外する制約条件に違反しない
3. $R_\square$ における他の制約条件を等号だけで満たし続ける

目的関数の変化量は $\delta(\boldsymbol{c} \cdot \boldsymbol{w})$ で、具体的には $\delta(1 \cdot 1.0 + 1.7 \cdot -8)$、即ち、$-12.6\delta$ である。正の δ に対し、変化量は負なので、目的関数の値は小さくなる。ここでは目的関数の値を最小化しようとしているので、目的達成に向けて一歩進んだことになる。

除外する制約条件に対応する A の行を $\boldsymbol{a}_r$ として、$\boldsymbol{d}$ を $\boldsymbol{a}_r \cdot \boldsymbol{w} = 1$ となるように選んだ。従って、制約条件 $\boldsymbol{a}_r \cdot \boldsymbol{x} \geqq \boldsymbol{b}[r]$ の左辺の変化量は δ であり、左辺は増加する。その結果、制約条件は緩くなる。

更に $\boldsymbol{d}$ は、$r \in R_\square$ として、他のどの制約条件 $\boldsymbol{a}_r \cdot \boldsymbol{x} \leqq \boldsymbol{b}[r]$ に対しても、$\boldsymbol{a}_r \cdot \boldsymbol{w} = 0$ となるように選んだので、変化量の取り込みはそのような制約条件の左辺には影響しない。従って、$R_\square$ の他の制約条件は等号だけで満たされる。

次に、この変化量を取り込んだ結果、等号だけで満たされる制約条件になるが、$R_\square$ に含まれてい**ない**制約条件を探そう。そのような任意の制約条件 $\boldsymbol{a}_r \cdot \boldsymbol{x} \leqq \boldsymbol{b}[r]$ に対し、左辺は $\boldsymbol{a}_r \cdot \boldsymbol{w}$ が負のときだけ減少する。従って、どの制約条件がこの性質を持つか決定したい。$A\boldsymbol{w}$ を計算すると以下を得る。

$$A\boldsymbol{w} = \frac{\text{rice-nonneg} \quad \text{lard-nonneg} \quad \text{C} \quad \text{D} \quad \text{E}}{1.0 \quad -8.0 \quad -78.0 \quad -6.0 \quad 0.0}$$

この場合、$R_\square$ に含まれない全ての制約条件は、この性質を持つ。δ を増やしたとき、このうちのどれが最初に等号だけで満たされる制約条件となりうるかを調べるために、それぞれの制約条件について次の比を計算する。

$$\frac{\boldsymbol{b}[r] - (A\hat{\boldsymbol{x}})[r]}{(A\boldsymbol{w})[r]}$$

それぞれの制約条件に対し、対応する比は、その制約条件が等号に対し満たされるためには δ でなければならない。それぞれの比は

```
{'C': 0.19, 'D': 0.17, 'lard-nonneg': 0.25}
```

である。つまり、最初に等号だけで満たされるようになる制約条件は D である。従って、この制約条件を $R_\square$ に入れなければならない。rice-nonneg を $R_\square$ から除き、D を入れよう。いま、$R_\square = \{\text{D}, \text{E}\}$ である。

新しい線形系 $A_\square \boldsymbol{x} = \boldsymbol{b}_\square$ を解くと

$$\hat{\boldsymbol{x}} = \frac{\text{rice} \quad \text{lard}}{0.17 \quad 0.67}$$

を得る。また、線形系 $\boldsymbol{y}_\square^T A_\square = \boldsymbol{c}$ を解くと

$$\hat{\boldsymbol{y}}_\square = \frac{\text{D} \quad \text{E}}{2.1 \quad -0.4}$$

を得る。$\hat{\boldsymbol{y}}$ の他の要素を 0 で埋めると

$$\hat{\boldsymbol{y}} = \frac{\text{rice-nonneg} \quad \text{lard-nonneg} \quad \text{C} \quad \text{D} \quad \text{E}}{0 \quad 0 \quad 0 \quad 2.1 \quad -0.4}$$

を得る。従って、残る制約条件は E である。

移動ベクトル $\boldsymbol{w}$ は $\frac{\text{rice} \quad \text{lard}}{0.17 \quad -0.33}$ であり、等号だけで満たせるようになる制約条件は、C と lard-nonneg である。どちらが最初に満たせるかを見るために、対応する比を計算すると

```
{'C': 0.67, 'lard-nonneg': 2.0}
```

となるので、C が制約条件に入るべきだという結論を得る。E を除き、C を加えることで $R_\square$ を更新する。以上より、$R_\square$ は C と D から成る。$A_\square \boldsymbol{x} = \boldsymbol{b}_\square$ を解くと

$$\hat{\boldsymbol{x}} = \frac{\text{rice} \quad \text{lard}}{0.28 \quad 0.44}$$

が得られる。また $\boldsymbol{y}_\square^T A_\square = \boldsymbol{c}$ を解くと

$$\hat{\boldsymbol{y}}_\square = \frac{\text{C} \quad \text{D}}{0.13 \quad 0.37}$$

を得る。$\hat{\boldsymbol{y}}$ の他の要素を 0 で埋めると

$$\hat{\boldsymbol{y}} = \frac{\text{rice-nonneg} \quad \text{lard-nonneg} \quad \text{C} \quad \text{D} \quad \text{E}}{0 \quad 0 \quad 0.13 \quad 0.37 \quad 0}$$

を得る。これは負ではないベクトルなので、$\hat{\boldsymbol{y}}$ は双対計画の実行可能解で、従って主、及び、双対解は、それぞれの線形計画の最適解である（値はどちらも同じで 1.03 である）。

13.9 頂点を見つける

これで準備は完了した。みなさんのお気に入りの問題を線形計画 $\min\{\boldsymbol{c}\cdot\boldsymbol{x} : A\boldsymbol{x} \geqq \boldsymbol{b}\}$ として定式化し、シンプレックスアルゴリズムがどのように働くかを学び、そして、シンプレックスアルゴリズム用のコードもある。あとは実行するだけだ。optimize の引数を見てみよう。行列 A、右辺のベクトル $\boldsymbol{b}$、目的関数ベクトル $\boldsymbol{c}$、そして……これは何だ？ 最初の頂点を指定する行ラベルのラベル集合 $R_\square$ だって？ 多面体 $\{\boldsymbol{x} : A\boldsymbol{x} \geqq \boldsymbol{b}\}$ の頂点どころか、1 つのベクトルすら分かっていないというのに！

だが恐れることはない。これについてもシンプレックスアルゴリズムが手助けをしてくれる。ここでのアイデアは、解こうとしている線形計画を変換して、頂点の計算が簡単で、しかも元の線形計画と同じ頂点を与える新しい少し大きな線形計画にするというものである。行列 A を $m \times n$ 行列とする。A の各列は線形独立であると仮定しているので、$m \geqq n$ である。

このアルゴリズムを図で表すと次のようになる。

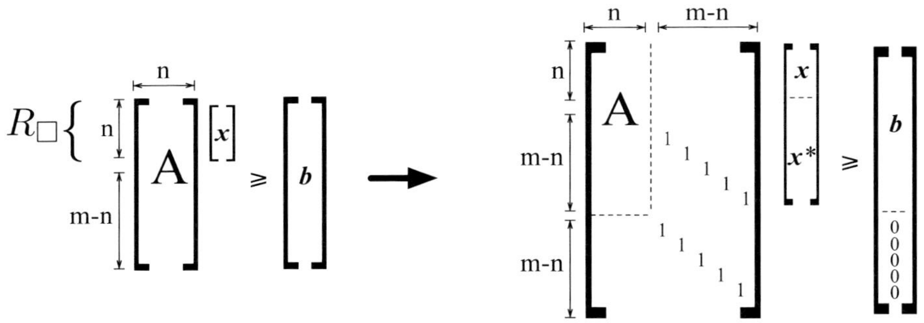

$R_\square$ を行ラベルの n 個の要素より成る部分集合とし、それに対応する制約条件を等号に対し満たすベクトルを $\hat{\boldsymbol{x}}$ とする。

```
A_square = Mat((R_square, A.D[1]),
               {(r,c):A[r,c] for r,c in A.f if r in R_square})
b_square = Vec(R_square, {k:b[k] for k in R_square})
x = solve(A_square, b_square)
```

（$\hat{\boldsymbol{x}}$ がたまたま全ての制約条件を満たしたら、それは頂点だが、これは滅多にない。）さて、このアルゴリズムでは、$R_\square$ には含まれないラベル r に対応する制約条件のそれぞれについて、$m-n$ 個の新しい変数を作

る。そして、それぞれの新しい変数について、その変数は非負でなければならないという新しい制約条件を作るのである。

$R_\square$ には含まれない行ラベル r に対し、新しい変数と新しい制約条件を示す新しいラベルを r^* と書くことにし、制約条件 r に対応する新しい変数を x_{r^*} と書くことにする。このとき新しい制約条件は

$$r^*: \quad x_{r^*} \geqq 0$$

である。また、このアルゴリズムは新しい変数 x_{r^*} を制約条件 r に加える。r は元々

$$r: \quad \boldsymbol{a} \cdot \boldsymbol{x} \geqq \boldsymbol{b}[r]$$

という形をしていたが、このアルゴリズムはこれを次に変更する。

$$r: \quad \boldsymbol{a} \cdot \boldsymbol{x} + x_{r^*} \geqq \boldsymbol{b}[r]$$

$\hat{\boldsymbol{x}}$ が元の制約条件を満たさない（$\boldsymbol{a} \cdot \hat{\boldsymbol{x}}$ が $\boldsymbol{b}[r]$ よりも小さい）とき、この新しい制約条件は、x_{r^*} を十分に大きい数にすれば満たすことができる。実は、x_{r^*} に $\boldsymbol{b}[r] - \boldsymbol{a} \cdot \hat{\boldsymbol{x}}$ を代入すれば、新しい制約条件が**等号に対し**満たされる。一方で、$\hat{\boldsymbol{x}}$ が元の制約条件を満た**していた**（$\boldsymbol{a} \cdot \hat{\boldsymbol{x}}$ が $\boldsymbol{b}[r]$ 以上である）とき、この新しい制約条件は、x_{r^*} を 0 にすれば満たされる。このとき、制約条件

$$r^*: \quad x_{r^*} \geqq 0$$

は等号に対し満たされる。

新しい線形不等式系を作るコードを以下に示す。これはプロシージャ new_name(r) を用いてラベル r からラベル r^* を取得し、ユーティリティプロシージャ dict_union を用いて辞書型を結合している。

```
A_x = A*x
missing = A.D[0].difference(R_square)   # R_squareに含まれない行ラベル集合
extra = {new_name(r) for r in missing}
f = dict_union(A.f,
               {(r,new_name(r)):1 for r in missing},
               {(e, e):1 for e in extra})
A_with_extra = Mat((A.D[0].union(extra), A.D[1].union(extra)), f)
b_with_extra = Vec(b.D.union(extra), b.f)   # スパース記法を用いる
```

最初に、n 個の変数があり、$R_\square$ には n 個の行ラベルがあった。このアルゴリズムは $m-n$ 個の変数を追加するので、$m-n$ 個の行ラベルを $R_\square$ に追加し、新しい集合 $R^*_\square$ を得なければならない。このアルゴリズムは先ほど述べたロジックに従う。即ち

- $\hat{\boldsymbol{x}}$ が制約条件 r を満たさない場合、r を $R^*_\square$ に含める
- $\hat{\boldsymbol{x}}$ が制約条件 r を満たす場合、r^* を $R^*_\square$ に含める

この結果は、拡張された線形計画において、そのラベルが $R^*_\square$ に含まれるような制約条件が、頂点を定義することを意味する。プログラムは次の通り。

```
new_R_square = R_square |
               {r if A_x[r]-b[r] < 0 else new_name(r) for r in missing}
```

このアルゴリズムは、この頂点を初期頂点として使用し、シンプレックスアルゴリズムを実行することができる。では、何が最小化されるのか？ シンプレックスアルゴリズムを実行する目的は、新しい変数 x_{r^*} 全てが 0 となるような頂点を見つけることである。従って、この目的関数は全ての新しい変数の総和となる。

```
c = Vec(A.D[1].union(extra), {e:1 for e in extra})
answer = optimize(A_with_extra, b_with_extra, c, new_R_square)
```

シンプレックスアルゴリズムが目的値を 0 とする解を見つければ、その解は元の線形計画の頂点と対応付けられる。

```
basis_candidates = list(new_R_square | D[0])
R_square.clear()
R_square.update(set(basis_candidates[:n]))
```

見つからない場合、元の線形不等式系は解を持たないことになる。

このプロシージャ find_vertex は simplex モジュールに定義されている。

13.10 ゲーム理論

ゲーム理論の目標は、戦略的な意思決定法をモデル化することである。これは重要で幅広い応用を持つ分野である。例えば、黎明期には軍事計画で利用され、最近は生物学やオークション、インターネットルーティングで利用されている。

ここでは次のような非常に簡単なモデルを見ることにしよう。

- プレイヤーは2人
- 完全な情報
- 決定論的ゲーム

加えて、このゲームは非常に簡潔だとする。即ち、それぞれのプレイヤーは一度だけ、同時に行動する。

これは、普通のゲームとどう関係するのだろうか？

筆者が若かった頃、『The Ascent of Man』（人間の進歩）と呼ばれるテレビシリーズで有名だった、科学者のジェイコブ・ブロノフスキーは、フォン・ノイマンとの会話を次のように述懐する。

> 私は熱心なチェス愛好者だったので、何気なく彼に「ゲーム理論とはチェスのようなものをいうのですか」と尋ねた。「いや違う」と、彼は言った。「チェスはゲームではない。チェスは計算のうまく定義された一形式にすぎない。チェスでは答えを導き出すことはできないが、ゲーム理論では解が存在しなくてはならず、どの並べ方にあっても適切な手順が存在しなければならない。つまり本当のゲームとは、」彼は続けた。「少しもゲームらしいものではない。日常生活もそうだ。日常生活は、ハッタリやせこい欺き合い、自分がこれからすることを他人がどう予測するかについて自問自答することから成る。これが私の理論におけるゲームの概要だ」

ゲーム理論の目標は、人々がさまざまな状況に対し、どのように反応するかを予測することだともいえる。だが、ゲーム理論では人間は欲深く、疑い深いという2つの仮定をおいている。人はその「欲深さ」故にできる限り最大のものを得ようとする。また、人はその「疑い深さ」故に、他のプレイヤーもまた欲深いと仮定する。

チェスのように複雑で戦略的なゲームに関わる戦略は、フォン・ノイマンが対象とするものではなかった。理論的な意味で、また、おそらくみなさんもお分かりのように、チェスをフォン・ノイマンのモデルに当てはめることは可能ではあるが、その場合、このゲームは理論的に自明でつまらないものになる。

ここでは2人のプレイヤーをそれぞれ**行プレイヤー**、**列プレイヤー**と呼ぶことにしよう。また行プレイヤーが選べる行動の数を m、列プレイヤーが選べる行動の数を k としよう。

このゲームは、行プレイヤーの利得行列 R と列プレイヤーの利得行列 C という2つの $m \times k$ 行列で表現される。これらは次のように解釈される。

> 行プレイヤーが行動 i を選択し、また、列プレイヤーが行動 j を選択したとしよう。このとき行プレイヤーは R_{ij} ドルを手にし、そして列プレイヤーは C_{ij} ドルを手にする。

ゼロサムゲームを考えると問題は極めて簡単になる。行プレイヤーと列プレイヤーが互いに金銭をやりとりする場合、ゲームはゼロサムであるという。多くのゲームはこのような形式をとる。これは、ゲームのどのターンにおいても、勝ち負けが決まるということを意味している（まあ、引き分けがあってもよい）。

より数学的にいうと、ゼロサムゲームでは、どのような行動 i, j に対しても、行プレイヤーの利得は列プレイヤーの利得の負数となる。このような制約のもとでは、ゲームは1つの行列で十分に表現できる。例えば、列プレイヤーの利得行列が C だと分かれば、行プレイヤーの利得行列は $-C$ であると推論することができる。これで、このようなゲームがゼロサムゲームと呼ばれる理由が分かっただろう。即ち、任意の行動 i, j に対し、2人のプレイヤーの利得の合計が0になるのである。以降、列プレイヤーの利得行列を A で表すことにする。

利得行列を

	c	d
a	100	1
b	−2	−1

としよう。このゲームで、行プレイヤーがとれる行動はaとbの2つであり、列プレイヤーがとれる行動はcとdの2つである。上の行列で与えている利得は列プレイヤーに対する利得である。

列プレイヤーは表の100を見て、欲深く、これを得ようと考えるだろう。「もし行動cを選べば100を得るチャンスがある」と。しかし、列プレイヤーが相手の考えを推測したとすると、彼は、100を得られるのはプレイヤーが行動aを選んだときだけであり、行プレイヤーも欲深ければそのようなことは起こりえないと気付くだろう。つまり行プレイヤーが行動aを選択する理由はないので、列プレイヤーは行プレイヤーが行動bを選ぶと仮定すべきである。この場合、列プレイヤーが得る可能性のある結果は −2 と −1 である。列プレイヤーはよりよい（というより、より悪くない）結果を得るためには、行動dを選択しなければならない。

プレイヤーたちが「合理的」に（即ち、欲深くかつ疑い深く）プレイすると仮定すると、そのことから、このゲームの結果を予測することができる。行動bとdが選択され、利得は −1 となるだろう。ゲームの**値**を、互いのプレイヤーが合理的にプレイしたときの利得で定義する。このゲームでは100を1000や100

万に変更したとしても、その値は変わらないことに注意して欲しい。

列プレイヤーの考えることは、次のように理解される。「相手に対してとれる最も有害な行動のもとで、自分の利得を最大化する戦略を選択したい。つまり、相手が私の戦略を推測でき、ベストな対抗策を講じてくると仮定しよう。そして私は、相手の対抗策が私に与える効果を最小限にする戦略を選択したい」

即ち、列プレイヤーは

$$\max_{\text{列プレイヤーの戦略 } j} \left(\min_{\text{行プレイヤーの戦略 } i} A_{ij} \right)$$

に従って選択する。これは**マクシミン**（*maximin*）と呼ばれる。

行プレイヤーも同様に選択を行う。考え方は同じだが、行列 A の要素は列プレイヤーに対する利得なので、行プレイヤーは、値のより小さな要素を好む。よって行プレイヤーは

$$\min_{\text{行プレイヤーの戦略 } i} \left(\max_{\text{列プレイヤーの戦略 } j} A_{ij} \right)$$

に従って選択する。これは**ミニマックス**（*minimax*）と呼ばれる。

ここでジャンケンについて考えてみよう。利得行列 A は次のようになる。

	パー	チョキ	グー
パー	0	1	−1
チョキ	−1	0	1
グー	1	−1	0

ゲーム理論はここで何が起こると予測するだろうか？ 仮に、常にパーを選択せざるを得ない理由が行プレイヤーにはあり、列プレイヤーがそれを知っていれば、この選択を予見し、常にチョキを選ぶことだろう。同じことが、行プレイヤーがとりうる全ての行動についても成り立つ。

ある行動を選択し、それに固執する戦略を**純粋**戦略と呼ぶ。プレイヤーたちが純粋戦略のみをとる場合、この状況でゲーム理論がいえることは何もない。

列プレイヤーがマクシミン推論の採用を試みているとしよう。「もし私がパーを選び、相手がそれを知っているとしたら、相手はチョキを選び、勝つだろう（利得は −1 だ）。もしチョキを選んだら……グーを選んだら……なんということだ、どの純粋戦略を選んでもマクシミンは利得 −1 を予言している」

代わりにゲーム理論は**混合戦略**を考える。混合戦略とは純粋戦略についての**確率分布**である。

マクシミンやミニマックスといった考え方は混合戦略にも適用できる。列プレイヤーは選択可能な混合戦略を考える。そのうちのそれぞれの混合戦略について、相手のベストな対抗策を探す。これには、相手の純粋戦略を考慮すれば十分である[†9]。その後、相手の対抗策の効果を最小にするような戦略を選択する。

この場合、利得は行列の 1 つの要素ではなく、ランダム分布の**期待値**となる。従って、列プレイヤーは次の式を考慮する。

$$\max_{\text{混合戦略 } \boldsymbol{x}} \left(\min_{\text{行動 } i} \left(\boldsymbol{x} \text{ と } i \text{ の利得の期待値} \right) \right)$$

この $\boldsymbol{x}$ は列プレイヤーのとる行動に対する確率分布である。即ち、$j = 1, \ldots, k$ に対し、$\boldsymbol{x}$ の j 要素は、行動 j を選択する確率である。また、「$\boldsymbol{x}$ と i の利得の期待値」とは、行プレイヤーが行動 i を選択し、列プレ

†9　相手の戦略として純粋戦略を考慮したが、この文脈では混合戦略を考えた場合と同じ結果を与える。

イヤーが確率分布 $\boldsymbol{x}$ に従って行動を選択した際の利得の期待値を意味する。$A_i.$ を A の i 行としよう。このとき利得の期待値は $A_i. \cdot \boldsymbol{x}$ となる（列プレイヤーが行動 j を選んだ場合、利得は A_{ij} となり、これを選択する確率は $\boldsymbol{x}[j]$ なので、期待値は $\sum_j \boldsymbol{x}[j]A_{ij}$、即ち、$\boldsymbol{x} \cdot A_i.$ となる）。

列プレイヤーの行動に対する確率分布の集合は、無限個ある。従って、その最大値は無限集合上にあるが、悩む必要はない。この集合は $\{\boldsymbol{x} \in \mathbb{R}^k : \mathbf{1} \cdot \boldsymbol{x} = 1, \boldsymbol{x} \geqq \mathbf{0}\}$ とみなすことができる。ここで $\mathbf{1}$ は全ての要素が 1 のベクトルである。

それぞれの行動が確率 1/3 で選択されるような列プレイヤーの混合戦略を考えよう。行プレイヤーは**パー**を選択すると仮定すると、対応する行の利得は 0、1、−1 である（それぞれ列プレイヤーの**パー**、**チョキ**、**グー**の選択に対応する）。この場合の利得の期待値は $\frac{1}{3} \cdot 0 + \frac{1}{3} \cdot 1 + \frac{1}{3} \cdot (-1)$ で、これは 0 である。

行プレイヤーが代わりに**チョキ**を選んだとしても、利得の期待値は再び 0 になる。また、行プレイヤーが**グー**を選択しても同じことが成り立つ。従って、混合戦略 $\boldsymbol{x} = (1/3, 1/3, 1/3)$ は利得 0 という結果に終わる。

$\boldsymbol{y}$ をそれぞれの行動の確率が 1/3 であるような行プレイヤーの混合戦略とする。すると同様の計算により、これが利得 0 を導くことを示せる。

まだ証明はしていないが、$\boldsymbol{x}$ と $\boldsymbol{y}$ は列プレイヤーと行プレイヤーそれぞれにとって最適な混合戦略であることが分かる。従って、このゲームに対して、以下の性質が分かった。

性質 1：マクシミンとミニマックスは同じ利得の期待値を予測する。

性質 1 は、行プレイヤーと列プレイヤーが共にミニマックス/マクシミンを推測に用いてゲームを解析すると仮定すると、ゲームの値についての両者の予測する値が一致することを示している。

性質 2：自分の戦略と異なることをしたプレイヤーが優位になることはありえない。

これはミニマックス推論が正しいことを示している。行プレイヤーが自分のミニマックス戦略に忠実であるとすれば、列プレイヤーがマクシミン戦略と異なることをするのは馬鹿げている。これは、利得の期待値を少なくするだけだからである。同様に列プレイヤーがマクシミン戦略に忠実であれば、行プレイヤーが自分のミニマックス戦略と異なることをするのは愚かしい。

行プレイヤーが等確率戦略に忠実だとすると、列プレイヤーが異なる戦略をとっても悪化するだけであり、逆もまた同様である。行プレイヤーと列プレイヤーそれぞれが混合戦略をとると、プレイヤーたちの強欲さがこれらの戦略をとり続けさせることになるので、このような混合戦略の組は**均衡**と呼ばれる。

13.10.1 線形計画としての定式化

フォン・ノイマンのゲーム理論に対する最も大きな貢献は、彼の**ミニマックス定理**である。これは、「**任意の** 2 人について、完全情報ゼロサムゲームでは、ミニマックスとマクシミンは同じ値を与え、均衡となる」というものである。

この定理は線形計画法の 15 年も前に証明されていたが、いまになって考えれば、ミニマックス定理は線形計画法における双対性の単純な帰結であることが分かる。

コツは、ミニマックスとマクシミンを線形計画として定式化することである。

列プレイヤーは混合戦略を選択しようと試みる。混合戦略とは行動 1 から k の間の確率分布であり、これは、総和が 1 となるような、1 から k までに割り当てられた非負数のことである。即ち、彼は $\boldsymbol{x} \geqq \mathbf{0}$、かつ、$\mathbf{1} \cdot \boldsymbol{x} = 1$ であるような k 要素のベクトル $\boldsymbol{x}$ を選択しなければならない。ここで $\mathbf{1}$ は全ての要素が 1 のベクトルである。

λ を列プレイヤーが最低限得たい利得の期待値とする。行プレイヤーの全ての純粋戦略に対し、利得の期待値が λ 以上ならば、列プレイヤーは戦略 $\boldsymbol{x}$ を使えばよい。$\boldsymbol{a}_1, \ldots, \boldsymbol{a}_m$ を利得行列の行としよう。このとき行プレイヤーが行動 i を選んだ場合の利得の期待値は $\boldsymbol{a}_i \cdot \boldsymbol{x}$ となる。従って、列プレイヤーは $i = 1, \ldots, m$ に対し、$\boldsymbol{a}_i \cdot \boldsymbol{x} \geqq \lambda$ ならば利得の期待値を少なくとも λ にできる。列プレイヤーの目標は、利得の期待値を最大化する混合戦略 $\boldsymbol{x}$ を選択することなので、次のような線形計画を得る。

$$\max \lambda \, : \, \boldsymbol{x} \geqq \boldsymbol{0}, \boldsymbol{1} \cdot \boldsymbol{x} = 1, \boldsymbol{a}_i \cdot \boldsymbol{x} \geqq \lambda (i = 1, \ldots, m)$$

$\boldsymbol{b}_1, \ldots, \boldsymbol{b}_k$ を A の列としよう。同様の線形計画で行プレイヤーに対するものは次のようになる。

$$\min \lambda \, : \, \boldsymbol{y} \geqq \boldsymbol{0}, \boldsymbol{1} \cdot \boldsymbol{y} = 1, \boldsymbol{b}_j \cdot \boldsymbol{y} \geqq \lambda (j = 1, \ldots, k)$$

最終的に、簡単な計算により、これら2つの線形計画が互いに双対であること、従って、それらが同じ値を持つことを示せる[†10]。また、もう少し計算すれば、均衡特性を同様に証明することができる。

ゲーム理論は経済学において非常に強い影響力を持ち、いくつかのノーベル賞はこの分野の仕事に対し授与されている。

また国防に関する考え方にも（明らかに）大きく影響してきた。第二次世界大戦後のアメリカ合衆国における最も規模の大きな「ゲーム」は、ソビエト連邦との間で膠着状態にあった核の問題であった。そのような考え方の中心にはランド研究所があった。1960年代にマルヴィナ・レイノルズによって書かれたフォークソングの歌詞が次のように物語っている。

The RAND Corporation's the boon of the world.（ランド研究所は世界の恩恵）
They think all day long for a fee.（彼らは1日中ずっと取り分について考えている）
They sit and play games about going up in flames.（彼らは座って滅びのゲームに興じている）
For counters they use you and me....（彼らは反撃のために君や私を使う……）

13.10.2 ノンゼロサムゲーム

ゼロサムではないゲームの分析はより難しい。囚人のジレンマはいまや古典的な例である。ジョン・ナッシュは、いまでは**ナッシュ均衡**と呼ばれる概念を定式化し、全てのゲームはそのような均衡を持つことを証明してノーベル賞を受賞した。

13.11 ラボ：線形計画法を用いた学習

このラボでは線形計画法に基づく新しい学習アルゴリズムを用いて、乳がんのデータセットを再検討しよう。

以前扱った機械学習のラボと同様に、目標は分類器を選び出すことである。今回、分類器はベクトル $\boldsymbol{w}$ とスカラー γ で指定される、次のようなものである。

---

†10 この事実を用いると、前の方で解析したゲームに対し、列プレイヤーの混合戦略 $\boldsymbol{x}$ と、行プレイヤーの混合戦略 $\boldsymbol{y}$ は共に等しい利得の期待値を与えることが分かっているので、弱い双対性により、それぞれが最適な混合戦略であることを示せる。

$$C(\boldsymbol{x}) = \begin{cases} \text{悪性} & \boldsymbol{x}\cdot\boldsymbol{w} > \gamma \text{ のとき} \\ \text{良性} & \boldsymbol{x}\cdot\boldsymbol{w} < \gamma \text{ のとき} \end{cases}$$

最も正確な分類器を見つける試みとして、ここでの目標は、訓練データに対してできるだけ正確な分類を行う $\boldsymbol{w}$ と γ を選び出すこととする。

訓練データはベクトル $\boldsymbol{a}_1,\ldots,\boldsymbol{a}_m$ とスカラー $d_1,\ldots,d_m$ から成っていたことを思い出そう。各患者のID i に対し、ベクトル $\boldsymbol{a}_i$ はその患者の画像の特徴値を示し、d_i は細胞が悪性（$+1$）か良性（-1）かを示している。

少しの間、訓練データに対し、完璧に振る舞う分類器が仮説クラスに存在すると仮定する。即ち、以下を満たすようなベクトル $\boldsymbol{w}$ とスカラー γ が存在するとしよう。

- $d_i = +1$ ならば $\boldsymbol{a}_i\cdot\boldsymbol{w} > \gamma$、かつ、
- $d_i = -1$ ならば $\boldsymbol{a}_i\cdot\boldsymbol{w} < \gamma$

いまのところ、$\boldsymbol{a}_i\cdot\boldsymbol{w}$ が γ よりも**どれくらい**大きいか、あるいは小さいかについては言及していない。その差は、0 でない量であるべきだ。ここでは仮に、差を $\frac{1}{10}$ としよう。すると、$\boldsymbol{a}_i$ と γ に 10 を掛けることで

- $d_i = +1$ ならば $\boldsymbol{a}_i\cdot\boldsymbol{w} \geqq \gamma + 1$、かつ、
- $d_i = -1$ ならば $\boldsymbol{a}_i\cdot\boldsymbol{w} \leqq \gamma - 1$

を保証できる。このような $\boldsymbol{w}$ と γ を見つける問題を線形不等式の観点から定式化することができる。γ と $\boldsymbol{w}$ の各要素を変数として考えよう。それぞれの患者 i に対して、$d_i = +1$ ならば

$$\boldsymbol{a}_i\cdot\boldsymbol{w} - \gamma \geqq 1$$

$d_i = -1$ ならば

$$\boldsymbol{a}_i\cdot\boldsymbol{w} - \gamma \leqq -1$$

のどちらかの線形制約条件を得る。

これらの線形不等式に従う解は、どのようなものであったとしても、訓練データに対して完璧な分類を行う分類器を生み出すだろう。

もちろん、一般的には、これは無理な注文である。分類器の訓練データに対する多少の誤差は許容し、その上で、この誤差を最小化したい。そこで、これを緩めるために、各制約条件に対して新たな「こぼれ」変数 z_i を導入する。$d_i = +1$ ならば新たな制約条件は

$$\boldsymbol{a}_i\cdot\boldsymbol{w} + z_i \geqq \gamma + 1 \qquad (13\text{-}13)$$

となり、$d_i = -1$ ならば

$$\boldsymbol{a}_i\cdot\boldsymbol{w} - z_i \leqq \gamma - 1 \qquad (13\text{-}14)$$

となる。この誤差を小さくしたいので、$\sum_i z_i$ を最小化する線形計画を考えよう。また、こぼれ変数が負に

ならないようにするため、次の制約も加える。

$$z_i \geqq 0 \tag{13-15}$$

この線形計画の最適解が得られれば $\boldsymbol{w}$ と γ の値を取り出し、残りのデータを用いて、この分類器を試してみることができる。

13.11.1 訓練データの読み込み

訓練データを読み込むために cancer_data モジュールのプロシージャ read_training_data を用いる。これは引数として、データファイルのパス名と、特徴値の集合 D の 2 つを取る。そして、このプロシージャは指定されたファイル内のデータを読み、次を満たす組 $(A, \boldsymbol{b})$ を返す。

- A は行ラベルが患者の ID で、列ラベルが D であるような行列
- $\boldsymbol{b}$ は定義域が患者の ID の集合で、患者 r の標本が悪性なら $\boldsymbol{b}[r]$ の値が +1、良性なら −1 であるベクトル

訓練用に train.data ファイルを用いる。分類器が決まれば、それを validate.data ファイルのデータで試すことができる。

プロシージャ read_training_data の第 2 引数が省略されている場合は、全ての特徴量が用いられる。全特徴量は

'radius(x)', 'texture(x)', 'perimeter(x)', 'area(x)'

である。ここで、x は mean、stderr、worst のいずれかである。

本書の線形計画の実装はかなり遅いので、特徴量の部分集合を使うことをお勧めする。例えば、{'area(worst)', 'smoothness(worst)', 'texture(mean)'}などだ。

13.11.2 線形計画の準備

線形計画を解くシンプレックスアルゴリズムの実装は提供されているので、ここでの主題は線形計画の定式化となる。対象とすべき線形計画が、$\min\{\boldsymbol{c}\cdot\boldsymbol{x} : A\boldsymbol{x} \geqq \boldsymbol{b}\}$ となるような行列 A、ベクトル $\boldsymbol{b}$、ベクトル $\boldsymbol{c}$ を作る必要がある。

A の列ラベル

A の列ラベルと $\boldsymbol{c}$ の定義域は、この線形計画の変数名となる。これらの変数は、γ の値、$\boldsymbol{w}$ の要素、こぼれ変数 z_i である。各変数に対応するラベルを決める必要がある。まず、γ に対応してラベル 'gamma' を用いる。

$\boldsymbol{w}$ の要素は特徴量に対応する。従って、'area(worst)' などの特徴量の名前をラベルとして用いることにする。

最後にこぼれ変数 z_i について考えよう。それぞれの患者 ID に対して 1 つ、こぼれ変数が存在するので、患者 ID をラベルとして用いることにする。

A の行ラベル

A の行は制約条件に対応する。いま、主制約条件（式 (13-13)、(13-14)）と、こぼれ変数に対する非負制約条件（式 (13-15)）の 2 種類の制約条件がある。

- 主制約条件のラベルは対応する患者 ID にする
- 患者 ID i に対し、こぼれ変数 z_i が 1 つ存在する。対応する非負制約条件のラベルとして、患者 ID の負数 $-i$ を用いると便利である

13.11.3 主制約条件

A を作るために、行の辞書を作成し `matutil.rowdict2mat` を用いることにする。

まず悪性サンプルに対する主制約条件に注目する。式 (13-13) は

$$\boldsymbol{a}_i \cdot \boldsymbol{w} + z_i - \gamma \geqq 1$$

と書き換えられる。これは対応する行が以下を満たすことを表している。

- 特徴量の係数は $\boldsymbol{a}_i$ の要素である
- z_i の係数は 1 でなければならない
- γ の係数は -1 でなければならない

不等式の右辺は 1 なので、$b_i = 1$ としなければならない。

次に良性サンプルに対する制約条件を考える。式 (13-14) の両辺に -1 を掛けると

$$-\boldsymbol{a}_i \cdot \boldsymbol{w} + z_i \geqq 1 - \gamma$$

であり、これは

$$-\boldsymbol{a}_i \cdot \boldsymbol{w} + z_i + \gamma \geqq 1$$

と書き換えることができる。これは対応する行が以下を満たすことを表している。

- 特徴量の係数は $-\boldsymbol{a}_i$（$\boldsymbol{a}_i$ のマイナス）の要素である
- z_i の係数は 1 でなければならない
- γ の係数は 1 でなければならない

不等式の右辺は 1 なので、$b_i = 1$ としなければならない。

課題 13.11.1： 以下の機能を持つプロシージャ

```
main_constraint(i, a_i, d_i, features)
```

を書け。

- **入力**：患者 ID `i`、特徴ベクトル `a_i`、診断結果 `d_i`（+1 か −1）、特徴ラベルの集合 `features`

- **出力**：A の i 行となるベクトル $\boldsymbol{v}_i$

このプロシージャをいくつかのデータについて試し、結果のベクトル $\boldsymbol{v}_i$ が正しいことを確認せよ。

- d_i が +1 ならば特徴ラベルに対する要素は正、−1 なら負にならなければならない
- ラベル i に対応する要素は 1
- d_i が +1 ならばラベル'gamma' に対応する要素は負、−1 ならば正

13.11.4 非負制約条件

ここでの方式では、各患者 ID i に対応して、そのラベルが整数 i であるような変数 z_i と、制約条件 $z_i \geqq 0$ が存在する。この制約条件に対応する A の行は、列ラベルが i のところは 1、それ以外は 0 でなければならない。

13.11.5 行列 A

課題 13.11.2： 以下の機能を持つプロシージャ

```
make_matrix(feature_vectors, diagnoses, features)
```

を書け。

- **入力**：患者 ID を特徴ベクトルに対応させる辞書 feature_vectors、患者 ID を +1 か −1 に対応させるベクトル diagnoses、特徴ラベルの集合 features
- **出力**：線形計画で用いられる行列 A

A の行のうち、正の整数（患者 ID）でラベル付けされている行は主制約条件に対応するベクトルである。また負の整数（患者 ID の負数）でラベル付けされている行は非負制約条件に対応するベクトルである。

13.11.6 右辺のベクトル b

$\boldsymbol{b}$ の定義域は A の行ラベル集合であり、それは患者 ID（主制約条件のラベル）と、患者 ID の負数（非負制約条件のラベル）である。主制約条件の右辺は 1 で、非負制約条件の右辺は 0 である。

課題 13.11.3： 与えられた患者 ID に対し、右辺のベクトル $\boldsymbol{b}$ を返すプロシージャを書け。

13.11.7 目的関数ベクトル c

ベクトル $\boldsymbol{c}$ の定義域は A の列ラベル集合と同じである。ここでの目標は、こぼれ変数の総和 $\sum_i z_i$ を最小化することであり、こぼれ変数のラベルは患者 ID i なので、$\boldsymbol{c}$ はそれぞれの患者 ID i を 1 に（そして、それ以外を 0 に）対応させる。

課題 13.11.4： 与えられた患者 ID の集合と特徴ラベルの集合に対し、目的関数ベクトル $\boldsymbol{c}$ を返すプロシージャを書け。

13.11.8 これまでの作業の統合

課題 13.11.5： これまでに定義したプロシージャを用いて、行列 A とベクトル $\boldsymbol{b}$、$\boldsymbol{c}$ を作成せよ。

13.11.9 頂点の探索

本書のシンプレックスアルゴリズムの実装では、A、$\boldsymbol{b}$、$\boldsymbol{c}$ に加え、多面体 $\{\boldsymbol{x} : A\boldsymbol{x} \geqq \boldsymbol{b}\}$ の頂点の 1 つも指定しなければならない。頂点を見つけるには、関係する（そしてやや大きな）線形計画を解く必要がある。そのために `simplex` モジュールではプロシージャ `find_vertex(A, b, R_square)` を定義している。

n を A の列の数（変数の数）とする。`R_square` を患者 ID とその負数を合わせた n 要素から成る集合に初期化する。プロシージャ `find_vertex(A, b, R_square)` は `R_square` を書き換える。このプロシージャが終了した時点で、成功ならば、`R_square` は頂点を定める A の行ラベル集合になっている（このプロシージャは成功すると `True` を返す）。

`find_vertex` が行う作業のほとんどは、シンプレックスアルゴリズムの実行である。シンプレックスアルゴリズムは数分（たくさんの特徴量を用いていれば数十分）を要する。このプロシージャは現在の繰り返し回数と、現在の解の値を括弧付きで表示する。今回のシンプレックスアルゴリズムの応用では、その値は（ほとんど）0 に近付いていくはずだ。

13.11.10 線形計画を解く

`find_vertex` が終了すれば、`R_square` を使って線形計画を解くことができる。`simplex` モジュールにはプロシージャ `optimize(A, b, c, R_square)` がある。これは（線形計画が非有界でない限り）、最適解 $\hat{\boldsymbol{x}}$ を返す。また、このプロシージャも `R_square` を書き換える。

13.11.11 結果の利用

線形計画の最適解 $\hat{\boldsymbol{x}}$ が、$\boldsymbol{w}$ と γ の値を含んでいることを思い出そう。

課題 13.11.6： `gamma` を、その値が線形計画の最適解の要素 `'gamma'` の値となるように定義せよ。また線形計画の最適解の特徴量から成るベクトルとなるように `w` を定義せよ。

次に、`w*feature_vector > gamma` ならば $+1$、そうでなければ -1 を返す分類プロシージャ `C(feature_vector)` を定義せよ。

課題 13.11.7： 訓練データに対して分類プロシージャをテストせよ。誤りはどれほどあっただろうか？

課題 13.11.8： 検証データを読み込み、それに対して分類プロシージャをテストせよ。誤差はどれほどあっただろうか？（筆者の場合、全ての特徴量を使ったところ、誤りは 17 個あった。用いる特徴量が少なければ特に、この数は変わるかもしれない）

13.12 圧縮センシング

ガウスの掃き出し法の一種は 2000 年前の中国の教科書で議論されていた。ギブズのベクトルについての講義ノートは 1880 年代に出版された。直交化の方法はグラムによって 1883 年に出版されたが、その起源はラプラスとコーシーの仕事に遡る。最小二乗法は 1806 年にルジャンドルによって出版された。高速フーリエ変換は 1965 年にクーリーとテューキーによって開発されたが、実際は 1805 年にガウスが既に発見していたようだ。今日、特異値分解を計算するのに最もよく用いられているアルゴリズムはゴラブとカハンが 1965 年に出版したものだが、特異値分解そのものは 1889 年のシルヴェスターの発見に遡る。最近は画像やデジタル信号の処理の文脈でウェーブレットがよく使われているが、ハールがその基底を開発したのは 1909 年のことである。

と、古い話ばかりではなんなので、せめてこの最終節では、今世紀に現れた、計算の新しい考え方について概説することにしよう。

13.12.1 より高速に MRI 画像を得る

雑誌『WIRED』の記事[†11]には 2 歳の患者ブライスの物語が掲載されていた。

> ［ある小児科の X 線技師］は桁はずれに高解像度のスキャンを必要としていたが、それを取得するために、彼の小さな患者は画像を撮る間、完全にじっとしていなければならなかった。ブライスが 1 回呼吸すると画像はぼやけてしまう。このことは、深い麻酔により彼の呼吸を止めなければならないことを意味していた。通常の MRI で画像を撮るには 2 分間かかるが、麻酔医がブライスの呼吸をそれだけの時間止めてしまうと、彼の弱った肝臓が問題を引き起こしてしまうだろう。

ネタばれ注意：ブライスは助かった。従来の MRI スキャンの代わりに、X 線技師は 40 秒しかかからないスキャンを利用したのだ。しかし、それだけの時間で撮ったデータでは、必要な精度の画像は得られなかった。

画像が $\mathbb{R}$ 上の n 要素のベクトルだとすると、この画像を得るためには、センサーが検出した n 個の数値が必要となる。さもなくば、n 個より少ない数値データと整合する画像は無数に存在する。あるいは、次元についての理解が我々をそう信じるように仕向けるだろう。

だが、ここには必ず抜け道があるはずだということは、（本書で経験したように）典型的な画像は圧縮できるという事実によって示される。以前、画像の座標表現を適切な基底で計算し、その座標表現の中で値の小さな要素を 0 にしてみた。そして、この結果は元の画像と視覚的に近い表現を与えた。この種の圧縮の有効性は、現実の画像が特殊なものになりがちであることや、適切な基底で表現すれば画像がスパースになることを示唆していると解釈できる。

圧縮センシングのアイデアは、もし上で述べたことが正しいならば、なぜ、わざわざ全ての数値を得よう

---

†11 2010 年 2 月 22 日付け

とするのだろうか？という考えに基づく。現実の画像が圧縮可能であるという事実を利用して、計測する数値の数を減らし、かつ、ほとんど同じ画像を得ることはできないだろうか？

もちろん、同様の考え方は、オーディオや地震データなど、他の信号にも応用されている。くだいていうと、信号を画像として、圧縮を可能とする基底は2次元のハールウェーブレット基底であると考えることができるのである。

13.12.2 少年を救うための計算

タダより高いものはない。より少ない観測結果から同じデータを得るためには、計算というコストを支払わなければならない。より少ないデータから画像（や別の情報）を得る処理は、大量の計算を要する。だが、データの取得にはコストがかかるときもある。一方、計算にかかるコストはますます安価になりつつある。

このような計算の基礎を成す考え方は、もうお分かりだろう。基底の変換と線形計画法である。

画像の圧縮と同様に、圧縮センシングには2つの基底がある。画像が取り込まれたときの元の基底と、画像がスパースであることが期待される基底（例えば、2次元ハールウェーブレット基底）である。前者は標準基底であると仮定する。$\boldsymbol{q}_1, \ldots, \boldsymbol{q}_n$ を後者の基底とし、Q をこれらのベクトルを列とするような行列とする。

ベクトルのハール基底についての座標表現 $\boldsymbol{u}$ が与えられると、ベクトル自身、即ち、標準基底についての表現は $Q^T\boldsymbol{u}$ となり、その要素 i $(i = 1, \ldots, n)$ は $\boldsymbol{q}_i^T\boldsymbol{u}$ となる。

$\boldsymbol{w}$ を標準基底で表されている実際の画像として、k 個の数値が検出されたとする。即ち、センサーが $\boldsymbol{w}$ の $i_1, \ldots, i_k$ 要素、即ち $\boldsymbol{w}[i_1], \ldots, \boldsymbol{w}[i_k]$ を記録したとする。他の要素は未知のままである。

圧縮センシングの目標は、検出したデータと整合する最もスパースな座標表現 $\boldsymbol{u}$ を見つけ出すことである。この未知の座標表現のベクトル変数として $\boldsymbol{x}$ を用いる。$\boldsymbol{x}$ が得られたデータと整合する、ということを線形方程式で述べると

$$\begin{gathered}\boldsymbol{q}_{i_1}^T\boldsymbol{x} = \boldsymbol{w}[i_1] \\ \vdots \\ \boldsymbol{q}_{i_k}^T\boldsymbol{x} = \boldsymbol{w}[i_k]\end{gathered}$$

となる。目標はこれらの方程式を満たす最もスパースなベクトルを見つけることである。言い換えると、これらの方程式のもとで、0でない要素が最も少ないベクトル $\boldsymbol{x}$ を求めるということ、といえる。

残念ながら、可能な全ての要素を試行するというような時間のかかりすぎるものを除き、線形方程式を満たす0でない要素の最小数を求めるアルゴリズムは知られていない。だが幸いなことに、非常にうまくいく代替案がある。0でない要素の数を最小化する代わりに、$\boldsymbol{x}$ の要素の絶対値の総和を最小化するのである。

これがうまくいくときの数学（それは用いられる基底と得られた情報の数や分布に依存する）は本書の範疇を超えるが、$\boldsymbol{x}$ の絶対値の総和を最小化する方法については多少説明することができる。

$\boldsymbol{x} = [x_1, \ldots, x_n]$ とする。新たな変数 $z_1, \ldots, z_n$ を導入し、各 z_i につき2つの線形方程式を考える。

$$\begin{gathered}z_1 \geqq x_1,\, z_1 \geqq -x_1 \\ \vdots \\ z_n \geqq x_n,\, z_n \geqq -x_n\end{gathered}$$

次に、これらの不等式、及び、上で概説した線形方程式のもとで総和 $z_1 + \cdots + z_n$ を最小化するシンプレックスアルゴリズム（または線形計画を解く何か別のアルゴリズム）を用いる。

$i = 1, \ldots, k$ に対し、z_i は少なくとも x_i かつ $-x_i$ であることが要求されているので、これは少なくとも $|x_i|$ である。一方、z_i に対する他の制約条件はないので、$z_1 + \cdots + z_n$ を最小化するということは、z_i が任意の最適解において $|x_i|$ そのものになることを意味している。

13.12.3 前進

圧縮センシングに関する数学やコンピュータ分野での研究は未だに前進を続けている。応用は天文学（測定機は高価で画像はとてもスパースである）から医学（高速 MRI スキャン）、地震の画像を用いた予測（この分野では、同様の技術が数年にわたって用いられている）に至るまで、多様な領域で探求され続けている。たくさんの応用が、まだ発見されずに眠っている。もしかすると、みなさんがそれを発見する一助を担うことになるかもしれない。

13.13 確認用の質問

- 線形計画とは何か？
- 資源配分問題はどのようにして線形計画として定式化されるか？
- 線形計画は異なる複数の形式で表すことができるが、それはどのようなものか？
- 線形計画法における双対性とは何か？
- シンプレックスアルゴリズムの基底（おお！）とは何か？
- 線形計画法とプレイヤーが 2 人のゼロサムゲームはどのように関連するか？

13.14 問題

多面体としての線形計画

問題 13.14.1： あるチョコレート工場は 2 種類のチョコレートを生産している。N&N's 社のものとビーナス社のものである。N&N's 社の袋入りチョコレートは 1 ドル、ビーナス社のチョコレートバーは 1.6 ドルである。N&N's 社の袋入りチョコレートはピーナッツ 50 グラム、チョコレート 100 グラム、砂糖 50 グラムで製造されている。ビーナス社のチョコレートバーはチョコレート 150 グラム、キャラメル 50 グラム、砂糖 30 グラムで製造されている。工場にはチョコレート 1000 グラム、砂糖 300 グラム、ピーナッツ 200 グラム、そしてキャラメル 300 グラムが残っている。目標は、利益を最大化するためには、N&N's 社の袋入りチョコレートとビーナス社のチョコレートバーを、それぞれどれだけ生産すればよいのかを決定することである。

1. 変数 x_1、x_2 を用いてこの問題に関する線形計画を与えよ。即ち (a) 制約条件、及び、(b) 目的関数を明らかにせよ。
2. この線形計画の可能な領域をグラフに描け。
3. 可能な領域のそれぞれの頂点に対応する利益を計算し、最適解を報告せよ。

シンプレックスアルゴリズムの手順

問題 13.14.2： 以下の機能を持つプロシージャ `find_move_helper(A, r)` を書け。`mat` 以外にも 1 つか 2 つのモジュールを用いることになるかもしれない。

- **入力**：$\mathbb{R}$ 上の可逆 $n \times n$ 行列 A、行ラベル r
- **出力**：$A\boldsymbol{w}$ の r 要素が 1 となり、$A\boldsymbol{w}$ の他の要素が 0 となるようなベクトル $\boldsymbol{w}$

テストケース：$A = \begin{bmatrix} 1 & 1 & 0 \\ 0 & 1 & 1 \\ 1 & 0 & 1 \end{bmatrix}$ を $\{1,2,3\}$ を行ラベル集合、及び、列ラベル集合に持つ行列とし、$r = 3$ とおく。このとき、出力は $[1/2, -1/2, 1/2]$ とならなければならない。

問題 13.14.3： 以下の機能を持つプロシージャ `find_move_direction(A, x, r)` を書け。

- **入力**：
  - R 上の可逆 $n \times n$ 行列 A
  - A の列ラベル集合を定義域に持つベクトル $\hat{\boldsymbol{x}}$
  - 行ラベル r
- **出力**：全ての正の数 δ に対し、$A(\hat{\boldsymbol{x}} + \delta\boldsymbol{w})$ の r 要素が $A\hat{\boldsymbol{x}}$ の r 要素よりも大きい場合を除き、$A(\hat{\boldsymbol{x}} + \delta\boldsymbol{w})$ の全ての要素が対応する $A\hat{\boldsymbol{x}}$ の要素と等しいようなベクトル $\boldsymbol{w}$

ヒント：問題 13.14.2 のプロシージャ `find_move_helper(A, r)` を用いよ。

テストケース：問題 13.14.2 の入力と $\hat{\boldsymbol{x}} = [2, 4, 6]$ を入力してみよ。

問題 13.14.4： 次の機能を持つプロシージャ `find_move(A, x, r)` を書け。

- **入力**：
  - R 上の可逆 $n \times n$ 行列 A
  - A の列ラベル集合を定義域に持つ、正のベクトル $\hat{\boldsymbol{x}}$
  - 行ラベル r
- **出力**：正のスカラー δ、及び、ベクトル $\boldsymbol{w}$ で、以下を満たすもの
  - $A(\hat{\boldsymbol{x}} + \delta\boldsymbol{w})$ の r 要素が $A\hat{\boldsymbol{x}}$ の r 要素よりも大きい場合を除き、$A(\hat{\boldsymbol{x}} + \delta\boldsymbol{w})$ の全ての要素が対応する $A\hat{\boldsymbol{x}}$ の要素と等しい
  - $\hat{\boldsymbol{x}} + \delta\boldsymbol{w}$ は負ではない
  - $\boldsymbol{w}$ は正のベクトルであるか、または $\hat{\boldsymbol{x}} + \delta\boldsymbol{w}$ のいくつかの要素が 0 であるかのいずれかである

ヒント：問題 13.14.3 の `find_move_direction(A, x, r)` を用いて $\boldsymbol{w}$ を選べ。$\boldsymbol{w}$ を選べたら、

残りの2つの仕様を満たすような δ を探せばよい。ここで δ は $\hat{\boldsymbol{x}} + \delta \boldsymbol{w}$ が負にならない範囲でできるだけ大きく選べ（プログラムを書こうとする前に手を動かし、$\hat{\boldsymbol{x}}$ 及び $\boldsymbol{w}$ を考えるとどれだけ δ が大きくなりうるのか、計算せよ）。

テストケース： 例として問題 13.14.3 の入力を用いよ。ベクトル $\boldsymbol{w}$ については同じ出力になり、$\delta = 8$ となるはずである。

シンプレックスアルゴリズムの利用

問題 13.14.5： 問題 13.14.1 の線形計画をシンプレックスアルゴリズムを用いて解け。シンプレックスアルゴリズムの各ピボットステップの後で、双対な解 $\hat{\boldsymbol{y}}$ を示せ。可能な領域のグラフをコピーし、それぞれの $\hat{\boldsymbol{y}}$ の方向を示せ。

ヒント： 制約条件のうち、2つは $x_1 \geqq 0$、$x_2 \geqq 0$ である。この2つの制約条件を用いて初期頂点を決めよ。

問題 13.14.6： あるアイスクリームの移動販売車は、アイスクリームを近隣の都市 A、B、C で売る。それぞれの都市では、平均で 35 ドル、50 ドル、55 ドルの利益が得られる。日々の配達にはそれぞれ 20 ドル、30 ドル、35 ドルの費用がかかる。都市 B の子供たちは、週 5 日以上アイスクリームを買うことはない。費用は週 195 ドルを上回ってはいけない。

ここでの目標は、利益を最大化するためには、販売車はそれぞれの都市に週あたり何日訪れればよいかを見つけることである。線形計画を立て、変数を定義し、シンプレックスアルゴリズムを用いて解け。

索　引

記号

A

F

G

K

M

N

P

Q

さ行

た行

な行

は行

ま行

や行

ら行

●著者紹介

Philip N. Klein（フィリップ・N・クライン）

ブラウン大学コンピュータサイエンス学部教授。NSF（米国国立科学財団）の「Presidential Young Investigator Award」を受賞し、複数の研究においてNSFから研究助成金を受ける。グラフアルゴリズムの研究への貢献が認められ、ACMフェローの称号を得る。ブラウン大学で優秀な授業に与えられる「Excellence in Teaching Award」を受賞。ハーバード大学で応用数学の学士号、マサチューセッツ工科大学（MIT）でコンピュータサイエンスの博士号を取得。プリンストン大学コンピュータサイエンス学科とMITの数学科の客員研究員を経て、現在はMITコンピュータ科学・人工知能研究所（MIT Computer Science and Artificial Intelligence Laboratory、CSAIL）のリサーチ・アフィリエイトも務めている。パロアルト研究所やAT&T研究所など民間の研究所で働いたこともある。また、3つのスタートアップ企業で主任研究員を務めたこともある。バークレー生まれ、カリフォルニア育ち。1974年にプログラミングを学び始め、数年後にはホームブリュー・コンピュータ・クラブの活動に参加。コンピュータサイエンスへの愛情が弱まったことはないが、1979年に計算機科学者のエドガー・ダイクストラに偶然に出会ったとき、「コンピュータサイエンスをやりたいなら数学を学ばないと困ったことになる」と言われたのが数学を学ぶきっかけになった。お気に入りのxkcdは612（https://xkcd.com/612/）。

●訳者紹介

松田 晃一（まつだ こういち）

博士（工学、東京大学）。石川県羽咋市生まれ。元ソフトウェア技術者/研究者/管理職、PAW^2のクリエータ。NEC、Sony CSL、Sonyなどを経て大妻女子大学社会情報学部情報デザイン専攻教授。UX/HCI、モバイル機器、Pepperなどに興味を持つ。コンピュータで「少し楽しく」「少し面白く」「少し新しく」「少し便利に」が研究のキーワード。ワイン、夏と海、旅行（沖縄、温泉）、絵画をこよなく愛す。以前はフリーソフト（tgif）を開発し、漫画・イラストを描きコミケで売る。著書はp5.jsプログラミングガイド（CUTT System）、WebGL Programming Guide（Addison-Wesley Professional）など、訳書も含め43冊。

弓林 司（ゆみばやし つかさ）

昭和62年、東京、浅草で生まれる。幼少期にSF漫画やSF映画等を通しタイムマシンの概念と出会う。この出会いをきっかけに物理の道を志す。都立科学技術高校卒業。首都大学東京都市教養学部都市教養学科物理学コース卒業。同大学院理工学研究科物理学専攻博士課程修了。博士（理学）。現在、大妻女子大学、工学院大学、専門学校東京医療学院において非常勤講師、都立科学技術高校において部活指導員をする傍ら、「理解するとは何か」を理解すること、及び、タイムマシンの実現を目標に研究中。趣味は絵を描くことと、酒を呑むことなど。

脇本 佑紀（わきもと ゆうき）

WWW と同い歳。某大学東京の博士後期課程で物理学を専攻中。高校生時代に HSP と出会い、その後 C, C++, JavaScript, Scheme, Common Lisp, Smalltalk, Haskell, Ruby, Python などに触れ、今は主に Scheme を使っている。Android アプリを作るために Java をやりたい。言語仕様とものの見方・考え方の繋がりに惹かれており、数式を通じて物理法則を捉え形を与えることとプログラミング言語を通じて計算を捉え形を与えることの類似が楽しい。

中田 洋（なかだ ひろし）

1988 年生まれ、東京理科大学理学部物理学科卒業。首都大学東京大学院博士後期課程物理学専攻に在学中。

齋藤 大吾（さいとう だいご）

某大学物理学専攻卒

行列プログラマー
——Pythonプログラムで学ぶ線形代数

2016年　9月23日　初版第1刷発行
2016年 10月13日　初版第2刷発行

著　　者　Philip N. Klein（フィリップ・N・クライン）
訳　　者　松田 晃一（まつだ こういち）、弓林 司（ゆみばやし つかさ）、
　　　　　脇本 佑紀（わきもと ゆうき）、中田 洋（なかだ ひろし）、
　　　　　齋藤 大吾（さいとう だいご）
発 行 人　ティム・オライリー
制　　作　株式会社トップスタジオ
印刷・製本　株式会社平河工業社
発 行 所　株式会社オライリー・ジャパン
　　　　　〒160-0002　東京都新宿区四谷坂町12番22号
　　　　　Tel　(03) 3356-5227
　　　　　Fax　(03) 3356-5263
　　　　　電子メール　japan@oreilly.co.jp
発 売 元　株式会社オーム社
　　　　　〒101-8460　東京都千代田区神田錦町3-1
　　　　　Tel　(03) 3233-0641（代表）
　　　　　Fax　(03) 3233-3440

Printed in Japan（ISBN978-4-87311-777-5）
乱本、落丁の際はお取り替えいたします。